表面分析

朱永法 娄 阳 编著

科学出版社

北京

内 容 简 介

本书详尽介绍了 X 射线光电子能谱、俄歇电子能谱、紫外光电子能谱、低能离子散射谱、电子能量损失谱等现代表面分析技术的基本原理、操作方法、仪器构造和数据解析，提供了丰富的应用实例，展示了这些技术在材料科学、催化、生物学等领域的广泛应用，注重理论与实践的结合。本书还介绍了表面分析技术的高时空分辨率、原位表征等最新发展趋势，使读者能及时掌握表面分析领域的最新动态，助力国家新质生产力的发展。

本书可作为高等院校材料科学、化学和环境科学等相关专业本科生和研究生的教材或参考书，同时也适合该领域的科研人员和工程师阅读。

图书在版编目（CIP）数据

表面分析 / 朱永法，娄阳编著. -- 北京 : 科学出版社, 2025. 3.
ISBN 978-7-03-080550-8

Ⅰ. O652

中国国家版本馆 CIP 数据核字第 2024MH3829 号

责任编辑：李明楠 孙 曼 / 责任校对：杜子昂
责任印制：徐晓晨 / 封面设计：图阅盛世

科学出版社 出版
北京东黄城根北街 16 号
邮政编码：100717
http://www.sciencep.com

北京华宇信诺印刷有限公司印刷
科学出版社发行 各地新华书店经销

*

2025 年 3 月第 一 版 开本：787×1092 1/16
2025 年 3 月第一次印刷 印张：35 3/4
字数：845 000

定价：180.00 元
（如有印装质量问题，我社负责调换）

前 言

习近平总书记指出："新质生产力是创新起主导作用，摆脱传统经济增长方式、生产力发展路径，具有高科技、高效能、高质量特征，符合新发展理念的先进生产力质态。它由技术革命性突破、生产要素创新性配置、产业深度转型升级而催生，以劳动者、劳动资料、劳动对象及其优化组合的跃升为基本内涵，以全要素生产率大幅提升为核心标志，特点是创新，关键在质优，本质是先进生产力。"新质生产力以新技术深化应用为驱动，其中涉及开发和制造新材料，这些材料具有特定的物理、化学和机械性质，以满足各种工业和技术需求，而表面分析技术则是研究材料表面性质及其变化的重要手段，新质生产力和表面分析在现代材料科学和工程中有着密切的关系。通过表面分析技术，可以更好地理解和优化新材料的性能，从而推动新质生产力的进一步发展。这种紧密的结合不仅提高了材料的性能，也加速了新材料从实验室走向实际应用的进程。

随着科学技术的飞速发展，材料科学、化学和环境等领域对表面与界面的研究需求日益增加。表面分析技术作为探测和解析材料表面结构与成分的重要手段，已成为现代科学研究中不可或缺的工具。为了满足广大学者和工程师对表面分析技术系统学习和深入了解的需求，本书应运而生。

本书的编撰源于我们多年来在表面分析领域的教学和科研实践。我们深知，尽管市场上已有一些相关书籍，但大多内容较为分散，理论与实际操作之间缺乏有效的衔接，且较少涉及最新的技术发展。因此，我们决心撰写一部内容系统、详尽，并能够反映最新研究成果的专业图书，为广大读者提供全面而深入的表面分析技术参考，尤其是为研究生和本科生提供一本适用教材。在多年的"电子能谱学"研究生课程教学基础上，结合当前研究生的知识需求和作者的教学经验，对表面分析的内容进行了整理，以更好地满足研究生的学习与科研需求特点。本书内容更多地采用了当前科研工作中的实例，使其更接近真实的科学研究和实际工作需求。本书的内容和结构经过优化，更加适合现代研究生的知识需求，并与当前科学研究和实际分析工作接轨。

本书具有以下几个显著特点：①系统性与全面性。本书介绍了 X 射线光电子能谱（XPS）、俄歇电子能谱（AES）、紫外光电子能谱（UPS）、低能离子散射（LEIS）谱、电子能量损失谱（EELS）等现代表面分析技术的基本原理、操作方法、仪器构造和数据解析，还结合了大量的实际应用案例，帮助读者更好地理解和掌握这些技术。②注重理论与实践并重。本书在介绍每种分析技术时，不仅注重理论知识的阐述，还详细介绍了实验操作流程和数据解析方法。通过大量的图表和实例，读者可以清晰地了解如何从实验中获取和解读数据，从而将理论知识应用于实际研究中。③前沿性与实用性结合。本书不仅总结了表面分析技术的经典内容，还介绍了近年来该领域的新进展和新技术，使读者能够了解和掌握最新的研究动态。同时，注重技术的实用性，提供了丰富的应用实例，展示了表面分析技术在材料科学、化学、生物学等不同领域的广泛应用。④易于学习。本书结构清晰、语言简洁易懂，适合不同背景的读者使用。无论是初学者还是有一定经验的研究人员，都能通过本书快速掌握表面分析的核心内容和操作技能。

  本书的编撰由朱永法教授和娄阳教授共同完成。在撰写过程中，得到了许多同行的帮助与支持。感谢为本书撰写提供支持的各级领导和同事，感谢他们在繁忙的工作中抽出时间对本书提出宝贵意见。感谢各位同行专家在本书撰写过程中的无私帮助和指导，他们的专业知识和经验对本书的质量提升起到了重要作用。最后，还要感谢学生们的辛勤付出，他们在本书的撰写过程中提供了大量数据和实例，这些内容极大地提升了本书的实用性和可读性。

  希望本书的出版能为广大读者提供有益参考，帮助他们在表面分析技术的学习和研究中取得更大的成就，助力国家新质生产力的发展、推动高质量发展急需人才的培养。如果读者在阅读中有任何建议或意见，欢迎反馈和指正。

编著者

2025 年 1 月

目 录

前言
第1章 绪论 … 1
1.1 电子能谱学 … 1
1.1.1 电子能谱学的范畴 … 1
1.1.2 电子能谱学的基本原理 … 1
1.1.3 电子能谱学的应用范围 … 1
1.1.4 电子能谱学的物理基础 … 2
1.1.5 电子能谱学与其他学科的关系 … 2
1.1.6 电子能谱学的发展基础 … 3
1.2 电子能谱学的研究内容 … 3
1.3 电子能谱学与表面分析的关系 … 4
1.4 电子能谱学的应用 … 5
1.5 电子能谱学的发展趋势 … 6
1.6 本书的主要内容和参考书 … 6
第2章 X射线光电子能谱 … 7
2.1 X射线光电子能谱的发展历史与特点 … 7
2.1.1 X射线光电子能谱的发展历史 … 7
2.1.2 X射线光电子能谱的特点 … 8
2.2 工作原理 … 8
2.2.1 X射线光电子能谱的基本原理 … 8
2.2.2 电子结合能原理 … 18
2.2.3 化学位移理论 … 26
2.2.4 终态效应及伴峰结构 … 35
第3章 X射线光电子能谱的结构和发展 … 54
3.1 X射线光电子能谱的发展历史 … 54
3.2 主要构成 … 54
3.2.1 真空系统 … 55
3.2.2 X射线源 … 56
3.2.3 X射线的单色化 … 60
3.2.4 能量分析器 … 61
3.2.5 检测器 … 63
3.2.6 离子束溅射 … 65

3.3 XPS 的最新发展 ·············· 68
　　3.3.1 小面积 XPS ·············· 69
　　3.3.2 成像 XPS ·············· 70
3.4 应用举例和数据分析 ·············· 74
参考文献 ·············· 116

第4章　X射线光电子能谱的分析方法 ·············· 119
4.1 样品的制备 ·············· 119
　　4.1.1 样品的大小 ·············· 119
　　4.1.2 粉体样品 ·············· 119
　　4.1.3 含挥发性物质的样品 ·············· 119
　　4.1.4 污染的样品 ·············· 119
　　4.1.5 带磁性的样品 ·············· 120
4.2 离子溅射技术 ·············· 120
　　4.2.1 概述 ·············· 120
　　4.2.2 离子溅射的影响因素 ·············· 120
4.3 样品的荷电及消除 ·············· 121
　　4.3.1 荷电的产生 ·············· 121
　　4.3.2 荷电的消除 ·············· 121
　　4.3.3 荷电的校准 ·············· 122
4.4 XPS 的定性分析 ·············· 122
　　4.4.1 XPS 定性分析依据 ·············· 122
　　4.4.2 XPS 定性分析方法 ·············· 122
　　4.4.3 XPS 定性分析的实例 ·············· 123
4.5 XPS 的定量分析 ·············· 124
　　4.5.1 影响谱峰强度的因素 ·············· 124
　　4.5.2 非弹性散射平均自由程 ·············· 127
　　4.5.3 XPS 的定量计算 ·············· 128
　　4.5.4 理想模型法 ·············· 129
　　4.5.5 元素灵敏度因子法 ·············· 130
　　4.5.6 理论计算值与实测值的相关性 ·············· 131
4.6 化学价态分析 ·············· 131
4.7 俄歇参数法 ·············· 132
4.8 深度剖析方法 ·············· 133
　　4.8.1 变角 XPS 分析方法 ·············· 133
　　4.8.2 Tougaard 深度剖析法 ·············· 136
　　4.8.3 离子束溅射深度分析 ·············· 137
4.9 XPS 指纹峰分析 ·············· 138
　　4.9.1 XPS 的携上峰分析 ·············· 139

4.9.2　XAES 分析 ··· 139
　　4.9.3　XPS 价带谱分析 ·· 140
　　4.9.4　图像 XPS 分析 ·· 142
4.10　应用举例和数据分析 ·· 144
参考文献 ··· 183

第 5 章　X 射线光电子能谱的应用 ·· 186
5.1　概述 ·· 186
5.2　无机物的鉴定 ·· 188
　　5.2.1　XPS 研究金属元素的自旋状态 ····································· 188
　　5.2.2　多重分裂研究未成对电子 ··· 189
　　5.2.3　氧化态的研究 ··· 189
　　5.2.4　配体的种类 ··· 190
　　5.2.5　无机物结构的测定 ·· 190
5.3　有机物与聚合物的研究 ··· 191
　　5.3.1　聚合物成分的分析 ·· 192
　　5.3.2　聚合物基团的确定 ·· 193
　　5.3.3　表面处理对聚合物表面的影响 ····································· 193
5.4　催化剂的研究 ·· 196
5.5　应用举例和数据分析 ··· 198
参考文献 ··· 232

第 6 章　俄歇电子能谱 ·· 235
6.1　概述 ·· 235
6.2　基本原理 ··· 236
　　6.2.1　俄歇跃迁及俄歇电子发射 ··· 236
　　6.2.2　俄歇电子的能量分布 ··· 237
　　6.2.3　俄歇跃迁过程的种类与表示 ··· 238
　　6.2.4　俄歇跃迁概率 ··· 240
　　6.2.5　俄歇电子动能 ··· 242
　　6.2.6　俄歇电子强度 ··· 243
　　6.2.7　俄歇电子能谱表达 ·· 247
　　6.2.8　俄歇化学位移 ··· 248
6.3　应用举例和数据分析 ··· 252
参考文献 ··· 287

第 7 章　俄歇电子能谱仪 ·· 290
7.1　俄歇电子能谱仪的基本结构 ·· 290
　　7.1.1　电子源 ··· 290
　　7.1.2　能量分析器 ··· 292
7.2　俄歇电子能谱仪的实验技术 ·· 293

7.2.1 样品制备技术 ……………………………………………………… 293
7.2.2 样品大小 …………………………………………………………… 293
7.2.3 粉末样品 …………………………………………………………… 293
7.2.4 含有挥发性物质的样品 …………………………………………… 294
7.2.5 表面有污染的样品 ………………………………………………… 294
7.2.6 带有微弱磁性的样品 ……………………………………………… 295
7.2.7 离子束溅射技术 …………………………………………………… 295
7.2.8 样品的荷电问题 …………………………………………………… 296
7.2.9 俄歇电子能谱采样深度 …………………………………………… 296
7.2.10 电子束和 X 射线激发的俄歇电子能谱的比较 ………………… 297
7.3 俄歇电子能谱图的分析技术 ……………………………………………… 297
7.3.1 定性分析 …………………………………………………………… 297
7.3.2 表面元素的半定量分析 …………………………………………… 300
7.3.3 表面元素的化学价态分析 ………………………………………… 302
7.3.4 俄歇深度分析 ……………………………………………………… 307
7.3.5 微区分析 …………………………………………………………… 309

第 8 章 俄歇电子能谱的应用 ……………………………………………… 315
8.1 固体表面清洁度的测定 …………………………………………………… 315
8.2 表面吸附和化学反应的研究 ……………………………………………… 315
8.2.1 表面吸附的研究 …………………………………………………… 316
8.2.2 表面吸附过程 ……………………………………………………… 317
8.3 薄膜的研究 ………………………………………………………………… 318
8.3.1 薄膜厚度的测定 …………………………………………………… 318
8.3.2 薄膜界面的扩散反应研究 ………………………………………… 318
8.3.3 薄膜制备的研究 …………………………………………………… 321
8.3.4 薄膜催化剂的研究 ………………………………………………… 323
8.4 离子注入研究 ……………………………………………………………… 327
8.5 表面偏析研究 ……………………………………………………………… 329
8.6 固体化学反应研究 ………………………………………………………… 331
8.7 表面扩散研究 ……………………………………………………………… 333
8.8 摩擦化学研究 ……………………………………………………………… 334
8.9 核材料研究 ………………………………………………………………… 336
8.10 应用举例和数据分析 …………………………………………………… 337
参考文献 …………………………………………………………………………… 374

第 9 章 紫外光电子能谱 …………………………………………………… 377
9.1 概述 ………………………………………………………………………… 377
9.2 基本原理 …………………………………………………………………… 377
9.3 非键或弱键电子峰的化学位移 …………………………………………… 383

9.4 紫外光电子能谱的解释 384
9.4.1 严格的方法 384
9.4.2 简化的方法 385
9.4.3 谱带的形状和位置 385
9.4.4 电子接受或授予效应 387
9.4.5 轨道的相互作用 389
9.5 紫外光电子能谱仪 391
9.6 实验技术 394
9.6.1 样品的制备和引入 394
9.6.2 谱的校正 395
9.7 紫外光电子能谱的应用 396
9.7.1 测量电离电位 397
9.7.2 研究化学键 397
9.7.3 测定分子结构 399
9.7.4 定性分析 399
9.7.5 定量分析 401
9.7.6 固体表面的吸附作用 402
9.7.7 固体表面电子结构 403
9.7.8 储氢材料的研究 404
9.8 应用举例和数据分析 405
参考文献 437

第 10 章 低能离子散射谱 440
10.1 概述 440
10.2 LEIS 和 RBS 的比较 441
10.3 LEIS 的工作原理 441
10.4 散射产额 443
10.5 阴影效应 444
10.6 荷电效应 446
10.7 离子中和效应 447
10.8 LEIS 装置 449
10.8.1 离子源 450
10.8.2 真空系统和散射室 451
10.8.3 能量分析器 452
10.9 LEIS 仪器操作要点 452
10.9.1 入射离子及其能量的选择 452
10.9.2 角度的选择 453
10.9.3 质量分辨率 454
10.9.4 定量分析 454

  10.9.5 低能背景 ····· 454
  10.9.6 多重散射和沟道效应 ····· 455
 10.10 进展 ····· 455
 10.11 应用 ····· 456
  10.11.1 表面定性分析 ····· 456
  10.11.2 表面成分分析 ····· 457
  10.11.3 表面结构分析 ····· 458
  10.11.4 二次散射和多次散射、表面缺陷分析 ····· 458
  10.11.5 研究热电子阴极激活过程 ····· 459
  10.11.6 LEIS 研究 Ni_3Ti 合金 ····· 460
  10.11.7 Cu-Zn 催化剂的研究 ····· 461
  10.11.8 LEIS 测定负载型催化剂中活性组分与载体之间的相互作用 ····· 462
 10.12 应用举例和数据分析 ····· 463
 参考文献 ····· 502

第 11 章 电子能量损失谱 ····· 505

 11.1 概述 ····· 505
 11.2 电子能量损失谱的定义及特点 ····· 505
  11.2.1 电子能量损失谱的定义 ····· 505
  11.2.2 电子能量损失谱的特点 ····· 506
 11.3 电子能量损失谱的原理 ····· 506
  11.3.1 入射电子与试样相互作用过程 ····· 506
  11.3.2 电子能量损失过程 ····· 507
 11.4 电子能量损失谱的工作原理 ····· 509
 11.5 非弹性散射理论简介 ····· 509
  11.5.1 电子能量损失谱的基本公式 ····· 510
  11.5.2 经典的介电理论 ····· 510
  11.5.3 量子力学的介电理论 ····· 512
 11.6 低能电子能量损失谱的实验装置 ····· 512
 11.7 高分辨电子能量损失谱和表面振动研究 ····· 513
  11.7.1 晶体清洁表面的声子能量损失谱 ····· 513
  11.7.2 吸附表面的声子能量损失谱 ····· 515
 11.8 电子能量损失谱的应用 ····· 518
  11.8.1 吸附位的研究 ····· 519
  11.8.2 分析双原子分子在金属表面的分解反应 ····· 520
  11.8.3 甲醇分解研究 ····· 521
  11.8.4 氧化过程的研究 ····· 522
 11.9 应用举例和数据分析 ····· 523
 参考文献 ····· 557

第 1 章 绪 论

1.1 电子能谱学

1.1.1 电子能谱学的范畴

电子能谱学（electron spectroscopy）是一个跨学科领域，它利用多种技术来研究原子、分子和固体材料的特性。这个领域的核心在于分析各种荷能粒子（如电子、离子、原子等）以及光子与物质相互作用时产生的电子能量。电子能谱学汇集了物理学、化学、材料科学和计算技术的精髓，利用这些粒子的碰撞过程，揭示物质的微观结构和化学性质。随着过去二十年间计算机技术和材料科学的迅猛发展，电子能谱学也得到了显著的推动。这些进步不仅提高了实验的精确度和效率，还扩展了其在新材料设计、环境监测、生物医药等领域的应用。电子能谱学的发展开启了新的研究方向，例如，通过高级计算模型预测材料行为；在纳米科技中探索原子尺度的物质特性等。这一学科集成了一系列相互依赖却又彼此独立的技术，为科学研究和工业应用提供了强大的分析工具。通过精细地分析从物质中释放的电子的能量和分布，电子能谱学不仅能帮助科学家理解复杂的物质系统，还能促进新技术的开发，对现代科学技术的进步起到了不可或缺的作用。

1.1.2 电子能谱学的基本原理

电子能谱学是一种先进的分析技术，主要通过使用具有特定能量的粒子（如光子、电子或其他粒子）轰击目标样品，从而研究从样品中释放出的电子或离子的能量和空间分布。这一过程涉及入射粒子与样品原子间的复杂相互作用，包括能量的传递和转换。这些相互作用导致电子和其他粒子从样品中释放，携带着反映原子特性的详细信息。通过详细分析这些释放粒子的能量和分布，电子能谱学可以揭示样品的基本特征，如元素的含量、化学价态、电子结构以及原子间的相互作用。这种技术在材料科学、化学、物理学及生物科学等多个领域都有重要应用，从基本科学研究到工业过程监控，再到环境监测和生物医药研究。

1.1.3 电子能谱学的应用范围

通过使用具有特定能量的粒子（如光子、电子、离子或中性粒子）轰击样品，可以激发样品的原子或分子中的电子。这些电子随后被发射出样品表面,通过分析这些释放的电子或离子的能量和空间分布,可以详细地探索样品的微观结构。这种技术允许我们获得关于样品中原子的丰富信息,包括元素的含量、物质的电子结构以及元素的化学价态。

电子能谱学的应用范围广泛,不仅限于基础科学研究,还包括材料科学、工业加工和环境科学等多个领域。例如,在材料科学中,它可以帮助科学家识别新合金的成分,或者在纳米技术研究中精确地分析纳米材料的表面属性。在环境科学中,这种技术可以用来检测土壤或水样中的污染物种类和浓度,从而对环境污染进行精确监测和评估。通过这些精细的分析,电子能谱技术为科研和工业应用提供了一个强大的工具,能够推动新材料的开发和环境保护措施的实施。

1.1.4　电子能谱学的物理基础

电子能谱学的发展根植于物理学的丰富土壤,建立在一系列重大的物理发现和关键物理效应之上。例如,光电子能谱技术依赖于爱因斯坦的光电效应理论,而俄歇电子能谱则基于俄歇电子的发现。这些原理不仅阐明了电子能谱学的科学基础,也突显了物理学在其发展中的中心地位。

然而,电子能谱学的应用远远超越了物理学的范畴。在化学领域,它是探索分子结构和化学反应机制的关键工具;在材料科学中,它对新材料的表征和性能分析起着决定性的作用;在电子学及半导体工业中,电子能谱技术帮助优化器件设计和生产过程。此外,电子能谱学在环境科学、生物医药和能源技术等多个前沿领域中也显示出独特的价值,成为跨学科研究的桥梁,推动科学技术的综合进步和创新。

1.1.5　电子能谱学与其他学科的关系

现代电子能谱学已经成长为一个独立且完整的学科领域。它不仅自成体系,而且在多个学科间形成了深入的交叉和融合。具体而言,电子能谱学结合了物理学、电子学、计算机科学和化学的多方面知识,成为这些领域交汇的关键节点。

电子能谱学的研究涉及固体物理的基本原理、真空电子学的应用技术、物理化学的分析方法以及计算机数据处理的先进技术。通过这种多学科的整合,电子能谱学不仅促进了科学技术的发展,还推动了新材料的发现、新技术的开发以及新方法的创新应用,特别是在材料科学、表面工程、纳米技术和环境科学等前沿领域。例如,在新材料的开发中,科学家可以利用这一技术来精确测定材料的表面和界面特性,以优化其性能。在环境科学中,电子能谱学可以帮助识别和量化环境样本中的污染物,为环境保护和修复提供数据支持。此外,这一技术也为药物开发中的活性成分分析提供了可能,有助于新药的研发和优化。这种跨学科的特性使电子能谱学成为探索物质微观世界和解决复杂科学问题的强大工具。

1.1.6 电子能谱学的发展基础

电子能谱学的发展依托于物理学的理论和技术突破。特别是真空技术的发展使电子能谱成为可能，同时，前置放大技术和分辨率的提升大幅提高了信号检测的精确性，这在材料科学、纳米技术和表面科学的应用中尤为关键。

真空技术是电子能谱学发展的关键前提。粒子与气体分子的碰撞可能导致能量损失，没有超高真空环境，各种粒子难以无阻碍地到达固体样品表面，从样品表面释放的电子或离子也难以抵达检测器，使得获取电子能谱信息变得异常困难。此外，电子能谱的关键信息来源于样品表面，在缺乏超高真空环境的情况下，维持一个稳定的清洁表面几乎不可能。例如，一个清洁表面在 1.33×10^{-4}Pa 的真空中暴露 1s，就能吸附一层原子，如果没有超高真空，清洁表面的维护将无从谈起，进而影响电子能谱技术的发展。

另外，样品表面发射的电子或离子信号极为微弱，通常在 10^{-11}A 量级，缺乏前置放大技术，获得可靠的谱图将不可能实现。同时，分析器的能量分辨率对电子能谱的应用至关重要，只有具备足够的分辨率，电子能谱才能有效地应用于表面分析。微电子技术和计算机技术的持续进步，极大地推动了电子能谱学的发展和应用。

1.2 电子能谱学的研究内容

电子能谱学覆盖了一系列分析技术，旨在通过分析电子、离子能量来揭示物质的基本性质。图 1-1 显示了产生各种类型电子能谱的示意图，结合该电子能谱示意图，读者可更容易掌握不同电子、离子的能量分布及产生机制。其中，紫外光电子能谱（UPS）：利用单色真空紫外线激发样品，分析产生的光电子能量及其分布；X 射线光电子能谱（XPS）：通过 X 射线激发，研究释放的光电子能量和分布；俄歇电子能谱（AES）：分析由电子或光子激发出的俄歇电子能量及其分布；低能离子散射谱（LEIS）：研究从固体表面散射的低能离子的能量及其分布；电子能量损失谱（EELS）：探究电子与固体表面作用后产生的能量损失。这些技术共同支撑着材料科学、表面科学和化学等领域的研究，提供了对材料表面及其化学性质的深入洞察。表 1-1 列举了电子能谱学的主要方法，从此表可以清晰了解各种谱学技术的主要原理区别，方便读者更为精准地选择适合自己研究对象的表征方法。

表 1-1 电子能谱学的主要方法

谱学方法	缩写	主要原理
紫外光电子能谱	UPS	研究单色真空紫外线激发出的光电子的能量及分布
X 射线光电子能谱	XPS	研究 X 射线激发出的光电子的能量及分布
俄歇电子能谱	AES	研究由电子或光子激发出的俄歇电子的能量及分布

续表

谱学方法	缩写	主要原理
低能离子散射谱	LEIS	研究从固体表面散射的低能离子的能量及其分布
电子能量损失谱	EELS	研究一次电子与固体表面作用后产生的能量损失及其分布

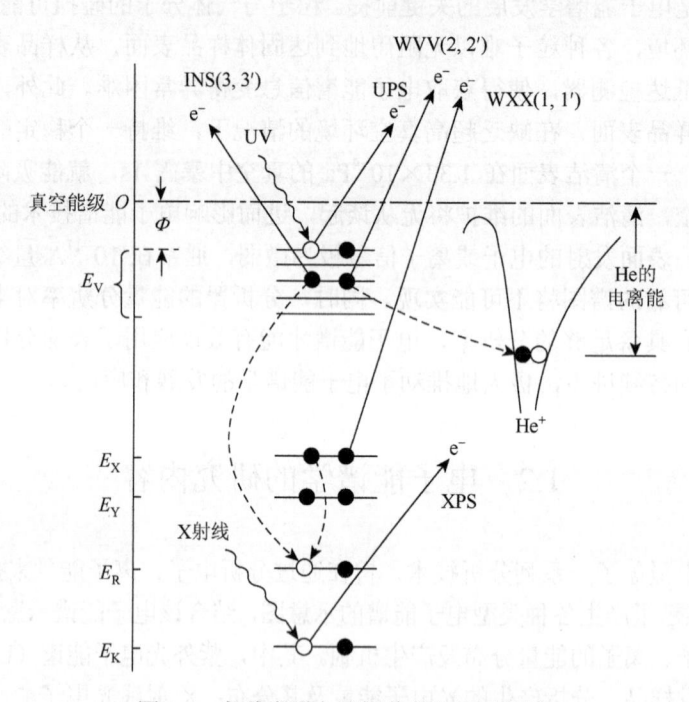

图 1-1 各种类型电子能谱产生的示意图

WVV 表示俄歇电子能谱中的价电子跃迁；INS 表示离子中和谱；WXX 表示芯能级电子跃迁；UV 表示紫外光；Φ 表示功函数；E_V 表示价轨道能级；E_X、E_Y、E_R 和 E_K 均表示芯轨道能级

在 20 世纪 60 年代初，英国的 D. W. Turner 及其同事成功开发了高分辨率的紫外光激发电子能谱仪，这一成就极大地推动了气体分子电子结构的研究，并开创了电子能谱技术的一个新分支。俄歇过程最初由法国科学家 P. Auger 于 1925 年在威尔逊云室中发现。俄歇电子在固体中的平均自由程非常短，逃逸深度仅为 4～20Å，因此在大量散射电子和二次电子的干扰下，测量这类电子极为困难，导致其长时间未能得到实际应用。然而，到了 20 世纪 60 年代中期，新发展的微分记录技术显著提高了检测灵敏度，使得俄歇电子能从背景噪声中清晰区分出来。此后，俄歇电子能谱成为一种具有实际应用价值的表面分析工具。

1.3 电子能谱学与表面分析的关系

电子能谱学与表面分析紧密相连，其主要技术以高度的表面敏感性著称，成为表面分析的关键工具。表面分析技术在微电子器件、催化剂、材料保护、表面改性及功能薄膜材料等多个领域发挥着重要作用。这些领域的扩展不仅推动了表面分析技术的进步，也相应促进了电子能谱学的发展。电子能谱学的显著特征在于其对表面的敏感性及能够分析化学价态的能力，这些特性确立了其在表面分析中的核心地位。通过对不同表面分析技术特点的比较（表 1-2），我们可以更深刻地理解电子能谱在表面科学中的重要性。

表 1-2 电子能谱学与表面分析的关系

分析技术	探测粒子	检测粒子	信息深度 /nm	检测限/%	横向分辨率 /μm	不能检测的元素	化学信息	损伤程度
XPS	ν（光子）	e（电子）	1~3	1	$10^3 \sim 10^3$	H、He	成分、价态	弱
XPD	ν	e	1~3	1	$10^3 \sim 10^3$	H、He	成分、价态、结构	弱
AES	e	e	0.5~2.5	10^{-1}	$10^{-2} \sim 10^3$	H、He	成分、价态	中等
EELFS	e	e	0.5~2.5	10^{-1}	$\geqslant 10^2$	H、He	结构	中等
SIMS	I（离子）	I	≤1	$\leqslant 10^{-4}$	$\geqslant 10^{-2}$		成分、价态	固有
STM	E（电场）	e	10^{-2}	约单原子	$\geqslant 10^{-4}$		形貌、电子态	无
AFM	α（原子）	α	10^{-1}	几个原子	$\geqslant 10^{-3}$		形貌、电子态	无
UPS	ν	e	0.5~2	10^{-1}	$\geqslant 10^3$		电子态	弱
FIM	I	e			$\geqslant 10^{-3}$	有限金属	结构	弱

注：XPD 表示 X 射线光电子衍射；EELFS 表示电子能量损失精细谱；SIMS 表示二次离子质谱；STM 表示扫描隧道显微术；AFM 表示原子力显微术；FIM 表示场离子显微术。

1.4 电子能谱学的应用

电子能谱学已经成为材料科学、物理学、化学、半导体技术和环境科学等众多学科领域的关键分析工具。这一技术的主要功能极其广泛，包括但不限于：①表面化学组成分析：通过对表面电子的能量分析，电子能谱学可以精确地识别材料表面的化学成分，为材料的化学改性和表面处理提供科学依据；②原子排列和电子状态的确定：通过测定电子的能量状态，可以揭示原子在材料中的排列方式以及电子的分布情况，这对于理解材料的电子结构和物理性质至关重要；③通过化学位移分析元素的价态：化学位移作为一种重要的分析手段，使得电子能谱学不仅可以确定元素的种类，还能分析其化学价态，这对于研究化学反应过程和催化机制特别有价值；④利用离子束溅射分析元素沿深度的分布：这一功能使电子能谱学能够探测样品从表面到一定深度的元素分布情况，对于研究材料如何在不同环境下退化或腐蚀提供了深入的见解；⑤高空间分辨率允许进行点选分析、线扫描和面分布研究：高空间分辨率的应用极大地扩展了电子能谱学的功能，使其能够在微观尺度上进行精确分析。这包括针对特定区域的详细化学和物理属性分析，对于发展纳米技术和精确制造技术尤为重要。

电子能谱学通过这些功能提供了一种无与伦比的能力，以深入了解材料的表面及其内部特性。这些分析能力不仅对科学研究至关重要，也对工业应用如半导体制造、环境监测和新材料的开发具有重大影响。在未来，随着技术的进一步发展，电子能谱学预计将在更多领域展现其独特的价值。

1.5 电子能谱学的发展趋势

随着科技的不断进步，电子能谱学正在朝向更高的空间分辨率、能量分辨率以及图像分析能力发展。现代分析设备，如 X 射线光电子能谱（XPS）和俄歇电子能谱（AES），已经能够提供极高的空间分辨率。具体来说，目前最先进的 XPS 系统的空间分辨率已经达到 10μm，而 AES 技术的空间分辨率更是达到了令人印象深刻的 20nm。此外，纳米薄膜技术的快速发展进一步提升了深度分辨率，极大地增强了我们对材料内部结构的认识和探索能力。

这些技术的进步使得电子能谱学在高科技材料和先进设备的研究中扮演着越来越重要的角色。无论是在组成成分分析、化学价态确定、表面性质研究还是界面特性探索方面，电子能谱学都显示出了巨大的应用潜力。这些分析能力不仅有助于科学研究，也对工业应用中的材料设计和性能优化提供了重要支持。因此，电子能谱学已成为探索现代高技术材料和微纳器件的一个不可或缺的工具，它的应用前景广阔，对推动材料科学、纳米技术和电子工程等领域的发展具有重要价值。

1.6 本书的主要内容和参考书

本书主要从基本原理、仪器装置、实验技术与分析方法及应用举例等方面介绍 X 射线光电子能谱（XPS）、紫外光电子能谱（UPS）、俄歇电子能谱（AES）、低能离子散射谱（LEIS）及电子能量损失谱（EELS）等表面分析方法在典型领域的研究应用。通过这些内容，学生将能够掌握电子能谱学在各个领域中的实际应用，尤其是在表面分析方法的研究中。

本书的主要参考书如下。

布里格斯 D. 2001. 聚合物表面分析：X 射线光电子能谱（XPS）和静态次级离子质谱（SSIMS）[M]. 曹立礼，邓宗武，译. 北京：化学工业出版社.

黄惠忠. 2002. 论表面分析及其在材料研究中的应用[M]. 北京：科学技术文献出版社.

王建祺，吴文辉，冯大明. 1992. 电子能谱学（XPS/XAES/UPS）[M]. 北京：国防工业出版社.

周清. 1995. 电子能谱学[M]. 天津：南开大学出版社.

Briggs D. 1984. 射线与紫外光电子能谱[M]. 桂琳琳，黄惠忠，郭国霖，等译. 北京：北京大学出版社.

Friedbacher G，Bubert H. 2011. Surface and Thin Film Analysis[M]. Weinheim：Wiley-VCH Verlag GmbH & Co. KGaA.

第 2 章 X 射线光电子能谱

2.1 X 射线光电子能谱的发展历史与特点

2.1.1 X 射线光电子能谱的发展历史

1905 年，爱因斯坦提出了光电理论，解释了碱金属表面在光照下产生光电流的光电效应，其公式为 $E_k = h\nu - W_0$，其中，E_k 为射出固体后的动能；h 为普朗克常量；ν 为入射光频率；W_0 为逸出功。20 世纪 40~50 年代，人们发现用 X 射线照射固体材料样品也能激发出光电子，并可以测量这些光电子的动能分布。然而，当时的分辨率不足以观察到光电子能谱中的实际激发峰。1958 年，K. Siegbahn 首次观测到光电子峰现象，并发现这种方法可以用于研究元素的种类及其化学价态，从而催生了化学分析电子能谱（electron spectroscopy for chemical analysis，ESCA）。自 20 世纪 60 年代以来，随着微电子技术、超高真空技术和计算机技术的发展，以及新材料研究对表面分析需求的增加，X 射线光电子能谱逐渐成形。60 年代开始研究相关仪器，70 年代 X 射线光电子能谱仪器开始商用化。随着科学技术的不断进步，X 射线光电子能谱正朝着多功能、小面积、图像化、微区分析和自动化的方向发展。

X 射线光电子能谱（X-ray photoelectron spectroscopy，XPS）是由 K. Siegbahn 教授率先提出的，且他和他的研究团队在 1954 年研制出了世界上第一台双聚焦磁场式光电子能谱仪。此后，他们不断改进谱仪性能，精确测定了元素周期表中各种原子的内层电子结合能。在研究硫代硫酸钠（$Na_2S_2O_3$）时观察到了化学位移效应，如图 2-1 所示，在 $Na_2S_2O_3$ 的 XPS 谱图中出现了两个完全分开的 S 2p 峰，并且这两个峰的强度相等。而在 Na_2SO_4 的 XPS 谱图中则只有一个 S 2p 峰。这表明，$Na_2S_2O_3$ 中的两个硫原子（+6 价和−2 价）由于化学环境的不同，其内层电子结合能产生了显著的化学位移，这在 XPS 谱图上清晰可见。

鉴于化学位移效应能够为化学研究提供

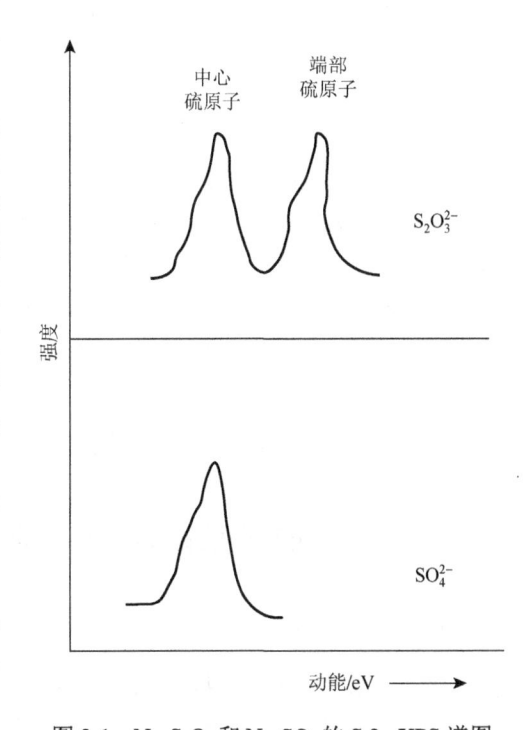

图 2-1 $Na_2S_2O_3$ 和 Na_2SO_4 的 S 2p XPS 谱图

分子结构和表面价态等方面的信息，具有广泛的应用价值，并且当时已经发现可以用电子能谱法对元素周期表中除氢以外的所有元素进行分析，于是他们在 1965 年将这一新兴学科命名为化学分析电子能谱，简称 ESCA。K. Siegbahn 和他所领导的研究小组不仅是 ESCA 的开拓者，还在国际 ESCA 研究中占据重要地位。他们在电子能谱理论、仪器和应用等方面都做出了巨大的贡献。K. Siegbahn 因此于 1981 年获得诺贝尔物理学奖。

2.1.2 X 射线光电子能谱的特点

从 XPS 谱峰所对应的结合能，可以指认所属元素及其电离轨道，做试样表面化学组成的定性分析。把扣除背底后的谱峰面积定义为谱峰强度，它与样品中电离的原子数成比例。实践中正是利用元素特征谱峰强度，作表面化学组成的定量分析依据。由芯能级谱线结合能的位移，直接确定相关元素的化学价态，这是 XPS 分析技术最突出的优点。在做 XPS 分析时，激发源 X 射线主要使原子内能级电子电离并出射光电子，产生特征峰。但往往还伴随有俄歇效应，这是提供元素化学价态及电子结构的另一信息源。在光电子出射时还会有其他一些伴激发过程，产生一些新的谱线。这些谱线特征往往同原子内电子结构有关，如内能级谱线的多重分裂，其与价带电子占有情况有关；Fermi 能级附近电子态密度分布，其与价电子或化学成键状况有关；同时光电子出射时和价自由电子相互作用，在低动能端产生非弹性损失峰，如等离子激元等，这些一起构成了 XPS 的丰富信息量。XPS 谱峰的形状、峰宽往往同激发态寿命及振动展宽有关，所以从伴峰结构及谱线展宽信息可以研究固体或分子中电子构型。

应当强调的是，通常用 XPS 进行表面元素及其化学价态的定性和定量分析，主要依据的是元素特征谱峰的位置与强度信息。而光电子发射时的伴发谱线则主要用于研究表面原子的电子结构和成键状况。因此，XPS 不仅能够进行元素的定性和定量分析，还可以通过内层电子结合能的化学位移，表征原子的化学环境和化合物的结构。因此，XPS 在原子价态和化合物结构鉴定方面是一种非常有价值的技术。同时，XPS 的另一个重要特点是，它可以在较低的真空度下进行表面分析研究。由于 X 射线的柔和特性，在中等真空环境下进行表面观察数小时也不会影响测试结果。而使用俄歇电子能谱（AES）法时，则必须使用超高真空，以防止样品表面形成碳沉积物，从而掩盖被测表面，影响测试结果。

2.2 工作原理

2.2.1 X 射线光电子能谱的基本原理

1. 光电离过程

光子与物质表面的相互作用，是基于单个光子对原子的激发以及随之发生的光电效应。当一个原子吸收一个光子后被激发，会引发多种内壳层的物理变化过程。光与物质的相互作用形式多种多样，其中最常见的包括光的吸收和反射。光吸收过程可以将光能转化为热能，而光反射则在不损失光能的情况下改变其传播方向。此外，光还可以与物质表面发生相互作用，产生光电离。在这一过程中，一个光子与原子碰撞，原子吸收光子并被激发，引发复杂的轨道电子变化。如图 2-2 所示，在光线与物质原子相互作用过程中，可以激发出直接电离的光电子、振动激发（当一个光子具有的能量恰好等于分子振动能级之间的能量差时，这个光子会被分子吸收，从而使分子的振动状态从较低振动能级跃迁到较高振动能级）和发射的光电子（分子从较高的振动能级回到较低振动能级的过程中，释放出一个光子）、俄歇电子及 X 射线等现象。

(1) 光电离过程

(2) 光子振动发射和振动激发

(3) 俄歇过程

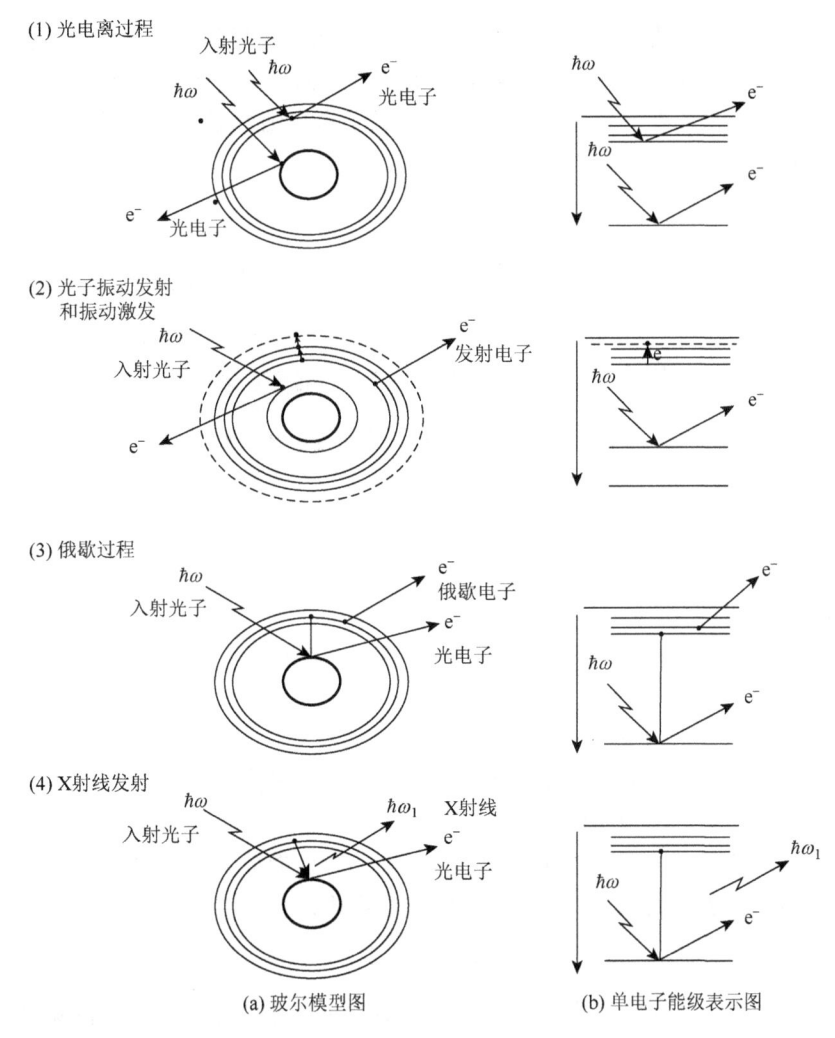

(4) X 射线发射

(a) 玻尔模型图　　　　(b) 单电子能级表示图

图 2-2　光子与原子作用的物理过程（图中 $\hbar\omega = \dfrac{h}{2\pi}\omega = h\nu$）

1）光子与原子作用的物理过程

反射：光子能量不损失。

吸收：光子能量转化为热能。

光电离：光子能量转化为电子能量。

$$M + h\nu \longrightarrow M^+ + e^-$$

注：（1）光电离过程一般为单光子、单电子过程。
（2）光电离过程是量子化的，光电子能量也是量子化的，与原子轨道有关。
（3）只要光子能量足够，就可以激发出所有轨道电子。
（4）对于气体是电离能，对于固体还需要考虑功函数的影响。

2）光电离激发过程

X 射线光电子能谱是基于光电离作用。当一束光子辐照到样品表面时，光子可以被样品中某一元素原子轨道上的电子吸收，使得该电子脱离原子核的束缚，以一定的动能从原子内部发射出来，变成自由的光电子，而原子本身则变成一个激发态的离子，这个过程就是光电离激发过程（图 2-3）。

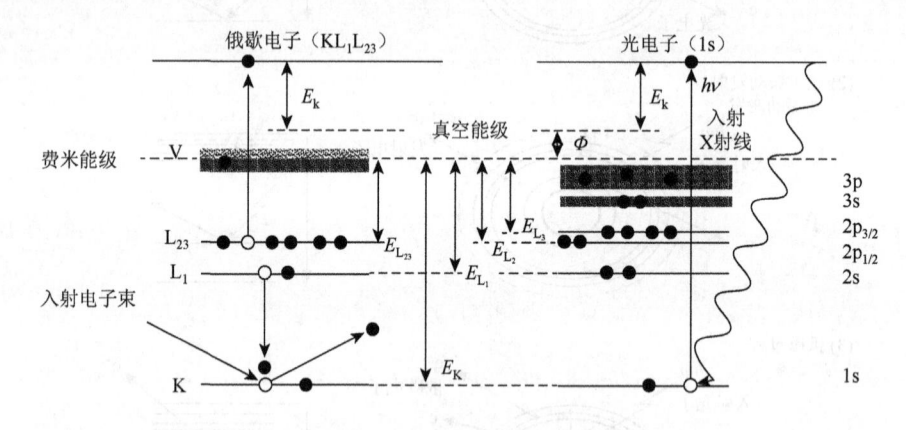

图 2-3　能级图和轨道示意图

3）光电过程中光电子的能量

X 射线光电子能谱是用一束特征波长（能量）的 X 射线去激发材料中有关原子轨道的电子，被击出的电子称为光电子。光电子的动能大小与具体元素及轨道结合能有确定的对应关系。如果 X 射线光子的能量为 $h\nu$，电子在该能级上的结合能为 E_b，射出固体后的动能为 E_k，三者之间满足 Einstein 光电发射定律：

$$h\nu = E_b + E_k \tag{2-1}$$

对于导电固体，击出的光电子要飞离固体表面还必须克服表面势垒的束缚，即克服材料表面的逸出功 W_s 的影响，因此光电子的动能应满足：

$$h\nu = E_b + E_k + W_s \tag{2-2}$$

对于非导电固体，由于存在荷电效应而破坏光电子发射时表面电中性条件，在表面形成附加的正电位 E_c，从而加速光电子的出射，因此所测得的光电子的动能应当满足：

$$h\nu = E_b + E_k + W_s - E_c \tag{2-3}$$

将式（2-2）和式（2-3）两式重新改写为
$$E_b = h\nu - E_k - W_s \tag{2-4}$$
$$E_b = h\nu - E_k - W_s + E_c \tag{2-5}$$

基于上述公式推导，如图2-4所示，当入射X射线的能量（$h\nu$）一定后，若测出功函数（Φ）和电子的动能（E_k），即可求出电子的结合能（E_b）。由于只有表面处的光电子才能从固体中逸出，因而测得的电子结合能必然反映了表面化学成分的情况，这正是光电子能谱仪的基本测试原理，以及光电过程中的能量关系。

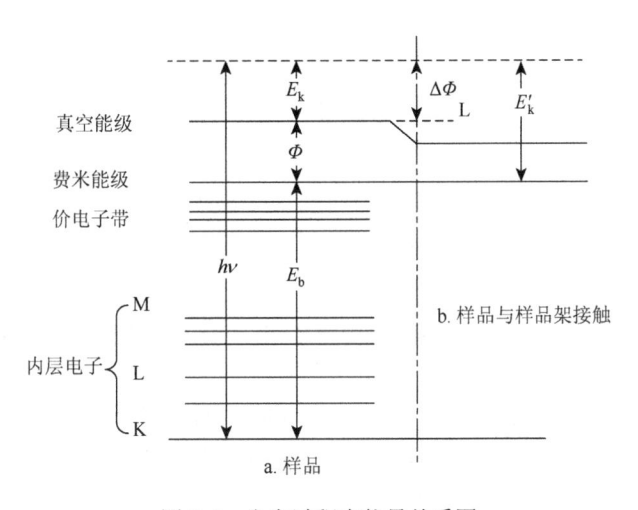

图2-4 光电过程中能量关系图

4）光电离概率

从光电效应可知，只要入射光子的能量足够克服电子结合能，电子就可以从原子中的各个能级发射出来。但实际上物质在一定能量的光子作用下，从原子中各个能级发射出的光电子数是不同的，也就是说，原子中不同能级电子的光电离概率不同。光电离概率可以用光电截面（σ）来表示，定义为某能级的电子对入射光子有效能量转移面积，也可以表示为一定能量的光子与原子作用时从某个能级激发出一个电子的概率。光电截面与电子所在壳层的平均半径（f）、入射光子频率（p）和受激原子的原子序数（Z）等因素有关。同一原子中半径越小的壳层，光致电离截面越大；电子结合能与入射光子的能量越接近，光电效应截面越大；不同原子中同一壳层的电子，原子序数越大，光致电离截面就越大。对于单个原子而言，光电离电子的概率明显依赖于光子的能量。这一点对于用光电子的方法研究表面吸附现象是很重要的。如图2-5所展示的C 1s能级的电离截面与激发光子能量（E_p）的关系图，从图上可见，随着光子能量到达C 1s的电离能阈值285eV时，其电离截面出现最高点，此后随着激发光子能量的增加，其电离截面反而缓慢下降，该结果与电子束电离的截面变化趋势不同。当用电子束激发时，只有当电子束能量达到电离能阈值时，才开始出现电子的发射，并随电子束能量的增加，其电离截面快速增加。当电子束的能量达到电离能阈值的3倍左右，其电离截面达到最大值，随后其值不再随电子束激发能量的增加而变化。

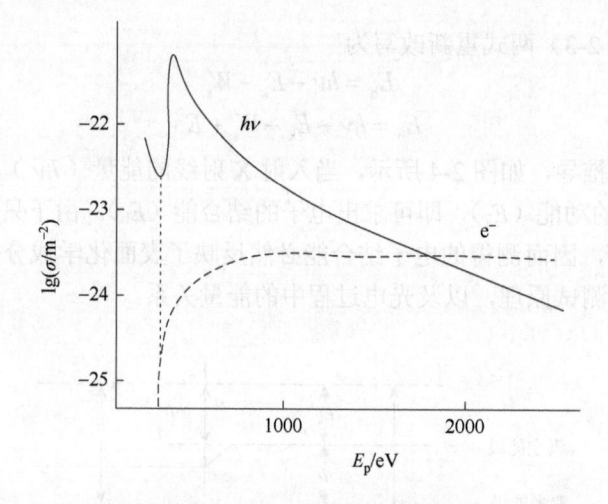

图 2-5 C 1s 能级的电离截面
实线为光电离，虚线为电子束电离，E_p 为一次光子或电子束的能量

不同的电离源影响光电离概率，图 2-6 给出了几种激发源对几种轻元素进行电离时，其电离截面的变化图。由图 2-6 可见，随着原子序数的增加（结合能的增加），无论是 Mg K_α 还是 Al K_α 作为电子束源，其电离截面均随着原子序数的增加（结合能的增加）而增加，并且 Mg K_α 作为电子束源的电离截面普遍高于 Al K_α 作为电子束源的电离截面。同样从图上还可见，当利用电子束进行激发时，其电离截面随着原子序数的增加而下降，与光激发的趋势相反。光电离概率与元素种类有关，其关系如图 2-7 所示，对于同一轨道，随着原子序数的增加其电离截面迅速增加，这是光致电离的一个重要特点。

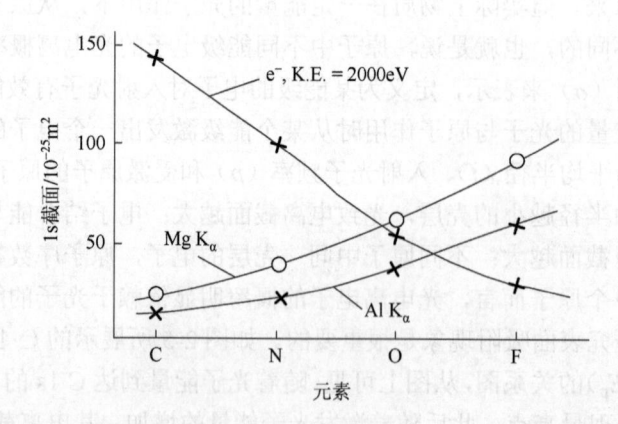

图 2-6 以 Al K_α 及 Mg K_α 为电子束源时 C 1s、N 1s、O 1s、F 1s 的电离截面值
为使曲线在同一坐标上示出，图中电子束源数据需被 2 除；K.E.为动能（kinetic energy）

图 2-7　Al K$_\alpha$ 辐射相对 C 1s 截面的计算截面值

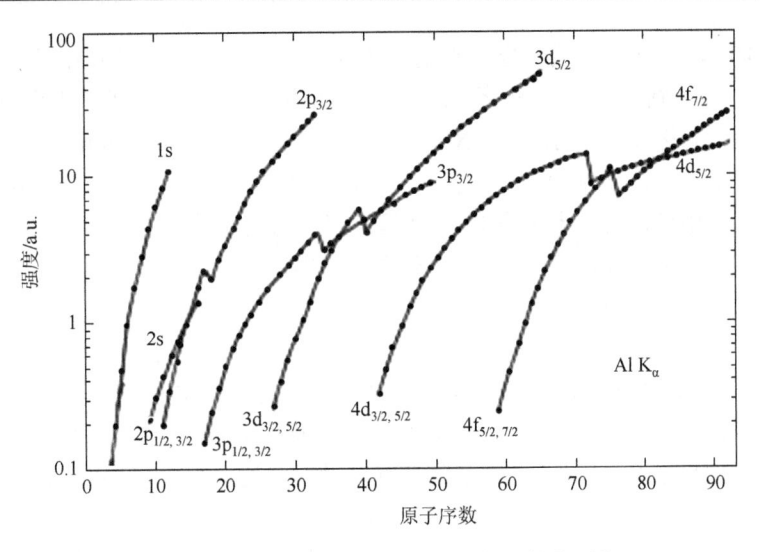

5）光电子谱线的特点及表示

光电子谱线与原子结构密切相关，具有量子化的特点，可以用激发跃迁的能级来表示。如图 2-8 所示，光电子谱是由多种物理过程所激发的电子分布构成的，每条谱线都代表了对应的光子与原子相互作用的物理过程，激发所产生的光电子谱线分布在不同的能量位置上。谱线的低能部分通常具有较宽的峰值，主要由二次电子和能量损失电子组成。这些电子主要来源于光电子在碰撞过程中失去能量，以及体相和表面等离子体激元的能量损失。

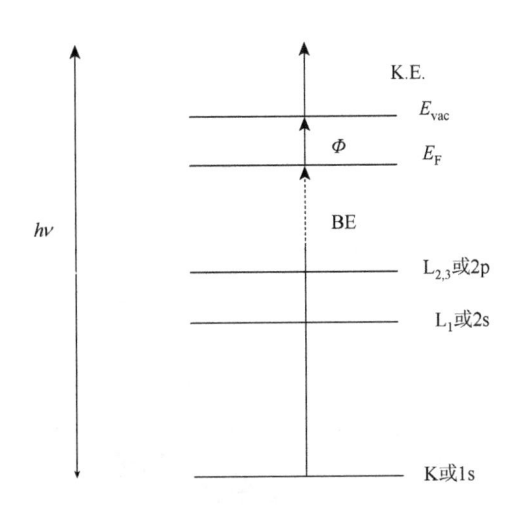

图 2-8　XPS 能级示意图

E_F 表示 Fermi 能级；E_{vac} 表示真空能级；BE 表示结合能

6）表面灵敏度

XPS 具有非常高的绝对灵敏度，是一种超微量分析技术，分析时所需样品量很少，一般仅需约10^{-8}g。现代X射线光电子能谱也可对表面微区的元素及其化学价态进行分析，其空间分辨率已达到 5μm，如配备强度高的同步辐射光源，空间分辨率甚至可以达到200nm。对于固体表面杂质的探测，XPS的探测深度可以达到1～5nm。XPS携带的信息深度与多种因素有关，通常用非弹性散射平均自由程来描述。尽管XPS的绝对灵敏度很高，但其相对灵敏度较低。相对灵敏度是指在多组分样品中检测某种元素的最小比例，目前XPS的相对灵敏度通常只能达到千分之一左右。

7）非弹性散射平均自由程

a. 定义

对于固体材料，电子在固体内部迁移的过程中，会与固体中的原子发生非弹性碰撞，产生散射和能量损失。电子会持续迁移，直至能量损失为零，无法从表面逸出。电子在这种情况下所能迁移的最大距离称为电子的非弹性散射平均自由程，可以由式（2-6）来表示：

$$I = I_0 \times \exp(-x/\lambda) \tag{2-6}$$

式中，I为出射电子强度；I_0为入射电子强度；x为厚度；λ为非弹性散射平均自由程。

b. 非弹性散射平均自由程的影响因素

（1）非弹性散射平均自由程受材料性质的显著影响。如图2-9所示，不同材料的电子结构和原子排列会导致电子在迁移过程中经历不同程度的能量损失和散射。这种影响不仅取决于材料的类型，还与其密度、化学成分和微观结构密切相关。因此，了解非弹性散射平均自由程对于准确分析固体材料的电子特性和进行表面分析至关重要。

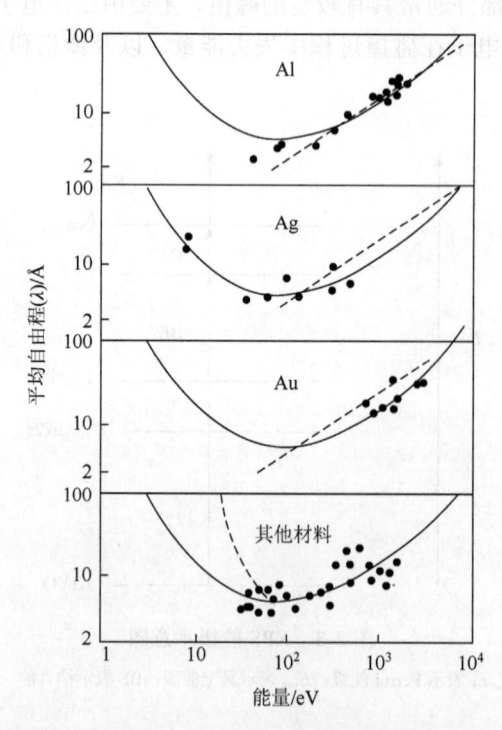

图2-9 不同材料的电子非弹性散射平均自由程

实线：实验的平均值；虚线：计算结果；点：宽带隙（$E_g \approx 10\text{eV}$）绝缘体的预期值

(2) 非弹性散射平均自由程与光电子强度及厚度的关系：

$$I_{xy} = SK_{xy} \times \frac{1}{\sin\alpha} \times \int_0^\infty C_x \sigma_{xy} \exp\left(\frac{-x}{\lambda_{xy}\sin\alpha}\right) dx \tag{2-7}$$

式中，S 为受 X 射线照射的面积；K_{xy} 为与仪器结构有关的因子；C_x 为固体中元素 X 的体积浓度；σ_{xy} 为 X 原子中 y 能级的电离截面；α 为光电子掠射角。

式（2-7）的物理意义如图 2-10 所示，此图直观地展示了这种复杂的数学关系，帮助我们更好地理解非弹性散射平均自由程与光电子强度及厚度的关系。

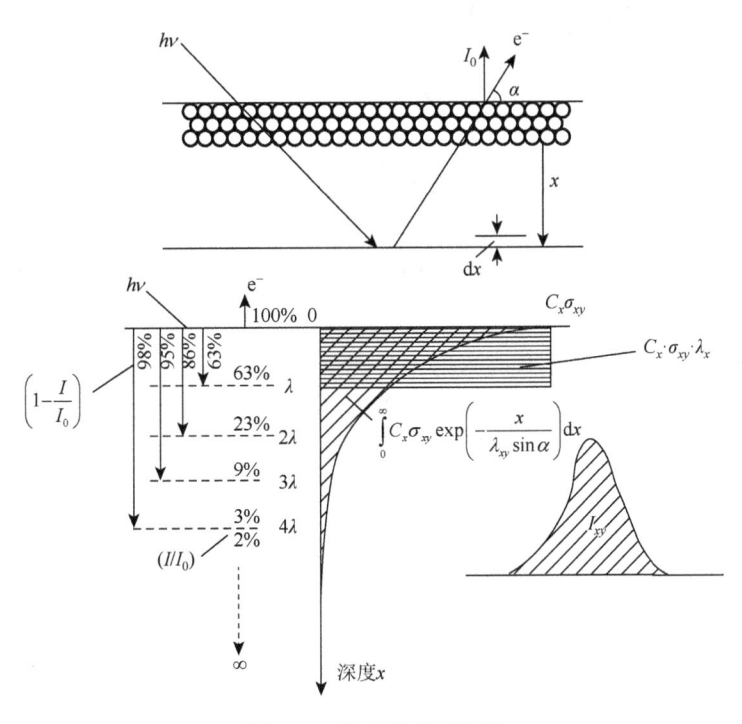

图 2-10 物理意义示意图

(3) 非弹性散射平均自由程与原子序数之间的关系。如图 2-11 所示，随着原子序数的增加，材料的电子密度和原子核的屏蔽效应也发生变化，这会影响电子在材料内部的散射和能量损失行为。通常，较高的原子序数意味着较强的散射效应和更短的非弹性散射平均自由程。因此，理解这种关系对于材料科学和表面分析技术的发展具有重要意义。图 2-11 直观地展示了这种关系，帮助我们更好地预测和解释不同材料中电子迁移的特性。

(4) 非弹性散射平均自由程也受激发源的影响。图 2-12 展示了电子束与 X 射线的平均自由程比较，不同的激发源会导致电子在材料内部经历不同的散射和能量损失过程。例如，电子束激发通常导致较短的非弹性散射平均自由程，而 X 射线激发则可能导致较长的非弹性散射平均自由程。这种差异源于两种激发源的能量和相互作用机制的不同。

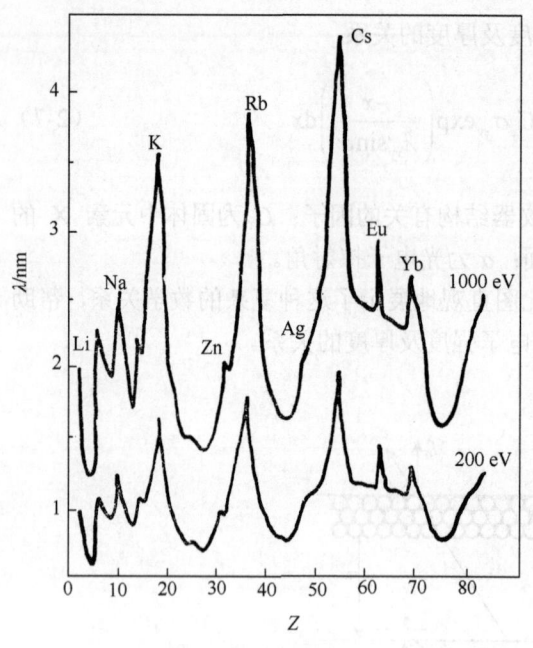

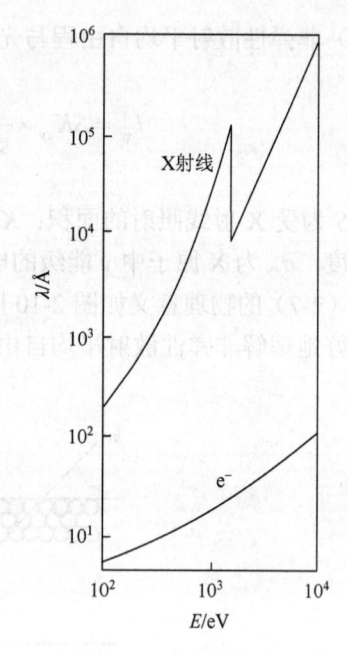

图 2-11　非弹性散射平均自由程（λ）与原子序数（Z）之间的关系

图 2-12　电子束、X 射线在金属 Al 中 λ 比较

（5）非弹性散射平均自由程与入射电子能量之间的关系。入射电子能量对非弹性散射平均自由程有显著影响。一般来说，随着入射电子能量的增加，电子在材料内部的非弹性散射平均自由程也会增加。这是因为高能电子在物质中穿透能力更强，能更深入地穿过材料，在此过程中经历较少的能量损失和散射。然而，这种关系并非线性，而是受到材料的电子结构、密度和其他物理性质的复杂影响。图 2-13 直观地展示了不同入射电子能量下的非弹性散射平均自由程，为我们理解和预测电子在不同能量下的行为提供了重要参考。这对于材料表面分析和电子显微学等应用具有重要意义。

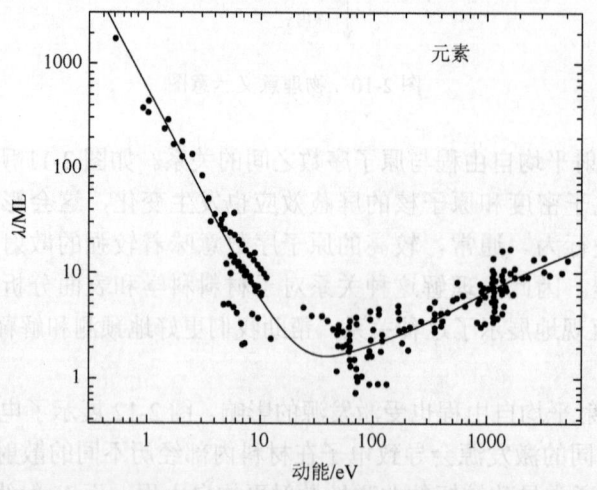

图 2-13　λ 与电子动能的关系曲线

ML 表示单层

（6）XPS 激发俄歇电子的平均自由程与原子序数之间存在密切关系。随着原子序数的增加，材料的电子密度和原子核的屏蔽效应也发生变化，这影响了俄歇电子在材料中的传播路径和散射行为。一般来说，较高的原子序数会导致较强的散射效应，从而缩短俄歇电子的平均自由程。这一关系对于理解材料的电子结构和分析表面成分非常重要。图 2-14 提供了直观的可视化，帮助我们更好地理解不同原子序数材料中俄歇电子的平均自由程。这对于选择合适的分析方法和解释实验数据具有重要的指导意义，特别是在高分辨率表面分析和材料科学研究中。

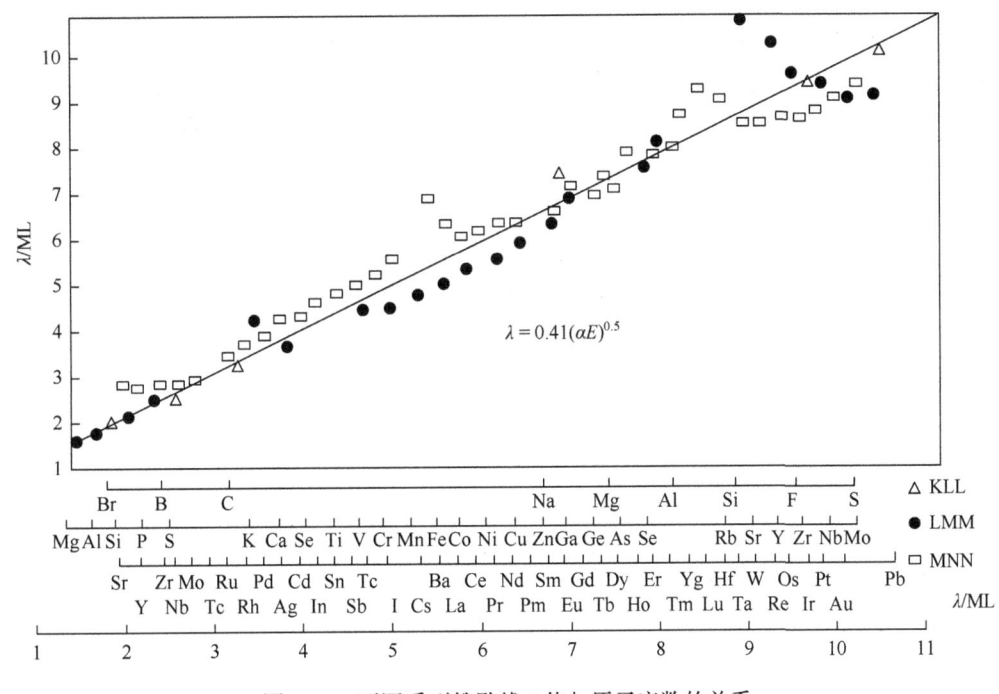

图 2-14　不同系列俄歇线 λ 值与原子序数的关系

（7）取样深度（d）与非弹性散射平均自由程之间存在密切关系。非弹性散射平均自由程定义了电子在材料中迁移时经历非弹性碰撞前的平均距离，因此直接影响了取样深度。在 X 射线光电子能谱（XPS）和其他表面分析技术中，一般情况下，取样深度约为非弹性散射平均自由程的 3 倍，即 $d=3\lambda$。这意味着电子在材料中穿透的深度越大，信息获取的深度也越大，但同时表面灵敏度也会下降。电子平均自由程（λ）计算公式如下：

经验公式：
$$\lambda = 0.41 \times \alpha^{1.5} \times E^{0.5} \tag{2-8}$$

适用于元素：
$$\lambda = 538E^{-2} + 0.41(\alpha E)^{0.5} \tag{2-9}$$

适用于无机物：
$$\lambda = 538E^{-2} + 0.72(\alpha E)^{0.5} \tag{2-10}$$

适用于有机物：
$$\lambda = 49E^{-2} + 0.11(\alpha E)^{0.5} \tag{2-11}$$

式中，α 为原子直径，nm；E 为电子能量，eV；λ 为电子平均自由程，金属为 0.5~2nm，无机物为 1~3nm，有机物为 3~10nm。

2. 振动发射和振动激发过程

当原子壳层中的电子吸收光子时，通过光电转换过程将光子的能量全部转化为电子的能量。当增加的能量超过该电子所在能级的电离能时，电子将被发射出去，成为光电子。这是自由原子光电发射的基本过程。然而，如果光子的能量远高于电子所在能级的电离能，光电子将以很高的速度离开原子，导致中心电位的突然改变。这会影响原子的外层电子，使它们从轨道上发射出去，这种现象称为光子振动发射（photon shake-off）。由于同时发射两个电子，这一过程也称为双电子发射光电离。

此外，光电离过程还可能引发另一种效应。当原子内壳层的一个电子突然离开时，中心电位的变化会导致轨道上的电子被激发到其他轨道。这种现象称为振动激发（shake-up）。如果这种激发持续发生，内层电子可能被激发到自由电离态，并最终离开原子，这一过程称为自电离。自电离态指的是电子的激发能量已超过原子的第一电离极限，但原子尚未被完全电离。

光子振动发射主要发生在价带电子中，而光子振动激发则可以在价带电子和原子内壳层电子中发生，尽管后者的激发概率较小。显然，无论是光子振动激发还是光子振动发射所发射的光电子的动能都与光子的能量无关，只与原子结构和电子所在壳层的性质有关。这种现象类似于俄歇效应，其结果在光电子谱线上表现为在正常光电子谱线旁出现不随光子能量变化的附加谱线。

3. 俄歇过程

使用高能量光子电离原子的过程中，往往伴随着俄歇电子的产生。这是高能量光子使原子的壳层电子电离而产生空穴，较高能级上的电子填充了这个空穴，从而导致非辐射性跃迁的缘故。这个过程将在俄歇电子能谱一章详细讨论。需要指出的是，在这个过程中所测量到的电子能量不依赖于入射光的能量，因而在光电子谱线上很容易识别它们。

4. X 射线辐射过程

这一过程基本上与俄歇过程相似。所不同的是，较高能级的电子填充时，剩余能量不是被某一壳层上的电子所吸收，而是以 X 射线的形式从原子系统中辐射出去。

2.2.2 电子结合能原理

1. 结合能的概念

结合能是指在某一元素的原子结构中某一轨道电子和原子核结合的能量。结合能与元素种类以及所处的原子轨道有关,能量是量子化的。结合能反映原子结构中轨道电子的信息。

注意:对于气态分子,结合能就等于某个轨道的电离能(表 2-1),而对于固态中的元素,结合能还需要进行仪器功函数的修正。

表 2-1 芯层电子电离能　　　　　　　　　(单位:eV)

轨道	分子	ΔSCF[a]	实验值[b]
C 1s	CH$_4$	291.0	290.7
N 1s	NH$_3$	405.7	405.6
O 1s	H$_2$O	539.4	539.7
F 1s	HF	693.3	694.0
Ne 1s	Ne	868.8	869.1

a. Schwartz M E. Chem Phys Lett,1970,5: 50。
b. Siegbahnn K,et al. ESCA Applied to Free Molecules. New York: American Elsevier,1970。

2. 结合能的本质(原子轨道能级)

(1)光子与原子碰撞产生相互作用。
(2)原子轨道上的电子被激发出来。
(3)激发出的电子克服仪器功函数进入真空,变成自由电子。
(4)每个原子有很多原子轨道,每个原子轨道上的结合能是不同的。
(5)对于给定元素,结合能只与能级轨道有关,是量子化的。
(6)内层轨道的结合能高于外层轨道的结合能,同一元素 $E_{1s}>E_{2s}$。

3. 结合能的理论计算:Koopmans 近似

(1)电子激发过程原子核保持不变。
(2)电子激发过程能级也保持不变。
(3)主峰的宽度与所选择的近似函数有关。

但在实际中都是有变化的,如图 2-15 所示,原子体系发射光电子后,原来稳定的电子结构被破坏,这时求解状态波函数和本征值遇到很大的理论困难。Koopmans 认为在发射电子过程中,发射过程是如此突然,以至于其他电子根本来不及重新调整。即电离后的体系同电离前相比,除了某一轨道被打出一个电子外,其余轨道电子的运动状态不发生变化,而处于一种"冻结状态"(突然近似,sudden approximation)。这样,电子的结合能应是原子在发射电子前后的总能量之差,这就是 Koopmans 定量。测量的结合能值与计算的轨道能量有 10~30eV 的偏差,这是因为这种近似完全忽略了电离后终态的影响,实际上初态和终态效应都会影响测量的结合能值。这种方法只适用于闭壳层体系。

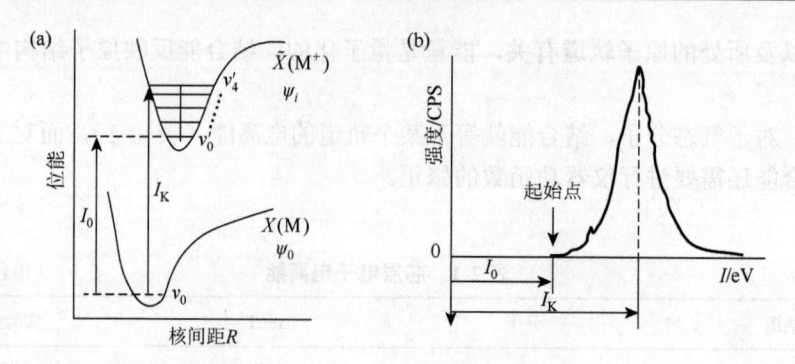

图 2-15 垂直电离能与绝热电离能的关系：（a）垂直电离能 I_K 与绝热电离能 I_0；（b）UPS 谱图中 I_0、I_K 的位置

v_0 表示基态位能；$X(M)$ 表示分子或原子在几何结构完全弛豫后，从基态电离到离子基态所需的能量；$\tilde{X}(M^+)$ 表示分子或原子在不发生几何弛豫的情况下，从基态电离到离子态的能量

I_K 与 I_0 间的关系如下：

$$I_K = I_0 + \sum_{i=1}^{\infty} \left| \langle \psi_i' | \psi_0 \rangle \right|^2 (I_i - I_0) \tag{2-12}$$

4. 气体分子的结合能

1）气体分子的结合能与电离能的关系

根据 Koopmans 近似，在光电子激发过程中，原子核是被冻结的，对电子没有影响，因此可以认为原子的结合能（E_b）就是原子的轨道电离能（I），即

$$E_b = I \tag{2-13}$$

但原子的结合能还与分子弛豫能和电子相关效应有关，这两个因素都会对原子结合能产生影响。

a. 分子弛豫能

由于电离过程对分子产生微扰作用，轨道电子的能量产生微小变化，即分子弛豫能 E_R。则上述关系式 [式（2-13）] 修正为

$$E_b = I - E_R \tag{2-14}$$

式中，E_b 为结合能；I 为轨道电离能；E_R 为弛豫能。

表 2-2 为常见气体分子的弛豫能 E_R 数值。

表 2-2 弛豫能 E_R 数值　　　　　　　　　　（单位：eV）

分子	电离能 $-\varepsilon$ (1s)	电离能 ΔSCF	弛豫能 E_R
CH$_4$	305.2	291.0	14.2
NH$_3$	422.8	405.7	17.1
H$_2$O	559.4	539.4	20.0
HF	715.2	693.3	21.9
Ne	891.4	868.8	22.6

b. 电子相关效应

电子相关效应是指原子核中多电子之间的相互作用导致电离能增加的现象。而且，离子态时的电子相关能与中性分子态时的电子相关能存在差异。通常，含有 N 个电子的中性分子的电子相关能要比含有 $N–1$ 个电子的离子的电子相关能高。则式（2-14）进一步修正为

$$E_b = I - E_R - E_{corr} \qquad (2\text{-}15)$$

式中，E_b 为结合能；I 为轨道电离能；E_R 为弛豫能；E_{corr} 为电子相关效应的电子相关能。

2）气体分子结合能与分子轨道的关系

从图 2-16 可以看出，激发源的能量影响峰的强度。一般情况，激发能的能量为结合能的 3 倍为最佳。

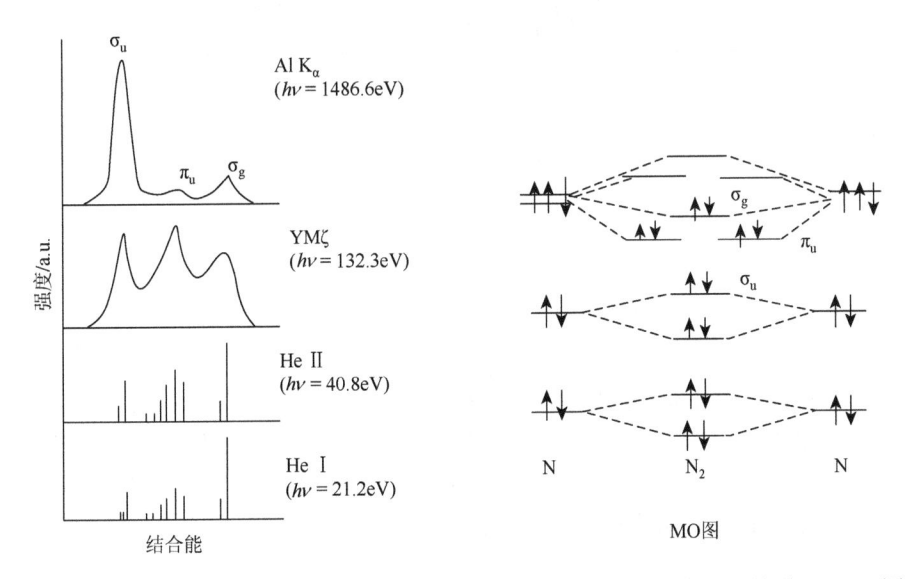

图 2-16 受不同光子激发的 N_2 分子的价带光电子能谱（PE）图及其分子轨道（MO）图

5. 固体样品的结合能

X 射线光电子能谱的原理非常简单，当一束光子照射到样品表面时，样品中某一元素的原子轨道上的电子可以吸收光子能量，脱离原子核的束缚，以一定的动能从原子内部发射出来变成自由的光电子，而原子本身则进入激发态变成离子，这种现象称为光电离效应。在光电离过程中，固体物质的结合能可以用下面的方程来表示：

$$E_k = h\nu - E_b - \Phi \qquad (2\text{-}16)$$

式中，E_k 为出射的光电子动能，eV；$h\nu$ 为 X 射线源光子的能量，eV；E_b 为特定原子轨道上的结合能，eV；Φ 为谱仪的功函数，eV。

注意：谱仪的功函数主要是由谱仪材料和状态决定，对于同一台谱仪来说，功函数基本上是一个常数，与样品无关，一般取其平均值，为 3~4eV。

固体材料的光电离结合能基本与气态相同，但还必须考虑固体材料的复杂性和更多的影响因素。

（1）对于导电样品来说，其能级图如图 2-17 所示，导带与价带交叉，费米能级在中间，刚好与谱仪费米能级相同，因此 $E_k = h\nu - E_b - \Phi$，式中，E_b 为内层能级的结合能（以 $E_F = 0$）；E_k 为从谱仪逸出的光电子动能（以真空能级 $E_v = 0$）；Φ 为谱仪功函数。一般采用 $E_F = 0$ 作为能量标定零点。

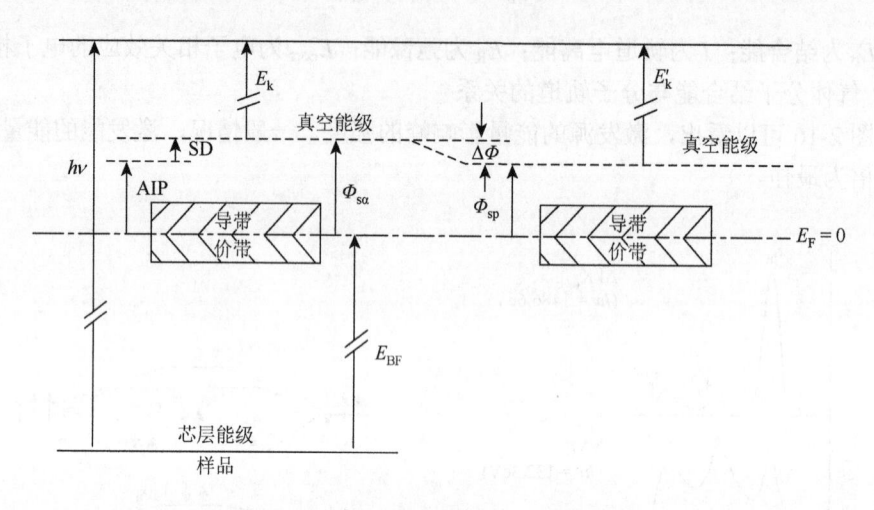

图 2-17　导电样品的能级图（$E_F = 0$）

（2）对于非导带样品来说，其能级图如图 2-18 所示，在导带与价带之间存在带隙（1～4eV）。当样品的能带结构已知且禁带中无杂质能级时，通常取带隙的一半，即带隙中心位置，作为费米能级。然而，对于大多数样品，其能带结构甚至带隙宽度都是未知的，此时采用费米能级作为参考点就具有一定的不确定性。

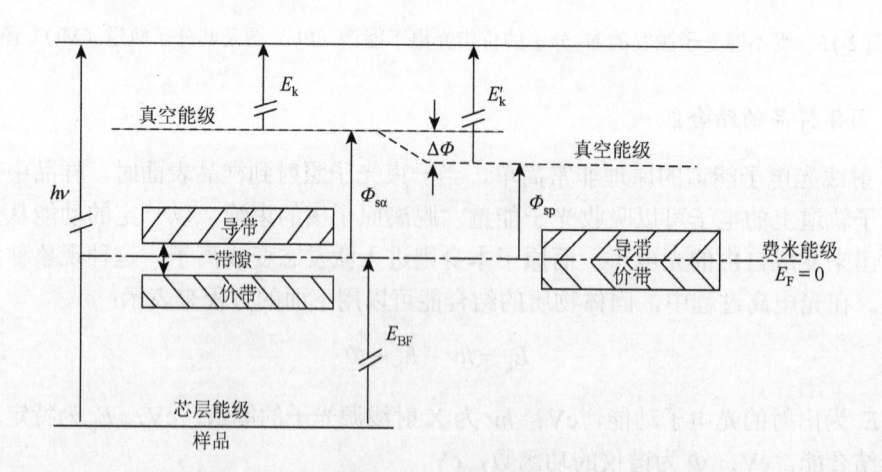

图 2-18　非导电样品的能级图

6. XPS 的结合能的应用原理

由于采用的 X 射线激发源具有较高能量，不仅可以激发原子轨道中的价电子，还可以激发芯能级上的内层轨道电子。其出射光电子的能量仅与入射光子的能量和原子轨道的结合能有关。如图 2-19 所示，对于特定的单色激发源和特定的原子轨道，光电子的能量是特征性的。当激发源的能量固定时，光电子的能量仅与元素的种类和所电离激发的原子轨道有关，这使我们可以根据光电子的结合能定性分析物质的元素种类。

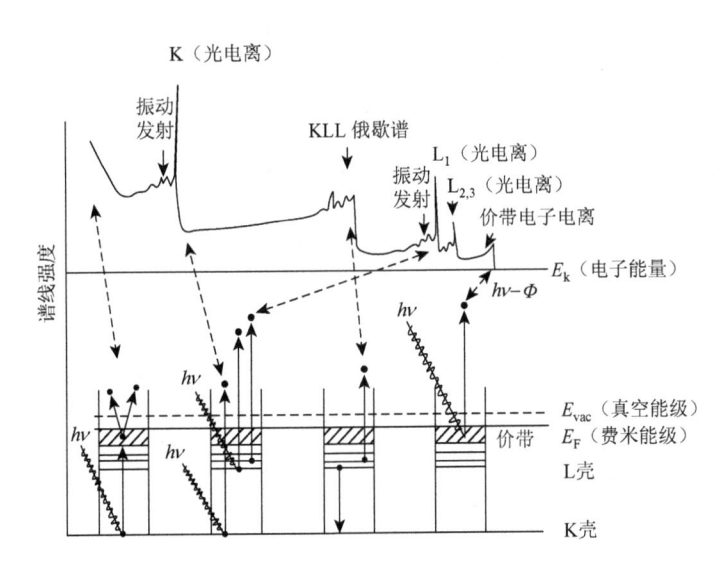

图 2-19 X 射线光电子能谱基本过程以及与谱线关系示意图

光电子的激发表示方法，如 C 1s，其中第一位表示元素符号，后两位表示光电子激发出的原子轨道。

7. 具体的实例

1）金属 Pd 的全谱图

如图 2-20 所示，在结合能为 0~800eV 的范围内，可以清晰地观察到 Pd 的 s、p 及 d 轨道电子结合能特征峰，这为确认 Pd 的存在及其表面价态提供了有利证据。

2）$BaSO_4$ 的 XPS 谱图及光电离能谱分布图

如图 2-21 所示，可以清晰地观察到 Ba、S 及 O 的轨道电子结合能特征峰（s、p、d）以及 O 和 Ba 的俄歇特征峰，这为分析和确认 Ba 的存在及其表面价态提供了直接证据。

如图 2-22 所示，可以从 $BaSO_4$ 的光电离能谱分布图中清晰地了解到 S、O 和 Ba 特征能级的跃迁变化。

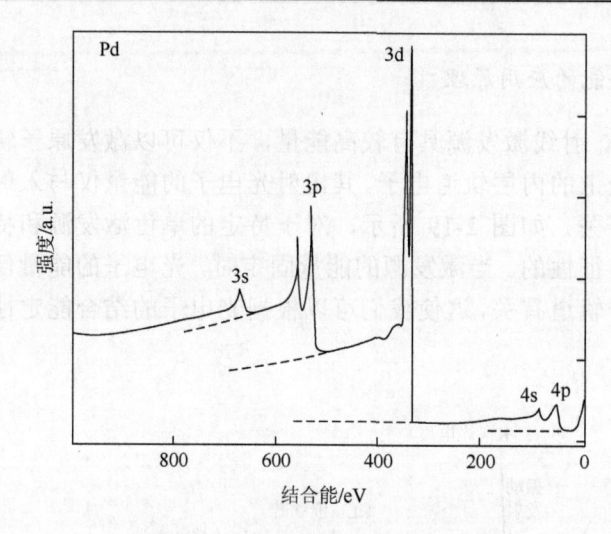

图 2-20 金属 Pd 的宽区间 XPS 谱图

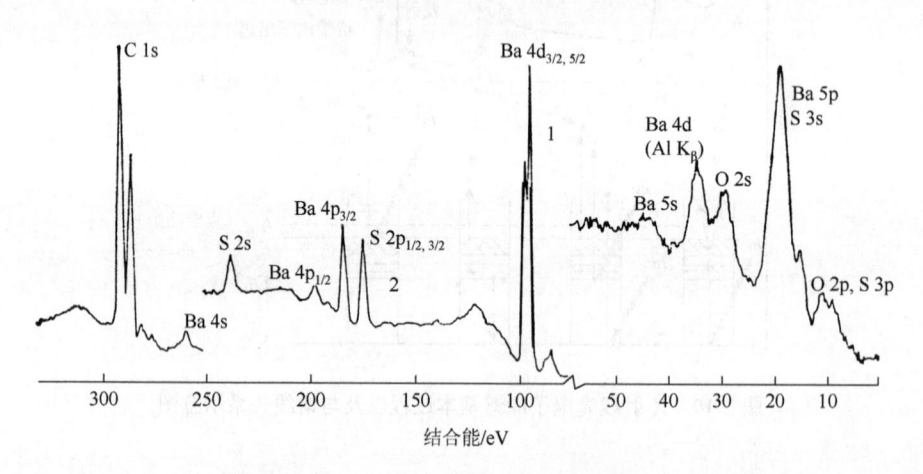

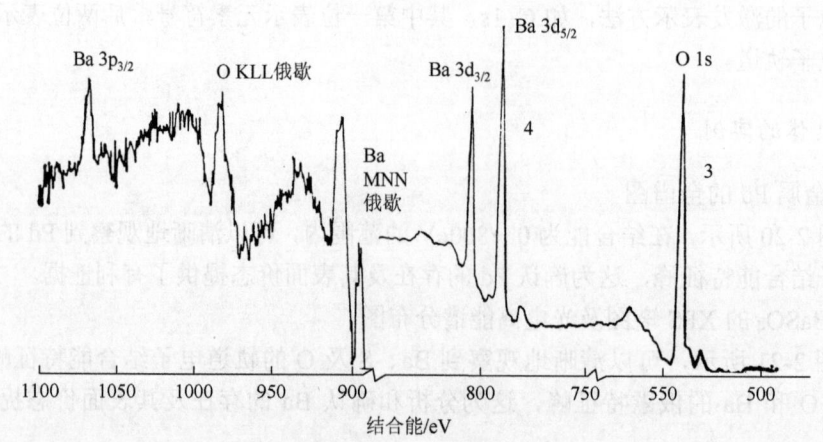

图 2-21 典型样品 BaSO₄ 的 XPS 全谱图

图中 1~4 分别对应图 2-22 中①~④

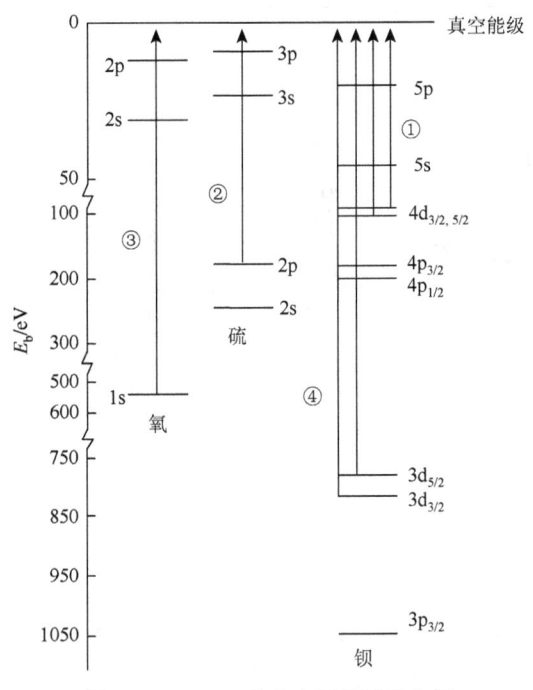

图 2-22 BaSO₄ 的光电离能谱分布图

3）XPS 对金属铝表面分析的结果

图 2-23 的横坐标有两种表示方法：从左至右表示光电子动能增加方向，从右至左表示轨道电子结合能增加方向。图 2-23（a）展示了宽能量范围内的全谱，图 2-23（b）则展示了窄能量范围内的高分辨率 XPS 谱。这两张 XPS 谱不仅显示了铝金属表面被碳、氧污染，还显示了铝表面被部分氧化的情况，表现为在对应金属 Al 2p 和 2s 轨道特征峰的低动能一侧有一个清晰可分辨的肩峰，它对应较低的动能（较高的结合能），这便是被氧化的 Al 2s 和 2p 轨道谱峰。因此，铝以金属和氧化物两种化学价态存在。这个结果初步证明了 XPS 在表征元素化学价态方面的能力。

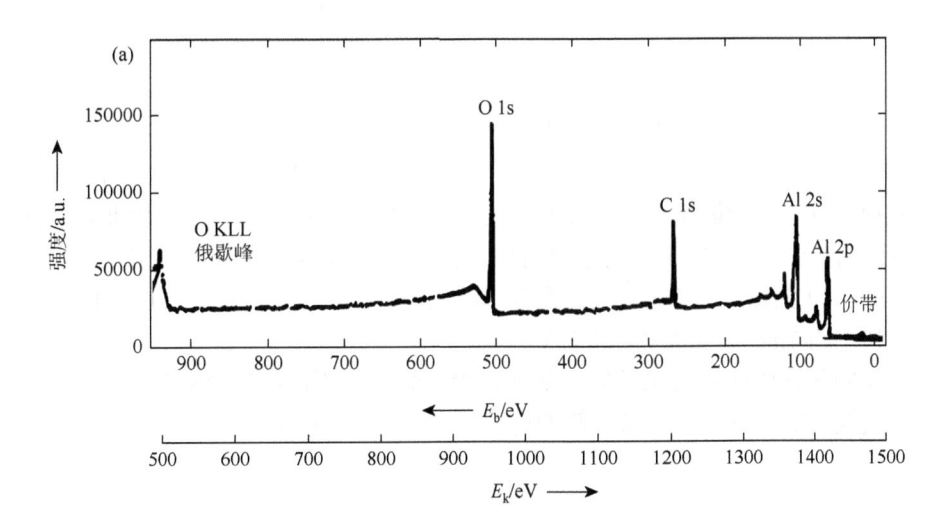

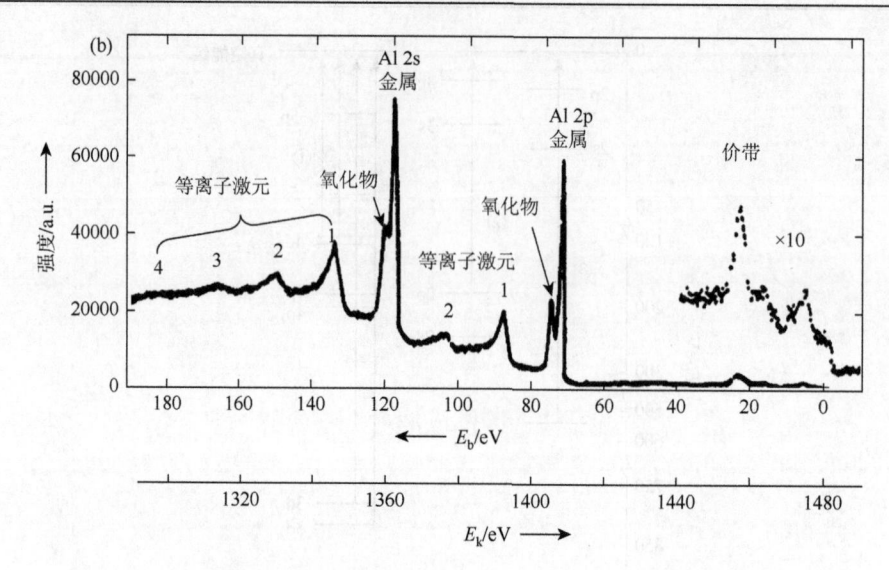

图 2-23 金属铝表面 XPS 谱图：(a) 全谱；(b) 窄能量范围谱

另外，图 2-23 所示金属铝表面 XPS 谱图中 Al、C、O 特征峰各自所覆盖的峰面积和它们的含量成比例，这是 XPS 做定量分析的依据。

2.2.3 化学位移理论

1. 化学位移的基本概念

虽然出射光电子的结合能主要由元素的种类和激发轨道所决定，但由于原子内部外层电子的屏蔽效应，芯能级轨道上的电子结合能在不同化学环境中会有所不同，这些微小的差异被称为化学位移。化学位移取决于元素在样品中所处的环境。

一般情况下，当元素获得额外电子时，其化学价态为负，结合能降低；反之，当元素失去电子时，其化学价态为正，结合能增加。利用这种化学位移，可以分析元素在该物种中的化学价态和存在形式。元素的化学价态分析是 XPS 最重要的应用之一。

所谓的化学环境不同有以下两种理解。

（1）指与该原子相结合的元素种类不同。三氟乙酸乙酯是一个典型例子，其中四个碳原子分别与氢、氧和氟相结合，显然它们各自的化学环境明显不同。因此，在 XPS 谱上所测得的对应的 C 1s 轨道结合能会有明显位移，如图 2-24 所示。以 C—H 键的 C 1s 轨道结合能作为参照点，三氟乙酸乙酯分子结构中其余三个碳的 C 1s 谱峰分别向高结合能方向位移了约 1.8eV、4.8eV 和 8.2eV。

（2）相同元素的成键状态不同。例如，聚乙烯经过不同的氟化处理后，由于碳和氟形成的键数及成键位置不同，碳和氟的内层轨道结合能（C 1s 和 F 1s）都会发生明显变

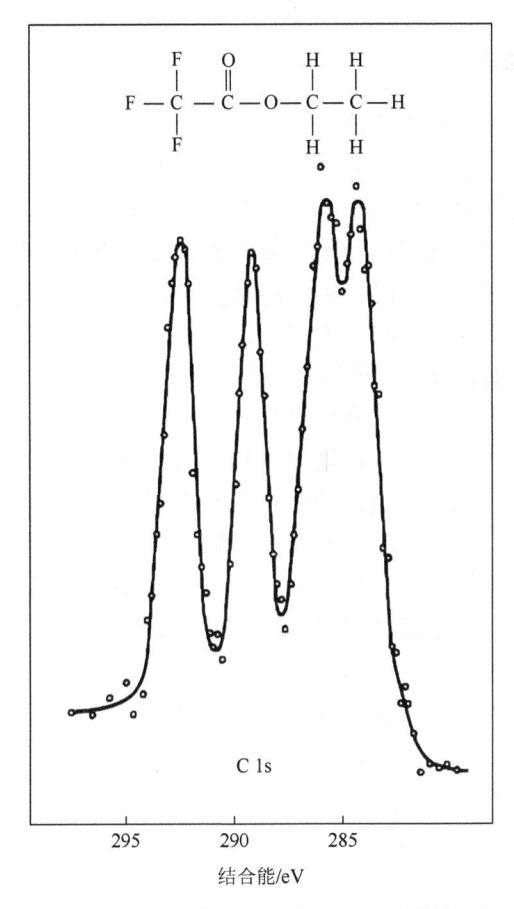

图 2-24 三氟乙酸乙酯中四个 C 1s 轨道结合能

化,如图 2-25 所示。这组实测结果清楚表明,当氟和碳直接成键时,每取代一个氢原子会引起 C 1s 轨道结合能位移 2.9eV;而对相邻原子的结合能影响则为 0.7eV,这种影响为 β 位移。如果用氯代替氟,与氯原子直接结合的 C 1s 轨道结合能位移为 2.7eV,而相邻 C 1s 轨道的 β 位移量为 0.5eV。这反映了氯的电负性比氟低。接下来将讨论电负性对化学位移的影响。

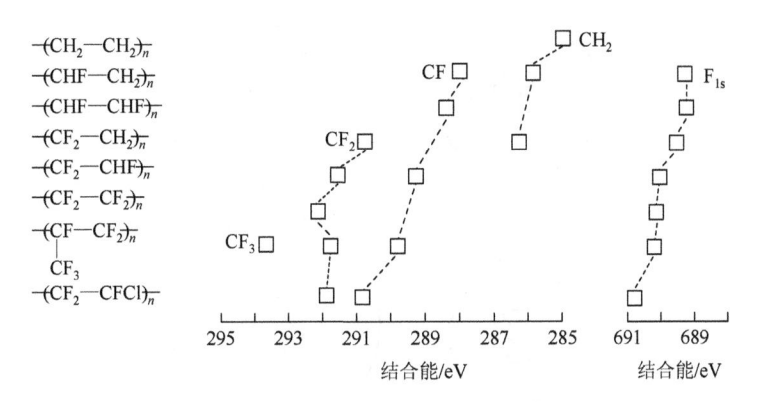

图 2-25 含氟聚合物中 C 1s 和 F 1s 的化学位移

2. 化学位移的理论计算

内层电子结合能的化学位移理论计算已经受到大量关注。原则上，各个化合物的内层电子电离能可用精确的从头计算方法来计算；但实际上，这种方法仅在处理非常小的分子时才是适用的。对于大的多原子分子，尤其是固体材料，必须借助近似的半经验方法。原子周围化学环境的变化引起分子中某原子谱线结合能的变化，被称为化学位移。一般来说，当外层电子密度减少时，电子屏蔽作用减弱，内层电子结合能增加；反之，结合能减少。通常取自由原子的结合能作为比较基点，因此化学位移可以通过分子中原子的结合能与自由原子的结合能差值进行计算。

$$\Delta E = E(M) - E(A) \quad (2\text{-}17)$$

式中，ΔE 为化学位移；$E(M)$ 为原子在分子中的结合能；$E(A)$ 为原子在自由原子中的结合能。

理论上，可以通过量子化学计算出以上的结合能和化学位移，实际上难度很大，一般采用近似模型进行理论计算。常采用的模型有电荷势模型和弛豫势能模型。

1）电荷势模型

a. 电荷势模型的基本概念

如图 2-26 所示，假设原子内层电子位于原子核的周围，距离外层电子很远，芯电子就像处于空心静电球的球心位置，感受到外层价电子对它的势场作用。

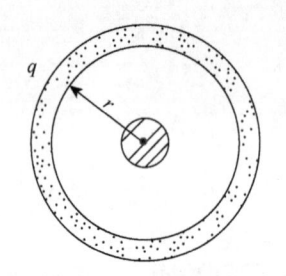

图 2-26 电荷势模型

化学位移的表达式如下所示：

$$\Delta E = \frac{qe^2}{r}(M) - \frac{qe^2}{r}(A) \quad (2\text{-}18)$$

式中，q 为壳层的电荷；r 为壳层的半径；qe^2/r 为芯电子感受到外层价电子的势能。

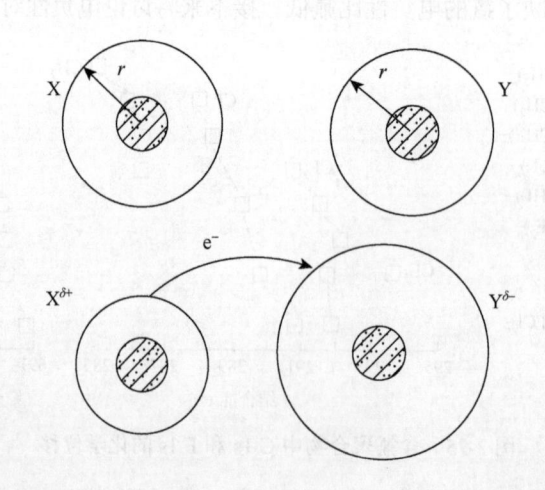

如图 2-27 所示，不同距离的 X、Y 原子对化学位移的影响，根据上述化学位移的表达形式可以进行逐一计算。

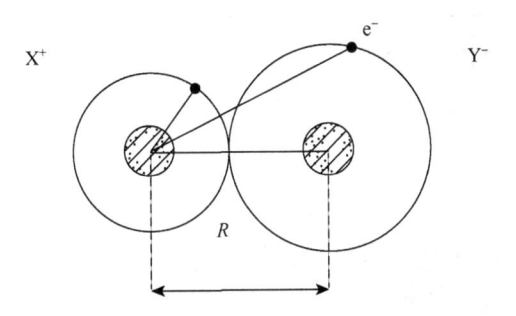

图 2-27 不同距离的 X、Y 原子对化学位移的影响

（1）在一个分子中，当 X、Y 两个原子之间的距离为无限远时，即各自为独立原子时，两原子间没有相互作用，其化学位移为零。

（2）但当两者从无限远相互靠近并且存在一个价电子从 X 原子向 Y 原子转移时，将引起 X 原子芯能级电子结合能的变化，其值为 $1/r_X$。同时，Y 原子芯能级电子的结合能也将发生变化，其值为 $-1/r_Y$。

（3）当最终两个原子形成 X^+ 和 Y^- 离子对时，X 原子全部变为 X^+，其芯能级电子所感受到的化学位移 ΔE_X 可以用式（2-19）表示：

$$\Delta E_X = \frac{1}{r_X} - \frac{1}{R} \tag{2-19}$$

其对 Y 原子芯能级所感受到的化学位移可用式（2-20）表示：

$$\Delta E_Y = -\left(\frac{1}{r_Y} - \frac{1}{R}\right) \tag{2-20}$$

式中，r_X 和 r_Y 分别为 X 和 Y 壳层的半径；R 为 X 和 Y 的原子核间距。

综上所述，化学位移主要来自价电子转移所引起的势能变化。在一般的多原子体系中，原子 i 上的电荷为 q_i，原子 i 与其周围的原子 j 相结合，其化学位移 ΔE_i 可用式（2-21）描述：

$$\Delta E_i = E_i - E_i^0 = kq_i + \sum_{i \neq j} \frac{q_i}{r_{ij}} \tag{2-21}$$

式中，k 为原子 i 的一个芯能级电子与其上的一个价电子间的平均排斥能（即单中心积分），并且上式表明元素的化学位移与 q_i 间有线性关系。

b. 电荷势模型的理论解释

假如把原子看作一个空心球，在其表面上带有价电荷 q_i，根据经典电动力学，空心球内的任何一点都具有相同的势能，其值为 q_i/r_v，其中 r_v 为价轨道的平均半径。价电子电荷密度的改变（Δq_i）将会引起空心球内势能的变化 $\Delta q_i/r_v$。也就是说，原子核内所有电子的结合能将会发生相同的化学位移。当 Δq_i 一定时，随着 r_v 的增加，化学位移会下降。图 2-28 显示了碳原子 1s、2s 和 2p 轨道的径向分布图，且势能随 r_v 的增加而下降，同样化学位移也会发生相同趋势的下降。

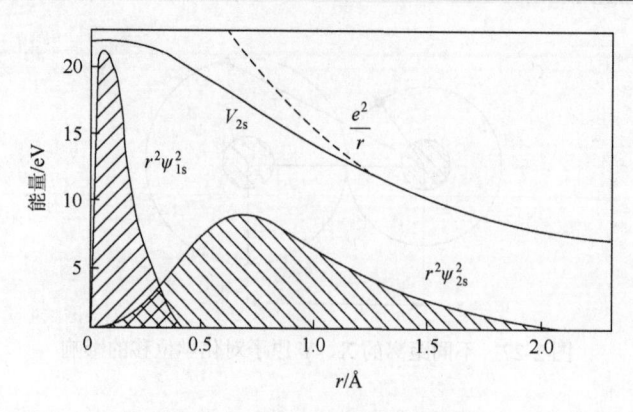

图 2-28 碳原子的轨道径向分布

V_{2s} 表示 2s 轨道势能；$r^2\psi_{1s}^2$ 表示 1s 轨道径向分布函数；$r^2\psi_{2s}^2$ 表示 2s 轨道径向分布函数；r 表示电子距原子核距离；ψ 表示径向波函数

2）弛豫势能模型——基本概念及化学位移的表达形式

由于静电位能模型忽略了弛豫效应，因此在许多情况下不能合理解释化学位移效应。一般情况下，可以假定化学位移不受弛豫能的影响，但在某些特定情形中，必须考虑原子弛豫能的影响。

弛豫效应是由光电离后的正空穴所引起的，可分为原子内弛豫（原子 i）和原子外弛豫（原子 j）两个部分。

（1）考虑弛豫能对结合能的影响，1s 轨道的结合能可用式（2-22）表示：

$$E_b(1s) = -\frac{1}{2}\left[\varepsilon(1s) + \varepsilon(1s)^*\right] \qquad (2-22)$$

式中，$\varepsilon(1s)$ 为基态中 1s 轨道的能量；$\varepsilon(1s)^*$ 为 1s 轨道空穴态中 1s 轨道的能量。
原子化学位移可用式（2-23）表示：

$$\Delta E_b = -\frac{1}{2}\left[\Delta\varepsilon(1s) + \Delta\varepsilon(1s)^*\right] \qquad (2-23)$$

（2）通过势能位移来近似代表轨道能量位移，则化学位移可以用式（2-24）表示：

$$\Delta E_b \approx -\frac{1}{2}\left[\Delta V_n + \Delta V_n(Z+1)\right] \qquad (2-24)$$

式中，Z 为原子序数；ΔV_n 为价电子层在核心空穴形成前的势能变化；$\Delta V_n(Z+1)$ 为在核电荷增加 1（即去除一个核心电子后）时价电子层的势能变化。

（3）等效原子芯近似。把带有一个芯空穴的离子的价壳层势能看作与多一个正电荷的芯电子相同，化学位移可用式（2-25）表达：

$$\Delta E_b \approx -\frac{1}{2}\left(\Delta V_n + \Delta V_n^*\right) \qquad (2-25)$$

式中，ΔV_n^* 为原子多一个正电荷的芯电子所产生的势能。

（4）当弛豫能表达为式（2-26）时：

$$V_R = \frac{1}{2}\left[V_n(Z+1) - V_n\right] \qquad (2-26)$$

其化学位移可以用式（2-27）表示：
$$\Delta E_b = -\Delta V_n - \Delta V_R \tag{2-27}$$
式中，V_R 为带电粒子与固体表面相互作用的修正势能函数；V_n 为带电原子或中性原子的价壳层电势。

总之，弛豫势能模型与静电位能模型相比，能更好地解释化学位移效应。图 2-29 是两种模型获得的 N 1s 化学位移理论值与实验结果的比较。由图 2-29 可以看出，弛豫势能模型与实验结果具有较好的相关性。值得注意的是，对于固体样品，还必须考虑晶体结构的弛豫能的影响。

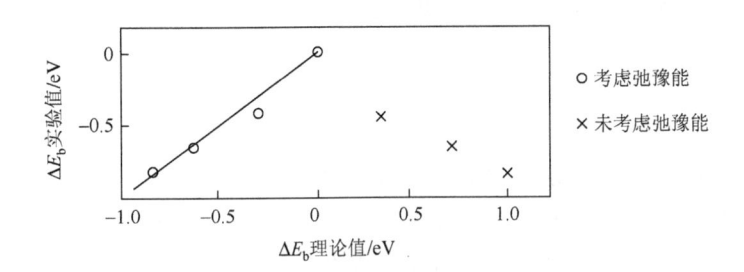

图 2-29　结合能的化学位移实验值与理论值的比较

3. 静电荷的计算

由化学位移理论可知元素的化学位移与价电荷有关，通过简单比较价电荷的变化可以了解化学位移的变化趋势。基于 Pauling 的电负性理论，Siegbahn 提出了计算每个原子的部分离子性的方法。其计算公式如下：

$$I = \frac{x_A - x_B}{|x_A - x_B|} \left\{ 1 - \exp\left[-0.25(x_A - x_B)^2 \right] \right\} \tag{2-28}$$

式中，x_A、x_B 分别为所研究原子 A 和与之相连原子 B 的电负性。其总电荷可用式（2-29）表达：

$$q = \sum_i I_i + Q \tag{2-29}$$

式中，Q 为原子上的形式电荷。

4. 化学位移的影响因素

（1）化学位移与原子的形式电荷有关。如表 2-3 所示，当原子在环境中失去较多的电子，形成正电荷并呈现氧化态时，其结合能低于自由原子的结合能，化学位移为正；相反，当原子获得电子时，化学位移为负。

表 2-3　氧化态与化学位移的关系　　　　　　　　　　（单位：eV）

元素	氧化态									
	−2	−1	0	+1	+2	+3	+4	+5	+6	+7
氮（1s）			0	+4.5		+5.1		+8.0		
硫（1s）	−2.0						+4.5		+5.8	

续表

元素	氧化态									
	−2	−1	0	+1	+2	+3	+4	+5	+6	+7
氯（2p）		0				+3.8	+7.1			+9.5
铜（1s）				+0.7	+4.4					

(2) 对于具有相同形式电荷的原子，由于与其结合的相邻原子的电负性不同，同样会产生化学位移。通常可以用净电荷来评估这种效应。一般与电负性强的元素相邻的原子，其电荷密度为正，化学位移也为正。

(3) 对于一些固体物质，还必须考虑弛豫效应的影响。

5. 化学位移的分类

1）表面化学位移

由于表面效应，表面上原子的价电子组态和晶相结构可能与体相存在差异，从而导致结合能的位移。这种结合能的位移称为表面化学位移。表面化学位移主要与表面的悬空键有关。图 2-30 显示了稀土元素表面能级相对于体相的表面位移，表面结合能位移对电荷的再分布，因此可以提供丰富的信息。图 2-31 显示了 W 及 Ta 原子吸附 H_2 前后表面与体相 $4f_{7/2}$ 的化学位移变化，这表明特定元素的表面结合能对化学吸附非常敏感，即表面具有微环境对电子的转移能力有明显影响，这为理解催化材料表面电子态对反应物分子的吸附活化过程提供了良好的证据。

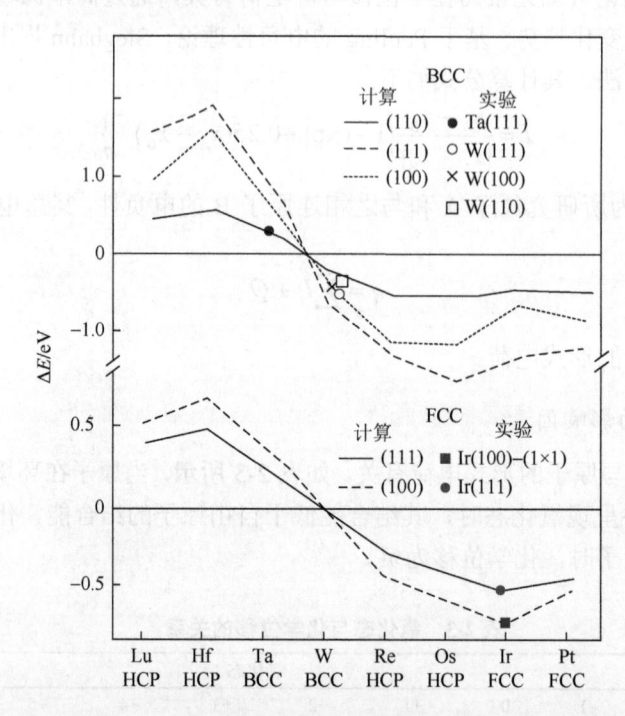

图 2-30　稀土元素表面原子能级相对于体相的表面位移

FCC 表示面心立方；HCP 表示六方密排；BCC 表示体心立方

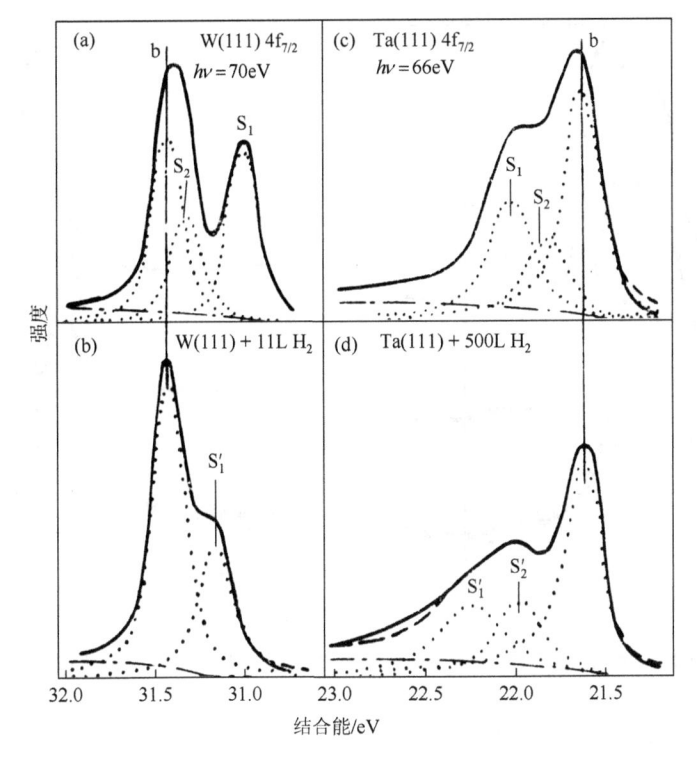

图 2-31 W 及 Ta 原子吸附 H_2 前后表面与体相 $4f_{7/2}$ 的化学位移变化

2) 原子簇芯层位移

随着纳米材料研究的深入,发现纳米材料具有一些不同于体相的性能。一般来说,原子簇介于自由原子和体相材料之间,其行为状态也与自由原子和体相材料不同。

(1) 原子簇芯层位移与原子簇尺寸有关。图 2-32 显示了原子簇的能级图,随着原子簇尺寸的增加,原子的电离能降低。

根据图 2-32 和图 2-33 可以看出,随着原子簇尺寸的减小,价带谱相对于体相谱明显变窄,而芯能级谱则变宽,其结合能有所增加。价带谱的变窄主要是配位数降低使价带结构变窄,而芯能级谱的变宽则与原子簇内的较大内在线宽有关。

(2) 原子簇芯层位移与费米能级有关。原子簇的化学位移源于终态效应。自由原子的外层轨道会分裂,而体相的内层轨道也会分裂,因此原子簇的费米能级相对于体相提高了 $e^2/2R$ (R 为金属原子簇半径),因此芯能级的位移小于费米能级的位移。图 2-34 显示了非晶碳上体相(Ag)及原子簇的费米能级。可以看出随着原子簇尺寸的减小,费米能级相对于体相有明显的上升趋势。这种上升趋势反映了原子簇中电子结构的变化,尤其是与自由原子相比,原子簇的外层轨道分裂导致了能级提升。

图 2-35 显示了非晶碳上 Ag 原子簇的芯层及价电子结合能位移随覆盖度的变化。随着覆盖度的增加,Ag 原子簇的芯层结合能逐渐减小。这是因为原子簇之间的相互作用增强,导致电子密度的重新分布,从而影响芯层电子的结合能。价电子结合能位移也随着覆盖度的增加而变化。较高的覆盖度通常会导致价电子结合能的减小,这是因为原子簇

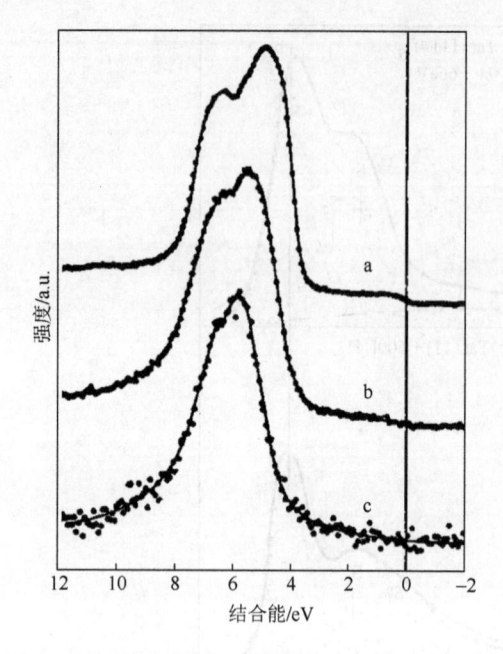

图 2-32　非晶碳底材上体相 Ag（a）及 Ag 原子簇（b、c）的 XPS 价带谱

b、c 的覆盖度分别为 1.0×10^{15} 原子$/cm^2$ 及 2.5×10^{14} 原子$/cm^2$

图 2-33　非晶碳底材上体相 Ag（a）及 Ag 原子簇（b、c）的 Ag $3d_{5/2}$ 谱

覆盖度同图 2-32

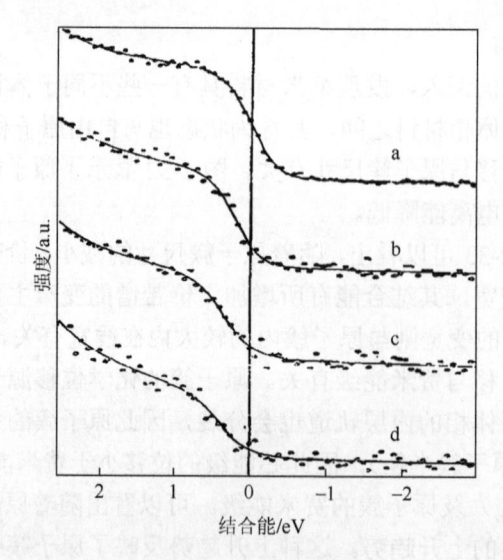

图 2-34　非晶碳底材上体相 Ag（a）及原子簇（b～d）的费米能级

b、c 和 d 的表面覆盖度分别为 4.0×10^{15} 原子$/cm^2$、2.0×10^{15} 原子$/cm^2$ 和 1.0×10^{15} 原子$/cm^2$

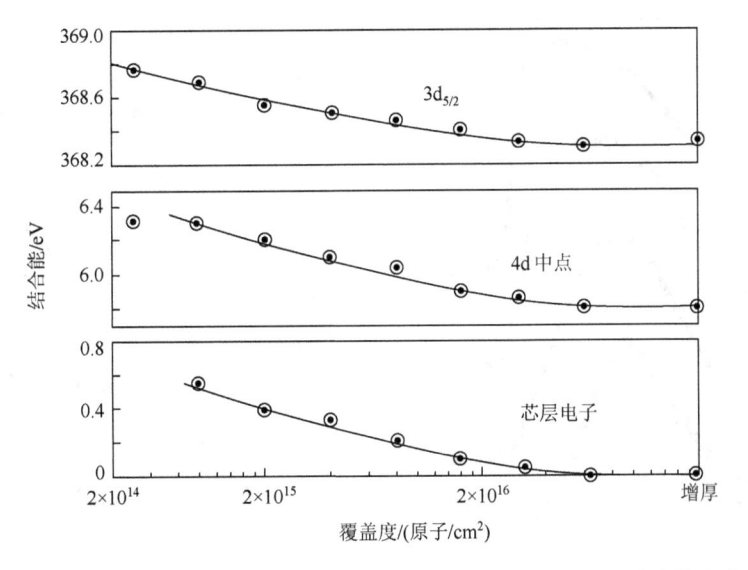

图 2-35　非晶碳负载 Ag 原子簇芯层及价电子结合能位移随覆盖度的变化

之间的相互作用导致电子结构变化，使得价电子的能量状态发生改变。表 2-4 列举了常见金属在非晶碳上沉积的芯层位移（CCS）值，这为理解金属与载体之间的相互作用提供了直接的数据支持。

表 2-4　各种金属在非晶碳上沉积的芯层位移值　　　（单位：eV）

金属	芯层位移	金属	芯层位移
Cu	0.7	Pd	0.5[a]
Ag	0.6	Pd	2.1[b]
Au	1.0	Pt	0.75
Cr	0.6	Ni	0.6
Pd	1.0	Rh	0.7

a. 金属沉积在有序石墨上；b. 金属沉积在等离子体氧化的石墨上。

从图 2-36 和图 2-37 可以清晰地看出 Pd 原子簇的结合能随着尺寸的减小而增加。这是因为较小的原子簇具有更高的表面能，因此更倾向于吸附周围的原子或分子，导致结合能的增加。

2.2.4　终态效应及伴峰结构

在 X 射线光电子能谱（XPS）中，激发源的高能量可以激发出各种物理过程的电子。在激发态电子退激发过程中，会发生各种复杂的退激发过程，释放出能量不同的电子。这些原子内部的相互作用容易产生终态效应，导致不同的伴峰结构出现在 XPS 谱中。在普通的 XPS 谱中，存在的伴峰主要有自旋-轨道分裂、多重分裂（静电分裂）、携上峰和携下峰，以及等离子体激元损失峰、价带电子峰和俄歇电子峰等。

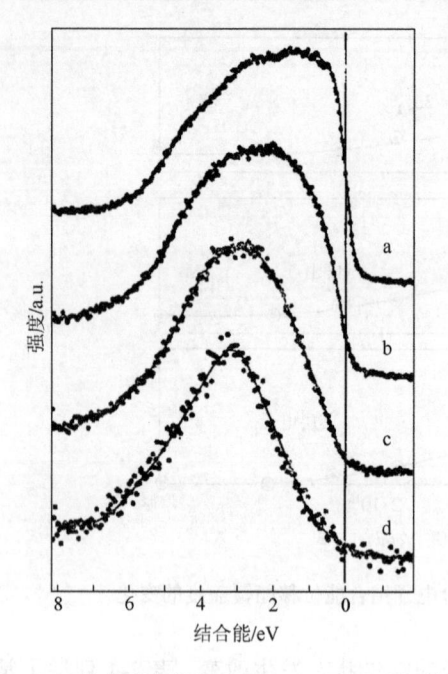

图 2-36　非晶碳负载体相 Pd（a）及 Pd 原子簇（b~d）的 XPS 价带谱

b、c 及 d 的覆盖度分别为 4.0×10^{15} 原子/cm^2、1.0×10^{15} 原子/cm^2 及 3.0×10^{14} 原子/cm^2

图 2-37　碳负载体相 Pd（a）及 Pd 原子簇（b、c）的 XPS 价带谱

b 及 c 的覆盖度分别为 2.0×10^{15} 原子/cm^2 及 3.0×10^{14} 原子/cm^2

1. 自旋-轨道分裂

当一个处于基态的闭壳层分子受到光作用电离后，在生成的离子中必然存在一个未成对电子。只要该未成对电子的角量子数 l 大于 0，则必然会产生自旋-轨道间的耦合作用，导致轨道能级的分裂，在光电子谱上产生双峰结构。

这种双峰分裂间距直接取决于电子的穿透能力。如图 2-38 所示，一般电子的穿透能力顺序为：s 轨道＞p 轨道＞d 轨道。因此，p 轨道的分裂间距大于 d 轨道的分裂间距。

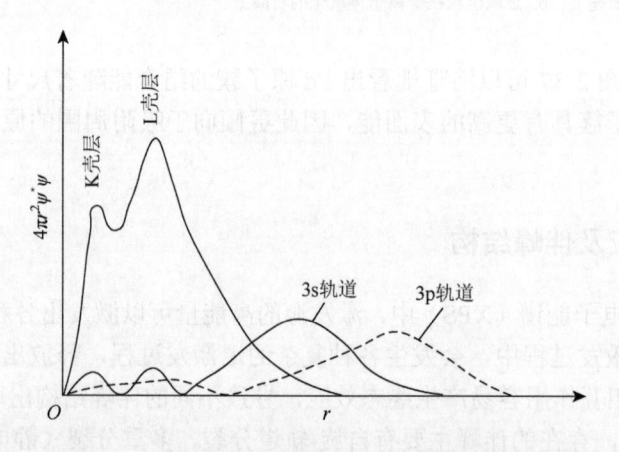

图 2-38　3s 及 3p 轨道上的电子向内壳层穿透能力差异

下面再来看一个具体的实例。

从图 2-39 中可以看出除 s 轨道能级外，其 p、d 轨道均出现双峰结构，发生了自旋-轨道分裂，这说明分裂峰的强度比与角量子数有关。

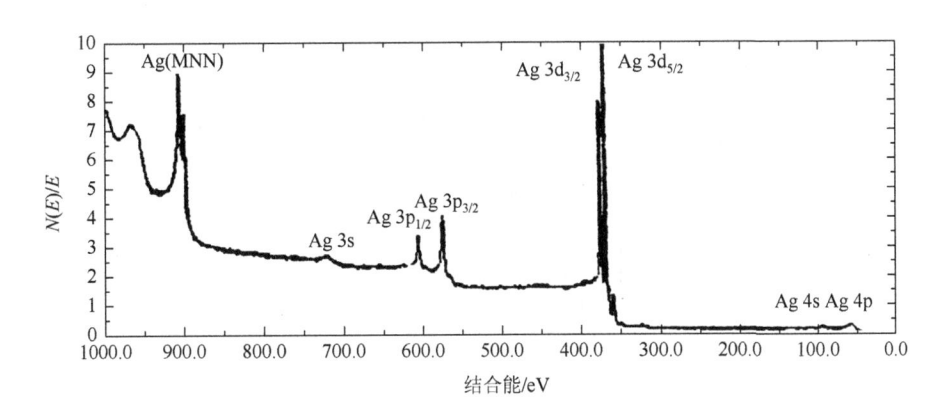

图 2-39　Ag 的全扫描图（Mg K_α）

2. 多重分裂（静电分裂）

1）基本概念

当一个体系的价壳层有未成对电子存在时，内层芯能级电离后会发生分裂，最终导致谱峰出现分裂，产生双峰结构，称为静电分裂。分裂间隔正比于(2S + 1)，其中 S 为价壳层中未成对电子的总自旋。内层芯电子电离后产生的两个分裂峰面积比应为

$$\frac{I\left(S+\frac{1}{2}\right)}{I\left(S-\frac{1}{2}\right)}=\frac{S+1}{S} \quad (2\text{-}30)$$

式中，I 为分裂峰的强度。

2）具体实例

从图 2-40 所展示的 N_2、NO 及 O_2 的 XPS 谱，可以得出以下几个结论。

（1）对于 O_2 分子，由于在 $2\pi^*$ 上具有两个未成对电子，当 O 1s 轨道被电离后，O 1s 谱发生分裂，其分裂间隔是 1.1eV。

（2）对于 N_2 分子，由于在 $2\pi^*$ 轨道上不存在未成对电子，因此，其 N 1s 谱不出现分裂。

（3）在 NO 物种中，由于在 $2\pi^*$ 轨道上存在未成对电子，因此，会产生 1s 谱的分裂。从实验结果可见，出现分裂的是 N 1s 谱，而不是 O 1s 谱，分裂间隔是 1.5eV。该结果表明在 NO 化合物中，未成对电子是分布在 N 的周围而不是 O 的周围。并且可以计算出多重分裂峰的面积比，对于 NO 为 2∶1，对于 O_2 为 3∶1，这与实验结果相符。

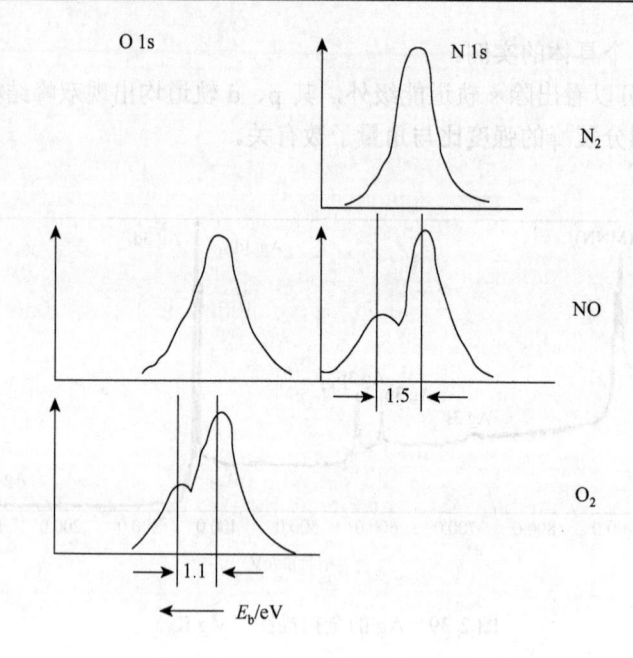

图 2-40 N$_2$、NO 及 O$_2$ 的 XPS 谱

如图 2-41 所示,对于铬配合物的 Cr 3s 谱,在 Cr(CO)$_6$ 中没有出现 Cr 3s 的分裂峰,表明不存在未成对电子。实验也证明该物质是反磁性的。其余两个化合物均具有分裂峰,说明它们均具有未成对电子。事实上,在 Cr(C$_5$H$_5$)$_2$ 中存在 e$_{2g}$ 能级上的两个未成对电子,在 Cr(hfa)$_3$ 中存在 t$_{2g}$ 能级上的三个未成对电子。因此,可以利用 s 轨道的多重分裂来研究分子中未成对电子的存在状况。

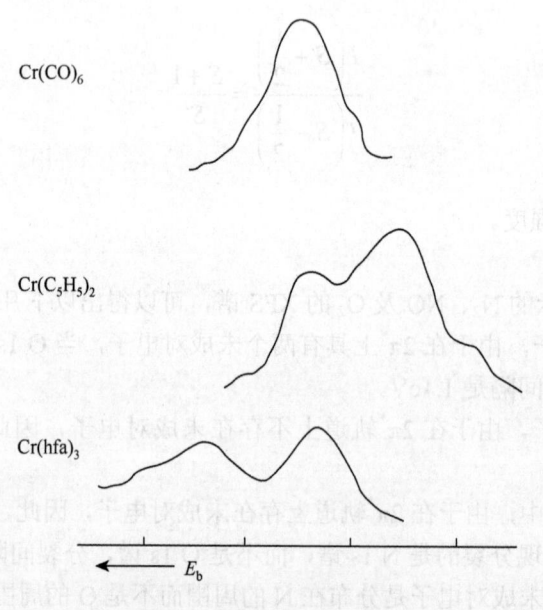

图 2-41 铬配合物的 Cr 3s 谱

3. 携上峰和携下峰

1）携上峰

当光电离发射出一个电子后，对于外层价电子来说，相当于增加了一个核电荷。由此引起的弛豫过程会导致价电子的重排。在重排过程中，价电子中的一个原来被占据的轨道向较高的、尚未被占据的轨道跃迁。这样的跃迁称为携上过程，会在主峰的高结合能端出现一个能量损失峰。

携上峰与未成对电子有关，通常具有未成对电子的元素会产生携上峰。一般情况下，其强度为主峰的5%～10%，但对于稀土元素，有时携上峰的强度可以接近主峰。同样地，可以利用携上峰来研究分子的结构。图2-42及图2-43分别显示了铜的氧化物及稀土元素La和Ce的携上峰。

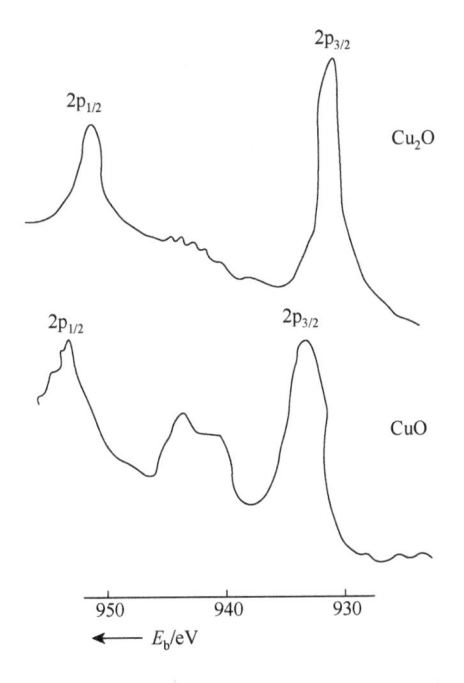

图2-42 过渡金属Cu的氧化物的XPS谱

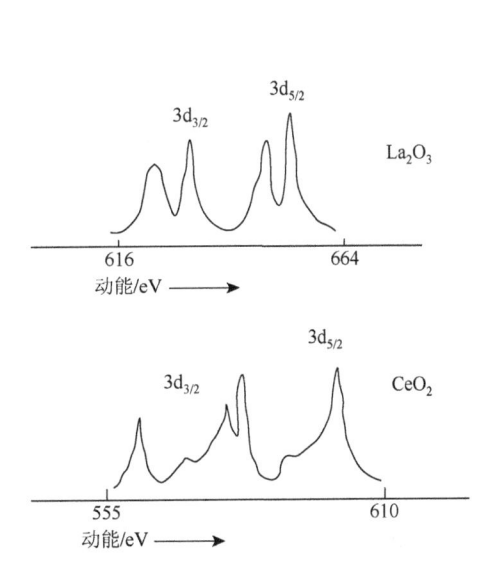

图2-43 稀土La和Ce的XPS谱

从图2-42可以看出，CuO表面XPS谱的明显特点是光电子出射时产生携上峰，不仅改变了Cu $2p_{3/2}$ 峰位和峰形，更重要的是在Cu $2p_{3/2}$ 谱峰高结合能一侧7～10eV处出现了明显的携上峰，其谱线强度接近Cu $2p_{3/2}$ 主峰。而在 Cu_2O 的XPS谱上，仅有十分微弱的伴峰结构。因此，XPS谱上是否存在携上峰为识别铜的化学价态提供了依据。相似的实验现象发生在稀土元素La和Ce的XPS谱（图2-43）上，在主峰的高结合能位置出现了携上峰，其谱线强度接近主峰，同样地，这为识别Ce和La的氧化态提供了判断依据。

2）携下峰

携下峰（shake-down peaks）是核心电子被光子或电子激发逸出后，体系的价电子发生额外跃迁，使得体系的总能量降低的一种多电子相互作用现象。在光电子发射或俄歇过程后，剩余电子体系会通过电子-电子库仑相互作用进行能量弛豫，其中部分价电子跃迁到更稳定的能级，导致光电子或俄歇电子的动能减小。因此，携下峰出现在主峰的低能侧（比主峰低 1~20eV），其位置和强度与材料的电子结构、价电子密度及化学环境密切相关，尤其在过渡金属和氧化物体系中最为显著。

3）上述两个过程的区别

如果价壳层电子跃迁到更高能级束缚态，则产生携上峰；如果价壳层电子跳到非束缚的连续状态而成为自由电子，则产生携下峰，它实际上是特殊的电子构型相互作用。以 Ne 原子为例，这两个过程的差别可用图 2-44 来表示。选择闭壳层结构的 Ne 原子，是为了避免其他电子相互作用同时出现，以简化分析。由图 2-44 不难看出，这两个过程的共同点是它们属于单极激发和电离，激发过程只有主量子数发生改变，即跃迁只可能是 $ns{\rightarrow}n's$ 或 $np{\rightarrow}n'p$。电子的角量子数和自旋量子数不变，所以跃迁过程满足 $\Delta J = \Delta L = \Delta S = 0$。

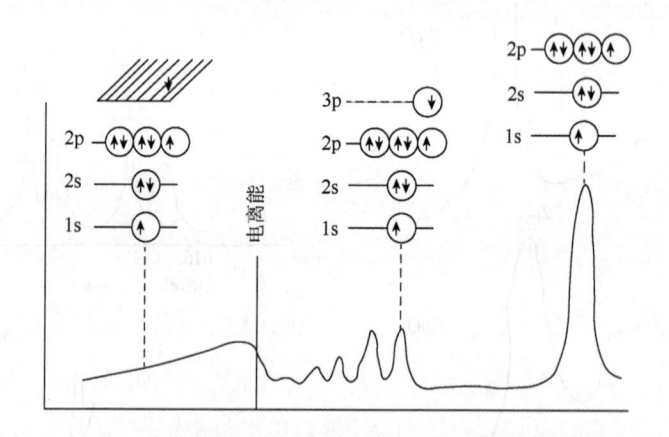

图 2-44　Ne 1s 电子发射时的携上峰、携下峰示意图

4）携上峰的一种情况：多电子激发（不对称拖尾）

在固体金属中，费米能级以上还有未占满的能级存在（空带），也可以产生携上效应。由于不是分裂的能级，因此携上效应表现为在高结合能位置的不对称拖尾。如果费米能级处的态密度越高，不对称拖尾就越明显（图 2-45）。

4. 等离子体激元损失峰

任何具有足够能量的电子通过固体时，均可以引起导带"电子气"的集体振荡。这种集体振荡的特征频率与材料的特性有关。如图 2-46 所示，体相等离子体激元振荡的能量是量子化的，在谱图上会出现等间隔的损失峰。此外，还存在表面等离子体集体振荡。

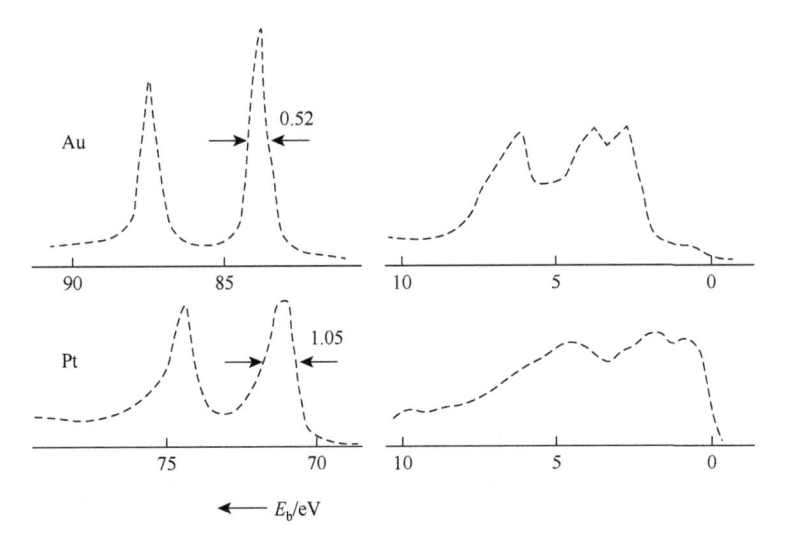

图 2-45 单色化 Al K_α 的 Au 及 Pt 的 4f 谱及价带谱

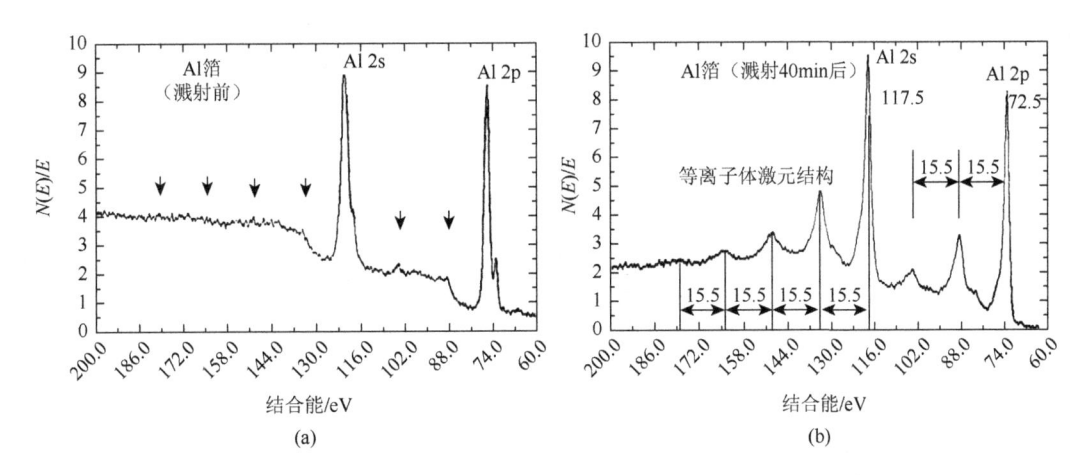

图 2-46 Al 在溅射之前（a）及之后（b）的等离子体激元结构

5. X 射线激发俄歇线

1) 基本原理

在光子激发原子产生光电子后，原子变成激发态离子。该激发态离子是不稳定的，会产生退激发。在各种退激发途径中，最常见的过程是产生俄歇电子跃迁。因此，X 射线激发俄歇电子能谱是光电子谱的必然伴峰。

其原理与电子束激发的俄歇电子能谱相同，仅激发源不同。X 射线激发的俄歇电子能谱具有更高的能量分辨率，比电子束激发的要高得多。

在这个过程中激发的俄歇产率如图 2-47 所示。俄歇产率不仅与能量有关，还和激发源有关。由图 2-48 和图 2-49 可以看出：①光电离的最大截面一般在结合能阈值附近，随着光子能量的增加，光电离截面显著下降；②电子束电离最大截面在结合能阈值的 4 倍附近。

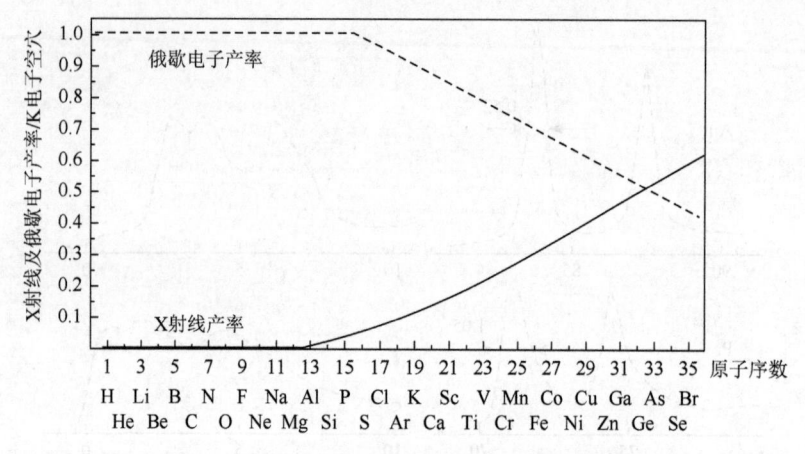

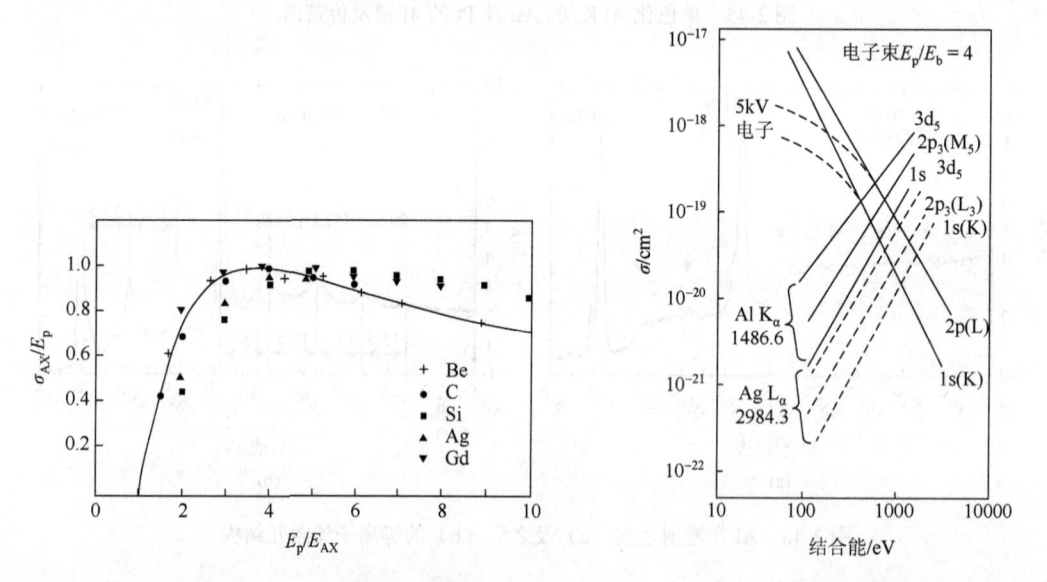

图 2-47 XPS 中的俄歇产率与原子序数的关系

图 2-48 能级 X 的 Gryzinski 电离截面与能量的关系
图中点为 Be、C、Si、Ag 及 Gd 的实验测量，σ_{AX} 表示电离截面，E_p 表示入射光子能量，E_{AX} 表示电子能量

图 2-49 电子束、光子束对不同能级的电离截面

2) X 射线激发俄歇电子产生俄歇线的具体过程

如图 2-50 所示，一个高能 X 射线光子入射到样品上，将一个内层（通常是 K 层或 L 层）的电子激发出去，使其逃离原子，留下一个电子空穴，这一过程称为光电效应。由于内层空穴的存在，原子变得不稳定。为了恢复稳定状态，外层的一个电子会跃迁到这个内层空穴的位置。在这个跃迁过程中，会释放出一定量的能量。此释放的能量可以通过两种方式消散：以 X 射线的形式辐射出去（荧光发射）；通过激发另一个外层电子，使其获得能量并被激发出原子。这个被激发出原子的电子就是俄歇电子。这就是 X 射线激发俄歇电子产生俄歇线的具体过程。

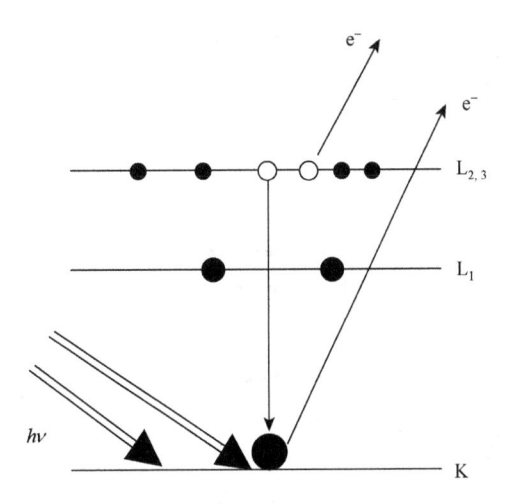

图 2-50　XPS 的俄歇激发过程的能级示意图

图 2-51 为 X 射线激发俄歇电子产生过程。从图中可见，虽然过程比 XPS 要复杂，但同样的是激发产生的是电子，其能量也仅与原子种类和激发轨道有关。

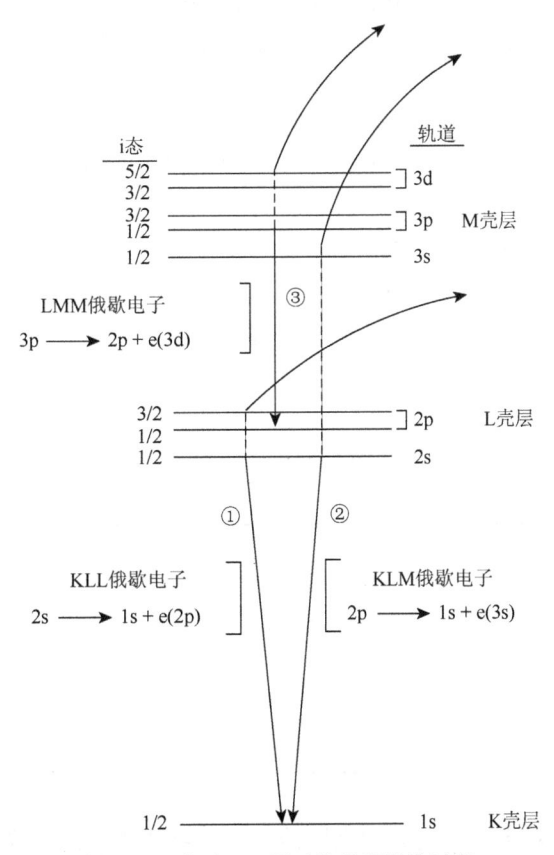

图 2-51　气态 Na 原子的俄歇激发过程
①表示从 2s 轨道激发过程；②表示从 2p 轨道激发过程；③表示从 3p 轨道激发过程。每个过程都是两个电子转移的实线箭头和一个虚线先连接

俄歇跃迁过程中存在初态和终态。由图 2-52 可以看出，初态中 K 能级是一个正空穴，终态在 L_2、L_3 能级上各有一个正空穴。

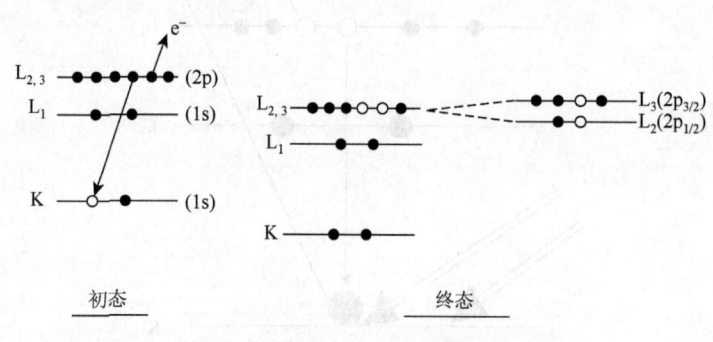

图 2-52 俄歇过程的初态和终态过程

3）X 射线激发俄歇电子能谱的特点

与电子束激发的俄歇电子能谱相比，X 射线激发俄歇电子能谱（XAES）具有许多优点，包括更高的能量分辨率、更高的信噪比、对样品的破坏性较小以及更高的定量精度。

与 XPS 一样，XAES 的俄歇动能也与元素所处的化学环境密切相关，可以通过俄歇化学位移来研究其化学价态。由于俄歇过程涉及三个能级，其化学位移通常比 XPS 的大得多，这对于元素化学价态的鉴别非常有效。对于某些元素，XPS 的化学位移非常小，不能用来研究化学价态的变化，但俄歇化学位移则能够提供有用的信息。

此外，俄歇电子能谱的线形也可以用来进行化学价态的鉴别，这进一步增强了 XAES 在元素化学价态研究中的应用价值。

如表 2-5 所示，通过两种激发源产生的俄歇线的一些性能对比可以发现，光子束激发的俄歇电子能谱适合分析厚样品和无导电样品，而电子束激发的俄歇电子能谱更适合于高分辨率成像和表面微区分析。

表 2-5 用于产生俄歇电子的两种激发源的比较

性能	电子束	光子束（软 X 射线）
强度	高	低
空间分辨率	好	差
电离截面	利于外层电子电离	利于内层电子电离
信噪比（S/N）	低	高
样品的损伤程度	大	小
真空度要求	高（表面污染碳层受辐照分解）	低（不严重）

如图 2-53 所示，对于某些元素如金属钠，在 XAES 谱中，俄歇峰（Na KLL）的强度比内层电子的 XAES 峰（如 Na 1s 和 Na 2s）高出约 10 倍。因此，使用 Na KLL 来检测样品中的钠将具有更高的灵敏度。

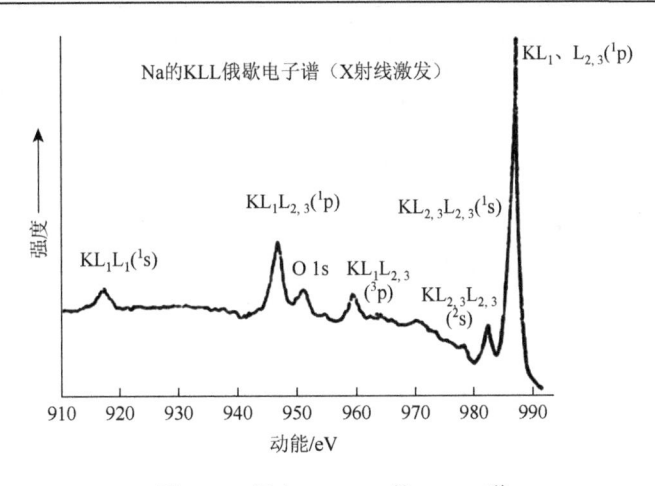

图 2-53 固态 Na KLL 的 XAES 谱

4）俄歇位移

XAES 也具有化学位移，其俄歇动能会随原子所处的化学环境变化而变化。与 XPS 化学位移相比，由于俄歇电子涉及三个轨道能级的变化，其化学位移通常比 XPS 的要大 3 倍左右。利用 XAES 的化学位移也可以进行价态分析。

表 2-6 是 XPS 和 XAES 化学位移的比较，从表中可以看出，前者的化学位移小于后者。

表 2-6　几种元素的化学位移　　　　　　　　　　（单位：eV）

元素	光电子 BE 位移 [a]	俄歇电子 KE 位移 [b]
Mg	−1.2	6.2
Zn	−0.5	4.2
Ga	−2.0	6.2
Ge	−3.2	6.7
As	−3.0	6.4
Cd	−0.4	5.5
In	−0.8	2.6
Sn	−1.4	3.9

a. 各元素态相对其氧化形式的位移；b. 元素态 KE 值小于氧化形式的 KE 值。

图 2-54 是 Pb 及其化合物的谱图，显然 XAES 的化学位移比 XPS 谱图的变化值要大得多，故而采用 XAES 谱图分析 Pb 的价态更利于捕捉其化学价态的精细变化。

5）俄歇参数

俄歇电子动能与光电子动能的差值称为俄歇参数。如图 2-55 所示，在 Mg 靶源下，Na 的俄歇电子动能与光电子动能存在显著差异。

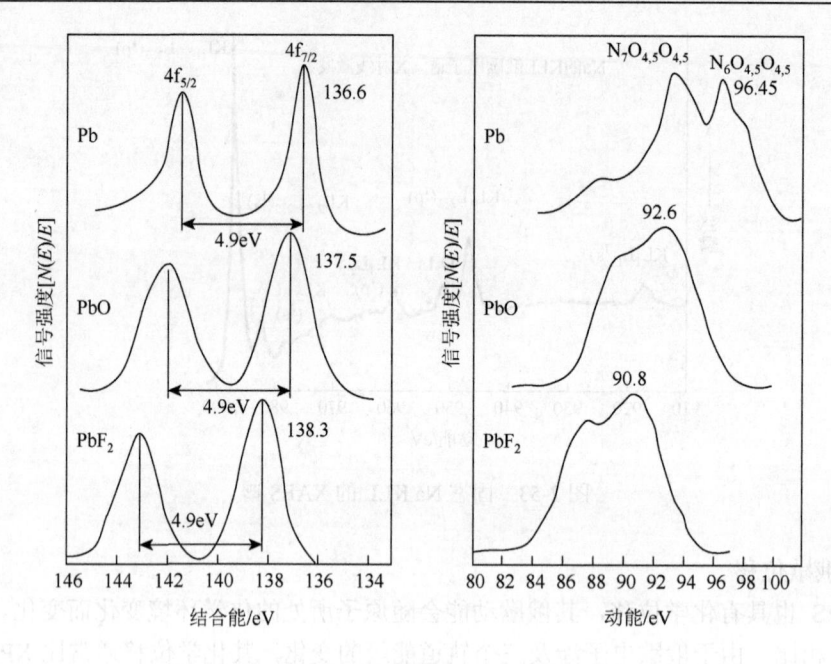

图 2-54　Pd 及其化合物的 $4f_{7/2}$ 及 $N_{6,7}O_{4,5}O_{4,5}$ 谱

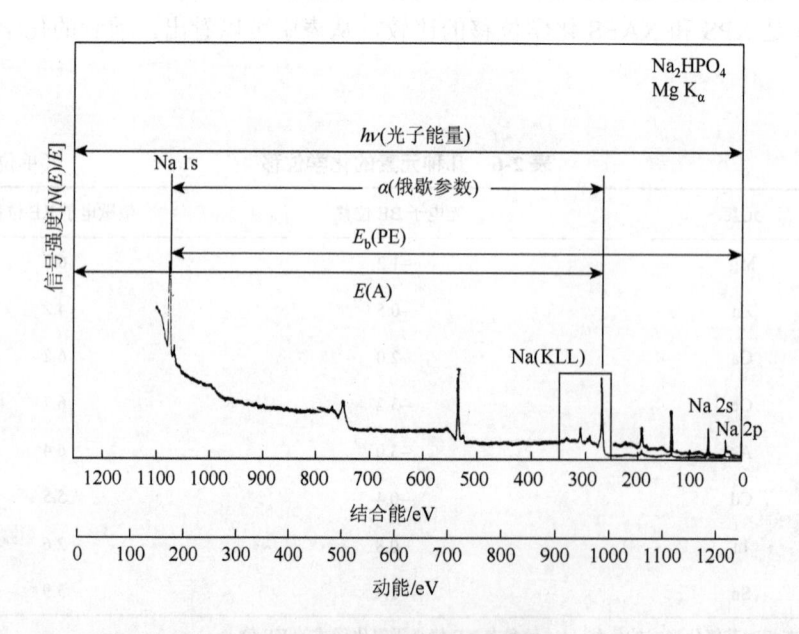

图 2-55　Na_2HPO_4 的全扫描图

PE 表示光电子，A 表示俄歇电子

表 2-7 是几种含 Na 化合物的俄歇参数的比较。通过这些俄歇参数比较，可以清晰地判断 Na 金属在不同化合物中以不同的化学价态形式存在，这为元素化学价态的判断提供了快捷的方式。

表 2-7　几种含 Na 化合物的 α 及 Δα 值比较　　　（单位：eV）

元素及化合物	E_b(PE) Na 1s	E(PE)	E(A)	α	−Δα	$ΔE_b$(PE)	−ΔE(A)
Na(s)	1071.7	414.9	994.2	579.3	0	0	0
NaI	1071.4	415.2	991.4	576.2	3.1	−0.3	2.8
NaBiO$_3$	1070.6	416.0	991.8	575.8	3.5	−1.1	2.4
NaBr	1071.5	415.1	990.8	575.7	3.6	−0.2	3.4
NaCl	1071.4	415.2	990.5	575.3	4.0	−0.3	3.7
NaPO$_3$	1071.5	415.1	989.5	574.4	4.9	−0.2	4.7
NaNO$_3$	1071.2	415.4	989.8	574.4	4.9	−0.5	4.4
NaF	1071.0	415.6	988.8	573.2	6.1	−0.7	5.4
Na(g)	1076.8	409.8	979.5	569.7	9.6	5.1	14.7

（−Δα 列中标注：↑ 极化能增大方向）

图 2-56 和图 2-57 是固态和气态化合物的俄歇参数图。从这两个图中可以清晰地判断出，元素的存在状态对其俄歇参数等电子态性质存在着显著影响。

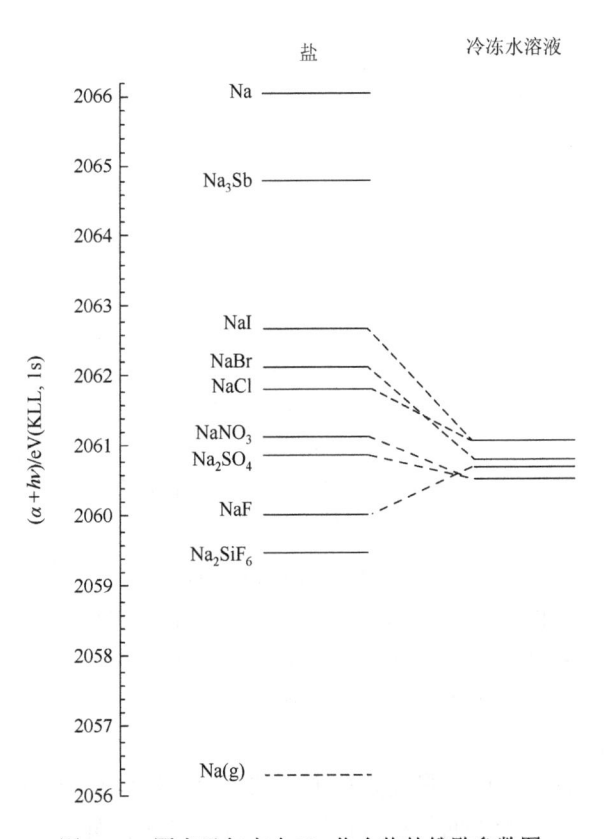

图 2-56　固态及气态含 Na 化合物的俄歇参数图

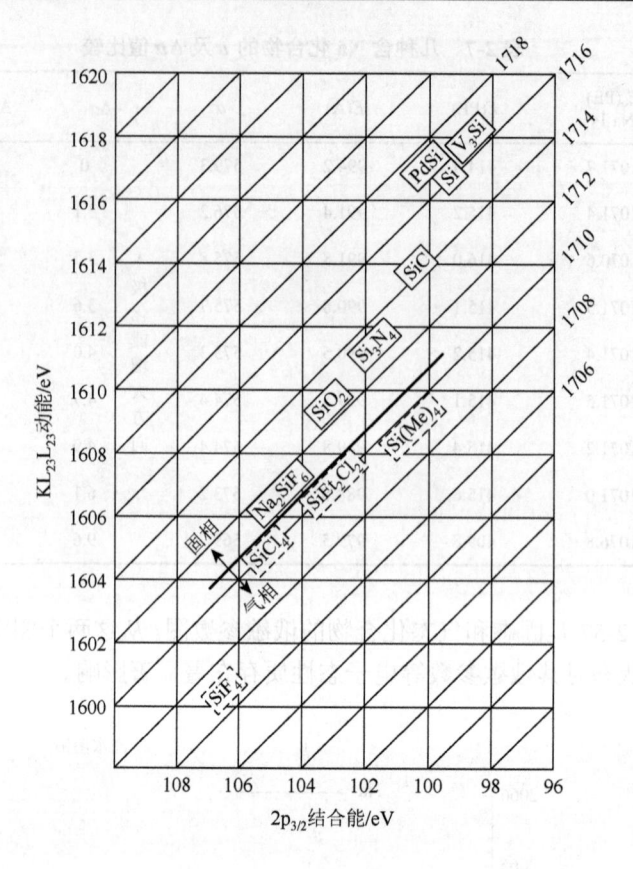

图 2-57　固态及气态含 Si 化合物的二维化学价态图

沿与 45°平行线相垂直方向可求出 Δα

6. 价电子峰

XPS 不仅可以提供原子芯能级的化学结构信息，还可以揭示价电子的化学结构。对于固体，其价带结构与电子状态密切相关，因此，XPS 可以提供有关材料电子态的重要信息。由于固体的价轨道兼并，形成价带和导带，因此不能用分裂能级来表示，而是用固体能带理论来描述。XPS 价带谱反映了固体价带结构的信息，因此可以提供固体材料的电子结构信息。

值得注意的是，由于 XPS 价带谱不能直接反映能带结构，还需要经过复杂的理论计算和处理。因此，在 XPS 的价带谱研究中，通常采用价带谱结构对比的方法，而理论分析相对较少。对于简单体系，可以通过适当的理论分析来了解其电子结构。从图 2-58 可以看出，光子激发后会产生出不同的能带结构。

1) 价带波函数描述

在价带和导带之间存在的能量间隙称为带隙，也可称为禁带。如图 2-59 所示，在禁带中不能有电子存在，由于表面具有悬挂键，有可能出现表面态分布在禁带中。

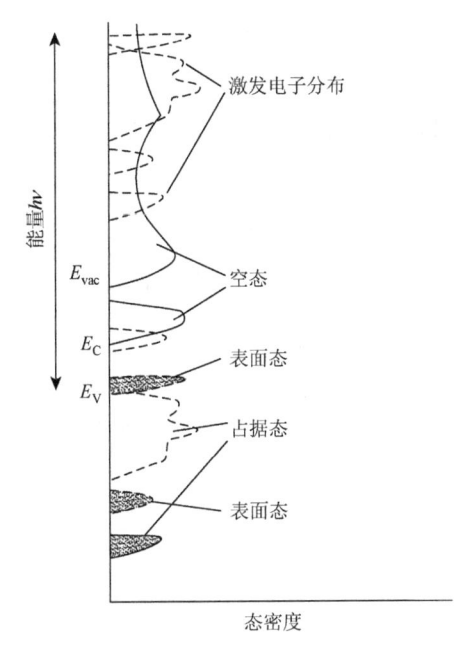

图 2-58 光激发后的能态（带）分布

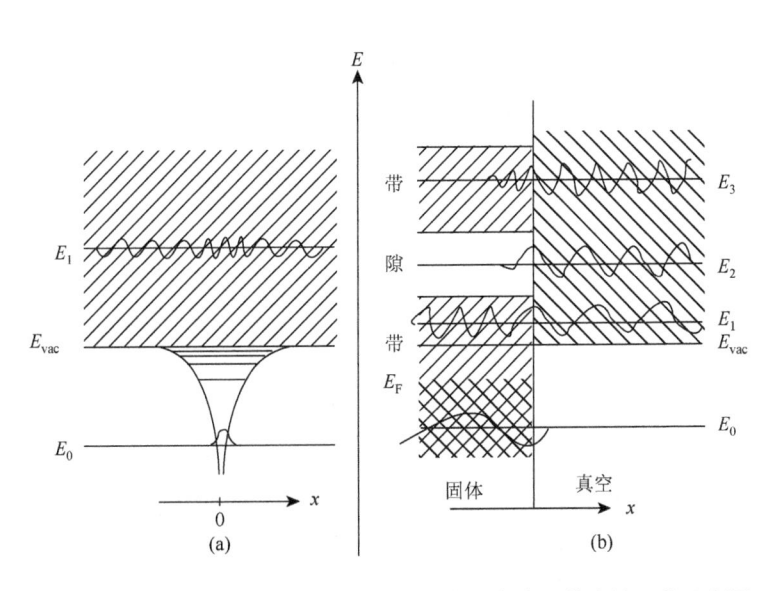

E_{vac} 表示真空能级；E_C 表示导带能级；E_V 表示价带能级

图 2-59 自由原子（a）及固体（b）光发射的初态、终态波函数示意图

2）价带结构的研究光源

XPS 和 UPS 都可以用来研究价带结构，但存在很大区别：XPS 可以同时获得价带和芯能级的信息，而 UPS 仅能获得价带信息；UPS 具有较高的能量分辨率，可以获得价带的精细结构；由于电离截面与入射光源能量的关系，UPS 的价带信号较强，而 XPS 的芯能级信号较强。

3）价带结构的影响因素

a. 激发源能量的影响

从图 2-60 和图 2-61 可以看出，峰的强度随激发源能量的高低而变化。

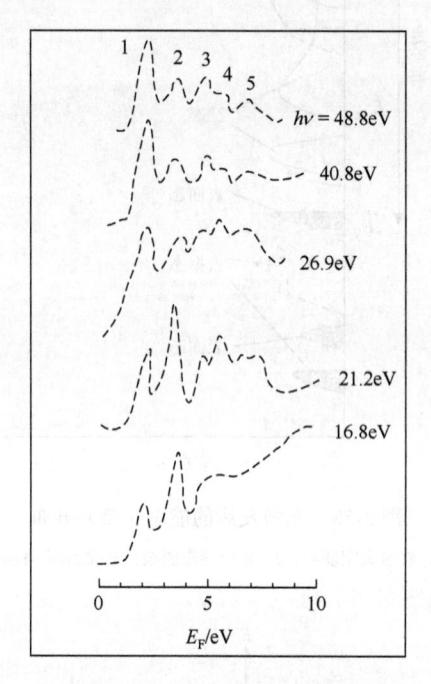

图 2-60　MoS$_2$ 的光发射谱

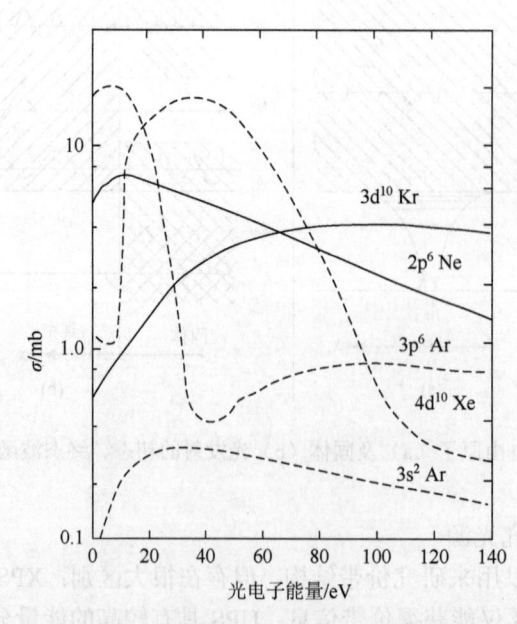

图 2-61　小于 140eV 范围内惰性气体光电离截面的计算值

1mb = 10^{-27}cm^2

b. 终态效应的影响

终态对光发射有调制作用，当入射能量比较低时，由于未占据的空态存在，从占据态上激发出的能量也处于这一区域，观察到的谱图是初终态占据态、空轨道终态以及跃迁概率的综合体现，谱带形状与入射光源能量大小有强烈的影响。如图 2-62 所示，当入射能量在 50eV 以上时，主要体现初态信息，线形变化很小，从而反映了价带态密度的分布信息。

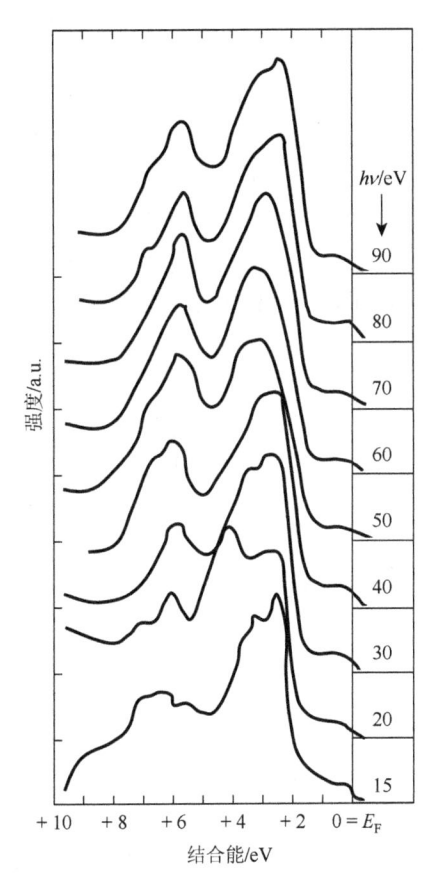

图 2-62 多晶 Au 的光发射谱

4）具体的实例

a. Ag 的典型价带谱

如图 2-63 所示，在 Ag 的价带结构中，主要包括了 3d、4s 和 4p 轨道的贡献。在 XPS 谱中，银的 $3d_{5/2}$ 和 $3d_{3/2}$ 峰通常位于较低的能量区域，这反映了 3d 轨道的能级分裂情况。此外，4s 和 4p 轨道的贡献通常在较高能量区域呈现，形成更宽的峰。这些能级的位置和形状可以提供有关 Ag 的电子结构和化学键的重要信息。

b. 聚乙烯的价带谱

从图 2-64 中可以看出，聚乙烯的价带谱分为两个谱带：Ⅰ 为 C—H 键的 C 2p—H 2s；Ⅱ 为 C—C 键的 C 2s—C 2s。由此看出，从小分子的分裂结构逐渐演变为带状结构。

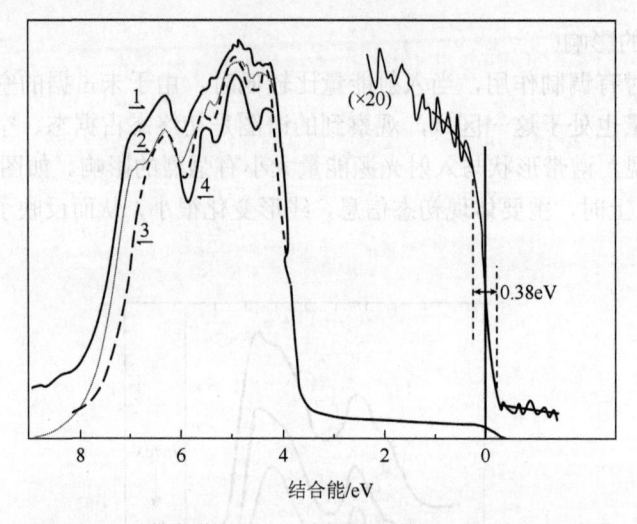

图 2-63 以单色化的 Al K$_\alpha$ 为源得到的 Ag 4d 带的 XPS 谱

1 为 XPS 实验数据；2 为经平滑、扣除本底处理的结果；3、4 为两种理论模型的计算结果

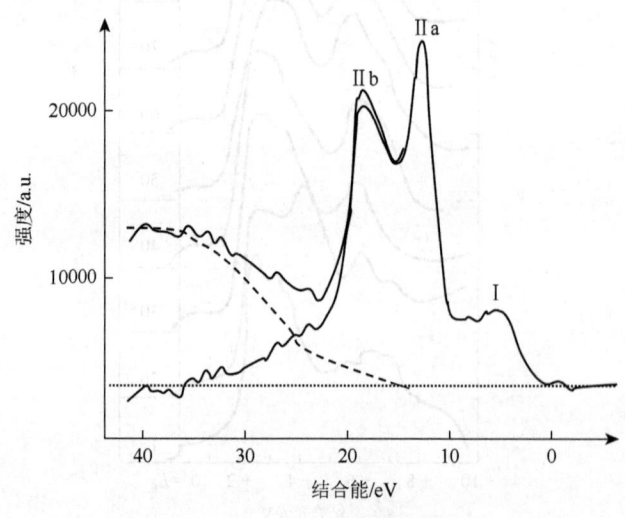

图 2-64 聚乙烯的价带谱

图中虚线表示背景基线

c. 含氯聚合物的价带谱

图 2-65 展示了含氯聚合物的价带谱特有的电子结构特征。在 XPS 价带谱中，氯原子的 3p 轨道通常会呈现出明显的峰，反映了氯原子在聚合物中的存在。这提供了关于含氯聚合物电子结构的重要信息，有助于理解其物理性质和化学性质，以及在不同环境下的应用。

d. C$_{60}$ 的价带谱

C$_{60}$ 是一种富有特色的碳基材料。C$_{60}$ 的价带结构通常呈现为一组清晰的峰，反映了 C$_{60}$ 分子内部碳原子的电子态密度分布。由于 C$_{60}$ 是一个大分子，其电子结构包含了许多能级，因此在 C$_{60}$ 的 XPS 价带谱（图 2-66）中显示出多个峰。这些能级的位置和形状提

供了关于 C_{60} 分子内部电子状态和相互作用的重要信息，有助于理解其特殊的物理和化学性质，以及在光电子学等领域的应用潜力。

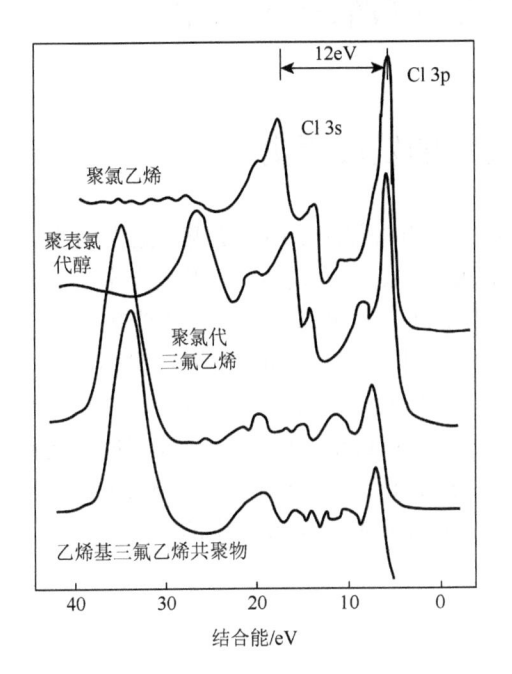

图 2-65　含氯聚合物的价带谱

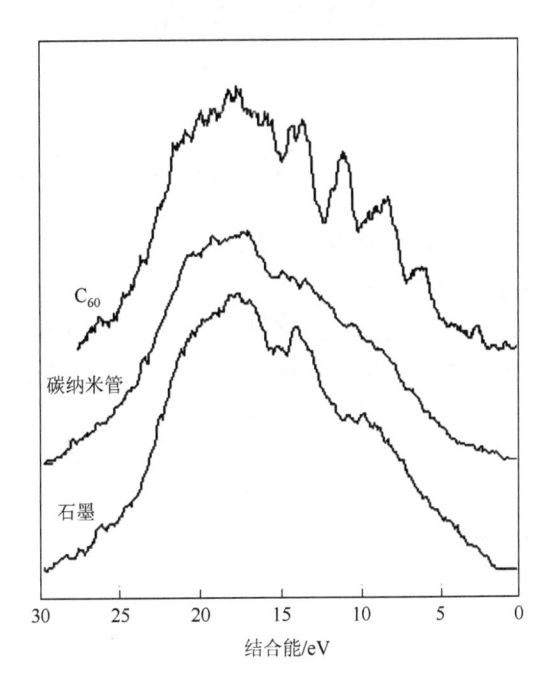

图 2-66　C_{60} 的价带谱

第3章 X射线光电子能谱的结构和发展

3.1 X射线光电子能谱的发展历史

在瑞典乌普萨拉大学，K. Siegbahn 教授及其研究团队首次使用软 X 射线激发元素，揭示了元素内部电子结合能与其化学环境之间的关联。这一发现为 X 射线光电子能谱（XPS）成为表面化学分析的重要工具奠定了理论基础，并引入了化学分析光电子能谱（ESCA）这一术语。在技术上，K. Siegbahn 团队还设计了静电能量分析器，提高了光电子能量的检测精度，并成功制造了具有实际应用价值的 XPS 谱仪。自 20 世纪 50 年代 K. Siegbahn 团队成功研制出第一台 XPS 谱仪后，到 60 年代初 XPS 谱仪已发展成为商业化的分析仪器。如今，主要生产 XPS 谱仪的厂商包括 PHI 公司、VG 公司和 Kratos 公司，其中技术的发展重点为单色化、高能量分辨率以及小面积成像 XPS 技术的实现。

3.2 主 要 构 成

现代通用的 XPS 系统由以下主要硬件组成：一个超高真空室、单色化 X 射线源、静电透镜、能量分析器、检测器、接口、计算机和数据输出系统（图 3-1）。此外，系统还

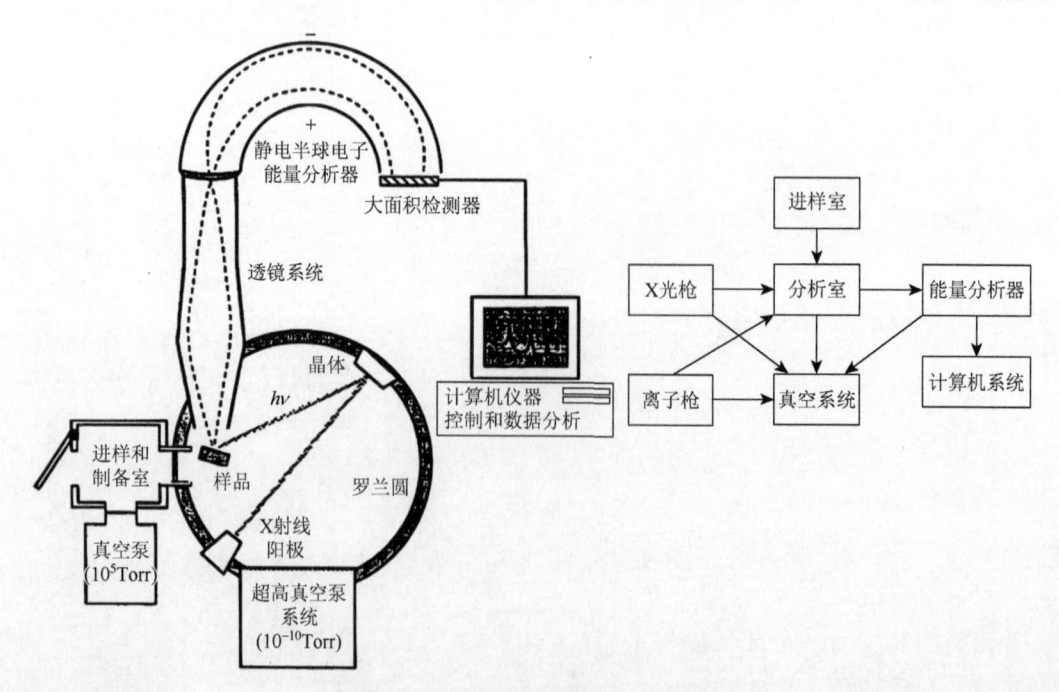

图 3-1 X射线光电子能谱仪结构简图

包括一个带有前置真空的样品引入系统和一个超高真空样品操作台。所用的单色化 X 射线源由阳极靶和石英晶体组成，构建成一个罗兰圆，以确保阳极靶、石英晶体和样品表面受击点处于同一罗兰圆上。

在实验操作过程中，样品首先被置入分析室，系统达到超高真空条件［约 2×10^{-9} Torr（1Torr = 1.33322×10^{2} Pa）］，随后启动 X 射线源。所产生的 X 射线照射样品表面，激发表面原子的有关轨道电子被击出。这些电子经过透镜聚焦，送入能量分析器进行色散分析，不同能量的光电子由检测器接收并放大，最终数据被传输至计算机进行存储和分析。

3.2.1 真空系统

1）XPS 需要高真空环境的主要原因

①减少背景信号。高真空环境可以减少背景信号的干扰，提高 XPS 谱的信噪比。在高真空下，只有样品表面附近的原子和分子被激发产生光电子，背景信号来源较少，因此可以更准确地测量样品的光电子能谱；同时场发射离子枪对真空度同样具有很高要求（10^{-8} Torr）。②避免氧化反应。在高真空下，样品表面不会与气体中的氧气等发生氧化反应，从而保持样品表面的化学价态不变。如果在大气压下进行 XPS 测量，氧气会与样品表面反应，形成氧化物层，导致测量结果失真。例如，在压力为 10^{-6} Torr 下，吸附时间为 1s，则可在样品表面形成原子单层杂质。因此，XPS 的真空系统通常要求在 10^{-8} Torr 以上。

2）真空系统的构成

表 3-1 比较了真空系统中采用的各种真空泵的原理和优缺点。这些真空泵的工作原理各不相同，适用的真空范围和应用场景也有所区别。在实际应用中，往往需要联合采用多种真空泵来达到最佳工作条件要求。

表 3-1　真空系统中采用的各种真空泵的原理和优缺点

泵类型	工作原理	优点	缺点	达到的压力/Torr
机械泵	机械旋转压缩空气	使用方便	有油污染，噪声大	10^{-3}
吸附泵	活性物质吸附	干净	需要液氮，抽气容量小	10^{-3}
油扩泵	通过低蒸气压油分子的扩散，将气体分子带走	价格低	有油污染	$10^{-6}\sim10^{-10}$
涡轮分子泵	高速旋转的叶片压缩带走气体分子	体积小，半无油，抽速高	价格高，噪声大	10^{-8}
溅射离子泵	通过将气体分子变成离子，溅射入钛板	超高真空，无油，无噪声	需要前级真空	10^{-11}
升华泵	利用活性钛膜对气体的反应吸附作用	抽速高	需要前级真空，消耗性	
低温泵	利用制冷设备使得抽气部件（用活性炭）的温度达到 10K 以下，大部分气体分子均可以被吸附，从而达到超高真空	绝对无油，容量大	获得低温麻烦	

下面详细介绍一下常用的溅射离子泵,其工作原理如图 3-2 所示。

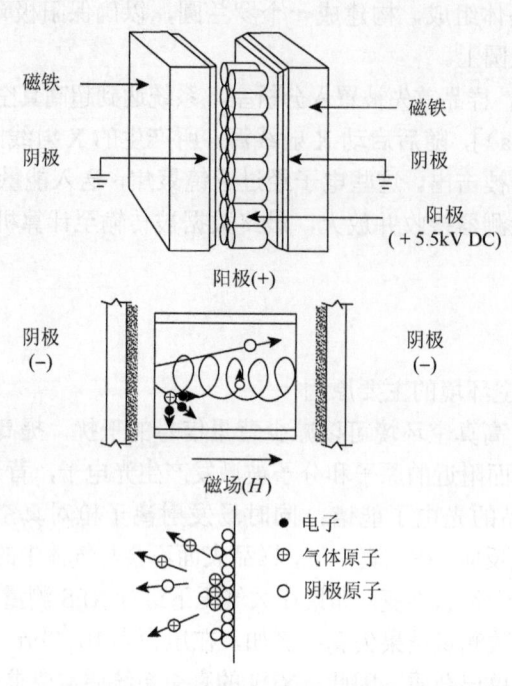

图 3-2 溅射离子泵原理示意图
阴极上原子因溅射作用而被移走,进行再发射,DC 表示直流电

(1) 阴阳极之间高压(5kV)放电产生电子,与气体分子碰撞产生离子。
(2) 高速离子撞击钛板,射入钛板中被吸收,达到抽气目的,获得超高真空。
(3) 磁场使电子产生螺旋运动,碰撞产生更多的离子。
(4) 对水汽、H_2 比较困难,H 离子不容易吸收。

3.2.2 X 射线源

XPS 设备的激发源主要由灯丝和邻近的阳极金属靶构成。这一组合是 X 射线产生的核心。

1. X 射线的产生

X 射线的生成过程涉及高速电子与阳极靶原子的相互作用。当电子以高速撞击这些靶原子时,会产生两种类型的 X 射线:特征 X 射线和连续 X 射线。具体来说,高速电子首先撞击并击出原子近核内层的电子,导致原子电离。由于内层电子被移除后留下了空位,原子外层的电子便跃迁至这些空位,跃迁过程中释放的能量以 X 射线的形式辐射出来。这些 X 射线的光子能量是固定的,与靶原子的电子壳层能级差直接相关,因此展示出与靶材料特定的能量特征,这就是所谓的特征 X 射线。与此不同的是,连续 X 射线波段则表现为一个连续的能量范围,这种 X 射线的产生并不涉及特定的能级跃迁。

2. X射线源的结构

X射线源的结构设计至关重要,如图3-3所示,双阳极X射线源包括灯丝、阳极靶和滤窗等关键组件。其中,加铝窗的设计是为了有效阻隔电子进入分析室,以保护敏感的样品免受电子直接撞击。此外,铝窗还起到减少X射线对样品可能造成的辐射损伤的作用,确保了分析过程的精确度和样品的安全。这样的设计不仅确保了X射线的有效产生和特性控制,还增强了整个设备在进行精细表面分析时的性能和可靠性。

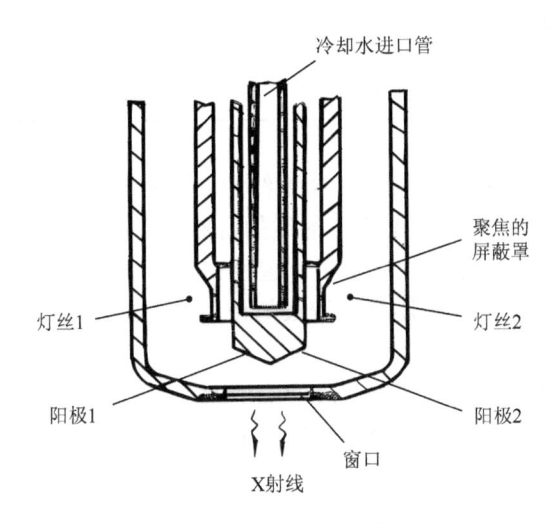

图3-3 双阳极X射线源结构示意图

3. X射线源的选择

在X射线光电子能谱(XPS)技术中,选择适合的阳极靶材至关重要,因为它直接影响到光电子谱的质量和分析的准确性。一个理想的阳极靶材应满足以下标准。

(1)高效的能量转换:选用的金属应能承受高能电子的连续轰击并产生具有窄线宽的X射线。线宽的窄幅是关键,因为它影响光电子谱线的半高宽(FWHM),进而影响能量分辨率和元素化学价态的精确判定。

(2)足够的激发能力:靶材所发出的X射线能量需足以激发元素周期表中除氢和氦之外所有元素的至少一个内层电子,从而确保能够对广泛的元素进行分析。

(3)良好的导热性:材料必须是优良的导体,以便在电子轰击过程中产生的大量热量可以迅速被导出,防止设备过热,确保设备的稳定性和安全性。

(4)材料的兼容性和可加工性:选用的材料应易于加工成阳极靶形状,并能在超高真空(UHV)条件下稳定工作,以维持XPS系统内部环境的纯净,防止样品污染。

表3-2展示了不同X射线源的能量和线宽,帮助用户根据特定应用需求选择最合适的X射线源。通过精心选择阳极靶材,可以极大地提升XPS系统的分析性能,使其能更精准地识别材料的化学成分和电子结构。此外,正确的阳极靶材选择还有助于延长设备的使用寿命并降低维护成本。

表 3-2　不同 X 射线源的能量及其线宽　　　　　　　（单位：eV）

射线	能量	FWHM	射线	能量	FWHM
Y M_ξ	132.3	0.47	Mg K_α	1253.6	0.7
Zr M_ξ	151.4	0.77	Al K_α	1486.6	0.85
Nb M_ξ	171.4	1.21	Si K_α	1739.5	1.0
Mo M_ξ	192.3	1.53	Y L_α	1922.6	1.5
Ti L_α	395.3	3.0	Zr L_α	2042.4	1.7
Cr L_α	572.8	3.0	Ti K_α	4510.0	2.0
Ni L_α	851.5	2.5	Cr K_α	5417.0	2.1
Cu L_α	929.7	3.8	Cu K_α	8048.0	2.6
Na K_α	1041.0	0.4			

实验中，一般选择用 Mg/Al 双阳极 X 射线源。因为这种射线源的能量范围恰到好处（分别为 1253.6eV 和 1486.6eV），并且 X 射线的自然宽度较小（分别为 0.7eV 和 0.85eV），这使其能够激发几乎所有元素产生光电子。这种 Mg/Al 双阳极 X 射线源以其靶材的稳定性和易于保存的特性著称，同时还具有较长的使用寿命。这些阳极靶材不仅具有一定的熔点，还具备良好的导热性能，这有助于在高功率操作下维持系统的稳定和效率。此外，这种 X 射线源的功率适中，既能确保高效的能量转换，又避免因过高的功率引起的设备损耗和样品损害。Mg/Al 双阳极靶的设计优化了 X 射线的输出，保证了光谱数据的准确性和重现性。

表 3-3 详细列出了由 Mg/Al 双阳极 X 射线源产生的特征 X 射线的相关参数，包括每种阳极材料的特征能量和自然线宽等信息，为用户提供了详尽的数据参考，以便于选择和应用适合特定分析需求的射线源。通过这种精确控制的 X 射线源，实验者可以更准确地分析样品的化学和物理性质，从而推动材料科学、化学和其他相关领域的研究进展。

表 3-3　Mg/Al 双阳极产生的特征 X 射线

X 射线	Mg 能量/eV	Mg 相对强度	Al 能量/eV	Al 相对强度
$K_{\alpha1}$	1253.7	67 ⎱ 100.0	1486.7	67 ⎱ 100.0
$K_{\alpha2}$	1253.4	33 ⎰	1486.3	33 ⎰
$K_{\alpha'}$	1258.2	1.0	1492.3	1.0
$K_{\alpha3}$	1262.1	9.2	1496.3	7.8
$K_{\alpha4}$	1263.7	5.1	1498.2	3.3
$K_{\alpha5}$	1271.0	0.8	1506.5	0.42
$K_{\alpha6}$	1274.2	0.5	1510.1	0.28
$K_{\alpha\beta}$	1302.0	2.0	1557.0	2.0

图 3-4 是不同 X 射线源的 XPS 谱，显然镁靶/锆靶联用获得数据，显示出更加精细的 Si 2s、Si 2p 及 Si KLL 跃迁谱。

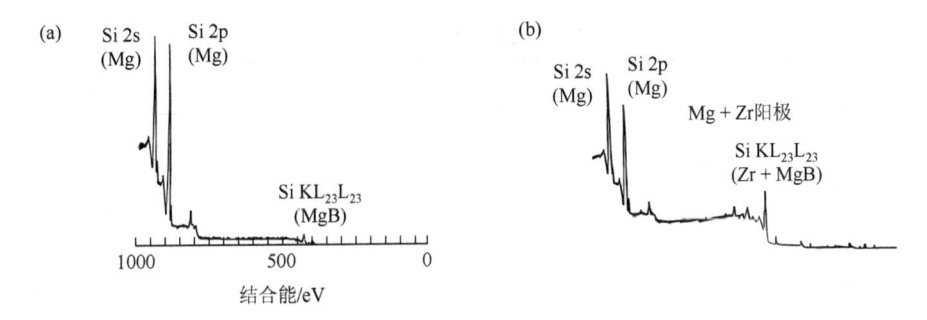

图 3-4　Zr L_α/Mg K_α 双靶联用的 Si 片 XPS 谱（参照 Zr 靶能标）：(a) 镁阳极及韧致辐射引起的 Si 2s、Si 2p 及 Si KLL 跃迁谱；(b) 镁靶/锆靶联用的 Si 2s、Si 2p 及 Si KLL 跃迁谱

同步辐射源单色化后的 Al 阳极 X 射线源显著提升了 XPS 的能量分辨率和信噪比，极大地满足了常规表面分析的需求。然而，单色化处理也存在一定的局限性，主要表现在激发源强度的损失；此外，对于深入研究原子内壳层过程和电子相互作用，以及探索原子结构和进行精细量子力学计算、固定能量的单色化激发源的功能受到限制。因此，为了更广泛地适应科研需求，XPS 技术的发展中引入了同步辐射光源。

同步辐射光源的工作原理基于高能同步加速器（图 3-5），其中电子被加速到接近光速，并通过磁场导向环形通道。当这些带负电荷的电子高速旋转并穿过磁场时，会释放出连续波长的同步辐射光。这种光源不仅波长覆盖范围广泛，从红外到硬 X 射线，而且具有极高的准直性、可调谐性和极化特性，特别适合于复杂的多元半导体和其他高端材料研究。

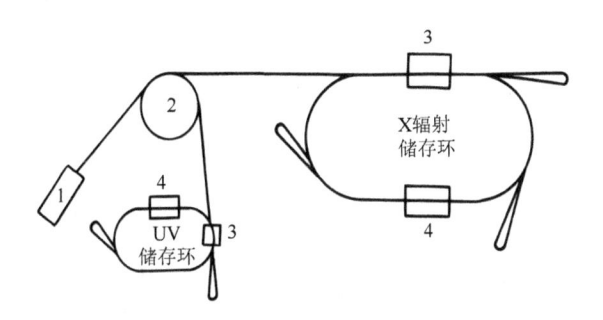

图 3-5　同步回旋加速器示意图
1. 直线加速器；2. 后加速器；3. 扭动器；4. 补偿谐振腔

同步辐射光源在科学研究中的应用极为广泛，不仅为 XPS 技术提供了更高的灵活性和精确性，还促进了高分辨率分子内壳层谱和新型俄歇电子能谱的发展。这些进步在实验物理学中的应用，特别是在原子内壳层物理和分子结构研究领域，产生了深远的影响。同步辐射光源以其宽广的能量范围、出色的单色性、狭窄的峰宽、强大的射线强度以及精细的聚焦能力，成为当前和未来科研中不可或缺的工具。表 3-4 展示了 X 射线、紫外线及同步辐射三种光源的性能对比，当需要获得特定的价态信息时，需要选择合适的光源。

表 3-4 三种光源的性能比较

光源	能量范围/eV	线宽	应用范围
X 射线（Mg、Al）	1253.6~1486.6	0.7~0.85eV	芯层和价带电子
紫外线（He I、He II）	21~40	<0.01eV	价带电子
同步辐射	40~10000（可调）	0.2eV（能量在 8keV）	价带和芯层电子

3.2.3　X 射线的单色化

X 射线通常具有较宽的自然宽度，这在一定程度上限制了其能量分辨率。因此，对 X 射线源进行单色化处理成为提高分辨率的有效策略。下面是单色化的原理图（图 3-6）和使用石英晶体单色化 Al K$_\alpha$ 射线的 Scienta ESCA300 谱仪的示意图（图 3-7）。

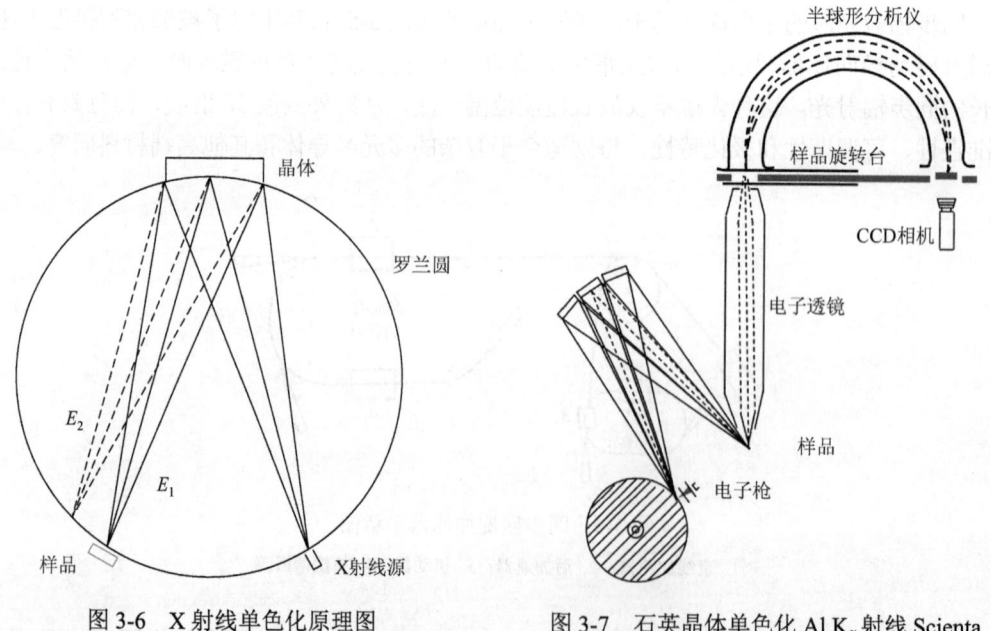

图 3-6　X 射线单色化原理图　　图 3-7　石英晶体单色化 Al K$_\alpha$ 射线 Scienta ESCA300 谱仪示意图

从技术层面分析，阳极靶产生的 X 射线经过石英晶体的背向衍射处理，能有效去除韧致辐射背底和伴随退激发射线，显著降低原始特征 X 射线的线宽至 0.2~0.3eV。这种处理不仅提高了 X 射线的单色性，还大幅度提升了谱线的清晰度和分辨能力。例如，通过单色化处理后的 Al 阳极 X 射线靶的效果如图 3-8 所示。图中清楚地展示了使用单色化后的 Al 靶源得到的 Si 2p XPS 谱，其中 Si 2p$_{3/2}$ 和 Si 2p$_{1/2}$ 这两个简并轨道得到了清晰的区分，这在未经单色化处理的 Al 阳极靶中是难以实现的。

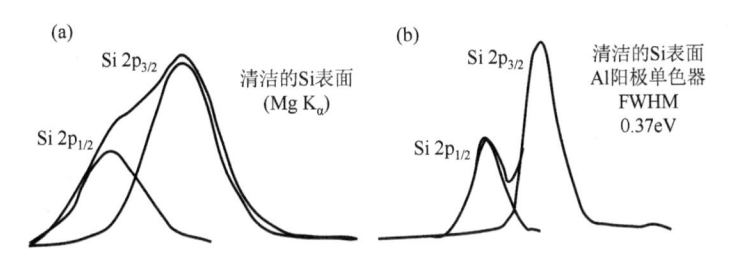

图 3-8 未经单色化与单色化后的 Si 2p 谱：（a）未经单色化的 Si 2p 谱；（b）单色化后的 Si 2p 谱

这种单色化技术的应用极大地扩展了 XPS 的实验能力，使其在表面和界面科学的研究中能更精确地识别和分析化学价态和电子环境。

表 3-5 是 Al K_α 与单色器分别激发的 Ag $3d_{5/2}$ 的比较，显然单色器激发的 Ag $3d_{5/2}$ 具有更窄的半高宽，显示出更好的信噪比。

表 3-5　Al K_α 与单色器分别激发的 Ag $3d_{5/2}$ 的比较

阳极	枪功/(kV×mA)	峰强度	半高宽/eV
Al K_α	12×15	10^5	1.75
单色器	14×25	10^3	1.25

3.2.4　能量分析器

能量分析器是 XPS 谱仪中至关重要的核心组件，其主要任务是进行精确的能量测定。为了确保测量的准确性，能量分析器通常需要对外部磁场进行严格的屏蔽，这通常通过使用高导磁性材料，如金属进行包裹，以隔绝任何可能干扰测量的外部磁场影响。在能量分析器的类型上，主要分为磁偏转式和静电型两种。磁偏转式能量分析器通过利用磁场来偏转电子的路径，从而根据路径的变化来测定电子的能量。然而，由于这种类型的分析器对环境磁场非常敏感，任何外部磁场的微小变化都可能影响其性能，因此在当前的科研和工业应用中较少采用。相比之下，静电型能量分析器则更为常见。这种分析器利用静电场来影响和测定电子的运动，通过精确控制电场的强度和方向，可以非常精确地测定电子的能量。静电型能量分析器的优点在于其对外部磁场的干扰不敏感，从而能在各种环境中提供稳定可靠的性能，特别适合于高精度的能量分析任务。

综合来看，选择合适的能量分析器对于确保 XPS 分析的精度和可靠性极为重要。静电型能量分析器因高稳定性和优异的抗干扰性能，已成为许多先进科研和技术领域中的首选技术。其中，静电型能量分析器具有图 3-9 中四种形式。

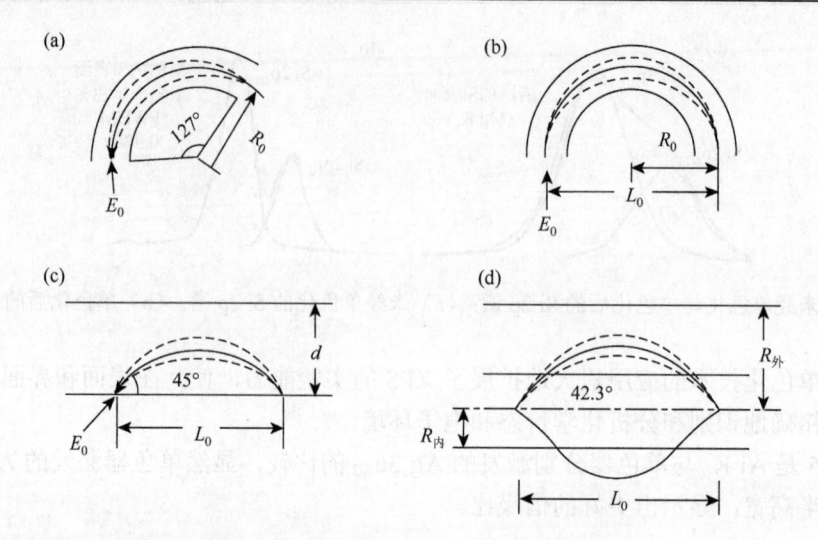

图 3-9　四种主要静电式偏转型能量分析器的比较：（a）127°圆柱偏转器；（b）半球形（180°）偏转器；（c）平行板反射式；（d）筒镜式能量分析器

目前，XPS 谱仪都采用同心半球能量分析器，其示意图如图 3-10 所示。

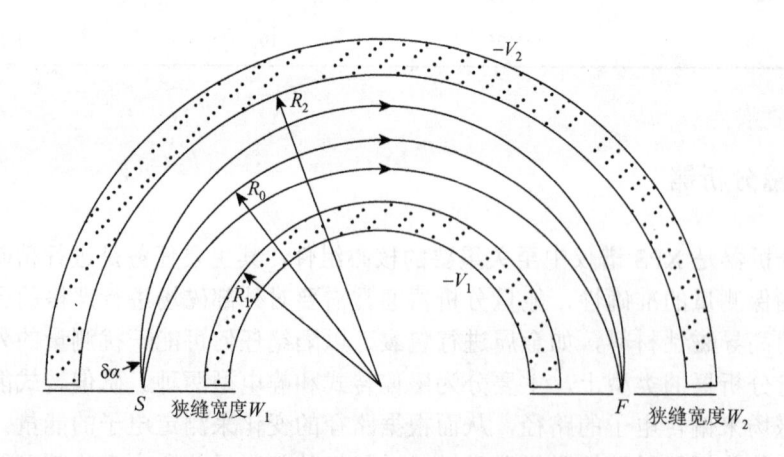

图 3-10　同心半球能量分析器的示意图

从图 3-10 中可以明显看出，狭缝宽度（W）、能量分析器的圆柱形能量分析器（CHA）半径（R_0）以及光电子进入口角都直接影响着分辨率和灵敏度，同时这些参数也决定了峰的形状。具体来说，更小的狭缝宽度和更大的能量分析器半径将提高能量分辨率。然而，在 S 点直接捕获样品表面发射的光电子相对困难，因此通常需要配置一个前置透镜来初步收集样品表面的光电子，并将其有效传输至 CHA 入口。这要求样品与前置透镜保持相同的电位（接地），确保样品到分析器之间是一个无电场的空间。这种设计不但使得样品与分析器之间保持足够的操作距离，提供便利的操作空间，而且还有助于实现 XPS 成像。

关于相对能量分辨率 R（$R = \Delta E/E_0$），在 XPS 实验中通常采用通过固定能量分析器的通能窗口（FAT），即 ΔE 为恒定值。这种方法在能量较低时表现良好，但在高能量下分辨率会有所下降。为此，可能需要引入减速装置来优化分辨率。而在紫外光电子能谱（UPS）实验中，由于光电子能量本身较低，不需要预减速处理。与 XPS 相比，在 UPS 和俄歇电子能谱（AES）分析中，为了提高仪器的灵敏度，采用固定相对能量分辨率（FRR）模式，即保持 $\Delta E/E$ 的比例恒定。这种模式虽然在高能量时能量分辨率会迅速下降，但可以获得更强的信号强度，优化了测量结果的可靠性。这些技术的运用极大地提高了能量分析器的性能，使其能够在各种实验条件下获得最优的测量效果。带减速装置的能量分析器的工作原理如图 3-11 所示。

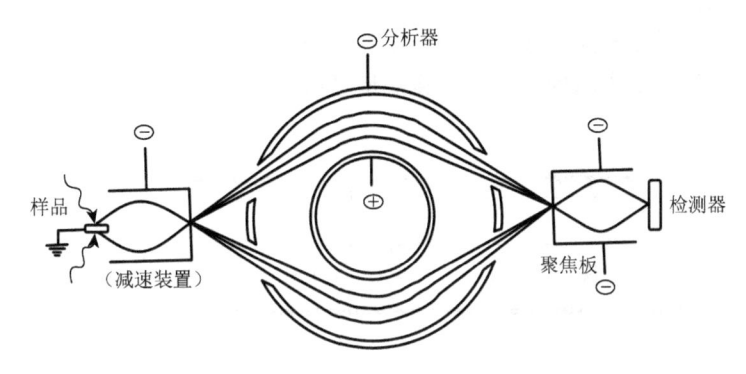

图 3-11 带减速装置的能量分析器的工作原理

能量分析器不同分析方式的性能比较如表 3-6 所示，在实际应用中，可以根据自己的实验需要选择合适的能量分析器。

表 3-6 FRR 及 FAT 两种工作模式的性能比较

FRR 性能	FAT 性能
（1）采用一级简单的等电位透镜，透过率大且恒定 （2）$\Delta E/E$ 为常数，整个能标上分辨率改变不均匀 （3）透镜与分析器同步扫描 （4）高动能端灵敏度高，低动能端分辨率改变不均匀 （5）通能不同，检测效率不同，不利于定量分析；使用高度法精度差 （6）适用于 AES、UPS	（1）采用三级以上的透镜才可得到不同的减速比，透过率发生变化 （2）ΔE 为常数，整个能标上分辨率恒定均匀 （3）固定分析器电压，改变透镜电压 （4）高动能端灵敏度小，低动能端分辨率高但信噪比低 （5）通能相同，检测效率相同，有利于定量分析；使用面积法精度高 （6）适用于 XPS

3.2.5 检测器

在现代 XPS 谱仪中，常用的光电子检测器主要分为三种类型：光电倍增管（PMT）、通道电子倍增器（CEM）和多通道板（MCP）阵列。这些检测器的增益范围通常在 $10^3 \sim 10^6$ 之间，但在某些高性能设备中，增益甚至可以达到 10^8。这些检测器一般在约 5kV 的高电压下工作，以确保足够的灵敏度和信号放大。为了提高检测灵敏度，现代 XPS 谱仪越来越多地采用多道检测器系统。在这种系统中，被分析的电子在分析器出口平面内色散。基于这一原理，可以在色散方向上排列一系列检测器及相对应的狭缝，以替代传统的单一出口狭缝和检测器。这种布局允许同时平行收集来自多个狭缝的光电子，极大地提升了检测效率。与单道检测器相比，多道检测器系统的灵敏度可以提高一个数量级。

在技术实现方面，目前有两种主要的方法：一种方法是使用多个微通道板来代替传统的出口狭缝，这些微通道板上形成了数百至数千个直径仅有几十微米的通道，每个通道都可以作为一个独立的通道电子倍增器；另一种方法是在出口狭缝处设置多个单道检测器，形成一个检测阵列，以增强整体的检测能力。光电倍增管（PMT）的工作原理如下：当电子进入倍增管并与内壁表面材料碰撞时，会激发出多个二次电子。这些二次电子随后在管内多次碰撞放大，通过这一连串的碰撞过程实现信号的大幅度放大。图 3-12 展示了光电倍增管的工作原理，可以更直观地理解其放大机制和工作过程。

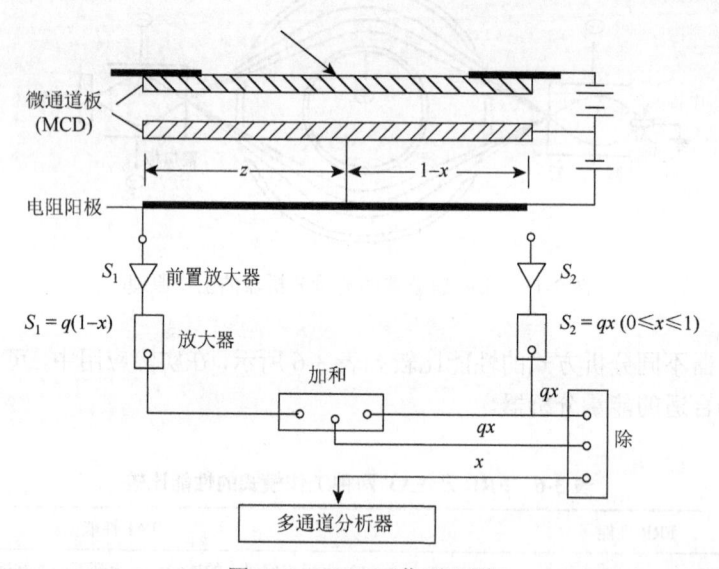

图 3-12　PMT 工作原理图

位置敏感检测器（position sensitive detector，PSD）是一种能够检测入射光或粒子的位置信息的装置，广泛应用于科学研究和工业测量中。PSD 的工作原理基于将入射光转换为电信号，并准确地确定光束的落点位置。这种检测器通常利用光电效应或类似机制来转换光信号。以下是 PSD 的基本工作原理。

光电转换：入射光束首先击中 PSD 的感光面。这个感光面是由半导体材料制成的，能够通过光电效应将光能转换为电荷。

电荷分布：电荷在 PSD 的表面上生成，其分布依赖于入射光束的落点。对于线性 PSD，电荷会沿着一条线分布；对于二维 PSD，电荷会在一个平面上分布。

信号读出：电荷信号会被传输到 PSD 的边缘，并通过连接到边缘的电极进行读取。电极的设计依赖于 PSD 的类型（一维或二维），并且能够提供关于入射光点位置的精确信息。

信号处理：读出的电信号会被进一步处理，以计算出入射光的确切位置。这通常涉及测量不同电极间电荷分布的比例，从而推导出入射光的位置坐标。

输出数据：最终，PSD 输出关于入射光位置的数据，这可以用于各种应用，如光束定位、光学跟踪和精密测量。

PSD 的优势在于提供快速、连续且高精度的位置检测能力，使其在高速光学扫描和实时位置监测系统中非常有用。这种检测器的应用包括激光对准系统、光学测量设备和医疗成像技术等。

多通道检测系统的结构示意如图 3-13 所示。

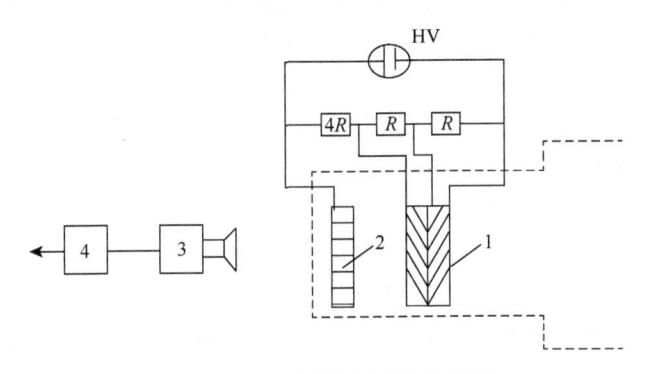

图 3-13 多通道检测系统示意图

1. 多通道板；2. 磷屏；3. 摄像机；4. 计算机，HV 表示高压

图 3-14 所示为球扇形分析器可能的两种检测器系统，左为位敏检测器，右为多通道型检测器。

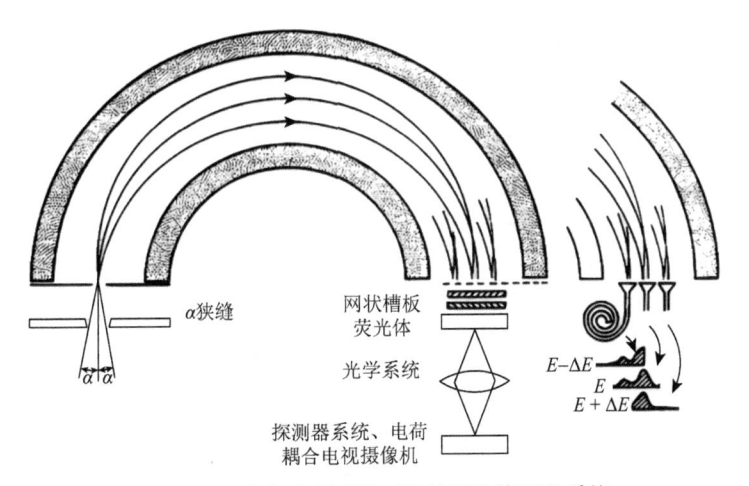

图 3-14 球扇形分析器可能的两种检测器系统

3.2.6 离子束溅射

为了确保样品表面的洁净与纯度，采用离子溅射技术来去除样品表面的污染层或覆盖层。离子溅射是一种高效的表面清洁技术，利用高能离子（如氩离子、氧离子、铯离

子和镓离子等）轰击样品表面，通过物理碰撞作用将表面原子或分子剥离，从而达到清洁表面的目的。

离子溅射主要采用两种方式：固定溅射和扫描溅射。固定溅射指的是离子束固定照射在样品的特定区域，适用于需要局部处理的情况；而扫描溅射则通过动态扫描离子束覆盖更广泛区域，能更均匀地清洁整个表面。

在进行离子溅射时，有以下几个关键因素需要考虑。

（1）溅射均匀性：确保离子束覆盖整个目标区域的均匀性是至关重要的，因为非均匀的溅射可能导致样品表面的局部损伤或清洁不足。

（2）离子选择：不同的离子类型对材料的影响不同。例如，氩离子由于化学惰性，主要用于物理溅射；氧离子则可用于除去有机污染物，这是因为其在撞击过程中可能与有机物发生反应；铯离子和镓离子则因较重的质量，常用于更深层或更坚固材料的表面处理。

（3）副作用：离子溅射虽有效，但也可能引入其他效应，如离子注入、化学改变或表面损伤。这些副作用可能影响样品的化学和物理性质，因此在选择溅射参数时需谨慎，如离子能量、溅射时间和离子流密度。

通过精心设计的离子溅射程序，可以有效地提高样品表面分析的准确性和可靠性，对于材料科学、纳米技术、电子工程等领域的研究和应用都是极其重要的。图 3-15 是差动离子枪的结构示意图。

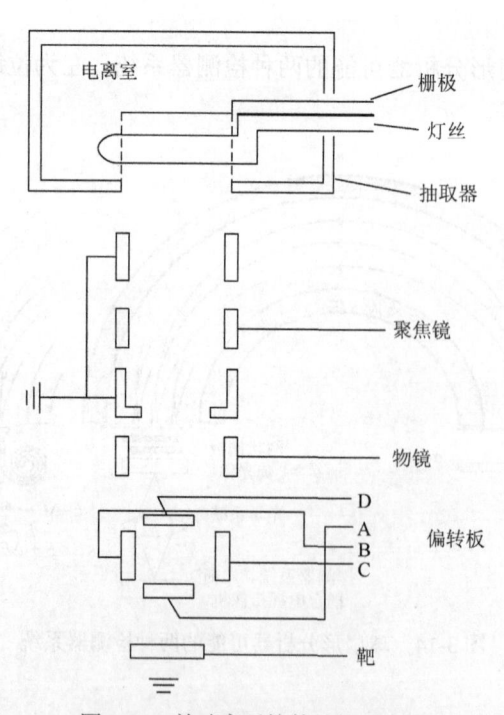

图 3-15　差动离子枪的结构示意图

1. 溅射因素的分析

为了进行精确的深度分析，常使用 0.5~5keV 能量范围的 Ar 离子源作为离子枪。这种离子枪能够提供扫描离子束,其束斑直径通常在 1~10mm 之间,使得离子束可以覆盖较大的样品区域。溅射速率可调节在 0.1~50nm/min 之间,这允许灵活控制材料表面的去除速率,以适应不同的分析需求。

为了优化深度分辨率,推荐采用间歇溅射的方式。这种方法通过在溅射和非溅射阶段之间交替进行,有助于减少热效应和离子注入,从而维持样品的原始结构和组成。此外,为了减少离子束在样品表面产生的坑边效应,建议增加离子束的直径。这可以扩展溅射区域,使得影响更为均匀,同时减少局部过度溅射所带来的样品损伤。

同时,为了降低离子束的择优溅射效应及基底效应,应考虑提高溅射速率并降低每次溅射的持续时间。这样可以减少因长时间溅射而可能引起的元素重新分布或化学价态变化。值得注意的是,离子束溅射可能导致化学价态的改变,如许多金属氧化物在离子束作用下可能被还原至较低价的氧化物状态,如 Ti、Mo、Ta 等。这种化学还原作用需在分析前充分考虑,因为它可能影响样品的化学组成解读。

在操作离子枪和设计实验参数时,务必注意精确控制离子源的能量、束斑大小及溅射速率。合理的参数设定不仅能提高分析的准确性,也有助于保护样品的微观结构不受损坏。通过这些策略,可以有效地优化分析结果,确保得到可靠且具有代表性的化学和物理数据,从而在材料科学、表面工程和纳米技术等领域中得到广泛应用。

2. 溅射产额的影响因素

离子束的溅射速率是一个受多种因素影响的复杂参数,不仅依赖于离子束本身的能量和束流密度,还受到被溅射材料性质的显著影响。具体而言,当离子束能量较低时,溅射速率相对较慢,这可能增加样品表面的其他效应,如化学改变或表面损伤。相反,离子束能量过高则容易导致注入效应,即离子深入样品内部,引起样品结构和组成的变化,这虽然能增加溅射速率,但也可能导致较大的样品损伤。

在实际操作中,离子束能量通常设置在 3~10keV 之间,这被认为是达到有效溅射而又能尽量减少样品损伤的理想能量范围。此外,溅射速率不仅受离子能量的影响,还与材料的原子质量、结晶度和表面条件等因素密切相关。因此,不同材料的溅射速率会有显著差异。

在深度分析中,通常使用标准物质的相对溅射速率来校正和比较不同材料的数据。这种方法允许科研人员在不同实验和材料之间建立可比性,确保分析结果的精确性和一致性。通过这种校正,科研人员能够更准确地估计和解读材料表面及其下层结构的组成变化,从而为材料科学研究提供深入且可靠的数据支持。表 3-7~表 3-9 分别列举出不同离子束能量的溅射产额。溅射产额是指溅射出的粒子数与入射离子数的比值。

表 3-7 500eV 离子束轰击时溅射产额

材料	不同离子源的溅射产额				
	He	Ne	Ar	Kr	Xe
Be	0.2	0.4	0.5	0.5	0.4
C	0.07		0.12	0.13	0.17
Al	0.16	0.7	1.0	0.8	0.6

续表

材料	不同离子源的溅射产额				
	He	Ne	Ar	Kr	Xe
Si	0.13	0.5	0.5	0.5	0.4
Ti	0.07	0.4	0.5	0.5	0.4
V	0.06	0.5	0.65	0.6	0.6
Cr	0.17	1.0	1.2	1.4	1.5
Fe	0.15	0.9	1.1	1.1	1.0
Co	0.13	0.9	1.2	1.1	1.1

表 3-8　1keV 离子束轰击时溅射产额

材料	不同离子源的溅射产额			
	Ne	Ar	Kr	Xe
Fe	1.1	1.3	1.4	1.8
Ni	2.0	2.2	2.1	2.2
Cu	2.7	3.6	3.6	3.2
Mo	0.6	1.1	1.3	1.5
Ag	2.5	3.8	4.5	
Au		3.6		
Si		0.6		

3-9　10keV 离子束轰击时溅射产额

材料	不同离子源的溅射产额			
	Ne	Ar	Kr	Xe
Cu	3.2	6.6	8	10
Ag		8.8	15	16
Au	3.7	8.4	15	20
Fe		1.0		
Mo		2.2		
Ti		2.1		

3.3　XPS 的最新发展

X 射线的物理特性决定了它们不能直接聚焦，这一限制使得 X 射线在样品表面的扫描成像和微区化学分析方面与电子束［如在俄歇电子能谱（AES）中使用］和离子束［如在二次离子质谱（SIMS）中使用］相比存在一定的挑战。因此，在长时间内，X 射线光电子能谱（XPS）技术在微区分析的能力相对较弱，其最小分析面积的尺度一直维持在 100~200μm 的范围。

然而，在过去十五年中，科学技术的飞速进展使得 XPS 领域得到了显著的改进。这些进步主要集中在 X 射线的聚焦技术、扫描成像方法和显微分析技术上。通过开发和应用新的聚焦光学系统，如基于微聚焦 X 射线源和先进的光学元件（如透镜和反射镜），研究人员已经能够将 X 射线聚焦到远小于传统限制的尺寸。

这种聚焦技术的发展不仅提高了 XPS 的空间分辨率,还大大增强了其表面化学分析的能力,使得 XPS 可以对更小区域的材料表面进行精细的化学价态分析。这对于材料科学、纳米技术和表面工程等领域的研究提供了重要的技术支持,使得科研人员能够在更细的尺度上理解材料的表面性质和相互作用。

总的来说,这些技术进展为 XPS 带来了从基本科学研究到工业应用的广泛影响,显著提升了其作为化学和物理表面分析工具的效率和准确性。

3.3.1 小面积 XPS

小面积 XPS 技术是一种强大的表面分析工具,专门设计用于对样品的局部区域进行精细化学分析。这种技术特别适合于微区分析和选点分析,以及线扫描分析,使其成为研究材料科学、纳米技术和表面工程等领域的理想选择。

小面积 XPS 的一个显著特点是较高的空间分辨率,范围通常为 1mm～9μm。这种高分辨率允许科研人员对非常小的样品区域进行详尽的化学价态分析,从而在材料表面上识别出微小的异质性和缺陷。此外,由于分析区域较小,荷电问题也相对较少,这使得小面积 XPS 特别适用于绝缘体材料的分析。在处理非导电材料时,荷电效应常常导致分析困难,但小面积 XPS 通过限制分析区域的大小,有效地减轻了这一问题。此外,小面积 XPS 对样品的物理和化学损伤非常小,保持了样品的完整性和代表性。这一特性尤其重要,因为它保证了分析结果的准确性和可靠性,同时减少了可能因分析过程中的样品改变而导致的数据误差。

总之,小面积 XPS 以高空间分辨率、适用于绝缘体的分析能力和对样品损伤的最小化,提供了一种在材料表面上进行精密和深入分析的有效手段,对于科学研究和技术开发具有极其重要的价值。小面积 XPS 谱仪的结构示意图与透视镜示意图分别见图 3-16 和图 3-17。

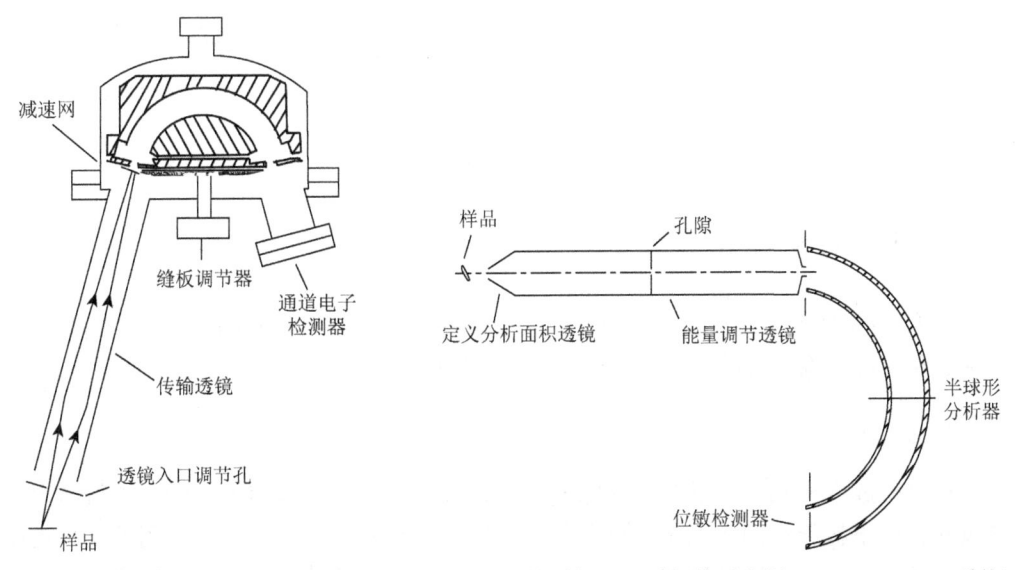

图 3-16　由常规 XPS 谱仪改装成小面积 XPS 谱仪示意图

图 3-17　小面积 XPS 透视镜示意图(PHI 5400 ESCA 系统)

图 3-18 是用小面积 XPS 收集的 Ag 3d$_{5/2}$ 数据，显示出高空间分辨率、高能量分辨率等特点。

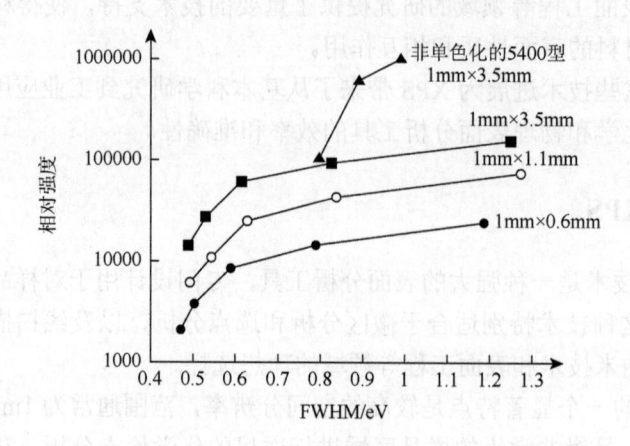

图 3-18　用小面积 XPS 采集的 Ag 3d$_{5/2}$ 数据

图 3-19 是常规的 XPS 谱图和小面积 XPS 谱图的比较，显然小面积 XPS 数据谱具有更好的信噪比。

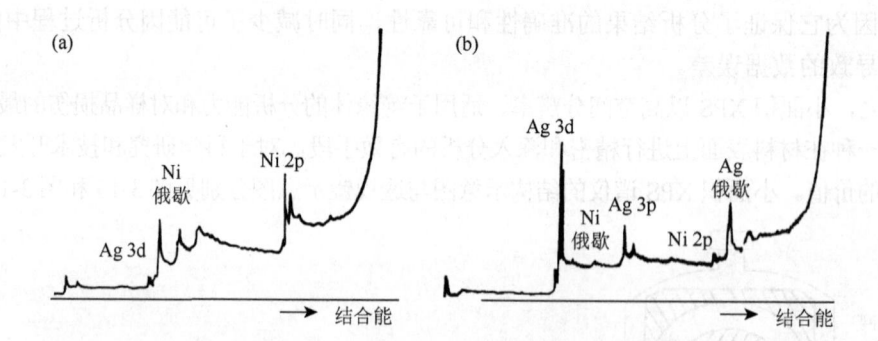

图 3-19　某一样品（Ni 片上的 Ag 点）的常规 XPS 谱图（a）及小面积 XPS 谱图（b）

3.3.2　成像 XPS

成像 XPS 技术为材料表面分析提供了深入的元素及其氧化态的空间分布信息。目前，实现这种高级成像的方法主要分为以下三种不同的思路。

1. 显微成像模式

在显微成像模式下，设有两级输入透镜系统，其中第一级透镜前配备了偏转电极。通过对偏转电极施加扫描电压，可有效收集来自样品表面的光电子。利用计算机控制第一级透镜的电压，可以精确调节光电子的接收角和放大倍数，将分析面精确投影到两级透镜之间的光阑（狭缝）上。这种非减速设计保持了分析面积的恒定性。

调节输入透镜的光阑可以精确选择分析面积。通过光阑传递到第二级透镜的光电子随后被聚焦至分析器入口狭缝平面，并通过特别设计的球镜分析器实现高分辨率成像。为了增强光电子信号，样品背面配备了浸没磁透镜系统，显著增大了立体接收角。此显微成像模式以快速成像能力和仅需普通 X 射线源的优势而著称，虽然获取高分辨率的 XPS 谱需时较长，但其电静态偏转系统免去了移动样品的需要。

2. 平行成像技术

由 Christie、Coxon 等研究者提出的平行成像技术，采用常规 X 射线源，并通过电子光学系统的光阑调节来选择较小的分析面积。在这种技术中，光电子在分析器输入透镜处的光阑上成像，光阑进一步定义了进入能量分析器的光电子取样面积。磁透镜的引入显著提高了光电子的收集效率。

如图 3-20 所示，利用普通光学透镜系统放大样品表面的图像，再通过透镜组将图像投影到无穷远处，确保通过分析器的所有能量的光电子发射都平行于透镜 4 的轴线。这样，成像的质量不受色散的影响。透镜 4 将成像信息反转，在位敏检测器处获得清晰的二维图像，其空间分辨率已达到 ≤3μm，并且成像速度极快，优化了操作效率。

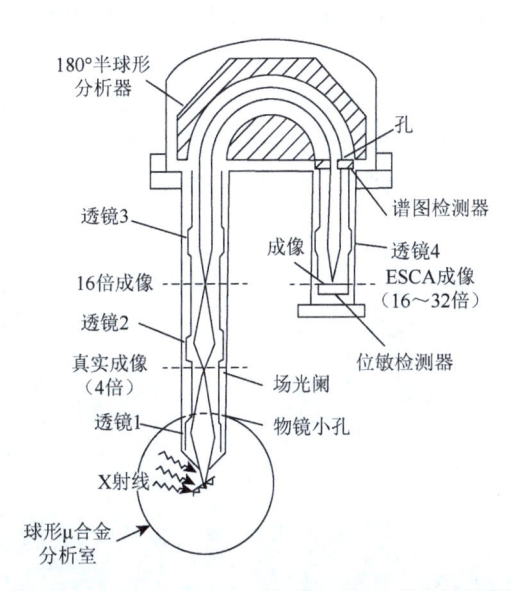

图 3-20 实现 XPS 平行成像的 XPS 系统结构简图

X 射线光电子能谱仪（XPS）又称为化学分析电子能谱仪（ESCA）

这些成像技术的共同目标是提供更高的空间分辨率和更快的分析速度，使 XPS 成为研究复杂材料表面和界面特性的强大工具。

与第一种成像思路相似，这一方法仍然依赖于使用常规 X 射线源，并且其工作原理属于"光学显微成像"模式。这种成像技术的主要特点是提供了直观的图像信息，然而它并不支持在获取图像的同时直接获得图中各个像素点（微区）的 XPS 谱。这种限制意味着虽然能快速获得表面的视觉信息，但无法同时进行深入的化学价态分析。

为了解决这一问题，并实现对特定微区进行详细的化学分析，目前已采用一种有效的解决方案：利用计算机控制样品台的精准位移，执行所谓的"机械扫描"。通过这种方式，X 射线源相对于样品表面的位置可以被精确调整，从而可以系统地扫描整个样品表面，并逐一分析各个特定区域。这种方法允许研究人员按需对任何特定微区进行聚焦和详细分析，从而获得关于材料表面更全面的化学信息。

这种机械扫描技术虽然在操作上相比直接成像更为复杂和耗时，但却提供了对样品表面更深入的理解，特别是在需要精确化学成分和状态分布的高级材料研究和工程应用中非常有价值。通过计算机自动化控制，这种方法也可以实现较高的重现性和精度，使其成为解决复杂表面分析问题的强大工具。

3. X 射线束扫描成像

XPS 技术传统上受限于 X 射线的物理属性，如不能直接聚焦及进行扫描，便无法直接应用成熟的电子探针、扫描俄歇微探针及离子扫描成像技术。1995 年，Larson 和 Palmberg 提出了一种革命性的 XPS 成像思路，到 1996 年，这一方法已被应用于商业化的扫描 XPS 探针设备，大幅拓展了 XPS 技术的应用范围。

该技术的核心是利用聚焦电子束轰击 Al 阳极靶，产生的 X 射线随后投射到由石英晶片构成的椭圆形单色器上（图 3-21）。在这里，X 射线不仅完成了能量单色化，同时也实现了聚焦。通过计算机控制电子束对阳极靶进行精确扫描，椭圆形单色器产生的聚焦 X 射线同步扫描样品表面。这种同步扫描允许系统收集每个像素点上的 XPS 谱，并将其存储，随后可以对这些数据进行处理，以实现高分辨率的 XPS 成像及其他相关分析。

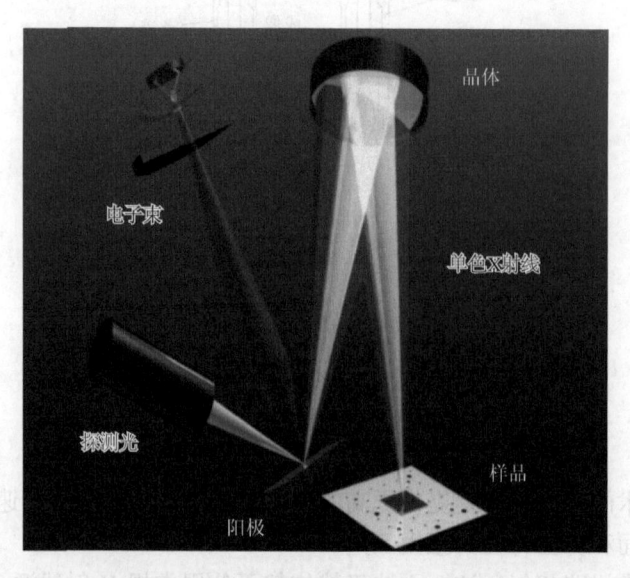

图 3-21　X 射线束扫描成像 XPS 原理

与之前的成像方法相比，这种技术提供了真正的"探针成像"能力。它的主要优势在于不仅能进行成像，还能同时获得每个像素点上的详细 XPS 谱。这一特性使得该技术非常适合进行元素成像、元素化学价态成像等多维度分析。此外，该技术的 X 射线束直径已经达到≤6μm，并且具备足够的辐照强度，以支持高精度和高解析度的表面分析。此方法极大地增强了 XPS 技术的应用灵活性和分析深度，为材料科学、表面化学及纳米技术等领域的研究提供了强大的新工具。

在 XPS 成像中，要缩小 X 射线束斑的途径共有四种，如图 3-22 所示。图 3-22 中（a）采用光源准直法，但是信号弱；（b）采用晶体单色器法聚焦，但是分辨率只有 100μm；（c）采用反射光学聚焦法，但是聚焦困难；（d）采用区域衍射聚焦法，但是衍射强度弱。

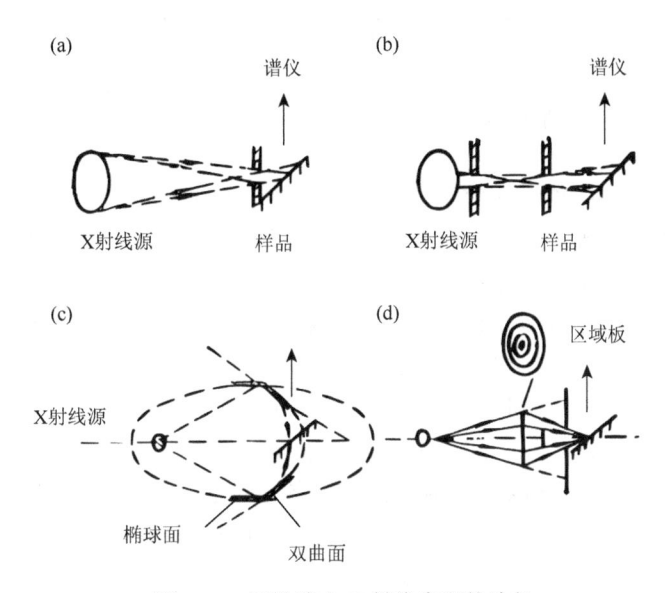

图 3-22　四种缩小 X 射线束斑的途径

表 3-10 是不同束斑尺寸条件下的 XPS 谱相对强度的比较，根据表中数据，可以选择最佳的操作条件从而获得相应的实验数据。

表 3-10　不同束斑尺寸条件下的 XPS 谱相对强度

方法	面积/(mm×mm)	相对强度
常规	5×10	1000000
单孔垂直器	0.1×0.1	200
双孔垂直器	0.1×0.1	2
反射光学聚焦法	0.1×0.1	200
区域衍射聚焦法	0.1×0.1	5000
单色器聚焦法	0.1×0.1	72500
聚焦谱仪	0.1×0.1	300
聚焦谱仪/多检测器	0.1×0.1	40000
磁投影	0.06×0.06	55000
透镜＋输入孔	0.1×0.1	50

方法	面积/(mm×mm)	相对强度
透镜+缝隙+PSD	0.1×0.1	5000
透镜+缝隙+PSD	0.025×0.025	150
透镜+缝隙+PSD	0.006×0.006	2

3.4 应用举例和数据分析

1. 原位 XPS 分析 Pt 纳米颗粒分解 NO

Nartova 等采用原位 XPS 研究了 Pt 纳米颗粒对 NO 的分解能力[1]。在图 3-23（a）中，显示了 323K 下在 Pt/γ-Al$_2$O$_3$ 样品上 NO 吸附下获得的原位 XPS 谱。将催化剂颗粒放入特殊设计的钢篮中，钢篮底部有格栅，以更好地进行气体循环。热电偶连接在吊篮上。在有或没有样品的所有实验中，NO 在气相中的 N 1s XPS 谱的位置完全相同 [图 3-23（a）]，因为这些峰不受样品差分电荷的影响。同时，可以清楚地看到，样品充电效应使表面氮物种的 XPS 峰独立于气相峰向更高的结合能移动 [在图 3-23（a）中，由多孔氧化铝充电引起的峰移动用箭头标记]，因此来自样品表面的 N 1s 峰与气相的 N 1s 峰重叠。AlO$_x$/FCA 上的模型催化剂和多孔 Al$_2$O$_3$ 上实际催化剂的表面氮物种完全相同，尽管氮表面物种相对于 N 1s 气相的位置不同。在不同样品温度和气相压力下，在模型和实际催化剂表面发现的所有氮物种都遵循相同的趋势。

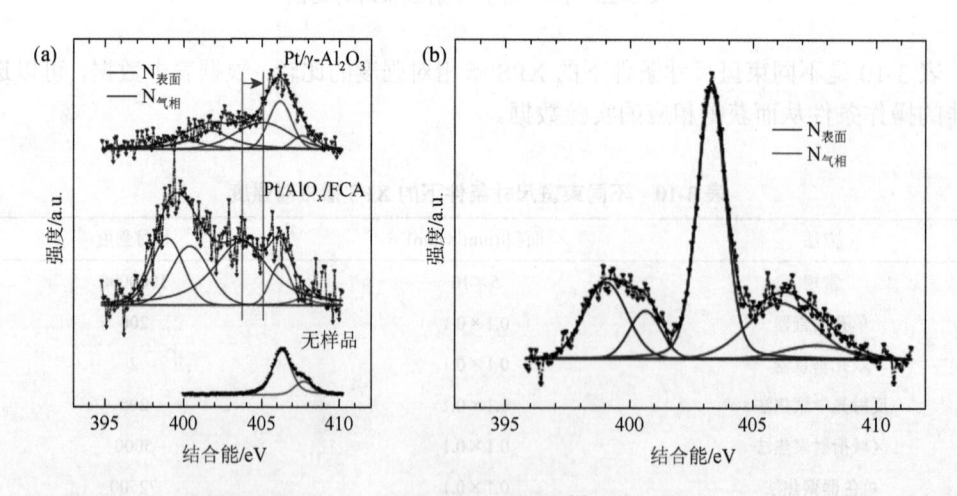

图 3-23 在 323K NO 吸附下获得的 N 1s 区域的原位 XPS 谱[1]：（a）ESCALAB HP，P(NO) = 0.01mbar（1bar = 10^{5}Pa），Pt/γ-Al$_2$O$_3$（平均粒径为 4.8nm）和 Pt/AlO$_x$/FCA 样品；（b）BESSY Ⅱ，P(NO) = 0.15mbar，Pt/AlO$_x$/FCA 样品

需要注意的是，使用同步辐射 XPS（SR XPS）可以获得更有价值的数据，但 SR XPS

不能用于普通多孔氧化铝,因为其表面电荷巨大且不稳定。同时,Pt/AlO$_x$/FCA 模型上的原位 SR XPS [图 3-23 (b)] 允许增加气相压力,使其更接近"现实"条件,并提高信噪比和光电子峰宽,使光谱解释更容易,且其价态数据更接近于真实的反应状态,更利于指导工业催化剂的开发,这也是 XPS 表征技术的发展趋势之一。

2. 原位 XPS 表征铁腐蚀初始阶段表面上的电子特性

铁在水、矿物质和营养循环等自然过程中起着至关重要的作用。铁在不同的化学环境下发生还原氧化和催化反应,生成不同的腐蚀膜。de Alwis 等利用近大气压 X 射线光电子能谱、偏振调制红外反射吸收能谱和俄歇电子能谱研究了 O_2、H_2O(本小节均为气态)、Na^+ 和 Cl^- 对铁表面腐蚀初始阶段的关键反应[2]。随着 O_2 和 H_2O 比例的增加,表面碳氢化合物被氧化成碳酸盐,同时发现 Cl^- 向界面迁移。每个单独反应物的影响被单独测量,发现 H_2O 在低压下对碳酸盐的生成具有一级速率依赖性,而对 O_2 的依赖较小。在环境压力下,H_2O 和 O_2 都能促进碳酸盐的生成。使用 Langmuir 等温模型估计,生成的吉布斯能在 $-9.8 \sim -8.5$ kJ/mol 之间。他们提出了一种 NaCl 在铁表面催化氧化和外来烃作为表面碳化源的解释机制。这些发现对理解复杂环境中的其他表面催化和氧化还原界面化学具有重要意义。

对沉积在铁表面的 NaCl 斑点进行气固界面的原位近大气压 XPS(NAP-XPS)谱两阶段采集。在第一阶段,O_2 压力从 0 逐步增加到 100mTorr,同时 H_2O 压力保持在 100mTorr。在各种压力下收集 XPS 谱,直到 O_2:H_2O 比达到 1:1。这是为了测量腐蚀反应前两个氧化还原步骤的关键反应物 O_2 和 H_2O 的化学计量比对铁的影响。在一定的 H_2O 压力下逐渐增加 O_2 压力,直到系统达到约 1:2 的比例,再进一步增加 O_2,检查在 1:1 比例下是否有进一步变化。对比 NaCl 斑点干燥后的铁表面和未加 NaCl 的铁表面,收集 C 1s、O 1s、Na 2s、Cl 2p 和 Fe 2p 区域的 NAP-XPS 谱。

在图 3-24(a)中,NaCl 斑点的 O 1s 区在 529.2eV 处有一个峰,可以确定为氧化铁(Fe—O)。在 531.8eV 处的第二个峰表示在相同结合能下重叠的各种类型的表面物质:表面羟基物质[Fe(OH)$_2$]、氧氢氧化物(FeOOH)和碳酸盐(Fe—OH/CO$_3$)。在 NAP-XPS 实验中,由于其表面灵敏度高,该峰面积较大。这些结合能彼此接近,很难分辨出每个物种的峰值。在恒定的 H_2O 压力为 100mTorr 时,随着 O_2 压力的增加,531.8eV 处的峰值强度也逐渐增加。这表明铁表面的羟基化和碳酸化都随着 H_2O:O_2 比的增加而增加。O_2 和 H_2O 完全抽出并真空再生后,O 1s 区 Fe—OH/CO$_3$ 的强度峰值在 531.5eV 处保持在最高值,说明 Fe—OH/CO$_3$ 物质稳定,表面被氧化。

在图 3-24(b)中的 C 1s 区域,在结晶盐上有五个峰,分别是 284.6eV(非晶态 C)、285.8eV(C—O)、287.8eV(C=O)、288.5eV(CO$_3$)和 290.2eV(HCO$_3$),这是由 10mmol/L NaCl 溶液中的少量污染物或样品进入特高压分析仪器过程中少量暴露于抽气引起的。在 289.0eV 处,碳酸盐峰强度逐渐增强,而非定形碳峰强度逐渐减弱。这表明铁(NaCl)上的非定形碳被氧化转化为表面碳酸盐(CO$_3$ 和 HCO$_3$)。在 3.1×10^{-9} Torr 的初始特高压条件下,只有少量残余碳酸盐,表面没有碳酸氢盐存在。这表明铁表面的非定形碳

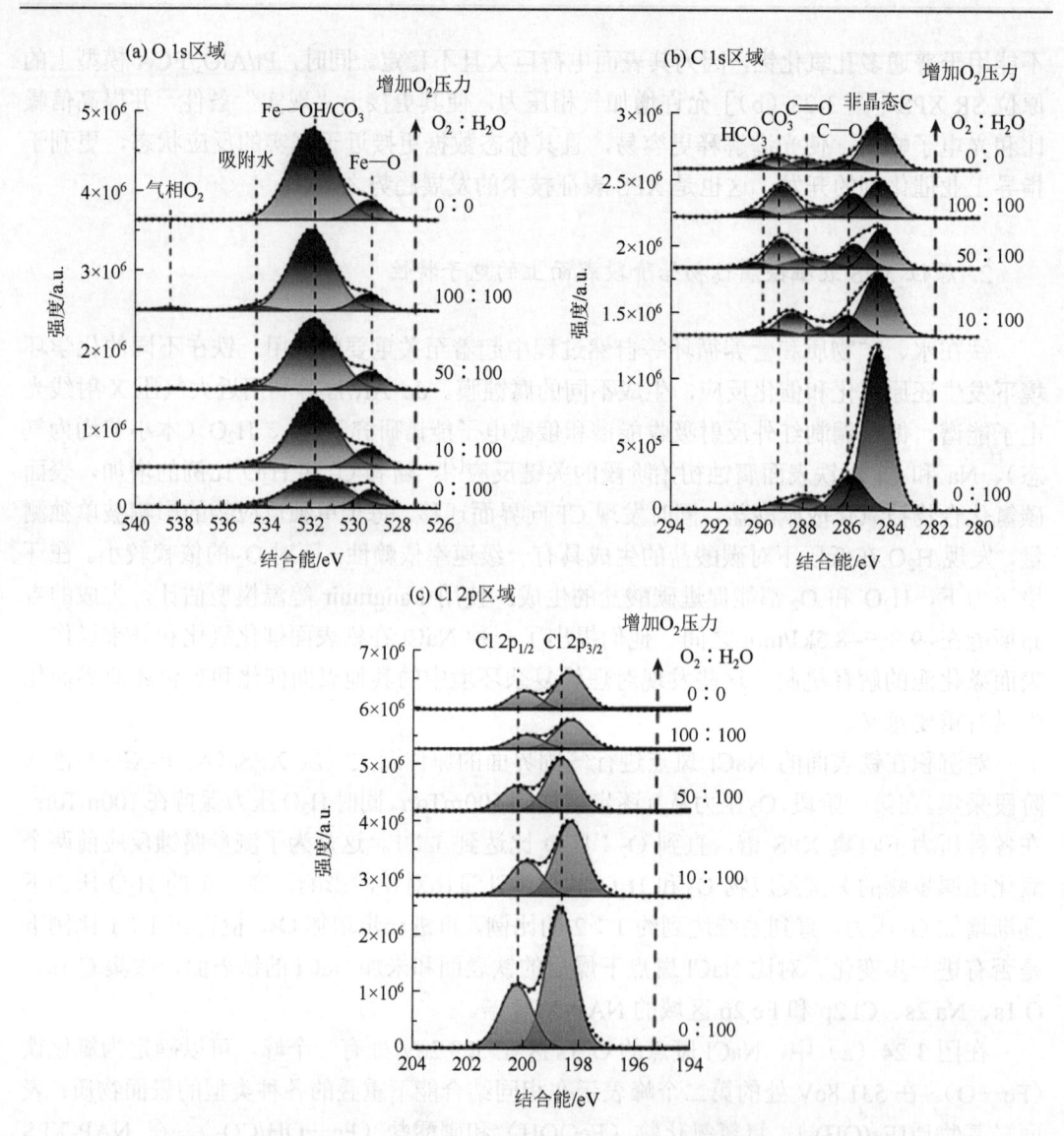

图 3-24 Fe 表面的 O1s（a）、C 1s（b）和 Cl 2p（c）区域与干燥的 NaCl[2]

当 O_2 压力从 0 增加到 100mTorr 时，表面的峰面积保持不变。在没有水蒸气存在的情况下，进一步的表面氧化和吸附被抑制

（主要以碳氢污染物形式存在于任何表面）在 O_2 中被氧化，并与表面 CO_3 和 HCO_3 的增加有关。

图 3-24（c）中的 Cl 2p 区域显示了 Cl $2p_{3/2}$ 和 Cl $2p_{1/2}$ 峰，其中 Cl $2p_{3/2}$ 峰的初级结合能在 198.3~198.6eV 之间，属于 Cl-Na 物质。在恒定 H_2O 压力为 100mTorr 条件下，随着 O_2 压力的增加，Cl 2p 峰强度减小。已知 Cl⁻ 渗透到天然氧化层中，在腐蚀的初始阶段使铁表面产生点蚀。这表明 Cl 2p 区强度的降低可能是由氯化钠斑点的 Cl⁻ 被吸附到下层表面所致。第二组峰在结合能 192.1~192.5eV 之间，可能来源于铁表面的硼杂质。随着 O_2 暴露量的增加，氧化硼峰面积也增加，并在腔室恢复到特高压后保持稳定。

3. 原位 XPS 分析 MoS$_2$ 的晶体学和结构

MoS$_2$ 是一种半导体层状过渡金属二硫族化合物（TMDC）材料。它由共价键连接的 Mo—S—Mo 层组成，这些层通过较弱的范德瓦耳斯力堆叠在一起。Kondekar 等使用原位 XPS 直接揭示了具有不同晶体取向和结构性质的 MoS$_2$ 材料在与各种其他材料（Li、Ag 和 Ge）连接时的界面化学变化[3]。

选择 Li、Ag 和 Ge 作为研究对象是因为它们具有广泛不同的化学性质，并且与 TMDC 的界面研究对不同技术应用（如电子设备和电化学储能）具有重要意义。该研究通过合成具有可控晶体取向的 MoS$_2$ 样品，使用原位 XPS 方法在真空条件下沉积这些材料并探测化学变化，无需暴露在空气中。实验结果表明，对于某些接触材料，界面反应的程度取决于 MoS$_2$ 的取向，而对于其他接触材料则不取决于其取向。此外，不同 MoS$_2$ 表面的化学性质差异可能导致这些现象的出现。

以 Li 的沉积为例，图 3-25（b）、（d）、（f）显示了在水平排列的 MoS$_2$ 上沉积约 1.3nm Li 后的 Mo 3d、S 2p 和 Li 1s 峰［图 3-25（a）、（c）、（e）显示的是同一样品沉积前的核心能级光谱］。在 Li 沉积过程中，观察到具有较低结合能的 Mo 3d 双峰的生长［图 3-25（b）中的 Mo 3d$_{5/2}$ 结合能（BE）= 228.5eV］；该峰值以牺牲 Mo^{4+} 双峰为代价增长［图 3-25（a）中的 Mo 3d$_{5/2}$ BE = 229.5eV］。这种新的 Mo 3d 双峰是由与 Li 反应过程中形成还原 Mo 物种所致。据推测，这种化学价态不同于图 3-25（a）中的原始非化学计量 Mo$_x$S$_y$ 双峰，因为在 Li 沉积后，出现了更低结合能的 S 2p 峰［图 3-25（d）］。Mo 3d 谱和 S 2p 谱的这些变化和 Li 在界面处与 MoS$_2$ 反应形成 Mo^0 和 Li$_2$S 混合物一致。此外，溅射后检测到强的 Li 1s 峰［图 3-25（f）］，这证实了 Li 沉积在 MoS$_2$ 上。该峰值很可能是由于 Li$_2$S 和氧化锂/氢氧化物的结合而产生的。

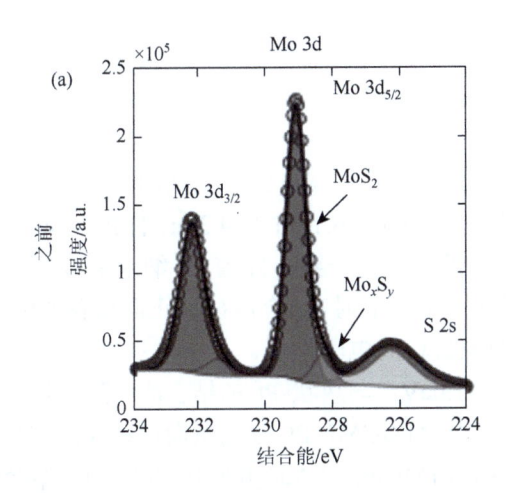

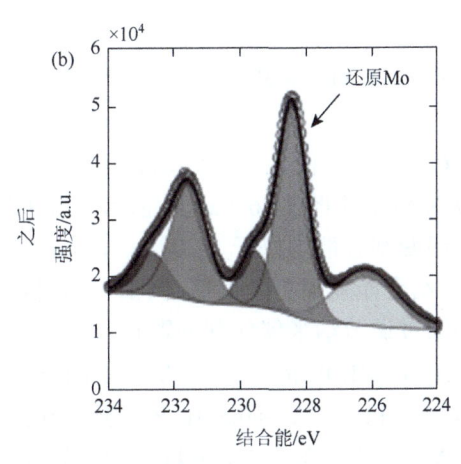

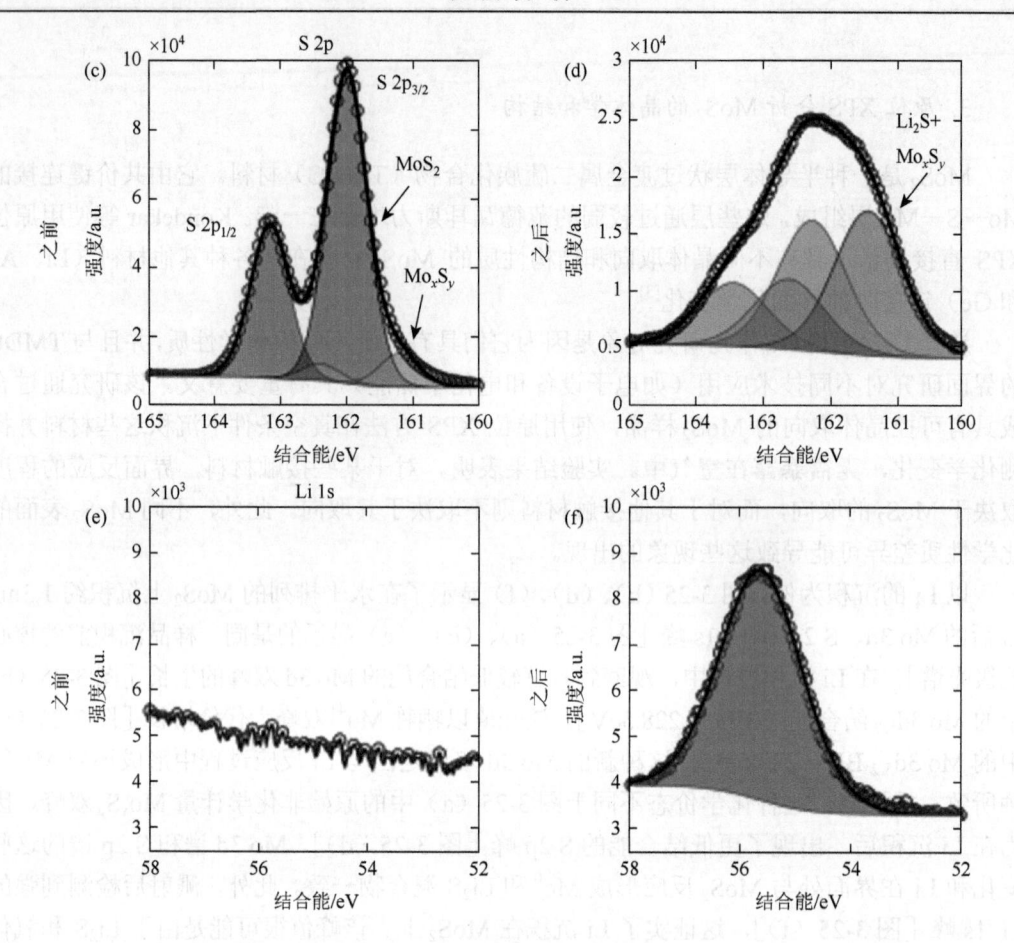

图 3-25 在 1.3nm 的 Li 沉积前和沉积后水平排列的 MoS$_2$ 样品的 XPS 谱[3]：(a) 和 (b) Mo 3d；(c) 和 (d) S 2p；(e) 和 (f) Li 1s

4. 原位 XPS 探究 Au@Pt 催化剂的双金属壳层结构

Guan 等采用原位 XPS 研究了 Au@Pt 双金属壳层及其参比催化剂的电子结构[4]。原位 XPS 谱 [图 3-26 (a)] 显示，平均粒径为 9.3nm、6.1nm 及 4.3nm 的 Pt 的 4f$_{7/2}$ 核心能级峰结合能均位于 71.0eV，这与块状 Pt 的结合能一致。随着 Pt 纳米颗粒尺寸的减小，结合能呈现正向偏移。例如，当颗粒尺寸为 1.1nm 时，结合能显著正向偏移 0.9eV，表明通过调节纳米催化剂的颗粒尺寸可以调控材料的电子性质。

Au@2ML-Pt 的 Pt 4f$_{7/2}$ 结合能同样位于 71.0eV，与块状 Pt 的结合能一致。相反，Au@1ML-Pt 和 Au@0.5ML-Pt 的结合能相对于 Au@2ML-Pt 分别负向偏移 0.36eV 和 0.64eV，表明存在从 Au 向 Pt 的电子转移。Au@1ML-Pt 和 Au@0.5ML-Pt 的 4f$_{7/2}$ 结合能的负向偏移明显不同于减小单金属 Pt 尺寸引起的正向偏移，揭示了调节双金属催化剂电子性质的另一种途径 [图 3-26 (b)]。

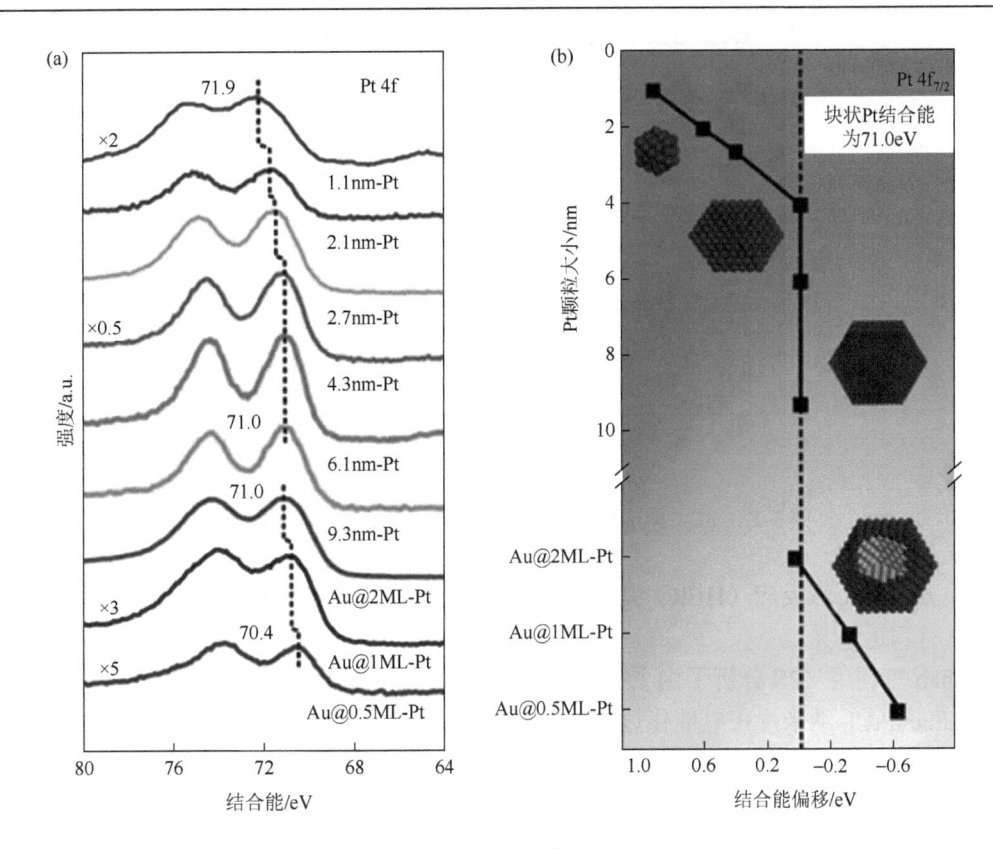

图 3-26 单金属 Pt 及 Au@Pt 核壳催化剂的电子性质[4]：(a) 所有 Pt 单金属和 Au@Pt 双金属壳层催化剂原位还原后的原位 Pt 4f 核级 XPS 谱；(b) Pt $4f_{7/2}$ 结合能随 Pt 粒径和组分的变化，插图显示不同尺寸的 Pt NPs 和 Au@Pt 双金属核壳催化剂模型，其中深蓝色和黄色的球体分别为 Pt 原子和 Au 原子

5. 原位 XPS 判定催化剂表面 N 掺杂状态

几十年来，XPS 一直是分析碳氮化合物数量和键合状态的最广泛使用的技术之一，特别是在用于耐磨应用的硬质碳氮化膜，如磁记录介质上的面涂层中。XPS 被应用于分析碳纳米管和石墨烯中的氮掺杂状态，主要目的是了解如何调整它们的电子特性[5]。

根据高分辨率 XPS 谱测定催化剂成分的结果（图 3-27），在空气暴露前后，样品表面的氮浓度都较高 [XPS 仪器探测器与样品法线间的夹角（TOA）为 15°]，但对于空气暴露的样品来说，氮浓度相对较低。有趣的是，相对碳浓度随空气暴露变化不大，但氧浓度随着氮的消耗而增加。这意味着：①样品表面附近存在一个氮浓度较高的梯度；②在空气暴露时，含碳和含氧物质被吸附在表面，从而将氮掩埋。

6. 原位 XPS 分析金属价态与配位结构的动态演变过程

电催化在清洁能源研究中发挥着关键作用，为可持续能源转换和储存提供了有前景

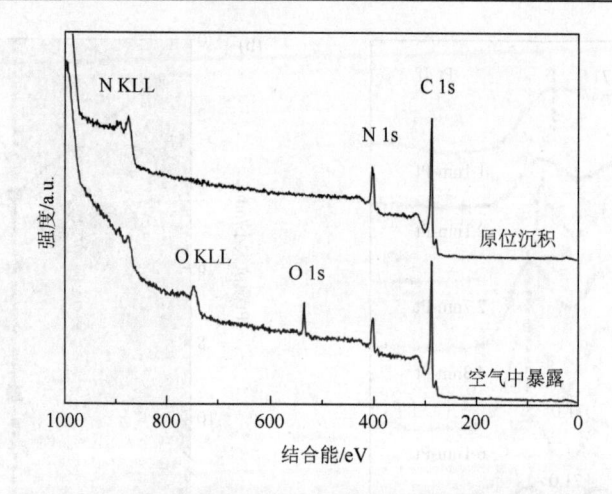

图 3-27 FL-CN$_{0.26}$ 薄膜沉积态（原位）和暴露后的 XPS 谱[5]

的解决方案。析氢反应（HER）是一个重要的电化学过程，对清洁氢气生产和燃料电池技术具有深远意义。

Shao 等利用 XPS 分析了由 1,10-邻菲咯啉（Phen）与氯铂酸（H$_2$PtCl$_6$）合成的二维（2D）PhenPtCl$_2$ 纳米片在电催化过程中 Pt 价态的演变及 Cl 含量的变化[6]。如图 3-28 所示，从 Pt 4f XPS 谱图中可以观察到，在电催化过程中，峰位置迅速转移到较低的结合能，

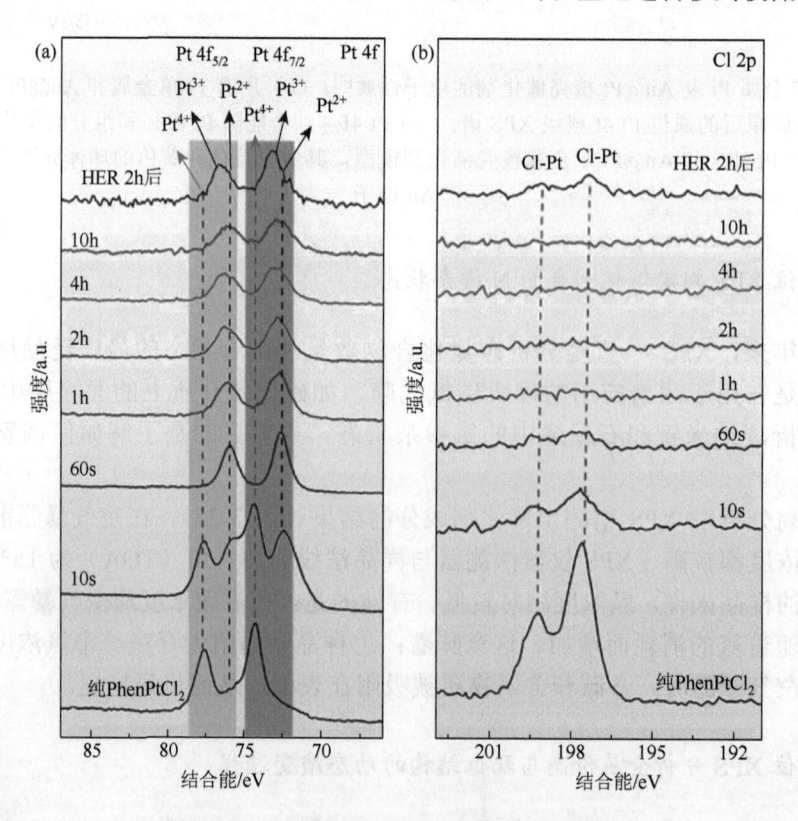

图 3-28 Pt 4f 峰和 Cl 2p 峰的原位 XPS 谱[6]

随后在 HER 反应后期稳定在略高的能级。这一趋势表明，Pt 的价态从 +4 降低到 +2，并最终在 HER 结束后稳定在 +3。Pt 价态的这种转变意味着 Pt 配位结构的动态演变，突显了双配位 Pt 在增强 HER 性能中的关键作用［图 3-28（a）］。

同时，基于 2D PhenPtCl₂ 晶体中 Cl 2p 峰值强度的变化，表明 Cl⁻ 的含量在 HER 结束后的 2h 内先下降后上升。这一发现表明，随着 Cl⁻ 的离开，活性 Pt 中心经历了一个动态平衡过程［图 3-28（b）］。在 HER 之后，Pt 的价态和 Cl 2p 峰值强度未恢复到原始状态，这是因为在酸性电解质中，其他阳离子（如 H⁺）与 Pt 存在竞争，阻止了 Pt 继续与 Cl⁻ 配位。

7. 原位 XPS 分析反应条件下金属元素间的电荷转移

通过甲烷干法重整（DRM）将 CH₄ 和 CO₂ 这两种温室气体转化为合成气，提供了一条有效的途径。Yang 等使用原位辐照 X 射线光电子能谱（ISI-XPS）验证了 Rh/Ce$_x$WO₃ 光催化剂在甲烷干法重整反应中光诱导的金属间电荷转移过程[7]。如图 3-29（a）所示，Ce 3d 的结合能在光照下略有正移，表明 Ce 原子的电子密度在光照下减少。同时，W 4f 的结合能在光照下明显负移［图 3-29（b）］，表明 W 原子的电子密度增加。因此，研究者认为，Ce 和 W 原子之间的氧化还原循环促进了催化性能。

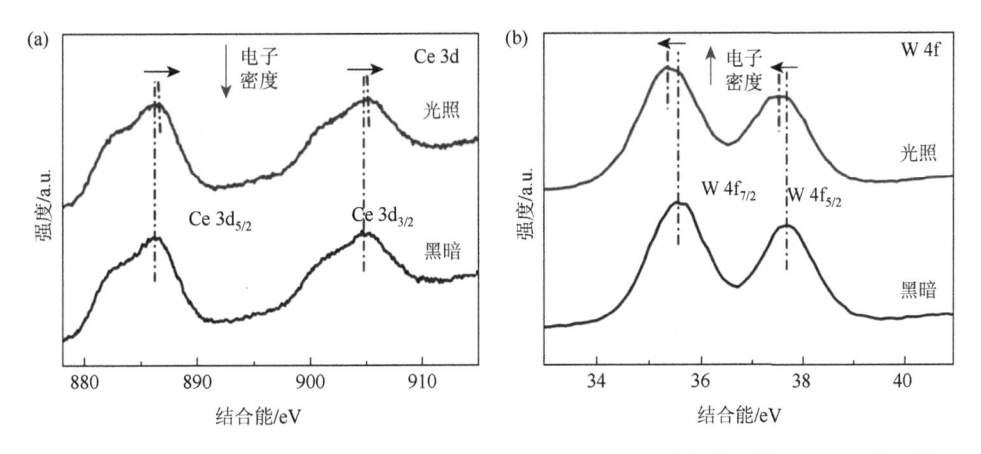

图 3-29　Rh/Ce$_x$WO₃ 的 Ce 3d（a）和 W 4f（b）在光照和黑暗条件下的 ISI-XPS 谱图[7]

8. 原位 XPS 分析双 S 型异质结中的电荷转移

设计模拟自然光合系统的异质结光催化剂是光催化制氢中一种非常有前景的方法。然而，在传统的 Z-scheme 人工光合系统中，电荷分离差和光生载流子重组快仍然是巨大的瓶颈。因此，合理设计 S-scheme 异质结，避免无效的电荷输运路线，被视为是实现高析氢速率的一个有吸引力的方法。

Ruan 等提出了一种双 S 型异质结，其中石墨 C₃N₄ 纳米片与氢掺杂金红石型 TiO₂ 纳米棒和锐钛矿型 TiO₂ 纳米颗粒自组装。该催化剂在 365nm 处具有良好的光催化析氢速率［62.37mmol/(g·h)］和 45.9% 的表观量子效率。其光催化性能的显著提高是由于独特的双

S 型结构诱导的高效电荷分离和转移。研究者通过原位 XPS 分析了双 S 型异质结中的电荷转移路线（图 3-30），揭示了这种设计在促进电荷分离方面的优越性[8]，这为双 S 型异质结催化剂的设计与开发提供了良好的理论支撑。

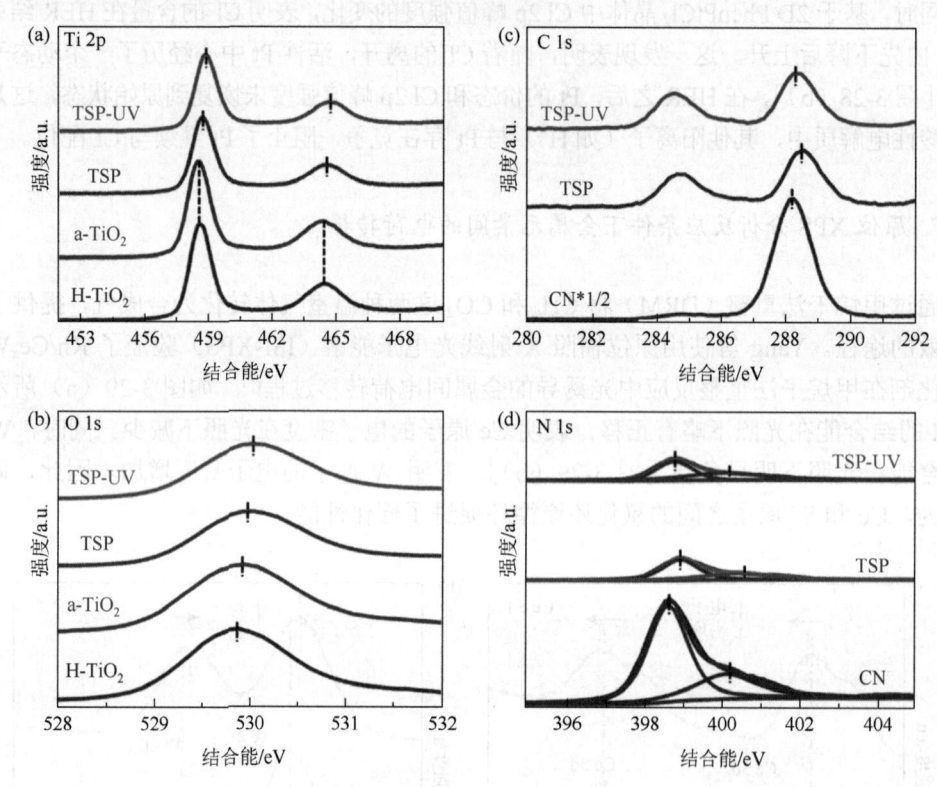

图 3-30　a-TiO$_2$、H-TiO$_2$、TSP-UV 和 TSP 的 Ti 2p（a）和 O 1s（b）XPS 谱；TSP-UV、TSP 和 CN 的 C 1s（c）和 N 1s（d）XPS 谱[8]

TSP-UV 表示紫外线（UV）照射下的无水磷酸钠（TSP）；a-TiO$_2$ 表示锐钛矿；H-TiO$_2$ 表示经过氢化处理的 TiO$_2$；CN*1/2 表示石墨相 CN 在电荷转移过程中贡献的一半电子

9. 原位 XPS 分析 Au/Co 双金属单原子催化剂的电荷转移机制

材料表面的光生电荷定位显著影响光催化性能，尤其是在多电子 CO_2 还原过程中。能够灵活设计反应位点的双金属单原子（DSA）催化剂在 CO_2 光还原中受到了广泛关注。然而，目前对 DSA 催化剂中的电荷转移机制仍然知之甚少。

Zhang 等报道了 Au/Co DSA 催化剂上的反向电子转移机制[9]。原位 XPS 分析结果（图 3-31）表明，对于负载 Co 或 Au 单原子的 CdS 纳米颗粒（NPs），光生电子定位在 Co 或 Au 单原子周围。然而，在 DSA 催化剂中，电子从 Au 离域而聚集在 Co 原子周围。重要的是，结合实验研究结果和理论计算证据，表明 Au/Co DSA 中的反向电子转移促进了电荷再分配和 CO_2 分子的活化，从而显著提高了光催化 CO_2 还原的效果。DSA 中的反向电子转移为电荷再分配和促进 CO_2 光还原的实际设计提供了新的思路。这项研究结果将有助于设计负载 DSA 的催化剂，以更有效地产生太阳能燃料。

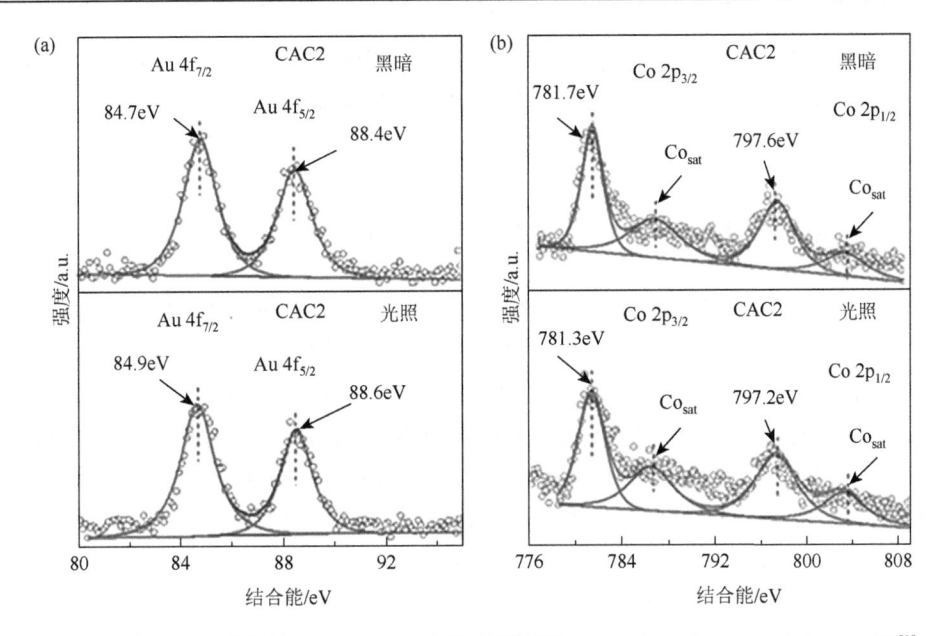

图 3-31 光照和黑暗条件下，Au/Co 双金属催化剂的 Au 4f（a）和 Co 2p（b）XPS 谱[9]

CAC2 表示按一定比例和负载量负载在 CdS 纳米颗粒上的 Au/Co DSA；Co$_{sat}$ 表示 Co 的卫星峰

10. 原位 XPS 分析 ReSe$_2$/TiO$_2$ 催化剂中的电子转移

通过光催化水分解太阳能制氢（H$_2$）有助于实现可持续的碳中和。因此，了解如何在原子水平上可控地设计光催化剂具有非常重要的指导意义。Ran 等报道了有缺陷的 ReSe$_2$ 纳米片（NSs）能够显著促进各种半导体光催化剂（包括 TiO$_2$、CdS、ZnIn$_2$S$_4$ 和 C$_3$N$_4$）上的光催化析氢。他们采用表面敏感的 XPS 技术确定了 62.0RT（62.0mL 的 ReSe$_2$ NSs 乙醇溶液与 50mg TiO$_2$ NPs 通过物理混合自组装结合）表面整体的电子重分布[10]。如图 3-32 所示，与 ReSe$_2$ NSs 的 Re 4f 和 Se 3d 峰相比，62.0RT 的峰向低结合能方向明

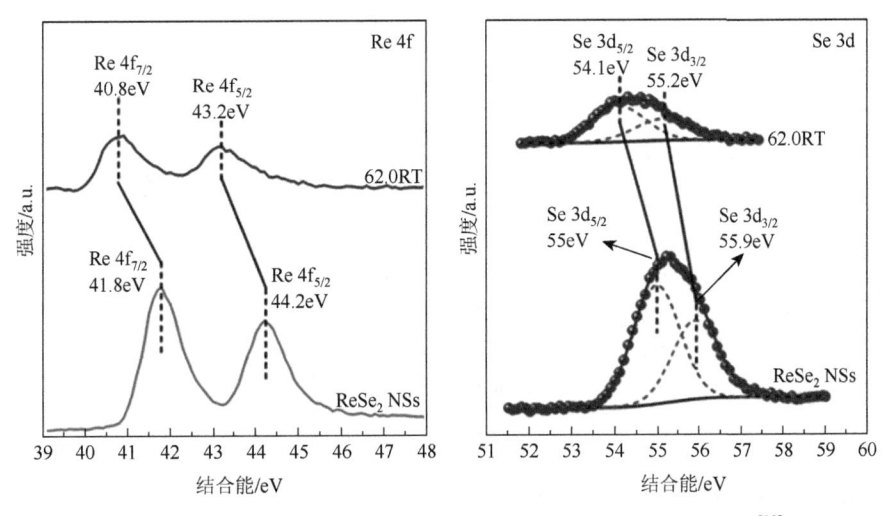

图 3-32 ReSe$_2$ NSs 和 62.0RT 的高分辨率 Re 4f 和 Se 3d XPS 谱[10]

显左移 0.7~1.0eV，这些结果有力地证明了 62.0RT 表面 TiO$_2$ NPs 向 ReSe$_2$ NSs 的电子迁移。原位表征结合理论计算证实，强耦合的 ReSe$_2$/TiO$_2$ 界面和大量的原子级活性位点显著提高了 ReSe$_2$/TiO$_2$ 的光催化活性。

11. 原位 XPS 分析钙钛矿纳米点与 M-Ti 间的电荷转移现象

化石燃料消耗和二氧化碳排放的增加导致了严重的气候和能源危机。为了缓解这些危机，通过光还原将二氧化碳转化为可再生燃料被认为是利用太阳能的可持续途径。在这项研究中，Sun 等在具有开放通道的介孔 TiO$_2$ 框架（M-Ti）上原位生长了卤化物钙钛矿（Cs$_3$Bi$_2$Br$_9$、Cs$_2$AgBiBr$_6$），获得了高分散和稳定的纳米点，并将其用作光催化二氧化碳还原的活性位点。通过结合原位 XPS 技术研究了钙钛矿纳米点与 M-Ti 之间的电荷转移现象[11]。

如图 3-33（a）~（c）所示，8.47%CABB@M-Ti 和 8.12%CBB@M-Ti 的 XPS 全谱图证明了 Br、Cs、O 和 Ti 元素的存在。M-Ti、8.47%CABB@M-Ti 和 8.12%CBB@M-Ti 的 Ti 2p 谱显示出 Ti^{4+}具有对称的 Ti 2p 双峰［图 3-33（d）、（g）］。从 M-Ti 的 O 1s 谱中可以观察到晶格氧（530.2eV）和表面羟基（532.3eV）[图 3-33（e）、（h）]。相比于纯 M-Ti 材料，8.12%CBB@M-Ti 的 Ti 2p 和 O 1s 的峰分别向负方向偏移 0.2eV 和 0.3eV。相对于纯 CBB，8.12%CBB@M-Ti 的 Cs 3d 峰则向正方向偏移 0.3eV。以上结合能的变化表明，在黑暗条件下电荷会从 CBB 流向 M-Ti。

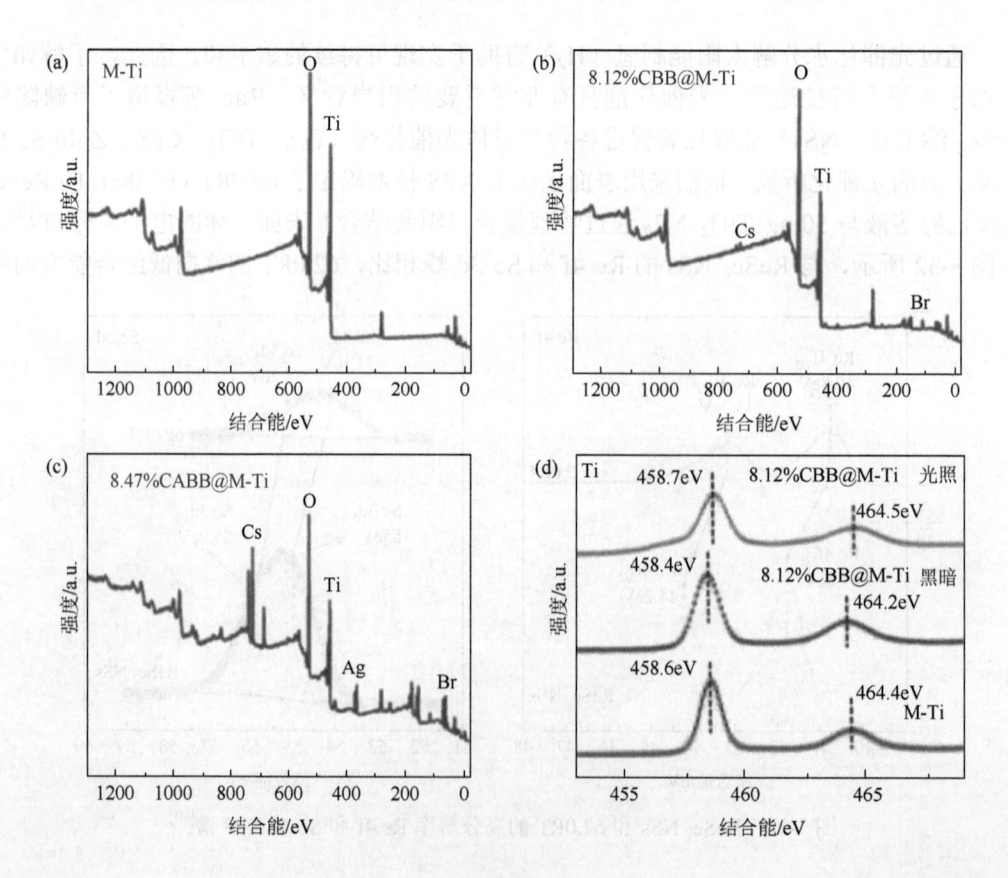

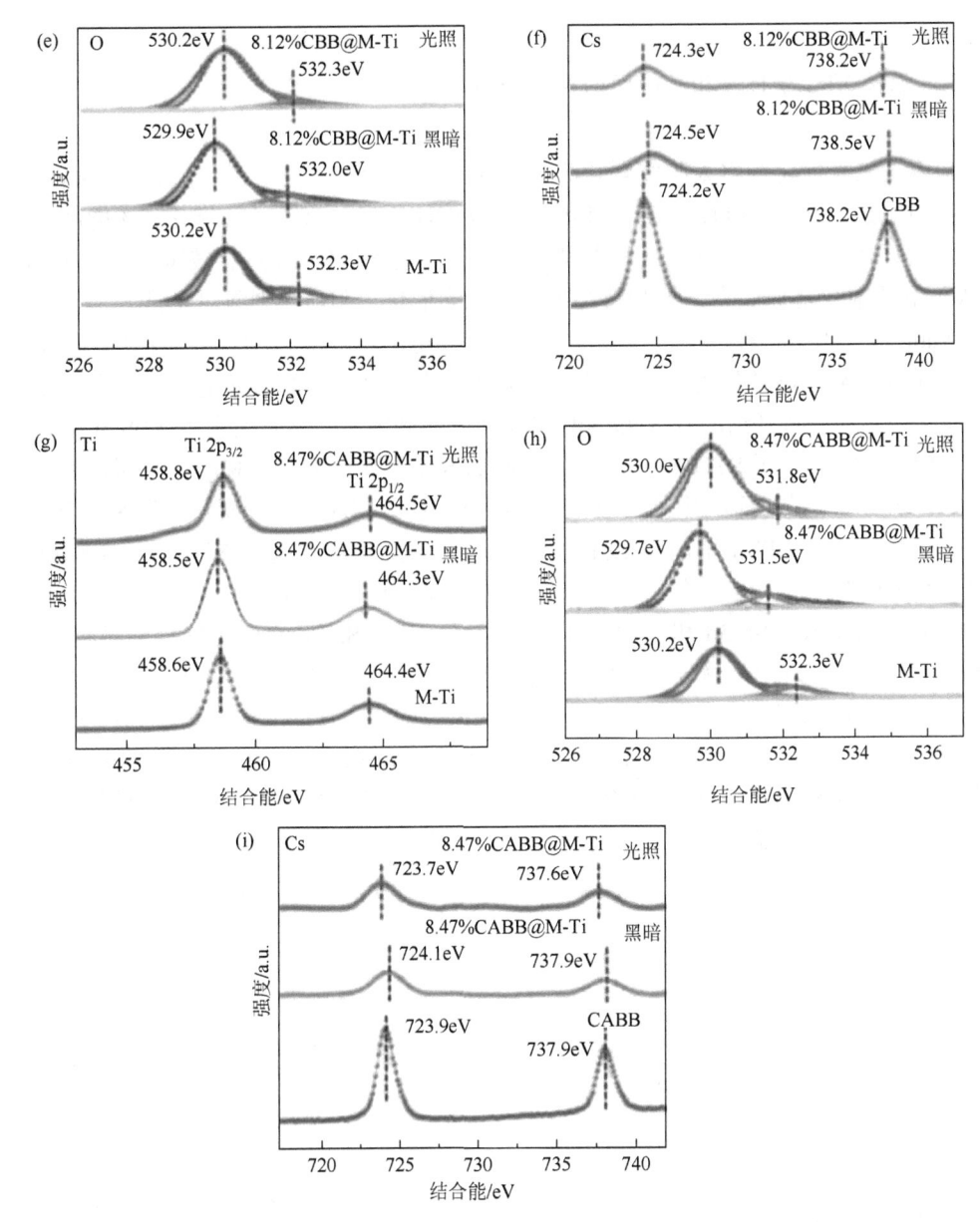

图 3-33　M-Ti（a）、8.12%CBB@M-Ti（b）和 8.47%CABB@M-Ti（c）的 XPS 全谱；8.12%CBB@M-Ti 的 Ti 2p（d）、O 1s（e）和 Cs 3d（f）的高分辨率 XPS 谱；8.47%CABB@M-Ti 的 Ti 2p（g）、O 1s（h）和 Cs 3d（i）的高分辨率 XPS 谱[11]

如图 3-33（d）～（f）所示，相比于在黑暗条件下的 8.12%CBB@M-Ti，在光照条件下 Ti 2p 和 O 1s 峰分别正移 0.3eV，而 Cs 3d 峰负移 0.3eV。这证明了在光照条件下，M-Ti［导带（CB）］中的光生电子向 CBB［价带（VB）］迁移。此外，8.47%CABB@M-Ti 在黑暗/光照条件下的 Ti 2p、O 1s 和 Cs 3d XPS 谱中也表现出相似的结合能转移路径。如图 3-33（g）～（i）所示，原位 XPS 测试结果进一步证明了钙钛矿纳米点与 M-Ti 通道之间的内置电场能够有效促进电荷分离和转移。

12. 原位 XPS 分析多相界面间的电荷转移途径

利用人工光催化剂将太阳能转化为易于储存的化学燃料吸引了广泛关注。据报道，光催化剂如 SrTiO$_3$（STO）、TiO$_2$、MoS$_2$ 等不仅能够实现二氧化碳的转化，还能产生氢气以替代化石燃料。其中，STO 是一种典型的钙钛矿结构光催化剂，具有较宽的能带隙（3.2～3.3eV）和强氧化还原能力，这些特性推动其在光催化太阳能燃料领域的成功应用。

Wang 等提出了一种在空穴传输层（HTL）和电子传输层（ETL）中引入光催化剂，从而将水和二氧化碳转化为太阳能燃料的策略。他们通过简单的静电纺丝技术合成了具有 p-n 异质结和肖特基结的双 STO/NiO/NiS 共催化剂体系。该研究利用 XPS 和原位辐照 XPS（ISI-XPS）揭示了 STO/NiO 和 STO/NiO/NiS 中异质结的形成机制，并探索了非均质界面之间的光生电荷转移途径[12]。如图 3-34（a）所示，STO 的组成元素为 Sr、Ti、O 和 C，而 STO/NiO 的 XPS 谱图中也没有显示 Ni 的峰值，表明少量的 NiO 不影响 STO 纳米纤维（NFs）的性质，样品的主要成分仍然是 STO。图 3-34（b）中（ⅰ）、图 3-34（c）中（ⅰ）分别显示了 Sr 3d 和 Ti 2p 的 XPS 谱峰，其中 Sr 3d 有两个峰分别对应 Sr 3d$_{3/2}$ 和 Sr 3d$_{5/2}$，Ti 2p 有两个峰分别对应 Ti 2p$_{1/2}$ 和 Ti 2p$_{3/2}$。图 3-34（d）中（ⅰ），Ni 2p 的 XPS 谱显示出两个峰，分别对应 Ni 2p$_{1/2}$ 和 Ni 2p$_{3/2}$。对于 STO/NiO，如图 3-34（b）中（ⅱ）、图 3-34（c）中（ⅱ）、图 3-34（d）中（ⅱ）所示，Sr 3d 和 Ti 2p 的 XPS 谱峰向较高的结合能移动，而 Ni 2p 向较低的结合能移动。某一元素对应的结合能变化表明电荷在界面上的迁移。如果结合能向高结合能位置移动，表示电荷流出；如果向低结合能位置移动，表示电荷流入。结合上述 XPS 结果表明，在没有光照的情况下，STO 中的本征电荷迁移到了 NiO。

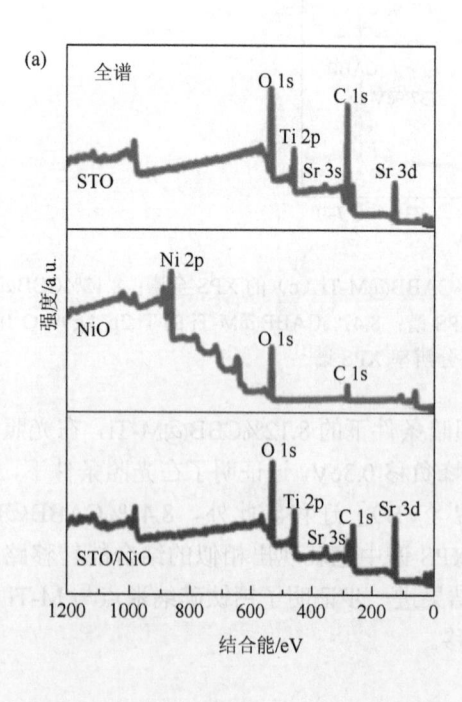

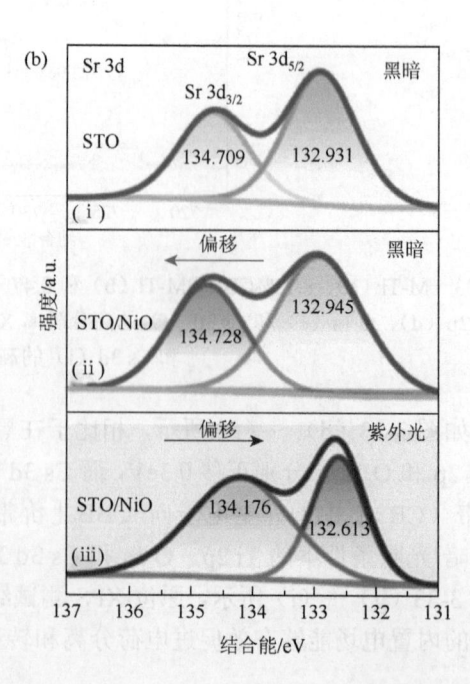

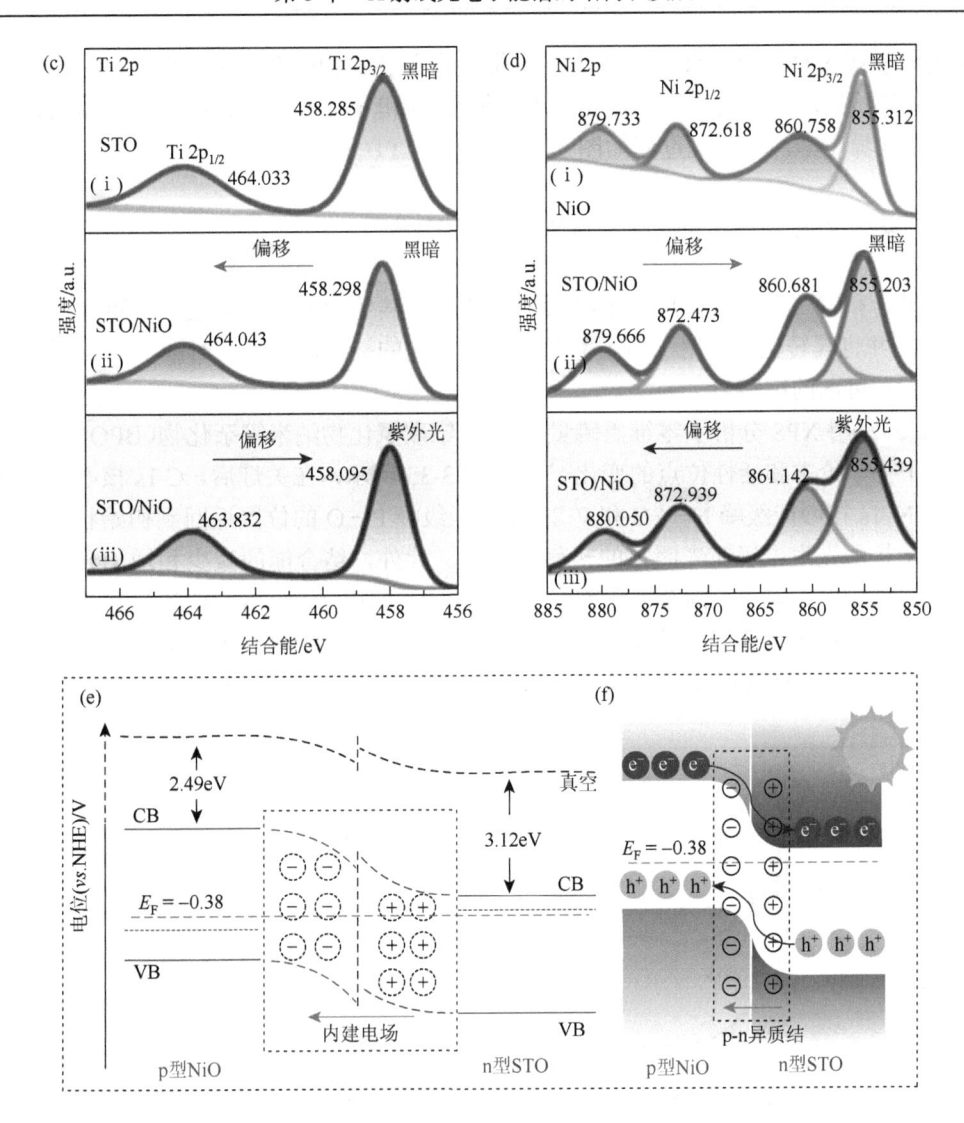

图 3-34 （a）STO、STO/NiO 和 NiO 的 XPS 全谱；(b)、(c) STO（i）、STO/NiO（ii，黑暗）及 STO/NiO（iii，紫外光）的 ISI-XPS 谱；（d）NiO（i）、STO/NiO（ii，黑暗）及 STO/NiO（iii，紫外光）的 ISI-XPS 谱；(e) 能带对齐和 (f) STO/NiO p-n 异质结可能的光生电荷转移途径[12]

ISI-XPS 通过比较相应元素的结合能变化，可以直接阐明光催化剂中多相界面之间的电荷转移途径。在 XPS 测试过程中引入紫外线（$\lambda = 365nm$）以模拟催化反应环境，激发光催化剂产生光生电子。电子流入将导致结合能降低，表现为结合能负变化；相反，光生电子流出会引起结合能正偏移。如图 3-34（b）中（iii）、图 3-34（c）中（iii）、图 3-34（d）中（iii）所示，在紫外线照射下，STO/NiO 的 Sr 3d 和 Ti 2p 的结合能负偏移，表明 STO 得到了光生电子。而 $Ni\ 2p_{1/2}$ 和 $Ni\ 2p_{3/2}$ 的结合能正偏移，表明 NiO 失去了光生电子。上述在黑暗和紫外线条件下的 XPS 和 ISI-XPS 结果表明了 STO 和 NiO 之间的本征电荷和光生电荷迁移，具体来说，在 STO/NiO 中，本征电荷从 STO 流到 NiO，而光生电子从 NiO 流到 STO。基于上述能带结构和 ISI-XPS 的讨论，建立了 STO 和 NiO 之间 p-n 异质结的能带结构图。当 n 型半导体 STO 和 p 型半导体 NiO 紧密接触时，形成了一个 p-n 异质结，其形成过程如图 3-34（e）和（f）所示。

13. 原位 XPS 分析表面电子态和活性位点的变化

碳平衡和零二氧化碳排放对于减缓全球变暖和其他相关环境问题至关重要。光催化还原 CO_2 并将其转化为高附加值产品是一项有前途的战略，能够同时解决 CO_2 排放问题并获得有利可图的燃料。

Liu 等利用 XPS 分析了零维黑磷量子点/一维碳氮化物纳米管杂化物（BPQDs/CNNT）表面电子化学价态和活性位点的变化[13]。如图 3-35 所示，在关灯后，C 1s 核心能级的峰 C—N、N 1s 核心能级峰 N—3C 和 P 2p 核心能级峰 P—O 的位置返回到初始状态。结合能的变化是由光生电子在光照下的转移引起的。此外，结合能的减少和增加分别表明电子的获得和损失。因此，混合催化剂中的光生电子从 BP 流向 CN，取决于在光催化过程中原子级 N-P 电子传输通道的作用。同时，N 1s 核心能级的 N—3C 峰降低进一步表明，活性 N 位点在传输和利用光生电荷载流子以减少 CO_2 方面具有极其重要的作用。

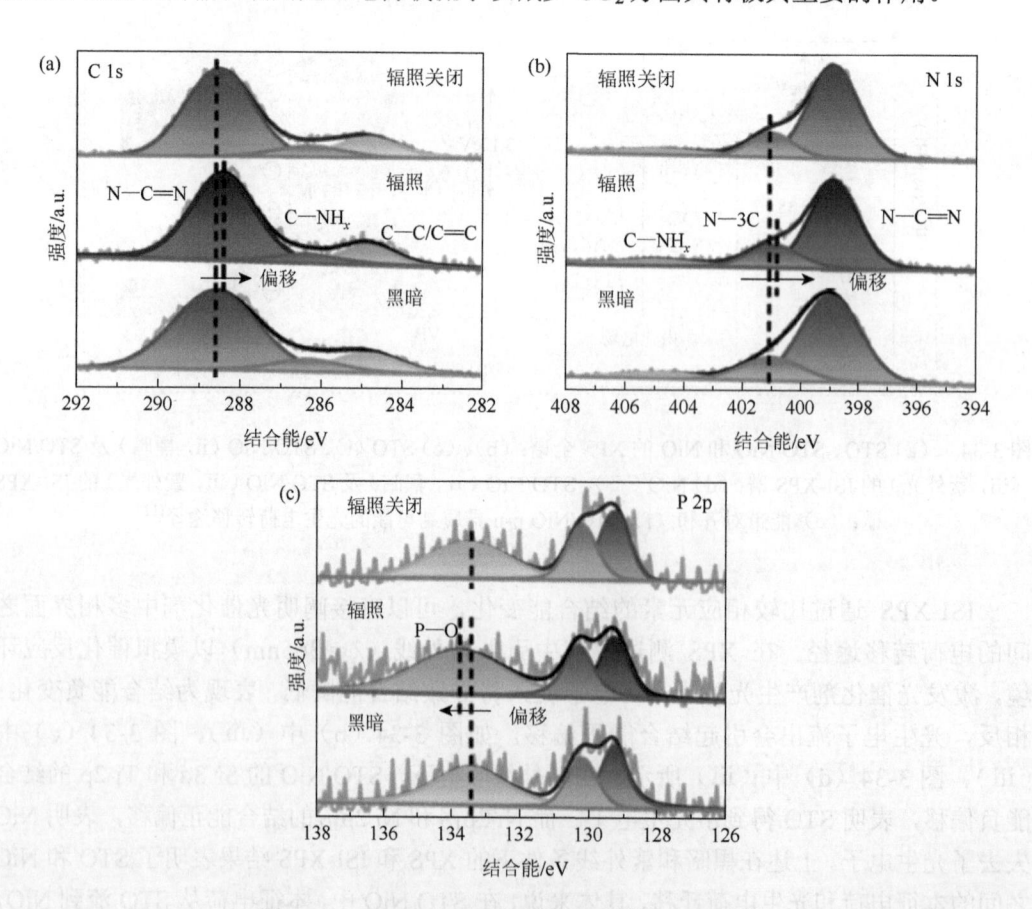

图 3-35 BPQDs/CNNT 的原位高分辨率 XPS 谱[13]

14. 原位 XPS 分析光致电荷在催化剂表面的转移路径

将 CO_2 转化为高价值的燃料和化学品已成为解决全球能源危机和减少温室气体排放的有效途径。光热催化利用太阳能来驱动反应，为传统能源密集型的热催化提供了一个有希望的替代方案。

为了全面了解光热驱动的 CO_2 还原反应过程，Wan 等采用原位 XPS 表征方法研究反应中间体的动态变化和光致电荷在催化剂表面的转移路径。在反应气氛中进行原位近大气压 XPS（NAP-XPS）分析[14]。如图 3-36 所示，当 MNO-550 表面暴露于 $0.3\text{mbar}\ CO_2 + 0.3\text{mbar}\ H_2$ 且没有光照时，一个 C 1s 峰在 285.6eV 处出现，归属于 C=O 构型，被认为是表面反应中间体。同时，还可以观察到两个位于 533.3eV 和 537.2eV 的 O 1s 信号，分别归属于吸附的 C=O 物质和气相 CO_2。在光照后，N 1s 峰会向较低结合能方向偏移 0.2eV，而 Mo 3p 双峰保持原位不变，表明光生电子迁移到了表面 N 位点。同时如图 3-36（b）所示，285.6eV 处的 C 1s 峰强度（C=O 峰）显著增强，说明光照下局部电场的增强促进了 CO_2 的活化。当光照停止时，由于光生电子的消耗，N 1s 峰返回到原始位置，且 C=O 峰强度降低，表明无光照时反应速率下降。

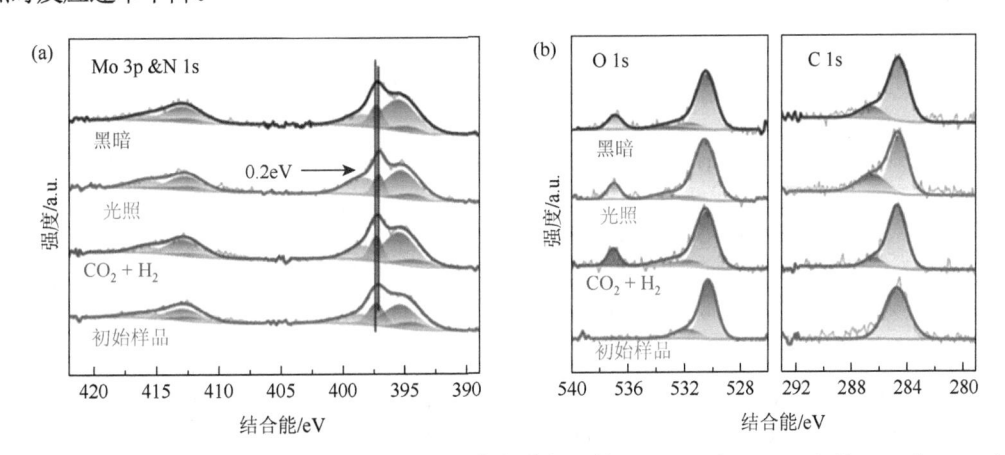

图 3-36 MNO-550 在 $0.3\text{mbar}\ CO_2 + 0.3\text{mbar}\ H_2$ 全光谱光照射下 Mo 3p 和 N 1s（a）及 O 1s 和 C 1s（b）的原位 NAP-XPS 谱[14]

这些结果表明，通过光热催化可以有效促进 CO_2 的还原，并且光生电荷在催化剂表面的转移路径对于理解和优化这一过程至关重要。

15. 原位 XPS 分析 3D C_3N_4@C 表面电子转移过程

界面电场的构建可以有效促进催化剂光生载流子的分离和迁移。Wang 等成功制备了碳包覆 C_3N_4 纳米线三维光催化剂（3D C_3N_4@C-x mol/L），该催化剂通过独特的 3D 结构与表面碳层的协同作用，将光吸收范围扩展到全光谱[15]。该研究通过原位 XPS 分析了光照前后 g-C_3N_4 和 3D C_3N_4@C-2mol/L 表面电子转移过程。如图 3-37（a）～（c）所示，

g-C$_3$N$_4$ 在光照前后的峰位置均无明显位移，然而，在 3D C$_3$N$_4$@C-2mol/L 的 C 1s 谱图中，光照后 N=C—N 键向高结合能方向偏移，而 C—C/C=C 键和 C—O 键向低结合能方向偏移，表明光生电子从 3D C$_3$N$_4$ 转移到表面碳层。此外，在 3D C$_3$N$_4$@C-2mol/L 的 N 1s 谱图 [图 3-37（d）] 中，所有的 N 1s 峰均向高结合能方向偏移，进一步证明了光生电子从 3D C$_3$N$_4$ 向表面碳层的转移。这一结果为 3D C$_3$N$_4$@C-2mol/L 中电子转移方向提供了直接证据，表明电子从 3D C$_3$N$_4$ 转移到表面碳层。

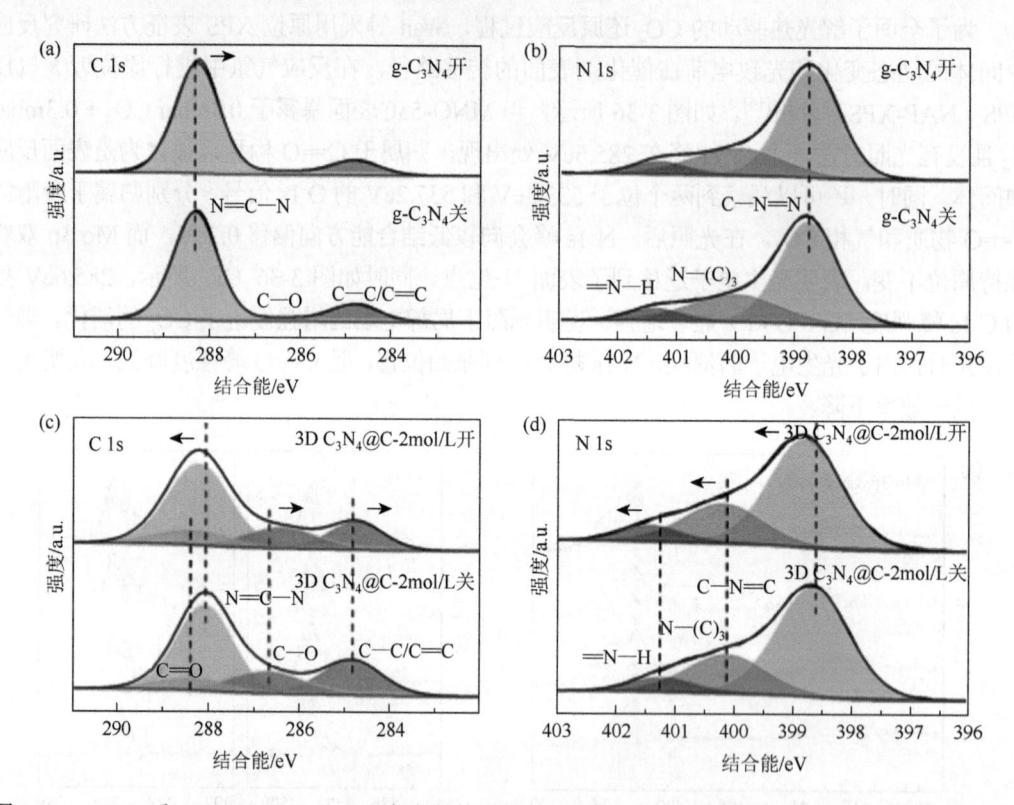

图 3-37　g-C$_3$N$_4$ 和 3D C$_3$N$_4$@C-2mol/L 在光照前后的 XPS 谱：（a）g-C$_3$N$_4$ 的 C 1s 谱；（b）g-C$_3$N$_4$ 的 N 1s 谱；（c）3D C$_3$N$_4$@C-2mol/L 的 C 1s 谱；（d）3D C$_3$N$_4$@C-2mol/L 的 N 1s 谱[16]

16. 原位 XPS 分析光催化剂界面相互作用和电子转移

抗生素四环素（TC）广泛用于治疗人类、动物和水产养殖的疾病。由于其结构稳定性和抗性，TC 难以被完全代谢，也难以在自然环境中降解。如果未经有效净化就进入环境，将对人类健康和生态环境产生有害影响。因此，迫切需要开发一种绿色高效的 TC 去除策略。Ren 等将 XPS 用于研究 0D/2D 碳量子点/Bi$_2$WO$_6$ 的新型 S 型异质结（CQDs/Bi$_2$WO$_6$）催化剂在光催化污染物降解反应中的表现，揭示了 CQDs/Bi$_2$WO$_6$ 中的 S 型电荷迁移路径[16]。为了进一步探索 3wt%CQDs/Bi$_2$WO$_6$（其中 wt% 表示质量分数，后同）在光催化过程中的界面相互作用和电子转移路径，他们在可见光下进行了原位 XPS 分析。在图 3-38（a）和（b）中，光照后 W 4f 和 Bi 4f 的峰均向更高的结合能移动，表明 W

和 Bi 在光照下提供电子。在图 3-38（b）中，Bi—O—C 键的结合能增加，证明光诱导的电子转移可以通过 Bi—O—C 键实现。此外，在 3wt%CQDs/Bi$_2$WO$_6$ 的 O 1s 谱中，光照后晶格氧的峰向较高的结合能移动，而 C=O 和 Bi—O—C 键的峰向较低的结合能移动[图3-38(c)]。这种现象表明光生电子通过 Bi—O—C 键通道从 Bi$_2$WO$_6$ 转移到 CQDs。在 3wt%CQDs/Bi$_2$WO$_6$ 的 C 1s 谱中，Bi—O—C 键的峰在光照下向更低的结合能移动，进一步表明 Bi—O—C 键在异质结中提供了电子转移通道［图 3-38（d）］。这些结果表明，光催化剂中电子的有效迁移和分离对于提升光催化性能至关重要，为开发高效的 TC 去除策略提供了重要依据。

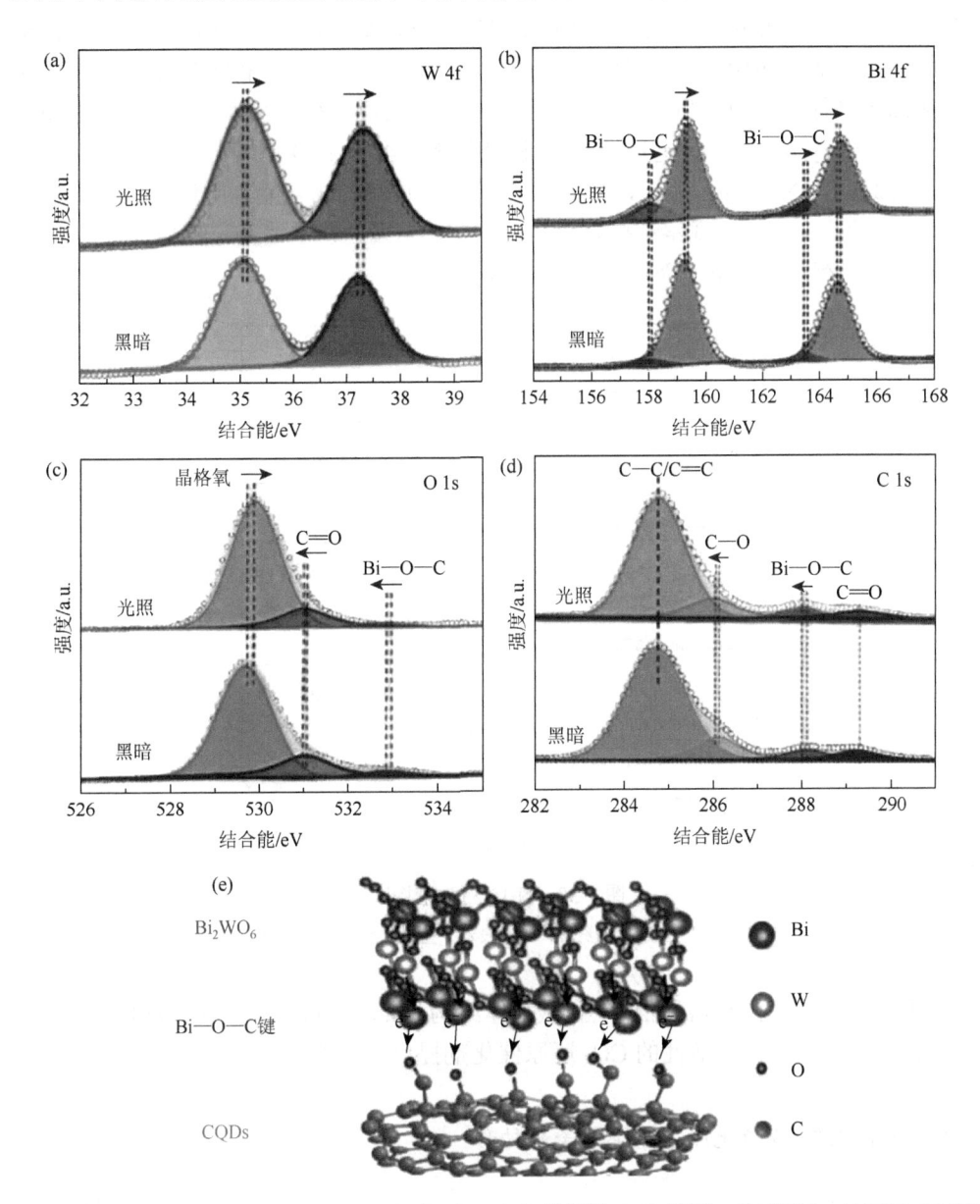

图 3-38　W 4f（a）、Bi 4f（b）、O 1s（c）和 C 1s（d）的原位 XPS 谱图，显示了 3wt%CQDs/Bi$_2$WO$_6$ 在黑暗条件和可见光照射下的变化；（e）Bi$_2$WO$_6$ 与 CQDs 之间界面 Bi—O—C 键的示意图[16]

17. 原位 XPS 分析反应条件下催化剂的动态重建

Cu 基催化剂有望在电化学条件下将 CO_2 还原为燃料甲烷。然而，目前对 CO_2 还原催化剂的设计缺乏理论指导，因此目标产物的活性和选择性有待提高。Pan 等通过调节 Cu 活性位点的原子尺度结构和碳载体的中尺度结构，设计了一种碳负载的 Cu 催化剂，旨在为选择性 CO_2 还原甲烷提供有利的局部反应微环境[17]。

原位 XPS 分析揭示了在真实的 CO_2 还原条件下，原子分散的 $Cu-N_3$ 位点产生的氮和羟基固定 Cu_3（N，$OH-Cu_3$）团簇的动态重建。XPS 分析表明，催化剂表层的 N 含量高达约 14.5at%（原子分数，后同）。高分辨率 N 1s 谱的反卷积证实了吡啶-N（398.3eV）、吡咯-N（400.1eV）、石墨-N（401.5eV）和氧化-N（403.1eV）的存在（图 3-39）。与无 Cu 掺杂的 IPCF（N-IPCF）相比，吡啶-N 的位置向更高的结合能方向移动，而其他 N 物种的位置保持不变。这一观察结果表明，单个 Cu 金属的稳定涉及与吡啶-N 的强配位，由于吡啶-N 上存在孤对电子而形成 Cu—N 键。

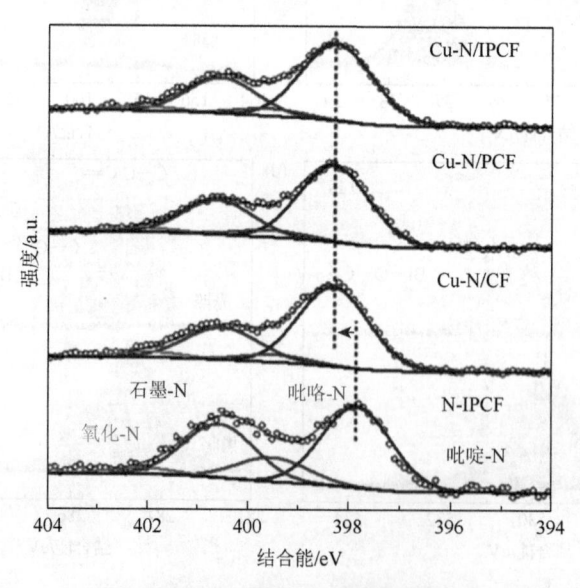

图 3-39 N 1s XPS 谱图[17]

IPCF 表示互连介孔碳纤维；PCF 表示介孔碳纤维；CF 表示碳纤维

这项研究通过调控 Cu 活性位点和碳载体结构，实现了对局部反应微环境的优化，这为设计具有高选择性和高活性的 CO_2 还原催化剂提供了新的思路。

18. 原位 XPS 分析光照下光生电子的转移

石墨炔作为一种新型二维碳杂化材料，以其良好的导电性、可调的电子结构和特殊的电子转移增强性能而备受关注。石墨炔独特的原子排列方式和 sp 与 sp^2 共轭杂化的二维网络，使其在构建活性催化位点方面具有天然优势。同时，石墨炔的特殊电荷分布使其能够成为电子的受体或供体，因此在光催化分解水的析氢领域具有很大的潜力。

Jin 和 Wu 首次采用 CaC$_2$、六溴苯和混合有机溶剂简单合成了石墨炔（C$_n$H$_{2n-2}$），并有效地增强了拓扑半金属（MoP）光催化析氢反应（称为 MG20，指 MoP 和石墨炔按一定比例混合制备的催化剂）[18]。为了证明 MoP 与石墨炔之间可能的作用机制，他们采用原位 XPS 实验来确定催化剂之间光生电子转移的基础。通过图 3-40（a）～（d）的局部放大图，可以清楚地看到石墨炔中 sp^2 和 sp 轨道的结合能增大，而 MoP 中 P—Mo、Mo—O 和 P—O 键的结合能减小。这表明石墨炔在 MG20 中产生的光生电子在光照条件下可以转移到 MoP 上。

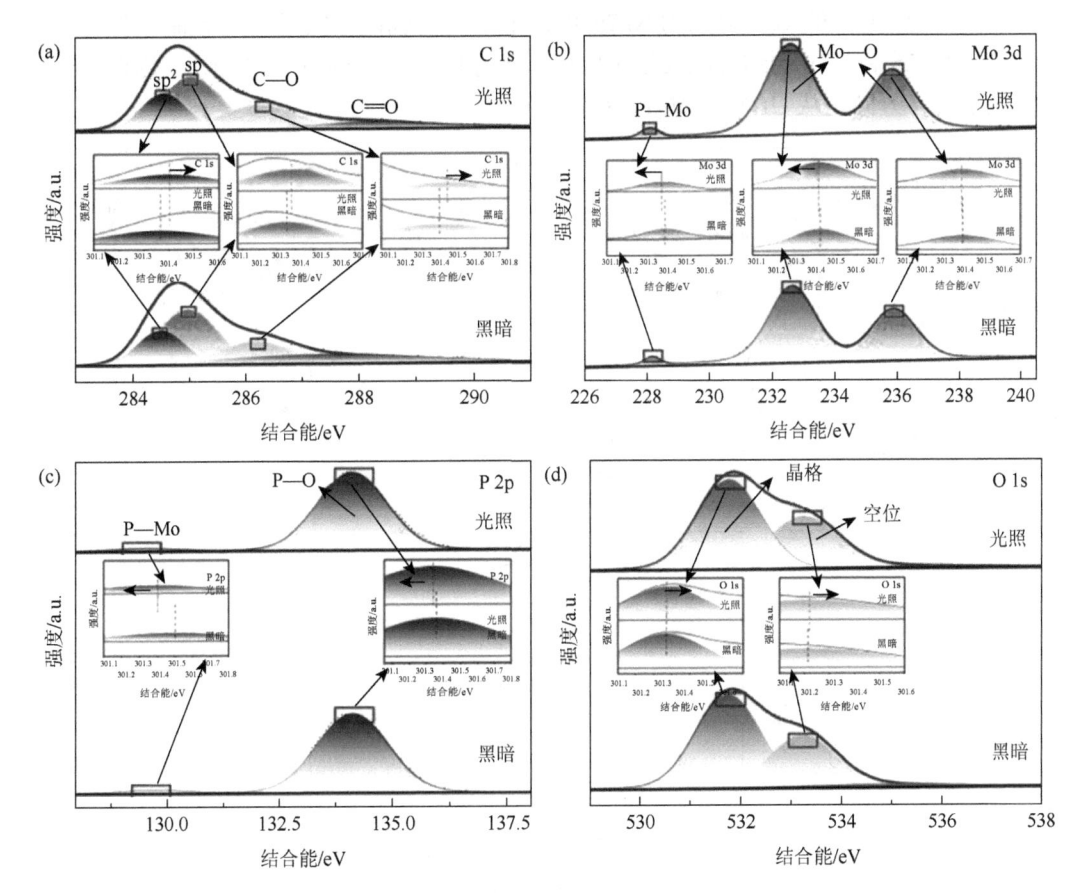

图 3-40 拓扑半金属（MoP）的 C 1s（a）、Mo 3d（b）、P 2p（c）和 O 1s（d）在光照和黑暗条件下的原位 XPS 谱[18]

这些发现揭示了石墨炔与 MoP 之间的电子转移机制，为进一步优化光催化析氢性能提供了理论基础。

19. 原位 XPS 分析欧姆结诱导电子的转移

光催化析氢因成本低、环境友好、效率高等优势，被广泛认为是将太阳能高效转化为高密度氢的最有前途的方法之一。通过构建合适的异质结，可以有效地提高催化剂的光催化析氢能力。

Hao 等采用球磨辅助还原消除反应制备了一种新型碳材料半导体石墨炔（GDY），并采用水热法将其引入到富金属 Ni_5P_4 纳米花中[19]。他们成功构建了 GDY/Ni_5P_4 欧姆结以调节电子方向。GDY 中的 C≡C 键具有较高的还原性，有利于抑制 Ni_5P_4 的氧化，而 Ni_5P_4 独特的多孔纳米花状结构使其能够与溶剂充分接触，从而增强质子吸收能力。该研究通过原位 XPS 分析了 15%GDY/Ni_5P_4 的内部电子传递机制（图 3-41）。如图 3-41（a）所示，与黑暗条件相比，光照后 C 1s 的结合能出现了正偏移，这意味着 GDY 在光照后失去了电子。图 3-41（b）和（c）分别为 Ni 2p 和 P 2p 的原位辐照 XPS 谱。与黑暗条件相比，在光照下 Ni 2p 和 P 2p 的结合能发生负位移，表明 Ni_5P_4 在光照下获得电子。因此，光照后的电子转移方向是从 GDY 向 Ni_5P_4 转移。

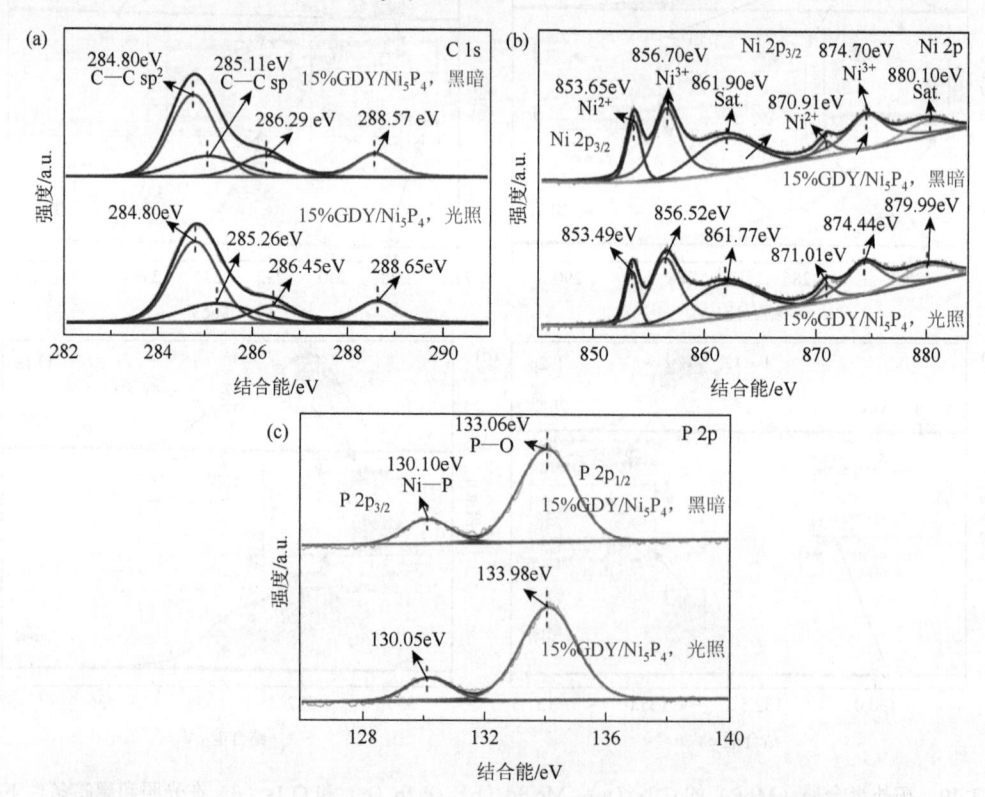

图 3-41　15%GDY/Ni_5P_4 的 C 1s（a）、Ni 2p（b）和 P 2p（c）的原位辐照 XPS 谱[19]

Sat. 表示卫星峰

这些结果表明，通过构建 GDY/Ni_5P_4 欧姆结，可以有效地调控电子转移，从而提高光催化析氢的性能。

20. 原位 XPS 证明复合型催化剂表面电荷转移途径

在众多光催化剂中，尖晶石型化合物因化学性质稳定、带宽小、可重复性高而成为研究热点。目前，ZnCo₂O₄ 已被广泛研究，通常被认为是由 Zn^{2+} 在八面体尖晶石晶格中占据 Co^{3+} 位置而形成的复杂氧化物。其晶体结构中，Zn^{2+} 在配位场中的离子半径几乎与 Co^{2+} 相等，且存在 Zn^{2+}/Co^{2+} 跃迁，因此可能具有光催化活性。然而，ZnCo₂O₄ 材料本身高光生电子（e^-）和光生空穴（h^+）复合的机会限制了其在光催化中的应用。通过构建具有能带匹配半导体的化合物体系，可以有效地解决其高光生载流子复合率的问题。

过渡金属硫化物因优良的光学性能而成为光催化剂的重要候选材料。金属硫化物是一种性能优异的可见光催化剂，其价带通常由 S 3p 轨道杂化，S 3p 轨道的能级比 O 2p 轨道稍负。CoS 纳米颗粒具有良好的电荷转移能力，同时能够暴露更多的活性位点。CoS 是一种优良的光催化制氢材料，具有广阔的研究前景。

Jin 和 Wang 采用水热法分别制备了海胆状的 ZnCo₂O₄ 和 CoS 纳米颗粒，并成功将 CoS 负载到 ZnCo₂O₄ 的表面（ZCOS）[20]。由于尺寸的差异，CoS 有效地分布在 ZnCo₂O₄ 表面，并作为增强光催化氢沉淀的活性位点。为了更准确地证明催化剂表面电荷转移途径，他们对 ZCOS-15 进行了原位 XPS 实验。如图 3-42（a）～（c）所示，在光照条件下，Zn 和 O 元素的结合能增加，而 S 元素的结合能降低。这表明在光照条件下，电荷从 ZnCo₂O₄ 表面转移到 CoS 表面，直接证明了 S 型异质结的存在。

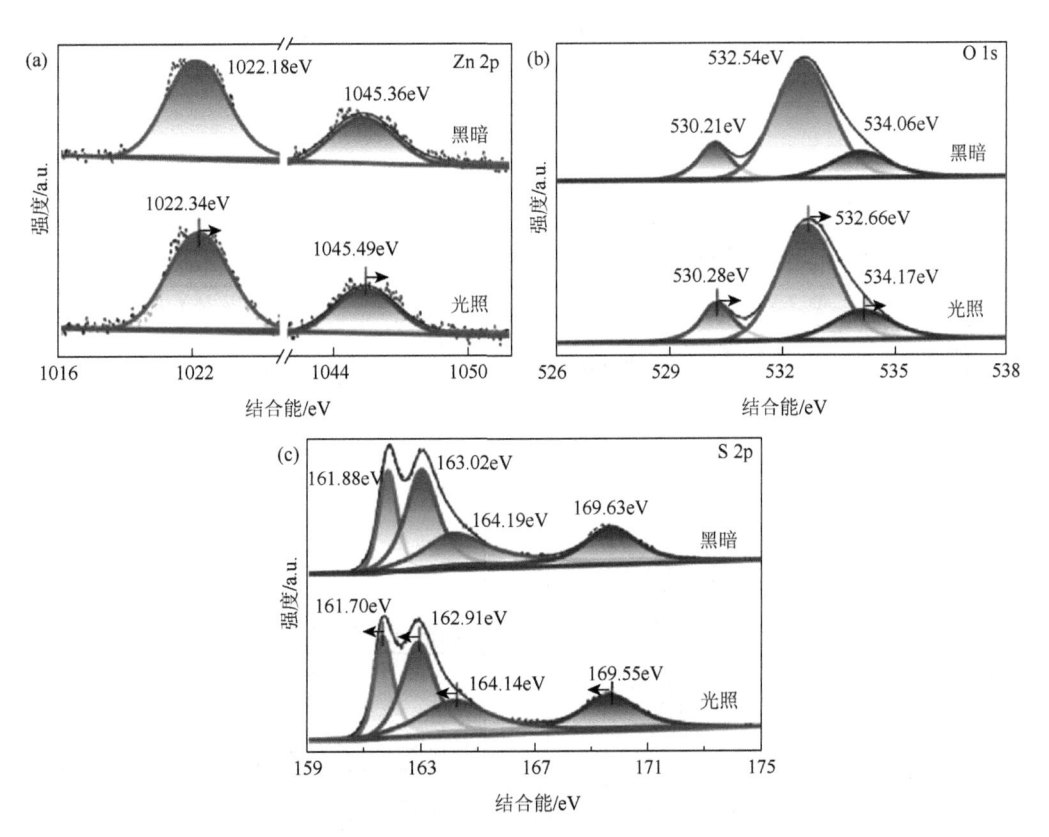

图 3-42 ZCOS-15 中 Zn 2p（a）、O 1s（b）和 S 2p（c）的原位 XPS 谱[20]

21. 原位 XPS 研究 ZIS/HCNT-2 在 CO_2 光还原中的电子转移

为了降低空气中的 CO_2 含量并实现人工碳循环，通过光催化剂使太阳能驱动 CO_2 转化为 CO 或碳氢化合物燃料的研究已经深入开展。Li 等利用 XPS 分析了所制备样品的元素组成和化学价态[21]。图 3-43（a）中 ZIS/HCNT-2 的 XPS 全谱显示了 HCNT 和 ZIS 的所有特征峰，进一步验证了 ZIS/HCNT-2 复合材料由 C、N、Zn、In 和 S 元素组成，与能量色散 X 射线分析（EDX）结果一致。需要注意的是，因为 ZIS 包裹在 HCNT 表面，所以 N 的强度较低。

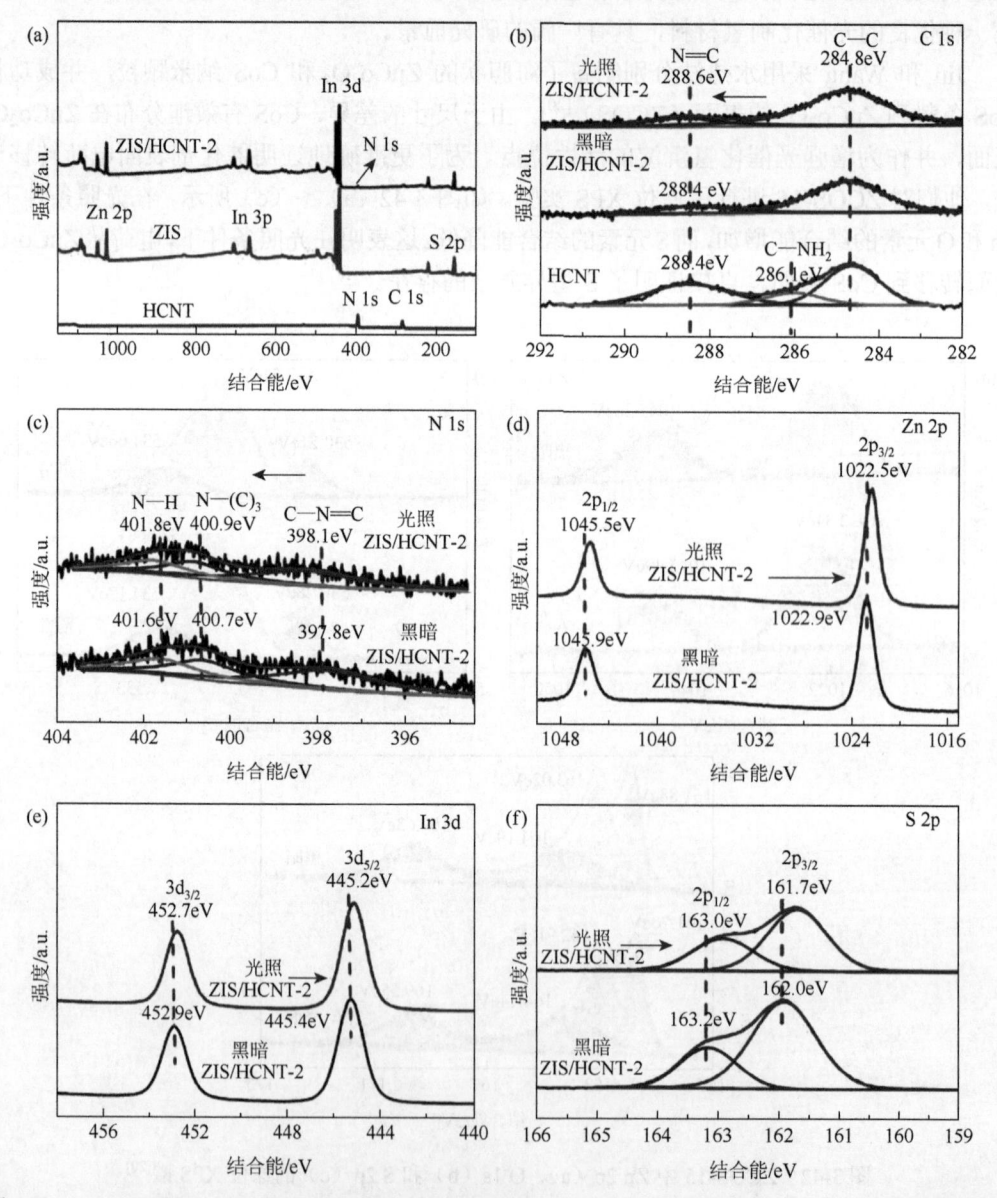

图 3-43　（a）HCNT、ZIS 和 ZIS/HCNT-2 的 XPS 全谱；C 1s（b）、N 1s（c）、Zn 2p（d）、In 3d（e）和 S 2p（f）在黑暗或 365nm 辐照下的高分辨率原位 XPS 谱[21]

如图3-43（b）和（c）所示，ZIS/HCNT-2的C 1s谱可以分别拟合为284.8eV（表面非定形碳）和288.4eV（C=N）两个峰。与HCNT相比，ZIS/HCNT-2没有286.1eV（C—NH$_2$）峰，这与傅里叶变换红外光谱（FTIR）结果一致，可以归因于ZIS在HCNT上的成功生长。N 1s谱提供了更多的结构信息，识别出三个峰，包括401.6eV（NH$_x$基团）、400.7eV（叔氮）和397.8eV（sp^{2}配位氮）。此外，原位XPS分析了ZIS/HCNT-2在光照射下的电子转移行为。复合材料中C 1s和N 1s的对应峰在光照下向结合能更高的方向移动，表明HCNT与ZIS之间发生了界面电子转移。同时，由于电子密度的增加，ZIS/HCNT-2复合材料中Zn 2p、In 3d和S 2p的结合能在光照射下呈现负位移［图3-43（d）～（f）］。这些结果表明，光激发电子从HCNT转移到ZIS，证实了S型电荷转移路线的形成。

这些研究成果不仅验证了复合材料的成功合成，还提供了其光催化性能和电荷转移机制的深入理解，为开发高效光催化CO$_2$还原技术提供了重要参考。

22. 原位XPS分析在光作用下光电子的转移路径

近年来，越来越多的研究人员关注通过太阳光分解水产生氢。光催化反应，即以光作为反应开关的人工光合作用，其反应体系的核心是光催化剂，而光催化水分解生成氢的本质是半导体材料的光电效应。然而，大多数光催化材料都存在宽带隙、低光吸收和光生电子空穴复合等问题。因此，寻找一种能有效改善催化剂中光生电子和空穴分离的光催化剂已成为最紧迫的问题。

Zhang等采用化学沉积法制备了两种不同的光催化剂[22]。在此基础上，采用超声波原位搅拌法将双金属普鲁士蓝类似物（NiFe PBA）和金属氧化物（氧化亚铜）进行耦合，成功构建了NiFe PBA@Cu$_2$O（NFCO）p-n异质结。原位XPS证实了NiFe PBA和氧化铜中的光生载流子输运路径。

为了证明NiFe PBA和氧化铜之间的p-n异质结的构建，研究人员利用原位XPS分析了NFCO-2光电子在光照下的转移路径，并分析了Ni、Fe、Cu和O元素的电荷转移方向。图3-44（a）～（d）显示了NFCO-2在黑暗和光照条件下元素结合能的变化。如图3-44（a）所示，NFCO-2中Ni 2p的特征峰位置向较低的结合能方向移动，表明Ni 2p

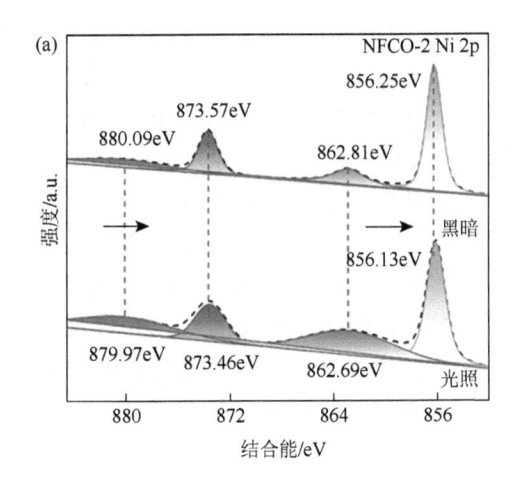

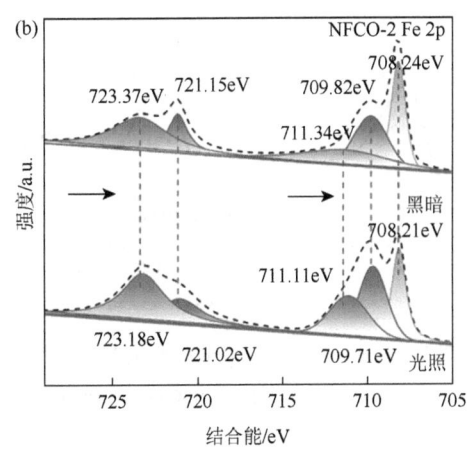

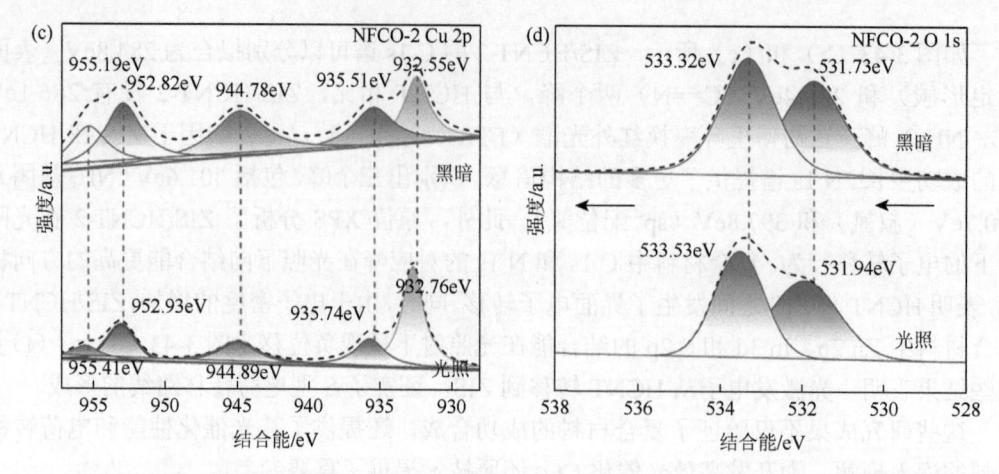

图 3-44 Ni 2p（a）、Fe 2p（b）、Cu 2p（c）和 O 1s（d）的原位 XPS 分析[22]

附近的电荷密度增加。如图 3-44（b）所示，NFCO-2 中 Fe 2p 的特征峰位置也向较低的结合能方向移动，表明 Fe 2p 附近的电荷密度增加。Ni 2p 和 Fe 2p 的结合能均向较低方向移动，这意味着在光照条件下，NiFe PBA 中获得了大量的光生电子。相反，如图 3-44（c）和（d）所示，Cu 2p 和 O 1s 特征峰的位置向较高的结合能方向移动，这意味着在光照条件下，氧化铜中失去了大量的光生电子。原位辐照 X 射线光电子能谱显示，电子从 p 型半导体氧化铜转移到 n 型半导体 NiFe PBA。

23. 原位 XPS 分析光还原 CO_2 中 Ni-Co_3O_4 的电子转移

光催化将工业废水等人为来源中的低浓度二氧化碳（即稀释的二氧化碳）还原为有用的化学燃料，为解决长期能源需求和环境问题提供了一种有前景的方法。然而，光催化 CO_2 还原过程中不可避免的析氢反应竞争严重影响了活性和产物选择性。

Qian 等采用原位 XPS 分析了 Ni 掺杂 Co_3O_4 超薄纳米片组装而成的双空心纳米管（Ni-Co_3O_4 NSDHN），用于低浓度 CO_2 的高效光还原反应中的电子转移过程[23]。通过准原位 XPS 进一步研究了 CO_2 的界面吸附和活化。如图 3-45 所示，经过可见光照射和 CO_2 处理后，Ni-Co_3O_4 NSDHN 的 Co 2p 和 Ni 2p 结合能出现正位移，表明电子从 Ni-Co 位点转移到吸附的 CO_2 分子。

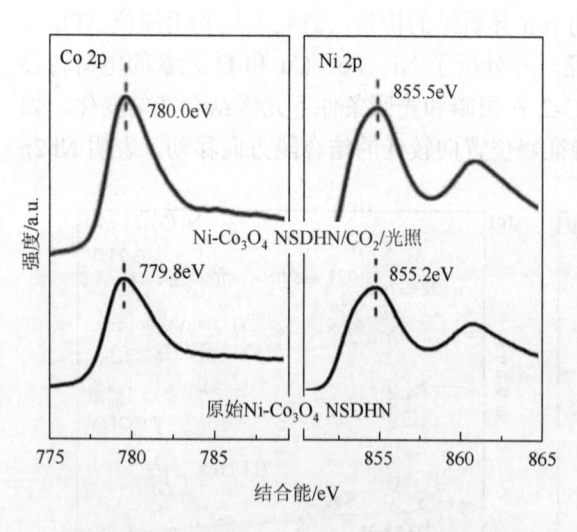

图 3-45 Co 2p 和 Ni 2p 的准原位 XPS 谱[23]
CO_2 和可见光处理前后的 Ni-Co_3O_4 NSDHN

这些结果揭示了 Ni-Co₃O₄ NSDHN 在光催化 CO_2 还原中的电子转移机制，提供了进一步优化光催化剂以提高选择性和活性的方法。

24. 原位 XPS 分析异质结界面上的电荷转移

石墨炔（GDY）具有独特的共轭碳网络纳米结构，其表面具有丰富的活性位点，有利于质子的还原。研究发现，通过有机合成法进行简单的自组装，可以将 GDY 与 ZnAl-LDH 结合，构建一种新型的双 S 型异质结光催化剂[24]。通过光催化产氢实验，评估了纯 CuI、GDY、CuI-GDY、ZnAl-LDH 和 ZACGDY 光催化 H_2 产生的活性。

通过原位辐射 XPS 观察到了 CuI-GDY 中的电子转移路径。如图 3-46（a）~（c）所示，比较黑暗和光照环境下的结果，可以看出 CuI-GDY 中 C 1s 的结合能在光照下降低，而 I 3d 和 Cu 2p 的结合能升高。这表明在光照下，CuI 导带中的电子在内部电场的驱动下，通过异质结界面向 GDY 迁移。ZACGDY 上附着的伊红（EY）分子在可见光照射下被激发，首先形成单激发的 EY* 分子，然后通过能隙转换形成更稳定的三重激发态 EY3* 分子。EY3* 分子通过还原和猝灭形成 EY- 分子，而 TEOA 溶液提供电子用于 EY3* 的转换。由于其强还原能力，EY- 分子的电子被转移到光催化剂表面，通过还原反应析出 H_2，染料分子回到基态。因此，GDY、CuI 和 ZnAl-LDH 形成的双 S 型异质结有助于提高电荷转移速率和产氢性能。

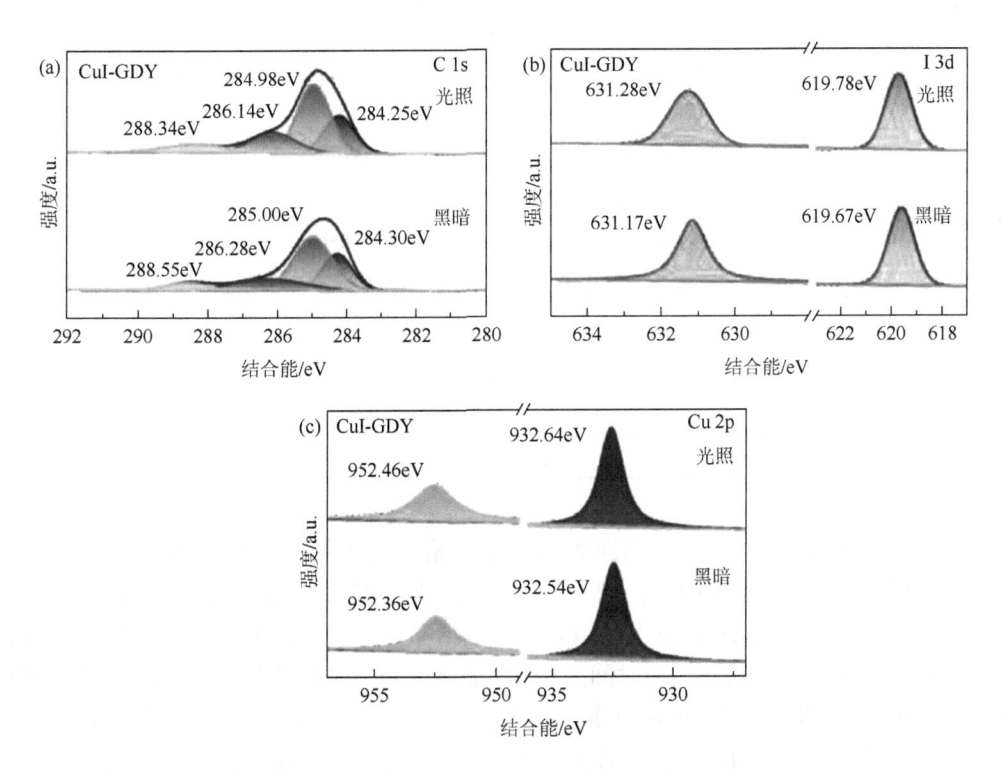

图 3-46 CuI-GDY 在光照和黑暗环境中的原位 XPS 谱[24]

这些结果表明，双 S 型异质结的构建有效增强了光催化剂的性能，为开发高效的光催化产氢技术提供了新的思路。

25. 原位 XPS 研究晶格氧的释放-吸收过程

化学环化（CL）技术是一种有前途的燃料转化技术，因其潜在优势而受到广泛关注。使用氧载体（OC）的化学环化技术为通过清洁高效的方式将各种燃料（如 CH_4、煤和生物质）转化为增值产品（如热能、合成气和 H_2）提供了一个便利的平台。目前，晶格氧在尖晶石 OC 中的迁移转化机制研究尚不深入，而晶格氧被认为是 OC 的关键因素，因此探究晶格氧的迁移转化机制非常必要。Huang 等采用原位 XPS 技术结合固定床实验，以复合金属氧化物（$NiFe_2O_4$）为 OC，详细研究了晶格氧的释放-吸收路径和界面化学反应规律[25]。图 3-47 展示了 $NiFe_2O_4$ 氧载体颗粒表面氧物种随还原时间的变化。新鲜的 $NiFe_2O_4$ 颗粒表面含有两种氧，即结合能 <530.0eV 的晶格氧（O I）和结合能在 530.0eV 和 531.0eV 之间的化学吸附氧 [O II$_{(1)}$]。物理吸附的氧（O III）没有观察到，因为它在抽真空过程中从表面解吸。

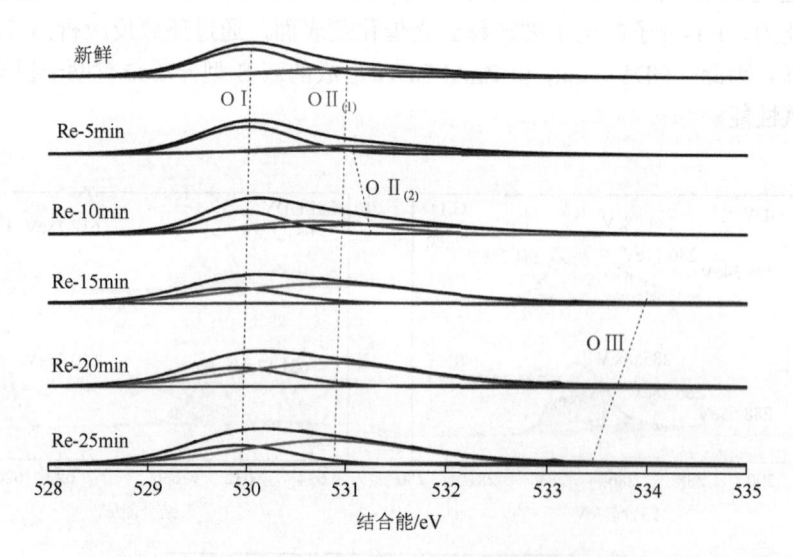

图 3-47 不同还原时间下 $NiFe_2O_4$ 氧载体 O 1s 的 XPS 谱[25]

Re-5min 表示 $NiFe_2O_4$ 在 H_2 气氛下还原 5min，以此类推

在还原前 10min，$NiFe_2O_4$ 颗粒表面除了晶格氧 O I 外，还存在两种化学吸附氧：O II$_{(1)}$（即 O—O_2^{2-}）和 O II$_{(2)}$（即—OH）。物理吸附的氧 O III 也未被发现。当还原时间超过 15min 时，$NiFe_2O_4$ 颗粒表面的氧种类包括晶格氧 O I、化学吸附氧 O II$_{(1)}$ 和物理吸附氧 O III（即 H_2O）。随着还原时间的增加，晶格氧 O I 的相对含量从 0min 时的约 65% 下降到 15min 时的约 27%，然后逐渐趋于稳定。吸附氧 O II 的含量逐渐增加，从 0min 时的约 34% 增加到 15min 时的约 64%，然后逐渐稳定。物理吸附氧 O III 的含量从 0min 时的 0% 增加到 25min 时的约 10%。

在前 10min，发现了一个重要的中间过程：NiFe$_2$O$_4$ 颗粒表面出现了带羟基离子的化学吸附氧［即 O II$_{(2)}$］，未观察到物理吸附氧 O III。随着还原度的增加，化学吸附的氧 O II$_{(2)}$ 逐渐消失，取而代之的是物理吸附的氧 O III。结果表明，在 NiFe$_2$O$_4$ OC 还原过程中，晶格氧 O I 在化学反应界面发生了羟基离子形成过程，并最终转化为物理吸附的氧 O III（H$_2$O）。

26. 原位 XPS 探究 PdAg$_2$/Al$_2$O$_3$ 催化 C$_2$H$_2$ 选择性加氢

乙炔选择性加氢（或半加氢）制乙烯是一个重要的工业过程。Bukhtiyarov 等探究了 Co 诱导偏析的规律，并阐述了调整 Pd-Ag 纳米颗粒表面结构的实际步骤，以提高其对乙炔选择性加氢制乙烯的催化性能[26]。研究中，采用 NAP-XPS 方法，比较了 CO 处理后的原始双金属 PdAg$_2$/Al$_2$O$_3$ 催化剂及其类似物中双金属 Pd-Ag 纳米颗粒的表面结构和化学成分。从图 3-48 中可以观察到，CO 处理样品的 Ag 3d$_{5/2}$ 和 Pd 3d$_{5/2}$ 峰位置向更高的结合能移动，分别为 368.2eV 和 335.2eV，这种变化是金属钯和银形成的标志，表明在 CO 的作用下，双金属颗粒的表面组成/结构发生了变化。同时，Pd/Ag 表面原子比从 0.42 增加到 0.52，增加了 24%，表明 Pd 原子的表面富集。光谱显示了一种额外物质，其特征是 Pd 3d$_{5/2}$ 结合能约为 336eV，这被归因于 CO 吸附在桥式或顶部 Pd 位点上的特定状态。这些物种在图 3-48 所示的光谱中不存在。在 PdAu/HOPG 表面情况下，光谱是在反应混合物流动中直接测量的。在适当温度（室温、150℃或 250℃）下，在 2mbar CO

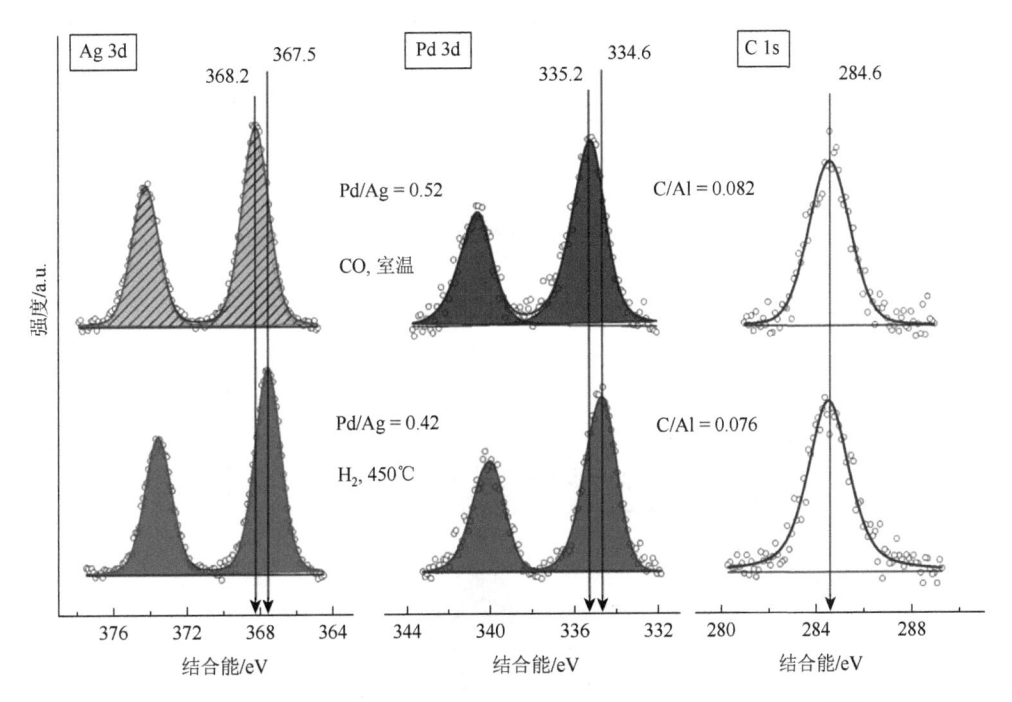

图 3-48　PdAg$_2$/Al$_2$O$_3$ 催化剂的 Ag 3d、Pd 3d 和 C 1s 核心能级光谱[26]

下方对应在 450℃下 1mbar H$_2$ 中还原的样品，上方对应在室温下 2mbar CO 中处理的样品

中处理 1h，然后将样品冷却至室温，用 2mbar N_2 代替 CO，并进行光谱测定。因此，可以认为，在超高真空（UHV）条件下或 N_2 流中，CO 可以有效地从 Pd-Ag 纳米颗粒表面解吸，而在 CO 完全解吸后，CO 诱导的金属原子富集仍然迫使金属原子重新分布。C 1s 谱显示，表面仅存在结合能为 284.6eV 的非定形碳痕迹，这是负载型催化剂 XPS 的典型特征。在 CO 处理后，C 1s 中没有出现任何额外的碳态，这实际上支持了在 UHV 条件下或 N_2 流中 CO 从 Pd-Ag 纳米颗粒表面有效解吸的猜测。

总而言之，通过 NAP-XPS 对负载型 $PdAg_2/Al_2O_3$ 催化剂上 CO 吸附诱导的分离效果进行了监测。在室温下，Pd 原子在双金属颗粒表面产生了大量富集。XPS 测量发现这导致了近 24% 的 Pd/Ag 表面原子比的增加。如果处理温度升高到 250℃，Pd 的表面富集进一步增加（约 31%）。这种特殊结构具有重新分布的 Pd/Ag 表面原子比，即使在适度升高的温度下缺乏 CO 也能保持稳定。然而，在 450℃ 的氢还原处理中，纳米颗粒表面结构恢复到原始状态。

27. 原位 XPS 分析金属物种的电荷转移

高度分散的小纳米颗粒能够最大化活性组分的效率，在非均相催化尤其是热催化[如甲烷干法重整（DRM）]领域表现出优异的催化活性，但提高这类催化剂的稳定性仍是一个挑战。

He 等采用准原位 XPS 研究了 Ni/SiBeta 催化剂在煅烧过程中 Ni $2p_{3/2}$ 轨道上的变化过程[27]。如图 3-49 所示，出现在 853.58eV 和 856.07eV 的两个峰属于 NiO 态，认为是 NiO 向载体的电子转移导致峰向更高能量移动。在图 3-49 中，低结合能峰归因于 NiO 与载体

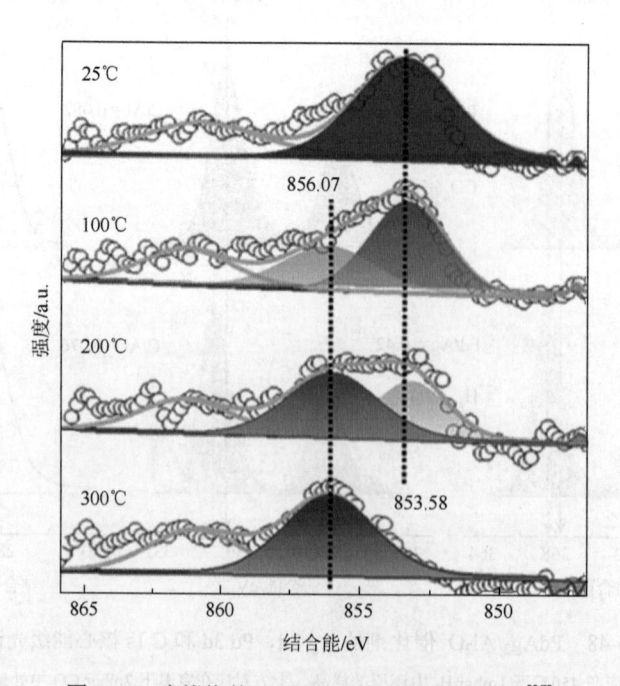

图 3-49 未煅烧的 Ni/SiBeta 的准原位 XPS 谱[27]

的弱结合,这是由载体表面的乙酰丙酮镍引起的。高结合能峰归属于 NiO 小纳米颗粒与 T 空位点之间的强结合,这是由于电子从 NiO 转移到 T 空位点。

在室温下,位于 853.58eV 处的主结合能峰归属于 Ni^{2+}(乙酰丙酮镍)-沸石。随着温度升高,低结合能峰逐渐减弱,高结合能峰逐渐增强,直至在 300℃时完全转变为单个高结合能峰,为 856.07eV。结果表明,在加热过程中,当 Ni 被 T 空位捕获时,越来越多的 NiO 物种发生电荷转移,这为证明乙酰丙酮镍在 NiO 状态下逐渐被 T 空位捕获提供了直接证据。

这些发现揭示了在煅烧过程中 Ni/SiBeta 催化剂中 NiO 物种的演变过程,提供了改善催化剂稳定性的科学依据。这一研究不仅增强了对 Ni 基催化剂在热催化反应中行为的理解,还为设计和优化高效稳定的催化剂提供了指导。

28. 原位 XPS 分析表面电子结构

在负载型单原子催化剂(SACs)中,载体不仅能够稳定单金属原子,还能影响其反应活性,甚至在催化循环中发挥重要作用。CeO_2 因出色的分散铂族金属的能力而闻名,而铂族金属是现代汽车尾气催化剂的关键组成部分。

Muravev 等采用原位 NAP-XPS 监测了催化剂表面的电子结构[28]。图 3-50 中 Pd 3d 核心线的 NAP-XPS 谱显示,在 50℃的 CO 氧化过程中,采用湿浸渍法制备的 Pd/CeO_2(1PdRods)催化剂包含两种 Pd 的电子态。在 337.8eV 处的峰,对应于原子分散的 Pd^{2+} 与 CeO_2 的共价键合。在约 336eV 处的峰,对应于具有较低氧化态的 Pd 团簇。从 NAP-XPS 结果可以看出,即使在 300℃的 CO 氧化过程中,Pd 的形态也没有发生变化。

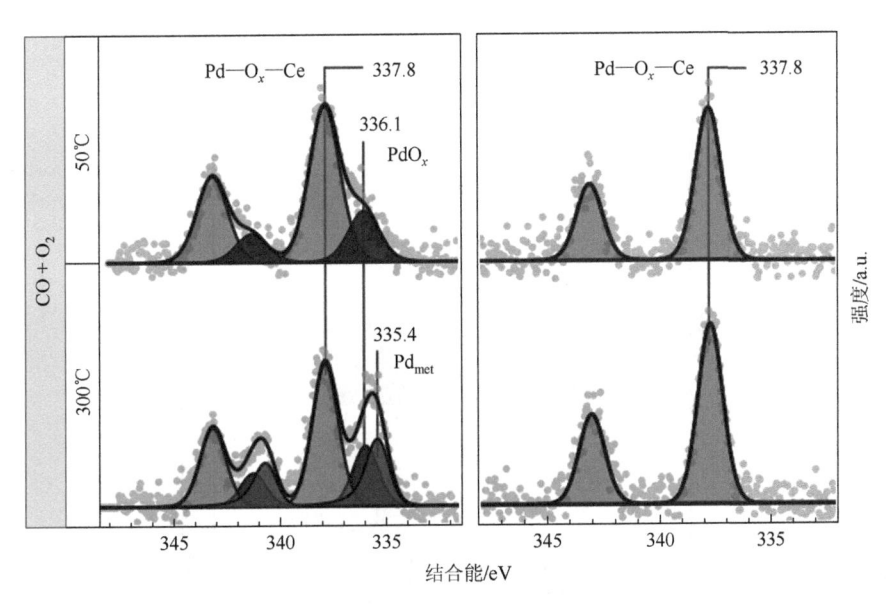

图 3-50 Pd 3d 核心线的原位 NAP-XPS 与反应条件的关系[28]

对于 1PdRods(左)和 1PdFSP(右),NAP 池中的总压力固定为 2mbar($CO:O_2=1:1$)

相反，利用火焰喷雾热解法制备的 Pd/CeO$_2$（1PdFSP）催化剂的 NAP-XPS 谱仅包含一个状态，即原子分散的 Pd^{2+} 物种，不受反应条件的影响，即使在 300℃下进行 CO 氧化，Pd 的状态也没有改变。结合原位红外光谱分析，进一步证实了 1PdFSP 中 Pd 位点的孤立性。与 1PdRods 相比，1PdFSP 具有更好的结构稳定性，表明前者样品具有更强的金属-载体相互作用。

这些结果表明，采用不同制备方法得到的 Pd/CeO$_2$ 催化剂在结构稳定性和反应活性上表现出显著差异，这为优化单原子催化剂设计提供了宝贵的见解。

29. 原位 XPS 分析金属团簇在高温下的分散性

非均相催化剂的催化性能可以通过改变过渡金属载体的尺寸和结构来调节，这些过渡金属通常被认为是活性位点。在单原子金属催化剂中，载体本身会强烈影响催化性能。Muravev 等[29]采用火焰喷雾热解法（FSP）制备了一系列不同 CeO$_2$ 颗粒大小的 Pd/CeO$_2$ 样品，为了确定 Pd/CeO$_2$ 在高温（300℃）下的稳定性，使用基于表面敏感同步加速器的 NAP-XPS 进行分析。

如图 3-51 所示，在高温 CO 氧化过程中，Pd 以高度分散的 Pd—O$_x$—Ce 基团（约 338eV）的形式稳定存在。对于中、大型 Pd FSP 纳米颗粒的漂移表明，在低温下形成还原 Pd 团簇，加热到 300℃后这种现象更为明显。这些团簇是低核的，可能在 CO 高温氧化过程中再分散，类似于在 CeO$_2$ 上观测到 Pt 团簇的动力学。

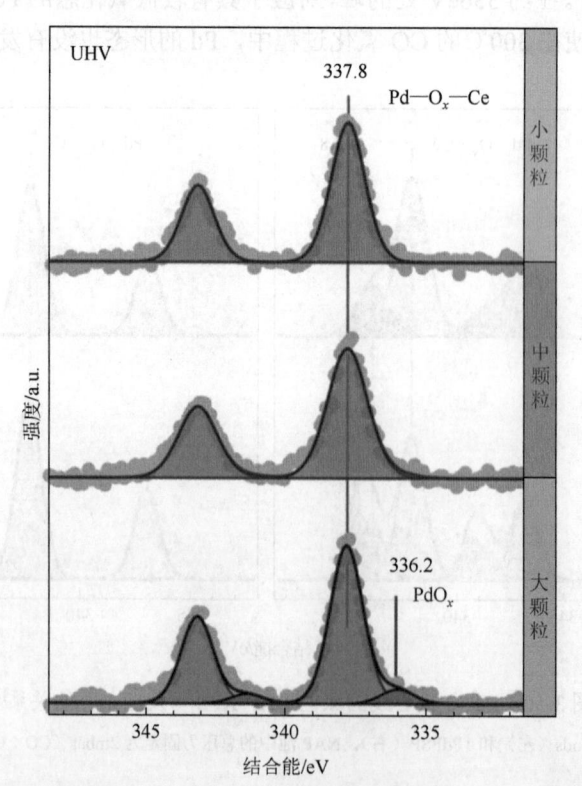

图 3-51　含小、中和大型 CeO$_2$ 纳米颗粒的 Pd FSP 样品获取的 Pd 3d 核线区域的 XPS 谱[29]

这些研究结果表明，通过调整 CeO₂ 载体的尺寸和结构，可以显著影响 Pd 催化剂在高温反应中的行为和稳定性。

30. 原位 XPS 分析催化剂组成、价态的动态变化

挥发性有机物（VOCs）是空气污染的重要组成部分，对人类健康造成严重危害。甲苯作为一种具有毒性和致癌性的 VOCs，广泛应用于许多工业生产中。而催化氧化是一种有效消除 VOCs 的方法，被认为能够满足最严格的 VOCs 排放规定。因此，合理设计高效的催化剂至关重要。具有典型尖晶石结构的 Co_3O_4 由于削弱的 Co—O 键和高氧迁移率，已被证明可用于氧化 VOCs。

Ren 等设计了一种将 Pt 锚定在 Co_3O_4 上的催化剂，用于氧化 VOCs[30]。为了研究催化剂在接近真实反应条件下的表面变化，实验分别采用 500ppm（1ppm = 10^{-6}）的甲苯/氮气和 500ppm 的甲苯/空气。在未进行预处理的情况下，直接通过原位 XPS 测量表征 Co_3O_4-p 和 Pt/Co_3O_4-p 催化剂的表面变化。图 3-52（a）展示了预处理后 Co_3O_4-p 催化剂的 Co 2p 谱。与未预处理的新鲜 Co_3O_4-p 催化剂相比，表面 Co^{3+}/Co^{2+} 比值没有明显变化，说明在 500ppm 的甲苯/氮气或甲苯/空气，180℃ 或 250℃ 的反应条件下，Co_3O_4-p 催化剂表面的 Co^{3+} 是稳定的。相比之下，图 3-52（c）显示，在相同反应条件下，Co_3O_4-p 催化剂上表面 O_{ads}/O_{latt}（O_{ads} 表示表面吸附氧，O_{latt} 表示晶格氧）的比值有明显增加的趋势。

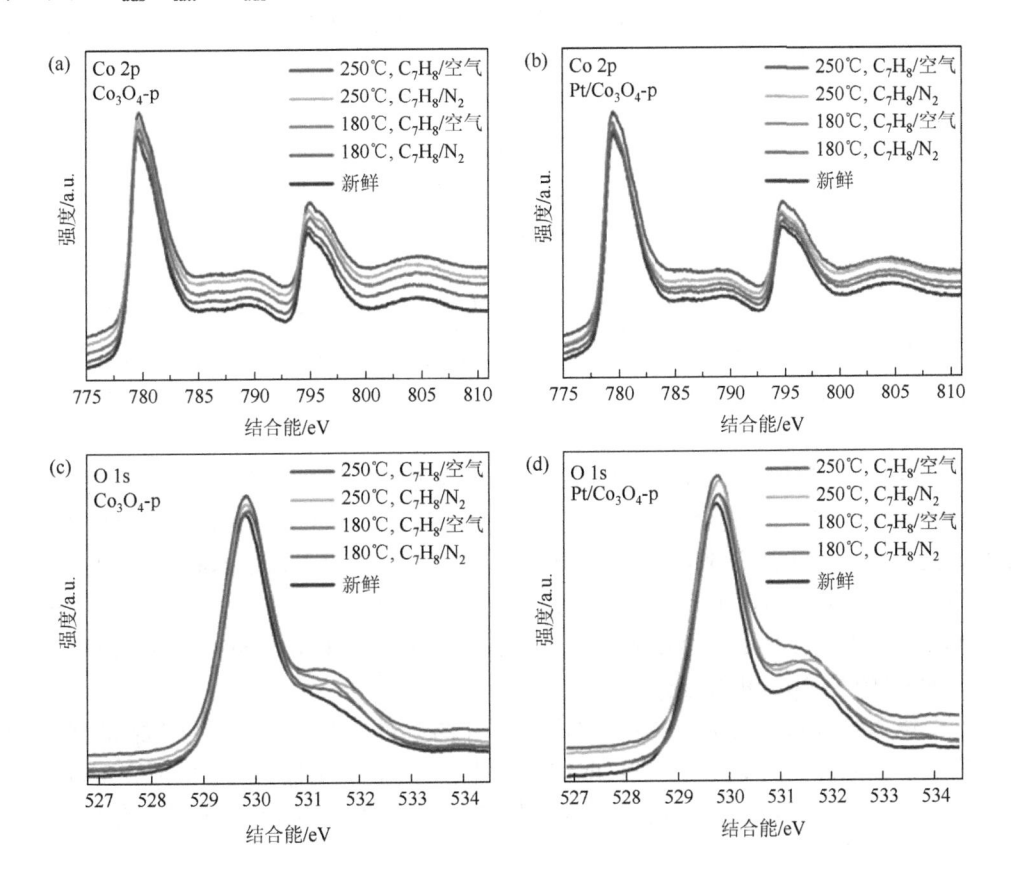

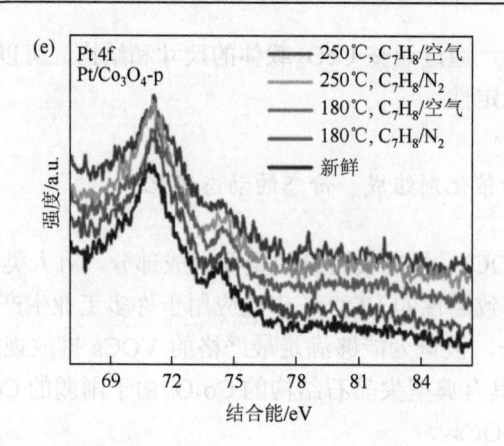

图 3-52 Co$_3$O$_4$-p 未在反应气体 500ppm 甲苯/氮气和 500ppm 甲苯/空气下进行预处理或处理，在不同温度（180℃和250℃）下的原位 Co 2p [(a)、(b)]、O 1s [(c)、(d)] 和 Pt 4f (e) XPS 谱[30]

Pt/Co$_3$O$_4$-p 样品的 Co 2p 谱和 O 1s 谱变化与 Co$_3$O$_4$-p 样品相似。图 3-52 (b) 显示，在 500ppm 甲苯/氮气或甲苯/空气，180℃或 250℃的反应条件下，Pt/Co$_3$O$_4$-p 样品的 Co^{3+}/Co^{2+} 比例与未预处理的新鲜样品相比没有显著变化。然而，图 3-52 (d) 显示，在相同反应条件下，Pt/Co$_3$O$_4$-p 催化剂表面的 O$_{ads}$/O$_{latt}$ 比例与未预处理的新鲜样品相比有明显上升趋势。另外，图 3-52 (e) 展示了 Pt/Co$_3$O$_4$-p 催化剂的 Pt 4f 谱。在 500ppm 的甲苯/氮气或甲苯/空气，180℃和250℃的反应条件下，Pt/Co$_3$O$_4$-p 催化剂表面 Pt^0/Pt^{2+} 的比值与未预处理的新鲜样品相比变化不显著。

这些结果表明，Co$_3$O$_4$-p 和 Pt/Co$_3$O$_4$-p 催化剂在甲苯氧化反应中具有较好的稳定性，表面氧吸附能力有所提高，这对于提升催化氧化性能具有重要意义。

31. 原位 XPS 分析金属的动态还原程度

1,5-戊二醇（1,5-pentanediol，1,5-PeD）是一种线型二元醇，末端位置均含有两个羟基。这种结构有助于在聚酯和聚氨酯树脂的硬度和柔韧性之间取得良好的平衡，表现为低黏度和低玻璃化转变温度。因此，1,5-PeD 可以作为化工小分子平台化合物，应用于聚酯行业。

Al-Yusufi 等研究了 Ni-Ln 催化剂用于四氢糠醇氢解制备 1,5-戊二醇的过程，采用 XPS 分析技术表征了 Ni-Ln 催化剂中相关元素的价态，从而进一步分析了内在的反应机制[31]。如图 3-53 所示，可以观察到结合能为 853.7eV 的 Ni 2p$_{3/2}$ 峰，以及 NiO 的典型多重分裂峰和明显的卫星峰。常压下，在 250℃的 H$_2$ 气流中进行还原处理 3h 后，在真空下转移回 XPS 测量室，观察到明显的金属 Ni 还原现象。在 852.6eV 和 870.0eV 处的尖锐峰值分别对应于 Ni(0) 的 Ni 2p$_{3/2}$ 和 Ni 2p$_{1/2}$。

在煅烧 40NiO-La 和还原 40Ni-La 的情况下 [图 3-53 (a)]，La 3d 和 Ni 2p 的强烈重叠使光谱的详细分析变得复杂。不过，即使在这种情况下，氧化镍的还原也是显而易见的。比较还原样品时，可以观察到还原度最高（约 97%）的是 38Ni-Sm 还原样品 [图 3-53 (c)]，

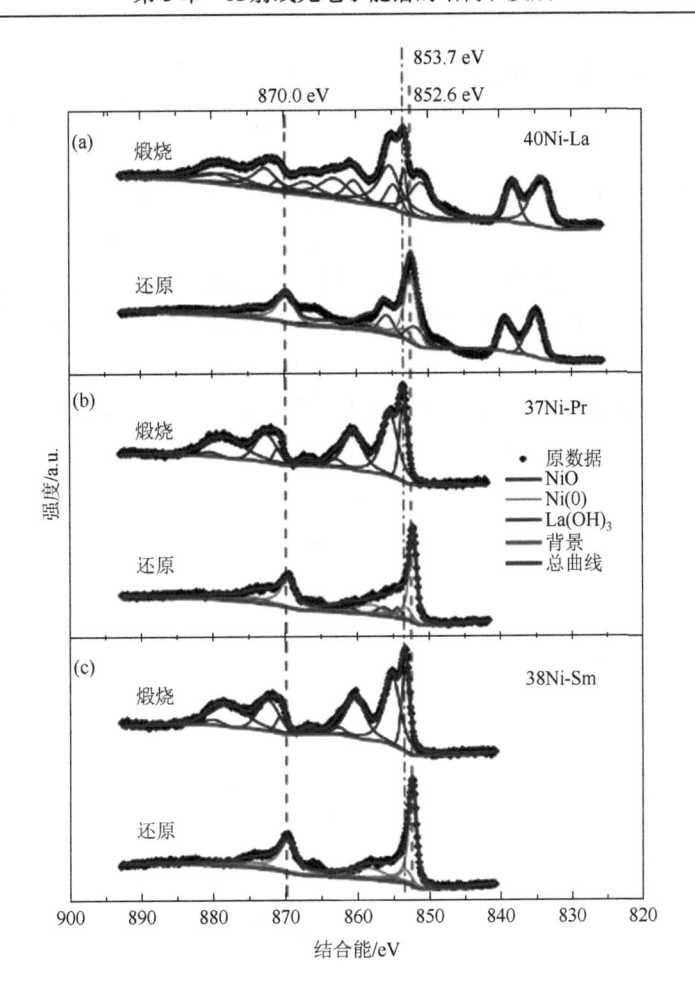

图 3-53 40NiO-La、37NiO-Pr 和 38NiO-Sm 煅烧及 40Ni-La、37Ni-Pr 和 38Ni-Sm 还原的原位 Ni 2p XPS 谱[31]

还原在大气压下的 H$_2$ 和 250℃的高压池中进行，时间为 3h

其次是 37Ni-Pr 还原样品[图 3-53（b）]，金属 Ni 含量约为 81%。金属 Ni 的还原程度与催化活性一致，说明还原程度越高，催化活性越强。

这些结果表明，通过 XPS 分析可以有效地表征 Ni-Ln 催化剂的还原程度和相关元素的价态变化，为深入理解催化剂的反应机制提供了科学依据。

32. 原位 XPS 分析 Pd 物种在氧化反应中的化合价变化

挥发性有机物（VOCs）是化石燃料燃烧排放的主要空气污染物。由于轻质烷烃中的强 C—H 化学键难以降解，最近轻质烷烃（典型的 VOCs）的排放引起了广泛关注。控制轻质烷烃的排放仍然是一个挑战。催化剂深度氧化被认为是去除轻质烷烃的最有效技术之一，这是因为其工作温度适中、去除效率高且不会产生二次污染。贵金属基材料因高活性和稳定性，被认为是 VOCs 深度氧化最有效的催化剂之一。然而，传统的负载型贵金属基催化剂在高热反应温度下，奥斯特瓦尔德熟化过程导致颗粒聚集，催化效果并不令人满意。

为了进一步清楚地研究 Pd 物种在氧化过程中的化合价变化，Peng 等采用原位 NAP-XPS 对 Pd 物种进行研究（图 3-54）[32]。在真空条件下，Pd 物种存在两种状态（Pd^0 和 Pd^{2+}），表明一些 PdO 物种仍未被还原。当引入 C_3H_8 和 O_2 混合气体（$C_3H_8:O_2=1:5$，体积比）时，室温下 Pd 物种的化合价保持不变。随着反应温度增加至 225℃，在 Pd $3d_{3/2}$ 谱中探测到了一个约为 346.7eV 的新峰，可以归因于 Pd^{4+} 物种。随着反应温度的持续增加，Pd^{2+} 和 Pd^{4+} 物种的峰强度逐渐增加，而 Pd^0 物种的峰强度逐渐减小，表明部分还原的金属 Pd 物种被氧化为 PdO_x 物种。

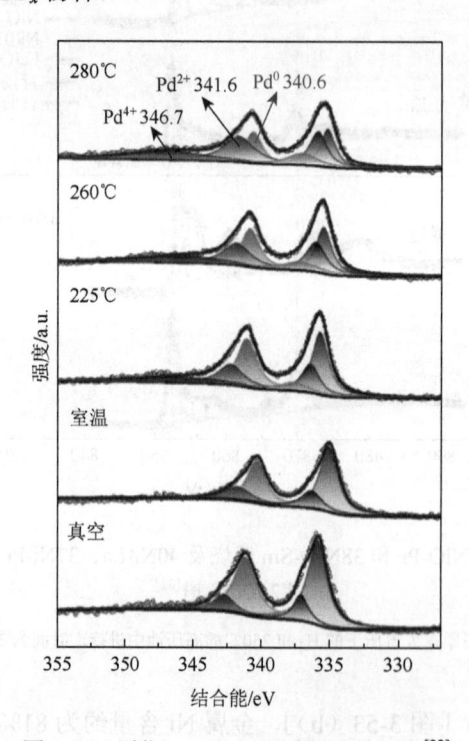

图 3-54 原位 NAP-XPS 分析 Pd 的形态[32]

这些研究结果表明，通过深入研究和理解 Pd 物种的化合价变化，可以更好地优化贵金属基催化剂，提高其在 VOCs 深度氧化中的应用效果。这对于开发高效、稳定的催化剂，解决轻质烷烃排放问题具有重要意义。

33. 原位 XPS 检测 PdSn 催化剂的表面性质

作为一种绿色且不可或缺的氧化剂，过氧化氢（H_2O_2）被广泛应用于催化、消毒、器件精密加工等多个领域。如何设计和制备出高性能的直接合成 H_2O_2 的催化剂，是目前这一研究领域的重点和难点。

Li 等采用 NAP-XPS 在流动的 O_2、H_2 和 H_2/O_2 混合气中,原位研究了 PdSn 催化剂[通过一步法和两步法制备的 PdSn 纳米颗粒(PdSn-NP)和 PdSn 纳米线(PdSn-NW)]的表面性质[图 3-55(a)~(c)][33]。PdSn 纳米颗粒催化剂在真空和流动的 O_2 中都存在 Pd 氧化物,而切换到 H_2 或 H_2/O_2 混合气后形成金属 Pd[图 3-55(c)],表明传统的 PdSn 纳米颗粒在 H_2 或 H_2/O_2 气氛中不稳定。

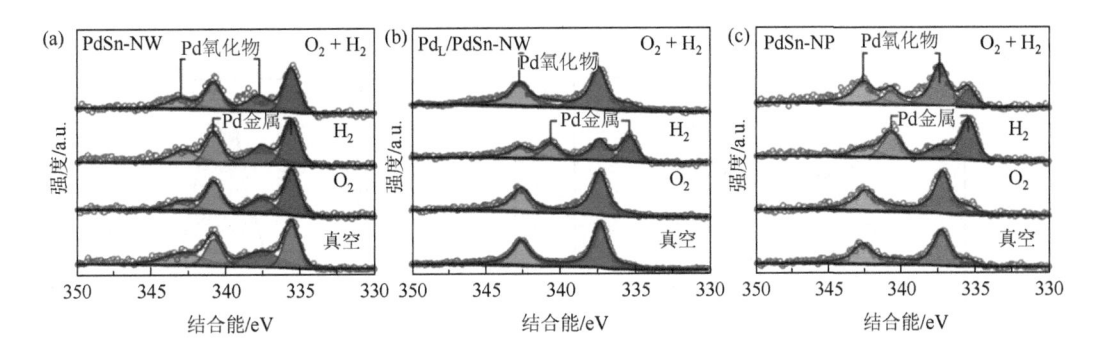

图 3-55 (a)在 O_2、H_2 和 O_2/H_2 混合气存在下 PdSn-NW Pd 3d 的原位 NAP-XPS 谱图;(b)在 O_2、H_2 和 O_2/H_2 混合气存在下,空气中退火后 Pd_L/PdSn-NW 的 Pd 3d 原位 NAP-XPS 谱图;(c)PdSn-NP 在 O_2、H_2 和 O_2/H_2 混合气存在下,空气中退火后 Pd 3d 的原位 NAP-XPS 谱图[33]

对于 PdSn 纳米线催化剂,退火前的 Pd_L/PdSn-NW 催化剂表面主要表现为金属 Pd 相[图 3-55(a)],在 H_2、O_2 和 H_2/O_2 中冲洗后,催化剂的 Pd 3d NAP-XPS 谱只有微弱变化,表明未退火的 Pd_L/PdSn-NW 在 H_2/O_2 气流中能维持金属 Pd 相。同样,400℃空气退火后的 Pd_L/PdSn-NW 的 Pd 3d NAP-XPS 谱表明,在真空条件下,Pd 氧化物是催化剂表面的主要 Pd 物种[图 3-55(b)]。O_2 的引入对退火 Pd_L/PdSn-NW 的 Pd 3d NAP-XPS 谱无明显影响。引入 H_2 流后,观察到金属 Pd 及 Pd 氧化物的存在。而在 H_2/O_2 混合气存在的情况下,退火后的 Pd_L/PdSn-NW 表面保持 Pd 氧化物。

因此,原位 NAP-XPS 证实,在 H_2/O_2 反应气氛中,退火后的 Pd_L/PdSn-NW 表面主要物种为 Pd 氧化物,而 PdSn-NP 和 PdSn-NW 上主要的 Pd 物种为金属 Pd。这些结果为设计高性能、直接合成 H_2O_2 的催化剂提供了科学依据。

34. 原位 XPS 分析 Rh 化学价态的动态变化

直接和选择性地将二氧化碳(CO_2)转化为乙醇是消除温室气体并生产高价值产品的理想过程。然而,CO_2 的高度热力学稳定性和化学惰性,以及复杂的反应网络中容易形成一些不可控的副产物(如 CH_4、CO 和 CH_3OH 等),使得这一有价值的过程受到阻碍。因此,开发高活性和选择性的乙醇生产催化剂仍然是一个巨大的挑战。由于表面氧空位(O_V)丰富,CeO_2 作为 CO_2 的吸附和活化位点,对 CO_2 加氢反应具有潜在的促进作用。由于在水煤气变换(WGS)和氨选择性催化还原(NH_3-SCR)等反应中增强氧化还原特性,Ti 被广泛应用于 CeO_2 的改性。

如图 3-56（a）所示，在还原后的 $Rh_1/CeTiO_x$ 上观察到 Rh $3d_{5/2}$（308.2eV）和 Rh $3d_{3/2}$（312.9eV）的结合能，证实了 Rh^+ 物质的存在[34]。而对于还原后的 $2.0\%Rh/CeTiO_x$，通过 Rh $3d_{5/2}$ 和 Rh $3d_{3/2}$ 的结合能分别为 307.3eV 和 312.0eV 证实了 Rh 的金属态[图 3-56（b）]。H_2 还原后 Rh 单原子和团簇之间的化学价态不同可能与它们和 $CeTiO_x$ 载体的不同相互作用有关。对于团簇而言，远离载体表面的 Rh 原子与载体的相互作用较弱，容易还原为金属态。

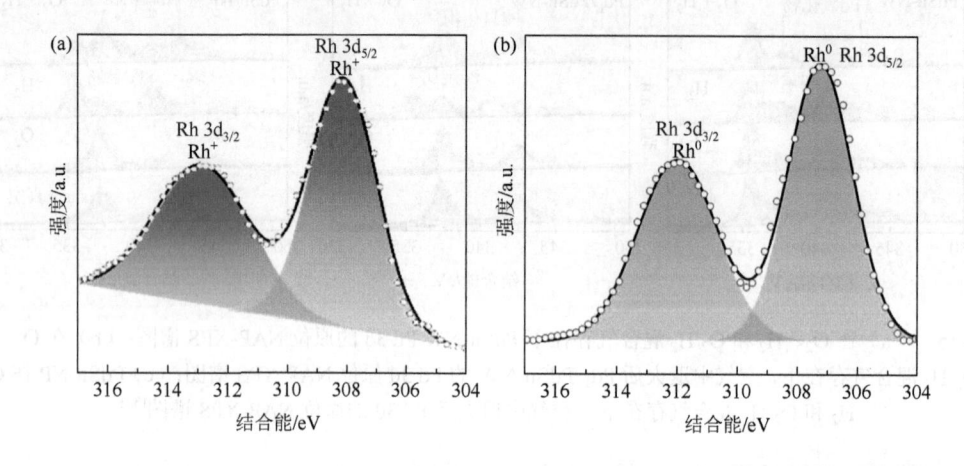

图 3-56 （a）$Rh_1/CeTiO_x$ 和（b）$2.0\%Rh/CeTiO_x$ 样品的原位 XPS 谱[34]

这些结果表明，Rh 单原子和团簇在不同还原条件下表现出不同的化学价态，这可能与它们和 $CeTiO_x$ 载体的相互作用有关。这一发现为开发高效的 CO_2 加氢制乙醇催化剂提供了新的视角，表明通过调控催化剂的结构和表面特性，可以提高其选择性和活性。

35. 原位 XPS 分析 RWGS 反应中催化剂表面结构演变

表面活性位点的精准控制是构建高性能催化剂的关键。因此，催化活性和催化剂结构之间的动态作用可能存在于大多数反应中，这对于理解表面活性位点动态演变具有重要意义。

Xin 等发现氮化钼（MoN_x）催化剂的表面结构高度依赖于反应产物的分压或浓度，即逆水煤气变换（RWGS）反应中的 CO 和 H_2O，而不依赖于反应物 CO_2 和 H_2[35]。他们利用原位 XPS 考察了该催化剂在 RWGS 反应下的表面结构演变，如图 3-57 所示。在通入 CO_2 加氢反应气之前，首先通入 1bar H_2，在 500℃下预还原催化剂 1h，以去除 MoN_x 表面的氧化层。H_2 预处理后，分别通入 1mbar～1bar 的反应气，500℃处理 1h 后进行光谱采集。

当催化剂经 1mbar 反应气处理后，O 1s 谱图的信号明显增强；同时，N 1s/Mo 3p 谱图整体向高结合能偏移，且 MoN_x 中 Mo 和 N 物种的信号几乎消失，只检测到 MoO_x（$2 \leq x \leq 3$）的信号。这表明在 1mbar 反应气处理后，MoN_x 表面被严重氧化。然而，随着

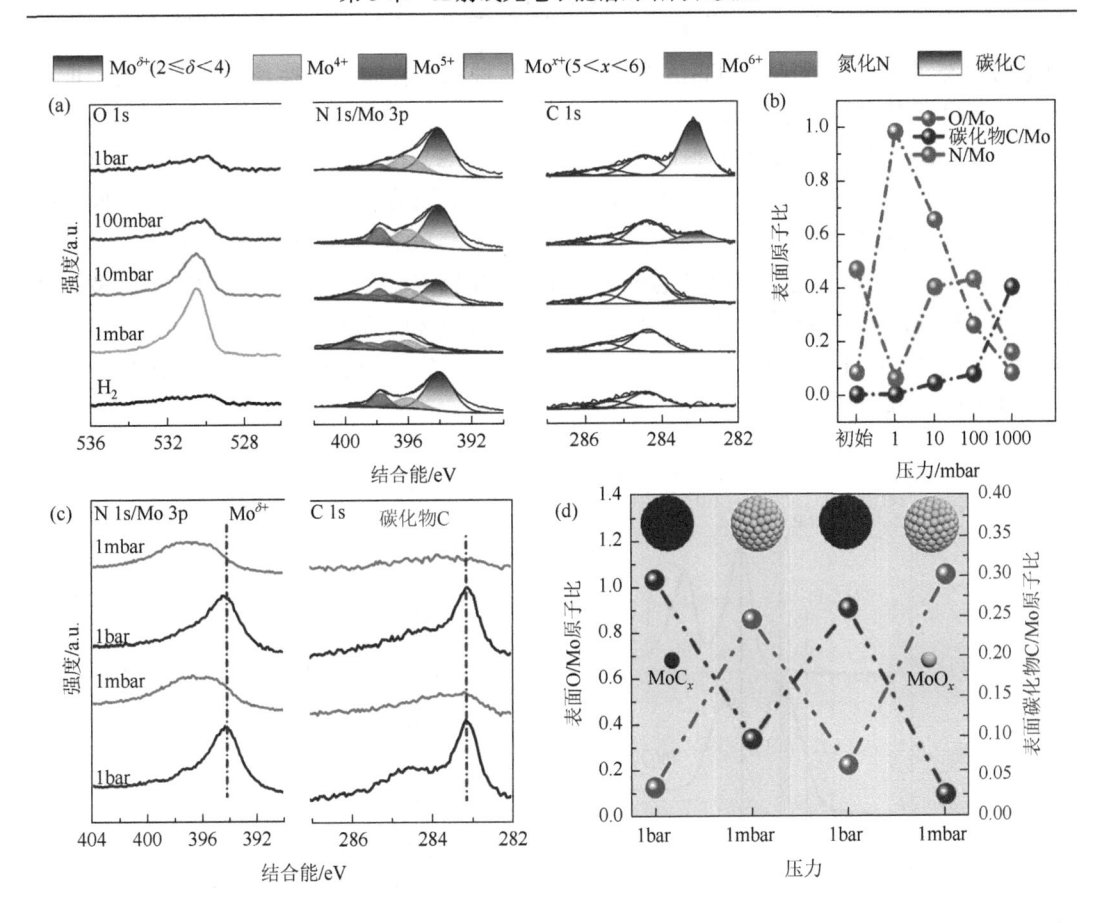

图 3-57 （a）不同反应压力下，β-Mo₂N 催化剂的 O 1s、N 1s/Mo 3p 和 C 1s 准原位 XPS 谱图，测试条件：1mbar～1bar，500℃，1h；（b）不同反应压力下，表面 O/Mo、N/Mo 和碳化物中 C/Mo 原子比；（c）1bar 和 1mbar 反应气循环处理 β-Mo₂N 后的 N 1s/Mo 3p 和 C 1s XPS 结果；（d）1bar 和 1mbar 反应气循环处理 β-Mo₂N 后表面 O/Mo 和碳化物中 C/Mo 原子比结果[35]

反应压力增加到 10mbar、100mbar 和 1bar，O 1s 谱图的信号强度减弱，同时在 C 1s 谱图中出现逐渐增强的 MoC$_x$ 信号；对于 MoN$_x$ 中的 N 信号，其在 10～100mbar 时出现，而在 1bar 反应条件下再次消失 [图 3-57（a）和（b）]。此外，表面氧化和碳化过程可以通过循环切换反应压力（1mbar 和 1bar）来控制 [图 3-57（c）和（d）]。

上述结果表明，在 1mbar 反应条件下，与 Mo 配位的 N 原子先被 O 原子取代；随着反应压力升高，表面 O 再被 C 原子取代，使得 MoC$_x$ 占据表面。此外，MoN$_x$ 催化剂的表面结构强烈依赖于反应气压力。这些发现表明，通过控制反应气压力可以调节催化剂的表面结构，从而优化催化性能。

36. 原位 XPS 研究 Pt 氧化态与甲烷氧化活性间的动态关系

最近的研究表明，在相同的外部条件下，Pt/Al₂O₃ 催化剂上的甲烷氧化可以通过两种稳定的状态进行，即低活性和高活性状态。这两种状态之间的转换是突然发生的，取决于氧的浓度及其在恒定甲烷浓度下变化的方向。

Pakharukov 等利用原位 X 射线光电子能谱（XPS）技术研究了铂的氧化态变化与甲烷氧化催化活性之间的关系[36]。为了确定反应条件下铂的氧化态，他们测量了不同氧化态铂（0、+2 和+4）的对照化合物［Pt/C、Pt(OH)$_2$ 和 PtO$_2$］的 XPS 谱［图 3-58（a）］。Pt/Al$_2$O$_3$ 催化剂在活化态和非活化态的光电子 Pt 4f 谱表明，催化剂向活化态的转变伴随着 Pt 4f 线向较低结合能的移动［图 3-58（b）］。对活化和失活催化剂中 Pt^0/PtO$_x$ 比值的粗略估计如图 3-58（b）所示。因此，根据原位 XPS 研究，铂的活化与其部分还原有关，而铂的失活与其氧化有关。

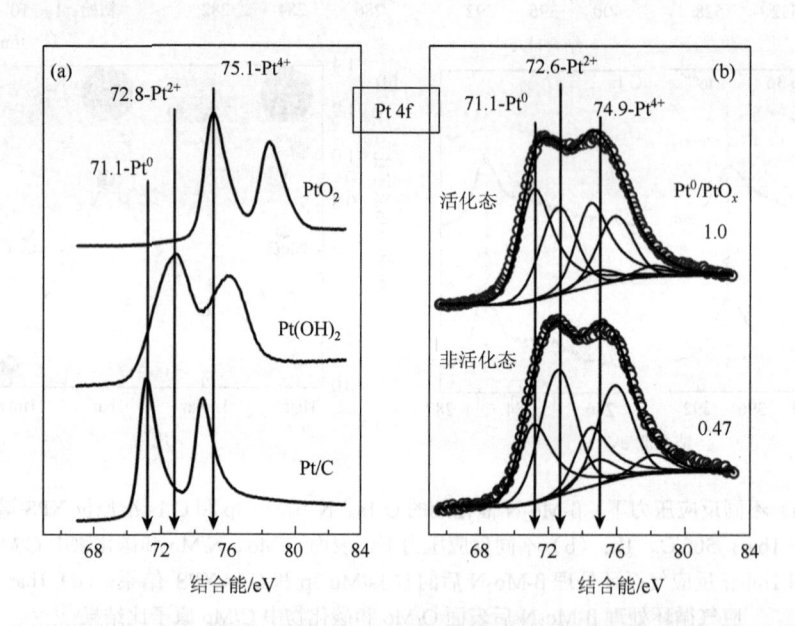

图 3-58　参考样品（a）和 1wt%Pt/Al$_2$O$_3$（b）催化剂在活化态和非活化态下的 Pt 4f XPS 谱[36]

上述研究结果表明，通过调节氧浓度，可控制 Pt/Al$_2$O$_3$ 催化剂的活性状态，从而优化甲烷氧化过程的催化性能，这为设计更高效和稳定的催化剂提供了理论指导。

37. 原位 XPS 分析 Ni/ZrO$_2$ 催化 CO$_2$ 活化的活性中心

随着化石燃料消耗的持续增加，大气中 CO$_2$ 浓度不断上升，导致全球变暖和海洋酸化等许多环境问题。因此，CO$_2$ 的转化和利用引起了全球范围内的广泛关注。

Wang 等使用 XPS 研究了 Ni/ZrO$_2$ 催化剂表面催化 CO$_2$ 活化的活性中心[37]。如图 3-59 所示，852.3eV 处的峰对应于 Ni^0，约 854.5eV 和 860.0eV 处的峰分别归因于与载体相互作用较弱和较强的 NiO 物种。在 280℃和 290℃反应后的催化剂上只能检测到表面的 NiO 物种，而在 300℃反应后的催化剂上可以检测到 Ni^0 物种。在 300℃反应后的催化剂中，Ni^0 物种可以向其他物种提供更多的电子。根据 O 1s 的位移和 Ni^0 物种的存在，Ni-O-Zr

界面在300℃甲烷干法重整反应中发生了更多的电荷转移。这些电荷转移可能源自Ni^0物种旁边的氧空位，因为Ni^0物种的电子可以被氧空位捕获，然后转移到载体或含氧化合物中。这一事实表明，氧空位作为电子传递的中介促进了Ni^0物种的电子传递给其他物种。具有更多电荷转移的Ni-O-Zr界面可能在Ni/ZrO_2催化剂的催化性能中起到关键作用。

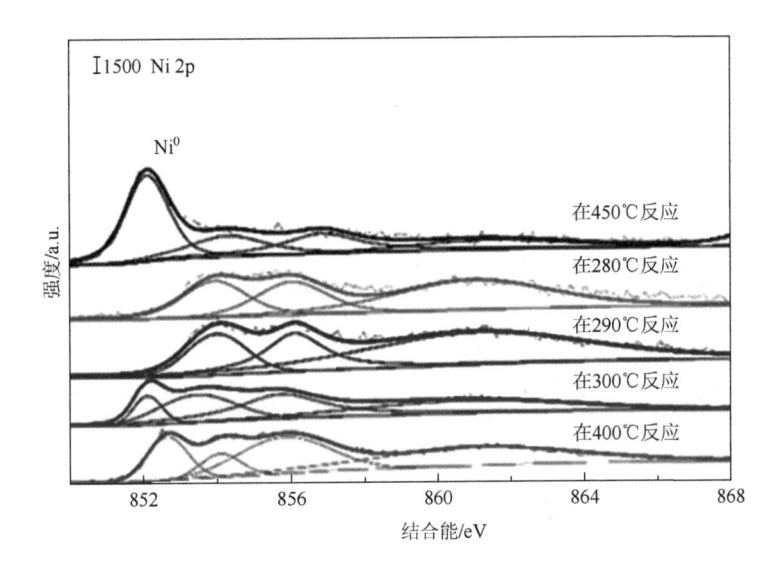

图3-59 反应前后Ni/ZrO_2催化剂的原位Ni 2p XPS谱[37]

这些发现强调了在CO_2转化过程中，氧空位和Ni^0物种在Ni/ZrO_2催化剂上所起的重要作用，为开发高效CO_2催化剂提供了新的思路。

38. 原位XPS探索高熵结构催化剂的性能

调节表面氧空位对于氧化物催化剂的性能至关重要。将具有不同化学价态或不同原子半径的元素掺杂到主体氧化物中是产生氧空位的常见方法。然而，氧化物催化剂中氧空位的浓度通常受到外来掺杂剂量的限制（原子负载量通常小于10%的原子）。

Zhang等提出了一种利用组态熵调节氧空位的方法[38]。为了探索高熵结构是否有利于催化性能，他们将高熵氧化物（HEOs）、Co_3O_4和钴基二元氧化物（$MnCoO_x$、$CuCoO_x$、$NiCoO_x$和$FeCoO_x$）应用于C_3H_6氧化反应，并对$(MnCuCoNiFe)_xO_y$进行了原位XPS分析（图3-60），以证实通过H_2程序升温还原（H_2-TPR），HEOs中过渡金属离子的还原温度通常低于单一金属氧化物中的还原温度。在230℃、5%H_2/95%N_2条件下，Cu^{2+}完全还原为Cu^0。同时，一些Ni^{2+}（10%）和Co^{2+}（6%）也被还原为金属相。还原后Mn^{3+}和Mn^{4+}的比例分别为70%:30%和81%:19%。Co^{3+}和Co^{2+}的比例从最初的76%:24%变为还原后的56%:38%。由于铁阳离子的还原温度非常高，因此未观察到Fe金属。然而，Fe^{3+}与Fe^{2+}的摩尔比从最初的55%:45%增加到还原后的32%:68%，表明在230℃下，部分Fe^{3+}被H_2还原为Fe^{2+}。

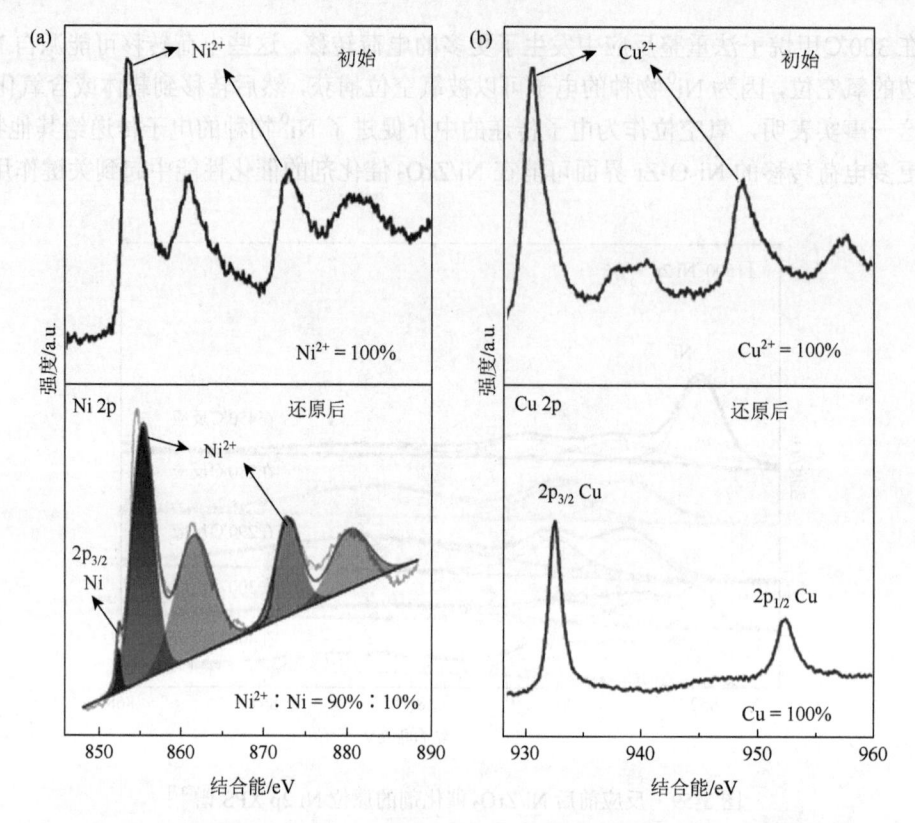

图 3-60 (MnCuCoNiFe)$_x$O$_y$ 在 5%H$_2$/95%N$_2$ 中于 230℃还原前后的 Ni 2p（a）和 Cu 2p（b）原位 XPS 谱[38]

因此，所有五种金属离子（Cu^{2+}、Ni^{2+}、Co^{3+}、Mn^{4+} 和 Fe^{3+}）在 230℃下部分通过 H$_2$ 从高化学价态转化为低化学价态。这与单一金属氧化物（307~418℃）相比，HEOs 中金属离子的还原温度（230℃）显著降低。

这些结果表明，通过组态熵调节氧空位可以显著降低金属离子的还原温度，从而提高催化剂的性能。这为开发高效氧化物催化剂提供了新的思路和方法。

39. 原位 XPS 分析表面 Ru 和 Mo 物种的动态变化

表面包封可以显著改变纳米催化剂的表面吸附特性，因此可以利用高温反应中发生的经典强金属-载体相互作用（SMSI）效应来稳定纳米催化剂，从而实现对反应选择性的控制。经典 SMSI 态的钌基催化剂在 CO$_2$ 加氢过程中表现出良好的反应状态。

图 3-61 展示了 NAP-XPS 测试的 1.9wt%Ru-Mo-O$_x$ 催化剂在 CO$_2$ 加氢条件下的数据[39]。Ru 的三维光谱显示，新鲜样品中的 Ru 主要处于氧化态，由 281.8eV 处的 RuCl$_3$ 生成的 Ru^{3+}、280.8eV 处的 RuO$_2$ 生成的 Ru^{4+} 和 282.5eV 处的 RuO$_3$ 生成的 Ru^{6+} 组成。在高温反应气体中处理时，279.9eV 处的 Ru^0 占主导地位，并与部分未还原的 Ru 共存。同时，MoO$_3$（Mo^{6+} 位于 232.6eV）快速还原为 MoO$_2$（Mo^{4+} 位于 229.2eV）和缺陷 MoO$_{3-x}$

物质，在230.5eV和231.4eV处峰分别归属于Mo^{5+}和$Mo^{\delta+}$（$5<\delta<6$），这与纯MoO_3样品在相同条件下的弱还原形成鲜明对比。

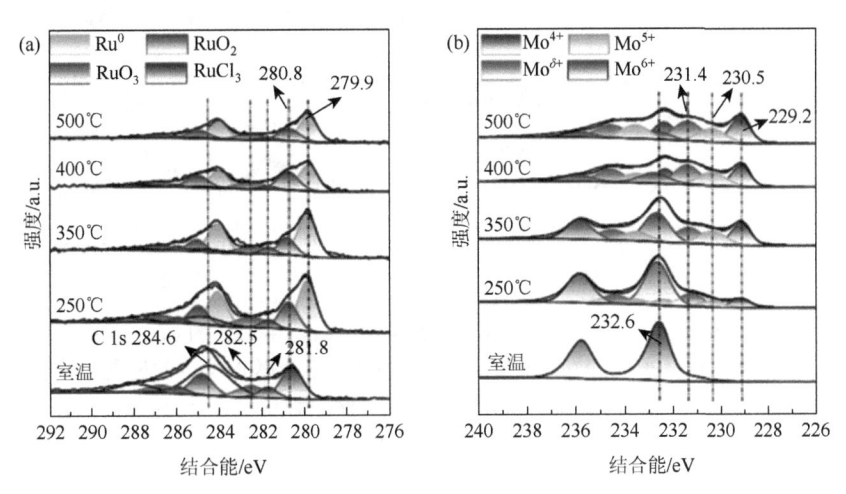

图3-61 在指定温度下，在1mbar 3%CO_2/9%H_2/N_2气氛下 Ru 3d（a）和 Mo 3d（b）的原位 NAP-XPS 谱[39]

这些结果表明，通过在高温下利用 SMSI 效应，可显著影响钌基催化剂的表面状态，从而控制反应选择性。MoO_3在CO_2加氢条件下的快速还原与Ru^0的形成共同促进了催化剂的高效性能。这一发现为设计和优化高温催化反应中的纳米催化剂提供了新的思路。

40. 原位 XPS 研究单分散双金属催化剂的表面化学价态

在化工生产和能源转化领域，非均相催化剂中的双金属催化剂已成为重要的研究方向之一。Nguyen 等[40]通过分离双金属催化剂中的连续填充位点，形成具有显著不同化学环境和电子态的单分散双金属位点，从而展现出不同的催化性能。研究中采用沉积或浸渍的方法制备了由单分散双金属位点Pt_1Co_m或Pd_1Co_n（m和n分别为Co与Pt和Co与Pd原子的平均配位数）组成的两种催化剂，并对其进行了焙烧和还原。常压X射线光电子能谱（AP-XPS）对Pt和Pd原子进行了原位研究，结果表明，Pt_1Co_m或Pd_1Co_n的化学价态在催化温度分别达到250℃和300℃时仍保持不变。

为了确定Pt_1Co_m在催化过程中是处于金属态还是阳离子态，研究人员在 AP-XPS 系统上对 0.1%Pt/Co_3O_4 在 NO 和 H_2 混合反应条件下的表面化学价态进行了原位研究。如图3-62所示，在 780.5eV 和 796.0eV 处清晰地观察到 Co 2p 的两个主峰，值得注意的是，在催化过程中，Co 2p 的特征峰在 25～300℃ 的整个温度范围内保持不变。0.1%Pt/Co_3O_4的 Pt 4d 谱表明，在 25～300℃ 的温度范围内，Pt 纳米颗粒在 317.0eV 处的结合能明显排除了形成金属态的可能性，因为金属态 Pt 的 $4d_{5/2}$ 峰在约 315.0eV 处。317.0eV 下 Pt 4d 的结合能与文献报道的氧化态 Pt 阳离子的 Pt 4d 一致。显然，AP-XPS 研究中 Pt 4d 的演化表明在催化过程中没有形成金属 Pt 纳米颗粒。

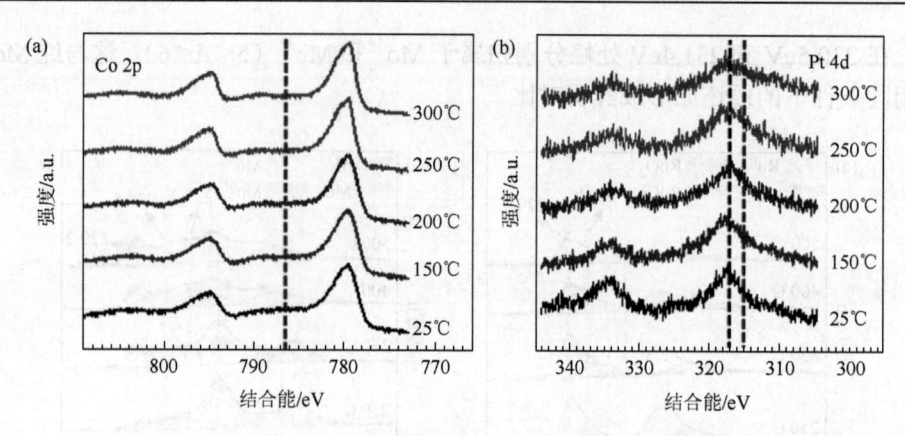

图 3-62　(a) 0.1%Pt/Co$_3$O$_4$ 的 Co 2p XPS 谱，红线表示 CoO 中 Co^{2+} 的 Co 2p$_{3/2}$ 的卫星峰位置；
(b) 0.1%Pt/Co$_3$O$_4$ 的 Pt 4d XPS 谱，红线表示金属 Pt 4d$_{5/2}$ 的位置[40]

在集成 AP-XPS 的流动反应器中，合成的 0.1%Pt/Co$_3$O$_4$ 在 5% H$_2$ 中 300℃还原半小时后，Co 2p 和 Pt 4d 的光电子特性数据采集时反应器内压力为 1Torr NO 和 1Torr H$_2$

　　AP-XPS 对催化剂表面化学状态的表征为研究新型双金属催化剂和单位点催化剂提供了一条新的思路。这一研究成果展示了通过控制双金属位点的化学环境和电子态，可以开发出高效的催化剂，用于实际的化工和能源转化过程。

参 考 文 献

[1] Nartova A V, Gharachorlou A, Bukhtiyarov A V, et al. New Pt/alumina model catalysts for STM and *in situ* XPS studies[J]. Applied Surface Science, 2017, 401: 341-347.

[2] de Alwis C, Trought M, Crumlin E J, et al. Probing the initial stages of iron surface corrosion: effect of O$_2$ and H$_2$O on surface carbonation[J]. Applied Surface Science, 2023, 612: 155596.

[3] Kondekar N P, Boebinger M G, Woods E V, et al. *In situ* XPS investigation of transformations at crystallographically oriented MoS$_2$ interfaces[J]. ACS Applied Materials & Interfaces, 2017, 9 (37): 32394-32404.

[4] Guan Q, Zhu C, Lin Y, et al. Bimetallic monolayer catalyst breaks the activity-selectivity trade-off on metal particle size for efficient chemoselective hydrogenations[J]. Nature Catalysis, 2021, 4 (10): 840-849.

[5] Hellgren N, Haasch R T, Schmidt S, et al. Interpretation of X-ray photoelectron spectra of carbon-nitride thin films: new insights from *in situ* XPS[J]. Carbon, 2016, 108: 242-252.

[6] Shao G, Jing C, Ma Z, et al. Dynamic coordination engineering of 2D PhenPtCl$_2$ nanosheets for superior hydrogen evolution[J]. Nature Communications, 2024, 15 (1): 385.

[7] Yang Y, Chai Z, Qin X, et al. Light-induced redox looping of a rhodium/Ce$_x$WO$_3$ photocatalyst for highly active and robust dry reforming of methane[J]. Angewandte Chemie International Edition, 2022, 61 (21): e202200567.

[8] Ruan X, Huang C, Cheng H, et al. A twin S-scheme artificial photosynthetic system with self-assembled heterojunctions yields superior photocatalytic hydrogen evolution rate[J]. Advanced Materials, 2023, 35 (6): 2209141.

[9] Zhang Y, Johannessen B, Zhang P, et al. Reversed electron transfer in dual single atom catalyst for boosted photoreduction of CO$_2$[J]. Advanced Materials, 2023, 35 (44): 2306923.

[10] Ran J, Chen L, Wang D, et al. Atomic-level regulated 2D ReSe$_2$: a universal platform boostin photocatalysis[J]. Advanced Materials, 2023, 35 (19): 2210164.

[11] Sun Q M, Xu J J, Tao F F, et al. Boosted inner surface charge transfer in perovskite nanodots@mesoporous titania frameworks for efficient and selective photocatalytic CO$_2$ reduction to methane[J]. Angewandte Chemie International Edition,

2022, 61 (20): e202200872.

[12] Wang L, Li Y, Ai Y, et al. Tracking heterogeneous interface charge reverse separation in SrTiO$_3$/NiO/NiS nanofibers with *in situ* irradiation XPS[J]. Advanced Functional Materials, 2023, 33 (44): 2306466.

[13] Liu Z, Liang J, Song Q, et al. Construction atomic-level N-P charge transfer channel for boosted CO$_2$ photoreduction[J]. Applied Catalysis B: Environmental, 2023, 328: 122472.

[14] Wan X, Li Y, Chen Y, et al. A nonmetallic plasmonic catalyst for photothermal CO$_2$ flow conversion with high activity, selectivity and durability[J]. Nature Communications, 2024, 15 (1): 1273.

[15] Wang Y, Liu M, Fan F, et al. Enhanced full-spectrum photocatalytic activity of 3D carbon-coated C$_3$N$_4$ nanowires via giant interfacial electric field[J]. Applied Catalysis B: Environmental, 2022, 318: 121829.

[16] Ren H, Qi F, Labidi A, et al. Chemically bonded carbon quantum dots/Bi$_2$WO$_6$ S-scheme heterojunction for boosted photocatalytic antibiotic degradation: interfacial engineering and mechanism insight[J]. Applied Catalysis B: Environmental, 2023, 330: 122587.

[17] Pan F, Fang L, Li B, et al. N and OH-immobilized Cu$_3$ clusters *in situ* reconstructed from single-metal sites for efficient CO$_2$ electromethanation in bicontinuous mesochannels[J]. Journal of the American Chemical Society, 2024, 146 (2): 1423-1434.

[18] Jin Z, Wu Y. Novel preparation strategy of graphdiyne (C$_n$H$_{2n-2}$): one-pot conjugation and S-scheme heterojunctions formed with MoP characterized with *in situ* XPS for efficiently photocatalytic hydrogen evolution[J]. Applied Catalysis B: Environmental, 2023, 327: 122461.

[19] Hao X, Fan Y, Deng W, et al. *In situ* XPS demonstrated efficient charge transfer of ohmic junctions based on graphdiyne (g-C$_n$H$_{2n-2}$) nanosheets coupled with porous nanoflowers Ni$_5$P$_4$ for efficient photocatalytic H$_2$ evolution[J]. Carbon, 2024, 218: 118752.

[20] Jin Z, Wang X. *In situ* XPS proved efficient charge transfer and ion adsorption of ZnCo$_2$O$_4$/CoS S-scheme heterojunctions for photocatalytic hydrogen evolution[J]. Materials Today Energy, 2022, 30: 101164.

[21] Li L, Ma D, Xu Q, et al. Constructing hierarchical ZnIn$_2$S$_4$/g-C$_3$N$_4$ S-scheme heterojunction for boosted CO$_2$ photoreduction performance[J]. Chemical Engineering Journal, 2022, 437: 135153.

[22] Zhang Y, Jin F, Liu H, et al. *In-situ* XPS monitoring bimetallic Prussian blue analogs and metal oxides heterojunction for photocatalytic hydrogen production[J]. Fuel, 2024, 361: 130655.

[23] Qian G, Lyu W, Zhao X, et al. Efficient photoreduction of diluted CO$_2$ to tunable syngas by Ni-Co dual sites through d-band center manipulation[J]. Angewandte Chemie International Edition, 2022, 61 (42): e202210576.

[24] Wang T, Jin Z. Graphdiyne (C$_n$H$_{2n-2}$) based CuI-GDY/ZnAl LDH double S-scheme heterojunction proved with *in situ* XPS for efficient photocatalytic hydrogen production[J]. Journal of Materials Science & Technology, 2023, 155: 132-141.

[25] Huang Z, Gao N, Lin Y, et al. Exploring the migration and transformation of lattice oxygen during chemical looping with NiFe$_2$O$_4$ oxygen carrier[J]. Chemical Engineering Journal, 2022, 429: 132064.

[26] Bukhtiyarov A V, Panafidin M A, Prosvirin I P, et al. Boosting the activity of PdAg$_2$/Al$_2$O$_3$ supported catalysts towards the selective acetylene hydrogenation by means of CO-induced segregation: a combined NAP XPS and mass-spectrometry study[J]. Applied Surface Science, 2022, 604: 154497.

[27] He D, Wu S, Cao X, et al. Dynamic trap of Ni at elevated temperature for yielding high-efficiency methane dry reforming catalyst[J]. Applied Catalysis B: Environment and Energy, 2024, 346: 123728.

[28] Muravev V, Spezzati G, Su Y Q, et al. Interface dynamics of Pd-CeO$_2$ single-atom catalysts during CO oxidation[J]. Nature Catalysis, 2021, 4 (6): 469-478.

[29] Muravev V, Parastaev A, van den Bosch Y, et al. Size of cerium dioxide support nanocrystals dictates reactivity of highly dispersed palladium catalysts[J]. Science, 2023, 380 (6650): 1174-1179.

[30] Ren Q, Zhao X, Zhong J, et al. Unravelling the role of oxygen species in toluene oxidation over Co$_3$O$_4$-base catalysts: *in situ* DRIFTS coupled with quasi *in situ* XPS[J]. Journal of Catalysis, 2023, 418: 130-140.

[31] Al-Yusufi M, Steinfeldt N, Eckelt R, et al. Efficient base nickel-catalyzed hydrogenolysis of furfural-derived

tetrahydrofurfuryl alcohol to 1, 5-pentanediol[J]. ACS Sustainable Chemistry & Engineering, 2022, 10 (15): 4954-4968.

[32] Peng H, Dong T, Yang S, et al. Intra-crystalline mesoporous zeolite encapsulation-derived thermally robust metal nanocatalyst in deep oxidation of light alkanes[J]. Nature Communications, 2022, 13 (1): 295.

[33] Li H C, Wan Q, Du C, et al. Layered Pd oxide on PdSn nanowires for boosting direct H_2O_2 synthesis[J]. Nature Communications, 2022, 13 (1): 6072.

[34] Zheng K, Li Y, Liu B, et al. Ti-doped CeO_2 stabilized single-atom rhodium catalyst for selective and stable CO_2 hydrogenation to ethanol[J]. Angewandte Chemie International Edition, 2022, 61 (44): e202210991.

[35] Xin H, Li R, Lin L, et al. Reverse water gas-shift reaction product driven dynamic activation of molybdenum nitride catalyst surface[J]. Nature Communications, 2024, 15 (1): 3100.

[36] Pakharukov I Y, Prosvirin I P, Chetyrin I A, et al. In situ XPS studies of kinetic hysteresis in methane oxidation over Pt/γ-Al_2O_3 catalysts[J]. Catalysis Today, 2016, 278: 135-139.

[37] Wang Y, Li L, Li G, et al. Synergy of oxygen vacancies and Ni^0 species to promote the stability of a Ni/ZrO_2 catalyst for dry reforming of methane at low temperatures[J]. ACS Catalysis, 2023, 13 (10): 6486-6496.

[38] Zhang M, Duan X, Gao Y, et al. Tuning oxygen vacancies in oxides by configurational entropy[J]. ACS Applied Materials & Interfaces, 2023, 15 (39): 45774-45789.

[39] Xin H, Lin L, Li R, et al. Overturning CO_2 hydrogenation selectivity with high activity via reaction-induced strong metal-support interactions[J]. Journal of the American Chemical Society, 2022, 144 (11): 4874-4882.

[40] Nguyen L, Zhang S, Wang L, et al. Reduction of nitric oxide with hydrogen on catalysts of singly dispersed bimetallic sites Pt_1Co_m and Pd_1Co_n[J]. ACS Catalysis, 2016, 6 (2): 840-850.

第4章 X射线光电子能谱的分析方法

4.1 样品的制备

X射线光电子能谱仪对待分析样品有特殊的要求，在通常情况下只能对固体样品进行分析。由于涉及样品在超高真空中的传递和分析，待分析样品一般都需要经过一定的预处理，主要包括样品大小，以及粉体样品、含挥发性物质的样品、污染的样品和带磁性的样品的处理。

4.1.1 样品的大小

由于在测试过程中必须通过传递杆穿过超高真空隔离阀，才能将样品送入分析室，因此，样品的尺寸必须符合一定的大小规范。对于块体样品和薄膜样品，其长宽最好小于10mm，高度小于5mm。

4.1.2 粉体样品

粉体样品有两种制样方法：一种是用双面胶带直接把粉体固定在样品台上；另一种是把粉体样品压成薄片，然后再固定在样品台上。前者的优点是制样方便，样品用量少，预抽到高真空的时间较短，缺点是可能会引进胶带的成分。后者的优点是可在真空中对样品进行处理，如原位和反应等，其信号强度也要比胶带法高得多，缺点是样品用量太大，抽到超高真空的时间太长。在普通的实验过程中，一般采用胶带法制样。

4.1.3 含挥发性物质的样品

对于含有挥发性物质的样品，在进入真空系统前必须清除挥发性物质。一般可以通过对样品加热或用溶剂清洗等方法。但在处理样品时，应该保证样品中的成分不发生化学变化。

4.1.4 污染的样品

对于表面含有有机污染物的样品，在进入真空系统前必须用环己烷、丙酮等有机溶剂清洗掉样品的表面污染物，最后再用乙醇清洗掉有机溶剂。对于无机污染物，可以采用表面打磨及离子束溅射等方法清洁样品。在样品清洗之后，为了保证样品表面不被氧化，一般采用自然干燥。

4.1.5 带磁性的样品

由于光电子带有负电荷,在微弱的磁场作用下也可以发生偏转。当样品具有磁性时,由样品表面出射的光电子就会在磁场的作用下偏离接收角,最后不能到达分析器,从而得不到正确的 XPS 谱。此外,当样品的磁性很强时,还有可能存在使分析器头及样品架磁化的危险,因此,绝对禁止带有磁性的样品进入分析室。

一般对于具有弱磁性的样品,可以通过退磁的方法去掉样品的微弱磁性,然后按正常样品进行分析。

4.2 离子溅射技术

在 X 射线光电子能谱(XPS)分析中,为了清洁被污染的固体表面,常常利用离子枪发出的离子束对样品表面进行溅射剥离,从而达到清洁表面的目的。

4.2.1 概述

离子束技术在材料科学中扮演着至关重要的角色,尤其在进行样品表面组成的深度分析方面显得尤为关键。通过离子束技术,可以精确地剥离样品表面的一定厚度层,这一过程称为离子刻蚀。随后,利用 XPS 等分析技术,可以详细分析刻蚀后暴露出的新表面的化学成分。这种方法能够提供元素成分沿样品深度方向的分布情况,形成一种被称为深度剖析的谱图。

在这一应用中,作为深度分析的工具,离子枪一般采用 0.5~5keV 的氩离子源。氩离子因相对中性的化学性质而被广泛使用,既能有效进行物理刻蚀,又不会引入额外的化学变化,保证了分析的纯粹性。离子束的束斑直径通常设置在 1~10mm 范围,这样的设计允许对样品表面进行广泛或定点的刻蚀处理,以适应不同的实验需求。

此外,离子束的溅射速率控制在 0.1~50nm/min,这一参数的选择既能保证足够快的样品处理速度,又能避免因刻蚀过快导致的样品损伤或过热。这种精细的控制使离子束成为探索材料内部结构的强大工具,尤其适用于需要深入了解材料表面以下几何结构的高级应用场景。

4.2.2 离子溅射的影响因素

在 XPS 分析中,离子束溅射技术是一种关键的表面处理工具,它能够逐层去除材料表面,揭示下层的成分和结构。然而,离子溅射过程中的一些副作用也需仔细考量,尤其是其对样品表面元素化学价态的潜在影响。

(1)离子溅射还原效应:在离子溅射过程中,样品表面的一些元素,特别是氧化物,可能会被还原到较低的价态。例如,钛(Ti)、钼(Mo)和钽(Ta)等的氧化物在离子束的作用下可能转化为更低价态的化合物。这种化学价态的变化可能对 XPS 分析结果产生显著影响，因此在研究经过溅射处理的样品时，需要特别注意溅射还原效应的潜在影响。

（2）提高深度分辨率：为了增强 XPS 的深度分辨率，通常采用间断溅射的方式。间断溅射通过周期性地停止溅射过程，减少了因连续溅射可能引起的样品过热和元素重新分布，从而提供了更清晰的深度剖析。

（3）减少离子束的坑边效应：离子束在样品表面的作用可能形成坑边效应，即溅射过程中产生的不均匀性。通过增加离子束的直径，可以在更广泛的区域内均匀分布能量，从而减少这一效应。

（4）降低择优溅射和基底效应：择优溅射是指离子束在溅射过程中对不同元素或晶体方向的选择性刻蚀。基底效应涉及底层材料对覆盖层溅射行为的影响。通过增加溅射速率和缩短每次溅射的时间，可以有效降低这些效应，确保溅射的均匀性和效率。

（5）离子束的溅射速率：离子束的溅射速率不仅取决于离子束的能量和束流密度，还与被溅射材料的性质密切相关。深度分析通常需要根据特定标准物质的相对溅射速率来校准，以确保结果的准确性和可比性。

总之，在使用离子束溅射技术进行 XPS 分析时，必须综合考虑各种技术和物理参数，以优化分析过程并确保获得高质量的数据。这需要对离子溅射的各种影响因素有深入的理解和妥善的管理。

4.3 样品的荷电及消除

荷电现象在 X 射线光电子能谱仪分析中尤其关键，因为它直接影响到测量结果的准确性。下面详细讨论荷电的产生、消除及校准方法。

4.3.1 荷电的产生

在 XPS 分析中，特别是在处理绝缘材料或导电性较差的样品时，X 射线辐照会导致样品表面积累电荷，通常是正电荷。这种正电荷的积累主要是因为光电子从样品表面出射后，留下的正电荷未能及时通过电子的补充来中和。这种表面荷电效应相当于在出射的光电子上施加了额外的电场，导致测得的结合能偏高。使用非单色 X 射线源时，其杂散射线产生的二次电子可以帮助达到荷电平衡，但在单色 X 射线源的条件下，荷电问题会更加严重。

4.3.2 荷电的消除

消除样品荷电的方法多种多样，且每种方法都有其局限性。常用的方法包括：①表面蒸镀导电物质，如金、碳材料等。这可以提供一个连续的导电路径以减少荷电。然而，蒸镀过程中必须控制涂层的厚度，以避免影响结合能的准确测定，同时注意蒸镀材料可能与样品发生的化学或物理相互作用。②低能电子中和。利用低能电子中和枪向样品表面投射大量低能电子，以中和表面的正电荷。这种方法需要精确控制电子流的密度，以防止过度中和，可能会导致新的测量偏差。

4.3.3 荷电的校准

在 XPS 实验中，通常通过内标法来校准荷电影响。常用的校准方法是金内标法和碳内标法。这些方法利用系统中已知的纯净金或系统中普遍存在的有机污染物中的碳作为内标。特别是利用有机碳 C 1s 的结合能（通常为 284.6eV）进行校准，这是一种简便而有效的校准方法。此外，也可以利用样品中其他已知状态的元素的结合能进行校准，以确保分析结果的精度和一致性。

通过这些方法的应用，可以有效地管理和校正由荷电造成的影响，从而确保 XPS 分析结果的准确性和可靠性。

4.4 XPS 的定性分析

4.4.1 XPS 定性分析依据

X 射线光电子能谱（XPS）是一种极为强大的表面分析技术，其核心原理基于测量从样品表面逸出的光电子的结合能。这些光电子的结合能是固定的，取决于它们来源的元素种类及其激发的特定原子轨道。因此，通过精确测量这些光电子的结合能，我们能够明确地识别出样品中的特定元素。

XPS 的能力不仅仅限于元素的识别。每种元素的不同化学价态或氧化态可能导致微小的结合能变化，XPS 还可以用来探测和分析元素的不同化学环境，这使得 XPS 不仅是一种定性工具，也是一种强大的定量分析手段。

理论上，XPS 能够分析几乎所有的元素，除了氢（H）和氦（He）外，这两种元素的光电子能量通常太低，无法被有效检测。这种广泛的分析范围使得 XPS 成为一种极具应用价值的技术，可以在单一的实验过程中分析样品的全元素组成，涵盖从锂（Li）到铀（U）等广泛的元素周期表。

更进一步，XPS 分析提供的信息不仅限于表面元素的种类，其数据分析还能揭示表层元素的化学价态、电子结构以及相互间的相互作用。这些详细的信息对于研究材料的表面性质、催化剂的活性、腐蚀机制以及其他许多表面敏感的应用至关重要。因此，XPS 是表面化学和物理研究中不可或缺的一项技术。

4.4.2 XPS 定性分析方法

在 XPS 的定性分析中，典型的方法是利用谱仪的宽扫描程序，这是因为它能提供一个广泛的视角来观察样品表面的化学价态。为了提高定性分析的灵敏度和可靠性，通常会增加通能和优化信噪比。XPS 谱图的横坐标显示的是结合能，而纵坐标则表示光电子的计数率。在解析谱图时，需要特别注意以下几个关键点。

(1) 荷电位移的消除：对于金属和半导体样品，由于其良好的导电性，通常不会积累显著的电荷，因此不需要进行荷电校准。然而，对于绝缘材料，必须进行荷电校准，因为未校准的荷电会导致结合能的显著偏移，可能结果为错误的元素判断，这一点在使用计算机自动标峰功能时尤其要注意。

(2) 峰的类型及其影响：在分析谱图时，必须警惕伴随峰如携上峰、卫星峰、俄歇峰等对元素鉴定的潜在影响。理论上，一个元素的特征峰应一致出现，如果某个峰缺失，可能需要重新考虑是否存在其他元素的干扰。

(3) 峰的标记：通常情况下，XPS 分析中产生的光电子峰按照其来源的原子轨道进行标记，如 C 1s、Cu 2p 等。这有助于快速识别和归类不同的化学价态和元素。

(4) 多组谱峰的出现：由于 X 射线的高光子能量，它可以同时激发多个原子轨道的光电子，因此 XPS 谱图上经常出现多组谱峰。这些多组谱峰对于排除能量相近峰的干扰非常有利，有助于提高元素的定性分析精度。

(5) 元素间的结合能差异：由于相邻原子序数的元素通常具有明显不同的结合能，因此这些元素之间的相互干扰通常较小，有助于清晰地区分和识别。

(6) 复杂性的光电子峰：由于光电子激发过程的复杂性，XPS 谱图中不仅有各原子轨道的主要光电子峰，还可能出现自旋裂分峰、$K_{\alpha_{1,2}}$ 产生的卫星峰以及 X 射线激发的俄歇峰等。这些复杂的谱峰在进行定性分析时必须仔细考虑，以避免误解。

综上所述，XPS 定性分析要求对谱图的多个细节进行细致考量，以确保分析的准确性和有效性。对于非导电样品，特别需要注意荷电效应对结合能造成的影响，以保证定性分析的正确性。

4.4.3　XPS 定性分析的实例

图 4-1 是高纯 Al 基片上沉积的 Ti(CN)$_x$ 薄膜的 XPS 谱图。从图中可以清晰观察到 Ti、C 及 N 的特征峰，这为确定上述元素的存在与否提供了直接证据。

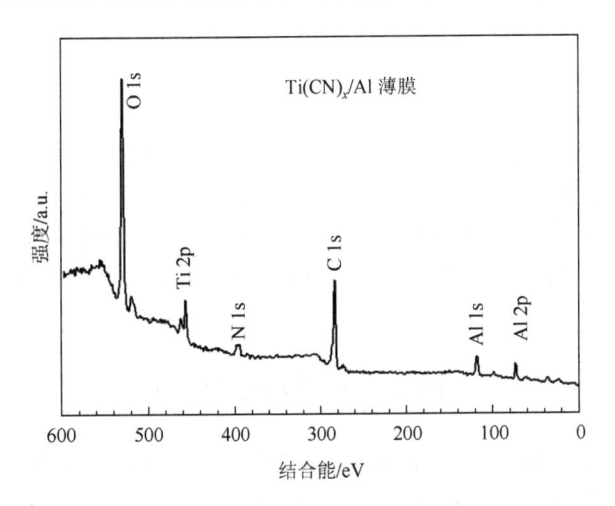

图 4-1　高纯 Al 基片上沉积的 Ti(CN)$_x$ 薄膜的 XPS 谱图

如图 4-2 所示，ϕ 表示入射 X 射线和样品平面的夹角；$\Delta\phi$ 表示入射 X 射线的变化值；ϕ'表示 X 射线受折射行进时和样品的夹角；E 表示光电子的动能；E_0 表示谱仪测量到的光电子动能；J_0 表示辐照到样品表面的 X 射线强度；α 表示受激光电子的掠射角；θ 表示 X 射线与光电子发射方向的夹角；dZ 表示在样品表面以下 Z 处，一体积微元的厚度；A_0 表示分析器入口狭缝的有效面积；Ω_0 表示谱仪立体接收角。

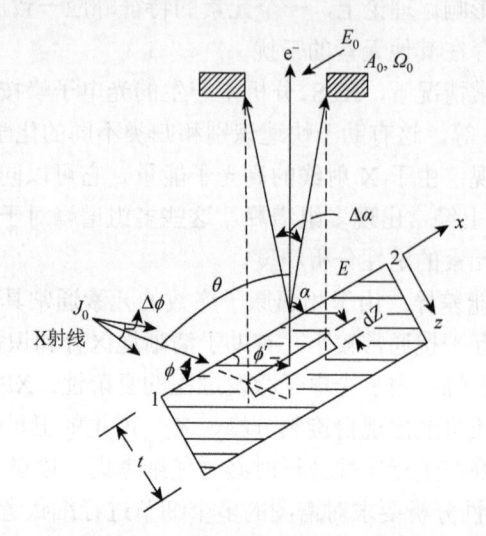

图 4-2 XPS 仪的几何结构示意图

4.5 XPS 的定量分析

4.5.1 影响谱峰强度的因素

1. 仪器因素

$$J_Z = J_0 \exp\left(\frac{-Z}{\lambda_x \sin\phi'}\right) \approx J_0 \tag{4-1}$$

式中，J_0 为辐照到样品表面的 X 射线强度；λ_x 为 X 射线在固体材料内的穿透深度，该值远大于电子在固体中的非弹性散射平均自由程；Z 为 X 射线辐射的深度。

注意：与光电子的平均自由程相比，可以不考虑 X 射线在样品中的衰减问题。考虑到仪器的各种因素，仪器对 XPS 谱峰强度的影响为 A，则可以用下面的表达式来表示：

$$A = J_0 \frac{A_0}{\sin\alpha} \Omega_0 T(E_k) D(E_k) \tag{4-2}$$

式中，A_0 为分析器入口狭缝面积；$D(E_k)$ 为检测器效率；$T(E_k)$ 为谱仪分析器透镜的传输效率；Ω_0 为谱仪立体接收角；α 为受激光电子的掠射角。

2. 电离过程的影响

在 X 射线光电子能谱（XPS）分析中，电离过程对谱峰强度的影响是一个关键因素，这主要体现在光电离截面的变化上。光电离截面是指在特定能量的 X 射线照射下，一个原子或分子从其电子云中释放电子的概率。这一参数对理解和预测谱峰的强度至关重要，通常可以通过理论模型进行计算，或者参考已有的理论数据值。

尽管光电离截面在很大程度上与元素的类型密切相关，但化学环境的影响却不容忽视。具体而言，原子或分子所处的化学环境，如其化学键和相邻原子的类型，都可以显著改变其光电离截面。例如，相同元素在不同化学价态下（如不同的氧化态或配位环境中）的光电离截面可能有显著差异。这种差异源于电子云密度的本地变化，以及电子能级的轻微偏移，这些都是化学环境变化直接影响原子内电子结构的结果。

因此，在进行 XPS 定量分析时，仅仅考虑元素的种类是不够的；必须细致地考虑化学环境的具体影响。这意味着，为了确保定量分析的准确性，分析师需要对样品的化学价态有深入的了解，并且在分析过程中引入适当的校正。这种校正可能涉及比较同一元素在不同化学环境下的标准样品，或者使用先进的理论模型来预测化学环境变化对光电离截面的影响。

综上所述，理解和应用光电离截面是实现 XPS 精确定量分析的基础，而考虑化学环境的影响则是提高该分析技术准确性的关键。

3. 样品的影响

1）表面层不均匀的影响

下面是几种表面不均匀的情况。

（1）理想的情况，表面均匀 [图 4-3（a）]，其信号为

$$I = I_0 \lambda_x \sin \alpha \tag{4-3}$$

式中，I_0 为峰强度。

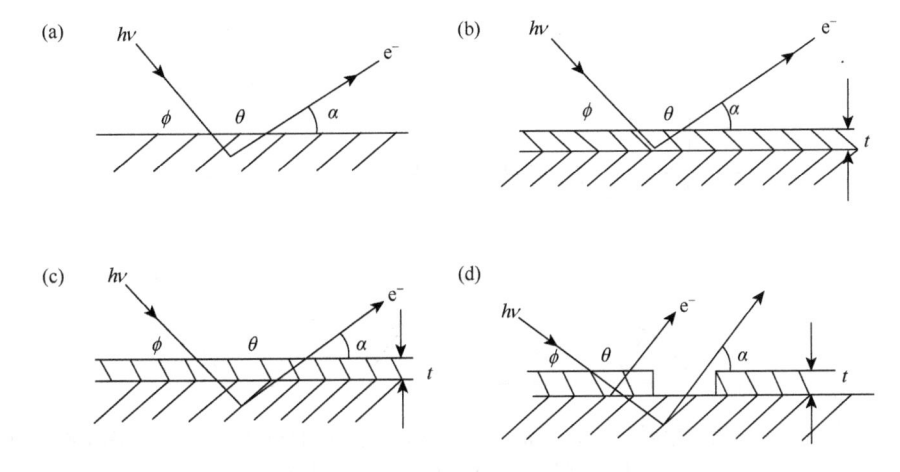

图 4-3 表面层的四种不均匀情况示意图

（2）表面有覆盖层（如污染层和氧化层）的情况 [图 4-3（b）、(c)]，覆盖层信号：

$$I = I_0 \left[1 - \exp(-t/\lambda_0 \sin\alpha)\right]\sin\alpha \tag{4-4}$$

基底信号：

$$I = I_0 \lambda_1 \sin\alpha \cdot \exp(-t/\lambda_0 \sin\alpha) \tag{4-5}$$

式中，λ_0 为入射光电子的平均自由程；λ_1 为基底中的平均自由程。

（3）表面非全部覆盖时 [图 4-3（d）]，覆盖层信号：

$$I = I_0(1-k)\left[1 - \exp(-t/\lambda_2 \sin\alpha)\right]\sin\alpha \tag{4-6}$$

基底信号：

$$I = I_0 \lambda_1 (1-k)\left[1 - \exp(-t/\lambda_2 \sin\alpha)\right]\sin\alpha \tag{4-7}$$

式中，k 为相关系数；λ_2 为电子射出后的平均自由程。

2）表面粗糙度的影响

如图 4-4 所示，粗糙的表面会导致 XPS 信号强度的降低，因为不规则的表面使得电子从样品表面逸出时路径不均匀，增加了电子的散射和吸收。表面粗糙度增加会导致信号分辨率的下降，电子从不同深度和角度逸出，使得谱线变宽，降低了能量分辨率。表面不平整会使得测量的深度信息混淆，难以准确描述样品的分层结构。表面起伏会影响探测深度的均匀性，导致不同区域的探测深度不一致。

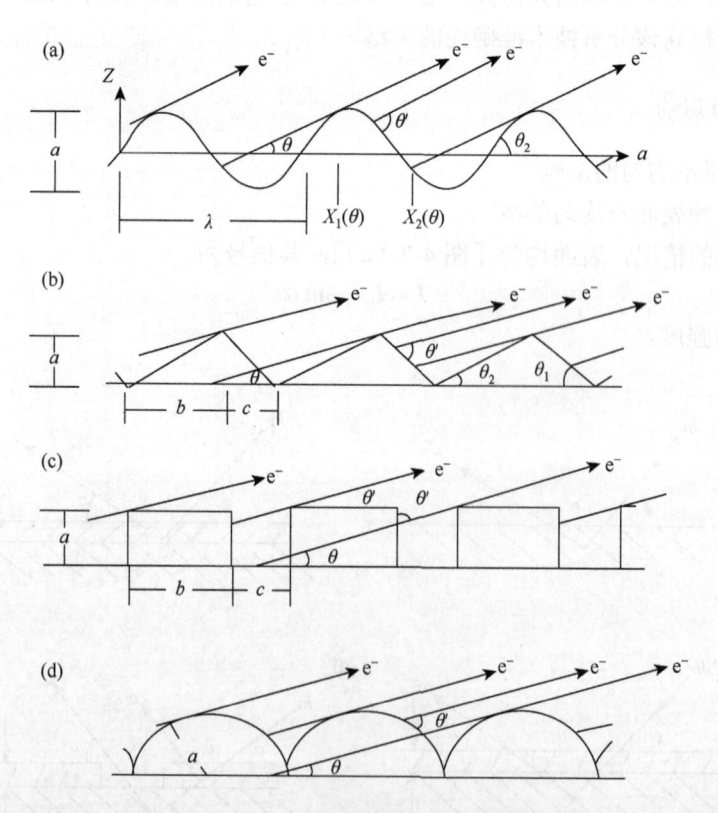

图 4-4 表面粗糙度的一维理想周期模型：（a）表面粗糙度的正弦曲线模型；（b）表面粗糙度的三角形模型；（c）表面粗糙度的矩形模型；（d）表面粗糙度的半圆模型

粗糙平面平均光电子掠射角（θ'）与平滑表面光电子掠射角（θ）间的关系可以通过考虑粗糙表面上不同局部区域的倾斜和取向来描述。粗糙表面可以视为由许多微小的局部平面组成，每个局部平面的取向可能不同，这会导致整体掠射角的变化。

如图 4-5 所示，对于粗糙表面，由于每个局部区域的倾斜角度不同，掠射角（θ'）会变得更大或者更小，这取决于表面粗糙度的分布和特性。一般情况下，由于表面粗糙度的存在，平均掠射角（θ'）通常会比平滑表面上的掠射角（θ）更大，因为粗糙表面上的电子发射方向会发生更多的散射和偏转。

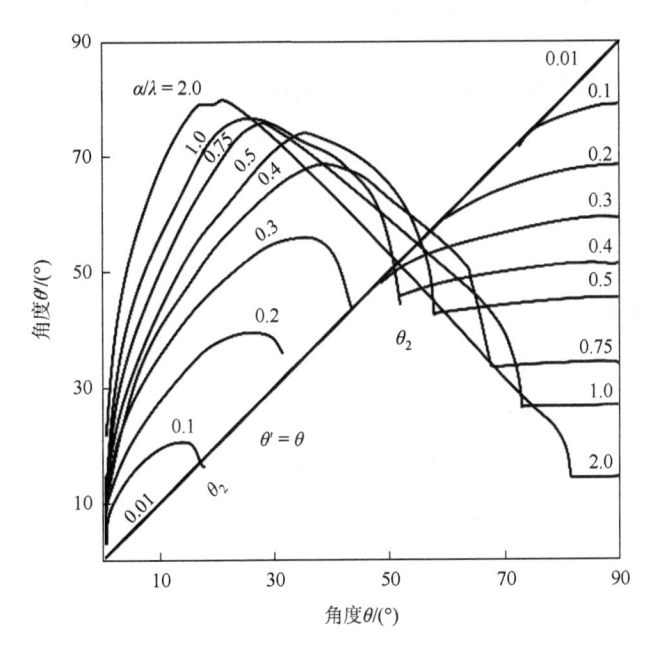

图 4-5　粗糙平面平均光电子掠射角 θ' 与平滑表面光电子掠射角 θ 之间的关系

总体来说，粗糙表面的影响可以通过考虑表面上各个微小平面的取向和倾斜来进行平均，得到一个修正后的平均掠射角（θ'），其具体数值依赖于表面的实际粗糙程度和形貌。

4.5.2　非弹性散射平均自由程

在 XPS 的定量分析中，理解和测定从样品表面逸出的光电子的非弹性散射平均自由程是极其重要的。光电子谱峰的强度不仅反映了元素的含量，还与光电子在逃逸过程中的非弹性散射事件密切相关。

在电子逃逸并通过固体材料时，它们会经历两种基本的散射过程：弹性散射和非弹性散射。在弹性散射过程中，电子的运动方向会发生改变，但其能量保持不变。由于这种散射不涉及能量的转移，其平均自由程相对较大，通常在 XPS 分析中可以忽略其对电子能量的影响。

相对地，非弹性散射在 XPS 分析中起着决定性的作用。在这种散射过程中，电子与固体内的原子核或电子相互作用，导致电子能量的损失。非弹性散射的平均自由程是指电子在失去可检测能量前能够行进的平均距离，这个参数直接影响光电子能否到达样品表面并被检测器捕获。因此，非弹性散射平均自由程较短意味着光电子在到达表面前有更多的机会失去能量，这导致 XPS 信号的减弱。

非弹性散射平均自由程的大小受到多种因素的影响，包括电子的初始能量、样品的材料类型以及电子行进的路径等。在进行 XPS 定量分析时，了解并计算非弹性散射平均自由程是至关重要的，因为它不仅影响信号的强度，还关系到信号的深度分辨率。高深度分辨率的 XPS 分析要求对非弹性散射平均自由程有精确的控制和预测，以便准确地解释和利用谱峰信息。

非弹性散射平均自由程可以用式（4-8）来表达：

$$\lambda_n = M / \rho N \left(\sum_i \sigma_n^i \right) \tag{4-8}$$

式中，M 为分子量；ρ 为密度；N 为 Avogadro 常数；σ 为散射截面。

常用的经验公式如下。

（1）Penn 计算式：

$$\lambda = E_k / \alpha (\ln E_k + b) \tag{4-9}$$

此式适合于动能大于 200eV 的光电子，其中 b 为常数。

（2）Seah 和 Dench 在总结了 350 多种材料的基础上，统计出的经验公式如下：

$$\lambda_t = A_t / E_k^{1/2} + B_t / E_k^{1/2} \quad (\text{适用于所有 } E_k \text{ 值}) \tag{4-10}$$

$$\lambda_i = B_i / E_k^{1/2} \quad (E_k > 150\text{eV}) \tag{4-11}$$

（3）Ashley 的有关聚合物的经验公式如下：

$$\lambda = \frac{M}{\rho n} \cdot E_k / (13.6 \ln E_k - 1.6 - 1400 / E_k) \quad (E_k = 100 \sim 1000\text{eV}) \tag{4-12}$$

式中，M 为聚合物重复单元的摩尔质量；n 为重复单元中价电子数目；ρ 为体积密度。

4.5.3　XPS 的定量计算

在 XPS 分析中，非弹性散射事件对光电子谱图产生重要影响，尤其是在形成二次背景电子方面。这些二次电子由于在样品内部与原子或电子的非弹性碰撞中连续损失能量而产生，导致在 XPS 谱图的低动能端出现显著的背景噪声。这种高背景信号会干扰光电子的精确测量，因此在进行定量分析时，必须精确扣除这些背景的影响。背景扣除的常用方法主要包含以下两种。

直线扣除背景法是一种简单而直观的方法，主要用于处理低动能端的背景。该方法假设背景可以通过连接光谱两端（或适当选择的点）的直线近似表示，然后从整个光谱中扣除这条直线代表的背景（图 4-6）。这种方法的优点在于操作简单、计算速度快，但不总能精确匹配实际的背景形状，特别是在背景变化复杂的情况下。

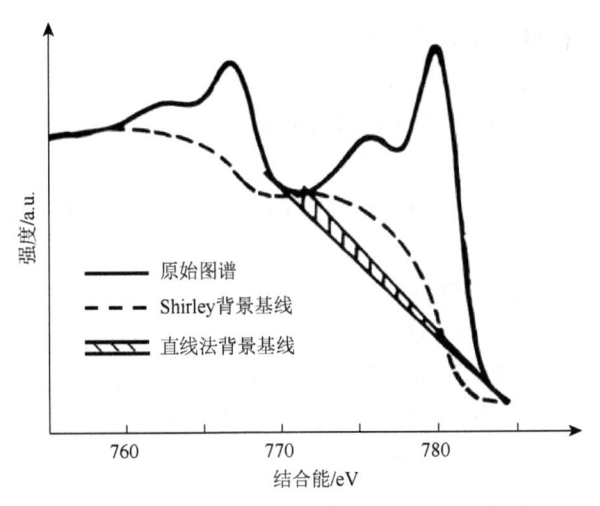

图 4-6 直线法与非线性法（Shirley 法）本底扣除比较

Shirley 背景扣除法提供了一种更为精细的背景处理方式，它基于假设每一点上的背景电子主要来源于该点之后（即更高能量端）光电子的非弹性散射（图 4-7）。在这种方法中，背景被模型化为与更高动能光电子的积分强度成正比。通过迭代计算整个谱图，逐渐逼近真实的背景形态（图 4-6）。Shirley 方法特别适用于背景与光电子峰重叠显著的复杂谱图，能够提供更准确的背景扣除，从而改善定量分析的准确性。

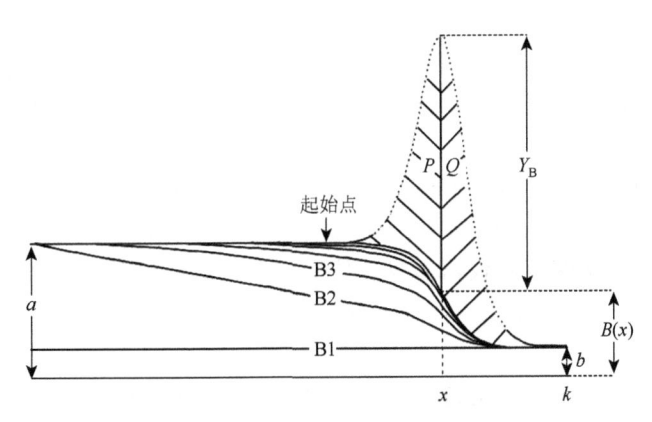

图 4-7 非弹性本底的测定

P 和 Q 为谱峰两侧选取的合适的点来构建一个平滑的本底曲线

在实际操作中，选择合适的背景扣除方法取决于光谱的具体特点和分析的需求。精确的背景处理对于提高 XPS 分析的准确性和可靠性至关重要，尤其是在处理那些对背景敏感的微弱信号时。通过正确实施这些技术，可以显著提高数据的质量和分析结果的解释能力。

4.5.4 理想模型法

理想模型法是一种在 XPS 分析中使用的理论计算方法，它基于一系列关于光电子的激发、传输及检测的模型。该方法不仅涉及光电子从材料内部被 X 射线激发的过程，还包括它们在固体材料中的运动路径以及最终被谱仪检测的机制。

在应用理想模型法时，研究者通常依赖精确定义的理论模型来预测和解释实验数据。这些模型能够帮助研究人员理解复杂的物理现象，如光电子的非弹性散射、能量损失以及由材料结构引起的各种效应。通过这种方式，理想模型法可以在理论层面提供对实验结果的深入洞察。

然而，尽管理想模型法在理论计算上具有一定的优势，但是它的应用受到多种因素的限制，误差通常在 10%左右。这些限制因素包括：①谱仪结构：不同的谱仪设计和构造可能影响光电子的检测效率和准确性；②操作条件：操作条件如电子束能量、真空环境和检测设置等都会影响最终的测量结果；③样品污染：样品表面的污染，包括有机物或其他化合物的沉积，可能会影响光电子的发射和传输，从而对结果造成偏差。

尽管存在这些挑战，理想模型法仍然是一个极具价值的工具，尤其是在需要进行精确理论预测和复杂材料分析时。为了优化这种方法的应用并减小潜在误差，研究者必须精确控制实验条件并进行严格的样品准备和处理。此外，结合实验数据进行模型的验证和调整也是提高理想模型法准确性的关键步骤。通过这些综合措施，可以最大限度地利用理想模型法在 XPS 分析中的潜力，为材料科学和表面化学研究提供深入的理论支持和实际指导。

4.5.5 元素灵敏度因子法

元素灵敏度因子法是 XPS 中应用广泛的一种半经验性相对定量分析方法。这种方法的核心在于使用元素灵敏度因子（ESF）来补偿不同元素的检测灵敏度差异，从而实现更为精确的定量分析。

元素灵敏度因子本质上是一个校正系数，反映了在特定 XPS 系统中，特定元素光电子峰的强度与该元素在样品中的实际含量之间的关系。这个因子由多个参数组成，包括光电离截面、电子逃逸深度和仪器本身的传输效率。通过精确测定这些因子，可以有效地消除仪器变量对分析结果的影响，使得不同仪器、不同实验条件下的 XPS 数据具有可比性。

应用元素灵敏度因子法通常包括三个步骤：①确定灵敏度因子。对于每种元素，根据先前的实验数据或理论计算获得其灵敏度因子。②数据处理。使用灵敏度因子调整测量得到的光电子峰强度，从而得到元素的实际含量。③校验和比对。通过与已知组成的标准样品比对，验证灵敏度因子的准确性，并根据需要进行调整。

元素灵敏度因子法的相对简便性和广泛适用性，使其成为 XPS 定量分析中的常用方法。此外，由于该方法依赖于经验数据，持续的技术进步和数据积累有助于不断提高其分析精度。然而，这种方法也依赖于高质量的初始灵敏度因子数据，且对样品的均匀性和表面状态有较高要求。

总之，元素灵敏度因子法是 XPS 分析中一个非常实用的工具，尤其在处理复杂样品或进行大规模样品分析时显示出其独特的优势。通过这种方法，研究人员可以有效地从 XPS 数据中提取出关于材料组成的详细信息。其表达式如下所示：

$$X_A = \frac{I_A / S_A}{\sum_i I_i / S_i} \tag{4-13}$$

式中，X 为元素的浓度；I 为元素峰强度；S 为元素的灵敏因子。

4.5.6 理论计算值与实测值的相关性

如图 4-8 所示，理论计算的数据与实测数据之间存在着一定的偏差。

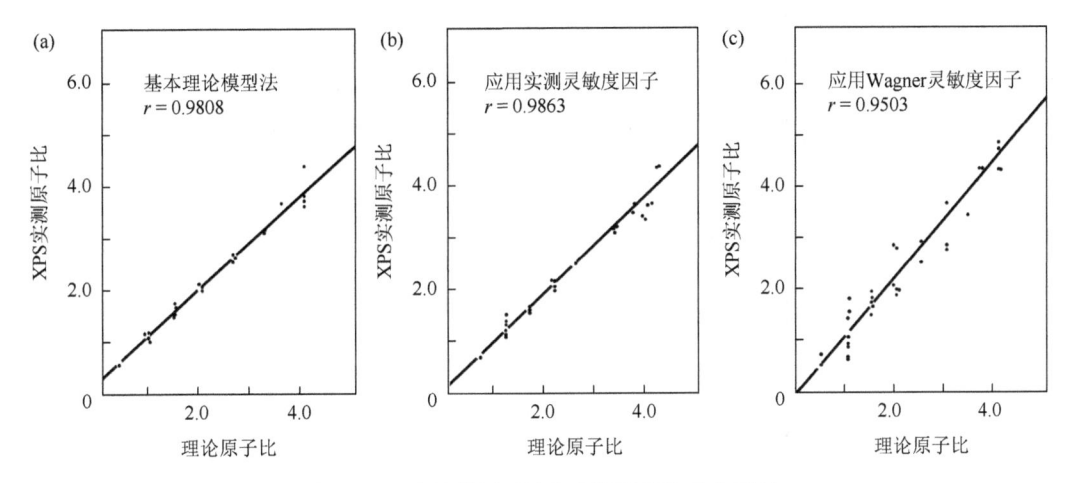

图 4-8 理论计算原子比与实测原子比的相关性

4.6 化学价态分析

（1）XPS 分析的挑战与策略：表面元素化学价态解析是 XPS 分析中最为重要且具有挑战性的功能之一。此分析通常是 XPS 谱图解析中最复杂、容易出错的部分，需精确执行以保证数据的准确性和可靠性。

（2）结合能的校准：正确的结合能校准是进行有效化学价态分析的首要步骤。由于结合能对化学环境的微小变化非常敏感，即使是微小的荷电校准误差也可能导致元素化学价态的错误标注。因此，确保结合能的精确测量是避免分析错误的关键。

（3）依赖标准数据与自制标样：在许多情况下，化合物的标准结合能数据会因不同的文献来源和仪器状态而存在显著差异。这使得这些数据只能作为初步参考。为了获得更准确的分析结果，最佳实践是制备自己的标准样本进行比对。对于那些尚无标准数据的化合物，自制标样的比较尤为重要，这有助于可靠地判断其化学价态。

（4）精细的谱图分析：对于那些结合能位移较小的元素，仅依赖 XPS 的结合能可能无法有效地区分不同的化学价态。在这种情况下，分析谱线的形状及其伴峰结构成为揭示化学价态的有力工具。通过细致解析这些特征，同样可以获得关于元素化学价态的宝贵信息。

（5）实例分析：铅锆钛酸盐（PZT）薄膜中的碳化学价态。

图 4-9 是 PZT 薄膜中碳的化学价态谱。由图可以看出，在 PZT 薄膜表面，C 1s 的结合能为 285.0eV 和 280.8eV，分别对应于有机碳和金属碳化物。有机碳是主要成分，可能是由表面污染所产生的。随着溅射深度的增加，有机碳的信号减弱，而金属碳化物的峰增强。该结果说明在 PZT 薄膜内部的碳主要以金属碳化物的形式存在。

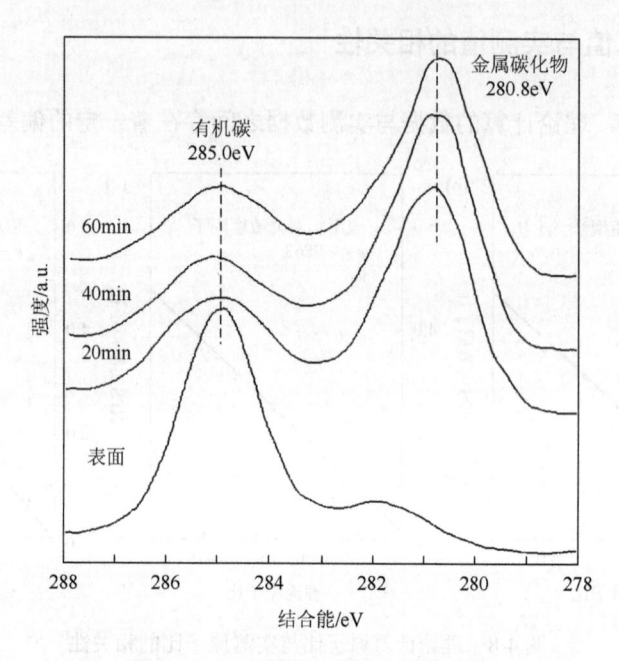

图 4-9　PZT 薄膜中碳的化学价态谱

通过这些详细的步骤和实例，可以看出 XPS 在表面化学价态分析中的复杂性及其强大的解析能力。准确的结合能校准和深入的谱图分析是实现有效化学价态分析的关键。这些技术的应用不仅增强了对材料表面性质的理解，还促进了材料科学和表面工程领域的研究进展。

4.7　俄歇参数法

俄歇参数法是 X 射线光电子能谱（XPS）分析中一种重要的技术，用于增强对样品化学价态的理解。这种方法有效地结合了俄歇电子能谱（AES）和 XPS 的数据，以提供更全面的表面分析。

1. 定义与应用

俄歇参数定义为元素的俄歇电子动能与对应光电子动能之差的量度。这个参数的特点在于，它能显示出较大的化学位移，且其值不受样品表面荷电状态的影响。这一特性使得俄歇参数成为鉴定元素化学价态的一个极其有力的工具。

在 XPS 和 AES 的结合使用中，俄歇参数提供了一种独特的视角，通过分析特定元素的俄歇电子和光电子之间的能量差异，研究者能够更精确地判断该元素的化学环境和价态变化。这种方法尤其适用于那些在普通 XPS 分析中难以解析的复杂化学价态问题。

2. 优势

俄歇参数的一个主要优势是其对样品表面荷电状态的独立性。在许多表面分析技术中，荷电效应会导致测量数据的偏移和不确定性，尤其是在分析绝缘材料或表面污染较重的样品时。利用俄歇参数，分析的准确性不会受到这些因素的干扰，从而提供更稳定和可靠的结果。

3. 应用范围

俄歇参数法不仅适用于纯净元素的分析，也可极为有效地探索合金、化合物及其他多元素系统中元素的相互作用和化学价态变化。它允许研究者深入了解材料表面及近表面区域的复杂化学行为，对于开发新材料、优化工艺参数以及解决材料退化等问题提供了关键信息。

通过在 XPS 实验设计中引入俄歇参数分析，科研人员可以极大地提高分析的精度和解析力，进而深入理解材料的表面和界面性质。这种分析方法的应用推动了材料科学、表面化学及催化研究的发展，为新材料的设计和现有材料性能的优化提供了重要的科学基础。

4.8　深度剖析方法

4.8.1　变角 XPS 分析方法

变角 XPS（angle-resolved XPS，ARXPS）深度分析是一种精细且非破坏性的表面分析技术，特别适用于研究非常薄的表面层（1~5nm）。这种方法基于一个关键的原理：XPS 的采样深度与样品表面出射光电子的掠射角之间的正弦关系。通过改变光电子的掠射角，可以系统地探测不同深度处的元素浓度和化学价态，从而描绘出元素浓度与深度的详细分布关系。

变角 XPS 分析的原理与应用：在变角 XPS 中，采样深度（d）与掠射角（α）的关系可以表达为

$$d = 3\lambda \sin \alpha \tag{4-14}$$

式中，λ 为平均自由程。当掠射角 α 接近 90°时，XPS 的采样深度最大，这对于深层特征的分析非常有用。相反，当 α 减小到约 5°时，表面灵敏度可提高约 10 倍，使得该技术非常适合于表面和近表面区域的高灵敏度分析。

在实施变角 XPS 深度分析时，需要特别考虑以下几个关键因素以确保分析的准确性。①单晶表面的点衍射效应：对于单晶材料，光电子的衍射效应可能影响角度分辨率和数据解释；②表面粗糙度的影响：表面粗糙度可以显著影响光电子的出射角度和强度，可

能导致深度剖析结果的偏差；③表面层厚度限制：为了获得最佳的分析结果，样品的表面层厚度应小于 10nm，超过这一厚度，变角 XPS 的灵敏度和准确性将受到限制。

通过充分考虑和优化这些因素，变角 XPS 可以为材料科学研究提供关于薄膜、涂层和界面现象的极其宝贵的信息。这种技术的应用不仅限于基本的表面化学研究，还广泛应用于半导体、纳米材料和腐蚀研究等领域，提供了一个强大的工具来探索材料的表面及亚表面性质。

图 4-10 是变角 XPS 的结构示意图。

由图 4-11 可以得到的定量结果见表 4-1，通过 XPS 这种半定量分析，可以帮助研究人员更好地了解材料表面特定组分的浓度组成及其关键作用。

图 4-10　变角 XPS 示意图

图 4-11　Si_3N_4 表面 SiO_2 污染层的变角 XPS 谱图

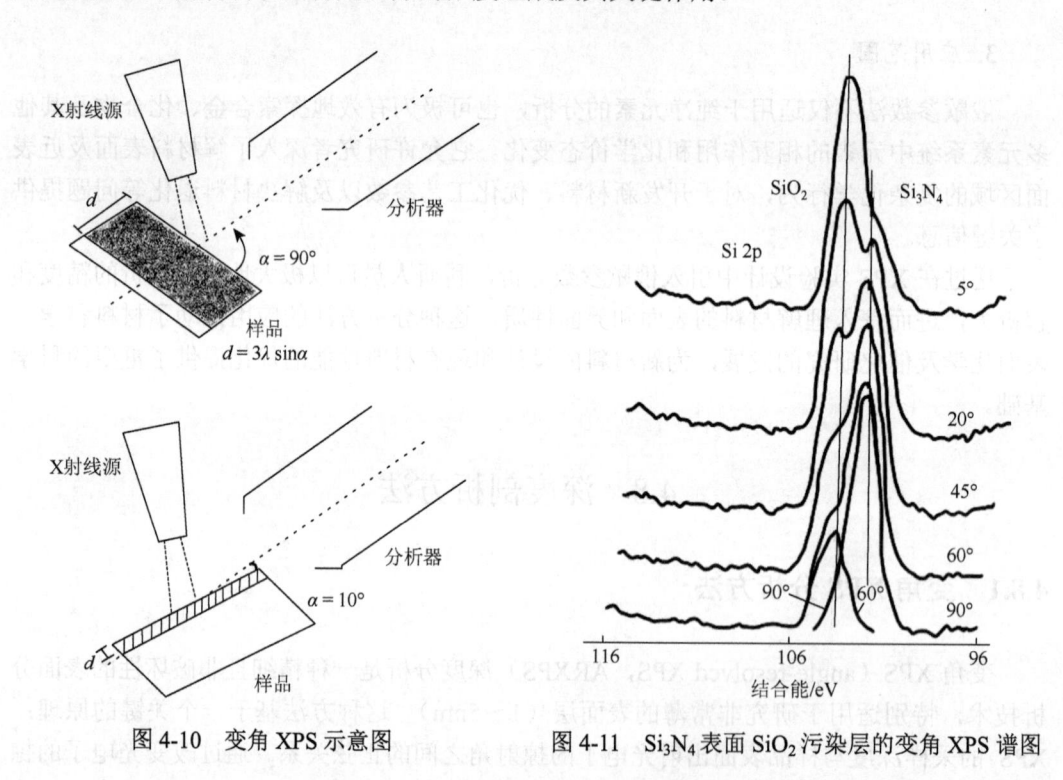

表 4-1　Si_3N_4 表面 SiO_2 污染层的定量结果

掠射角 $\alpha/(°)$	Si 2p（Si_3N_4）浓度占比/%	Si 2p（SiO_2）浓度占比/%
5	28	72
20	49	51
45	64	36
60	70	30
90	76	24

在材料科学研究中，界面化学及其电子性质的精确分析对于理解和优化材料性能至关重要。一种有效的技术是应用角度分辨 X 射线光电子能谱（AD-XPS），这种技术可以

非破坏性地探测表面及界面的化学结构变化。本节案例展示了如何使用 AD-XPS 分析 SiO₂/Si 界面,无需利用氩离子枪溅射,仅通过改变光电子的出射角 θ 便可揭示表面层的化学结构状态变化。

实验设计和结果解释:通过系统地调整光电子的出射角度,从而探测不同深度的化学信息。Si 2p 轨道特征峰的位移和峰形变化是分析的关键观测点。如图 4-12(a)所示,随着光电子出射角从 90°逐步降至 10°,表面层 SiO₂ 的信号明显增强,而基底 Si(以 Si^0 形式存在)的信号逐渐减弱。这一现象揭示了在 SiO₂ 和基底 Si 之间存在一个化学组成渐变的过渡氧化层 SiO_x($0<x<2$)。

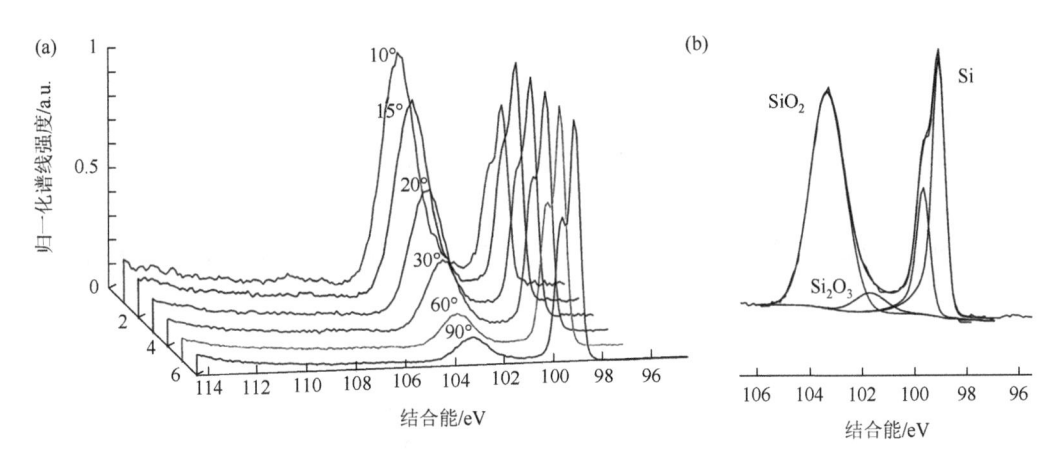

图 4-12 (a)Si 2p 轨道 AD-XPS 谱;(b)15°时 Si 2p 谱的曲线拟合结果

进一步对不同出射角下的 XPS 谱进行拟合处理,如图 4-12(b)展示的 $\theta=15°$ 的 XPS 谱处理结果,可以精确获得 Si 在不同化学价态下的强度随光电子出射角的变化情况。这些数据表明,该过渡层的化学结构与块体 SiO₂ 显著不同,因而其介电常数和电子性质也与块体 SiO₂ 存在差异。

此类分析为理解 SiO₂/Si 系统的界面电子结构提供了深刻的洞察,这对半导体行业中微电子器件设计和制造至关重要。通过无损探测各层的化学价态,AD-XPS 为优化材料处理工艺和改进器件性能提供了科学依据。通过 AD-XPS 技术不仅可以分析已知材料系统的界面性质,还可以应用于新材料的开发和表征,尤其在寻求具有特定电子或化学属性的材料时。此外,这种技术的非破坏性分析特点使其在文物保护、艺术品修复等领域同样具有应用潜力,为材料的表层及亚表层结构提供重要信息。

如图 4-13 所示,Si 的化学价态随光电子出射角的变化反映了探测深度的变化:较大的出射角(更表面敏感)主要探测表面化学价态,如 SiO₂;较小的出射角(更深层探测)主要探测到基底化学价态,如 Si。通过改变出射角,可以获得样品不同深度的化学价态分布信息。如图 4-14 所示,金属表面碳覆盖层模型描述了碳原子在金属表面形成覆盖层的结构和特征,涉及单层或多层覆盖、化学和物理吸附、覆盖层的厚度和均匀性,以及其对金属表面电子结构和表面特性的影响。如图 4-15 所示,通过改变探测深度,可以得出碳污染层/SiO₂/Si 体系的组成和深度分布。

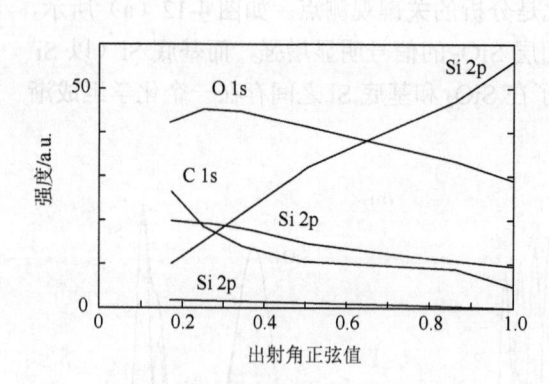

图 4-13　Si 化学价态随光电子出射角正弦的变化 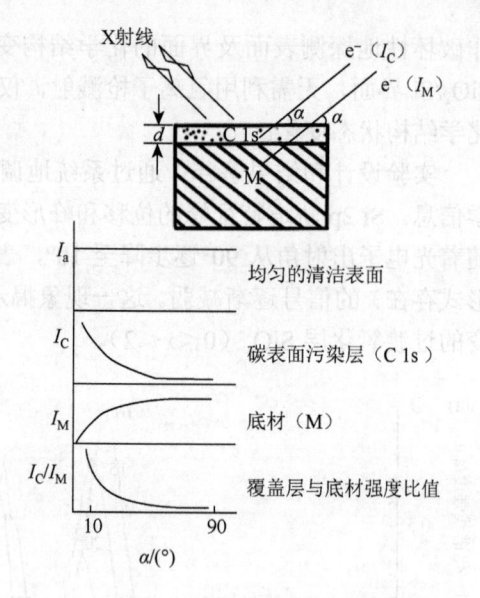　　图 4-14　金属 M 表面 C 覆盖层模型及其特征

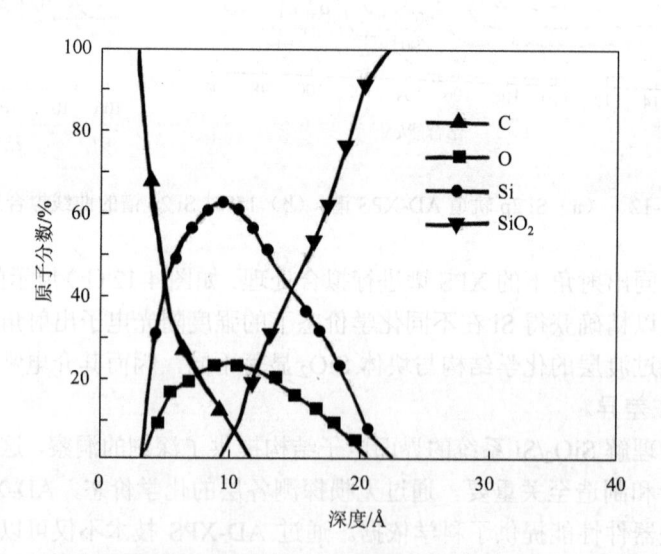

图 4-15　由调整法计算得到的碳污染层/SiO$_2$/Si 体系的组成和深度分布

4.8.2　Tougaard 深度剖析法

Tougaard 深度剖析法是一种高级的非破坏性深度剖析技术，用于精确分析材料表层下的结构和成分。这种方法特别关注受激电子在固体内部向外表面传输过程中的能量损失，以及这种能量损失如何影响 X 射线光电子能谱（XPS）中谱峰的形态。

1. 原理与应用

在固体材料中，电子被 X 射线激发后向表面移动，在此过程中可能会发生多次散射事件，包括弹性散射和非弹性散射。非弹性散射导致电子能量的逐步损失，这种能量损失会影响电子最终到达表面时的能量状态，从而影响谱峰的能量位置和形状。谱峰的畸变程度反映了电子在穿越材料时行程的长度和复杂性。

通过高级计算机模拟，Tougaard 深度剖析法能够对这些变化进行定量分析，从而揭示出覆盖层的深度信息。这种模拟考虑了电子的初始能量、材料的电子密度以及潜在的散射机制，生成电子在材料中移动的详细轨迹和最终逃逸概率。

2. 技术优势

Tougaard 深度剖析法的主要优势在于其非破坏性和高精度。与传统的破坏性剖析技术（如离子溅射）相比，这种方法不会改变样品的原始物理和化学价态，因此尤其适合用于珍贵或敏感材料的分析。此外，该方法通过详细模拟提供了一个全面的深度剖析视角，使得研究者能够更好地理解材料表层下的微观结构和化学变化。

3. 应用领域

Tougaard 深度剖析法在材料科学、纳米技术、半导体工程和表面化学等领域中具有广泛的应用前景。它可以帮助研究人员评估薄膜涂层的均匀性、界面的化学组成，以及预处理或环境因素对材料表层的影响。此外，这种技术对于新材料的研发和性能优化提供了重要的微观信息，特别是在探索新的功能材料和先进制造技术时。

4.8.3 离子束溅射深度分析

离子束溅射深度分析是一种在表面科学中广泛使用的深度剖析技术，主要通过 Ar 离子剥离法实现。这种方法虽然是破坏性的，但因其能够提供材料表面以下几微米深度的元素分布信息而被广泛应用。

1. 分析原理

在离子束溅射深度分析中，首先使用 Ar 离子束去除样品表面的一定厚度层。这一过程涉及高能 Ar 离子与样品表面原子的相互作用，导致表面层的原子被逐层剥离。随后，利用 X 射线光电子能谱（XPS）分析这些被剥离后暴露出的新表面，从而获得样品各个深度上的元素含量和化学价态。

2. 技术优点与限制

离子束溅射的优点在于可以快速分析相对较厚的表面层，使得对材料表面及近表面结构的分析更为彻底。然而，这种方法也带来了若干技术挑战和限制。①样品表面损伤：Ar 离子束可能会导致样品表面晶格损伤、择优溅射和表面原子混合现象，这些都可能改变样品的原始物理和化学特性。②深度分辨率：尽管离子束溅射可以迅速剥离表面层，但由于传统 X 射线源和离子束的束斑面积较大，其深度分辨率并不理想。此外，离子束剥离的速度相对较慢，且长时间的离子束剥离作用可能导致样品元素的化学价态发生变化。③溅射效应：为避免离子束产生的溅射效应，通常需要使用比 X 光枪束斑面积大四倍以上的离子束面积。

3. 现代 XPS 谱仪的发展

随着新一代 XPS 谱仪的发展，这些设备通常采用更小的束斑 X 射线源（微米级），使得 XPS 深度分析变得更为现实和常用。小束斑 X 射线源显著提高了深度分析的局部解析能力和准确性，允许科研人员对特定区域进行更精细的化学和结构分析，这对于纳米材料科学、半导体工艺和表面改性等领域尤为重要。

综上所述，离子束溅射深度分析法虽具破坏性，但其能够提供深入的材料表层分析，对理解材料的表面和界面特性提供了重要手段。随着技术的进步，预计将有更多创新应用的出现。

4.9 XPS 指纹峰分析

XPS 指纹峰分析是一种在 XPS 分析中识别和利用特定谱线伴峰的技术。这些伴峰虽不是主要的分析目标，但它们在识别材料的化学价态、研究成键形式和探究电子结构方面提供了独特的信息，因此成为 XPS 常规分析的重要补充。

1. 主要类型的 XPS 伴峰

在 XPS 谱图中，伴随主峰出现的几种常见伴峰包括以下几个。①携上峰（shake-up peaks）：这些峰是由样品中的原子或分子在光电效应中除了释放光电子外，还激发了价电子到更高能级的结果。携上峰可以为分析化合物的电子状态提供额外的视角，尤其是在有机和过渡金属复合物中。②X 射线激发俄歇电子能谱（XAES）：XAES 是由 X 射线激发产生的俄歇电子引起的，通常出现在较低的动能区域。这些峰反映了原子内部电子层之间复杂的相互作用，对于揭示材料表面及近表面区域的元素特定电子结构特别有用。③XPS 价带峰：价带峰主要代表材料价带中电子的状态，可以用来分析固体的价带结构特性。在半导体和绝缘体的研究中，价带峰提供了关于材料电子带结构的直接信息。

2. 应用和重要性

XPS 指纹峰分析在解决复杂科学问题时展现了其独特的价值。①化学价态的鉴定：伴峰分析可以帮助科研人员确定物质中元素的化学价态，特别是在复杂体系中，如催化剂或功能性材料的表面。②成键形式的研究：通过分析伴峰，研究者可以更好地理解材料中各种化学键的类型及其电子结构，进一步揭示材料的性质和行为。③电子结构的深入探究：伴峰提供了有关材料内部电子分布和电子间相互作用的详细信息，对于研究电子性质和材料的电子工程应用具有重要意义。

总之，XPS 指纹峰分析虽然面临解析的复杂性，但在材料科学、表面化学以及相关应用领域的研究中提供了不可或缺的分析维度。通过综合运用这些技术，科研人员可以获得关于材料最外层至几纳米深度范围内复杂的电子结构和化学价态的深刻理解。

4.9.1 XPS 的携上峰分析

携上峰在 X 射线光电子能谱（XPS）分析中是一种常见且有意义的现象，尤其在探讨分子的电子结构和化学性质时非常重要。这些峰出现在 XPS 主峰的高结合能端，作为能量损失峰，直接反映了光电离过程中的电子动态。

1. 携上过程的定义与机制

携上过程发生在一个内层电子被 X 射线激发并逸出后，导致价电子从一个已占有的能级［如最高占据分子轨道（HOMO）］向一个较高的未占能级［如最低未占分子轨道（LUMO）］跃迁。这种电子跃迁补偿了由内层电子逸出所留下的空穴，从而导致能量损失，并在谱图上形成携上峰。

2. 携上峰的特性

在有机共轭体系中，携上峰尤为显著，这是由于 π-π^* 跃迁的活跃性。这类跃迁在共轭体系中较为频繁，因为这些体系的 π 电子能够在分子的整个骨架上较自由地移动，从而更容易发生能级跃迁。此外，某些含有未成对电子的过渡金属和稀土金属，如那些具有未完全填充的 3d 或 4f 轨道的元素，也常显示出强烈的携上效应。在这些金属中，未成对电子提供了额外的电子跃迁途径，从而增加了携上峰的形成概率。

3. 携上峰在 XPS 分析中的意义

携上峰在 XPS 谱图中的存在不仅提供了有关分子电子结构的重要信息，还能帮助化学家理解和解释化合物的电子状态和潜在的化学反应性。通过分析这些峰的出现和特性，研究人员可以更深入地探讨化学价态变化、电子密度分布以及分子内电荷转移的动态。因此，携上峰的分析对于揭示复杂有机分子和先进材料的功能特性至关重要。图 4-16 展示了几种碳纳米材料的 C 1s 峰和携上峰图，这为辨识 C 物种的化学价态提供了有利证据。

总之，携上峰的详细分析是 XPS 技术的一个重要应用领域，尤其在材料科学、有机化学和表面科学等研究领域中，携上峰提供了一种强大的工具，用以探索和理解材料的复杂电子性质。

4.9.2 XAES 分析

X 射线激发俄歇电子能谱（XAES）是一种利用 X 射线激发俄歇电子产生的分析技术，用于深入探究材料的电子结构和化学价态。在 X 射线电离过程中，被激发的离子进入不稳定状态，通过多种途径退激，其中最常见的是通过俄歇电子的跃迁。

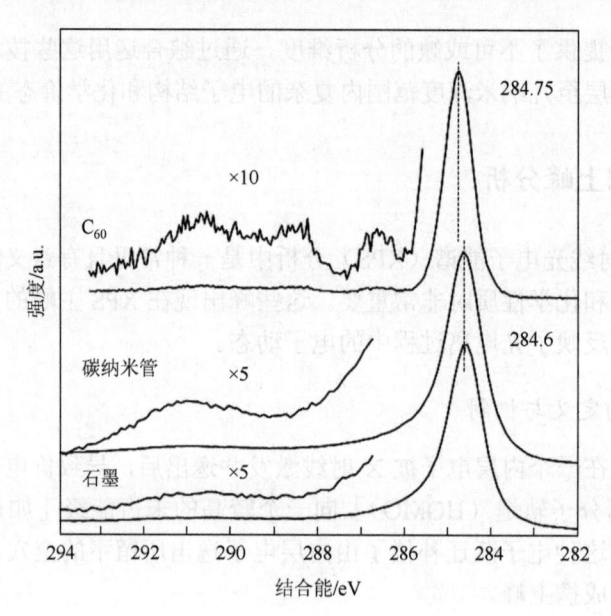

图 4-16　几种碳纳米材料的 C 1s 峰和携上峰图

XAES 的原理与优势：XAES 的基本原理与电子束激发的俄歇电子能谱（AES）相似，主要区别在于激发源。使用 X 射线作为激发源，XAES 比传统的 AES 具有若干显著优势。①高能量分辨率：XAES 由于使用高能量的 X 射线，可以实现更高的能量分辨率；②高信噪比：XAES 的信噪比通常较高，这使得数据更为清晰和可靠；③低样品破坏性：与电子束激发相比，X 射线的穿透力强但样品的表面破坏较小，适用于更为脆弱或敏感的样本；④高定量精度：XAES 提供了准确的定量分析，尤其适用于复杂材料系统的研究。

XAES 在化学价态分析中的应用：与 XPS 一样，XAES 中的俄歇动能对样品的化学环境非常敏感。XAES 的化学位移通常较大，使得它在元素化学价态的鉴别上特别有效。对于那些在 XPS 分析中化学位移较小难以区分的元素，XAES 可以提供更加明显和可识别的化学价态变化。

如图 4-17 所示，碳纳米材料的 XAES 谱线形状也提供了丰富的信息，可用于进一步的化学价态分析。这些谱线的特定变化可以揭示电子环境中的微妙变动，从而帮助科研人员深入理解材料内部的电子相互作用和化学键动态。

总体来说，XAES 是一种功能强大的材料分析工具，结合了高精度的定量能力和对化学价态敏感的特性，为材料科学、表面化学以及相关领域的研究提供了深入的见解。通过对 XAES 数据的细致解析，研究者可以获得关于材料内部结构和化学变化的详细信息，这对于新材料的开发和现有材料性能的优化具有重要意义。

4.9.3　XPS 价带谱分析

XPS 价带谱分析是一种重要的技术，用于探索固体材料的电子结构，尤其是价带结构。尽管 XPS 价带谱不能直接展示固体的完整能带结构，但提供的数据仍是理解材料电子属性的宝贵资源。

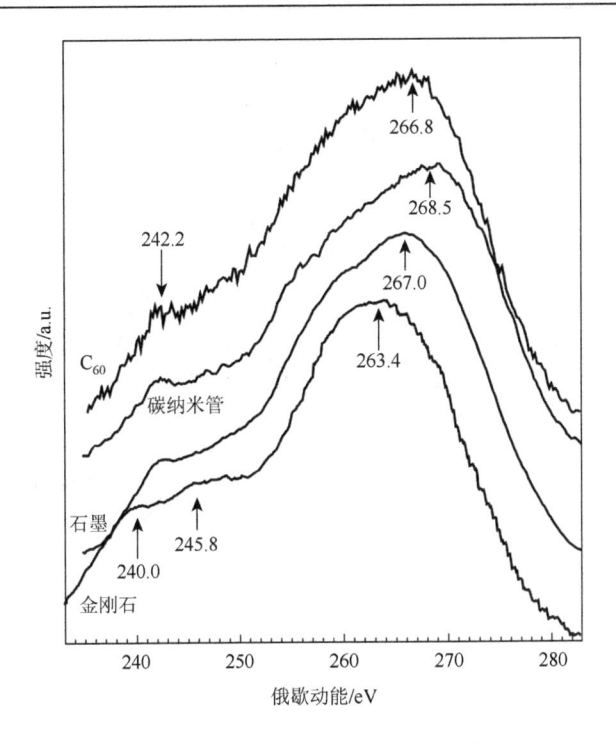

图 4-17　几种碳纳米材料的 XAES 谱图

1. XPS 价带谱的特性与分析方法

XPS 价带谱反映的是从材料价带中逸出的电子的能量分布。这些数据提供了关于材料电子状态的直接信息，尤其是关于价带顶部的电子状态。然而，要从这些谱图中获得明确的能带结构信息，需要依赖于复杂的理论模型和计算分析。

在实际应用中，科研人员通常通过比较不同材料的 XPS 价带谱来进行研究，而对应的理论分析则较为有限。这是因为实验数据需要与理论计算紧密结合，才能准确解释观测到的电子结构特征。

2. 电子结构信息的应用

从 XPS 价带谱获得的电子结构信息对于研究材料的电子性质、光电性能及化学稳定性至关重要。例如，这些信息可以用来预测材料的导电性、光吸收特性和化学反应活性。在材料科学、纳米技术和电子工程等领域，XPS 价带谱分析提供了一种有效的手段来评估材料的性能，并指导新材料的设计和优化。

如图 4-18 所示，以石墨、碳纳米管和 C_{60} 为例，这些碳基材料的 XPS 价带谱展示了它们电子结构的独特性。在 XPS 价带谱中，这些材料通常表现出三个基本峰，主要源自共轭 π 键的电子态。在 C_{60} 分子中，由于 π 键的共轭度较低，所产生的三个分裂峰强度较强，这反映了其电子结构的特点。相比之下，在碳纳米管和石墨中，由于共轭度较高，这些特征结构在谱图上不太明显。此外，C_{60} 的 XPS 价带谱中还存在其他三个由 σ 键形成的分裂峰，这进一步丰富了对材料电子结构的理解。

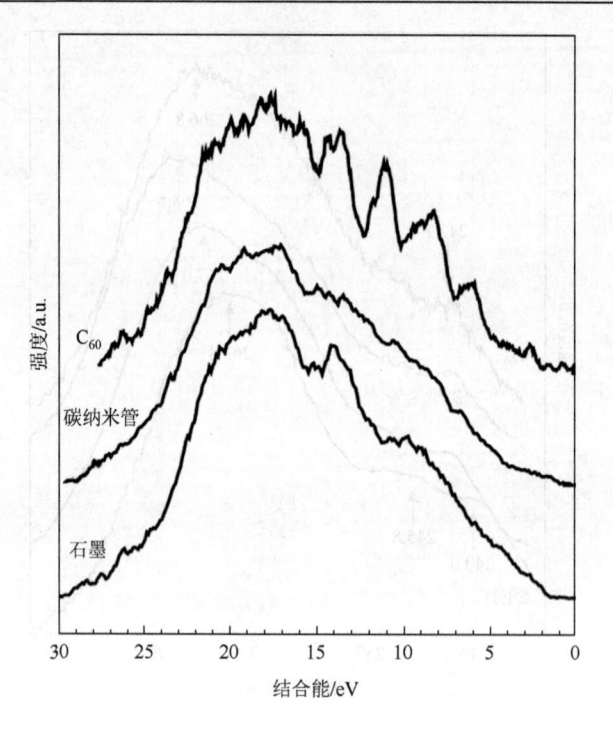

图 4-18　几种碳纳米材料的 XPS 价带谱

综上所述，XPS 价带谱分析虽然需要复杂的数据处理和理论支持，但在材料研究中的应用价值不可小觑，为深入理解材料的基本电子结构提供了一种强有力的工具。

4.9.4　图像 XPS 分析

在分析多层有机膜时，传统的 XPS 技术可能会遇到一些挑战，尤其是当膜层较厚（如 10μm）或者膜中含有无机颗粒时。这些因素可能会影响光谱的分辨率和准确性。有了扫描探针 XPS 成像技术就比较容易解决这个问题。扫描探针 XPS 成像技术（也称为 XPS 显微镜）通过将 XPS 与扫描探针技术结合，使得可以对样品表面进行局部化的高分辨率化学分析。这种技术可以在微观层面上映射出化学成分的分布，因此特别适合处理多层有机膜和混合有机-无机材料的分析。通过精确控制扫描区域和深度，扫描探针 XPS 成像技术能够有效地分析和区分不同层次的化学成分，从而克服传统方法的局限。这种方法对于研究新型复合材料、涂层和界面性能等具有重要的应用价值。

图 4-19 展示了一个典型的有机染料膜系统的横截面图，该图利用了 XPS 光学成像和 X 射线诱导的二次电子成像技术。在这种系统中，由于基底聚乙烯的黏接性较差，首先需要应用一层黏接剂以增强附着力。接着，涂覆一层含有无机粒子的基础涂层，以提供结构稳定性。为了防止环境污染，最后覆盖一层清洁的有机膜。

在对选定的成像区域（695μm×320μm）进行深入分析前，先利用 XPS 进行精确的选点分析。这种分析是通过 X 射线扫描方式进行的，使得在指定的分析面积内，每个像

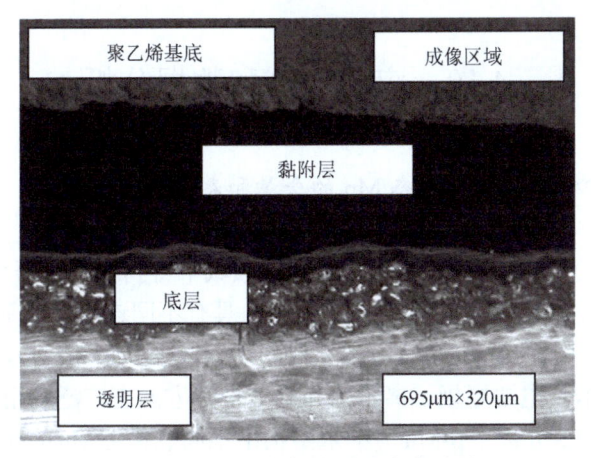

图 4-19 多层有机染料系统截面图

素点都能够记录下元素的全谱信息，如图 4-20 所示。这一过程的数据收集后，可以通过现代的数据处理软件进行后处理，简化了元素成像的实现过程。如图 4-21 所示，通过这种方法，从 XPS 收集的数据中得到了有关元素化学位移的详细信息，并成功地构建了四层膜中碳（C）化学价态的 XPS 影像图。这些详细的化学信息为我们提供了有机染料膜系统的深入理解和分析。

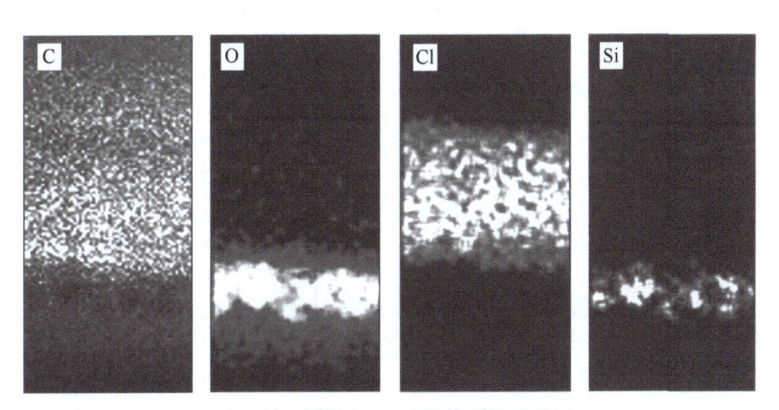

图 4-20 四个膜层中特征元素 XPS 像

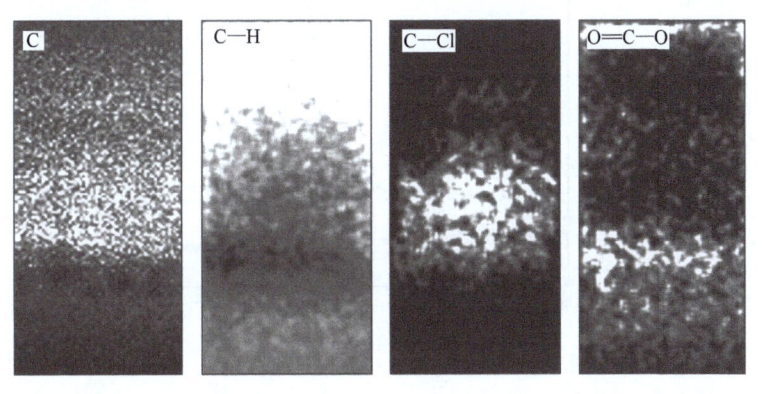

图 4-21 所选分析区内（695μm×320μm）四种碳化学价态分布

4.10 应用举例和数据分析

1. XPS 分析 β-MnO$_2$ 不同氧化态 Mn 的含量和表面氧物种

氧化锰（MnO$_2$）是一种重要材料，在多个领域中得到了广泛研究。MnO$_2$ 具有多种多晶型，包括 α-相、β-相、γ-相和 δ-相，它们由具有不同连接性的基本单元[MnO$_6$]八面体组成。由于 MnO$_2$ 多样的结构和 Mn 的多种氧化态（+2、+3 和+4），这些材料在氧化还原催化、超级电容器、电池电极、离子筛和水处理等方面有广泛应用。

Cheng 等通过 XPS 分析了 β-MnO$_2$ 纳米结构中不同氧化态 Mn 的含量和表面氧物种[1]。如图 4-22（a）所示，Mn 2p$_{1/2}$ 和 Mn 2p$_{3/2}$ 的结合能分别以 653.6eV 和 641.7eV 为中心，这表明在 β-MnO$_2$ 纳米结构中存在 Mn^{4+}。这些数据与已报道的 MnO$_2$ 数据非常一致。从图 4-22（b）可看出，Mn 2p$_{3/2}$ XPS 信号在 BE = 641.6eV 处呈不对称峰，在 BE = 641.6eV、642.3eV 和 644.7eV 处可以分解为三种成分，分别归属于表面 Mn^{3+}、Mn^{4+} 及其本身。样品的 O 1s XPS 结果如图 4-22（c）所示。对于所获得的产物，不对称 O 1s XPS 信号可以

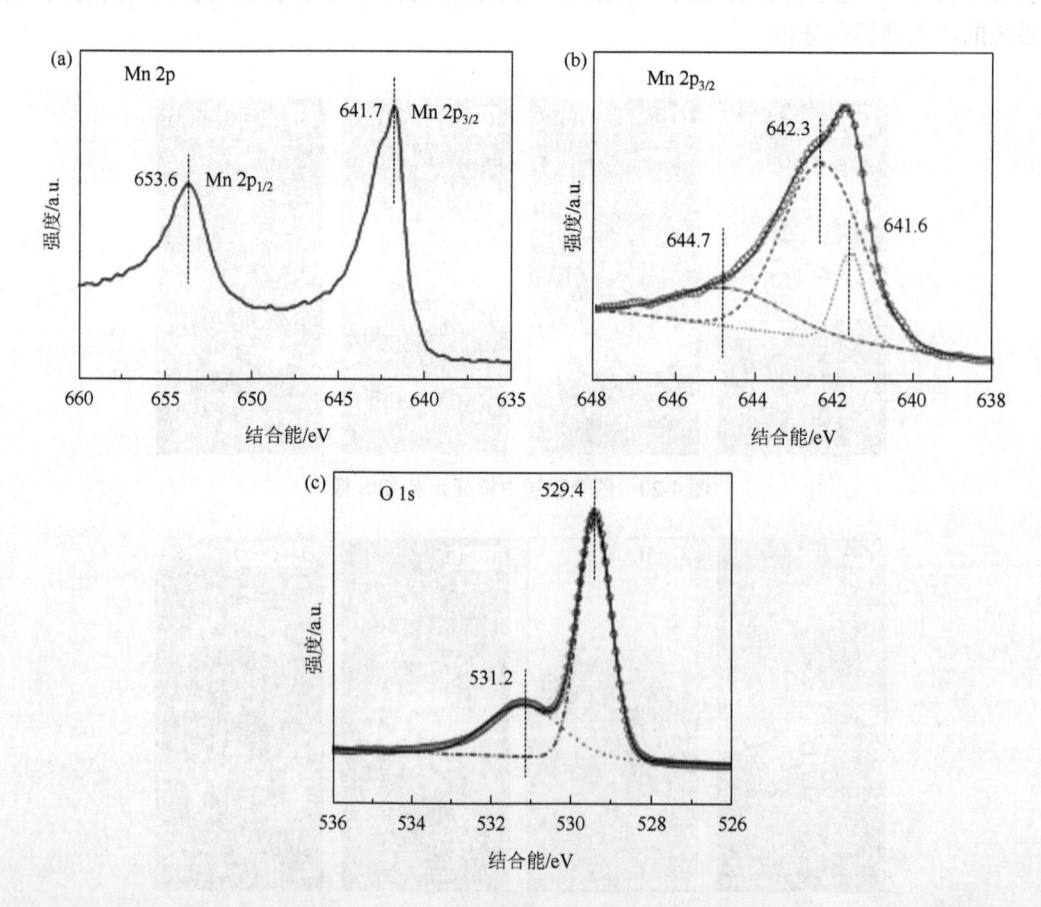

图 4-22 β-MnO$_2$ 样品的 XPS 谱：(a) Mn 2p 轨道能谱；(b) Mn 2p$_{3/2}$ 轨道能谱；(c) O 1s 轨道能谱[1]

分为两个成分：一个在 BE = 529.4eV 处，另一个在 BE = 531.2eV 处。在 BE = 529.0～529.5eV 处的峰对应于晶格氧物种，而在较高 BE = 531.0～531.4eV 处的峰，则归属为表面羟基物种。

通过这些分析，研究人员能够深入理解 β-MnO_2 纳米结构中不同氧化态 Mn 和表面氧物种的分布及其对材料性能的影响，这对于优化材料的应用性能具有重要意义。

2. XPS 分析 $YbFe_4Al_8$ 中的元素价态分布

镱（Yb）基化合物，如 $YbFe_4Al_8$，表现出许多有趣的性质，包括混合价态、重费米子行为、近藤效应、磁有序和超导性。分析镱基化合物中所掺杂的过渡金属元素的化学结构具有重要意义。Marciniak 等使用能量约为 1.5keV 的 X 射线源对 $YbFe_4Al_8$ 样品中的 Fe 2p 和 Al 2p 轨道进行 XPS 测试，以研究其化学结构[2]。如图 4-23（a）所示，具有 Doniach-Sunjic 形状的不对称 Fe 2p 谱线的自旋轨道分裂与纯金属 Fe 的谱图相似，没有表现出氧化铁的化学位移和电荷转移卫星特征。Fe 2p 轨道的自旋-轨道耦合（约 13eV）与在纯铁中观测到的值相似。图 4-23（b）中观察到的 Al 2p 峰的位置（72.6eV）与纯金属 Al（72.7eV）相似。谱线的变宽归因于化合物中存在的两个非等效 Al 位的自旋轨道分裂和能级位置的差异。

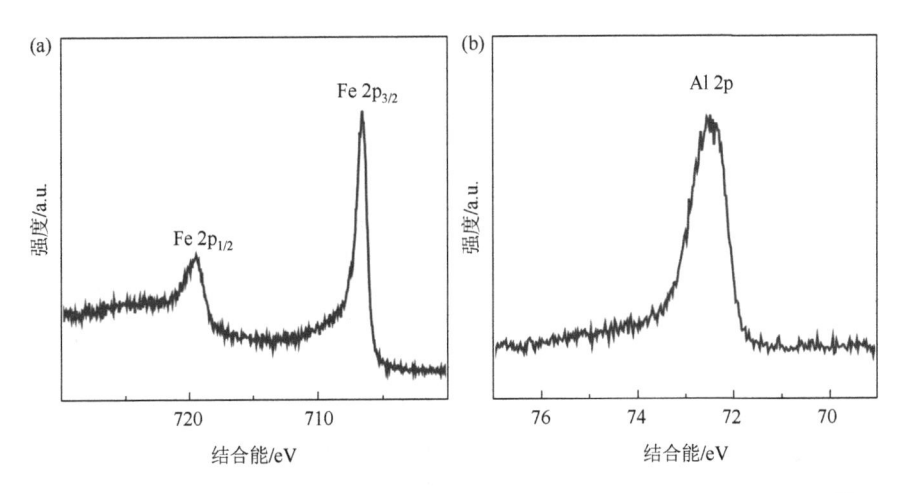

图 4-23　$YbFe_4Al_8$ 样品中 XPS 谱：（a）Fe 2p 轨道能谱；（b）Al 2p 轨道能谱[2]

这些 XPS 结果证明，$YbFe_4Al_8$ 样品中 Fe 与 Al 的化学结构与纯金属 Fe 和 Al 相似，表现出接近于金属态的化学结构而非氧化态。这些发现为理解 $YbFe_4Al_8$ 中 Fe 和 Al 的化学环境提供了重要依据，有助于进一步研究镱基化合物的物理性质和潜在应用。

3. XPS 分析铜基催化剂价态

CO_2 资源化已成为"双碳"背景下的研究热点，其中电催化 CO_2 还原生成高附加值产物（如 C_1 产物和 C_2 产物）尤为引人注目。铜基催化剂是目前电催化 CO_2 的首选材料。为了提升催化活性和产物选择性，研究者开发了大量铜基催化剂，包括对其进行修饰、改性以及串联耦合催化等手段。然而，由于电催化技术的内在局限性，催化过程中催化剂的结构重构和活性位点识别困难等问题依然存在。

Kim 等结合 XPS Cu 分峰和俄歇电子能谱，确认了催化剂上的铜价态[3]。如图 4-24 所示，相比于原始的铜膜（Cu^0 LMM，568.3eV），掺杂 p 区元素后，铜的价态向一价态转化（Cu^+ LMM，570.4eV）。其中，N 和 B 掺杂更有利于改变催化剂的 Cu^+/Cu^0 初始混合态，表明这两种元素与 Cu 的相互作用更强。进一步，研究者使用 XPS 深度剖面分析技术探究这些 p 区元素在材料中的分布。以 N 掺杂为例，随着溅射时间（即刻蚀深度）的增加，C 元素峰强度（C 1s，285.3eV）逐渐降低，Cu 元素峰（Cu^+ LMM，570.4eV）从无到有逐渐增强，表明催化剂具有准核壳结构，即 Cu 颗粒表层覆盖了准石墨化碳层。同时，通过深度剖面分析发现，N 1s 峰强度逐步降低，但在刻蚀到 Cu 纳米颗粒层时仍能观察到 N 1s 的峰，这说明 N 元素成功渗透到准石墨化碳层内，并结合到 Cu 纳米颗粒上。高分辨率透射电子显微镜（HRTEM）和飞行时间深度剖面二次离子质谱也验证了这一观点。

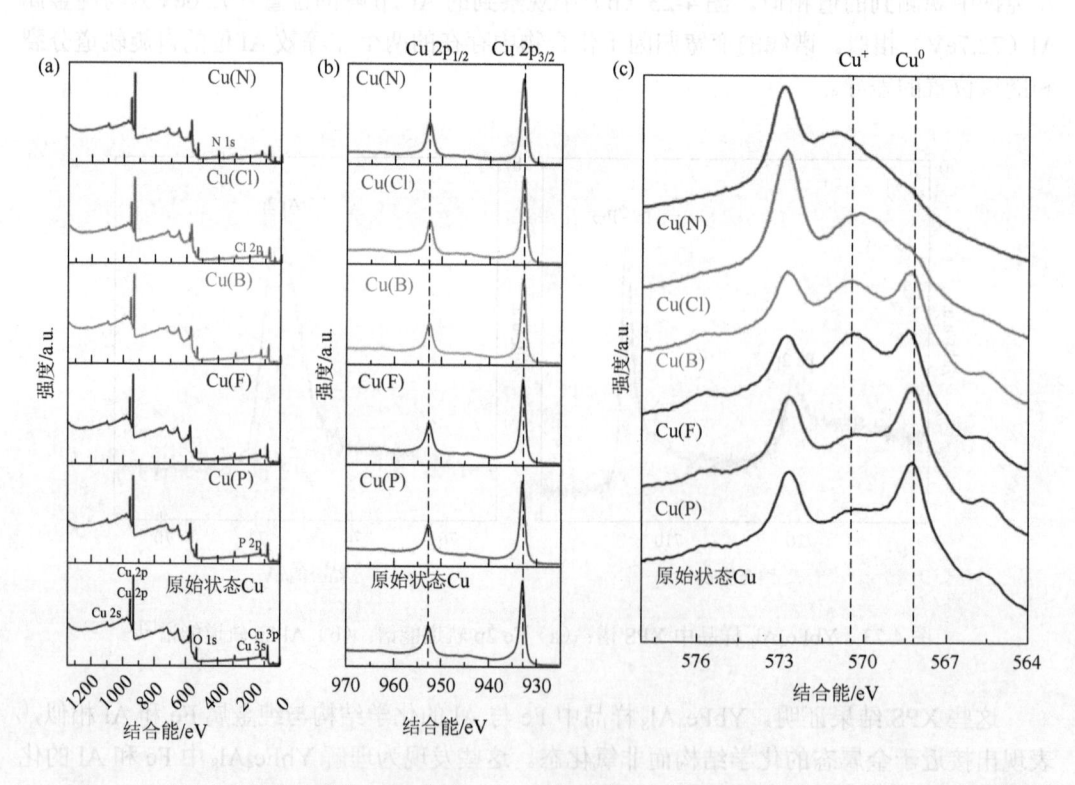

图 4-24　C p 区元素掺杂后的 XPS 谱图：(a) XPS 全谱；(b) Cu 2p 能谱；(c) Cu LMM 谱[3]

这些研究结果表明，掺杂 p 区元素可以显著影响铜基催化剂的化学价态和结构，进而提高其电催化 CO_2 还原的性能。这一发现为开发高效的电催化剂提供了新的思路和方法。

4. XPS 分析 HA-10-50 的表面元素组成及含量

有机-无机原位杂化结构的弹性杂化气凝胶（HAs）作为理想的二氧化碳吸附剂具有广阔的应用前景。而自催化凝胶化策略为简单制备硅基气凝胶提供了一种新的途径。

Zhang 等使用 XPS 确定了 HA-10-50 的表面元素组成及含量[4]。图 4-25（a）展示了 HA-10-50 的 XPS 元素分析结果。高 N 含量（7.07%）表明羟基磷灰石被氨基有效官能化，有助于提高其 CO_2 吸附性能。图 4-25（b）~（e）为四种元素的 XPS 精细谱图，其化学键结构与 FTIR 结果吻合。在图 4-25（b）的 O 1s 谱中，531.9eV 和 529.1eV 的两个峰分别属于 Si—O—Si 和 Si—O—H，表明三甲氧基硅烷完全水解。图 4-25（c）为 Si 2p 高分辨率光谱，在 102.4eV、100.4eV 和 98.2eV 处的三个峰分别对应于 Si—O—Si、Si—C 和 Si—OH。C 1s 的高分辨率光谱可分为三个峰，分别为 C—H/C—C、C—Si 和 C—N。对 N 1s 谱进行反卷积，显示出两个峰，分别代表结合能为 399.2eV 和 398.2eV 的 N—C 和 N—H。分析表明，大部分硅羟基通过脱水或脱醇缩合形成 Si—O—Si 键，少量残留的 Si—OH 可能由于位阻作用而存在。这些 Si—OH 导致了 HAs 的亲水性，因此在实际应用前可能需要进行疏水修饰，这可以通过多种方法轻松实现。

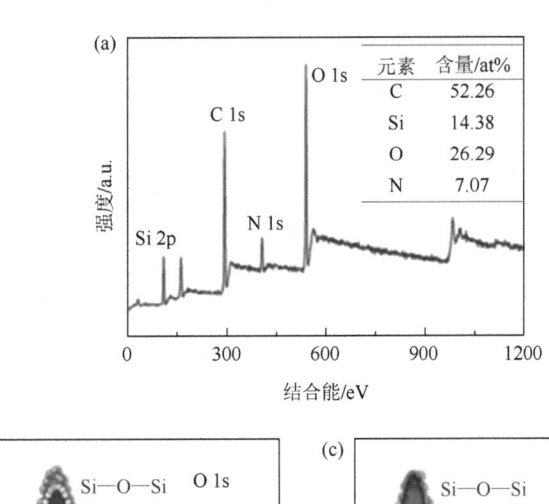

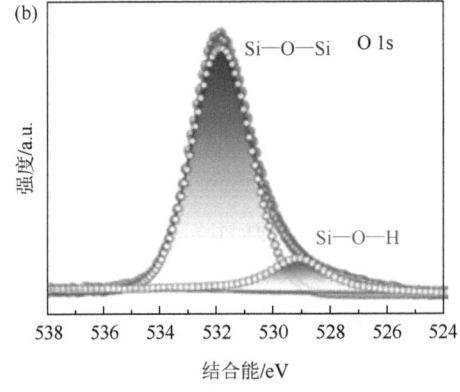

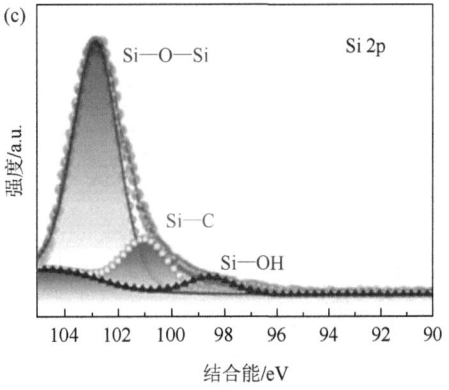

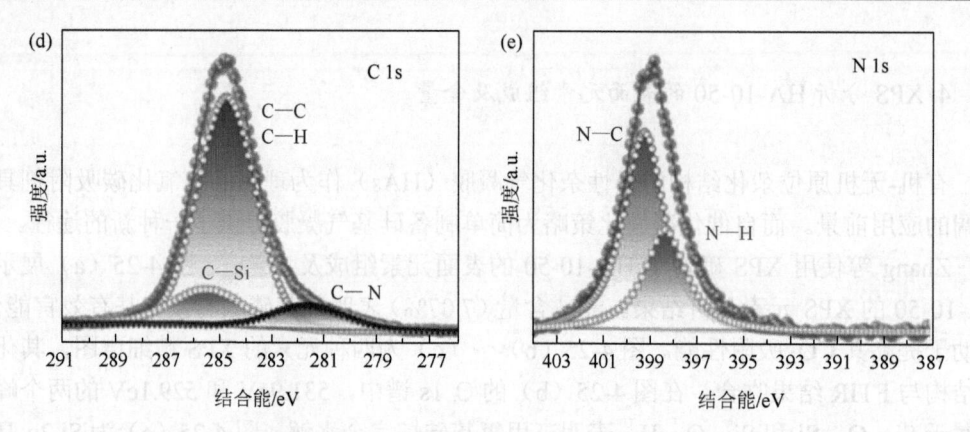

图 4-25 HA-10-50 的 XPS 测量扫描谱：（a）XPS 全谱；（b）O 1s；（c）Si 2p；（d）C 1s；（e）N 1s[4]

综上所述，HAs 具有由无机 Si—O—Si 和有机胺桥接丙基链组成的有机-无机原位杂化结构，这有助于提升其优良的力学性能。

5. XPS 在异质结合成中的应用

可见光下的光催化析氢（PHE）已被证明是开发可持续清洁能源的最有前景的策略之一。因此，合理设计光催化剂以提高 PHE 性能至关重要。在这项研究中，研究者设计了空心壳 FeNi$_2$S$_4$@ZnIn$_2$S$_4$（FNS@ZIS）异质结用于光热辅助的光催化析氢。Wang 等使用 XPS 分析了空心壳 FNS@ZIS-6 异质结的组成和结构[5]。如图 4-26 所示，S 2p 的光谱在 161.9eV 和 163.1eV 处拟合成两个峰，分别对应于 S 2p$_{3/2}$ 和 S 2p$_{1/2}$。另一个位于 168.8eV 左右的峰可归属于表面硫物种的氧化。Ni 2p 的光谱显示在大约 856.7eV、862.1eV、874.8eV 和 880.0eV 处有四个峰，分别对应于 Ni 2p$_{3/2}$、Ni 2p$_{3/2}$ 的伴峰、Ni 2p$_{1/2}$ 和 Ni 2p$_{1/2}$ 的伴峰。Fe 2p 的高分辨率光谱中，窄带可以被去卷积为四个峰，中心分别位于 712.2eV（Fe 2p$_{3/2}$）、725.1eV（Fe 2p$_{1/2}$）及其各自的伴峰 721.1eV 和 727.8eV。XPS 结果证明壳层由 Fe、Ni 和 S 三种元素构成。

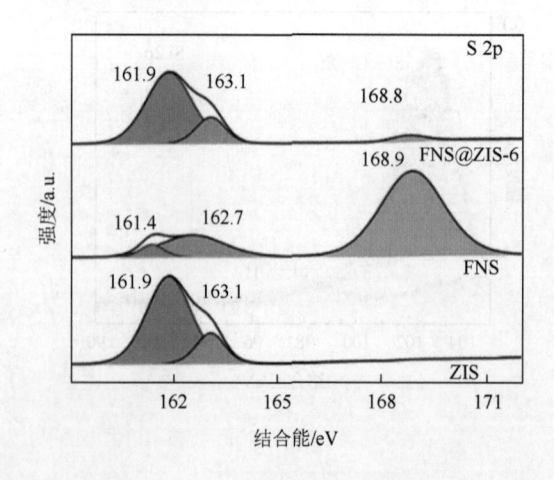

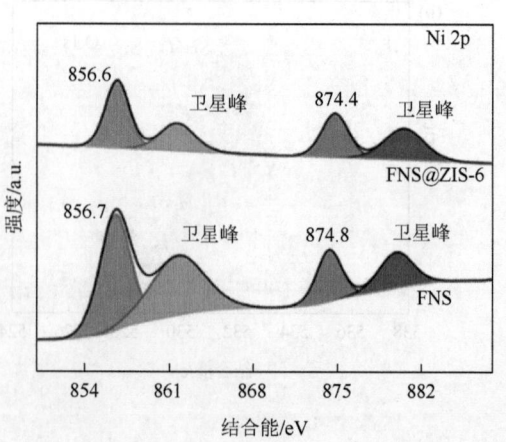

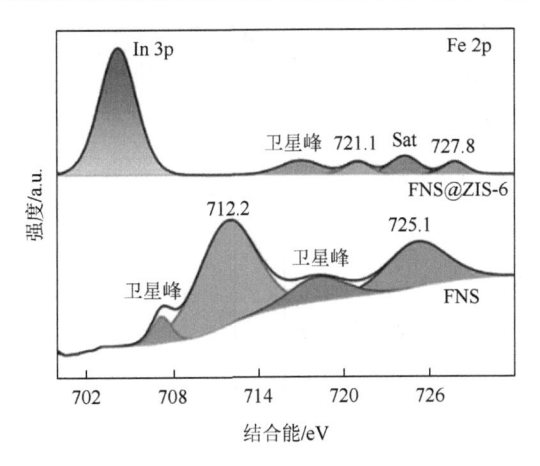

图 4-26 ZIS（ZnIn$_2$S$_4$）、FNS（FeNi$_2$S$_4$）和 FNS@ZIS-6 样品的 S 2p、Ni 2p 和 Fe 2p 的 XPS 谱图[5]

通过这些分析，研究者进一步证实了 FNS@ZIS 异质结的元素组成和化学价态，为理解其光催化性能提供了重要依据。这一发现为设计高效光催化剂，促进可持续能源的开发利用提供了新思路。

6. 原位 XPS 研究光照下电荷转移方向

在温和条件下，通过光催化氧化甲烷（CH$_4$）生成高价值化学品是一种可持续且有吸引力的途径，但仍面临转化率和选择性的问题。在可见光（420nm）照射下，钯（Pd）原子助催化剂和氧空位（O$_V$）在 In$_2$O$_3$ 纳米棒上的协同作用显著提高了 O$_2$ 对 CH$_4$ 的光催化活化效果。

Luo 等分别在黑暗和光照条件下使用原位高分辨率 XPS 研究了电荷转移方向[图 4-27（a）、(b)][6]。值得注意的是，Pd$_{0.1}$-def-In$_2$O$_3$ 的高分辨率 Pd 3d XPS 谱显示出非常弱的 Pd 信号[图 4-27(c)]，其中心（约 336.0eV）位于 Pd^0（335.38eV）和 Pd^{2+}（336.55eV）之间。解卷积峰表明，Pd^0 和 Pd^{2+} 的相对含量分别为 58%和 42%，这表明 Pd 的价态为 Pd^0 和 Pd^{2+} 的混合物。然而，由于原位 XPS 谱（Thermo ESCALAB 250Xi 型仪器）检测灵敏度的限制，Pd$_{0.1}$-def-In$_2$O$_3$ 在光照射下的原位 XPS 无特征信号［图 4-27（d）］。因此，研究者采用了 Pd 含量更高（0.284wt%）的 Pd$_{0.3}$-def-In$_2$O$_3$，通过原位 XPS 测试来研究 Pd 的作用。

在无光照条件下，Pd$_{0.3}$-def-In$_2$O$_3$ 的氧化态主要接近于 Pd^0，表明在高剂量的 K$_2$PdCl$_4$ 前驱体下 Pd 发生了聚集。Pd 3d XPS 谱呈现出一个有趣的现象，即最强峰从黑暗中的 335.77eV 左移到 20min 辐照下的 336.03eV，再到 40min 辐照下的 336.29eV。进一步延长照射时间后，比较 40min 和 60min 光照下的 XPS 峰，没有出现进一步的左移。这种向更高结合能的左移表明，在光照射下 Pd 表现出更强的正价，提示 Pd 在光照下作为空穴受体的作用。

这些结果表明，Pd 和氧空位在 In$_2$O$_3$ 纳米棒上的协同作用对 CH$_4$ 的光催化氧化具有重要意义，通过调节光照条件可以进一步优化催化剂的性能。

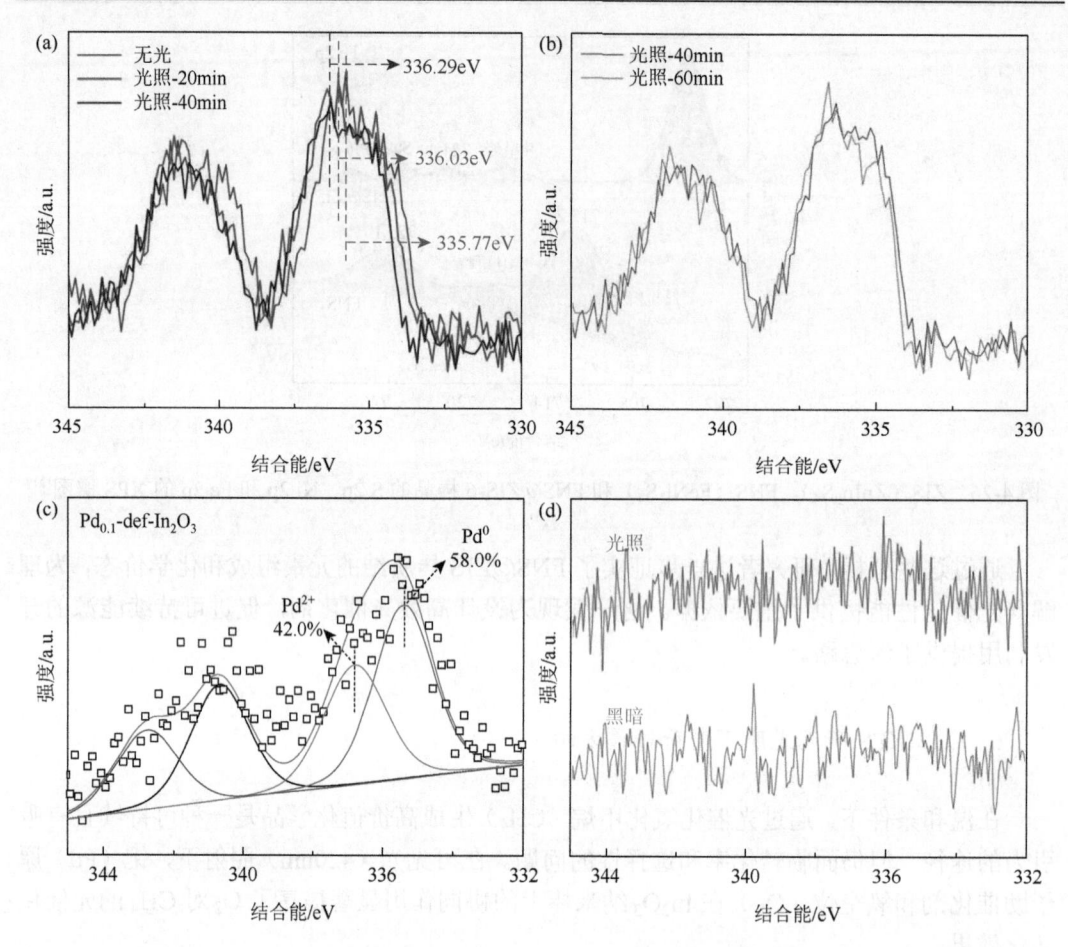

图 4-27 （a）Pd$_{0.3}$-def-In$_2$O$_3$ 在黑暗和长时间光照射下的原位 Pd 3d XPS 谱图；（b）Pd$_{0.3}$-def-In$_2$O$_3$ 在光照 40min 和 60min 条件下的原位 Pd 3d XPS 谱图；（c）Pd$_{0.1}$-def-In$_2$O$_3$ 的 Pd 3d XPS 谱图；（d）极低 Pd 含量 Pd$_{0.1}$-def-In$_2$O$_3$ 在黑暗和光照下的原位 XPS 谱图[6]

7. XPS 分析光催化反应中催化剂表面价态的变化

近年来，光催化产氢引起了科学界的极大关注。这是因为氢能是最清洁的能源，而太阳能可以直接从阳光中获取，无需额外的能源消耗。因此，光催化 H$_2$ 产物的研究备受关注。Zhang 等通过 XPS 分析了 CuTi-LDH 纳米片在光催化产氢反应中金属价态的变化及其对高效氢氧还原反应的影响[7]。

如图 4-28（a）所示，原位高分辨率 Ti 2p XPS 数据显示，在黑暗条件下，可以观察到两个典型的峰，分别位于约 458.35eV 和 464.15eV 处，对应于 Ti 2p$_{3/2}$ 和 Ti 2p$_{1/2}$，这与 Ti^{4+} 在 TiO$_2$ 中的价态一致。在 30min、60min 和 90min 的光照射下，这两个主峰的位置几乎没有变化。在高分辨率 Cu 2p XPS 中也可以观察到类似的趋势。如图 4-28（b）所示，位于约 933.7eV 和 953.6eV 处的峰分别对应于 Cu 2p$_{3/2}$ 和 Cu 2p$_{1/2}$，表明 Cu^{2+} 在 CuO 中的价态。在约 943.9eV 和 962.4eV 处也存在 Cu 2p$_{3/2}$ 和 Cu 2p$_{1/2}$ 的卫星峰，这些特征峰的位置也没有明显变化。

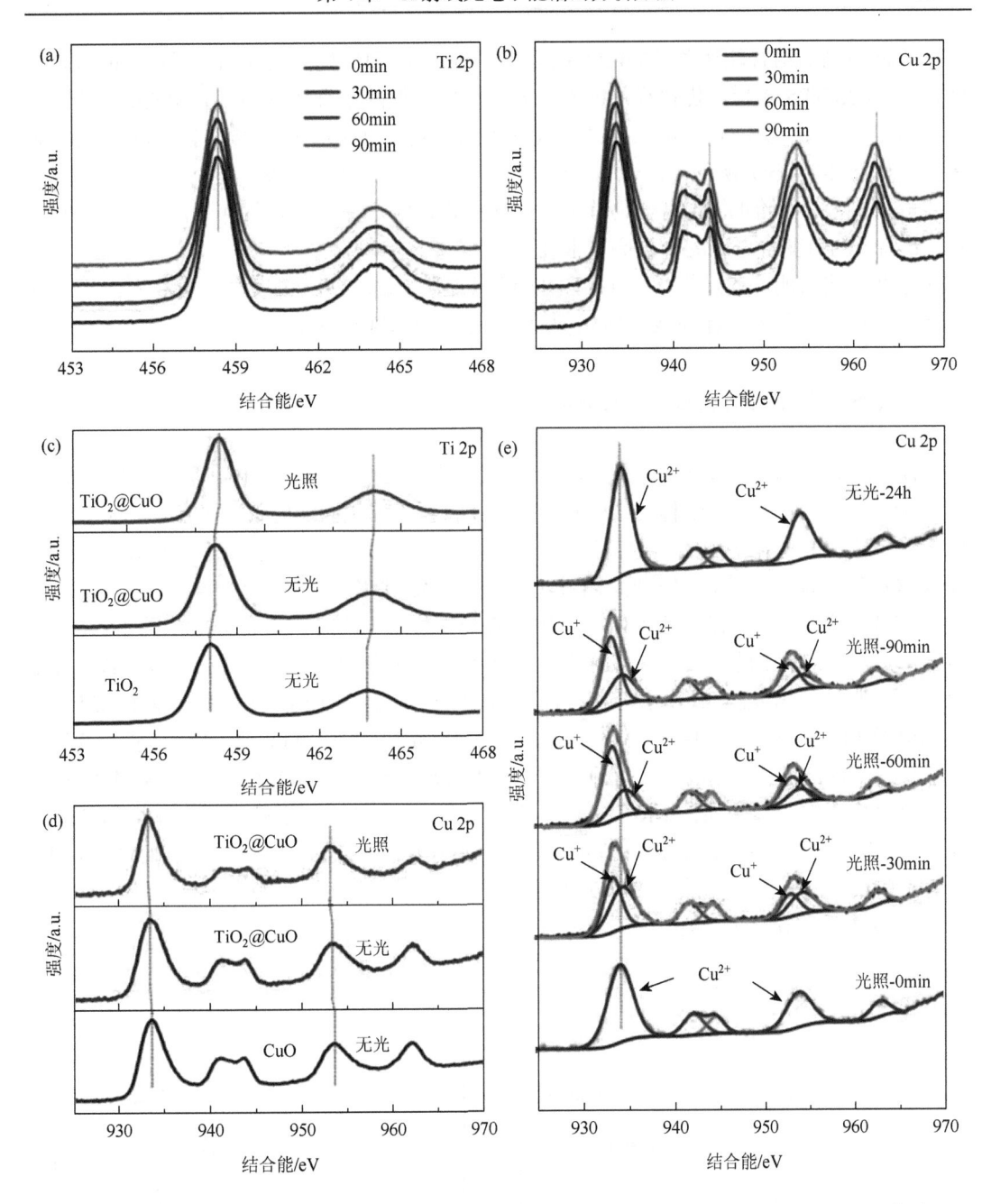

图 4-28 不同条件下 TiO$_2$ 及 CuO@TiO$_2$ 的 XPS 谱图：(a) TiO$_2$ 的原位高分辨率 Ti 2p XPS 谱图；(b) CuO 的原位高分辨率 Cu 2p XPS 谱图；(c) TiO$_2$ 及 TiO$_2$@CuO 在有/无光照射条件下的高分辨率 Ti 2p XPS 谱图；(d) CuO 及 TiO$_2$@CuO 在有/无光照射条件下的高分辨率 Cu 2p XPS 谱图；(e) 在有/无光照射条件下的高分辨率 Cu 2p XPS 谱图[7]

相反，图 4-28（c）比较了纯 TiO$_2$ 和优化样品的高分辨率 Ti 2p XPS 谱。两个典型的 Ti 2p 峰向更高的结合能移动，表明 Ti 离子倾向于失去电子。在光照射条件下，这两个峰进一步向更高的结合能移动。图 4-28(d)显示了纯 CuO 和优化样品的高分辨率 Cu 2p XPS 谱。与 Ti 2p XPS 相反，优化样品的 Cu 2p 主峰向较低的结合能移动，表明 Cu 离子倾向于获得电子。图 4-28（c）和（d）共同验证了在光照下电荷从 TiO_2 转移到 TiO_2@CuO 纳米片。如图 4-28（e）所示，在没有光照的情况下，高分辨率 Cu 2p XPS 显示出 Cu^{2+} 的两个主峰。具有 +1 价的 Cu 离子具有更好的光催化性能。在光照射条件下，从+2 到+1 价的 Cu 离子的可变价态有助于提高光催化 H_2 的产率。

这些结果表明，通过优化 CuTi-LDH 纳米片的金属价态，可以显著提高光催化产氢的效率。这一发现为设计高效光催化剂提供了新的思路和方法。

8. XPS 分析催化剂表面存在的缺陷位点

Bi_2MoO_6（BMO）是一种独特的三元层状二维（2D）光催化材料，但纯 BMO 的光催化活性较低。尽管缺陷工程已成为调控 BMO 材料光催化性能的基本方法，但揭示亚表面金属缺陷在光催化剂中的作用仍然具有挑战性。Chen 等制备了富含亚表面 Mo 空位的 Bi_2MoO_6 催化剂，并利用 XPS 揭示了其中存在的 Mo 缺陷[8]。

XPS 结果显示，Bi $4f_{5/2}$ 和 Bi $4f_{7/2}$ 的中心峰分别位于 164.3eV 和 159.0eV[图 4-29（a）]，这表明体相 BMO 中的 Bi 为 +3 氧化态。在富 Mo 空位的 BMO（V_M-BMO）中，Bi^{3+} 的峰位置没有明显变化，证实其化学价态与体相 BMO 相似。体相 BMO 中 232.2eV 和 235.4eV 处的峰分别归属于 Mo $3d_{5/2}$ 和 Mo $3d_{3/2}$，而在 V_M-BMO 中，Mo^{6+} 吸收峰左移了 0.2eV[图 4-29（b）]。值得注意的是，在两个样品中也观察到 Mo^{5+} 在 231.3eV 和 234.4eV 处的峰，这是由于钼酸盐中通常 Mo^{5+}/Mo^{6+} 共存。通过 XPS 的定量分析，体相 BMO 的 Bi：Mo 摩尔比为 1.9，而 V_M-BMO 的 Bi：Mo 摩尔比为 3：1。这些结果表明，V_M-BMO 中存在 Mo 缺陷。此外，V_M-BMO 的稳态光致发光强度高于体相 BMO，进一步表明 V_M-BMO 中结构缺陷的增加。

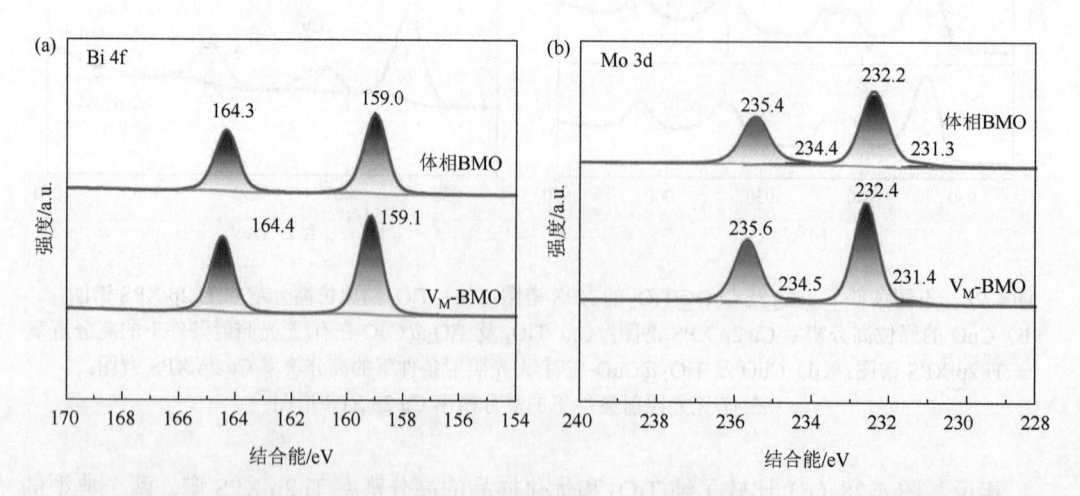

图 4-29 体相 BMO 和 V_M-BMO 的 XPS 谱图：(a) Bi 4f 轨道；(b) Mo 3d 轨道[8]

综上所述，研究结果显示了亚表面 Mo 缺陷在提高 Bi_2MoO_6 光催化性能中的重要作用。这一发现为进一步设计和优化高效光催化剂提供了新的思路和方法。

9. XPS 分析催化剂氧空位数量

氧化锌是一种环保、低成本且含量丰富的 n 型半导体材料，具有相对较宽的带隙（3.37eV）和较高的激子结合能（60meV）。由于其独特的电学、催化学和压电特性，氧化锌已广泛应用于光电探测器、催化剂、气体传感器和场发射器等领域。在氧化锌晶格中引入氧缺陷可以降低导带的最低能级，从而提高氧化锌的光吸收性能。研究证明，氧缺陷能有效地提高纳米氧化锌在光催化反应中的催化活性。氧缺陷是由氧原子从金属氧化物晶格中逃逸而形成的空位。氧化锌晶体中氧空位的产生和调控已成为研究的热点之一。因此，确定纳米氧化锌中氧缺陷的含量对于优化其性能至关重要。

Lei 等使用 XPS 分析氧化锌催化剂中的氧空位数量[9]。6 个氧化锌样品的高分辨率 O 1s XPS 谱如图 4-30 所示。氧化锌的 O 1s 谱在 530.5eV、531.3eV 和 532.3eV 处各有一个峰。在 530.5eV 处的低结合能峰属于六方纤锌矿结构中的晶格氧（O_L）。在 531.3eV 处的中等结合能峰被分配给氧化锌的氧空位（O_V）。高结合能峰在大约 532.3eV 处，与氧化锌纳米颗粒的吸附氧（O_A）有关。通过对 O 1s 区域的归一化处理，得到各样品中氧空位的比例：ZnO-1 为 8.79%，ZnO-2 为 14.38%，ZnO-3 为 19.56%，ZnO-4 为 20.37%，ZnO-5 为 21.30%，ZnO-6 为 25.25%。这些实验数据验证了成功合成具有不同氧空位含量的氧化锌纳米颗粒。

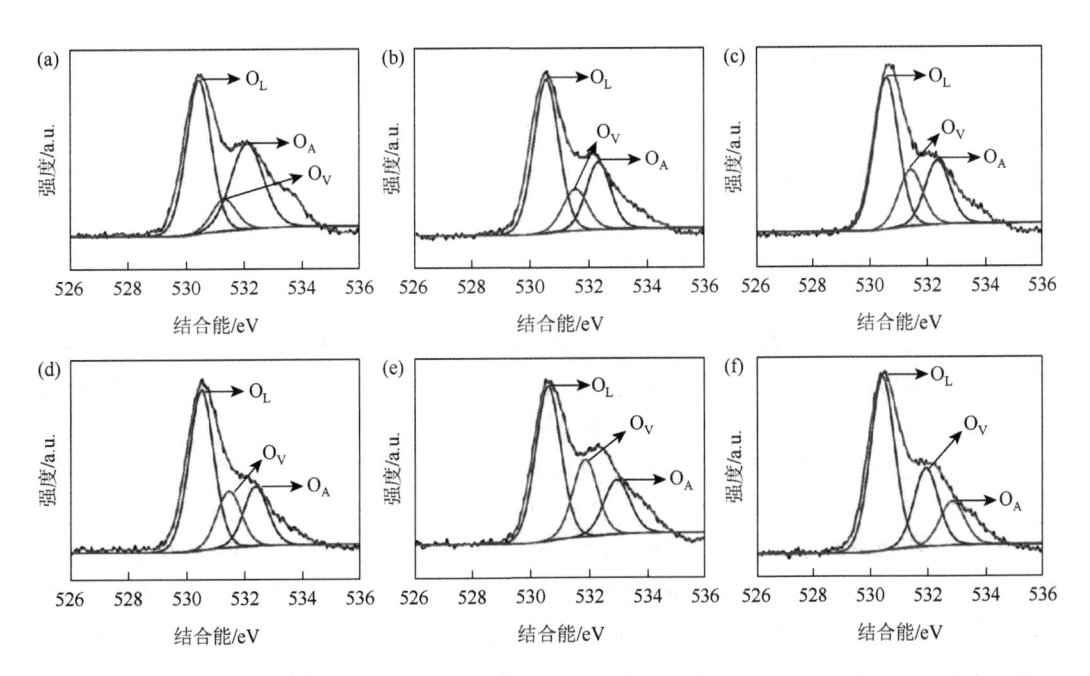

图 4-30 不同 ZnO 样品的高分辨率 O 1s XPS 谱图：(a) ZnO-1；(b) ZnO-2；(c) ZnO-3；(d) ZnO-4；(e) ZnO-5；(f) ZnO-6[9]

上述结果表明，通过调控 PVP 含量，可以有效调整氧化锌纳米颗粒中的氧空位含量，从而优化其性能。这为开发高效光催化剂提供了重要的参考依据。

10. XPS 分析双金属催化剂中 Ni 和 Ru 的价态

使用氨原位催化制氢被认为是一种为质子交换膜燃料电池提供燃料的有趣方法。Lucentini 等使用 XPS 分析了双金属催化剂中 Ni 和 Ru 的价态[10]。图 4-31 展示了 5Ni$_1$Ru/CeO$_2$ 的 Ce 3d、Ni 2p 和 Ru 3p 的 XPS 谱。Ni 2p$_{3/2}$ 信号的反卷积 [图 4-31（a）] 显示在 854.3eV 和 855.9eV 处有两个峰，分别对应于 Ni^{2+}（96.6%）和 Ni^{3+}（3.4%），以及它们在更高结合能下的伴随峰。Ru 3p$_{3/2}$ 信号的反卷积 [图 4-31（b）] 显示在 460.9eV 和 462.8eV 处有两个峰，分别对应于金属 Ru（25.4%）和 Ru^{4+}（74.6%），以及更高结合能下的伴随峰。在双金属催化剂中，处于还原态的 Ni 和 Ru 的比例要大得多。而在单金属催化剂中，Ni^{2+} 和 Ni^{3+} 分别占总 Ni 的 75.8% 和 24.2%，并且只发现了 Ru^{4+} 和 Ru^{6+}，未发现金属 Ru。这可以解释为双金属催化剂中 Ni 和 Ru 之间存在强相互作用。

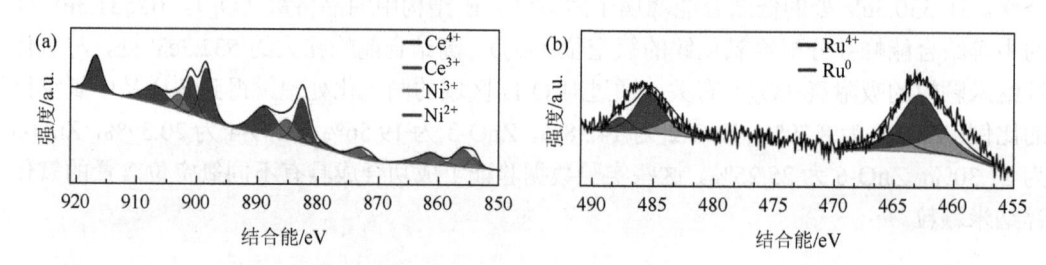

图 4-31　5Ni$_1$Ru/CeO$_2$ 催化剂的 XPS 谱图：（a）Ce 3d、Ni 2p；（b）Ru 3p[10]

这些结果表明，双金属催化剂中的 Ni 和 Ru 通过相互作用更容易保持在还原态，从而有助于提高其催化性能。这一发现为开发高效的氨原位制氢催化剂提供了新的思路。

11. XPS 研究酸处理后催化剂表面含氧物质的变化

甲烷是天然气的主要成分，因丰富度和高能量密度（55MJ/kg），在能源和化学品生产中具有重要地位。然而，天然气的利用一直受到长途运输气体形式的困扰。将甲烷部分氧化为液体氧化物，如甲醇和甲酸，被认为是一种有效利用天然气的有前途的方法，因为它可以促进运输和储存，并减轻二氧化碳排放。然而，传统的阳极氧化存在过度氧化和析氧反应（OER）的竞争问题。

为了解决这些问题，Kim 等提出了阴极侧的电辅助甲烷部分氧化（EMPO），并使用酸处理后的碳粉作为催化剂，通过 XPS 研究酸处理后碳粉表面含氧物质的变化（图 4-32）[11]。酸处理后的碳粉（a-KB）的 C 1s 谱可以解卷积成以下几种成分：284.8eV 处的石墨碳（C—C），285.9eV 处的非晶碳缺陷，286.8eV 处的碳单结合氧（C—O）缺陷，288.8eV 处的碳结合两个氧原子（—COOH）缺陷，以及 291.2eV 处的芳香环中的碳（π-π*

跃迁)。O 1s 峰的解卷积产生了两个峰：533.7eV 处的氧与碳的双键结合（C═O），532.1eV 处的氧与碳的单键结合（C—O）。C 1s 和 O 1s 信号均表明，经过酸处理后，碳粉中含有更多的 C—O 和 C═O 官能团（如 C—OH、C—O—C 和 O═C—OH）的含氧物种数量增加。

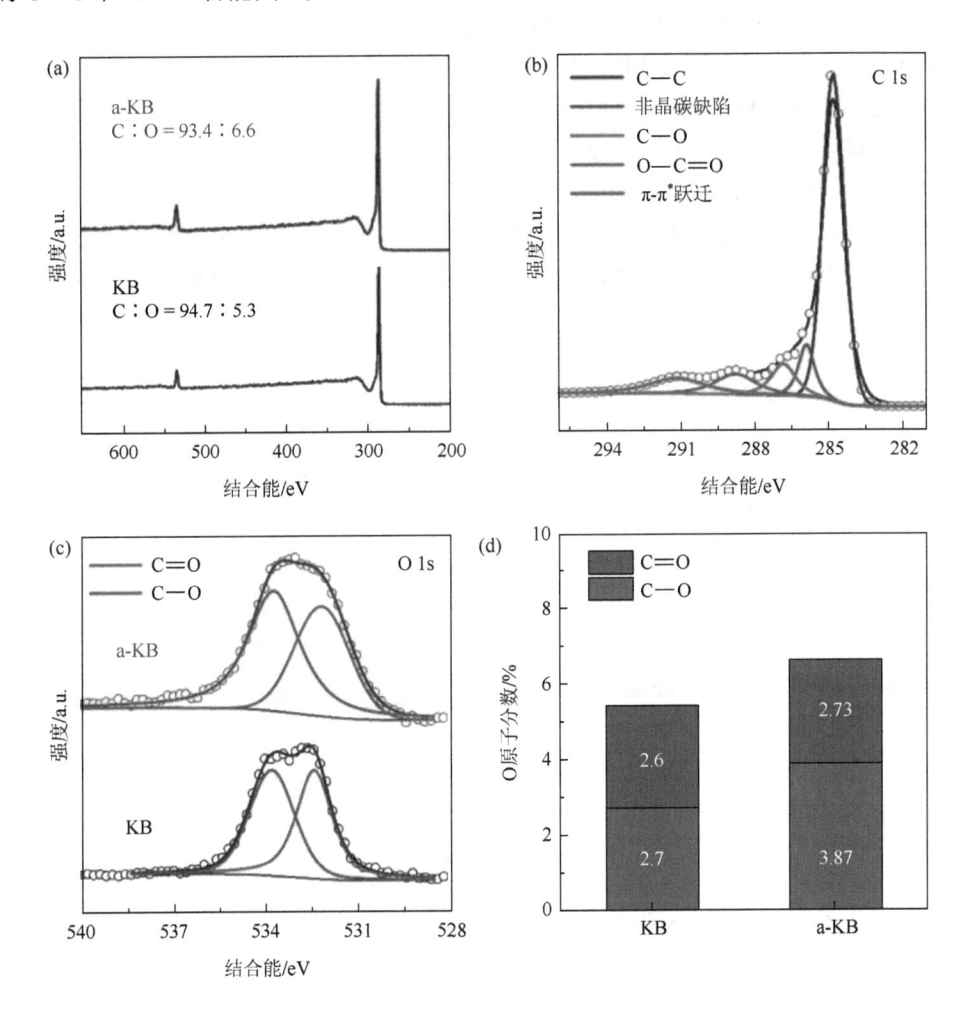

图 4-32　(a) KB 和 a-KB 的 XPS 全谱；(b) a-KB 的 C 1s 谱；(c) KB 和 a-KB 的 O 1s 谱；(d) KB 和 a-KB 中 C—O 和 C═O 官能团的含量[11]

这些结果表明，酸处理有效增加了碳粉表面的含氧官能团，有助于提高其在电辅助甲烷部分氧化过程中的催化性能。这一研究为开发更高效的甲烷部分氧化催化剂提供了新的思路。

12. XPS 分析不同 N 物种对 ORR 的活性贡献

含氮碳材料负载的金属（M-NC）催化剂是目前最有可能取代铂碳的非贵金属催化剂之一。在 M-NC 催化剂中，不可避免地会发现各种 N 物种，如吡啶-N、吡咯-N、石墨-N

和季铵盐-N 等。大多数研究认为,过渡金属(M)结合的氮(M-N$_x$)和吡啶-N 对氧还原反应(ORR)的促进作用相等,而石墨-N 则通过增强导电性有利于 ORR。通常认为,与过渡金属结合的 N 物种包括吡啶-N 和吡啶-N 基团。N 和 M-N$_x$ 中的 M 之间的化学键导致电子环境的差异,吡啶-N、吡咯-N 和 M-N$_x$ 之间的关系尤为明显。因此,了解不同 N 物种对 M-NC 催化剂的不同甚至相反的贡献,对于设计和合成新型催化剂具有重要意义。

Li 等使用 XPS 分析了 Fe-NC 催化剂中不同 N 物种对 ORR 活性的贡献[12]。在图 4-33(a)中,Fe-NC600 的高分辨率 N 1s XPS 谱显示了吡咯-N 的存在。从图 4-33(b)可以看出,Fe-NC700 的活性远高于 Fe-NC600,季铵盐-N 的变化较小(影响可以忽略不计)。同时,尽管吡啶-N 被认为是提高 ORR 活性的有利活性中心,Fe-NC700 的吡啶-N 含量低于Fe-NC600,但其活性仍优于 Fe-NC600。这种差异可归因于 Fe-NC600 中吡啶-N 的抑制作用。

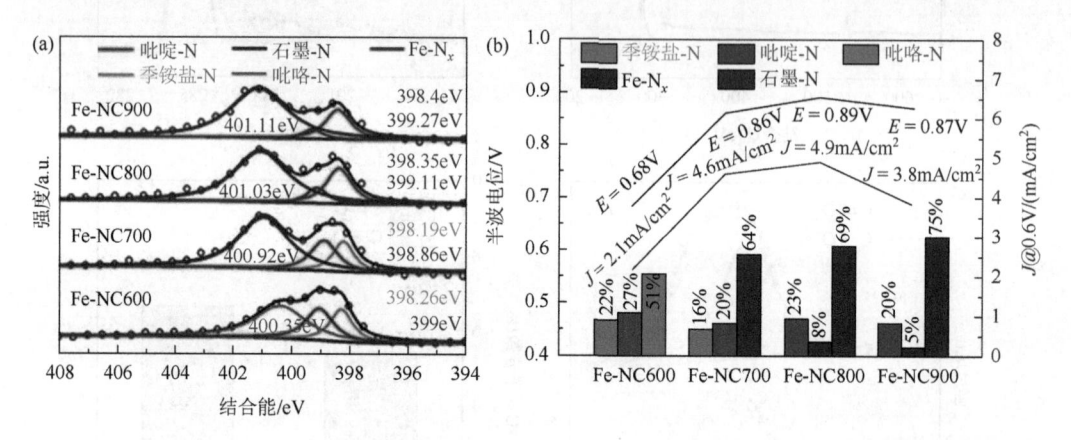

图 4-33 (a)不同煅烧温度下 Fe-NC 催化剂的 N 1s 谱图;(b)Fe-NC 催化剂中不同 N 物种的含量与 ORR 性能的关系[12]

随着温度的升高,石墨-N 的峰值位置发生了位移,对应于 N 和 C 结合能的变化,导致电子结构排列的变化。Fe-NC800 的半波电位比 Fe-NC700 高 30mV,表明 Fe-NC800 中含有 N 元素可以与游离的 Fe^{2+} 配位,从而显著提高催化活性,主要归因于 Fe-N$_x$ 的形成。Fe-NC900 中 Fe-N$_x$ 含量降低了 3%,吡啶-N 含量降低了 3%,石墨-N 含量增加了 6%(导电性好,可以提高催化活性),总活性降低了 20mV,进一步说明 Fe-N$_x$ 的形成对催化剂活性有显著影响。

这些结果表明,不同 N 物种对 M-NC 催化剂的 ORR 活性有不同甚至相反的影响,重新定义这些 N 物种的贡献对设计高效催化剂具有重要意义。

13. XPS 揭示 CeO$_2$-Co$_3$O$_4$ 提升 OER 性能的本源

可持续制氢是氢能利用的关键技术。将太阳能或风能与水电解相结合是一种前景广阔的可持续制氢方案。随着电能供应的增加,这一方案变得越来越重要。然而,水电解的能量效率主要受限于析氧反应（OER）的过电位。OER 是一个固有的缓慢过程，因为它涉及四个质子耦合的电子转移和氧-氧键的形成。迄今为止，最活跃的 OER 催化剂是基于 Ir 和 Ru 的氧化物，但它们价格昂贵且相对稀缺。因此，探索基于地球丰富元素的高活性 OER 催化剂引起了人们的极大研究兴趣。

Yang 等通过 XPS 研究揭示了 CeO_2 纳米颗粒沉积在 Co_3O_4 表面以提高 OER 性能的原因[13]。图 4-34 显示了 CeO_2-Co_3O_4/CF 样品的高分辨率 Co $2p_{3/2}$ 和 Ce 3d XPS 谱。对于所有 CeO_2-Co_3O_4/CF 样品，Co $2p_{3/2}$ 峰可以解卷积成 Co^{3+} [(779.4±0.1)eV] 和 Co^{2+} [(781.0±0.1)eV] 组分，这与 Co_3O_4 中的混合氧化态一致。Co_3O_4/CF 和 CeO_2-Co_3O_4/CF 样品中 Co^{3+}/Co^{2+} 的面积比分别为 1.3 和 1.4，表明表面 CeO_2 沉积促进了表面 Co 的平均氧化态。在拟合误差范围内，电化学诱导沉积过程中的电流密度对 Co^{3+}/Co^{2+} 比没有显著影响。

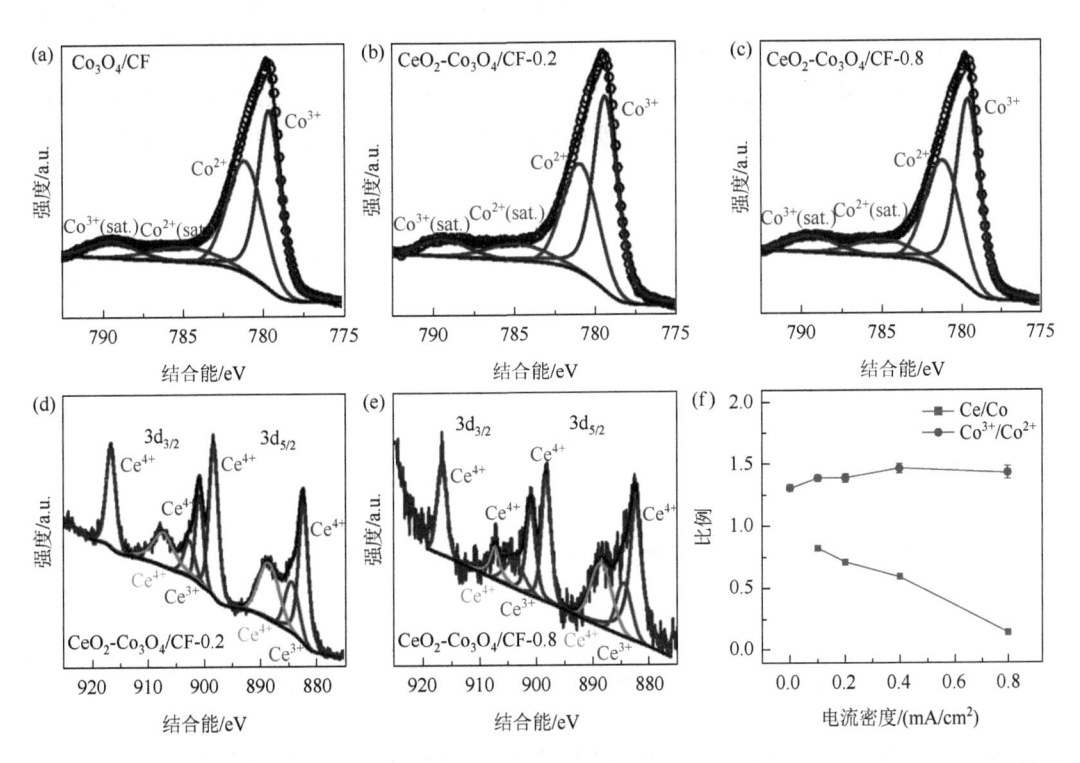

图 4-34　不同样品的 XPS 谱图：(a)～(c) CeO_2-Co_3O_4/CF 样品的 Co 2p 谱图；(d)、(e) Ce 3d 的高分辨率 XPS 谱图；(f) 在电化学诱导的 $Ce(OH)_3$ 沉积过程中，在不同电流密度下获得的 CeO_2-Co_3O_4/CF 样品的 Ce/Co 和 Co^{3+}/Co^{2+} 的比值[13]

高分辨率 Ce 3d 谱中包含了几个 Ce 的自旋轨道耦合峰。大多数观察到的峰起源于 Ce^{4+}，同时也观察到了与 Ce^{3+} 物种对应的峰。Ce 的可变氧化态源自萤石氧化铈晶格中的氧空位，这已被证明对储氧性能非常重要，并且能够促进许多催化氧化反应的性能。

这些 XPS 结果表明，CeO_2 的引入提高了 Co_3O_4 表面 Co 的氧化态，进而增强了 OER 性能。这为设计和开发高效、地球丰富元素基 OER 催化剂提供了新的思路。

14. XPS 分析 RuO$_2$/CoO$_x$ 催化剂

RuO$_2$是电解水中析氧反应（OER）最活跃的电催化剂之一。然而，根据 RuO$_2$的 Pourbaix 图，RuO$_2$在 OER 条件下是热力学不稳定的。为了突破这一限制，研究人员通过构建 RuO$_2$/CoO$_x$界面，提高了 RuO$_2$在中性和碱性环境中的稳定性和活性极限。结果证明，新型 RuO$_2$/CoO$_x$催化剂的稳定范围显著超出了块体 RuO$_2$的 Pourbaix 极限。该设计为实现可持续电化学能源技术的稳定提供了新的途径。

Du 等通过原位 XPS 监测了 RuO$_2$/CoO$_x$复合催化剂在中性环境中 OER 过程中的稳定性[14]。值得注意的是，280.9eV 处的 Ru 3d XPS 峰在施加的电位从 1.0V（vs. RHE）增加到 2.0V（vs. RHE）时，变化可以忽略不计 [图 4-35（a）]。详细的定量分析显示，从 1.0V（vs. RHE）变化到 2.0V（vs. RHE），Ru^{3+}和 Ru^{4+}物种几乎以相同的百分含量共存 [图 4-35（b）]。即使在 2.0V（vs. RHE）下，仍有 9%的 Ru^{3+}留在 RuO$_2$/CoO$_x$混合物中。考虑到 RuO$_2$的平均粒径约为 2nm，界面 Ru 原子与总 Ru 原子的理论比例应约为 15%。这一比例与原位 XPS 结果中 Ru^{3+}物种的含量一致 [图 4-35（b）]，表明构建的界面对稳定杂化物中的 RuO$_2$起到关键作用。

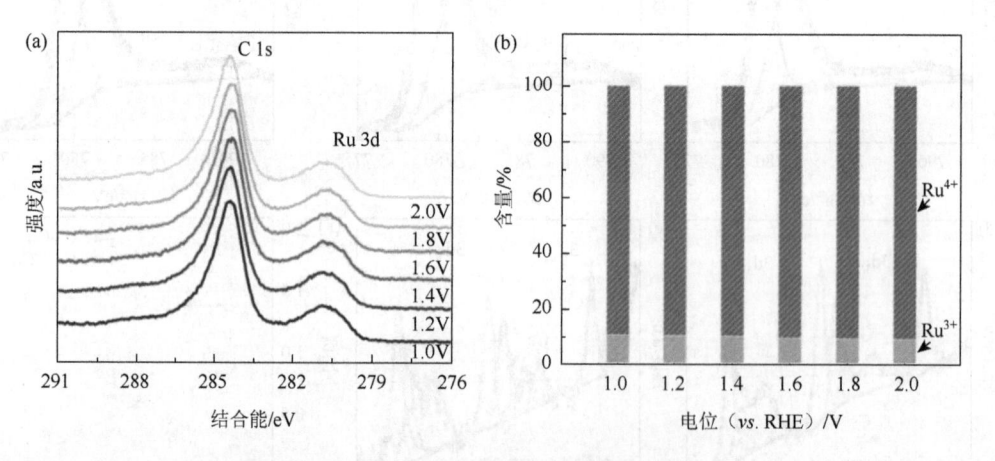

图 4-35 RuO$_2$/CoO$_x$复合催化剂在 OER 过程中的原位稳定性研究：在 1.00～2.00V（vs. RHE）施加电位期间记录的原位 Ru 3d XPS 谱（a）和相应的 Ru^{3+}和 Ru^{4+}含量（b）[14]

通过这种设计，RuO$_2$/CoO$_x$催化剂不仅提高了 RuO$_2$的稳定性，还增强了其在中性和碱性环境中的 OER 性能，为开发高效、稳定的电化学催化剂提供了新的思路。

15. XPS 分析 NF@Co$_x$P 和 NF@Co$_x$P-300 中 Co 和 P 的化学价态

氢能作为一种清洁高效的绿色能源，在未来社会中将扮演不可或缺的角色，实现其大规模、低成本的制备成为当前的重要挑战和研究热点。成本低廉、来源丰富的过渡金属磷化物被认为是一类极具潜力的能量转化和储存材料。然而，过渡金属磷化物在合成过程中存在制备难度大、副产物危害大、制备条件苛刻等问题。

Chen 等应用 XPS 分析研究了 NF@Co$_x$P 和 NF@Co$_x$P-300 中 Co 和 P 的化学价态[15]。如图 4-36（a）所示，NF@Co$_x$P-300 中 Co 原子 2p 轨道的高分辨率 XPS 谱显示出一对卫星峰，该卫星峰是过渡金属元素特有的，其结合能高于 Co 金属（781.62eV），表明 Co$_x$P 化合物中的 Co 带有正电荷。图 4-36（b）展示了 NF@Co$_x$P-300 中 P 原子 2p 轨道的高分辨率 XPS 谱。通过拟合，得到了 CoP（128.51eV）、Co$_2$P（129.80eV）、氧化的 Co$_x$P 表面（131.62eV）和 Co$_2$P$_4$O$_{12}$（133.60eV）的 P 的轨道峰。P 的结合能通常为 130.20eV，与 CoP 和 Co$_2$P 的分别相差 1.69eV 和 0.40eV，表明 Co$_x$P 化合物中的电子云倾向于 P 原子，使其带有负电荷。通过拟合，可以确定 Co$_x$P-300 中 CoP、Co$_2$P 和 Co$_2$P$_4$O$_{12}$ 的 P 百分比分别为 61.16%、17.16% 和 8.58%。

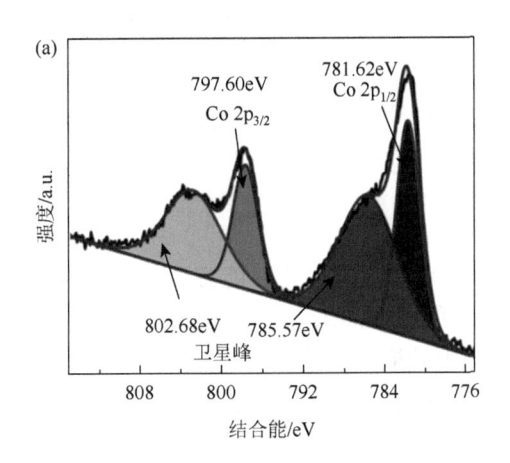

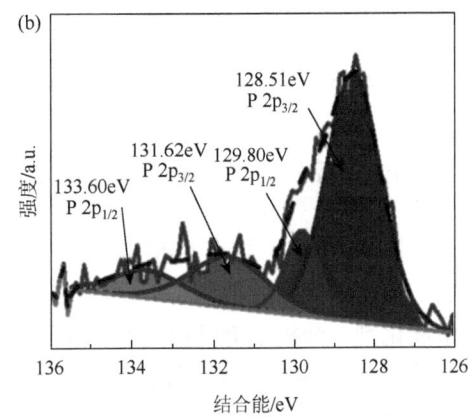

图 4-36　NF@Co$_x$P-300 中 Co 2p（a）和 P 2p（b）的高分辨率 XPS 谱[15]

通过这些分析表明 NF@Co$_x$P 材料中超亲水-超疏气纳米阵列结构显著提升了其电解水催化析氢性能，为开发高效、环境友好的电解水催化剂提供了新思路。

16. XPS 定量分析 Ni$_3$B@NiB$_{0.72}$ 和 Ni$_3$B@NiB$_{2.74}$ 表面元素的比例

发展绿色、高效的合成氨方法一直是研究人员孜孜以求的目标。电化学合成氨（eNRR）具有反应条件温和与可再生等优势，但仍存在氮气活化难和氨选择性低等问题。Li 等提出了一种通过多种技术耦合逐步解决固氮难题的新策略，并使用 XPS 定量分析硼镍催化剂表面元素的比例，结果如图 4-37 所示[16]。通过 XPS 定量测试发现，煅烧前和煅烧后的表面硼镍含量比（B/Ni）分别为 0.72 和 2.74，因此将样品命名为 Ni$_3$B@NiB$_{0.72}$ 和 Ni$_3$B@NiB$_{2.74}$。XPS 分析还表明，相比于煅烧前样品，Ni$_3$B@NiB$_{2.74}$ 表面 Ni 的价态降低，而 B 的价态升高，证明了 B 的引入导致表面电子从 B 位点向 Ni 位点转移，进而调控了 Ni 的电子结构和催化特性。

该方法直接以廉价的空气和水作为合成氨的原料，表现出独特的高效性和实用性。通过有效的元素比例调控和电子结构优化，为电化学合成氨提供了新的思路和方法。

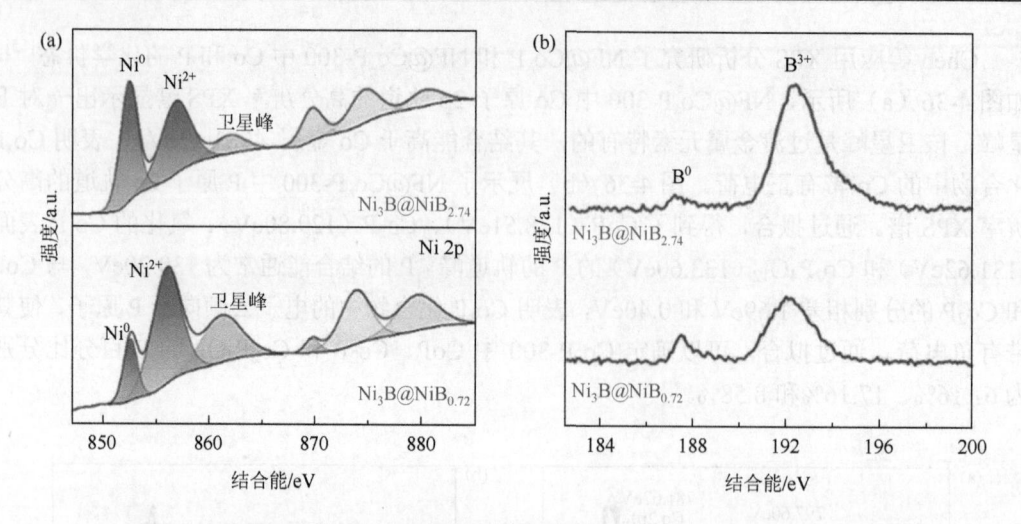

图 4-37　Ni$_3$B@NiB$_{0.72}$ 和 Ni$_3$B@NiB$_{2.74}$ 的 XPS 谱图：(a) Ni 2p；(b) B 1s[16]

17. XPS 分析金属-载体相互作用和电荷转移

强金属-载体相互作用（SMSI）在稳定活性金属和调整催化性能方面具有重要意义，因此在非均相催化领域得到了广泛关注，但 SMSI 的原理尚未完全揭示。本小节以 Pt/CeO$_2$ 为模型催化剂，分析了 Pt 与 CeO$_2$(110)平面界面上的嵌入结构。

Yu 等使用 X 射线光电子能谱（XPS）研究了 Pt-Ce 相互作用对电子结构的影响，结果如图 4-38 所示[17]。这些测试样品的 Pt 4f$_{7/2}$ 轨道在约 71.3eV 和 72.4eV 处出现了两个峰，分别归因于 Pt^0 和 Pt$^{\delta+}$ 物种。这表明在界面处电子从 Pt 转移到了载体上。与 Pt/CeO$_2$(100) 相比，Pt/CeO$_2$(110)样品中带正电的铂物种（Pt$^{\delta+}$）的摩尔比更大，且结合能逐渐升高，这表明紧密的嵌入界面结构产生了更强的界面电荷转移。

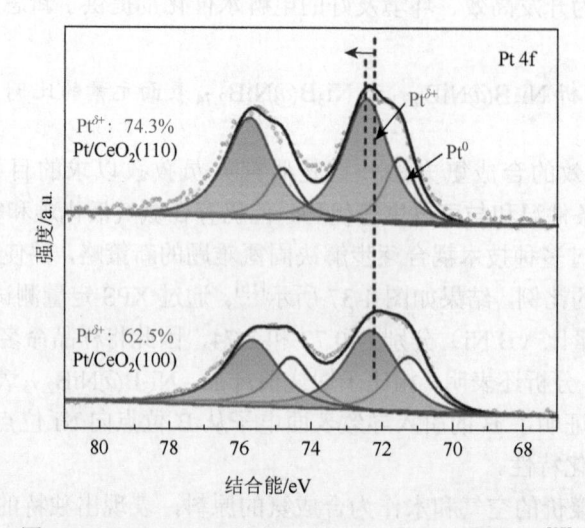

图 4-38　Pt/CeO$_2$(110)和 Pt/CeO$_2$(100)的 Pt 4f XPS 谱[17]

18. XPS 分析 Pd/CeO$_2$ 价态变化及氧空位的含量

CeO$_2$ 具有显著的氧化还原活性和丰富的氧空位，在工业上有着广泛的应用。大多数关于 SAs-CeO$_2$ 催化剂的研究都采用静态和非原位模式进行表征。为了研究催化剂在制备和反应过程中的稳定性与表面结构之间的相关性，Hu 等通过原位 X 射线光电子能谱（XPS）和原位近大气压 XPS（NAP-XPS）分析了不同 CeO$_2$ 晶面上 Pd 物种的价态变化[18]。Pd 3d 的原位 XPS 谱图如图 4-39 所示。根据 Pd 3d$_{5/2}$ 结合能，Pd 物种可归属为金属 Pd（335.5eV）和氧化 Pd（336.5eV）。当温度升高时，Pd 氧化物成为主要形式；在 150℃ 时，33.5% 的 Pd 转变为金属形式。相反，对于 Pd$_1$/CeO$_2$(100)，在 25℃ 下，42.5% 的 Pd 以 Pd—O 形式存在，其余为 PdO$_x$Cl$_y$；在 150℃ 时，所有 Pd 都以 PdO 形式存在，且整个过程中未形成金属 Pd。

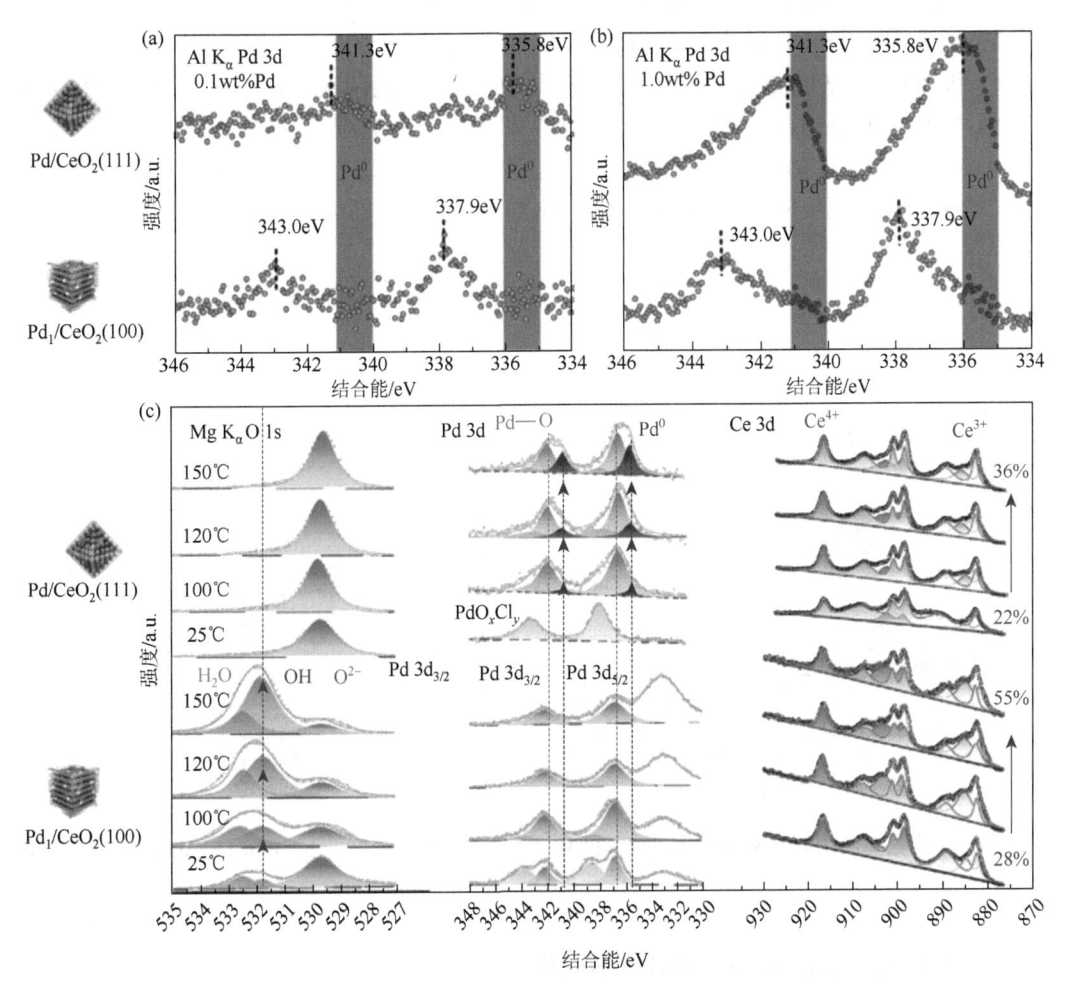

图 4-39 不同条件下 Pd/CeO$_2$ 的 XPS 谱图和原位 XPS 谱图：0.1wt%（a）和 1.0wt%（b）的 Pd 3d XPS 谱图；(c) O 1s、Pd 3d 和 Ce 3d 在 5%H$_2$/Ar 中不同温度下的原位 XPS 谱图[18]

此外，由于 Na⁺（来自 NaOH）参与了 CeO_2 的制备，并且在原位 XPS 测试中使用了 Mg $K_α$ 辐射，因此在 Pd 3d XPS 谱图中发现了归因于 Na KLL 的 333.0eV 处的峰。通过观察 $Pd_1/CeO_2(100)$ 中的 Ce 3d 信号，发现 Ce^{3+} 的比例从 28% 增加到 55%，与氧空位相邻的 Ce 原子的化合价降低，这与推断非常一致。另外，在原位 XPS 实验中，$Pd/CeO_2(111)$ 形成的氧空位较少，Ce^{3+} 在 Ce 3d 带中的比例从 22% 增加到 36%。由于电荷效应，$Pd/CeO_2(111)$ 的 Ce 3d 信号在 25℃ 时受到干扰，因此在相同条件下重新收集了 25℃ 的数据。相反，还原后 $Pd/CeO_2(100)$ 中的 Ce^{3+} 比例要高得多。

19. XPS 定量分析负载型金属催化剂元素的价态含量

钨（W）基催化剂在甘油转化过程中选择性氢解 C—O 键为二级醇，这一重要且具有挑战性的领域得到了广泛研究。其产物 1,3-丙二醇（1,3-PDO）在聚酯工业中具有重要价值。本小节应用 XPS 分析了 $Pt/Al-WO_x$ 催化剂中 W 物种的价态。

Yang 等使用 XPS 定量分析了负载型金属催化剂中元素的价态含量[19]。图 4-40 显示了 Pt/WO_x 和 $Pt/0.1Al-WO_x$ 催化剂的 W 4f 谱。光谱可以拟合为两组，W $4f_{7/2}$ 结合能（BE）分别约为 35.6eV 和 35.1eV，可分别归因于 W^{6+} 和 W^{5+}。在 $Pt/0.1Al-WO_x$ 催化剂表面，$W^{5+}/(W^{5+}+W^{6+})$ 的比例为 50%，略低于 Pt/WO_x 催化剂的 42%。这表明，$Pt/0.1Al-WO_x$ 催化剂中的 W^{6+} 物种在 H_2 中的还原程度比 Pt/WO_x 催化剂中更高，并形成了更多的氧空位。

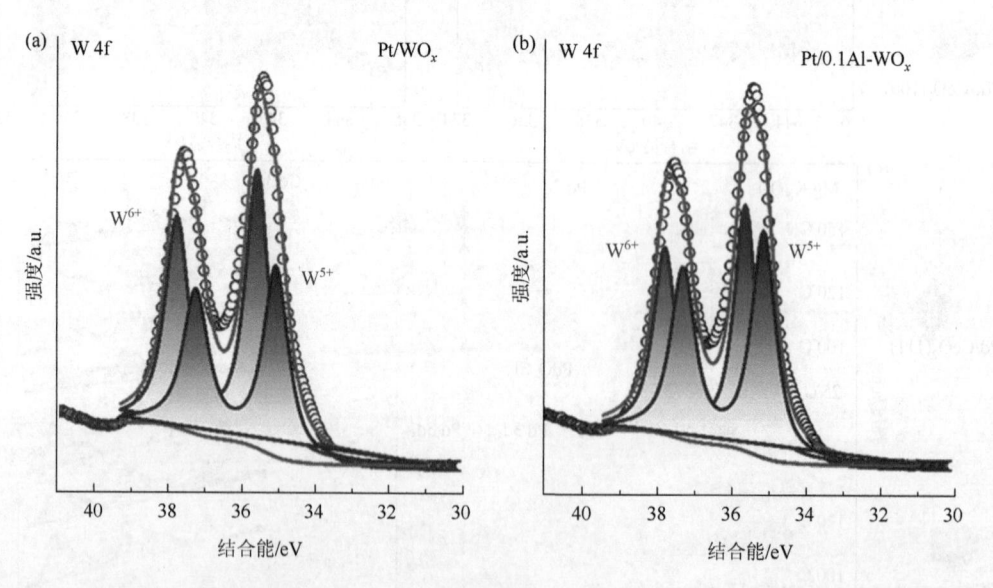

图 4-40 不同钨基催化剂的 XPS 谱图：(a) Pt/WO_x 催化剂 W 4f 谱图；(b) $Pt/0.1Al-WO_x$ 催化剂 W 4f 谱图[19]

20. XPS 分析表面 Ni 中心的性质和结构

在生物质转化领域，催化糠醛及其衍生物转化为高附加值的 C_5 分子备受关注。本小节研究了一系列 PrO$_x$ 促进的 Ni/Al$_2$O$_3$ 催化剂上将四氢糠醇选择性氢解为 1,5-戊二醇的过程。研究探讨了催化性能、PrO$_x$ 的促进作用以及 Ni 和 PrO$_x$ 物种的作用。通过 XPS 方法对催化剂的表面性质和结构进行了研究，这些结果为活化环醚键和设计以镧系氧化物为载体的异相催化剂提供了有用的知识。

Wang 等使用 XPS 分析了催化剂的表面性质和结构，结果如图 4-41 所示[20]。还原催化剂主要显示与 Ni^{2+} 物种相关的 Ni 2p$_{3/2}$ 信号（约 855.5eV），与 Ni^0 相关的信号较小且较弱（约 853.0eV）。此外，结合能为 858~866eV 的宽卫星峰可能与 NiO 和 Ni$_2$O$_3$ 物种有关。与其他两种催化剂相比，NiPr$_{1.2}$/Al$_2$O$_3$ 的表面成分显示出更多的 Ni^0 物种（Ni^0 与 Ni^{2+} 物种的摩尔比约为 8.8%），这表明其表面有更多的氢活化位点。在 XPS 测试期间，通过氩离子溅射原位处理的 NiPr$_{1.2}$/Al$_2$O$_3$ 中，Ni^0 的比例明显增加到 19.4%。据推测，在原位 XPS 分析过程中，一部分还原活性 Ni^0 不可避免地会被轻微氧化。

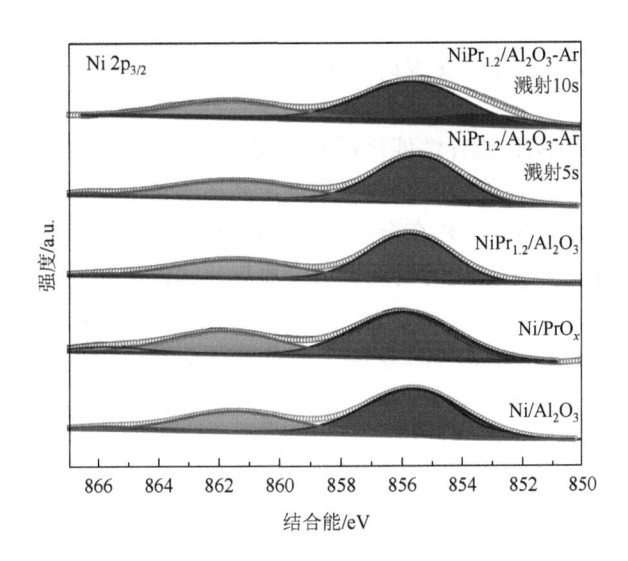

图 4-41 还原型 Ni/Al$_2$O$_3$、Ni/PrO$_x$ 和 NiPr$_{1.2}$/Al$_2$O$_3$ 的 Ni 2p XPS 谱图[20]

21. XPS 分析负载型金属催化剂元素的价态信息

甘油是生物柴油生产过程中的副产品，因此，人们广泛研究如何利用甘油这一多功能平台分子生产高附加值化学品。将甘油转化为 1,3-丙二醇具有重要意义。Zhao 等设计了 Pt/WO$_x$/α-Al$_2$O$_3$ 催化剂，用于甘油转化，并应用 XPS 技术分析了催化剂表面元素的价态信息[21]。

如图 4-42（a）所示，WO$_x$/α-Al$_2$O$_3$ 中显示出两组分别对应 W^{5+} 和 W^{6+} 的 XPS 峰，且表面 W^{5+} 和 W^{6+} 的浓度比为 0.81。Pt 4d XPS 谱[图 4-42（b）]显示，与 Pt/α-Al$_2$O$_3$ 相比，Pt/WO$_x$/α-Al$_2$O$_3$ 中 Pt 4d 的结合能呈现负偏移。XPS 结果表明，负载 WO$_x$ 物种后，铂的电子结构由于 WO$_x$ 物种的影响发生显著变化，这进一步证明了 Pt 和 WO$_x$ 在 α-Al$_2$O$_3$ 表面的电子相互作用。

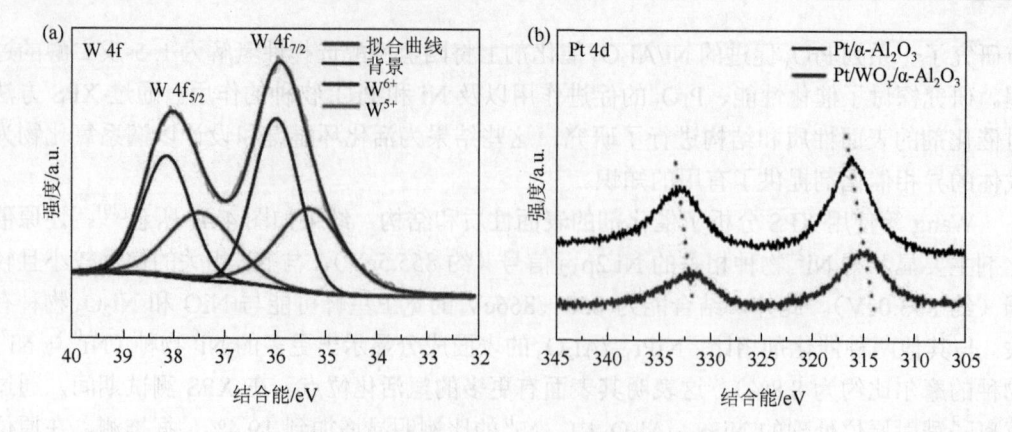

图 4-42　Pt/WO$_x$/α-Al$_2$O$_3$ 催化剂的 XPS 谱图：(a) WO$_x$/α-Al$_2$O$_3$ 的 W 4f XPS 谱图；(b) Pt/α-Al$_2$O$_3$ 和 Pt/WO$_x$/α-Al$_2$O$_3$ 的 Pt 4d XPS 谱图[21]

22. XPS 分析 NO$_x$ 反应中催化剂的氧化还原能力

NO$_x$ 脱除通常采用 NH$_3$ 选择性催化还原（SCR）法。目前的研究重点是开发具有增强低温 NO$_x$ 转化和抗中毒性能的高性能催化剂，其核心在于平衡活性位点的酸性和氧化还原能力，以提高其本征活性。P 在金属氧化物催化剂中的作用仍存在争议。在 NH$_3$ 选择性催化还原 NO$_x$ 的过程中，如何精确调节金属氧化物催化剂的酸性和氧化还原性能也是一个巨大的挑战。

Zhang 等使用 XPS 分析了 NO$_x$ 反应中催化剂的氧化还原能力，结果如图 4-43 所示[22]。Ce 3d 谱中位于 903.9eV 和 885.0eV 处的峰代表 Ce^{3+}，其余峰代表 Ce^{4+}。原始

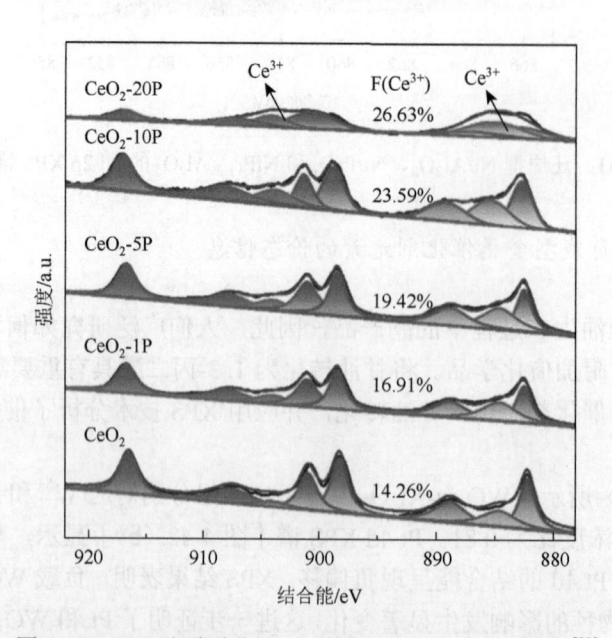

图 4-43　CeO$_2$ 和磷酸化 CeO$_2$ 催化剂的 Ce 3d XPS 谱图[22]

CeO_2 催化剂的 Ce^{3+}/Ce 比值最低，为 14.26%。随着 P 含量的增加，CeO_2-1P（16.91%）、CeO_2-5P（19.42%）、CeO_2-10P（23.59%）和 CeO_2-20P（26.63%）的 Ce^{3+} 比值逐渐增大。这表明 P 的引入增加了 Ce^{3+} 的量，这是由于 CeO_2 上形成的磷酸盐改变了 Ce 的状态，导致氧化还原能力下降。与 CeO_2 相比，磷酸化 CeO_2 中 Ce 的结合能向更高值移动，表明 Ce 与 P 之间存在电子诱导效应。然而，大量引入 P 会减弱电子相互作用，导致 Ce 的平均价态降低，从而破坏其氧化能力。

O 1s XPS 谱解卷积成两个特征峰，分别属于 O_α（化学吸附氧）和 O_β（晶格氧）。CeO_2 中 O_α 的含量仅为 29.53%。P 促进催化剂中 O_α 含量从 36.95%（CeO_2-1P）增加到 64.87%（CeO_2-5P），说明 PO_4^{3-} 贡献了额外的 O_α 部分。随着 P 负载量的增加（≥10wt%），P 抑制催化剂中 O_α 的比例，从 57.51%（CeO_2-10P）下降到 14.43%（CeO_2-20P），表明 O_α 的形成受到抑制，这可能是由于 CeO_2 表面覆盖了更多的磷酸盐。

通过对 CeO_2 和磷酸化 CeO_2 催化剂的 SEM-EDS 和 XPS 谱的分析，得到了其体相和表面的元素分布。结果显示，由于磷酸盐的生成，P 主要出现在催化剂表面，影响表面 Ce 而不是体相 Ce，导致 Ce 含量降低。随着 P 负载量的增加，表面 Ce 和 O 的量明显减少，这表明磷酸盐的生成覆盖了 CeO_2，导致 CeO_2 对 O 的储存和释放能力下降。

23. XPS 分析不同化学价态 Pd 物种的含量

CH_4 的催化氧化对于充分利用清洁能源和减少温室效应具有重要意义。CeO_2 负载的 Pd 催化剂表现出优异的 CH_4 催化氧化性能。识别 Pd/CeO_2 催化剂的活性种类并了解其催化甲烷氧化的机制，对于进一步有效、合理地设计高催化活性的 Pd 基催化剂具有重要意义。然而，由于反应中涉及多种 Pd 物种，Pd/CeO_2 催化剂催化氧化 CH_4 的活性位点一直存在争议。

为了全面了解 CH_4 催化氧化的行为，必须设计结构可控的 PdO_x 催化剂，并将金属颗粒与载体之间的相互作用，催化剂表面的原子结构、电子结构与催化性能联系起来。中国科学家在甲烷高值转化领域取得重大的原创性突破，引领着该研究领域的发展。Chen 等为了研究催化剂表面上 Pd 元素的价态，并找出其与催化性能之间的关系，采用 X 射线光电子能谱（XPS）对 Pd 物种进行分析，并在图 4-44 展示了 Pd/CeO_2 催化剂的 Pd 3d XPS 谱[23]。对于所有样品，Pd 3d XPS 谱经高斯拟合后由两个主要双峰组成，代表两种不同的 Pd 态。Pd $3d_{5/2}$ 峰的结合能在 336.8~337.3eV 之间被归因为 Pd^{2+} 的特征峰（PdO_x 纳米颗粒或团簇），而在更高结合能 337.5~338.0eV 的信号对应于 Pd^{4+}，在棒状 CeO_2 中稳定形成了 $Ce_{1-x}Pd_xO_{2-d}$ 固溶体。图中显示，八面体 Pd/CeO_2 催化剂中存在大量 Pd^{2+}（Pd^{2+} 占 81.74%），而棒状 Pd/CeO_2 催化剂中则含有高度分散的 Pd^{4+} 掺杂在 CeO_2 晶格中（Pd^{4+} 占 83.15%）。此外，立方 Pd/CeO_2 催化剂具有 51.83% 的 Pd^{2+} 和 48.17% 的 Pd^{4+}。

可见，不同暴露晶面的 CeO_2 纳米晶与 Pd 之间的相互作用可以形成不同化学价态的 Pd 物种。

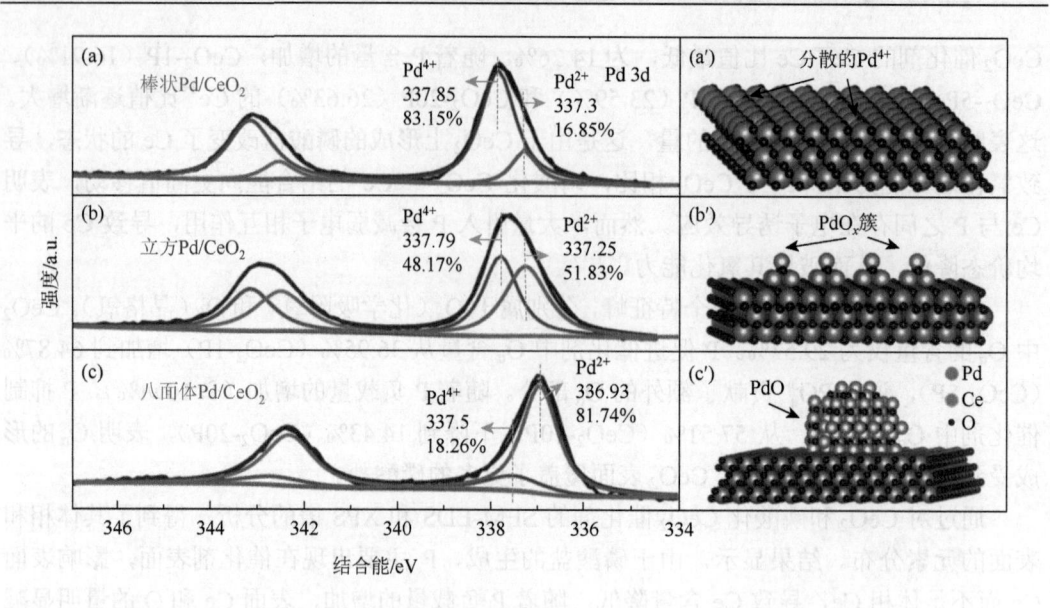

图 4-44 不同化学价态的 Pd 3d XPS 谱图及其结构模型：（a）～（c）1.4%Pd/CeO$_2$ 催化剂的 Pd 3d XPS 谱图；（a'）～（c'）具有不同 Pd 物种的 Pd/CeO$_2$ 结构模型[23]

24. 准原位 XPS 定量分析 Fe(0) 催化剂表面铁物种

在 CO$_2$ 加氢等氧化还原反应中，多相催化剂的结构通常是动态的，反应驱动的相变或表面重构是常见现象。因此，确定多相催化剂的动态结构是合理设计新型催化剂的关键。Zhu 等利用 XPS 研究了 Fe(0) 催化剂表面铁物种的化学价态，并进行了定量分析，结果如图 4-45 所示[24]。在图 4-45（a）中，Fe-1h 样品在 706.5eV 处显示一个峰，属于金属 Fe 的 2p$_{3/2}$ 峰。而在 Fe-3h 样品中，该峰向高结合能处偏移，表明 Fe(0) 逐渐发生渗碳反应，形成铁碳化物。对于 Fe-10h 样品，在约 707eV 处的峰变小，在约 710eV 处的峰变宽，表明表面铁物种被氧化。

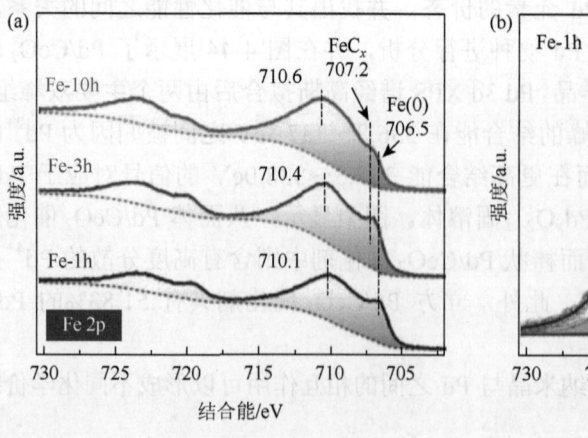

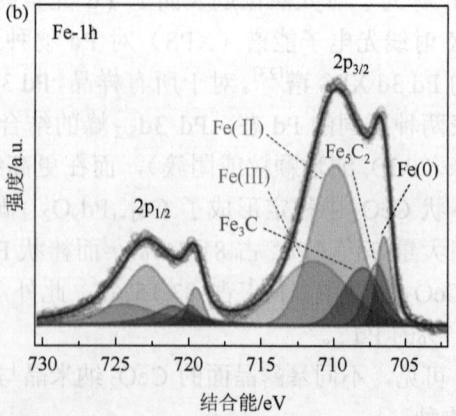

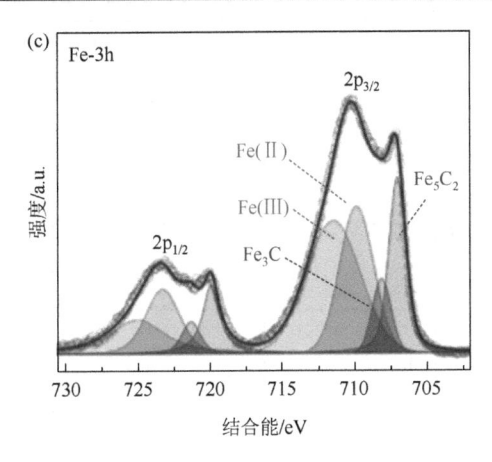

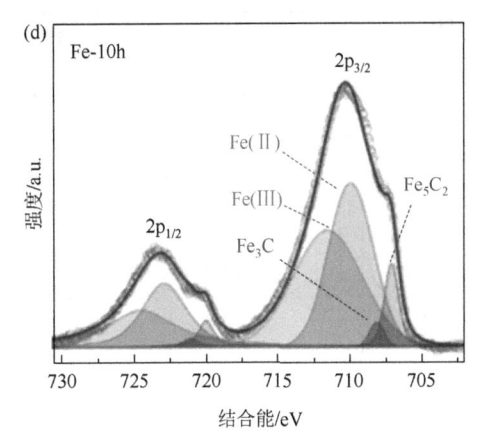

图 4-45　Fe-xh 催化剂的准原位 XPS 谱图[24]

基于 Fe 2p 的 XPS 谱图的定量分析如图 4-45（b）～（d）所示。结果表明，表面渗碳和氧化在前 1h 内发生。在 Fe-3h 样品上几乎看不到 Fe(0)峰，Fe_5C_2 的含量从 8.4%增加到 20.9%，表明 Fe 在 1～3h 内从缺碳的 Fe_3C 逐渐转化为富碳的 Fe_5C_2。对于 Fe-10h 样品，FeC_x 与 FeO_x 的比值从约 40%下降到 13%，这与表面氧化有关。

25. XPS 表征 PdCu/CZ-3 中元素的化学价态和含量

由于 CO_2 无限制排放引起的社会性担忧，对其有效利用的研究越来越受到重视。由于 CO_2 具有很高的热力学稳定性，其转化具有挑战性。然而，当使用具有高吉布斯自由能的分子氢（H_2）作为还原剂时，CO_2 的转化是可行的。利用绿色 H_2 对 CO_2 进行加氢以生产可持续化工原料和燃料是一种很有前途的 CO_2 利用方法。CO_2 加氢可产生多种化合物，包括液体燃料、低烯烃和芳烃。其中，甲醇既可直接作为燃料，又可作为制备其他化工产品的重要原料，因此得到了广泛研究。

Wang 等使用 XPS 分析研究了 $PdCu/CeO_2$、PdCu/CZ-3、$PdCu/ZrO_2$、使用过的 PdCu/CZ-3 和使用过的 $PdCu/ZrO_2$ 催化剂上 Ce、O、Pd 和 Cu 元素的化学价态。相应的 Ce 3d、O 1s、Pd 3d 和 Cu 2p 的反卷积结果如图 4-46 和表 4-2 所示[25]。图 4-46 展示了 $PdCu/CeO_2$、PdCu/CZ-3 和使用过的 PdCu/CZ-3 催化剂的 Ce 3d 反卷积结果。由于 ZrO_2 的加入，PdCu/CZ-3 和使用过的 PdCu/CZ-3 催化剂的特征峰位置向结合能较高的方向移动。PdCu/CZ-3 和使用过的 PdCu/CZ-3 催化剂的 Ce^{3+}/Ce^{4+} 比值均高于 $PdCu/CeO_2$ 催化剂（表 4-2），说明 ZrO_2 的加入能诱导更多的 Ce^{4+} 转化为活化的 Ce^{3+}。在 PdCu/CZ-3 催化剂中，较高的 Ce^{3+}/Ce^{4+} 比值有利于生成更多的氧空位，从而促进 CO_2 加氢反应过程中对 CO_2 的吸附和活化。

$PdCu/CeO_2$、PdCu/CZ-3、$PdCu/ZrO_2$、使用过的 PdCu/CZ-3、使用过的 $PdCu/ZrO_2$ 催化剂的 O 1s 反卷积结果如图 4-46(b)所示。由于 ZrO_2 的加入和 H_2 的还原作用，PdCu/CZ-3、$PdCu/ZrO_2$、使用过的 PdCu/CZ-3 和使用过的 $PdCu/ZrO_2$ 催化剂的特征峰位置向结合能较高的方向移动。PdCu/CZ-3 和使用过的 PdCu/CZ-3 催化剂表现出更高的活性氧比（O_2^{2-} 和 O^{2-}）（表 4-2），促进 CO_2 在加氢过程中的吸附和活化。

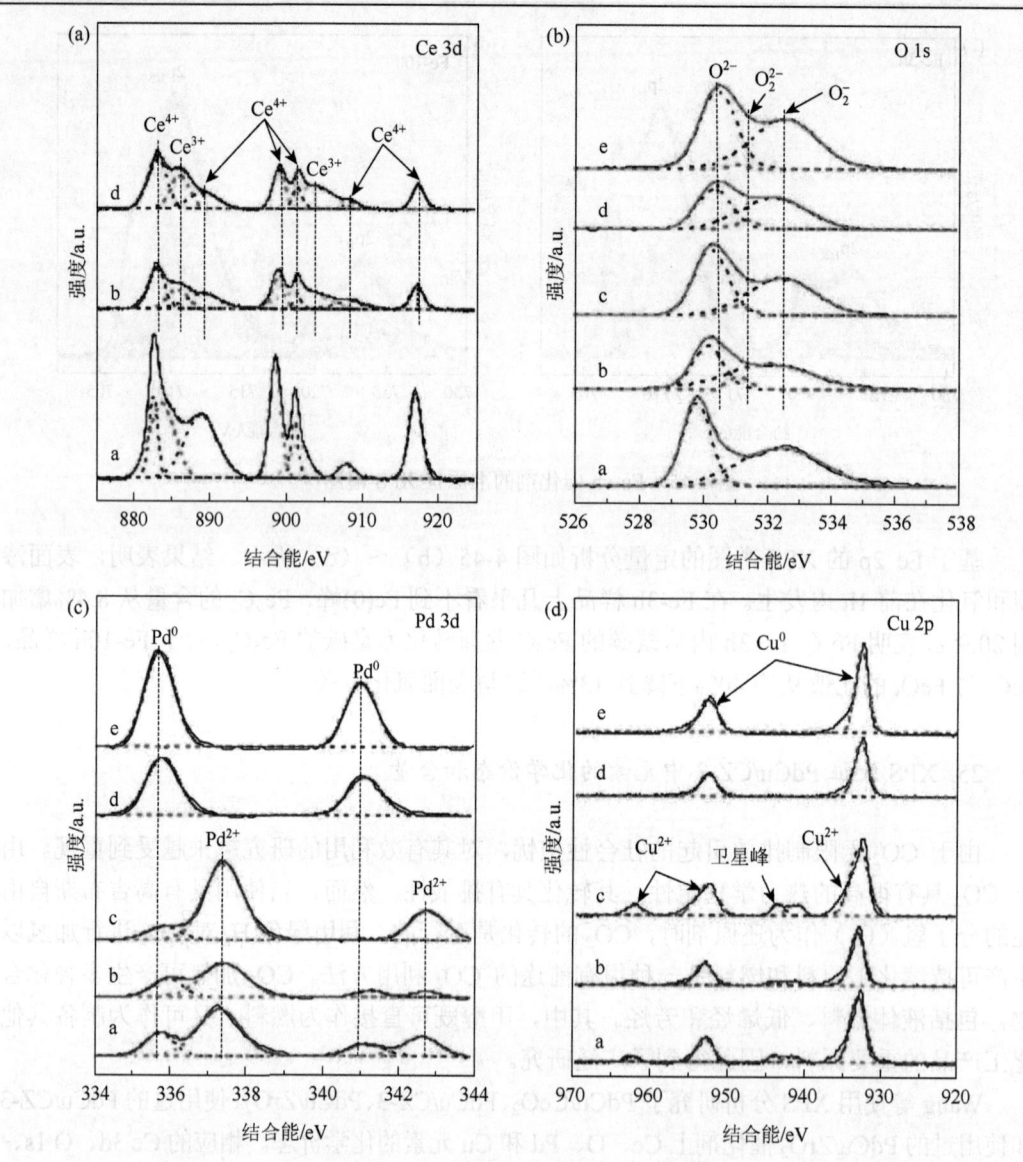

图 4-46 不同 PdCu 催化剂的 XPS 谱图：(a) Ce 3d；(b) O 1s；(c) Pd 3d；(d) Cu 2p[25]
a~e 分别为 PdCu/CeO₂、PdCu/CZ-3、PdCu/ZrO₂、使用过的 PdCu/CZ-3、使用过的 PdCu/ZrO₂

表 4-2 催化剂中 Ce 3d、O 1s、Pd 3d 和 Cu 2p 的 XPS 积分结果[25]

催化剂	Ce 物种/%			O 物种/%			Pd 物种/%			Cu 物种/%	
	Ce^{3+}	Ce^{4+}	R^a	O^{2-}	O_2^{2-}	O_2^-	Pd^0	Pd^{2+}	R^b	Cu^0	Cu^{2+}
PdCu/CeO₂	24.5	75.5	32.5	40.5	5.3	54.2	23.7	76.3	31.1	0	100
PdCu/CZ-3	35.8	64.2	55.8	34.6	9.4	56.0	31.5	68.5	46.0	0	100
PdCu/ZrO₂	—	—	—	47.7	7.8	44.5	9.4	90.6	10.4	0	100
使用过的 PdCu/CZ-3	37.2	62.8	59.2	38.0	12.1	49.9	100			100	0
使用过的 PdCu/ZrO₂	—	—	—	45.2	6.5	48.3	100			100	0

a. Ce 物种中 Ce^{3+}/Ce^{4+} 的比例；b. Pd 物种中 Pd^0/Pd^{2+} 的比例。

PdCu/CeO$_2$、PdCu/CZ-3、PdCu/ZrO$_2$、使用过的 PdCu/CZ-3 和使用过的 PdCu/ZrO$_2$ 催化剂的 Pd 3d 和 Cu 2p 反卷积结果分别如图 4-46(c) 和 (d) 所示。PdCu/CZ-3 和使用过的 PdCu/CZ-3 催化剂的 Pd 和 Cu 峰强度均弱于 PdCu/CeO$_2$、PdCu/ZrO$_2$ 和使用过的 PdCu/ZrO$_2$ 催化剂，说明 PdCu 金属在树枝状 CZ-3 复合材料表面的分散效果更好。使用过的 PdCu/CZ-3 和 PdCu/ZrO$_2$ 催化剂的金属 Pd^0 和 Cu^0 比值均为 100%（表 4-2），说明在 CO$_2$ 加氢反应条件下，一系列催化剂的 PdCu 均还原为金属态。

26. XPS 分析元素组成在反应过程中的变化

将甲烷转化为化学物质，如含氧化合物和芳烃，具有重大意义。然而，甲烷转化过程受制于 C—H 键活化的困难。使用强氧化剂会显著影响产物选择性，并伴随恶劣的反应条件。因此，甲烷通常只作为可燃气体使用。非商业化过程，如甲烷的部分氧化或氧化偶联，分别将甲烷转化为小的加氧物或 C—C 偶联产物（C$_{2+}$）。非氧化甲烷脱氢芳构化（MDA）是将甲烷转化为芳烃和 H$_2$。这一过程需要一种双功能催化剂，其活性位点能够激活 C—H 键，并且有其他位点对 CH$_x$ 物种进行脱氢/偶联。其中，Mo/HZSM-5 催化剂在 MDA 过程中得到了深入研究。有研究表明，在高温下暴露于甲烷中，Mo 中心主要转化为 Mo$_x$C，与 Brønsted 酸位点一起作为脱氢芳构化的活性中心。尽管这些催化剂对苯具有较高的选择性，但它们随着时间的推移会失活，阻碍了其进入工业应用。为此，Peters 等通过 XPS 分析研究催化剂在不同反应/再生阶段的变化，结果如图 4-47 所示[26]。

在反应气体混合物（90%CH$_4$/10%N$_2$；P = 2mbar）的连续流动下进行 NAP-XPS 测量，以了解 Mo/HZSM-5 催化剂不同氧化态的时间演化及其与活性和选择性的相关性。Mo 3d 信号归因于 Mo^{2+}、Mo^{4+}、Mo^{5+} 和 Mo^{6+} 的贡献，并对其进行解卷积。在实验开始时，样品在 127℃的纯 N$_2$ 气氛下，观察到 Mo 主要以 Mo^{6+} 存在，而 Mo^{5+} 的贡献较小。在相同温度下切换到 MDA 反应气体后，Mo^{6+} 和 Mo^{5+} 的相对浓度变化不大。将样品加热到 627℃，发现 Mo^{6+} 显著减少。在这些条件下，经过 30min 后，Mo 的组成发生了显著变化（50% Mo^{4+}、17% Mo^{5+}、33% Mo^{6+}）。在 30min 的反应中，Mo^{6+} 的减少伴随着 Mo^{4+} 的增加，表明在实际条件下已经完成了此过程。约 1h 后，Mo^{5+} 的浓度达到稳定值（约 18%），并基本保持不变，直到反应结束。同时，没有检测到任何可测量的 Mo^{2+} 形成，这表明在这个反应阶段没有 Mo$_2$C 生成。

在较长的反应时间内，Mo^{6+} 继续还原为 Mo^{5+} 和 Mo^{4+}。Mo^{4+} 的浓度持续升高，直到 6h 后保持相对不变。在约 7.5h 时，Mo^{2+} 开始形成，Mo^{6+} 的浓度进一步下降，但速度较慢。综上所述，研究证明了 Mo^{6+} 在进一步还原为 Mo^{2+} 之前，会逐步还原为 Mo^{5+} 和 Mo^{4+}，这可能会随着催化活性的持续丧失而发生。

27. XPS 分析 Cu$_2$Al 在 CTH 过程中 Cu 物种含量的变化

一般生物质能是唯一含碳的可再生能源，被认为是化石能源的有效替代品。近年来，

· 170 ·　表面分析

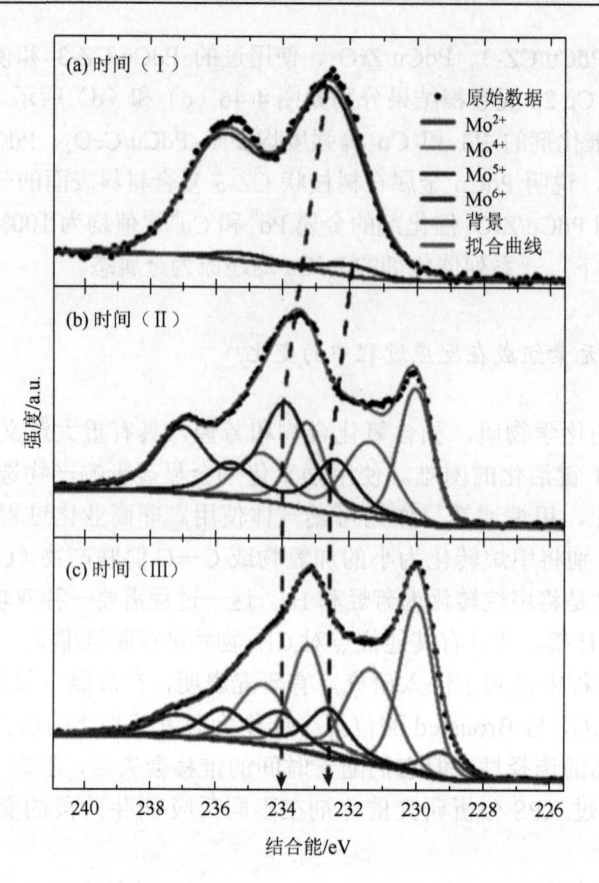

图 4-47　在不同时间采集的 Mo XPS 谱[26]

生物质快速热解合成生物油（CTH）引起了广泛关注。Shao 等使用 XPS 分析 Cu_2Al 催化剂在 CTH 过程中 Cu 物种含量的变化，结果如图 4-48 所示[27]。从 Cu_2Al 催化剂的 XPS 全谱图中可以看出，在 920~960eV 处有明显的 Cu 2p 特征峰，在 80eV 附近有明显的 Al 2p 特征峰，表明催化剂中存在 Cu 和 Al 元素。在新鲜 Cu_2Al 催化剂的 XPS 谱中，933.6eV

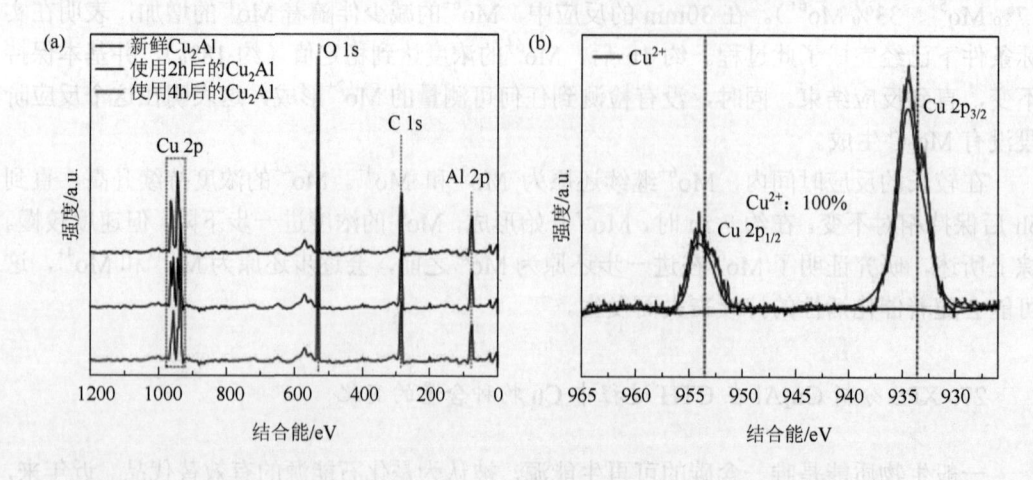

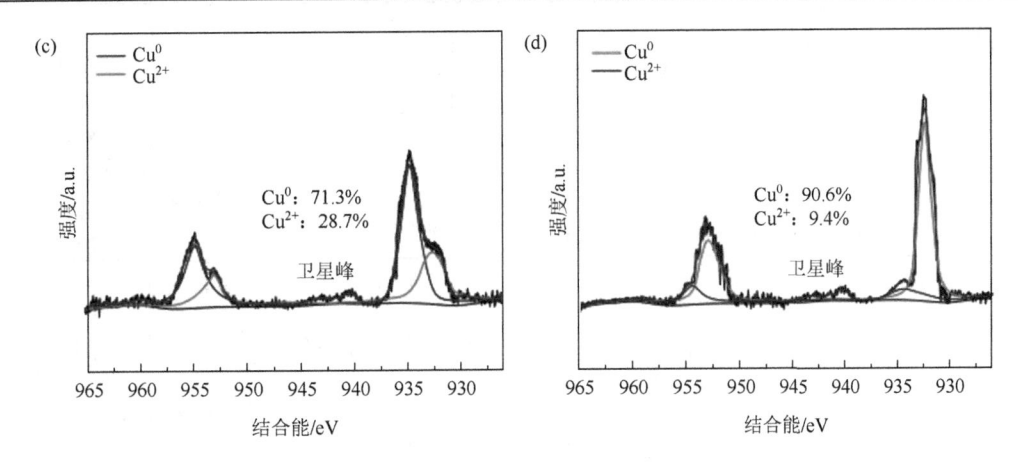

图 4-48 Cu₂Al 样品（1wt%催化剂，1MPa N₂，200℃）的 XPS 谱：（a）XPS 全谱；（b）新鲜 Cu₂Al 样品的 Cu 2p XPS 谱；（c）使用 2h 后的 Cu₂Al 样品的 Cu 2p XPS 谱；（d）使用 4h 后的 Cu₂Al 样品的 Cu 2p XPS 谱[27]

和 953.6eV 处分别出现了 Cu 2p$_{3/2}$ 和 Cu 2p$_{1/2}$ 的强伴生峰，表明样品中存在 Cu^{2+} 物质。仅观察到上述 933.6eV 和 953.6eV 的两个特征峰，说明新鲜 Cu₂Al 催化剂中的 Cu 均以 Cu^{2+} 的形式存在。

在 CTH 过程中，Cu₂Al 催化剂中的 Cu^{2+} 物质被部分还原，938.5~943.5eV 范围内的卫星峰证实了 Cu^0 的存在。随着反应时间的增加，催化剂中 Cu^0 的含量呈现明显的增加趋势。经过 4h 反应后，Cu₂Al 催化剂中 Cu^{2+} 的含量仅为 9.4%，这可能是表征前干燥过程中催化剂部分氧化所致。

总之，XPS 表征结果表明，新鲜 Cu₂Al 催化剂中的铜主要以 Cu^{2+} 形式存在，而使用后的催化剂中含有 Cu^0 和 Cu^{2+}。

28. XPS 分析 CeO₂ 中 Ce 的价态和氧空位

催化燃烧挥发性有机物（VOCs）生成 CO₂ 和 H₂O 是最有效和经济可行的 VOCs 减排技术之一。甲苯作为一种典型的 VOCs，通常被用作开发 VOCs 催化剂的模型分子。甲苯的催化燃烧活性对 CeO₂ 的形态高度敏感，因为通过控制 CeO₂ 的形态可以实现选择性的表面暴露，从而影响氧迁移率，以及 Ce^{3+} 和 Ce^{4+} 之间的氧化还原穿梭能力。这两种性质被认为是影响甲苯燃烧催化性能的主要因素。Mi 等使用 XPS 分析了 CeO₂ 中 Ce 的价态和氧空位[28]。图 4-49（a）显示了不同形貌 CeO₂ 的 O 1s XPS 谱，在 528.9eV、531.0eV 和 533.5eV 处可分解成 3 个峰，分别归因于表面晶格氧（O$_{Lat}$）、表面吸附氧（O$_{Sur}$）和碳酸盐（O$_{Car}$）。值得注意的是，CeO₂ 纳米多面体、纳米棒和纳米立方体的表面晶格氧占比分别为 46.8%、41.6%和 37.5%，与它们的催化活性顺序一致，这表明表面晶格氧在甲苯催化氧化中发挥了重要作用。

CeO₂ 中 Ce 的性质对 VOCs 的催化氧化也起着重要作用。图 4-49（b）显示了不同形貌 CeO₂ 的 Ce 3d XPS 谱。Ce 3d 的 XPS 谱可分为 Ce^{3+} 和 Ce^{4+}。879.5eV（V₀）、882.8eV

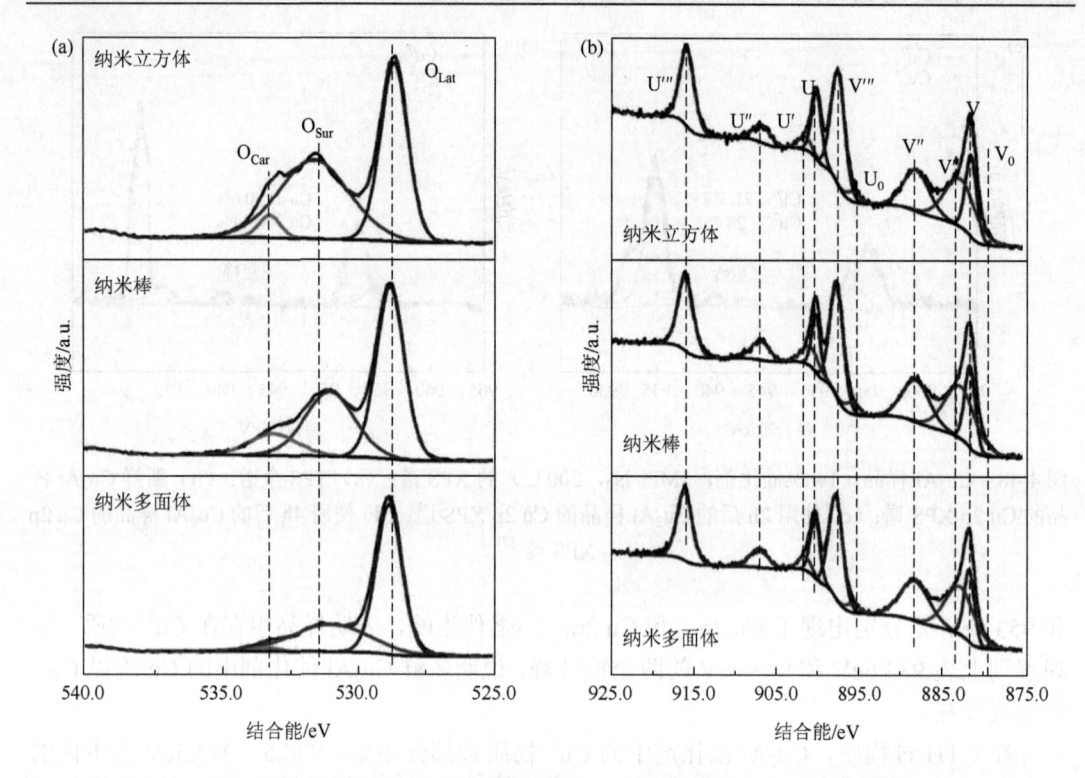

图 4-49 不同形貌 CeO₂ 的 XPS 谱图：(a) O 1s 谱；(b) Ce 3d 谱[28]

(V′)、895.7eV (U₀) 和 901.4eV (U′) 处的峰属于 Ce^{3+}，而 881.7eV (V)、888.2eV (V″)、897.7eV (V‴)、900.2eV (U)、907.0eV (U″) 和 916.1eV (U‴) 处的峰属于 Ce^{4+}。Ce^{3+} 在 CeO₂ 纳米多面体、纳米棒和纳米立方体中的原子比分别为 6.6%、6.1%和 3.9%。

一般来说，在 Ce^{4+} 转化为非化学计量 Ce^{3+} 的过程中会产生氧空位。因此，氧空位的相对浓度通常与 Ce^{3+} 阳离子的浓度成正比，并且氧空位的相对浓度也遵循 CeO₂ 纳米多面体＞纳米棒＞纳米立方体的顺序。这些结果表明，氧空位和 Ce^{3+} 的浓度对甲苯催化氧化具有重要影响。

29. XPS 用于 SA-Cu/CuMgAlO$_x$ 在 HDO 反应中的定量分析

鉴于矿物燃料的加速耗竭和对能源需求的日益增加，木质纤维素被认为是一种替代生物燃料的可持续原料。Kong 等使用 XPS 对铜酸络合催化剂（SA-Cu/CuMgAlO$_x$）在木质素衍生酚类化合物的加氢脱氧（HDO）反应中进行定量分析[29]。使用 O 1s 和 C 1s XPS 谱进一步定量表征了—OH 和—COOH 基团。在 O 1s 谱 [图 4-50 (a)] 中，结合能约为 530.2eV 的峰属于沉淀在金属框架中的晶格氧（O$_Ⅰ$）；结合能约为 531.7eV 的峰对应于表面—OH 和—COOH（O$_Ⅱ$）的化学吸附氧；结合能约为 532.7eV 的峰对应于吸附的 H₂O 或碳酸盐（O$_Ⅲ$）。

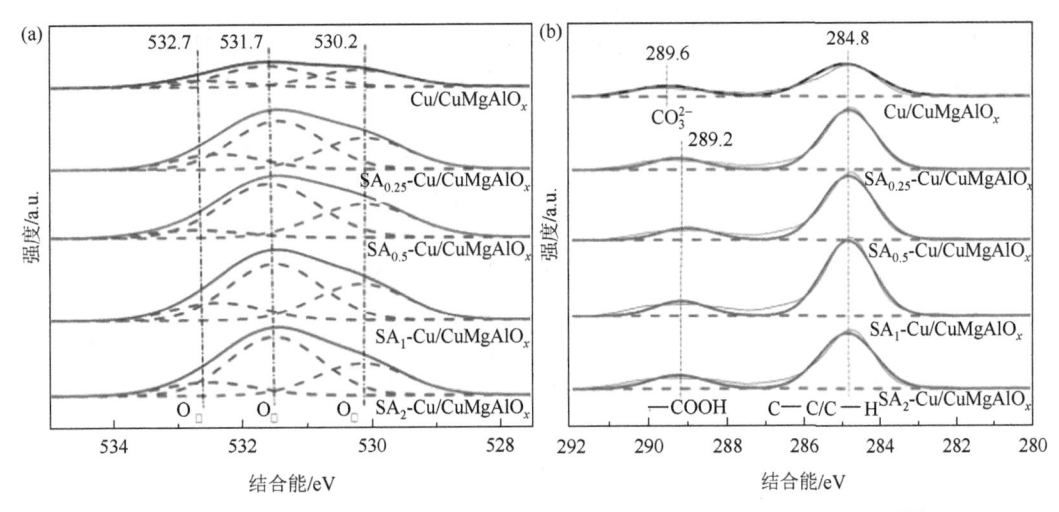

图 4-50 SA-Cu/CuMgAlO$_x$ 催化剂的 XPS 谱图:（a）O 1s 谱;（b）C 1s 谱[29]

彩色线条：平滑的信号；灰线：原始信号；虚线：拟合的峰值

30. XPS 分析 Co$_{2.0}$Ag$_{0.5}$/SiO$_2$ 表面组成

丁香醇是木质素的一种，由于其复杂的分子结构，开发高效的选择性 HDO 制环己醇的催化剂是一个挑战。本小节通过简单的初湿浸渍法合成了原位活化的钴银双金属催化剂 CoAg/SiO$_2$。在反应体系中，Ag 促进了 Co$_3$O$_4$ 的原位还原，形成含有氧空位的多晶结构复合物（CoO$_x$）。Ag 也与 Co 结合形成强酸位。CoO$_x$、氧空位、Ag 和酸位的协同作用证明了丁香醇的高效 HDO 制环己醇。CoAg/SiO$_2$ 免除了预还原处理，简化了制备和维护过程，防止了金属的严重烧结。

Liu 等使用 XPS 分析新鲜和使用过的 Co$_{2.0}$Ag$_{0.5}$/SiO$_2$ 的表面组成[30]。图 4-51 展示了新鲜和使用过的 Co$_{2.0}$Ag$_{0.5}$/SiO$_2$ 催化剂的 XPS 谱图。随着价态的增加，大多数金属的结合能都会向更高的能级移动，但 Co 和 Ag 是例外。Co^0 的 2p$_{3/2}$ 和 2p$_{1/2}$ 自旋轨道分裂峰分别在 778.4eV 和 793.4eV 附近。Co^{2+} 的峰值分别在 782.1eV 和 798.0eV 左右，卫星峰值分别在 787.9eV 和 803.6eV。Co^{3+} 的 2p 结合能介于 Co^0 和 Co^{2+} 之间。Co^{3+} 的特征峰为 Co 2p$_{3/2}$ 峰（780.3eV）和 Co 2p$_{1/2}$ 峰（795.3eV），两者能量差为 15eV。Ag 的价态越高，其结合能越低。Ag^0 的 3d$_{5/2}$ 和 3d$_{3/2}$ 自旋轨道分裂峰分别在 368.0~368.3eV 和 374.0~374.3eV，Ag$^+$ 和 Ag^{2+} 的自旋轨道分裂峰分别比 Ag^0 低 0.3eV 和 0.7eV。

从图 4-51（a）可以看出，根据分峰拟合结果，新鲜 Co$_{2.0}$Ag$_{0.5}$/SiO$_2$ 催化剂的 Co 能谱呈现出 Co^{2+} 和 Co^{3+} 两种化学价态。反应结束后，催化剂中的 Co 组分仍含有 Co^{2+} 和 Co^{3+}，即使存在 Co^0 也不明显。新鲜催化剂中 Co^{2+} 和 Co^{3+} 的峰面积之比约为 0.5:1，使用过的催化剂中 Co^{2+} 和 Co^{3+} 的峰面积之比约为 0.9:1。Co^{2+} 比例的增加表明在反应过程中高价态 Co 被部分还原为低价态 Co，这与 HRTEM 中晶格条纹的推断结果一致。如图 4-51（b）所示，新鲜催化剂的 Ag 3d$_{5/2}$ 和 3d$_{3/2}$ 峰主要对应于 Ag^0 和少量 Ag$^+$ 的结合能，而使用过的催化剂的峰只对应于 Ag^0。这表明在 500℃ 煅烧后的新鲜催化剂中，Ag 主要以金属 Ag^0 的形式存在，剩余的少量 Ag$^+$ 在反应条件下完全还原为 Ag^0。

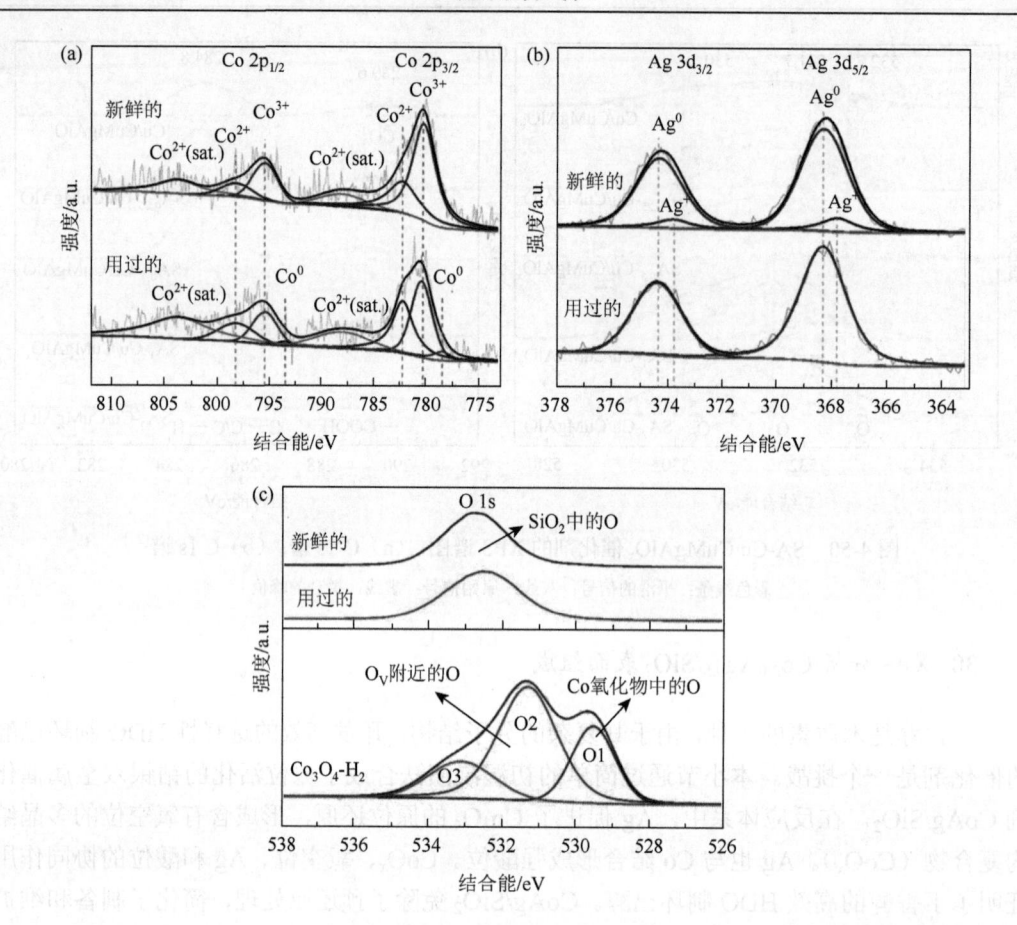

图 4-51 新鲜和使用过的 $Co_{2.0}Ag_{0.5}/SiO_2$ 催化剂的 XPS 谱图：（a）Co 2p 谱，红色线对应 Co^{3+}，蓝色线对应 Co^{2+}；（b）Ag 三维光谱，红线对应 Ag^0，蓝线对应 Ag^+；（c）氧空位（O_V）附近 O 对应的 O 1s 谱线；Co_3O_4-H_2 在 350℃时被 H_2 部分还原[30]

新鲜和使用过的 $Co_{2.0}Ag_{0.5}/SiO_2$ 催化剂的 O 1s 谱如图 4-51（c）所示。由于 SiO_2 的 O 1s 谱太强，掩盖了与 CoO_x 相关的 O 信号。使用 Co_3O_4-H_2 样品来模拟 CoO_x，该样品是由 Co_3O_4 在 350℃下用 5vol%（体积分数，后同）的 H_2 在 Ar 中还原而成。图 4-51 中 Co_3O_4-H_2 的 Co 2p 谱表明样品中同时存在 Co^0、Co^{2+} 和 Co^{3+} 三种物质，类似于使用过的 $Co_{2.0}Ag_{0.5}/SiO_2$ 催化剂中的 CoO_x。Co_3O_4-H_2 的 O 1s 谱分为三个重叠的峰。除了 O1 与 Co 氧化物结合和 O3 吸附在 Co_3O_4-H_2 上的峰外，531.2eV 附近的 O2 峰与氧空位附近的 O 原子相关，表明 CoO_x 中存在丰富的氧空位。

31. XPS 分析 ZSM-5 载体上 Pt-Bi 颗粒的氧化态

芳烃，特别是轻质芳烃 BTX（苯、甲苯和二甲苯），是黏合剂、涂料、包装和服装等广泛消费产品的重要基础材料。传统的芳烃生产主要通过石脑油蒸汽裂解、催化重整和焦炉轻油等方法，这些过程需要大量合成气，并产生大量二氧化碳（CO_2）排放，增加了化学过程的复杂性。相比之下,甲烷非氧化脱质子化反应(即甲烷脱氢芳构化,MDA)直接将天然气转化为芳烃和氢气,已被广泛研究以用于去碳化化工生产。

最近的研究发现,Pt-Bi 双金属催化剂在中等温度下能够实现超过 90%的 C_2 选择性,表明 Pt 位点活跃于甲烷的活化,而 Bi 则促进 C_2 物种的形成和催化剂的稳定性。这表明,通过设计包含不同金属的多功能 Mo-X 催化剂系统,可能结合各种金属的优点,以达到理想的性能。

Zhu 等为进一步研究 ZSM-5 载体上的 Pt-Bi 颗粒的合金结构,使用了 X 射线光电子能谱(XPS)技术来研究其化学价态结构[31]。图 4-52(a)和(b)显示了单个 Pt、Bi 和 Pt-Bi 合金中 Bi 4f 和 Pt 4f 的结合能偏移。合金中 Bi 4f 的结合能相对于 Bi-ZSM-5 降低,而合金中 Pt 4f 的结合能相对于 Pt-ZSM-5 提高。这些变化表明,在合金结构中,部分电子从铂转移到铋原子,存在很强的电子相互作用。通过 Bi 对 Pt 的电子扰动称为配体效应。这种效应使铂更类似于原子,使其与表面烷基物种结合更弱,从而有效地形成甲基自由基。这种反应对于 CH_2—CH_2 缩合而非 C—H 键的不可控断裂更为可取。

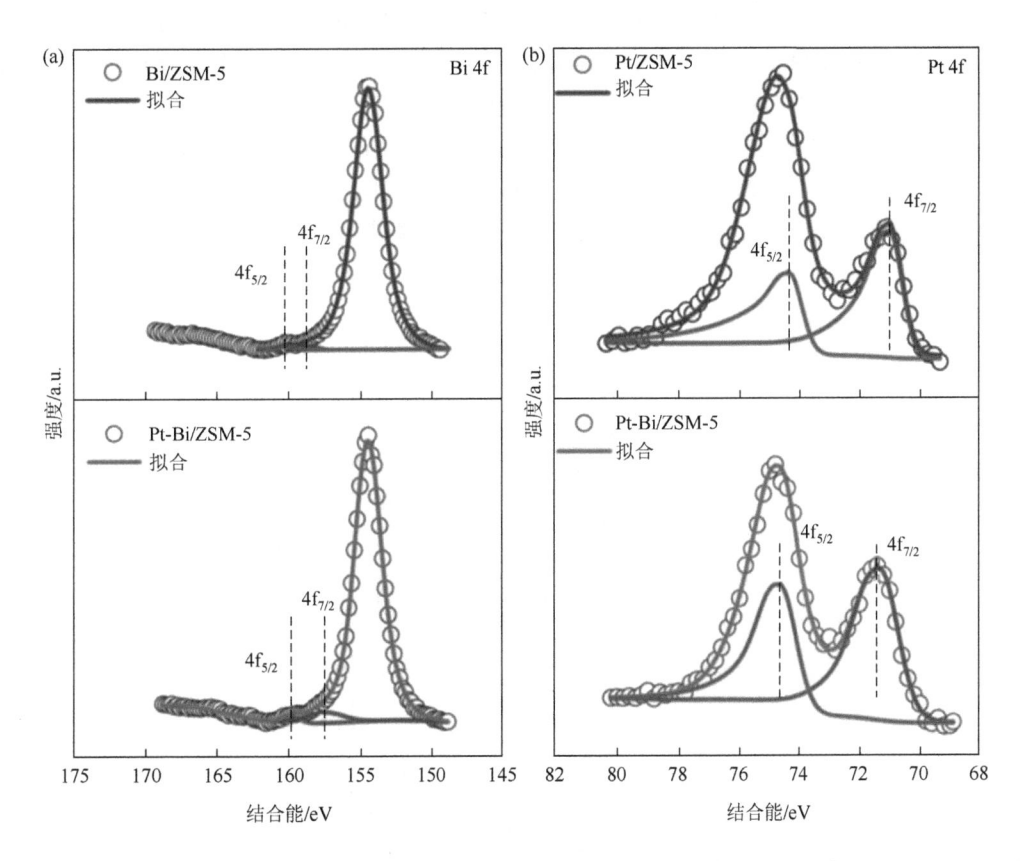

图 4-52 不同催化剂的 XPS 谱图:(a)Bi/ZSM-5 和 Pt-Bi/ZSM-5 催化剂的 Bi 4f 谱;(b)Pt/ZSM-5 和 Pt-Bi/ZSM-5 催化剂的 Pt 4f 谱[31]

32. XPS 分析 Ni@Co$_x$/CeO$_2$ 催化剂中 O 的化学价态

甲烷干法重整（DRM）是从 CO$_2$ 和甲烷（CH$_4$）这两种温室气体中获得 H$_2$ 和 CO 的重要反应。通过 DRM 生成的合成气（H$_2$ + CO）可用于费托合成，生成烯烃、液体燃料和芳烃等高附加值化学品。目前具有代表性的高活性 DRM 催化剂包括 Rh、Ru、Pt 和 Ni 金属。由于 Ni 是一种低成本的非贵金属，它是当前 DRM 研究的主要焦点。然而，当温度超过 Ni 的塔曼温度（约 581℃）时，会导致金属迁移和催化烧结。通过加入其他金属，可以调整 Ni 催化剂的表面性质，从而提高其 DRM 活性。Ni 基双金属结构可以分为核壳结构、随机合金、金属间合金和单原子合金。通过在 Ni 中引入外部金属并选择合适的可还原氧化基载体，可以开发出具有高结构稳定性的有效 DRM 催化剂。

Co、Fe 和 Cu 常用来修饰 Ni 的电子性能和表面性能。Co 的高亲氧性使得 DRM 可以通过不同的 CH$_4$ 激活途径进行。Yang 等收集了一系列在 700℃下还原后的 Ni@Co$_x$/CeO$_2$ 催化剂并进行了 XPS 谱分析，结果如图 4-53 所示[32]。由图可知，两个峰分别对应 529eV 和 531.5eV 的晶格氧（O$_L$）和表面氧（O$_S$）。计算得到的 O$_S$ 比值，即 O$_S$/(O$_S$ + O$_L$)，随着 Co/Ni 比值的增加而增加。Ni@Co$_{0.25}$、Ni@Co$_{0.5}$、Ni@Co$_1$、Ni@Co$_2$ 和 Ni@Co$_4$ 的 O$_S$ 比值分别为 17%、36%、42%、46%和 50%。这些结果表明，通过调整 Co/Ni 比值，可以显著改变催化剂表面的氧物种分布，从而影响其 DRM 性能。

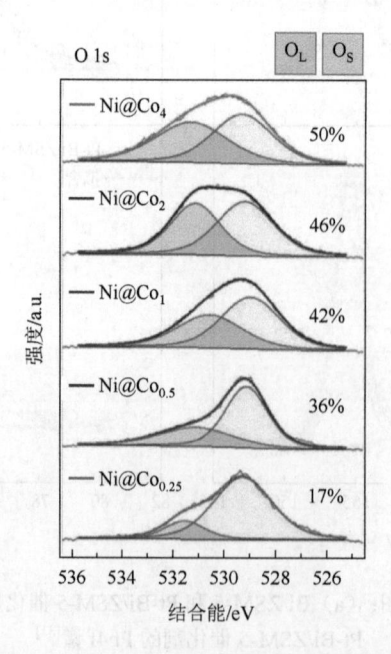

图 4-53 Ni@Co$_x$/CeO$_2$ 催化剂的 O 1s XPS 谱图[32]

通过分解成分别对应于表面氧（O$_S$）和晶格氧（O$_L$）的线性组合，得到了橙色和灰色线谱

33. XPS 分析 Pt-WO$_x$/ZrO$_2$ 催化剂中 Pt^{2+} 的相对含量

Fan 等研究了 Pt-WO$_x$/ZrO$_2$ 催化剂中 ZrO$_2$ 晶相对甘油加氢分解为 1,3-丙二醇（1,3-PDO）的影响。采用湿法浸渍法将铂和 WO$_x$ 依次沉积在具有相似比表面积的单斜 ZrO$_2$（m-ZrO$_2$）和四方 ZrO$_2$（t-ZrO$_2$）载体上，并应用 XPS 分析技术表征了两种催化剂上 Pt 和 W 物种的价态信息[33]。

由图 4-54 的 XPS 谱分析可知，Pt-WO$_x$/m-ZrO$_2$ 催化剂和 Pt-WO$_x$/t-ZrO$_2$ 催化剂表面的 Pt^{2+}/(Pt^0 + Pt^{2+}) 比值分别为 0.04 和 0.06。Fan 等在高度分散的 Pt-WO$_x$/t-ZrO$_2$ 催化剂上观察到了 Pt^{2+} 物种，并将其解释为 Pt 与表面 W 物种之间强烈相互作用的迹象。在此，假定这些 Pt^{2+} 物种是亚纳米化 Pt 颗粒外围的 Pt 原子，它们通过桥接 Pt—O—Zr/W 键与 ZrO$_2$ 和 WO$_x$ 直接接触，这是金属在氧化物上的常见成键构型。因此，Pt 颗粒较小的 Pt-WO$_x$/t-ZrO$_2$ 催化剂具有更多的外围 Pt—O—Zr/W 键，从而具有更大的表面 Pt^{2+}/(Pt^0 + Pt^{2+}) 比值。

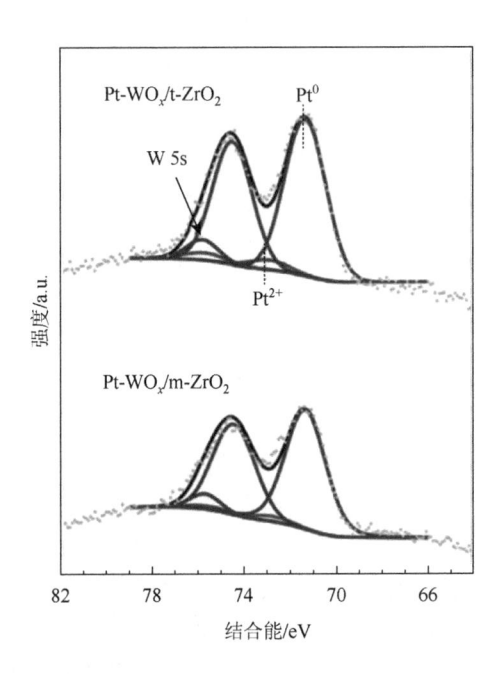

图 4-54 Pt-WO$_x$/m-ZrO$_2$ 和 Pt-WO$_x$/t-ZrO$_2$ 催化剂的 Pt 4f XPS 谱[33]

34. XPS 分析 Pt 物种的价态占比

在掺钨硅介孔泡沫（W-MCFs）的合成过程中，Cheng 等通过改变膨胀剂 1,3,5-三甲基苯（TMB）与模板 P123 的质量比，制备了一系列 W-MCFs 的 Pt 催化剂（PtW-MCFs），并采用 XPS 分析技术表征了催化剂表面 Pt 物种的存在状态及占比[34]。

图 4-55 分别显示了 Pt 4f XPS 谱及其拟合结果。Pt 4f$_{7/2}$ 结合能（BE）值约为 71.0 eV

和 72.8eV 的峰分别归因于 Pt^0 和 Pt^{2+} 物种。从图中可以看出，从 Pt/W-0.5MCFs 催化剂到 Pt/W-1.5MCFs 催化剂，表面 $Pt^{2+}/(Pt^0+Pt^{2+})$ 原子比从 0.04 增加到 0.15，然后在 Pt/W-2.5MCFs 催化剂上逐渐下降到 0.05，这表明表面 Pt 颗粒的增加。

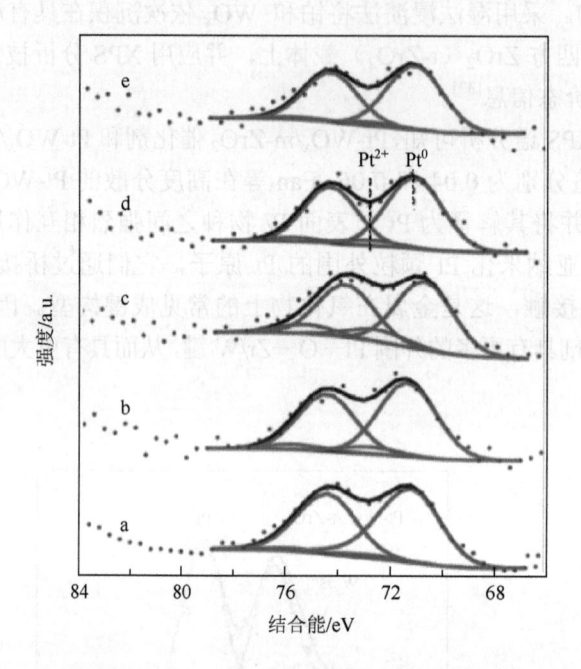

图 4-55 不同催化剂的 Pt 4f XPS 谱图：(a) Pt/W-0.5MCFs；(b) Pt/W-1.0MCFs；(c) Pt/W-1.5MCFs；(d) Pt/W-2.0MCFs；(e) Pt/W-2.5MCFs[34]

35. XPS 分析单原子纳米酶中 Co 活性位点价态

将纳米酶材料应用于生物医学领域时，除了催化活性外，其内在的亲水性、生物相容性以及在生物培养基中的长期稳定性也非常重要。由于 TiO_2 表面具有丰富的可调缺陷，基于 TiO_2 的酶材料非常适合进一步研究。因此，TiO_2 和 CeO_2 等不同形貌的金属氧化物可以作为负载催化剂和精细调控活性位点电子态的载体。

不同的焙烧处理会导致 Co 活性位点的价态变化，从而影响催化动力学。实验和理论研究表明，单原子 Co 活性中心的局域电子密度与缺陷数量密切相关。此外，Co/TiO_2 具有良好的生物相容性，对生物介质具有良好的耐受性。同时，其中空结构便于药物和显像剂的负载，通过静脉注射进行图像引导的化学-动力学治疗。本小节研究不仅为制备具有生物相容性的纳米酶提供了研究策略，还为调节纳米酶的催化活性提供了新的见解，在生物医学上有很大的应用前景。

为了探究其催化活性的机制，Wang 等通过 X 射线光电子能谱(XPS)测定了 Co/A-TiO_2 和 Co/N-TiO_2 的表面价态，结果如图 4-56 所示[35]。781eV 和 797eV 左右的主要信号分别归属于 Co $2p_{3/2}$ 和 Co $2p_{1/2}$。在 787eV 和 803eV 附近的卫星峰表明存在混合价态 Co。定量分析 XPS 结果表明，Co^{2+} 占 $Co/A-TiO_2$ 的 63.8%，而在 $Co/N-TiO_2$ 中 Co^{2+} 的含量为 45.1%，与 X 射线吸收近边结构（XANES）的结果一致。$Co/A-TiO_2$ 中 Co^{2+} 与 Co^{3+} 的高比值，可能是 $Co/A-TiO_2$ 的催化活性高于 $Co/N-TiO_2$ 的原因。O 1s XPS 谱显示 $Co/A-TiO_2$ 的氧空位比 $Co/N-TiO_2$ 少，这是因为在 N_2 气氛下热处理可以形成氧空位和 Ti^{3+} 缺陷。虽然氧空位通常被认为可以促进氧的活化，但在该体系中，氧空位的减少可以提高活性氧（ROS）生成。扩展 X 射线吸收精细结构（EXAFS）分析表明，$Co/A-TiO_2$ 中 Co 和 Ti 原子的相互作用较弱，这导致从金属（Co）到载体（TiO_2）的电荷转移较少，与 XPS 分析结果一致。这些结果证明 $Co/A-TiO_2$ 中 C^{2+} 的含量远高于 $Co/N-TiO_2$，这是 $Co/A-TiO_2$ 具有较好催化活性的原因。因此，通过合理地操纵孤立金属原子和氧化物载体之间的电荷转移，并使用不同的气氛处理来调整载体中的缺陷，可以实现不同的催化活性。

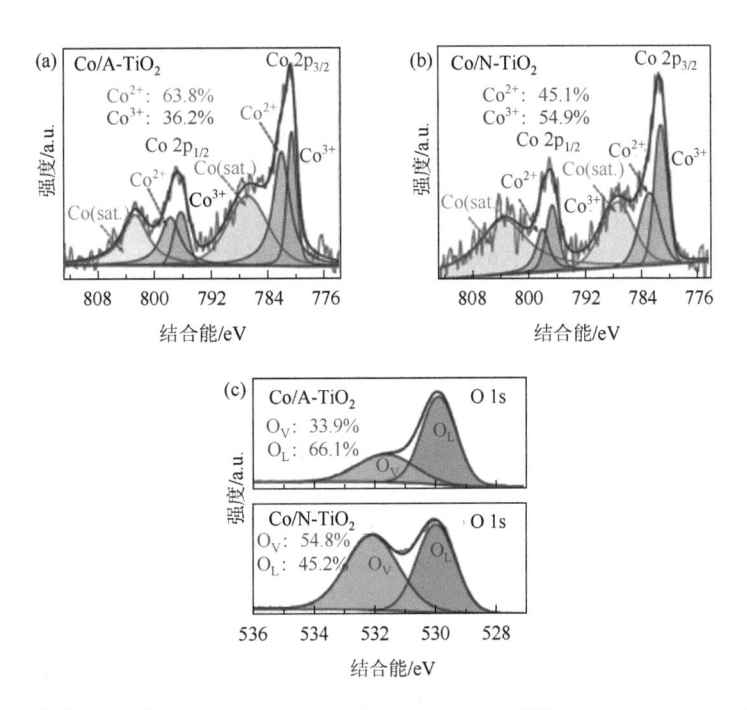

图 4-56　Co/TiO_2 酶的 XPS 谱图：（a）$Co/A-TiO_2$ 酶的 Co 2p XPS 谱图；（b）$Co/N-TiO_2$ 酶的 Co 2p XPS 谱图；（c）O 1s XPS 谱图[35]

36. XPS 分析催化剂的化学成分和局部环境

单原子纳米酶（SAzymes）的精确设计和对其生物催化机制的理解为开发理想的生物酶替代品提供了巨大的前景。本小节研究展示了一种空间工程策略，用于制备具有原子级 Fe 活性中心和相邻 Cu 位点的双位点 SAzymes。Wang 等利用高分辨率 XPS 确定了所制备的 FePc（铁酞菁）、2D-Cu-N-C、2D-FeCu-N-C 和 FePc@2D-Cu-N-C 催化剂的化学成分和局部环境，如图 4-57 所示[36]。

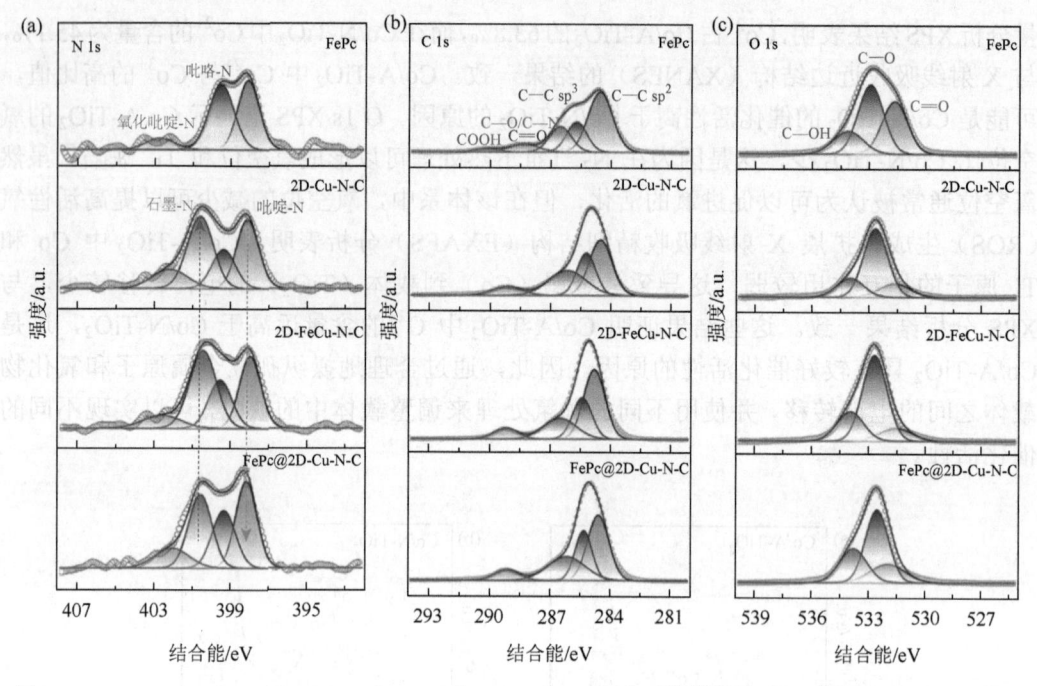

图4-57 FePc、2D-Cu-N-C、2D-FeCu-N-C 和 FePc@2D-Cu-N-C 催化剂的 XPS 谱图：(a) N 1s 谱；(b) C 1s 谱；(c) O 1s 谱[36]

在 XPS 谱的 C 1s 和 O 1s 区域中，所有样品中都没有检测到金属基碳化物和氧化物的特征峰。FePc 的 N 1s 谱显示出两种主要类型的 N 物种：吡啶-N(398eV)和吡咯-N(399.4eV)。有趣的是，FePc@2D-Cu-N-C 催化剂主要包含吡啶-N，而 2D-FeCu-N-C 中的大多数 N 物种是石墨-N，这表明两种催化剂中可能存在不同的局部环境。

这种差异表明，在不同催化剂中，氮物种的局部环境可能对其催化性能产生重要影响。这些发现为通过精细调控纳米酶的结构和组成来优化其催化性能提供了新的思路。

37. XPS 分析水热处理对 CeO_2-Al_2O_3 表面结构的影响

沉积在氧化铈（CeO_2）上的 Pt 催化剂通常具有较高的氧化活性，但存在硫中毒的问题，因为氧化铈在硫存在下容易转化为硫酸铈，导致活性明显下降。为了解决这一问题，Kim 等合成了一种 Pt/CeO_2-Al_2O_3 催化剂，其中氧化铈为八面体纳米氧化铈，并使用 XPS 估计了表面 Ce^{3+} 和 Ce^{4+} 的比例（图4-58）[37]。Ce^{3+} 表示氧空位形成（$4Ce^{4+} + O^{2-} \longrightarrow 2Ce^{4+} + 2Ce^{3+} + \square + 0.5O_2$；$\square$ 表示氧空位）。新制备的 CeO_2-Al_2O_3 具有相当高的 Ce^{3+} 比例（35.6%），通过水热处理，负载在活化的 γ-Al_2O_3 上的纳米氧化铈被重构，形成了具有 CeO_2(111) 表面的八面体形状。随着温度的升高，在 650℃、750℃ 和 850℃ 水热处理的载体中，Ce^{3+} 比例分别从载体中的 35.6% 下降到 24.1%、16.8% 和 12.9%。然后，将负载 Pt 的催化剂用于 SO_2 存在下的 CO 氧化。该催化剂具有良好的抗硫性能，特别是在 650℃、2% H_2 条件下脱硫后的可再生性优异。脱硫后催化剂的 CO 氧化活性完全恢复。经过第 4 次硫酸化-脱硫循环后仍保持八面体形貌。这项工作为开发许多重要的环境应用的耐硫催化剂提供了见解。

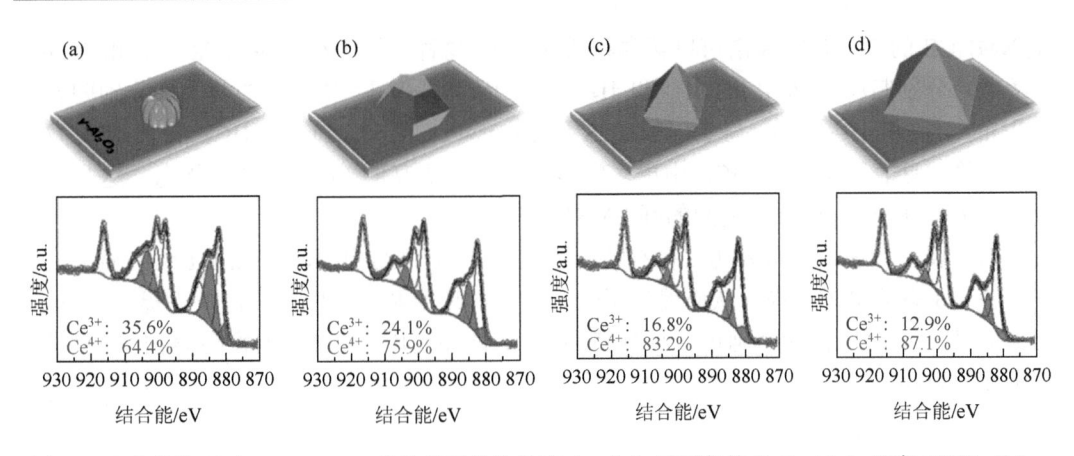

图 4-58 水热处理对 CeO$_2$-rAl$_2$O$_3$ 载体表面结构的影响：(a) 新制备的 CeO$_2$-Al$_2$O$_3$ 及在 650℃ (b)、750℃ (c) 和 850℃ (d) 水热处理的 CeO$_2$-Al$_2$O$_3$ 相应的结构图和 Ce 3d XPS 谱图[37]

38. XPS 分析 Pt 单原子价态

金属-载体电子相互作用（EMSI）可以诱导金属与载体之间的电子转移，调节载体和金属的电子态，优化中间产物的还原过程，在催化过程中起着至关重要的作用。Kuang 等报道了利用 EMSI 工程技术，在氮掺杂介孔中空碳球上对 Pt 单原子的电子结构进行调控（Pt$_1$/NMHCS），并使用 XPS 进行表征（图 4-59）[38]。在催化电催化析氢反应（HER）方面，Pt$_1$/NMHCS 复合材料比纳米颗粒（Pt$_{NP}$/MHCS）和 20wt%Pt/C 具有更高的活性和稳定性。

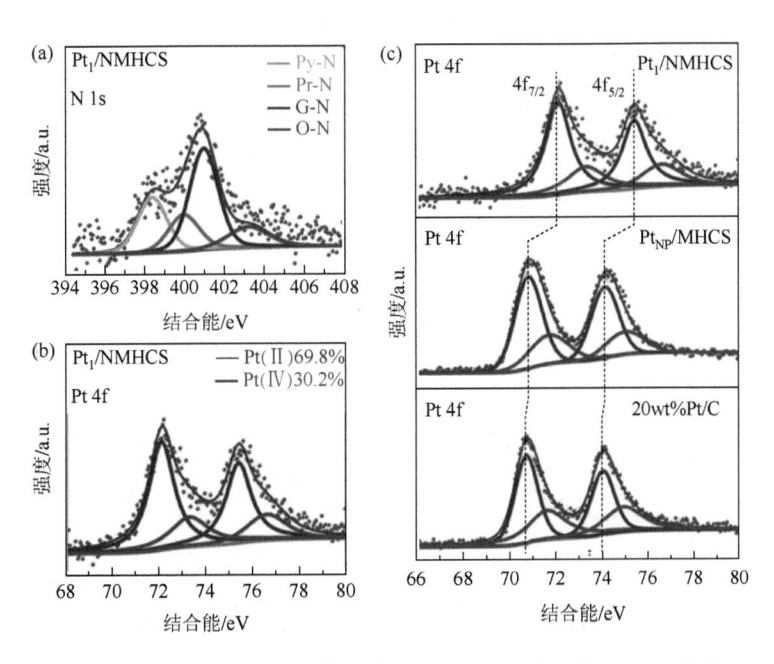

图 4-59 Pt$_1$/NMHCS 催化剂的 XPS 谱图：N 1s（a）和 Pt 4f（b）的高分辨率 XPS 谱图；(c) Pt$_1$/NMHCS、Pt$_{NP}$/MHCS 和 20wt%Pt/C 的高分辨率 Pt 4f XPS 谱图[38]

Pt$_1$/NMHCS 的 Pt 4f XPS 谱可以解卷积成两种 Pt 物种，其中结合能为 72.1eV 和 75.4eV 的两个峰分别归属于 Pt(Ⅱ)的 4f$_{7/2}$ 和 4f$_{5/2}$ 轨道；而 73.3eV 和 76.6eV 的两个峰分别归属于 Pt(Ⅳ)的 4f$_{7/2}$ 和 4f$_{5/2}$ 轨道。与 Pt$_{NP}$/MHCS 和 20wt%Pt/C 相比，Pt$_1$/NMHCS 的 Pt 4f 峰发生了正位移，这表明 Pt$_1$/NMHCS 中更多的电子消耗和更高的 Pt$_1$ 单原子氧化态，这是由于氮掺杂碳载体与 Pt$_1$ 单原子之间的强 EMSI 效应。

光谱表征和理论模拟表明，在独特的 N$_1$-Pt$_1$-C$_2$ 配位结构中，强 EMSI 效应显著地调整了 Pt 5d 态的电子结构，从而促进了吸附质子的还原和 H—H 耦合，从而提高了 Pt 类 HER 活性。这项工作为精确设计具有高 HER 活性和耐用性的 Pt 单原子电催化剂提供了建设性的思路。

39. XPS 分析 Sb 单原子的氧化态

过氧化氢（H$_2$O$_2$）是一种环境友好的氧化剂和清洁燃料，人工光合作用为生产 H$_2$O$_2$ 提供了一种很有前途的策略。然而，光催化过程中双电子氧还原反应（ORR）的低活性和选择性极大地限制了 H$_2$O$_2$ 生产效率。Teng 等报道了一种强大的 Sb 单原子光催化剂 (Sb-SAPC，单个 Sb 原子分散在氮化碳上)，用于可见光照射下在简单的水和氧混合物中合成 H$_2$O$_2$，并通过 XPS 分析了 Sb 单原子的氧化态[39]。在 420nm 处的表观量子产率为 17.6%，H$_2$O$_2$ 合成的光化学转换效率为 0.61%。

基于时间依赖密度泛函理论计算、同位素实验和先进的光谱表征，光催化性能归因于在 Sb 位点形成 μ-过氧化物和在相邻 N 原子处形成高浓度空穴，这显著促进了双电子 ORR。通过水氧化原位生成的 O$_2$ 被 ORR 迅速消耗，导致整体反应动力学提高。

在 Sb-SAPC15 的 XPS 谱图中，Sb-SAPC15 的 Sb 3d 结合能（Sb 3d$_{3/2}$ 在 539.5eV 处，Sb 3d$_{5/2}$ 在 530.2eV 处）接近 Sb$_2$O$_3$ 的结合能（Sb 3d$_{3/2}$ 在 539.8eV 处，Sb 3d$_{5/2}$ 在 530.5eV 处），表明 Sb 在 Sb-SAPC15 中的氧化态接近 +3（图 4-60）。

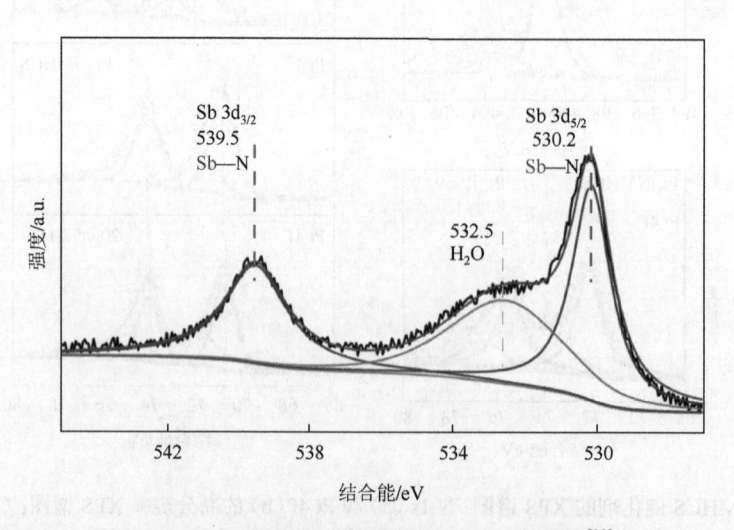

图 4-60 Sb-SAPC15 催化剂的 Sb 3d XPS 谱图[39]

这项研究展示了如何利用锑单原子光催化剂在光催化 H_2O_2 合成中的高效性和选择性，这为进一步提高人工光合作用的效率提供了重要的见解和方法。

40. XPS 分析 Pd@Bi/C 催化剂中 Pd 的价态

氢被广泛认为是最有前途的绿色能源载体，可高效地应用于许多领域。室温下甲酸非均相催化脱氢是一种安全且有前途的储存和生产氢气的方法。Qin 等研究发现，分析甲酸脱氢机制可以为合理设计和简便合成高效的 Pd 基催化剂提供线索，并通过 XPS 分析了 Pd@Bi/C 催化剂中 Pd 的价态[40]。在最佳原子比的 Pd@Bi/C 催化剂中，Pd 的产氢质量活性是 Pd/C 催化剂的两倍。特别是在 1.1mol/L 甲酸和 2.4mol/L 甲酸钠混合溶液中，303K 下，整体转换频率为 $4350h^{-1}$。表观动力学测量、原位界面红外光谱和密度泛函理论计算结果进一步证实，Bi 原子有利于甲酸酯中间体的吸附和 C—H 键的裂解，并减弱了 H 和 CO 在 Pd 位点上的吸附，从而显著提高了制氢性能。

Pd/C 和 Pd@Bi$_{0.11}$/C 催化剂的 Pd 3d 和 Bi 4f XPS 谱图给出了表面成分信息。暴露于环境后，Bi 在表面主要以 Bi^{3+} 形式存在，而不是 Bi^0 形式。Bi 修饰后，Pd^0 的 3d 双重峰强度降低（图 4-61），表明 Bi 原子可能部分屏蔽了 Pd 核发射的光电子。

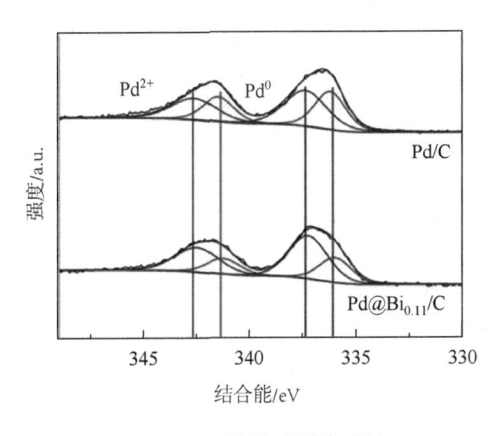

图 4-61　Pd/C 和 Pd@Bi$_{0.11}$/C 暴露于环境后的 Pd 3d XPS 谱图[40]

这项研究不仅为甲酸脱氢催化剂的设计提供了新的见解，还展示了 Pd@Bi/C 催化剂在氢气生产中的优异性能。

参 考 文 献

[1] Cheng G, Yu L, Lin T, et al. A facile one-pot hydrothermal synthesis of β-MnO$_2$ nanopincers and their catalytic degradation of methylene blue[J]. Journal of Solid-State Chemistry, 2014, 217: 57-63.

[2] Marciniak W, Chełkowska G, Bajorek A, et al. Electronic structure of YbFe$_4$Al$_8$ antiferromagnet: a combined X-ray photoelectron spectroscopy and first-principles study[J]. Journal of Alloys and Compounds, 2022, 910: 164478.

[3] Kim J Y, Hong D, Lee J C, et al. Quasi-graphitic carbon shell-induced Cu confinement promotes electrocatalytic CO$_2$ reduction toward C$_{2+}$ products[J]. Nature Communications, 2021, 12 (1): 3765.

[4] Zhang Z, Zhao S, Li K, et al. Resilient silica-based aerogels with organic and inorganic molecular hybrid structure prepared by a novel self-catalyzed gelling strategy for efficient heat insulation and CO_2 adsorption[J]. Chemical Engineering Journal, 2023, 459: 141579.

[5] Wang S, Zhang D, Pu X, et al. Photothermal-enhanced S-scheme heterojunction of hollow core-shell $FeNi_2S_4$@$ZnIn_2S_4$ toward photocatalytic hydrogen evolution[J]. Small, 2024, 20 (30): 2311504.

[6] Luo L, Fu L, Liu H, et al. Synergy of Pd atoms and oxygen vacancies on In_2O_3 for methane conversion under visible light[J]. Nature Communications, 2022, 13 (1): 2930.

[7] Zhang Y, Zhang C, Li Y, et al. Variable metal valence states with band-edge shift over *in-situ* annealed CuTi-LDH nanosheets for efficient hydrogen and oxygen reduction reactions[J]. Chemical Engineering Journal, 2023, 474: 145550.

[8] Chen H, Xu R, Chen D, et al. Subsurface Mo vacancy in bismuth molybdate promotes photocatalytic oxidation of lactate to pyruvate[J]. ACS Catalysis, 2024, 14 (3): 1977-1986.

[9] Lei J, Liu W, Jin Y, et al. Oxygen vacancy-dependent chemiluminescence: a facile approach for quantifying oxygen defects in ZnO[J]. Analytical Chemistry, 2022, 94 (24): 8642-8650.

[10] Lucentini I, García Colli G, Luzi C D, et al. Catalytic ammonia decomposition over Ni-Ru supported on CeO_2 for hydrogen production: effect of metal loading and kinetic analysis[J]. Applied Catalysis B: Environmental, 2021, 286: 119896.

[11] Kim J, Kim J H, Oh C, et al. Electro-assisted methane oxidation to formic acid via *in-situ* cathodically generated H_2O_2 under ambient conditions[J]. Nature Communications, 2023, 14 (1): 4704.

[12] Li Z, Yu H, Zhang Y, et al. An attempt to confirm the contribution to ORR activity of different N-species in M-NC (M = Fe, Co, Ni) catalysts with XPS analysis[J]. Chemical Communications, 2023, 59 (30): 4535-4538.

[13] Yang X, Tao Z, Wu Y, et al. Electrochemical deposition of CeO_2 nanocrystals on Co_3O_4 nanoneedle arrays for efficient oxygen evolution[J]. Journal of Alloys and Compounds, 2020, 828: 154394.

[14] Du K, Zhang L, Shan J, et al. Interface engineering breaks both stability and activity limits of RuO_2 for sustainable water oxidation[J]. Nature Communications, 2022, 13 (1): 5448.

[15] Chen X, Sheng L, Li S, et al. Facile syntheses and *in-situ* study on electrocatalytic properties of superaerophobic Co_xP-nanoarray in hydrogen evolution reaction[J]. Chemical Engineering Journal, 2021, 426: 131029.

[16] Li L, Tang C, Cui X, et al. Efficient nitrogen fixation to ammonia through integration of plasma oxidation with electrocatalytic reduction[J]. Angewandte Chemie International Edition, 2021, 60 (25): 14131-14137.

[17] Yu J, Qin X, Yang Y, et al. Highly stable Pt/CeO_2 catalyst with embedding structure toward water-gas shift reaction[J]. Journal of the American Chemical Society, 2024, 146 (1): 1071-1080.

[18] Hu B, Sun K, Zhuang Z, et al. Distinct crystal-facet-dependent behaviors for single-atom palladium-on-ceria catalysts: enhanced stabilization and catalytic properties[J]. Advanced Materials, 2022, 34 (16): 2107721.

[19] Yang M, Wu K, Sun S, et al. Regulating oxygen defects via atomically dispersed alumina on Pt/WO_x catalyst for enhanced hydrogenolysis of glycerol to 1, 3-propanediol[J]. Applied Catalysis B: Environment and Energy, 2022, 307: 121207.

[20] Wang Z, Wang X, Zhang C, et al. Selective hydrogenolysis of tetrahydrofurfuryl alcohol to 1, 5-pentanediol over PrO_x promoted Ni catalysts[J]. Catalysis Today, 2022, 402: 79-87.

[21] Zhao B, Liang Y, Liu L, et al. Facilitating Pt-WO_x species interaction for efficient glycerol hydrogenolysis to 1, 3-propanediol[J]. ChemCatChem, 2021, 13 (16): 3695-3705.

[22] Zhang P, Chen A, Lan T, et al. Balancing acid and redox sites of phosphorylated CeO_2 catalysts for NO_x reduction: the promoting and inhibiting mechanism of phosphorus[J]. Journal of Hazardous Materials, 2023, 441: 129867.

[23] Chen S, Li S, You R, et al. Elucidation of active sites for CH_4 catalytic oxidation over Pd/CeO_2 via tailoring metal-support interactions[J]. ACS Catalysis, 2021, 11 (9): 5666-5677.

[24] Zhu J, Wang P, Zhang X, et al. Dynamic structural evolution of iron catalysts involving competitive oxidation and carburization during CO_2 hydrogenation[J]. Science Advances, 2022, 8 (5): eabm3629.

[25] Wang X, Alabsi M H, Zheng P, et al. PdCu supported on dendritic mesoporous $Ce_xZr_{1-x}O_2$ as superior catalysts to boost CO_2

hydrogenation to methanol[J]. Journal of Colloid and Interface Science, 2022, 611: 739-751.

[26] Peters S, Rieg C, Bartling S, et al. Accessibility of reactants and neighborhood of Mo species during methane aromatization uncovered by *operando* NAP-XPS and MAS NMR[J]. ACS Catalysis, 2023, 13 (19): 13056-13070.

[27] Shao S, Wang W, Yang X, et al. Efficient catalytic transfer hydrogenation of raw bio-oil over various CuO catalysts[J]. Fuel, 2023, 353: 129028.

[28] Mi R, Li D, Hu Z, et al. Morphology effects of CeO_2 nanomaterials on the catalytic combustion of toluene: a combined kinetics and diffuse reflectance infrared Fourier transform spectroscopy study[J]. ACS Catalysis, 2021, 11 (13): 7876-7889.

[29] Kong X, Liu C, Wang B, et al. Boosted hydrodeoxygenation of lignin-derived phenolics to cycloalkanes with a complex copper acid catalyst[J]. ACS Applied Energy Materials, 2021, 4 (10): 11215-11224.

[30] Liu C, Mao J, Lv H, et al. *In situ* activated CoAg bimetallic catalyst for selective hydrodeoxygenation of syringol to cyclohexanol[J]. Applied Catalysis A: General, 2024, 679: 119742.

[31] Zhu P, Bian W, Liu B, et al. Direct conversion of methane to aromatics and hydrogen via a heterogeneous trimetallic synergistic catalyst[J]. Nature Communications, 2024, 15 (1): 3280.

[32] Yang E, Nam E, Jo Y, et al. Coke resistant $NiCo/CeO_2$ catalysts for dry reforming of methane derived from core@shell Ni@Co nanoparticles[J]. Applied Catalysis B: Environmental, 2023, 339: 123152.

[33] Fan Y, Cheng S, Wang H, et al. Pt-WO_x on monoclinic or tetrahedral ZrO_2: crystal phase effect of zirconia on glycerol hydrogenolysis to 1, 3-propanediol[J]. Applied Catalysis B: Environmental, 2017, 217: 331-341.

[34] Cheng S, Fan Y, Zhang X, et al. Tungsten-doped siliceous mesocellular foams-supported platinum catalyst for glycerol hydrogenolysis to 1, 3-propanediol[J]. Applied Catalysis B: Environmental, 2021, 297: 120428.

[35] Wang H, Wang Y, Lu L, et al. Reducing valence states of Co active sites in a single-atom nanozyme for boosted tumor therapy[J]. Advanced Functional Materials, 2022, 32 (28): 2200331.

[36] Wang Y, Paidi V K, Wang W, et al. Spatial engineering of single-atom Fe adjacent to Cu-assisted nanozymes for biomimetic O_2 activation[J]. Nature Communications, 2024, 15 (1): 2239.

[37] Kim B S, Bae J, Jeong H, et al. Surface restructuring of supported nano-ceria for improving sulfur resistance[J]. ACS Catalysis, 2021, 11 (12): 7154-7159.

[38] Kuang P, Wang Y, Zhu B, et al. Pt single atoms supported on N-doped mesoporous hollow carbon spheres with enhanced electrocatalytic H_2-evolution activity[J]. Advanced Materials, 2021, 33 (18): 2008599.

[39] Teng Z, Zhang Q, Yang H, et al. Atomically dispersed antimony on carbon nitride for the artificial photosynthesis of hydrogen peroxide[J]. Nature Catalysis, 2021, 4 (5): 374-384.

[40] Qin X, Li H, Xie S, et al. Mechanistic analysis-guided Pd-based catalysts for efficient hydrogen production from formic acid dehydrogenation[J]. ACS Catalysis, 2020, 10 (6): 3921-3932.

第5章　X射线光电子能谱的应用

5.1 概　　述

X射线光电子能谱（XPS）是一种强大的表面分析技术，能够分析元素周期表中除氢和氦之外的所有元素。这种技术被广泛应用于各种材料的分析，包括金属、合金及陶瓷为代表的金属氧化物、半导体和有机聚合物。XPS因非破坏性和出色的表面敏感性，成为材料科学中不可或缺的工具。在常规应用中，XPS能进行深入1~10nm（10~100个原子层）的表面分析，这一深度足以透视材料的最外层结构。通过调整光电子相对于表面的出射角，XPS的表面敏感性可以进一步增强，从而提供更精确的表面化学价态分析。随着技术的发展，现代XPS系统通过使用高强度的同步辐射光源，已经将空间分辨率提升到了微观尺度，达到200nm。这一进步大大扩展了XPS在纳米材料和微结构表面分析方面的应用能力，使得能够针对极小的区域进行元素及其化学价态的详细分析。这种高分辨率的表面分析能力使XPS成为科研和工业领域中探索材料表面性质的关键技术之一。

相比俄歇电子能谱（AES），XPS提供了更为全面和深入的化学信息及价电子结构的见解。XPS通过测量从材料表面逸出的光电子能量来分析，这种方法依赖于外部X射线源激发材料，使其具有高度的元素特异性。由于XPS测量的是核心电子的结合能，因此能直接揭示元素的化学价态和价电子环境。XPS的一个关键优势是它能够区分相同元素在不同化学环境中的微妙差异，如氧元素在金属氧化物、水和有机氧化物中的不同化学价态。此外，XPS还可以通过分析峰形和峰位的变化来提供关于电子态的信息，如化学位移、氧化还原状态和电子密度。相比之下，虽然AES也是一种表面分析技术，但它依赖于从样品表面敲击出的二次电子的能量分析，主要用于元素的定性和定量分析。AES通常在无需特定化学价态信息的场合中使用，主要关注元素的种类和分布。

因此，XPS在需要详细了解材料表面化学价态和电子环境时提供了更加丰富和有用的数据，特别适用于材料科学、腐蚀研究、催化剂分析和表面修饰等领域，其中化学价态的精确识别对于理解和改进材料性能至关重要。它能给出的信息概括起来有以下几点。

（1）XPS技术提供了综合的表面分析功能，包括绝对结合能、相对峰强度和结合能位移的测量，这些参数是理解材料化学和电子状态的基础。XPS还能绘制固体元素的分布图，提供材料表面和近表面区域内元素的精确定位与分布。此外，该技术支持深度剖析，允许科研人员探查从表面到几纳米深度的材料结构变化。绝对结合能的测量揭示了元素的电子环境和化学价态，是材料表面分析中最直接的信息源。相对峰强度反映了元素在样品中的丰度，对研究不同样品或同一样品不同区域的元素组成变化至关重要。结合能位移则提供了有关化学键形成或断裂的信息，这对于识别材料中的化学和物理变化极为重要。通过结合这些测量结果，XPS不仅能识别材料的短程效应，如表面吸附或化学键的形成，还能探测到间接的长程效应，如电荷转移或结构重排等现象。这些分析为材料科学、表面工程和纳米技术等领域提供了宝贵的数据，帮助科学家和工程师深入理解和优化材料的表面和界面性质。

（2）XPS技术能够详细分析材料的电子状态，包括携上峰、携下峰和单极激发态的特征。携上峰和携下峰是由于光电子与原子或分子剩余部分相互作用产生的次级电子峰，这些峰能揭示复杂的电子动力学过程。单极激发态则表明电子从一个能级跃迁到更高的单一能级，这种信息对理解分子内部的电子排布极为重要。此外，以直接光电离峰为基准，XPS可以测量能量间隔，这些间隔揭示了材料中不同电子态之间的能量差异。特别是起源于"单重态和三重态"成分的相对强度，这不仅反映了基态和激发态之间的转变，也指示了单一电子和电子对之间的相互作用强度。这些分析对于理解材料的电子结构中的直接短程效应（如电子局部化或化学键的变化）及较长程效应（如电荷分布和电子云的重组）至关重要。通过这些详细的电子态观测，科学家可以更深入地探索材料的物理化学属性，优化材料设计，并提高其在各种应用中的性能。

（3）XPS在分析多重态效应时表现出色，特别是在对顺磁体系进行研究时。多重态效应涉及复杂的电子排列和自旋配置，这对于理解材料的电子性质和反应活性至关重要。在顺磁性材料中，自旋态的分析尤为关键，因为这些材料具有未配对电子，其独特的自旋排列影响着材料的磁性和电子结构。XPS通过精确测量自旋态来揭示未配对电子的分布和行为，提供了关于顺磁性材料内部自旋动力学的直接视角。未配对电子的存在和分布不仅是顺磁性的根源，也是影响材料催化性能、电子传输和化学稳定性的关键因素。这些信息对于设计和优化顺磁性材料，尤其是在高性能磁性存储设备、催化剂和电子器件中的应用极为重要。通过XPS分析，科学家可以深入了解自旋态的变化及其对材料性能的具体影响，从而更有效地控制和利用这些特性以满足特定的技术需求。这种深入的分析为材料科学提供了强有力的工具，以调控和优化顺磁性材料在多种应用中的表现。

（4）在XPS分析中，探测价电子能级是一项关键技术，这一技术直接关联到材料的更长程效应。价电子，即位于原子或分子最外层的电子，是决定化学反应性和物理性质的核心因素。通过精确测量这些电子的能级，XPS能提供深刻的见解，如电子结构、化学价态及其相互作用。分析价电子能级不仅帮助科学家理解材料表面的基本性质，还能揭示由电子行为引起的更宏观的材料特性。这些长程效应包括电子间的相互作用导致的电荷分布，以及这些分布如何影响材料的导电性、磁性和光学性能。例如，在半导体和导体材料中，价电子能级的变化直接影响其导电性和光电特性，这对于电子器件设计和功能材料的开发至关重要。此外，XPS对价电子能级的分析也能揭示材料的环境稳定性和耐腐蚀性，这些特性是工业应用中非常关注的问题。通过了解价电子如何响应不同化学环境和物理压力，研究人员可以更好地设计和优化材料以适应特定的应用要求。总而言之，XPS对价电子能级的细致分析为深入理解材料的宏观和微观属性提供了一个强大的工具，使其在材料科学、纳米技术和相关领域中的应用变得尤为重要。

（5）在XPS分析中，角度依赖关系的研究起到关键作用，尤其是在探索样品表面与亚表层结构的复杂相互作用时。对于固体样品，分析器与 X 射线源通常保持固定配置，而通过改变样品与分析器之间的出射角，研究人员可以精确地区分表面与更深层次的亚表层之间的影响。这种方法增强了 XPS 的表面敏感性，使得能够更为详细地分析表层的电子结构和化学性质。对固体的角度依赖研究有助于识别表面吸附现象、薄膜厚度、界面效应等特性，这些信息对于材料的科研和应用开发都极为重要。例如，在半导体和纳米材料的制造中，精确控制和了解这些层面的细节是优化性能的关键。另外，对于气体样品，分析器与 X 射线源之间的角度可以灵活调整，这使得研究截面的角度依赖关系、不对称参数和能级的对称性成为可能。这种灵活性对于研究复杂的气相反应和动力学非常有用，如在环境科学和化学反应工程中探索气体分子的反应机制。通过角度分析，科学家们可以获得关于分子对撞和电子动力学的深入理解，这对于解释和预测化学反应中的电子转移与能量变化尤为重要。这样的研究不仅加深了我们对基本科学的理解，而且对于设计更有效的催化剂和改进化学制程技术具有直接的应用价值。总的来说，角度依赖关系的研究为 XPS 分析提供了一种强大的工具，用于解构材料的表面和亚表层现象，同时为气体相互作用和反应机制的研究提供了新的视角和深入洞见。

5.2 无机物的鉴定

5.2.1 XPS 研究金属元素的自旋状态

从图 5-1（a）的分析结果可以观察到，谱线呈现出明显的峰分裂现象，这表明所含的 Co 元素处于正二价状态并含有未配对电子。这种分裂现象通常与高自旋态的四面体配位相关，具体体现为 d^7 电子配置和自旋量子数 $s = 1$。这一配置的存在意味着电子在能级上的排列方式导致磁矩的生成，这在某些化学和物理性质上表现出特定的反应性和磁性。相比之下，图 5-1（b）中的谱线没有显示出自旋裂分峰，这表明样品中的 Co 元素没有未配对电子，因此表现为反磁性。这种情况通常与 Co 元素在八面体配位中的低自旋状态相对应。在这种结构中，电子较为充分地成对配对，从而没有产生磁矩。

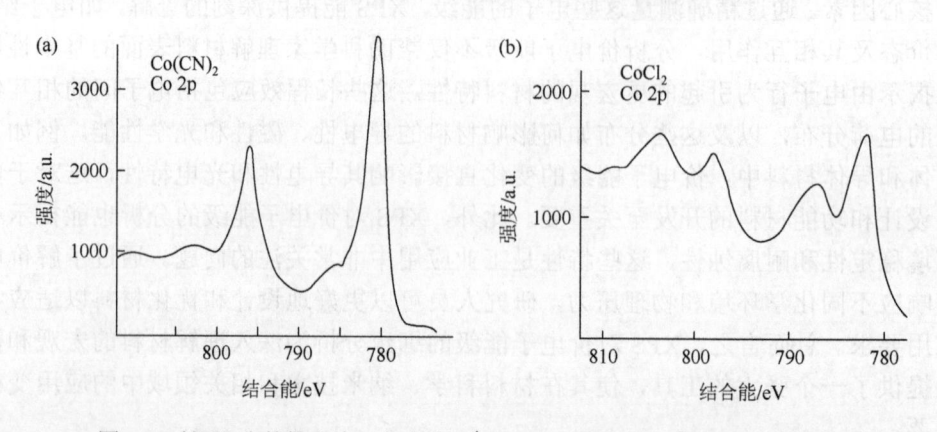

图 5-1　钴(II)中的携上峰：高自旋（^4F）（a）与低自旋（^2D）（b）相对比

这两种不同的谱图反映了 Co 元素在不同化学环境和几何结构下的电子排布差异，进一步揭示了它们在化学和物理性质上的本质区别。通过这种分析，可以更深入地理解过渡金属离子的电子结构及其对催化、电化学以及磁性等性质的影响。

5.2.2 多重分裂研究未成对电子

从图 5-2 可以看出，Co 和 Cr 的峰都有分裂，说明它们都含有孤对电子，是顺磁性的物质。

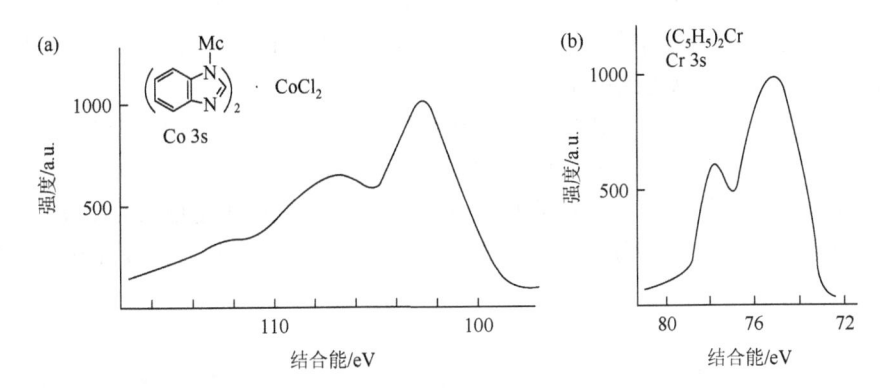

图 5-2 钴(Ⅱ)(^{4}F) 和铬(Ⅱ)(^{5}D) 中的多重分裂：(a) 双（N-甲基苯并咪唑）氯化钴的 Co 3s 谱图；(b) 二茂铬的 Cr 3s 谱图

5.2.3 氧化态的研究

从表 5-1 中看出，对于同一种元素，不同的结合能对应着不同的化学价态，由此可以根据这个来判断元素的价态。

表 5-1 锑和镍结合能-氧化态的变化

内层等级	化合物	形成氧化态	结合能/eV
Sb 3d$_{3/2}$	SbCl$_5$	5	540.9
	CsSbF$_4$	3	540.8
	[PyH][SbCl$_4$]	3	540.2
	Ph$_2$SbEr$_2$	5	539.8
Ni 2p	Ni(η-C$_3$H$_3$N)$_2$	0	856.0
	Ni$_2$O$_3$	3	855.9
	(Ph$_2$EtP)$_2$NiBr$_2$	2	854.9
	NiO	2	854.0

5.2.4 配体的种类

随着原子簇尺寸的增加,我们观察到一个明显的趋势:原子的电离能降低。这是因为在较大的原子簇中,电子更远离核心,受到的核电荷吸引减弱,因此除去电子所需的能量相应减少。此外,原子间的相互作用也影响了电子的分布和稳定性,进一步降低了电离能。在探讨不同配体影响下的原子簇尺寸差异时,也必须考虑这一尺寸变化如何影响原子簇的结合能。配体的种类和性质(如电子吸引力、空间布局等)可以显著改变原子簇的电子结构,从而导致结合能的变化。例如,带有强电子吸引力的配体可能会增强原子簇的整体稳定性,提高结合能,而较大或较柔软的配体可能导致结合能降低,因为它们提供了较大的空间以容纳电子云的展开。

因此,了解原子簇尺寸及其与配体相互作用的影响对于预测和调控材料的电化学性质、催化活性和稳定性至关重要。这种洞察力是设计新材料和催化剂的关键,特别是在纳米科技和分子工程领域,其中精确控制原子尺度的结构和性能是核心要求。以表 5-2 中所列举的金属元素结合能为例,可以清晰地看出,当金属配体发生变化时,金属的结合能会发生明显变化。

表 5-2 在 $M(CO)_5L$ 化合物(固态)中配体对碳和氧 1s 及 $M\ 2p_{3/2}$ 结合能的影响(单位:eV)

M	L	C 1s	O 1s	$M\ 2p_{3/2}$
Cr	CO	288.1	534.1	576.5
	NH_3	287.3	533.4	575.7
	PMe_3	286.8	533.1	575.4
Mn	CO*	287.8	533.7	641.2
	CH_3	288.1	533.9	641.4
	H	288.6	534.4	641.8
	CF_3	288.9	534.8	642.2

注:*表示吸附态。

5.2.5 无机物结构的测定

在无机物结构的测定中,X 射线光电子能谱(XPS)发挥着至关重要的作用。基团在不同的化学环境中表现出不同的结合能,这一特性在 XPS 谱图中得以清晰地反映。每种化学环境都会对电子的能量状态产生独特的影响,从而导致结合能的变化。这种变化是由电子与周围原子间相互作用的差异引起的,如电子密度、电子云的分布以及化学键的性质等。

通过分析 XPS 谱图中的这些结合能差异,科学家可以推断出无机物中各个基团的化学价态和环境,进而构建出材料的微观结构模型。例如,通过观察氧化态的改变,可以探测氧化还原反应的过程，或者通过分析金属离子周围的配体环境，可以推测出复合材料中的相互作用和稳定性。

这种能力使 XPS 成为无机化学、材料科学及催化研究等领域中不可或缺的工具。它不仅可以帮助科学家理解和解释复杂化学系统的行为，还能在新材料的开发和现有材料性能的改进过程中提供重要的指导。通过精确测量和分析结合能，XPS 为无机物结构的深入研究和应用开发提供了一种强大且精确的方法。

从图 5-3 可以看出，N 1s 谱中，N 元素在不同的基团中显示出不同的结合能。

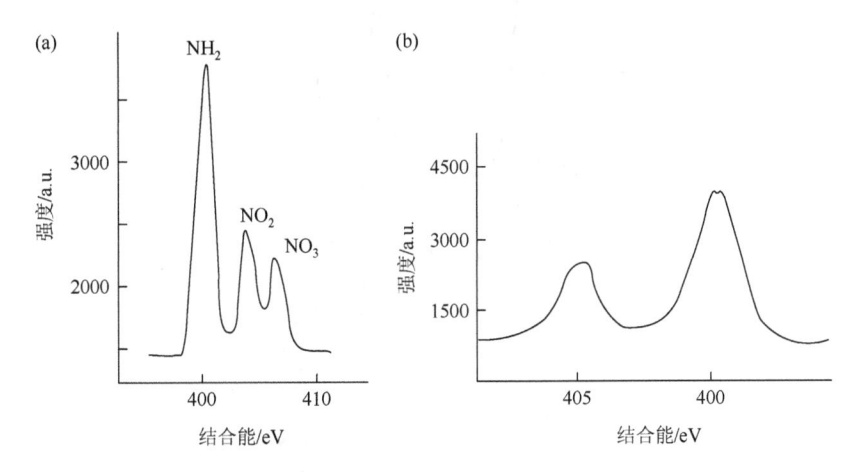

图 5-3 *cis*-[Co(En)$_2$(NO$_2$)$_2$]NO$_3$（a）和 Me$_3$SiN$_3$（b）的 N 1s 谱

5.3 有机物与聚合物的研究

有机物和聚合物在科学研究与技术应用中具有极高的重要性。这些材料广泛存在于薄膜、纤维、橡胶以及有机涂层等多种形态中，它们在现代工业、医药、能源及环境科学等领域中扮演着关键角色。准确地测量这些材料表面的元素组成和化学特性不仅对于理解材料的基本行为至关重要，也对于解决实际问题、优化产品性能和开发新技术具有实际应用价值。在这一领域，X 射线光电子能谱（XPS）展示了独特的优势。作为一种非破坏性分析技术，XPS 能够在不损害样品的情况下，提供精确的化学和电子信息。它的高灵敏度和对固体、气体及液体样品的广泛适应性使其成为研究有机物和聚合物材料的理想选择。XPS 不仅能够揭示材料表面的元素类型和含量，还能深入分析化学键结构、氧化还原状态和表面处理后的化学改变。例如，在聚合物和橡胶工业中，XPS 可以用来检测表面处理或涂层的均匀性，分析老化过程中的化学变化，以及评估添加剂的分布和效果。在有机电子和生物医学领域，XPS 分析有助于优化有机薄膜的电子特性和提高生物相容性。总之，XPS 在有机物和聚合物研究中提供了一个强大的工具，可以系统地分析和优化材料的表面和亚表面特性，这对于推动科学研究和技术创新具有重要意义。

5.3.1 聚合物成分的分析

从图 5-4 可以初步地判断元素所处的化学环境,然后再依据谱图进行相对含量的定量计算,其计算结果如表 5-3 所示。

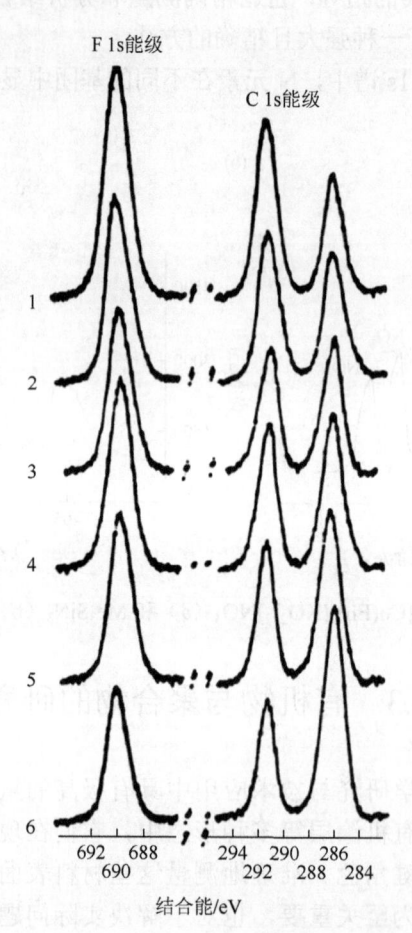

图 5-4 一组乙烯-四氟乙烯共聚物的 F 1s 和 C 1s 谱

表 5-3 乙烯-四氟乙烯共聚物的分析

样品	C_2F_4含量/mol%	共聚物组成/mol%				
		从单体反应率预言	从 C 分析计算	从 F 分析计算	从 C 1s 峰-F 1s 峰面积比计算	从 C 1s(CH₂峰):C 1s(CF₂峰)计算
1	94	63	61	61	63	62
2	80	53	52	54	52	52
3	65.5	50	49	48	47	46
4	64	50	47	45	44	45
5	35	45	41	40	42	40
6	15	36	—	—	32	31

5.3.2 聚合物基团的确定

图 5-5 展示了聚合物中各种结构基团的特征内层能级结合能图。通过这些特征结合能，可以准确地确定聚合物中所包含的各种基团结构。结合能，即光电子从原子内层被激发并逃逸所需克服的能量，是分析聚合物分子结构的关键参数。每种基团因独特的电子环境而表现出特有的结合能，这些能量值反映了电子与周围原子核的相互作用强度及电子排布状态。

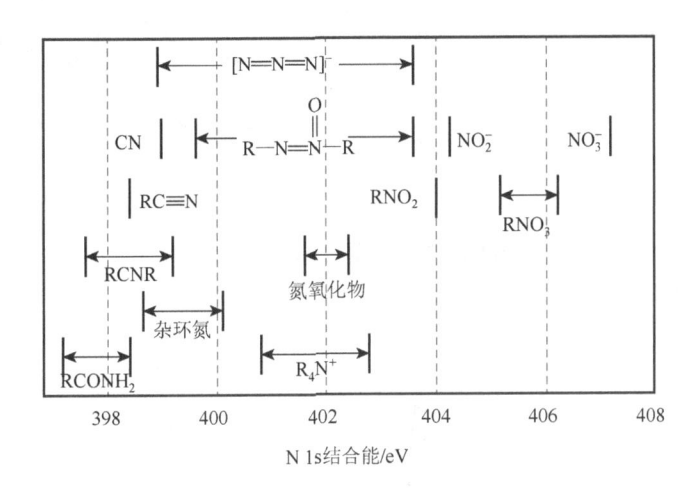

图 5-5 聚合物中各种结构的特征内层能级结合能

在聚合物化学中，能够区分和识别不同的化学基团是理解材料性质和行为的基础。例如，羧基、酯基、氨基等官能团在 XPS 谱图中呈现出特定的结合能峰，这些峰值不仅标志着基团的存在，还提供了关于聚合物链上这些基团的分布、浓度和化学价态的信息。

通过对这些结合能进行详细分析，科学家们可以探索聚合物的成分复杂性，识别特定的改性或交联结构，并评估外部处理如紫外线照射或化学添加剂对聚合物性质的影响。这一技术在聚合物的开发、质量控制以及在环境和生物医学应用中的性能评估中发挥着至关重要的作用。

图 5-6 是高压聚乙烯（LDPE）的 C 1s 及 O 1s 谱图，其中曲线 1 对应未处理样品；曲线 2 和 3 分别为空气中放电处理 8s 和 30s（13.7V 峰值电压，50Hz）的谱图信息。

5.3.3 表面处理对聚合物表面的影响

在表面处理时，不同的处理方法对得到的 XPS 谱图有一定的影响。图 5-7 是电晕处理后，聚对苯二甲酸乙二醇酯（PET）的 C 1s、O 1s 谱随放置时间的变化关系。

C 1s谱中的三个峰应指认如下：

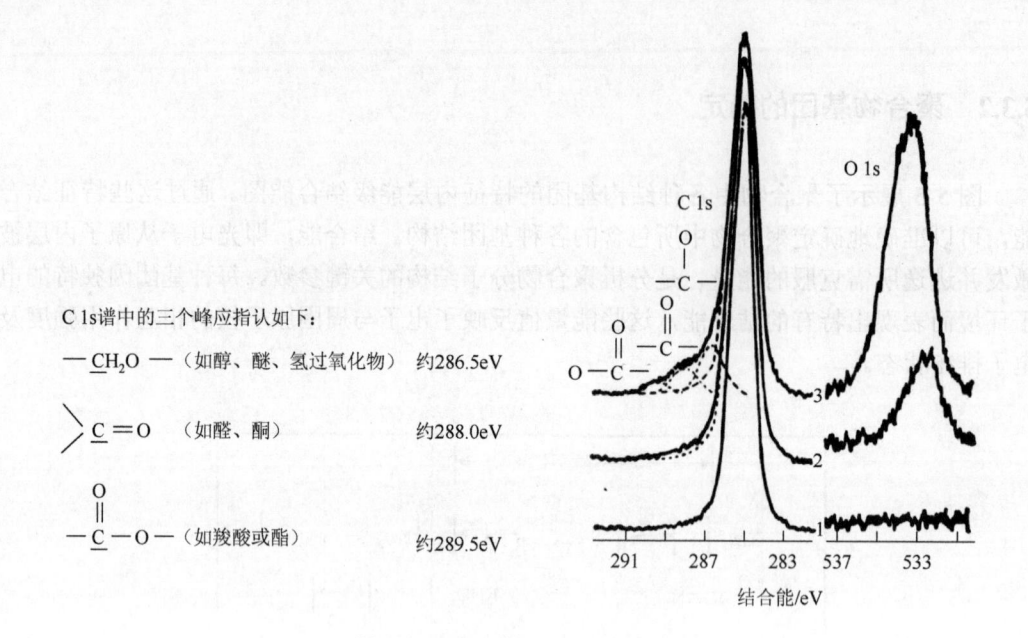

—$\underline{C}$H$_2$O— （如醇、醚、氢过氧化物）　约286.5eV

$>\underline{C}=O$ （如醛、酮）　约288.0eV

$-\underset{\underset{O}{\parallel}}{\underline{C}}-O-$ （如羧酸或酯）　约289.5eV

图 5-6　LDPE 的 C 1s 及 O 1s 谱

曲线 1 对应未处理样品；曲线 2 和曲线 3 分别为在空气中放电处理 8s 和 30s（13.7V 峰值电压，50Hz）的谱图信息

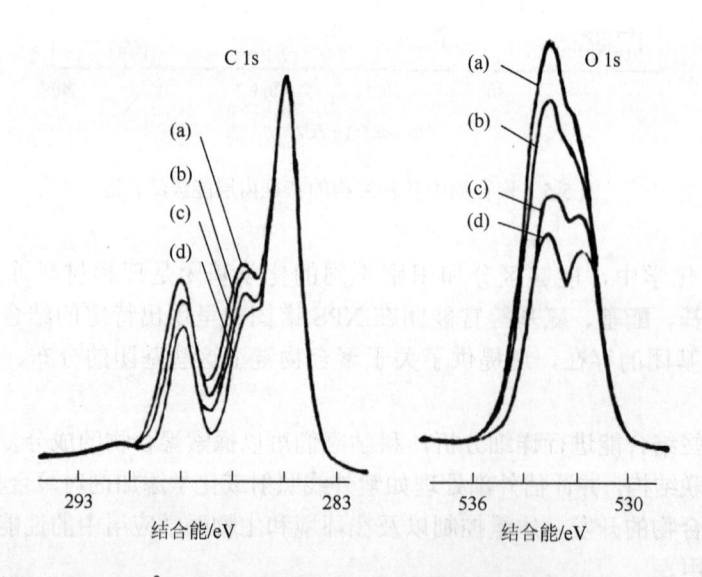

图 5-7　电晕处理（620mJ/cm^2）后 PET 的 C 1s、O 1s 谱随放置时间的变化关系：(a) 初始状态；(b) 24h；(c) 23d；(d) 未处理的薄膜，(c) 的谱实际上与处理过的表面再经洗涤的谱相一致

图 5-8 是辐射处理对聚偏氟乙烯（PVF）的 C 1s 谱的影响变化图。从图中可以看出，辐射处理明显改变了 C 1s 的结合能，并且逐步产生新的且具有不同结合能的碳物种。

图 5-9 是 O(^{3}P)处理对聚酰亚胺（PI）的 C 1s 谱的影响，同样地，辐射处理后逐步产生新的结合能为 287.0eV 的碳物种。

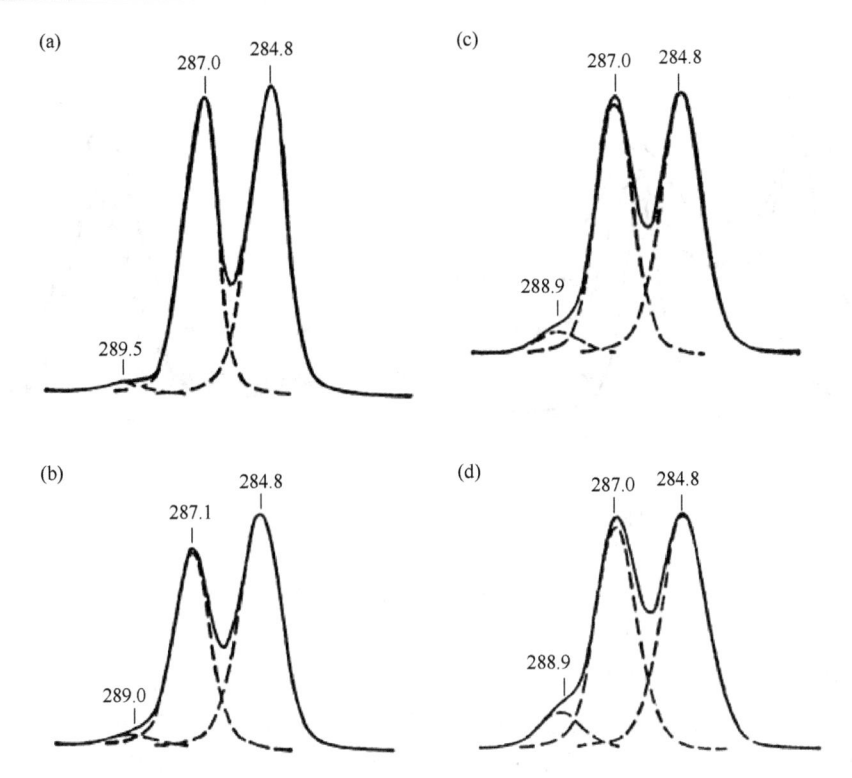

图 5-8 PVF 的 C 1s 谱：(a) 未受辐照的膜；(b) 由 STS-8 飞行器中回收的薄膜 [在低地球轨道（LEO）上受 O(^{3}P)辐照约 40h]；(c) 在 RFO$_2$ 等离子体下游处受 O(^{8}P)辐照 15min；(d) 在 O$_2$ 等离子体"辉光区内"辐照 10min，虚线为拟合曲线

图中数值表示对应结合能值，单位均为 eV

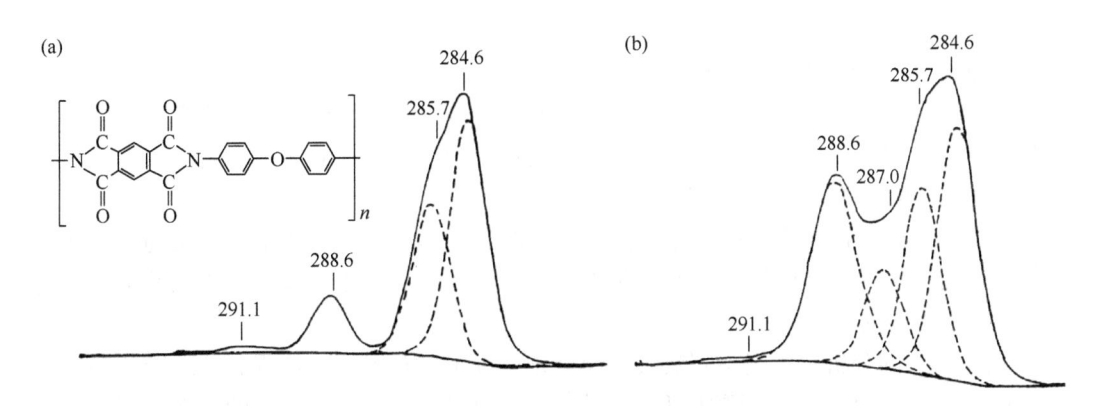

图 5-9 PI 与 O(^{3}P)作用前（a）和作用 0.5h 后（b）的 C 1s 谱

图中数值表示对应结合能值，单位均为 eV

图 5-10 是等离子体处理聚四氟乙烯（PTFE）前后 C 1s 谱和 O 1s 谱的差异。从图中可以看出，辐射处理明显改变了 C 1s 的结合能，并且逐步改变了原有不同结合能碳物种的比例。对于 O 1s 谱来讲，其半高宽明显变化。

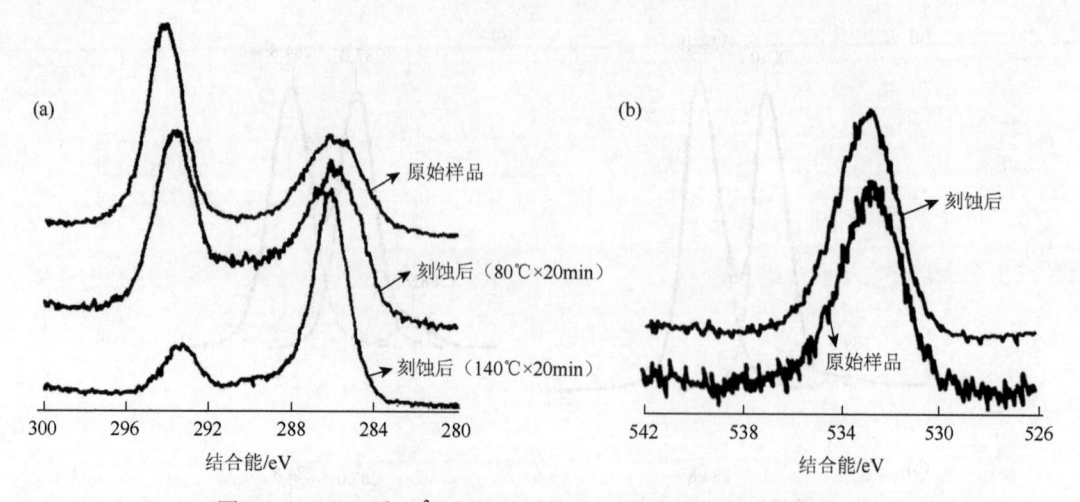

图 5-10　PTFE 受 O(^{3}P) 刻蚀前后的 C 1s 谱（a）和 O 1s 谱（b）

5.4　催化剂的研究

在催化剂研究领域，XPS 技术提供了一种强有力的手段，用于深入分析催化剂表面的化学性质。XPS 分析使我们能够精确测定催化剂表面的元素组成，识别各种表面原子的化学价态（如其氧化程度），以及表面分子结构，包括与表面吸附相关的官能团类型及其相对含量。这些信息对于理解催化剂的工作机制和优化其性能至关重要。

通过 XPS，研究人员可以详细观察到催化剂在催化反应前后表面化学环境的变化。例如，可以辨别出哪些表面官能团在反应过程中活化或消耗，从而揭示催化反应的活性路径。此外，XPS 还能区分活性和非活性催化剂之间的表面特征差异，这对于设计新的高效催化系统或改进现有系统极为重要。

这种表面分析能力使 XPS 成为开发和测试新催化剂的重要工具。通过识别催化剂表面的活性位点及其与反应物的相互作用，研究人员可以设计出更加高效和高选择性的催化剂。此外，XPS 分析在研究催化剂中毒和老化过程中也发挥着关键作用，帮助研究人员优化催化剂的使用寿命和稳定性。

总之，XPS 不仅为催化剂设计提供了宝贵的表面和分子层面的见解，还为催化科学的各个方面，包括催化机制的解析、催化剂性能的评估和优化，以及催化剂的再生和再利用提供了重要支持。

在图 5-11 的分析中，观察到氢气还原后钯（Pd）的信号明显增强。这一变化表明，原先的氧化钯（PdO）主要以颗粒形式存在。通过还原过程，这些颗粒的分布变得更为均匀，增加了表面活性区域，从而导致信号的增强。这种分布的均匀化可能是由于还原反应促使颗粒重新分散，消除了氧化过程中可能形成的聚集体。

另外，从图 5-12 的分析结果可以看出，氢气还原后，铂（Pt）的峰显著变宽，这通常指示着颗粒尺寸的增加。颗粒变大通常意味着表面活性区域相对减少，因此检测到的信号强度有所减弱。在这种情况下，还原反应可能导致了铂原子间的融合，形成了更大的颗粒，从而影响了其表面特性和催化活性。

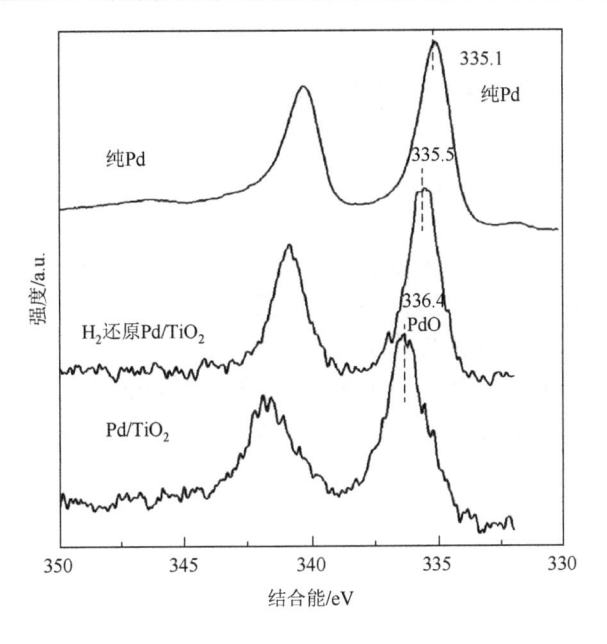

图 5-11 Pd 3d XPS 谱图

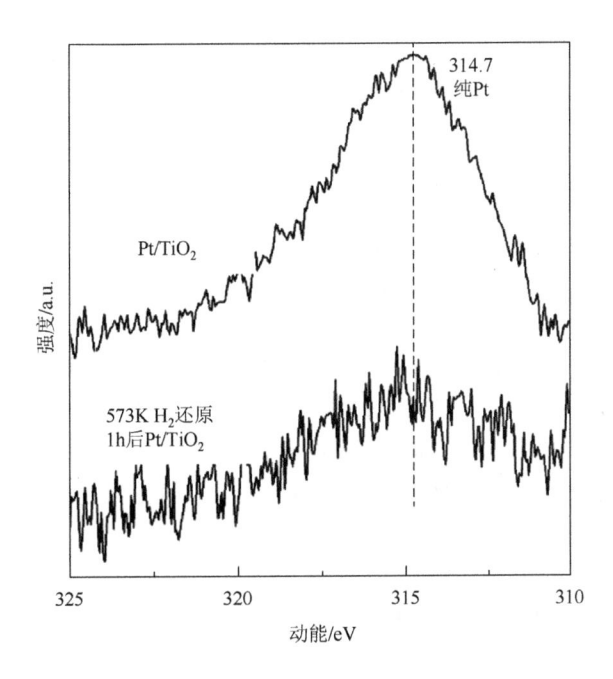

图 5-12 XPS 分析 Pt 催化剂表面特性

这两个观察结果揭示了氢气还原对不同金属氧化物催化剂物理特性的影响。钯的信号增强和铂的峰宽增加均指出，还原处理不仅影响催化剂的化学价态，还显著改变其表面结构和催化性能。这些变化对于优化催化剂设计和运行条件具有重要的实际意义，强调了对催化剂表面性质进行细致监控和调控的必要性。

5.5 应用举例和数据分析

1. XPS 分析氧空位与催化活性的关系

由于全球对化石燃料引发的环境问题日益关注，汽车行业对有害排放物（如 CO、NO 和碳氢化合物）的氧化反应非常重视。氧化物负载的贵金属催化剂常用于 CO 的氧化反应中，而催化剂的氧空位通常与其催化活性呈正相关。Xu 等[1]使用近大气压 X 射线光电子能谱（NAP-XPS）检测了 Rh_1/CeO_2-S（S 代表用二氧化硅包覆后再去除）和 Rh_1/CeO_2 催化剂在不同温度下 CO 氧化过程中原位 Ce^{3+} 含量（氧空位）的变化趋势（图 5-13）。

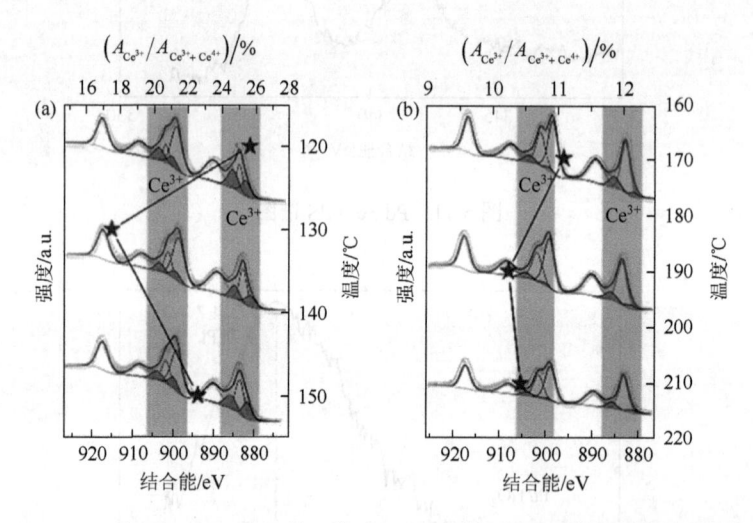

图 5-13 Rh_1/CeO_2-S（a）和 Rh_1/CeO_2（b）的三维 NAP-XPS 谱，以及 Ce^{3+} 比例随温度变化的相应趋势图[1]

对于 Rh_1/CeO_2-S，随着温度升高，氧空位含量（Ce^{3+} 比例）逐渐降低，在 130℃时达到最低值，为 17.51%。之后在 150℃时急剧增加到 22.60%，表明 CeO_2 表面氧被激活并参与反应，此时 CO 转化率接近 100%，表明 CO 催化活性的增强与氧空位密切相关。相比之下，Rh_1/CeO_2 即使在温度升高到 170～210℃时，其氧空位含量也远低于 Rh_1/CeO_2-S，显示出两种催化剂表面状态的差异。

2. XPS 分析表面吸附氧和 Ce^{3+} 比例

氧化物负载的贵金属催化剂常用于 CO 氧化反应中，其中催化剂的氧空位通常与其催化活性呈正相关。Xu 等[2]使用 XPS 检测了 $Pd@CeO_2$ 和 $Pd_1@HEFO$（高熵萤石氧化物）在 CO 氧化反应中表面吸附氧比例和 Ce^{3+} 比例，以此证明 $Pd_1@HEFO$ 的氧空位比 $Pd@CeO_2$ 更多。

在图 5-14（a）中，O 1s XPS 谱图显示，$Pd_1@HEFO$ 的表面化学吸附氧（O_β，530.4eV）与载体的晶格氧（O_α，528.8eV）之比大约是 $Pd@CeO_2$ 的两倍，这可能是由于将 Pd 掺入

HEFO 中，产生了更多配位不足的金属阳离子。这一结果与图 5-14（b）中 Pd₁@HEFO 的 Ce³⁺比例（19.2%）高于 Pd@CeO₂ 的 Ce³⁺比例（10.9%）的结论一致。更多的配位位点（即氧空位）在 Pd₁@HEFO 中为 O_2 的解离吸附提供了更多的场所。

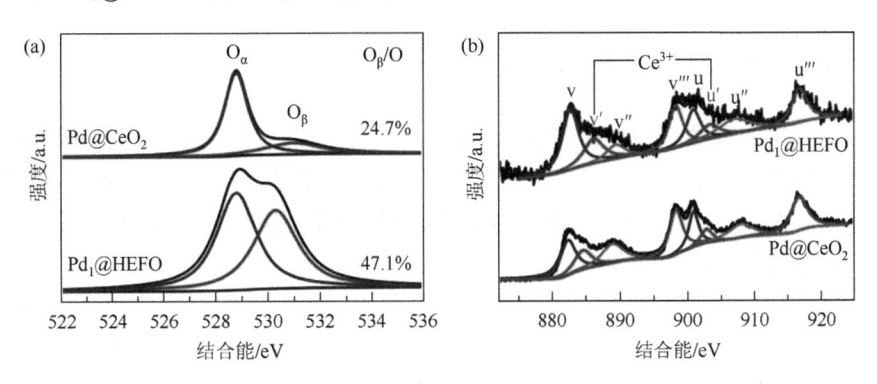

图 5-14　Pd₁@HEFO 和 Pd@CeO₂ 的 O 1s（a）和 Ce 3d（b）的 XPS 谱图[2]

3. XPS 分析负载型金属原子的电子特性

单原子催化剂能够有效地利用贵金属并展现出独特的性能。然而，由于催化剂烧结，通常会影响其稳定性。虽然可以通过将金属原子锚定在氧化物载体上来抑制烧结，但强金属-氧相互作用往往会留下太少的金属位点用于与反应物结合和催化。此外，即使是氧化物锚定的单原子催化剂在足够高的还原条件下最终也会烧结。

Li 等通过将原子分散的金属原子限制在氧化物纳米团簇或"纳米胶"上，实现了金属中心稳定性的显著增强[3]。氧化物纳米团簇或"纳米胶"本身分散在稳定的高表面积载体上，从而增加催化位点的数量。Li 等使用 XPS 分析了金属原子限制在氧化物纳米团簇或"纳米胶"上的催化效果，特别是在 CO 氧化反应中的表现。XPS 结果（图 5-15）显示，CeO$_x$/SiO₂、CeO₂ 和 CeO₂ NPs/SiO₂ 中 Ce³⁺的含量分别为 28.7%、10.9%和 8.4%。

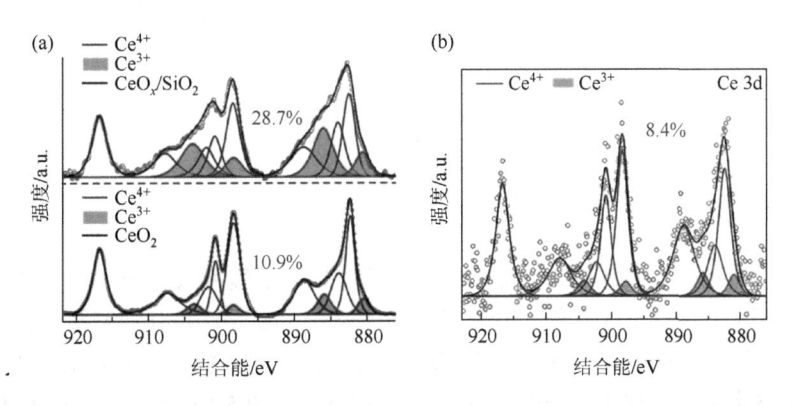

图 5-15　催化剂的 Ce 3d XPS 谱图：(a) Ce 3d 的 XPS 数据表征了 SiO₂ 负载的 CeO$_x$ 纳米团簇（上）和纯 CeO₂ 粉末（下），圆圈和黑线分别表示实验数据和拟合曲线。与较大的 CeO₂ 纳米团簇相比，CeO$_x$ 纳米团簇含有更高密度的氧空位（由更高的 Ce³⁺比例表示）。(b) 12wt%CeO₂ NPs/SiO₂ 的 Ce 3d XPS 数据，圆圈和黑线分别表示数据和拟合曲线[3]

CeO$_x$/SiO$_2$ 中 Ce^{3+} 位点的高密度表明，金属原子在 CeO$_x$ 纳米团簇上的锚定位点更多。XPS（可探测样品表面以下纳米尺度的区域，因此能够全面表征 CeO$_x$ 纳米团簇）显示 Ce^{3+}/(Ce^{3+} + Ce^{4+}) 比例对应于 CeO$_{1.86}$ 的组成。

4. XPS 分析 Co-Al 氧化物中 Co 的价态

在 CO$_2$ 催化加氢的高附加值产品中，如 CH$_3$OH、CO、HCOOH、CH$_4$ 和碳氢化合物，CH$_4$ 是一种理想的能源载体，可以通过现有的天然气管道基础设施进行运输。此外，CO$_2$ 加氢制 CH$_4$，即 CO$_2$ 甲烷化可以解决 CH$_4$ 市场供应不足的问题，对于煤炭清洁利用和电力所需的煤制气转化具有重要意义。Liu 等[4]对 Co-Al 氧化物进行分析，图 5-16 中展示了催化剂的 Co 2p XPS 谱图。所有光谱均呈现出两个明显的峰，分别位于 780.5eV 和 796.3eV（分别代表 Co 2p$_{3/2}$ 和 Co 2p$_{1/2}$ 跃迁），还有两个弱的卫星峰，分别位于 786.1eV 和 802.6eV。Co 2p$_{3/2}$ 峰被分解为 780.2eV 和 781.4eV 的 Co^0 和 Co^{2+} 信号，这表明 Co-Al 氧化物被完全还原为 Co^0 和 Co^{2+}。

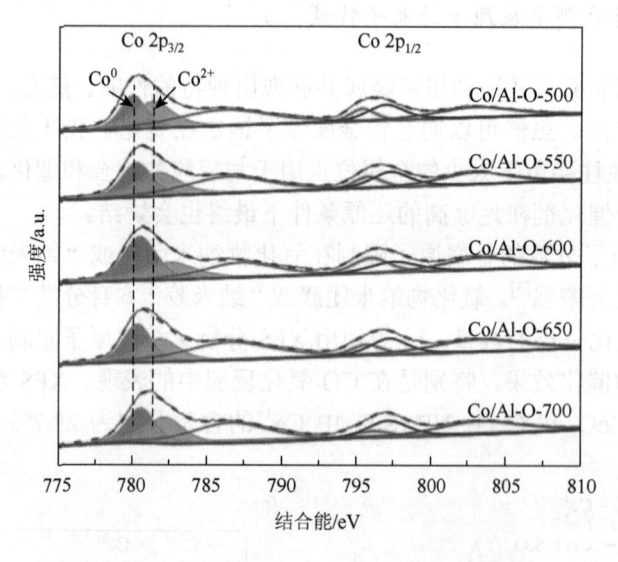

图 5-16 Co-Al 氧化物中 Co 2p XPS 谱图[4]

5. XPS 分析催化剂中氧空位所占比例

1,3-丙二醇（1,3-PDO）是合成聚合物（聚对苯二甲酸丙二醇酯和聚氨酯）的重要原料，由于其下游产品的大量消费，近年来市场需求量大幅增长。甘油直接转化制 1,3-PDO 具有重要经济作用。Zhao 等[5]采用 Pt/WO$_3$/γ-Al$_2$O$_3$ 催化剂，将甘油精准转化为 1,3-PDO，并采用 XPS 技术分析了催化剂表面的 W 物种存在状态。图 5-17（a）显示了 Pt/WO$_3$/γ-Al$_2$O$_3$ 催化剂的 W 4f XPS 谱，其中 W^{6+} 物种的 36.06eV 和 38.21eV 的峰值远高于 W^{5+} 物种的峰值，表明 Pt/WO$_3$/γ-Al$_2$O$_3$ 表面存在较少的氧空位。在图 5-17（b）中，Pt-WO$_x$/γ-Al$_2$O$_3$ 催化剂则表现出更多的氧空位。

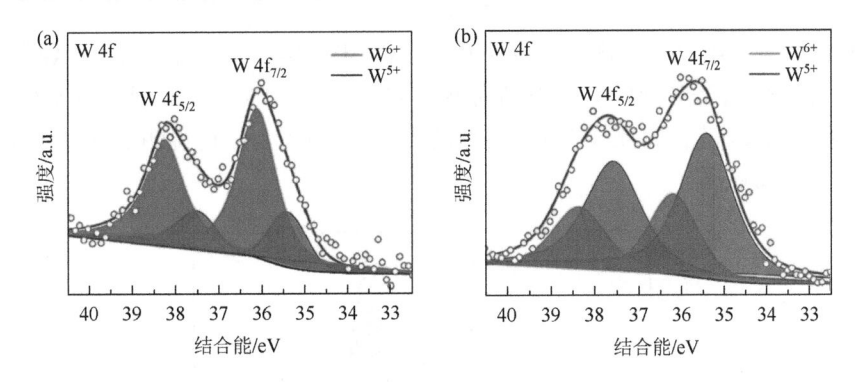

图 5-17　Pt/WO$_3$/γ-Al$_2$O$_3$（a）和 Pt-WO$_x$/γ-Al$_2$O$_3$（b）的 W 4f XPS 谱图[5]

6. XPS 分析 CeO$_2$ 氧空位含量

针对大流量和低污染物浓度的废气处理，催化氧化技术通常被认为是最佳方法之一，这是因为其高效率、低能耗，并且反应的最终产物是无毒的 CO$_2$ 和 H$_2$O。贵金属的化学价态通常会显著影响催化活性。Liu 等[6]对 CeO$_2$ 进行 X 射线光电子能谱（XPS）分析，Ce 3d 谱如图 5-18 所示。它由两组自旋轨道线 u 和 v 组成；对应于 u 线的 Ce 3d$_{3/2}$ 自旋轨道分量包括三个特征峰，标记为 u（900.8eV）、u″（907.2eV）和 u‴（916.8eV）；对应于 v 线的 Ce 3d$_{5/2}$ 自旋轨道分量包括三个峰，标记为 v（884.9eV）、v″（888.8eV）和 v‴（897.9eV）。这六个峰被归因于 Ce^{4+} 的特征峰。剩下的四个峰 u^0（899.4eV）、v^0（879.7eV）、u′（903.1eV）和 v′（884.9eV）被归因于 Ce^{3+} 的特征峰。Ce^{3+} 的存在表明存在氧空位。Ce^{3+} 浓度通过定量分析计算得出。Ce^{3+}/(Ce^{3+} + Ce^{4+}) 为 38.5%，表明存在高浓度的氧空位。

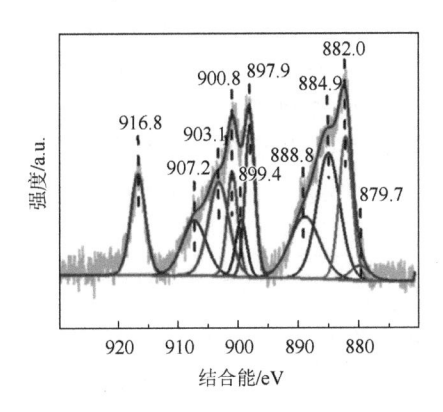

图 5-18　Ru-Ce$_7$/NF-Al$_2$O$_3$ 催化剂的 Ce 3d XPS 谱图[6]

7. XPS 分析 W^{5+} 所占比例

木质纤维素是世界上最丰富的生物质资源，将其中的纤维素、半纤维素和木质素转化为高附加值的化工产品和生物油已引起人们的高度重视。Sun 等[7]采用 Pt/W 系列催化剂用于生物质转化研究，采用 XPS 分析催化剂表面 W 物种的存在状态。图 5-19 是催化剂的 XPS 谱图，其中 W 4f 谱包含 4f$_{7/2}$（35.7eV）和 4f$_{5/2}$（37.8eV），这是 W^{6+} 的存在状态。而 36.1eV 和 34.1eV 处的分别被归为 W^{5+} 4f$_{5/2}$ 和 W^{5+} 4f$_{7/2}$，据估计，Pt-WO$_{3-x}$ 中 W^{5+} 的百分比为 8.7%，高于在相同条件下还原的 WO$_{3-x}$（6.3%），这说明 Pt 的加入能够使得表面 W 物种更易还原。

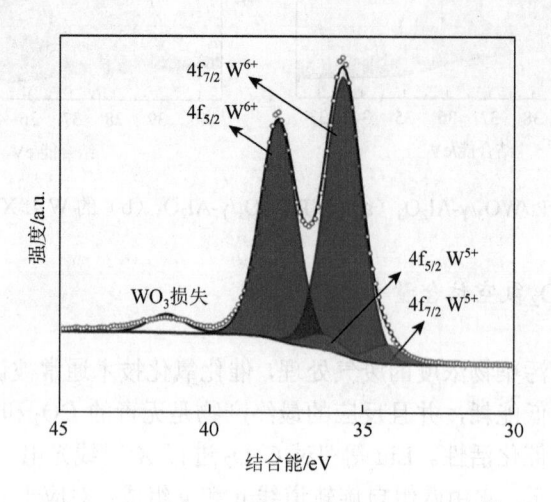

图 5-19　Pt-WO$_{3-x}$ 催化剂的 W 4f XPS 谱图[7]

8. XPS 表征氧化钨表面电子态和 Pt 的存在形式

甘油选择性氢解生成 1,3-丙二醇（1,3-PDO）的研究引起了广泛关注，这是因为甘油是制造生物柴油的主要副产品，供应过剩，而 1,3-PDO 作为高品质聚酯聚对苯二甲酸三乙二醇酯（PTT）的单体具有重要应用价值。Wang 等[8]设计了一种金修饰氧化钨催化剂，并用于甘油选择性氢解制备 1,3-PDO 的催化反应。通过 XPS 分析表征技术，证实了载体氧化钨表面的电子状态和贵金属 Pt 的存在形式。

如图 5-20 所示，W 4f XPS 谱可以分解为两个峰，W 4f$_{7/2}$ 结合能分别为 35.8eV 和 35.0eV，分别归因于 W^{6+} 和 W^{5+}。此外，0.1wt% Au 的存在使 W^{5+}/(W^{5+} + W^{6+}) 比值从 0.52

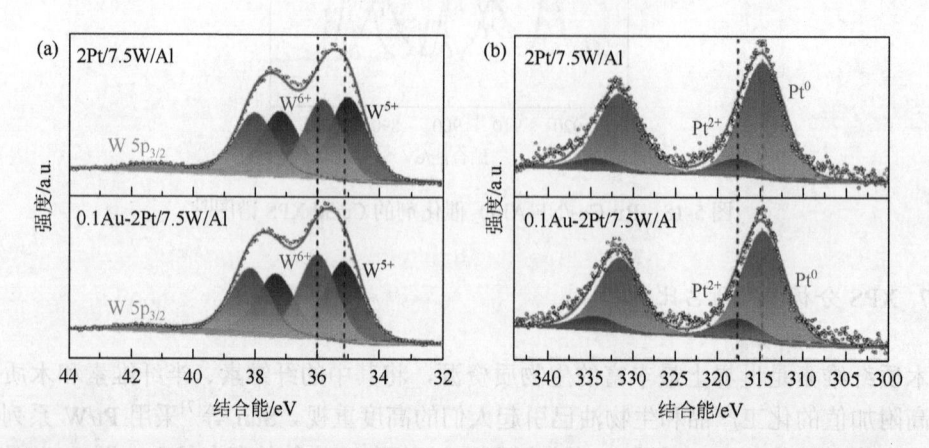

图 5-20　2Pt/7.5W/Al 和 0.1Au-2Pt/7.5W/Al 催化剂的 W 4f（a）和 Pt 4d（b）XPS 谱图[8]

略微下降到 0.48，表明 Au 的引入在一定程度上降低了 W 物种的电子密度。另外，Pt 4d XPS 谱表明，Pt^0 占主导地位，同时存在少量（约 15%）的 Pt^{2+}。假设 Pt^{2+} 来源于 Pt 和 WO_x 之间的界面，而 Au 的存在略微增加了 Pt^{2+} 的比例，这表明 Au 扩大了 Pt 和 WO_x 之间的界面。这有利于 Pt 发挥催化作用，进一步提高其催化活性。

9. XPS 分析反应条件下氧逆溢流现象

氧物种的溢出在氧化还原反应中非常重要，但相比于氢溢出，氧溢出的机制了解较少。通过在 Pt/TiO_2 催化剂中掺入 Sn，可以在低温（<100℃）下激活逆向氧溢出，从而使 CO 氧化活性显著高于大多数氧化物负载的 Pt 催化剂。作为一种高度表面灵敏的前沿表征技术，近大气压 X 射线光电子能谱（NAP-XPS）能够在气体环境下对催化剂表面性质进行原位表征。Chen 等[9]使用 NAP-XPS 研究了 $Pt/Sn_{0.2}Ti_{0.8}O_2$、Pt/TiO_2-R 和 Pt/TiO_2-A 在 CO 氧化反应过程中 Pt 物种的化学价态。如图 5-21 所示，约 72.2eV 和 74.8eV 处的峰分别归属于 Pt^{2+} 物种的 $4f_{7/2}$ 和 $4f_{5/2}$ 信号，而约 74.4eV 和 77.8eV 处的峰分别对应于 Pt^{4+} 物种的 $4f_{7/2}$ 和 $4f_{5/2}$ 信号。在整个原位 NAP-XPS 研究过程中，没有检测到金属 Pt 物种的峰。经 H_2 预处理后，仅观察到 Pt^{2+}；进一步 O_2 处理后，未观察到 Pt^{4+}。然而，$Pt/Sn_{0.2}Ti_{0.8}O_2$ 在 CO + O_2 处理后生成 Pt^{4+} 物种，且 Pt^{4+} 仅在通入 CO 时存在，而 Pt/TiO_2-R 和 Pt/TiO_2-A 催化剂不存在这种现象。

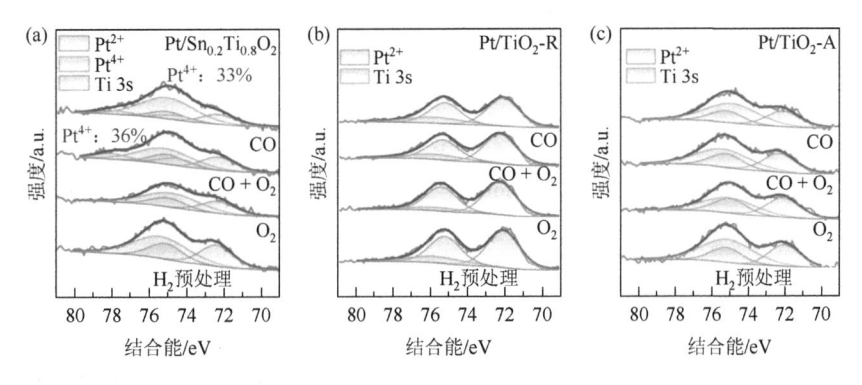

图 5-21 在 100℃下的原位 Pt 4f NAP-XPS 谱图：$Pt/Sn_{0.2}Ti_{0.8}O_2$（a）、Pt/TiO_2-R（b）和 Pt/TiO_2-A（c）分别暴露在 1mbar O_2、0.5mbar CO 和 0.5mbar O_2 及 1mbar CO 的环境中[9]

此外，$Pt/Sn_{0.2}Ti_{0.8}O_2$ 表面 Pt^{2+} 氧化为 Pt^{4+} 和 CO 氧化同时发生，表明晶格氧先转移到 Pt 位点上，再将 CO 氧化为 CO_2，即发生了氧逆溢流现象。

10. 原位 XPS 分析 $(Pt_1$-$Pt_n)/\alpha$-MoC 催化活性的本源

水煤气变换（water-gas shift，WGS）反应与甲烷水蒸气重整反应的组合是目前工业制高纯氢气的关键技术之一。发展低温、高效、稳定的 WGS 制氢催化剂，对工业产氢过程和氢能的大规模应用具有重要意义。Zhang 等[10]使用 NAP-XPS 证明了 2wt% $(Pt_1$-$Pt_n)/$

α-MoC 高 WGS 催化活性来源。如图 5-22 所示，催化剂在活化后显示出 C 和 Mo 的特征峰，分别位于 284.8eV 和 230eV。从 O 1s XPS 谱可以观察到位于 530.3eV 的 α-MoC 表面残余 O（O$_r$）信号峰。当在处于室温下的 XPS 样品室引入 5mbar 的气态 H$_2$O，除了能观察到位于 534.8eV 的气相 H$_2$O（H$_2$O$_g$）信号峰及 O$_r$ 外，还新发现了位于 532.3eV 的信号峰，其可归属于 α-MoC 表面的吸附 OH（OH$_{ads}$）物种。

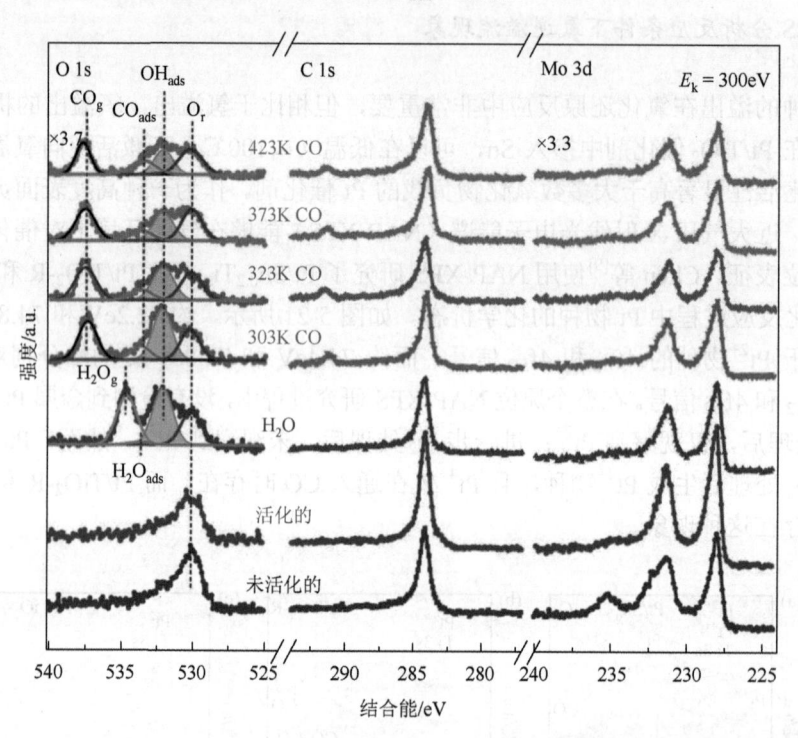

图 5-22 2wt% (Pt$_1$-Pt$_n$)/α-MoC 催化剂在不同条件下的 NAP-XPS 谱[10]

E_k 表示光电子从样品表面逸出后被检测到的功能

11. XPS 表征 Cu 的结构和化学价态与催化性能的关系

碳-氧键（如酯、CO、CO$_2$ 和糠醛）的加氢是化学合成中的一个重要基本反应。由于铜（Cu）具有良好的选择性加氢能力，对 C—C 裂解没有活性，铜基催化剂已广泛用于酯类化合物的选择性加氢制醇。Cu^0 和 Cu$^+$ 活性物质之间的协同作用已被广泛认为是提高催化性能的关键，其中 Cu^0 促进 H$_2$ 的解离，而 Cu$^+$ 作为路易斯酸位点吸附和活化碳-氧键。Li 等[11]使用 XPS 分析了不同铜尺寸的棒状 CeO$_2$ 负载的 Cu 催化剂在乙酸甲酯加氢反应中的铜物种的结构和化学环境。在 Cu 2p XPS 谱［图 5-23（a）］中，940~950eV 处没有 Cu^{2+} 卫星峰，这表明表面 Cu^{2+} 已被还原为 Cu^0 或 Cu$^+$ 物种。在这种情况下，分别在 568.7eV 和 571.9eV 结合能下对 Cu LMM AES 谱［图 5-23（b）］中的两个重叠峰进行去卷积，以计算表面 Cu^0 和 Cu$^+$ 物种的比例。结果表明，从 2Cu/CeO$_2$ 到 16Cu/CeO$_2$，Cu$^+$/Cu^0 的比例逐渐降低，表明随着催化剂中铜粒径的增加，Cu$^+$ 物种的比例逐渐降低，表面暴露出更多的金属 Cu 物种。

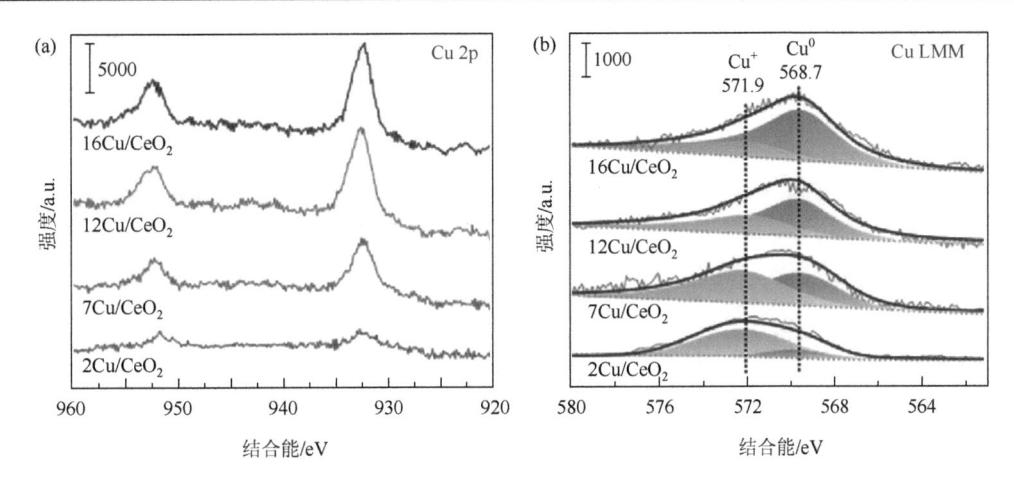

图 5-23 Cu/CeO$_2$ 催化剂光谱信息：(a) 催化剂的 Cu 2p XPS 谱；(b) 还原的 Cu/CeO$_2$ 催化剂的 Cu LMM AES 谱[11]

12. XPS 分析 Mo-Mn 表面价态分布和组分间相互作用

木质素催化解聚（LCD）是高效利用生物质资源，将其转化为液态燃料和芳香化学品的有效策略之一。本小节研究制备了一系列具有不同 Mn/Mo 比例的蛇纹石（SEP）负载的 Mo-Mn 催化剂，并将其应用于 LCD。Chen 等[12]通过 XPS 进一步分析了催化剂中的表面价态分布和组分之间的相互作用。

在图 5-24（a）中，Mo 3d 谱分为 Mo 3d$_{3/2}$ 和 Mo 3d$_{5/2}$ 两部分。对于 Mo/SEP，解卷积后，在 232.5eV/235.5eV 和 231.5eV/234.6eV 处的两对峰分别与 Mo^{6+} 和 Mo^{5+} 相关，表明 Mo^{6+} 和 Mo^{5+} 在 Mo/SEP 中共存，这与催化剂制备的煅烧条件相符。此外，由于催化剂制备过程中没有发生还原反应，Mo^{5+} 物种的出现归因于 Mo 与 SEP 骨架之间的相互作用。在双金属催化剂中，图 5-24（a）中 Mo^{5+} 和 Mo^{6+} 物种的峰随着 Mn/Mo 比的增加而向更高的结合能移动，且 Mo^{5+} 峰的强度逐渐增加，这表明金属之间的相互作用影响了表面物种的价态分布。Mn 物种提供的电子导致 Mo 物种部分还原，形成更富电子的 Mo^{5+} 物种。

从图 5-24（b）中双金属催化剂的 Mn 2p 和 Mo 3d 谱可以看出，随着 Mn/Mo 比值的增加，Mn^{2+} 的比例从 22% 下降到 6%，而 Mo^{5+} 的比例从 10% 增加到 25%。这进一步表明，Mn 物种提供的电子促进了 Mo 物种的还原，且两种金属物种之间的电子效应使它们更好地耦合在一起。

如图 5-24（c）所示，所有催化剂的 O 1s XPS 谱可分为四个峰，位于 530.3eV、531.1eV、531.8eV 和 532.4eV，分别对应晶格氧（O$_L$）、氧空位（O$_V$）、表面羟基氧（OH）和吸附水（O$_A$）。获得的 O 物种的表面相对含量显示，随着 Mn 添加比例的增加，O$_V$ 的含量增加，这与金属阳离子价态的变化有关。此外，OH 的数量与催化剂表面 Brønsted 酸的浓度呈正相关。

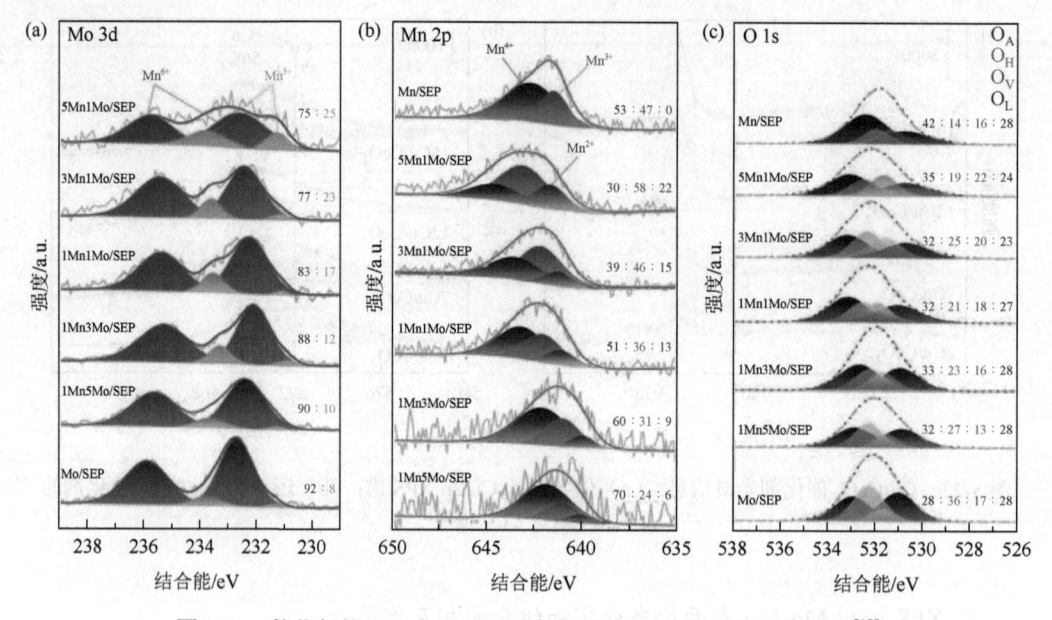

图 5-24 催化剂的 Mo 3d (a)、Mn 2p (b)、O 1s (c) 的 XPS 谱图[12]

13. XPS 分析 Fe/MOR 中 Fe 价态的变化

甲烷（CH_4）是天然气、页岩气、甲烷水合物和煤层气的主要成分，是最丰富的碳基原料之一。将其转化为甲醇和甲酸等增值化学品的需求很大，因为这是一种从目前日益枯竭的石油储备中生产这些产品的经济方式。Fang 等[13]使用 XPS 分析了 Fe/MOR 在空气和氢气热处理后结合能和 Fe 价态的变化。

如图 5-25 所示，XPS 结果证实了 Fe^{3+} 是 Fe/MOR-air 催化剂中的主要物种，其 Fe $2p_{3/2}$ 和 Fe $2p_{1/2}$ 的结合能分别为 712.0eV 和 725.5eV。对于在氢气中热处理的 Fe/MOR-H_2 催化剂，Fe $2p_{3/2}$ 的结合能强度显著降低，并在 711.7eV 处显示出略低的结合能，表明 Fe^{3+} 物

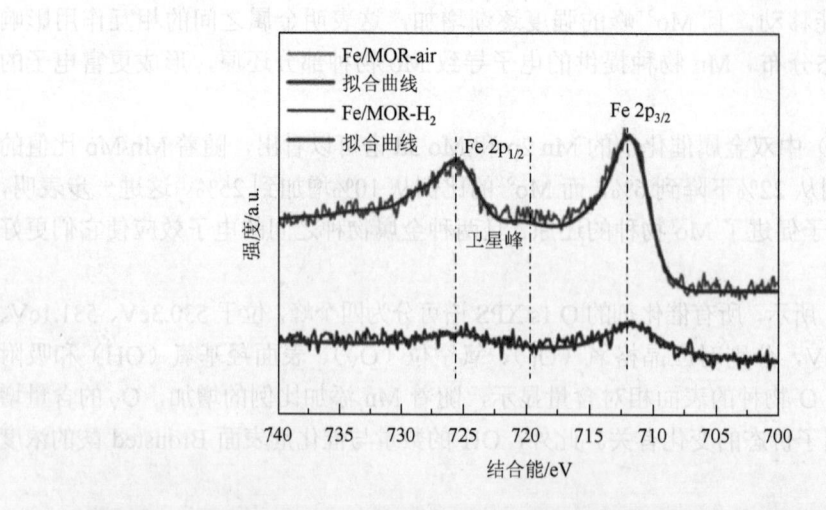

图 5-25　0.5wt% Fe/MOR-air 和 0.5wt% Fe/MOR-H_2 催化剂在 Fe 2p 区域的 XPS 谱图[13]

种被还原为更低价的 Fe 物种。这些结果表明，通过氢气热处理，可以有效地改变 Fe 的价态，从而影响催化剂的性能。

14. XPS 研究 Pt-MoO$_x$/Mo$_2$N 催化 RWGS 的反应性能

对于非均相催化反应，由于反应物分子的复杂性和多样性，高性能负载催化剂通常需要多个组分的协同作用。在金属-载体界面上，活性金属和载体共同作用，能够激活不同的反应物分子形成活性中间体，从而极大地促进 CO 氧化、水煤气变换（WGS）反应、CO$_2$ 还原等多种重要催化反应。因此，构建活性界面对高效负载催化剂的设计至关重要。然而，界面结构的催化性能会受到许多因素的影响，如活性金属的尺寸、载体的类型、金属-载体相互作用的强度等，这使得创建具有特定结构的活性界面成为一项挑战。

Liu 等[14]利用 XPS 研究了 Pt-MoO$_x$/Mo$_2$N 在不同气氛下的表面结构变化（图 5-26）。在不同气氛下的所有 XPS 谱中，Mo 3d 谱均可以分解为三个双峰。228.8eV 和 231.9eV 处的主要双峰由 Mo—N 键形成。229.4eV 和 232.6eV 的峰归属于 Mo^{4+}。另一个在 232.1eV 和 234.9eV 的双峰是由 Mo^{6+} 引起的。与新鲜催化剂相比，经过预处理和逆水煤气变换（RWGS）反应后，催化剂表面的氧原子含量分别从 23.2% 下降到 14.3% 和 13.6%，表明约 40% 的氧原子被还原形成空位。这些结果表明，通过改变气氛，可以有效调控催化剂表面的氧含量和空位分布，从而影响其催化性能。

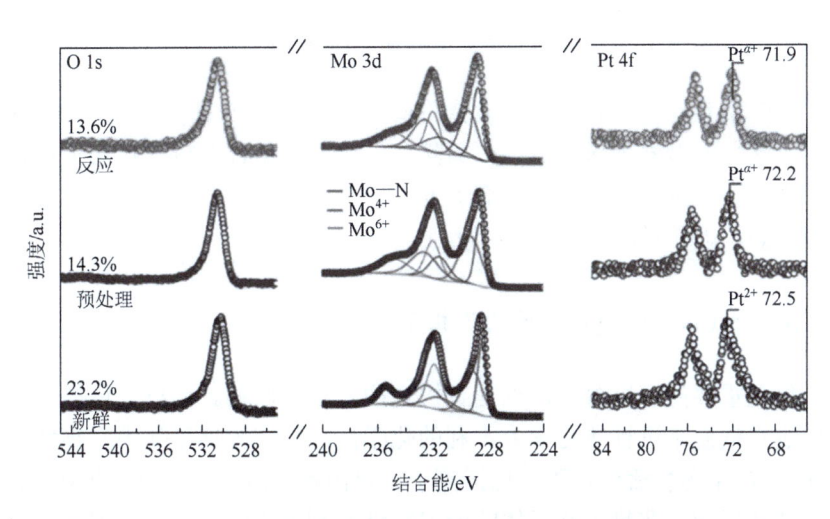

图 5-26 新鲜 0.5Pt-MoO$_3$/Mo$_2$N 的 XPS 谱图，以及 5%H$_2$/Ar 与 23%CO$_2$/69%H$_2$/Ar 处理后 0.5Pt-MoO$_x$/Mo$_2$N 在 300℃ 处理 30min 的准原位 XPS 谱图[14]

15. XPS 分析 CO 氧化反应中 Ir 物种的化学价态

在温和的反应条件下，将轻烷烃（如乙烷）直接选择性氧化为高附加值的化工产品，是工业界和学术界面临的一大挑战。利用纳米金刚石（ND）作为载体，成功制备了铱簇和原子分散铱催化剂。所制备的铱簇催化剂在 100℃ 条件下对乙烷具有良好的选择氧化性能。

Jin 等[15]使用 XPS 技术对催化剂样品表面进行了分析。结果表明，H_2 预活化后的 Ir/ND 中 Ir 团簇的特征峰（图 5-27）集中在约 60.7eV（Ir $4f_{7/2}$）和 63.7eV（Ir $4f_{5/2}$），可归属于金属 Ir。随后，样品在 C_2H_6、O_2 和水蒸气的混合物中在 100℃下处理 3h。所获得的铱簇催化剂在 100℃条件下，在氧气存在下对乙烷的选择性氧化表现出高性能。

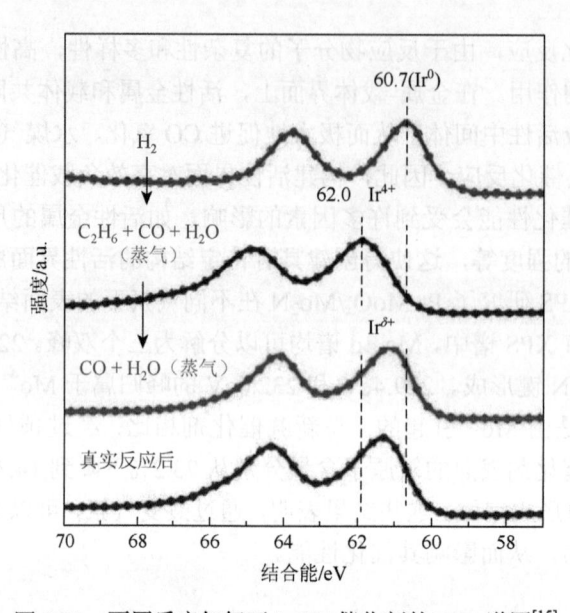

图 5-27　不同反应气氛下 Ir/ND 催化剂的 XPS 谱图[15]

进料中 CO 的存在对于高反应性能至关重要。通过 XPS 研究发现，CO 在氧化循环过程中保持了活性 Ir 物种的金属状态。显然，Ir $4f_{7/2}$ 的结合能转移到 62.0eV，表明氧化铱（Ir^{4+}）的形成。因此，在没有 CO 的反应中，Ir 很容易被过度氧化到高价态，无法在低温下吸附烷烃，因而对乙烷没有氧化活性。

16. XPS 分析 CuO 和 MgO 之间的强相互作用

甲醇不仅是重要的有机溶剂，也是有机合成的重要原料。等离子体提供了一种独特的方法来促进在低温下进行热力学上不利的化学反应。在等离子体中，高能电子可以激活 CO_2 和 H_2，产生各种活性物质，包括离子、自由基和激发态分子。此外，CO_2 加氢制甲醇是一个放热反应，非热等离子体的低温特性有利于甲醇的生产。因此，等离子体催化，即等离子体和催化剂的结合，被用于在低温常压下驱动 CO_2 加氢反应。

Chen 等[16]应用 XPS 分析了催化剂表面的相关信息。图 5-28 显示了催化剂的 XPS 分析结果，其中标准电荷由 C 1s 结合能 284.8eV 标定。图 5-28（a）展示了 CuO-MgO/Beta 样品在恒定 Cu 加载量（10%）和不同 Mg 加载量时的 Cu $2p_{3/2}$ 谱。对于 10Cu 样品，通过反卷积观察到 933.5eV、936.2eV 和 944.1eV 处的峰分别属于 Cu^+、Cu^{2+} 的 Cu $2p_{3/2}$ 和二价 Cu 物质（CuO 和 Cu^{2+}）的卫星峰。对于 CuO-MgO/Beta 样品，Cu^+ 的结合能几乎没有变化。然而，在加载 MgO 后，Cu^{2+} 的结合能从 936.2eV 下降到 935.6eV，卫星峰的结合能也从 944.1eV 变化到 942.9eV。结合能的降低表明，由于 CuO 和 MgO 之间的强相互作用，MgO 向 CuO 发生了明显的电子转移，即 CuO 与 MgO 的共载导致 CuO 与 MgO 之间存在强相互作用，有利于 CuO 的部分还原。

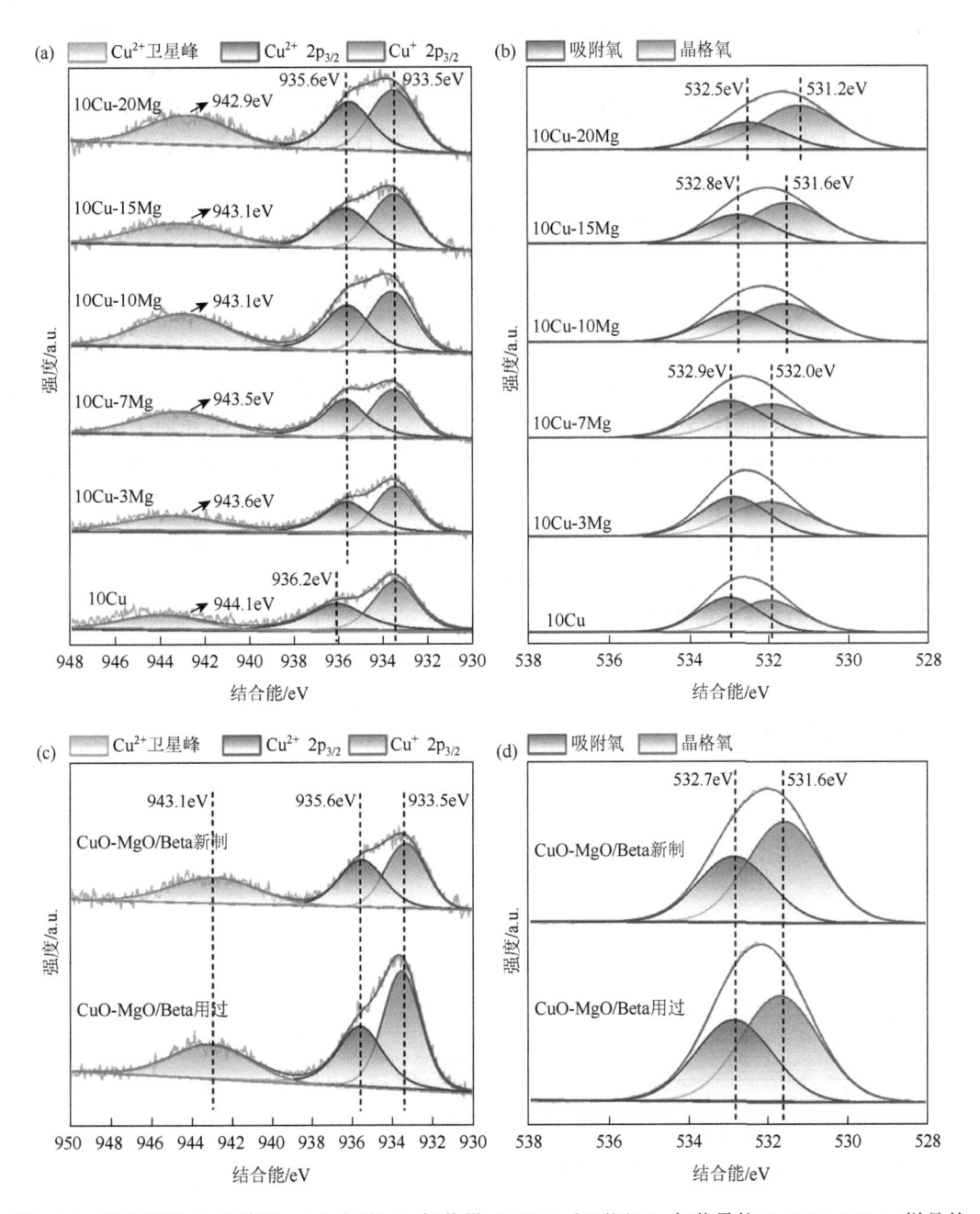

图 5-28 催化剂的 XPS 谱图：(a) 恒定 Cu 加载量 (10%) 和不同 Mg 加载量的 CuO-MgO/Beta 样品的 Cu $2p_{3/2}$ 谱图；(b) Cu 加载量恒定 (10%) 但 Mg 加载量不同的 CuO-MgO/Beta 样品的 O 1s 谱图；(c) 新鲜和用过的 CuO-MgO/Beta (10Cu-15Mg) 催化剂的 Cu $2p_{3/2}$ 谱图；(d) 新鲜和用过的 CuO-MgO/Beta (10Cu-15Mg) 催化剂的 O 1s 谱图（以 284.8eV 的 C 1s 结合能进行校正）[16]

在 O 1s 谱中，图 5-28（b）在 532.0eV 和 532.9eV 处有两个峰，分别属于晶格氧（O_{latt}）和吸附氧（O_{ads}）。显然，加载 Mg 后，O_{latt} 和 O_{ads} 的结合能都降低了，这也可能是由 CuO 和 MgO 之间的强相互作用造成的。

新鲜 CuO-MgO/Beta（10Cu-15Mg）催化剂 Cu $2p_{3/2}$ 和 O 1s 的 XPS 结果分别显示在图 5-28（c）和（d）中。可以看出，与新鲜催化剂相比，用过的催化剂中 Cu^+ 的相对含量大大增加。这进一步表明在反应过程中 CuO 部分还原为 Cu_2O，这与 X 射线衍射（XRD）和 H_2-TPR 的结果一致。此外，在反应过程中，O_{latt} 和 O_{ads} 的相对含量几乎没有变化。

17. XPS 分析 Cu 单原子催化剂的表面性质

CO_2 加氢因能够同时减少 CO_2 排放和生产高附加值化学品而备受关注，但由于 CO_2 的化学惰性和 CO_2 加氢过程复杂，其活性和选择性较低。为了促进 CO_2 的加氢，需要提高温度或压力，但是这会增加 CO 的选择性，降低增值化学品的选择性。例如，铜基催化剂已广泛用于 CO_2 加氢。Yang 等[17]证明了具有特定配位结构的 C_3N_4-Cu 单原子催化剂（即 Cu-N_4 和 Cu-N_3），可以在低温下作为高选择性和活性的 CO_2 加氢催化剂，并利用 XPS 测试进一步揭示了 SACs 的表面性质。在 Cu NPs/C_3N_4 的 XPS 谱中，在 934.7eV 和 955.0eV 处呈现出肩峰［图 5-29（a）］。考虑到 Cu NPs/C_3N_4 的 XRD 谱图中 Cu 峰的出现，932.5 和 952.2eV 处的峰属于 Cu^0 的 $2p_{1/2}$ 和 $2p_{3/2}$ 峰。对于 Cu-N_4 SAC，Cu^+ $2p_{2/3}$ 和 $2p_{1/2}$ 的特征峰分别出现在 932.5eV 和 952.2eV 处（XPS 谱中 Cu^0 和 Cu^+ 的峰处于相似的位置）。对于 Cu-N_3 SACs，除了具有 Cu^+ 的特征峰外，在 Cu 2p XPS 谱中，在 935.0eV 和 955.0eV 处出现了两个 Cu^{2+} 对应的峰，Cu^{2+}/Cu^+ 的比值约为 2［图 5-29（a）］。对于 Cu-N_4 SACs 和 Cu-N_3 SACs 的 N 1s XPS 谱，在 398.6eV、400.2eV 和 401.3eV 处分别观察到吡啶-N、吡咯-N 和石墨-N 的特征，与 C_3N_4 相似［图 5-29（b）］。此外，Cu-N_4 SACs 和 Cu-N_3 SACs 中的 Cu 氧化态通过俄歇电子能谱（AES）进一步证实，与 Cu NPs/C_3N_4 相比，其峰向较低的结合能偏移［图 5-29（c）］。

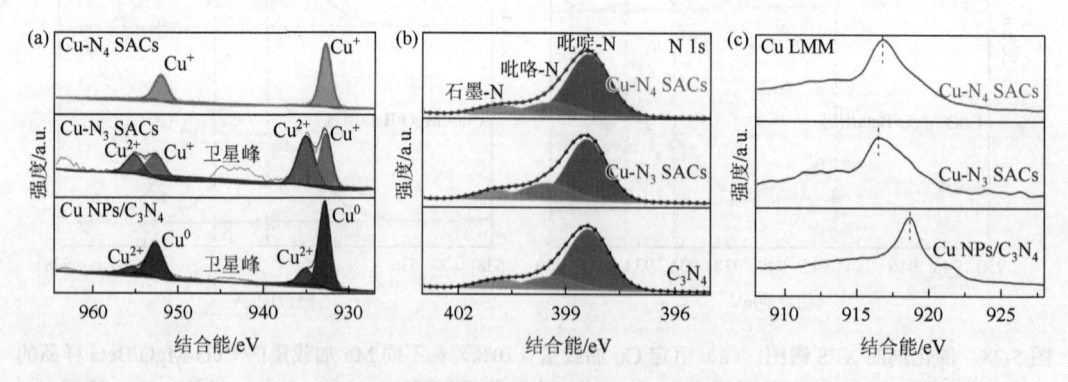

图 5-29　(a) Cu-N_4 SACs、Cu-N_3 SACs 和 Cu NPs/C_3N_4 的 XPS 谱图；(b) Cu-N_4 SACs、Cu-N_3 SACs 和 C_3N_4 的 N 1s XPS 谱图；(c) Cu-N_4 SACs、Cu-N_3 SACs 和 Cu NPs/C_3N_4 的 Cu LMM 谱图[17]

18. XPS 分析 Pd/CeO$_2$ 催化剂中 Pd 价态

负载型钯单原子催化剂在甲烷燃烧中引起了很大的研究兴趣,但对其活性和稳定性的看法不一。Yang 等[18]研究发现,钯单原子在铈载体上可以呈现不同的电子结构和原子几何形状,从而导致不同的催化性能。通过在沉积钯之前对铈进行简单的热预处理(800℃煅烧,制备的催化剂称为 1Pd/CeO$_2$-800*),可以创建一个独特的锚定位点。图 5-30 展示了反应后的 1Pd/CeO$_2$ 和 1Pd/CeO$_2$-800*催化剂的 Pd 3d XPS 数据。Pd 3d 谱表明,两种样品均未检测到金属钯。

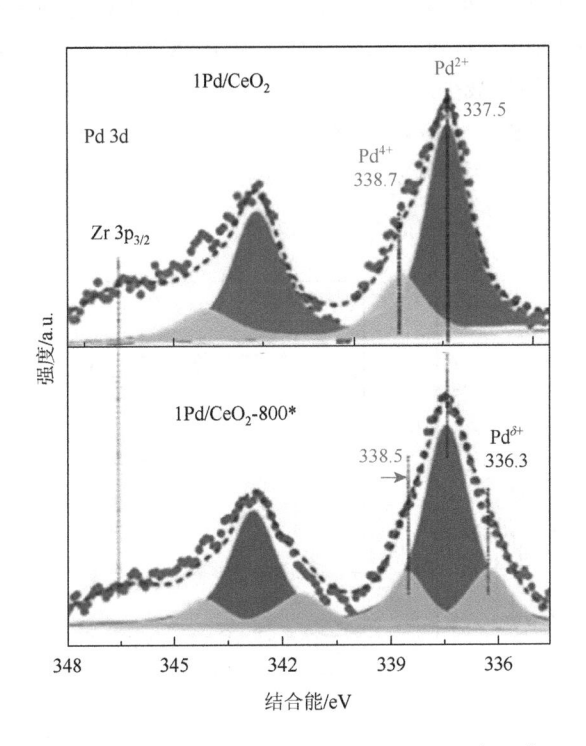

图 5-30　反应后 1Pd/CeO$_2$ 和 1Pd/CeO$_2$-800*的 Pd 3d 归一化 XPS 谱[18]
由于铈载体中掺杂少量 Zr,在两种样品中都观察到 Zr 3p 与 Pd 3d 的轻微重叠

在反应后的 1Pd/CeO$_2$ 中,可以检测到两种类型的钯:Pd 3d$_{5/2}$ 具有约 337.5eV 结合能的双峰态对应于 Pd^{2+},而约 338.7eV 的双峰态对应于 CeO$_x$ 基体中高度氧化的 Pd^{4+}。拟合结果表明,反应后的 1Pd/CeO$_2$ 中 Pd^{2+} 和 Pd^{4+} 的浓度分别约为 75.7%和 24.3%。

在反应后的 1Pd/CeO$_2$-800*样品中,也存在这两种 Pd,并且在 336.3eV 下出现了一种新的钯物种,它是由表面钯和铈结构贡献的,其平均氧化态较低:Pd$^{\delta+}$(0<δ<2)。在反应后的 1Pd/CeO$_2$-800*中,Pd^{2+}、Pd^{4+} 和 Pd$^{\delta+}$ 的浓度分别约为 67.0%、13.4%和 19.6%。通过对比两种样品中发现的钯物种及其活性,可以推断出反应后的 1Pd/CeO$_2$-800*样品中活性提高是由于 Pd$^{\delta+}$ 物种的出现。

19. XPS 分析铈基催化剂表面 Pt 和 Ce 物种价态

消除汽车尾气（如柴油机尾气）中碳氢化合物目前最有效的方法是将其催化完全氧化为危害较小的 CO_2 和 H_2O。Tan 等[19]通过控制 Pt 催化剂在 $Ce_{0.9}Zr_{0.1}O_2$（CZO）载体上的煅烧温度，成功构建了具有不同 $Pt-CeO_2$ 相互作用强度和配位环境的 Pt 单原子。为了阐明 Pt/CZO-X 催化剂的表面状态，研究人员应用 XPS 进行了详细分析。

在图 5-31（a）所示的 Pt 4f XPS 谱图中，约 72.4eV 和 75.8eV 的峰归属于 Pt^{2+} 物种，而约 74.2eV 和 77.6eV 的峰归属于 Pt^{4+} 物种。因此，Pt/CZO-X 催化剂上的 Pt 均处于离子态。基于 Pt 4f XPS 结果，Pt/CZO 催化剂在高温下煅烧可以得到更多的 Pt^{2+} 物种，对于 Pt/CZO-750，所有 Pt 物种均为 Pt^{2+} 形态。从 Ce 3d 的 XPS 结果［图 5-31（b）］可以看出，表面 Ce^{3+} 占总 Ce 的比例先减少后增加，其中 Pt/CZO-550 的 Ce^{3+} 比例最低，为 15.7%。对于 Zr 3d XPS 谱图，CZO 上 184.0eV 和 181.6eV 的峰归属于 Zr^{4+}，并且在 Pt 沉积和随后的不同温度下煅烧后，这两个峰没有发生移位，这表明 Pt 和 Zr 之间没有形成明显的相互作用。

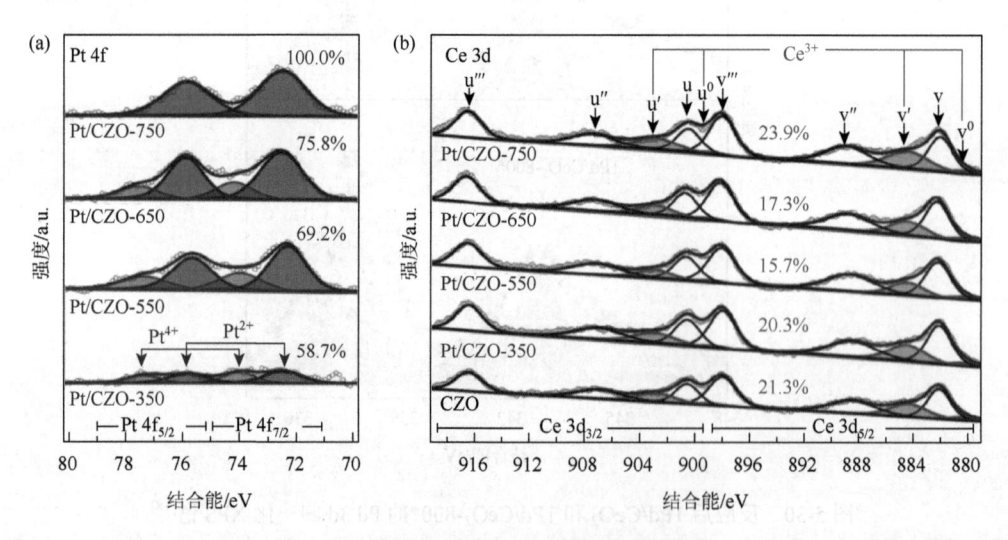

图 5-31 （a）Pt/CZO-X（X 表示不同温度）系列催化剂的 Pt 4f XPS 谱图；（b）CZO 载体和 Pt/CZO-X 催化剂的 Ce 3d XPS 谱图[19]

20. XPS 分析 H-MoS$_2$-180 表面的 Mo 电子结构

金属催化的烷氧羰基化反应是一种直接且具有原子经济性的酯合成方法，在化学工业中具有重要的应用。例如，由丁二烯、一氧化碳和甲醇合成的己二酸二甲酯（尼龙和聚酯材料的基本单体）具有极高的原子效率。在主要的烷氧羰基化催化剂中，钴羰基化合物如 $Co_2(CO)_8$ 因非贵金属中心和较高的活性而备受关注。

Zheng 等[20]提出了一种新方法，利用二硫化钼（MoS_2）促进原位生成的高活性钴催化剂用于烷氧羰基化反应，这是一个工业酯生产过程。在这种方法中，廉价的钴(Ⅱ)盐无需外部还原剂或苛刻反应条件即可转化为高活性的钴羰基物质。原位形成的钴催化剂表现出与 $Co_2(CO)_8$ 催化剂相当的高活性。再利用 X 射线光电子能谱（XPS）研究了 H-MoS$_2$-180 的电子结构。新鲜样品的高分辨率 XPS 谱图在 232.1eV 和 228.9eV 处显示出两个峰，分别对应于 Mo^{4+} 的 $3d_{3/2}$ 和 $3d_{5/2}$。226.1eV 的宽峰归属于 H-MoS$_2$-180 的 S 2s[图 5-32（a）]。CO 处理后的 H-MoS$_2$-180 XPS 谱[图 5-32（b）]在 231.5eV、228.3eV 和 225.5eV 处分别显示出 Mo^{4+} $3d_{3/2}$、Mo^{4+} $3d_{5/2}$ 和 S 2s 峰。值得注意的是，Mo^{4+} $3d_{3/2}$ 和 Mo^{4+} $3d_{5/2}$ 的峰值向低结合能方向移动了 0.6eV，表明 CO 处理后 Mo 中心的电子密度增加。上述 XPS 结果表明，在 H-MoS$_2$-180 的缺陷表面上发生了 CO 向 Mo^{4+} 的电子转移。

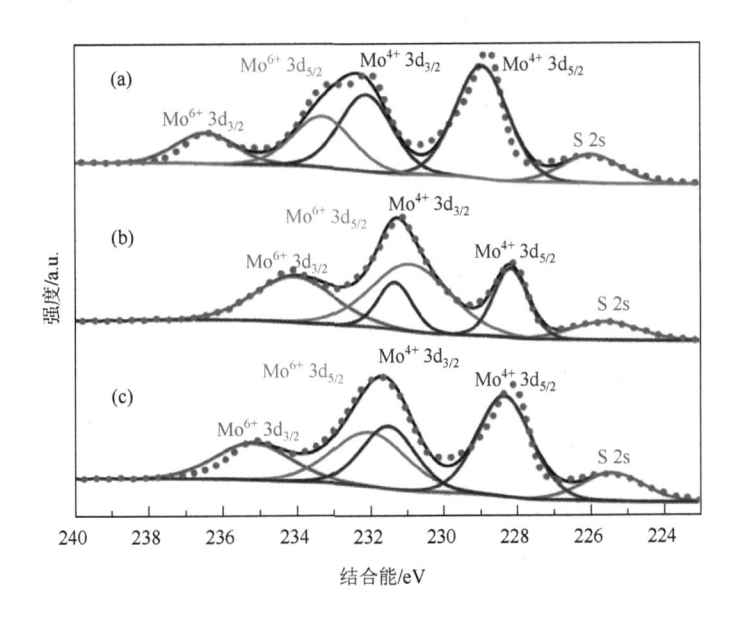

图 5-32 H-MoS$_2$-180 催化剂的高分辨率 XPS 谱图：（a）新鲜 H-MoS$_2$-180 的 Mo 3d 和 S 2s；（b）H-MoS$_2$-180 在 6MPa CO 和甲醇存在下，在 140℃活化 4h；（c）H-MoS$_2$-180 在 6MPa CO、乙酸钴和甲醇存在下，在 140℃活化 4h[20]

21. XPS 分析沸石笼中的路易斯酸催化剂

沸石笼中的路易斯酸催化剂可以用于开发节能和环保的工艺。Dai 等[21]报道了一种多相催化策略，通过设计限制在沸石笼中的路易斯酸催化剂，作为纳米反应器，实现环氧化物的可持续水化。在环氧乙烷水化中，Sn-H-SSZ-13 分子筛表现出卓越的催化性能，在接近化学计量比的水/环氧乙烷比和接近环境的反应温度下，环氧乙烷转化率超过 99%，单乙二醇选择性超过 99%。理论研究表明，部分羟基化的锡是环氧乙烷水化反应的首选路易斯酸位。由图 5-33 可知，在脱水沸石 Sn-H-SSZ-13 和 Sn-Na-SSZ-13 的 Sn 3d XPS 谱图中，可以观察到四面体配位骨架 Sn 的 $3d_{5/2}$ 和 $3d_{3/2}$ 光电子产生的两个结合能分别为 487.3eV 和 495.7eV 的信号。

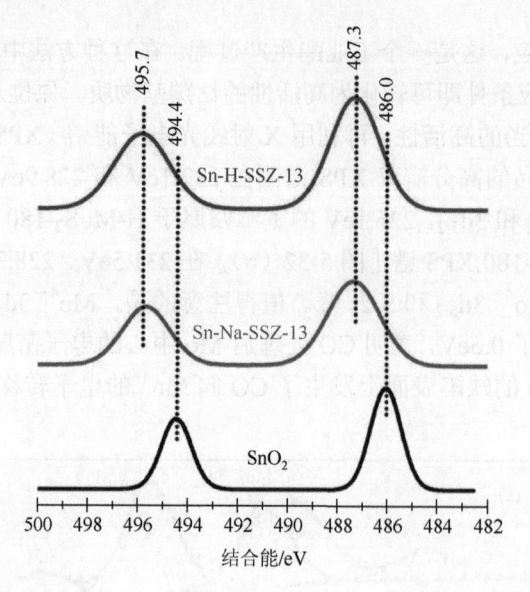

图 5-33 Sn-H-SSZ-13、Sn-Na-SSZ-13 和 SnO₂ 样品的 Sn 3d XPS 谱图[21]

22. XPS 分析丙烷脱氢 RuP 催化剂

由于页岩气的可用性增加，丙烷脱氢（PDH）对丙烯的生产变得越来越重要。由于脱氢是高度吸热的，PDH 需要较高的反应温度（550~650℃），这也有利于氢解和焦炭的形成。这些途径发生在不同的活性位点上，单原子位点有利于脱氢，多原子位点有利于氢解。因此，通过设计催化剂可获得高的烯烃收率。

Ma 等[22]报道了一种磷化钌（RuP）催化剂，它对丙烷脱氢表现出高的丙烯选择性，而单金属钌纳米颗粒（NPs）导致裂化。利用 X 射线光电子能谱对不同 P/Ru 原子比的 NPs 表面结构进行了表征，结果如图 5-34 所示。随着 P 含量的增加，NPs 从 Ru 变为 Ru₂P 再变为 RuP。除了提高丙烯选择性外，增加 P/Ru 原子比可以提高转化率，降低失活率。

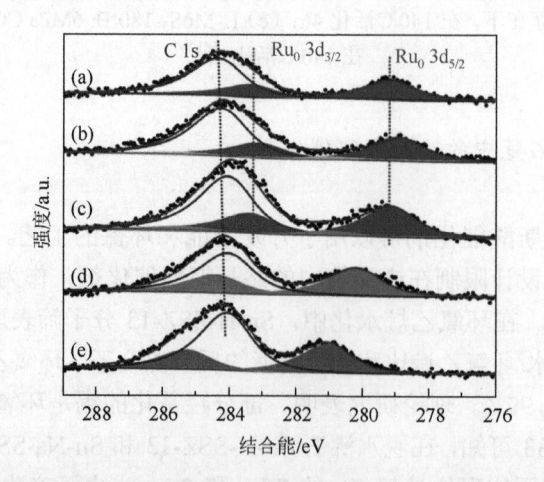

图 5-34 高分辨率 Ru 3d XPS 谱图：（a）Ru/SiO₂；（b）Ru-P/SiO₂-1；（c）Ru-P/SiO₂-5；（d）Ru-P/SiO₂-15；（e）Ru-P/SiO₂-50[22]

P 被认为是一种结构促进剂,可以减小 Ru 尺寸,降低氢解速率。此外,P/Ru 原子比的增加导致 Ru 价轨道能量的降低,这可能会减弱金属吸附能和减小反应物表面覆盖率。Ru/SiO$_2$ 催化剂中 Ru 3d$_{5/2}$ 峰位于 279.1eV,与金属 Ru 相一致。在 Ru-P/SiO$_2$-15 和 Ru-P/SiO$_2$-50 催化剂中,Ru 3d$_{5/2}$ 的峰位分别为 280.2eV 和 281.0eV,表明它们形成了纯净但不同的磷化物相。对于 Ru-P/SiO$_2$-1 和 Ru-P/SiO$_2$-5,拟合光谱显示共存两种不同的 Ru,其中一种结合能为 278.9～279.1eV,归属于金属 Ru,另一种结合能为 281.2eV,与 Ru$^{δ+}$ 一致。Ru-P/SiO$_2$-1 和 Ru-P/SiO$_2$-5 催化剂中 Ru$^{δ+}$ 的含量分别为 12% 和 15%。所有这些催化剂的比较表明,Ru 结合能随着催化剂 P 含量的增加而增加。

23. XPS 分析 Au/α-MoC 催化剂的化学价态与表面组分

由于石油资源的高度消耗,通过 CaC$_2$ 水解或电弧热解从煤中生产乙炔,然后将乙炔氢化为乙烯(T-AHE)被认为是替代传统石油基乙烯生产路线的一个很有前途的方案。从机制角度来看,传统的 T-AHE 首先通过 SMR 或 WGS 反应生成表面氢物种,然后将这些氢物种活化并解离用于乙炔加氢,从而需要额外的能量消耗。相比之下,电催化 AHE 工艺则更具优势,因为它直接使用由水电化学产生的活性氢物种进行乙炔加氢,无需额外的 H$_2$ 生成。

Huang 等[23]利用 XPS 分析了 Au/α-MoC 催化剂在无 H$_2$ 乙炔加氢反应中的化学价态,该反应直接使用水作为氢源,低成本 CO 作为氧受体。为了进一步了解氧物种在 Au/α-MoC 上的分布,通过原位 XPS 对 H$_2$ 还原的 Au/α-MoC 进行表征。结果显示 Mo^{6+} 和 O*(*表示吸附物种)峰显著降低,但在 84.3eV 处 Au$^{δ+}$ 峰没有明显移动,表明 O*物种主要存在于 α-MoC 表面,而非 Au 表面。这也与 O*在 α-MoC 表面的吸附能(-3.26 eV)相比 Au 表面(0.52 eV)更强的事实相符合。因此,所制备催化剂的表面组分可以被视为 Au$^{δ+}$/MoO$_x$C$_y$,如图 5-35 所示。6Au/α-MoC 催化剂具有最高的 Au$^{δ+}$/MoO$_x$C$_y$ 含量,并在所有催化剂中表现出最高的质量活性,而主要包含 Au^0/MoO$_3$ 相的 6Au/MoO$_3$ 催化剂则没有活性。

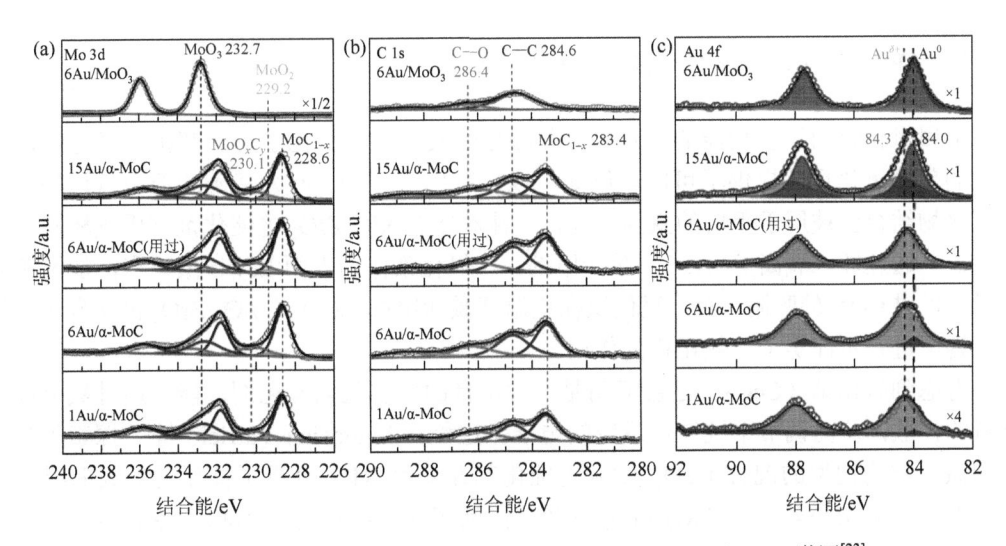

图 5-35 不同催化剂的 Mo 3d(a)、C 1s(b)、Au 4f(c)XPS 谱图[23]

24. XPS 分析铁基析氧催化剂的电子结构

电解水是一种清洁且大规模制氢的有吸引力途径，其中析氧反应（OER）被视为该过程的瓶颈，因为它在动力学上缓慢，需要大量的过电位（η）才能达到所需的电流密度。为了尽可能降低 η，需要高活性的催化剂。Li 等[24]通过 XPS 深入研究了 WC_x、WC_x-Fe、WC_x-Ni 和 WC_x-FeNi 催化剂的电子结构，揭示了它们的表面氧化态，以探究它们在 OER 中的作用。

如图 5-36 所示，与纯 WC_x 相比，高分辨率 W 4f XPS 谱显示，WC_x-Ni、WC_x-Fe 和 WC_x-FeNi 的峰强度分别降低了 4.93at%、8.76at%和 7.97at%。通过 XPS 计算不同化学价态的 Fe 和 Ni 的含量比，可以揭示 Fe 和 Ni 不同物种的氧化性能。与 WC_x-Ni 相比，WC_x-FeNi 的 Ni 2p 谱中 Ni^{2+} : Ni^0 峰面积比增加到 2.9，表明 Fe 的存在促进了更多 NiO 的生成。WC_x-Fe 和 WC_x-FeNi 的 Fe 2p 谱均表现出 Fe^0、Fe^{2+} 和 Fe^{3+} 的混合价态。通过对这些催化剂的表面化学价态进行详细分析，可以更好地理解它们在 OER 中的性能，并指导设计更高效的 OER 催化剂。

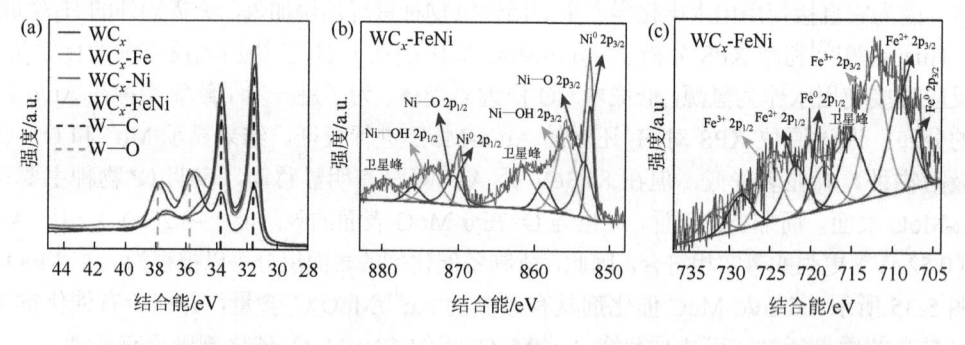

图 5-36 催化剂在 W 4f（a）、Ni 2p（b）和 Fe 2p（c）跃迁处的 XPS 谱[24]

25. XPS 分析 CeO_2/ZrO_2 电催化剂的表面组成

金属氧化物由于多功能的酸碱和氧化还原性质，以及高化学、热和机械稳定性，为甲烷的部分氧化反应提供了可能。例如，以二氧化锆（ZrO_2）为基础的混合氧化物与其他氧化物结合已被用于甲烷的直接活化。一种双功能 $NiO-ZrO_2$ 电催化剂利用碳酸盐离子（CO_3^{2-}）通过插入氧离子（O^{2-}）激活甲烷。二氧化锆作为表面 Lewis 酸位点，能够接受电子并促进 CO_3^{2-} 的吸附，而一氧化镍在室温下激活甲烷。对于 Co_3O_4/ZrO_2 也观察到类似的行为，进一步证实了二氧化锆的作用。

考虑到氧化铈（CeO_2）已被证明是一种优良的甲烷氧化催化剂，能够通过氧空位促进氧的扩散，从而调节甲烷转化反应的电催化过程。Boghosian Patricio 等[25]探索了具有不同微观结构构型的混合 CeO_2/ZrO_2 电催化剂并采用 XPS 分析了催化剂的表面组成及电子态。实验结果表明，CeO_2/ZrO_2 有效地激活甲烷，导致可持续和可控的甲烷转化。图 5-37（a）中的高分辨率 Ce 3d XPS 谱显示了 CeO_2 的自旋轨道分裂 $3d_{5/2}$ 和 $3d_{3/2}$ 核心孔对应的两个多重体（v 和 u）。在所研究样品的 Ce $3d_{5/2}$ 和 $3d_{3/2}$ 的 XPS 谱中，可以识别出与自旋轨道双态对应的 10 个峰，这与之前报道的数据一致。这些峰被拟合到相应 Ce^{3+} 和 Ce^{4+}。所有纳米颗粒均具有典型的 Zr 三维光谱，如图 5-37（b）所示。在 Zr 3d 分析中，分辨良好的自旋轨道双态（$d_{5/2}$ 和 $d_{3/2}$）相隔约 2.4eV，表明 ZrO_x 的形成。Zr 3d 双态峰分别位于 182.3eV 和 184.7eV，对应于 Zr $3d_{5/2}$ 和 Zr $3d_{3/2}$ 的贡献。

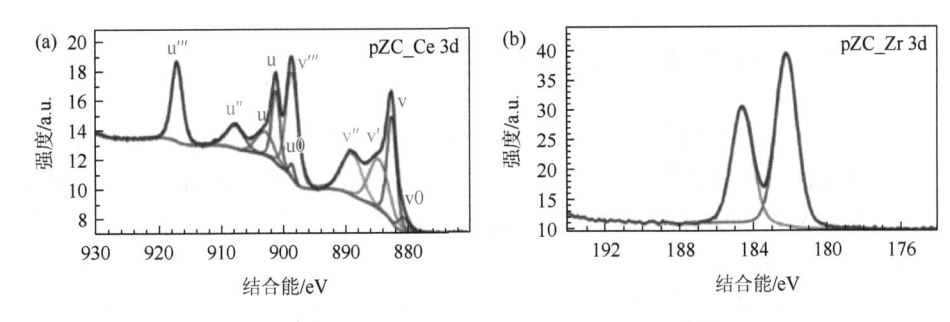

图 5-37　CeO_2/ZrO_2 电催化剂的 XPS 谱图[25]

26. XPS 分析铁单原子催化剂的表面结构和化学价态

将甲烷转化为乙醇有着很高的经济效益，因为乙醇运输效率高，可以直接用作合成塑料或各种碳氢化合物的燃料或原料。电化学催化甲烷转化即使在环境温度下也有直接转化的可能，但需要对电化学析氧反应（OER）进行精细控制，以提高效率和生产力。

Kim 等[26]采用 Fe-N-C 单原子催化剂（SACs）在电催化甲烷氧化过程中获得了较高的法拉第效率和乙醇转化率，并使用 XPS 分析了 Fe-N-C SACs 中氮原子的化学价态，辅助计算确定了一个在 Fe-N-C SACs 上保持稳定活性氧的潜在区域。探究了 Fe-N-C SACs 应用于电催化 CH_4 氧化的反应中。具体来说，N 1s XPS 谱被解卷积成四个子峰。这些峰包括吡啶-N（398.6eV）、N 与 Fe 原子配位（Fe-N_x；400eV）、吡咯-N（399.9eV）和石墨-N（401.0eV）[图 5-38（a）]。光谱显示出一个对应于 Fe-N_x 的峰，位于吡啶-N 和吡咯-N 物种之间，这与之前对 Fe-N-C 的实验和计算研究一致。Fe-N-C SACs 的 Fe 2p XPS 谱被

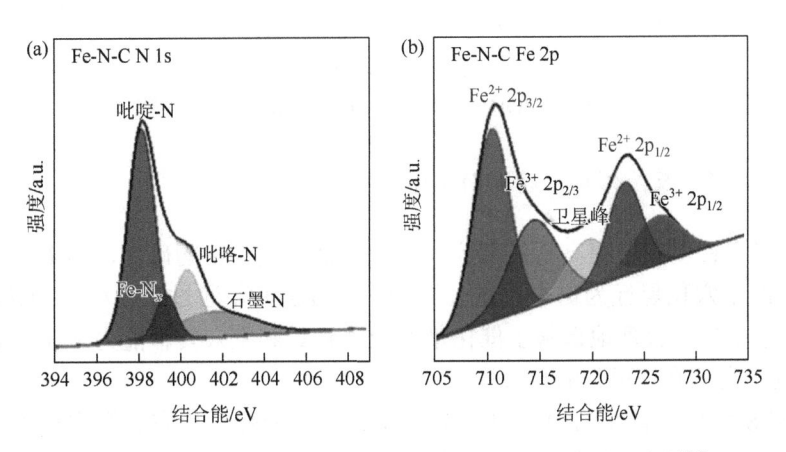

图 5-38　Fe-N-C SACs 的 N 1s（a）和 Fe 2p（b）XPS 谱图[26]

解卷积成五个峰,包括在 $2p_{3/2}$ 轨道上对应的 Fe^{2+}(710.5eV)和 Fe^{3+}(714.4eV)的峰,$2p_{1/2}$ 轨道上对应的 Fe^{2+}(723.2eV)和 Fe^{3+}(725.4eV)的峰与卫星峰[图 5-38(b)]。首先,Fe $2p_{3/2}$ 和 Fe $2p_{1/2}$ 的峰(710.5eV 和 723.2eV)的结合能均高于之前报道的金属 Fe 的峰(707.4eV 和 719.7eV)。这一结果表明,Fe 处于氧化状态,而不是金属状态。反卷积峰对应于 Fe 物种的不同价态,但 Fe^{2+} 的强峰证实了 Fe-N-C 配位占主导地位。

27. XPS 分析 $Fe_3Ni_7(OH)_x$ 的表面结构和化学价态

甲烷是天然气的主要成分之一,其排放对环境的严重影响长期以来被低估,直到最近才得到广泛关注。甲烷对全球变暖的影响是二氧化碳的 30 倍。在温和条件下将甲烷转化为高价值化学品是一项有前途的策略,有助于减少甲烷排放,减轻环境污染,并实现对该不可再生资源的有效利用。

Li 等[27]报道了在氢氧化铁镍(Fe-Ni-OH)纳米片上的电化学甲烷氧化反应(CH_4OR)的研究,并采用 XPS 阐明了其表面结构和化学价态。如图 5-39 所示,结合能为 855.3eV 和 873.0eV 的峰分别对应 Ni $2p_{3/2}$ 和 Ni $2p_{1/2}$,表明 $Fe_3Ni_7(OH)_x$ 中的 Ni 为 +2 价。此外,在 878.8eV 和 861.1eV 处观测到两个卫星峰。在 Fe 2p 谱中,Fe $2p_{3/2}$ 峰在 709.8eV 和 714.1eV 处可以解卷积成两个峰,Fe $2p_{1/2}$ 峰在 723.4eV 和 728.6eV 处也可以解卷积成两个峰,表明在所制备的催化剂材料中存在 Fe^{2+} 和 Fe^{3+} 的混合物。观察到的两组卫星振动峰进一步证实了 Fe^{2+} 和 Fe^{3+} 的共存。通过 XPS 数据的定量分析确定了这两个价态之间的比值,其中 Fe^{3+} 的形成可能是由于 Fe-Ni-OH 暴露于空气后发生氧化。

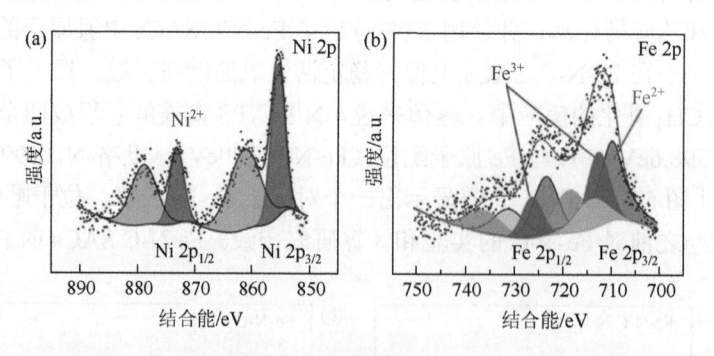

图 5-39 $Fe_3Ni_7(OH)_x$ 中 Ni(a)和 Fe(b)的 XPS 谱图[27]

28. XPS 分析氧反应催化剂的表面化学价态

尽管已经有许多关于提高析氧反应(OER)催化剂活性的研究,但催化剂在光电极和暗电极上的空穴积累行为仍未被充分揭示。Zhang 等[28]通过在模型 Si 电极上的 NiO_x 岛上原位沉积 IrO_x,合理地调整了催化剂的空穴积累和空穴转移能力。研究表明,空穴积累与 Si 腐蚀之间存在很强的相关性。

通过 XPS 分析了碱性刻蚀后的 n-Si 光阳极的表面化学价态、组成和表面形貌。如图 5-40 所示,通过 XPS 团簇刻蚀深度剖面分析,在约 3.0nm 深度的核心区域检测到了金属 Ni⁰。这些分析结果为理解催化剂在不同电极条件下的行为提供了新的见解，有助于进一步优化 OER 催化剂的设计和性能。

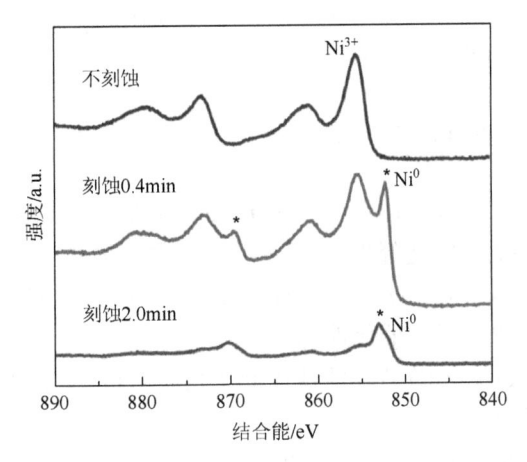

图 5-40 在 1.0mA/cm² 光照下工作 8h 后，n-Si-NiO$_x$/IrO$_x$ 光阳极在不同时间刻蚀后的 Ni 2p XPS 谱图[28] 星号表示金属 Ni⁰ 峰

29. 原位 XPS 分析表面元素状态的动态变化

金属硫化物作为一种低成本的半导体材料，在光催化领域具有许多优异的性能。因此，以金属硫化物为载体设计和构建金属单原子活性位点，不仅可以提高光催化性能，还可以促进高效、低成本光催化剂的发展。然而，金属硫化物光催化剂中金属-载体相互作用对金属单原子锚定的影响及其光催化机制尚需进一步研究。

Xiao 等[29]通过 Cu²⁺ 与不饱和原子的强相互作用以及空位的空间约束效应，在 ZnS 表面构建了 Cu 单原子。在辐射下，ZnS 表面的 Cu 单原子和部分 Zn 原子可分别转化为高活性的 Zn$^{δ+}$ 和 Cu$^{δ+}$（1＜δ＜2），显著提高了光催化析氢性能。如图 5-41 所示，Cu1.25-M

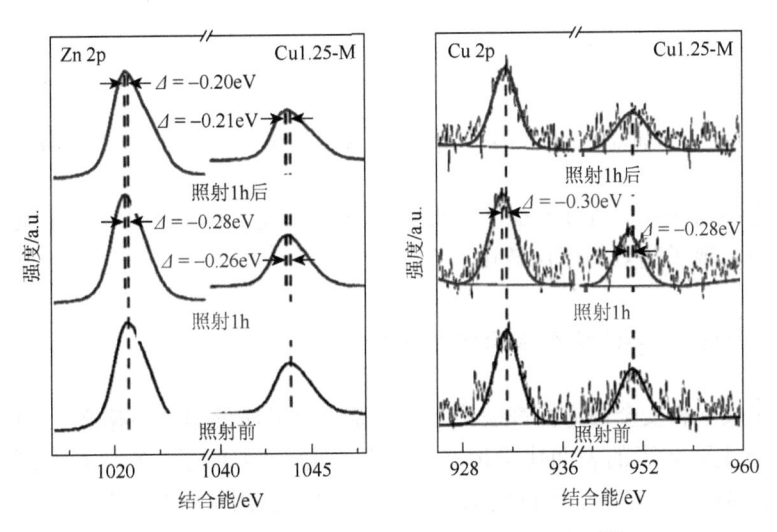

图 5-41 Cu1.25-M 催化剂的原位 XPS 谱图[29]

催化剂在 50W 氙灯照射 1h 后，Zn 2p 和 Cu 2p 轨道的结合能明显降低，表明表面金属原子得到了光电子，转变为富电子态的 $Zn^{\delta+}$ 和 $Cu^{\delta+}$。

这些研究结果为进一步理解金属硫化物光催化剂中金属-载体相互作用提供了新的见解，并为设计高效光催化剂开辟了新途径。

30. XPS 分析 AuFe-ZnO 的表面状态

在甲烷光催化氧化制甲醇的体系中，FeO_x/TiO_2 光催化剂在双氧水的存在下可以在室温条件下表现出近 90% 的甲醇选择性。Au 可以作为电子传递导体修饰光催化剂，从而达到极佳的光催化性能。基于此，Du 等[30]设计并制备了 AuFe-ZnO 光催化剂，将其用于甲烷光氧化体系中，表现出优异的催化性能。

通过 XPS 分析了 AuFe-ZnO 双功能催化剂在光催化 O_2 氧化 CH_4 至 CH_3OH 体系中表面 Au、Fe、Zn 元素的化学价态。XPS 谱显示，$Au_{1.0}Fe_{0.33}$-ZnO 中的所有 Zn 物种都处于 Zn^{2+} 状态，其中结合能为 1044.4eV 和 1021.3eV 的两个峰 [图 5-42（a）]，分别对应于 Zn $2p_{1/2}$ 和 Zn $2p_{3/2}$；结合能为 90.9eV 和 88.4eV 的两个峰 [图 5-42（b）]，则分别对应于 Zn $3p_{1/2}$ 和 Zn $3p_{3/2}$。此外，所有 Au 元素都处于金属态，在 Au $4f_{5/2}$ 和 Au $4f_{7/2}$ 上的结合能分别为 87.4eV 和 83.0eV。Fe 元素以 Fe^{2+} 和 Fe^{3+} 两种状态存在 [图 5-42（c）]，其中结合能为 712.2eV 和 725.0eV 的峰以及位于 717.2eV 的强卫星信号峰归属于 Fe^{3+}，而结合能为 710.3eV 和 723.7eV 的峰以及位于 731.8eV 的强卫星信号峰则对应于 Fe^{2+}。

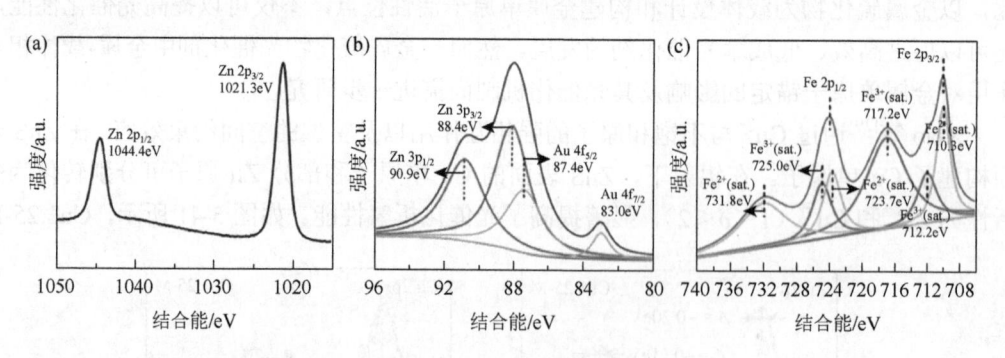

图 5-42 $Au_{1.0}Fe_{0.33}$-ZnO 中的 Zn 2p（a）、Au 4f（b）及 Fe 2p（c）XPS 谱图[30]

这些分析结果表明，AuFe-ZnO 光催化剂在甲烷光氧化反应中具有稳定且活跃的表面状态，从而实现了高效的甲烷转化。

31. XPS 分析 Fe_1-g-C_3N_4 的表面化学价态

光催化在成本和安全性方面都被认为是甲烷直接升级的最佳策略之一。Dai 等[31]利用 XPS 深入了解主要元素的表面化学价态。如图 5-43（a）所示，在 g-C_3N_4 和 Fe_1-g-C_3N_4 的测量光谱中都观察到 C、N 和 O 的信号，并且在 Fe_1-g-C_3N_4 中还能分辨出低强度的 Fe 2p 信号。

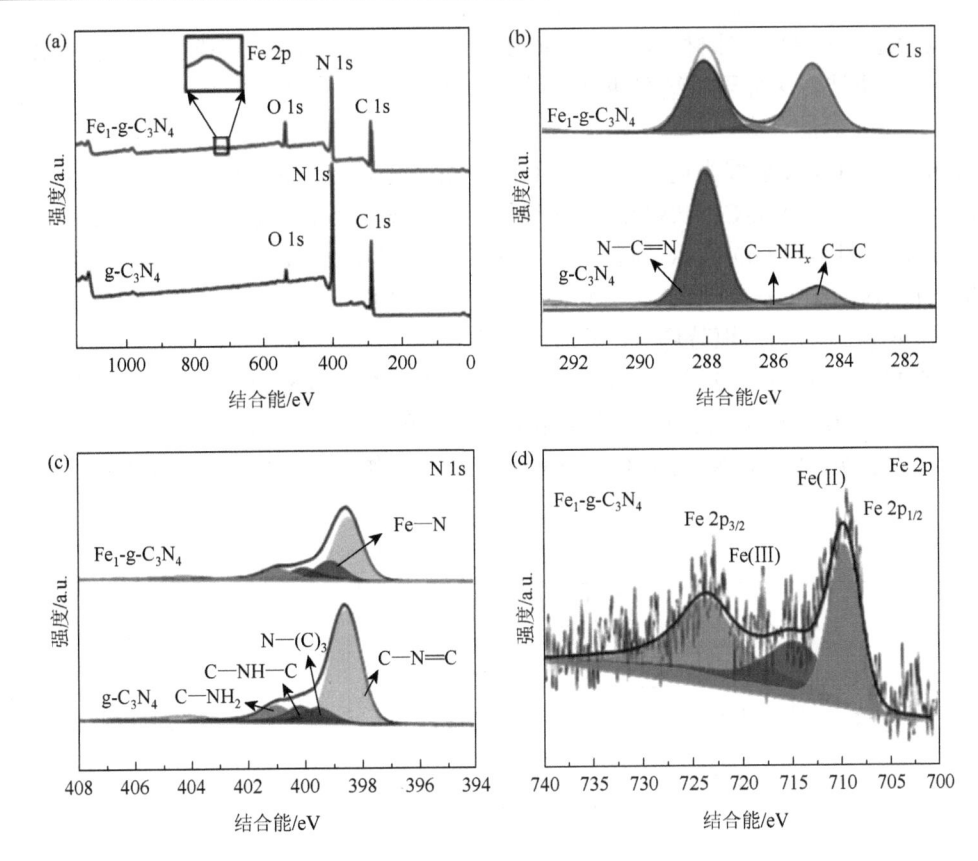

图 5-43　g-C$_3$N$_4$、Fe$_1$-g-C$_3$N$_4$ 催化剂 XPS 谱图：(a) XPS 全谱；高分辨率 C 1s (b)、N 1s (c) 和 Fe 2p (d) XPS 谱[31]

在 g-C$_3$N$_4$ 和 Fe$_1$-g-C$_3$N$_4$ 的 C 1s XPS 谱 [图 5-43 (b)] 中，观察到三个峰，分别位于 284.6eV、285.8eV（Fe$_1$-g-C$_3$N$_4$ 为 286.6eV）和 288eV，分别归属于 C—C、C—NH$_x$（C—O）和 N—C≡N 键。g-C$_3$N$_4$ 的高分辨率 N 1s XPS 谱可以解卷积为 398.6eV、399.5eV、400.1eV 和 401eV [图 5-43 (c)]，分别对应于三嗪环上的杂化芳香氮原子（C—N═C）、叔氮 [N—(C)$_3$]、C—NH—C 和表面氨基（C—NH$_2$）。

如图 5-43 (d) 所示，Fe 2p XPS 谱中有两个峰，位于 724.7eV 和 710.7eV，分别属于 Fe 2p$_{1/2}$ 和 Fe 2p$_{3/2}$。后者在约 710.6eV 和 715.3eV 处可以分解为两个峰，分别归属于 Fe(Ⅱ) 和 Fe(Ⅲ)，进一步证明了 Fe 以氧化物形式存在。

这些结果表明，Fe$_1$-g-C$_3$N$_4$ 光催化剂在甲烷活化过程中具有稳定的表面化学价态，从而实现了有效的光催化转化。

32. XPS 分析非均相 S-g-C$_3$N$_4$/BiOBr 光催化剂

非均相半导体光催化技术是一项创新技术，利用清洁太阳能激活氧化还原反应，实现矿化水污染物的深度净化，是一种高效的水污染控制方法。本小节研究合成了掺杂硫的 g-C$_3$N$_4$ 氧化型半导体材料,并与 BiOBr 还原型半导体偶联,形成了 S-g-C$_3$N$_4$/BiOBr S-scheme 异质结。这种异质结在两种材料之间建立了一个强大而有效的内部电场,促进光生电子-空穴对的分离。

Lin 等[32]通过 X 射线光电子能谱(XPS)分析了元素的表面化学组成和价态分布。如图 5-44(a)所示,S-g-C$_3$N$_4$/BiOBr 的全谱图显示了催化剂的元素组成,包括 C、N、S、Bi、O 和 Br。图 5-44(b)显示了高分辨率的 C 1s 谱,其中 284.8eV、286.28eV 和 288.14eV 处的峰分别对应于 C—C 单键、C—S 键和 sp^2 杂化 C 原子(N=C—N)。这证实了 S 原子成功引入 g-C$_3$N$_4$ 的共轭芳环中,并通过取代 N 原子与相邻的 C 原子形成了 C—S 共价键。图 5-44(c)中的高分辨率 O 1s 谱显示,529.75eV、531.87eV 和 533.34eV 处的三个峰分别来源于 BiOBr 的晶格氧、表面吸附的 C=O 和 H$_2$O(O—H),这与 FTIR 分析结果一致。结果表明,S-g-C$_3$N$_4$ 与 BiOBr 之间存在分子间作用力,构建了一个范德瓦耳斯异质结。

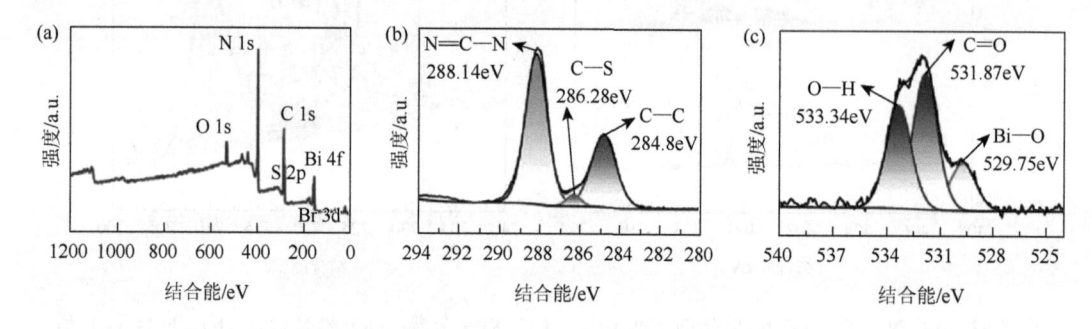

图 5-44 S-g-C$_3$N$_4$/BiOBr 的 XPS 全谱图(a)、高分辨率 C 1s 谱(b)和 O 1s 谱(c)[32]

33. XPS 分析 Au-CoO$_x$/TiO$_2$ 电子态调控

在光催化甲烷氧化体系中,TiO$_2$ 作为良好的光催化剂载体已被广泛研究。本小节研究采用 Au 和 Co 双金属来修饰 TiO$_2$,以制备高效的光催化甲烷氧化催化剂。Song 等[33]采用 XPS 分析证实 Au-CoO$_x$/TiO$_2$ 光催化剂中,Au 和 Co 的修饰调节了 TiO$_2$ 上的电子结构状态,使得所设计的 Au-CoO$_x$/TiO$_2$ 双金属修饰光催化剂在光氧化甲烷制甲醇体系中发挥了卓越的催化效果。

Au-CoO$_x$/TiO$_2$ 的 Au 4f XPS 谱[图 5-45(a)]显示出 86.9eV 和 83.2eV 的两个峰,揭示了 Au-CoO$_x$/TiO$_2$ 中 Au 纳米颗粒的金属态。图 5-45(b)显示的 781.2eV 和 796.3eV 处的两个峰分别归因于 Co 2p$_{3/2}$ 和 Co 2p$_{1/2}$,以及 787eV 和 802eV 处的两个 Co 氧化物卫星峰。与 Co$_3$O$_4$ 在 780.1eV 的峰值相比,Au-CoO$_x$/TiO$_2$ 的相应峰值移动到了 781.2eV,这意味着负载的氧化钴物种比纯 Co$_3$O$_4$ 略呈阳离子态,因此被表示为 CoO$_x$。

这些结果表明,Au 和 Co 的修饰有效地改善了 TiO$_2$ 的电子结构和催化性能,使 Au-CoO$_x$/TiO$_2$ 在光催化甲烷氧化反应中具有显著的优势。

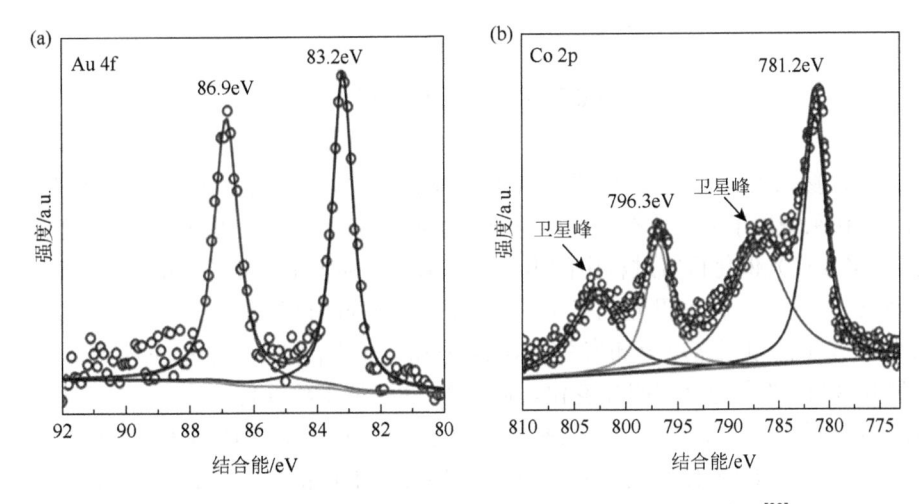

图 5-45　Au-CoO$_x$/TiO$_2$ 的 Au 4f（a）和 Co 2p（b）XPS 谱图[33]

34. XPS 分析 AuNPs/In$_2$O$_3$ 的电荷转移方向

在温和条件下，将甲烷（CH$_4$）在水中的氧气（O$_2$）环境中选择性氧化为甲醇（CH$_3$OH）或甲醛（HCHO），为合成商品化学品提供了一条可持续途径。Jiang 等[34]用 XPS 分析了 AuNPs/In$_2$O$_3$ 催化剂在光照 CH$_4$ 氧化反应中 Au 和 In$_2$O$_3$ 之间的电子转移。在黑暗和光照条件下进行原位高分辨率 Au 4f XPS 测试，以监测 Au 和 In$_2$O$_3$ 之间的电荷转移。

如图 5-46 所示，对于 Au$_1$/In$_2$O$_3$ 和 AuNPs/In$_2$O$_3$，在 UV 灯照射下，Au 4f$_{7/2}$ 和 Au 4f$_{5/2}$ 峰都向较低的结合能移动，表明部分电子转移到了 Au 物种上。因此，在光催化 CH$_4$ 氧化过程中，Au 单原子和 Au 纳米颗粒都作为电子受体。同时，O 1s 峰向更高的结合能移动，进一步暗示了电荷转移的方向。简言之，电子从 In$_2$O$_3$ 的价带（O 2p 轨道）被激发到导带（In 3d 轨道），然后转移到 Au 单原子或 Au 纳米颗粒，在氧原子上留下空穴，形成活性氧物种，有效地将 CH$_4$ 中的 C—H 键裂解为·CH$_3$。

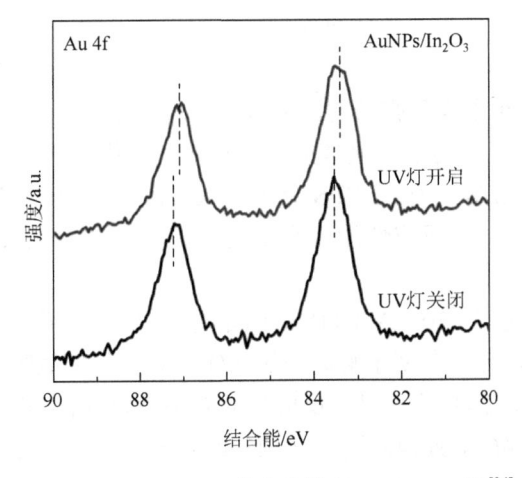

图 5-46　AuNPs/In$_2$O$_3$ 的高分辨率 Au 4f XPS 谱[34]

35. XPS 分析可见光照射下 Pd-ZIS 电子迁移过程

近年来,掺杂被认为是结合光催化剂电子态调控与表面化学调控的有效途径。通过在光催化剂上掺杂钯原子来实现电荷迁移是一个有前途的研究方向。Wang 等[35]使用原位 XPS 分析了 Pd-ZIS 在光催化析氢过程中的电荷转移情况,揭示了光载流子的矢量迁移行为。

如图 5-47 所示,在可见光照射下,Pd-ZIS 的结合能位移比 ZIS 更明显,说明 Pd 的引入使光激发下的电子密度分布发生了显著变化。与黑暗状态下的基态相比,Pd-ZIS 的 Zn 2p 和 In 3d 的结合能没有明显变化,而 S 2p 的峰位正移 0.1eV,表明在可见光照射下存在电子迁移过程。值得注意的是,Pd 的结合能负移 0.2eV,表明电子在 Pd 原子处积累,证实了光生电子沿 Pd-S 结构有效地从 S 原子转移到 Pd 原子。这种电子转移大大增加了 Pd 原子的电子密度,进一步增强了 Pd 活性位点的光还原能力。

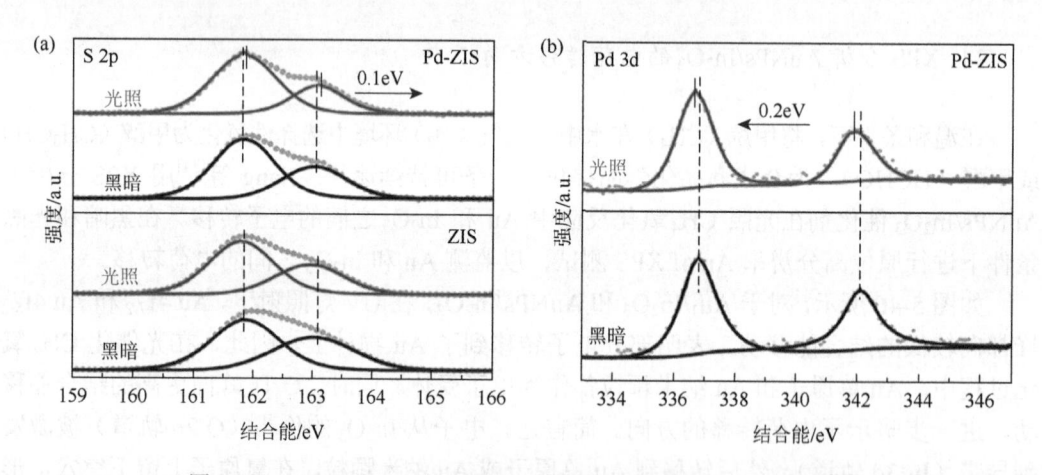

图 5-47 Pd-ZIS 和 ZIS 的原位 XPS 谱图:(a) S 2p;(b) Pd 3d[35]

36. XPS 分析氧化反应中晶体氧的作用

甲烷(CH_4)是一种丰富且强效的温室气体,对全球变暖的影响是二氧化碳(CO_2)的 30 倍。将甲烷直接转化为增值化学品,在有效利用化石原料和减少温室气体排放方面有着巨大的潜力。Wei 等[36]应用 XPS 分析了 $Au_{0.3}/c-WO_3$ 在光催化氧化甲烷反应中晶格氧的作用。XPS 谱和持续反应性能证明了晶格氧和 O_2 分子在 CH_4 氧化过程中的关键作用。

如图 5-48 所示,位于 530.0eV 的峰表示晶格氧(O^{2-})。另外两个与氧相关的峰位于 531.07eV 和 532.78eV,分别归属于解离型氧(O^-)和分子型氧吸附质(O_2^-)。晶格氧消耗的直接证据来自在没有 O_2 的情况下反应后的 O 1s XPS 谱,其中晶格氧的信号强度显著降低。同时,在 533.46eV 处检测到一个额外的 C=O 峰,证实了在 $c-WO_3$ 晶体上形成了甲醛(HCHO)。

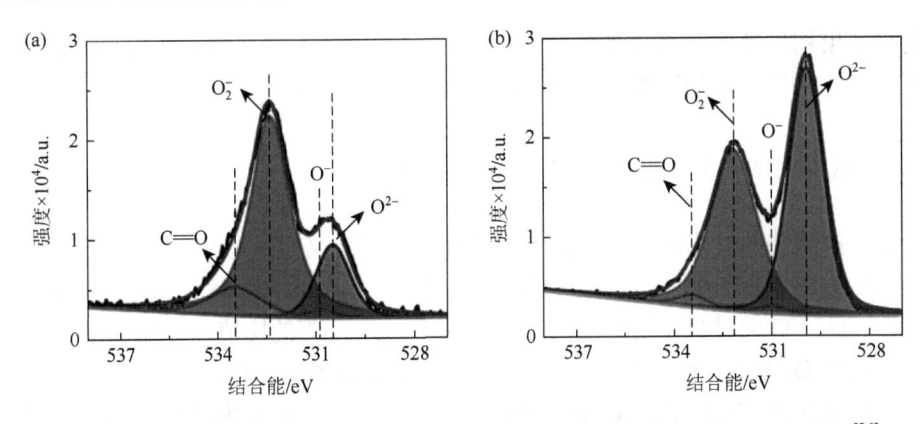

图 5-48 掺入或不掺入 O_2 的 $Au_{0.3}/c\text{-}WO_3$ 的 O 1s XPS 谱：(a) 无氧；(b) 有氧[36]

然而，在有氧反应条件下，CH_4 转化前后 c-WO_3 的 O 1s XPS 谱非常相似，只显示出过量的 C=O 峰作为产物。这是因为 O_2 的掺入可以及时恢复缺陷的晶格氧表面。总体而言，这些结果表明晶格氧在光催化氧化甲烷反应中的重要性，以及 O_2 分子在维持反应活性方面的关键作用。

37. XPS 分析 Co MOF 电子结构和自旋态

光催化二氧化碳还原在缓解全球能源和环境问题方面具有巨大潜力，其中催化中心的电子结构起着至关重要的作用。然而，自旋态作为电子特性的关键描述符却在很大程度上被忽视了。Sun 等[37]使用 XPS 分析了 Co 在 Zn 基金属有机框架（MOF）中光催化 CO_2 还原体系中的电子结构和自旋态。两个明显的卫星峰表明 Co 在 Co-OAc 和 Co-Br 中的氧化态为 +2，而 Co-CN 中没有卫星峰，反映其氧化态为 +3（图 5-49）。考虑到 Co $2p_{1/2}$ 和 Co $2p_{3/2}$ 间的能量差，即自旋-轨道分裂（ΔE），会随着 Co 中心单电子数的增加而增加，得出的 ΔE 顺序为：$\Delta E_{\text{Co-OAc}}$（15.9eV）> $\Delta E_{\text{Co-Br}}$（15.4eV）> $\Delta E_{\text{Co-CN}}$（15.1eV），这表明 Co-OAc 中的 Co 物种可能比 Co-Br 和 Co-CN 中的 Co 物种具有更高的自旋态。

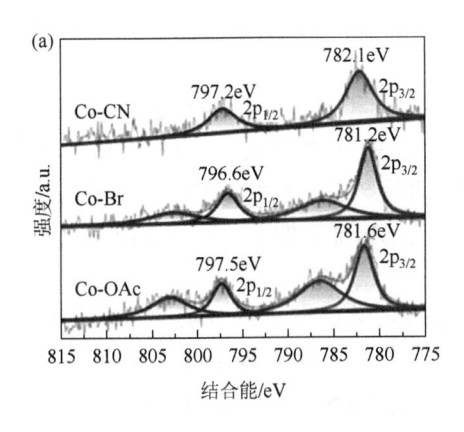

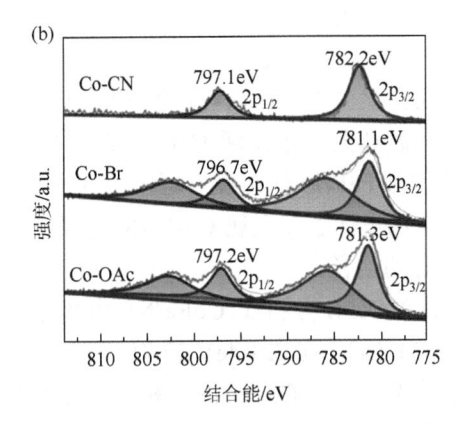

图 5-49　(a) Co-OAc、Co-Br 和 Co-CN 的 Co 2p XPS 谱；(b) Co 负载量为 3.0wt%的三种 Co MOF 的 XPS 谱[37]

这些结果初步表明,通过调节 Co 的配位环境,可以改变其电子结构和自旋态。这种调节有望优化光催化剂的性能,从而提高 CO_2 还原的效率。

38. XPS 分析不同氧化态的 Ce 与催化活性的关系

对于可控组装的纳米配合物,其催化活性的确定意义重大。Yao 等[38]通过 XPS 来确定 DNA-CeO_2 纳米配合物(DCNC)将细胞内活性氧(ROS)分解为无毒的 H_2O 和 O_2 的催化活性。DCNC 的过氧化物酶催化性能取决于 Ce^{3+}/Ce^{4+} 的比值。如图 5-50 所示,XPS 分析结果表明 DCNC 中 Ce 的价态为 +3 价和 +4 价的混合态,Ce^{3+}/Ce^{4+} 的比值为 1/9,而较高的四价氧化态 Ce 使 DCNC 具有类酶活性,这为设计和开发高酶活性材料提供了理论支持。

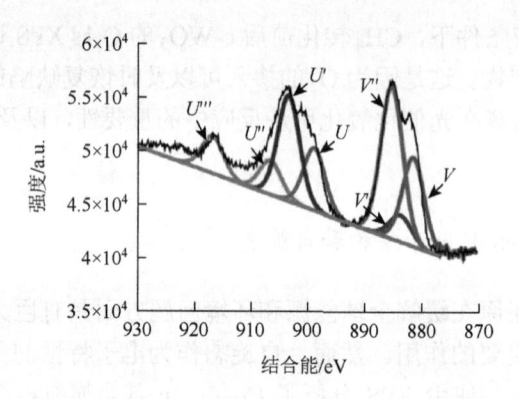

图 5-50　DCNC 中 Ce 化学价态的 XPS 谱[38]

39. XPS 分析电极上表面物质的化学价态

天然气的主要成分是甲烷,这是一种成熟且广泛使用的原料,可生产多种重要且高经济价值的化学品。将甲烷选择性氧化为液体化学品一直是一个具有长期吸引力的目标,并且具有巨大的经济效益。然而,C—H 键的高活化能和相互竞争的氧演化反应限制了产物的选择性和反应速率。

在自然界中,含铁可溶性甲烷单加氧酶(sMMO)和细胞色素 P450 酶的成员已经显示出在温和条件下激活 CH_4 的 C—H 键的能力。受 P450 酶催化位点的启发,Al-Attas 等[39]推测 FeIVO 活性位点可以通过过氧化物辅助途径产生,并触发 C—H 键的解离。为此,他们设计了多金属 Cu-Fe-Ni 催化剂来探究过氧化物辅助的 C—H 键解离和选择性氧化 CH_4 的途径。

通过 XPS 分析了 CuFe/NF 电极上表面物质的化学价态。高分辨率 Fe 2p XPS 谱[图 5-51(a)]在 721.4eV 和 710.75eV 处有两个峰,分别对应于 Fe $2p_{1/2}$ 和 Fe $2p_{3/2}$。这一观察结果证实了 CuFe/NF 电极中存在 Fe^{III} 状态。Cu 2p XPS 谱[图 5-51(b)]在 954.4eV 和 951.0eV 处有两个卫星振动峰,在 932.6eV 和 931.2eV 处有两个峰,证实了 CuFe/NF 电极表面存在 Cu^{I} 和 Cu^{II} 的组合。

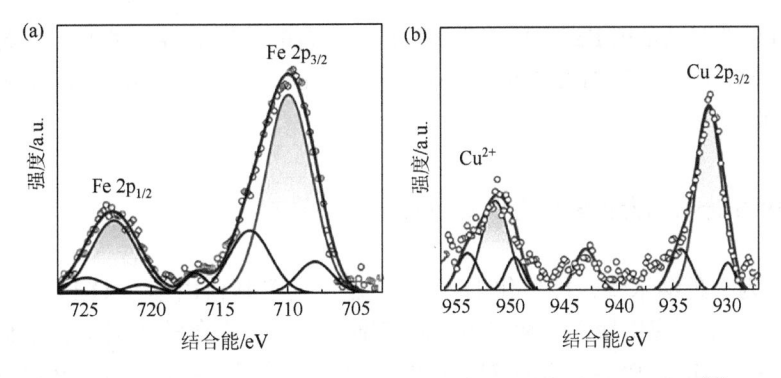

图 5-51　CuFe/NF 电极的 Fe 2p（a）和 Cu 2p（b）的 XPS 谱图[39]

这些结果表明，Cu-Fe-Ni 催化剂通过过氧化物辅助的 C—H 键解离和选择性氧化甲烷的途径具有潜力，为实现高效的甲烷转化提供了新的思路。

40. XPS 分析铁中心的化学价态和几何结构

在温和的条件下，甲烷直接光催化氧化成增值含氧化合物能够实现可持续的化学生产。An 等[40]应用 XPS 分析了 PMOF-RuFe(OH)催化剂在光催化氧化甲烷中 Fe^{III}物种的典型特征和不同配体结合的 Fe 中心具有的几何结构。如图 5-52 所示，活化的 PMOF-RuFe(OH)

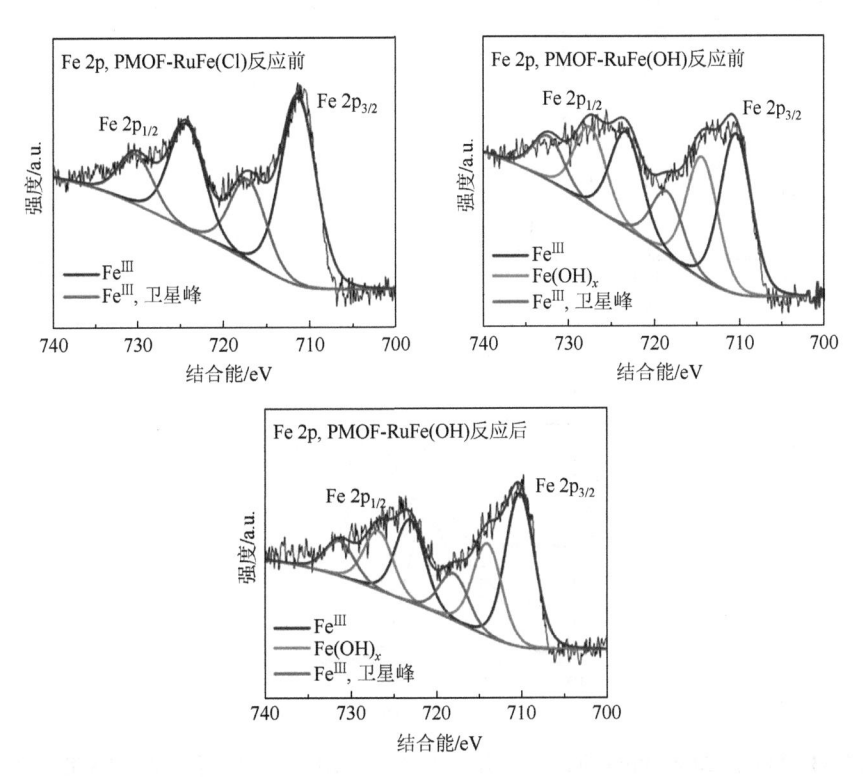

图 5-52　反应前 PMOF-RuFe(Cl)和反应前后 PMOF-RuFe(OH)催化剂的 XPS 谱图[40]

催化剂的 XPS 谱图显示出 Fe^{III}物种的典型特征，在 710eV 和 724eV 处的峰变宽。两个自旋轨道分裂双峰分别归属于 710eV 和 723eV 处的强 Fe^{III} 2p$_{3/2}$ 和 2p$_{1/2}$，以及 718eV 和 731eV 处的弱卫星峰。

41. XPS 分析钼元素化学价态以及相互作用

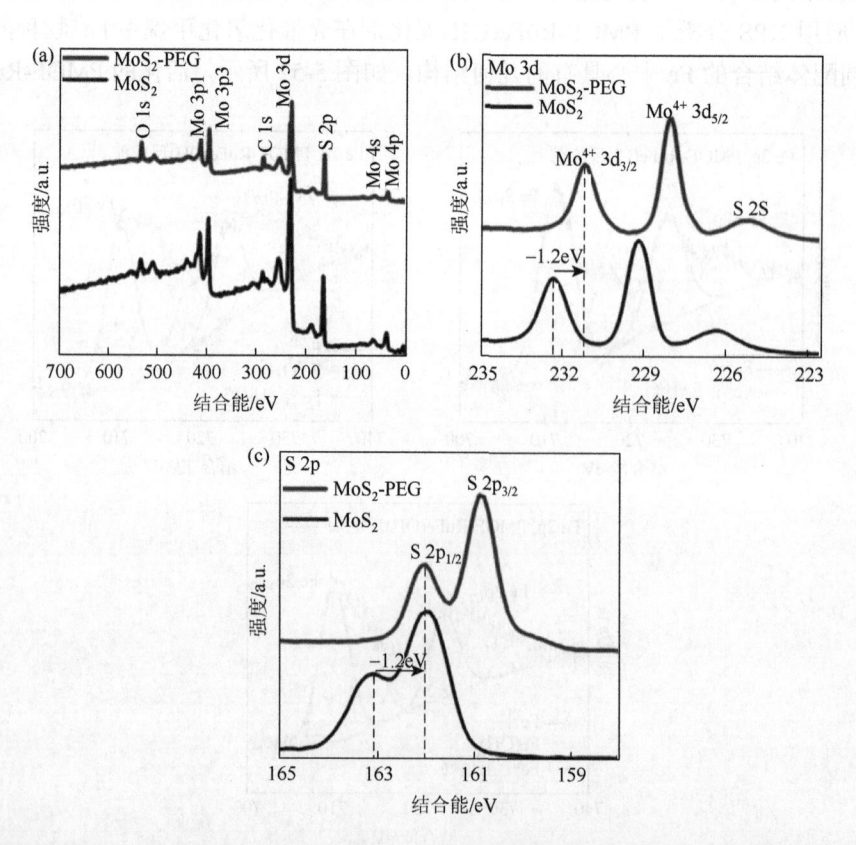

MoS$_2$ 作为一种纳米酶，能催化 H$_2$O$_2$ 产生剧毒的羟基自由基（•OH），从而有效杀死肿瘤细胞。Liu 等[41]应用聚乙二醇（PEG）修饰，通过水热合成法制备了球形 MoS$_2$-PEG 纳米酶，在探究 MoS$_2$-PEG 纳米酶对肿瘤细胞繁殖影响研究中，使用 XPS 分析技术表征了 MoS$_2$-PEG 纳米酶中的 Mo、S 等元素的化学价态以及元素间的相互影响。图 5-53（a）中的 XPS 全谱显示，MoS$_2$-PEG 的主要成分是 Mo 和 S，且 MoS$_2$ 和 MoS$_2$-PEG 具有相同的元素组成，这表明它们的成功制备。在 Mo 3d XPS 谱[图 5-53（b）]中，231.14eV 和 228eV 处的两个特征峰分别归属于 Mo^{4+} 3d$_{3/2}$ 和 Mo^{4+} 3d$_{5/2}$，表明样品中 Mo^{4+} 占主导地位。此外，在 S 2p XPS 谱[图 5-53（c）]中，162eV 和 160eV 处的两个特征峰分别与 S^{2-} 2p$_{1/2}$ 和 S^{2-} 2p$_{1/2}$ 有关。MoS$_2$ 的 XPS 谱与 MoS$_2$-PEG 的特征极为相似，但 MoS$_2$-PEG 的 Mo 和 S 同时出现了约 1.2eV 的负偏移。这意味着 PEG 的出现增强了 MoS$_2$-PEG 的电负性。

图 5-53 MoS$_2$、MoS$_2$-PEG 的 XPS 全谱（a），Mo 3d XPS 谱（b）和 S 2p XPS 谱（c）[41]

42. XPS 分析酶催化的碳纳米管的功能化程度

漆酶在苯酚修饰的多壁碳纳米管（MWCNT）表面附近产生酚自由基的能力被用于后续的 MWCNT 功能化。这些酚自由基可与氧化还原分子反应，通过对聚苯金属聚合物进行多层沉积，获得了近 0.1mmol/cm² 的高表面浓度。此外，漆酶还能自固定化，使其在苯酚修饰下有效地覆盖 MWCNT 电极。

Contaldo 等[42]研究表明，漆酶在温和条件下固定含有苯酚基的分子和大分子方面是一种强大的催化剂。在 MWCNT 功能化中的应用显示出漆酶利用其产生苯氧自由基的能力，温和而有效地固定金属多酚或漆酶本身。XPS 谱被用于评估漆酶催化的 MWCNT 功能化。

如图 5-54 所示，MWCNT 表面的 XPS 分析显示，在 707.7eV 和 720.5eV 处观察到的尖锐峰对应于 Fe(Ⅱ)，占总铁含量的 4.8%，可能被捕获在金属聚合物中或吸附在 MWCNT 的表面。而在 711.6eV 和 725.2eV 处观察到的宽峰是 Fe(Ⅲ)（占总铁含量的 96.2%）存在的典型峰。

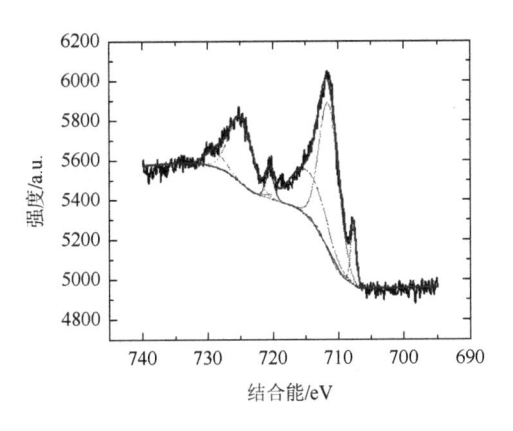

图 5-54 用聚[Fc⁺PhO]ₙ 修饰的 MWCNT 电极在 Fe 2p 核心能级下的 XPS 谱图[42]

这些结果证实了聚[Fc⁺PhO]ₙ 及其衍生物在 MWCNT 表面通过漆酶催化的氧化和聚合过程得以实现。这种方法展示了漆酶在 MWCNT 功能化中的潜力，为其在材料科学中的应用开辟了新的途径。

43. XPS 分析宿主离子和掺杂离子的氧化态

ABO_3 和 ABO_4 型无机纳米材料因独特的晶体结构和丰富的光化性质，如光致发光、光催化、储能以及磁电驱动性能而受到广泛关注。正钒酸钆（$GdVO_4$）掺杂镧系离子的特性最早由 Zaguniennyi 等在 1992 年提出。与 Eu^{3+}：YVO_4 体系相比，Eu^{3+}：$GdVO_4$ 在较高温度下具有更强的温度依赖发光特性，因此适用于高温应用。事实上，$GdVO_4$ 代表了一种模型锆石型化合物,其结构类似于许多常见的锆石型镧系正钒酸盐(LnVO$_4$),是一种优秀的发光剂,广泛应用于荧光粉、闪烁器、激光器和光纤通信的放大器等领域。

XPS 分析有助于确认纳米材料表面宿主离子和掺杂离子的氧化态。Ansari 和 Mohanta[43] 通过 XPS 分析了表面宿主离子和掺杂离子的氧化态。图 5-55 显示出 Gd 4d、V 2p 和 O 1s 轨道的信号测定。峰位于约 529.6eV 处,与 Gd 的 +3 氧化态特征一致。对于 3% Eu 掺杂的 GdVO$_4$,在约 1137eV 处出现了一个弱峰,表明 Eu 的 +3 氧化态,这提供了 Eu^{3+} 在 GdVO$_4$ 晶格中有效掺杂的证据。

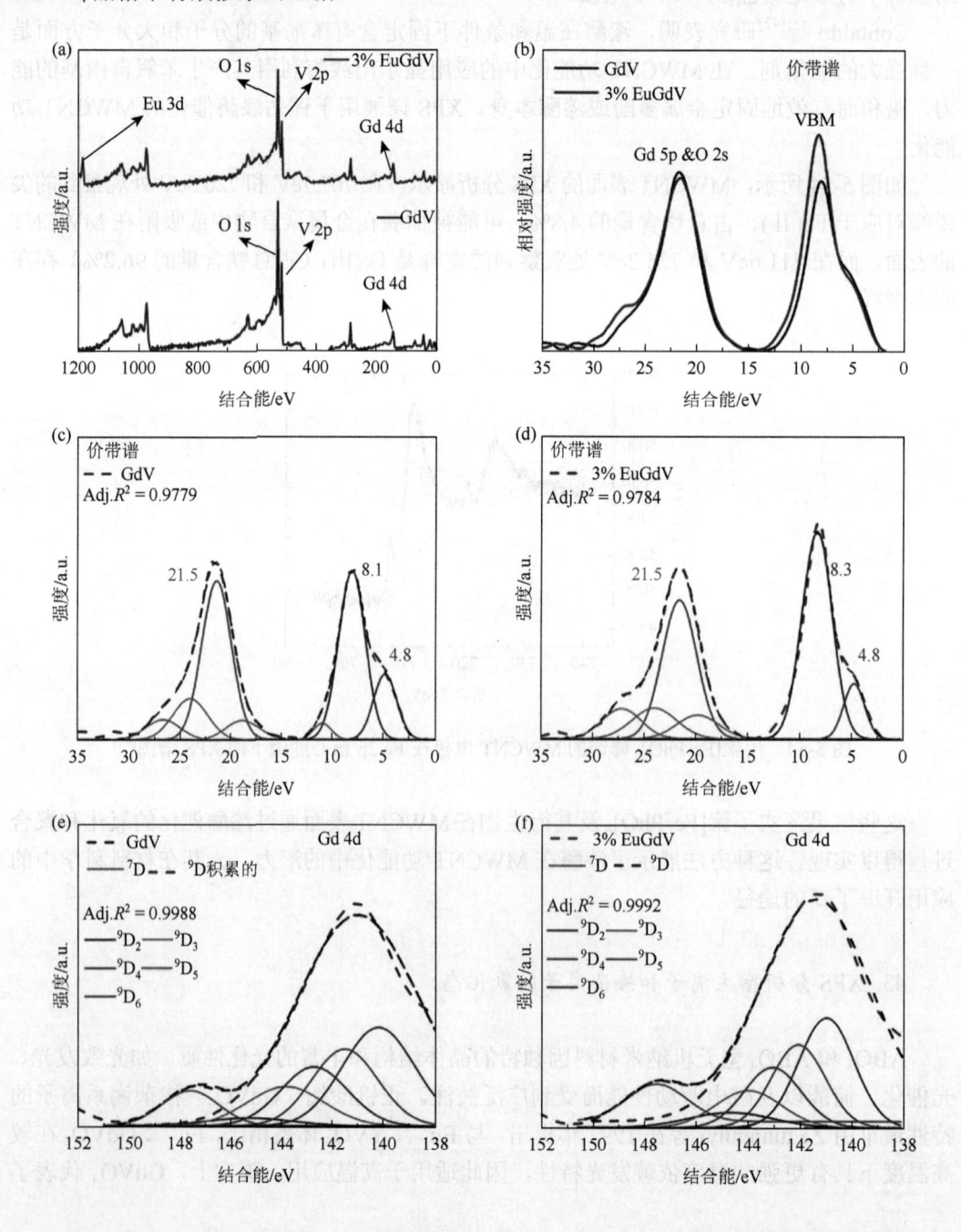

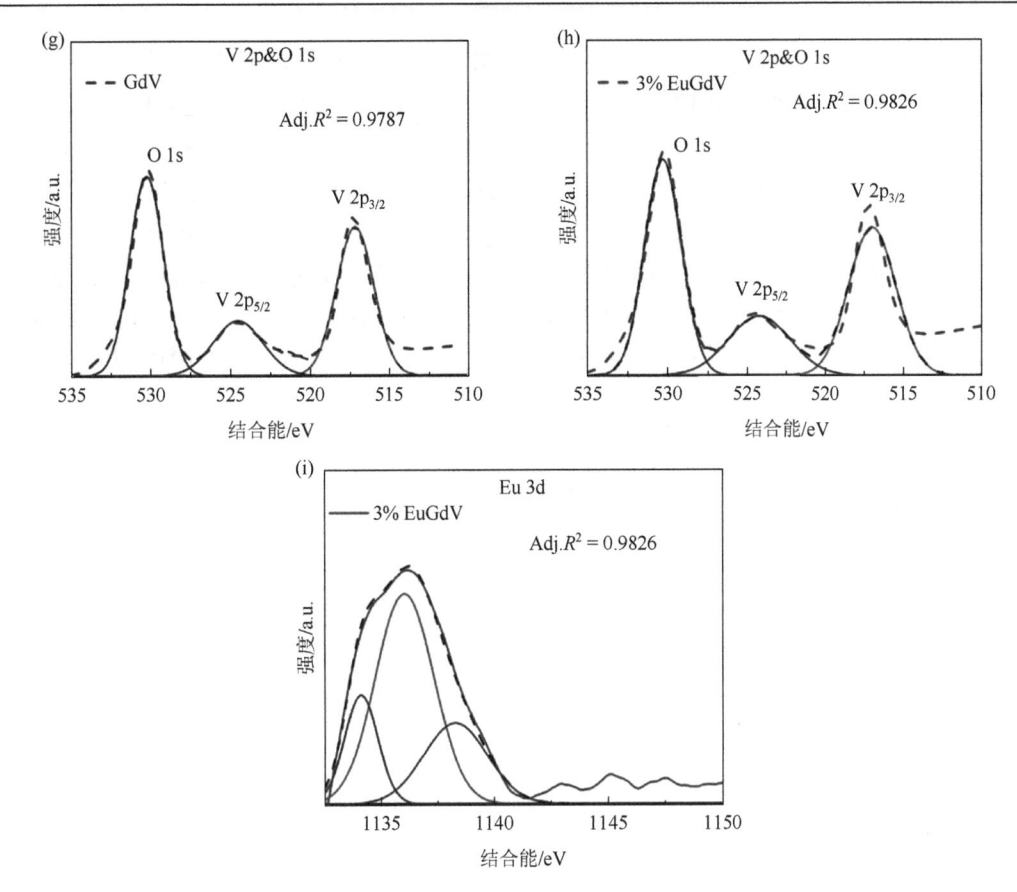

图 5-55 GdVO$_4$ 催化剂的 XPS 谱：GdV 和 3% EuGdV 的 XPS 谱（a）和价带谱（b）；解卷积后的 VBM 显示在 GdV（c）和 3% EuGdV（d）价带谱的分峰图，图中 Adj.R^2 表示调整后的决定系数；GdV（e）和 3% EuGdV（f）的 Gd 4d 谱的分峰图；GdV（g）和 3% EuGdV（h）的 V 2p 和 O 1s 谱；(i) 3% EuGdV 的 Eu 3d 谱[43]

这些结果表明，Eu^{3+} 成功掺杂到 GdVO$_4$，并保持了 +3 氧化态，从而增强了材料的发光特性，进一步证明了 GdVO$_4$ 及其掺杂体系在高温应用中的潜力。

44. XPS 分析杂化配体与 Pd 中心的螯合能力

由于琥珀酰亚胺的广泛应用，已经开发了多种合成其衍生物的方法。通常，有两种常规的有机合成路线来制备琥珀酰亚胺衍生物。一种是通过二羧酸与氨、氨代物或氨的取代衍生物（如碳酸铵、尿素、硫脲、甲酰胺等）环化得到琥珀酰亚胺。另一种是通过取代琥珀酸酐与气态氨或胺在路易斯酸存在下进行缩合反应。然而，这些方法通常涉及多步操作和/或相对苛刻的反应条件，并伴随化学计量副产物的形成。

受 Pd 催化炔烃与有机胺的双氢氨基羰基化反应合成取代的琥珀酰亚胺的启发，Zhao 等[44]致力于开发新型配体，因为 Pd 催化剂的活性、化学/区域选择性和稳定性高度依赖于配体的立体电子性质。他们使用 1,4-双溴二甲苯、1,3-双溴二甲苯或碘甲烷为原料，对二甲膦（如 Xantphos 和 BINAP）进行选择性季铵化反应，合成了一系列新型离子膦（L1~L4）。

得到的 L1 和 L1-Pd 配合物的 XPS 谱图显示，L1 中的 P 元素［图 5-56（a）］中，两个各向同性 PPh2 片段的 P(Ⅲ)原子对应的结合能（BE）峰位于 130.28eV（$2p_{3/2}$）和 131.12eV（$2p_{1/2}$），而磷离子的 P(Ⅴ)原子对应的 BE 峰位于 132.46eV（$2p_{3/2}$）和 133.33eV（$2p_{1/2}$）。显然，当 L1 中的 P(Ⅲ)原子与 Pd 中心配位时，其信号向更高能级移动，增加了 0.68eV。相比之下，磷离子的 P(Ⅴ)原子在 L1 和 L1-Pd 中 XPS 谱保持不变，BE 峰分别位于 132.46eV（$2p_{3/2}$）和 133.33eV（$2p_{1/2}$），这是由于磷基团对 Pd 中心的配位能力。对于 L1 中的 O 元素［图 5-56（b）］，532.02eV 处的特征峰归属于 C—O—C 骨架的 O 原子，而 533.60eV（或 533.67eV）处的特征峰归属于 L1（或 L1-Pd）表面吸附的 H_2O 的 O 原子。

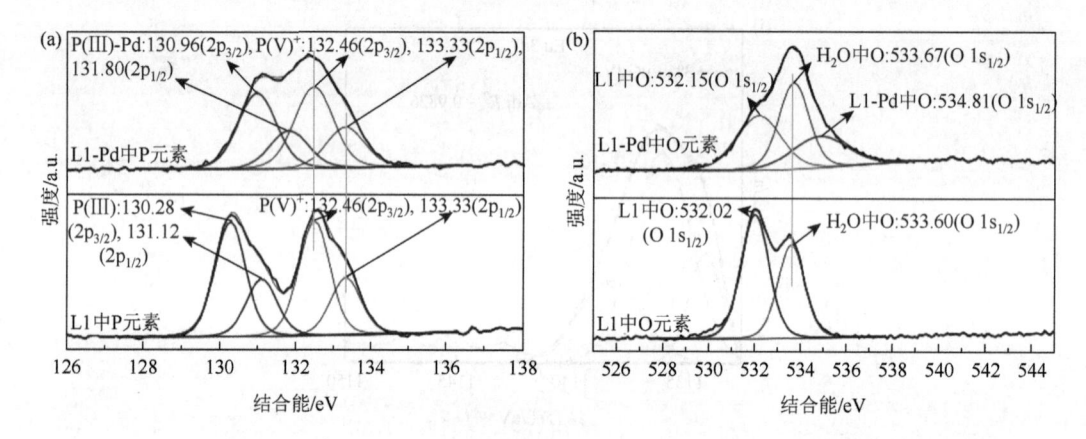

图 5-56 （a）L1 和 L1-Pd 中 P 元素的 XPS 谱图；（b）L1 和 L1-Pd 中 O 元素的 XPS 谱图[44]

这些结果表明，通过 Pd 催化和特定配体设计，可以高效合成琥珀酰亚胺及其衍生物，并在不同化学领域中展现出广泛的应用潜力。

参考文献

[1] Xu J, Wang Y, Wang K, et al. Single-atom Rh on high-index CeO_2 facet for highly enhanced catalytic CO oxidation[J]. Angewandte Chemie International Edition, 2023, 62（28）: e202302877.

[2] Xu H, Zhang Z, Liu J, et al. Entropy-stabilized single-atom Pd catalysts via high-entropy fluorite oxide supports[J]. Nature Communications, 2020, 11（1）: 3908.

[3] Li X, Pereira-Hernández X I, Chen Y, et al. Functional CeO_x nanoglues for robust atomically dispersed catalysts[J]. Nature, 2022, 611（7935）: 284-288.

[4] Liu Z, Gao X, Liu B, et al. Highly stable and selective layered Co-Al-O catalysts for low-temperature CO_2 methanation[J]. Applied Catalysis B: Environmental, 2022, 310: 121303.

[5] Zhao B, Zou J, Chen C, et al. Single tungsten atom-modified Pt/Al_2O_3 to boost glycerol hydrogenolysis to 1,3-propanediol[J]. Chemical Engineering Journal, 2023, 478: 147396.

[6] Liu W, Yang S, Zhang Q, et al. Insights into flower-like Al_2O_3 spheres with rich unsaturated pentacoordinate Al^{3+} sites stabilizing Ru-CeO_x for propane total oxidation[J]. Applied Catalysis B: Environmental, 2021, 292: 120171.

[7] Sun M, Zhang Y, Liu W, et al. Synergy of metallic Pt and oxygen vacancy sites in Pt-WO_{3-x} catalysts for efficiently promoting vanillin hydrodeoxygenation to methylcyclohexane[J]. Green Chemistry, 2022, 24（24）: 9489-9495.

[8] Wang B, Liu F, Guan W, et al. Promoting the effect of Au on the selective hydrogenolysis of glycerol to 1, 3-propanediol over the Pt/WO$_x$/Al$_2$O$_3$ catalyst[J]. ACS Sustainable Chemistry & Engineering, 2021, 9 (16): 5705-5715.

[9] Chen J, Xiong S, Liu H, et al. Reverse oxygen spillover triggered by CO adsorption on Sn-doped Pt/TiO$_2$ for low-temperature CO oxidation[J]. Nature Communications, 2023, 14 (1): 3477.

[10] Zhang X, Zhang M, Deng Y, et al. A stable low-temperature H$_2$-production catalyst by crowding Pt on α-MoC[J]. Nature, 2021, 589 (7842): 396-401.

[11] Li A, Yao D, Yang Y, et al. Active Cu^0-Cu$^{σ+}$ sites for the hydrogenation of carbon-oxygen bonds over Cu/CeO$_2$ catalysts[J]. ACS Catalysis, 2022, 12 (2): 1315-1325.

[12] Chen M, Dai W, Wang Y, et al. Selective catalytic depolymerization of lignin to guaiacols over Mo-Mn/sepiolite in supercritical ethanol[J]. Fuel, 2023, 333: 126365.

[13] Fang Z, Murayama H, Zhao Q, et al. Selective mild oxidation of methane to methanol or formic acid on Fe-MOR catalysts[J]. Catalysis Science & Technology, 2019, 9 (24): 6946-6956.

[14] Liu H X, Li J Y, Qin X, et al. Pt$_n$-O$_v$ synergistic sites on MoO$_x$/γ-Mo$_2$N heterostructure for low-temperature reverse water-gas shift reaction[J]. Nature Communications, 2022, 13 (1): 5800.

[15] Jin R, Peng M, Li A, et al. Low temperature oxidation of ethane to oxygenates by oxygen over iridium-cluster catalysts[J]. Journal of the American Chemical Society, 2019, 141 (48): 18921-18925.

[16] Chen Q, Meng S, Liu R, et al. Plasma-catalytic CO$_2$ hydrogenation to methanol over CuO-MgO/Beta catalyst with high selectivity[J]. Applied Catalysis B: Environmental, 2024, 342: 123422.

[17] Yang T, Mao X, Zhang Y, et al. Coordination tailoring of Cu single sites on C$_3$N$_4$ realizes selective CO$_2$ hydrogenation at low temperature[J]. Nature Communications, 2021, 12 (1): 6022.

[18] Yang W, Polo-Garzon F, Zhou H, et al. Boosting the activity of Pd single atoms by tuning their local environment on ceria for methane combustion[J]. Angewandte Chemie International Edition, 2023, 62 (5): e202217323.

[19] Tan W, Xie S, Cai Y, et al. Surface lattice-embedded Pt single-atom catalyst on ceria-zirconia with superior catalytic performance for propane oxidation[J]. Environmental Science & Technology, 2023, 57 (33): 12501-12512.

[20] Zheng Z, Zhou H, Deng L, et al. Molybdenum disulfide promoted co-catalyzed alkoxycarbonylation[J]. Journal of Catalysis, 2024, 430: 115349.

[21] Dai W, Wang C, Tang B, et al. Lewis acid catalysis confined in zeolite cages as a strategy for sustainable heterogeneous hydration of epoxides[J]. ACS Catalysis, 2016, 6 (5): 2955-2964.

[22] Ma R, Yang T, Gao J, et al. Composition tuning of Ru-based phosphide for enhanced propane selective dehydrogenation[J]. ACS Catalysis, 2020, 10 (17): 10243-10252.

[23] Huang R, Xia M, Zhang Y, et al. Acetylene hydrogenation to ethylene by water at low temperature on a Au/α-MoC catalyst[J]. Nature Catalysis, 2023, 6 (11): 1005-1015.

[24] Li S, Chen B, Wang Y, et al. Oxygen-evolving catalytic atoms on metal carbides[J]. Nature Materials, 2021, 20 (9): 1240-1247.

[25] Boghosian Patricio N, Carvalho Cardoso J, Tsuyama Escote M, et al. Assembling bifunctional ceria-zirconia electrocatalyst for efficient electrochemical conversion of methane at room temperature[J]. Chemical Engineering Journal, 2024, 488: 150951.

[26] Kim C, Min H, Kim J, et al. Boosting electrochemical methane conversion by oxygen evolution reactions on Fe-N-C single atom catalysts[J]. Energy & Environmental Science, 2023, 16 (7): 3158-3165.

[27] Li J, Yao L, Wu D, et al. Electrocatalytic methane oxidation to ethanol on iron-nickel hydroxide nanosheets[J]. Applied Catalysis B: Environmental, 2022, 316: 121657.

[28] Zhang P, Wang W, Wang H, et al. Tuning hole accumulation of metal oxides promotes the oxygen evolution rate[J]. ACS Catalysis, 2020, 10 (18): 10427-10435.

[29] Xiao B, Lv T, Zhou T, et al. Insights into the interaction effect of CuSA-ZnS for enhancing the photocatalytic hydrogen

evolution[J]. ACS Catalysis, 2023, 13 (19): 12904-12916.

[30] Du H, Li X, Cao Z, et al. Photocatalytic O$_2$ oxidation of CH$_4$ to CH$_3$OH on AuFe-ZnO bifunctional catalyst[J]. Applied Catalysis B: Environmental, 2023, 324: 122291.

[31] Dai Y, Ju T, Tang H, et al. Synergistic photocatalytic CH$_4$ conversion to C$_1$ liquid products using Fe oxide species-modified g-C$_3$N$_4$[J]. Catalysis Science & Technology, 2022, 12 (15): 4917-4926.

[32] Lin S, Sun Z, Qiu X, et al. Construction of embedded sulfur-doped g-C$_3$N$_4$/BiOBr S-scheme heterojunction for highly efficient visible light photocatalytic degradation of organic compound rhodamine B[J]. Small, 2024, 20 (14): 2306983.

[33] Song H, Meng X, Wang S, et al. Selective photo-oxidation of methane to methanol with oxygen over dual-cocatalyst-modified titanium dioxide[J]. ACS Catalysis, 2020, 10 (23): 14318-14326.

[34] Jiang Y, Li S, Wang S, et al. Enabling specific photocatalytic methane oxidation by controlling free radical type[J]. Journal of the American Chemical Society, 2023, 145 (4): 2698-2707.

[35] Wang C, Tang Y, Geng Z, et al. Modulating charge accumulation via electron interaction for photocatalytic hydrogen evolution: a case of fabricating palladium sites on ZnIn$_2$S$_4$ nanosheets[J]. ACS Catalysis, 2023, 13 (17): 11687-11696.

[36] Wei S, Zhu X, Zhang P, et al. Aerobic oxidation of methane to formaldehyde mediated by crystal-O over gold modified tungsten trioxide via photocatalysis[J]. Applied Catalysis B: Environmental, 2021, 283: 119661.

[37] Sun K, Huang Y, Wang Q, et al. Manipulating the spin state of Co sites in metal-organic frameworks for boosting CO$_2$ photoreduction[J]. Journal of the American Chemical Society, 2024, 146 (5): 3241-3249.

[38] Yao C, Xu Y, Tang J, et al. Dynamic assembly of DNA-ceria nanocomplex in living cells generates artificial peroxisome[J]. Nature Communications, 2022, 13 (1): 7739.

[39] Al-Attas T, Khan M A, Goncalves T J, et al. Bioinspired multimetal electrocatalyst for selective methane oxidation[J]. Chemical Engineering Journal, 2023, 474: 145827.

[40] An B, Li Z, Wang Z, et al. Direct photo-oxidation of methane to methanol over a mono-iron hydroxyl site[J]. Nature Materials, 2022, 21 (8): 932-938.

[41] Liu Z, Gao Y, Wen L, et al. Effect of MoS$_2$-PEG nanozymes on tumor cell multiplication[J]. Arabian Journal of Chemistry, 2023, 16 (11): 105240.

[42] Contaldo U, Gentil S, Courvoisier-Dezord E, et al. Laccase-catalyzed functionalization of phenol-modified carbon nanotubes: from grafting of metallopolyphenols to enzyme self-immobilization[J]. Journal of Materials Chemistry A, 2023, 11 (20): 10850-10856.

[43] Ansari A, Mohanta D. Structural and XPS studies of polyhedral europium doped gadolinium orthovanadate (Eu^{3+}: GdVO$_4$) nanocatalyst for augmented photodegradation against Congo-red[J]. Physica E: Low-dimensional Systems and Nanostructures, 2022, 143: 115357.

[44] Zhao K C, Zhuang Y Y, Jing T H, et al. Pd-catalyzed tandem bis-hydroaminocarbonylation of terminal alkynes for synthesis of N-aryl substituted succinimides with involvement of ionic P, O-hybrid ligand[J]. Journal of Catalysis, 2023, 417: 248-259.

第6章 俄歇电子能谱

6.1 概 述

近年来，俄歇电子能谱技术已成为测定材料表面化学成分的首选方法之一，以其独特的优势在表面科学领域中占据重要地位。俄歇电子能谱法主要依靠检测由样品表面发射的俄歇电子来进行元素分析。此技术的显著优点包括：①广泛的元素覆盖：除了氢和氦外，俄歇电子能谱能够分析几乎所有的元素，提供全面的化学成分信息。②高灵敏度的表面分析：俄歇电子能谱是表面分析领域中应用最为广泛的技术之一，特别适合研究薄膜和表面层，检测深度通常在 0.5～2nm 之间。③极低的检测限：能够检测到约 10^{-3} 原子单层的极小数量，使得俄歇电子能谱在微量分析方面表现卓越。④快速的数据收集：俄歇电子能谱的数据采集速度快，适合快速分析和实时监测。⑤微区与深度分析能力：能够进行局部区域的详细化学分析，并通过分层分析技术实现样品的三维化学成分映射。⑥提供定量及化学价态信息：不仅能给出元素的定量分析结果，还能在很多情况下揭示元素的化学结合状态，这对于理解材料的化学和物理性质至关重要。

虽然俄歇电子能谱在最初仅被视为一种学术研究工具，但如今已演变为一种常规的分析方法，并且在许多技术领域中扮演着关键角色。这一技术不仅适用于半导体技术，还广泛应用于冶金、催化反应、矿物处理、薄膜材料制备和晶体生长等领域。随着对其原理的深入理解和技术的不断完善，俄歇电子能谱的应用范围正迅速扩展。俄歇电子能谱技术的优势在于能够提供材料表面及近表面区域的详细元素和化学价态信息，这对于优化产品的性能和理解材料行为至关重要。例如，在半导体产业中，它用于检测和控制薄膜生长过程中的杂质分布和浓度。在冶金领域，此技术有助于分析金属表面的氧化和腐蚀过程。在催化研究中，它可以揭示催化剂表面的活性组分及其变化，从而有助于设计更有效的催化系统。

从 Pierre Auger 在 1925 年发现俄歇效应，到 20 世纪 60 年代末实用俄歇电子能谱仪的问世，这段漫长的四十多年历程，见证了无数科学家的辛勤探索和重大贡献。Auger 最初在 Wilson 云室中观察到了俄歇电子的存在，并提供了理论解释，为未来的发展奠定了基础。然而，这一领域的真正突破要等到 1953 年，J. J. Lander 首次使用电子束激发技术进行俄歇电子能谱（Auger electron spectroscopy，AES）分析，并探索了其在表面分析中的潜在应用。此后的几年中，技术的进步逐渐加速。1967 年，Harris 采用了微分锁相技术，显著提高了俄歇电子能谱的信噪比，为其商业化铺平了道路。接着在 1969 年，Palmberg 及其团队引入了筒镜能量分析器（cylindrical mirror analyzer，CMA），进一步增强了俄歇电子能谱的性能，提高了其信噪比和分辨率。近年来，随着纳米技术的飞速发展，俄歇电子能谱技术也不断进步，特别是在空间分辨率方面取得了显著成就,目前已能达到 6nm 级别。此外,俄歇电子能谱还开始与惰性气体离子溅射技术结合使用,这使得科学家能够更精确地分析材料成分随深度的变化,从而在材料科学、表面工程等多个领域中发挥着越来越重要的作用。这一系列的创新和技术革新,不仅极大地推动了俄歇电子能谱技术的发展,也为表面分析科学的进步作出了不可磨灭的贡献。

综上所述,俄歇电子能谱法在材料科学、表面工程及相关研究领域中,因高效、灵敏的特性而被广泛采用。随着技术的发展和新应用的不断发掘,俄歇电子能谱正逐渐成为材料科学、表面工程和纳米技术研究中不可或缺的工具,为科学探索和工业创新提供强有力的支持。

6.2 基本原理

6.2.1 俄歇跃迁及俄歇电子发射

如图 6-1 所示,当具有足够能量的粒子(如光子、电子或离子)与原子相互作用时,会引发一个复杂而精细的内部电子过程;这种碰撞首先导致原子内层轨道上的电子被激发或移除,从而在该轨道上留下一个空穴,形成激发态的正离子。这一激发态正离子是不稳定的,为了恢复稳定,必须经过一个称为退激发的过程。在退激发过程中,原子外层轨道的电子会跃迁至内层空穴处,这一跃迁不仅填补了空穴,还伴随着能量的释放。此过程的特殊之处在于,所释放的能量可能会激发同一轨道层或更外层轨道的另一电子,导致其获得足够的能量而从原子中逃逸,即电离出去。这种由内部能量转移而导致发射的电子,被称为俄歇电子。俄歇电子的发射是一种非常重要的现象,因为它直接关联了原子内部电子结构的微观信息。通过分析这些俄歇电子的能量和分布,科学家可以详细了解材料表面及其化学性质的微观状态,这对于表面科学和材料科学的研究至关重要。俄歇电子能谱法因此成为一种强大的表面分析工具,它允许我们以原子级别的精度探究物质的表面组成和化学价态。

如图 6-2 所示,俄歇跃迁过程存在两个显著的基本特征。首先,俄歇跃迁至少涉及两个能级和三个电子的相互作用。这一特点解释了为什么氢和氦元素不可能产生俄歇电子——这两种元素的简单电子结构不支持这种复杂的电子相互作用。其次,俄歇电子的产生并不直接依赖于激发源的能量大小或其性质。无论是高能光子还是离子,只要它们具有足够的能量使原子内壳层电子被移除,就足以引发俄歇跃迁。关键在于形成内壳层的电子空位,这是产生俄歇电子的决定性一步。这意味着,即使激发源的能量较低,只要能够引发内壳层电子的电离,就有可能导致俄歇跃迁。因此,俄歇电子能谱技术的应用范围非常广泛,不受限于特定类型的激发源,从而使其在材料科学、物理化学及表面工程等多个领域都极具价值。通过测定俄歇电子的能量分布,科学家能够揭示材料表面的详细元素组成和化学价态,为材料分析和表面性质研究提供重要信息。

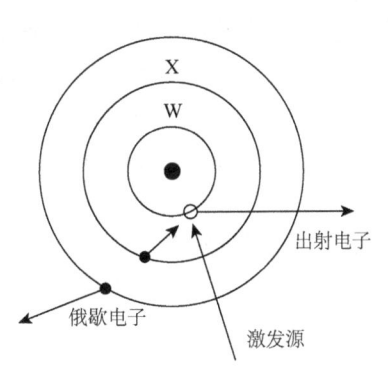

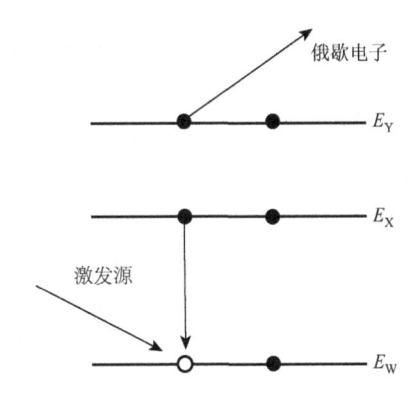

图 6-1　俄歇电子跃迁过程　　　　　图 6-2　俄歇电子跃迁的能级图

6.2.2　俄歇电子的能量分布

当电子束与固体材料相互作用时，这一复杂的过程会导致多种不同类型的粒子从材料表面发射出来。这一现象不仅是物理和材料科学中的基本问题，而且对于理解和应用表面分析技术至关重要。如图 6-3 所示，图形生动地描绘了初级激发电子束轰击固体表面的过程及结果，其中包括次级电子、背散射电子、俄歇电子以及 X 射线的产生和分布深度。这些从固体表面发射的粒子类型各异，它们的能量分布具有以下特点：①次级电子：通常具有较低的能量，这些电子是由入射电子在与固体表面相互作用时激发出来的。次级电子的能量通常低于 50eV，对材料表面的微观结构和电子状态敏感。②背散射电子：这些是入射电子中的一部分，在与固体原子核的相互作用后，以接近或等于原始能量反射回来的电子。背散射电子能提供关于材料组成和厚度的信息，这是因为它们的能量和分布受原子序数的影响较大。③俄歇电子：产生于原子内层电子被激发后引发的电子跃

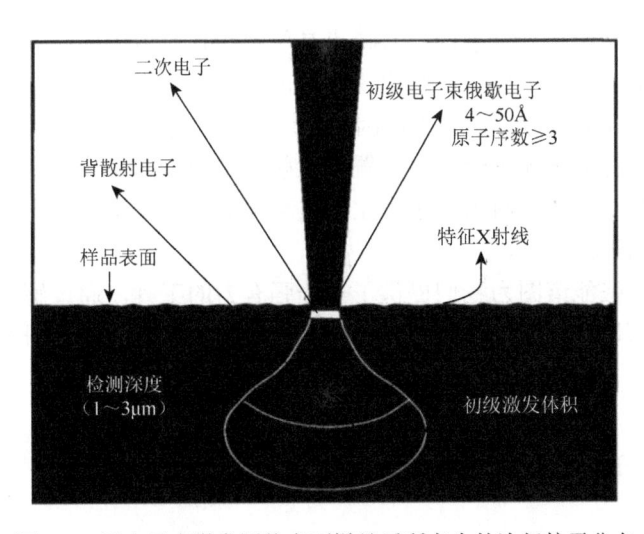

图 6-3　原电子束激发固体表面样品后所产生的次级粒子分布

迁过程。俄歇电子的能量特征是固有的,并且与特定的元素相关联,因此它们是理解材料表面化学价态和元素组成的关键。④X 射线:当内层电子被激发并引起更高能级电子填充其空位时,会发射 X 射线。X 射线的能量反映了原子内部电子能级的结构,是分析材料内部组成的有力工具。通过综合分析这些不同类型粒子的能量和分布,科学家可以深入探索材料的表面及其更深层次的物理和化学性质,进而对材料的性能和行为有更全面的理解。

如图 6-4 所示,电子与固体相互作用时产生的能谱图中,可以清楚地观察到几个关键特征。首先,弹性散射峰的能量与入射电子的能量相同,保持不变,表示这部分电子在与目标固体相互作用后未失去能量而直接反射回来。

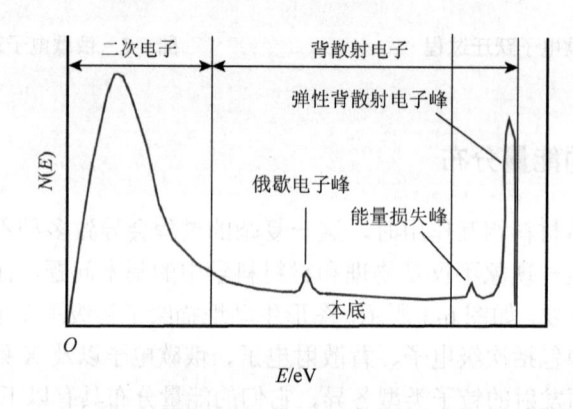

图 6-4 电子能量分布曲线

接下来是一个低动能的宽峰,代表了由入射电子激发的次级电子。这些次级电子在逃逸到表面的过程中,经历了多次非弹性碰撞,导致其能量广泛分散,形成了所谓的非弹性碰撞损失峰。这些次级电子的能量通常较低,提供了关于材料表面电子状态的重要信息。

在两个主峰之间存在一个小峰,其特点是位置与入射电子的能量无关,这是俄歇电子峰。俄歇电子的产生源于原子内层电子空位的填补过程中外层电子的跃迁,其能量特性固定,与材料的元素特性密切相关,因此被用来识别材料表面的化学组成。

最后,还有特征能量损失峰,其位置随入射电子能量的变化而变化。这种峰反映了入射电子在穿透材料时与材料内电子发生能量交换的结果,这些信息对于理解材料的光电性质和电子结构极为重要。

总体而言,这张能谱图为我们提供了一个强有力的工具,通过解析不同类型的散射和能量损失峰,可以深入探讨材料的表面及更深层次的性质,对科研和工业应用都有极大的帮助。

6.2.3 俄歇跃迁过程的种类与表示

俄歇跃迁过程是一种定义明确的非辐射电子跃迁现象,其特征在于跃迁电子的轨道与填充电子及产生的空穴（孔）所处的轨道位于不同的能级。根据电子轨道能级的不同组合，俄歇跃迁过程大致可以分为以下两种类型：①科斯特-可罗尼格（Coster-Kronig）跃迁：这种跃迁发生时，填充电子或跃迁电子与激发态孔穴所在的轨道能级相同。这意味着电子填补的空穴和因此而激发逃逸的电子来自同一主量子数的轨道。科斯特-可罗尼格跃迁通常具有较高的概率，因为它涉及的能量转移较小，电子之间的相互作用也较为紧密。②超级科斯特-可罗尼格（super Coster-Kronig）跃迁：在这种更特殊的跃迁中，激发的孔穴、填充电子及跃迁电子的轨道能级完全相同。这种情况下的跃迁特别有效，因为所有涉及的电子都位于相同的能级，从而使得能量的传递极为直接和迅速。

这两种俄歇跃迁类型的区分对于理解原子内部复杂的电子动力学至关重要。通过研究这些跃迁过程，科学家能够更深入地洞察物质的电子结构，从而在材料科学、纳米技术和表面化学等领域中，利用这些知识来设计和优化新材料和技术。每种跃迁类型都揭示了原子内部电子相互作用的独特方式，为我们提供了一种理解和控制物质性质的强有力工具。

在元素周期表中，每种原子都具有独特的电子壳层结构，这导致在相同能量电子的激发下，不同元素会引发不同的俄歇跃迁。即使是同一元素，在特定条件下也可能同时发生多种类型的俄歇跃迁。为了有效地描述这些复杂的跃迁事件，并进行科学研究和数据交流，对俄歇跃迁的命名和分类是必不可少的。俄歇跃迁的命名遵循一种简洁明了的通式，即 Z WXY：Z 代表元素的符号；W 表示形成空穴的电子壳层；X 指的是参与能量弛豫过程的壳层；Y 代表最终逃逸的俄歇电子所在的壳层。例如，碳原子的"C KLL"跃迁，描述的是这样一个过程：碳原子的最内层电子壳层（K 壳层，即 1s 能级）被激发而产生一个空穴。接着，较外层的 L 壳层（2s 能级）中的电子下落填充这一空穴，而此过程中释放的能量则激发了另一个处于 L 壳层（2p 能级）的电子逃逸出原子外，产生俄歇电子。这种命名方法不仅帮助科学家精确地描述和记录复杂的电子跃迁现象，还促进了对物质微观性质的深入理解。通过这些跃迁的研究，科学家可以更好地探索物质的电子结构和化学性质，从而在材料科学、化学分析、表面处理等多个领域中发挥重要作用。

在元素周期表中，根据原子序数以及形成初始空位的电子壳层，俄歇跃迁可以被基本划分为三大类：KLL、LMM 和 MNN。如图 6-5 所示，图中的黑点标示了各元素对应的主要俄歇跃迁类型，其中每个黑点对应的元素以及俄歇电子的动能都是独一无二的。这种唯一性使得该图成为执行表面化学组成的定性及定量分析的重要工具。使用该图的方法相当直观：首先，从测量得到的俄歇微分谱中，识别出表示俄歇电子的负峰，这些峰显示了电子的动能。然后，通过这些动能值，垂直在图中查找与之对应的俄歇跃迁。通过这种方式，可以迅速而准确地确定各个俄歇峰所属的元素，从而获取材料表面的详细化学组成信息。此分类方法不仅为科学研究提供了一个清晰的框架来识别和解析俄歇电子能谱，还极大地方便了实验数据的解释和应用，是表面分析领域中不可或缺的参考工具。通过这样的系统分类，研究人员能更有效地利用俄歇电子能谱技术进行精准的材料表面分析，以推动材料科学、纳米技术及相关领域的进展。

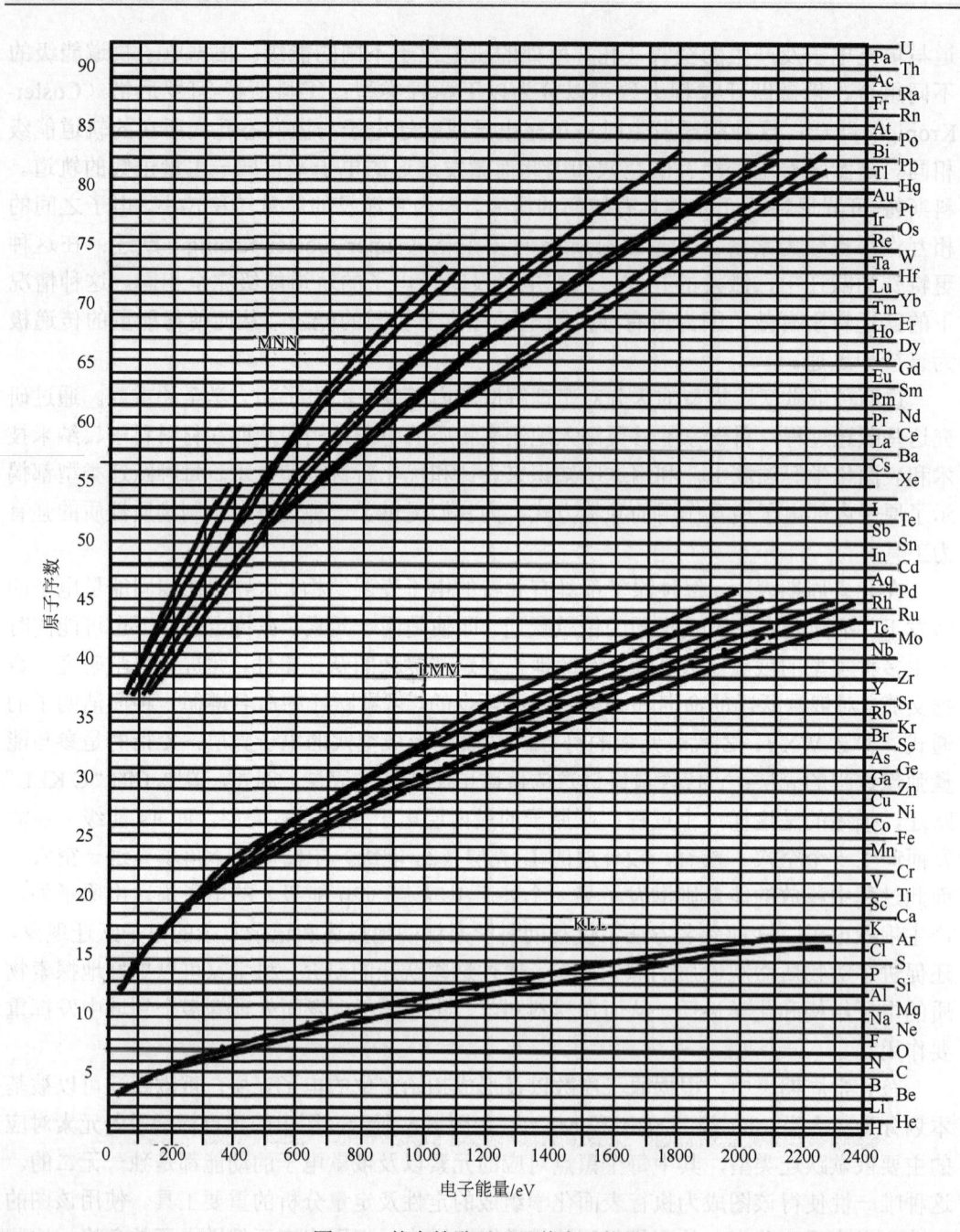

图 6-5 基本俄歇跃迁及其电子能量

6.2.4 俄歇跃迁概率

在原子被激发后的去激发过程中，原子恢复到低能态的途径主要有两种。一种是前面详述的俄歇跃迁，其中一个电子填充了内层电子的空穴，同时释放出的能量足以使另一个电子逃逸，从而产生俄歇电子。另一种退激发方式是通过电子填充内层空穴时产生 X 射线的荧光过程。这两种过程的发生概率，即俄歇跃迁概率（PA）和荧光产生概率（PX），是互补的，其总和必须等于 1（PA + PX = 1）。这意味着，在任何给定的退激发事件中，要么发生俄歇跃迁，要么发生荧光释放，二者的相对概率取决于几个关键因素，包括原子的核电荷、被激发的电子所在的能级以及原子序数。在一般情况下，较轻元素的俄歇跃迁概率高于较重元素，这是因为较轻元素的核外电子较少，电子间的屏蔽效应较弱，使得俄歇跃迁更为有效。相对地，对于较重的元素，其荧光过程（即 X 射线的产生）较为显著，因为更重的元素具有更多的内层电子，这些电子在填补空穴时能够有效地释放高能量的 X 射线。理解这两种过程的概率不仅对于精确地解释和预测材料的电子行为至关重要，也对实际应用，如材料分析、成分定量及诊断成像等领域中的技术选择和优化具有实际意义。通过分析俄歇电子和 X 射线的产生概率，科学家和工程师可以更好地设计实验和解释数据，以便深入了解材料的微观结构和化学价态。

在图 6-6 中，可以看到两种主要的退激发机制，即产生 X 射线和产生俄歇电子的竞争关系。根据理论和实验研究，这两种机制发生的概率主要受原子序数 Z 和主要的俄歇跃迁类型的影响。随着原子序数的增加，退激发机制的偏好也发生变化，这种变化在图 6-7 中得到了清晰的展示。对于原子序数小于 15 的元素，通常优先选择 K 系列的俄歇峰，因为在这些元素中，X 射线的产生相对较弱，使得俄歇过程成为主导。当元素的原子序数位于 16～41 之间时，L 系列的荧光产生概率趋近于零，这使得 L 系列的俄歇峰成为更合适的选择。对于更高的原子序数，M 系列的俄歇峰更为适用，因为在这些元素中，荧光产生概率仍然非常低。

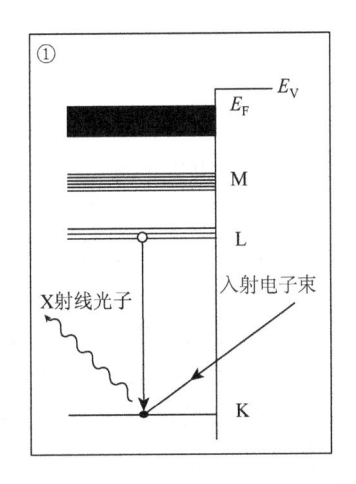

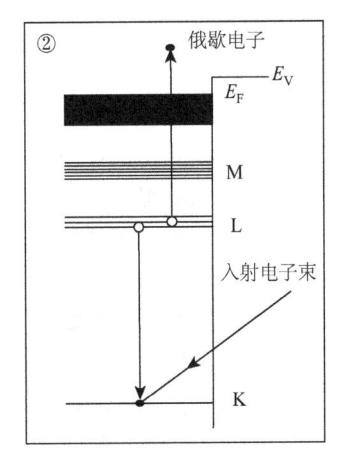

图 6-6 两种退激发机制竞争示意图

在实际的材料分析中，选择哪一个系列的俄歇线还需要考虑信号强度的问题。以硅（Si）为例，尽管 K 系的俄歇线［如 Si KLL（1380）］的荧光产生概率几乎为零，但由于其信号较弱，因此更常用的分析线是信号较强的 Si LVV（89）。这种选择策略确保了分析结果的准确性和可靠性。这种对退激发机制竞争的理解不仅帮助科学家选择最适合的分析方法，还在材料科学、纳米技术、化学分析等领域的实际应用中提供了关键的指导。通过精确控制和选择合适的退激发通道，研究人员可以更有效地解析材料的化学和物理性质，推动技术的发展和科学的进步。

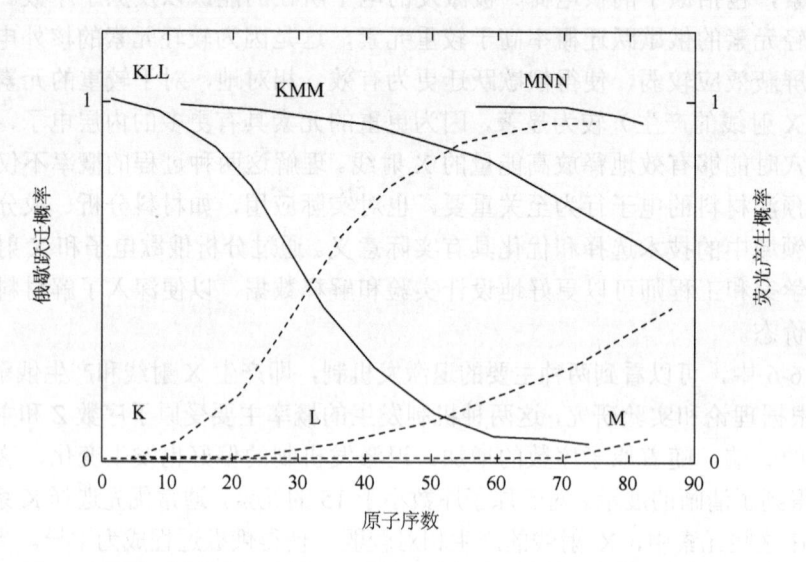

图 6-7 俄歇跃迁概率（实线）及荧光产生概率（虚线）与原子序数的关系

6.2.5 俄歇电子动能

俄歇电子能谱（AES）主要通过分析俄歇电子的动能来识别材料中存在的元素。因此，准确了解这些电子的能量对于解析俄歇电子能谱至关重要。在实际应用中，元素的俄歇电子能量通常可以直接从标准的俄歇手册中查得，这样便于快速进行元素分析，而不需要进行复杂的理论计算。然而，为了深入理解俄歇电子能量的物理本质及其在俄歇化学效应中的作用，掌握俄歇电子动能的半经验计算方法显得尤为重要。俄歇电子的动能是由俄歇跃迁过程中涉及的原子轨道能级所决定的，这个能量仅取决于这些轨道的结合能，而与激发源的种类或能量无关。

计算俄歇电子的动能通常遵循如下步骤：①确定相关的轨道能级。首先，需要识别出在俄歇跃迁过程中涉及的原子内层空穴的能级，以及填补这个空穴的电子和逃逸电子的轨道能级。②计算能级差。俄歇电子的动能等于填充电子的轨道能级减去逃逸电子的轨道能级，再减去形成初始空位的轨道能级。这一差值即为俄歇电子被释放时的动能。这种计算方法虽然是半经验的，但能提供关于俄歇电子产生过程的直观理解，特别是在处理复杂的材料系统或是当标准数据书籍不可用时。更重要的是，通过这种方法，研究人员能够预测和解释俄歇电子的行为，进而深入探索材料表面的化学价态和电子结构。这对于材料科学、表面工程及催化研究等领域的应用发展具有重要意义。

$$E_{WXY}(Z) = E_W(Z) - E_X(Z) - E_Y(Z+\Delta) \tag{6-1}$$

通过半经验的简化，俄歇电子的能量表达式（6-1）简化为表达式（6-2）：

$$E_{WXY}(Z) = E_W(Z) - 1/2[E_X(Z+1) + E_X(Z)] - 1/2[E_Y(Z+1) + E_Y(Z)] \quad (6-2)$$

式中，$E_X(Z+1)$为原子序数为$Z+1$元素的原子外层 X 轨道能级的电离能，eV；$E_Y(Z+1)$为原子序数为$Z+1$元素的原子外层 Y 轨道能级的电离能，eV。

对于固体发射的俄歇电子，还需要克服电子能谱仪的功函数，因此可以用式（6-3）来表示出射俄歇电子的能量：

$$E_{WXY}(Z) = E_W(Z) - 1/2[E_X(Z+1) + E_X(Z)] - 1/2[E_Y(Z+1) + E_Y(Z)]\Phi \quad (6-3)$$

式中，Φ为电子能谱仪的功函数，eV。

6.2.6 俄歇电子强度

俄歇电子的强度是利用俄歇电子能谱（AES）进行元素定量分析的关键指标。尽管 AES 已广泛应用于元素的定性分析，但由于俄歇电子在固体中的激发过程极其复杂，利用 AES 进行绝对定量分析至今仍面临挑战。俄歇电子的强度不仅依赖于样品中元素的存在量，还受多个物理因素的影响，这些因素包括原子的电离截面、俄歇产率以及电子的逃逸深度。具体来讲，①原子的电离截面：这是指在特定激发条件下，原子内层电子被移除的概率，与激发源的能量和类型有关。电离截面越大，产生俄歇电子的可能性越高。②俄歇产率：俄歇产率定义为在所有可能的退激发方式中，俄歇过程所占的比例。对于某些元素，俄歇产率较高，意味着更多的俄歇电子将被生成。③逃逸深度：逃逸深度描述的是俄歇电子能从材料内部逃逸到表面并最终被检测器捕获的平均深度。电子的逃逸深度取决于其能量及材料的电子密度，逃逸深度较浅意味着俄歇电子更容易被表面或近表面区域的复杂相互作用所影响。

因此，虽然 AES 技术提供了丰富的表面化学信息，但要实现精确的定量分析，就必须考虑这些因素对俄歇电子强度的综合影响。在实际应用中，通常通过比较样品中已知浓度的标准样品或采用相对敏感因子（RSF）来校正这些影响，从而实现更准确的元素含量测量。了解这些影响因素并有效地控制它们在分析中的作用，是提高 AES 定量分析精确性的关键。这对于材料科学、纳米技术、半导体制造和表面处理等领域的研究和工业应用具有重要意义。

1. 电离截面

电离截面是描述当原子与外来带能粒子（如光子、电子或离子）发生相互作用时，内层电子被激发并产生空穴的概率。这个概念是理解和计算原子级相互作用中极为关键的参数，因为它直接关系到俄歇电子的生成频率和强度。电离截面的大小决定了激发粒子能否有效地从原子内部移除电子，进而引起一系列电子跃迁事件，最终导致俄歇电子的产生。由于这一过程涉及复杂的量子物理现象，电离截面的计算通常采用半经验的方法，结合实验数据和理论模型来估算。

根据半经验方法，电离截面可以用下式来进行计算。

$$Q_\mathrm{W} = \frac{6.51 \times 10^{-14} a_\mathrm{W} b_\mathrm{W}}{E_\mathrm{W}^2} \frac{1}{U} \ln \frac{4U}{1.65 + 2.35 \mathrm{e}^{1-U}} \tag{6-4}$$

式中，Q_W 为原子的电离截面，cm^2；E_W 为 W 能级电子的电离能，eV；U 为激发源能量与能级电离能之比，$E_\mathrm{P}/E_\mathrm{W}$；$E_\mathrm{P}$ 为激发源的能量，eV；a_W 和 b_W 为两个常数。对于 K 壳层，$a_\mathrm{W} = 0.35$，$b_\mathrm{W} = 2$；对于 L 壳层，$a_\mathrm{W} = 0.25$，$b_\mathrm{W} = 8$；对于 M 壳层，$a_\mathrm{W} = 0.25$，$b_\mathrm{W} = 18$。式（6-4）表明，对某壳层的电离，其截面 Q_W 将随能量比值 U 而变化。

电离截面（Q_W）是描述原子内部电子被激发而导致电离的概率，这一概率是激发能与电离能之比（U）的函数。理解这种关系对于优化材料分析实验特别重要，因为它直接影响俄歇电子的产生效率和分析的灵敏度。电离截面与 U 的关系可以通过实验数据图 6-8 得出，其中一个关键的发现是，当 U 值达到 2.7 时，电离截面达到最大值。这一现象揭示了一个重要的实验设计准则：为了获得最大的电离截面和相应的俄歇电子强度，激发源的能量需要设置为目标原子电离能的 2.7 倍。这种关系的图示不仅为实验提供了直观的指导，还有助于科学家在进行材料表面分析时做出精确的能量选择。通过调整激发源能量至理想的倍数，可以最大化电离事件的发生，从而提高俄歇电子信号的强度，使得元素分析更为精确和高效。

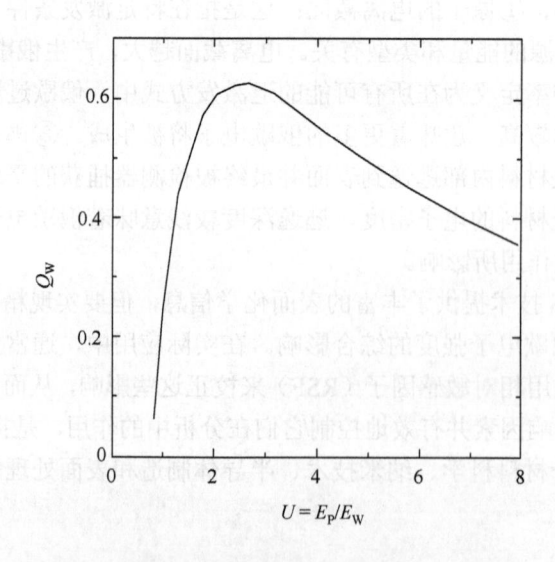

图 6-8 电离截面和激发能与电离能之比的关系

2. 激发电压

在俄歇电子能谱分析中，电子束的加速电压对实验的结果有重要影响。在常规分析中，通常采用 3kV 的加速电压，因为它能够有效激发大多数元素的特征俄歇电子，同时平衡了分析的效率和样品的损伤。然而，在某些情况下，为了减少对样品的损害或是降低由电子束引起的样品荷电效应，可能会采用更低的激发电压。

对于那些特征俄歇电子能量较高的元素，可能需要使用更高的激发电压，如 5keV，以确保充分激发这些高能量的俄歇电子。此外，在进行高空间分辨率的微区分析时，为了获得更精确的局部化学信息，常常使用 10keV 以上的激发电压。这种高能量的激发可以提高分析的空间分辨率，但同时也要考虑到潜在的样品损伤风险。

在选择适当的激发电压时，还必须注意元素的灵敏度因子是随激发电压变化的。常见的手册通常提供在不同激发电压条件（如 3.0keV、5.0keV 和 10.0keV）下的元素灵敏度因子，这些数据对于准确测定元素的存在量至关重要。

总之，在确定适宜的激发电压时，需要综合考虑电离截面、电子束对样品的潜在损伤、所需的能量分辨率和空间分辨率等多个因素。通过精心选择激发电压，可以优化分析的性能，同时减少对样品的不良影响，这对于实现高效且精确的表面分析至关重要。

3. 平均自由程与平均逃逸深度

俄歇电子的强度不仅取决于激发条件和电离截面，还与俄歇电子在材料中的平均自由程密切相关。平均自由程是俄歇电子在遭遇足以散射或吸收的事件之前能够行进的平均距离。这一参数对于理解俄歇电子从发生点到逃逸表面的输运行为至关重要。在向表面输运的过程中，俄歇电子会因为与材料原子的弹性和非弹性散射而损失能量，这些散射事件可能导致俄歇电子的能量降低，最终变成二次电子背景的一部分。因此，只有那些在材料表面附近产生并且能量足够到达表面的俄歇电子，才能被检测装置捕捉到并用于分析。平均逃逸深度是指俄歇电子在被样品表面捕获之前能够在材料中行进的平均深度。这一深度指标是表征材料表面分析灵敏度的重要参数，影响了俄歇电子能谱的表面特异性。平均逃逸深度较短意味着分析更多地聚焦于表面的几个原子层，从而增强了表面敏感性，但同时也限制了从更深层次获得信息的能力。因此，对平均自由程和逃逸深度的了解对于优化俄歇电子能谱的实验条件、解释谱图数据以及从中得到的化学和物理信息的准确性都是至关重要的。在进行表面分析时，通过精确控制和理解这些参数，科学家可以更有效地探测和分析材料表面的组成和性质，进而在材料科学、纳米技术及相关领域中推动新技术和新材料的开发。

平均自由程、逃逸深度和取样深度是在表面科学和材料分析中极其重要的概念，它们深刻影响着材料分析的精度和应用范围。①平均自由程。这一术语指的是一定能量的电子在经历连续两次非弹性碰撞之间所行进的平均距离，通常以纳米为单位。这个距离称为非弹性散射平均自由程，是一个关键参数，因为它决定了电子在材料内部的穿透能力。非弹性散射平均自由程越长，电子在材料内部行进的距离越远，从而能够携带更深层的材料信息。②逃逸深度。逃逸深度定义为电子（或其他特定粒子）从材料的垂直表面逃逸出的平均距离。这个参数对于表面分析尤为重要，因为它直接影响检测到的电子所代表的是材料的表层还是更深层。逃逸深度越小，分析的表面敏感性越高，越能确保所获得的数据主要来源于材料的最外层。③取样深度。取样深度是指从样品表面向下延伸到某个深度的区域内，检测到的俄歇电子主要来源于这一深度范围。通过调整样品表面相对于检测系统（如透镜轴线）的角度，可以探测到材料表面不同层次范围的化学组成信息。如图 6-9 所示，材料的非弹性散射平均自由程与电子能量存在线性关系，但不同材料的非弹性散射平均自由程与电子能量存在着不同的响应关系。因此，通过改变样品的角度或进行特定的表面处理，研究者可以有意识地选择分析材料表面的不同深度，从而获取特定深度层的化学价态和组成信息。这种方法特别适合那些需要精确控制分析深度的应用，如分层结构的材料或表面修饰的研究。

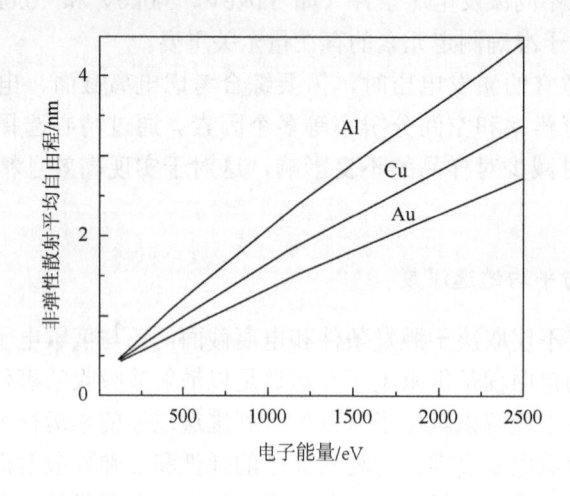

图 6-9　三种材料的非弹性散射平均自由程与电子能量的关系

总的来说，对这三个参数的理解和控制是进行精确表面和近表面分析的关键。通过精细调整实验的几何结构和样品的处理方式，科学家可以根据研究的具体需求，优化实验条件，以确保获得最有用和最准确的分析结果。这些概念在材料科学、纳米技术、半导体工程等多个领域的研究与应用中都至关重要。

逃逸出的俄歇电子的强度与样品的取样深度存在指数衰减的关系：

$$N = N_0 \mathrm{e}^{-z/\lambda} \tag{6-5}$$

式中，N 为到达表面的俄歇电子数；N_0 为所有的俄歇电子数；λ 为非弹性散射自由程；z 为样品取样深度。

一般来说，当 z 达到 3λ 时，能逃逸到表面的电子数仅占 5%，这时的深度称为平均逃逸深度。平均自由程并非一个固定的常数，它依赖于俄歇电子的能量。根据图 6-10 中展示的实验数据，虽然数据显示出一定的离散性，但这些数据的价值在于能够依据俄歇电子的动能 E_K 来大致快速地估算出衰减长度 λ_{al}。这种估算对于实验设计和结果解释极为重要。从图中还可以看出，在 75~100eV 的能量区间内，λ 存在一个最小值，这意味着在这个能量范围内电子的表面敏感度最高。值得注意的是，在 100~2000eV 的能量范围内，平均自由程 λ 与电子能量 E 的一半呈正比关系，即 $\lambda \approx E/2$。这一关系提供了一个重要的经验法则，用于预测在进行俄歇电子能谱（AES）分析时电子的逃逸行为。由于这一能量范围正是进行俄歇电子能谱分析的主要范围，了解和应用这一关系能显著提高分析的准确性和效率。

平均自由程λ不仅与俄歇电子的能量有关，还与元素材料有关，以下为经验公式：

对于纯元素： $$\lambda = 538E^{-2} + 0.41(aE)^{1/2} \tag{6-6}$$

对于无机物： $$\lambda = 2170E^{-2} + 0.71(aE) \tag{6-7}$$

对于有机物： $$\lambda = 49E^{-2} + 0.11E^{1/2} \tag{6-8}$$

式中，E 为以费米能级为零点的俄歇电子能量，eV；a 为单原子层厚度，nm。

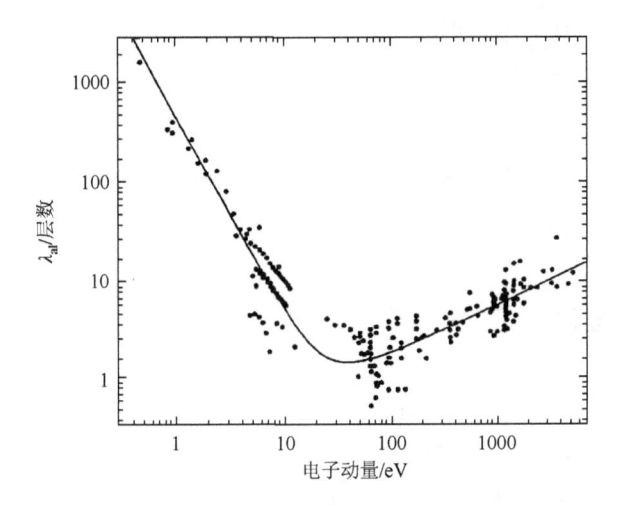

图 6-10　衰减长度 λ_{al} 和俄歇电子动能的函数关系

6.2.7　俄歇电子能谱表达

俄歇电子能谱的表达主要有两种形式：积分谱和微分谱，每种形式都具有独特的优势和局限性，适用于不同的分析需求。积分谱记录了俄歇电子随能量变化的总发射率，可以保留被测样品的原始信息量。这种表达方式对于完整地呈现样品的电子状态极为有用，因为它未经任何额外处理，直接展示了所有能量水平上的电子发射。然而，如果背景信号过高，可能会掩盖或干扰低强度的特征峰，使得谱线的直接解读变得困难。相比之下，微分谱通过计算能量信号的一阶导数，增强了谱线的对比度，从而提高了信噪比并便于识别俄歇峰。这种形式尤其有助于在复杂背景下突出弱信号，使得细微的谱线变得更加明显。然而，这种处理可能会导致部分原始信息的丢失，特别是那些微弱但具有分析价值的信号。此外，微分谱的解释相对复杂，需要特定的技术知识。微分谱可以通过硬件设备中的微分电路或利用计算机软件进行数字微分来获得。在实际应用中，选择哪种谱表达方式取决于特定的分析目的和样品的性质。积分谱适用于需要详尽原始数据的分析情境，而微分谱更适合那些需要高分辨率和强对比度以识别特定特征的情形。理解这两种表达方式的特点和适用场合，对于科学家和技术人员在进行材料表面分析时能够更有效地选择合适的技术手段并正确解读数据至关重要。如图 6-11 所示，经过不同的信号处理方法，可以解析出相应的数据信息。通过合理选择和应用这些谱表达方法，可以最大化俄歇电子能谱技术的分析性能，从而在材料科学、表面工程和纳米技术等领域取得更准确和深入的研究成果。

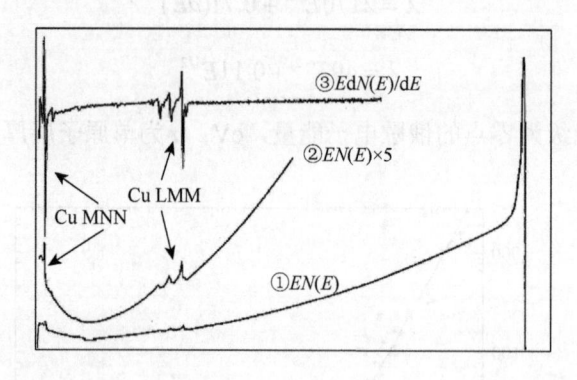

图 6-11 纯铜试样的俄歇电子能谱：①原始直录谱；②放大的直录谱；③微分谱

6.2.8 俄歇化学位移

俄歇化学位移是俄歇电子能谱分析中一种重要现象，它体现了俄歇电子的动能不仅受元素种类和电子跃迁轨道的影响，还受到化学环境的显著影响。虽然元素的基本电子结构定义了俄歇电子的标准能量，但原子内部外层电子对内层电子的屏蔽效应以及芯能级轨道和次外层轨道上电子的结合能会因化学环境而异，从而引起微小的变化。这些变化主要是由于原子在不同的化学环境中电子密度的改变，导致电子云重新分布，进而影响内层电子的结合能。例如，当原子与其他元素形成化学键时，其电子云的分布会因电负性的不同而调整，这种调整反映在俄歇电子的动能上表现为化学位移。

俄歇化学位移因此成为一种非常有价值的判断依据，使得俄歇电子能谱不仅能用于识别元素种类，还能提供关于元素在特定化学环境中的状态信息。通过分析化学位移，科学家可以识别材料表面的化学组成，理解原子间相互作用的性质，甚至可以监测表面反应的进程。这种能力使得俄歇电子能谱成为一种强大的表面分析工具，尤其适用于探究催化剂表面、腐蚀过程以及高技术合金的表面特性等领域。通过对俄歇化学位移的详细分析，可以精确地评估材料表面的微观化学价态，为材料的设计和功能化提供关键信息。

俄歇电子能谱分析中的化学位移现象，尽管在解析元素的化学价态和存在形式方面具有极高的应用价值，但其应用过程并不无挑战。由于俄歇电子能谱涉及三个原子轨道能级，相较于 X 射线光电子能谱所涉及的单一能级，俄歇电子的化学位移通常更为显著。这一特性使得俄歇化学位移能够提供更多关于元素电子环境的细节，从而深入分析元素在样品中的化学价态和存在形式。然而，俄歇电子能谱的分辨率相对较低，加之化学位移的理论分析相对复杂，这些因素曾经限制了俄歇化学效应在化学价态研究中的广泛应用。特别是在处理复杂的材料系统时，位移的精确测量和解释需要精细的操作和高度的专业知识。随着俄歇电子能谱技术的进步和相关理论的发展，对俄歇化学效应的认识也日益深入。现代的表面分析仪器和计算模型的进步，使得科学家可以更准确地测量和解释化学位移，甚至可以利用这种效应进行元素的化学成像分析。化学成像允许研究者对样品表面的元素分布和化学价态进行可视化研究，为材料科学、表面化学及催化研究提供了强大的新工具。这种技术的发展展示了俄歇电子能谱在表面分析领域的潜力，尤其是在研究那些化学和物理性质在纳米尺度上显著变化的材料时。通过对化学位移的深入研究，科学家能够更好地理解材料的表面反应机制，优化材料的设计和功能，推动新材料的开发和现有材料的改进。

与 X 射线光电子能谱（XPS）相比，俄歇电子能谱（AES）虽然在能量分辨率方面存在一定的劣势，但却展现出几个显著的优势，尤其是在进行微区分析方面。这一特点使得 AES 在研究纳米级别的材料特性时表现出其独特的强项。AES 的另一个重要优势在于其化学位移的表现。在某些情况下，元素在 XPS 中的化学位移可能非常微小，使得通过 XPS 鉴别元素在不同化学环境中的变化变得较为困难。然而，相同元素在 AES 中的化学位移通常要大得多，这种显著的位移增加了 AES 在识别化学环境变化上的灵敏度和准确性。此外，在 XPS 分析中可能出现的俄歇峰，其化学位移也显著大于 XPS 测量的核心能级的化学位移。这一现象增加了 AES 在化学价态分析中的实用价值，特别是在需要精确区分微小化学价态变化的研究中。因此，俄歇电子能谱的化学位移不仅能提供关于元素化学环境的深入信息，还能在诸如催化剂表面分析、腐蚀机制研究以及先进材料表征等领域中，展示出强大的应用潜力。随着表面分析技术的进步和分析工具的细化，AES 在表面科学和材料科学研究中的重要性预计将进一步增强，为解析复杂材料系统提供更精确的化学信息。

俄歇化学效应是表面分析中一种重要的现象，它可以揭示材料的化学价态和环境对表面电子特性的影响。具体来说，俄歇化学效应主要表现为以下三类：①内层能级移动：当原子内的电荷发生转移时，如在形成化学键或电荷重新分布的过程中，会导致内层电子能级发生移动。这种电荷转移影响了内层电子的结合能，从而在俄歇电子能谱中反映为能量位移。这种位移是通过分析俄歇峰的移动来检测的，提供了关于原子电荷状态和电子环境变化的直接信息。②价电子态密度变化：化学环境的变化，如不同原子间的相互作用或化学键的形成，会影响价电子的态密度。这种变化会导致价带谱的峰形发生变化，特别是在俄歇电子能谱中的价带部分。由于价带谱直接反映了材料的电子结构，这种峰形的变化可以用来分析材料表面的电子性质和化学反应状态。③能量损失引起的低能端形状改变：俄歇电子在逸出材料表面的过程中可能会遭遇非弹性散射等能量损失机制，这些机制同样与化学环境密切相关。当俄歇电子通过材料表面层时，其能量损失的性质和幅度会受到表面以及附近原子的化学性质的影响，导致俄歇电子能谱的低能端形状发生变化。这种变化为研究表面化学提供了另一种视角，特别是在分析表面覆盖层或界面电子性质的研究中。

对于 WXY 俄歇跃迁过程，俄歇电子的能量可用方程表示：

$$E_{WXY}(Z) = E_W(Z) - E_X(Z) - E_{Y'}(Z) \tag{6-9}$$

式中，$E_{WXY}(Z)$为原子序数为 Z 的元素经 WXY 跃迁后所产生的俄歇电子的能量；$E_W(Z)$

和 $E_X(Z)$ 分别为受激和弛豫轨道的结合能；$E_{Y'}(Z)$ 为在原子存在空穴状态下 Y 轨道的电子结合能，因体系处于激发状态，该能量比其稳态值 $E_Y(Z)$ 要大。

当元素所处的化学环境发生变化时，俄歇电子能谱的化学位移 ΔE 可用式（6-10）表示：

$$\Delta E_{WXY}(Z) = \Delta E_W(Z) - \Delta E_X(Z) - \Delta E_Y(Z) \tag{6-10}$$

随着化学环境变化，俄歇电子动能位移将涉及原子的三个能级能量的变化，如果将等式右边三项分别考察为因化学环境变化所引起的相应的轨道结合能变化，这样利用成熟的 XPS 化学位移的理论模型近似地处理俄歇化学位移效应。

根据已普遍接受的 XPS 化学位移的电荷势模型，内层能级的位移量与原子所荷载的有效电荷存在线性关系，即

$$V_A = \sum_{A \neq B} q_B / R_{AB} \tag{6-11}$$

$$E_A = K_A \times q_A + V_A + L \tag{6-12}$$

式中，R_{AB} 为 A、B 原子间的距离；K_A 为常数；q_A 为 A 原子上的有效电荷；V_A 为相邻原子在 A 原子处产生的有效势能，一般按点电荷处理；L 为选择能量参考点而引入的常量，与基准原子有关。

对于 A 原子的 W、X、Y 能级，俄歇化学位移与原子电荷的关系可表示为

$$\Delta E_{WXY}(Z) = (K_W - K_X - K_Y) \times q_A - V_A - L \tag{6-13}$$

当 A 与 B 原子结合时，其俄歇化学位移可以用方程式（6-14）表示：

$$\Delta E_{WXY}(Z) = (K_W - K_X - K_Y) \times \left\{ Q_A + \sum_{A \neq B} n \frac{\chi_A - \chi_B}{|\chi_A - \chi_B|} [1 - e^{-0.25(\chi_A - \chi_B)}] \right\} - V_A - L \tag{6-14}$$

式中，χ_A 和 χ_B 分别为形成化学键时 A、B 原子的电负性。

注意：如果 K_W、K_X、K_Y 三者相近，由式（6-14）获得的俄歇化学位移和 XPS 的化学位移相近但符号相反。

实验研究表明，在许多情况下，俄歇化学位移远大于 XPS 中观察到的化学位移。这一现象揭示了俄歇电子能谱分析中复杂的电子态弛豫过程，特别是价电荷的重新分配和电子云的重构，这些过程用简单的电荷势模型难以完全捕捉。在俄歇过程中，不仅单个原子内部的电子状态发生变化，周围原子的电子状态也会调整以响应中心原子状态的改变。这种外部原子的电子态调整，常被称为原子外弛豫效应，对化学位移有显著影响。原子外弛豫能描述的是与中心原子 A 结合的周围原子中的价电子在 A 原子由激发状态过渡到稳定状态时所释放或重新分配的能量。为了近似处理这种复杂的相互作用，通常可以将原子外弛豫能视为极化能或屏蔽能。这种假设帮助我们理解并量化外部电子云对中心原子激发状态的影响。在俄歇过程中，尤其是当涉及双电荷离子时，这种弛豫效应的影响尤为显著，因为双电荷离子的存在使得电子云的重组更加复杂和剧烈。因此，对于理解和解释俄歇电子能谱中的化学位移，考虑外部原子的弛豫效应是至关重要的。这种深入的分析不仅增强了我们对材料表面及其化学环境的理解，还为材料的表面处理和功能化提供了宝贵的信息，对优化催化剂设计、改善腐蚀防护层和发展新型电子材料等具

有重要意义。通过更精确地模拟和测量这些效应，可以更有效地利用俄歇电子能谱技术来探索和利用材料的表面和界面特性。

Shirley 等将原子轨道结合能的变化（ΔE_B）总结为由电荷势模型的轨道结合能变化（ΔE）与原子外部弛豫能（$-R$）之和，$\Delta E_B = \Delta E - R$，则俄歇化学位移（$\Delta E'_{WXY}$）可用式（6-15）表示，式中 r 为离子半径；k 为介电常数。

$$\Delta E_{WXY}(Z) = (K_W - K_X - K_Y) \times \left\{ Q_A + \sum_{A \neq B} n \frac{\chi_A - \chi_B}{|\chi_A - \chi_B|} [1 - e^{-0.25(\chi_A - \chi_B)}] \right\} - V_A - L - \left(\frac{3e^2 \cdot 1 - \frac{1}{k}}{2r} \right)$$

（6-15）

上述分析表明，俄歇化学位移的变化不仅与元素的形式电荷 Q_A 和相邻元素的电负性差异相关，还受到离子的极化效应的影响。如果采用传统的电荷势模型来解释，俄歇化学位移与元素化合价之间的关系可以通过式（6-14）来表示。在这种模型下，俄歇化学位移与原子的电荷状态之间呈现线性关系。当原子 A 失去电子而成为正价（即 Q_A 为正）时，并且当 $K_W < K_X + K_Y$ 时，俄歇化学位移 $\Delta E_{WXY}(Z)$ 将呈现为负值，意味着俄歇电子的能量会降低。相反，如果 $K_W > K_X + K_Y$，则 $\Delta E_{WXY}(Z)$ 为正值，表明俄歇电子的能量增加。从化合价的角度来看，当元素的化合价越正，其俄歇电子的动能通常越低，化学位移越偏向负值；反之，化合价越负，俄歇电子动能越高，化学位移越正。这一结果与实验观察到的俄歇化学位移数据相符，验证了电荷势模型在描述俄歇化学位移方面的适用性。这种关系的理解对于解析复杂的材料表面化学特性具有重要意义，使得俄歇电子能谱成为研究材料表面电子状态变化的一个强大工具。

对于处于相同化学价态的原子，俄歇化学位移的差异主要与原子间的电负性差异有关。电负性差异越大，原子得失电子的程度也越显著，从而导致更大的俄歇化学位移。当元素电负性较高时，它们倾向于获得电子，从而带有部分负电荷。这种情况下，俄歇化学位移为正，即俄歇电子的能量相对于纯元素状态提高。相反，当元素电负性较低时，它们倾向于失去电子，带有部分正电荷。因此，俄歇化学位移为负，俄歇电子的能量相对于纯元素状态降低。然而，在许多情况下，仅仅使用简单的电荷势理论来解释俄歇化学位移是不足够的，必须考虑原子外弛豫能（也称为极化能）的影响。这种外部弛豫是由周围原子对中心原子激发态的响应所引起的，极化能反映了这种响应的能量变化。

俄歇化学位移的计算可以通过式（6-15）来进行，其中一个关键参数是离子半径 r。元素的有效离子半径越小，其极化作用越强，弛豫能的绝对值越大。这种极化作用对离子的影响是显著的：对于正离子，极化作用导致俄歇电子动能降低，化学位移增大；而对于负离子，极化作用则使俄歇电子动能增加，化学位移减小。通过这样的分析，可以更深入地理解元素在不同化学环境下的电子结构变化，以及这些变化如何影响材料的表面性质。这种理论框架不仅对于解释实验数据至关重要，还对于预测和调控材料表面行为提供了理论基础。

这种分析方法提供了一种更精确的手段来评估和预测不同化学环境下俄歇电子的行为，尤其是在处理复杂的材料体系时。如图 6-12 所示，元素铝及其氧化物和元素硅及其氧化物的 LMM/KLL 俄歇电子能谱显示出明显差异，这为精细判断元素所处的化学环境提供了有利证据。通过理解极化作用如何影响俄歇电子的能量，科学家可以更好地掌握材料表面的化学性质，这对于材料设计、表面处理技术及催化剂的开发等领域至关重要。这样的洞察力也有助于在纳米尺度上优化材料的性能，进一步推动纳米科技和表面科学的前沿研究。

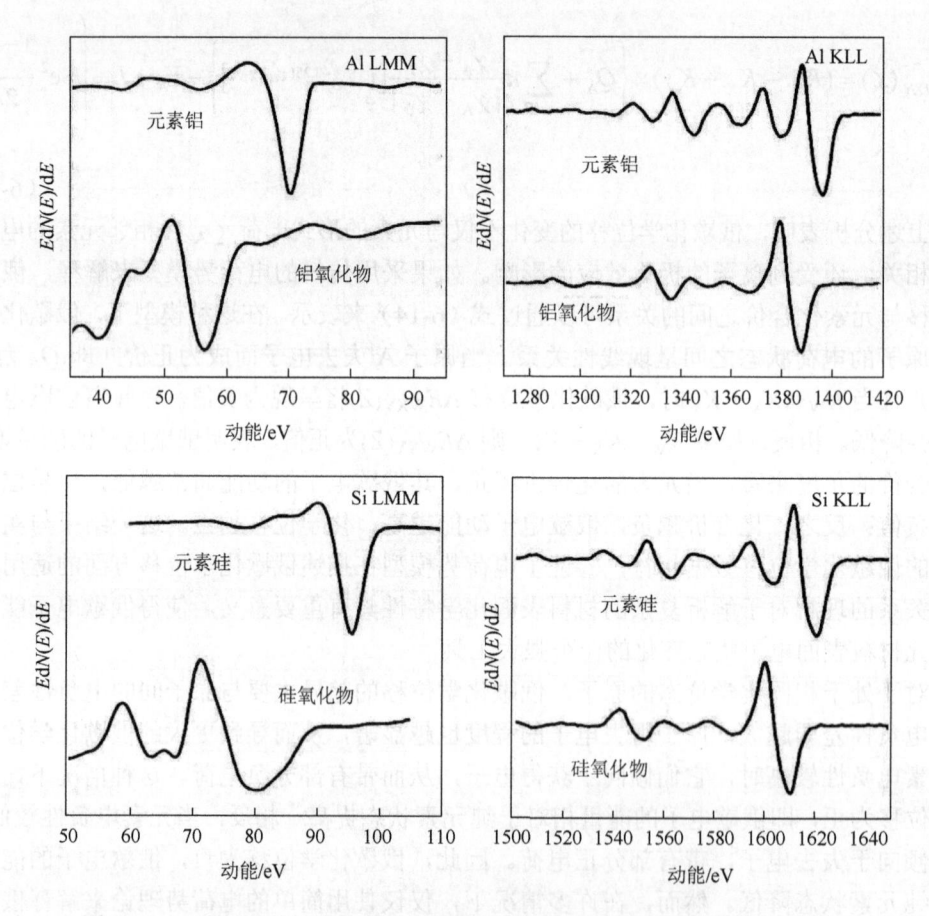

图 6-12 元素铝及其氧化物和元素硅及其氧化物的 LMM/KLL 俄歇电子能谱

6.3 应用举例和数据分析

1. 原位 AES 表征 Cu^0 的相对含量

在实际反应中，由于锂离子电池反应的复杂性及其对环境暴露的敏感性，进行原位表征尤为必要，尤其是使用表面敏感的方法。应用原位俄歇电子能谱（AES）分析纳米颗粒在循环过程中的键合和化学演变特征是一种可行的方法。

Tang 等通过原位 AES 对 CuO 进行检测，结果如图 6-13 所示[1]。在 1.2V 的初始锂化条件下，表面氧浓度仅略有降低，这可能是由初始还原反应所致。在 1.2V 锂化过程中，信号强度和信噪比与原始材料相当。由于 AES 对锂的灵敏度有限，在 1.2V 时检测不到插层锂的信号。然而，在 0.1V 锂化之后，铜的浓度降低到 26%，而锂和氧的浓度分别为 50% 和 24%，这与 Li_2O 的形成一致。

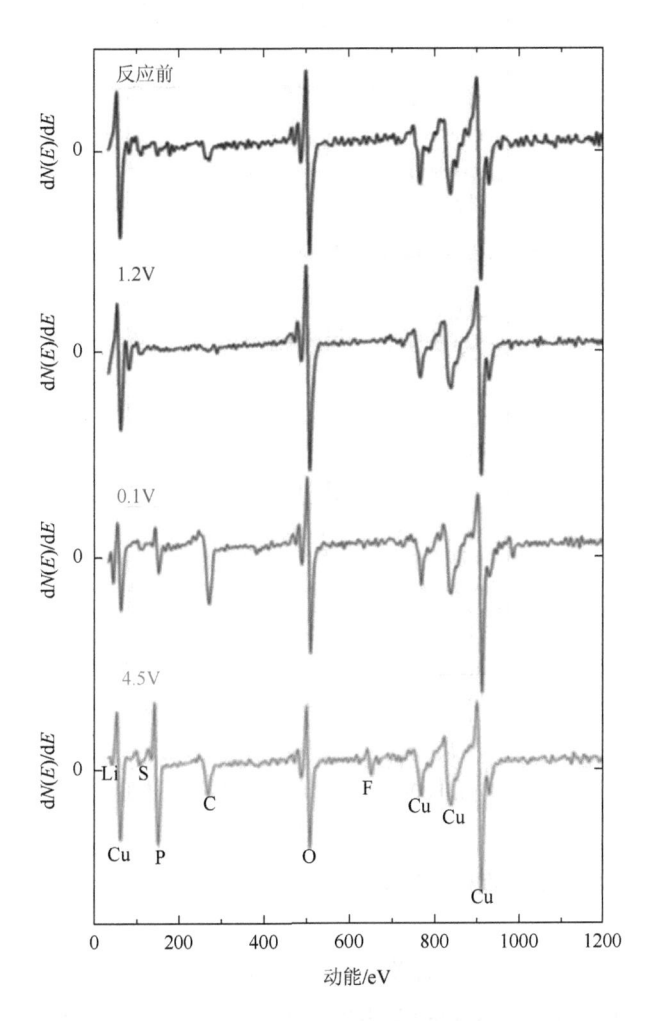

图 6-13　在不同阶段对氧化铜电极进行的原位 AES 分析[1]

2. 原位 AES 检测阴极化学性质的敏感性

锂离子电池的循环寿命对其在中到大规模储能中的部署施加了主要的成本障碍，如电动汽车和电网规模负载均衡。Yu 等通过原位 AES 来表征分析 $LiFePO_4$ 材料的相关特性。利用阴极化学性质的敏感性，将 $LiFePO_4$（LFP）循环到与 $LiMn_2O_4$ 相似的电压。如图 6-14 所示，$LiFePO_4$ 在不同电位下的 AES 谱图揭示了不同电位下表面化学反应的演变过程[2]。Li 的 KLL 峰被 Fe 的 LMM 峰所遮挡，因此数据不包括该物种。这些数据表明，LFP 的性质主要与 C 和 $LiFePO_4$ 之间相互作用有关。

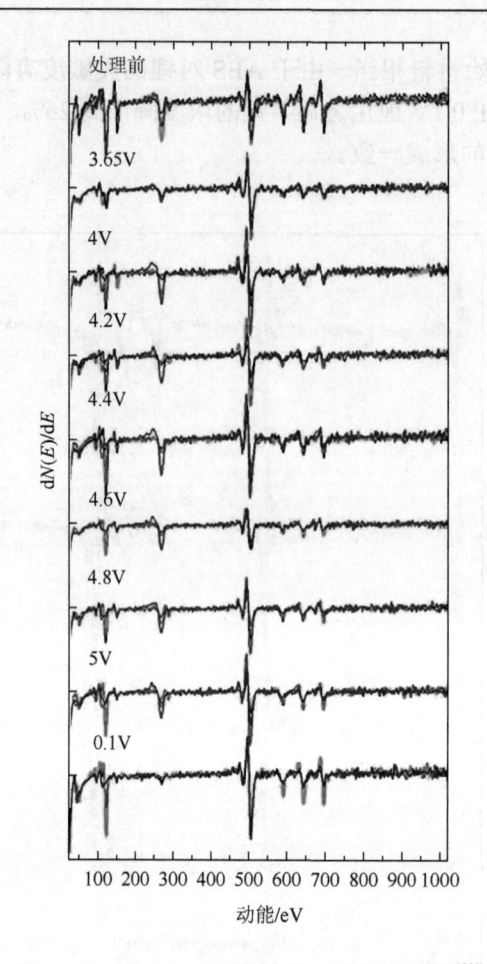

图 6-14　LiFePO$_4$ 在不同电位下的 AES 谱图[2]

3. 原位 AES 检测电极上的枝晶迹象

锂离子电池在当今社会中发挥着关键作用。然而，为了满足未来的需求，特别是电动汽车的需求，必须在能源密度和功率密度方面进一步改进，同时在可承受的成本下延长使用寿命并提高安全性。在这方面，全固态电池（ASSBs）提供了一个很有前途的解决方案。与传统的液体电解质基锂离子电池相比，ASSBs 可以将体积能量密度提高 50%，质量能量密度提高 150%。

Morey 等[3]通过采用电子束对锂/固体电解质界面（SEI）进行了原位 AES 循环研究。研究发现 Li$_6$PS$_5$Cl 首先被还原为 Li$_2$S、LiCl 和 Li$_3$P，并且锂电镀几乎同时发生，一直持续到原位循环结束。如图 6-15 所示，在 Li/Li$_6$PS$_5$Cl 样品上的原位循环 AES 谱随时间变化。AES 谱显示，Li/Li$_6$PS$_5$Cl 的 P(LVV)、S(LVV) 和 Cl(LVV) 过渡峰减少，而 Li 过渡峰增加 [图 6-15（a）]，表明 Li/Li$_6$PS$_5$Cl 被 SEI 和/或 Li 镀层覆盖。根据参考数据，Li(KVV) 跃迁的形状和位置的演变证实了这一点，仅在 2min 后，Li$_2$S 和 Li 金属 KVV 跃迁峰几乎同时出现 [图 6-15（b）]。6min 后 Li KVV 光谱导数的拟合进一步证实了这一点 [图 6-15

（c）]。因此，这些结果证实了在锂电镀过程中，Li/Li$_6$PS$_5$Cl 还原形成的 SEI，与已知的 Li/Li$_6$PS$_5$Cl 还原途径一致。

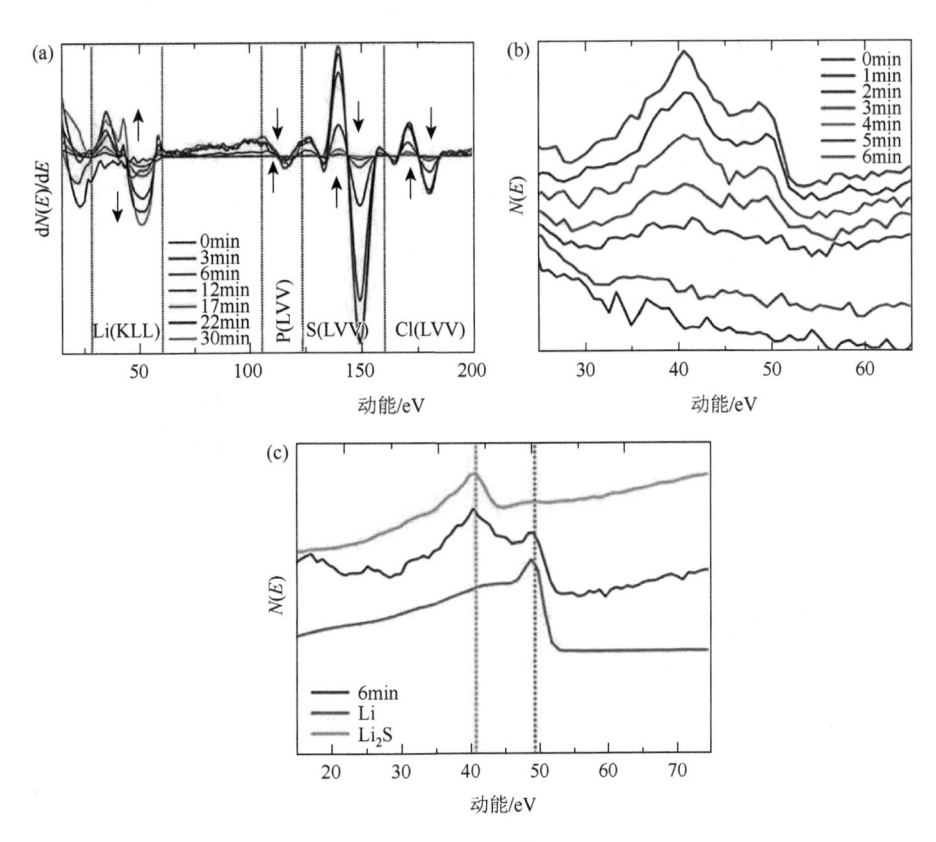

图 6-15 在 Li$_6$PS$_5$Cl 样品上的原位循环 AES 谱随时间的变化：(a) Li/Li$_6$PS$_5$Cl 表面获得的俄歇 AES 谱演变；(b) 实验开始时 AES 谱的 Li(KLL)跃迁放大视图；(c) 循环 6min 后获得的金属 Li 和 Li$_2$S 的 AES 谱的比较及其拟合[3]

这些研究成果为全固态电池的发展提供了新的见解，有助于实现未来高性能电池的目标。

4. 原位 AES 表征充电过程中的表面氧化还原

LiNi$_{1/3}$Mn$_{1/3}$Co$_{1/3}$O$_2$（NMC）因较好的循环稳定性、较高的可逆容量和优异的热稳定性而引起了广泛关注，但其高容量和稳定性的本源尚未完全清晰。

Tang 等[4]利用原位俄歇电子能谱（AES）和 X 射线光电子能谱（XPS）表征了 NMC 的化学演变以及在 100mV 增量电位下 AES 峰的演变。图 6-16 展示了 NMC 在开路电压至 5V 的充电状态下，原位恒电位衰减过程中获得的 O KLL、Ni LMM、Mn LMM 和 Co LMM 的 AES 谱。峰高的变化反映了相对组成的变化，而图中标注的峰位移则揭示了键合状态的改变。

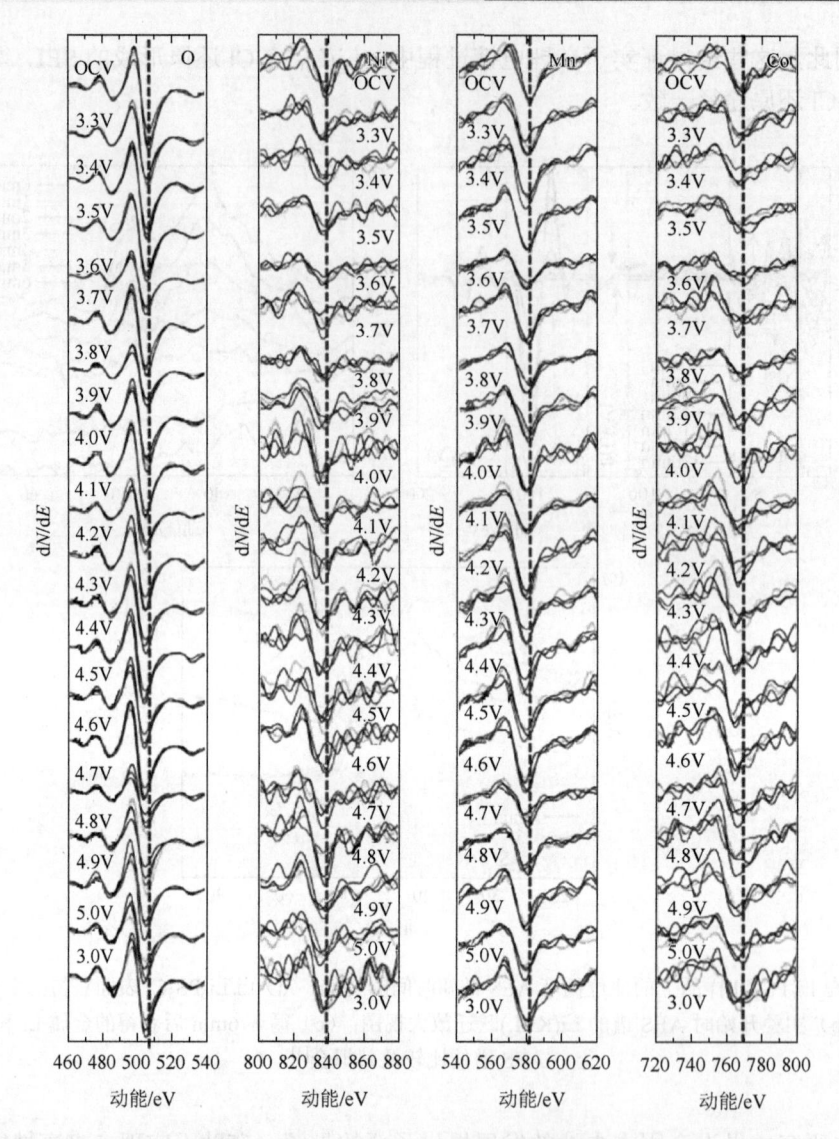

图 6-16　NMC 在 TFSI 电解质中 O、Ni、Mn 和 Co 在不同电压阶跃下的高分辨率原位 AES 光[4]

其中的虚线作为参考线，与原始材料的最小值相交（在充电过程中，O 和 Mn 光谱中明显的化学转变为较低的动能，而在 3.0V 放电过程中，较高的动能又发生了逆转）

NMC 的理想组成比例为 25% Li、8.3% Ni、8.3% Mn、8.3% Co 和 50% O。然而，当表面开始富含 Li 和 Mn 时，NMC 的组成为 5% C、27% Li、4.5% Ni、10.5% Mn、4% Co 和 49% O。由于 Li 和 Mn 对过渡金属的氧亲和力最高，发现它们向表面分离是合理的。表面 Li 浓度从原始材料的 27% 逐渐下降到 4V 时的 18%，并保持大致恒定，直到 4.7V 时降至 14%。

这些研究结果有助于理解 NMC 材料在不同电压下的化学变化，为进一步优化和提升其电化学性能提供了重要的基础。

5. 原位 AES 探测电解质间相的形成和演变

固态电解质界面（SEI），如 $Li_2S\text{-}P_2S_5$（LPS）化合物，是非常有前途的材料，可以使锂金属作为阳极。然而，许多 SEI 对金属锂是不稳定的，对这些界面在循环过程中的化学演变知之甚少，阻碍了这些材料的合理设计。

Wood 等[5]通过原位 AES 观察 SEI 的不均匀性。如图 6-17 所示，观察到了氧的不均匀分布。图 6-17（a）中的 AES 图经过一系列阈值滤波器处理，以区分氧含量较高与较低的区域［图 6-17（b）］。将图 6-17（c）、（d）中的最终 AES 图进行比较，可以发现 Li_2O（绿色）和 LiO（蓝色）的 SEI 与图 6-17（b）中的白色区域之间存在明显的相关性。这表明氧含量最初是不均匀的，因此 Li_3PO_4 主要在富氧区域形成。随后，Li_3PO_4 抑制了 Li^+ 在这些区域的运输，因此在表面的互补区域形成了其他 SEI 相，如 Li_2O。

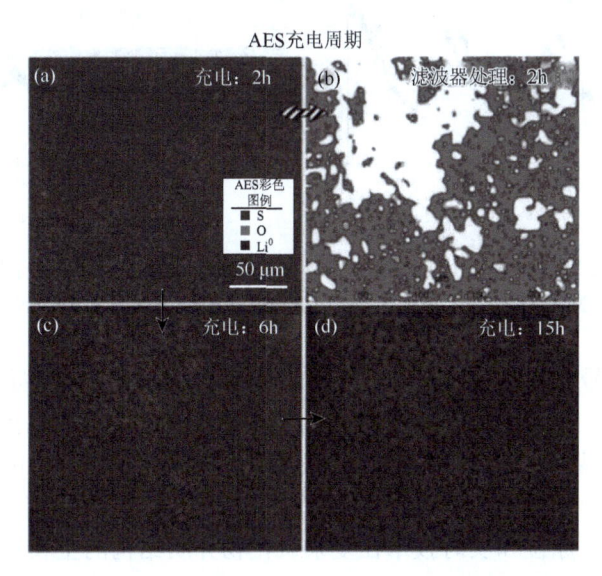

图 6-17 原位 AES 成像揭示了 SEI 的不均匀性：（a）充电 2h 后 SEI 的 AES 图；（b）AES 图通过阈值滤波器处理（白色区域突出显示氧气很少或没有氧气，蓝色区域表示氧气浓度较高，可能以 Li_3PO_4 的形式存在）；充电 6h（c）和 15h（d）后 SEI 的 AES 图[5]

这些观察结果表明，氧含量的不均匀性对 SEI 的形成和组成具有重要影响，这为进一步理解和设计稳定、高效的 SEI 提供了宝贵的见解。

6. 原位 AES 表征薄膜沉积过程中的结构和成分表面信息

复杂氧化物异质结构是一个活跃的研究领域，不仅解决了固态系统中的基本问题，还具有广泛的技术应用。复杂氧化物的生长和原位结构表征技术的巨大进步使我们能够从原子层面理解生长过程，并发现新的物理和化学现象。然而，详细了解异质结构的体积和界面组成仍然具有挑战性。对组分探针的限制是制备具有明确界面的薄膜异质结构的瓶颈。因此，原位和实时元素与化学成分分析的进展将显著提高在实时反馈控制下制备原子精确复杂氧化物异质结构的能力。

Orvis 等结合反射高能电子衍射（RHEED）和原位俄歇电子能谱（AES）探究钙钛矿氧化物 $SrTiO_3$（STO）的沉积过程，提供了薄膜沉积过程中的结构和成分表面信息（图 6-18）[6]。利用这种脉冲探测技术，使用慢速和快速的 AES 采集速率，对 STO 的表面成分进行了实时的原位检测。图 6-18（a）和（b）同时展示了俄歇信号和 RHEED 镜面光斑强度的变化。这种生长方法对于成功部署实时和原位技术来直接表征薄膜沉积过程中的表面至关重要。

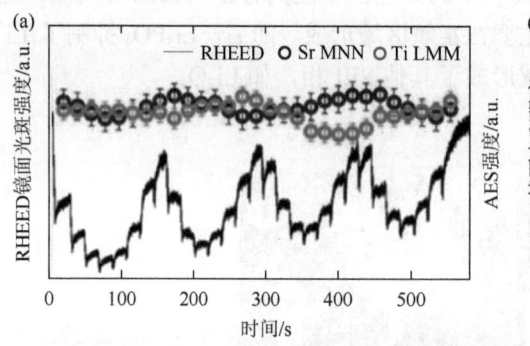

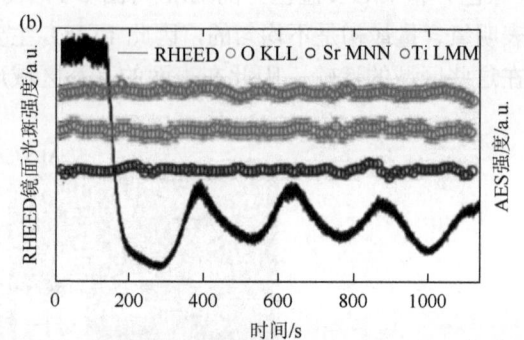

图 6-18 钙钛矿氧化物 $SrTiO_3$ 薄膜沉积过程中的结构和成分表面信息：（a）用于监测 Sr 和 Ti 的俄歇线是 Sr MNN 和 Ti LMM 跃迁；（b）用于监测 O、Sr 和 Ti 的是 O KLL、Sr MNN 和 Ti LMM 跃迁[6]

注意到俄歇信号强度与表面粗糙度无关，这是因为 RHEED 镜面光斑强度与 AES 强度之间没有相关性，并且单个元素的 AES 强度在整个生长过程中保持相对恒定，表明在生长过程中没有明显的成分演变。此外，脉冲探针技术显示出足够的时间灵敏度来监测复杂氧化物薄膜生长过程中的细微动态变化。

这些结果表明，原位和实时技术在复杂氧化物异质结构的生长过程中提供了关键的表面成分信息，有助于我们更好地理解和控制这些材料的生长过程。

7. 原位 AES 表征 Cu/CeO$_2$ 催化剂中 Cu 的活性态

CO_2 是主要的温室气体，是全球变暖和海洋酸化的主要原因之一。将 CO_2 催化转化为有价值的化学品不仅能减轻 CO_2 排放的负面影响，还为实现碳循环和建立可持续的碳中性燃料/化学品生产战略提供了有效途径。CO_2 加氢是一种将 CO_2 转化为 CO 的有前途的方法，主要通过逆水煤气变换（RWGS）反应途径在常压下进行，或在高压下合成醇类和碳氢化合物。RWGS 反应（$CO_2 + H_2 \longrightarrow CO + H_2O$）因生成的 CO 可用于费托合成或甲醇合成而被广泛研究，以生产有价值的化学品。

CeO_2 是一种可还原的氧化物载体，因高效的氧空位和活性的 Ce^{4+}/Ce^{3+} 氧化还原对在 CO_2 加氢研究中受到了广泛关注。Cu 是研究最广泛的用于 CO_2 加氢反应的非贵金属之一，具有高活性和选择性。本小节研究采用不同的纳米结构铈载体制备了两种 Cu/CeO$_2$ 催化剂：纳米棒（CeO$_2$-NR）和纳米球（CeO$_2$-NS）。由于催化反应主要发生在气固界面，利用表面敏感技术了解催化剂的表面结构和性质对于揭示催化效应的起源至关重要。然而，传统的表面敏感表征方法通常会遇到"压力差"（pressure gap）的系统性问题，这阻碍了在足够高的反应物分压下研究表面性质。

Lin 等[7]采用原位常压 X 射线光电子能谱（AP-XPS）分析了不同形貌 Cu/CeO$_2$ 催化剂在高温和 CO$_2$/H$_2$ 背景压力下的表面组成和元素的价态。两种 Cu/CeO$_2$ 催化剂在不同反应条件下的 Cu LMM 俄歇电子能谱如图 6-19（a）、(b）所示。以 918.8eV、917.7eV 和 916.8eV 为中心的 Cu LMM 俄歇峰分别对应 Cu^0、Cu$^+$ 和 Cu^{2+}。结果表明，在 RWGS 反应条件下，Cu^0（ca. 918.8eV）是唯一的表面物质，表明金属 Cu 是两种 Cu/CeO$_2$ 催化剂中 RWGS 反应的活性态。

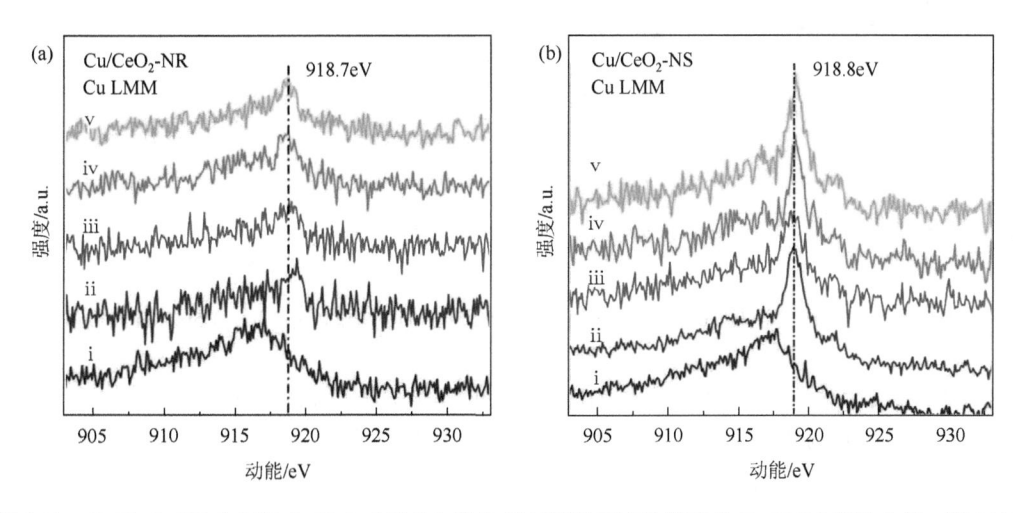

图 6-19　Cu/CeO$_2$-NR（a）和 Cu/CeO$_2$-NS（b）催化剂在不同反应条件下的 Cu LMM 俄歇曲线：(i) 500℃ 氧化条件：O$_2$（1×10^{-6}Torr）在 500℃ 下预处理 30min，将全部 Ce^{3+} 氧化为 Ce^{4+}；(ii) 400℃ 还原条件：H$_2$（45mTorr）在 400℃ 下预处理 30min；(iii) 25℃：还原过程冷却至室温后，还原催化剂与反应物气体在 25℃ 下暴露 30min；(iv) 与反应物气体在 350℃ 下暴露 30min；(v) 与反应物气体在 450℃ 下暴露 30min；反应物气体：CO$_2$/H$_2$ = 1∶5（8mTorr CO$_2$，40mTorr H$_2$）[7]

这些研究结果揭示了 Cu/CeO$_2$ 催化剂在 RWGS 反应中的活性成分和表面化学性质，为进一步优化和设计高效的 CO$_2$ 加氢催化剂提供了重要的理论基础。

8. 原位 AES 研究 Cu 基催化剂的稳定性

贵金属在 CO 选择性还原 NO 反应中具有良好的催化活性，但天然稀缺性和高成本限制了其广泛应用。为了降低成本，过去几十年里，人们尝试用过渡金属代替贵金属来选择性地用 CO 还原 NO，如 Cu、Fe、Co、Mn 和 Ni 等。其中，铜基催化剂因优异的催化性能而得到广泛研究，成为最可行的催化剂之一。Cu/TiO$_2$ 在 CO 氧化和光催化反应中表现出较高的催化活性。

Huang 等[8]采用原位俄歇电子能谱（AES）通过真空退火的方法研究了 TiO$_x$/Cu(110)模型表面在不同温度下的稳定性。如图 6-20（a）所示，0.25mL TiO$_x$/Cu(110)的 Ti/Cu 的 AES 比值在 873K 前保持稳定。然而，在 973K 和 1000K 退火后，Ti/Cu 的 AES 比值明显降低，低能电子衍射（LEED）的模式也发生了明显变化。对于 1.5mL TiO$_x$/Cu(110)，随着退火温度的升高，Ti/Cu 的 AES 比值逐渐降低［图 6-20（b）］，还显示出一个由 TiO$_x$/Cu(110)方形晶格上两个正交域 $p(2\times5)$ 和 $p(5\times1)$ 组成的复杂结构。当退火温度高于 573K 时，$p(2\times5)$衍射点迅速消失，$p(5\times1)$衍射点变得更加明显。

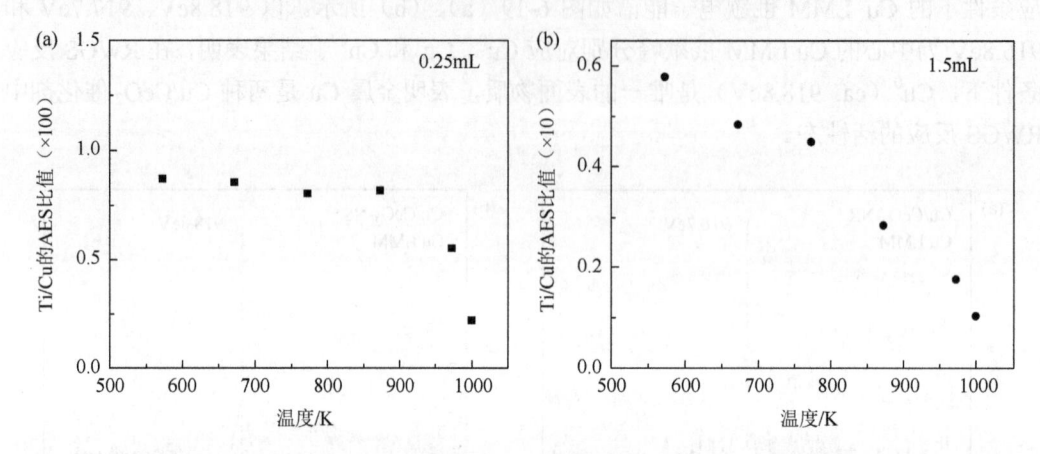

图 6-20　不同退火温度下 Ti/Cu 的 AES 比值：（a）0.25mL TiO$_x$/Cu(110)；（b）1.5mL TiO$_x$/Cu(110)[8]

这些研究结果表明，TiO$_x$/Cu(110)模型表面的稳定性与退火温度密切相关，揭示了 Cu 基催化剂在高温条件下的行为特征，为进一步优化其在 CO 选择性还原 NO 反应中的应用提供了重要的实验依据。

9. 原位 AES 研究 Cu/ZrO$_{2-x}$ 的界面结构

碳-氧键选择性加氢反应是重要的能源催化反应。Cu/ZrO$_{2-x}$ 催化剂在草酸二甲酯（DMO）加氢制乙二醇（EG）反应中表现出优异的催化性能。Cui 等[9]采用原位 AES 探究负载在复合金属氧化物基底上的铜基催化剂（标记为 Cu/MMO 和 Cu/ZrO$_{2-x}$）的界面结构。如图 6-21 所示，Cu/MMO 样品显示出 916.3eV 的动能，表明 Cu^0 是主要的铜物种。然而，随着锆物种的引入，Cu/ZrO$_{2-x}$ 样品的动能明显降低，出现了 918eV 和 915eV 的两个对称峰，分别对应于 Cu^0 物种和与二氧化锆载体相互作用的 Cu$^+$ 物种。随着锆物种含量的增加，Cu/ZrO$_{2-x}$ 样品表面的 Cu$^+$/(Cu$^+$ + Cu^0)物种比例也逐渐增加，证明了铜和二氧化锆物种之间存在强相互作用。

这种金属与载体间的强相互作用不仅增加了 Cu 和 ZrO$_2$ 之间的界面位点，还抑制了 Cu 纳米颗粒的迁移和团聚。这些结果表明，通过引入锆物种，可以显著改善 Cu 基催化剂的界面结构，从而提升其在草酸二甲酯加氢制乙二醇反应中的催化性能。

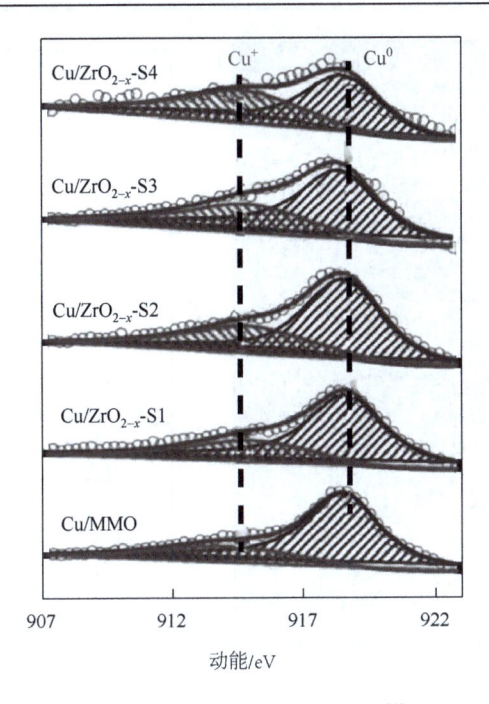

图 6-21 Cu 的原位 AES 谱图[9]

10. 原位 AES 研究 Rh(110)表面上 Rh-O 物种的形成

工业非均相催化剂通常由不同大小和形态的纳米颗粒组成，这使得在原子尺度上表征其结构和化学价态具有挑战性。为了降低真实催化材料的复杂性，研究者使用具有明确表面的模型催化剂来解析催化剂的表面反应，即采用"表面科学"方法。Cai 等使用环境压力下的谐振俄歇电子能谱（AP-mRAS）广泛研究了 Rh(110)表面在高达 1mbar 氧气压力下 Rh-O 物种的形成[10]。

Cai 等进行了 AP-mRAS 实验，如图 6-22 所示，研究了 KL2, 3 俄歇衰变中发射的电子动能与吸收阈值附近的光子能量[10]。通过对电子动能范围和 X 射线光子能量范围进行积分，分别获得了俄歇电子能谱和 X 射线吸收谱。在图 6-22（a）中，测量了在 1×10^{-8}mbar O_2 和 300K 条件下氧化吸附后 Rh(110)的 O K 边 mRAS。由于在 Rh(110)上有较强的化学吸附作用，主吸收特征更为明显。α 的共振特征在 $h\nu = 529.4$eV 和 $E_{kin} = 507.5$eV 处有一个特征峰，这是表面化学吸附的氧原子的指纹特征。O K 边 X 射线吸收光谱（XAS）[图 6-22（b）]在 529.5eV 处显示一个不对称峰，与 Pt(111)上的(2×2)-O_{ad} 特征峰相似。

在 O-Rh-O 三层氧化物形成后，mRAS 图呈现出两种色散谐振俄歇特征，如图 6-22（c）所示。α 的共振特征在 $h\nu = 529.4$eV 和 $E_{kin} = 508.0$eV 时达到最大值，β 的共振特征在 $h\nu = 528.2$eV 和 $E_{kin} = 508.1$eV 时达到最大值。后一种特征在 O K 边 XAS 谱[图 6-22（d）]中很明显，显示为 528.2eV 的肩峰。图 6-22（c）中 α 和 β 的指纹谱图可能与表面氧原子和界面氧原子有关。

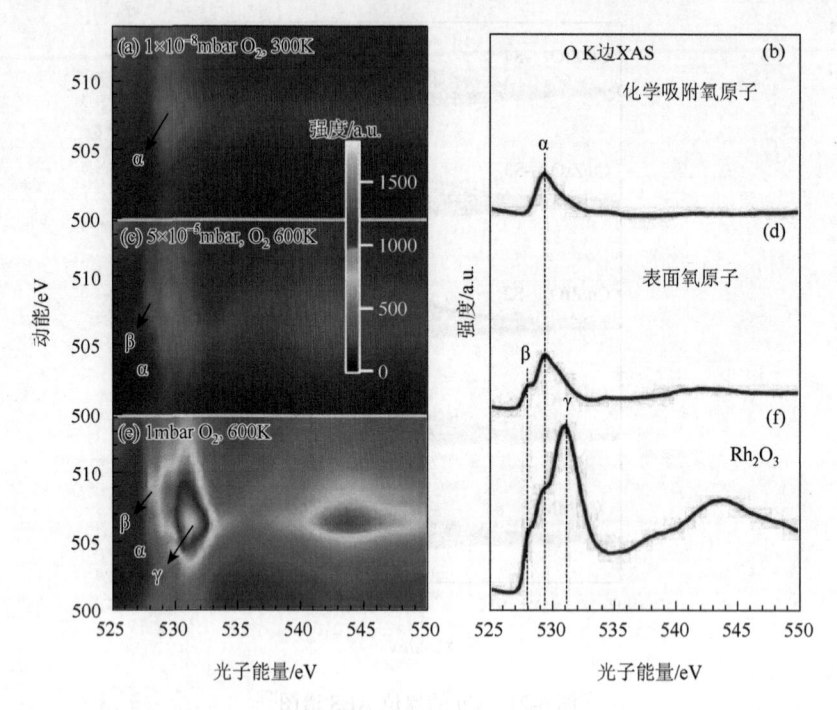

图 6-22 Rh(110)表面上 AP-mRAS 检测：(a)、(c)、(e) 不同条件下 Rh(110)在 O K 边附近的 AP-mRAS；(b)、(d)、(f) 在相同的实验条件下，从 AP-mRAS 谱的所有动能范围积分得到的在俄歇电子产额（AEY）中的 O K 边 XAS 谱[10]

图 6-22（e）展示了大块氧化体 Rh$_2$O$_3$ 的 O K 边 mRAS 图，这与化学吸附的氧或 O-Rh-O 不同。除了 α 和 β 特征外，在 $h\nu$ = 531.0eV 和 E_{kin} = 505.0eV 处还存在一个共振峰 [标记为 γ, 如图 6-22（f）所示]，这可能与大块氧化原子有关。图 6-22（f）中 α 和 β 特征的存在证明了 Rh$_2$O$_3$ 表面被表面氧化物覆盖。

这些结果表明，通过环境压力映射下的谐振俄歇电子能谱，可以在不同氧化条件下有效区分 Rh(110)表面的各种氧物种，为理解催化剂的表面反应机制提供了宝贵的见解。

11. 原位 AES 探究 Cu/ZnO/Al$_2$O$_3$ 增强甲醇合成活性的机制

Cu/ZnO/Al$_2$O$_3$ 催化剂广泛用于甲醇合成和甲醇蒸汽重整等重要反应过程中，其中 Cu 和 ZnO 组分之间的强金属-载体相互作用（SMSI）效应发挥着关键作用。

Song 等[11]采用原位俄歇电子能谱（AES）探究了 Cu/Al$_2$O$_3$-CO$_2$/H$_{2ZnO}$-100 催化剂在增强甲醇合成活性方面的机制。如图 6-23 所示，揭示了 Cu/Al$_2$O$_3$-CO$_2$/H$_{2ZnO}$-100 催化剂中 Zn 为 Zn^{2+} 物种，而 Cu/Al$_2$O$_3$-H$_{2ZnO}$-100 催化剂中除了 Zn^{2+} 物种外，表面还存在金属态 Zn 物种 [图 6-23（a）]，表明在 450℃和 0.5%CO$_2$/H$_2$ 气氛中，Zn 物种气相迁移到 Cu 表面上形成包裹层（Cu@ZnO$_x$），而在 450℃和纯 H$_2$ 气氛中迁移的 Zn 物种与 Cu 纳米颗粒形成 CuZn 合金。

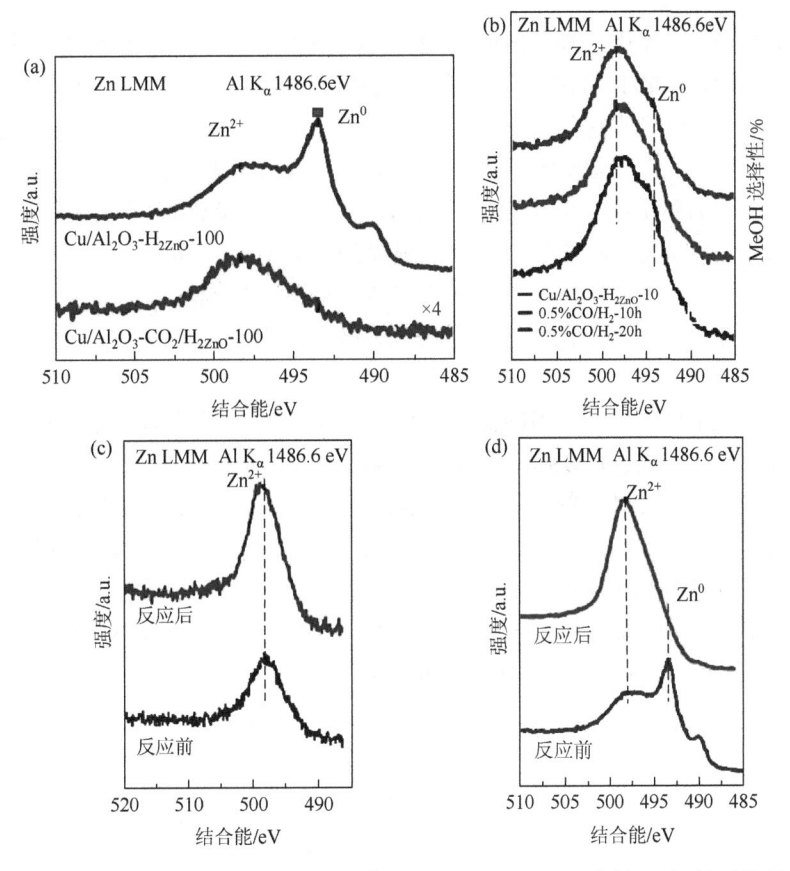

图 6-23 不同处理条件下 Cu/ZnO/Al$_2$O$_3$ 的 AES 谱图：(a) 0.5%CO$_2$/H$_2$ 和纯 H$_2$ 气氛下处理 100h 后 ZnO 颗粒中 Zn 物种迁移到 Cu 颗粒的原位 Zn LMM AES 谱图；(b) Cu/Al$_2$O$_3$-H$_{2ZnO}$-10 催化剂经过 0.5%CO$_2$/H$_2$ 气氛处理 10h 和 20h 后的原位 Zn LMM AES 谱图；Cu/Al$_2$O$_3$-CO$_2$/H$_{2ZnO}$-100 (c) 和 Cu/Al$_2$O$_3$-H$_{2ZnO}$-100 (d) 催化剂反应前后的原位 Zn LMM AES 谱图[11]

为了进一步验证还原性的 H$_2$ 组分和氧化性的 CO$_2$ 组分在 Cu@ZnO$_x$ 结构形成过程中的作用，还利用 AES 发现其随着处理时间的增加，表面 Zn^{2+} 物种的比例也增加[图 6-23(b)]，这说明 CO$_2$/H$_2$ 气氛可以诱导 CuZn 合金表面生成 ZnO$_x$ 物种，从而形成更多 ZnO$_x$-Cu 界面活性位点，导致 MeOH 选择性和生成速率进一步提高。

此外，AES 对比了 Cu/Al$_2$O$_3$-CO$_2$/H$_{2ZnO}$-100 和 Cu/Al$_2$O$_3$-H$_{2ZnO}$-100 催化剂反应前后的结构变化，发现对于 Cu/Al$_2$O$_3$-CO$_2$/H$_{2ZnO}$-100 催化剂，反应前后的 Cu@ZnO$_x$ 结构没有发生变化，而对于 Cu/Al$_2$O$_3$-H$_{2ZnO}$-100 催化剂，表面的 Zn/Cu 比急剧增加，Zn^0 物种消失并全部转变为 Zn^{2+} [图 6-23 (c) 和 (d)]。这表明 CuZn 合金结构在反应过程中不稳定，而锌氧化物薄层包裹结构 Cu@ZnO$_x$ 在反应过程中非常稳定。该结果证明了反应过程中 ZnO$_x$-Cu 界面是 CO$_2$ 加氢合成甲醇的活性位点。

12. 原位 AES 确定 Cu 的价态变化

左旋丙酸（LA）或其酯类的选择性加氢反应可以产生多种高附加值的衍生物，包括

γ-戊内酯（GVL）、1,4-戊二醇（PDO）、2-甲基四氢呋喃（MTHF）和戊二酸。在这些生物质衍生化合物中，GVL 可用于食品成分、燃料添加剂、绿色溶剂、高档可再生燃料、重要的药物中间体和其他商业用途，在生物炼油系统中发挥着重要作用。负载型钌基催化剂，特别是负载在活性炭载体上的钌（Ru/AC），由于优越的左旋丙酸加氢催化性能，被认为拥有最有效的激活碳基的能力。然而，由于酸辅助活性位点的浸出和资源的稀缺，钌的稳定性低、成本高，严重限制了其大规模的实际应用。因此，设计和合成高活性非贵金属催化剂是一项关键且具有挑战性的任务。铜基催化剂因成本效益、环境友好性和对碳-氧键选择性加氢的优点而受到广泛研究，但对碳-碳键氢解不活跃，因此引起了研究者的兴趣。

Lan 等[12]提出了一种空气辅助低温碳化表面活性剂模板策略，用于制备碳质材料改性纳米金属硫化物（NC@NMSSs）。所得的 NC@NMSSs 被用作纳米反应器，以封装 Cu 活性位点，使得超细铜物种高度分散在介孔通道中。表面活性剂模板的碳化温度对金属活性成分的粒径有显著影响，并通过原位 AES 谱确定 Cu 的价态变化。如图 6-24 所示，Cu LMM AES 谱中以 915.3eV 为中心的峰显示了 Cu/NC$_{300}$@NMSSs 中具有大量的 Cu$^+$。Cu/NC$_{300}$@NMSSs 中的 Cu$^+$/(Cu^0 + Cu$^+$)摩尔比为 0.45，远高于 Cu/NMSSs 的 0.28，推测是由 Cu 物种与 NC 之间的强相互作用引起的。

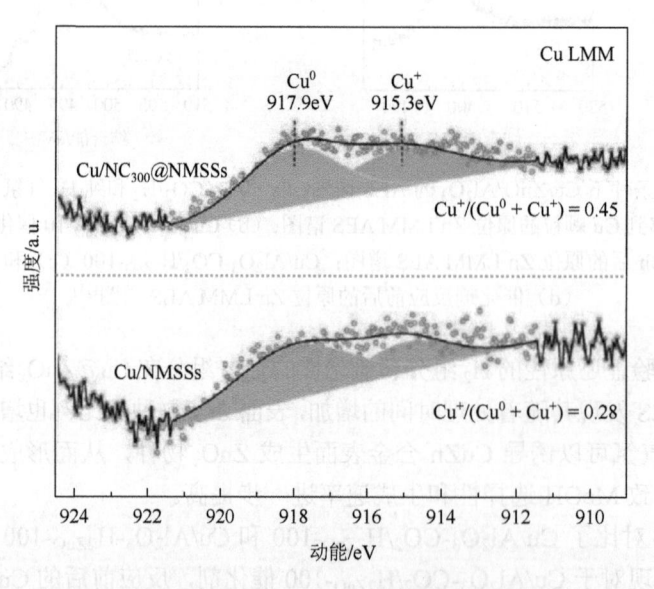

图 6-24　Cu/NMSSs 和 Cu/NC$_{300}$@NMSSs 复合材料的原位 Cu LMM AES 谱[12]

这些研究结果为设计和合成高效的非贵金属催化剂提供了新思路，并展示了碳质材料改性对催化剂性能的重要影响。

13. 原位 AES 表征 Cu 物种的动态变化

Thurner 等[13]通过将 Cu LMM AES 谱与金属 Cu、Cu$_2$O 和 CuO 参考峰位置进行比较，

进一步区分了 Cu(0)和 Cu(Ⅰ)物种，排除 Cu(Ⅰ)物种参与催化过程的可能性。如图 6-25 所示，通过比较 Cu(0)表面富集的不同趋势，发现对于含钯催化剂，该过程得到了增强。Cu(0)在 LCM37 中的溶解似乎比在纯 LCM55 中更有利，Cu(Ⅰ)在高温下显示出更强的作用。

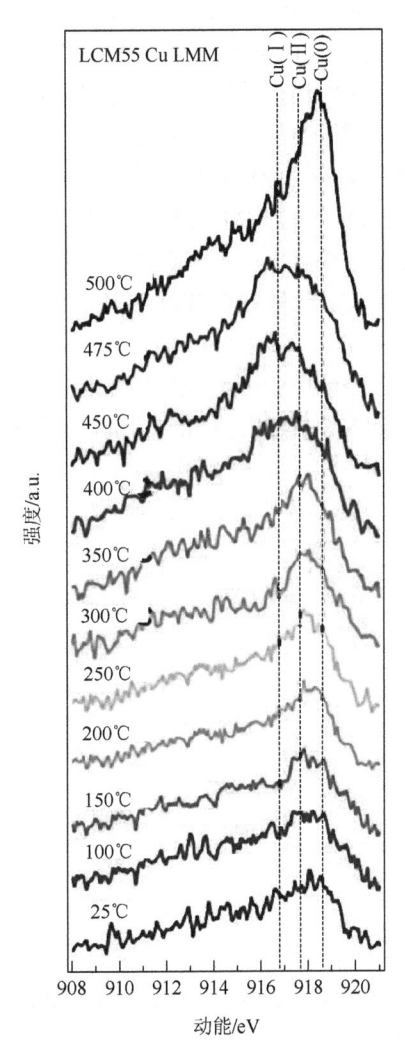

图 6-25　Cu LMM AES 谱图与金属 Cu、Cu_2O 和 CuO 衍射峰的比较[13]
纯 LCM55 的 Cu LMM 螺旋区域的 BE 参考值；彩色实线：实验数据；垂直虚线：Cu(Ⅰ) 916.8eV、Cu(Ⅱ) 917.7eV 和 Cu(0) 918.6eV

通过在 NAP-XPS 实验中定向模拟 LCM55 的原位处理，确定了 Cu(Ⅰ)作用的显著增加，直到 475℃（图 6-25，红色到棕色迹线），然后是 Cu(0)生长的明显增加[Cu(0)/La 比接近 17.2]。当温度达到 500℃时，该值与含钯催化剂中的强度相当。

这些结果表明，通过优化 Cu/钙钛矿界面设计，可以在保持高催化活性的同时有效替代贵金属催化剂，从而实现更具成本效益的催化解决方案。

14. 原位 AES 表征铜离子化合价的变化

利用强金属-载体相互作用（SMSI）效应来提高金属催化剂的催化性能是多相催化的重要策略，通常通过使用可还原的金属氧化物实现。从表面界面结构、催化活性、密度泛函理论（DFT）计算等方面揭示了 Cu-SiO$_2$ 界面 SMSI 效应对转移氢化反应的促进作用，以及铜簇和原子 Cu 的协同活性作用。通过这种简单的金属-惰性载体 SMSI 效应的合成策略，可以获得铜簇与原子 Cu 的亚纳米复合材料，从而准确地确定铜基催化剂的实际活性位点，有助于扩大亚纳米材料在工业催化中的应用。

Fan 等[14]采用原位 AES 发现，Cu LMM AES 谱证实了还原的高能 Cu 原子与 SiO$_2$ 载体之间的密切相互作用，在制备的 Cu 催化剂中形成了新的 Cu—O—Si 界面 [图 6-26（a）]。因此，Cu 催化剂中的 Cu—O—Si 界面与 CuSiO$_3$ 前驱体中的 Cu—O—Si 基体不同。随着 H$_2$ 还原温度升高至 200℃和 230℃，原位 Cu LMM AES 谱的验证 [图 6-26（b）] 证实了 Cu^{2+} 被还原为 Cu^0，表明高能 Cu 通过金属-载体电子相互作用（EMSI）效应将一部分电子转移给了载体。因此，Cu 和 SiO$_2$ 载体之间的密切相互作用所导致的 EMSI 效应可以产生新的 Cu—O—Si 界面。

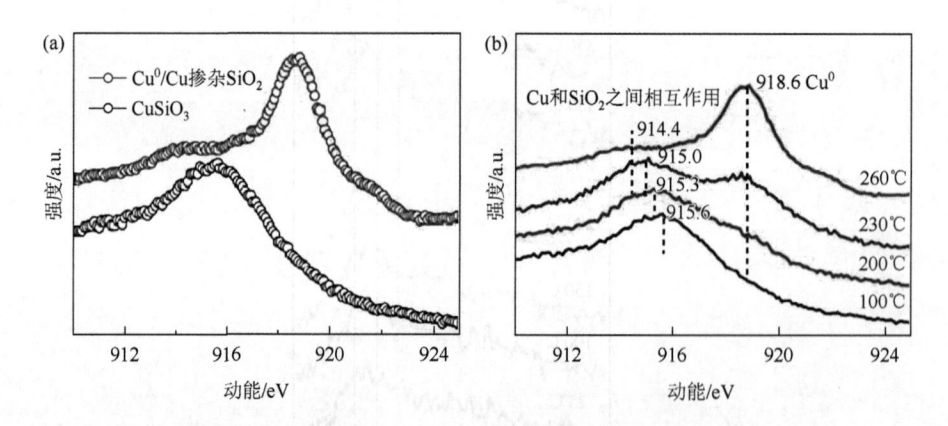

图 6-26 还原过程中 Cu 离子化合价的变化：（a）Cu^0/Cu 掺杂 SiO$_2$ 和 CuSiO$_3$ 的原位 LMM AES 谱图；（b）CuSiO$_3$ 在不同还原温度下的原位 Cu LMM AES 谱图[14]

这些研究成果展示了通过 SMSI 效应在惰性载体上的应用前景，提供了一种有效的策略来开发高性能的铜基催化剂，为工业催化应用提供了新的思路。

15. 原位 AES 表征 Cu/SiO$_2$ 上 Cu 物种的演变

铜基催化剂在 CO 或 CO$_2$ 加氢制甲醇中得到了广泛应用，但其催化性能对载体有很大的依赖性，活性组分的存在掩盖了铜物种的真实演化过程。为了深入研究这一现象，Yu 等[15]采用原位 AES 表征了 Cu/SiO$_2$ 催化剂上 Cu 物种的演变过程。如图 6-27 所示，

918.9eV 的结合能归因于 Cu^0，而 916.4eV 的结合能归因于 Cu^+ 物质。AE-Cu/SiO$_2$ 和 FSP-Cu/SiO$_2$ 的 $Cu^+/(Cu^0 + Cu^+)$ 比分别为 7.5%和 33.6%。尽管由于这两种技术的不同拟合方法，AES 法比 XAS 法获得稍高的绝对值，但 AES 法和 XAS 法拟合的 Cu^+ 含量变化趋势基本一致，这说明 XAS 法拟合是评价 Cu 价态的有效方法。

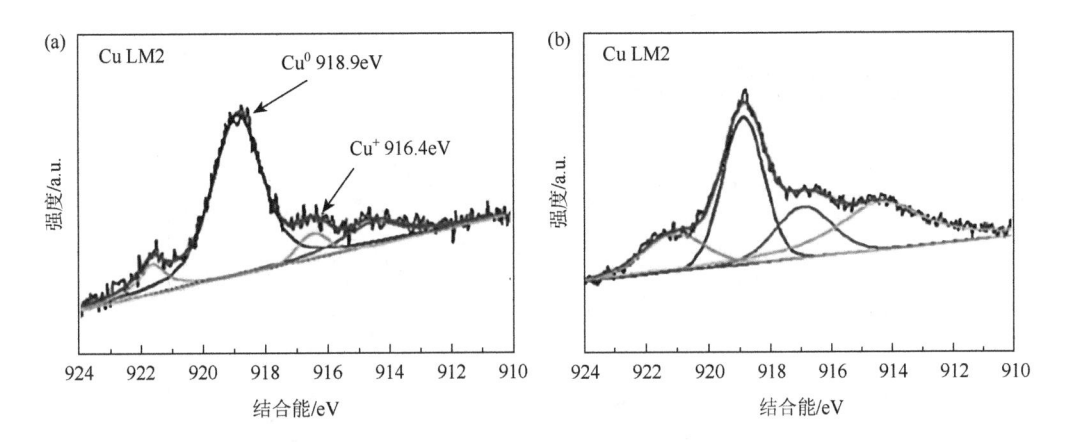

图 6-27　AE-Cu/SiO$_2$（a）和 FSP-Cu/SiO$_2$（b）催化剂还原后的 Cu LM2 AES 谱图[15]

通过这项研究，揭示了 Cu/SiO$_2$ 催化剂在加氢反应中的 Cu 物种演变过程，为进一步优化铜基催化剂的设计和性能提升提供了重要的理论依据。

16. 原位 AES 表征 H$_2$ 气氛下 Cu$_2$O 表面化学价态的演变

H$_2$ 和铜氧化物之间的反应在多种催化氧化反应中起着重要作用，包括水煤气变换（WGS）反应、甲醇合成和甲醛生成以及醇的脱氢反应。在这些反应中，氢要么作为反应物，要么作为产物，而铜氧化物由于在氧化还原反应中的多用途性，成为一种关键的氧化催化剂。铜氧化物表面的氧气释放和吸收的动态特性赋予了其显著的非化学计量学特性。然而，目前对 Cu$_2$O 吸氧和释放氧的潜在反应机制、催化活性以及气固氧化还原反应的相互作用还缺乏详细了解。在此背景下，该研究探讨了 Cu$_2$O 在 H$_2$ 氧化成 H$_2$O 这一非均相催化领域中最广泛研究的反应之一中的催化活性。

Wang 等[16]使用原位 AES 和常压 X 射线光电子能谱（AP-XPS）动态监测了 Cu$_2$O 表面和亚表面区域在 H$_2$ 诱导下由于晶格氧损失而发生的化学价态演变[16]。如图 6-28（a）所示，制备的 Cu$_2$O 的 Cu L3M45M45（LMM）峰出现在 916.9eV 的动能处，与 Cu$_2$O 中 Cu^+ 的动能吻合较好。918eV 动能处 Cu LMM 峰的缺失表明 CuO 中不存在 Cu^{2+}，证实了在超高真空（UHV）退火过程中 CuO 已完全转化为 Cu$_2$O。图 6-28（b）展示了制备的 Cu$_2$O 膜的 Cu 2p$_{3/2}$ 和 O 1s 光谱，其中 932.5eV 和 530.4eV 的峰位分别与 Cu$_2$O 中 Cu^+ 和晶格氧的结合能一致。Cu LMM、Cu 2p 和 O 1s 光谱的结果一致，证实了 Cu(100)表面形成了纯 Cu$_2$O 层。

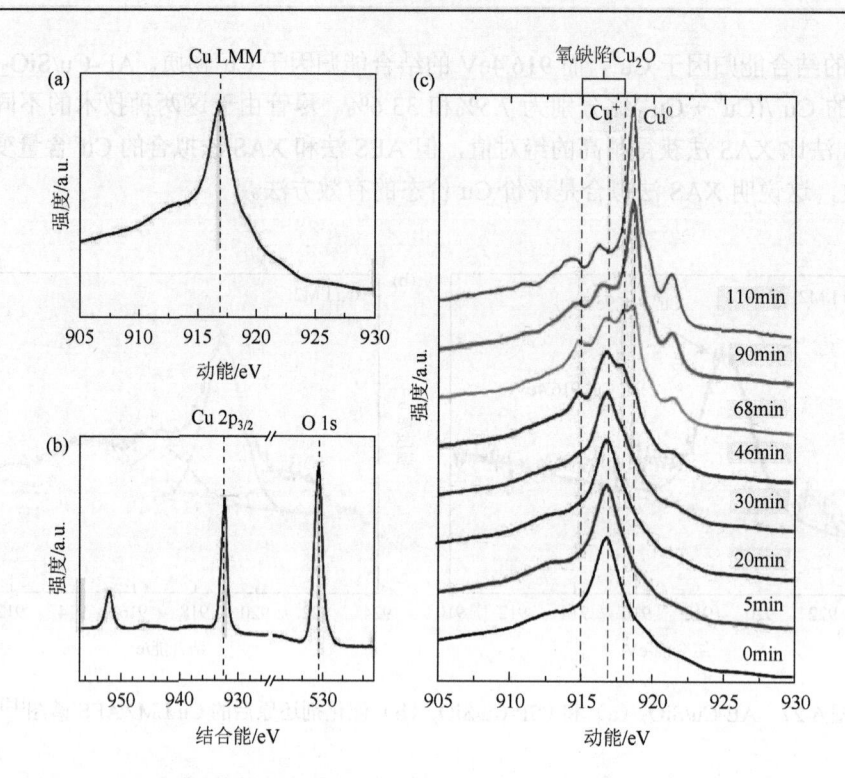

图 6-28 H$_2$ 诱导 Cu$_2$O 表面晶格氧损失发生的动态变化：(a) Cu LMM 谱图；(b) 通过 Cu LMM 谱图随时间的变化，观察氧缺陷的动态变化；(c) 中的黑色和红色虚线分别对应 Cu$_2$O 和金属 Cu, 而两条蓝色虚线对应中间体 O-def Cu$_2$O[16]

图 6-28 (c) 显示了当 Cu$_2$O 表面在 350℃下暴露于 0.1Torr H$_2$ 时，Cu LMM 的时间演变。在 916.9eV 处 Cu$_2$O 的 Cu 峰强度（用黑色虚线表示）随着 H$_2$ 的持续暴露逐渐降低。H$_2$ 暴露约 30min 后，在 915.3eV 和 917.8eV 的动能处出现了两个中间峰（用蓝色虚线表示），导致 Cu LMM 光谱的线形发生变化。这两个中间峰的强度逐渐增加，直到达到约 68min 的最大值。同时，另一个肩峰（用红色虚线标记）在约 46min 时显示出较高的动能，并在暴露约 90min 后成为主导峰。该峰的动能为 918.6eV，对应于金属 Cu。随着金属 Cu 峰的主要存在，Cu LMM 光谱的时间序列表明，916.9eV 的 Cu$_2$O 峰以及 915.3eV 和 917.8eV 的两个中间峰在约 110min 时消失，表明延长 H$_2$ 暴露后 Cu$_2$O 覆盖层完全还原为金属 Cu。

这些结果为理解 Cu$_2$O 在 H$_2$ 氧化反应中的氧化还原机制提供了新的见解，有助于进一步优化铜基催化剂的设计和性能。

17. 原位 AES 用于分析 CO$_2$RR 中 Cu$_2$O/CuO 中的 Cu$^+$

在过去的几十年中，研究人员进行了大量设计研究，发明了用于不同电催化过程的高性能电催化剂。一般高活性、高选择性、高导电性和长期稳定性是理想电催化剂的重要特征。其中，催化剂的耐久性决定了催化体系的使用寿命，是实际应用的关键参数。

值得注意的是，在反应过程中，表面活性位点通常会逐渐失活，这是电催化长期反应中普遍存在的问题。

电催化 CO_2 还原反应（CO_2RR）作为一种代表性的电还原反应，对可再生能源储存和缓解气候变化至关重要。CO_2RR 可以通过使用可再生电力，将温室气体转化为有价值的化学品和燃料。正价态金属（$M^{\delta+}$ 位点，如 Fe、Co、Ni、Cu、In、Sn）已被用作 CO_2RR 的催化位点。Cu 基催化剂倾向于以较高的产率生成 C_{2+} 产物。

Xu 等[17]采用准原位 AES 来确定铜箔电极的表面种类。图 6-29（a）中的 Cu LMM AES 谱在 916.2eV 处有一个明显的峰，表明 T-CuI-2 表面存在 Cu^+ 物质。在 E_c = 1.2V（vs. RHE，ID-Cu-50）条件下，经过 50s CO_2RR 后，部分 Cu^+ 和 I^- 仍存在，但含量明显降低。此外，图 6-29（b）中不同刻蚀深度 ID-Cu-50 的 Cu LMM 峰没有明显差异，说明采用的准原位 XPS 测试方法可以有效防止样品被空气氧化。Cu K 边缘 X 射线吸收近边结构（XANES）光谱显示，样品的吸收边缘位于铜箔和 Cu_2O 之间。

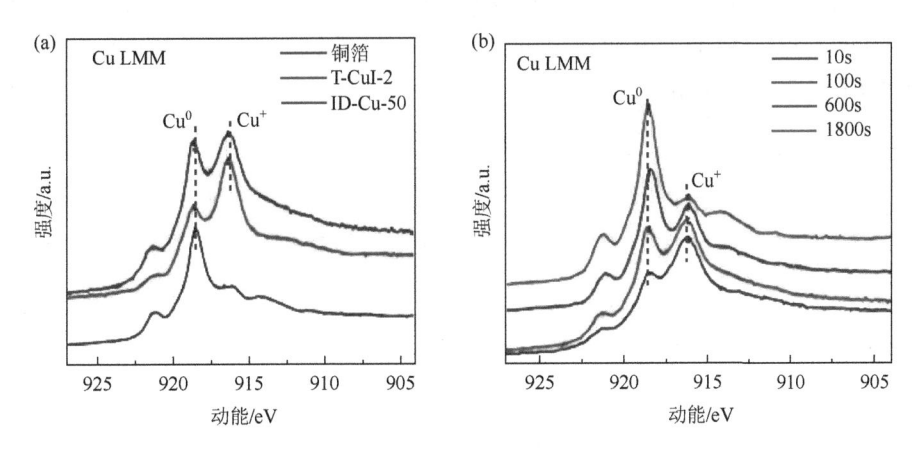

图 6-29 区分铜箔电极表面的 Cu 种类：(a)铜箔、T-CuI-2 和 ID-Cu-50 的准原位 Cu LMM 俄歇信号；(b)催化剂的准原位 Cu LMM AES 谱[17]

研究发现，T-CuI-2 和 ID-Cu-50 中 Cu 的氧化态分别为 +0.50 和 +0.20，表明部分 Cu^+ 在 CO_2RR 过程中被还原为 Cu^0。这些结果表明了铜基催化剂在 CO_2RR 过程中的氧化还原行为，这为设计和开发高效电催化剂提供了理论支持，对实现高效和稳定的电催化反应具有重要意义。

18. 原位 AES 表征电化学过程中铜氧化态的变化

碳循环的破坏导致了全球气候变化，因此通过二氧化碳还原反应（CO_2 RR）将二氧化碳转化为增值化学品已成为一个热门话题。直接的 CO_2 RR 可以有效地破坏并重新排列二氧化碳和水中的化学键，通过可再生能源中的电力获得增值的化学品和燃料，以实现可持续的碳中和能源转换。铜基电催化剂是目前最有前途的 CO_2 RR 催化剂，可以在其表面形成 C—C 键。然而，多碳（C_{2+}）产品生产的主要障碍在于实现高效的 C—C

偶联。目前，在所有探索的 CO_2RR 催化剂中，Cu 被确定为唯一能够促进 C—C 键形成的金属，因为 Cu 表面的 *CO 结合能最佳。然而，近年来，随着对铜基催化剂在实际 CO_2RR 过程中动力学的深入研究，铜基催化剂的表面 Cu^+ 位点被认为是 C—C 偶联的活性位点。Cu^+ 物种通常是用含氧材料引入的。但是，Cu^+ 物种在 CO_2RR 条件下容易减少。为了解决这一问题，一种结合约束效应的混合化学价态策略被提出，以精细地调节催化剂表面铜位点的化学价态演化。本小节介绍了四种铜基催化剂：Cu_2O/CuO、Cu/Cu_2O、Cu_2O 和 CuO。

Shi 等使用原位 AES 来说明电化学电解过程中铜氧化态的变化[18]。如图 6-30 和图 6-31 所示，电化学 CO_2RR 后的纯 Cu_2O 和 CuO 催化剂在 918eV 处表现出 Cu LMM 螺旋光谱峰，对应金属铜。而对于 Cu/Cu_2O 和 Cu_2O/CuO 催化剂，电化学 CO_2RR 后，Cu LMM 螺旋光谱峰位于 918eV 和 915eV 处，分别对应于金属 Cu 和 Cu^+ [图 6-32（a）、（b）]。这些结果表明，纯 Cu_2O 和 CuO 催化剂在电化学 CO_2RR 后可以完全还原为金属 Cu，而混合价态 Cu/Cu_2O 和 Cu_2O/CuO 催化剂在电化学反应后仍保留了 Cu^+ 物种的存在。AES 谱、原位 XRD 和准原位 XRD 分析提供了电化学 CO_2RR 后 Cu_2O 相保留的直接证据，表明表面结合的 Cu^+ 物种来自 Cu_2O。

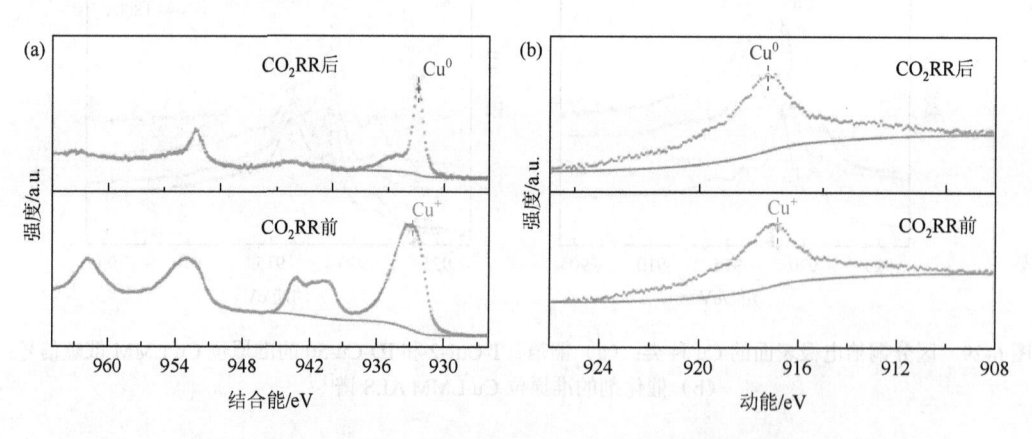

图 6-30 （a）Cu 2p XPS 谱；（b）Cu LMM AES 谱

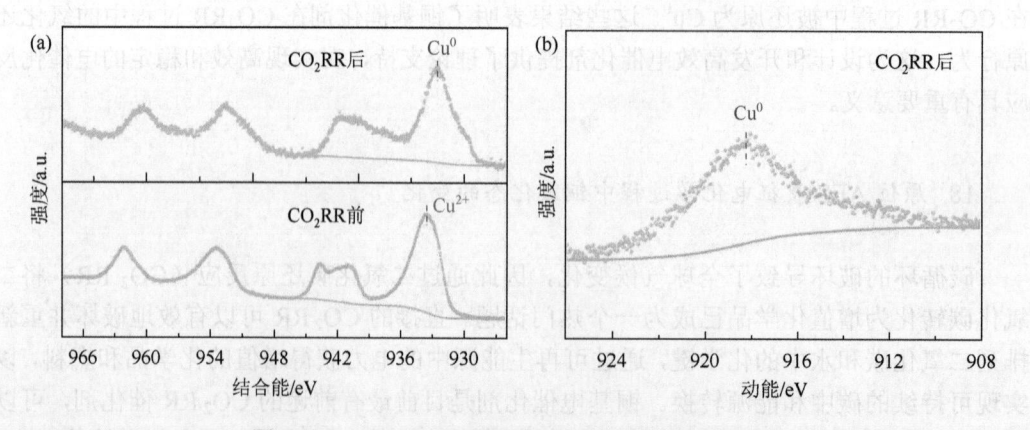

图 6-31 （a）Cu 2p XPS 谱；（b）Cu LMM AES 谱

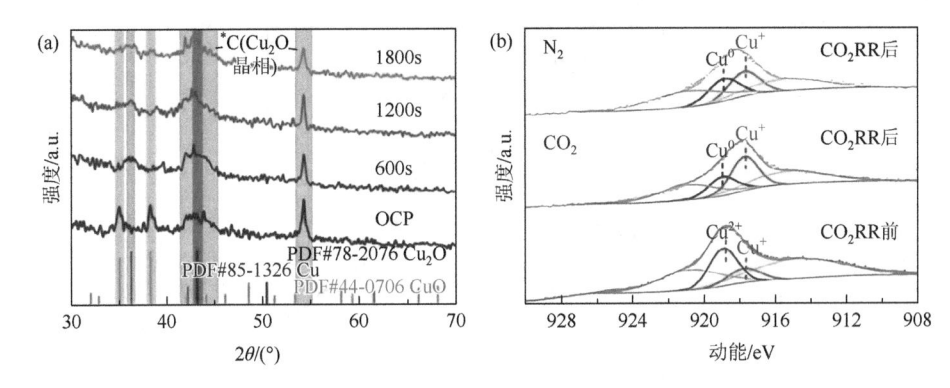

图 6-32 不同处理条件下铜氧化态的变化：（a）在 1mol/L CO_2 饱和 $KHCO_3$ 电解质中以 $50mA/cm^2$ 恒流电解下在不同电解时间间隔内采集的 Cu_2O/CuO 催化剂的原位 XRD 谱；（b）Cu_2O/CuO 分别在 CO_2 和 N_2 作用下进行电化学还原过程前后的原位 AES 谱[18]

19. 原位 AES 确定重建催化剂中 Cu 的价态变化

利用 CO_2 作为原料生产多碳（C_{2+}）燃料和化学品（如乙烯和乙醇）具有极高的吸引力，因为这些产品在化学工业和能源领域有着广泛的应用。通过多相催化过程将 CO_2 与 H_2 热催化转化为 C_{2+} 产物，通常需要高温（300~400℃）和高压（10~50bar）来激活惰性 CO_2 分子并促进随后的 C—C 偶联反应。相比之下，电催化过程使用 CO_2 和 H_2O 作为反应物，不需要 H_2，并能在室温和环境压力下生产 C_{2+} 燃料和化学品。因此，电化学 CO_2 还原反应（CO_2RR）近年来越来越受到关注，被认为是一种可以同时实现碳循环利用和可再生能源存储的技术。

在众多的 CO_2RR 催化剂中，铜（Cu）因对*CO 中间体的适度吸附能力，可以通过电化学方法将 CO_2 转化为 C_{2+} 燃料和化学品。然而，由于反应途径复杂和产物分布广泛，在高电流密度下 C_{2+} 产物的法拉第效率仍然有限。焦磷酸铜（$Cu_2P_2O_7$）是一种结构明确的 $A_2M_2O_7$ 型化合物，具有 CuO_5 和磷酸盐多面体堆叠，但其在电催化特别是 CO_2RR 中的应用鲜有报道。在本小节研究中[19]，通过将磷引入氧化铜晶格中，作为电化学原位重建的起始材料，合成了一种 $Cu_2P_2O_7$ 催化剂，取得了良好的效果。如图 6-33 所示，通过原位 AES 发现，在 CO_2RR 过程中，Cu^{2+} 物种被还原为金属 Cu，这一点由 Cu LMM AES 证实。由于在粗糙表面的空气中有更严重的氧化，与 CuO-800 催化剂相比，在重建的 $Cu_2P_2O_7$ 催化剂中有更多的 Cu_2O 种类。这些结果表明，通过将磷引入氧化铜晶格，有效提高了电催化 CO_2 还原反应的性能，显著增加 C_{2+} 产物的产量。

20. 原位 AES 确定 Cu 价态的原位变化

使用可再生电力将二氧化碳转化为增值化学原料是减少工业规模碳足迹、缓解当前能源危机和气候问题的一种优雅的方法。在二氧化碳还原反应（CO_2RR）生产的各种 C 产物中，C_{2+} 产物比 C_1 产物具有更高的体积能量密度和经济价值，因此更具吸引力和意义。因此，C_{2+} 产物的高选择性仍是目前的研究热点。CO_2RR 的主要挑战是缺乏从二氧化

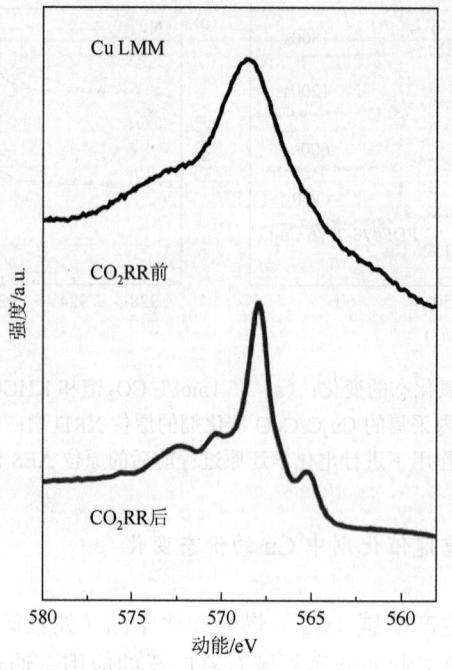

图 6-33 CO₂RR 前后 Cu₂P₂O₇ 电极的原位 Cu LMM AES 谱[19]

碳获得多碳产物的高效催化剂。近年来的研究发现了许多有趣的修饰铜催化剂产 C₂₊ 的产品，包括活性阶梯铜表面等。通过这些研究，我们认识到适量的 Cu⁰ 是形成 C₂₊ 产物的必要前提条件，但不是充分的前提条件。催化剂表面的 Cu⁺ 是最重要的活性物质，也是 CO_2 还原的关键。因此，Cu⁺ 和 Cu⁰ 之间的协同作用可以促进 CO_2 的活化和 C—C 的偶联，从而抑制 H_2 和 C₁ 产物的形成。

Zhang 等[20]通过比较 0.5h、5.0h CO₂RR 后的准原位 AES，发现它们的 Cu⁺/Cu⁰ 比值相似，分别为 8.12∶1、8.09∶1（图 6-34）。考虑到初始催化剂不含 Cu⁰，可以推断 Cu₂O-30

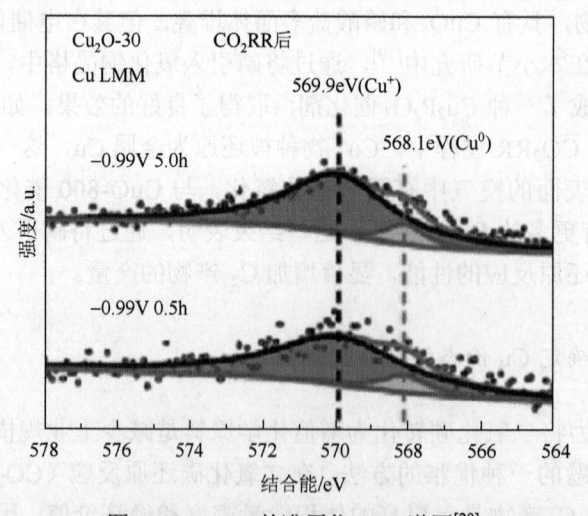

图 6-34 Cu₂O 的准原位 AES 谱图[20]

在 −0.99V（vs. RHE）下，分别在 0.5h 和 5.0h CO₂RR 后，Cu₂O-30 纳米反应器的原位 Cu LMM AES 谱

催化剂经历了负电位引起的初始活化。初始活化是诱导一定比例 Cu^0 的一个有意义的过程，它与 Cu^+ 协同促进 C_{2+} 产物的生成。此外，Cu^+/Cu^0 比值在初始激活后保持近似不变，表明 Cu^+ 在 CO_2RR 过程中具有一定的连续稳定性。

21. 原位 AES 探究 $CuAl_2O_4/CuO$ 增强 CO_2 电催化的机制

在负电位下，CuO 催化剂会发生电化学还原，从而削弱长期 CO_2 还原反应（CO_2RR）中对乙醇的选择性。然而，$CuAl_2O_4/CuO$ 催化剂可以显著提高乙醇的产率。

Zhang 等[21]通过原位俄歇电子能谱（AES）验证了 $CuAl_2O_4$ 在 $CuAl_2O_4/CuO$ 催化剂中对 Cu^+ 的稳定作用。$CuAl_2O_4/CuO$ 在不同电解时间后的 Cu LMM AES 谱显示出一个以 916.6eV 为中心的特征峰，归属于 Cu^+ [图 6-35（a）]。实验表明，Cu^+ 峰的强度在 120min 内保持不变。相比之下，电解 15min 后的 CuO 催化剂 AES 谱在 918.8eV 处显示出单一的 Cu^0 特征峰 [图 6-35（b）]，表明 CuO 在短时间内容易被还原为金属 Cu^0。这些结果验证了 $CuAl_2O_4$ 在稳定 Cu^+ 方面的关键作用，同时促进了在活性 Cu^+ 位点上乙醇的生成。

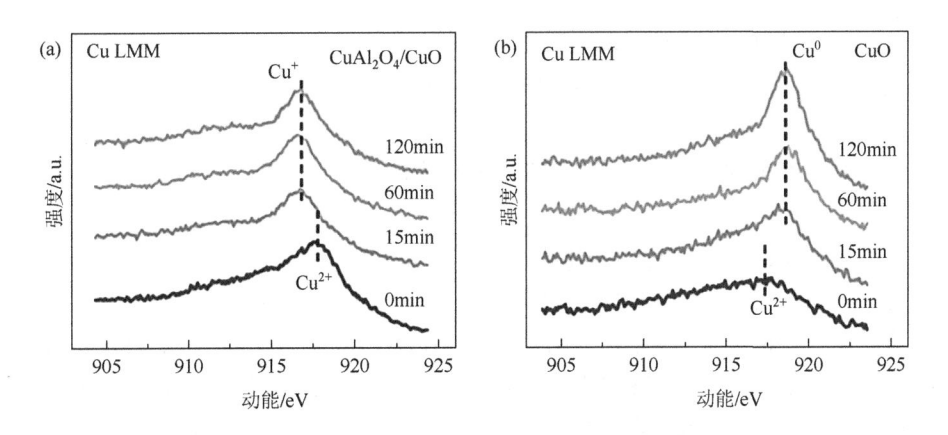

图 6-35 探究 $CuAl_2O_4$ 对 $CuAl_2O_4/CuO$ 上 Cu^+ 的稳定作用：$CuAl_2O_4/CuO$（a）和 CuO（b）在 $200mA/cm^2$ 电流密度下不同电解时间后的准原位 AES 谱[21]

22. 原位 AES 表征 Cu^+ 物种在电化学偶联中的作用

丙氨酸被广泛用于合成聚合物、药物和农用化学品。生物质分子和废硝酸盐的电催化偶联对于在环境条件下去除硝酸盐和生产丙氨酸是有吸引力的。然而，由于稳定底物的活化，反应效率相对较低，并且两种反应中间体的偶联仍然具有挑战性。

Wu 等[22]将生物质衍生的丙酮酸（PA）和废硝酸盐（NO_3^-）通过 PdCu 纳米珠线（PdCu-NBWs）催化实现丙氨酸的合成。整个反应路径被证明是通过在催化剂表面偶联反应中间体 NH_2OH 和 PA 的多步催化级联过程，并通过准原位 AES 研究电解后 Cu 的价态。如图 6-36 所示，在-0.3V（vs. RHE）下电解 4h 后，观察到分别归属于 CuO 和 Cu⁺ 的 567.9eV 和 570.1eV 的特征俄歇带，表明在电催化过程中，Cu 以金属 Cu 和 Cu⁺形式存在。这些结果表明，Cu⁺物种在电化学偶联反应中起着至关重要的作用。

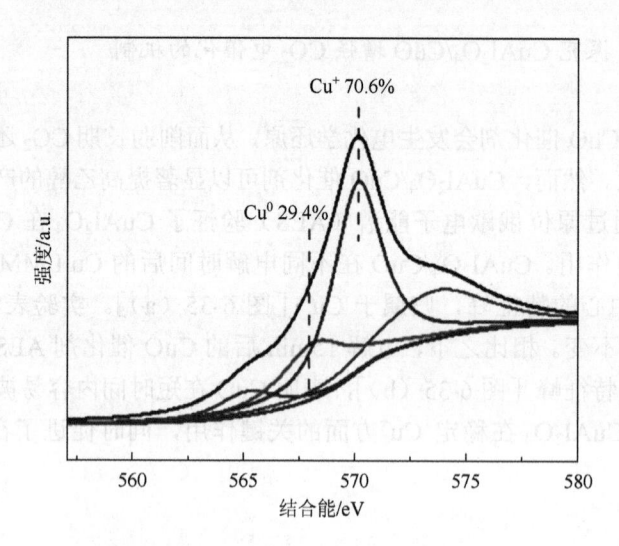

图 6-36 电解反应 1h 后 PdCu-NBWs 的 Cu 2p LMM AES 谱[22]
含有 1mol/L KNO₃ 和 50mmol/L PA 的缓冲液中，在-0.3V（vs. RHE）条件下

23. 原位 AES 表征 Cu 物种在 CO₂RR 中的催化作用

利用可持续能源将二氧化碳转化为增值产品是一种环保且经济的方法。Su 等[23]通过准原位 X 射线光电子能谱（XPS）和原位俄歇电子能谱（AES）分析，证明了在没有 Cu⁰ 存在的情况下，Cu/N₀.₁₄C 催化剂中的 Cu 物种在不同电位下保持 +1 的价态。如图 6-37 所示，Cu/N₀.₁₄C 在 934.6eV 和 932.2eV 处显示两个峰，分别对应 Cu²⁺和 Cu⁺/Cu⁰。在-1.1V（vs. RHE）条件下，934.6eV 的峰值消失，表明在 CO₂RR 过程中 Cu²⁺被还原，但 932eV 附近的峰值仍然存在。

为了进一步验证 Cu 的价态，通过 AES 对 Cu⁺/Cu⁰ 进行了分析。916.5eV 附近的峰值显示出轻微的位移，表明在 CO₂RR 过程中，样品中的 Cu 物种保持在 +1 的价态。

24. 原位 AES 表征 Cu⁰ 或者 Cu⁺ 的存在状态

电催化 CO₂ 还原（CO₂ER）在完成碳循环和解决能源与环境危机方面具有重要意义。特别是 Cu 基催化剂在 CO₂ER 中备受关注，因为 Cu 有助于结合*CO 中间体并将其转化为多碳产物。

Yuan 等[24]通过原位 XEAS 检测了 20%CuO/CuSiO₃ 中的 Cu⁰ 和 Cu⁺状态。如图 6-38 所示，Cu 2p₃/₂ 在约 933.1eV 和 935.8eV 处的峰，以及 2p→3d 在约 943.9eV 处的 3d 卫星

峰，表明 20%CuO/CuSiO$_3$ 中存在 d^9 电子构型的 Cu^{2+}。Cu 2p$_{3/2}$ 结合能的不对称性（约 935.8eV 和 933.1eV）表明存在两种不同的 Cu^{2+}，分别属于层状 CuSiO$_3$ 和 CuO。

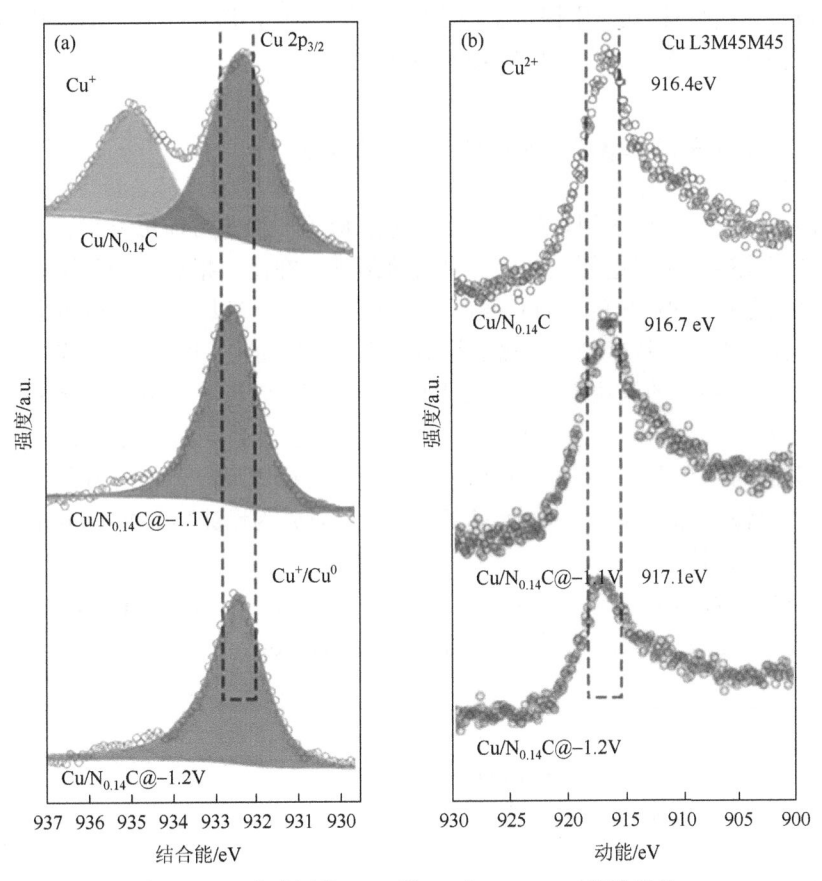

图 6-37 （a）Cu/N$_{0.14}$C 中 Cu 2p$_{3/2}$ 的准原位 XPS 谱；（b）Cu/N$_{0.14}$C 的准原位 Cu L3M45M45 AES 谱[23]

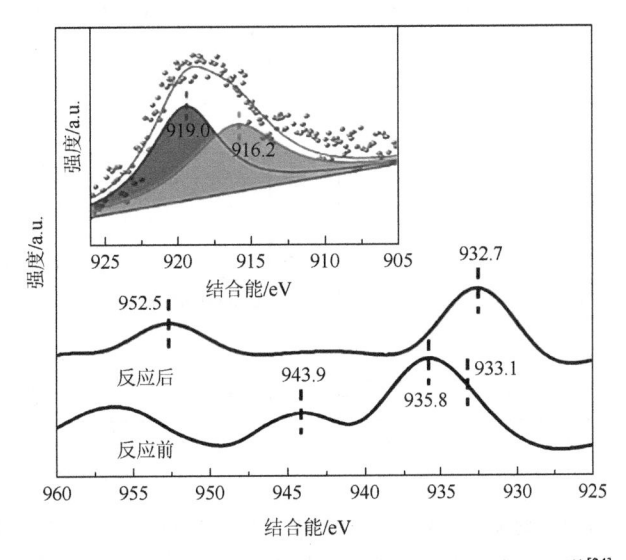

图 6-38 20%Cu/CuSiO$_3$ 反应 6h 后的 Cu LMM XEAS 谱[24]

在 Cu LMM XEAS 中,约 943.9eV 处的 Cu 2p 峰消失,而在约 919.0eV 和 916.2eV 处出现两个重叠峰,表明 Cu^0 和 Cu^+ 得到了维持。采用氨蒸发水热(AEM)法制备的铜离子与 SiO_2 之间的强相互作用提供了稳定的 Cu^0 和 Cu^+,即使在激烈的电化学过程中也能保持其完整性,从而保证了优异的 CO_2ER 性能。

25. 原位 AES 表征 Cu_2O/Cu 电催化剂的主要成分

甲醇由于广泛的工业应用,是二氧化碳电还原的一种非常理想的产品。然而,开发高性能的二氧化碳制甲醇电催化剂仍然具有挑战性。在此,报道了一种操作简单的原位双掺杂策略,用于构建高效的二氧化碳制甲醇电催化剂。当以 Ag, S-Cu_2O/Cu 作为电催化剂时,在以 1-丁基-3-甲基咪唑四氟硼酸盐/H_2O 为电解液的 H 型电池中,当电流密度高达 122.7mA/cm^2 时,甲醇的法拉第效率(FE)可达 67.4%,而当电流密度低于 50mA/cm^2 时,FE 仍然保持在较高水平。实验和理论研究表明,阴离子 S^{2-} 可以有效地调节催化剂的电子结构和形态,促进甲醇生成,而阳离子 Ag^+ 则抑制析氢反应。它们与宿主材料的协同作用增强了甲醇形成的选择性和电流密度。本小节研究为设计高效的 CO_2 电还原制甲醇催化剂开辟了一条新途径。

Li 等[25]通过 AES 证实了 Ag, S-Cu_2O/Cu 中的 Cu 组分主要由 Cu^0 和 Cu^+ 组成,其中 Cu^+ 占主导地位[图 6-39(a)]。与 Ag-Cu_2S 相比,Ag, S-Cu_2O/Cu 中的 Cu^+ LMM 俄歇峰

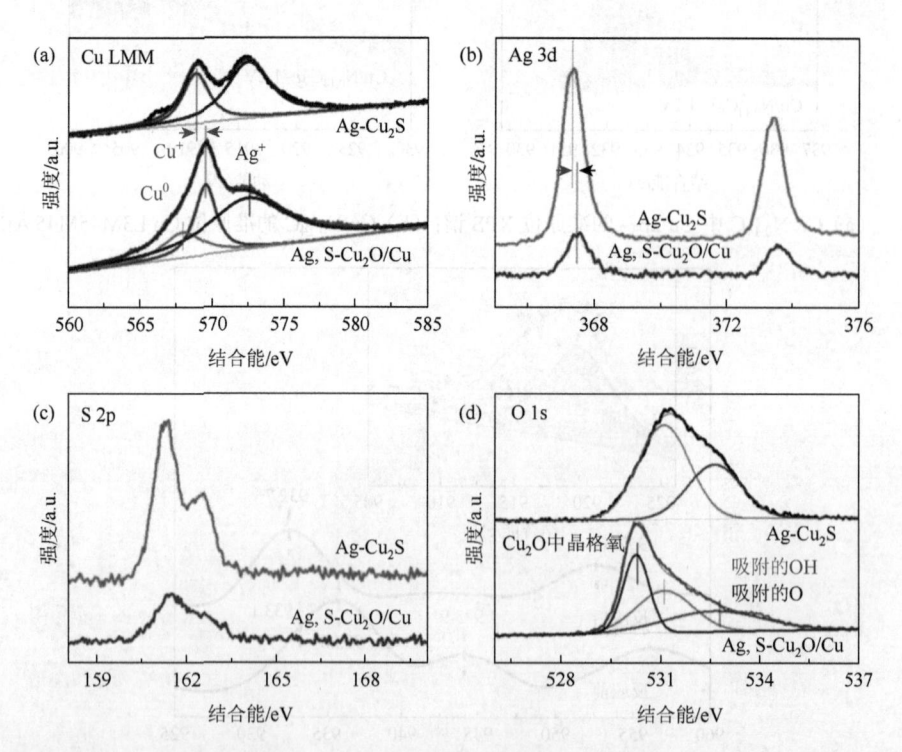

图 6-39 在 30min 的电还原时间下,Ag-Cu_2S 和 Ag, S-Cu_2O/Cu 中的 Cu LMM XEAS 谱(a),以及 Ag 3d(b),S 2p(c)和 O 1s(d)的准原位 APS 谱[25]

和 Ag⁺ 3d$_{5/2}$ 的结合能分别正移了 0.5eV 和 0.3eV。这表明，在 Ag, S-Cu$_2$O/Cu 中，Cu 和 Ag 处于缺电子态，即主要具有氧配位环境，而在 Ag-Cu$_2$S 前驱体中，Cu 和 Ag 表现为硫配位环境。162eV 附近的峰属于 S^{2-} [图 6-39（c）]，其强度的急剧下降表明原位转化后 S^{2-} 的量显著减少。从 O 1s 谱峰 [图 6-39（d）] 可以明显看出催化剂中存在 Cu$_2$O 的晶格氧。

26. 原位 AES 表征铜离子还原为铜

通过电化学方法将硝酸盐（NO$_3^-$）转化为氨（NH$_3$）是一种在平衡氮循环的同时实现无碳氨生产的潜在途径。本小节研究报道了一种高性能的 Cu 纳米片催化剂在 0.59V（参比电极）的流动电池中，相对于可逆氢电极，NH$_3$ 的偏电流密度达到了 665mA/cm^2，NH$_3$ 的产率为 1.41mmol/cm^2。该催化剂在 365mA/cm^2 条件下稳定反应 700h，NH$_3$ 的法拉第效率为 88%。原位 AES 结果证实，在 NO$_3^-$ 电化学还原反应条件下，Cu 纳米片是由制备的 CuO 纳米片原位生成的。

以往的研究表明，在 NO$_3$RR 条件下，铜氧化物通常会发生电位依赖的氧化态演变（如还原为金属 Cu）和结构转变（如原子重排），从而促进 NO$_3$RR 的进行。然而，电化学反应条件下催化剂的组成或结构演变使对 NO$_3$RR 性能增强机制的理解复杂化。Cu 对 NO$_3$RR 的反应性具有结构敏感性，不同 Cu 面对反应物和中间体的吸附不同。因此，通过电化学原位衍生化 Cu 基氧化物以获得具有特定结构的催化剂是一种可行的策略。在此背景下，确定这些 Cu 基氧化物催化剂的活性位点并阐明其结构-性能关系对于 NO$_3$RR 的研究和开发至关重要。

Fu 等[26]采用 CuO 纳米片衍生的 Cu 纳米片来催化 NO$_3$RR 生成 NH$_3$。如图 6-40 所示，准原位 Cu LMM AES 光谱结果表明，制备的 CuO 纳米片在 NO$_3$RR 条件下被电化学

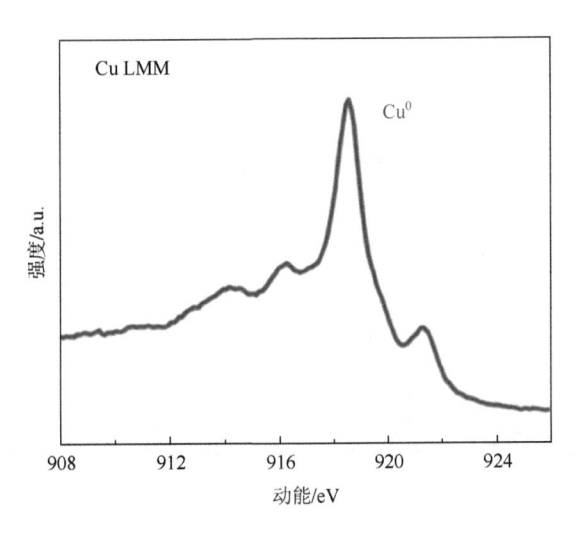

图 6-40 硝酸还原后的 Cu 纳米片电极的准原位 Cu LMM AES 谱[26]

还原为金属 Cu。电化学测量表明，原位衍生的 Cu 纳米片的高性能可归因于 Cu(100)和 Cu(111)面之间的协同作用。密度泛函理论（DFT）计算表明，Cu(100)面有利于 NO_3^- 的吸附和转化为 NO_2，随后 Cu(111)面促进*NO 加氢生成*NOH，从而促进 NH_3 的生成。Cu LMM AES 谱进一步证实了 CuO 纳米片完全还原为金属 Cu。

27. 原位 AES 表征 Cu 位点的稳定性

电化学 CO_2 还原反应（CO_2RR）为在温和条件下将 CO_2 转化为工业燃料和原料，提供了一条极具吸引力的途径。在 CO_2RR 的各种产品中，高附加值碳氢化合物（C_{2+}），如乙醇、乙烯和具有显著能量密度的正丙醇，对于储能应用尤其重要。

为了应对 CO_2RR 固有的动力学迟缓和产物复杂性问题，研究者设计了一系列 C_2 烃类纳米催化剂。目前，铜基纳米材料仍然是实现 C_{2+} 转化的主要催化剂，并且通过调控形貌、晶面、合金化、应变效应和掺杂等手段来增强其 CO_2RR 性能。然而，C_2 烃的选择性仍然较低，对其构效关系的分析也不够充分。因此，开发具有明确结构的纳米催化剂有望解决这些问题，提高 C_2 烃类产物的选择性和整体反应效率。

为了更准确地追踪 CuNC 中 Cu 价态演变，Lv 等[27]进行了准原位 XPS 和 AES 实验。如图 6-41（a）所示，在从开路电位（OCP）到-1.3V（vs. RHE）的过程中，Cu 2p XPS 谱没有明显变化。然而，对于 CuNC 的 AES 谱［图 6-41（d）］，随着电位降低，Cu 信号向更高的动能方向移动。因此，具有 CuN_3 配置的 CuNC 表现出较差的 C_2 选择性和稳定性，这可能归因于施加电位时的原位 Cu 团聚。相比之下，对 CuONC 和 CuFONC 样品进行了准原位 XPS 和 AES 表征。如图 6-41（b）、（c）、（e）、（f）所示，这些样品的信号没有移动，表明氧的加入提高了 CuONC 和 CuFONC 中 Cu 位点的稳定性。

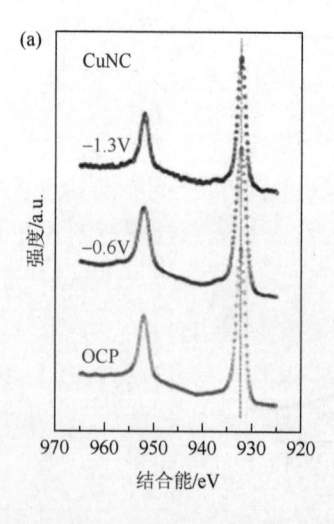

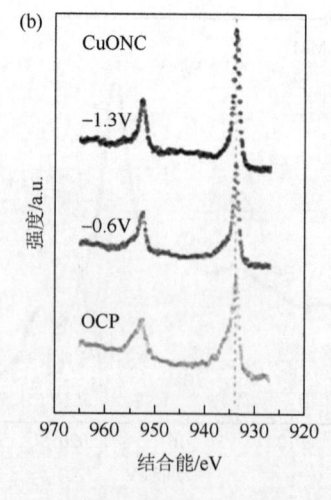

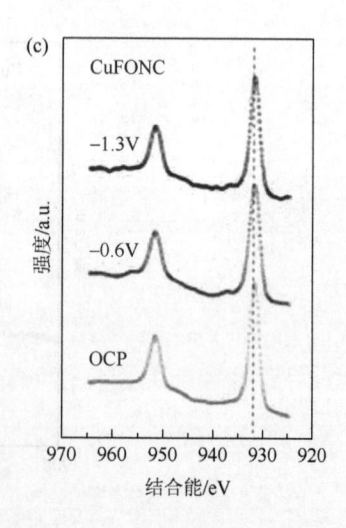

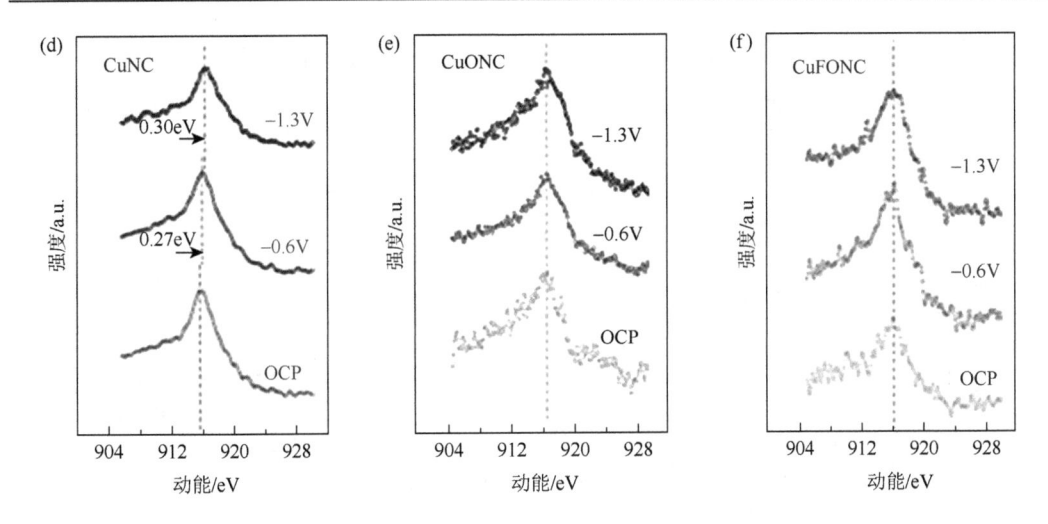

图 6-41 原位检测 CuNC 中 Cu 价态的演变：CuNC（a）、CuONC（b）和 CuFONC（c）的 Cu 2p 的准原位 XPS 谱；CuNC（d）、CuONC（e）和 CuFONC（f）的 Cu LMM 的准原位 AES 谱[27]

28. 原位 AES 表征不同电位下催化剂的表面物种

目前研究的促进 CO_2 还原反应（CO_2RR）的催化材料中，铜基催化剂是唯一能够高效生成乙烯、乙醇和正丙醇（C_{2+} 生成物）的材料。当前研究的重点是揭示决定铜基催化剂活性和选择性的因素。CO_2RR 的复杂性源于多个电子转移步骤及其对表面结构的高度敏感性。理论和实验研究均表明，C—C 偶联路径在 Cu(100) 表面上更有利于乙烯的生成。最近的研究发现，$Cu^{\delta+}$ 的存在会与表面氧气形成氧化物，从而促进乙醇的生成。预测表明，Cu(Ⅰ) 和 CuO 在电催化剂表面的共存会增强 CO 二聚作用。因此，深入了解铜基催化剂的表面结构和组成对于控制 CO_2RR 的选择性至关重要。本小节工作通过在脉冲 CO_2 电解中调整铜基催化剂的形态和氧化态来提高乙醇的生产效率。

Arán-Ais 等[28]采用 Cu LMM AES 和 XPS 共同分析了不同阶跃电位下的表面物种。在 -1.0V 的恒定还原工作电位下，铜表面完全金属化。在研究的阳极电位中，E_a（外加的工作电极电位） = 0V 时的光谱表明生成了 2% 的 Cu_2O；在 0.4V 时开始形成 Cu_2O，但此时的百分比（15%）小于 0.6V 和 0.8V 时的数值，约为 46%。CuO 仅在 0.8V 时观察到，约为 9%。

通过相同的脉冲协议 [t_a（活化时间）= t_c（催化时间）= 1s，E_c（还原反应发生的工作电压）= -1.0V，E_a = 0V、0.4V、0.6V 和 0.8V] 进行 CO_2RR 选择性测量，以进一步洞察不同 $Cu^{\delta+}$ 物种的稳定性。Cu LMM AES 分析表明 [图 6-42（a）和（b）]，在恒定的 E_a 下 1s 脉冲内形成的 Cu_2O 的量低于施加电位 5min 后的量，但仍然显著，并且 Cu_2O 覆盖率与 E_a 成比例。在 E_a = 0.8V 时 1s 脉冲后，仅检测到 4% 的 CuO。而当反应在还原电位脉冲（E_c = -1.0V，t_c = 1s）时停止，之前阳极脉冲中生成的氧化物没有完全还原，表明在 CO_2RR 发生时，阴极脉冲中仍有 7%~11% 的 Cu_2O 存在。

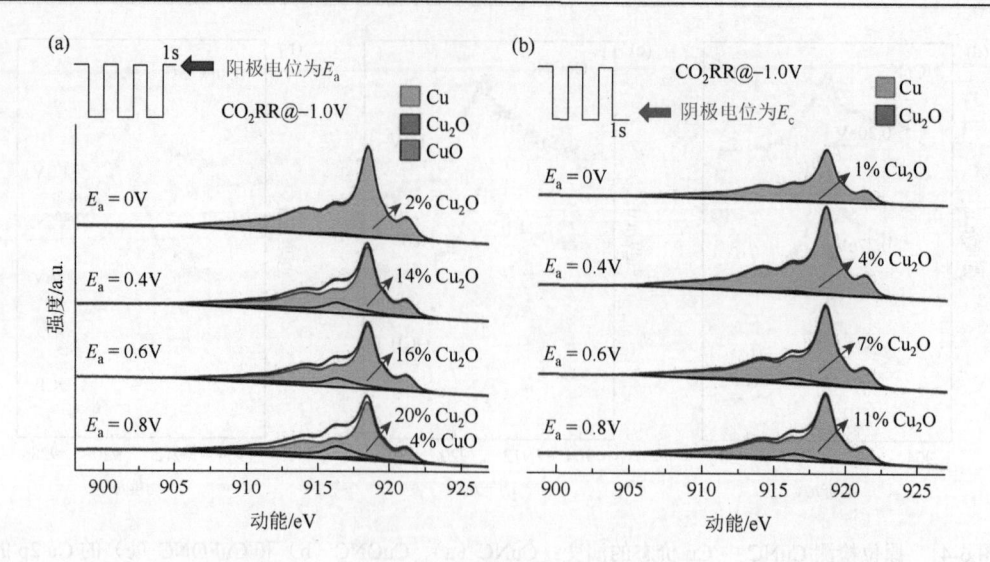

图 6-42 经过不同的脉冲协议后 Cu(100)电极的准原位 Cu LMM AES 谱：(a) 在恒定脉冲 $E_a = 0V$、0.4V、0.6V 和 0.8V 下 Cu LMM AES 谱；(b) 还原电位脉冲 $E_c = 1.0V$，恒定脉冲 $E_a = 0V$、0.4V、0.6V 和 0.8V 下 Cu LMM AES 谱[28]

29. 原位 AES 表征 CO$_2$RR 前后 Cu 物种被还原

Cu 基材料在 CO$_2$RR 产生 C$_{2+}$产物的反应过程中具有最佳活性。因此，许多实验和理论研究都集中在铜表面上的 C—C 偶联机制。CO 被认为是 CO$_2$RR 的关键中间体之一，因为它可以二聚化形成 OCCO 物种或氢化形成 CHO 物种。实验上，已知 C$_2$H$_4$ 形成的起始电位比 CO 析出的起始电位负 300~400mV，并且 C$_{2+}$产物的法拉第效率（FE）显示依赖于施加电位的火山型曲线。特定的 CO 吸附构型被认为对 OC—CO 二聚化至关重要，已经提出了 CO 覆盖率与 C$_{2+}$产物形成之间的联系。

Zhan 等[29]使用原位拉曼光谱结合准原位 Cu LMM X 射线俄歇电子光谱（XAES）来揭示在 Cu$_2$O 纳米立方体电催化剂上 CO$_2$RR 过程中电极-液体界面的转变。如图 6-43 所示，在饱和 CO$_2$ 的 0.1mol/L KHCO$_3$ 中在-1.0V（vs. RHE）还原 1h 后，Cu$_2$O 纳米立方体表面完全还原为金属 Cu。

30. 原位 AES 研究 Cu 的化学价态与活性的关系

采用原位光谱和微观方法研究了电化学 CO$_2$ 还原反应（CO$_2$RR）过程中无配体 Cu 纳米立方体的结构、化学价态和反应活性之间的关系。通过电化学原子力显微镜、X 射线吸收精细结构谱和 X 射线光电子能谱等手段，监测了电位控制下碳负载 Cu 立方体的形貌和组成的动态变化。在反应条件下，纳米立方体表面的粗化、(100)面的消失、孔隙的形成、Cu 的损失和 CuO$_x$ 的减少导致了多碳产物（即 C$_2$H$_4$ 和乙醇）相对于 CH$_4$ 的选择性抑制。

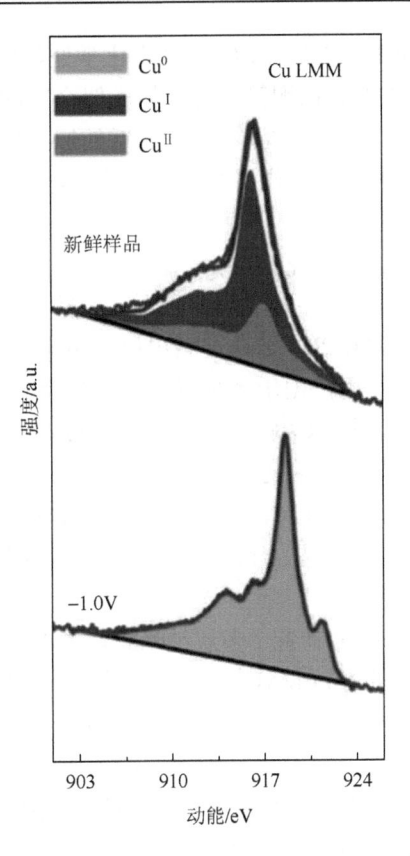

图 6-43 Cu₂O 纳米立方体在制备状态下和在−1.0V（*vs.* RHE）、没有空气暴露情况下的准原位 Cu LMM XAES 谱[29]

Grosse 等[30]研究发现在与电化学电池直接连接的超高真空（UHV）XPS 系统中，从原始 C 负载 Cu 立方体（220nm）中获得了 CO_2RR 前后 1h 的 X 射线诱导 Cu LMM XAES。如图 6-44（a）、（b）所示，反应前得到的原始 C 负载 Cu 立方体的表面组成分别为 52%

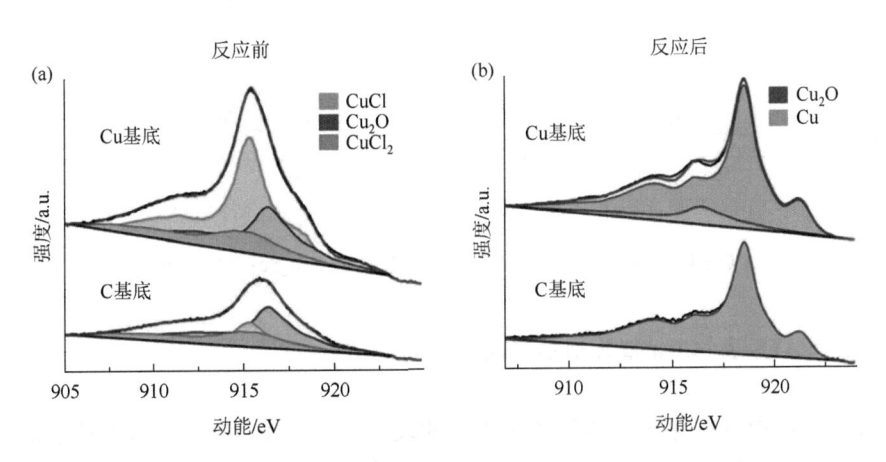

图 6-44 在碳纸上电沉积 220nm Cu 立方体和在铜箔上沉积 250nm Cu 立方体的准原位 AES 图：(a) 反应前；(b) 反应后[30]

Cu_2O、22% $CuCl_2$、23% $CuCl$ 和 3%金属 Cu。经电化学处理后，立方体大部分被还原，仅检测到 4.6%的 Cu_2O。有趣的是，在铜箔上支撑的类似合成的 Cu 立方体上，经过 CO_2RR 后检测到更高的 Cu^I 含量（13%），而经过 CO_2RR 后的原始铜箔基底中根本没有 Cu^I。后一项发现强调了 Cu 立方体/铜箔相互作用对 Cu^I 物种稳定的关键作用。

31. 原位 AES 表征反应前后催化剂价态

电催化二氧化碳还原（CO_2ER）是通过利用可再生电力将二氧化碳转化为有价值的燃料和化学品的一种方法。然而，由于多种反应途径的存在，产品选择性一直是一个持续的挑战。在 CO_2ER 的产品中，C_{2+}产物因高能量密度和经济价值而更具吸引力。特别是乙醇，作为一种安全易储存和运输的液体 C_2 产品，可广泛用作溶剂、化学合成原料、汽油添加剂和燃料来源。然而，由于 C—C 偶联的可控性较差，设计出具有高选择性乙醇产出的电催化剂仍然是一个挑战，这导致了与催化剂表面类似的多个中间体的其他 C_1 或 C_{2+}产物的竞争。

Sun 等[31]通过 Cu_2Se 掺杂 V 制备了多层纳米管，并在 CO_2ER 进行 18min 后收集了 $Cu_{1.22}V_{0.19}Se$ 和未掺杂 Cu_2Se 的 Cu LMM AES 谱，以检测 Cu 的价态。如图 6-45（a）、（b）所示，在未掺杂的 Cu_2Se 上，567.2eV 处出现了一个属于 Cu^0 的新峰，其中 Cu^0 与 Cu^+ 的积分面积比为 0.41：1。相比之下，$Cu_{1.22}V_{0.19}Se$ 的 Cu^0 峰明显较弱，Cu^0 和 Cu^+ 的峰面积比为 0.05：1。与在 –0.8V 下电解 138h 后的催化剂峰面积比（0.07：1）相比，结果表明催化剂表面的变化主要发生在初始反应阶段。电解一定时间后，催化剂达到稳定状态，并随着反应时间的延长基本保持不变。

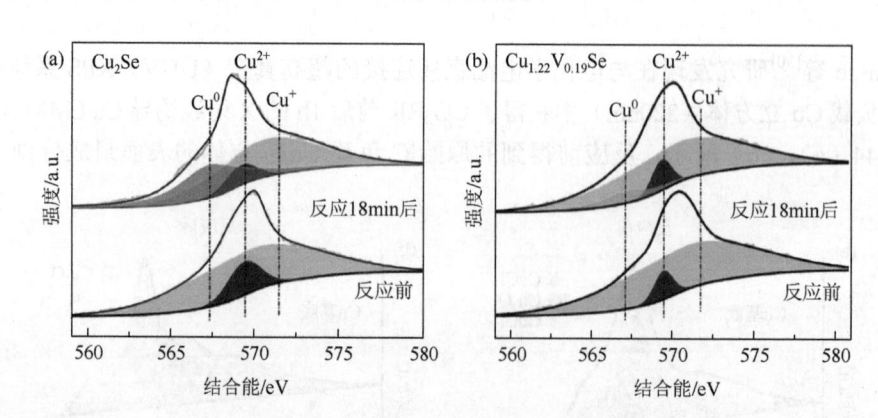

图 6-45 CO_2ER 反应前后的 Cu LMM AES 谱：（a）Cu_2Se；（b）$Cu_{1.22}V_{0.19}Se$[31]

32. 原位 AES 表征 Cu 催化剂纳米晶体

纳米颗粒（NPs）催化剂通常暴露出不同的表面位点，每个位点具有独特的催化性能。这种结构复杂性严重影响了确定其活性位点以及合理设计多相催化剂的难度。传统上，通过使用具有明确表面结构的单晶作为模型催化剂，可以简化 NPs 催化剂的复杂性。近年来，具有可调结构的均一催化剂纳米晶体（NCs）展示出在多相催化中的巨大潜力，既可以作为新型的模型催化剂在与粉末催化剂相同的条件下进行研究，又可以作为高效催化剂的潜在候选。然而，从湿化学合成中继承而来的催化剂 NCs 表面修饰配体显著影响了它们在多相催化中的应用，特别是在气固异质催化反应中。

Zhang 等[32]通过 X 射线光电子能谱（XPS）和 Cu LMM 俄歇电子能谱（AES）对未暴露于空气的 Cu NCs 进行了表征。Cu LMM AES [图 6-46（a）] 和 Cu 2p XPS [图 6-46（b）] 结果表明，金属 Cu 在 Cu NCs 表面占主导地位，但同时仍然存在少量的 Cu(Ⅰ)。

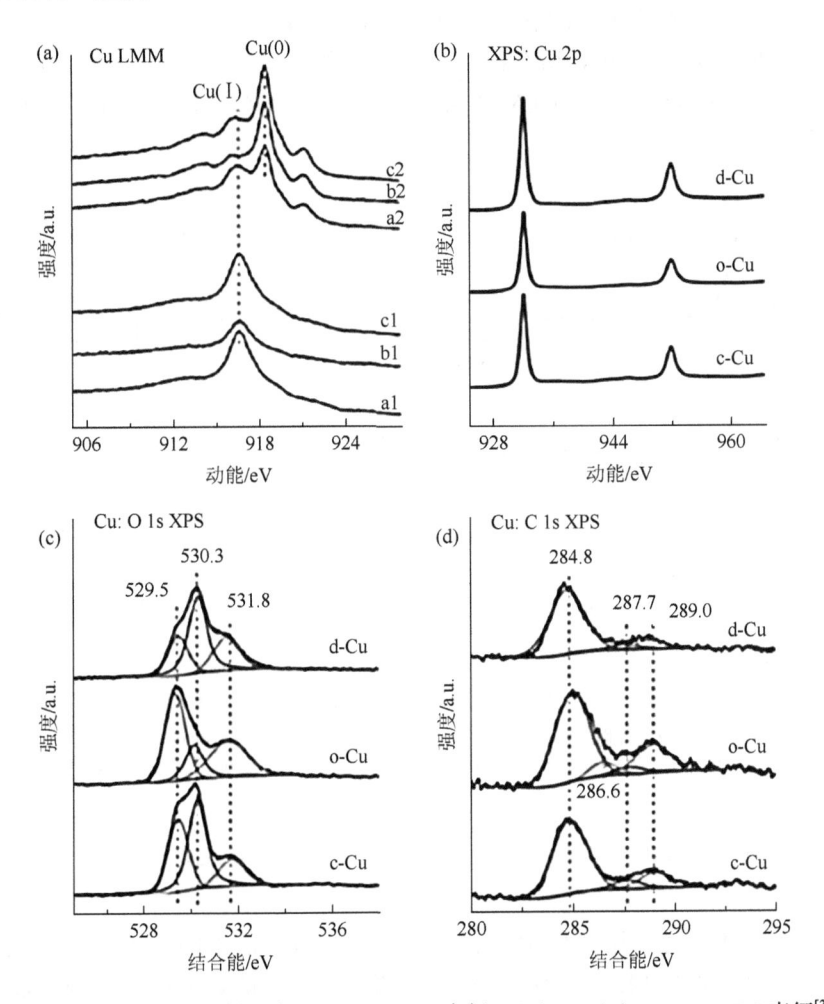

图 6-46 （a）Cu NCs 样品中 Cu LMM AES 表征；（b）～（d）Cu NCs XPS 表征[32]

（a）中 a1 表示 Cu₂O 立方体；b1 表示 Cu₂O 八面体；c1 表示 Cu₂O 菱形十二面体；a2 表示 Cu 立方体；b2 表示 Cu 八面体；c2 表示 Cu 菱形十二面体，（b）～（d）中 d-Cu 表示 Cu 立方体；o-Cu 表示 Cu 八面体；c-Cu 表示 Cu 菱形十二面体

33. 原位 AES 表征 CuFe₂O₄ 尖晶石中的 Cu 物种

氧化尖晶石长期以来在各种催化应用中发挥着重要作用，如分解气态污染物和水煤气变换反应。正常的尖晶石 AB₂O₄ 中，A 通常是占据四面体位置的二价阳离子，而 B 是

占据八面体位置的三价阳离子。在反尖晶石中,一半的 B 阳离子占据四面体位置,化学式改写为 B[AB]O$_4$。铜基尖晶石已被提议作为含氧烃制氢的重整催化剂。铜铁尖晶石型氧化物(CuFe$_2$O$_4$)首次作为一种高活性的催化剂被开发用于二甲醚蒸汽重整(DME SR)。目前,DME 被认为是一种有前途的氢气来源,可用作液化石油气(LPG)、甲烷和汽油的替代品,因为它无害,可以在 200~400℃的低温下重整,产生高氢碳比的重整产物。DME 已经被用作清洁燃料,替代液化石油气和柴油。

Shimoda 等[33]通过 XPS 结合准原位 AES 对 CuFe$_2$O$_4$ 尖晶石的氧化态进行了表征。图 6-47 为 CuFe$_2$O$_4$ 尖晶石的 Cu 2p$_{3/2}$(930~950eV)XPS 谱图和 Cu LMM(912~921eV)AES 谱图。在图 6-47(a)中,所有样品的 Cu^{2+}物种在 937~950eV 处观察到卫星峰。在图 6-47(b)中,所有样品的 Cu LMM AES 谱表现出单峰,峰位为 918.1~918.3eV,归属于 Cu^{2+}物种的特征峰。

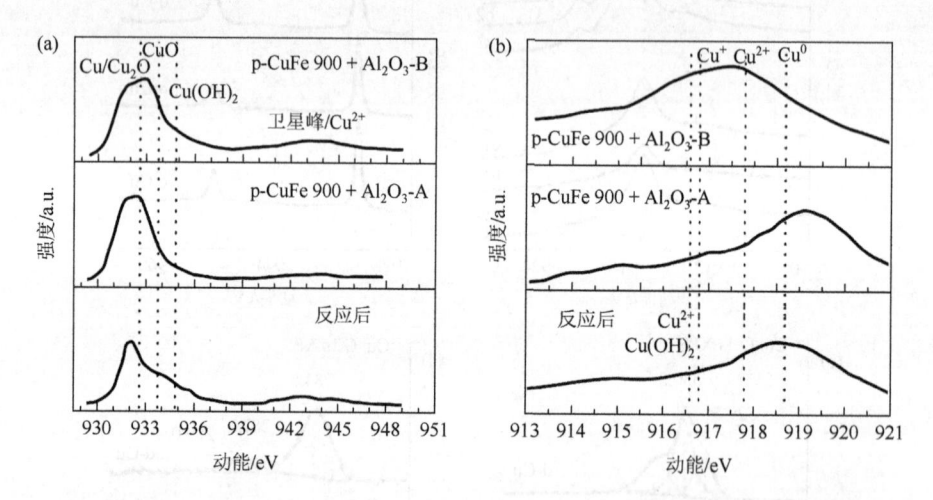

图 6-47 再生复合材料 p-CuFe 900 + Al$_2$O$_3$ 的 Cu 2p$_{3/2}$ XPS 谱图(a)和准原位 Cu LMM AES 谱图(b)[33]
反应条件:S/C(水蒸气与二甲醚混合物的质量流量比)= 2.5;GHSV(体积空速)= 3000h^{-1};温度 = 375℃;TOS(连续运转时间)= 100h。再生条件:在 350℃下 10%H$_2$/N$_2$ 还原 5h(A);在 350℃下在空气中煅烧 5h(B)

34. 原位 AES 表征用于二氧化碳电还原的 SnO$_x$/AgO$_x$ 催化剂

二氧化碳电还原为有用的化学品和燃料是一项极具前景的技术,可以减少工业二氧化碳排放对环境的影响。尽管研究发现等离子体氧化的银表面在生成 CO 时具有相当低的过电位,但析氢反应(HER)这种与二氧化碳还原竞争的反应会随着时间的推移而增加。

为了提高稳定性和选择性,Choi 等[34]通过在 O$_2$ 等离子体预处理的 Ag 表面电沉积 Sn,制备了 SnO$_x$/AgO$_x$ 催化剂,实现了更稳定的 C$_1$ 产物的生成。特别是在-0.8V(vs. RHE)条件下,20h 内观察到 HER 强烈抑制[低于 5%的法拉第效率(FE)]。表征结果显示,高度粗糙的表面含有稳定的 Sn$^{\delta+}$/Sn 物质,这些物质是增强活性和稳定 CO/甲酸选择性的关键。该研究强调了表面粗糙度、成分和化学价态在 CO$_2$ 电催化中的重要性。如图 6-48

（a）和（b）所示，SnO$_x$/AgO$_x$ 和 SnO$_x$/Ag 样品在 CO$_2$RR 反应 1h 和 20h 后的 Sn MNN AES 谱表明，两种样品在反应后均能观察到与金属 Sn 和 SnO$_x$ 物质相对应的特征。随着反应时间的增加，SnO$_x$ 的含量逐渐减少，但即使在 -0.8V（vs. RHE）下处理 20h 后，两种样品表面仍保留有 SnO$_x$。

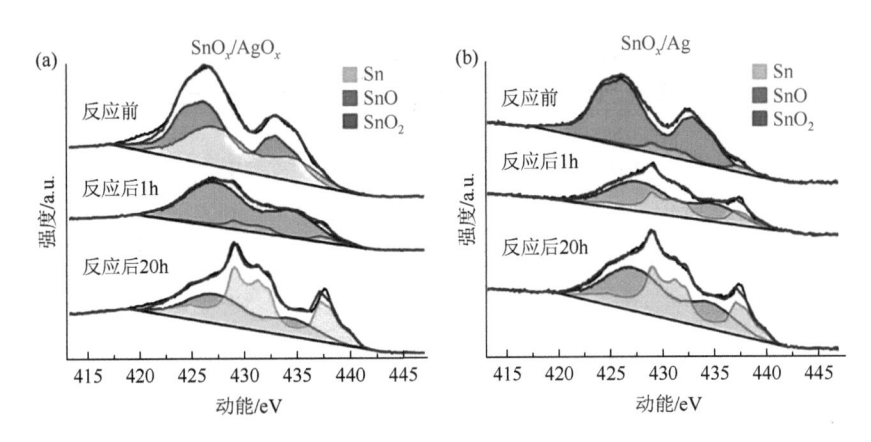

图 6-48　SnO$_x$/AgO$_x$ 催化剂中 Sn 的准原位 Sn MNN AES 谱：O$_2$ 等离子体处理的 Ag 基底（AgO$_x$）（a）和原始 Ag 基底（b）上电沉积[34]

有色谱图是 Sn MNN 参考谱图（金属 Sn、SnO 和 SnO$_2$），用于拟合 AES 谱。在 0.1mol/L KHCO$_3$ 中，在 -0.81V（vs. RHE）工作电位下进行了电化学 CO$_2$RR

35. 原位 AES 表征 CuNiZnAl 金属复合氧化物催化剂

通过热分解 Cu$_{1-x}$Ni$_x$ZnAl 类水滑石前驱体，制备了一系列 Cu/Ni 比不同的 CuNiZnAl 多组分混合金属氧化物催化剂，并对其在生物乙醇的氧化蒸汽重整中的性能进行了测试。富 Cu 催化剂有利于乙醇脱氢生成乙醛（CH$_3$CHO），而引入 Ni 则导致 C—C 键断裂，生成 CO、CO$_2$ 和 CH$_4$。在 300℃ 下，所有催化剂的 H$_2$ 产率（选择性）在 2.6～3.0mol/mol 乙醇之间，乙醇转化率为 50%～55%。

Velu 等[35]对上述催化剂进行了原位 XPS 研究，以了解催化反应中活性物质的性质。核能级和价带 XPS 以及 AES（图 6-49）显示，煅烧材料上存在 Cu^{2+}、Ni^{2+} 和 Zn^{2+}。在反应温度下原位还原时，Cu^{2+} 完全还原为 Cu^0，Ni^{2+} 和 Zn^{2+} 分别部分还原为 Ni^0 和 Zn^0。还原后，富 Cu 催化剂上的 ZnO 性质由晶态变为非晶态，表现出较高的电子稳定性和相对惰性。随着 Cu 含量的降低，Ni^0 和 Zn^0 的相对浓度随还原量增加而增加。价带 XPS 结果表明，Cu 和 Ni 在煅烧材料上的 3d 带之间的重叠很小，还原后由于形成金属团簇而没有重叠。然而，富 Ni 催化剂的费米能级态密度显著增加，这可能会影响产物的选择性。

36. 原位 AES 表征 Cu 纳米立方体催化剂

二氧化碳电还原被认为是解决气候变化和能源储存需求的有前景的途径。Gao 等[36]

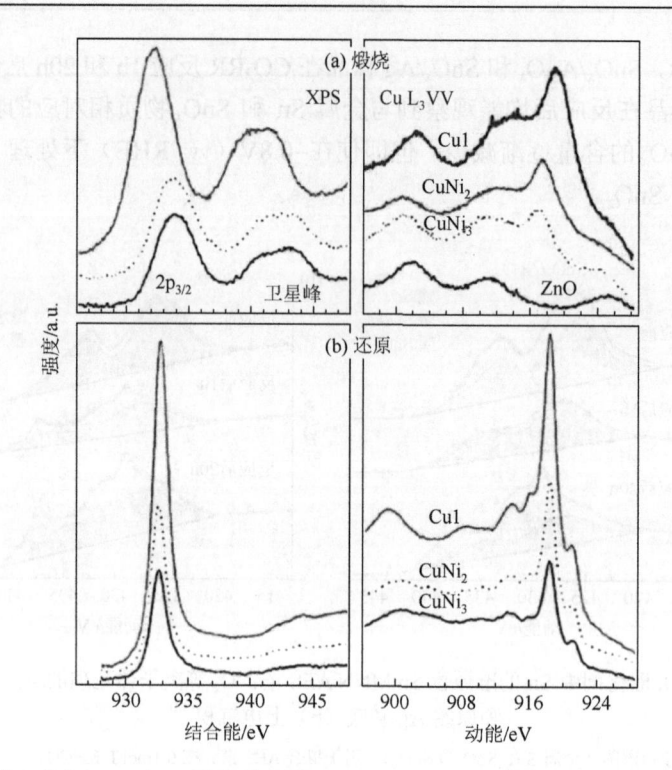

图 6-49 Cu 2p$_{3/2}$ 核心能级 XPS 和 X 射线诱导的 Cu L$_3$VV AES 谱：煅烧（a）和原位还原（b）CuNiZnAl 混合氧化物催化剂，同时给出了 Zn LMM 的 AES 谱，以证明催化剂中 Zn LMM 的重叠特征[35]

Cu1 表示 100% Cu；CuNi$_2$ 表示 Cu 与 Ni 的摩尔比为 1:2；CuNi$_3$ 表示 Cu 与 Ni 的摩尔比为 1:3

通过低压等离子体预处理开发了一种高活性和选择性的铜（Cu）纳米立方体催化剂，该催化剂具有可调节的 Cu(100)面和氧/氯离子含量。这些催化剂表现出较低的过电位及较高的乙烯、乙醇和正丙醇选择性，使 C$_2$ 和 C$_3$ 产物的最高法拉第效率（FE）达到约 73%。通过扫描电子显微镜、能量色散 X 射线光电子能谱和准原位 X 射线光电子能谱的结合，研究表明，在电化学反应条件下，通过等离子体处理可以系统地调节催化剂的形状、离子含量和离子稳定性。研究结果指出，纳米立方体催化剂表面和亚表面区域的氧是实现高活性和碳氢化合物/醇选择性的关键，甚至比 Cu(100)的存在更为重要。

如图 6-50 所示，Gao 等获取了经过等离子体处理的 Cu 纳米立方体样品在准原位电化学反应之前和之后的 Cu LMM AES 谱。Cu AES 谱的反卷积比 O 1s 光谱更可靠，因为后者主要由几种表面吸附的物质（如碳酸盐、氢氧化物等）贡献，很难与 Cu$_x$O 的离子区分。反应前，O$_2$ 等离子体处理的样品被严重氧化，以 Cu^{2+} 组分为主，而其他样品的 AES 谱以 Cu$_2$O 和 CuCl 为主。反应后，所有样品大部分被还原。然而，与参考金属箔（被 H$_2$ 等离子体原位还原）比较，表明考虑 Cu$^+$ 成分是实现反应后 LMM 光谱良好拟合的必要条件。用这种方法测定的 Cu$^+$ 物种（即 Cu$_2$O 和 CuCl）的相对量在 O$_2$ 等离子体处理的样品中占总 Cu 物质的约 13at%（即金属 Cu 占约 87at%），在 Ar 等离子体处理的样品中占约 7at%，而在 H$_2$ 等离子体处理的样品中仅占约 4at%。因此，尽管在反应后的所有样品中，XPS 检测到的大多数氧是表面吸附的，不一定与 Cu$^+$ 阳离子相关，但反应后肯定存在 Cu$^+$ 物种，并且这些阳离子物种在 O$_2$ 等离子体处理后的样品中相对含量更高。

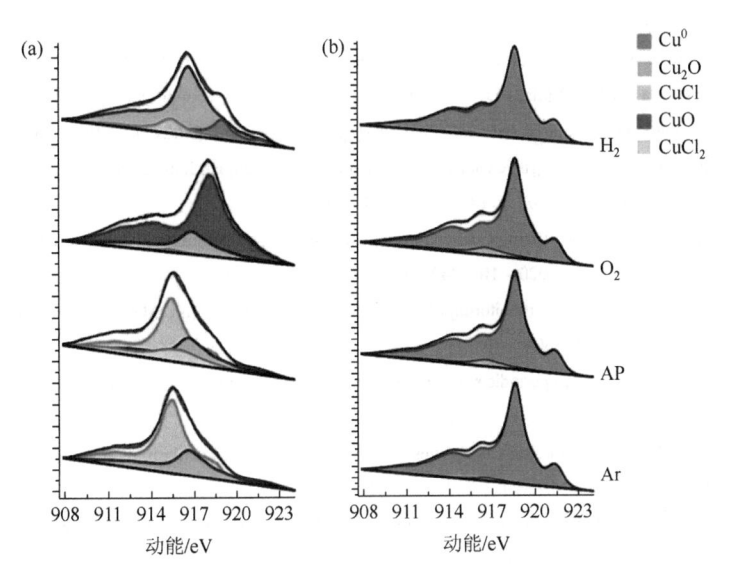

图 6-50　Cu 纳米立方体样品的 LMM-XPS 谱图：在 –1.0 V（vs. RHE）下进行 1 h CO$_2$ 电还原反应前（a）和反应后（b）准原位测量[36]

AP 表示未经等离子体处理的新鲜样品

参 考 文 献

[1] Tang C Y, Haasch R T, Dillon S J. *In situ* X-ray photoelectron and Auger electron spectroscopic characterization of reaction mechanisms during Li-ion cycling[J]. Chemical Communications, 2016, 52（90）: 13257-13260.

[2] Yu T F, Chen H Y, Liao M Y, et al. Solution-processable anion-doped conjugated polymer for nonvolatile organic transistor memory with synaptic behaviors[J]. ACS Applied Materials & Interfaces, 2020, 12（30）: 33968-33978.

[3] Morey J, Ledeuil J B, Martinez H, et al. *Operando* Auger/XPS using an electron beam to reveal the dynamics/morphology of Li plating and interphase formation in solid-state batteries[J]. Journal of Materials Chemistry A, 2023, 11（17）: 9512-9520.

[4] Tang C Y, Feng L, Haasch R T, et al. Surface redox on Li[Ni$_{1/3}$Mn$_{1/3}$Co$_{1/3}$]O$_2$ characterized by *in situ* X-ray photoelectron spectroscopy and *in situ* Auger electron spectroscopy[J]. Electrochimica Acta, 2018, 277: 197-204.

[5] Wood K N, Steirer K X, Hafner S E, et al. *Operando* X-ray photoelectron spectroscopy of solid electrolyte interphase formation and evolution in Li$_2$S-P$_2$S$_5$ solid-state electrolytes[J]. Nature Communications, 2018, 9（1）: 2490.

[6] Orvis T, Cao T, Surendran M, et al. Direct observation and control of surface termination in perovskite oxide heterostructures[J]. Nano Letters, 2021, 21（10）: 4160-4166.

[7] Lin L, Yao S, Liu Z, et al. *In situ* characterization of Cu/CeO$_2$ nanocatalysts for CO$_2$ hydrogenation: morphological effects of nanostructured ceria on the catalytic activity[J]. The Journal of Physical Chemistry C, 2018, 122（24）: 12934-12943.

[8] Huang W, Lin N, Xie X, et al. NO reduction on Cu-based model catalysts studied by *in-situ* IRAS[J]. Chinese Journal of Chemistry, 2022, 40（11）: 1267-1274.

[9] Cui G, Zhang X, Wang H, et al. ZrO$_{2-x}$ modified Cu nanocatalysts with synergistic catalysis towards carbon-oxygen bond hydrogenation[J]. Applied Catalysis B: Environmental, 2021, 280: 119406.

[10] Cai J, Ling Y, Zhang H, et al. Formation of different Rh-O species on Rh(110) and their reaction with CO[J]. ACS Catalysis,

2023, 13 (1): 11-18.

[11] Song T, Li R, Wang J, et al. Enhanced methanol synthesis over self-limited ZnO$_x$ overlayers on Cu nanoparticles formed via gas-phase migration route[J]. Angewandte Chemie International Edition, 2024, 63 (5): e202316888.

[12] Lan F, Zhang H, Zhao C, et al. Copper clusters encapsulated in carbonaceous mesoporous silica nanospheres for the valorization of biomass-derived molecules[J]. ACS Catalysis, 2022, 12 (9): 5711-5725.

[13] Thurner C W, Bonmassar N, Winkler D, et al. Who does the job? How copper can replace noble metals in sustainable catalysis by the formation of copper-mixed oxide interfaces[J]. ACS Catalysis, 2022, 12 (13): 7696-7708.

[14] Fan R, Zhang Y, Hu Z, et al. Synergistic catalysis of cluster and atomic copper induced by copper-silica interface in transfer-hydrogenation[J]. Nano Research, 2021, 14 (12): 4601-4609.

[15] Yu J, Yang M, Zhang J, et al. Stabilizing Cu$^+$ In Cu/SiO$_2$ catalysts with a shattuckite-like structure boosts CO$_2$ hydrogenation into methanol[J]. ACS Catalysis, 2020, 10 (24): 14694-14706.

[16] Wang J, Li C, Zhu Y, et al. *In situ* monitoring of H$_2$-induced nonstoichiometry in Cu$_2$O[J]. The Journal of Physical Chemistry Letters, 2022, 13 (24): 5597-5604.

[17] Xu L, Ma X, Wu L, et al. *In situ* periodic regeneration of catalyst during CO$_2$ electroreduction to C$_{2+}$ products[J]. Angewandte Chemie International Edition, 2022, 61 (37): e202210375.

[18] Shi H, Luo L, Li C, et al. Stabilizing Cu$^+$ species in Cu$_2$O/CuO catalyst via carbon intermediate confinement for selective CO$_2$RR[J]. Advanced Functional Materials, 2024, 34 (11): 2310913.

[19] Sang J, Wei P, Liu T, et al. A reconstructed Cu$_2$P$_2$O$_7$ catalyst for selective CO$_2$ electroreduction to multicarbon products[J]. Angewandte Chemie International Edition, 2022, 61 (5): e202114238.

[20] Zhang R, Chen F, Jin H, et al. Highly stability Cu$^+$ species in hollow Cu$_2$O nanoreactors by modulating cavity size for CO$_2$ electroreduction to C$_{2+}$ products[J]. Chemical Engineering Journal, 2023, 461: 142052.

[21] Zhang T, Yuan B, Wang W, et al. Tailoring *H intermediate coverage on the CuAl$_2$O$_4$/CuO catalyst for enhanced electrocatalytic CO$_2$ reduction to ethanol[J]. Angewandte Chemie International Edition, 2023, 62 (29): e202302096.

[22] Wu J, Xu L, Kong Z, et al. Integrated tandem electrochemical-chemical-electrochemical coupling of biomass and nitrate to sustainable alanine[J]. Angewandte Chemie International Edition, 2023, 62 (45): e202311196.

[23] Su X, Jiang Z, Zhou J, et al. Complementary *operando* spectroscopy identification of *in-situ* generated metastable charge-asymmetry Cu$_2$-CuN$_3$ clusters for CO$_2$ reduction to ethanol[J]. Nature Communications, 2022, 13 (1): 1322.

[24] Yuan X, Chen S, Cheng D, et al. Controllable Cu^0-Cu$^+$ sites for electrocatalytic reduction of carbon dioxide[J]. Angewandte Chemie International Edition, 2021, 60 (28): 15344-15347.

[25] Li P, Bi J, Liu J, et al. *In situ* dual doping for constructing efficient CO$_2$-to-methanol electrocatalysts[J]. Nature Communications, 2022, 13 (1): 1965.

[26] Fu Y, Wang S, Wang Y, et al. Enhancing electrochemical nitrate reduction to ammonia over Cu nanosheets via facet tandem catalysis[J]. Angewandte Chemie International Edition, 2023, 62 (26): e202303327.

[27] Lv Z, Wang C, Liu Y, et al. Improving CO$_2$-to-C$_2$ conversion of atomic CuFONC electrocatalysts through F, O-codrived optimization of local coordination environment[J]. Advanced Energy Materials, 2024: 2400057.

[28] Arán-Ais R M, Scholten F, Kunze S, et al. The role of *in situ* generated morphological motifs and Cu(Ⅰ) species in C$_{2+}$ product selectivity during CO$_2$ pulsed electroreduction[J]. Nature Energy, 2020, 5 (4): 317-325.

[29] Zhan C, Dattila F, Rettenmaier C, et al. Revealing the CO coverage-driven C-C coupling mechanism for electrochemical CO$_2$ reduction on Cu$_2$O nanocubes via *operando* Raman spectroscopy[J]. ACS Catalysis, 2021, 11 (13): 7694-7701.

[30] Grosse P, Gao D, Scholten F, et al. Dynamic changes in the structure, chemical state and catalytic selectivity of Cu nanocubes during CO$_2$ electroreduction: size and support effects[J]. Angewandte Chemie International Edition, 2018, 57 (21): 6192-6197.

[31] Sun W, Wang P, Jiang Y, et al. V-doped Cu$_2$Se hierarchical nanotubes enabling flow-cell CO$_2$ electroreduction to ethanol with high efficiency and selectivity[J]. Advanced Materials, 2022, 34 (50): 2207691.

[32] Zhang Z, Wang S S, Song R, et al. The most active Cu facet for low-temperature water gas shift reaction[J]. Nature

[33] Faungnawakij K, Shimoda N, Fukunaga T, et al. Crystal structure and surface species of CuFe$_2$O$_4$ spinel catalysts in steam reforming of dimethyl ether[J]. Applied Catalysis B: Environmental, 2009, 92 (3): 341-350.

[34] Choi Y W, Scholten F, Sinev I, et al. Enhanced stability and CO/formate selectivity of plasma-treated SnO$_x$/AgO$_x$ catalysts during CO$_2$ electroreduction[J]. Journal of the American Chemical Society, 2019, 141 (13): 5261-5266.

[35] Velu S, Suzuki K, Vijayaraj M, et al. *In situ* XPS investigations of Cu$_{1-x}$Ni$_x$ZnAl-mixed metal oxide catalysts used in the oxidative steam reforming of bio-ethanol[J]. Applied Catalysis B: Environmental, 2005, 55 (4): 287-299.

[36] Gao D, Zegkinoglou I, Divins N J, et al. Plasma-activated copper nanocube catalysts for efficient carbon dioxide electroreduction to hydrocarbons and alcohols[J]. ACS Nano, 2017, 11 (5): 4825-4831.

第 7 章 俄歇电子能谱仪

7.1 俄歇电子能谱仪的基本结构

俄歇电子能谱仪是一种现代分析仪器,具有较为复杂的系统结构。它的主要组成部分包括以下几个。

(1) 样品预处理室:在此进行样品的抽真空处理,配备了传递杆和真空保护系统,用于将样品安全引入超高真空(UHV)环境中,确保样品在分析前达到理想的真空状态。

(2) 样品操作台:这是一个多功能的操作台,具备 3~5 个可调节的维度,能够精确控制样品的位置和角度。此外,操作台还配备有加热和冷却功能,可以调节样品的温度以适应不同的实验需求。

(3) 超高真空分析室:这是仪器的核心,配备了电子枪、能量分析器、电子检测器及氩离子枪等关键部件。这些组件协同工作,对样品进行高精度的能量分析和表面成分分析。

(4) 数据处理系统:包括计算机及其接口,以及数据输出系统,负责收集、处理并输出分析结果。通过高效的数据处理系统,用户可以快速获得精确的实验数据,便于进行深入研究和应用。

整体而言,俄歇电子能谱仪通过这些高度集成的组件,为科研和材料分析提供了一种高效且可靠的技术手段。

俄歇电子能谱仪基本结构示意图如图 7-1 所示。

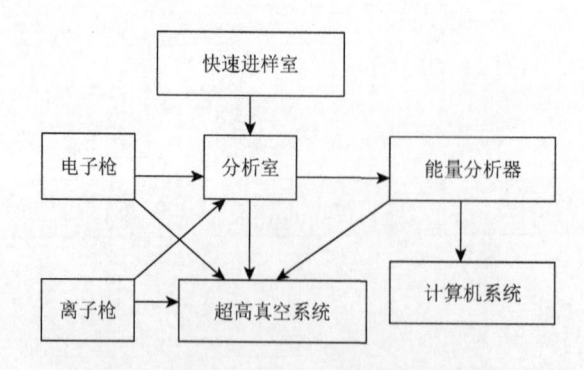

图 7-1 俄歇电子能谱仪的基本结构示意图

7.1.1 电子源

在俄歇电子能谱仪中,电子源是实现精准分析的关键组件之一,其结构示意图如图 7-2 所示。通常,有三种主要的电子源被广泛应用:钨丝、六硼化镧(LaB$_6$)灯丝以及场发射电子枪。钨丝：传统的电子源，以其稳定性和成本效益著称，适用于基本的表面分析。六硼化镧灯丝：目前在俄歇电子能谱仪中最常用的电子源。六硼化镧灯丝具备多项优越性能，如高电子束流密度、良好的单色性和出色的高温耐氧化能力，使其在高精度的表面分析中表现卓越。场发射电子枪：作为新一代电子源，场发射电子枪因高空间分辨率和大束流密度而受到青睐。它的高性能表现在能够提供更细致和深入的表面成分分析上。然而，这种类型的电子枪价格昂贵，维护复杂，并对实验环境的真空度有极高要求。此外，电子枪还可以根据操作方式分为固定式和扫描式两种类型。固定式电子枪提供稳定的电子束，适合进行常规表面分析；而扫描式电子枪则更适合进行微区分析，能够在样品表面进行精确扫描，适用于需要局部高分辨率分析的应用场景。

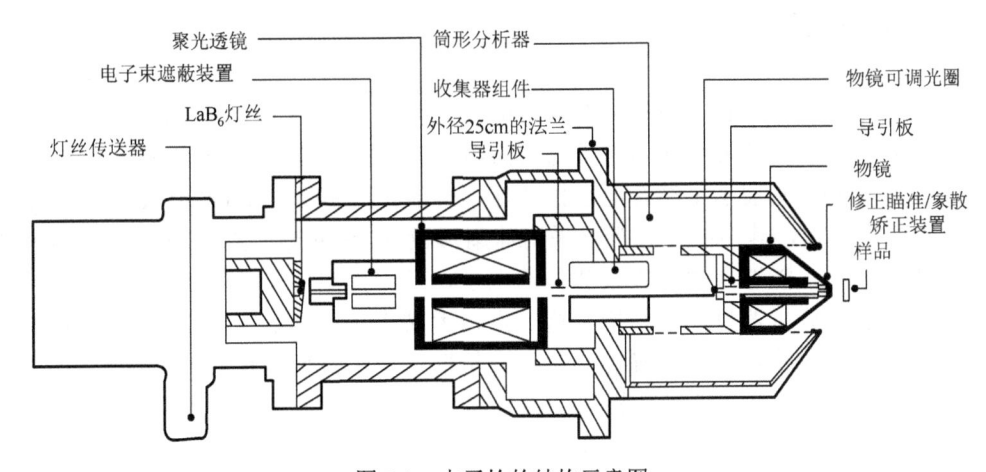

图 7-2 电子枪的结构示意图

总之，选择合适的电子源对于俄歇电子能谱仪的性能和应用范围至关重要，不同类型的电子源各有优势，可根据具体的实验需求和条件进行选择。

在探讨俄歇电子能谱仪中电子枪和分析器的结构配置时，了解其几何结构的差异尤为重要，尤其是在分析表面粗糙的样品时。几何结构主要分为非同轴和同轴两种。

（1）非同轴几何结构：在这种配置中，电子枪和分析器的轴线不对齐，这可能在分析表面不平整的样品时产生所谓的"阴影效应"。这种效应会导致分析结果的非均匀性，因为某些区域可能会被其他部分阻挡，不被电子枪直接照射或分析器直接检测。

（2）同轴几何结构：在同轴配置中，电子枪和分析器共线，这种设计显著减少了阴影效应，提高了分析器的收集效率。同轴几何结构能够更均匀地分析样品表面，特别是在样品表面粗糙或不均匀的情况下。通过提高电子束的均匀覆盖和分析器的数据收集能力，同轴几何结构特别适合进行复杂表面的分析。

这些设计差异在研究中可能尤其重要，因为在教育和有机化学领域，深入理解材料的表面特性对于推进教学和科学研究都极为关键。如图 7-3 所示，阴影是正交几何图形的一个明显问题。通过镍和铟的图像［图 7-3（b）和（d）］可以验证。用同轴方法收集的类似数据［图 7-3（f）和（h）］显示几乎完全没有阴影。同轴几何结构的优势在于能够提供更为精确和一致的分析结果，这对于确保实验数据的可靠性和教学中的准确性传达至关重要。

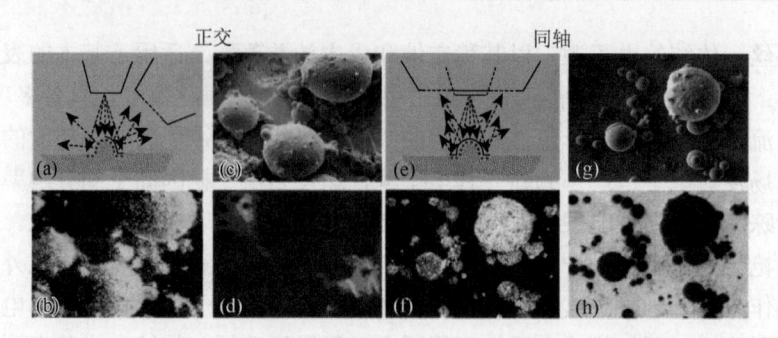

图 7-3 利用分散在铟箔上的镍粉的数据对比同轴几何和正交几何两种方法的示意图

7.1.2 能量分析器

本小节将介绍目前通用的两种能量分析器类型，以及它们的结构特点和应用优势。图 7-4（a）展示了一种带有同轴电子枪的筒镜能量分析器（cylindrical mirror analyzer, CMA）。图 7-4（b）则展示了结合电子枪和球扇形能量分析器（spherical sector analyzer, SSA）的结构形式，其中能量分析器采用球扇形设计。CMA：这种分析器设计具有较大的立体接收角，能够高效地收集和传输电子，从而提高电子传输率。其最大的特点是电子枪和能量分析器呈同轴结构，这一点极大减少了因样品表面不平导致的阴影效应，增强了信号的稳定性和准确性。此类分析器适用于需要高传输效率和低阴影效应的精密表面分析。SSA：这种分析器的设计特点是优良的能量色散性能，因此在能量分辨率上表现出色。球扇形结构允许更精确的能量测量，使得 SSA 特别适合那些需要高能量分辨率的应用。虽然其结构不同于 CMA 的同轴设计，但其独特的构造优化了分析精度和分辨能力。

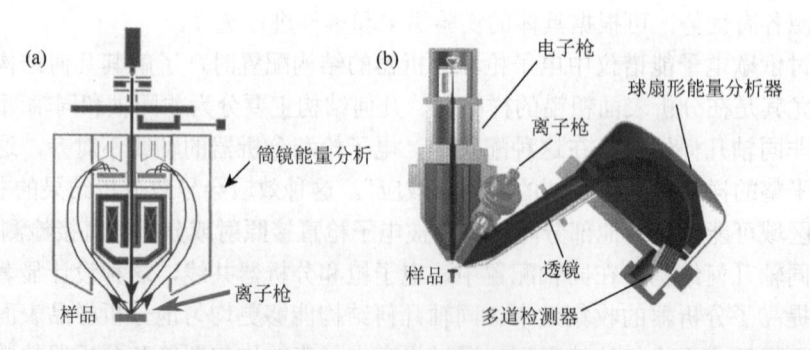

图 7-4 通用俄歇电子能谱仪所配置的两种类型电子能量分析器：（a）筒镜能量分析器；（b）球扇形能量分析器

总之，这两种能量分析器各有其独特优势和适用场景。CMA 因高效的电子传输和低阴影效应而被广泛用于表面分析，而 SSA 则因卓越的能量分辨率适用于需要高精度能量测定的复杂分析。用户在选择适合的能量分析器时，应根据具体的实验需求和样品特性来做出决策。

7.2 俄歇电子能谱仪的实验技术

7.2.1 样品制备技术

俄歇电子能谱仪对分析样品有特定的要求，在通常情况下只能分析固体导电样品。经过特殊处理，绝缘固体也可以进行分析。粉体样品原则上不能进行俄歇电子能谱分析，但经特殊制样处理也可以进行一定的分析。由于涉及样品在真空中的传递和放置，待分析的样品一般都需要经过一定的预处理。主要包括样品大小、挥发性样品的处理、表面污染样品及带有微弱磁性的样品等方面的处理。俄歇电子能谱分析的样品制备过程需要细致而周到的规划和执行。通过对样品进行适当的预处理，可以显著提高分析数据的质量和可靠性，从而获得更深入和准确的表面成分信息。

7.2.2 样品大小

在俄歇电子能谱分析中，样品的尺寸调整是实验准备过程中的一个关键步骤。由于样品需要通过传递杆穿过超高真空隔离阀进入分析室，因此其大小必须严格符合特定的规格要求，以便于样品能够顺利地进入真空系统并快速安装。

对于块状样品和薄膜样品，建议其长宽不超过 10mm，高度保持在 5mm 以内。这样的尺寸不仅有利于样品在真空环境中的快速定位和安装，而且有助于保持系统的高真空状态。如果遇到体积较大的样品，必须通过机械切割或其他适当的方法将其加工成满足尺寸要求的小块，以确保它们可以被顺利处理和分析。

在样品切割和加工过程中，特别需要注意操作方式可能对样品表面的成分和化学价态造成的影响。操作过程中产生的热量、压力或其他物理化学影响都可能改变样品表面的原始状态，因此在选择制备方法时需谨慎考虑这些因素。

鉴于俄歇电子能谱的高空间分辨率，理想情况下应尽量减小样品面积。较小的样品尺寸不仅便于固定和操作，还能在样品台上安装更多的样品进行同时分析。这种方法可以有效提高实验效率，同时也使得可以在同一实验条件下比较不同样品的分析结果。

总之，对样品的大小、形状及其在分析前的处理，都是保证俄歇电子能谱分析质量和准确性的重要考量。合理的样品制备不仅关系到分析结果的可靠性，也影响到实验的顺利进行。

7.2.3 粉末样品

粉末样品在俄歇电子能谱分析中的制备是一个特别的挑战，主要由于其易散性和非导电性质。目前，有两种常用的粉末样品制备方法，各有其优势和局限性。

（1）使用导电胶带固定。这是一种快速且简便的方法，通过将粉末直接粘贴于导电胶带上，然后固定在样品台上。这种方法的主要优点在于制样迅速，所需样品量少，且能较快地抽至高真空状态。然而，胶带的化学成分可能会对分析结果造成干扰。此外，粉末在胶带上的非均匀分布可能导致荷电效应，影响俄歇电子能谱的采集质量。

（2）压制成薄片。此种方法是将粉末样品压制成薄片，然后固定在样品台上。这种方法的优点在于可以在真空中对样品进行各种处理，如加热或表面化学反应，同时提供的信号强度显著高于使用导电胶带的方法。不过，这种方法的缺点包括需要较多的样品量和更长的时间来达到超高真空状态。对于绝缘性粉末，荷电效应同样是一个问题，可能会干扰俄歇电子能谱的记录。

对于这些问题的解决，通常建议将粉末样品或小颗粒样品直接压制到金属铟或锡的基底表面。这样不仅可以稳固地固定样品，还能有效地解决荷电问题。特别是在需要进行离子束溅射的情况下，推荐使用锡作为基底材料。锡的稳定性较高，不像铟那样在溅射过程中容易扩散到样品表面，从而避免了对分析结果的潜在影响。

综合考虑，选择适合的粉末样品制备方法应基于具体的分析需求和样品特性，以确保获得高质量和可靠的分析结果。

7.2.4　含有挥发性物质的样品

处理含有挥发性物质的样品对于俄歇电子能谱分析尤其重要，因为挥发性物质在高真空条件下容易蒸发，这可能影响真空系统的稳定性并干扰分析结果。为了有效地处理这类样品，必须在样品进入真空系统前去除所有可挥发成分。常用的去除挥发性物质的方法包括以下几种。

（1）加热。通过温控设备对样品进行加热，以驱逐样品中的挥发性组分。这种方法适用于那些能够承受一定温度而不发生化学变化的样品。

（2）溶剂清洗。对于油性或其他有机污染的样品，可以采用一系列溶剂进行清洗。例如，首先使用正己烷去除油脂类物质，然后使用丙酮和乙醇进行进一步的清洗，以确保样品表面的洁净。每种溶剂的使用都伴随着超声波处理，以增强清洗效果。

（3）红外烘干。清洗后的样品需要彻底干燥，以去除所有溶剂残留。使用红外烘干设备可以有效地加速这一过程，避免样品因长时间暴露在环境中而再次被污染。

这些步骤的执行不仅可以减少样品在分析过程中可能引入的干扰，还有助于保护真空系统免受挥发性物质的负面影响。正确处理含有挥发性物质的样品是确保实验成功和获得可靠分析结果的关键。通过这种细致的预处理，可以显著提高分析的精度和重复性。

7.2.5　表面有污染的样品

在俄歇电子能谱分析中，对于表面有油脂或其他有机物污染的样品，进行彻底的表面清洁是实验准备的关键步骤。这不仅有助于保持真空系统的清洁，还能确保获得准确无误的分析结果。清洗过程通常包括以下几个步骤。

（1）初步溶剂清洗。使用油溶性溶剂如环己烷或丙酮对样品表面的油污进行清洗。这些溶剂能有效溶解大部分油脂和有机污染物，为进一步的清洁作业打下基础。

（2）二次清洗。初步清洗后，需使用乙醇对样品进行二次清洗，以去除之前使用的油溶性溶剂残留。乙醇不仅可以清除油溶性溶剂残余，还能进一步去除表面的微小有机颗粒。

（3）干燥处理。清洗完成后，为防止样品表面被氧化，通常采用自然干燥的方式。自然干燥避免了使用热风或其他加热设备可能引起的样品表面性质变化。

此外，对于表面极为粗糙或污染严重的样品，表面打磨处理是一种有效的预处理方法。通过物理打磨去除顶层的污染物，可以暴露出未受污染的底层材料，从而获得更准确的表面分析数据。

这些步骤的综合运用确保了样品在进入高真空环境前达到最佳的物理和化学状态，从而保证了俄歇电子能谱分析的高质量和可靠性。正确的表面准备是获取准确分析结果的前提，特别是在材料科学和表面工程领域的研究中尤为重要。

7.2.6 带有微弱磁性的样品

在俄歇电子能谱分析中，处理带有磁性的样品需要特别注意，因为即便是微弱的磁性也可能对实验结果产生显著影响。俄歇电子带有负电荷，因此在磁场中容易发生偏转。当样品本身具有磁性时，从样品表面出射的俄歇电子可能会在磁场的作用下偏离其原本的轨迹，导致这些电子无法正确到达分析器，从而无法获得准确的俄歇电子能谱。此外，如果样品的磁性很强，还存在导致分析器探头及样品架磁化的风险。磁化的设备不仅会影响当前的分析结果，也可能对后续实验产生长期的负面影响。因此，强磁性样品是绝对禁止进入分析室的。对于那些仅具有微弱磁性的样品，可以采用退磁处理。退磁是一种有效的方法，能够去除样品的微弱磁性，从而使其在分析过程中的行为类似于非磁性样品。退磁可以通过多种设备完成，如交变磁场或专门的退磁器，这些设备能够有效消除或减弱样品的磁性。经过妥善的退磁处理后，即便是原本带有微弱磁性的样品也可以在俄歇电子能谱仪中安全使用，而不会对实验结果造成干扰。因此，正确识别样品的磁性并采取适当的预处理措施，是确保分析准确性的重要步骤。

7.2.7 离子束溅射技术

在俄歇电子能谱分析中，离子束溅射剥离技术是一种重要的表面处理方法，用于清洁污染的固体表面以及进行深度剖析。这项技术允许通过精确控制离子束的参数，定量去除样品表面的一定厚度层，从而揭示出下方的新表面层以进行进一步的成分分析。通过连续或间断的离子束剥离，可以逐层分析样品，得到元素沿深度方向的分布图，这对于研究材料的多层结构及其化学变化极为有用。

通常，深度分析所用的离子枪会选择使用能量在 0.5～5keV 范围内的 Ar 离子源。这种能量范围的选择旨在平衡剥离效率和样品表面损伤的程度。离子束的束斑直径通常设定在 1～10mm 范围，具备扫描能力，以保证剥离作用的均匀性。

为了优化深度分辨率，建议采用间断溅射模式进行操作。这种模式允许在每次溅射之后进行详细的表面成分分析，从而获得更精确的深度剖析数据。此外，为了减少离子束在样品表面可能产生的坑边效应，建议增大离子束与电子束的直径比。增大直径比可以减轻束聚焦对特定区域的影响，从而提高分析的均匀性。

同时，为了降低离子束的择优溅射效应及基底效应，应提高溅射速率并减少每次溅射间隔的时间。择优溅射效应是指在溅射过程中某些方向的原子被更频繁地移除的现象，这可以通过调节离子束参数和溅射角度来控制。

值得注意的是，离子束的溅射速率不仅取决于其能量和束流密度，还受到被溅射材料性质的影响。因此，给出的溅射速率是相对于某种标准物质的相对溅射速率，而非绝对值。同样，俄歇深度分析中表示的深度也是相对深度，这一点在分析数据时必须考虑，以确保结果的准确性和可比性。

7.2.8 样品的荷电问题

对于具有较差导电性的样品，如半导体材料和绝缘体薄膜，在俄歇电子能谱分析中经常遇到的一个挑战是表面的荷电效应。这种现象发生在电子束照射样品表面时，由于样品的导电性不足，无法有效地耗散电子束带来的电荷，导致表面积累负电荷。这种负电荷的积累相当于在样品表面施加了额外的电压，使得从样品表面逸出的俄歇电子具有比正常更高的动能。尤其在高束流密度的电子束作用下，荷电现象会显著影响俄歇电子能谱的准确性，有时甚至使得俄歇电子能谱无法正确获得。在处理这种问题时，可以采用以下多种策略。

（1）薄膜绝缘体材料。对于厚度低于100nm的绝缘体薄膜，如果其基底材料具有一定的导电性，通常不需要额外措施来消除荷电效应。这是因为高能电子的穿透能力较强，可以抵达导电的基底，而从基底到表面的导电路径有助于自然消散这些电荷。

（2）表面处理。对于纯绝缘体样品，一种有效的方法是在分析区域周围进行金属镀层，如镀金。选择分析区域尽可能小（一般小于1mm），有助于通过较小的导电区域来引导电荷流动，减少荷电的影响。

（3）样品包覆。使用带小窗口的金属箔，如铝箔、锡箔、铜箔等来包覆样品也是一种解决方案。这种方法不仅可以防止样品的大面积荷电，还可以通过窗口控制电子束的照射区域，进而控制荷电效应的范围。

这些策略的选择取决于样品的具体性质及分析的需求。正确地识别并应对荷电问题是实现俄歇电子能谱分析准确性的关键，特别是在处理非导体或低导电性材料时。

7.2.9 俄歇电子能谱采样深度

俄歇电子能谱（AES）的采样深度是衡量其表面分析能力的关键指标。它指的是从样品表面到达的深度，从该深度俄歇电子可以逸出并被检测器捕获。这一深度主要取决于俄歇电子的能量以及材料的特性。

通常，俄歇电子的采样深度定义为俄歇电子平均自由程（即电子在被样品原子散射前能行进的平均距离）的三倍。这个定义基于统计学原理，确保了大部分可检测的俄歇电子都来自该深度范围内。采样深度的具体数值随材料种类的不同而有显著差异：①金属：由于金属的高电子密度，俄歇电子在金属中的自由程相对较短，一般的采样深度在 0.5~2nm 之间；②无机物：无机材料通常具有较复杂的结构和电子环境，其俄歇电子的采样深度在 1~3nm 之间；③有机物：与无机材料相似，有机物的俄歇电子采样深度也通常在 1~3nm 之间，这主要受有机分子较低的密度和复杂的化学结构影响。

相比之下，俄歇电子能谱的采样深度通常比 X 射线光电子能谱（XPS）更浅，这使得俄歇电子能谱在分析材料表面性质时表现出更高的灵敏度。这种表面灵敏性使得俄歇电子能谱成为研究薄膜、表面涂层、腐蚀层及污染物等表面或近表面现象的理想工具。

综上所述，了解和应用俄歇电子能谱的采样深度对于正确解释材料表面及近表面区域的化学价态具有重要意义。这种深度信息对于材料科学、表面工程以及相关研究领域的技术人员和科学家来说，是设计实验和解析数据时不可或缺的考量因素。

7.2.10 电子束和 X 射线激发的俄歇电子能谱的比较

在俄歇电子能谱分析技术中，激发源的选择对于实验的灵敏度、分辨率以及样品的损伤等方面有着决定性的影响。电子束激发俄歇电子能谱（EAES）和 X 射线激发俄歇电子能谱（XAES）各有其独特的优势和应用场景。

EAES 的优点包括：①高强度：电子束的强度可以远超 X 射线，这使得 EAES 在激发效率上具有优势；②高空间分辨率：电子束可以高度聚焦至纳米级尺寸，使得 EAES 能在微观尺度进行精确的表面成分分析；③图像分析功能：电子束可以扫描样品表面，从而进行图像构建和微观区域分析，这为表面结构的细节提供了丰富的信息；④深度分析能力：由于电子束具有可控的穿透深度，EAES 可以进行有效的深度剖析，探索材料的表层及近表层结构。

XAES 的优点包括：①高信噪比：X 射线激发的二次电子较弱，因此俄歇峰的信噪比较高，这有助于更清晰地区分不同的俄歇峰；②高能量分辨率：XAES 由于固有的物理特性，通常能提供比电子束激发更高的能量分辨率，使得复杂材料体系中细微的能量差异可以被精确地测量；③较小的样品损伤：相比于电子束，X 射线对样品表面造成的损伤较小，尤其适合对敏感材料或生物样本的分析。

总之，EAES 和 XAES 各自的特点使它们适用于不同的分析需求。在选择适当的激发源时，应考虑到实验的具体要求，如分辨率、样品敏感性、分析深度和信噪比等因素。理解这两种技术的优势可以帮助研究人员根据具体的应用需求做出合适的选择。

7.3 俄歇电子能谱图的分析技术

7.3.1 定性分析

俄歇电子能谱（AES）的定性分析能力基于一个核心原理：俄歇电子的能量仅与原

子的内在电子轨道能级相关，而与激发源的能量无关。这意味着无论激发源的类型如何，某个特定元素发射的俄歇电子将具有独特的、特征性的能量值。这些能量值对应于元素特有的俄歇跃迁过程，从而成为定性分析的关键指标。

在 AES 中，利用俄歇电子的动能，可以准确地识别样品表面物质的元素组成。由于每个元素在 AES 中产生多个特征峰，这大大增强了分析的可靠性和准确性。此外，AES 能够分析几乎所有元素（除氢和氦外），这使其成为一种非常强大的工具，尤其适用于对未知样品进行全面的元素分析。

定性分析的高准确度源于俄歇峰的特征性和唯一性。例如，针对一个未知的复合材料或新合成的化学物质，AES 可以快速提供其表面成分的详细画像，辨识出包含的各种元素。这种能力使得 AES 成为材料科学、纳米技术、表面工程以及许多其他领域中不可或缺的分析工具。

总结来说，AES 在材料表面分析中的应用不仅快速、高效，而且因能够提供元素特定能级信息的独特能力，对于科研和工业界的发展具有极其重要的价值。这种定性分析方法对于探索未知材料的基本组成提供了一种强有力的手段。

电子束的能量通常远超过原子内层轨道的能量，能够激发原子核能级上的多个内层轨道电子。在这些电子被激发到更高能级后，退激发过程涉及两个次外层轨道电子的跃迁，从而导致多种俄歇电子跃迁过程同时发生。这些过程在 AES 谱图上表现为多组俄歇峰。特别是对于原子序数较高的元素，由于其复杂的电子结构，产生的俄歇峰数量尤为丰富，这使得 AES 的定性分析变得更加复杂。每一个俄歇峰都对应于特定的电子跃迁组合，因此，每种元素的 AES 谱可以看作是其独特的"指纹"。在进行元素的定性分析时，解析这些复杂的 AES 谱要求高度的精确性和细致的分析能力。分析师必须能够精确识别并区分接近的俄歇峰，以及理解这些峰之间可能的相互影响。此外，分析过程中可能需要考虑如峰重叠、背景干扰以及峰形变化等因素，这些都增加了分析的难度。

因此，虽然 AES 提供了一种强大的表面分析工具，但要充分利用这种技术进行定性分析，就必须配备先进的谱图解析软件和经验丰富的操作人员。这种综合的技术和人力资源配置使得 AES 成为一个在材料科学、化学表面分析和工业应用中极其有价值的分析手段。

在进行 AES 的定性分析时，主要采用的方法是将实验得到的谱图与已知的标准谱图进行比对。根据 Perkin Elmer 公司发布的《俄歇电子能谱手册》，推荐的定性分析步骤如下：①专注于分析谱图中的最强俄歇峰。利用"主要俄歇电子能量图"或相关的数据表，可以将与该峰可能对应的元素缩减到 2~3 种选项。这一步是筛选出最有可能的候选元素，为进一步分析奠定基础。②与这几种可能的元素的标准谱进行对比分析，以确定具体的元素种类。考虑到不同元素的化学价态可能导致的化学位移，测得的峰能量与标准谱上的峰能量可能存在几个电子伏特的偏差，这在分析中是常见且可接受的。

在确认了主要峰所对应的元素后，应利用相对应的标准谱图在 AES 谱图上标注出所有属于该元素的峰。然后重复步骤①和②，以标识谱图中更弱的峰。对于含量较少的元素，有可能只有其主峰能在 AES 谱中被观测到。若仍有峰未能明确标识，这些峰可能是由一次电子引起的能量损失峰。为进一步验证这些峰的性质，可以尝试改变入射电子的能量，并观察峰位置是否随之移动。如果这些峰随能量的变化而移动，那么它们不属于俄歇峰，而是能量损失峰。这种系统的分析方法，结合谱图比对和化学位移的考虑，使得 AES 成为一种精确的表面分析工具，尤其适用于复杂样品中多元素的定性分析。通过细致的步骤迭代和严谨的比对过程，可以有效提高分析的准确性和可靠性。

AES 的定性分析是这项技术最传统也是最基本的应用之一。利用 AES 谱仪的宽扫描功能，可以收集从 20~1700eV 动能范围的 AES 谱。这种宽范围扫描可以获得几乎所有元素的俄歇电子发射峰，提供一个全面的表面组成图景。为了提高谱图的信噪比，通常采用微分谱来进行定性分析。这种方法通过突出显示谱线的微小变化，增强了低强度峰的可检测性，从而提高了分析的准确性。在 AES 中，大多数元素的俄歇峰主要集中在 20~1200eV 的能量范围内，但对于某些元素，其特征俄歇峰可能出现在更高的能量区域。针对这些高能端的俄歇峰，可以通过提高激发源电子的能量来增加其信号强度。这样不仅能够获得更明显的高能峰，还有助于辅助进行复杂或不常见元素的定性分析。通过这种方法，AES 技术能够有效地辨识和分析各种元素的存在，尤其是在材料科学、腐蚀研究和表面处理等领域中，提供了一种极为重要的分析工具。总之，AES 的定性分析通过广泛和精确地探测不同元素的俄歇峰，为表面化学价态的详细研究提供了基础。这种分析方法的有效性不仅依赖于先进的谱仪技术，还需要专业的操作和深入的理解，以确保从复杂的谱图中获得准确的信息。

在进行 AES 的定性分析时，一种常用的方法是利用微分谱中的负峰能量，即俄歇电子的动能，来进行元素的标定。这种方法侧重于捕捉谱中俄歇峰的精确位置，从而确定样品表面的元素组成。在分析过程中，除了识别俄歇峰外，有时还必须考虑样品的荷电位移问题。荷电位移是由样品表面积累电荷而引起的能量偏移，这在分析非导电材料时尤为重要。例如，金属和半导体样品由于良好的导电性，通常不会发生显著的荷电，因此通常不需要进行能量校准。然而，对于绝缘体薄膜样品，荷电现象可能较为明显，这时就必须进行校准以确保分析的准确性。通常情况下，可以采用已知能量的俄歇峰作为校准基准，如常用的 C KLL 峰，其俄歇动能标准为 278.0eV。在进行离子溅射处理的样品中，也可以使用 Ar KLL 峰，其动能为 214.0eV 作为校准标准。

此外，当判断某元素是否存在于样品中时，除了主要俄歇峰外，还应利用其所有次强峰进行佐证。这是因为单一峰可能由于其他元素的俄歇峰或背景噪声等因素产生误判。通过对比所有相关峰的信息，可以更可靠地确定元素的存在，并有效避免误识别。综上所述，定性分析中的元素标定不仅需要依赖于精确的峰值能量测量，还必须考虑样品本身的特性以及可能影响分析的各种因素，如荷电效应。这种综合考虑确保了 AES 分析的高精度和可靠性，使其成为表面组成研究中的强有力工具。

在 AES 分析中，横坐标表示俄歇电子的动能，而纵坐标则表示俄歇电子计数的一次微分，用于突出显示能量的微小变化，增强峰值的识别精度。在 AES 谱图中，各个俄歇峰通常根据其所涉及的电子轨道的名称来标记。如图 7-5 所示的金刚石表面的 Ti 薄膜，Ti 的 LMM 俄歇跃迁在谱图上显示为两个峰。这种现象源于俄歇过程中涉及的多个能级，允许同时激发出多种俄歇电子。这一特点极大地有利于进行元素的定性分析，因为每个元素通常会产生多个特征峰，从而有助于准确识别并排除那些能量相近的干扰峰。此外，对于原子序数相近的元素，尽管它们的俄歇电子动能可能存在差异，但这些差异通常足够大，从而使得相邻元素间的干扰作用很小。这种能量差异的存在，进一步提升了 AES 分析的准确性和可靠性，使其能够区分邻近元素，避免错误的元素识别。

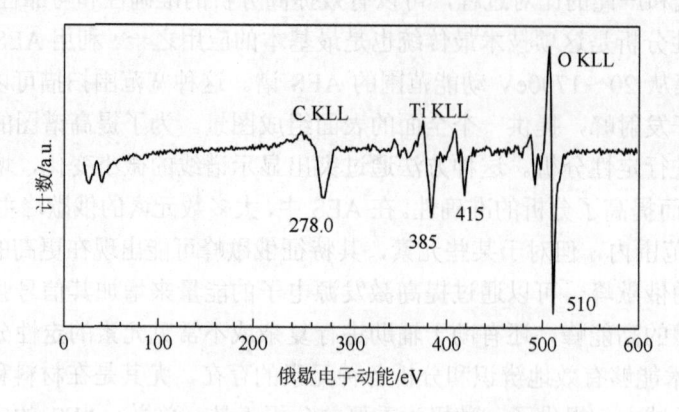

图 7-5　金刚石表面的 Ti 薄膜的俄歇定性分析谱（微分）

因此，在 AES 分析中，通过综合考虑俄歇电子的动能、特征峰的分布以及原子序数产生的能量差异，可以有效地执行元素的定性分析。这种方法不仅能提供关于材料表面组成的详细信息，还具有高度的元素鉴别能力，是研究和工业应用中不可或缺的分析工具。

7.3.2　表面元素的半定量分析

在俄歇电子能谱（AES）中，进行表面元素的半定量分析是一种重要应用。该分析基于一个核心原理：从样品表面出射的俄歇电子的强度与该元素在样品中的浓度呈线性关系。这使得通过测量俄歇电子的强度，可以推断出元素的相对浓度，从而进行元素的半定量分析。然而，需要注意的是，俄歇电子的强度不仅受原子数量的影响，还受多种因素的制约，包括俄歇电子的逃逸深度、样品的表面光洁度、元素的化学价态以及仪器的性能状态。这些因素的变化都可能影响俄歇电子的检测效率和结果的准确性。由于元素的灵敏度因子与元素的种类、存在状态及仪器的具体条件紧密相关，AES 技术通常无法提供元素的绝对含量，而是提供其相对含量。未经过适当校准，即使是相对含量的测量也可能存在较大误差。因此，在进行 AES 分析时，通常需要对灵敏度因子进行校准，以提高测量的准确性。

此外，尽管 AES 具有极高的绝对检测灵敏度，能够达到 10^{-3} 原子单层的级别，但主要是一种表面灵敏的分析方法，对于材料的体相成分，其检测灵敏度通常仅约为 0.1%。因此，AES 提供的数据主要反映的是表面上的元素含量，与材料的体相成分可能存在显著差异。AES 的表面采样深度通常在 1.0～3.0nm 范围内，这进一步限定了其在表面分析中的应用。

AES 的采样深度不仅受材料性质的影响，还依赖于激发电子的能量以及样品表面与分析器之间的相对角度。这些因素都需要在进行 AES 分析时加以考虑，以确保获得准确且有用的分析数据。通过综合考虑这些复杂的影响因素，AES 能够为材料表面的组成提供重要的半定量信息，尤其在材料科学和表面工程研究中具有不可替代的价值。

AES 的定量分析是一项关键技术，用于精确确定材料表面的元素组成。在进行 AES 定量分析时，有几种主要的方法，每种都有其特定的应用场景和优势。

纯元素标样法：这种方法涉及使用已知纯度的元素作为标准样本来校准分析设备。通过比较未知样品与纯元素标样的俄歇峰强度，可以直接推断出样品中元素的含量。此法的优点在于直接性和精确度，但局限性在于需要具备相应元素的纯样本，这在某些情况下可能难以获取。

相对灵敏度因子法：这是最常用且实用的方法，它基于预先确定的灵敏度因子，这些因子反映了不同元素在特定实验条件下的相对检测效率。通过应用这些灵敏度因子，可以从俄歇峰的强度中计算出元素的浓度。这种方法的优点在于灵活性和广泛的适用性，允许在没有纯元素标样的情况下进行分析。

相近成分的多元素标样法：此方法使用的标样含有多种元素，其组成与待分析样品相似。这种方法特别适用于复杂材料系统，其中元素间可能存在相互影响。使用相近成分的多元素标样可以帮助更好地模拟和理解这些相互作用，从而提高分析的准确性。

相对灵敏度因子法因操作简便和普适性而被广泛采用。在实际应用中，它能够有效地适应多变的实验条件和材料类型，使得俄歇电子能谱分析不仅限于基础科研，还广泛应用于工业和材料科学领域。不过，无论采用哪种定量方法，都需要考虑仪器校准、样品制备和实验条件等因素的影响，以确保获得可靠和准确的分析结果。该方法的定量计算可以用式（7-1）进行：

$$c_i = \frac{I_i / S_i}{\sum_{i=1}^{n} I_i / S_i} \tag{7-1}$$

式中，c_i 为第 i 种元素的摩尔分数；I_i 为第 i 种元素的 AES 信号强度；S_i 为第 i 种元素的相对灵敏度因子，可以从手册中查到。

由 AES 提供的定量数据是以摩尔分数表示的，而不是我们平常所使用的质量分数，这种比例关系可以通过式（7-2）换算：

$$c_i^{\text{wt}} = \frac{c_i \times A_i}{\sum_{i=1}^{n} c_i \times A_i} \tag{7-2}$$

式中，c_i^{wt} 为第 i 种元素的质量分数；c_i 为第 i 种元素的摩尔分数；A_i 为第 i 种元素的相对原子质量。

在进行半定量分析时，使用 AES 技术需要注意多个关键因素，这些因素共同影响分析结果的准确性和可靠性。AES 所提供的相对含量不仅受到元素灵敏度因子的影响，而且与谱仪的具体状况密切相关，尤其是其对不同能量俄歇电子的传输效率及其随设备污染程度的变化。

（1）灵敏度因子和传输效率：各元素的灵敏度因子因电子结构的不同而有所差异，

这影响了 AES 在检测不同元素时的敏感性。此外，AES 谱仪的电子光学系统对不同能量的俄歇电子的传输效率也不同。随着谱仪使用时间的增加和污染的积累，尤其是分析器的污染，低能端俄歇峰的探测效率可能显著降低，从而影响分析数据的可靠性。

（2）样品表面污染：AES 通常只能提供样品表面 1～3nm 厚的表层信息。因此，表面层的任何污染物，如碳（C）和氧（O）的污染以及其他可能的吸附物，都可能对分析结果产生显著影响。这些污染物或吸附物可能改变表面元素的化学价态，或通过物理阻挡作用影响俄歇电子的释放，从而扭曲了分析结果。

（3）激发能量的影响：AES 的灵敏度因子不仅依赖于元素本身的特性，还与使用的一次电子束的激发能量有关。激发源的能量不仅决定了能够激发出来的俄歇电子的类型和数量，还影响俄歇电子的逃逸深度和分析深度。因此，调整激发源的能量可以是一种调节 AES 测量灵敏度的方法，但同时也需要调整灵敏度因子以适应这些变化。

由于这些复杂因素的存在，AES 的半定量分析需要精细的仪器校准和谨慎的数据解释。理解和处理这些影响因素对于确保 AES 分析结果的精度和实用性至关重要。在实际应用中，通常建议定期进行仪器维护和校准，以及在分析前彻底清洁样品表面，以最大限度地减少误差和提高数据的可信度。

7.3.3 表面元素的化学价态分析

在俄歇电子能谱（AES）中，元素的化学价态分析依赖于理解和解析俄歇电子能量的细微变化，这些变化通常称为俄歇化学位移。尽管俄歇电子的动能主要由元素的种类和涉及的跃迁轨道决定，但原子内部的电子结构，特别是芯层与次外层电子的屏蔽效应，在不同化学环境下会导致结合能的变化，从而引起俄歇电子能量的变化。

这种结合能上的变化反映了元素在特定化学价态下的环境影响，使得俄歇化学位移成为探测元素化学价态的有力工具。由于 AES 涉及三个原子轨道能级，其化学位移通常比 X 射线光电子能谱（XPS）中观察到的化学位移要显著，这使得 AES 在分析元素化学价态时具有独特的优势。

然而，AES 在化学价态分析的应用受到了一定限制，这主要是由于其能量分辨率较低以及化学位移理论分析的复杂性。尽管如此，随着 AES 技术和理论的进步，俄歇化学效应的研究和应用逐渐受到重视。特别是在元素化学成像分析方面，AES 可以利用化学位移效应对样品表面进行详细的化学价态映射。

相比 XPS，AES 尽管在能量分辨率上有所不足，但能提供 XPS 难以达到的微区分析优势。此外，对于某些元素，其 XPS 化学位移可能非常微小，难以清晰地识别化学环境的影响；而同样的元素在 AES 中的化学位移则可能显著增大，使得 AES 成为一个更适合表征复杂化学环境影响的分析工具。

因此，AES 虽然在化学价态分析上存在一定的挑战，但在表面科学和材料科学研究中的应用前景仍然广阔，尤其是在需要对样品表面的微观化学价态进行精确分析和表征时。随着技术的不断发展和理论的深入，AES 在化学价态分析领域的潜力将进一步被挖掘和应用。

1. 有效电荷的影响

通过对图 7-6 的分析，可以详细观察和解释镍（Ni）及其氧化物在俄歇电子能谱（AES）中显示的俄歇化学位移。这种化学位移揭示了镍在不同化学环境中电子结构的变化，这些变化可通过镍的不同氧化态来诠释。

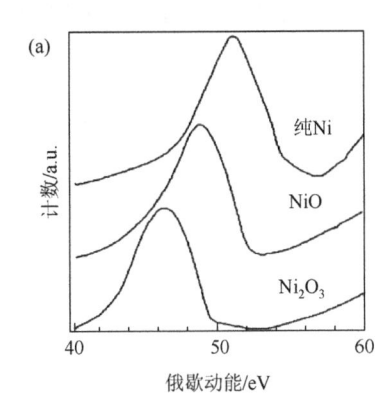

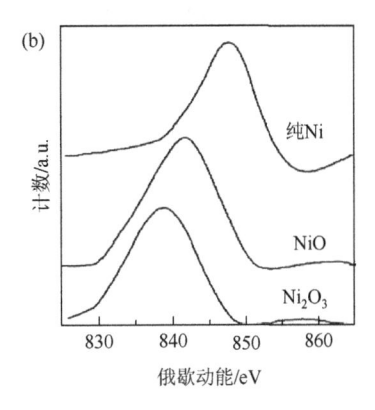

图 7-6 镍及不同价态的镍氧化物的 Ni MVV（a）和 Ni LMM AES 谱（b）

观察数据：金属 Ni：MVV 俄歇动能为 61.7eV；LMM 俄歇动能为 847.6eV。NiO：MVV 俄歇动能为 57.5eV（化学位移为 -4.2eV）；LMM 俄歇动能为 841.9eV（化学位移为 -5.7eV）。Ni_2O_3：MVV 的俄歇动能为 52.3eV（化学位移为 -9.4eV）；LMM 的俄歇动能为 839.1eV（化学位移为 -8.5eV）。这些数据表明，随着镍氧化态的增加，其俄歇峰能量普遍降低，而化学位移变得更为负值。

此现象可通过分析镍在不同化合物中的有效电荷来进一步理解。电荷分析：在纯金属镍中，镍原子的有效电荷为零。在 NiO 中，镍原子的有效电荷为 +1.03e。在 Ni_2O_3 中，镍原子的有效电荷为 +1.54e。根据 Pauling 的半经验方法，原子电荷的增加会导致其俄歇电子的能量降低，反映为更大的负向化学位移。这是因为更高的正电荷增强了原子核对周围电子的吸引力，从而增加了电子从原子内部逃逸所需克服的能量障碍。

化学位移与化学价态的关系：镍的化学位移与其化学价态密切相关，这些状态通过 AES 技术的精确测量得到体现。在镍的不同氧化态下，化学位移的变化不仅反映了其电荷状态的变化，也为研究其在不同环境下的化学和物理性质提供了窗口。因此，AES 在材料科学中作为探测元素化学价态变化的工具具有重要的应用价值，尤其是在表面处理、催化以及电池材料等领域。

这种详细的分析方法不仅帮助科学家理解材料的微观结构与性能之间的联系，还在实际应用中指导材料的设计与优化。通过综合应用 AES 与理论计算，可以更全面地探究材料在实际工作环境中的行为，进而推动新材料的开发与应用。

2. 相邻原子电负性的影响

在 AES 的分析中，化学位移提供了材料表面元素化学价态的重要信息。通过详细分析硅（Si）在两种不同化合物［硅氮化物（Si_3N_4）和二氧化硅（SiO_2）］中的 AES 谱，可以深入了解这些化合物中硅的化学环境如何影响其 AES 谱。

在 Si 的 LVV AES 谱［图 7-7（a）］中，Si_3N_4 中 Si 的 LVV 俄歇动能记录为 80.1eV，化学位移为 -8.7eV。而在 SiO_2 中，Si 的 LVV 俄歇动能降至 72.5eV，化学位移更大，达到 -16.3eV。在 Si 的 KLL AES 谱［图 7-7（b）］中，Si_3N_4 中 Si 的 KLL 俄歇动能为 1610.0eV，化学位移为 -5.6eV。对于 SiO_2，Si 的 KLL 俄歇动能为 1605.0eV，化学位移为 -10.5eV。

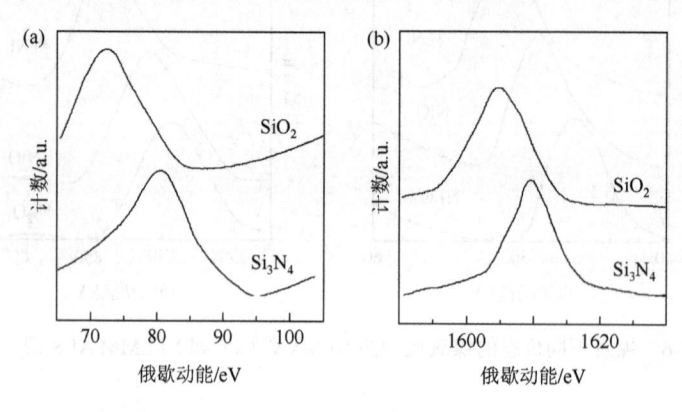

图 7-7　电负性差对 Si 的 LVV（a）和 KLL（b）AES 谱的影响

这些数据明显显示，Si LVV 谱中的化学位移大于 KLL 谱中的化学位移。这表明化学位移的大小不仅取决于化合物的种类，还受到涉及的电子轨道类型的影响。

硅的化学价态和电负性差异分析：无论是在 Si_3N_4 还是 SiO_2 中，Si 均以正四价形式存在。然而，由于 Si—N 键和 Si—O 键的电负性差异，它们的化学位移表现出显著差异：Si_3N_4 中 Si—N 键的电负性差为 1.2，导致 Si LVV 的化学位移为 8.7eV。SiO_2 中 Si—O 键的电负性差为 1.7，使得 Si LVV 的化学位移大幅增加至 16.3eV。通过理论计算，得到 SiO_2 中 Si 的有效电荷为 +2.06e，而 Si_3N_4 中 Si 的有效电荷为 +1.21e。这些计算进一步证实，化学位移的大小与元素的有效电荷及其化学环境有直接关联。

通过 AES 的化学位移分析，不仅能确定硅在不同化合物中的化学价态，还能通过对比不同的电子轨道谱线了解化学环境对电子结构的影响。这种分析对于材料科学中的表面和界面研究具有重要意义，有助于我们理解和预测材料在实际应用中的行为和反应。这种深入的化学价态分析是材料设计和应用开发的关键。

3. 弛豫势能的影响

在图 7-8 的俄歇电子能谱（AES）分析中，观察到氧元素在不同氧化物中的 O KLL 俄歇动能有显著差异。具体来说，SiO_2 中的 O KLL 俄歇动能为 502.1eV，而在二氧化钛（TiO_2）中的为 503.1eV，这个值与二氧化铅（PbO_2）中的 O KLL 俄歇动能（508.6eV）相近。尽管这些氧化物中的氧元素均以负二价离子 O^{2-} 的形式存在，并且它们的电负性差和氧上的有效电荷相似，俄歇电子能量的这种显著差异在传统的电荷势模型中难以解释。

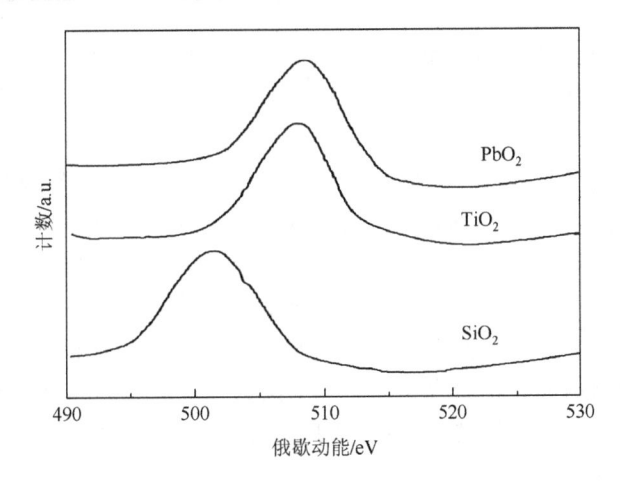

图 7-8 原子弛豫势能效应对 O KLL 谱的影响

为了充分理解这种现象，必须考虑弛豫能的影响，特别是原子外弛豫能，也就是离子有效半径在内的因素。在化学结构中，正离子的离子半径越小，对负离子 O^{2-} 的极化作用越强，这种极化作用将导致氧负离子的电子云发生更大的变形。这种变形促使化学键的性质由纯离子型向部分共价型过渡，影响了电子的分布和局部电子环境。

这种正离子的极化作用意味着正离子上的部分电荷并没有完全转移到氧负离子的 2p 轨道上，而是保持在部分共价的状态中。结果是氧原子上的有效电荷减少，相应地，O KLL 的俄歇动能也会比未发生极化作用时更低。因此，即使氧化物中的氧元素的价态和电负性差相似，由于不同的化学环境和正离子的极化能力，氧的俄歇动能会出现显著的差异。

这种理解不仅增加了对材料化学结构的深入认识，而且在开发新材料和改善现有材料的性能方面提供了重要参考。正离子极化作用对氧离子电子云的影响是理解和预测材料电子性质的关键因素，特别是在催化、半导体和陶瓷等领域中。

在分析 AES 时，理解弛豫能与离子半径之间的关系对于解释氧化物中氧元素的俄歇化学位移至关重要。弛豫能，即弛豫能量，与离子半径呈反比关系：离子半径越小，其对周围电子云的极化作用越强，导致更大的弛豫能和更显著的俄歇化学位移，从而使得俄歇动能更低。

以表 7-1 所列举的 SiO_2、TiO_2 和 PbO_2 为例，可以观察到这种现象的明显体现。SiO_2：在这些氧化物中，SiO_2 的硅离子（Si^{4+}）具有相对较小的离子半径，因此其极化作用对氧离子的影响最为显著。这导致 SiO_2 中的 O KLL 俄歇动能是这组化合物中最低的，表明其弛豫能最大。

表 7-1 相关氧化物化学参数

氧化物	离子半径/nm	电负性差	O 原子的有效电荷	俄歇动能/eV
SiO_2	0.041	1.7	−1.03	502.1
TiO_2	0.068	1.9	−1.19	503.1
PbO_2	0.084	1.7	−1.03	508.6

PbO₂：相比之下，PbO₂ 中的铅离子（Pb^{4+}）虽然也是高价态，但由于其离子半径较大，对氧离子的极化作用相对较弱。这种较弱的极化作用导致了较低的弛豫能，从而使得 PbO₂ 的 O KLL 俄歇动能相对较高。

TiO₂：处于上述两者之间，TiO₂ 中的钛离子（Ti^{4+}）的离子半径和极化能力介于 Si^{4+} 和 Pb^{4+} 之间，因此其 O KLL 俄歇动能和化学位移也介于 SiO₂ 和 PbO₂ 之间。

这种极化作用对氧离子电子云的影响不仅改变了其电子密度分布，还推动了从离子型向部分共价型的化学键的过渡，影响了氧元素的有效电荷和相应的俄歇动能。因此，极化作用或弛豫能的大小为我们提供了一个理解和预测氧化物中氧元素俄歇化学位移的有力工具，这对于材料的科学研究和工业应用具有直接意义。通过深入分析这些相互作用，科学家和工程师可以更好地控制材料的电子性质，优化其在催化剂、电子和光电设备中的性能。

4. 化学环境的影响

在 AES 中，Si LVV 谱的动能显著受到硅原子所处化学环境的影响。这一现象在分析不同形态的硅时尤为明显，例如，在二氧化硅与单质硅中硅的动能表现差异显著。具体来看，如图 7-9 所示，二氧化硅中的硅原子表现出较低的俄歇动能，即 72.5eV，这反映了硅与氧之间较强的化学键合作用及其对电子结构的显著影响。这种较低的动能指示出硅原子在此化学环境中的电子较为紧密地绑定。相反，在单质硅中，由于硅原子之间主要通过共价键相连，其 Si LVV AES 谱的动能相对较高，为 88.5eV。这种较高的动能反映了单质硅中硅原子较少的电子屏蔽效应和较弱的电子束缚。从这些数据中可以看

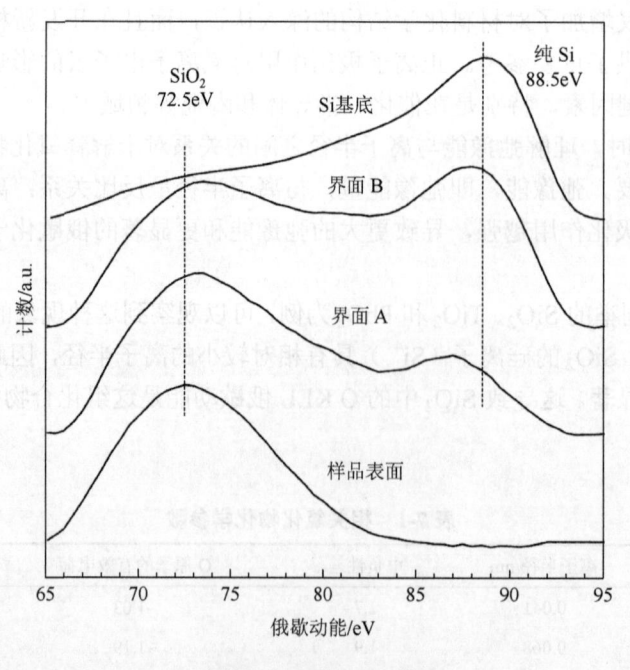

图 7-9 Si 的 LVV 谱

出,随着从二氧化硅到单质硅的界面深入,观测到的二氧化硅的比例逐渐减少,而单质硅的比例逐渐增加。这种变化不仅反映了材料组成的变化,还突显了化学环境如何影响硅原子的电子结构和能态。这一观察对于理解硅基材料的表面及界面性质尤为重要。在半导体工业、光电器件制造以及表面涂层技术中,硅的化学价态直接影响其电子性能和设备的功能。通过 AES 技术精确地测量硅在不同化学环境下的俄歇动能,可以为材料设计提供关键信息,帮助科学家和工程师优化材料处理过程和提升产品性能。

7.3.4 俄歇深度分析

在材料科学中,俄歇电子能谱(AES)的深度分析功能极其重要,提供了一种深入探索材料表层及其下面结构的方法。通常,这种分析涉及使用氩(Ar)离子束来剥离样品表面,这是一种破坏性的分析方法,因为它可以改变表面晶格的结构,导致择优溅射和表面原子的混合现象。尽管如此,如果剥离速度较快且进行时间较短,这些影响可以降到最小,通常不会对最终分析结果造成太大影响。AES 深度分析的操作流程:①表面剥离:首先,使用 Ar 离子束溅射去除样品表面的一定厚度层。这一过程需要精确控制以保证只剥离预定的厚度,从而确保分析的准确性。②AES 分析:剥离后,立即使用 AES 技术分析新暴露的表面。通过测定不同深度下的元素含量,可以构建出元素在样品中沿深度方向的分布图。

优势和深度分辨率:与 X 射线光电子能谱(XPS)相比,AES 的一个显著优势在于更优的深度分辨率。AES 的采样深度通常较浅,仅覆盖表面 1~3nm 范围,使得 AES 能够提供比 XPS 更精细的表层分析。这种高分辨率的深度分析使 AES 特别适用于研究薄膜、涂层以及表面处理后的材料,如腐蚀、氧化或者沉积过程。应用领域:AES 深度分析的应用领域广泛,包括半导体工业中的晶片制造,表面工程中的涂层性能评估,以及纳米技术研究中的界面特性分析。此外,它也是探索复合材料界面相互作用和扩散行为的重要工具。

综上所述,AES 的深度分析功能不仅增强了对材料表层及其下结构的理解,还为材料的设计与功能优化提供了基础数据,对科研和工业应用都有着极其重要的价值。

在进行 AES 的深度分析时,离子束与样品表面的相互作用如果持续时间过长,将导致多种表面效应,这些效应可能影响分析结果的准确性。因此,为了获得更精确的深度分析结果,需要采用特定的技术策略和方法。主要包括:①交替式溅射方式:为了最小化离子束作用的副作用,建议采用交替式溅射方式。这种方式通过在每次溅射后进行短暂分析,可以有效地减少溅射间隔时间,从而降低长时间离子束作用引起的表面损伤。②离子束与电子束的直径比:为了避免离子束溅射造成的坑效应,建议使用的离子束/电子束直径比应超过 100 倍。通过增加直径比,可以在一定程度上确保溅射效应不会显著影响分析结果,尤其是在需要高精度剖析时。③旋转样品方法:为了增强离子束的均匀性并减少溅射过程中产生的表面粗糙度,采用旋转样品的方法可以有效改善溅射均匀性。随着溅射时间的延长,表面粗糙度的增加可能导致界面变宽,从而降低深度分辨率。通过旋转样品,可以更均匀地分布离子束的影响,从而保持较平滑的表面,提高深度分析的质量。④选择合适的离子束能量:在常规的俄歇深度剖析中,通常采用能量范围在

500eV~5keV 的离子束作为溅射源。溅射产额会受到离子束能量、种类、入射方向以及被溅射固体材料的物理化学性质的影响。⑤择优溅射现象：在多组分材料的深度分析中，不同元素的溅射产额差异可能导致溅射产率高的元素被大量溅射去除，而产率低的元素在表面富集。这种"择优溅射"现象可能导致测量的成分与实际成分不符，尤其是在复合材料或合金中更为显著。在这种情况下，了解和控制择优溅射的影响至关重要。通过综合运用这些策略，可以有效提升 AES 深度分析的准确性和可靠性，这对于材料研究和工业应用中的表面及界面性质分析具有重要价值。

从图 7-10 中的数据可以观察到，在样品表面初期，镍的表面原子浓度约为 42%。随着溅射时间的延长，镍的原子浓度逐渐增加，最终达到一个稳定的平衡值。这种变化反映了表面和深层材料之间成分的差异以及溅射过程中材料组成的均一化。在 AES 深度分析中，溅射时间和溅射速率是控制分析质量的关键参数。较短的溅射时间可以限制离子束持续照射而导致的样品表面损伤和化学价态的改变。同时，较高的溅射速率意味着在较短时间内移除更多的材料，这不仅可以提高分析的效率，还有助于减少择优溅射效应的影响。这种效应如果不加以控制，将导致深度分析结果的不准确。采用较短的溅射时间和较高的溅射速率，可以有效减少择优溅射带来的影响，使得深度分析结果更接近真实的材料组成。此外，合理调整离子束的能量和角度，以及运用均匀溅射技术，如旋转样品台，也是降低择优溅射和提高深度分析精度的有效方法。

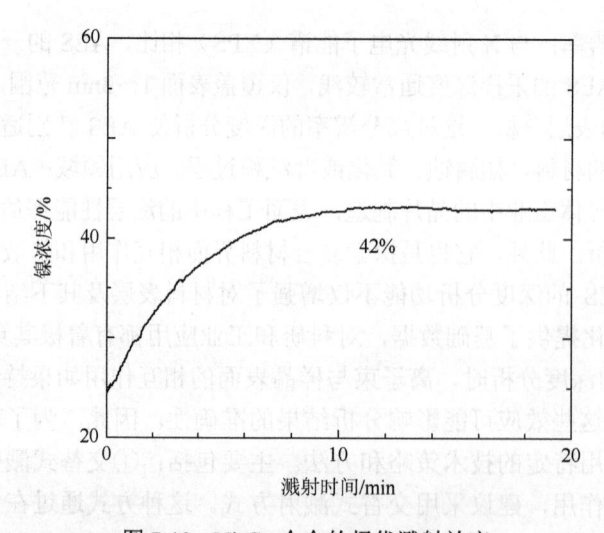

图 7-10 Ni-Cu 合金的择优溅射效应

综上所述，通过精心设计的实验条件和参数优化，可以大幅度提升 AES 深度分析的准确性和可靠性，使其成为研究材料表面及界面性质的强有力工具。这对于材料科学、半导体制造、表面工程等领域的研究和应用具有极其重要的意义。

AES 的深度分析不仅是一种强大的表层分析工具，同时也是研究材料界面特性的重要技术。在这种分析中，溅射时间常被用作横坐标，它与溅射深度呈现直接的对应关系，而纵坐标表示各元素的原子分数，从而揭示了薄膜中各元素的详细分布情况。

通过 AES 深度分析，可以非常清晰地观察到薄膜和基底之间界面的化学构成。如图 7-11 所示，在研究铅锆钛酸盐（PZT）薄膜与硅基底之间的界面时，AES 能够显示出一个由氧与硅反应形成的稳定的二氧化硅（SiO_2）界面层。这层 SiO_2 通常形成于 PZT 薄膜与硅基底之间，作为一种阻隔层，影响电子设备的性能。这种 SiO_2 界面层的形成是一个典型的界面反应过程，其中氧原子从外部环境或薄膜材料内部扩散到界面，并与从硅基底上扩散出的硅原子发生化学反应。通过 AES 的深度分析，不仅能够探测到这种界面层的存在，还能量化界面层的厚度及其内部的化学成分变化。此外，AES 深度分析还提供了关于薄膜制备过程中各种材料处理技术，如溅射沉积、热处理、化学气相沉积等对界面层形成的具体影响的深入见解。这些信息对于优化材料的处理工艺、提升薄膜性能以及确保电子设备的可靠性和效率至关重要。

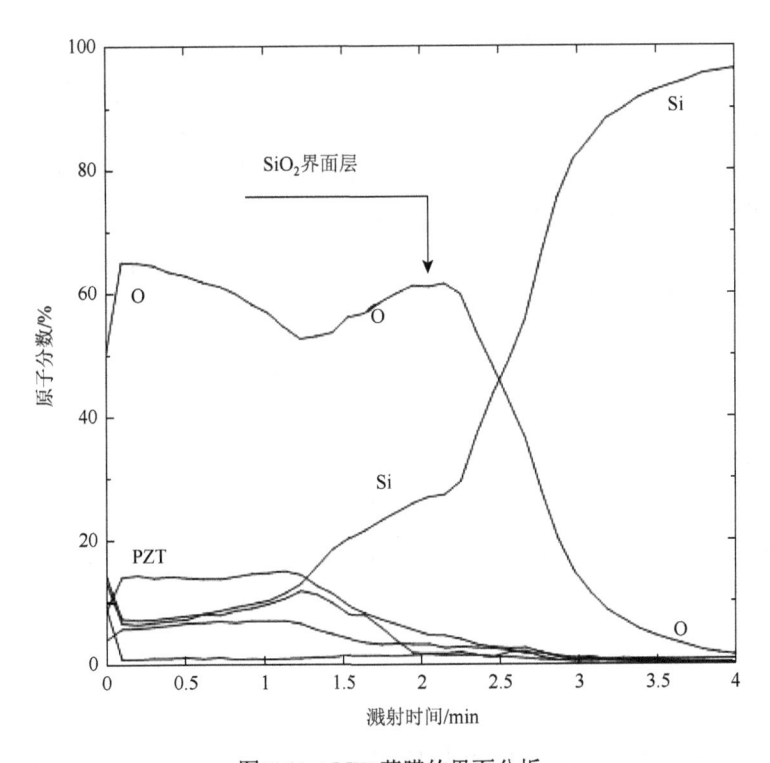

图 7-11　PZT 薄膜的界面分析

因此，AES 的深度分析技术在界面科学中的应用极为广泛，不仅能揭示材料内部的复杂相互作用，还能帮助科学家和工程师设计更好的材料结构，特别是在半导体和微电子行业中的应用非常关键。

7.3.5　微区分析

微区分析是俄歇电子能谱（AES）的一个核心功能，允许精确探测材料的局部化学组成，使得 AES 成为微电子器件研究和纳米材料探索中不可或缺的分析工具。通过细致的微区分析,科学家可以获得对材料表面及其微观结构的深入理解,从而在设计和优化先进材料和设备方面取得显著进步。

这些微区分析技术使得 AES 在微电子制造中尤为重要,例如,在半导体器件的开发过程中,精确的化学分析可用于优化晶片制造过程中的掺杂剖面和接触界面。同样,在纳米技术研究中,微区分析提供了对纳米结构如量子点、纳米线和其他纳米尺度功能材料的表面和界面性质的精确数据,支持在材料科学、纳米医学和环境科学等广泛领域的应用。总之,微区分析通过提供材料内部或表面的详尽化学信息,极大地扩展了 AES 在材料研究和工业应用中的能力,使其成为评估材料性能和推动材料创新的关键技术之一。

1. 选点分析

AES 的选点分析是一种高度精准的表面分析技术,能够在极微小的区域进行详细的化学和结构分析。这种技术的空间分辨率高达束斑面积大小,使其成为研究材料表面微区特性的理想工具。

操作原理与技术:在进行选点分析时,可通过计算机控制电子束的精确扫描,在样品表面生成吸收电流像或二次电流像。这些图像提供了表面的详细电子图景,允许研究者在图像上精确锁定待分析的微小区域。对于需要在较大空间范围内进行选点分析的情况,常采用移动样品的方法来调整样品位置,确保所需分析点与电子束精确重叠。

AES 选点分析的技术优势:①高空间灵活性:选点分析能够在很大的空间范围内进行,这主要依赖于样品架的移动能力。这种灵活性使得 AES 特别适合处理大尺寸样品或需要从多个不同区域收集数据的复杂样品。②多点并行分析:通过计算机软件,可以同时锁定多个分析点。这不但提高了分析效率,而且允许同时进行表面定性分析、表面成分分析、化学价态分析及深度分析,从而提供关于材料表面和界面复杂性的全面视图。③高度精准的微探针分析:选点分析方法利用其微探针功能,能够对特定的微小区域进行深入的表面和化学价态探测,这对于纳米科技、半导体工业和材料科学中的精确材料特性研究至关重要。

总之,AES 的选点分析提供了一种强大的微区探测方式,能够精确地控制分析区域的位置和大小,适用于从基础科研到工业应用的各种场景。这种分析方法通过高分辨率和高灵活性,使研究者能够深入理解材料表面的复杂性,进而推动新材料的开发和现有材料性能的优化。

从图 7-12 可以看出,在正常样品区,表面主要是 Si、N 以及 C 和 O 元素存在,而在损伤点,表面的 C、O 元素含量很高,而 Si、N 元素的含量却比较低,说明在损伤区发生 Si_3N_4 薄膜的分解。

图 7-13 提供了对 Si_3N_4 薄膜组成变化的深入分析,特别展示了正常区域与损伤区域中材料的化学变异。通过这张图,可以观察到明显的区域性差异,这些差异对材料的性能可能产生重大影响。

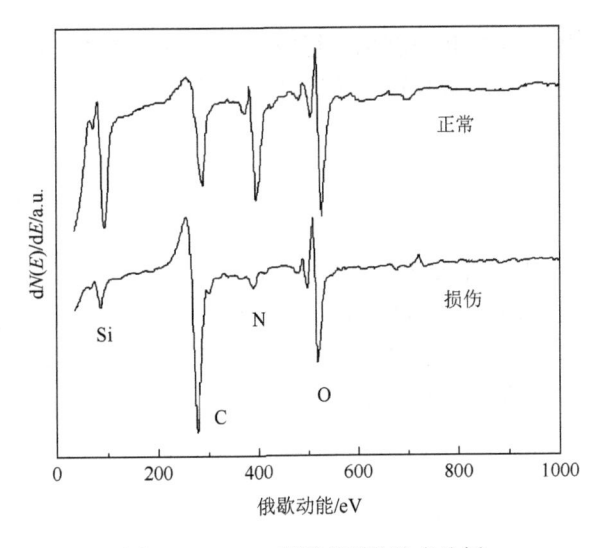

图 7-12 Si₃N₄ 薄膜表面的选点分析

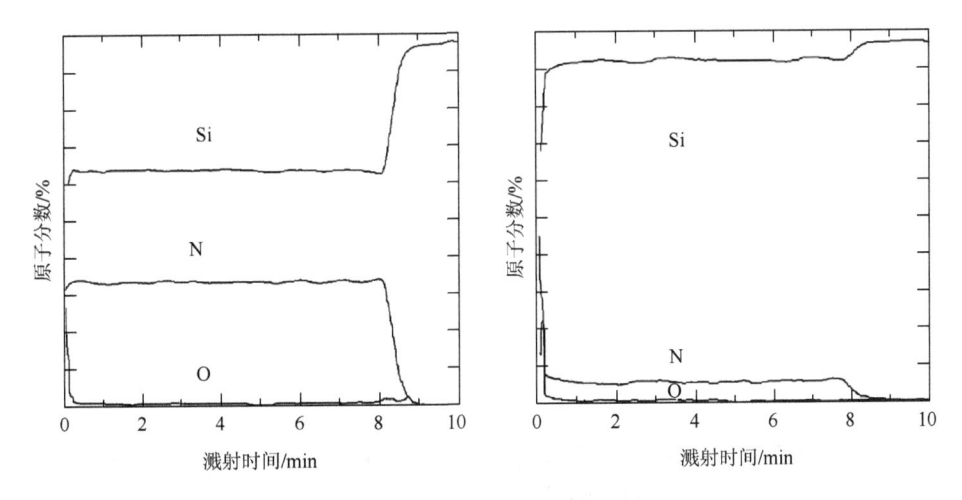

图 7-13 Si₃N₄ 表面的深度分析

在正常区域，Si₃N₄ 薄膜显示出高度的化学均匀性，其中 N/Si 原子比维持在 0.53。这个比例表明在这一区域内，硅和氮的结合非常稳定，薄膜的结构完好无损。这种均匀的化学组成是实现良好材料性能的关键因素，特别是在那些依赖于硅氮化物的机械和热稳定性的应用中。然而，在损伤区域，尽管 Si₃N₄ 薄膜的均匀性依然保持，但 N/Si 原子比显著下降至 0.06。这一显著的变化指示了一个重要的化学过程——氮化硅的脱氮分解反应。在热处理过程中，这一区域的薄膜可能遭遇了极端的条件，导致氮元素的大量损失，并伴随着潜在的结碳现象，即氮的流失可能导致碳质材料在表面积聚。这种脱氮和结碳现象对薄膜的电学和机械属性可能产生负面影响，因为结碳往往会导致材料电阻的增加，且可能影响材料的整体结构稳定性。了解这种现象的发生机制对于优化制造工艺、改进材料性能和确保薄膜的应用寿命至关重要。

因此，图 7-13 不仅揭示了 Si₃N₄ 薄膜在正常区域与损伤区域的显著化学差异，还强调了在材料加工和应用中监控和控制化学组成的重要性。这种深入的化学分析能够帮助材料科学家和工程师更好地理解材料在不同环境下的行为,从而开发出更为可靠和高效的材料解决方案。

2. 线扫描分析

线扫描分析是 AES 中一种极其有用的技术,允许研究人员系统地研究元素沿特定线性路径的分布情况。图 7-14 是 AES 线扫描具体分析案例,这为研究特定元素的空间分布提供了强有力的工具。这种分析技术可以覆盖从微观到宏观的广泛尺度(1~6000μm),使其在多种研究领域中成为不可或缺的工具。

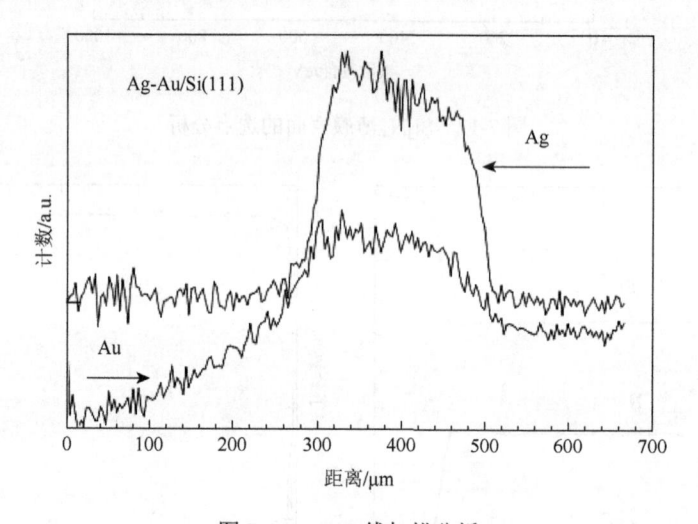

图 7-14 AES 线扫描分析

在执行线扫描分析时,电子束沿预定的直线路径移动,连续或间断地采集沿此路径的化学和结构数据。这种方法的灵活性使其特别适合探究复杂样品表面的微观结构,如多层膜系统、梯度材料或复合材料的界面。关键应用领域包括:①表面扩散研究:线扫描分析可以揭示原子或分子在材料表面上的扩散行为。通过测定不同时间点后元素的位置变化,研究人员可以定量分析扩散系数、激活能和其他相关动力学参数。②界面分析研究:在材料科学中,界面往往决定了复合材料的性能。线扫描分析可以精确地描绘出不同材料层之间的过渡区,提供关于界面厚度、组成梯度及可能的化学反应的直接信息。其技术优势体现在:①高分辨率:AES 的线扫描分析提供了高空间分辨率的化学映射,这对于理解纳米尺度下的物质行为至关重要。②直观的数据表示:通过生成元素分布的线性谱图,研究人员可以直观地看到元素如何在样品中分布,从而更好地理解材料的组成和结构特性。

虽然线扫描分析提供了深入的表面和界面化学信息,但技术的实施需要精确的样品制备和高度控制的扫描过程。随着扫描电子显微镜(SEM)和其他表面分析技术的发展,线扫描分析的精度和应用范围有望进一步扩展。总之,AES 中的线扫描分析是表面科学和材料工程中一个极其强大的工具，使研究人员能够深入探索材料的微观世界，开发出更加先进和精确的材料解决方案。

3. 面扫描分析

AES 的面扫描分析，也称为元素分布的图像分析，是一种高级的表面分析技术，通过生成某个元素在特定区域内的分布图像，为研究者提供与电子显微镜照片相似的视觉表示。不同于电镜照片仅展示样品表面的形貌，AES 的面扫描分析提供了元素的详细分布图像，使得研究者可以直观地观察元素在样品表面的具体位置。

面扫描分析特别适合于微型材料科学、纳米技术以及表面扩散研究等领域。通过这种分析，可以非常精确地识别和映射出材料表面的元素组成，以及这些元素在材料中的具体分布。此外，结合俄歇化学位移分析，面扫描还可以提供关于特定化学价态元素的分布图像，这对于理解材料的化学和电子结构尤为重要。例如，在半导体制造过程中，通过面扫描分析可以详细了解掺杂元素的分布情况，进而评估半导体器件的性能。在腐蚀或涂层研究中，此技术能揭示保护层或腐蚀层中的化学成分变化，从而指导材料的改进和优化。

尽管面扫描分析提供了丰富的信息，但它是一种时间消耗较大的分析方法，限制了在常规快速检测中的应用。此外，确保图像的分辨率和精确性要求高级的设备和技术支持。然而，通过将面扫描与俄歇化学效应结合，不仅可以得到元素的分布图，还能获得元素的化学价态分布图，增加了这种技术的研究深度和应用价值。随着分析技术的进步和自动化水平的提高，面扫描分析的速度和效率有望得到显著提升。这将使得这一技术更加适用于工业和研究领域，特别是在材料科学、纳米技术和表面工程等快速发展的领域。最终，这将助力科学家更深入地理解材料的复杂性，并开发出更高性能的材料和设备。

在图 7-15（a）中，可以清晰地观察到金属钛基合金基底呈现较暗的背景色，而相对高亮的部分则是 SiC 纤维。这种可视对比不仅突出了两种材料的存在，还为进一步的材料分析提供了视觉基础。进一步分析，图 7-15（b）通过元素映射揭示了在 SiC 纤维上的元素组成，特别是 B（硼）和 Ti（钛）的存在。这一发现非常重要，因为它指示了在钛基合金和 SiC 纤维之间可能发生了化学反应，形成了 TiC（碳化钛）界面物种。这种界面物种的形成对于理解复合材料的界面结构和性能至关重要。

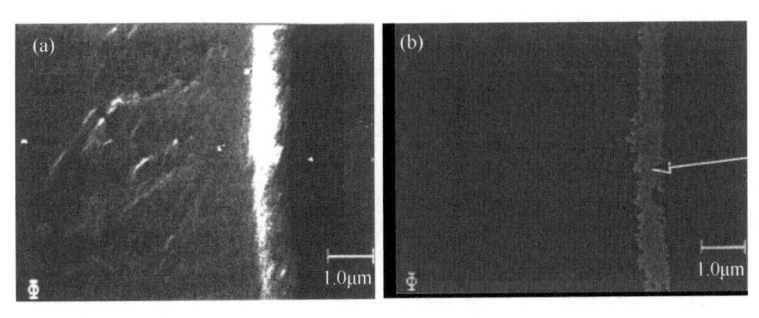

图 7-15　(a) 样品表面的扫描电子衍射（SED）成像；(b) 样品表面 C 元素的面扫描分布图

TiC 是一种硬质陶瓷材料，具有极高的硬度和优异的热稳定性，使其在加强复合材料方面尤为重要。在钛合金和 SiC 纤维的复合材料中，TiC 的形成可能是高温下钛元素与纤维表面的碳反应所致。TiC 层的存在可以显著增强纤维与基底之间的结合力，这对于提高整个复合材料的机械性能和耐久性是非常关键的。此外，TiC 层的形成还可以提高材料的耐腐蚀性和耐磨性。

利用俄歇电子能谱的深度和表面分析能力，可以更深入地研究复合材料中各组分之间的相互作用及其对材料性能的影响。通过理解 TiC 界面物种的形成机制和效果，材料科学家可以更精确地设计和优化钛基复合材料，以满足特定的工业应用需求，如航空航天、汽车制造和高性能装备领域。

总之，图 7-15 提供的元素分布和化学反应信息不仅增进了对材料微观结构的理解，还为设计和应用具有高性能界面的先进复合材料提供了重要的科学依据。

第 8 章 俄歇电子能谱的应用

随着俄歇电子能谱的发展，开始有了更多的应用领域，下面列举一些领域中的应用实例。

8.1 固体表面清洁度的测定

在研究工作中经常需要获得清洁的表面，这时可以用俄歇电子能谱（AES）来实时监测。一般对于金属样品可以通过加热氧化除去有机物污染，再通过真空热退火除去氧化物而得到清洁表面。最简单的方法则是离子枪溅射样品表面来除去表面污染物。

从图 8-1 中的 AES 结果可以看到，在原始状态下，样品表面不仅有 Cr 元素的存在，还检测到了 C 和 O 等污染杂质。这表明样品在放置过程中可能吸附了环境中的污染物。通过离子枪溅射处理后，可以观察到 C 杂质峰基本消失，说明表面的有机污染物已被有效清除。然而，氧的特征俄歇峰仍然存在，尽管强度较低，这表明氧可能并非仅来源于表面污染，还可能是在 Cr 薄膜制备过程中由于靶材纯度不足或制备过程中的真空度不够而嵌入的。

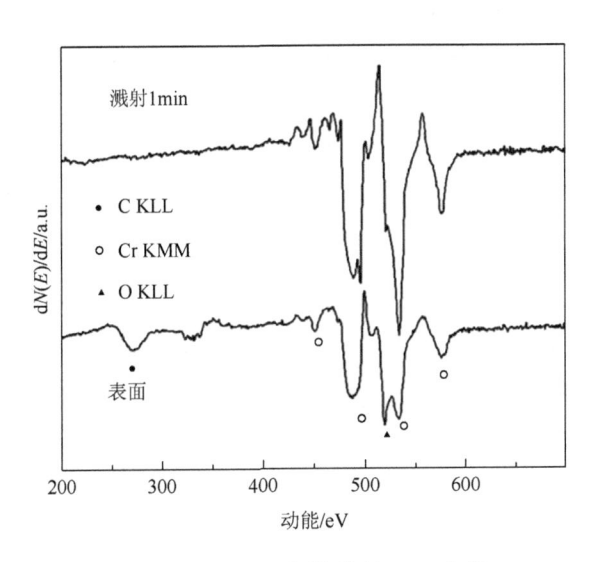

图 8-1 样品表面污染物的 AES 分析

8.2 表面吸附和化学反应的研究

AES 是研究固体表面吸附和化学反应的一种极为有效的技术，高表面灵敏度使其能够检测到极微量的物质，达到 10^{-3} 原子单层的检测限。这一特性让 AES 成为分析固体表面吸附现象及化学反应过程的理想工具。具体的应用体系包括以下几个方面：①高灵敏度的应用：AES 的高表面灵敏度允许研究人员精确量化表面的吸附含量，这对于理解各种材料表面如何与不同分子和原子相互作用至关重要。此外，AES 不仅可以检测吸附的量，还能分析吸附物的状态，如是否为化学吸附或物理吸附，以及吸附物的化学价态变化。②化学反应过程的深入研究：通过 AES，研究人员可以观察和分析在特定环境条件下，如在特定温度和气氛中，表面上发生的化学反应。例如，可以监测到催化反应过程中表面活性物种的形成和消失，以及反应产物的生成。这些信息对于设计更有效的催化剂和优化反应条件具有重要价值。③实际应用案例：在催化研究中，利用 AES 技术可以详细分析催化剂表面在反应前后的元素组成和化学价态的变化。例如，在汽车尾气催化剂的开发中，AES 被用来研究贵金属如铂和钯在高温下与污染物如一氧化碳和氮氧化物的相互作用。此外，在半导体制造过程中，AES 可以用来监控硅片表面的清洁度和化学分子的吸附状态，确保器件的性能和可靠性。

总之，AES 在表面科学领域提供了一个强大的分析平台，不仅能够揭示表面吸附和化学反应的微观细节，还能帮助科学家和工程师优化材料的表面处理工艺，提高材料的性能和功能。通过持续利用 AES 在表面吸附和化学反应研究中的优势，可以推动材料科学、能源、环境保护和许多其他领域的技术进步。

8.2.1 表面吸附的研究

从图 8-2 的分析中可以观察到，当氧气暴露量达到 50L 时，锌的价电子能量损失谱（Zn LVV）发生显著变化。具体来说，俄歇电子能量为 54.6eV 的峰明显增强，而 57.6eV

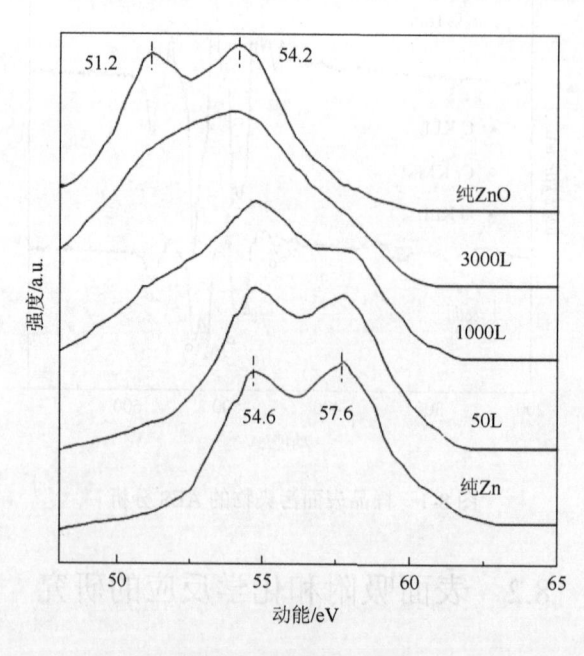

图 8-2 Zn 的 LVV 谱

的峰相应减弱,这一现象表明在锌表面形成了少量的氧化锌物种。随着氧气暴露量的进一步增加,Zn LVV 的线形变得更为复杂,特别是在谱线的低能端出现了新的俄歇峰,暗示着大量氧化锌表面反应产物的生成。

这些变化说明锌表面的化学性质随氧气暴露量的增加而逐渐变化,初期主要是形成了一层薄的氧化锌覆盖层。在更高的氧气暴露量条件下,锌表面可能经历了更深层次的氧化反应,促成了更多氧化锌或其他相关化合物的形成。这一过程不仅有助于理解锌在氧化环境下的行为,也对研究锌基材料的表面改性、催化活性及其在环境科学和材料工程中的应用提供了重要的视角。

8.2.2 表面吸附过程

从图 8-3 的数据可以看出,当氧气暴露量仅为 1L 时,在氧的 KLL AES 谱中已经观察到动能为 508.6eV 的峰,这一峰归属于锌表面的化学吸附态氧。与氧化锌中的氧相比,这种状态的氧原子从锌原子获得的电荷较少,因此其俄歇动能相对较低。随着氧气暴露量增加至 30L,O KLL 谱中出现了更高动能的伴生峰。通过谱线的精细解析,可以区分出动能为 508.6eV 和 512.0eV 的两个俄歇峰,其中后者明显源自表面氧化反应中生成的氧化锌物种的氧原子。

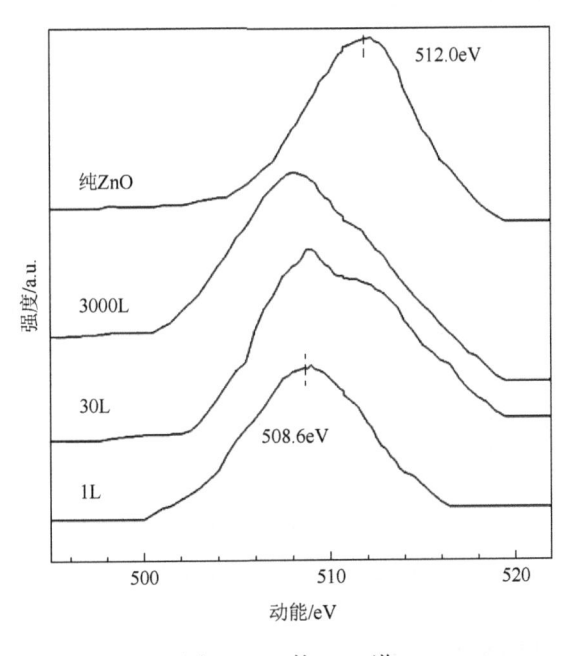

图 8-3 O 的 KLL 谱

即使在氧气暴露量达到 3000L 后,多晶锌表面上仍然能够检测到两种不同的氧物种,这一发现揭示了在较低氧分压条件下的表面反应动态。在这种环境中,只有具有较高反应活性的锌原子被氧化形成氧化锌,而活性较低的锌原子则仅与氧形成稳定的吸附态。

这一结果不仅有助于理解锌在不同氧化环境下的表面行为，还对于设计和优化锌基材料的表面处理技术具有重要的科学和应用价值。

8.3 薄膜的研究

8.3.1 薄膜厚度的测定

通过精细的俄歇电子能谱（AES）分析，可以有效地测定多层薄膜的厚度。此方法依赖于薄膜材料在溅射过程中的溅射速率，而溅射速率受到材料物理特性的显著影响。虽然这种方法测得的是相对厚度，但多数情况下，不同物质的溅射速率差异不大，或者可以通过选用适当的基准物质进行精确校准，从而获得更精确的薄膜厚度信息。这种技术尤其适用于多层膜的厚度测量。

对于较厚的薄膜，通常采用其他技术来补充厚度信息，例如，通过扫描电子显微镜（SEM）进行横截面的线扫描。这种结合使用不同技术的方法不仅提高了测量的准确性，也增强了结果的可靠性。此外，通过整合不同的测量技术，可以为材料科学研究和工业应用提供更全面的薄膜表征数据，从而优化材料的加工和性能评估过程。

如图8-4所示，TiO_2薄膜层的溅射时间约为6min，由离子枪的溅射速率（30nm/min），可以获得TiO_2薄膜光催化剂的厚度约为180nm。该结果与X射线荧光分析的结果非常吻合（182nm）。

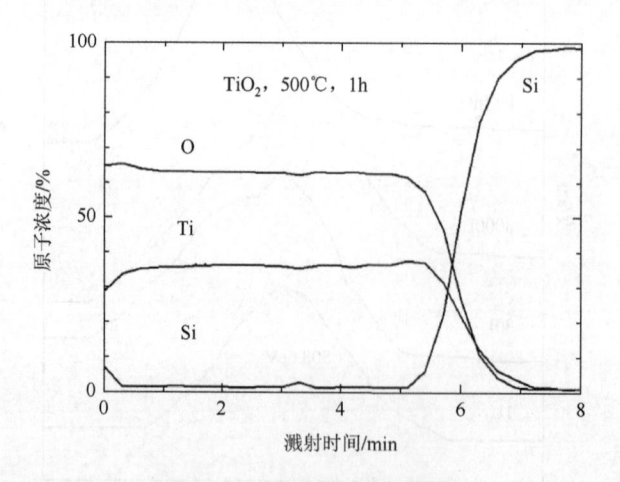

图 8-4 TiO_2薄膜厚度的测定

8.3.2 薄膜界面的扩散反应研究

在薄膜材料的制备和应用过程中，界面扩散反应是一个关键因素，极大地影响了薄膜的性能和稳定性。在某些情况下，我们期望薄膜之间存在较强的界面扩散反应，这有助于增强薄膜间的物理和化学结合，甚至可能导致新功能薄膜层的形成。例如，在复合材料或功能梯度材料中，通过增强界面扩散，可以实现不同材料性质的优势结合。反之，对于需要保持各层材料独立性能的应用中，如多层薄膜超晶格材料，则需尽可能降低界面扩散反应，以维持每层的独特物理性质。

利用 AES 进行深入分析，可以精确地研究材料各元素沿深度方向的分布，从而深入了解薄膜的界面扩散动力学。AES 分析使我们能够观察到微观尺度上的元素迁移和化学价态变化，进一步通过俄歇线形的变化，可以详细获得界面产物的化学信息，为界面反应产物的鉴定提供强有力的工具。这种方法的应用极大地促进了对薄膜界面性质的理解，并有助于优化薄膜设计，满足特定的技术和功能需求。通过这些深入的研究，科学家和工程师能够更好地控制材料的界面特性，实现更高效的材料性能和更广泛的应用。

难熔金属的硅化物作为微电子器件中的关键材料，不仅广泛用作引线材料，还用于欧姆结构的构建，是大规模集成电路技术研究中的一个核心课题。目前，这一领域已经积累了大量的研究成果。如图 8-5 所示，在经过精确控制的热处理后，样品上已经形成了稳定的金属硅化物层，证明处理过程的有效性及其在实际应用中的可靠性。

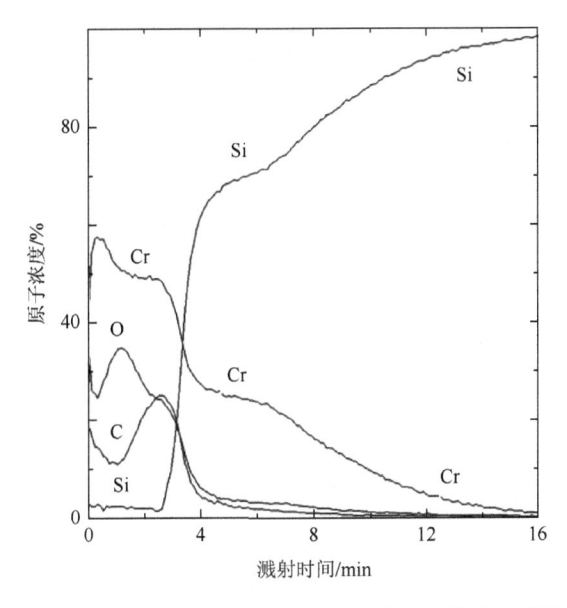

图 8-5　难熔金属硅化物各元素沿深度方向的分布分析

从深度分析图中可以观察到，样品的铬（Cr）表面层在热处理过程中已经发生氧化，并检测到了碳（C）元素的存在。这些现象主要是由热处理过程中真空度不足以及残留有机物的影响所致。这些细节揭示了制备过程中可能的技术挑战和对环境控制的严格要求。

此外，界面扩散反应的产物也可以通过 AES 中特定的俄歇线形进行鉴定。通过对这些线形的分析，不仅可以确定界面产物的化学组成，还能深入理解各元素在界面上的扩散行为和相互作用。这种深入的分析对于优化硅化物薄膜的制备工艺、提高材料性能以及确保电子器件的长期稳定性具有重要意义。通过这样的研究，科学家们能够更精确地控制材料的微观结构，从而在微电子工业中推动更高效和更可靠的技术解决方案的开发。

如图 8-6 所示，在 AES 分析中，金属铬表现为单一峰，其俄歇动能为 485.7eV。相对地，氧化铬（Cr_2O_3）也显示为单峰，但其俄歇动能稍低，为 484.2eV。这种能量差异揭示了氧化过程中电子结构的细微变化。在 $CrSi_3$ 硅化物层及其与单晶硅的界面层上，Cr LMM 的线形变为双峰，具有 481.5eV 和 485.3eV 的俄歇动能。这一结果表明，在硅化物层中，铬的电子结构与纯金属状态及其氧化物状态明显不同，反映了铬与硅间强烈的化学相互作用。这种双峰特征指示出 $CrSi_3$ 硅化物的形成，其结构不仅是简单的金属共熔物，而是具有显著的化学键合性质。此外，分析结果还表明，金属硅化物的形成不局限于界面产物层；在与硅基底的界面扩散层中，铬也主要以硅化物的形式存在。这种深入的材料特性分析不仅有助于理解 $CrSi_3$ 硅化物的电子结构和化学性质，还对优化硅化物薄膜的制备工艺和提高其在微电子器件中的性能具有重要意义。通过这些详细的谱线分析，我们可以更准确地掌握材料的界面行为和电子特性，为高性能微电子器件的设计和制造提供关键的科学依据。

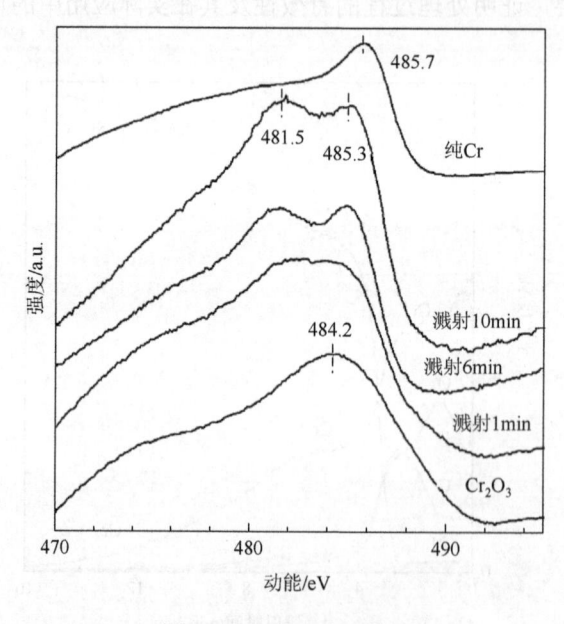

图 8-6　Cr 的 LMM 谱

从图 8-7 中的数据分析可见，金属铬在 MVV 俄歇线上显示的动能为 32.5eV，而当铬被氧化成 Cr_2O_3 时，其 MVV 俄歇线的动能降低至 28.5eV。这一变化反映了氧化状态下铬电子结构的显著改变。更引人注目的是，在金属硅化物层及其界面层中，铬的 MVV 俄歇动能升高至 33.3eV，这比纯金属铬的动能还要高。这种动能的增加提示我们，在金属硅化物 $CrSi_3$ 的形成过程中，铬不仅未失去电荷，反而似乎从硅（Si）原子那里获得了部分电荷。这一现象可以通过铬和硅电负性以及它们的电子排布结构来解释。铬和硅的电负性分别为 1.74 和 1.80，表明它们在电子亲和力上相当接近，这使得电子在两者之间的转移成为可能。在电子结构方面，铬的外层电子配置为 $3d^5 4s^1$，而硅的配置为 $3s^2 3p^2$。当铬与硅相结合形成金属硅化物时，可以推测硅的 3p 电子可能部分迁移到铬的 4s 轨道，这种电子的重新配置可能导致了更加稳定和低能的电子状态，从而在 AES 谱中表现为动能的增加。这种电子迁移不仅稳定了 Cr—Si 化学键，还可能改善了硅化物层的电子性质，对于提高材料的导电性和化学稳定性至关重要。

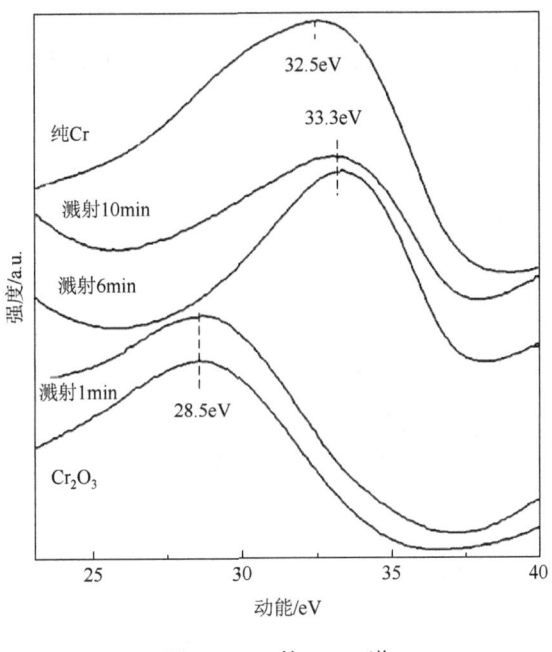

图 8-7 Cr 的 MVV 谱

综上所述，通过 AES 分析所揭示的这些细微的电子能级变化，我们不仅能深入理解 $CrSi_3$ 硅化物的电子结构特性，还能洞察到其在微电子和其他高性能应用中的潜在优势。

8.3.3 薄膜制备的研究

AES 已成为薄膜制备过程中进行质量控制的一种关键分析技术。该技术能够原位监控薄膜生长的质量，尤其是在分子束外延（MBE）装置中应用广泛。AES 不仅适用于生长过程中的实时监测，还能用于非原位的薄膜质量分析，为研究人员提供关键信息，如杂质含量和元素组成比例等。

Si_3N_4 薄膜，作为一种广泛应用于电子和光学器件中的材料，已开发出多种制备技术，其中包括低压化学气相沉积（LPCVD）、等离子体增强化学气相沉积（PECVD）和反应性磁控溅射（PRSD）。这些方法各有特点和优势，但也因制备条件的差异而导致最终薄膜质量的不同。

通过 AES 的深度和线形分析，可以精确评估 Si_3N_4 薄膜的结构和成分。AES 分析通过详细揭示薄膜中的元素分布和化学价态，能够指示出薄膜中可能存在的缺陷，如杂质夹杂或成分不均。此外，深度分析提供了关于薄膜各层之间界面的详细信息，这对于理解薄膜的电子特性和物理性能至关重要。

总之，AES 在薄膜制备技术中的应用不仅提高了制造过程的精度，还为材料的研发和性能优化提供了强有力的分析工具。这种综合评估方法确保了高性能薄膜的生产，满足了现代电子和光学技术对材料性质的严格要求。

从图 8-8 的详细分析中，可以观察到通过不同方法制备的 Si_3N_4 薄膜中存在两种化学价态的硅：单质硅（Si）和硅氮化物（Si_3N_4）。这一观察结果对于评估各种制备技术的效果极为关键。特别地，如图 8-9 所示，通过大气压化学气相沉积（APCVD）方法制备的

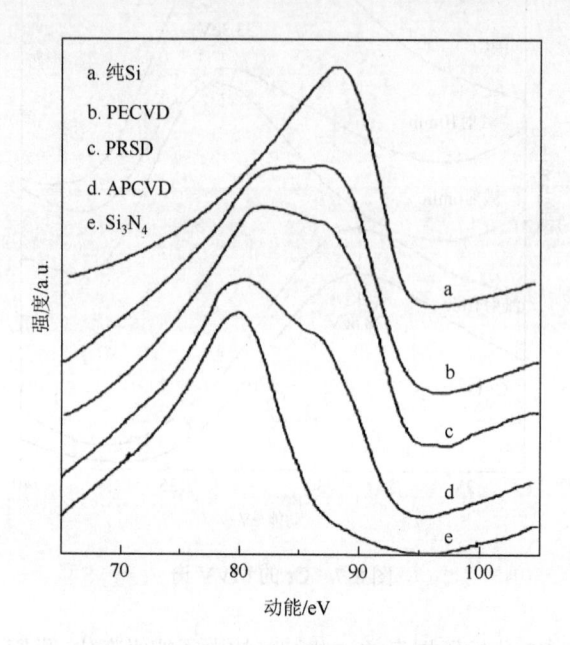

图 8-8　Si_3N_4 薄膜不同制备方法的比较

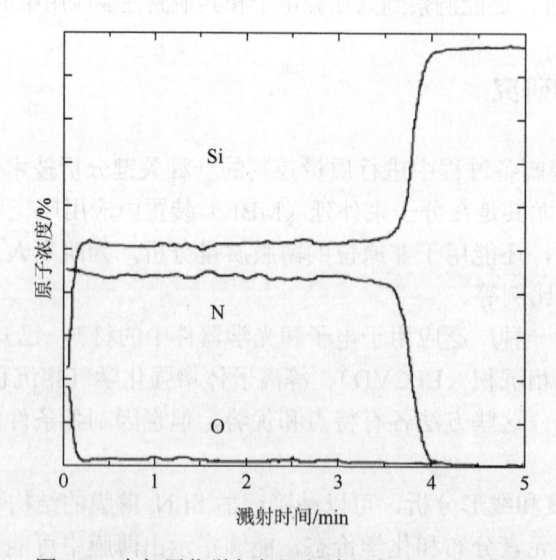

图 8-9　大气压化学气相沉积法制备的 Si_3N_4 薄膜

Si₃N₄薄膜显示出优异的质量，其中单质硅的含量显著低于其他方法。这表明 APCVD 技术在保持化学纯度和增强薄膜的结构完整性方面具有显著优势。较低的单质硅含量意味着薄膜中 Si₃N₄ 的比例更高，这对于提高薄膜的机械强度和化学稳定性是非常有利的。相反，如图 8-10 所示，通过等离子体增强化学气相沉积（PECVD）方法制备的 Si₃N₄ 薄膜质量较差，其单质硅含量几乎与 Si₃N₄ 物种相当。这种高比例的单质硅存在可能指示了 PECVD 过程中反应的不完全性或沉积参数的不最优，这可能影响薄膜的电气和物理性能，尤其是在高性能应用中。

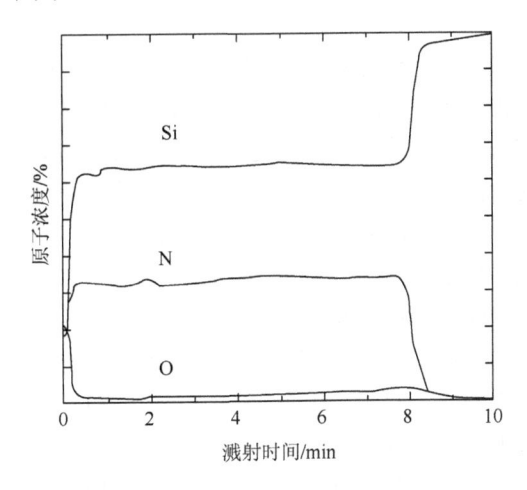

图 8-10　等离子体增强化学气相沉积法制备的 Si₃N₄ 薄膜

这些结果强调了制备技术选择的重要性，以及优化制备条件对提高 Si₃N₄ 薄膜质量的必要性。通过改进反应条件和优化制备过程，可以显著降低单质硅的含量，从而提升硅氮化物薄膜的整体性能和适用性。此外，这种深入的化学价态分析为材料科学家提供了宝贵的见解，帮助他们在开发先进材料和技术时做出更明智的决策。

PECVD 方法制备的薄膜显示出相对较低的 N/Si 比，约为 0.53，这表明在该过程中形成了较多的单质硅。薄膜的氧含量非常低，说明在这些薄膜的制备过程中，氧的介入并不是影响薄膜质量的主要因素。这一发现强调了 N/Si 比作为控制和优化薄膜质量的一个关键参数。高 N/Si 比通常与更高的薄膜质量相关，因为这意味着薄膜中硅氮化物的成分比较完整，结构也更稳定。从 Si LVV 的俄歇线形分析进一步揭示了材料的化学价态。在 PECVD 方法制备的薄膜中，观察到大量的单质硅，这可能是由于反应过程中氮的不足或沉积参数的不适宜。

这些分析结果不仅对于理解不同制备技术的效果提供了深刻的见解，还对改进薄膜制备技术、提高 Si₃N₄ 薄膜的应用性能提供了重要的指导。通过优化制备条件，特别是控制氮源的供给和反应环境，可以有效提高 N/Si 比，进而提升薄膜的整体质量和性能。

8.3.4　薄膜催化剂的研究

AES 是一种强大的表面分析技术，但在化学研究中的应用受到一定限制，特别是在分析粉体样品和绝缘体样品时面临挑战，因为这些样品的电荷积累问题可能导致分析结果的不准确。尽管如此，AES 在金属催化剂和薄膜催化剂的研究领域中显示出独特的价值，特别是在薄膜模型催化剂的开发和表征上。

薄膜模型催化剂因能够提供均一和可控的催化活性表面而备受研究者青睐。通过 AES，研究人员能够获得催化剂表面的详细元素和化学价态信息，这对于理解催化反应的机制至关重要。例如，在研究金属-载体相互作用或是催化剂表面的活性位点时，AES 能够提供催化剂表面各元素的精确化学价态及其分布，从而帮助科学家优化催化剂的设计和性能。

在具体应用中，AES 用于分析薄膜催化剂的表面组成和化学环境，包括表面元素的化学价态变化和元素间的相互作用。通过这些信息，研究人员可以揭示催化反应中的表面过程和路径，进一步优化催化剂的结构以提高其活性、选择性和稳定性。此外，AES 还能评估催化剂使用前后的表面变化，为催化剂的再生和持久性研究提供数据支持。

综上所述，尽管 AES 在处理某些类型样品时存在局限，但在薄膜催化剂研究中仍然是一种不可或缺的工具，能够提供对催化剂表面极其详尽的微观化学信息，为催化科学的进步和催化技术的发展做出重要贡献。

$LaCoO_3$ 钙钛矿类催化剂作为汽车尾气净化中的一种新型非贵金属活性组分，展示了在环境保护和工业应用中的重要潜力。然而，SO_2 中毒问题是其在实际应用中需要克服的一大障碍。针对这一问题，图 8-11 展示了负载在 γ-Al_2O_3 薄膜载体上的 $LaCoO_3$ 钙钛矿型薄膜模型催化剂，在 700℃和 2% SO_2 环境下经过 1h 的加速中毒测试后的 AES 深度分析。

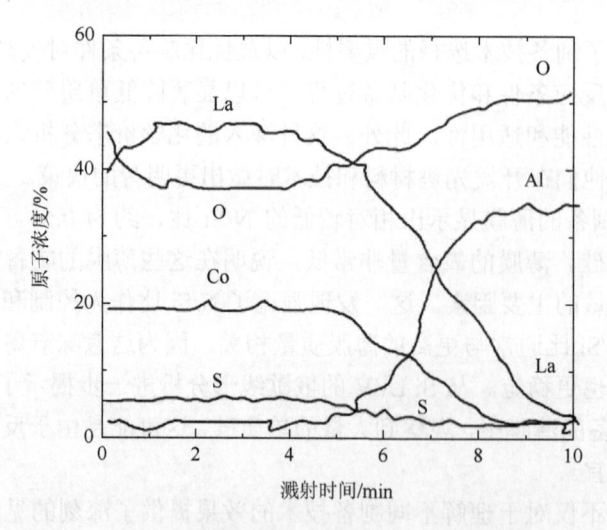

图 8-11　$LaCoO_3$ 薄膜型催化剂中毒后的 AES 深度分析图

分析结果显示，S 元素已经在 $LaCoO_3$ 的活性层中均匀分布，这种广泛的扩散显示了 SO_2 与 $LaCoO_3$ 的高反应性。这种强烈的相互作用不仅导致 $LaCoO_3$ 钙钛矿相结构的破坏，还引起了催化剂的显著失活。硫的渗入改变了 $LaCoO_3$ 的电子结构和表面性质，从而抑制了其催化活性。

这一发现强调了在开发耐 SO_2 中毒的新型催化剂时，必须考虑化学稳定性和结构完整性。未来的研究需要着重于改善 $LaCoO_3$ 的耐硫性能，可能通过探索钙钛矿结构中的金属离子替换、优化载体相互作用或引入额外的保护层来实现。此外，深入了解 SO_2 与 $LaCoO_3$ 相互作用的机制，将为设计更高效、更稳定的尾气净化催化剂提供关键的科学基础。

从图 8-12 的 AES 定性分析中，可以观察到在 $LaCoO_3$ 钙钛矿催化剂表面不仅检测到硫元素的存在，而且还明显发现了钴的信号。这一现象指示 $LaCoO_3$ 的钙钛矿结构已经遭受破坏，硫的介入不仅改变了催化剂表面的化学组成，还影响了其结构完整性。

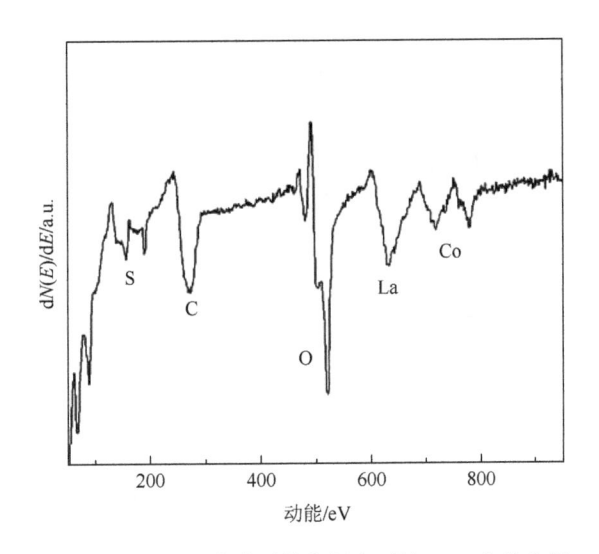

图 8-12 $LaCoO_3$ 薄膜型催化剂表面的 AES 定性分析

硫元素的存在表明 SO_2 与催化剂的反应性很高，这种反应导致了硫的积累和钴的显露。通常，$LaCoO_3$ 中的 Co 元素被嵌入在钙钛矿的晶体结构中，稳定而不易直接检测到。然而，当钙钛矿结构受损时，Co 原子会被暴露出来，从而在 AES 谱中产生明显信号。这种结构的破坏和 Co 的暴露进一步证实了催化剂因 SO_2 中毒而失活的情况。硫的渗透破坏了 $LaCoO_3$ 的结构，阻碍了其作为催化剂的功能，尤其是在高温和高 SO_2 浓度环境下。这些发现强调了在设计耐硫催化剂时，需要对材料的化学稳定性和结构耐久性进行仔细考虑，以保证催化剂在实际应用中的长效性能。此外，这一分析结果为未来改进催化剂设计提供了重要的化学和结构信息，指明了增强催化剂抗硫性能的潜在策略。

在进行过热处理后，观察到前驱体转化为 TiO_2 薄膜，并且在 TiO_2 薄膜与铝合金基底之间发生了显著的元素扩散现象。为了深入探究这种扩散作用的细节，对前驱体薄膜在 350~550℃ 条件下进行了 1~10h 的煅烧处理，并随后利用 AES 技术对薄膜的元素分布进行详细研究（图 8-13）。

如图 8-13 所示，通过对 O KLL 深度剖析数据可以发现，在 TiO_2 薄膜与铝合金基底的界面上，观察到氧以 Al_2O_3 物种的形式存在，形成了一个明显的峰状分布。这一结果表明，热处理过程中，空气中的氧与从铝合金基底扩散出的铝原子发生反应，从而在界面

处形成了一层 Al_2O_3 氧化物层。这层氧化物的形成在一定程度上阻碍了进一步的氧向铝合金基底的深入扩散。

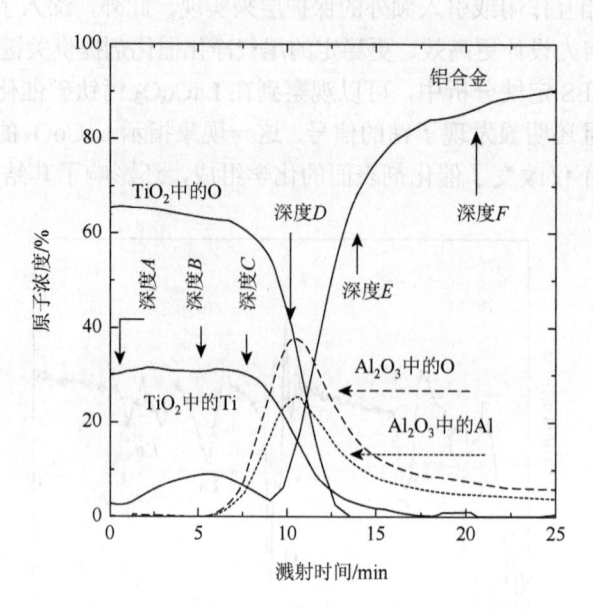

图 8-13　TiO_2 薄膜与铝合金基底的界面扩散研究

尽管 Al_2O_3 层对氧的扩散起到了一定的阻挡作用，但并未能完全阻止铝原子从基底向 TiO_2 层的迁移。此外，TiO_2 层本身的致密性（厚度约 300nm）也对元素扩散产生了一定的抑制效果。因此，尽管有 Al_2O_3 层的形成，一个完全稳定的 Al_2O_3 界面层并未能形成。这些研究结果不仅为我们提供了关于 TiO_2 薄膜与铝合金基底之间相互作用的宝贵信息，还揭示了在类似系统中可能进行材料设计和功能优化的关键点。通过进一步优化热处理条件和材料组成，有可能改善界面层的稳定性和功能性，从而开发出更高效的材料系统。

在进行 AES 深度剖析研究时，发现在表面层，Al 的信号无法被检测到，表明 Al 元素在表面没有显著存在。如图 8-14 所示，在标记为深度 A 的位置，首次能够检测到 Al 的存在，其 LVV 俄歇动能为 64.3eV，这一特征峰对应于合金态的 Al 物种，指示了 Al 元素与其他金属元素可能形成的合金结构。随着样本深度增加至深度 B，观察到合金态 Al 的信号逐渐增强，表明 Al 在这一区域以合金形式较为丰富，而 Al_2O_3 的信号仍然未被观察到。进一步深入到深度 C 时，出现了两个显著的俄歇峰，分别在 51.4eV 和 64.3eV。这两个峰分别对应于 Al_2O_3 和合金态 Al，显示出铝氧化物和合金态 Al 两种不同的化学价态开始共存。到达界面层位置（深度 D）时，51.4eV 的峰达到最强，这一观察明确表明在这一区域内 Al_2O_3 的分布呈现出显著的峰状特征，这是铝氧化过程在界面层的一个重要标志。随着深度的进一步增加，51.4eV 的峰开始减弱，而 64.3eV 的峰则相应增强，显示出随着深入到更接近铝合金基底的位置（深度 F），合金态 Al 的存在变得更为显著，而 Al_2O_3 的含量显著减少。在铝合金基底处（深度 F），51.4eV 的峰已经非常弱，而 64.3eV

的峰非常强,这进一步确认了在基底中绝大多数 Al 以合金状态存在,而 Al_2O_3 物种的存在非常有限。这一深入的分析揭示了 Al 在不同深度下的化学价态变化,对理解材料的结构和化学性质有重要意义,也为材料的工程应用提供了重要的科学依据。

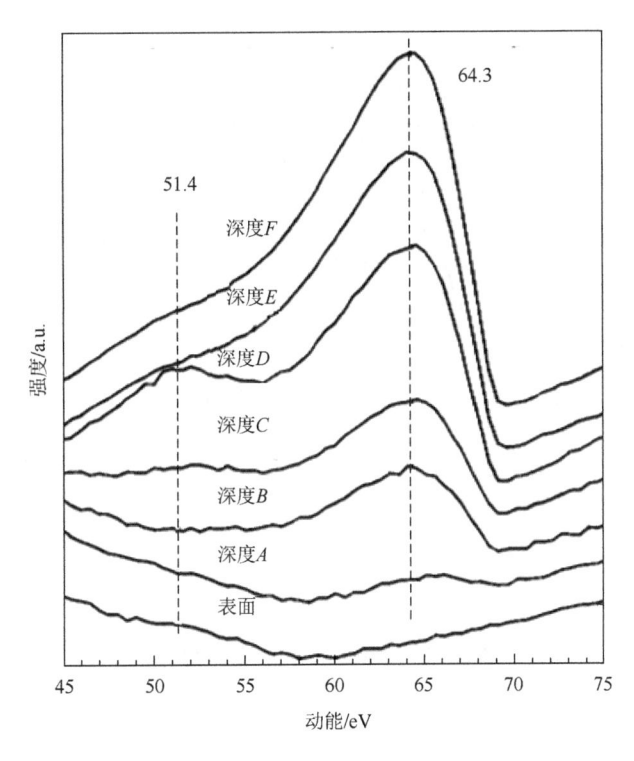

图 8-14 薄膜的俄歇深度剖析图

8.4 离子注入研究

离子注入是一种广泛应用于固体材料表面改性的技术,通过这种方法可以显著提升材料的机械性能、耐腐蚀性和电子特性。在离子注入过程中,离子的分布、浓度以及化学价态直接影响材料改性后的性能表现。通过俄歇电子能谱(AES)的深度剖析,可以详细研究离子在材料内部的分布情况。这种分析不仅能够展示离子在材料深度方向上的分布模式,还能量化离子的浓度。通过对比注入前后的材料样本,AES 能提供精确的离子浓度和分布数据,这对于优化注入参数及评估注入效果具有重要意义。

此外,AES 还能分析离子注入后元素的化学价态变化。通过俄歇化学效应的研究,可以识别出离子与材料原有元素间可能发生的化学反应,如离子的氧化或与基体材料形成化合物的情况。这种化学价态的改变通常对材料的电化学性能和耐久性有着直接影响。总而言之,离子注入技术结合 AES 的深度分析,为材料科学研究提供了一个强有力的工具,不仅可以用于研究和优化材料表面改性过程,还能帮助科学家更好地理解离子注入对材料性能的具体影响机制。这些深入的分析结果对于开发新材料以及改进现有材料的性能提供了宝贵的数据支持。

从图 8-15 的分析中，可以看到离子注入层的厚度约为 35nm，注入元素的浓度达到 12%。尽管如此，仅凭锑离子的注入量和分布还不足以完全解释该离子注入薄膜电阻率显著降低的现象。

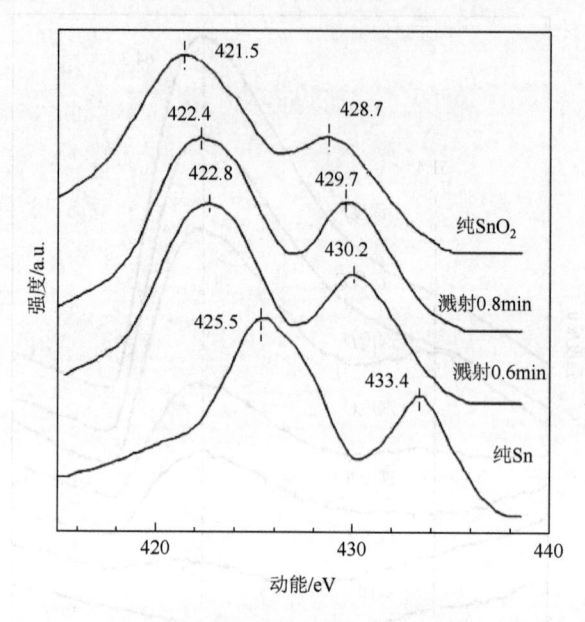

图 8-15　薄膜的离子注入浓度分析

进一步分析薄膜的离子分布，如图 8-16 所示，在注入 Sb 的膜层中，Sn 的 MNN 俄歇动能出现在 422.8~430.2eV 之间，这个能量范围介于金属锡和氧化锡（SnO_2）之间。

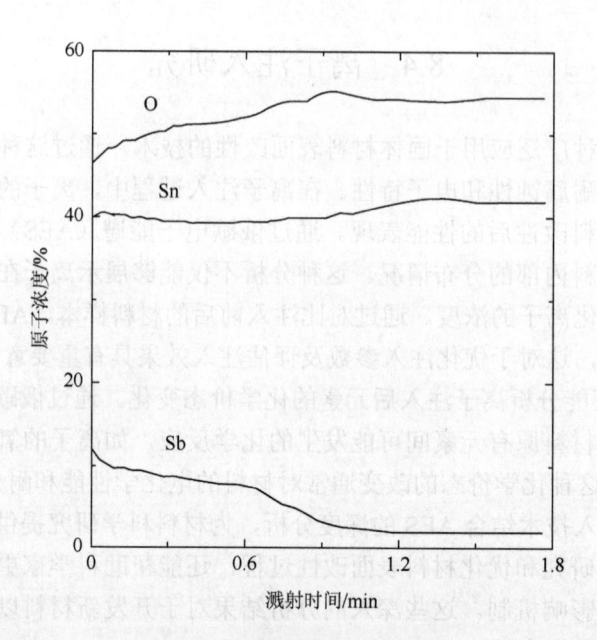

图 8-16　薄膜的离子分布分析

这一结果表明，在离子注入层中，Sn 并不以 SnO$_2$ 的化学价态存在。与没有注入 Sb 的层相比，注入 Sb 层中 Sn 的 MNN 俄歇动能较低，表明 Sn 的外层轨道获得了额外的电子，这一发现与紫外光电子能谱（UPS）的研究结果相符。

如图 8-17 所示，对于 Sb 的 MNN 俄歇动能，在注入层中测得为 450.0eV 和 457.3eV，而纯 Sb$_2$O$_3$ 的相应能量为 447.2eV 和 455.1eV。这一差异表明，注入的 Sb 并不以三价氧化物 Sb$_2$O$_3$ 的形式存在，也没有以纯金属态存在。这一发现指出，离子注入薄膜电阻率的降低并非由金属态的 Sb 引起。这些观察结果揭示了 Sb 与 SnO$_2$ 之间的相互作用可能是电阻率降低的关键。在这种相互作用中，Sb 中部分 5p 轨道的价电子可能转移到了 Sn 的 5s 轨道上，这种电子的重新分布改变了薄膜的价带结构，从而显著提高了薄膜的导电性能。这种价带结构的改变是通过离子注入技术实现的微观电子结构调控的直接结果，为设计和优化电子材料的性能提供了重要的物理洞察。

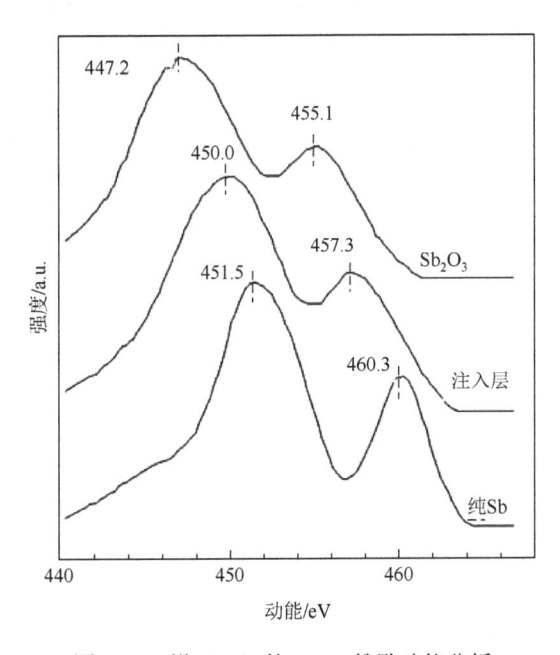

图 8-17 锑（Sb）的 MNN 俄歇动能分析

8.5 表面偏析研究

俄歇电子能谱（AES）是探究材料失效机制的一种有效工具，特别是在分析金属材料断裂时的有害元素偏析。该技术能够提供精细的微区分析来研究晶界处的元素成分偏析，以及通过深度剖析来探查元素在表面的偏析情况。

以彩电阳极帽的失效分析为例，这种分析展示了俄歇电子能谱在实际应用中的重要价值。在正常条件下，阳极帽经过热氧化处理后，表面呈现灰色，这是由于表面形成了一层紧密的 Cr$_2$O$_3$ 薄膜层。然而，在非正常的产品中，阳极帽表面呈现出黄色，这一异常颜色的出现引起了对材料失效原因的深入研究。通过俄歇电子能谱的深度分析和表面定性分析，研究揭示了在失效的阳极帽表面主要存在铁的氧化物。更深入的分析表明，这些铁的氧化物主要是结构疏松的 Fe_2O_3 表面层。在失效严重的样品中，这种 Fe_2O_3 不仅形成了表层，而且有时甚至在表面形成了黄色的 Fe_2O_3 粉体，这种现象极大地影响了阳极帽的功能性和耐用性。这种表面偏析和氧化物层的形成直接关联到材料的防护性能和操作寿命。在正常的阳极帽中，Cr_2O_3 层有效地防护了下面的材料不受氧化和环境侵蚀，而在失效的阳极帽中，Fe_2O_3 的存在标志着防护层的缺失或损坏，从而导致了材料性能的下降。这一发现不仅提供了关于材料失效的重要信息，还强调了在材料设计和加工过程中控制化学成分和处理条件的重要性。通过这些详细的表面和深度分析，可以更好地理解材料的失效机制，并采取相应的预防措施来提高产品的可靠性和耐用性。

元素偏析常常是材料失效的关键原因之一。通过利用俄歇电子能谱，能够有效地探究和理解材料中的元素偏析问题。根据图 8-18 的分析结果，可以观察到基底合金材料主要由 Fe、Ni、Cr 等元素构成，元素的分布相对均匀，且表面有一层氧化物。

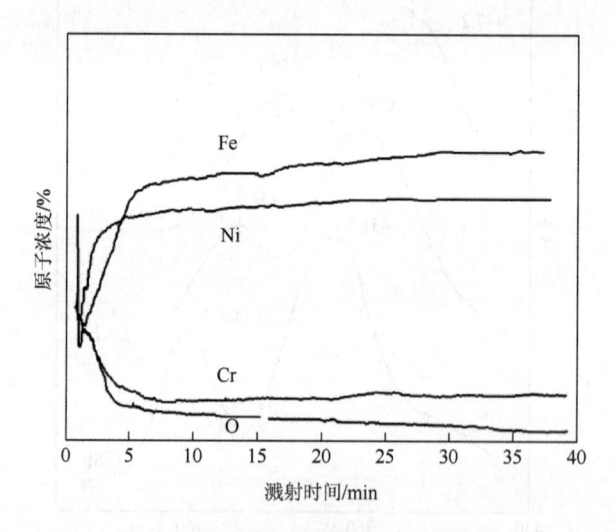

图 8-18 材料未处理时 AES 深度分析

而图 8-19 显示了彩电阳极帽在经过热氧化处理后的正常样品的 AES 深度分析结果。热氧化处理不仅导致合金材料的氧化，还触发元素的偏析现象。尽管在合金基底中铬（Cr）的含量较低，但在热氧化处理过程中，Cr 元素发生了显著的表面偏析，结果在样品表面富集，最终形成了一层致密的 Cr_2O_3 氧化层。

这层 Cr_2O_3 氧化层的形成在多方面改善了彩电阳极帽的性能。最显著的是，它极大地增强了阳极帽与玻璃的真空封接性能，提高了封接的气密性和耐久性。这种致密的氧化层有效地阻挡了环境中的氧和其他可能的腐蚀因素，保护了下面的合金材料不受进一步的侵蚀，从而延长了产品的使用寿命。通过俄歇电子能谱提供的深度和表面分析，不仅能够识别出材料表面和深层中的元素种类与分布，还能洞察到处理过程如何影响材料的化学和物理状态，为材料的设计和改良提供了宝贵的信息。这种技术的应用对于优化材料性能、预防潜在的失效模式以及延长产品的有效使用周期至关重要。

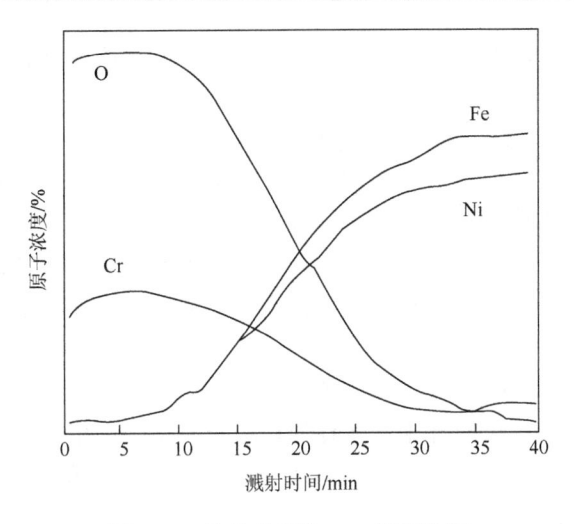

图 8-19 热处理后的 AES 深度分析

8.6　固体化学反应研究

AES 在研究薄膜及其他材料的固体化学反应中扮演着至关重要的角色。这项技术使我们能够通过深度剖析来追踪和理解固体化学反应中元素的扩散行为，同时，利用俄歇化学效应可以探究元素的化学反应产物以及它们的化学价态变化。

金刚石颗粒，作为一种极其重要的耐磨材料，经常被用作切割工具和耐磨工具的关键组成部分。金刚石颗粒通常会包覆在各种金属基底上，以提高其性能和耐用性。为了进一步增强金刚石颗粒与基底金属之间的结合强度，通常需要在金刚石表面进行预金属化处理，这是通过在金刚石表面形成一个薄膜或涂层来实现的，从而促进金刚石与金属基底的更好结合。

如图 8-20 所示，可以通过 AES 对这些预金属化层进行详细分析。这种分析能够揭示金属涂层的组成、厚度及其与金刚石之间的界面特性。通过 AES 的深度剖析，可

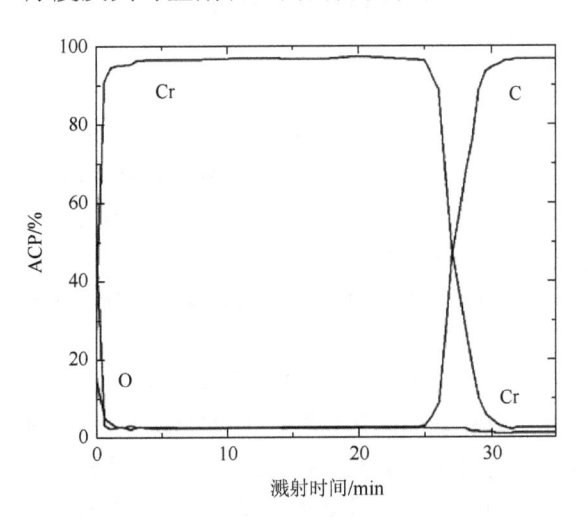

图 8-20　未热处理前预铬金属化金刚石表面

以观察到金属原子在金刚石表面的分布和浓度变化,以及这些金属原子如何与金刚石表面的碳原子进行化学反应。

此外,AES 的化学效应分析还能提供有关金属涂层与金刚石之间可能形成的化合物或新相的详细信息。这些信息对于理解和优化金刚石颗粒与金属基底之间的结合机制至关重要,尤其是在提高切割和磨损工具的性能方面。通过这种深入的表面和化学分析,研究人员可以设计出更有效的预金属化处理方法,以确保金刚石颗粒在实际应用中的最佳性能和最长使用寿命。这些分析结果不仅为材料科学领域提供了重要的见解,还有助于推动切割和磨损工具技术的发展。

在金刚石表面成功形成了一层金属铬(Cr)涂层。尽管在 Cr 层与金刚石界面处存在一定程度的界面扩散,该扩散并未导致任何稳定金属化合物相的形成。然而,在进行了高温高真空热处理之后,该界面的 AES 深度剖析图显示出显著的变化,如图 8-21 所示。

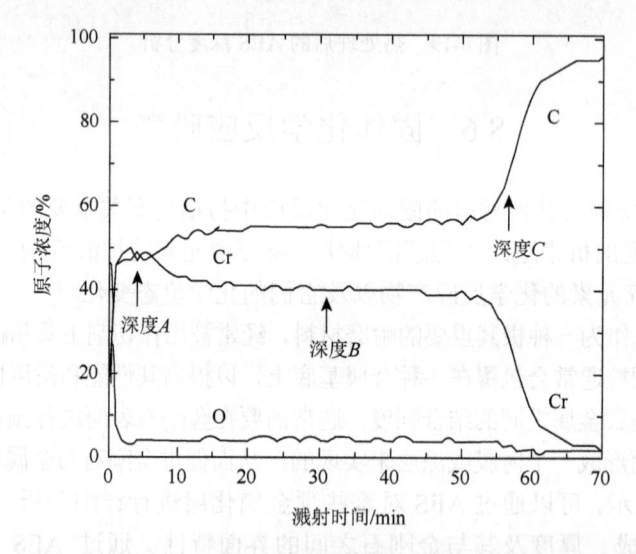

图 8-21 热处理后预铬金属化金刚石表面

根据图 8-22 的分析结果,热处理促使在 Cr/C 界面发生了固相化学反应,进而形成了两个界面化学反应产物层。最外层是 CrC 物种,而更接近金刚石的中间层则为 Cr_3C_4 物种。这些发现揭示了 Cr 与 C 之间在高温条件下的复杂相互作用。

从 Cr LMM 俄歇线形分析可知,界面层上确实发生了化学反应,并成功形成了新的 CrC_x 物种。尽管如此,从俄歇线形难以明确区分 CrC 与 Cr_3C_4 物种。这种模糊性提示我们,尽管 AES 提供了宝贵的表面和界面化学信息,某些情况下可能需要额外的分析技术来精确区分接近的化学物种。

这些结果对于理解金刚石表面金属化处理的影响具有重要意义。通过揭示 Cr 与 C 在高温下如何相互作用并形成复杂的碳化物层,不仅能够优化处理条件以改善金刚石工具的性能,还能深入理解金属涂层与金刚石基底之间的相互作用机制。这种知识对于设计更耐用和高效的金刚石切割与磨损工具至关重要,能够显著提高工具的市场竞争力和操作效率。

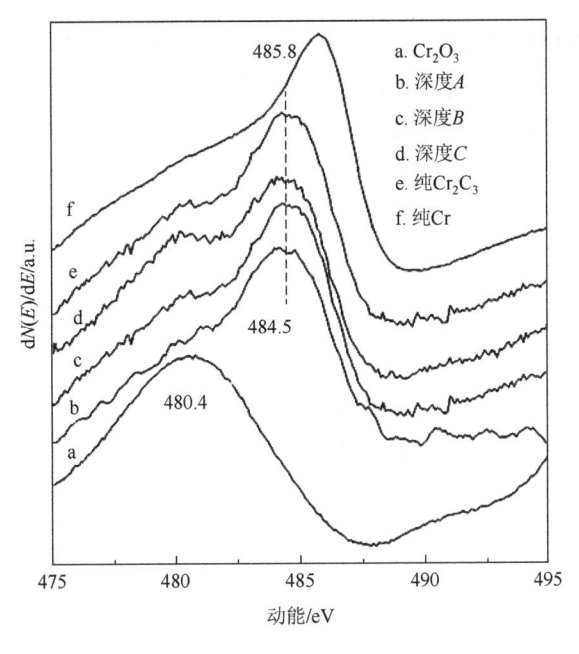

图 8-22 Cr 的 LMM 谱

8.7 表面扩散研究

俄歇电子能谱（AES）是研究表面扩散现象的理想工具，高表面灵敏度和出色的空间分辨率使其成为分析表面扩散过程的首选技术。AES 可以通过其微区分析功能详细探查物质在表面上的点、线和面分布，从而提供对物理扩散和表面化学反应过程的深入理解。

利用 AES 进行的表面扩散研究不仅可以追踪和量化原子或分子在固体表面的迁移路径，还能分析这些路径上如何形成新的化学结构或相。这包括识别表面上物质扩散的动力学，测定扩散速率，以及研究温度、表面结构和外界环境如何影响扩散行为。

此外，AES 还能够揭示扩散过程中可能产生的新化合物或结构的形成。通过分析表面元素的化学价态变化，研究人员可以了解材料表面的反应机制，并预测其在实际应用中的表现。例如，在催化剂设计、腐蚀防护，以及半导体制造等领域，了解和控制表面扩散过程是至关重要的。

通过对表面扩散的综合分析，AES 为材料科学提供了强大的分析工具，帮助科学家和工程师优化材料表面的特性和功能，从而开发出更高性能的材料系统。这种对表面扩散深入的洞察力极大地推动了表面科学和相关应用技术的进步。

在单晶硅基底上制备的 Ag-Au 合金线的研究提供了关于金属迁移的有趣见解。图 8-23 展示了该合金线的 AES 扫描分布结果。从图中可以观察到，Ag 和 Au 薄膜线的宽度大约为 250μm，并且这两种金属在合金中分布极为均匀，表明制备过程中金属的混合和沉积均达到了高度均一化。

进一步的实验涉及对这种 Ag-Au 合金线施加外部电场，以研究电迁移效应，其结果记录在图 8-24 中。电迁移是一种电流诱导下金属原子迁移的现象，常见于高密度电子设备中。结果显示,在电场的作用下,Ag 和 Au 展现了截然不同的迁移行为。具体来说,Ag 原子沿电场方向迁移,这可能是由于 Ag 原子较小的离子半径和较高的电子迁移率。相反,Au 原子则向逆电场方向迁移,这种现象可能与 Au 原子较大的离子尺寸和其在电场中的独特电子结构相互作用有关。

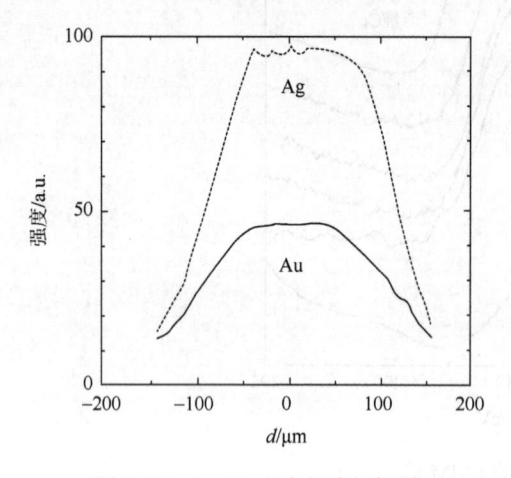

图 8-23　Ag-Au 合金的线扫描图　　　　图 8-24　电迁移后 Ag-Au 合金的线扫描图
d 表示 Ag 和 Au 薄膜线的宽度分布

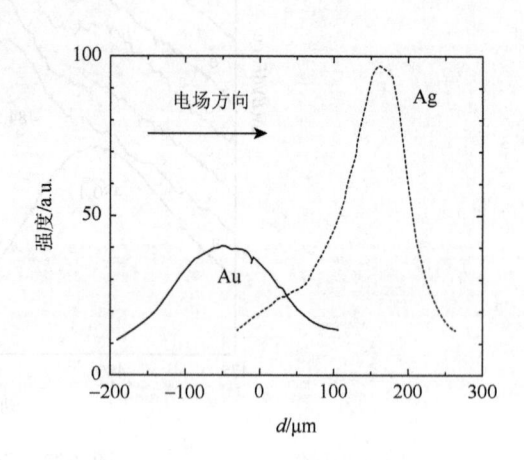

这种不同方向的金属迁移不仅对合金的电学性质和稳定性有重要影响,也为理解不同金属在微电子装置中的行为提供了宝贵的数据。通过详细分析这些迁移模式,可以更好地设计抗电迁移失效的电子材料,优化电子设备的性能与可靠性。此外,这些发现也强调了在微电子和纳米技术领域中,对材料行为进行深入研究的重要性,以确保新兴设备的高效运作与长期耐用性。

8.8　摩擦化学研究

俄歇电子能谱(AES)在摩擦化学和界面科学领域扮演着重要角色。此技术特别适用于探究润滑添加剂的作用机制,包括其在基底材料中的扩散行为、润滑膜的元素组成及含量,以及润滑膜的化学结构。AES 能够提供关于润滑膜表面及其下层结构的精确化学信息,这对于理解和改进润滑膜的性能至关重要。

图 8-25 展示了 45#钢试件在摩擦作用后的润滑膜 AES 深度分析结果。分析显示,在摩擦作用后,硫(S)、氧(O)和碳(C)元素在润滑膜中发生了明显的扩散。这种扩散反映了润滑添加剂中的活性成分如何与金属基底材料相互作用,形成一层有效的抗磨润滑膜。

硫元素的扩散特别值得关注,因为它通常与形成稳定和有效的抗磨界面有关。在摩擦过程中,硫能与金属基底发生化学反应,形成硫化物或其他复合物,这些化合物在减少金属表面摩擦、降低磨损及提高耐久性方面起着关键作用。此外,氧和碳的存在也可能指示润滑添加剂中存在有机分子的热分解产物或氧化反应产物,这些产物同样能够提供额外的润滑性和保护效果。

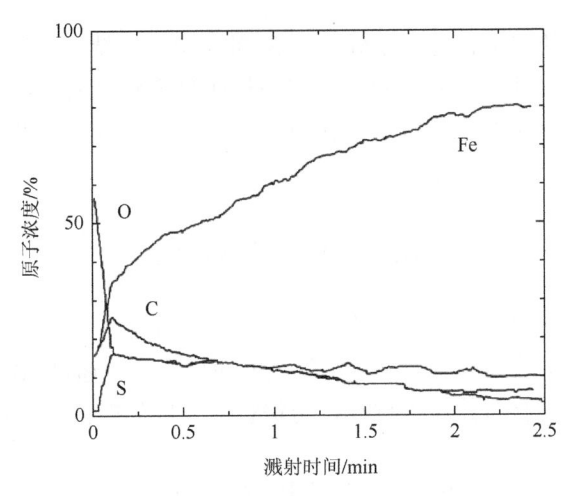

图 8-25　45#钢试件在摩擦过程后的润滑膜 AES 深度分析

图 8-26 提供了润滑膜的 AES 分析结果，显示出在润滑膜中存在大量的硫（S）、碳（C）和氧（O）元素。这一结果不仅揭示了润滑膜的基本化学组成，还反映了其复杂的化学结构和功能机制。

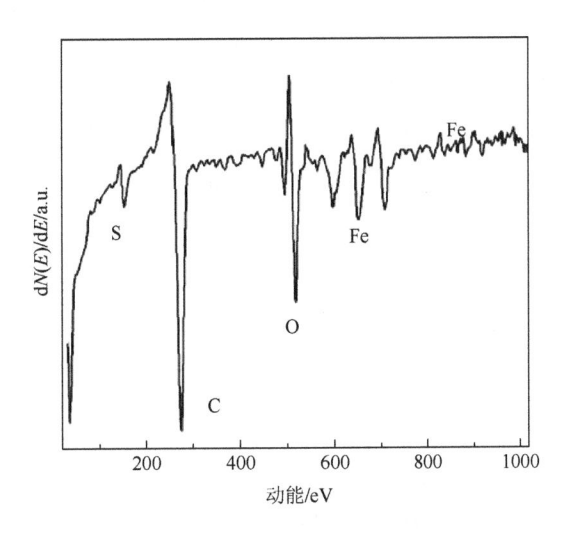

图 8-26　润滑膜的 AES 定性分析图

硫元素的丰富存在通常指向润滑添加剂中特定化合物的使用，如硫化物，这些化合物在减少摩擦和磨损方面极为有效。硫化物能在金属表面形成低剪切强度的薄膜，从而显著降低摩擦系数并提高润滑效果。碳和氧的高含量可能表示润滑膜中含有复杂的有机分子，如碳氢化合物或氧化碳类物质，这些物质在高温或高压环境下能提供额外的稳定性和保护作用。

这种元素组成的详细分析对于理解润滑膜如何在机械设备中发挥作用至关重要。通过探索这些元素在润滑膜中的相互作用和化学反应，科学家能够优化润滑剂的配方，以适应特定的工作条件和性能要求。此外，这些信息对于预测和评估润滑膜在长期运行中的耐久性和效率也具有重要价值。

通过对这些元素的定量和定性分析，AES 帮助研究人员深入理解润滑膜在实际应用中的行为和效果，为设计更高效的润滑添加剂和润滑策略提供了科学依据。这种细致的研究不仅对提升机械设备的性能和延长使用寿命具有重要意义，也为摩擦学和材料科学领域的技术进步贡献出宝贵的知识。

8.9　核材料研究

俄歇电子能谱（AES）为核材料的研究提供了一种强有力的分析手段，尤其在探究这些材料在极端环境下的行为方面显示出巨大的应用潜力。通过 AES 深度分析技术，研究人员能够详细分析核材料的腐蚀过程、与保护层之间的扩散作用，以及离子轰击引发的材料扩散现象。

图 8-27 和图 8-28 展示的结果揭示了在核材料界面上形成了 UAl3（铝铀合金）层，这一发现不仅表明了界面处发生了显著的物质扩散，而且还指出在这一过程中伴随着化

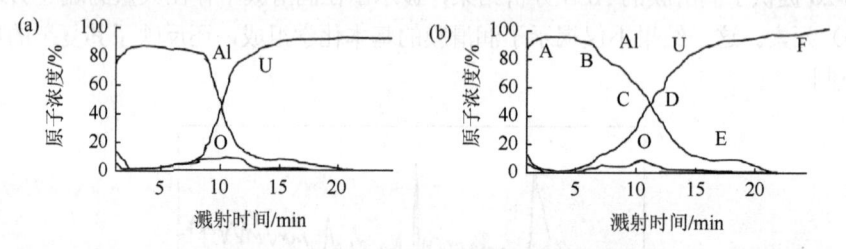

图 8-27　Al/U 薄膜界面的 AES 深度分析图

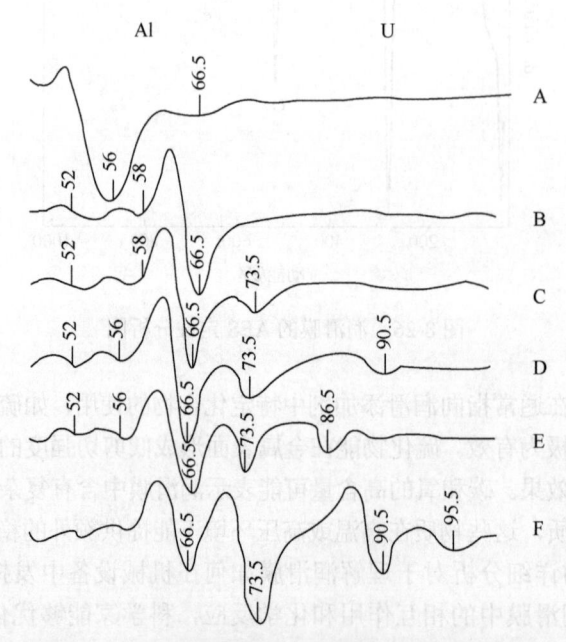

图 8-28　Al/U 薄膜界面不同深度处的 AES 线形分析

图中数值单位均为 eV

学反应的发生。UAl3 合金层的形成是核材料界面化学活动的直接证据，显示出核材料在高能环境中可能经历的复杂物理化学变化。

该合金层的存在对核材料的性能有重要影响，特别是在核反应堆的燃料管理和安全性方面。例如，UAl3 合金层的形成可能改变材料的热导性、机械强度和耐腐蚀性，这些都是核反应堆设计和运行中必须仔细考虑的因素。

通过利用 AES 深度分析，科学家能够精确地监测和理解这些合金层在实际操作环境下如何形成，以及它们如何影响核材料的整体性能。此外，这种分析还可以帮助开发更有效的腐蚀防护策略和改进核材料处理技术，从而提高核设施的安全性和效率。

总之，AES 在核材料研究中的应用极大地丰富了我们对这些复杂系统物理化学性质的理解，为核能技术的发展和优化提供了关键的科学支持。

8.10 应用举例和数据分析

1. AES 技术证明 Cu/Cu$_2$O 非均相纳米棒在电催化还原反应中存在氧空位

电催化硝酸还原法可以在温和的环境操作条件下进行，不需要进行二次处理，因此被认为是一种很有前途的硝酸盐处理方法。Shi 等对金属、金属氧化物和非金属催化剂（如 Ru、CuCo 合金、CuO、石墨烯等）进行了硝酸电催化还原制氨评价[1]。其中，Cu 基催化剂因对硝酸盐的高吸附能力和完全填充 Cu 3d 轨道，抑制竞争性析氢反应（HER）而备受关注。许多策略，包括使用非均相界面和原子缺陷位点，已经被提出用于开发高效的 Cu 基硝酸盐还原催化剂。为电催化还原硝酸盐过程中 Cu/Cu$_2$O 非均相纳米棒（NRs）上 Cu 位点的原位重建，设计了具有氧空位和界面快速电子转移的 Cu/Cu$_2$O 非均相纳米棒，并利用 XPS 和 AES 证实了氧空位的存在。

在高分辨率 Cu 2p XPS 谱中，932.3eV 和 952.1eV 处的两个峰分别归属于 Cu 2p$_{3/2}$ 和 Cu 2p$_{1/2}$ [图 8-29（a）]。Cu$_2$O 和 Cu/Cu$_2$O NRs 中 Cu$^+$ 和 Cu^0 的峰位没有差异。因此，采用 Cu LMM AES 谱来表征元素 Cu 的化学价态。Cu$_2$O NRs 的 Cu LMM 谱只显示 Cu$^+$ 的俄歇峰，而 Cu/Cu$_2$O NRs 谱同时显示 Cu^0 和 Cu$^+$ 的俄歇峰 [图 8-29（b）]，证实了 Cu/Cu$_2$O

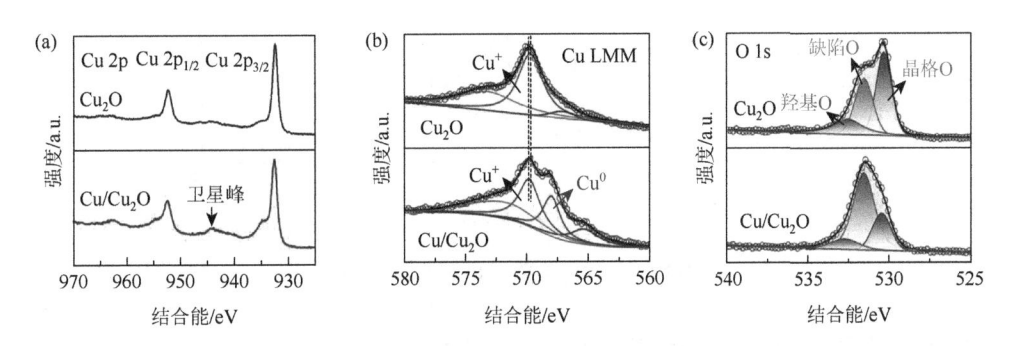

图 8-29 Cu$_2$O 和 Cu/Cu$_2$O NRs 的高分辨率谱图：(a) Cu 2p XPS 谱；(b) Cu LMM AES 谱；(c) O 1s XPS 谱[1]

NRs 表面有金属铜物种的形成。此外，Cu/Cu₂O NRs 中的 Cu⁺俄歇峰比 Cu₂O NRs 的结合能高 0.2eV，表明 Cu/Cu₂O NRs 界面上电子从 Cu₂O 向 Cu 转移。因此，可以推断，Cu 的高电子密度降低了反应势垒，抑制了竞争性 HER。同时，图 8-29（c）中 Cu₂O 和 Cu/Cu₂O NRs 的 O 1s XPS 谱被反卷积到位于 530.1eV、531.4eV 和 532.5eV 的三个峰，分别对应于晶格氧、缺陷氧和表面羟基氧。

2. AES 分析 CO₂ 电催化反应前后 Cu 基催化剂变化

二氧化碳的电催化还原是一种在温和条件下使用铜基催化剂将二氧化碳转化为多碳产物（C₂₊产物）的有效手段。这种方法能够增强*CO 中间体的吸附，促进 C—C 偶联，从而生成 C₂₊产物。在这些产物中，乙烯和乙醇在聚合物制备和化学合成中受到广泛关注。为了提高铜基催化剂在二氧化碳还原反应中形成 C₂₊产物的选择性，可以通过调节铜的形貌、尺寸、氧化态以及用其他金属修饰铜。

与铜纳米颗粒相比，氧化亚铜纳米颗粒在高选择性生产中效率更高。氧化亚铜纳米晶体上的 CO₂RR 产物依赖于不同的晶面，这些晶面在产物形成过程中起着稳定重要中间体的作用。研究者采用湿法化学还原法合成了具有不同表面和不同形态的氧化亚铜微晶，如 O-Cu₂O、D-Cu₂O 和 C-Cu₂O，并使用多种表征手段对其进行分析。通过 AES 进一步区分 Cu⁰ 和 Cu⁺的 Cu LMM 谱[2]。如图 8-30 所示，Cu LMM 的 AES 谱中出现了 Cu⁰ 在 567.5eV 处的特征峰，Cu⁺的主峰保留（570.6eV），表明氧化亚铜催化剂仅在表面发生还原，而本体结构相对稳定。

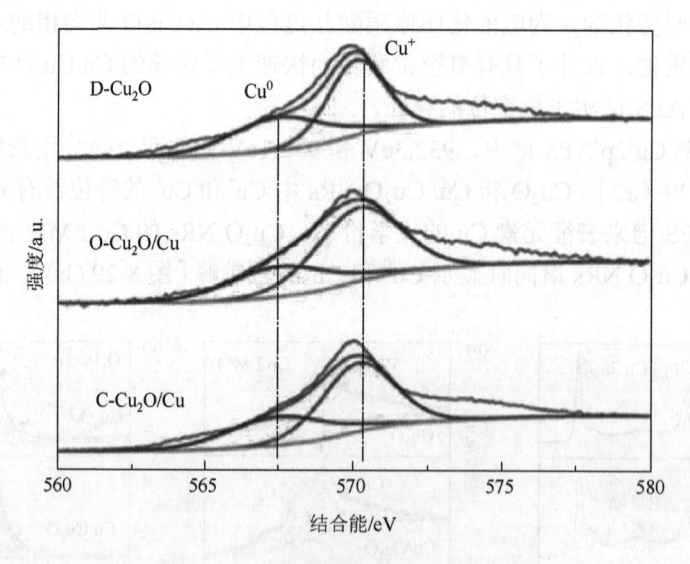

图 8-30 反应后的 Cu LMM AES 谱[2]

3. AES 分析 Cu 物种电子转移与电催化合成氨的关系

由于氨可以很容易地通过再生树脂或空气剥离从氨水溶液中回收，因此从环保和节能的角度来看，将水中的硝酸盐污染转化为可循环利用的氨水溶液是一种非常有吸引力的方法。通过 AES 表征 Cu/Cu$_2$O 界面处的电子转移过程，最新的研究发现铜上更高的电子云密度可以降低硝酸根还原时的反应能垒[3]。对电化学还原后的 CuO 纳米线阵列（NWAs）进行了 X 射线光电子能谱（XPS）和 AES 测试。在 Cu 2p XPS 谱中，初始 CuO NWAs 中的峰可以归属于 Cu^{2+}，而电化学还原后出现了约 933eV 和 952eV 处的两个峰，分别对应于 Cu$^+$ 和 Cu^0。为了进一步区分 Cu$^+$ 和 Cu^0，使用了 Cu LMM AES 谱，如图 8-31 所示。电化学还原后，Cu^0（568eV）和 Cu$^+$（570eV）的特征俄歇峰都存在，而 Cu^{2+}（568.9eV）的特征俄歇峰消失。这表明在还原过程中，CuO 主要被还原为 Cu$^+$ 和 Cu^0。

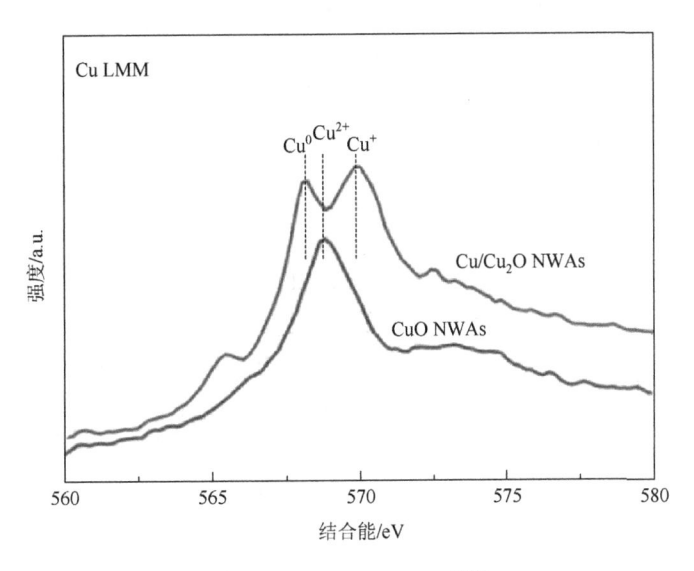

图 8-31　Cu LMM AES 谱[3]

4. AES 分析芳基官能化对 Cu 氧化态的影响

乙烯是电化学二氧化碳还原反应的主要多碳产品，年产量达 1.4 亿 t，市场价值达 1820 亿美元。技术经济分析强调，要替代化石来源的乙烯，需要在超过 200mA/cm^2 的特定电流密度下操作，同时最小化电池电压。然而，当前乙烯的电化学转化效率低、能源效率低、稳定性差。使用具有高选择性、高电流密度和长期稳定性的膜电极组件（MEA）电池，有望提高生产乙烯的经济可行性。

目前，MEA 系统中乙烯的选择性和特定电流密度分别受限于 <80% 和 <300mA/cm^2。据报道，部分氧化的铜位点 Cu$^{\delta+}$（0<δ<1）有助于降低 CO$_2$ 转化为 C$_{2+}$ 产品的能垒，但 Cu$^{\delta+}$ 的内在不稳定性导致性能迅速下降。通过芳基团共价结合到铜表面，利用芳基重氮盐调整铜原子表面价态，为微调 Cu 价态提供了一种有前途的选择。

为了研究芳基官能化对 Cu 氧化态的影响，首先对不同 Cu-X 催化剂进行了 X 射线光电子能谱（XPS）分析。由于难以从 Cu 2p 谱中区分 Cu$^+$ 和 Cu，因此检查了新制备的 Cu-X 样品的 LMM 俄歇信号，以精确评估 Cu 的氧化态[4]。图 8-32 显示，通过 LMM AES 谱的解卷积发现，Cu-NO$_2$ 表面 Cu$^+$ 与 Cu 的比例最大，平均氧化态估计为 +0.75，而 Cu-N(C$_2$H$_5$)$_2$ 表面 Cu$^+$ 与 Cu 的比例最小，平均氧化态为 +0.13。

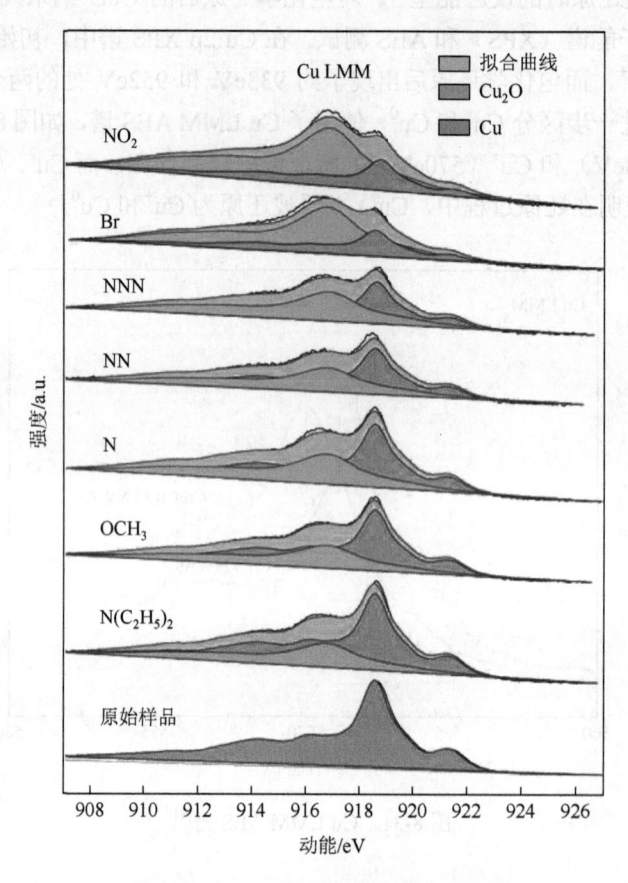

图 8-32 Cu-X 电极的 LMM AES 谱[4]

Cu$_2$O 和 Cu 的量由相应曲线的综合面积估算得出

5. AES 分析原位电还原后催化剂中 Cu 的价态组成

电化学二氧化碳/一氧化碳还原反应（CO$_2$RR/CORR）能够将 CO$_2$/CO 转化为有价值的化学品，为实现碳循环、解决能源和环境危机提供了一条有前景的途径。在各种 CO$_2$RR 产品中，CO 表现出最高的选择性，高达 99%。直接使用 CO 作为反应物可以进一步促进 C—C 偶联反应生成 C$_n$（$n \geq 2$）产物。因此，研究电化学 CO$_2$RR 无疑是通过级联反应（CO$_2$→CO→C$_n$）将 CO$_2$ 转化为高附加值化学品的有效途径。然而，CO$_2$/CO 电催化还原生成 C$_{2+}$ 高附加值产物一直面临单一产物选择性不高、反应机制不明确等问题。在单金属催化剂中，Cu 是目前已知的唯一一种可以选择性地将 CO$_2$/CO 转化为多碳化合物的催化剂。

Wang 等[5]通过原位电还原一种铜氨氯配合物，制备了表面氨基功能化的 Cu@NH$_2$ 催化剂。如图 8-33 所示,为了确认 Cu@NH$_2$ 催化剂中 Cu 的价态,研究了 Cu LMM AES 谱。结果表明,配合物经过原位电还原后,Cu 的价态由 Cu^{2+} 转变为 Cu^0 和少量 Cu$^+$ 的混合态。研究发现,表面氨基功能化有助于保持 Cu 的低价态,并通过氨基的氢键作用稳定含氧中间体,这有效增加了催化剂表面*CHO 中间体的覆盖度,进而促进*CO—*CHO 偶联生成乙酸。

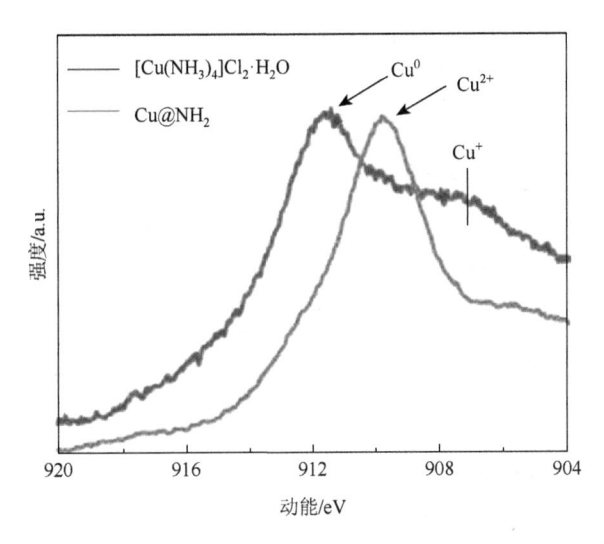

图 8-33 [Cu(NH$_3$)$_4$]Cl$_2$·H$_2$O 和 Cu@NH$_2$ 的 Cu LMM AES 谱[5]

6. AES 分析析氢反应中 Cu 催化剂的价态结构

通过水电解制氢能够将可再生能源产生的间歇电能转化为可储存的化学能,这具有重要意义。然而,典型的水电解过程需要高工作电压(>1.23V),且阳极产生低值氧气并消耗大量电量,不利于工业化生产。Wang 等[6]制备了 Cu$_2$O/Cu 泡沫电极,在低电位下与传统的醛电氧化过程不同,通过 Volmer 步骤将 H$_2$O 中的氢原子氧化,醛基的氢原子通过 Tafel 步骤释放为 H$_2$。

Cu 俄歇 LMM 跃迁源于俄歇过程中单个 L(2p$_{3/2}$)核孔的衰变,涉及两个 M(3d)电子形成最终的 3d^8 构型,产生两个俄歇峰,即 ^{1}G 和 ^{3}F。据报道,Cu 材料的 ^{1}G 信号比 ^{3}F 信号强,在金属 Cu 的光谱中观察到明显的 ^{3}F 峰,而在 Cu$_2$O 和 CuO 的光谱中则没有。因此,Cu 催化剂的价态可以通过测定 ^{1}G 和 ^{3}F 峰的相对强度来确定。如图 8-34 所示,原始 Cu$_2$O 仅在动能为 916.8eV 处出现 ^{1}G 峰,而在 0.3V(vs. RHE)下电还原和恒电位电解后,样品在 918.8eV 处的 ^{3}F 峰更加突出,反映了金属态。然而,当施加更高的 0.5V(vs. RHE)电位时,^{3}F 峰值消失,而 ^{1}G 峰值保持不变。这些观察结果表明,低电位醛氧化的活性相是金属 Cu。

7. AES 分析 Cu-二甲基吡唑络合物在 CO$_2$RR 中的活性位点

Zhang 等提出了一种简单有效的不对称低频脉冲策略(ALPS),可以显著提高 Cu-

二甲基吡唑络合物［$Cu_3(DMPz)_3$］催化剂在 CO_2 还原反应（CO_2RR）中的稳定性和选择性。Zhang 等[7]利用非原位俄歇电子能谱（AES）验证了 $Cu_3(DMPz)_3$ 催化剂的成功合成。在 Cu LMM AES 谱中，动能为 915.8eV 的峰归属于 Cu^+，表明 Cu 的氧化态为单价（图 8-35）。

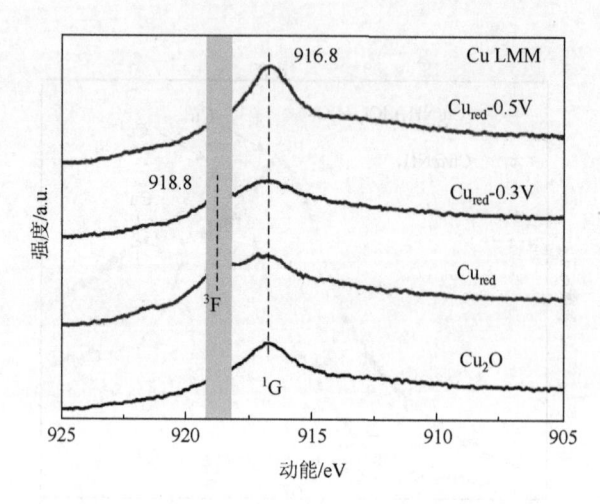

图 8-34　在 0.3V（Cu_{red}-0.3V，蓝线）和 0.5V（Cu_{red}-0.5V，紫线）下电解 30min 后，原始 Cu_2O（黑线）、还原 Cu（Cu_{red}，红线）的 AES 谱[6]

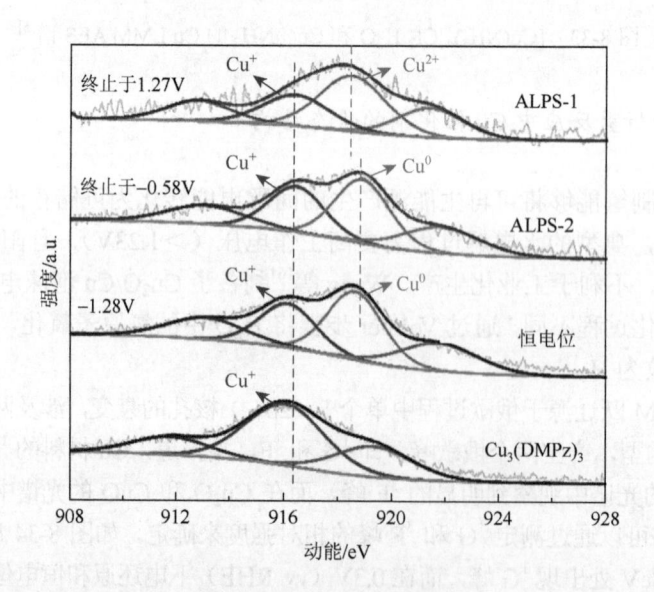

图 8-35　$Cu_3(DMPz)_3$，以及分别在 12h 的 ALPS-1（终止于 1.27V）、ALPS-2（终止于-0.58V）和恒电位条件下的非原位 Cu LMM AES 谱[7]

然后，通过 Cu LMM 的非原位 AES 进一步探索了 ALPS 方法中的活性位点。在 12h 恒电位电解下，非原位 AES 鉴定了 Cu^0 和 Cu^+ 之间的混合氧化态。同时，非原位 AES 显示，在 12h 的 ALPS-1 过程中，催化剂的 Cu 氧化态随最后的阴极或阳极脉冲而变化。

8. AES 分析电催化硝酸还原转化为氨催化剂

电催化硝酸还原可以持续产生氨，减轻水污染，但由于动力学失配和析氢竞争，仍然具有挑战性。Cu/Cu$_2$O 异质结能够有效降低速率决定步骤中 NO$_3^-$ 向 NO$_2^-$ 转化反应的能垒，实现 NH$_3$ 的高效转化。研究报道了一种可编程脉冲电解策略，该策略能够获得可靠的 Cu/Cu$_2$O 结构，显著提高 NO$_3^-$ 向 NH$_3$ 转化的法拉第效率〔(88.0±1.6)%，pH 为 12〕和 NH$_3$ 产率〔(583.6±2.4)μmol/(cm^2·h)〕，为原位电化学调节 NO$_3^-$ 向 NH$_3$ 转化的催化剂提供了新的见解。

研究中对 Cu 样品进行了非原位俄歇电子能谱（AES）和 X 射线光电子能谱（XPS）测量，待表征的电极材料存放在干燥密封的离心管中[8]。图 8-36 中标记的时间表示样品在密封离心管中的存放时间与在 XPS 达到真空状态前在空气中的转移时间之和。结果表明，在室温下，Cu 不会在干燥空气中迅速与氧气反应，转移时间不会改变 Cu 物种的峰位置，Cu$^{δ+}$ 物质的测量反映了电催化操作过程中存在的物质。因此，通过氧化工程获得足够的 CuO 是实现 NO$_3$RR 所需 Cu/Cu$_2$O 配合物的有效策略。

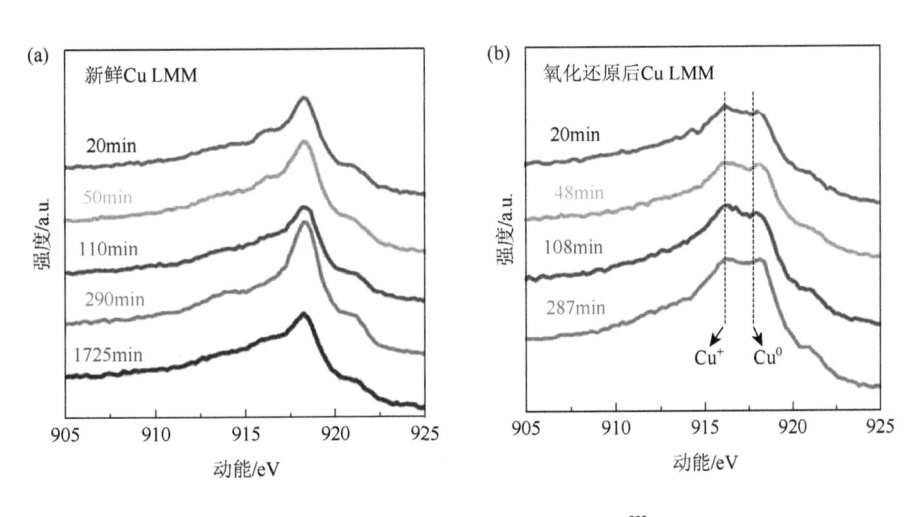

图 8-36 Cu 样品的非原位 AES 谱[8]

9. AES 分析铜基中心催化 CO$_2$ 还原

CO$_2$ 电解的安培级电流密度对于实现多碳（C$_{2+}$）燃料的工业生产至关重要。然而，在如此大的电流密度下，催化剂表面较低的 CO 中间体（*CO）覆盖会引发竞争性析氢反应，从而阻碍 CO$_2$ 还原反应（CO$_2$RR）。杂原子工程作为一种很有前途的方法，通过优化中间体吸附来调整催化剂的电子结构，以提高其性能，这在能源相关应用中得到了广泛认可。

如图 8-37 所示，使用 Cu LMM AES 探测了所有这些 Cu 基催化剂的表面电子性质[9]。Cu$_3$N 和 Cu$_3$P 的光谱在 916.8eV 处有一个明显的峰，表明 Cu 为 +1 价态。相比之下，Cu

和 CuO 在 917.7eV 处出现 Cu²⁺峰，而纯 Cu 则处于 0 价态，表面有一定的氧化。此外，还利用 XPS 探测这些杂原子的化学价态。对于 Cu₃N，共价 N 在结合能为 398.8eV 处达到峰值。S 2p 峰在 163.6eV 和 162.2eV 处，与纯 Cu 相一致，而在 Cu₃P 表面存在磷化物和磷酸的 2p 信号。对于 CuO，检测到 H₂O、OH⁻和 O—Cu 的信号。

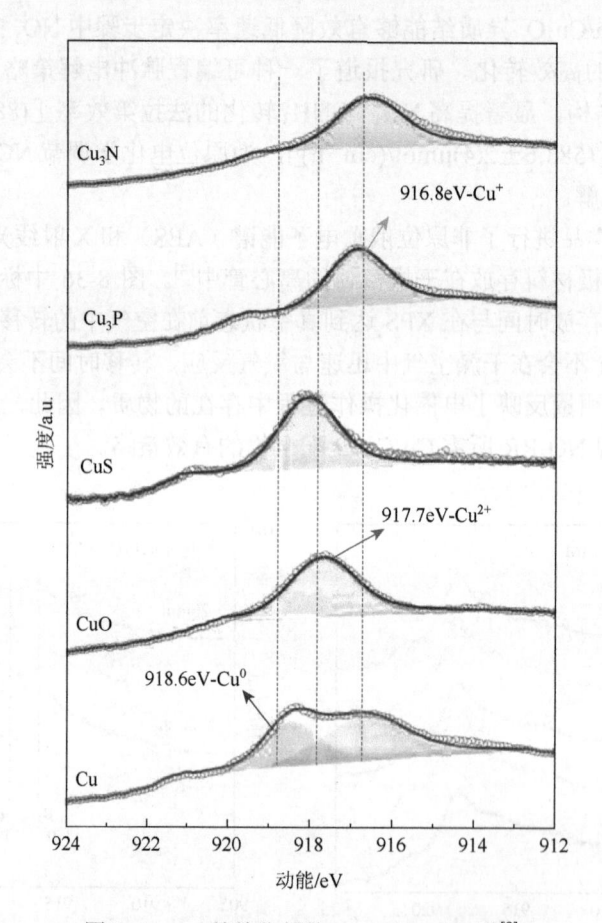

图 8-37 Cu 基催化剂的 Cu LMM AES 谱[9]

10. AES 分析 CuN₂C₂ 单原子位点

分散在导电碳基底上的单原子催化剂（SACs）因丰富的金属中心氧化还原和配位化学，在氧还原、析氧和二氧化碳还原等众多能量转换反应中表现出独特的催化活性和选择性。因此，单原子催化已成为能源转换催化领域最活跃的前沿领域。作为了解 SACs 催化行为的最新进展，近年来利用先进的表征技术，特别是 X 射线吸收光谱（XAS），对操作过程中活性位点的动态演变进行了探测。例如，研究发现 Fe-N-C SACs 中的 Fe 中心会发生 Fe^{2+}/Fe^{3+} 转变，在氧还原反应（ORR）中亚铁态是真正的活性位点。对于 RuN₄ SACs 催化的析氧反应，观察到额外的 O 吸附诱导活性位点的原位重建，形成的 O-RuN₄ 基团大大提高了活性。

CuN$_2$C$_2$ 位点位于直径为 8nm 的碳纳米管上，相对于石墨烯，其活性提高了 6 倍。密度泛函理论和 X 射线吸收光谱表明，合理的基底应变可以优化变形，使 Cu 与 O 结合牢固，同时保持与 C/N 原子的紧密配位。进一步进行了各种元素分析，以获得有关 CuN$_2$C$_2$ SACs 化学价态的信息。如图 8-38 所示，基于 Cu 2p 和 LMM 的俄歇 X 射线光电子能谱谱图，可以计算出 Cu 2p 和俄歇峰的结合能差 ΔE 及其对 Cu 氧化态相当敏感的导数俄歇参数[10]。从 1850eV 附近的俄歇参数判断，3 个样品中的 Cu 均符合 Cu(Ⅰ)的常见特征。这一结论得到了同步辐射 X 射线吸收精细结构（XAFS）分析的证实。

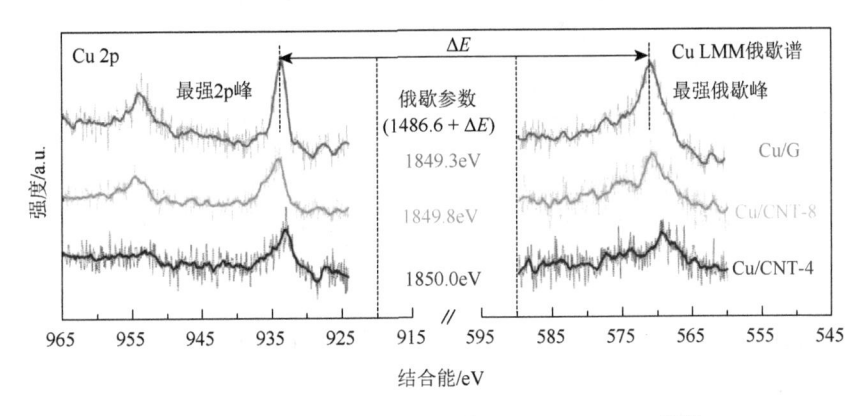

图 8-38 Cu SACs 的 Cu 2p 谱和 Cu LMM AES 谱[10]

11. AES 分析 Cu 活性位点的电子结构差异

一氧化氮（NO）是主要的空气污染物之一，其在大气中的积累严重破坏了生态环境。而将具有较低断裂能的 NO 污染物电还原为氨（NH$_3$）是一种环境治理和污染物资源利用的双赢策略。此外，这种 NO 还原方法还可以纳入固氮过程（即等离子体 N$_2$ 氧化，然后还原为氨）。尽管电催化 NO 还原反应（NORR）具有潜在优势，但 NO 在溶液中的溶解度（约 15%）较低，导致反应物可用性不足。此外，废气中的实际 NO 浓度和等离子体产生的 NO 浓度（约 3%）也非常低。

Meng 等[11]利用 X 射线光电子能谱（XPS）和俄歇电子能谱（AES）研究了 Cu@Cu/C NWAs 和 Cu NWAs 之间 Cu 活性位点的电子结构差异。结果显示，Cu@Cu/C NWAs 的 Cu LMM 峰向较高的结合能方向移动了 0.4eV，表明由于金属-支撑相互作用（MSI），电子从 Cu 位点转移到了多孔碳 [图 8-39（a）]。差分电荷密度和相应的平面电荷密度差异也证实了这一结果 [图 8-39（b）]，每个 Cu 原子向多孔碳转移了 0.14 个自由电子。

12. AES 分析银-铜催化剂与活化能的关系

二氧化碳电还原可生成多碳产品，具有大规模生产化学品的潜力，因此在研究中和商业上都具有重要价值。然而，乙醇（EtOH）作为一种重要的化工原料，由于选择性有限，特别是在高电流操作下，其生产效率仍然很低。研究报道了一种新的银修饰铜氧化物催化剂（dCu$_2$O/Ag$_{2.3}$），该催化剂的法拉第效率达到了 40.8%，能源效率为 22.3%，显著提高了乙醇的产量。

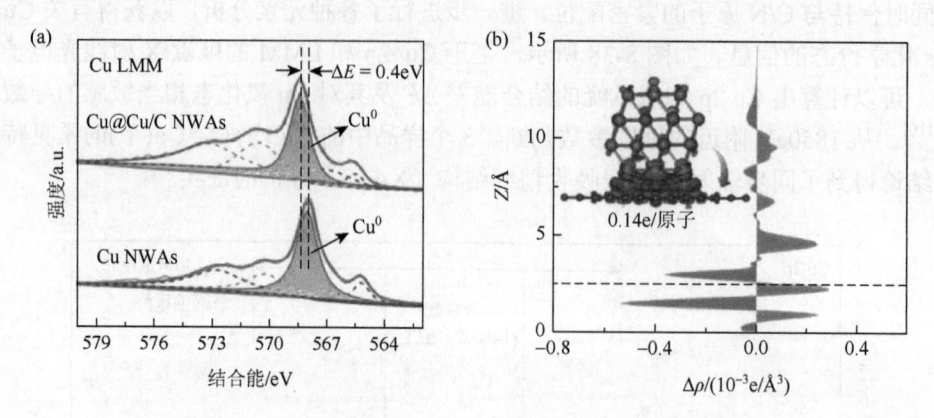

图 8-39 （a）Cu@Cu/C NWAs 和 Cu NWAs 的 Cu LMM AES 谱；（b）Z 方向平均电荷密度差[11]
（b）中粉色和蓝色区域分别表示电子积累和消耗

作为详细比较的基础，合成并评估了 Cu$_2$O NCs 和 Cu$_2$O/Au$_{2.3\%}$ NCs，它们的形貌、组成和结构与 Cu$_2$O/Ag$_{2.3\%}$ NCs 相似。基于光谱研究发现，Ag 在 Cu 中的再分散显著优化了 Cu 的配位数和氧化态，从而显著提高了产量。其中，*CO 吸附被引导为顶部和桥结构，以触发不对称 C—C 耦合，从而稳定乙醇中间体。Ag 修饰后，利用 AES 对催化剂进行了表征。通过 Cu LMM AES 谱发现，与 Cu$_2$O NCs 相比，Cu$_2$O/Ag$_{2.3\%}$ NCs 的峰值移动到更低的动能处（图 8-40），表明电子从 Cu$_2$O 向 Ag 转移。这些发现表明，Cu$_2$O/Ag$_{2.3\%}$ NCs 的 Ag/Cu$_2$O 异质结构改变了 Cu$_2$O 的电子结构[12]。

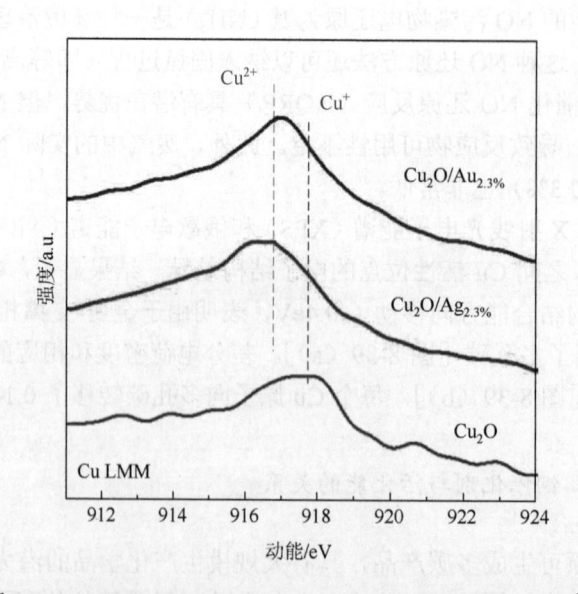

图 8-40 Cu$_2$O、Cu$_2$O/Ag$_{2.3\%}$ 和 Cu$_2$O/Au$_{2.3\%}$ NCs 的 AES 谱[12]

13. AES 分析催化剂表面的 Cu 物种

利用可再生能源将二氧化碳电化学还原成可出售的商品化学品或燃料，是实现碳中和与能源储存的一个前景广阔的途径。Wu 等[13]采用 Cu_2O 催化剂进行了此项研究，并通过俄歇电子能谱（AES）对催化剂的结构进行了表征。$Cu_2O(CO)$ 的 Cu LMM AES 谱显示，Cu^+ 峰（916.5eV）比 $Cu_2O(H_2)$ 中的强得多（图 8-41），表明在 $Cu_2O(CO)$ 的近表面区域，Cu^+ 是主要的铜物种，Cu^+/Cu^0 比为 64.5%。相反，在 $Cu_2O(H_2)$ 的近表面区域，以金属铜为主，Cu^+/Cu^0 比仅为 13.0%。

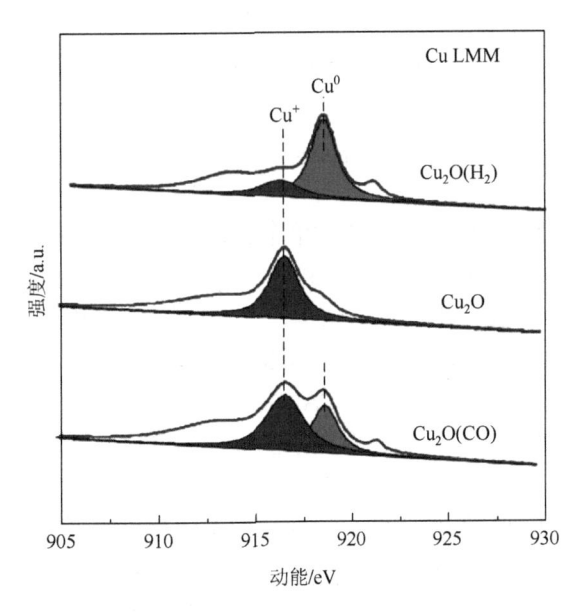

图 8-41　$Cu_2O(H_2)$、Cu_2O 和 $Cu_2O(CO)$ 的 Cu LMM AES 谱[13]

14. AES 分析催化剂涂层被氧化的程度

如今，学术界和工业界对增材制造领域进行了深入研究，用于快速成型和制造复杂的三维零件。在增材制造的众多工艺中，激光-粉末床熔合（LPBF）工艺利用高功率密度激光将数十微米的金属粉末（如铁、钛和镍基合金）一层层熔化，制造出相对密度高达 99.9% 的零件。然而，由于铜及铜合金的低光吸收率和高导热性，铜基材料的激光-粉末床熔合一直是一个挑战。

为了增强其光吸收性能，研究人员在铜粉上进行了 1064nm 的物理气相沉积（PVD）CrZr 涂层处理。AES 测量结果显示，涂层被部分氧化，但所得到的气雾化的 CuCrZr 粉末的光吸收率从 39%（纯 Cu 值）提高到 81.8%。如图 8-42 所示，氧化态的 Cu@CrZr 粉末的 AES 元素分布显示，从表面到 Cu 界面，整个涂层的氧含量恒定，约为 20at%，这证实涂层只是部分氧化而非完全氧化[14]。

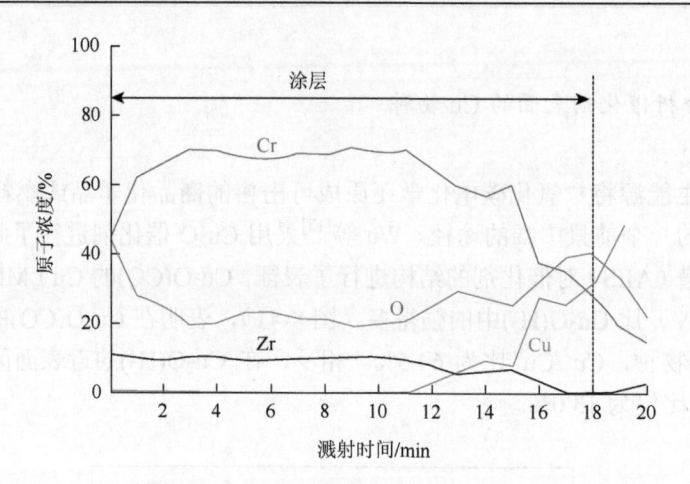

图 8-42 Cu@CrZr 粉末的 AES 分析[14]

15. AES 分析催化剂表面存在的氧化物

增材制造是一种特殊的制造方法，通过单个加工步骤可以轻松生产具有复杂几何形状和特征的工业零件，而无需昂贵的组件。例如，激光粉末床熔融（LPBF）工艺是最有前途的增材制造技术之一，能够生产晶格结构，这在增材制造出现之前是不可行的。研究报道了合金元素［如硅（Si）和镁（Mg）］以及工艺参数对铝（Al）可加工性的影响。为此，在各种工艺参数下制备了纯 Al、二元 Al-Si（AlSi$_{12}$ 合金）和三元 Al-Si-Mg（AlSi$_{10}$Mg 合金），包括块状和单轨形式，并用俄歇电子能谱（AES）对起始粉末表面存在的氧化物进行了表征[15]。

图 8-43（a）显示了纯铝粉的光谱。所获取数据中的氧峰形状与 Al$_2$O$_3$ 参考光谱中的氧非常吻合［图 8-43（d）和（j）］。Al 的峰形具有典型 Al 金属［图 8-43（e）和（l）］和 Al$_2$O$_3$［图 8-43（d）和（k）］的峰形特征。这表明氧化层的厚度小于俄歇电子被收集的深度，约为 6nm。另一种可能性是，氧化物和金属之间的原子尺度边界有些分散，而不是完全清晰，从而可能存在氧梯度。

图 8-43（b）显示了 AlSi$_{12}$ 粉末的 AES 谱。在这种情况下，颗粒表面的硅含量比预期的要少。由于浓度很低，因此很难将 Si 分解成金属和 SiO$_2$（Si^{4+}）的峰形，因为两者的差异很小。然而，Si 参考物［图 8-43（g）和（o）］比 Si^{4+}［图 8-43（f）和（n）］或两者的组合更符合实验获得数据。这表明氧化物主要是 Al$_2$O$_3$，数据中的大部分 Si 来自氧化物下方的金属。

图 8-43（c）显示了 AlSi$_{10}$Mg 粉末的 AES 谱。与 AlSi$_{12}$ 样品类似，AlSi$_{10}$Mg 中的 Si 峰更倾向于 Si［图 8-43（g）和（o）］，而不是 Si^{4+}［图 8-43（f）和（n）］。如果将 SiO$_2$ 也包括在拟合中，Si 峰似乎更适合，但它仍然主要类似于金属硅。这可能表明氧化层中存在一些氧化硅，但下面的一些金属也被收集起来，其中可能含有金属硅。表面的 Mg 浓度远高于体相金属浓度，峰形几乎完全符合 MgO［图 8-43（h）和（q）］而不是 Mg［图 8-43（i）和（r）］。

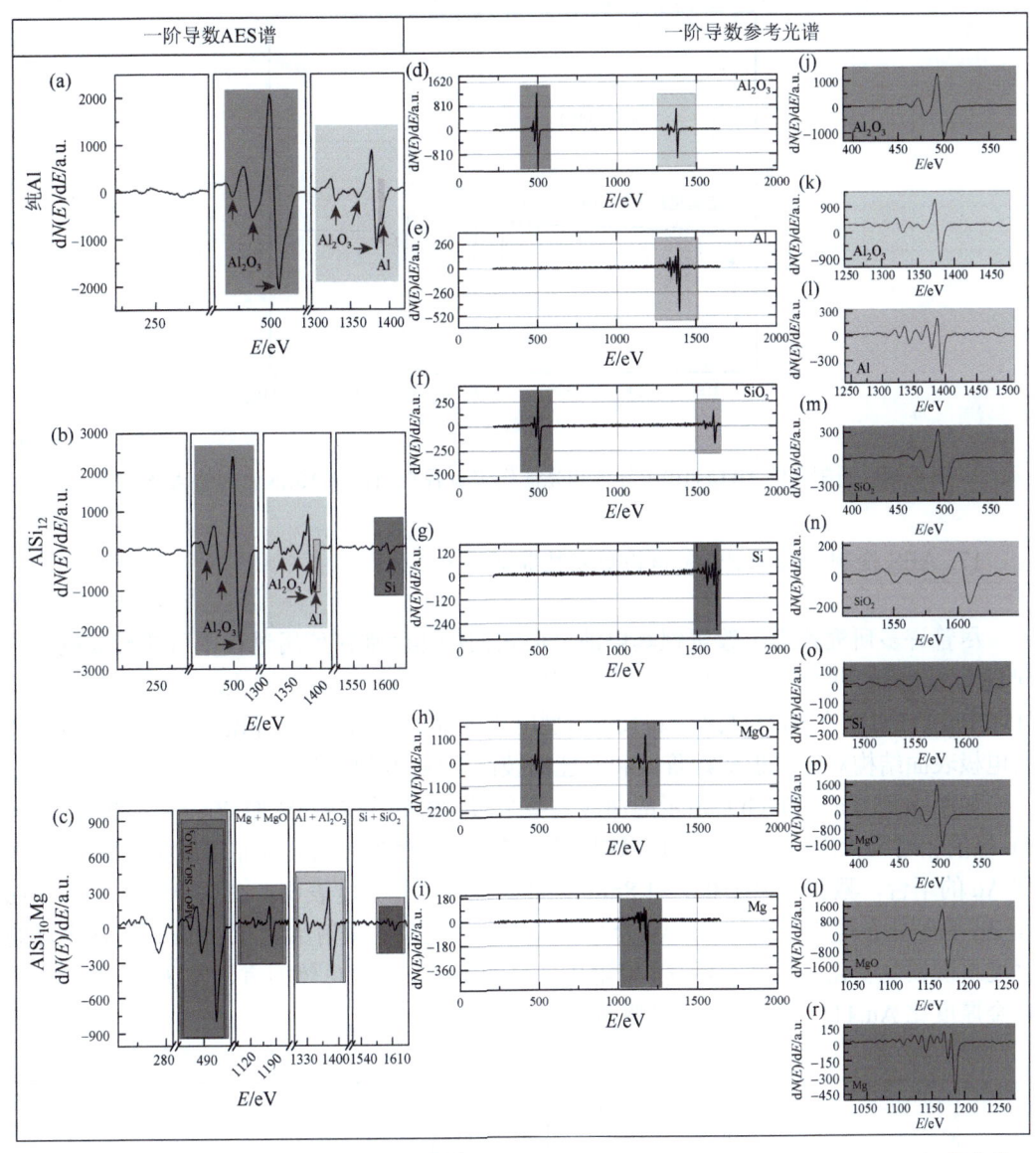

图 8-43 起始粉末表面存在的氧化物的 AES 分析：纯 Al（a）、AlSi$_{12}$（b）和 AlSi$_{10}$Mg（c）粉末的一阶导数 AES 谱；Al$_2$O$_3$、Al、SiO$_2$、Si、MgO 和 Mg 的参考光谱分别见（d）～（i）；在每个参考光谱中指定彩色框的较高放大倍率显示在（j）～（r）中[15]

16. AES 分析 Pt 在 TiO$_2$ 上的存在状态

甲醇光催化析氢是评估光催化材料的标准测试反应。为了在明确的环境中分离光化学反应步骤并获得原子水平上的见解，研究者使用了负载 Pt 簇的 TiO$_2$(110)[Pt$_x$/TiO$_2$(110)]光催化剂。通过 AES 对 Pt 簇在 TiO$_2$ 上的成功沉积进行了表征。如图 8-44 所示，在检测范围内，表面未检测到显著的含碳物质（在 272eV 左右）。可以看到 Pt 的特征峰位于 64eV 左右，证明了 Pt 的存在，而 Ti 和 O 的特征峰分别位于 350eV 和 525eV 左右[16]。

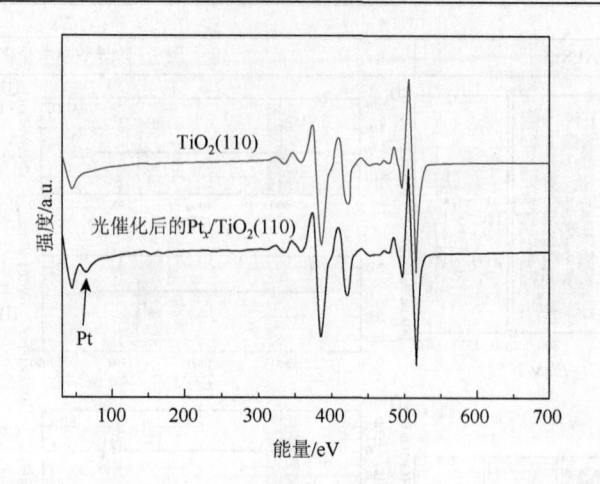

图 8-44　新制备的 TiO$_2$(110)半导体和光催化实验后 Pt$_x$/TiO$_2$(110)催化剂的 AES 谱[16]

17. AES 检测电极上 Zn 沉积物形成枝晶的迹象

尽管许多研究致力于改进锂基电池，但它们仍然面临在使用过程中可能形成枝晶的问题。Schuett 等研究了离子液体 N-甲基-N-丙基哌啶双（三氟甲磺酰基）亚胺（[MPPip][TFSI]）在 Au(111)和 Au(100)模型电极上锌的电化学沉积和溶解的差异，旨在评估电极表面结构对锌沉积初始阶段和可能的枝晶形成的影响[17]。

如图 8-45（a）和（b）所示的曲线是整个溅射时间内 997eV 时 Zn 峰和 2022eV 时 Au 峰的相对强度图。在最初的几层锌层被去除后，两种溅射剖面都显示出相似数量的 Zn 和 Au 的平台，溅射时间在 0.6～1.8min 之间。恒定的峰强度表明，在这个溅射深度，Au 和 Zn 原子分布均匀，这是 Zn/Au 合金形成的一个迹象。溅射大约 1.8min 后，两个峰的强度再次发生变化，直到最后 Zn 峰消失，只留下 Au 峰。总体而言，发现 Au(100)上的合金厚度比 Au(111)上的合金厚度略厚。

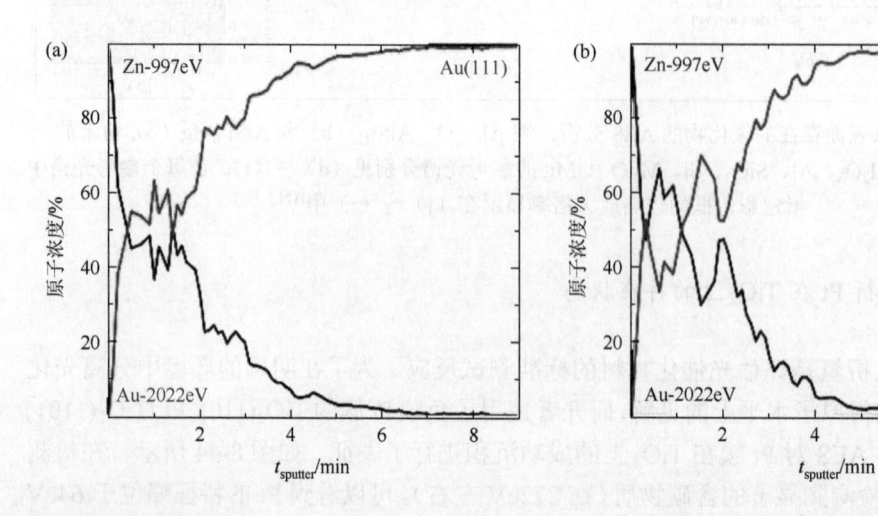

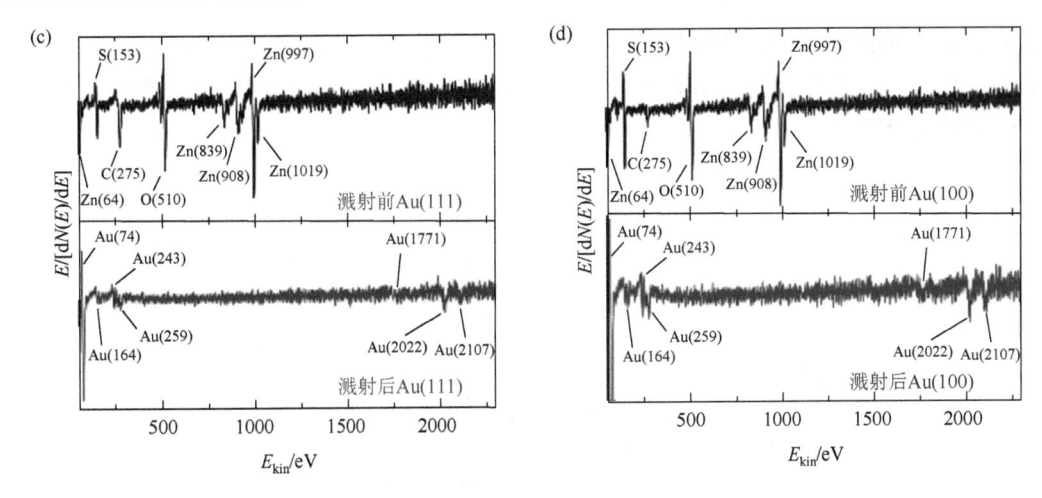

图 8-45 锌沉积在 Au(111)（a）和 Au(100)（b）表面的深度剖面溅射实验；Au(111)晶面（c）和 Au(100)晶面（d）溅射前后表面的 AES 谱[17]

图 8-45（c）和（d）显示了溅射过程前后溅射区域的 AES 测量结果。溅射前，实验没有检测到 Au 峰，但发现了强烈的 Zn 峰；而溅射后只剩下来自 Au 电极的信号，表明溅射后电极上未出现 Zn 沉积物和形成枝晶的迹象。

18. AES 分析硅含量对铜氧化态的调节

电化学二氧化碳还原反应（CO_2RR）对部署碳利用技术具有重要意义。在目前研究的催化剂中，铜是最有前途的生成 C_{2+} 产物的候选催化剂。以往的研究表明，铜基催化剂的活性可以通过控制晶貌、尺寸、晶面、粒子间距、掺杂杂原子、构建晶界和修饰有机配体来调节。然而，缩小产品分布范围以实现高选择性的 CO_2-C_{2+} 产物并达到工业相关的生产速率仍然具有挑战性。此外，铜基催化剂的构效关系也难以确定。

铜基催化剂中 $Cu^{\delta+}$ 物种的存在与 C_{2+} 产物的形成密切相关。CO_2 的激活和转化，以及随后的 C—C 偶联，主要受 Cu^0 和 Cu^+ 位点之间协同效应的影响。通过引入硅，成功合成了具有不对称 Cu 位的催化剂（mSi-CuO_x）。在碱性电解质和外加电位的诱导下，该催化剂发生显著重构，形成稳定的 $Cu^{\delta+}$。

如图 8-46 所示，通过改变硅的含量，可以调节铜的氧化态。4.1%Si-CuO_x 的 Cu 2p 轨道证明了 Cu^{2+}、Cu^+ 和 Cu^0 物种的存在，Cu LMM AES 谱也证实了这一点[18]。通过其他 mSi-CuO_x 催化剂的 XPS 谱，表明这些催化剂中的铜和硅具有相似的化学价态。

19. AES 确定催化剂中 Co 的价态

以 SiO_2、Al_2O_3 和 TiO_2 等多孔无机氧化物为载体的 Co 催化剂在工业上用于低温费托合成（FTS）过程中，从合成气中生产超净液体燃料。无论载体如何，贵金属促进剂（如 Re、Ru、Pt、Pd 和 Ag）通常以少量添加到钴催化剂中，以降低钴氧化物的还原温度。

贵金属促进剂的作用通常归因于 H_2 从更易还原的贵金属扩散到附近的钴氧化物或双金属纳米颗粒中，以及贵金属与钴原子之间的密切接触。除了还原性外，贵金属的负载还往往改善钴的分散程度。

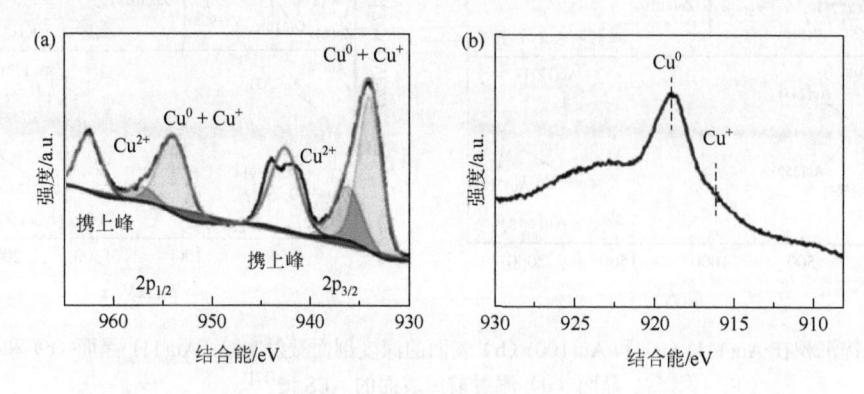

图 8-46 （a）Cu 2p XPS 谱；（b）4.1%Si-CuO$_x$ 的 Cu LMM AES 谱[18]

为了深入了解在工业相关条件（220℃，20bar）下 Ru 对高比表面积的 Co/TiO$_2$-锐钛矿催化剂催化性能的影响，进行了相关研究。为此，分析了钴的俄歇峰，并确定了修正的俄歇参数（α′），它对被分析元素的化学价态非常敏感。通过将所得的 α′ 值与参考钴化合物（Co^0、CoO、Co$_3$O$_4$）的 α′ 值进行比较，可以表征工作催化剂中的钴种类[19]。

FTS 反应后无促进剂的 Co LMM 俄歇峰如图 8-47 所示。所有催化剂的主峰在动能 774.1eV 处达到最大，α′值约为 1552eV，与 Wagner 图中的参考样品相比，明显对应于金属钴。而 CoRu$_{0.2}$/Ti 的 Co 俄歇峰显得相当对称，但在较低的最大动能（KE）772.6eV 处观察到 CoRu$_{0.7}$/Ti，其 α′值为 1550.4eV。这个 α′值位于 Wagner 图中，靠近参考氧化亚钴的线，表明该催化剂中除了金属钴外，还存在钴氧化物。

此外，在样品 CoRu$_{1.2}$/Ti 的 Co LMM AES 谱中检测到一个较高的 KE 为 776.7eV 的肩峰，相当于 α′为 1554.4eV。根据 Wagner 图，这个值与参考 Co$_3$O$_4$ 的值相似，表明在最高 Ru 负载下，不仅存在表面钴氧化物，而且这些钴处于比 CoRu$_{0.7}$/Ti 中更高的氧化态。

20. AES 测试钙钛矿中铅和碘的价态

甲基胺碘化铅（MAPbI$_3$）由于优异的吸收系数、长载流子扩散长度、低激子结合能和高缺陷耐受性，是下一代极具潜力的光吸收材料之一。然而，尽管实验室规模的器件效率已与商用太阳能电池相当，但钙钛矿太阳能电池在不同环境条件下的稳定性方面仍存在关键问题。例如，市场上的典型光伏（PV）模块通常被保证在至少 20 年内保持其初始功率转换效率。当设备暴露在氧气、紫外线、热应力、可见光、电场或其他因素下时，钙钛矿太阳能电池容易发生材料分解。

从稳定性问题的角度来看，钙钛矿光伏组件在克服上述退化因素之前，还未准备好满足市场要求。因此，近期的广泛研究集中在充分了解降解机制，以提高钙钛矿太阳能

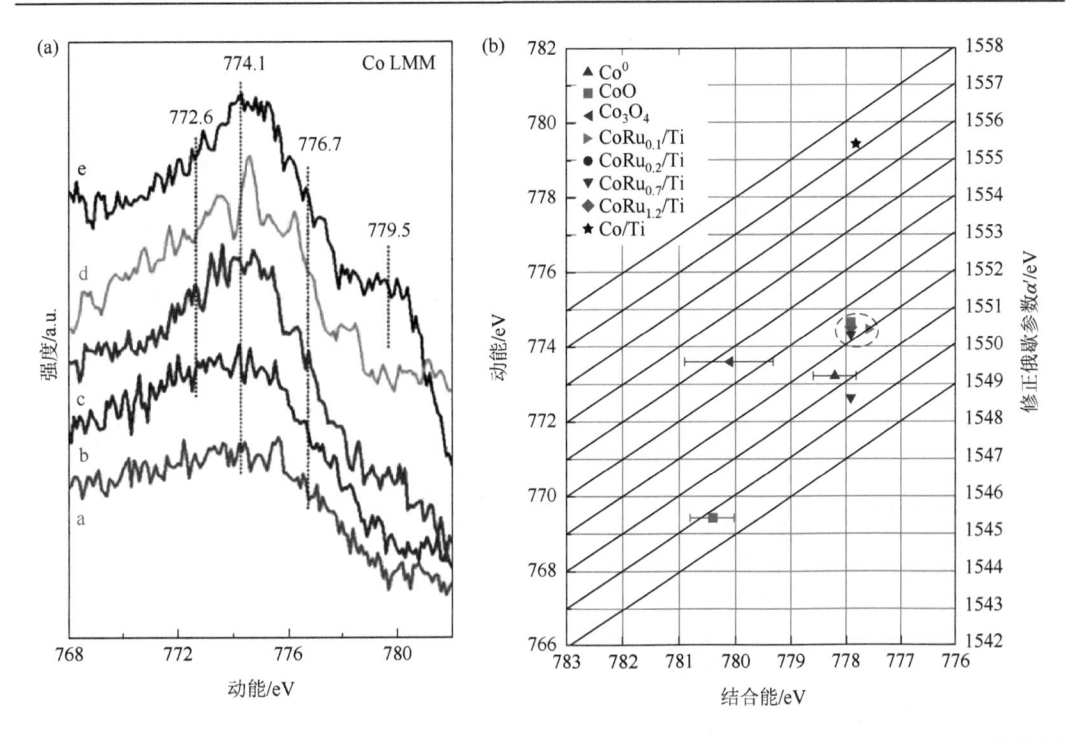

图 8-47 （a）Co 的 LMM 俄歇峰；（b）CoRu$_{1.2}$/Ti、CoRu$_{0.7}$/Ti、CoRu$_{0.2}$/Ti、CoRu$_{0.1}$/Ti 和 Co/Ti 催化剂在 220℃和 9bar 下 FTS 反应 3h 后的 Wagner 图[19]

（a）中 a 表示 CoRu$_{1.2}$/Ti，b 表示 CoRu$_{0.7}$/Ti，c 表示 CoRu$_{0.2}$/Ti，d 表示 CoRu$_{0.1}$/Ti，e 表示 Co/Ti；（b）参考钴化合物（Co^0、CoO、Co$_3$O$_4$）的数据也包括在 Wagner 图中

器件的稳定性。可以通过外部封装，添加紫外过滤器，抑制由氧、紫外线和电场引起的材料分解的陷阱态来提高器件的稳定性。

为了观察降解过程中特定区域的元素变化，采用小点分析的 AES 来探索颗粒间的老化来源[20]。如图 8-48 所示，通过扫描电子显微镜（SEM）成像结合 AES 研究了钙钛矿薄膜不同降解时期的变化。对钙钛矿薄膜上的元素进行了精细扫描，每个样品中选择两个感兴趣的区域（ROI）（面积为 500nm×500nm）。新鲜样品（0 天）上碳和铅的 AES 谱表明，两个 ROI 区域的元素信号强度相似，没有显著差异。由于俄歇电子的逃逸深度有限，AES 的氮谱较弱。

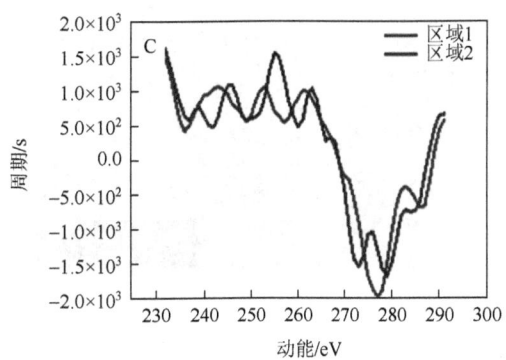

· 354 ·　　表 面 分 析

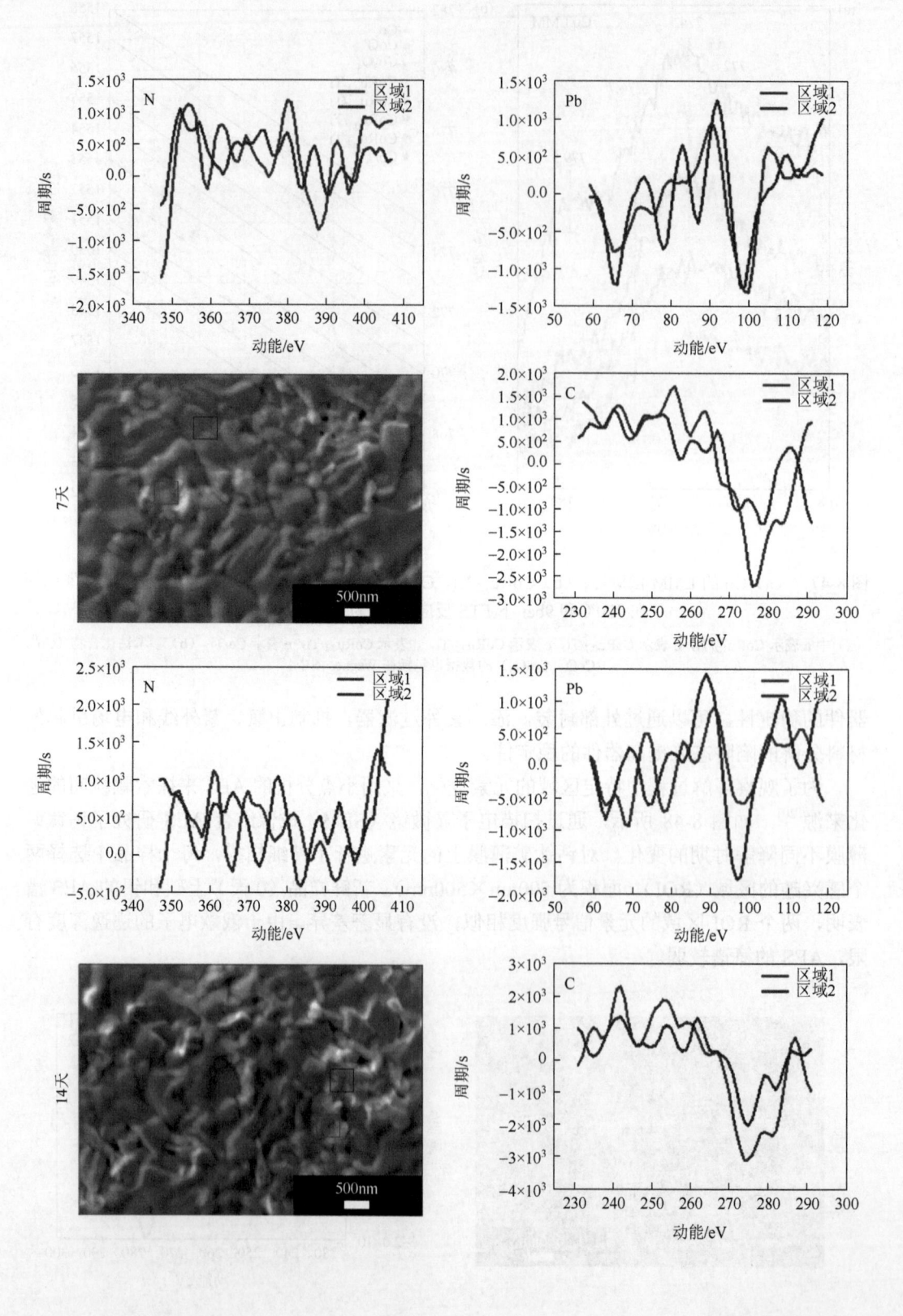

第 8 章 俄歇电子能谱的应用

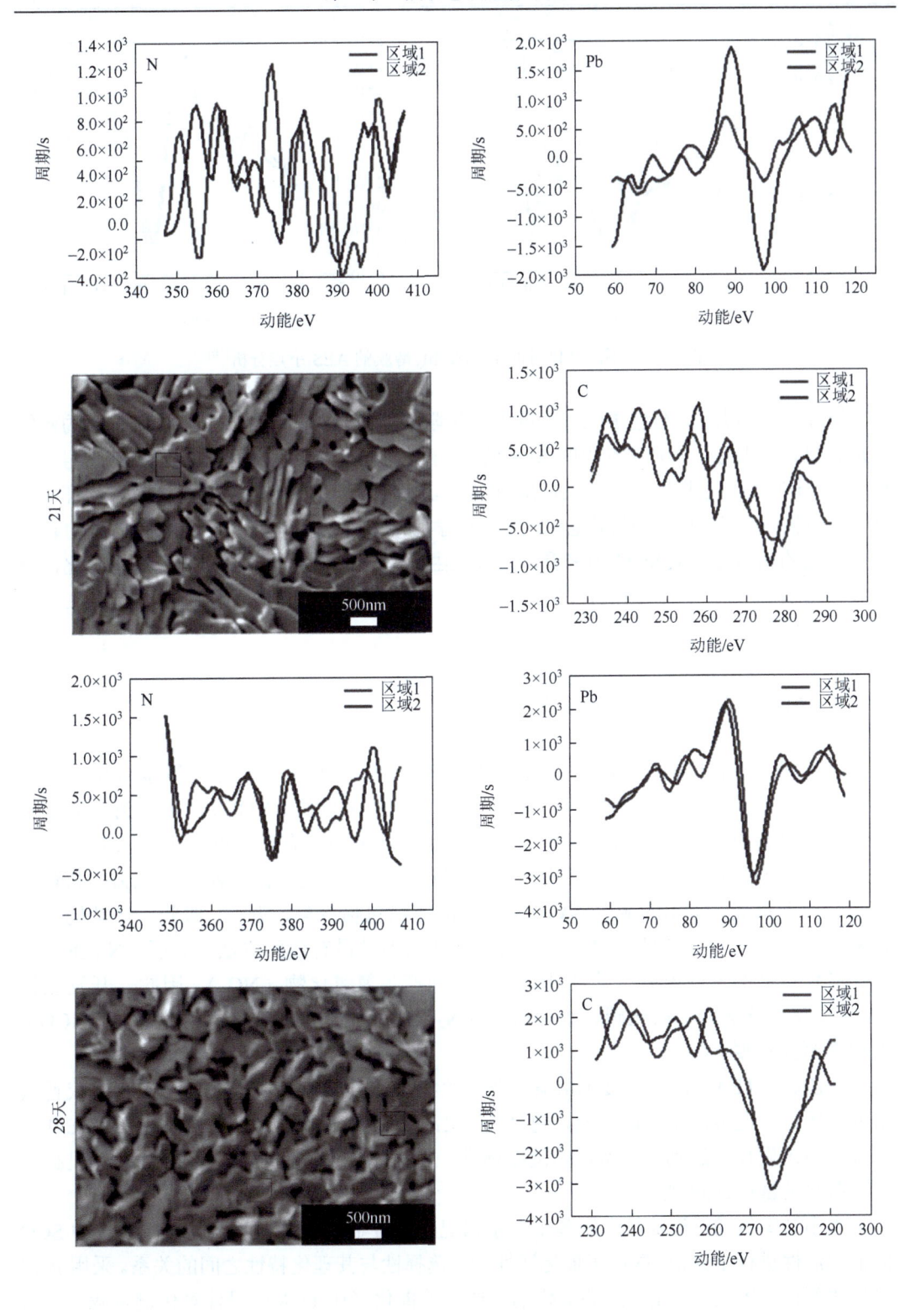

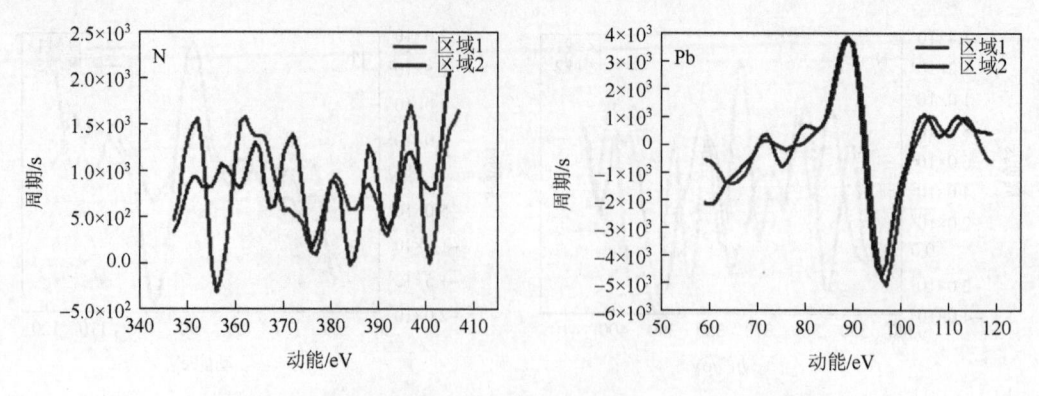

图 8-48　不同老化时间下 MAPbI$_3$ 薄膜的 AES 小点分析[20]

经过 7 天的老化，红色 ROI（区域 1）的碳信号与新鲜样品保持相似。7 天样品的蓝色 ROI（区域 2）显示了扭曲颗粒上的 AES 谱，比红色 ROI 含有更少的碳和更多的铅信号。结果表明，该区域由于挥发性 CH$_3$NH$_2$ 和 HI 的逃逸而降解，留下碘化铅固体。这首次证明了钙钛矿薄膜在纳米尺度上的初始老化区域的化学变化。14 天后，蓝色区域含有更少的碳和一个强烈的铅信号。从 SEM 图来看，该区域由于有机物的快速损失而发生结构变化，形成片状结构。与前三个阶段的样品相比，老化 21 天和 28 天的样品经过重结晶，表面形貌完全不同。

21. AES 确定不同价态铜的含量

含氮挥发性有机物（NVOCs）是一类含有氨基、酰胺基、硝基或氰基等化学基团的污染物，广泛用于石化、制药和其他工业。由于低沸点的 NVOCs 在接触到人类皮肤或呼吸道时会引起各种疾病，因此对人类健康和环境极其有害。近年来，随着环境保护意识的不断提高，新型挥发性有机物的减排受到了广泛关注。然而，消除 NVOCs 仍然是一个挑战。常用的减少 NVOCs 排放的方法包括冷凝、吸附、吸收、热焚烧、生物降解和光催化等。到目前为止，催化氧化被认为是最有效的方法。然而，NVOCs 的催化氧化可能会导致氮原子的过度氧化，从而产生氮氧化物（NO$_x$）。因此，开发能将 NVOCs 完全分解为二氧化碳、水和氮气（N$_2$）的催化剂，即选择性催化氧化（SCO）催化剂至关重要。

三乙胺（TEA）冷芯盒技术由美国亚什兰集团公司提出，并于 20 世纪 80 年代首次引入中国，广泛应用于铸造行业，包括将三乙胺气体混合物吹入堆芯箱，使砂芯在几秒到几十秒内硬化，达到脱模所需的硬度标准。该技术广泛应用于汽车和柴油发动机缸体和缸盖等关键铸件的制造。

本小节案例通过沉淀技术制备了一系列混合过渡金属氧化物，并对其在 TEA 中 SCO 的催化活性进行了评价，探讨了催化活性、N$_2$ 选择性与其理化特性之间的关系。采用 AES 对催化剂进行表征，确定了这些催化剂对选择性催化氧化 TEA 的最佳氧化铜负载量和活性位点。图 8-49 描述了 15%CuO/Nb$_2$O$_5$-H 和 15%CuO/Nb$_2$O$_5$-H_NaOH 的 Cu LMM AES[21]。

研究表明，15%CuO/Nb$_2$O$_5$-H 催化剂在氢氧化钠处理前后可以区分出不同的铜物种，峰值为 569.1eV 和 570eV 的分别归属于 Cu^{2+} 和 Cu$^+$。结果显示，在 15%CuO/Nb$_2$O$_5$-H 和 15%CuO/Nb$_2$O$_5$-H_NaOH 的表面上均存在 Cu$^+$ 和 Cu^{2+} 物种。通过分析软件处理数据，发现催化剂中含有 85%的 Cu^{2+} 和 15%的 Cu$^+$。

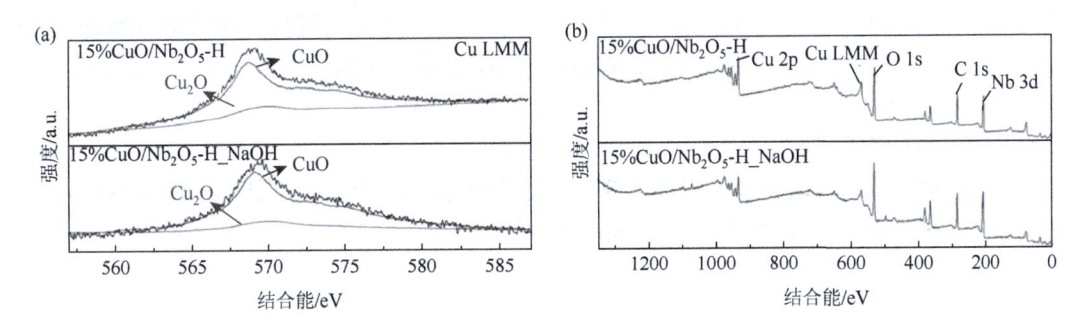

图 8-49　15%CuO/Nb$_2$O$_5$-H 和 15%CuO/Nb$_2$O$_5$-H_NaOH 的 Cu LMM AES 谱（a）和全谱图（b）[21]

22. AES 分析 CuZn 催化剂中的电子转移

乙二醇（EG）是一种重要的大宗商品，是生产聚合物、农用化学品和药品的关键原料。2024 年，全球乙二醇年产量约 6120.9 万 t。在此背景下，Wang 等通过氨蒸发法制备了一系列硅负载的铜锌金属间紧密接触的催化剂，旨在建立双金属体系的结构与性能的关系[22]。

如图 8-50 所示，Cu$^+$/(Cu^0 + Cu$^+$)的比值随着锌含量的增加而急剧增大，这进一步表明电子从铜转移到了锌。为了证实上述结果，进一步分析了锌的 AES 谱。在含 1.0%锌的催化剂中，金属态的锌占了相当大的比例。这表明在 H$_2$ 的作用下，氧化锌发生了明显的还原反应，这可能是由锌与铜间强烈的电子相互作用引起的。

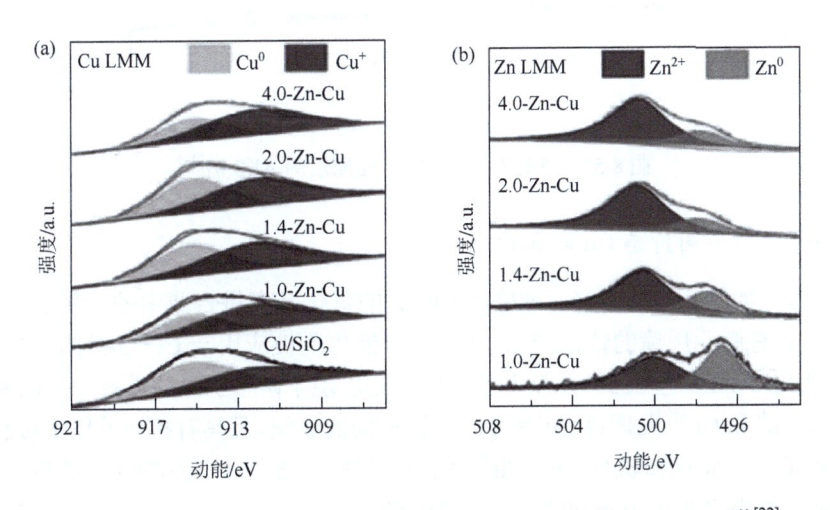

图 8-50　还原后 Cu-Zn 催化剂中 Cu（a）和 Zn（b）的 LMM AES 谱[22]

23. AES 分析焙烧温度对 Cu 化学价态的影响

从精细化学工程和绿色化学的角度来看，合成高附加值醇类具有重要意义。然而，通过合成气或 CO_2 加氢直接合成目标醇类涉及相当复杂的催化过程，通常会导致选择性差和产物分布复杂，从而大大降低合成效率。Cu/C 催化剂被用于这一反应，并通过 AES 对其进行了表征。

由图 8-51 可以看出，Cu/AC-non-Re. 催化剂显示出最低的 Cu^+/Cu^0 摩尔比，为 0.64，而 Cu/AC-673-Re. 催化剂显示出最大的 Cu^+/Cu^0 摩尔比，为 1.05。此外，随着焙烧温度的升高，催化剂中的 Cu^+/Cu^0 摩尔比逐渐减小[23]。

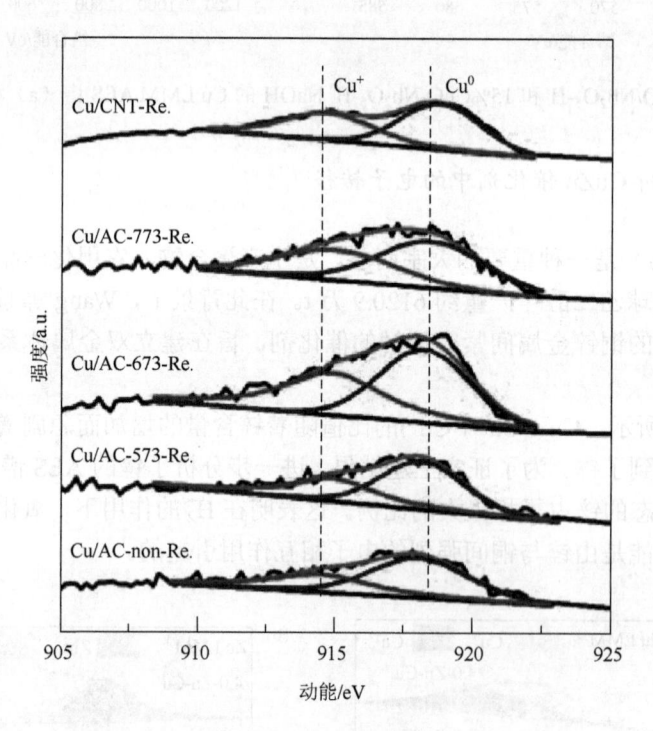

图 8-51　催化剂在 573K 下还原后的 AES 谱[23]

24. AES 分析不同价态 Cu 的含量

C—O 键（如酯、羧酸、醚、糠醛和 CO_2）的氢化是有机合成中的一种强大策略，能够生成多种具有商业用途的诱人产品。Cu/SiO_2 催化剂被应用于 C—O 键的氢化研究。

Cu 的 LMM AES 谱在 569.9eV 和 573.0eV 处出现了两个明显的重叠峰（图 8-52），可以用来区分 Cu^0 和 Cu^+[24]。假设 Cu^+ 和 Cu^0 占据相同的面积，且具有相同的原子敏感性因子，则可以根据 Cu^0 表面积和表面 $Cu^+/(Cu^0+Cu^+)$ 摩尔比 [X_{Cu^+}] 来估算 Cu^+ 的表面积。反卷积结果表明，制备条件的变化对 X_{Cu^+} 有显著影响。

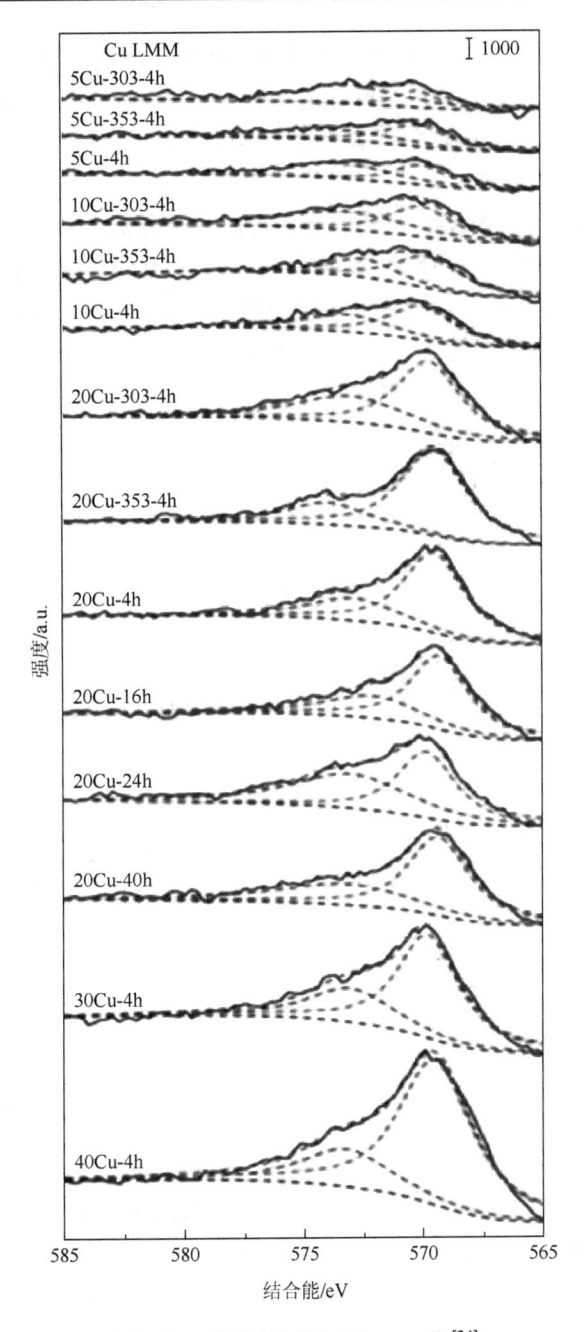

图 8-52 催化剂还原后的 AES 谱[24]

25. AES 分析 Cu/FMS 催化剂

煤制乙二醇工艺是非石油路线合成大宗化学品的现代煤化工路线之一。在该工艺中，草酸二甲酯加氢反应是决定最终产物的关键步骤。然而，草酸二甲酯加氢反应用铜基催化剂的寿命有限，因此，研发具有优异催化活性和稳定性的新型铜基催化剂至关重要。

Ai 等采用液相沉积技术，将铜纳米颗粒引入纤维状介孔二氧化硅（FMS）载体的锥形孔道，使新型催化剂具有较高的活性比表面积[25]。Si—O—Cu 键的生成提高了一价铜的比例，并增强了铜物种的热稳定性和价态稳定性。由于草酸二甲酯加氢反应中氢气过量，Cu^+物种极易被加氢转变为 Cu^0，从而改变铜基催化剂的价态组成和稳定性。

对反应 1000h 后的 Cu/FMS 催化剂进行了 XPS-AES 分析。如图 8-53 所示，与还原后的催化剂相比，$Cu^+/(Cu^0 + Cu^+)$比值略微下降，但仍维持在 0.67。该结果说明，Si—O—Cu 键还原后转变成的 Cu^+物种由于与载体间的强相互作用，很难继续还原为 Cu^0物种。得益于较高的 Cu^+表面积和铜物种的稳定性，该新型催化剂在草酸二甲酯加氢反应中展现出优异的产物选择性和稳定性。

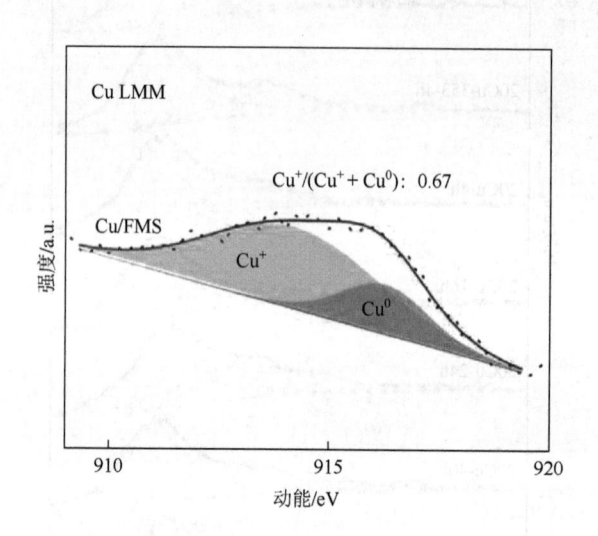

图 8-53　反应后 Cu/FMS 催化剂的 Cu LMM 谱[25]

26. AES 分析 Cu/FeO$_x$ 在生物质转化中的作用

糠醛（FUR）可以从农业废物中进行商业生产，其进一步加氢是获得高附加值精细化学品的重要途径，包括糠醇（FOL）、四氢糠醇、2-甲基呋喃（2-MF）和环戊酮（CPO）等。2-MF 是一种具有广泛应用前景的产物，可作为汽油中的生物乙醇替代品，也可用于柴油添加剂的合成。Cu 基催化剂有利于 C=O 和 C—O 键的加氢。与其他载体材料不同，氧化铁载体催化剂表现出独特的磁性能，使其易于分离和回收，且不会受到反应废料的不良污染。另外，在热处理过程中，Cu 和 FeO$_x$ 之间产生了化学相互作用。根据已报道的文献，铁中心对 FUR 快速转变的贡献是不可否认的，而在 Cu-Fe 体系中，对 2-MF 的靶向选择性仍然是一个巨大的挑战。

通过 XRD 谱图初步检测了铜基催化剂的晶体结构。如图 8-54（a）所示，Cu/FeO$_x$-C$_3$H 经低温（300℃）预煅烧后结晶性较差。在 Cu/FeO$_x$-C$_4$H 中出现了清晰的 Cu 晶体，衍射峰分别为 43.3°、50.4°和 74.1°，分别对应于 Cu 的(111)、(200)和(220)晶面。Cu/FeO$_x$-C$_4$H 中也存在金属铁晶相，在 44.7°处有衍射峰。Cu/FeO$_x$-C$_6$H 样品更容易形成 Cu^{2+}，且 Cu^{2+}含量最大。

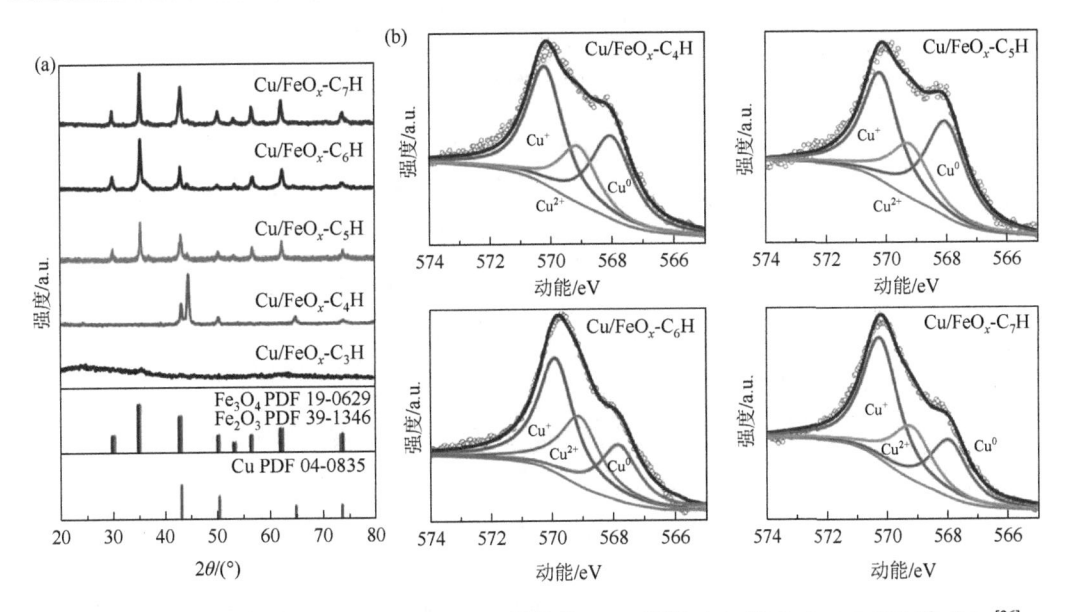

图 8-54 预煅烧和 H$_2$ 热处理后 Cu/FeO$_x$-C$_n$H 样品的 XRD 谱图（a）和 Cu LMM AES 谱（b）[26]

Cu LMM AES 进一步表征了铜基催化剂的化学价态，如图 8-54（b）所示[26]。在 567.8eV、569.0eV 和 570.1eV 处的三个峰分别对应于 Cu^0、Cu^{2+} 和 Cu$^+$。Cu/FeO$_x$-C$_n$H 样品中金属 Cu^0 的比例为 24.3%~48.8%，其中 Cu/FeO$_x$-C$_5$H 样品中 Cu$^+$ 含量最高。Cu$^+$ 含量呈火山形变化，在 Cu/FeO$_x$-C$_5$H 样品中含量降低到 34.6%。一般认为 Cu^0 和 Cu$^+$ 之间的协同作用是氢化反应所必需的。

27. AES 分析 Cu 物种含量对 CO 加氢活性影响

CO 加氢制异丁醇是一种将 CO 转化为高附加值产品的有前景的途径。为了研究 Cu-ZrO$_2$ 催化剂中缺电子 Cu 物种的含量，使用了 AES。为了深入了解，获得了 Cu LMM 的 XAES 谱[27]。值得注意的是，CZ-0.11 和 CZ-0.03 催化剂的 Cu 2p$_{3/2}$ 峰宽且不对称，位于 932.4eV（Cu^0）和 934.6eV（Cu^{2+}）之间，表明存在 Cu$^{\delta+}$（0<δ<2）物种。如图 8-55 所示，每种催化剂的峰值分别拟合为约 916.9eV 和 912.5eV 的两个重叠峰，计算表面 Cu$^+$/(Cu$^+$+Cu^0) 比。CZ-0.03（0.39）和 CZ-0.11（0.37）的表面 Cu$^+$/(Cu$^+$+Cu^0) 比明显高于 CZ-0.67（0.21）和 CZ-0.33（0.23）。这表明部分缺电子 Cu（Cu$^{\delta+}$）的比例增加，Cu 和 Zr 之间的相互作用增强。

28. AES 分析 Zn 价态和配位环境与氢化脱氧的活性关系

由于 α, β-不饱和羰基存在多个官能团，实现其对烯烃的选择性加氢脱氧具有实质性的挑战。为了表征 ZnNC-X 催化剂在加氢脱氧过程中的活性位点，采用了俄歇电子能谱（AES）和 X 射线光电子能谱（XPS）进行分析[28]。

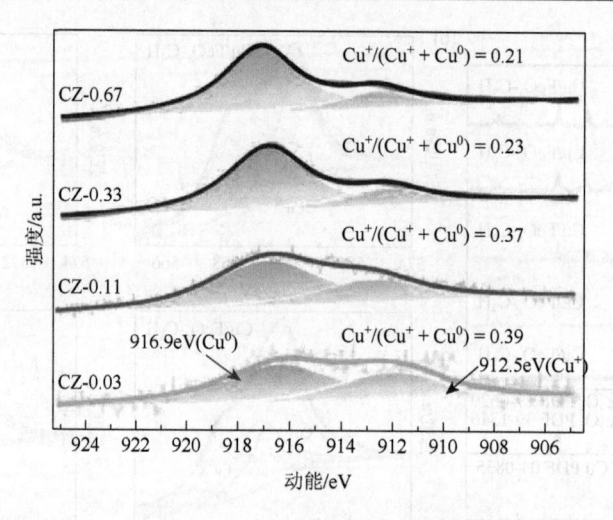

图 8-55　Cu LMM XAES 谱[27]

如图 8-56 所示，在 ZnNC-600 和 ZnNC-1000 催化剂中，Zn LMM 结合能分别为 499.0eV 和 497.6eV。随着煅烧温度的升高，结合能略微向低结合能方向偏移。这表明 ZnNC-X 中存在低价态 Zn（Zn$^{\delta+}$，$0<\delta<2$），这可能是由于 Zn-N$_x$ 的形成。ZnNC-X 的 N 1s XPS 谱可以反卷积成五种类型的 N，包括吡啶-N、ZnN$_x$、吡咯-N、石墨-N 和氧化-N。

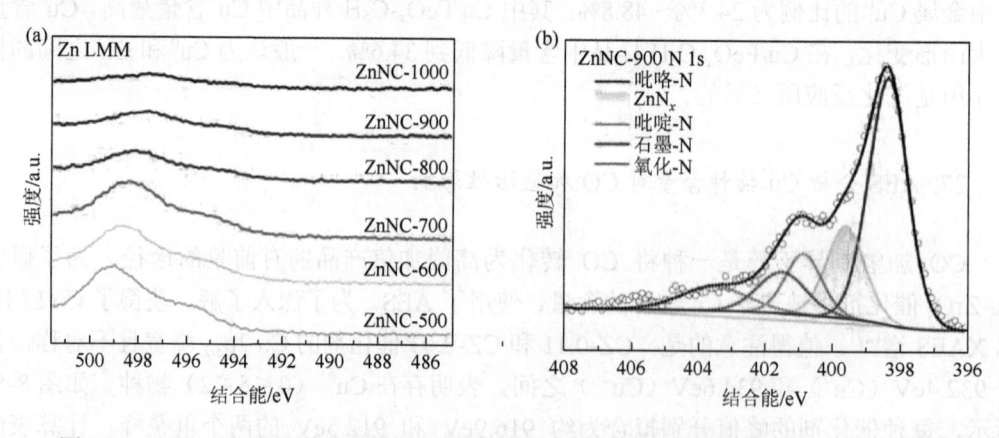

图 8-56　（a）Zn/NC-X 催化剂的 Zn LMM 谱；（b）Zn/NC-900 催化剂的 N 1s XPS 谱[28]

29. AES 分析 Cu(Na)/SiO$_2$ 样品的表面成分

最近，为解决海洋塑料污染的问题，塑料降解的研究激增。Gao 等通过 Cu XPS 和 Cu LMMX AES 谱计算了还原样品的表面成分[29]。如图 8-57 所示，XPS 在 940~950eV 处显示 Cu^{2+} 卫星峰，表明硅酸铜前驱体未完全还原。Cu/SiO$_2$ 中 Cu^{2+}/T(Cu)（Cu 的总表面摩尔含量）的比值（0.44%）远远大于 Cu/SiO$_2$(0.37%)，这表明还原硅酸铜的难度更高。由于 Cu 2p$_{3/2}$（932.1eV）和 Cu 2p$_{1/2}$（952.2eV）中的 Cu^0 和 Cu$^+$ 物质太接近而难以区分，通过 Cu LMM X 射线诱导俄歇电子能谱（XAES）直观地确定了 Cu$^+$/Cu^0 比值。CuNa/SiO$_2$

较高的 Cu^+/Cu^0 比值（1.87）表明，加入 Na^+ 后，结构致密的硅酸铜不易被还原为 Cu^0。Cu^+/Cu^0 比值越高，甲醇脱氢和苯二甲酸二甲酯（DMT）加氢脱氧的活性倾向越强。

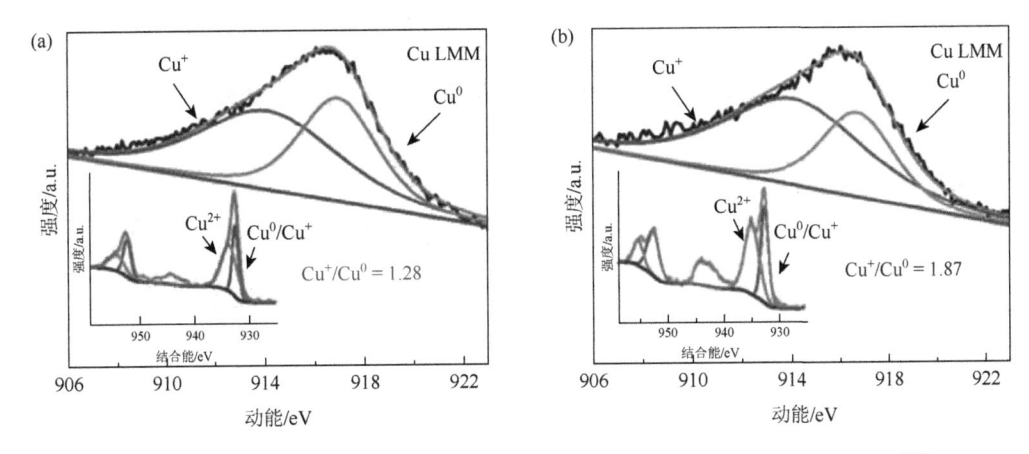

图 8-57　Cu/SiO_2（还原）(a) 和 $CuNa/SiO_2$（还原）(b) 的 Cu LMM XAES 谱[29]

30. AES 分析 Cu/ZIF-8 活性组分和结合能的关系

金属有机骨架（MOF）由于独特的可调表面化学和可及性，成为潜在的催化剂。然而，它们在热催化中的应用受到限制，因为它们在高温和高压下的稳定性较差，如在 CO_2 加氢制甲醇的过程中。Velisoju 等[30]采用两步法在沸石咪唑盐骨架-8（ZIF-8）上合成了分散良好的铜纳米颗粒。该催化剂在 CO_2 加氢制甲醇过程中发生一系列转化，形成包裹在锌基 MOF 上的约 14nm 的 Cu 纳米颗粒。这些颗粒表现出高活性（甲醇产率比商业 Cu-Zn-Al 催化剂高 2 倍）、高选择性（>90%），并且在 150h 以上的时间内非常稳定。金属-金属氧化物界面对各种催化过程具有独特的催化性能，这种相界被证明对 CO_2 加氢制甲醇非常有效。

对于 CO_2 加氢制甲醇反应，金属 Cu 与 ZnO 或 ZrO_2 之间的界面具有催化活性。然而，由于 Cu 纳米颗粒在工作条件下的高度动态行为，Cu 物种在 CO_2 加氢过程中发生重组，导致活性相烧结，进而导致催化活性和选择性的明显下降。尽管已经探索了多种策略来解决烧结问题（如具有不同结构促进剂的多组分催化剂），但仍需要一种完全独特的系统方法来推进 CO_2 加氢技术。近年来，通过在 MOF 的缺陷部位固定 Cu 颗粒，解决了 MOF 的烧结问题。在 MOF 的多孔结构中捕获 Cu 可以使这些颗粒更有弹性地进行重组，从而使它们更难烧结。

在 ZIF-8、Cu/ZIF-8|IE|和 Cu/ZIF-8|IE|R 样品的 AES 谱（Zn LMM）[图 8-58（a）]中，由于 Zn^{2+} 和 Zn^0 的存在，Zn 俄歇区分别由 498eV 和 495eV 两个峰组成。在任何还原处理之前或之后，两个样品中 Zn^0 的存在可归因于 XPS 中使用的高能 X 射线的光还原和/或 Zn^{2+} 物种的部分还原。Cu/ZIF-8|IE|样品的 Cu 2p 谱图 [图 8-58（b）] 证实了 Cu^{2+} 氧化物种的存在，并伴有卫星峰。在 523K 还原后（Cu/ZIF-8|IE|R），CuO 物种被还原为金属 Cu 物种，在 932eV 处存在一个峰 [图 8-58（b）]。这个小峰归因于 CuO 中的 Cu^{2+}，其产生

是由于样品制备过程中暴露于大气中的氧和转移到 XPS 设备的过程中。在 947.6eV 处没有卫星振动峰,证实了表面不存在 Cu^+。在 952.5eV 时,Cu 离子交换样品的 Cu 结合能(Cu $2p_{1/2}$ 在 951.7eV 时)较低。这可能是由 ZnO 的导带向 CuO 的电子注入造成的,并为 Cu 和 Zn 之间的强相互作用提供了证据。AES 谱(Cu LMM)[图 8-58(c)]也证实了这一点。在 570eV 附近没有观察到 Cu^+ 的峰值,而在 568eV 处的峰值证实了还原催化剂上主要存在 Cu^0 物种。

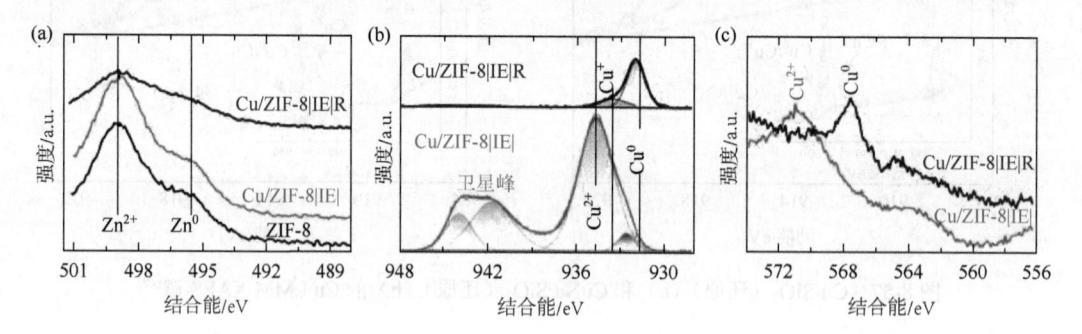

图 8-58 (a)Zn LMM 谱;(b)Cu 2p XSP 谱;(c)523K 还原前(Cu/ZIF-8|IE|)和还原后(Cu/ZIF-8|IE|R)的 Cu LMM 谱[30]

31. AES 表征氨催化剂表面 NH_2^- 空位的形成

探索高效、低成本的合成氨催化剂需要可调的反应途径,这一要求由于比例关系的限制而面临障碍。在这里,Li 等证明了碱土亚胺(AeNH)与过渡金属(TM = Fe、Co 和 Ni)催化剂结合,通过利用支撑表面上的活性缺陷和负载过渡金属的协同作用,能够克服这一困难[31]。这些催化剂使氨生产通过多种反应途径成为可能。在 400℃、0.9MPa 条件下,Co/SrNH 的反应速率高达 1686.7mmol/(g_{Co}·h),转换频率(TOF)超过 500h^{-1},优于其他已报道的 Co 基催化剂,并优于相同反应条件下的基准 Cs-Ru/MgO 催化剂和工业 Wüstite 基 Fe 催化剂。

实验和理论结果表明,三维过渡金属的氮亲和力与原位形成的碱土亚胺 NH_2^- 空位的协同作用调节了制氨的反应途径,使其催化性能明显不同于传统的三维过渡金属。研究结果表明,金属和载体的适当组合是控制反应途径,实现高活性、低成本合成氨催化剂的关键。

为了确认 NH_2^- 空位的形成,使用 AES 研究了新鲜和 H_2 处理过的 SrNH 样品的表面组成[图 8-59(a)]。H_2 处理后,N 峰归一化强度(约 387eV)明显降低,表明表面 NH_2^- 与 H* 反应生成 NH_3。高分辨率透射电子显微镜(HRTEM)进一步证实了表面 NH_2^- 空位的产生。由于轻元素 N 和 H 在 HRTEM 中对比度较低,SrNH 支架的 Sr 晶格沿(111)方向呈六角形[图 8-59(b)]。在 H_2 处理下,Sr 晶格的六角形结构沿同一方向发生了畸变[图 8-59(c)],与大量表面 NH_2^- 空位的形成相一致。观察到的 N AES 峰强度变化表明,表面 NH_2^- 被 H_2 消耗,SrNH 表面可能产生 NH_2^- 空位。

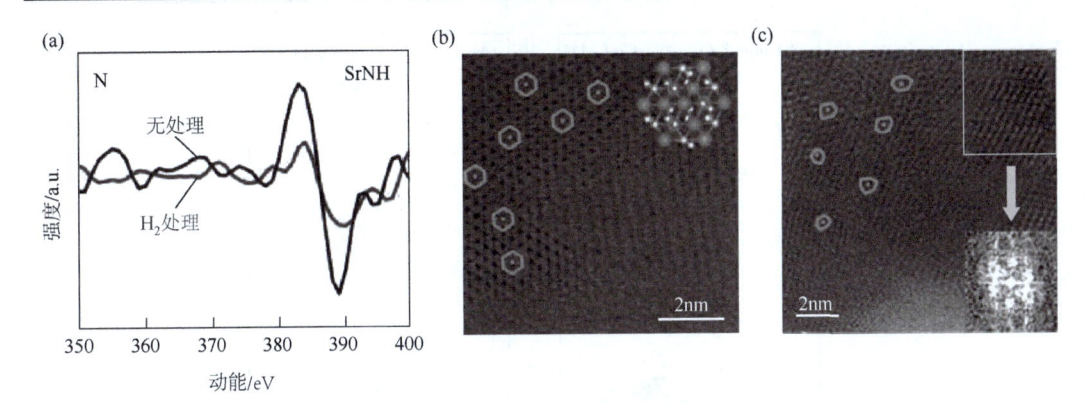

图 8-59 （a）新鲜和 H$_2$ 处理的 SrNH 的 N、Sr 和 TMs 的 AES 谱；新鲜（b）和 H$_2$ 沿[111]方向处理过（c）的 SrNH HRTEM 图[31]

（b）嵌入图显示了 SrNH 沿[111]方向的晶体结构，Sr、N 和 H 原子分别用绿色、灰色和浅粉色球表示

32. AES 分析 Cu LMM 不同温度下的 Cu 物种

作为最广泛使用的不可降解塑料之一，聚对苯二甲酸乙二醇酯（PET）废弃物引发了严重的环境污染。因此，开发一种催化策略，将 PET 废弃物选择性升级为增值化学品显得尤为重要。尽管 PET 废弃物可以通过机械回收，但其产品的机械性能较差，限制了应用。相反，将 PET 废弃物催化转化为化学品显示出极大的潜力，因为这种策略具有高效的活性，可用于升级和回收 PET 废弃物。从循环经济的角度来看，开发一种可行的途径，利用可再生的氢分子部分去除 PET 废弃物中的氧，有望选择性地生产单酯对苯甲酸甲酯（MMB），而不是依赖不可再生的化石燃料进行合成。

研究使用 Cu LMM AES 谱来鉴定不同温度下的 Cu^0（568.7eV）和 Cu$^+$（571.9eV）物种[32]。Cu LMM AES 谱显示，在 200℃、300℃ 和 400℃ 的还原温度下，Cu$^+$ 和 Cu^0 物种共存。在 200℃ 和 300℃ 时，随着温度的升高，Cu$^+$ 物种略有减少。而当还原温度增加至 400℃ 时，Cu^0 物种占主导地位（图 8-60）。

33. AES 分析催化剂表面氮空位

氨（NH$_3$）是化肥工业的关键原料，也是最常用的化学品之一。由于氮的键能较大（945kJ/mol），在 Haber-Bosch 工艺发展之前，直接利用大气中的氮非常困难。为了使这一过程更加简便高效，人们探索了许多策略来降低 N≡N 键的活化能。其中包括使用碱土和碱土金属氧化物作为促进剂,通过过渡金属将促进剂的电子转移到 N$_2$ 的反键轨道上，从而提高传统铁和钌基催化剂的性能。带电载体的低功函数和高电子密度增强了电子向过渡金属的转移，进一步降低了活化能。这一策略促进了氮气离解合成氨，并使催化操作可在温和的条件下进行；然而，它需要使用昂贵的钌。

另外，研究表明，含有表面氮空位的氮化物也可以激活 N$_2$。如图 8-61 所示，Ye 等通过对 AES 谱中 N 峰的深入分析发现，新鲜的 LaN 比经过 H$_2$ 预处理的 LaN 具有更强的氮峰

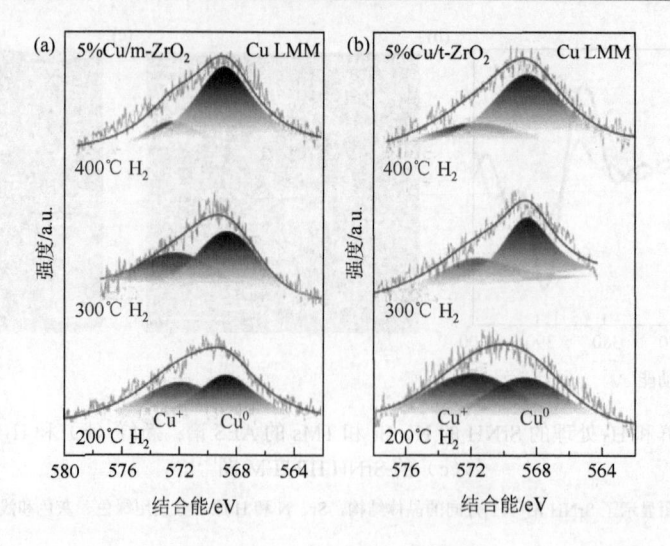

图 8-60 不同温度及 1mbar H_2 下 5%Cu/m-ZrO_2（a）和 5%Cu/t-ZrO_2（b）催化剂的 Cu LMM AES 谱[32]

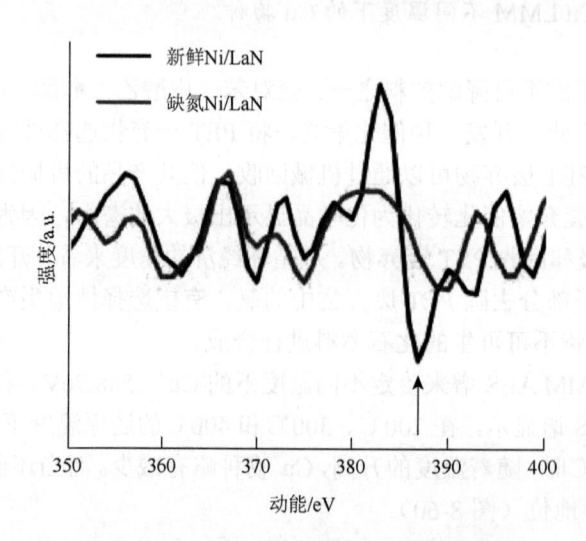

图 8-61 新鲜和缺氮 Ni/LaN 的 AES 谱[33]

氮的动能在 387eV 处用黑箭头表示

（约 387eV），而 La 峰在有无 H_2 处理时几乎保持不变[33]。AES 谱中 N 峰的局部扭曲和减少使得可以合理推断，在 Ni/LaN 表面形成了大量的氮空位（N_V）位点。

34. AES 分析 CO_2 加氢反应中多晶 Cu 表面化学性质

工业过程的脱碳对于减少全球 CO_2 排放和降低对分布不均的化石燃料资源的依赖至关重要。通过 CO_2 加氢合成甲醇提供了一种利用捕获 CO_2 的方法，只要所需的能量输入来自可再生能源，这一过程可以实现零甚至负碳排放。Cu 基催化剂在甲醇合成中扮演重要角色。

图 8-62 展示了多晶 Cu 表面在 200℃下连续暴露于不同 $H_2/CO_2/CO$ 混合物中的 XPS 谱[34]。通过拟合 Cu LMM 区域的 AES 得到 Cu 表面的化学价态。图 8-62（a）中（i）显示了在超高真空（UHV）下清洗后的 Cu 表面的 AES，其中只看到与金属 Cu 相关的峰（蓝色峰）。没有可识别的 C 物质[图 8-62（b）中（i）]，表明表面污染水平低，并且在约 531.5eV 的 O 1s 谱中可以看到一个单一的宽峰[图 8-62（c）中（i）]，暂时将其归因于表面的羟基化，这与通常报道的 OH 的结合能位置一致，这是多晶表面的典型特征。在这些表面上，来自测量室的微量水蒸气可以被吸附。然而，一些文献研究将类似位置的峰分配给了亚表面氧物种，这可能是在制备多晶线箔期间形成的。

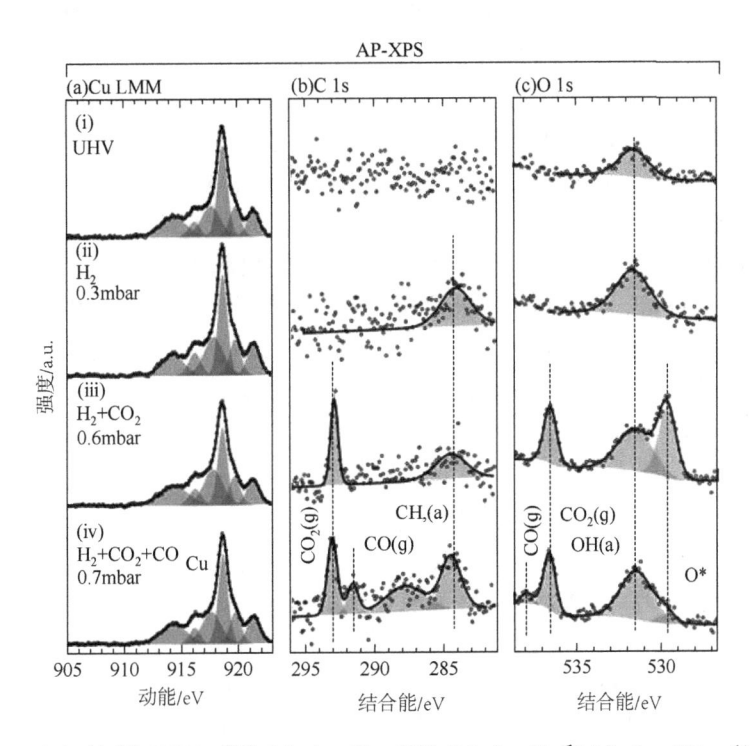

图 8-62 （a）～（c）在（i）UHV，（ii）0.3mbar H_2，（iii）0.3mbar H_2 和 0.3mbar CO_2，（iv）0.3mbar H_2、0.3mbar CO_2 和 0.1mbar CO 下获得的 Cu LMM AES 谱及 C 1s 和 O 1s 区域的 XPS 谱，所有 XPS 谱的温度固定在 200℃，（a）表示吸附态物种，（g）表示气相[34]

在测量环境中加入 0.3mbar 的 H_2 后，Cu LMM 谱没有明显变化[图 8-62（a）中（ii）]。在 O 1s 谱[图 8-62（c）中（ii）]中可以看到峰强度的轻微增加，这可能是由于添加 H_2 时引入的额外 H_2O（来自气体添加的污染），增加了可能的 OH 峰。以前的研究提出，在还原条件下，亚表面氧物种的强度会增加。在约 284.3eV[图 8-62（b）中（ii）]处，C 1s 区域的强度略有增加，归因于少量的表面碳氢化合物污染，称为外来碳。当只有 H_2 存在于气相时，Cu 表面预计会将 H_2 分子解离成化学吸附的氢（H*），这是用 XPS 不易检测到的。

在气体混合物中加入 0.3mbar 的 CO 后，Cu LMM 光谱仍未显示出任何重大变化

[图 8-62（a）中（iii）]。然而，C 1s 谱 [图 8-62（b）中（iii）] 和 O 1s 谱 [图 8-62（c）中（iii）] 中出现了额外的峰。约 293.0eV 和 536.0eV 的峰是气相 CO 的信号。在约 529.6eV 处出现一个与化学吸附氧（O*）相对应的峰，证实了 CO 的活化。这表明在 CO 加氢过程中，游离 CO_2 吸附（$CO_2 \rightleftharpoons O* + CO$）和/或中间物质脱氧（如 $H_2COO* \rightleftharpoons O* + H_2CO$，$OH* + OH* \rightleftharpoons O* + H_2O$）。AES 中没有任何可识别的氧化态变化，支持了化学吸附氧的分配，而不是铜的氧化物的晶格氧。40min 后的 O* 测量显示类似的 O* 强度，证实了表面覆盖的稳定性。这表明正在进行的 CO 活化产生的 O* 与 Cu 表面的 H* 反应形成 OH* 和 H_2O，而不是氧化 Cu 表面。需要注意的是，与 H_2O 相关的 O 1s 峰可能与 OH* 组分重叠，并可能形成氢键 OH···H_2O。因此，气相 H_2 在保持表面金属性方面发挥了积极作用，O 1s 谱中检测到的 O* 峰很小，而 Cu LMM 谱中没有明显的 Cu_2O 峰。在这个阶段，另一种解释是氢的竞争性吸附抑制了 CO 的吸附，使得 O* 的供应不足以形成 Cu 氧化物。

图 8-62（a）~（c）中（iv）显示了在混合气体中加入 0.1mbar CO 后的光谱。Cu LMM 谱 [图 8-62（a）中（iv）] 再次保持不变；然而，C 1s 和 O 1s 谱中有一些明显的变化。除了气相 CO 在约 291.6eV 和 537.9eV 处的峰外，C 1s 区域在约 287.9eV 处出现了另一个峰 [图 8-62（b）中（iv）]，这可能是由含氧烃污染物引起的。O 1s 区域的相应成分卷曲成较大的 OH···H_2O 峰，尽管这也可能是由甲酸盐引起的。值得注意的是，与图 8-62（c）中（ii）相比，O 1s 谱中的 O* 峰 [图 8-62（c）中（iv）] 相对于其他吸附和气相峰的强度大大减弱。这种减少与 CO 从催化剂表面清除 O* 形成气相 CO 一致，即使 CO_2 解离吸附的平衡发生偏移（$CO_2 \rightleftharpoons O* + CO$）[34]。

35. AES 分析固体超强酸催化剂的电子结构

硫酸氧化锆（SO_4^{2-}/ZrO_2）是一种高效、稳定的固体超强酸催化剂，用于将异丁烷正构化为正丁烷，具有替代 Pt 基催化剂的潜力。Wu 等通过一步法制备了 Cu-SO_4^{2-}/ZrO_2（CSZ），其性能与商用 Pt-Cl/Al_2O_3 相当，异丁烷的平均转化率为 43.8%，正丁烷的平均选择性高达 86.1%，并且在 120h 内保持稳定的正丁烷产率[35]。研究团队利用 XPS、NH_3-TPD 和吡啶红外测试及密度泛函理论计算，探讨了 Cu 促进剂诱导的硫酸氧化锆催化剂的理化性质与催化性能之间的关系。

研究发现，Cu 含量与正丁烷产率呈火山型关系。随着 Cu 含量的逐渐增加，正丁烷产率先从 32.23% 上升到 37.71%，然后下降到 29.56%。适量的 Cu 添加剂有利于释放硫酸盐中的 Zr Lewis 酸位点，增加 Lewis 酸的密度，从而提高对异丁烷正构化的催化选择性。然而，过量的 Cu 启动子覆盖了暴露的 Zr Lewis 活性位点，导致异丁烷转化率下降。因此，Lewis 活性位密度被认为是与正丁烷产率相关的关键因素，解释了 Cu 含量与 Cu-SO_4^{2-}/ZrO_2 正丁烷产率之间的火山型关系。

该研究证明了 Cu 改性的可行性，并提供了其促进机制的见解，这可能扩展到其他固体超强酸催化剂如硫酸氧化锆。众所周知，酸度可以在骨架异构化反应的结构重整中发挥作用，电子效应也是影响催化性能的重要因素。

为了研究所有 CSZ 催化剂的电子结构，使用 XPS 进行了表征。由于 Cu^0 和 Cu^+ 具有相同的结合能，还利用 LMM AES 进一步探测了 Cu 的价态。如图 8-63 所示，Cu LMM 谱可以反卷积成两组结合能峰，分别约为 568eV 和 572eV，对应于 Cu⁰ 和 Cu⁺。这证明了 Cu⁰ 和 Cu⁺ 的存在。显然，AES 技术在表征固体超强酸催化剂的电子结构方面具有重要应用。

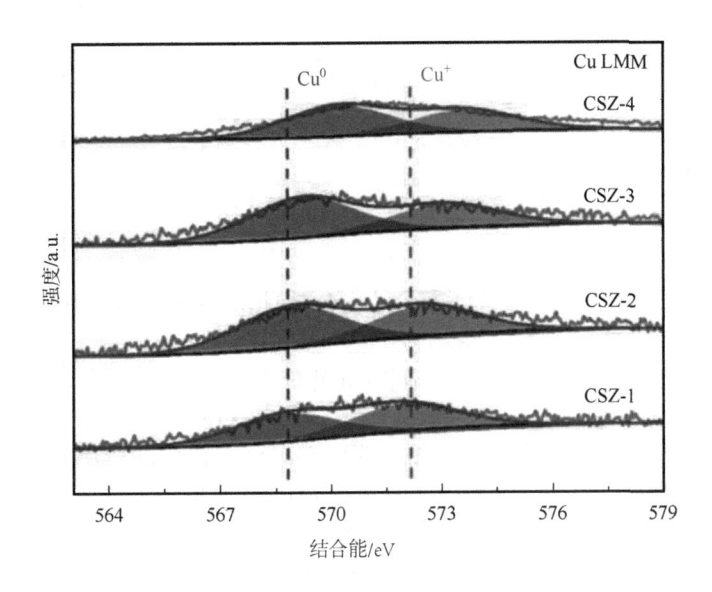

图 8-63　CSZ-1、CSZ-2、CSZ-3 和 CSZ-4 的 Cu LMM AES 谱[35]

36. AES 区分 Cu LMM 中 Cu 的不同形态

大气中二氧化碳（CO_2）浓度过高被认为是气候变化和海洋酸化的主要原因之一。因此，捕获二氧化碳并将其转化为燃料和日用化学品引起了广泛关注。逆水煤气变换（RWGS）反应（$CO_2 + H_2 \rightleftharpoons CO + H_2O$，$\Delta H^0_{298K} = +41kJ/mol$）是二氧化碳利用的一个理想途径，因为该反应产物（合成气）可直接用作费托合成过程的原料，进一步转化为燃料和化学品。该反应会产生平行副产物（$CO_2 + 4H_2 \rightleftharpoons CH_4 + 2H_2O$，$\Delta H^0_{298K} = -165kJ/mol$）。为了降低能量消耗并提高 RWGS 反应的选择性，迫切需要开发高活性、选择性和稳定性的催化剂。

人们普遍认为，RWGS 反应中形成 CO 有两种主要机制：氧化还原机制和甲酸盐分解机制。用于 RWGS 反应的催化剂需要在这两种机制中表现出双重功能。典型的 RWGS 催化剂由分散良好的活性金属和金属氧载体组成，这些载体可以参与反应。由于 Cu 的不同形态对催化性能有重要影响，而在典型的 XPS 分析中很难区分 Cu⁺ 和 Cu⁰，因此 Zhang 等通过 Cu LMM 俄歇电子能谱（AES）更精确地区分了这两种形态[36]。如图 8-64 所示，AES 谱图展示了 Cu-Mo₂C 和 Cu-Cs-Mo₂C 两个样品中 Cu⁺ 和 Cu⁰ 的共存。在 Cu-Mo₂C 样品中，Cu⁰ 的比例大约为 60%，Cu⁺ 的比例大约为 40%。在 Cu-Cs-Mo₂C 样品中，Cs 促进体系中 Cu⁰ 的比例大约为 42%。这表明在 Cu-Cs-Mo 体系中存在一种电子相互作用，Cs 促进 Cu⁰ 向 Cu⁺ 的转化。

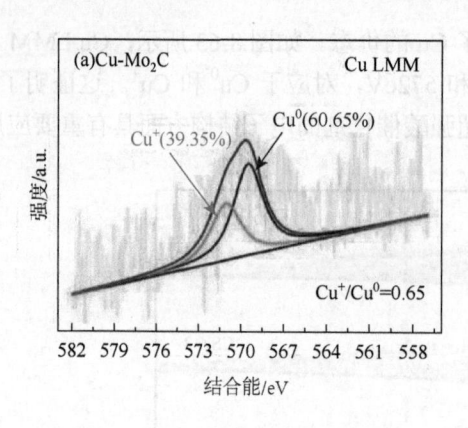

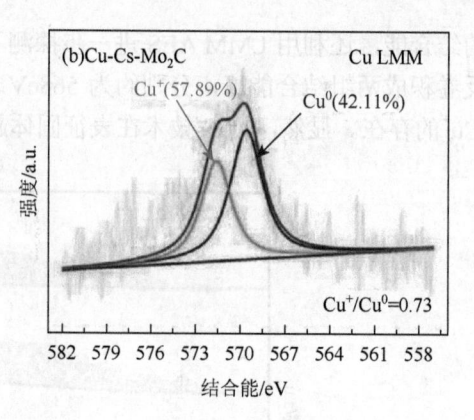

图 8-64　Cu-Mo₂C（a）和 Cu-Cs-Mo₂C（b）的 Cu LMM AES 谱[36]

37. AES 分析不同 Cu/Al₂O₃ 催化剂中 Cu 的价态

金属颗粒大小在金属催化的非均相反应中起着至关重要的作用。将颗粒大小从几纳米缩小到原子级别的单原子，会极大地改变金属的形态和电子特性，从而显著调节其催化性能。对粒度效应的详细研究以及对金属单原子催化剂（SACs）这一多相催化前沿的探索，可以帮助深入理解结构-活性关系，并有助于合理设计先进的金属催化剂。

Shi 等[37]采用原子层沉积的方法，在氧化铝载体上合成了尺寸分别为 3.4nm、7.3nm 和 9.3nm 的 Cu 单原子和纳米颗粒。如图 8-65 所示，表征数据表明，在 300℃下氢气还原后，Cu 单原子保持了非常稳定的 Cu⁺价态。在过量乙烯的乙炔半加氢反应中，减小 Cu 颗粒的尺寸会大大降低活性，但会逐渐提高乙烯的选择性和耐久性。Cu 单原子在完全转化时表现出高达 91%的乙烯选择性，并具有至少 40h 的长期稳定性，与 Cu 纳米颗粒催化剂的快速失活形成鲜明对比。简而言之，研究结果表明，SACs 在高选择性和高抗焦炭化性能方面是有前景的选择性加氢反应催化剂。

由于利用 Cu 2p 结合能难以区分 Cu⁺和 Cu⁰，因此进一步记录了 Cu LMM 俄歇电子能谱，其中不同 Cu 氧化态的标准样品显示出更明显的峰位，从而可以将 Cu⁰和 Cu⁺分离（Cu⁰：918.2~918.9eV；Cu⁺：916.2~917.2eV）。制备的 1.5Cu/Al₂O₃ 和 2.0Cu/Al₂O₃ 样品在 916.5eV 处显示出最大值，在约 917.5eV 处显示出宽而不明显的肩峰，分别与 Cu⁺和 Cu²⁺相关。还原后，两种样品的俄歇电子能谱在 918.7eV 处有一个明确的与金属 Cu 有关的峰。

38. AES 分析 Ca₂FeCoO₅ 电催化活性相

褐煤型 Ca₂FeCoO₅（CFCO）是一种高活性的析氧反应（OER）电催化剂。Sato 等通过长期 OER 实验确定了这种氧化物的实际催化活性相，并证明该活性相在 OER 过程中可持续 4 周而不会显著降低电催化活性[38]。在 4mol/dm³ KOH 水溶液中，CFCO 经历了从数小时到一个月的长期耐久性实验，测试手段包括恒流 OER、扫描电子显微镜（SEM）、X 射线衍射（XRD）、透射电子显微镜（TEM）和俄歇电子能谱（AES）等电化学测量和结构分析。

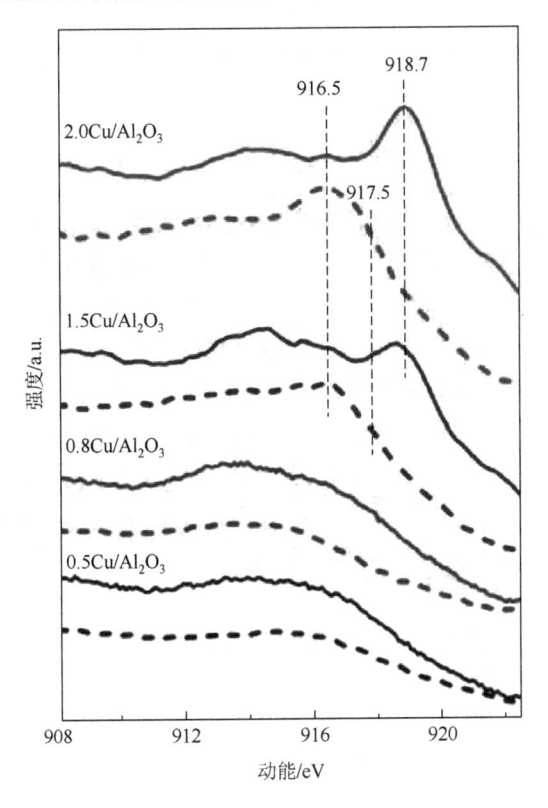

图 8-65 不同 Cu/Al₂O₃ 催化剂的 Cu LMM AES 谱[37]

虚线代表制备样品，实线代表还原样品

在 OER 过程中，CFCO 容易转化为含有 10% Fe 取代基的非晶钴氧化物，这些化合物具有类似于层状 γ-CoOOH 型结构的局部重排。由于 Ca 和 Fe 的大量溶解，这种转变涉及氧化物颗粒形态的显著变化，形成由氢氧化物纳米片聚集体组成的骨架颗粒。在总极化电荷密度达到 $10^5 C/cm^2$ 数量级的情况下，延长的耐久性研究表明，类(Co, Fe)OOH 化合物是实际的电催化相。

如图 8-66 所示，在不同 OER 持续时间下测试的 AB/CFCO（其中 AB 代表碳载体乙炔黑）电极的差异俄歇电子能谱中，C、Ca 和 O 的 KLL 跃迁峰分别在 272eV、300eV 和

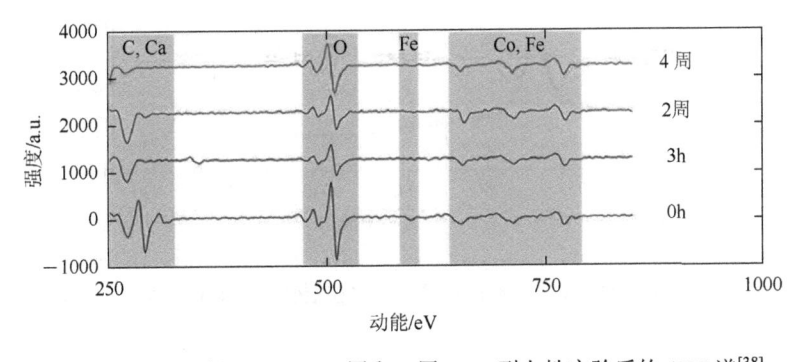

图 8-66 CFCO 经 0h、3h、2 周和 4 周 OER 耐久性实验后的 AES 谱[38]

505eV 左右。Fe 的 LMM 跃迁峰在 598eV、651eV 和 703eV 左右,而 Co 的跃迁峰在 656eV、716eV 和 775eV 左右。

39. AES 分析氧化亚铜纳米团簇催化剂

负载型催化剂中的界面相互作用可以诱导电荷转移,调节活性位点的电子结构,影响反应物的吸附行为,从而最终影响催化性能,这对多相催化具有重要意义。在金属/氧化物催化剂和氧化物/金属反相催化剂中,这一现象已经得到良好的理论和实验证明,但由于传统碳材料的惰性,在碳负载催化剂中鲜有报道。

Yu 等[39]以石墨炔负载的氧化亚铜纳米团簇催化剂(Cu_2O NCs/GDY)为例,证明了它们之间存在强电子相互作用,并提出了一种新型的电子氧化物-石墨炔强相互作用,类似于氧化物/金属反相催化剂中的电子氧化物/金属强相互作用。这种电子氧化物-石墨炔强相互作用不仅使 Cu_2O NCs 在环境条件下稳定在低氧化状态,避免聚集和氧化,还改变了其电子结构,优化了对反应物和中间体的吸附能,从而提高了 Cu^+ 催化的叠氮-炔环加成反应的催化活性。

该研究有助于全面理解负载型催化剂的界面相互作用。当 Cu_2O 的尺寸缩小到纳米级甚至团簇时,由于表面能的作用,其表面变得更容易被氧化。采用 XPS 进一步研究了 Cu 在 Cu_2O NCs/GDY 中的化学价态。如图 8-67 所示,Cu_2O NCs/GDY 的高分辨率 Cu 2p XPS 谱在 932.9eV($Cu\ 2p_{3/2}$)和 952.8eV($Cu\ 2p_{1/2}$)处显示出两个峰,通常归属于 Cu^+ 或 Cu^0。此外,俄歇电子能谱在 570.9eV 处显示出主峰,证实了 Cu_2O NCs/GDY 中的 Cu 以 Cu^+ 形式存在。

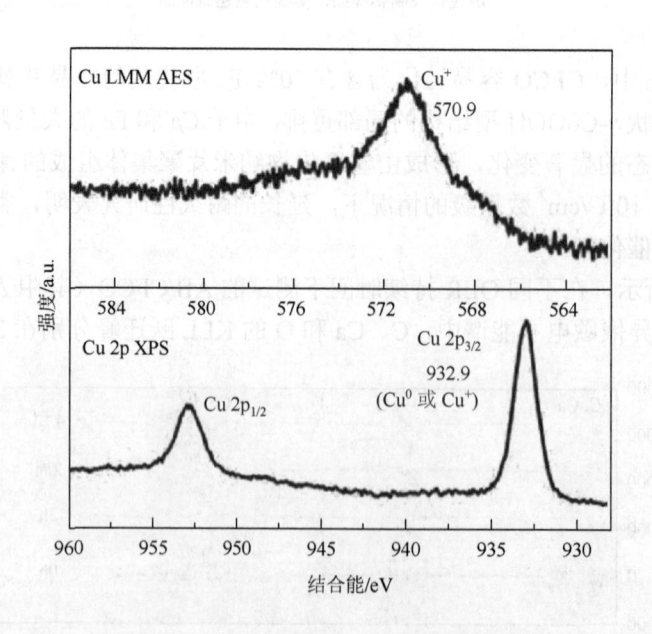

图 8-67 Cu_2O NCs/GDY 的高分辨率 Cu 2p XPS 谱和 Cu LMM AES 谱[39]

40. AES 分析 Cu/Hap/G 催化剂中 Cu 的价态

在草酸二甲酯（DMO）连续加氢反应（DMO→MG→EG→EtOH，其中 EG 表示乙二醇，EtOH 表示乙醇）中，控制产物向乙醇酸甲酯（MG）分布具有挑战性，通常需要使用贵金属促进的 Cu 催化剂来实现这一部分加氢步骤。Abbas 等首次设计了一种不含贵金属的羟基磷灰石[$Ca_{10}(PO_4)_6(OH)_2$]/石墨（Hap/G）复合催化剂，并以 Cu、FeCu、NiCu 和 CoCu 等过渡金属纳米颗粒修饰其结构，用于 DMO 加氢反应。DMO 催化加氢结果表明，CoCu/Hap/G 在 220℃时对 MG 的选择性最高，达到 99.3%[40]。值得注意的是，随着实验测量的功函数（Φ）值的增加（顺序为 FeCu/Hap/G ＜ Cu/Hap/G ＜ NiCu/Hap/G ＜ CoCu/Hap/G），计算出的转换频率（TOF）和 MG 选择性也相应增加。如图 8-68 所示，Cu LMM 俄歇电子能谱分析表明，Co 的引入增加了活性 Cu^0 的浓度，这对部分加氢步骤至关重要，而 Cu^+ 则在反应温度升高时维持 MG 选择性的稳定性方面起重要作用。计算值证实，Co 和 Ni 掺杂 Cu/Hap/G 催化剂的 $Cu^+/(Cu^+ + Cu^0)$ 值分别为 50%和 16.27%，为最低值。

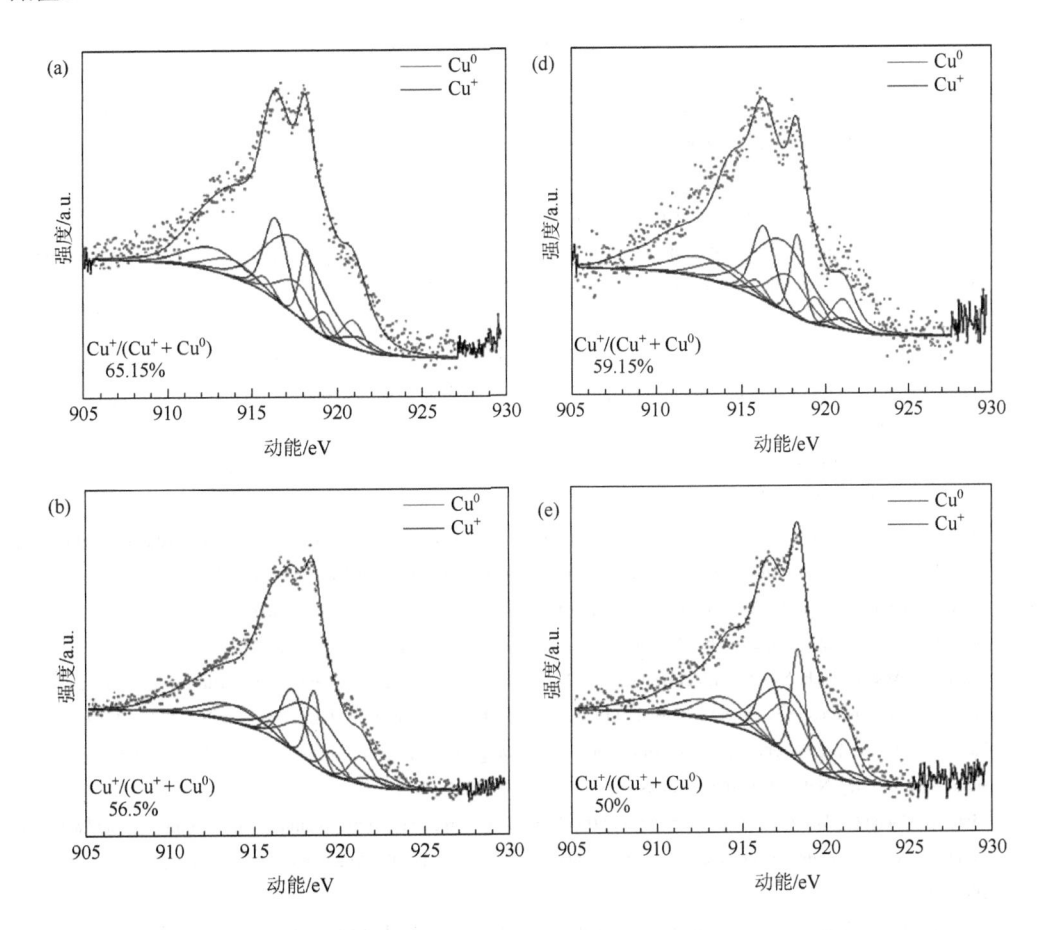

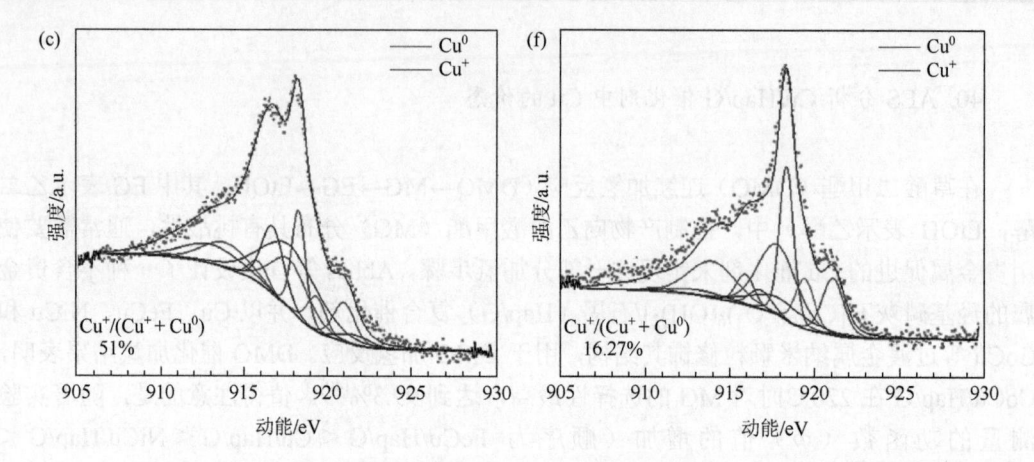

图 8-68　使用后催化剂的 Cu LMM 俄歇电子能谱:(a)~(c)Cu 含量分别为 13%、17%和 20%的 Cu/Hap/G 复合催化剂；(d)~(f) Fe、Co 和 Ni 促进的 Cu/Hap/G 复合催化剂[40]

制备的催化剂之所以具有优异的催化活性和稳定性，主要归因于以下几点：铜的还原性提高、催化剂结构的超大孔径特性，以及 Cu^0/Cu^+ 和 Co^0 双活性位点之间的协同作用。

参 考 文 献

[1] Shi Y, Li Y, Li R, et al. In-situ reconstructed Cu/Cu₂O heterogeneous nanorods with oxygen vacancies for enhanced electrocatalytic nitrate reduction to ammonia[J]. Chemical Engineering Journal, 2024, 479: 147574.

[2] Chang F, Wei J, Liu Y, et al. Surface/interface reconstruction in-situ on Cu₂O catalysts with high exponential facets toward enhanced electrocatalysis CO₂ reduction to C₂₊ products[J]. Applied Surface Science, 2023, 611: 155773.

[3] Wang Y, Zhou W, Jia R, et al. Unveiling the activity origin of a copper-based electrocatalyst for selective nitrate reduction to ammonia[J]. Angewandte Chemie International Edition, 2020, 59 (13): 5350-5354.

[4] Wu H, Huang L, Timoshenko J, et al. Selective and energy-efficient electrosynthesis of ethylene from CO₂ by tuning the valence of Cu catalysts through aryl diazonium functionalization[J]. Nature Energy, 2024, 9: 422-433.

[5] Wang Y, Zhao J, Cao C, et al. Amino-functionalized Cu for efficient electrochemical reduction of CO to acetate[J]. ACS Catalysis, 2023, 13 (6): 3532-3540.

[6] Wang T, Tao L, Zhu X, et al. Combined anodic and cathodic hydrogen production from aldehyde oxidation and hydrogen evolution reaction[J]. Nature Catalysis, 2022, 5 (1): 66-73.

[7] Zhang X D, Liu T, Liu C, et al. Asymmetric low-frequency pulsed strategy enables ultralong CO₂ reduction stability and controllable product selectivity[J]. Journal of the American Chemical Society, 2023, 145 (4): 2195-2206.

[8] Bu Y, Wang C, Zhang W, et al. Electrical pulse-driven periodic self-repair of Cu-Ni tandem catalyst for efficient ammonia synthesis from nitrate[J]. Angewandte Chemie International Edition, 2023, 62 (24): e202217337.

[9] Zheng M, Wang P, Zhi X, et al. Electrocatalytic CO₂-to-C₂₊ with ampere-level current on heteroatom-engineered copper via tuning *CO intermediate coverage[J]. Journal of the American Chemical Society, 2022, 144 (32): 14936-14944.

[10] Han G, Zhang X, Liu W, et al. Substrate strain tunes operando geometric distortion and oxygen reduction activity of CuN₂C₂ single-atom sites[J]. Nature Communications, 2021, 12 (1): 6335.

[11] Meng J, Cheng C, Wang Y, et al. Carbon support enhanced mass transfer and metal-support interaction promoted activation for low concentrated nitric oxide electroreduction to ammonia[J]. Journal of the American Chemical Society, 2024, 146 (14): 10044-10051.

[12] Wang P, Yang H, Tang C, et al. Boosting electrocatalytic CO₂-to-ethanol production via asymmetric C—C coupling[J]. Nature

Communications, 2022, 13 (1): 3754.

[13] Wu Q, Du R, Wang P, et al. Nanograin-boundary-abundant Cu₂O-Cu nanocubes with high C₂₊ selectivity and good stability during electrochemical CO₂ reduction at a current density of 500 mA/cm²[J]. ACS Nano, 2023, 17 (13): 12884-12894.

[14] Lassègue P, Salvan C, De Vito E, et al. Laser powder bed fusion (L-PBF) of Cu and CuCrZr parts: influence of an absorptive physical vapor deposition (PVD) coating on the printing process[J]. Additive Manufacturing, 2021, 39: 101888.

[15] Ghasemi A, Fereiduni E, Balbaa M, et al. Influence of alloying elements on laser powder bed fusion processability of aluminum: a new insight into the oxidation tendency[J]. Additive Manufacturing, 2021, 46: 102145.

[16] Walenta C A, Courtois C, Kollmannsberger S L, et al. Surface species in photocatalytic methanol reforming on Pt/TiO₂(110): learning from surface science experiments for catalytically relevant conditions[J]. ACS Catalysis, 2020, 10 (7): 4080-4091.

[17] Schuett F M, Heubach M K, Mayer J, et al. Electrodeposition of zinc onto Au(111) and Au(100) from the ionic liquid [MPPip][TFSI][J]. Angewandte Chemie International Edition, 2021, 60 (37): 20461-20468.

[18] Guo W, Tan X, Jia S, et al. Asymmetric Cu sites for enhanced CO₂ electroreduction to C₂₊ products[J]. CCS Chemistry, 2024, 6: 1231-1239.

[19] Bertella F, Lopes C W, Foucher A C, et al. Insights into the promotion with Ru of Co/TiO₂ Fischer-Tropsch catalysts: an in situ spectroscopic study[J]. ACS Catalysis, 2020, 10 (11): 6042-6057.

[20] Lin W C, Lo W C, Li J X, et al. Auger electron spectroscopy analysis of the thermally induced degradation of MAPbI₃ perovskite films[J]. ACS Omega, 2021, 6 (50): 34606-34614.

[21] Meng L, Ma W, Zhang S, et al. Isolated CuO and medium strong acid on CuO/Nb₂O₅-H catalyst for efficient enhancement of triethylamine selective catalytic oxidation[J]. Journal of Environmental Chemical Engineering, 2023, 11 (4): 110258.

[22] Wang X, Chen M, Chen X, et al. Constructing copper-zinc interface for selective hydrogenation of dimethyl oxalate[J]. Journal of Catalysis, 2020, 383: 254-263.

[23] Cui Y, Wang B, Wen C, et al. Investigation of activated-carbon-supported copper catalysts with unique catalytic performance in the hydrogenation of dimethyl oxalate to methyl glycolate[J]. ChemCatChem, 2016, 8 (3): 527-531.

[24] Wang Y, Shen Y, Zhao Y, et al. Insight into the balancing effect of active Cu species for hydrogenation of carbon-oxygen bonds[J]. ACS Catalysis, 2015, 5 (10): 6200-6208.

[25] Ai P, Jin H, Li J, et al. Ultra-stable Cu-based catalyst for dimethyl oxalate hydrogenation to ethylene glycol[J]. Chinese Journal of Chemical Engineering, 2023, 60: 186-193.

[26] Luo J, Cheng Y, Niu H, et al. Efficient Cu/FeOₓ catalyst with developed structure for catalytic transfer hydrogenation of furfural[J]. Journal of Catalysis, 2022, 413: 575-587.

[27] Gong N, Zhang T, Tan M, et al. Realizing and revealing complex isobutyl alcohol production over a simple Cu-ZrO₂ catalyst[J]. ACS Catalysis, 2023, 13 (6): 3563-3574.

[28] Wang T, Xin Y, Chen B, et al. Selective hydrodeoxygenation of α, β-unsaturated carbonyl compounds to alkenes[J]. Nature Communications, 2024, 15 (1): 2166.

[29] Gao Z, Ma B, Chen S, et al. Converting waste PET plastics into automobile fuels and antifreeze components[J]. Nature Communications, 2022, 13 (1): 3343.

[30] Velisoju V K, Cerrillo J L, Ahmad R, et al. Copper nanoparticles encapsulated in zeolitic imidazolate framework-8 as a stable and selective CO₂ hydrogenation catalyst[J]. Nature Communications, 2024, 15 (1): 2045.

[31] Li Z, Lu Y, Li J, et al. Multiple reaction pathway on alkaline earth imide supported catalysts for efficient ammonia synthesis[J]. Nature Communications, 2023, 14 (1): 6373.

[32] Cheng J, Xie J, Xi Y, et al. Selective upcycling of polyethylene terephthalate towards high-valued oxygenated chemical methyl p-methyl benzoate using a Cu/ZrO₂ catalyst[J]. Angewandte Chemie International Edition, 2024, 63 (11): e202319896.

[33] Ye T N, Park S W, Lu Y, et al. Vacancy-enabled N₂ activation for ammonia synthesis on an Ni-loaded catalyst[J]. Nature, 2020, 583 (7816): 391-395.

[34] Swallow J E N, Jones E S, Head A R, et al. Revealing the role of CO during CO₂ hydrogenation on Cu surfaces with in situ

soft X-ray spectroscopy[J]. Journal of the American Chemical Society, 2023, 145 (12): 6730-6740.

[35] Wu J, Jin D, Ren X, et al. Copper-induced formation of Lewis acid sites enhancing sulfated zirconia catalyzed *i*-butane normalization[J]. Journal of Catalysis, 2024, 432: 115400.

[36] Zhang Q, Pastor-Pérez L, Jin W, et al. Understanding the promoter effect of Cu and Cs over highly effective β-Mo_2C catalysts for the reverse water-gas shift reaction[J]. Applied Catalysis B: Environmental, 2019, 244: 889-898.

[37] Shi X, Lin Y, Huang L, et al. Copper catalysts in semihydrogenation of acetylene: from single atoms to nanoparticles[J]. ACS Catalysis, 2020, 10 (5): 3495-3504.

[38] Sato Y, Aoki Y, Takase K, et al. Highly durable oxygen evolution reaction catalyst: amorphous oxyhydroxide derived from brownmillerite-type Ca_2FeCoO_5[J]. ACS Applied Energy Materials, 2020, 3 (6): 5269-5276.

[39] Yu J, Chen W, He F, et al. Electronic oxide-support strong interactions in the graphdiyne-supported cuprous oxide nanocluster catalyst[J]. Journal of the American Chemical Society, 2023, 145 (3): 1803-1810.

[40] Abbas M, Wang J, Stelmachowski P, et al. Rational design of hydroxyapatite/graphite-supported bimetallic Cu-M (M = Cu, Fe, Co, Ni) catalysts for enhancing the partial hydrogenation of dimethyl oxalate to methyl glycolate[J]. Catalysis Science & Technology, 2023, 13 (11): 3270-3281.

第 9 章　紫外光电子能谱

9.1　概　　述

光电子能谱学的研究领域自诞生之初便沿两条路径发展。一条是由 Siegbahn 等开创的 X 射线光电子能谱（XPS），这种技术主要用于探测内壳层电子的结合能；另一条则是由 Turner 等推进的紫外光电子能谱（ultraviolet photoelectron spectroscopy, UPS），其专注于研究价电子的电离能量。虽然这两种技术在原理和仪器上大体相同，但它们在激发源的选择上有所不同：XPS 使用 X 射线激发样品，而 UPS 则采用真空紫外线。

紫外光电子能谱，也称作光电子发射能谱（photoelectron emission spectroscopy, PES），通过紫外线的能量激发样品原子的外层电子，分析样品的外壳层轨道结构、能带结构、空态分布及表面态。由于紫外线的能量较低，UPS 主要用于研究原子和分子的价电子以及固体的价带结构，而不足以探测到原子的深层内壳层电子。

紫外线的单色性明显优于 X 射线，因此 UPS 在分辨率上显著高于 XPS。尽管这两种技术提供的信息在很多方面相似，但它们各自的独特优势使得在分析化学、结构化学、表面科学以及材料科学的研究中，两者能够相互补充，共同推动科学的前进。

9.2　基 本 原 理

UPS 是光电子能谱技术中的一种，它在基本原理上与 XPS 类似，但特别之处在于使用的入射光子的能量范围通常为 16~41eV。这一较低的能量范围限定了 UPS 主要用于激发原子的外层电子，即价电子和价带电子，从而使其电离。因此，UPS 非常适合于研究电子的价带结构及其特征。

价电子的电离特征及其变化受到样品表面状态的显著影响，使得 UPS 成为探索样品表面特性的强有力工具。在固体材料中，由于紫外线激发的光电子具有较短的非弹性散射平均自由程，这意味着它们在从材料表面逸出时几乎不会与其他电子发生能量交换，从而保持了对表面状态的高灵敏度。

此外，UPS 的测量结果对理解化学反应的表面过程、固体材料的电子特性以及材料表面的化学和物理改性具有重要意义。因此，通过精确分析 UPS 得到的能带结构和表面态信息，科学家能够深入了解材料表面的电子行为，为材料科学和表面化学的研究提供了宝贵的视角和数据。

最初，UPS 主要应用于气体分子的研究，以探索它们的电子结构和化学性质。近年来，随着技术的进步和科学研究的深入，UPS 的应用范围已显著扩展到固体表面的研究。虽然气体与固体在测量对象上有所不同，并且在实验条件上也存在一些区别（例如，固体表面的测量通常需要更高的真空度以减少样品与环境气体的相互作用），基本的测量原理却是一致的，遵循爱因斯坦的光电效应方程：

$$E_k = h\nu - E_b \tag{9-1}$$

这一方程描述了光电子的动能 E_k 是入射光子能量 $h\nu$ 与电子的结合能 E_b 之差。

然而，UPS 在分析气体分子时具有其特有的复杂性。UPS 仅能电离那些结合能不超过紫外光子能量的外壳层电子，这意味着不仅要测量电子的能量，还需要考虑电离后生成的离子的状态。气体分子的离子状态可以极大地影响其电子能级的测定，因为这些离子可能存在激发状态或通过不同的解离途径影响最终的光电子能谱。

进一步地，当考虑气体分子的 UPS 测量时，必须仔细分析光电子能谱中显示的各个峰，这些峰代表了从特定电子轨道的电离，并尝试解释这些数据如何反映分子的电子结构和动态变化。通过这种方法，UPS 不仅帮助科学家深入理解分子内部的电子动力学，还促进了新型材料和催化剂设计的研究，这些研究依赖于对表面和界面电子性质的精确认识。

UPS 是一种精确测量分子电子结构的技术，特别是在测定分子轨道能级与相关的实验参数［如电离电位（IP 或 I）］方面表现出高度的有效性。电离电位是指将电子从分子中激发出来所需的能量。其中，第一电离电位（IP_1 或 I_1）是指从最高被填满的分子轨道（HOMO）激发一个电子所需的最小能量；而第二电离电位则涉及从下一个较低的已填满轨道（次 HOMO）激发电子。

在 UPS 实验中，一定能量 $h\nu$ 的入射光子从分子中激发出电子，留下一个可能处于振动、转动或其他激发态的离子。如果激发出的电子的动能为 E，则该能量关系可表示为

$$E = h\nu - I - E_v - E_r \tag{9-2}$$

式中，I 为电离电位；E_v 为分子离子的振动能；E_r 为转动能。

虽然激发出的电子的能量范围为 0.05～0.5eV，而能量甚至更小，仅为千分之几电子伏特，相比 I，这些能量显著较小。然而，使用高分辨率的 UPS 谱仪（其分辨能力可达 10～25meV），能够观察到分子离子的振动精细结构，这些细节揭示了分子内部的动态变化和复杂相互作用。这种精细的观测为理解分子的化学行为和物理属性提供了宝贵的信息，使得 UPS 不仅是研究单一分子电子结构的重要工具，也是探索分子间相互作用及其环境适应性的关键技术。

图 9-1 展示了使用氦 I 共振线激发得到的氢分子离子的 UPS 谱。该能谱中清晰地显示了 14 个分布广泛的峰，这些峰精确地对应于氢分子离子的各个振动能级。观察到的峰与理论计算所预测的结果高度一致，表明实验技术的高精度和理论模型的准确性。通过这些详尽的振动能级数据，能够精确测定氢分子离子的振动频率，进一步深入理解分子内部的动力学行为。此外，图 9-2 进一步细致地记录了氢分子离子在 $v=3$ 和 $v=4$ 振动能级上的峰，这些峰中甚至展示出了转动结构。图中标出了某些显著的转动峰位置，尽管目前的分辨率还无法完全区分单独的振动峰，但这种观测已经显著提升了我们对分子转动和振动特性的理解。这种高分辨率的 UPS 测量能力揭示了分子内部结构

的复杂性，并提供了对分子动态行为的深刻洞见，为未来的分子级研究和应用开辟了新的途径。

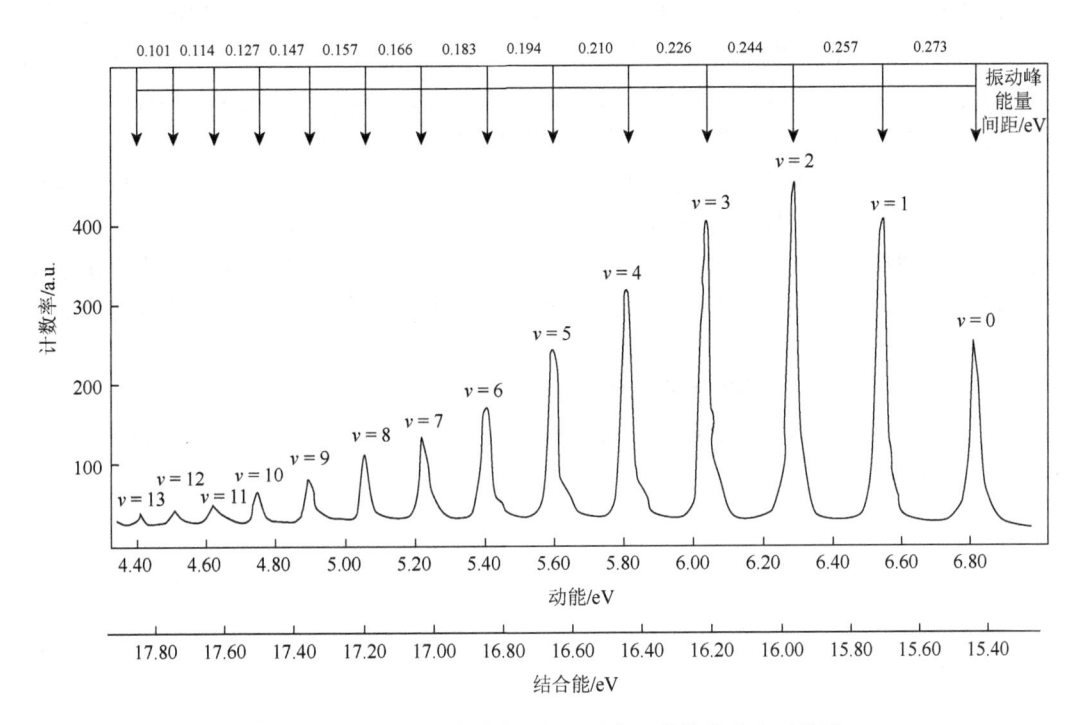

图 9-1　用氦 I 共振线激发的氢分子离子的紫外光电子能谱

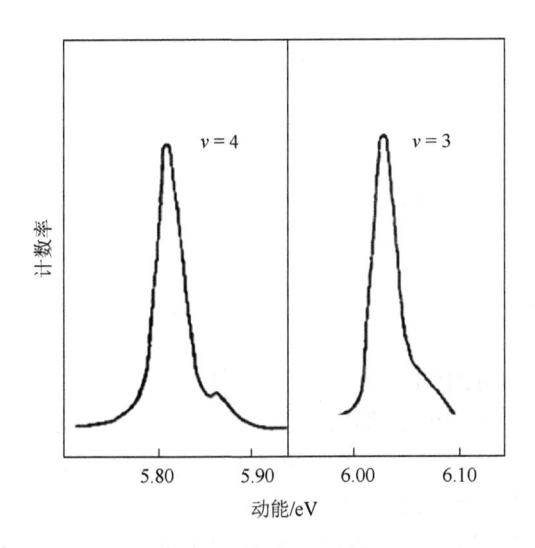

图 9-2　氢分子离子在 $v=3$ 和 $v=4$ 振动能级的峰的细节

在 XPS 的实验中，气体分子内的原子内层电子被 X 射线激发后，离子常常处于振动和转动的激发态。然而，与 UPS 相比，XPS 在分析这些细微的能级结构时面临着一些限制。由于原子内层电子的结合能通常远大于离子的振动和转动能量，加上 X 射线本身的自然宽度也比紫外线宽得多，XPS 通常无法分辨出振动的精细结构，更不用说转动精细结构了。

在特殊的实验设置下，如通过自电离和俄歇谱线（如在 CO 分子的情况下），X 射线和电子激发有时可以产生可观察到的振动结构。这些情况下的谱线展示了分子内部更为复杂的电子和能量转移过程，提供了关于分子内部相互作用的独特视角。然而，这样的观察是少见的，因为它们需要非常具体的条件和高度的实验精确度。

因此，相对于其他电子能谱技术，UPS 由于能量范围和分辨率的优势，成为研究分子振动结构的有效手段。UPS 通过较低的光子能量精确地激发特定电子，使得能够详细地观察到振动和转动精细结构，从而为研究分子的内在动态和能级结构提供了极为宝贵的信息。这一技术的应用极大地推动了分子物理、化学以及材料科学等领域的发展。

以双原子分子为例，可以更深入地探讨振动精细结构的产生。图 9-3 展示了一个双原子分子 AB 及其三个离子态 AB$^+$ 的势能曲线。这些曲线代表了分子及其离子态在不同核间距下的潜能。

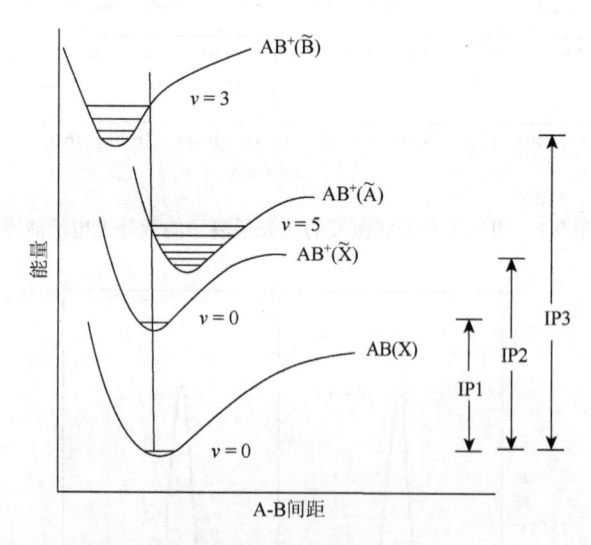

图 9-3 分子 AB 的分子基态位能曲线和离子 AB$^+$ 的三种离子态的位能曲线

最低的曲线表示基态的中性分子 AB，其平衡核间距为 r_e。当分子从最高占据分子轨道（HOMO）中激发一个电子时，形成的基态离子记为 AB$^+$(X)。类似地，从最低未占分子轨道（LUMO）激发一个电子时，生成的离子态记为 AB$^+$(A)，另外还可能形成 AB$^+$(B) 等状态，相应的电离电位分别为 IP1、IP2、IP3。这些离子态可存在于多种振动级，如 $v=0$（基态）、$v=1$、$v=2$ 等。这些离子态的平衡核间距可能大于、小于或等于中性分子的平衡核间距，这取决于所激发电子所在分子轨道的成键特性及其对分子结构的影响。根据 Franck-Condon 原理，电子的跃迁是极其迅速的过程，发生在核间距未发生显著改变的极短时间内。由于核的运动速度跟不上电子态的迅速改变，电子从一个状态跃迁到另一个状态时核间距相对不变。因此，在双原子分子中，电子从中性分子的基态跃迁到与其具有相同核间距的分子离子的特定振动态的概率最大。这种选择性跃迁解释了为什么特定的振动精细结构在光电子能谱中更为明显。这种振动精细结构的观察不仅提供了关于分子内部力学的直观信息，还深入揭示了分子电子结构的细节，是理解分子反应性和稳定性的关键。

再根据双原子分子的非谐振子模型，分子离子的振动能等于：

$$E_v = \left(v + \frac{1}{2}\right)h\omega - \left(v + \frac{1}{2}\right)^2 hX\omega \tag{9-3}$$

$$\omega = \frac{1}{2\pi}\sqrt{\frac{k}{\mu}} \tag{9-4}$$

式中，v 为离子态的振动量子数；h 为普朗克常量；X 为非谐振常数；ω 为振动频率；k 为振动的力常数；μ 为体系的折合质量。在这里 k 为键强度的量度。

当分析分子中电子的电离过程，尤其是涉及分子的振动结构和 Franck-Condon 原理时，可以从分子的键合特性和电子的性质出发进行讨论。在电离过程中，移除不同类型的电子将对分子的键强度、振动频率（ω）和平衡核间距（r_e）产生不同的影响。

如果电离时移去的是一个非键电子，该电子对分子的键合贡献较小。因此，键强度（k）和振动能级之间的能量间隔以及核间距基本上保持不变。这种类型的电离跃迁通常不会导致显著的分子结构变化，从而在光电子能谱中观察到的振动频率变化也非常小。相反，如果移除的是一个成键电子，这会导致键强度减小，从而减小振动频率 ω 和增加平衡核间距 r_e。这种变化反映在光电子能谱中，通常会观察到从基态到更高振动能级的跃迁。如果移除的是一个反键电子，键强度则会增加，振动频率 ω 增大，平衡核间距 r_e 减小。这种情况下，光电子能谱显示出更紧凑的核间距和增强的振动活性。此外，当电子被激发到更高的分子能级而未被完全移除时，也会观察到类似的效应，即对应的振动和核间距的改变。

根据 Franck-Condon 原理，电子跃迁是在核间距基本保持不变的情况下迅速发生的，因此跃迁的可能性（Franck-Condon 因数）取决于初始和最终状态之间的重叠程度。因此，非键电子的移除通常导致基态（$v = 0$）的跃迁最为显著，而成键或反键电子的移除则可能导致更高振动能级（较高的 v 值）的跃迁更为明显。这些讨论虽然以双原子分子为例进行阐述，但同样的原则和现象也适用于更复杂的多原子体系，尽管在多原子系统中，这些效应和相互作用会更加复杂和多样。这种深入的理解有助于我们更准确地解析和预测分子在特定条件下的行为和反应性。

根据 Franck-Condon 原理，电子跃迁在极短时间内发生，因此生成的离子的核间距离与原中性分子的核间距离保持不变的概率最大。这一原理对光电子能谱中的振动结构有着直接影响。在图 9-3 中，对应的离子态 X̃、A 和 B 的主要振动态分别是 $v = 0$、$v = 5$ 和 $v = 3$。虽然其他振动态的跃迁也可能发生，但相较而言，这些跃迁的概率较小。

在分析这些跃迁时，通常会引用两种类型的电离电位来描述离子化的能量状态。①绝热电离电位：这是指从分子基态到离子的基态（$v = 0$）跃迁时所对应的电离电位。这种跃迁描述了在理想情况下，离子化时没有额外的能量投入到分子的振动或其他运动中,反映了最低能量的电离过程。②垂直电离电位:这种电离电位对应于电子跃迁后,离子的核间距离与中性分子的核间距离相同的情况($v \geq 0$)。根据 Franck-Condon 原理,这种跃迁具有最大的跃迁概率,因为电子的跃迁速度快到足以保持核结构的稳定,核间距在电离瞬间保持不变。

这两种电离电位的概念在分析分子光电子能谱时非常重要,它们帮助科学家理解和预测分子在电离过程中能量的变化和分配。通过比较绝热和垂直电离电位,研究者可以深入洞察分子内部电子和核运动之间的复杂相互作用,以及这些相互作用如何影响分子的化学反应性和稳定性。这些细节的理解对于化学、材料科学、药物开发等领域具有重要的应用价值。

图 9-4 呈现了一幅假设的高分辨率紫外光电子能谱,其特点是能够明确分辨出振动结构。在深入探讨此图之前,首先需要理解"谱带"和"峰"的区别。谱带是由分子中某个轨道的电离引起的,并且可能表现为单一峰或由多个精细结构峰组成。如果谱带是由最高分子轨道电离产生的,则与第一电离电位相关,因此称为"第一谱带",在能谱图中通常位于高动能端。相似地,与第二电离电位相关的谱带称为"第二谱带"。

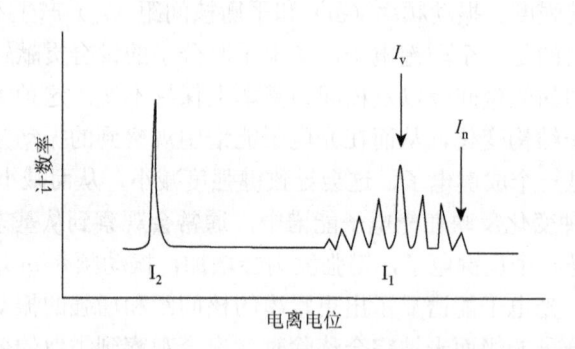

图 9-4 假设的高分辨率紫外光电子能谱

在图 9-4 中,第一谱带(I_1)包括多个峰,这些峰代表了从分子的振动基态到不同振动能级离子的跃迁。第一谱带中的第一个峰代表 0←0 跃迁,即绝热电离电位(I_n)。最显著的峰则与 Franck-Condon 原理预测的最优跃迁相关,代表垂直电离电位(I_v)。谱带中的每一个峰的面积反映了产生每种振动离子的相对概率,而谱带的宽度则展现了分子到离子状态转变过程中几何构型的变化。

通过分析各个振动能级峰之间的能量差(ΔE_v),可以使用非谐振子模型公式来计算分子离子的振动频率(ω)。分子的原始振动频率(ω_0)则可以通过红外光谱获得。通过比较 ω 和 ω_0,可以推断发射光电子的分子轨道的键合特性:如果发射的是成键电子,则 $\omega < \omega_0$;反之,如果发射的是反键电子,则 $\omega > \omega_0$。

在图 9-4 中,第二谱带(I_2)只包含一个振动峰,这表明由于电离过程中的几何形状变化非常小,绝热跃迁与 Franck-Condon 跃迁基本一致。这种谱带通常与非键电子的发射相关,表明了电离过程中键合结构的相对稳定性。这种详尽的分析提供了深入的洞见,帮助科学家更好地理解分子内部的电子结构和动力学行为。

在紫外光电子能谱(UPS)分析中,除了能够清晰观察到的振动精细结构外,还有其他多种效应影响着谱图的特征，使得谱图呈现出更为复杂且信息丰富的结构。这些效应包括自旋-轨道耦合、离子的离解作用、Jahn-Teller 效应、变换分裂及多重分裂等，每种效应都有独特的物理背景和表征方式。主要包含：①自旋-轨道耦合：这一效应指的是电子的自旋与其轨道运动之间的相互作用，导致能级的分裂。在 UPS 中，自旋-轨道耦合可以显著影响分子轨道的电子能级，尤其是那些较重的元素，因为其自旋-轨道耦合更加显著。②离子的离解作用：当分子离子形成后，如果其内部能量足够高，可能导致离子进一步离解成更小的碎片。这种离解作用通常在 UPS 谱图中反映为附加的峰或谱带，提供了关于分子稳定性和分解途径的重要信息。③Jahn-Teller 效应：此效应描述了在某些具有特定对称性的分子中，电子态的简并和核的非对称运动，导致分子几何结构的扭曲。这种几何扭曲引起的能级变化可在 UPS 谱图中观察到，为理解分子结构动态提供了线索。④变换分裂和多重分裂：在某些分子中，由于环境场（如晶体场或配体场）的影响，原本简并的能级会发生分裂。这种分裂影响了分子的电子状态和能级分布，从而在 UPS 谱图中形成了多个相关的峰，这些峰反映了分子内部的复杂电子相互作用。

这些复杂的谱学效应不仅丰富了 UPS 的解析深度，也使得 UPS 成为研究分子电子结构和化学反应动力学的强大工具。通过细致分析这些谱图特征，科学家能够更深入地探索和理解分子内部的电子行为及其与分子性质之间的关联。

9.3 非键或弱键电子峰的化学位移

在 X 射线光电子能谱（XPS）中，内层电子峰的化学位移是分析元素状态和化合物结构的关键工具。这些化学位移反映了原子的化学环境如何影响内层电子的结合能，是由周围原子或化学基团引起的电子密度和电荷分布的改变所致。与 XPS 相比，UPS 主要探测分子的价层电子，其中成键轨道的电子通常分布在整个分子上，形成的谱峰较宽，使得在实验中测量化学位移较为困难。然而，非键或弱键轨道中的电子表现出更窄的谱峰，这些峰的位置常常与元素的化学环境密切相关，因为在这些情况下分子轨道在特定元素周围被局部定域化。

例如，可以被 He I 光子（21.22eV）电离的非键或弱键轨道包括在含有氟、氯、溴和碘的化合物中卤素的 2p、3p、4p 和 5p 轨道，以及氧原子上的非共享电子对、某些类型的 π 轨道和氮原子上的非共享电子对。这些轨道的电子由于相对于整个分子更局部化的特性，对化学环境的变化更为敏感，从而在光电子能谱中表现出明显的化学位移。尽管这些非键或弱键电子的化学位移在机制上与内层电子的位移相似，即都是环境变化引起的电子能级的改变，但对这些位移进行理论计算却远比对内层电子的计算复杂。这种复杂性源于价电子与分子中其他电子之间更强的相互作用及其参与化学键的动态变化。

通过对这些化学位移的细致分析，UPS 不仅能揭示分子内部的电子结构，还能为理解分子的反应性、稳定性以及它们在不同化学环境中的行为提供宝贵的洞见。这使得 UPS 成为研究复杂化学系统中价电子行为的一种强大工具。

9.4 紫外光电子能谱的解释

在紫外光电子能谱（UPS）的应用中，尽管用于固体表面研究时得到的光电子能量分布并不直接反映出状态密度，但通过采用简化模型并进行相应的计算，能够探究光电子能量分布与状态密度之间的复杂联系。这一分析有助于理解固体表面的电子结构和相互作用。

然而，气态分子的 UPS 谱图解释仍然是这项技术的核心研究领域，主要因为气态分子的分子轨道相对简单，易于理论建模和实验验证。与固体表面研究相比，气态分子的 UPS 分析能够提供更为直观和精确的数据，从而深入了解分子内部的电子行为。UPS 的解读涉及谱图中谱带的位置、形状和相对强度等特征的识别和解释。这些特征可以揭示大量关于被测化合物的成键特性和结构信息。为了有效地解释这些谱图，通常需要依赖于分子轨道理论。这种理论方法涉及复杂的量子化学计算，通过精确计算，能够模拟和预测分子的电子状态及其在光激发下的行为。

除了这些严格的理论计算外，UPS 的解释也可以采用一些更为简化的方法。例如，通过研究一系列已知化合物的 UPS 数据，科学家可以总结出某些共有的模式和规律，这些规律有助于简化对新未知化合物谱图的解释。这种方法虽然不如基于第一性原理的计算精确，但在实际应用中，特别是在快速识别和分类化合物时，仍然非常有效。

总之，UPS 提供了一种强大的工具，可以深入分析和解释分子内部的电子结构和动力学，无论是在固体表面还是在气态分子中。通过这些洞察，科学家能够更好地理解材料的物理和化学性质，以及它们在不同环境中的行为。

9.4.1 严格的方法

在 UPS 谱图分析中，解释分子电子结构的一种有效途径是采用量子化学方法来计算分子的几何构型和电荷分布。根据 Koopmans 定理，假设在光电子被发射的过程中其他电子不进行调整，实验测得的电离电位可以直接等同于分子轨道能量的负值。这一理论基础为 UPS 提供了强有力的预测工具，尽管其适用性有一定的局限性。

分子轨道理论提供了多种从简单到复杂的计算方法，这些方法各具特色，相互补充。常用的计算方法为自洽场分子轨道法（如 CNDO、MINDO 等），这些方法通过忽略某些多中心积分的近似，简化了计算过程。此外，推广的 Hückel 方法因计算简便性及与实验数据常常具有较好的一致性而广泛应用。相对而言，从头计算法（*ab initio*）虽然结果更为可靠，但因计算量大，通常仅限于简单分子。

尽管简化的自洽场分子轨道法（如 CNDO）计算简单，但所得结果与实验谱图的符合程度较低，因此在精确性和计算效率之间需要做出权衡。随着紫外光电子能谱仪技术的改进，获取复杂有机物的谱图变得更加容易，但这些复杂的有机分子的严格理论计算依然是一个挑战。尽管如此，随着量子化学和计算机技术的不断发展，预计将来能够对这些复杂分子进行更精确的从头计算。

当前，由于量子化学计算方法在处理复杂分子时的限制，科学家往往采用简化方法对谱图进行解释。这些方法在提供快速结果的同时，也为理解分子电子结构的更深层次细节铺平了道路。在未来，可以期待这些计算方法与实验技术的进一步整合，将大大增强我们解释和预测复杂分子行为的能力。

9.4.2 简化的方法

在 UPS 谱图的分析中，简化的方法提供了一种快速且直观的途径来解释复杂的谱图。这些方法通常基于以下几个假定：①分子轨道的定域化：认为某些分子轨道主要定域在分子中的某个原子或原子团上。例如，在 HCl 中，可以假设谱图中的一个峰主要由氯原子的 3p 孤对电子轨道的电离产生。②电负性与电离电位的关系：在含有孤对电子的原子团 R—X 中，如果 X 为孤对电子持有者，随着 R 的电负性增大，X 上孤对电子轨道的电离电位也增加，反之则减少。③轨道相互作用与分子轨道形成：具有相同对称性和相近能量的定域轨道通过相互作用可以形成两个新的分子轨道，这种现象通常称为轨道劈裂。④峰强度与轨道简并度：峰的强度通常与参与电离的轨道的简并度成正比。

基于这些基本假设，科学家可以进行一系列的逻辑推理，来解释和预测谱图中的特征。具体步骤包括：①谱带的识别：根据谱带的位置和形状，识别谱图中的各个峰，并分析它们可能代表的化学环境或电子结构。②推测电子效应：分析原子或原子团如何影响电子的接受或放出，这通常涉及原子或原子团对电子密度和电离能的影响。③轨道劈裂的分析：探究轨道间的相互作用，这些作用往往导致能级的分裂，形成新的峰。

综合考虑以上因素，以及峰强度和峰重叠等因素，便可以对谱图进行详尽的解释。这种简化的方法不仅加快了分析速度，而且在很多情况下仍能提供与复杂计算方法相媲美的解释，尤其是在处理一些结构相对简单或已经比较熟悉的化合物时。此方法与红外光谱的解释策略有类似之处，通过模式识别和比较分析，可以有效地揭示分子的结构和电子属性。

9.4.3 谱带的形状和位置

在 UPS 谱图中，谱带的形状和位置是解释分子电子结构中极为重要的方面，因为它们直接反映了分子轨道的键合性质和电子动态。

谱图中大致可以识别出六种典型的谱带形状，如图 9-5 所示。具体来讲主要包含了：①非键或弱键轨道：当光电子来源于非键或弱键轨道时，因其电离不会显著改变分子离子的核间距，绝热电离电位和垂直电离电位通常一致。这类情况下的谱图通常显示一个尖锐而对称的主峰（如谱带Ⅰ），表示基态到基态的跃迁。在这个主峰的低动能端，可能会出现一个或两个较小的峰，这些峰对应于到第一或第二振动态 ($v=1$、$v=2$ 等) 的可能跃迁。②成键或反键轨道：如果光电子来自成键或反键轨道，绝热电离电位和垂直电离电位则不一致，其中垂直电离电位具有最大的跃迁概率。因此，在谱带中，相应的主峰会最为强烈，而其他峰则相对较弱（如谱带Ⅱ和Ⅲ）。③强成键或强反键轨道：从这类轨道发生的电离通常表现为缺乏精细结构的宽谱带，因为振动峰的能量间隔很小，振动能级的自然宽度较大，或者是发生了离子的离解等因素导致振动峰加宽（如谱带Ⅳ）。④振动精细结构叠加：有时候，振动精细结构可能叠加在由离子离解造成的连续谱上，形成一种复合谱带，这在图 9-5 中表现为谱带Ⅴ。⑤复杂组合带：如果分子电离后生成的离子存在多种振动类型，谱带会呈现出更为复杂的组合带形态（如谱带Ⅵ）。

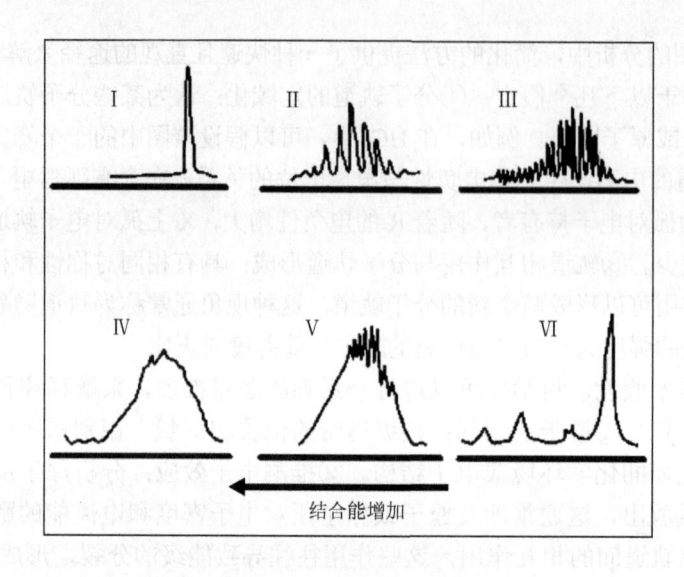

图 9-5 紫外光电子能谱中典型的谱带形状

这些谱带形状和位置的变化为解释分子内部的电子状态、键合性质及其动力学行为提供了丰富的信息。通过细致分析这些谱图特征，科学家可以深入理解和预测分子在特定条件下的行为，从而在化学、材料科学及生物化学等领域中应用这些知识来解决实际问题。

谱带的位置在 UPS 中具有特别的重要性，因为它直接对应于测量的能量，从而反映了分子轨道的电离电位。这一信息是理解分子电子结构的关键。

图 9-6 展示了一系列分子轨道的电离电位范围。这种视觉化表示非常有助于我们在分析复杂分子时进行电离电位的预测，并且在解释谱图时，识别和归属特定峰到相应的分子轨道。通过比较实验数据与这些已知的电离电位范围，研究人员可以更准确地推断出谱图中各个峰所代表的轨道性质，如是否为孤对电子、成键或反键电子的贡献。

此外，这种图表也是一个极好的工具，允许研究人员快速筛选和识别那些可能对特定化学反应或物理行为有重大影响的电子态。例如，在药物设计、材料科学和催化研究中，了解关键电子态的具体能量可以帮助研究人员设计更有效的分子结构。通过将实验结果与这种理论数据相结合，研究人员不仅能够增强对现有分子的理解，还能够在创建新分子或修改分子结构时，预测其可能的电子行为和化学性质，进一步推动化学和材料科学领域的创新与发展。

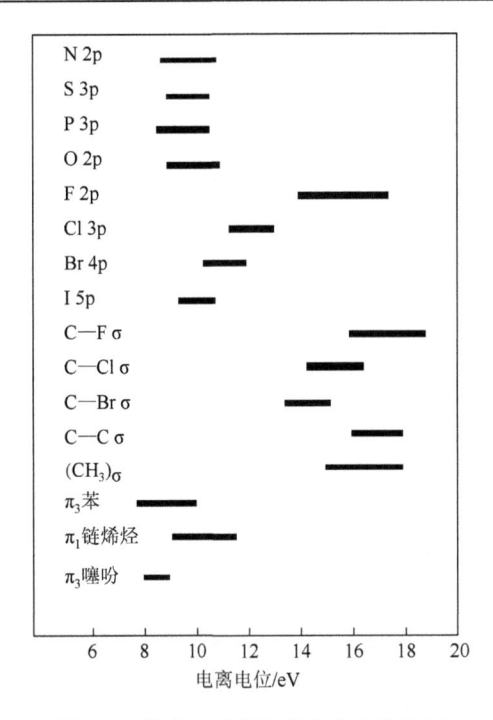

图 9-6 某些典型的轨道电离电位范围

9.4.4 电子接受或授予效应

在分析紫外光电子能谱时,理解轨道电离电位如何受到分子环境影响是至关重要的。这种理解基于电子接受或授予原子或原子团的影响,其中一个较为简单但极具启发性的方法是利用 Pauling 电负性理论。图 9-7 展示了 Pauling 电负性对卤素轨道电离电位的影响,从图中可以清晰得出,元素电负性越大,则轨道电离电位越高。

电负性定义为分子中原子吸引电子的能力,是评估分子内部电子分布的一个关键参数。对于非键电子,它们通常高度局限在分子的某个特定原子上,其能量在很大程度上受该原子电负性的影响。这种电负性的变化可以显著地改变相关分子轨道的电离电位。

通过监测特定谱带的电离电位如何随原子或取代基的变化而变化,可以推断出这些谱带的性质和来源。例如,如果一个分子中的某个原子被电负性更高的原子替换,这通常会导致与该原子及其邻近原子相关的分子轨道的电离电位上升。相反,如果替换为电负性较低的原子,则电离电位会降低。在一系列分子 W—X、W—Y、W—Z 中,通过比较不同原子 X、Y、Z 的电负性,可以预测与这些原子相关联的轨道电离电位的变化。例如,在含有不变 R 基的一系列 R-卤素分子中,随着卤素原子电负性的增加,未共享电子对的电离电位通常也会相应增加。

这种方法不仅简化了复杂的分子结构分析,而且为预测和设计具有特定电子性质的分子提供了一个实用的工具。通过这种方式,科学家可以更好地控制和优化分子在化学反应和材料应用中的性能,如在催化剂设计、药物开发和新材料创制中利用分子的电子性质来实现特定的功能。

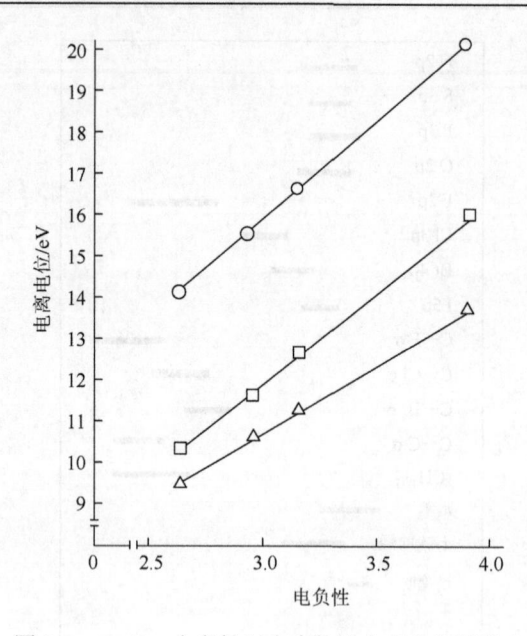

图 9-7　Pauling 电负性对卤素轨道电离电位的影响
□卤化氢中卤素孤对电子轨道电离电位；△卤代甲烷或卤代苯中的卤素孤对电子轨道电离电位；○卤化氢中卤素的轨道电离电位

诱导效应对电离电位的影响是化学分子结构中一个关键的电子性质，这一效应可以通过观察一系列烯烃的电离电位变化来清晰地展示。以烯烃分子为例，包括乙烯（$CH_2=CH_2$）、丙烯（$CH_3-CH=CH_2$）、1-丁烯（$C_2H_5-CH=CH_2$）和 1-戊烯（$C_3H_7-CH=CH_2$），可以看到烷基的增长如何逐步影响电离电位。

在这一系列烯烃中，随着烷基链的增加，每个烷基都通过其正的诱导效应，即电子供给效应，对邻近的双键电子云产生影响。这种电子供给使得双键区域的电子密度增加，从而导致整体分子的电离电位降低。具体来看，乙烯的电离电位最高，为 10.51eV，随着烷基链长度的增加，电离电位逐渐下降：丙烯为 9.74eV，1-丁烯为 9.61eV，1-戊烯进一步降至 9.51eV。

这种趋势不仅揭示了烷基对电离电位的直接影响，而且还反映了分子内部电荷分布的变化。通过这种方法，我们可以深入理解烯烃类分子的电子性质和反应性，这对于设计具有特定化学和物理性质的材料以及开发新型反应催化剂具有重要意义。

在化学中，除了诱导效应外，还存在一种与之相反的效应，即中介效应（mesomeric effect），也称为共振效应。这种效应尤其明显地表现在一些含有杂原子的有机分子中，如卤素化合物。以溴乙烯（vinyl bromide）为例，可以观察到这种效应的典型表现。在溴乙烯分子中，溴原子的孤对电子可以通过 p-π 共轭向碳-碳双键（C=C）移动，增加了 π 轨道中的电子密度。这种电荷的转移不仅增强了 C=C 键的电子云，也因此导致 π 轨道的电离电位相较于乙烯明显降低。这表明，尽管卤素原子如溴通常具有强电负性，其孤对电子的共振贡献可以有效地与其电负性所导致的诱导效应相抗衡。在溴乙烯的例子中，π 轨道电离电位的降低直接反映了中介效应与诱导效应这两种相反作用力的平衡。这种平衡对于解释紫外光电子能谱（UPS）中的谱带变化尤为关键。识别并理解这两种效应如何影响特定化学环境下的电离电位，对于深入洞察分子的电子结构及其化学行为至关重要。

全氟代效应是一种特殊的电负性效应，其中氟原子由于极高的电负性，当取代分子中的氢原子时，其诱导效应会贯穿整个分子，对 σ 电子和 π 电子产生显著不同的影响。这种效应特别在化学和材料科学领域的应用中显得尤为重要，因为它深刻影响了分子的电子结构和化学性质。在非芳香平面分子中，全氟代作用通常导致 π 电离电位轻微增加（0~0.5eV），而 σ 电离电位的增加则更为显著，可能达到 2.5~4eV。这一差异反映了全氟代作用对 σ 分子轨道的稳定化作用远大于对 π 分子轨道的影响。通过分析全氟代化合物的 UPS 谱图，研究人员可以准确鉴别 π 和 σ 轨道的电离行为，从而深入理解全氟代效应对分子电子性质的具体影响。

此外，全氟代效应同样适用于平面芳香族分子，但在这类分子中，由于 π 电子系统更为复杂和紧密，全氟代所引起的 π 电离电位的移动通常比非芳香族分子大，导致 σ-π 电离电位差在芳香族分子中比非芳香族分子中小。这一效应对解释具有接近能量的 π 轨道和孤对电子轨道的芳香族化合物的谱图特别有用。在非平面分子情况下，由于分子结构的非对称性，σ-π 电离电位差可能不存在，全氟代作用导致所有分子轨道的电离电位普遍上升。这种普遍性的电离电位增加有助于解释分子的整体电子行为和反应性，为设计具有特定电子特性的材料和化学反应提供了重要的理论依据。

因此，在分析和解释 UPS 数据时，考虑这些电子效应能够帮助我们更精确地预测和解释分子内部的电子转移动态，为化学反应的研究和材料设计提供重要的理论支持。

9.4.5 轨道的相互作用

在 UPS 谱图中，内孤对电子轨道通常呈现出尖锐的谱带，这是因为这些电子通常较少参与分子的化学键合，其电离需要较少的能量。孤对电子之间的相互作用是一个引人入胜的现象，这种相互作用可以直接在 UPS 谱图中观察到，尤其是当两个孤对电子轨道在空间上足够接近、对称性相同且能量相近时。

当这样的孤对电子轨道发生相互作用时，它们可以通过轨道杂化形成两个全新的分子轨道。这种相互作用导致的新轨道将具有不同的能量特性：其中一个轨道的能量会低于原来两个孤对电子轨道中的较低能量，而另一个轨道的能量则会高于两个孤对电子轨道中的较高能量。这样的能量重新分配导致了新轨道具有更大的稳定性或更高的反应性。这两个新形成的分子轨道的电离现象反映在 UPS 谱图中，可以表现为新的谱带或现有谱带的显著变化。这种变化不仅提供了关于分子内部电子结构的洞察，还揭示了分子电子性质的细微调整，这对于理解分子的化学行为及分子设计都至关重要。

因此，通过分析孤对电子之间的相互作用以及这些相互作用如何影响分子轨道的电离电位，科学家可以更深入地理解和预测分子在各种化学环境中的行为，这对于发展新的化学合成策略、药物设计及材料科学研究等领域具有重要意义。

图 9-8 展示了乙硫醇和乙二硫醇的紫外光电子能谱，揭示了其分子内部的电子结构特性。在乙硫醇的谱图中，位于约 9.5eV 的尖锐峰是由硫的非键 3p 轨道电离引起的。这个

特征峰清晰地表明了非键电子在分子中的定位和性质。相比之下，在乙二硫醇的谱图中，原本单一的谱带出现了明显的分裂，这是由于两个硫原子的 3p 轨道之间发生了相互作用。这种轨道相互作用导致原有的非键 3p 轨道分裂成两个具有不同能量的新轨道，从而在谱图中形成了两个分离的峰。这种分裂不仅反映了分子轨道的重组，还直接展示了电子间相互作用的直接证据。通过比较这两种硫醇的谱图，尤其是注意到硫 3p 轨道相互作用导致的谱带变化，研究者可以轻松区分这两种化合物。此外，通过分析硫和烷基产生的谱峰的相对面积，可以进一步确认分子中各原子对电子结构的贡献程度，为深入理解这些硫化合物的化学性质提供了有力的工具。

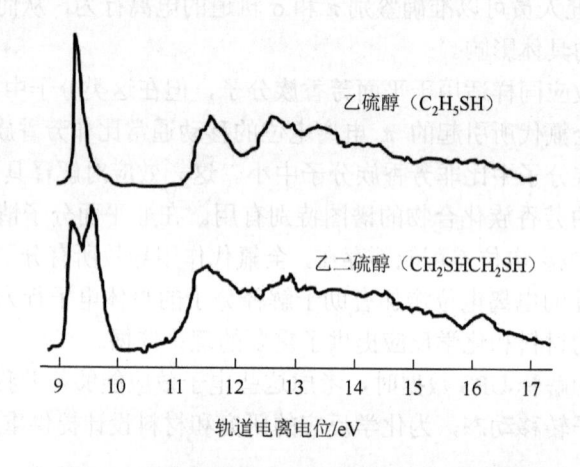

图 9-8 乙硫醇和乙二硫醇的紫外光电子能谱图

在有机分子的 UPS 分析中，最高占据分子轨道（HOMO）通常是 π 轨道。因此，在谱图中，第一个谱带（大约 9eV）通常来源于 π 轨道的电离作用。这种谱带通常相对较宽，并且常带有明显的振动精细结构，反映了分子在电离过程中各种可能的振动状态。

当分子中的非键 p 轨道与 π 轨道在空间结构上定向对齐，具有相同的对称性，并且二者的能量非常接近时，这两个轨道间的相互作用便有可能发生。这种轨道间的相互作用不仅改变了轨道的能量分布，也是引起所谓中介效应的一个主要原因。

以图 9-9 中溴乙烯分子为例，溴的 4p 轨道与 $CH_2=CH-$ 中的 π_{C-C} 轨道的能量相近。这种能量接近性和相同的对称性使得其中一个 4p 轨道能与 π_{C-C} 轨道结合，形成两个新的溴乙烯分子轨道。这种结合改变了原有的电子排布和能级，导致谱带的分裂或能级的移动。同时，另一个独对轨道由于具有不同的对称性，保持其非键合性质，因此在谱图上仍表现为尖锐的峰，清晰地反映了非键电子的特性。

这些轨道间的相互作用和由此产生的能级变化对于解释和预测有机分子的电子行为至关重要。这不仅有助于我们更深入地理解分子的化学性质，还对研究分子的反应性、稳定性及其在复杂化学环境中的行为提供了宝贵的洞察。通过这些分析，科学家能够更有效地探索和开发新的化合物，以及在材料科学和药物开发等领域中应用这些基本的分子原理。

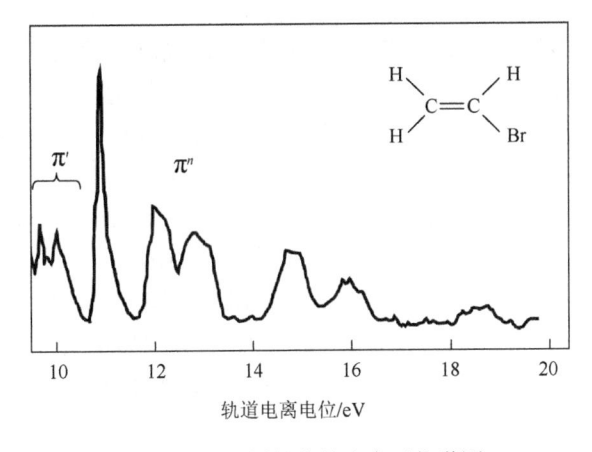

图 9-9　溴乙烯的紫外光电子能谱图

在应用 UPS 分析分子结构时，虽然某些谱带可以明确地归因于特定分子轨道的键合性质，但常常还存在一些谱带难以解释的情况。这可能是由于分子结构本身的复杂性导致谱带相互重叠，或者是样品中含有杂质成分。为了更深入地理解和解释这些复杂的谱图，除了分析谱带的位置和形状外，还需要考虑峰的强度和角分布等其他因素。峰的强度通常与轨道的简并度成正比，即简并轨道越多，产生的峰强度越大。此外，角分布分析提供了一种独特的视角来探索分子轨道的性质。通过改变激发光束与接收的光电子之间的角度，测量不同角度时的光电子能谱，可以观察到不同角度下光电子谱的变化。这种变化有助于识别和区分可能重叠的分子轨道，从而更准确地解释复杂的谱图。

此外，利用谱的"指纹"特性进行化合物的鉴定是一种简便而有效的方法。这种方法依赖于预先收集的大量已知化合物的谱图数据库。通过将未知化合物的谱图与数据库中已知化合物的谱图进行比较，可以快速鉴定未知化合物的类型。这种比较方法虽然不涉及对谱图的深入解释，但其操作简便，在进行化合物的定性分析时极为有用，尤其适用于实验条件下快速识别和分类化合物。

通过结合这些技术，科学家不仅能够深入解析单个化合物的电子结构，还能有效管理和应用复杂化学体系中的数据，为化学研究和材料开发提供坚实的分析基础。

9.5　紫外光电子能谱仪

紫外光电子能谱（UPS）和 X 射线光电子能谱（XPS）都是通过分析光电子的能量分布来探究材料的电子结构的技术。这两种技术在多方面的硬件配置相似，主要区别在于所使用的激发源：UPS 使用真空紫外线作为激发源，而 XPS 则使用 X 射线。典型紫外光电子能谱仪的组成示意图，如图 9-10 所示。

在光电子能谱的发展初期，UPS 和 XPS 通常使用独立的设备进行测量。然而，随着技术的进步，现代的光电子能谱仪器多数配置双模功能，即装备有真空紫外线和 X 射线两种光源，使得单一仪器就能够执行多种测量，极大地增加了灵活性和应用范围。在 UPS 中，真空紫外光源是关键组件，对实验结果的质量有着决定性影响。这种光源通常由气体放电灯（如氦灯）或同步辐射设施产生，能够发出高度单色的紫外线。真空紫外线的使用不仅可以激发样品表层的价电子，而且由于其光子能量较低，因此特别适合研究材料的表面性质和化学价态。为了确保实验数据的准确性和重复性，UPS 系统还包括了精密的能量分析器，如球面扇形分析器或飞行时间分析器，用于精确测量逸出电子的能量。此外，高真空系统是 UPS 仪器的另一个关键组成部分，它保证了实验环境的稳定性和样品表面的清洁度，从而避免了空气中分子的干扰和表面污染。

UPS 技术对于表面敏感性极高，使其成为研究薄膜、表面吸附、表面反应动力学以及新材料表面改性等领域的理想选择。通过对 UPS 仪器的持续优化和功能整合，科学家能够在更广泛的材料系统中探索电子行为，推动材料科学、表面化学及相关领域的发展。

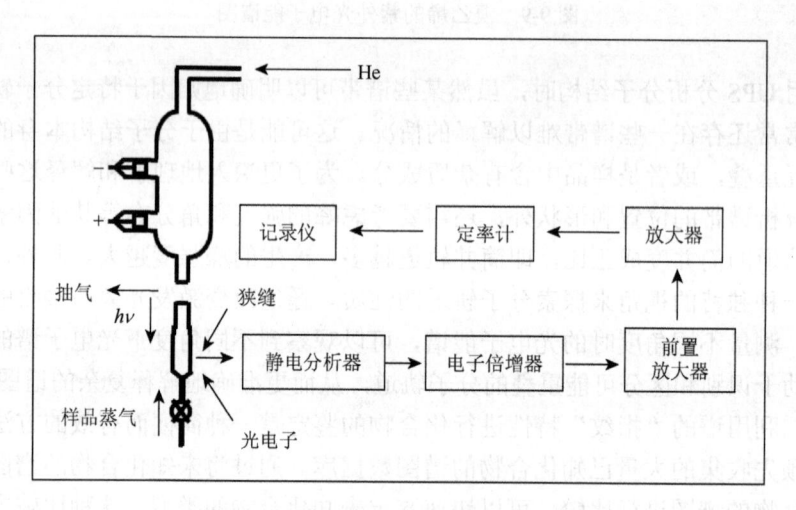

图 9-10　紫外光电子能谱仪的示意图

理想的激发源对于 UPS 的效果至关重要，它应能产生具有足够能量的辐射线，以便能电离较深的原子或分子轨道。同时，这些辐射线还需要具备一定的强度，以保证 UPS 能够捕捉到足够的信号。激发源大致可分为两种类型：连续光源和惰性气体放电灯。

连续光源是通过电色器筛选所需的射线，可以提供广泛的光谱范围，允许用户根据需要选择特定的波长。这种光源的主要优点是灵活性高，能够适应不同的实验需求。

惰性气体放电灯是另一种常用的激发源，特别是在 UPS 中。这种灯产生的辐射线几乎是单色的，无需再经过单色化处理即可直接使用。最常用的是氦共振灯，这种灯不仅能产生高质量的光源，而且还具备易于控制和高稳定性的特点。氦共振灯通过调节灯内纯氦的压力来产生辐射。在压力为 0.1～1Torr 的环境中，使用直流放电或微波来激发惰性气体电离，生成带有特征的粉色等离子体，从而发射氦Ⅰ共振线。这条线的波长为 584Å（21.22eV 的光子能量），其单色性极高，强度大，连续本底低，使其成为光电子能谱仪中最理想的激发源之一。

图 9-11 展示了惰性气体放电灯的结构示意图。纯氦在上方毛细管中放电，产生的辐射光子通过下方毛细管进入样品气体的电离室。这两根分开的毛细管排列在一条直线上，

以优化光路并减少光源气体对实验室环境的影响。为了防止光源气体进入靶室影响实验结果，氦气从上面的毛细管中出来后会立即被抽走。通过这样的设备设计和操作方式，科学家能够在维持实验室内环境稳定的同时，有效地控制和利用光源，以获取最佳的实验数据。这对于研究和分析材料的表面性质和电子结构提供了极大的便利和精确性。

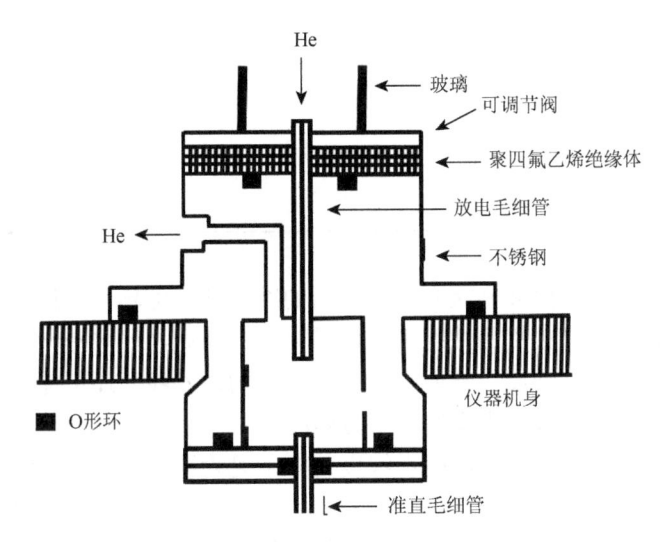

图 9-11　紫外光电子能谱仪中使用的气体放电灯部件

氦 I 线作为 UPS 中的一种激发源具有多个优点，包括高单色性和稳定性，但其主要局限在于光子能量较低（21.22eV），无法激发能量大于 21eV 的分子轨道电子。为了弥补这一点，研究人员一直在探索能提供更高能量的激发源。

一种改进方法是调整氦灯的放电条件，如通过采用较高的电压和降低氦气的压力，使灯不仅产生氦 I 线，还能产生氦 II 共振线。氦 II 线提供更高的光子能量，达到 40.8eV，这使得其可以激发更高能量的分子轨道。采用这种激发源时，记录的光电子能谱将展示样品分子与两种光子（584Å 和 304Å）相互作用产生的谱带，从而丰富了谱图信息，拓宽了分析的覆盖范围。

另一种获取更高能量紫外线的方法是利用同步加速器产生的同步辐射。同步辐射设施能提供波长范围为 600～40Å 的高强度光源，这些光源能够激发从低至非常高的能量范围内的电子。经过单色化处理后，这些光源用于激发样品，有效填补了传统紫外线与软 X 射线之间的能量空隙，扩展了 UPS 技术的应用范围。

除氦外，其他惰性气体如氖、氩等也可以用作激发源，如表 9-1 所示，但这些气体的共振线波长一般比氦 I 线长，即光子能量更低，而且通常发射双线。因此，这些灯相比于氦 I 和氦 II 共振线较少使用。尽管如此，某些特殊应用或实验设置中仍旧采用这些惰性气体作为激发源，尤其是在特定化学分析或材料研究中，这些光源的特定属性可能带来独特的分析优势。

通过不断探索和优化激发源，UPS 技术得以在表面科学、材料研究和化学分析等领域中发挥更大的潜力，帮助科学家深入理解材料的表层电子结构和化学性质。

表 9-1 适合光电子能谱仪用的惰性气体和氢的共振线

气体	光线波长/Å
氢	1215（Raman α）
氦	584
	304（He⁺）
氖	736 和 744
氩	1048 和 1067
氪	1165 和 1236
氙	1296 和 1470

为了获得高强度的辐射并确保光电子能谱的准确性与可靠性，使用在各种惰性气体放电灯中的气体需要具有极高的纯度。即使是微量的杂质，如水蒸气、氮和氧，也可能显著影响共振线的强度和纯度，从而不仅减弱主要的激发线，还可能引入额外的谱线，这些非目标谱线可能会复杂化或扰乱谱图的解析。

特别是在使用氦气作为激发源时，纯度的要求尤为严格。氦气的纯度通常需要达到99%或更高，以确保激发源的性能最优化，避免因杂质引起的背景噪声和错误的信号解读。高纯度的氦气可以显著减少与氦共振线竞争的其他元素的电离，保持光电子能谱的清晰度和解释的准确性。

在实验准备中，还需要通过适当的系统维护和定期检查确保气体供应系统的密封性和干净性，防止环境中的污染物质侵入。此外，高质量的气体净化系统和适当的气体处理技术是必要的，它们有助于进一步确保使用的气体满足实验的严格要求。通过维持高纯度的激发源气体，研究者可以更加准确地测量和分析材料的电子性质，从而为科学研究和技术开发提供坚实的基础。这种对细节的关注不仅提高了实验数据的质量，还加深了对材料行为的理解，推动了表面科学和材料科学的进步。

9.6 实验技术

9.6.1 样品的制备和引入

在紫外光电子能谱（UPS）的应用中，样品的制备和引入是实验成功的关键步骤。现代的 UPS 设备设计灵活，能够适应不同形态样品的分析，包括气态、可挥发性液体及固体样品。因此，根据样品的物理状态，谱仪的样品室构造会有所不同。

对于气态样品，通常可以通过控制一定的流量直接引入电离室。在电离室内，样品气体的压力需保持在 $10^{-1} \sim 10^{-2}$Torr。样品气体进入电离室后，会通过一个狭缝缓慢漏入分析室，并被真空泵抽走。为了在电离室维持一定的压力，需要不断输送样品气体，并通过调节入口阀门来保持压力的稳定。

对于可挥发的液体和固体样品，只要它们在电离室中能维持 $10^{-1}\sim10^{-2}$Torr 的压力，可以采用与气态样品相同的方法进行分析。对于那些不易挥发的固体样品，常见的方法是将它们置于加热的样品托上，如加热至低于样品熔点 50℃左右，以促使样品挥发并形成适当的蒸气压。

在分析固体表面的研究中，固体样品可以放置在样品室内，并通过电子束加热或其他蒸镀技术在样品托上进行蒸镀。某些谱仪设计中，样品托和电子枪蒸发器安装在同一法兰盘上，这种设计允许法兰拆卸，便于更换样品材料。此外，样品托可在样品室内进行直线运动和转动，使其在蒸镀时对准电子枪蒸发源，而在测量时则面向紫外线激发源。

这种多功能的样品处理和引入系统使得 UPS 技术能够广泛应用于从基本科学研究到材料开发的多个领域，提供关于材料表面及其电子结构的详细信息。通过精确控制样品制备和引入过程，研究者能够最大限度地利用 UPS 技术，获得高质量的数据，推动科学研究和技术创新。

9.6.2 谱的校正

在进行 UPS 测量时，确保谱图的准确性是至关重要的。由于谱仪的扫描电压可能并不总是精确对应光电子的能量，或者这种对应关系可能随时间和环境条件变化而发生偏移，因此，对已记录的光电子能谱进行校正是必需的，以便从谱图中准确读取电离电位数值。

对于气态样品而言，一种常用的校正方法是引入微量的惰性气体作为标准。惰性气体如氩、氪和氙在氦 I 线激发下的光电子谱特别简单，因为这些气体原子仅有一个主要轨道参与电离。然而，这些气体的谱线并不是单线而是双线，这是由于发射一个光电子后，留下的离子可以具有两种不同的总角动量状态（3/2 或 1/2），这两种状态具有不同的能量。

以图 9-12 中氩为例，氦 I 线激发的高分辨率光电子能谱非常尖锐，因此可以用来精确测量电离电位。其他惰性气体的电离电位也已通过精确测量得到确定，这些数据可以在表 9-2 中找到。这些惰性气体或它们的混合气体可以用作标准校正谱线。此外，大气中的氮和氧也可用作校正标准，因为它们的谱中含有多个尖锐峰。

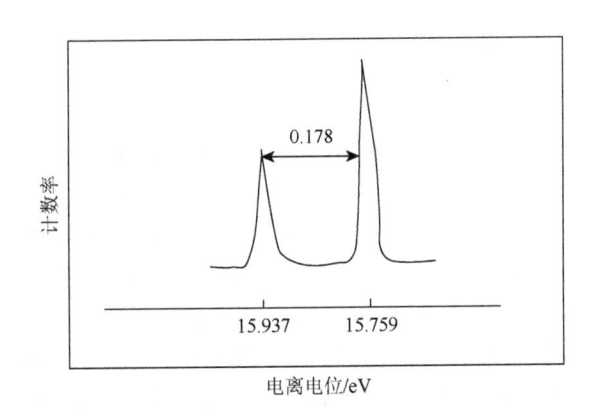

图 9-12 He I 线激发的氩的高分辨率光电子能谱

表 9-2 惰性气体氩、氪、氙的电离电位

气体	电离电位/eV	
Ar	15.759	15.937
Kr	14.000	14.665
Xe	12.130	13.436

对于电离能较低的化合物，碘代甲烷可作为校正标准，因为它的第一谱带是非常明确的自旋-轨道双线，电离电位为 9.55eV 和 10.16eV。如果需要在较大的能量范围内进行谱的校正，二硫化碳是一个好的选择，其谱图中包含几个尖锐峰，电离电位分别为 10.068eV、10.122eV、12.838eV、14.478eV 和 16.196eV。

通过这些精确的标准，可以有效地校正和调整谱仪，保证得到的光电子能谱数据在分析和解释时具有高度的准确性和可靠性。这对于科学研究和材料分析来说，是提高结果质量和可信度的关键步骤。

在测量固体样品的光电子能谱时，一般不采用加入外部标准物质来进行校正的方法。这主要是因为固体的价带通常是连续的，而且样品与标准物质的谱图容易发生重叠，这会使解析变得复杂。此外，引入外部标准物质可能会影响样品本身的电子结构，尤其是可能导致费米能级的移动，进一步复杂化谱图的解释。

幸运的是，在现代光电子能谱仪中，通常配备了 X 射线和紫外光源，这为校正提供了便利。使用 X 射线光电子能谱（XPS）进行校正是一种有效的方法，因为 XPS 主要测量的是核心能级的电子，这些能级通常较为明确和稳定。通过 XPS 获得的核心能级数据可以作为参考点，帮助校正紫外光电子能谱（UPS）。这种方法允许从内层能级延伸到外层能级的校正，确保 UPS 中测得的价带电子能级的准确性。通过这种内部校正方法，可以有效地避免引入外部标准物质所带来的潜在问题，同时确保了谱图数据的高度准确性和可靠性。这不仅简化了实验流程，还提高了数据处理的效率，是在固体材料分析中广泛采用的一种校正策略。通过精确地校正谱图，研究人员能够更准确地解释材料的电子结构，从而深入理解材料的物理和化学性质，推动材料科学和表面科学的发展。

9.7 紫外光电子能谱的应用

UPS 是一种强大的分析技术，通过测量价层光电子的能量分布，可以提供丰富的信息，用于解析材料的电子结构。这种技术最初主要用于气态分子的研究，尤其是在电离能、分子轨道的键合性质探索以及化合物种类的定性鉴定方面。UPS 能够精确地揭示分子内电子的分布和能级，从而帮助科学家理解和预测分子的化学反应性和稳定性。

近年来，随着技术的发展和科学研究需求的扩展，UPS 的应用范围已经显著扩大到固体表面的研究领域。在固体材料科学中，UPS 被广泛应用于表面化学分析，包括表面成分的定性与定量分析、表面电子状态的研究以及表面和界面间的电子相互作用探索。通过测量固体材料表面价带电子的能量分布，UPS 能够揭示材料表面的化学组

成和电子结构,这对于开发新材料或改进材料性能具有重要意义。此外,UPS 也被用于研究薄膜的生长过程、表面处理后的效果评估以及催化剂的表面活性区域分析等。例如,通过对催化剂表面的 UPS 分析,可以优化催化剂的设计,提高其效率和选择性。此技术还对半导体和光电材料的表面处理过程进行监控,为材料科学和工程提供了强大的工具。

随着同步辐射源的发展和光电子能谱仪的技术进步,UPS 的分辨率和灵敏度持续提高,使得这种技术在纳米科学、能源材料研究以及环境科学等更广泛的领域中显示出巨大的应用潜力。通过深入利用 UPS,科学家能够更精准地设计和优化材料的表面性质,推动各类技术的创新和发展。

9.7.1 测量电离电位

UPS 是测量电离电位的一种高精度方法,特别适用于测定低于激发光子能量的电离电位。在 UPS 中,从测得的光电子动能中减去激发光子的能量,就可以精确计算出被测物质的电离电位。这种测量的精确性使 UPS 成为研究气态样品中分子轨道能量的理想工具。

对于气态样品而言,测得的电离电位直接对应于分子轨道的能量。这些能量的大小和顺序对于深入理解分子的结构和化学性质极为关键。例如,分子轨道能量的测量可以帮助解释分子中电子的分布情况,以及它们如何影响分子的化学反应和稳定性。在量子化学的研究中,通过 UPS 获得的分子轨道能量数据为理论计算提供了实验验证,从而增强了分子轨道理论的可靠性。这种实验数据不仅验证了理论模型,还促进了新模型的开发,帮助科学家更精确地预测分子行为。此外,UPS 在材料科学中的应用也十分广泛,尤其在新材料的开发和表面改性过程中,通过测定材料表面或薄膜的电离电位,可以直接评估材料表面的电子性质和化学活性。这对于设计具有特定电子特性的催化剂、半导体和光电材料等具有重要意义。

因此,紫外光电子能谱的电离电位测量不仅是基础科学研究的一个强大工具,也是材料科学和化学工程实践中不可或缺的技术,为理解和操控物质的电子性质提供了一种精确的方法。

9.7.2 研究化学键

UPS 在研究化学键的性质方面提供了独特的见解。通过分析谱图中不同谱带的形状和特征,可以揭示出分子轨道的成键和非成键性质,进而对分子的电子结构和化学行为进行深入理解。例如,谱图中的尖锐电子峰通常指示非键电子的存在。这类峰表示电子局域在特定原子或原子团上,相对独立于分子中的其他电子云。这些信息对于识别分子中的孤对电子或识别那些在化学反应中可能起到关键角色的电子特别有价值。

另外,带有振动精细结构的较宽峰通常与 π 键相关。这类峰表明电子参与了 π 键的形成,其能量分布较宽,反映了电子在多个原子间的共享。这种峰的分析可以帮助确定

分子中 π 电子云的分布，以及这些电子云如何影响分子的稳定性和反应性。此外，通过对谱带形状的细致分析，UPS 还可以揭示分子中电子的相互作用，如通过观察谱带的分裂或移动来研究电子之间的相互作用及其对分子电子性质的影响。这些细节有助于解释分子的光电性质、反应机制和在不同环境下的行为。

通过这种方式，UPS 成为一个强大的工具，不仅能够在基础科学研究中用于探索和验证分子结构理论，也在材料科学、催化和生物化学等应用科学领域中，为开发新材料和新技术提供理论基础和实验支持。通过对化学键的研究，科学家可以更精确地设计和调控材料的性能，推动科技进步和创新。

图 9-13 是氦 I 线激发的氮分子的紫外光电子能谱。从图中可见，紫外光电子能谱详细反映了氮气分子内不同电子轨道的特性。特别地，位于 15.58eV 的 σ_g 能级和位于 18.76eV 的 σ_u 能级被标记为非键，而 π_u 能级则显示为成键。这一发现挑战了传统观点，即 15.58eV 的 σ_g 2p 能级具有强的成键性质。

CO 分子拥有 10 个价电子，与氮分子具有等电子结构，因此它们的紫外光电子能谱表现出高度的相似性。根据图 9-14 中展示的数据，可以看到谱图中的第一谱带非常尖锐，这表明 σ_g 2p 轨道相较于氮分子，具有更少的成键性质。这一点对于理解 CO 分子的电子结构尤为关键。与此同时，理论上认为是反键的 σ_u 2s 轨道实际上显示出一定的成键性质，这暗示了其电子结构的复杂性和非传统性。此外，π 2p 轨道作为一个成键轨道，其谱带中清晰显示的振动精细结构进一步证明了其成键的强度。这些振动精细结构提供了关于分子内部振动状态的重要信息，有助于深入了解分子动力学。

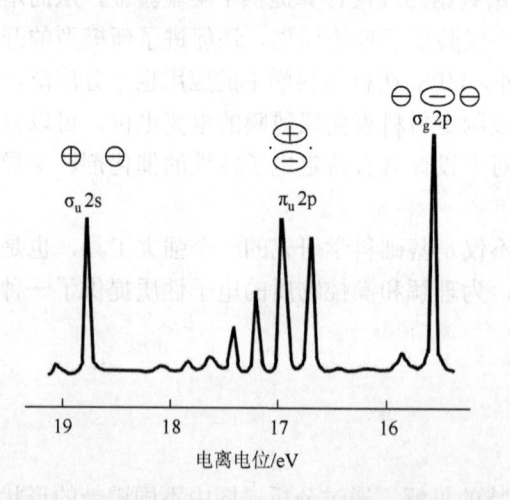

图 9-13 氦 I 线激发的氮分子的紫外光电子能谱

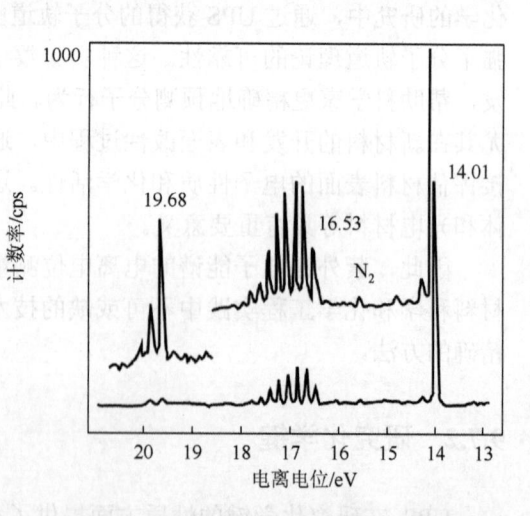

图 9-14 一氧化碳的紫外光电子能谱

CO 分子的三个主要谱带的电离电位分别为 14.01eV、16.53eV 和 19.68eV，这些数据不仅为研究 CO 分子的电子结构提供了精确的量化信息，也为相关的化学和物理性质提供了基础。这种详细的谱学分析在化学反应机制研究、材料科学及环境科学中都有广泛的应用，特别是在探索分子如何响应不同化学环境和条件变化时。

UPS 是研究分子内氢键相互作用的一种非常有效的工具。通过在不同温度下测量形成氢键的化合物（如胺和碘代醇）及其不形成氢键的对应物，可以揭示有关氢键的重要细节。

实验观察表明，在形成氢键的化合物中，电子给体（如氮或碘）的电离电位随着温度的升高而降低。这种现象说明，氢键的形成增强了与之相关的孤对电子轨道的稳定性，导致电离电位相对于未形成氢键的同类化合物明显升高。随着温度的增加，氢键可能逐渐破裂，这反映在氮或碘的电离电位的减小上，提供了氢键断裂的直接证据。这些测量结果与传统的氢键模型高度一致。例如，在 2-氨基乙醇中，分子内的氢键通过分子结构图 9-15 中的虚线表示。这种结构表明氢原子不仅与氧原子相连，还与邻近的氮原子形成氢键，从而影响了分子的电子分布和化学性质。

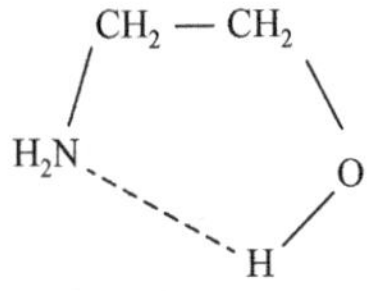

图 9-15　2-氨基乙醇分子结构图

氢键的这种特性对于理解分子的稳定性、反应性以及分子间相互作用至关重要。通过 UPS 技术的应用，科学家能够详细探索和验证氢键在不同化学环境和温度条件下的行为，这对于从生物分子到材料科学的广泛领域都有深远影响。通过这种方式，UPS 不仅提供了一种分析工具，还加深了我们对分子行为和氢键动力学的基本理解。

9.7.3　测定分子结构

虽然 UPS 通常不直接用于测定分子的几何构型，但在某些情况下可以提供关于分子结构方面的洞察。一个突出的例子是六氟代丁二烯结构的研究，这揭示了 UPS 在理解分子构型中的潜在应用。

在六氟代丁二烯的研究中，由于共轭效应，丁二烯的两个占据的 π 轨道相互作用，生成两个新的 π 轨道 π_1 和 π_2。这两个轨道都是去定域化的，其中一个轨道能量较高，另一个能量较低。当分子在 C_2—C_3 键处发生扭转时，$C_2(p\pi)$ 和 $C_3(p\pi)$ 之间的共轭作用会逐渐减少，直至两个乙烯基的平面之间的夹角达到 90°。在这种构型下，$C_2(p\pi)$ 和 $C_3(p\pi)$ 之间的相互作用被削弱或消失，导致 π_1 和 π_2 的能量本征值变得非常接近。

这一现象在氟代丁二烯的衍生物中得到了实验验证。当两个乙烯基平面之间的夹角接近 90°时，π_1 和 π_2 之间的能量间隔将显著减小甚至消失。这种能量间隔的变化为非平面丁二烯分子的存在提供了有力证据。

此类研究表明，UPS 不仅可以用于探索分子的电子性质，也能间接揭示分子的空间构型。通过这种方式，UPS 增强了我们对分子结构动态变化的理解，尤其是在分子通过内部扭转影响其电子属性的情况下。这为化学反应的机制研究、新材料的设计以及分子工程提供了宝贵的信息。

9.7.4　定性分析

UPS 在化学分析中拥有独特的"指纹"功能，类似于红外光谱，但提供了与其他技术不同的信息，因此在很多方面与其他分析技术互补。这一技术特别适用于识别复杂反应的产物,揭示分子的取代和配位作用的程度与性质,以及预测分子中的活性中心。通过对谱图的深入解读,UPS 能够揭示分子内部的详细电子结构,这对于理解和预测化学性质及反应行为至关重要。

举一个具体的应用示例,通过 UPS 的分析,可以精确鉴定有机反应的产物。例如,在合成过程中,通过测定反应混合物的 UPS,可以直观地看到新产生的化学键或断裂的化学键所对应的电子轨道变化。这些变化在谱图上表现为新的峰或现有峰的移动,为化学家提供了反应是否按预期进行的直接证据。

此外,UPS 也能有效地揭示分子的取代模式,如在芳香环上不同位置的取代基如何影响 π 电子系统的能级结构。通过分析取代基引入前后的电子能级变化,可以详细了解取代基的电子吸引或推挤效应,这对于设计具有特定电子特性的分子非常有帮助。在配位化学中,UPS 同样显示出独特优势。它可以用来分析金属配合物中配体到金属中心的电子转移,这些信息对于理解配合物的电子结构和催化活性至关重要。通过 UPS,可以观察到配体和金属中心之间的电子密度分布,从而推断出配体对金属中心的影响。

综上所述,UPS 不仅是一种强大的分析工具,用于基础科学研究,也是实验化学家用于日常化学问题解决的宝贵技术。随着对此技术解释能力的提升和经验的积累,其在化学分析和材料科学中的应用前景将更加广阔。

顺式和反式 1,3-二氯丙烯是同分异构体,它们的化学结构式如下。

顺式　　　　　反式

图 9-16 中展示的紫外光电子能谱为我们提供了对 1,3-二氯丙烯电子结构深入的见解。位于大约 10eV 的谱带源于该分子的 σ 轨道电离作用,反映了 σ 轨道电子的基本电离能量。

更进一步地,位于 11.2eV 的尖锐峰对应于定域在 CH_2Cl 基团附近的氯原子的非键轨道电子。这个尖锐的峰表明非键电子的高度局域化,为理解该基团的电子性质提供了关键信息。此外,位于 11.8eV 和 13.3eV 的两个谱带主要来源于氯取代基的 3p 轨道,这些轨道在分子内的取向对其电子特性有着显著的影响。氯原子的一个 3p 轨道与烯烃的 π 轨道共平面,导致较多的轨道重叠,形成了位于 13.3eV 的宽谱带。而另一个 3p 轨道与 π 轨道不共平面,较少的轨道重叠使其基本保持非键性质,形成了位于 11.8eV 的尖峰。

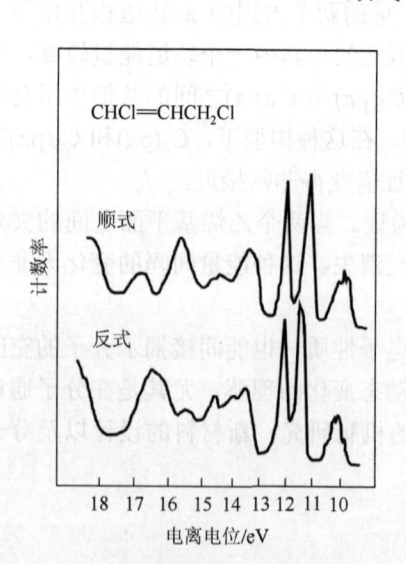

图 9-16　顺式和反式 1,3-二氯丙烯的紫外光电子能谱

在 14~19eV 的区域，谱带表现出独特的多样性，被称为指纹区。这一区域的谱带特征对于区分同分异构体尤为重要，因为它们反映了分子内部不同化学环境下电子的详细行为。每种异构体的独特电子结构在此区域内形成了特定的谱带模式，使得紫外光电子能谱成为鉴定和区分这些化合物的强大工具。

通过这种深入的谱图分析，科学家可以准确地理解和预测化学分子的行为，为合成化学、材料科学以及许多其他领域的研究和应用提供了宝贵的信息。

9.7.5 定量分析

在使用 X 射线作为激发源进行光电子能谱分析时，谱中峰的相对强度通常正比于分子中各原子的相对数量。这一特性使 X 射线光电子能谱（XPS）成为进行元素定量分析的理想工具。然而，在使用紫外线作为激发源时，情况稍显复杂。

紫外光电子能谱（UPS）虽然也表现出峰的相对强度与分子中原子的相对数目相关的特性，但许多其他因素也会影响谱线的强度，如电子的电离概率、分子轨道的对称性和能量分布等。这些因素导致 UPS 在元素定量分析方面的应用比较困难。

尽管如此，通过使用校正曲线，UPS 在一定条件下仍能进行气体混合物的定量测定。例如，在对 CO_2 和 N_2 的混合气体进行定量分析时，已经获得了较为准确的结果。如图 9-17 所示，CO_2 和 N_2 的谱带具有明确的特征峰，表明通过适当的校正和标定，UPS 也可以实现精确的定量分析。

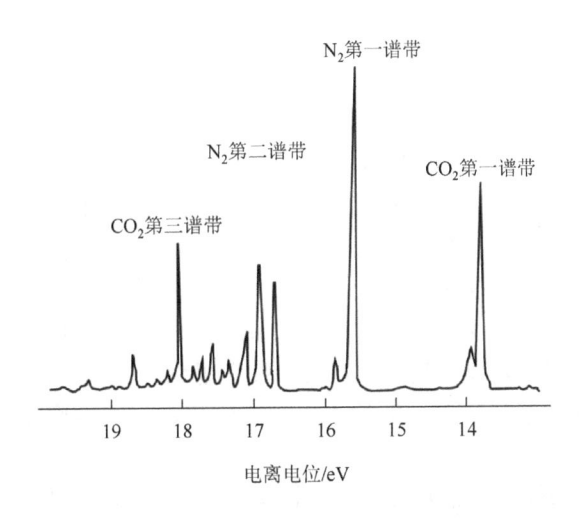

图 9-17 CO_2-N_2 混合气体的紫外光电子能谱（52% N_2，48% CO_2）

对于复杂的有机分子混合物，情况更为复杂。虽然理论上混合物的谱是其各组分谱的总和，但由于有机分子谱的复杂性，直接分析常常难以实现准确的定量结果。在这种情况下，先利用色谱技术对样品进行分离，再进行光电子能谱分析是一种更可靠的方法。类似于质谱和色谱的联用技术，紫外光电子能谱的联用分析虽然有着巨大的应用潜力,但由于其对实验条件,尤其是真空度的高要求,目前在实际操作中还面临一些技术挑战。

总体而言,紫外光电子能谱在定量分析方面的应用虽有局限,但通过合适的技术和方法的改进,有望在未来的科学研究和实际应用中发挥更大的作用。

9.7.6 固体表面的吸附作用

UPS 已经成为研究固体表面特性的一种重要工具,特别是在表面吸附作用和表面能态研究方面。随着技术的发展,UPS 的应用范围不断扩大,在表面科学领域的重要性日益凸显。

UPS 在研究表面吸附作用时,不仅可以揭示吸附物的基本性质,如其电子结构和化学价态,还能深入分析吸附物与固体表面之间的相互作用。通过测定吸附前后表面电子的能级变化,UPS 能够提供有关吸附机制的详细信息,包括吸附是属于化学吸附(chemisorption)还是物理吸附(physisorption)。

化学吸附涉及吸附物与表面之间形成较强的化学键,这通常会导致明显的电子能级重组和新的化学价态的形成。这种吸附可以通过 UPS 观察到的吸附物质的电离电位和价带结构的改变来确认。例如,若吸附增加了表面原子的电子密度,表明可能发生了电子从吸附物向基底的转移。物理吸附则是通过较弱的范德瓦耳斯力或其他非共价相互作用进行,通常不会引起电子能级的显著改变,因此在 UPS 谱图中观察到的能级变化较小。在这种情况下,吸附物的电离电位和能带结构保持相对不变。此外,UPS 还可以应用于研究表面反应动力学,如催化剂的活性研究、腐蚀过程分析及涂层的界面特性研究。通过监测在特定环境条件(如不同温度、气氛或化学环境)下表面吸附物的电子状态变化,UPS 提供了一种非常灵敏的方法来研究表面过程和反应机制。

在使用 UPS 研究表面吸附现象时,对吸附分子的谱图与其相应自由分子的谱图进行比较是非常关键的一步。然而,这种比较涉及一些复杂性,主要因为吸附态与自由态的参考能级和弛豫能量不同。自由气态分子的价电子能级通常以自由电子能级为参考,而吸附在固体表面的分子则以费米能级为参考。此外,吸附态的电离电位还需要加上合适的功函数值来进行比较。在金属表面,使用功函数值作为参考是一种近似处理,因为吸附的物质本身可能会影响金属的功函数,还必须考虑到不同的弛豫能量。在不同相态下,终态电子的弛豫效应可能导致结合能的不同程度位移,这些弛豫能量的确定往往也是不明确的。

尽管存在这些复杂性,仍然可以进行一定程度的近似比较。以图 9-18 为例,展示了使用氦 I 线和氦 II 线激发的纯净铂片以及吸附有 CO 的铂片的紫外光电子能谱。当 CO 的吸附层达到约 0.4ML(单层)时,观察到的功函数约为 5.6eV。在 9.1eV 处宽而不对称的峰涵盖了两个与表面相互作用的 CO 分子轨道能级,这些峰因表面相互作用而加宽。8.8eV 处的峰对应于 CO 的 $\sigma 2p$ 轨道,9.1eV 处的峰对应于 $\pi 2p$ 轨道,而 11.7eV 处的峰则对应于 $\sigma 2s$ 轨道。将功函数值加到这些能级上,相应的自由电子能级的能量分别是 13.6eV、14.2eV 和 17.3eV,而自由分子中 CO 的这三个分子轨道的能量分别为 14.0eV、16.9eV 和 19.7eV。

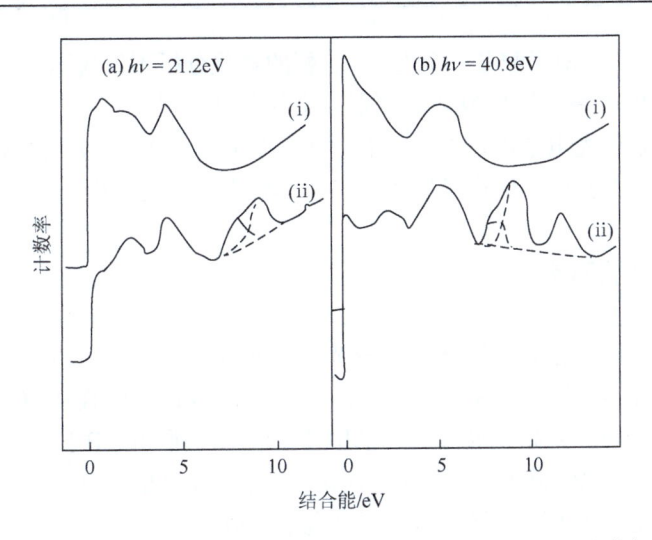

图 9-18　铂表面的紫外光电子能谱：(a) 氦Ⅰ线激发：(i) 洁净铂片；(ii) 吸附有 0.4ML CO 的铂片；
(b) 氦Ⅱ线激发：(i) 洁净铂片；(ii) 吸附有 0.4ML CO 的铂片

从这些数据可以看出，吸附态的 CO 分子的 π 2p 和 σ 2s 能级分别位移了 2.2eV 和 2.4eV，而 σ 2p 能级的位移较小。即使在未充分考虑弛豫能量的情况下，这些位移也说明 CO 在铂表面的吸附属于化学吸附，与表面原子发生了一定程度的成键作用，形成了化学键。通过这种详细的分析，紫外光电子能谱不仅能帮助我们理解吸附分子的电子结构变化，还能揭示其与固体表面之间的相互作用性质，对于探究表面反应机制和设计高效催化剂等应用至关重要。

9.7.7　固体表面电子结构

紫外光电子能谱（UPS）不但是研究固体表面吸附作用的有力工具，而且已广泛应用于测定各种固体材料表面的电子结构，包括纯金属、半导体、合金、金属的硫属化物及金属氧化物等。在此，将重点探讨 UPS 在纯金属和半导体表面电子结构研究中的应用。

表面电子结构与体内电子结构的主要区别在于，金属和半导体表面存在特定的表面电子态，这些电子态主要定域于表面，而在进入体内时逐渐衰减。这种表面态的研究在半导体技术中尤为重要，因为它们直接影响材料的电子性能和表面化学反应。在硅（Si）、锗（Ge）和砷化镓（GaAs）等半导体材料中，表面态的存在已通过 UPS 获得直接的实验证据。例如，在对洁净硅表面的研究中，晶体被置于超高真空系统中进行劈开，随后立即使用 UPS 对新鲜解理面进行测量。测得的 UPS 谱图不仅展示了体内态的结构（其初态和终态能量随着激发光子能量的不同而变化），还观察到了一个宽达 1.8eV 的表面带。在费米能级以下 1.1eV 和 0.5eV 处，该带显示出两个明显的峰。这种表面带结构在数月内稳定存在，但当真空室内的压力升至 10^{-10} Torr 时，几小时内便会消失，这进一步证实了这种表面带结构源自表面态。对该表面带的电子密度估计表明，该带约包含 8×10^{14} 个电子/cm²，相当于大约每一个表面原子配备一个电子。这样的量化分析不仅揭示了表面电子态的丰富性，也突出了 UPS 在表征这些复杂表面现象中的关键作用。

因此，通过紫外光电子能谱技术，科学家能够深入了解和操作固体材料的表面电子结构，这对于开发新材料、优化半导体器件和理解表面催化过程等方面具有重要意义。

9.7.8 储氢材料的研究

图 9-19 中展示的是使用角分辨紫外光电子能谱（ARUPS）在不同条件下测量得到的 ZrV_2 合金的电子能谱图。曲线 A 代表的是 ZrV_2 合金在暴露于 50Langmuir（1Langmuir = 10^{-6}Torr/s）高纯氢气后的 ARUPS 谱图，而曲线 B 则是从未经处理的干净 ZrV_2 表面测得的 ARUPS 谱图。曲线 C 为曲线 A 与曲线 B 的差谱，显示了氢气暴露后引起的变化，这种差谱在不同氢气暴露量下呈现出类似的特征。

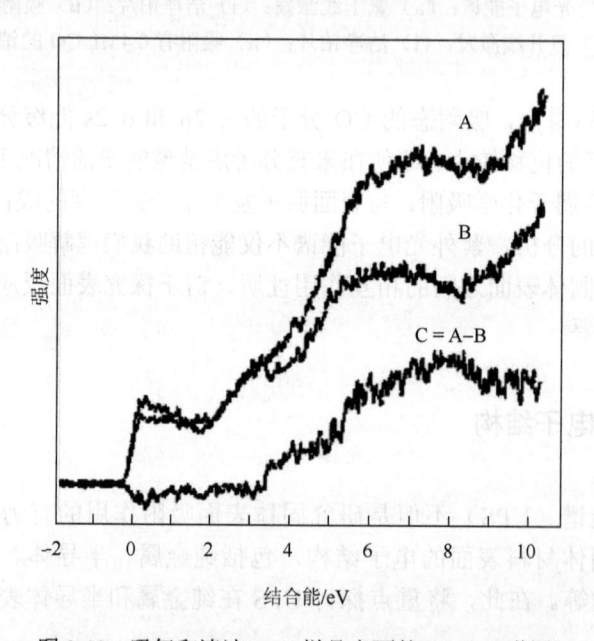

图 9-19 吸氢和清洁 ZrV_2 样品表面的 ARUPS 谱图

从干净的 ZrV_2 合金表面（曲线 B）与吸氢后的表面（曲线 A）的 ARUPS 谱中可以看出，在 6～9eV 的能量范围内存在一宽峰，以及在费米能级附近的明显峰。这些峰主要反映了合金的价电子态的贡献。氢气的吸附导致 6～9eV 处的宽峰增强，这表明氢的加入显著影响了合金的电子结构。

差谱（曲线 C）在约 8eV 处显示了一个较宽的峰，进一步揭示了氢气吸附对合金电子结构的影响。此外，文献报道指出，ZrV_2 合金在高温下与氢形成的 M—H 键的结合能通常位于 6～7eV 处。这一观测结果与在低压常温条件下通过 ARUPS 观测到的数据相吻合，表明即使在较低的温度和压力条件下，ZrV_2 合金吸氢同样以 M—H 键的形式存在。

这些发现不仅增进了我们对 ZrV$_2$ 合金在氢气环境下行为的理解,也为研究其他金属材料在类似条件下的性能提供了宝贵参考。通过 ARUPS 技术,能够详细探究合金表面的电子结构变化,这对于开发新的储氢材料和理解其储氢机制具有重要意义。

9.8 应用举例和数据分析

1. UPS 表征甲氧基与电荷分离和 TiO$_2$(110) 空穴积累的关系

甲醇一直被认为是光催化中改善电荷分离的空穴清除剂。在过去的十年中,甲醇在金红石型 TiO$_2$(一种典型的半导体金属氧化物)上的光化学反应已被广泛研究。简而言之,甲醇与重配位钛(Ti$_{5c}$)位点结合,在紫外线(UV)照射下转化为甲醛,并将解离的氢原子转移到邻近的桥接氧(O$_b$)位点上。Henderson 等发现,结合在 Ti$_{5c}$ 位点的是甲氧基阴离子(CH$_3$OTi$_{5c}^-$)而不是甲醇,是金红石型 TiO$_2$(110) 上有效的空穴清除剂。后来,Diebold 等在锐钛矿型 TiO$_2$(110) 上也报道了类似的结果。理论计算也表明,只有当甲醇转化为 Ti$_{5c}$ 上的甲氧基阴离子时,才会发生界面空穴转移。

为了寻找甲醇和甲氧基阴离子在 TiO$_2$(110) 上光敏性差异的实验证据,研究者采用表面敏感的 UPS 测量了其界面价电子结构,考察吸附结构对电子结构的影响[1]。图 9-20(a) 展示了裸态、0.08ML 甲醇覆盖和 0.08ML 甲氧基阴离子覆盖的 TiO$_2$(110) 的代表性 UPS 谱,显示了 O 2p、价带最大值(VBM)和带隙状态的信号。为了更好地比较三种 TiO$_2$ 界面的 VBM,UPS 谱在 5eV 的结合能下归一化。根据之前报道的 UPS 谱对数表示的拐点,图 9-20(b) 确定了 VBM 的位置,带隙状态在图 9-20(a) 的插图中高亮显示。UPS 表明,甲氧基阴离子和甲醇的吸附增强并压平了 TiO$_2$(110) 表面原本向上弯曲的能带。

2. UPS 分析 RuTiO$_x$ 等催化剂的功函数

随着传统恒定能源和可变能源在电网上的汇聚,储能在灵活电网运行中的重要性日益增加。Gayen 等[2]利用紫外光电子能谱(UPS)表征了 RTO(RuTiO$_x$)、IrO$_2$/RTO 和 Pt-IrO$_2$/RTO 在费米能级附近的电子构型(图 9-21)。与 RuO$_2$(5.8eV)和 TiO$_2$(4.13eV)相比,RTO 的功函数(2.3eV)明显降低,这是由于 RTO 的 d 中心比 RuO$_2$(5.8eV)高,并且在 TiO$_2$ 和 RuO$_2$ 的协同作用下导致电子富集。相比于 RTO,IrO$_2$/RTO 的功函数(2.1eV)略有下降。功函数的降低可以解释为构成 IrO$_2$ 费米能级的 Ir 的 d 电子可用性的增加。但即使沉积了金属 Pt,Pt-IrO$_2$/RTO 的功函数(2.6eV)仍高于 IrO$_2$/RTO 的功函数(2.3eV)。功函数的增加归因于高电负性 Pt(2.28eV)的沉积,其 d^9 结构能够接受电子。

与沉积在其他氧化物载体(如氧化铝)上的 Pt 相比,沉积在 IrO$_2$/RTO 上的 Pt 表现出更低的功函数。这是由于中心的转移、IrO$_2$/RTO 的电子富集以及 IrO$_2$/RTO 与 Pt 之间的协同作用,RTO 成为 Pt 沉积的合适载体。

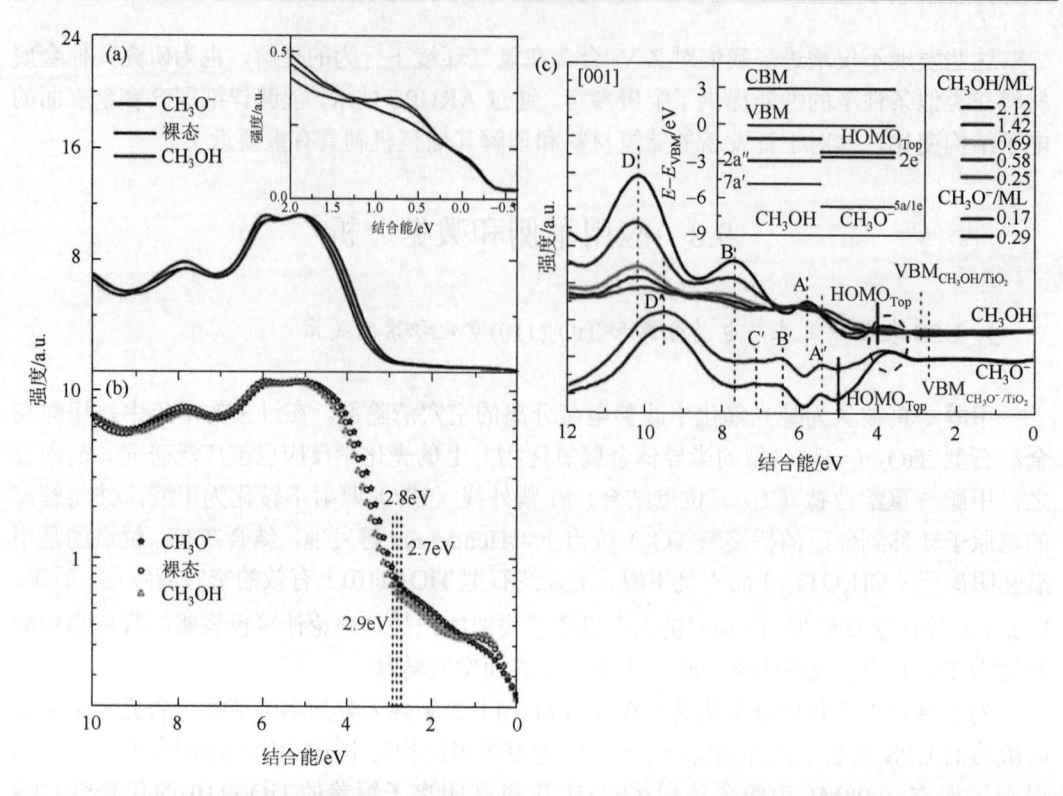

图 9-20 不同催化剂的 UPS 谱图:(a) 250K 时采集的 UPS 谱图,分别为裸态(红色)、0.08ML 甲醇覆盖(绿色)和 0.08ML 甲氧基阴离子覆盖(蓝色)$TiO_2(110)$ 表面;(b) UPS 谱图以对数标度表示,通过拐点确定 VBM;(c) 差异 UPS 谱图显示了 $TiO_2(110)$ 上吸附甲醇和甲氧基阴离子的分子轨道,用红色和蓝色垂直虚线分别标记界面 VBM (a)、(b) 和 $TiO_2(110)$ 上的吸附物分子轨道,蓝色粗线表示吸附物 HOMO 的顶部。$CH_3OH/TiO_2(110)$ 和 $CH_3O^-/TiO_2(110)$ 界面的静态能量,考虑到 VBM 水平随吸附物的变化,甲醇和甲氧基阴离子覆盖表面的 VBM 设置为结合能分别为 2.9eV 和 2.7eV,这两个界面的 VBM 是对齐的,并且吸附物的所有已占据分子轨道都相对于 VBM 定位[1]

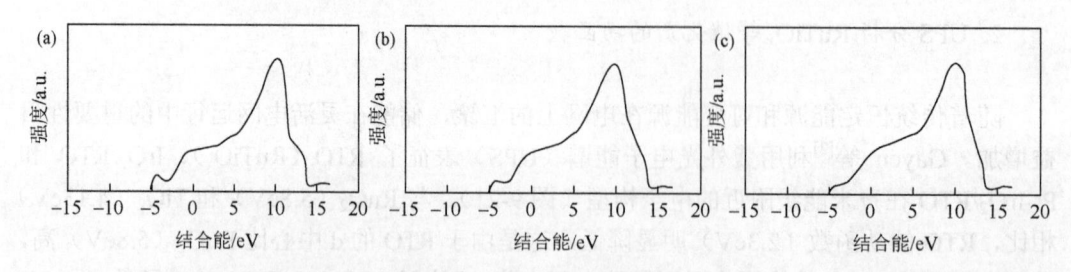

图 9-21 RTO (a)、IrO_2/RTO (b)、Pt-IrO_2/RTO (c) 的 UPS 谱图[2]

功函数 = 氦光子能量(21.2eV)−(截止能量−费米能级)

3. UPS 分析 $Bi_{2-x}Fe_xWO_6$ 的带边位置、功函数和电离势

在光电化学(PEC)器件的发展过程中,金属氧化物和氧卤化物半导体纳米材料一直是带隙工程的重点研究对象,以最大限度地吸收可见光并有效地分解水。Annamalai 等[3]

采用快速共沉淀法制备了 Fe^{3+} 掺杂的 Bi$_2$WO$_6$ 纳米结构，铁的摩尔比分别为 $x=0$、0.2、0.5 和 1.5。通过能带边缘分析，发现 $x=0.5$ 样品的价带边缘最接近费米能级。UPS 技术揭示了带边位置、功函数和电离势。根据 UPS 谱图推断出价带能量（E_{VB}）分别为 2.95eV（$x=0$）、1.69eV（$x=0.2$）、1.33eV（$x=0.5$）和 1.53eV（$x=1.5$）。价带边缘更接近费米能级的样品通常表现出更好的电荷转移速率。一般功函数表示电子从材料表面逸出的能量。从结果来看，$x=0.5$ 和 $x=1.5$ 样品的功函数较低，表明光电子逸出所需的能量较小。电离能通常反映光生电子的迁移率特性。根据 Pauling 电负性绘制的功函数和电离能（E_{ion}），如图 9-22（b）所示，$x=0.5$ 和 1.5 样品的功函数和电离能最小，表明所制备的纳米结构具有增强的光响应性能。

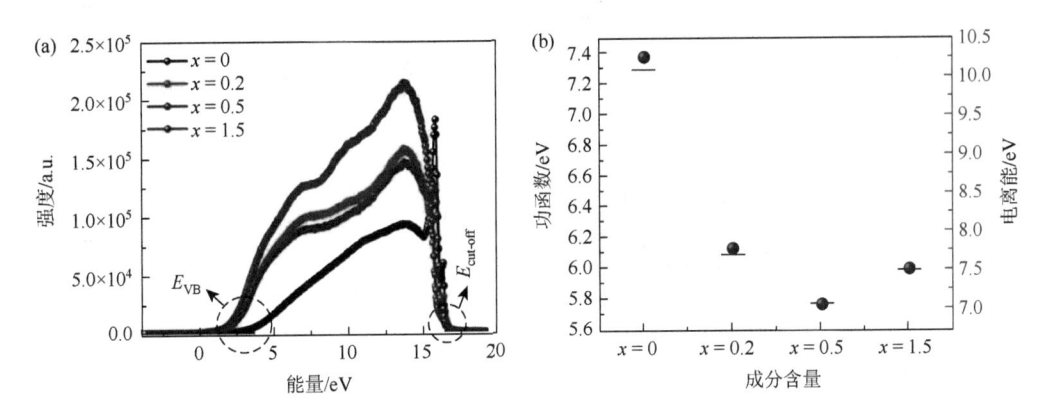

图 9-22　Bi$_{2-x}$Fe$_x$WO$_6$（$x=0$、0.2、0.5、1.0 和 1.5）的 UPS 谱图（a）功函数和电离能（b）[3]

4. UPS 测量准确性与制备样品条件的关系

UPS 是一种用于测量金属、半导体及其吸附层表面价态能的重要技术，广泛应用于催化、有机电子学、光电器件和光伏领域。尽管在配备紫外线放电灯的实验室光电子能谱仪中获得 UPS 谱图相对简单，但获得有意义的谱图更为复杂，这取决于样品制备和表面充电的消除等多种因素。

Whitten[4] 描述了 UPS 技术的基础，以及测量裸金属、吸附层覆盖的金属和半导体表面及共轭聚合物/低聚物薄膜价态能的适当程序。此外，他们还讨论了 UPS 数据的呈现和功函数测量的最佳实践。在启动 UPS 实验时，样品的正确准备至关重要。与 X 射线光电子能谱（XPS）相比，UPS 实验需要消除由于近表面区域电子未补偿耗尽（和正电荷积累）而产生的表面充电，以获得有意义的数据。在分析室中，样品应相对偏负。在使用金属基底的实验中，裸表面或单个分子层或几个分子层的吸附通常不会引起充电。然而，如果基底经低温冷却，使得一层非常厚的不导电分子吸附，充电可能成为一个问题。在这种情况下，最佳方法是先测量清洁表面的 UPS 谱图，然后在超高真空（UHV）中逐渐建立吸附层，以测量谱图随吸附层厚度的变化。

图 9-23（a）展示了在两种不同氦放电灯工作压力下的干净多晶银箔的 UPS 谱图。谱图是根据动能绘制的，并经过归一化处理以便于观察。在低压下，He II 谱图可以被检

测到（尽管强度不如 He I），而在正常工作压力下，He II 谱图几乎不可检测。图 9-23（b）显示了结合能函数下的 He I 和 He II 谱图，尽管 He II 谱图是多次扫描（27 次）的平均值，但其信噪比明显较差。对于干净的多晶金，普遍接受的功函数值范围是 5.3~5.5eV。图 9-23（c）和（d）中的数据说明了在使用 UPS 确定功函数时可能遇到的一个常见问题，即对高结合能二次电子截止值的主观判断。在这种情况下，这无疑是由溅射引起的样品不均匀性所致。

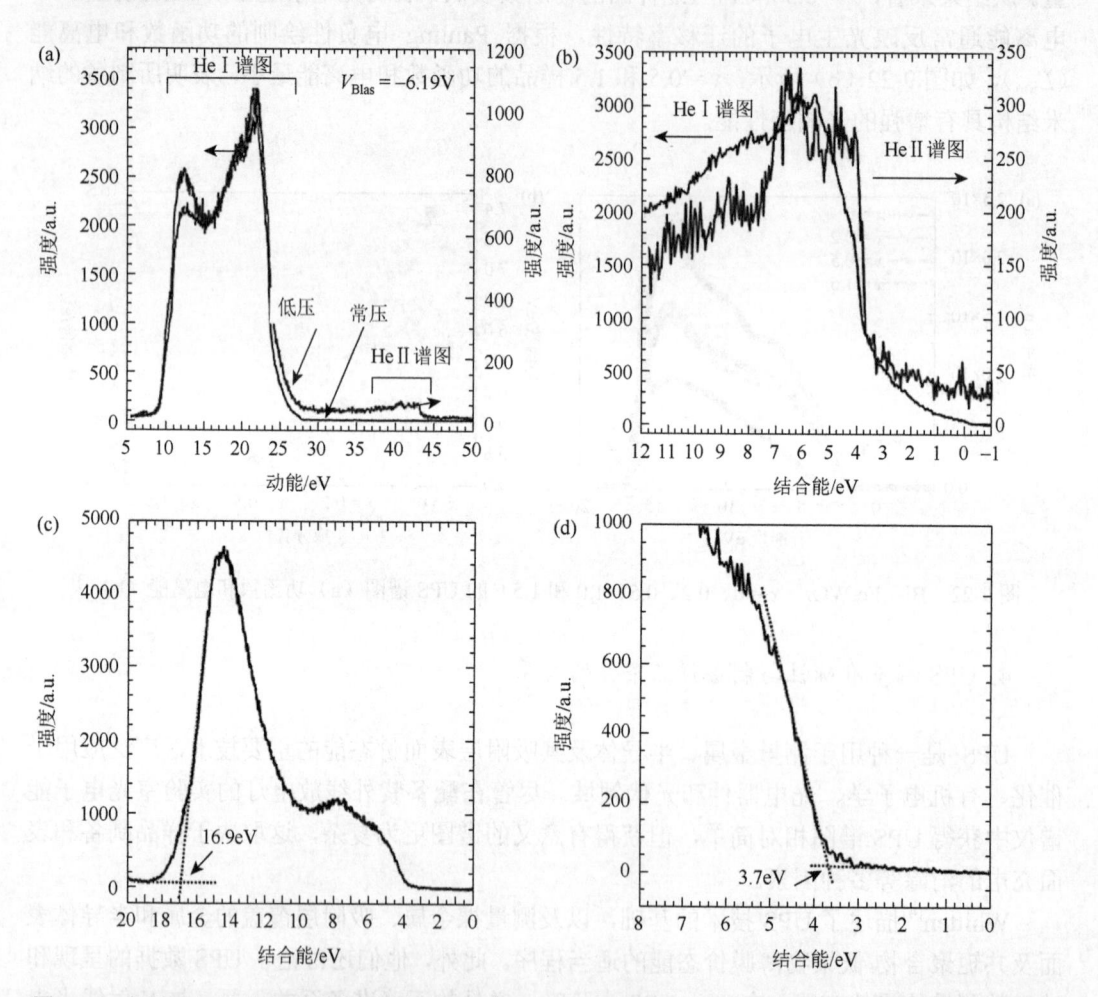

图 9-23 氦放电灯及其在不同表面溅射的 UPS 谱图：（a）氦放电灯在常压和低压下得到的溅射银箔的近似归一化 UPS 谱图，每个谱图平均扫描 10 次；（b）根据费米能级绘制的 Ag 4d 区域的 He I 和 He II 放电灯的近似归一化 UPS 谱图；（c）相对于费米能级绘制的光电子信号；（d）费米能级附近区域的扩展，箭头指示价带边的测定[4]

5. UPS 分析 CuO 膜自旋极化过程的光电子贡献

手性诱导的自旋选择性（CISS）效应正在改变控制自旋依赖化学反应结果和效率的范式，如光诱导的水分裂。虽然这种现象在有机手性分子中已经得到验证，但在手性无机非分子材料中的表现尚不明确。然而，无机自旋过滤材料比有机分子自旋过滤器具有更好的特性，如热稳定性和化学稳定性。手性氧化铜（CuO）薄膜可以自旋极化（光）电流，这种能力与CISS效应的发生有关。

Möllers等[5]通过电化学沉积方法在部分紫外透明的多晶金基底上制备了手性CuO薄膜，并在深紫外激光脉冲作用下，用Mott散射仪测量了光电子的平均自旋极化。通过分析光电子的能量和改变光激发的几何形状，研究人员能够区分来自Au基底和CuO薄膜的光电子的能量分布和自旋极化。研究结果表明，自旋极化是能量依赖的，并进一步表明，测量的极化值可以解释为手性氧化物层中的本征自旋极化和来自Au基底的CISS相关自旋滤波电子的总和。这些结果支持了进一步合理设计自旋选择性催化氧化物材料的努力。

此外，通过对200nm CuO薄膜和裸金基底的紫外光电子能谱（UPS）测量，进一步表征样品的电子结构，如图9-24所示。由于铜空位的存在，CuO成为一种本征p型半导体，其价带边缘位置高于体相样品。30nm CuO薄膜的UPS谱图也显示了类似的结果。飞行时间（TOF）UPS谱图在λ = 213nm处获得，证实了微分自旋极化的结论，并用于自旋分析，这些谱图提供了自旋极化的平均电子能量分布。

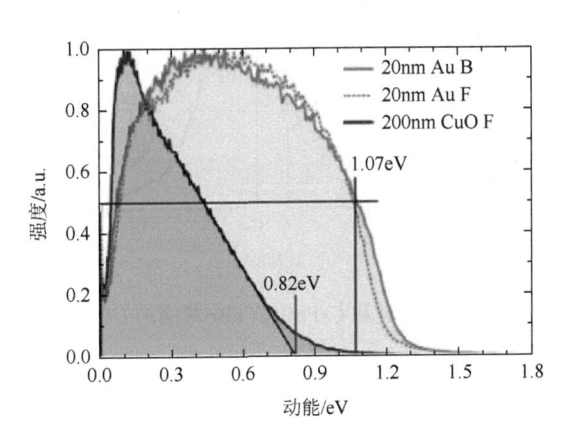

图9-24 用λ = 213nm激光从正面（标记为"F"）或背面（标记为"B"）照射样品获得的紫外光电子能谱：200nm厚CuO膜和20nm厚金膜的参考谱图[5]

He(Ⅰ)UPS测量采用$h\nu$ = 21.22eV的He(Ⅰ)辐射和SPECSPhoibos150半球形分析仪进行。在整个测量过程中，施加了-4.0V的样品偏压。213nm UPS测量采用与自旋极化测量相同的激光辐射，在相同的特高压腔内获得了UPS谱图。与这些测量不同，激光以相对于表面法线的60°角入射样品表面，电子在表面法线周围被检测到。

6. UPS在半导体材料CsPbBr$_3$价带能级上的应用

近年来，钙钛矿半导体材料在光电领域的应用迅速增长，成为备受关注的研究方向。这主要得益于其高光电转换效率、高灵敏度和高稳定性，使其在多个应用领域得到广泛应用。相比于有机无机杂化钙钛矿光电器件存在的稳定性和明显的离子迁移等问题，全无机钙钛矿光电器件成为一个备受关注的研究领域。其中，CsPbBr$_3$钙钛矿的薄膜质量常常受制于 0D Cs_4PbBr_6 和 2D $CsPb_2Br_5$ 的衍生相，从而影响薄膜的光电性能[6]。

如图 9-25 所示，UPS 确定了处理后 $CsPbBr_3$ 的费米能级与价带之间的差距减小，表明处理后的表面更易于从价带中提取空穴。此改性还提高了 $CsPbBr_3$/CsBr 薄膜的电阻和电流密度，有利于光生电子和空穴在界面处的抽取。研究结果显示，在 $CsPbBr_3$ 薄膜上添加 $CsBr/CH_3OH$ 晶体调控层后，界面质量显著提高，从而实现了较高的光电流密度。电容-电压（$C-V$）特性、电化学阻抗谱（EIS）和空间限制电流（SCLC）显示，经优化处理的 $CsPbBr_3$ 基钙钛矿太阳能电池（PSCs）具有更高的内建电位、更快的电荷转移速率和较低的缺陷密度。

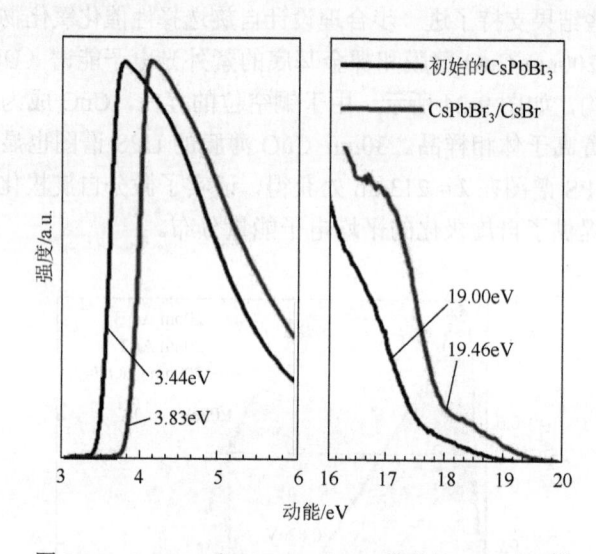

图 9-25　$CsPbBr_3$ 和 $CsPbBr_3$/CsBr 薄膜的 UPS 谱图[6]

7. UPS 分析氧化铈粉末的价带和电子结构

在过去的几十年里，人们广泛研究了铈的电子性质，特别是化学计量 CeO_2 和亚化学计量 CeO_2 之间的关系，这在不同的相关过程中起着控制催化活性的核心作用。特别是，CeO_2 中的 Ce^{3+} 阳离子作为电子库，在催化氧化还原反应中介导 O_2 分子的还原，并伴有高阴离子迁移率。Ce^{3+}/Ce^{4+} 氧化还原为铈提供了优异的储氧能力。

Cardenas 等[7]采用 UPS 分析方法测定了纳米 CeO_2 粉末价带和电子结构。在测量之前，他们通过在室温下用 2keV 的 Ar^+ 溅射清洗银箔，并在导电银箔上沉积几滴 CeO_2 纳米粉末，以最大限度地减少光电子能谱分析过程中的充电效应。通过对原始银箔的费米能级进行绝对测量提供了一个直接的校准（图 9-26）。溅射后的银箔 XPS 和 UPS 谱图分别通过 Ag 3d 能级等离子体的存在、氧的缺失和价带费米能级证实了银的金属性质。

利用 UPS 和 XPS 对 CeO_2 纳米粉末进行了序列分析，以确定 X 射线束对其表面的影响。UPS 分析首次证明了 XPS 分析对 CeO_2 原位预处理后的光还原作用，导致 XPS 对 Ce^{3+}/Ce^{4+} 比值的高估。基于这种光谱方法，UPS 成为一种领先的技术，可以在对真实化学价态影响最小的情况下分析粉末,从而为确定氧化和还原原位处理后 CeO_2 中 Ce^{4+} 和 Ce^{3+} 的真实比例铺平道路。

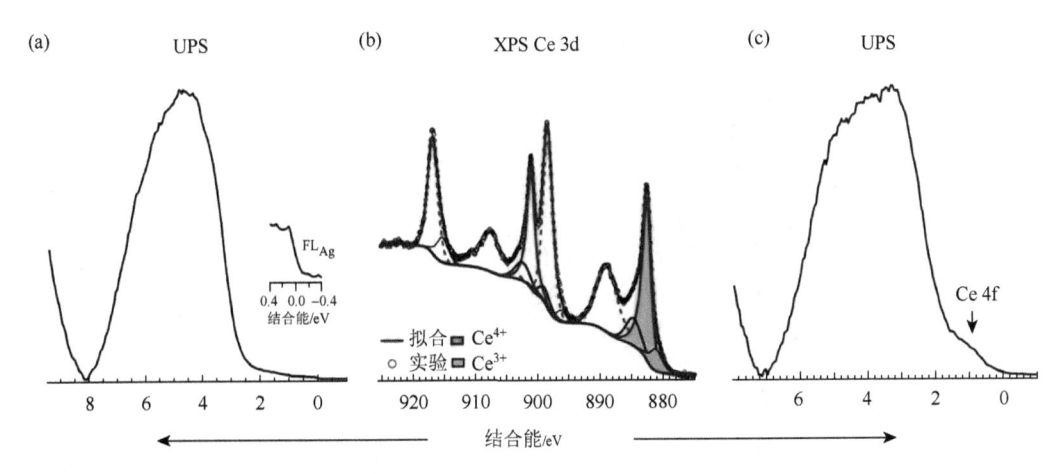

图 9-26 CeO_2 纳米粉末的 UPS 和 XPS 谱图:(a)原位氧化后和 XPS 分析前的价带(UPS),插图为 Ag 的费米能级(FL_{Ag}),用于校准;(b) UPS 分析后原位氧化 CeO_2 纳米粉末的 Ce 3d 核心能级;(c) XPS 分析后 CeO_2 的 UPS 分析,箭头指向 Ce 4f 态[7]

8. UPS 研究钒在超高真空条件下与 TiO_2(110)表面的相互作用

钒负载在过渡金属氧化物上表现出很高的选择性氧化活性。醇常被用来探测金属氧化物上的活性位点,特别是在醇的部分氧化和脱氢过程中,醇的反应活性对钛负载钒的结构和氧化状态非常敏感。

图 9-27 展示了金红石型 TiO_2(110)上钒覆盖率的 UPS 数据[8]。谱图中标记了 O 2p 和 V 3d 带,结合能参考费米能级。在纯 TiO_2 的 UPS 谱图中,1.0eV 处没有 Ti^{3+} 态的证据,表明 TiO_2 表面氧空位密度很低。UPS 谱图分别在 5eV 和 7eV 处显示了氧的 2p 成键和非成键特征。

在室温下,钒沉积在 TiO_2(110)上导致功函数明显降低。这种降低被解释为界面处钒向钛的电子转移,即在钒对氧的高亲和力驱动下形成 Ti^{4+}-Ti^{3+} 和 V^{3+}-V^{2+}。

9. UPS 研究 MXene 溶液处理 $MoSe_2$ 的能带对准

二维过渡金属二硫族化合物(TMDs),如 MoS_2、WS_2、WSe_2、$MoSe_2$ 等,在光电子学和光电探测器制造中备受关注,因为它们通常具有显著的入射光吸收能力和高光子到电流的转换效率。尤其是 $MoSe_2$,不仅拥有优异的电子特性,还能通过细微调整其带隙值,在光电探测器研究中占据主导地位,表现出更高的光子到电流的转换效率和其他令人兴奋的电子特性。

Polumati 等[9]利用 UPS 技术研究了 $MoSe_2$/MXene(二维材料)的能带对准和电荷输运机制,并进一步将其应用于宽带光探测。UPS 谱图(图 9-28)分析表明,与原始 $MoSe_2$ 相比,$Ti_3C_2T_x$ 二维材料是 $MoSe_2$ 的优秀传输层,这从响应度值的增加可以看出。在可见

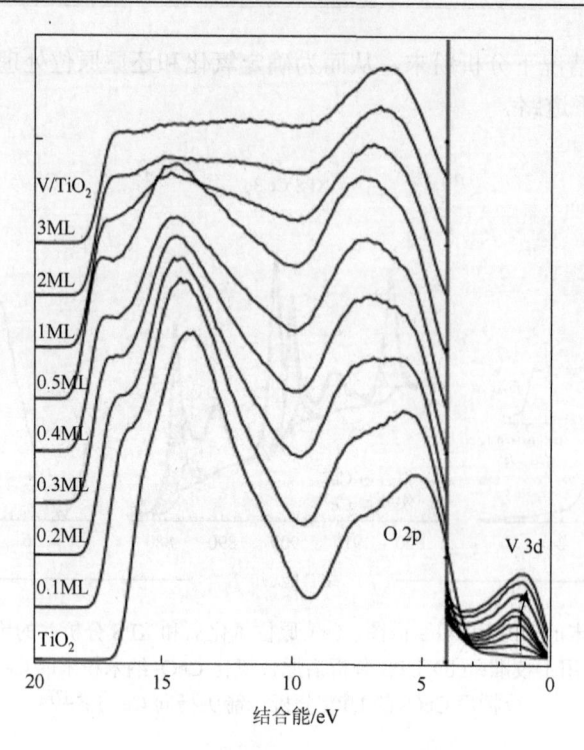

图 9-27 V/TiO₂ 的 UPS 谱图[8]

谱图呈现为钒覆盖率的函数，底部是纯 TiO₂ 的谱图

光和近红外光照射下的响应度分别为 6.58mA/W 和 9.82mA/W，证实了该器件对近红外光区的良好响应，这可能归因于该器件在近红外光谱中的高吸收率。利用提取的能带结构，详细解释了电荷传递的机制。

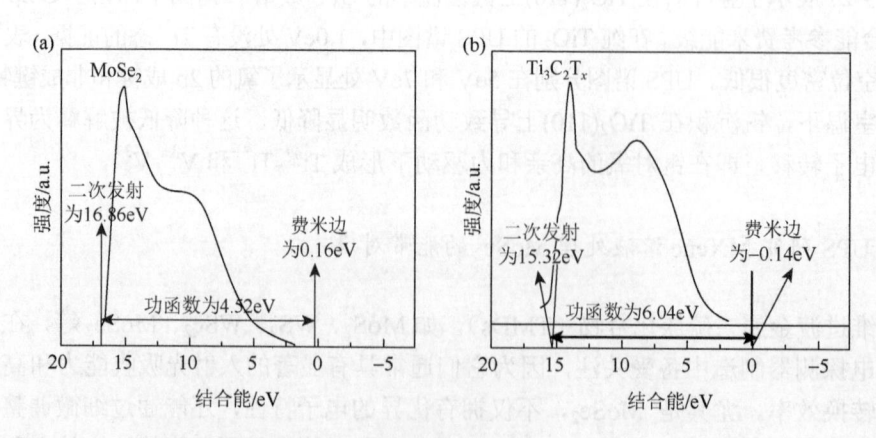

图 9-28 原始 MoSe₂（a）和原始 Ti₃C₂T$_x$（b）的 UPS 谱图[9]

由 He I 源测量，$h\nu$ = 21.22eV

通过 UPS 分析异质结构并实时提取能带结构，为寻找合适的传输层材料开辟了新的研究途径，在光电子、太阳能电池等领域具有潜在的应用前景。

10. UPS 分析 Co_3O_4 表面活性电子密度的改变

氢作为一种清洁、可持续且高能量的能源载体，被认为是未来替代化石燃料的有希望候选能源。因此，绿色电催化水裂解中的析氢反应（HER）和析氧反应（OER）备受关注。

He 等[10]提出了一种新策略，使用高度受控的离子辐照技术调节作为 OER 催化剂的 Co_3O_4 的电子性质，成功合成了含氧空位的 Co_3O_4(Co_3O_4-O_V)和多相 CoO/Co_3O_4 等一系列钴基催化剂。为了了解离子辐照对电子密度的影响，他们通过理论计算和 UPS（图 9-29）表征了功函数，与计算结果有良好的相关性。这证实了 Co_3O_4 的表面活性电子密度带中心得到了有效的调控和上移，从而增强了氧基的吸附能力，大大降低了反应势垒。

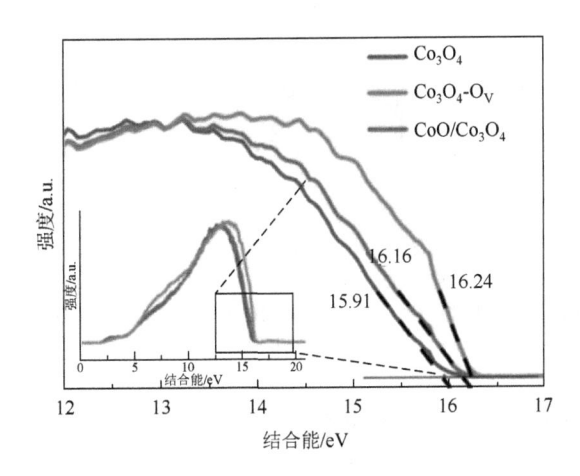

图 9-29　Co_3O_4、Co_3O_4-O_V 和 CoO/Co_3O_4 的 UPS 谱图[10]

11. UPS 分析块状绝缘体的价带结构

价带电子结构是材料最基本的性质之一，UPS 是测量价带电子结构的常用技术。为了在绝缘体表面获得可靠的 UPS 频谱，消除表面的充电效应是必不可少的，但这也是一个非常困难的任务。

Zhu 等[11]提出了一种可靠的块状绝缘体价带结构的测量方法，在不进行电荷补偿的情况下，成功测量了三个块状绝缘体表面，即 α-Al_2O_3(0001)表面、MgO(100)表面和 SiO_2(001)表面的 UPS。在 α-Al_2O_3(0001)表面上，他们选择了两个距离足够远的测量区域，以确保两个区域的测量互不干扰。对于每个测量位置，在溅射和电荷中和后立即拍摄三个连续的完整 UPS 谱图。实验结果表明，在整个测量范围内，同一测点的三条 UPS 曲线几乎完全重合（图 9-30）。此外，在同一 α-Al_2O_3 表面的不同位置测得的 UPS 谱图也几乎完全重合，再次说明溅射后得到了结构稳定、成分稳定的表面。

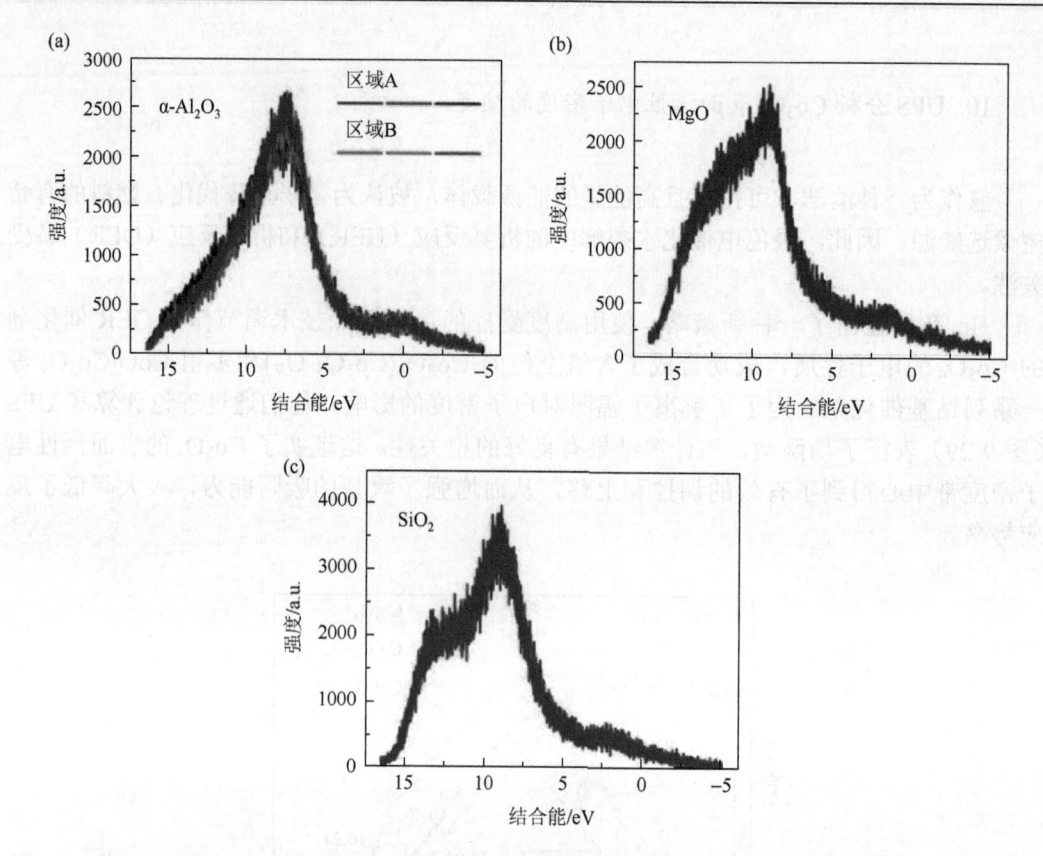

图 9-30 α-Al$_2$O$_3$(0001)表面两个区域（a）以及 MgO(100)表面（b）和 SiO$_2$(001)表面（c）三个连续的 UPS 谱图[11]

在连续的 UPS 谱图中，这种惊人的稳定性和可重复性表明，在紫外线照射开始后不久，照射表面的充电诱导电位达到稳定值。从 UPS 谱图中可以看出，在所有被测表面上，达到稳态后的表面电位波动都在 0.02eV 以内。这意味着在电子发射和电子补偿之间建立了一个平衡。

12. UPS 研究聚合物的掺杂特性

有机金属 π 共轭聚合物具有独特的磁性、光学和电子性能，在有机电子学领域引起了广泛关注。Liu 等[12]创新性地将铂乙酰基嵌入到二维 π 共轭骨架的支链中，根据铂乙酰基的百分比，将其分为四种新的超支化聚合物：P1、P2、P5 和 P100。通过 UPS 测量，这些聚合物样品的掺杂特性得到了研究（图 9-31），证实了二维结构比线型结构具有更高的掺杂效率。

最初，聚合物的本征电场位于其带隙的中间（P0、P1 和 P100 分别为 4.16eV、4.17eV 和 4.09eV）。在掺杂 FeCl$_3$ 后，电场明显向价带移动（P0、P1 和 P100 分别为 4.44eV、5.13eV 和 4.81eV），符合典型的 p 掺杂趋势。值得注意的是，P1 和 P100 的位移值明显大于 P0，反映了二维骨架的掺杂效率高于线型骨架。

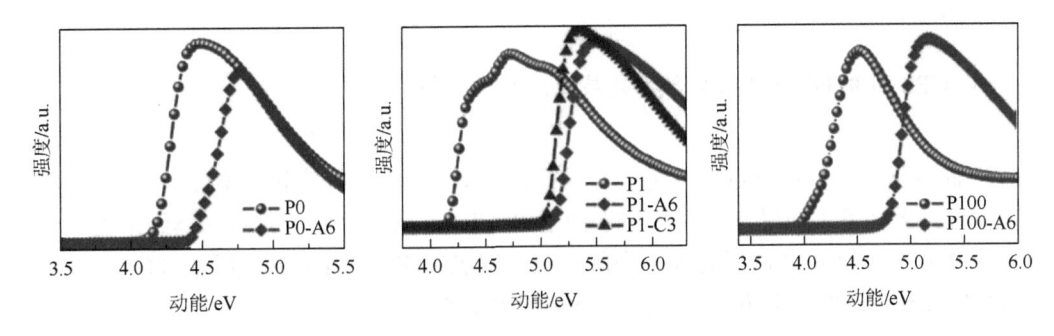

图 9-31　P0、P1 和 P100 在掺杂 FeCl₃ 前后聚合物膜的 UPS 谱图[12]

P0、P1 和 P100 表示不同的共轭聚合物；A6、C3 表示聚合物在不同浓度 FeCl₃ 乙腈溶液中浸入不同时间，其中 A 和 C 分别指 25mmol/L 和 6.25mmol/L 的 FeCl₃ 乙腈溶液，6 和 3 分别指在 FeCl₃ 乙腈溶液中浸入 6min 和 3min

13. UPS 验证水处理增加 MAPbBr₃ 钙钛矿带隙态密度

杂化有机-无机钙钛矿（HOIPs）在光电应用中展现出巨大的潜力。然而，HOIPs 的性能对各种环境因素非常敏感，尤其是高相对湿度会抑制其活性。Kerr 等[13]通过紫外光电子能谱（UPS）监测了 MAPbBr₃(001)表面的电子结构演变，证明了水蒸气暴露后带隙态密度的增加，这是由晶格膨胀导致的表面缺陷形成。

图 9-32 展示了带隙状态的 MAPbBr₃ 激光 UPS 谱图（$h\nu$ = 6.2eV）。新鲜的 MAPbBr₃ 表面具有可通过光电发射光谱探测的带隙态密度。暴露在 100L 水蒸气下的表面光谱显示在费米能级以下 0.7eV 处带隙态密度显著增加。这些状态与结构缺陷有关，可能是由于不协调的 Pb 位点。随着水的吸附，这些缺陷增加，表明表面重构相关的应变通过形成更多的表面缺陷得到释放。

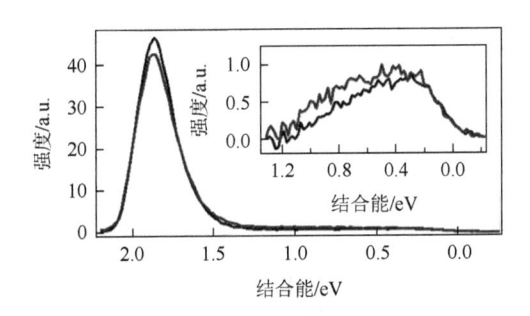

图 9-32　新鲜的 MAPbBr₃(001)表面（黑线）和暴露于 100L 水蒸气后的相同表面（蓝线）的 UPS 谱图（$h\nu$ = 6.2eV）[13]

插图为局部放大图

没有观察到带隙态结合能的变化，说明缺陷的电子环境没有改变，但缺陷密度在增加。这很可能是费米能级附近占位态的增加导致了之前在有水分存在的 HOIPs 上观察到的电阻下降。

14. UPS 研究 Pd 与导电聚合物夹层之间的电子转移

药品和个人护理品（PPCPs）是一类具有高溶解度、低降解性和高毒性的有机污染物，因对环境的潜在危害而受到广泛关注。由于 PPCPs 的高溶解性，天然水体经常受到直接排放的 PPCPs 或污水处理厂处理不当的污染。双氯芬酸（DCF）和氯纤酸（CA）是环境中典型的氯化 PPCPs，近年来造成了严重的环境污染。

钯（Pd）因较高的 H^+ 吸附能力和将吸附的 H^+ 转化为活性氢（H^*）的能力，在脱氯反应中表现出良好的活性和选择性。因此，Pd 在电催化氢脱氯（ECH）领域的性能优于其他贵金属。当作为电催化剂使用时，Pd 通常沉积在导电载体材料，如Ⅷ和ⅠB族金属或各种碳材料上，从而提高催化活性。然而，大颗粒尺寸和聚集的 Pd 纳米颗粒会显著降低脱氯性能。因此，控制 Pd 的粒径，改善 Pd 在电极表面的分散，形成富电子态 Pd，有利于提高 Pd 电极的 ECH 效率。

Li 等[14]提出导电的 Co-MOF 纳米片可以作为理想的中间层，同时增加 Pd 的分散并将电子转移到 Pd，从而形成富电子的 Pd。聚苯胺（PANI）因优异的导电性、易于制备和优异的应用稳定性，成为最有用的导电聚合物之一，因此在电化学应用中得到了广泛应用。基于此分析，Li 等采用电沉积法制备了一种 Pd/PANI-rGO/NF 电极，氧化石墨烯在电极制备过程中被还原为还原氧化石墨烯（rGO），并与 PANI 共掺杂。

为了证实 Pd 与 PANI-rGO 层间的电荷转移机制，采用 UPS 确定了 Pd 和 PANI-rGO 的功函数。从文献中得知，功函数等于 He I 的激发能（21.22eV）减去二次电子截止（$E_{cut\ off}$）值。如图 9-33 所示，Pd 的 $E_{cut\ off}$ 为 16.03eV，因此 Pd 的功函数为 5.19eV。PANI-rGO 的 $E_{cut\ off}$ 为 16.50eV，因此其功函数为 4.72eV。费米能级表征了材料系统中的电子能级，PANI-rGO 的功函数（4.72eV）低于 Pd（5.19eV），反映了 PANI-rGO 的费米水平高于 Pd。当两者相互作用时，电子从高能的 PANI-rGO 转移到 Pd，直到费米能级趋于中间平衡。

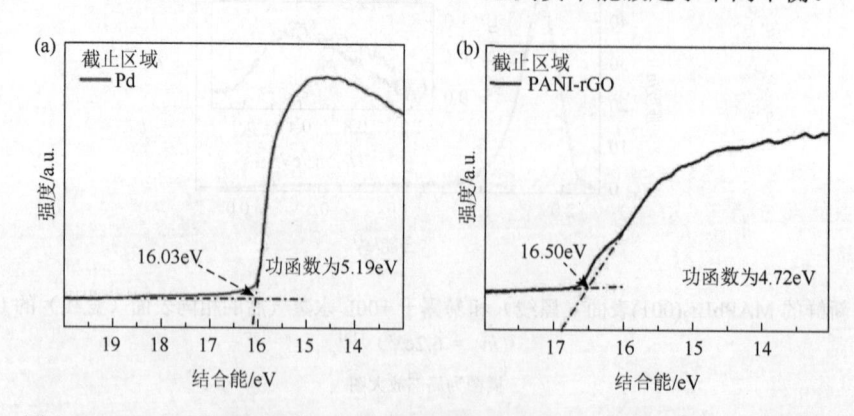

图 9-33 Pd（a）和 PANI-rGO（b）相对于费米能级的二次电子截止 UPS 谱图[14]

15. UPS 研究 Ni-Cu/Nb$_2$O$_5$@Fe$_3$O$_4$ 催化剂的功函数和电子结构

具有氧空位（O_V）的 Ni-Cu/Nb$_2$O$_5$@Fe$_3$O$_4$ 复合材料用于桦木木质素的价态转化。合金中的物种间电子转移显著提高了铜的本征催化惰性，同时降低了镍的本征催化活性，使其趋于适度的氢溢出，有利于单体酚（MPs）的生成。

Liu 等[15]用 UPS 研究了催化剂的功函数，如图 9-34 所示。结果表明，与 Ni/Nb$_2$O$_5$@Fe$_3$O$_4$（4.65eV）和 Cu/Nb$_2$O$_5$@Fe$_3$O$_4$（4.71eV）相比，Ni-Cu/Nb$_2$O$_5$@Fe$_3$O$_4$ 具有较低的功函数（4.25eV）。这表明 Ni-Cu 合金催化剂的电子结构得到了优化，有利于适度的电子转移，从而表现出更好的氢溢出催化性能。此分析也为 Ni 向 Cu 的电子转移形成 Ni-Cu 合金催化剂提供了证据。

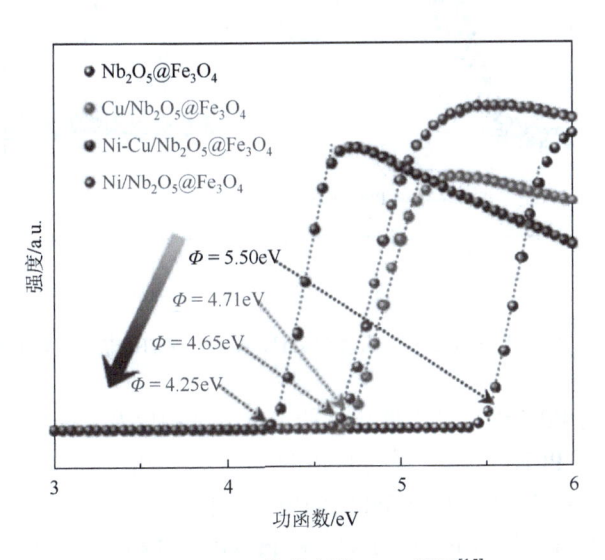

图 9-34　不同催化剂的 UPS 谱图[15]

16. UPS 确定 ZnTe 和 PPy 的电子流向

化石燃料燃烧产生的最终产物 CO$_2$ 是全球变暖和温室效应的主要来源。为了减少大气中 CO$_2$ 的累积，开发了多种将 CO$_2$ 转化为有用燃料的策略，如热催化和电化学 CO$_2$ 转化。然而，由于 CO$_2$ 极为稳定，转化过程需要大量外部能源。例如，热催化 CO$_2$ 转化需要高温，而电化学 CO$_2$ 还原需要较大的过电位。这些方法能效低，释放的 CO$_2$ 比消耗的更多。

光电化学系统被认为是一种有希望的方法，可以利用光能和电能更高效、更环保地进行 CO$_2$ 转化。金属与半导体的结合可以促进电子从半导体向金属转移，这是因为金属的功函数通常高于半导体。在 ZnTe 上沉积聚吡咯（PPy）也有助于电子从 ZnTe 向 PPy 转移，这是因为 PPy 的功函数较高（报道范围为 4.6~5.2eV）。

为确认 PPy 和 ZnTe 间的功函数差异，Won 等[16]进行了 UPS 分析，这是一种能够测量电极功函数的表面敏感方法。如图 9-35 所示，计算出沉积在 ZnTe 上的 PPy 的功函数为 4.95eV，而裸露的 ZnTe 的功函数为 4.45eV。这表明光激发电子更易于从 ZnTe 流向 PPy。

17. UPS 探究元素掺杂对 PtNi 催化剂电子结构的影响

将 Rh 和 Ru 引入到 Pt 基催化剂中可以通过双功能特性提高催化剂的抗毒化能力。然

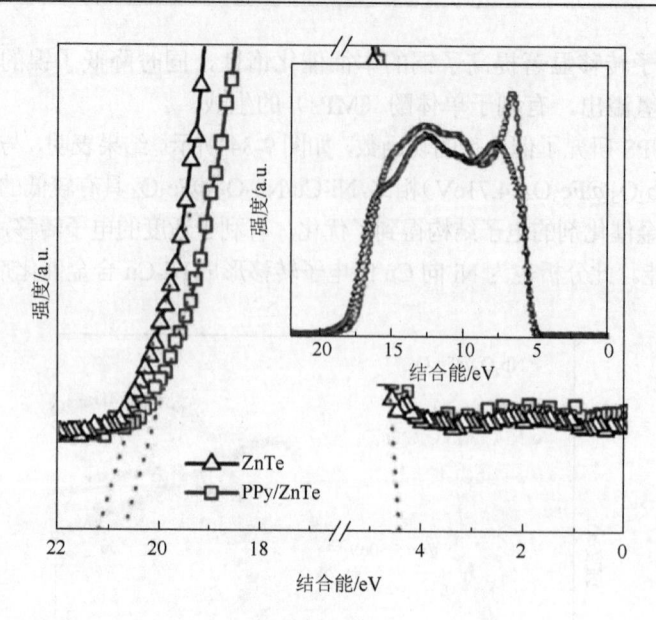

图 9-35 使用 He I（21.2eV）辐射对 ZnTe 和 PPy/ZnTe 电极进行 UPS 检测[16]

而，Rh、Ru 及 Pd 对 PtNi 催化剂电催化性能、电子结构以及 d 带中心的影响尚未被充分研究。Li 等[17]制备了 Pt₃Ni 以及一系列的 Pt₃NiM（M = Rh、Ru、Pd）纳米纤维催化剂，并利用 UPS 分析了 Pt、Ni 与 Rh/Ru/Pd 间的电子转移。

UPS 结果（图 9-36）显示，Pt₃NiRh NFs 和 Pt₃NiPd NFs 的 d 带中心低于 Pt₃NiRu NFs，这意味着 Pt 与中间产物的结合能减弱，从而提高了催化剂的性能。这一结果表明，Rh 和 Pd 的引入能够有效调控催化剂的电子结构，增强其催化活性。

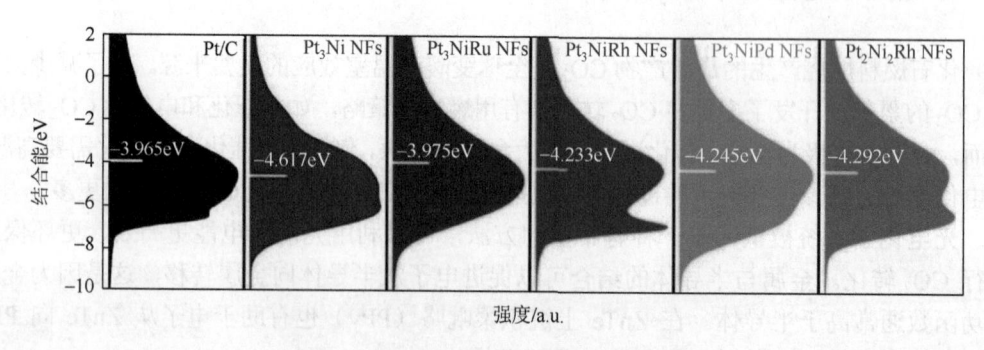

图 9-36 Pt/C 和合成的催化剂的 UPS 谱图[17]
d 带中心在每个图中用白色标记

18. UPS 确定催化剂的功函数和 d 波段结构

氢气（H₂）被广泛认为是一种具有吸引力的可再生能源，通过电解水制氢是一种绿色可持续发展的途径。目前，贵金属基催化剂在析氢反应（HER）中表现出优异的活性。然而，贵金属的高成本阻碍了它们在工业氢能源系统中的应用。非贵金属过渡金属纳米颗粒（NPs）作为 HER 电催化剂，容易在 HER 过程中发生团聚，导致催化活性降低。一种提高 NPs 稳定性的策略是将其负载在碳基材料上，多孔碳因可以通过氮（N）、氧（O）和硫（S）等元素进行改性而具有很大吸引力。

利用生物质衍生的碳材料制备电催化剂，是一种潜在的生物质增值化方式，同时也有效地避免了生物质焚烧处理带来的环境污染。铁（Fe）元素在高温下会与碳化的生物质反应形成铁的碳化物（Fe$_x$C），并在后续过程中分解产生石墨化的碳，增大生物质碳材料的石墨化程度，从而提高碳材料的导电能力。

为了进一步了解 Fe$_x$C 催化剂在 HER 中的活性，Wang 等[18]采用紫外光电子能谱（UPS）确定了 Fe&Fe$_x$C@gl-C-15 和 Fe&FeP@gl-C-15 的功函数和 d 波段结构。在–10V 偏压下 Fe&Fe$_x$C@gl-C-15 和 Fe&FeP@gl-C-15 的 UPS 谱如图 9-37（a）所示。二次电子截止边缘（E_{cut}）在图 9-37（a）中用橙色边框突出显示，并在图 9-37（b）中放大。Fe&Fe$_x$C@gl-C-15 和 Fe&FeP@gl-C-15 的 E_{cut} 值分别为 16.19eV 和 16.03eV[图 9-37(b)]，因此它们的功函数分别为 5.03eV 和 5.19eV。一般 HER 催化剂应表现出合适的功函数来捕获电子以进行后续反应。由于 Fe&FeP@gl-C-15 的功函数大于 Fe&Fe$_x$C@gl-C-15，更接近 Pt/C 的功函数（5.68eV），因此 Fe&FeP@gl-C-15 捕获电子的能力更强。

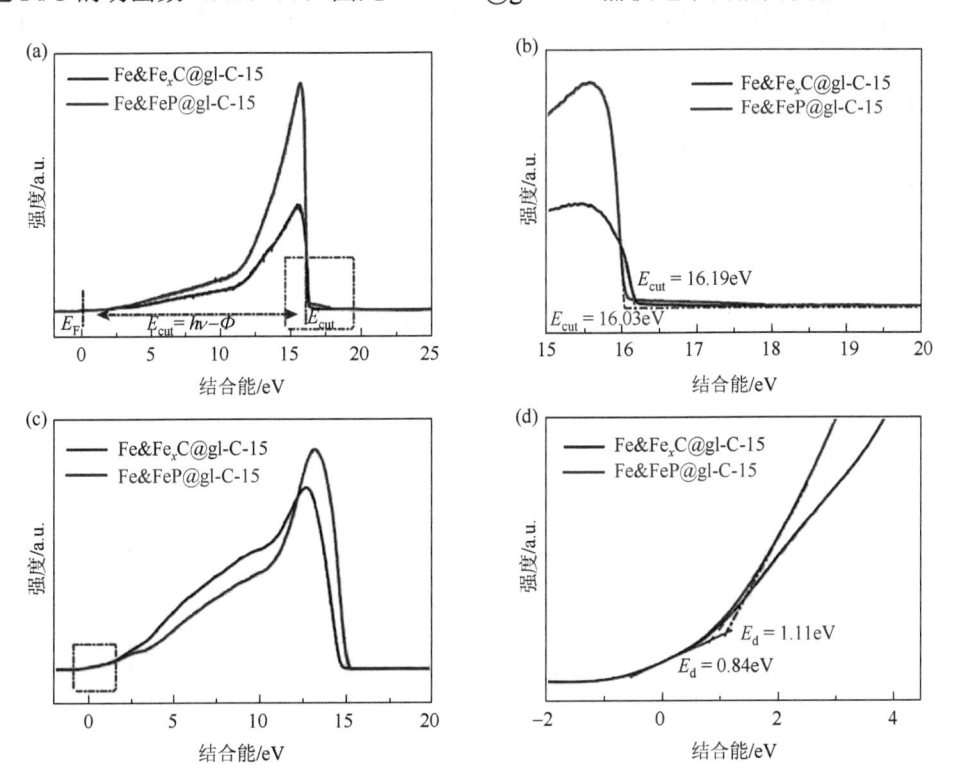

图 9-37　Fe&Fe$_x$C@gl-C-15 和 Fe&FeP@gl-C-15 的–10V 偏压下的 UPS 谱（a）、二次电子截止边（b）、UPS 原始谱（c）和 UPS 价带谱（d）[18]

此外，使用费米能级附近的原始 UPS 波段频谱确定 d 波段中心的位置[图 9-37(c)]。为了确定 d 波段中心的位置，费米能级周围的区域在图 9-37（d）中被放大。费米能级附近的线性交点为 Fe&Fe$_x$C@gl-C-15 和 Fe&FeP@gl-C-15 的 d 带中心,分别位于 0.84eV 和 1.11eV。

19. UPS 分析 Dy@Ni-MOF 的电子性质

电化学水分解对于产生清洁和可再生的氢气（H$_2$）至关重要,但由于析氧反应（OER）的能量密集且动力学缓慢,因此面临挑战。通过设计高效的电催化剂,这些问题可以得到显著缓解。虽然贵金属催化剂如 IrO$_2$ 和 RuO$_2$ 已被证明是有效的,但它们的稀缺性和高成本限制了广泛应用。因此,有必要探索更具成本效益的替代品,如非贵金属基 OER 催化剂。

一系列过渡金属基化合物,包括氧化物、硫化物、磷化物和金属有机框架（MOF）,目前正被研究作为潜在的 OER 电催化剂。其中,MOF 是由金属离子与有机连接剂结合形成的结晶多孔材料,具有多个活性金属中心、可调微结构和可控多孔结构等优点。然而,由于导电性和稳定性差,MOF 作为高效 OER 电催化剂的应用受到限制。

在原始 MOF 中加入第二种金属可以改变金属中心的电子结构,从而提高导电性。镝（Dy）作为一种氧化态为 +3、电子构型为 4f^9 的稀土元素,是一种合适的掺杂剂,可以解决原始 MOF 中导电性差和稳定性差的问题,从而提高电催化活性。研究还表明,Dy 和 Ni 自旋表现出铁磁耦合,并且 Dy 可以影响过渡金属基催化剂的表面粗糙度。因此,在原始 MOF 中掺杂稀土元素是提高催化剂 OER 活性的一种可行的电子调制策略。

Huang 等[19]利用紫外光电子能谱对 Dy@Ni-MOF 的电子性质进行深入分析,进一步探究其增强的内在活性和快速动力学。从图 9-38 可以计算出 Dy@Ni-MOF 和 Ni-MOF 的功函数分别为 3.01eV 和 4.42eV。Dy@Ni-MOF 功函数的减小说明 Dy 的掺杂使电子更容易从催化剂内部转移到表面与反应物交换电子,从而实现更快的反应动力学。此外,Dy@Ni-MOF 和 Ni-MOF 的价带最大值分别为 4.96eV 和 5.18eV。显然,在 Ni-MOF 中掺入 Dy 使价带更接近费米能级（E_F）,表明 Dy@Ni-MOF 具有更好的导电性。

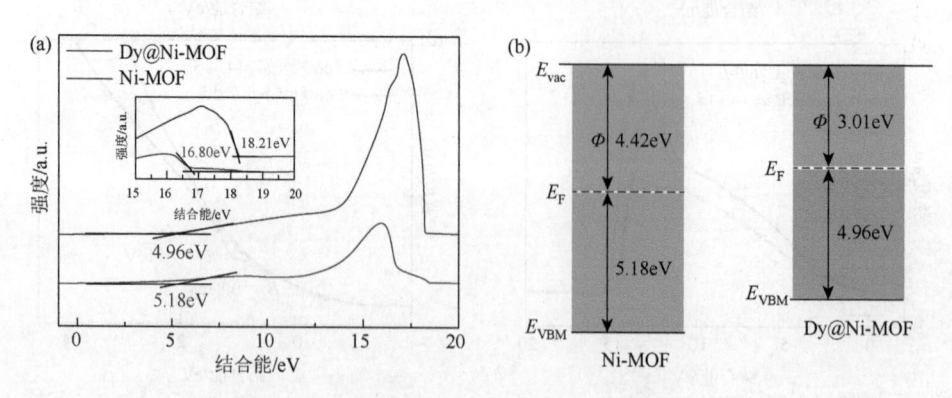

图 9-38 Dy@Ni-MOF 和 Ni-MOF 的 UPS 谱图（a）和能带结构对准（b）[19]

20. UPS 分析 P 掺杂 NC 催化剂的能带结构和电子性质

锌空气电池因能量密度高、安全性好、无污染和成本低等优点被认为是一种非常有前途的储能技术。然而，缓慢的氧还原反应（ORR）和析氧反应（OER）动力学极大影响了锌空气电池的能量转换效率和循环稳定性，严重阻碍了其商业化应用。目前，占主导地位的贵金属催化剂由于稀缺、昂贵和稳定性差等因素，限制了其广泛应用。虽然非贵金属催化剂已展现出接近贵金属催化剂的催化活性，但由于制备方法复杂及金属活性位点不稳定等问题，亟须开发高效、耐久、低成本的双功能电催化剂，这对锌空气电池的商业化进程具有重要意义。

Li 等[20]通过引入磷（P）来调控无金属氮碳（NC）电催化材料的局域结构微环境，制备了 P 掺杂含氮碳（NPC）材料无金属电催化剂。研究人员采用同步辐射紫外光电子能谱（UPS）技术对样品的能带结构和电子性质进行了表征。测定的 NPC-900、NPC-950 和 NPC-1000 的价带最大值（VBM）分别为 2.24eV、2.13eV 和 2.05eV［图 9-39（a）］。这表明 NPC-950 和 NPC-1000 的价带比 NPC-900 更接近费米能级，这是由更有效的 P/N 共掺杂效应导致的电荷密度重分布所致。此外，NPC-950 的价带介于 NPC-900 和 NPC-1000 之间。

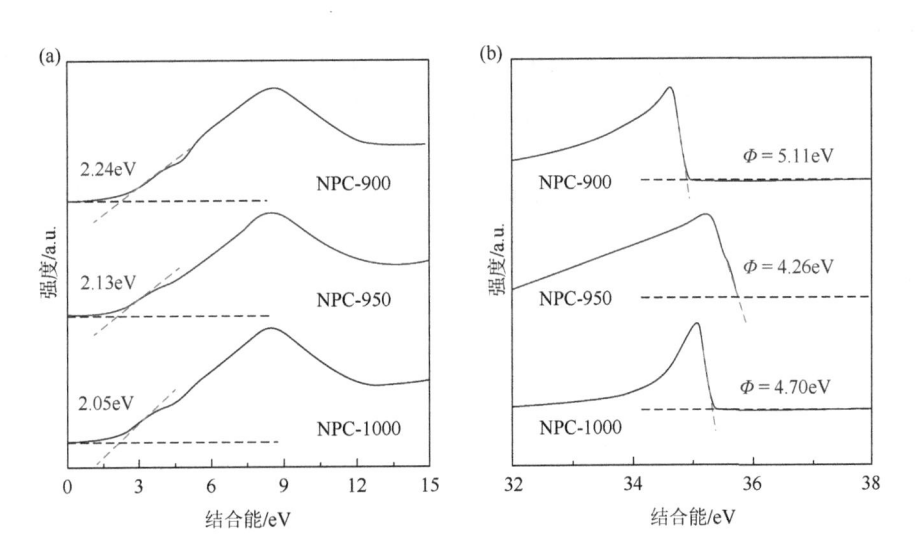

图 9-39　NPC-900、NPC-950 和 NPC-1000 的价带能谱（a）和二次电子截止 UPS 谱图（b）[20]

NPC-900、NPC-950 和 NPC-1000 的功函数分别为 5.11eV、4.26eV 和 4.70eV［图 9-39（b）］。这表明 NPC-950 可以向含氧中间体提供更多的电子，以实现有效的 O_2 活化。

21. UPS 分析引入 Fe 团簇前后的能带信息

现代社会对可持续能源的探索比以往任何时候都更加深入。尽管质子交换膜燃料电池和锌空气电池在解决可持续能源问题方面取得了关键性突破，但阴极过程中的 ORR 缓慢动力学极大地限制了这些技术的发展。作为里程碑意义的 ORR 催化剂，铂族金属（PGM）基材料受到了广泛关注。然而，这些材料存在公认的致命缺点，如价格昂贵、难以获取以及在催化过程中容易失活。因此，研究人员一直在探索高效的 ORR 催化剂。

目前，单原子催化剂在这一领域展现了巨大的希望，并具备大规模应用的潜力。对于单原子催化剂，每个金属原子都是一个活性催化位点，可以最大限度地暴露在反应环境中，从而大大提高利用效率。过渡金属-氮-碳（TM-N-C）结构作为 PGM 基材料的替代品引起了广泛的兴趣，因为它们的不完全 d 轨道可以容易地接受氧反应中间体提供的电子，从而降低活化能势垒。具体来说，Fe-N-C 由于显著的 ORR 活性被认为是理想的电催化剂。然而，Fe-N-C 材料的一个关键挑战是其高度对称的电子结构分布不利于氧中间体的吸附/解吸，从而减慢反应动力学。因此，电子调制和轨道工程技术在 Fe-N-C 材料的精确设计中不可或缺。

在 ORR 过程中，Fe 的 3d 轨道经历连续的占据和排空，有利于电子转移，促进反应。Fe-N$_4$ 结构基本上是定义良好的 D_{4h} 对称方形平面构型，d 轨道分为两组：$d_{x^2-y^2}$、d_{z^2}、d_{xy} 单简并轨道和 d_{yz}、d_{xz} 双简并轨道。这些轨道的自旋电子占据带来了一定的不确定性，使得 Fe 中心可以产生多个自旋构型。了解催化机制，调节活性位点的电子结构，优化反应路径，调整吸附强度，以及揭示电子供体和受体能量与 ORR 活性之间的关系，对于实现卓越的催化活性和耐久性至关重要。

本小节研究工作成功地将单分散的 Fe 原子与邻近的 Fe 原子团簇锚定在 N 掺杂的层状多孔空心碳中，形成了一种称为 Fe$_{SA/AC}$@HNC 的材料。为了阐明 Fe$_{SA/AC}$@HNC 催化剂具有高 ORR 活性的原因，Zhang 等[21]提出了轨道标度的观点。具体来说，紫外光电子能谱（UPS）提供了添加铁簇前后的能带信息。确定 Fe$_{SA}$@HNC 和 Fe$_{SA/AC}$@HNC 的截止值分别为 17.35eV 和 17.62eV（图 9-40）。功函数 Φ 的计算公式为 $\Phi = 21.22\text{eV} - E_{\text{cut off}}$（二次电子截止值）。Fe$_{SA/AC}$@HNC 的功函数越小，意味着它向含氧中间体提供电子所需的能量越低，从而有利于电子转移。

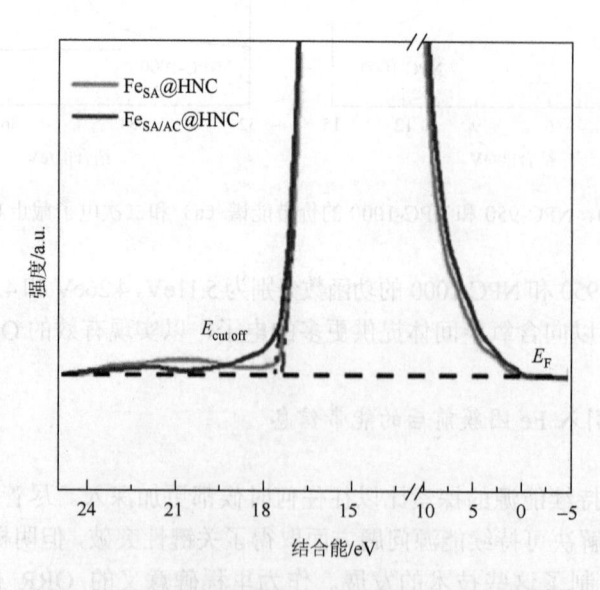

图 9-40　Fe$_{SA}$@HNC 和 Fe$_{SA/AC}$@HNC 的 UPS 谱图[21]

22. UPS 分析催化剂界面处的电子重排

通过电解水开发高纯度、高能量密度的绿色氢气具有巨大的前景，但由于依赖昂贵且寿命有限的贵金属催化剂以及阳极析氧反应（OER）缓慢的动力学过程，电解水制氢成本居高不下。

Wang 等[22]构建了一种高度晶格匹配结构的双相金属氮化物材料，通过耦合肼降解实现高效制氢。这项工作有助于推动金属氮化物基电催化剂的发展，在低能耗制氢和环境保护方面具有广阔的应用前景。优异的电子传输效率对材料的电催化性能至关重要。为了探究两相界面的电子转移情况，研究人员利用紫外光电子能谱（UPS），如图 9-41 所示，证实了 Mn 的引入激活了 Ni_3N-Co_3N 界面处的电子重排。这种电子重新分布类似于 Mn 作为引擎，激活了界面处连续的电子流，大大提高了电子传输效率。

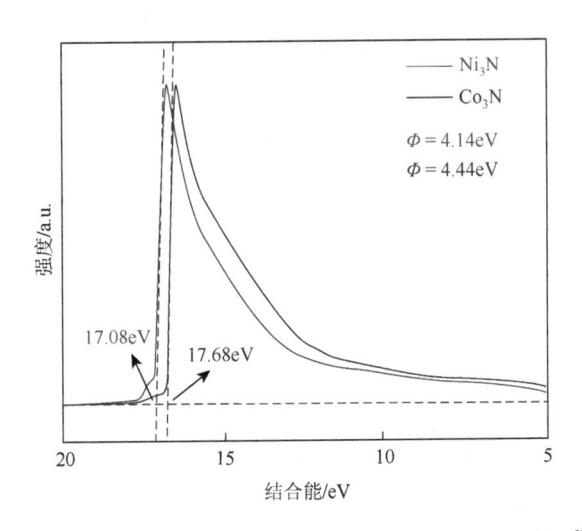

图 9-41　Ni_3N 和 Co_3N 在费米能级处的紫外光电子能谱图[22]

23. UPS 分析催化剂 d 带结构

氢能因超高的能量密度和环保特性而受到广泛关注，而钌（Ru）被认为是催化碱性析氢反应（HER）的有前途的候选催化剂。应变工程已被证明是调节关键反应中间体结合强度和增强催化活性的有效策略。压缩应变会使 d 带变宽，从而使 d 带中心下移，削弱 Ru 对氢的吸附强度。

Yang 等[23]通过在不同体积分数的 H_2/Ar 中退火处理形成氧空位，构建了具有不同压缩应变水平的钌掺杂镍铬层状双氢氧化物纳米片（Ru-NiCr LDH）以调节氢吸附。他们通过紫外光电子能谱研究了 Ru-NiCr LDH-r 样品的 d 带结构（图 9-42）。结果表明，Ru-NiCr LDH-r 的价带距离费米能级最远，其 d 带中心从费米能级下降，这表明氢中间体在催化剂表面的吸附强度减弱，从而调节了氢的结合强度，进一步提高了碱性 HER 的性能。

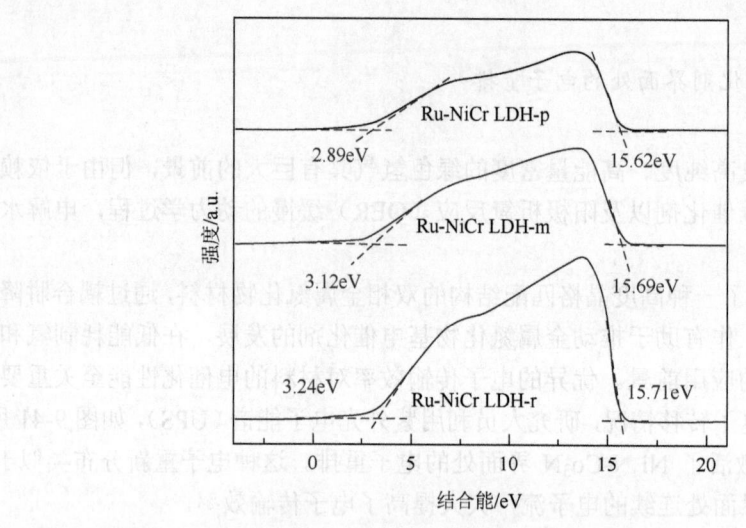

图 9-42 制备样品的紫外光电子能谱图[23]

样品名中 r、m 和 p 分别代表使用 10vol%、5vol% 和 0vol% H_2/Ar 制备的催化剂

24. UPS 分析金属催化剂在水分解反应中的应用

光电化学（PEC）分解水是可持续生产氢气作为碳中性能源的理想反应。析氧反应（OER）被认为是水分解中两个电极反应中更具挑战性的，因为必须转移四个电子才能产生一个 O_2 分子，这需要超过 1.23V 热力学标准电位的相当大的过电位。

Baues 等[24]利用紫外光电子能谱（UPS）表征了 $Cu_{48}Ga_3W_{49}O_x$，并采用 He I 激发的 UPS 价带（VB）谱测定了所研究的金属氧化物 $Cu_{48}Ga_3W_{49}O_x$、$Cu_{44}Co_9W_{47}O_x$、$Cu_{44}Ni_9W_{47}O_x$ 和 $Cu_{50}W_{50}O_x$ 的价带最大值（VBM），如图 9-43 所示。$Cu_{48}Ga_3W_{49}O_x$ 的 VBM 位于费米能级（$E_F = 0eV$）以下约 2.1eV 处，由前缘拟合线性函数确定。$Cu_{44}Co_9W_{47}O_x$ 的 VBM 比 E_F 低 1.7eV，$Cu_{44}Ni_9W_{47}O_x$ 的 VBM 比 E_F 低 1.4eV，$Cu_{50}W_{50}O_x$ 的 EVBM 比 E_F 低 1.4eV。考虑到 $CuWO_4$ 的带隙为 2.4eV（其他材料不变），VBM 值证实了已知的金属钨酸盐的 n 型特征。测量结果表明，采用相同方法制备的活性材料（除了 $Cu_{44}Ni_9W_{47}O_x$ 外）的 n 型特征比 $Cu_{50}W_{50}O_x$（$CuWO_4$）更强。

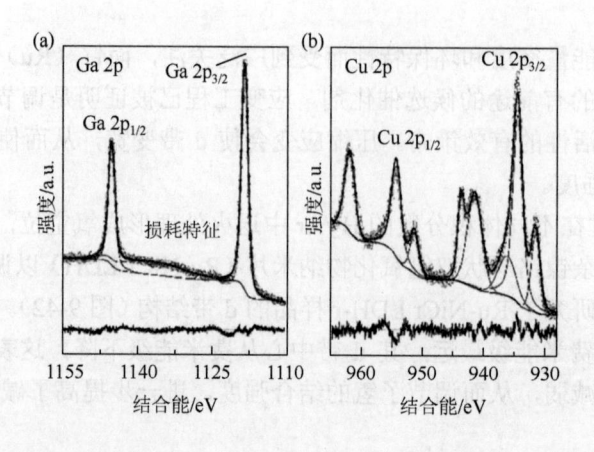

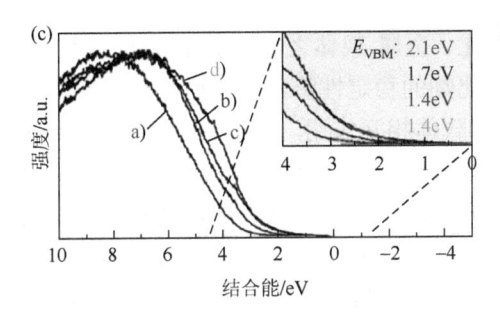

图 9-43 $Cu_{48}Ga_3W_{49}O_x$ 的 Ga 2p（a）和 Cu 2p（b）的 XPS 谱；（c）由 UPS（He I）获得的 VB 谱：a) $Cu_{48}Ga_3W_{49}O_x$；b) $Cu_{44}Co_9W_{47}O_x$；c) $Cu_{44}Ni_9W_{47}O_x$；d) $Cu_{50}W_{50}O_x$ [24]

25. UPS 分析 NFCN/C 和 NFN/C 的电子性质和价带结构

电化学水分解是一种广泛应用的大规模绿色制氢技术。在本小节研究中，通过 UPS 分析了海绵状氮掺杂无序碳骨架（NFCN/C）电催化剂，并在其上合成了三元金属（Ni、Fe、Cr）氮化物纳米颗粒，以提高 OER 的电催化活性。为了解释 Cr 的电子调制作用，Lim 等[25]利用 UPS 研究了 NFCN/C 和 NFN/C 的电子性质和价带结构。

图 9-44 显示了功函数的确定以及价带最大值与费米能级之间的能隙。NFCN/C 材料的功函数为 3.47eV，低于 NFN/C 材料的 3.83eV。这表明，电催化剂中 Cr 的存在促进了电子从内部向表面的运动，使其更容易与吸附的含氧中间体交换电子。相对于费米能级，NFCN/C 和 NFN/C 电催化剂的价带最大值分别为 3.34eV 和 3.62eV。这表明，电催化剂中 Cr 的存在导致价带向费米能级移动，从而提高了电导率。

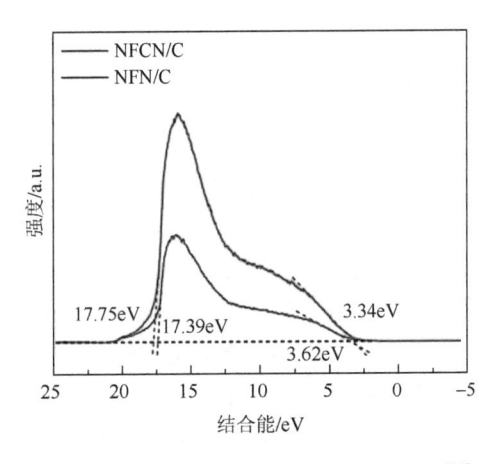

图 9-44 NFCN/C 和 NFN/C 的 UPS 谱图[25]

26. UPS 分析 Pt 基 ORR 催化剂的功函数

碳载 Pt 基氧还原反应（ORR）催化剂使质子交换膜燃料电池（PEMFC）在降低成本、提高功率密度和能源效率等方面取得了显著突破。然而，由于 Pt 纳米颗粒在苛刻的氧化条件下的快速 Ostwald 熟化、金属-载体之间的弱相互作用以及启动/关闭循环引起的碳腐蚀等问题，Pt 基 ORR 催化剂的稳定性仍然是当前燃料电池研究的重点。将 Pt 负载在金属氧化物上，通过强金属-载体相互作用（SMSI），可以有效地抑制含氧物种的形成并稳定低配位 Pt 位点，这是一种提高 Pt 基 ORR 催化剂稳定性的有效途径。

然而，阐明反应条件下 SMSI 对 Pt 基 ORR 催化剂的稳定机制仍然是一个巨大的挑战。因此，设计合理的金属-氧化物体系并研究在反应条件下氧化物载体对 Pt 的稳定机制对高稳定性 Pt 基催化剂的设计和合成具有重要的指导意义。Yang 等[26]通过紫外光电子能谱（UPS）比较了 Pt（6.27eV）和 Nb_2O_5（4.85eV）的功函数（图 9-45），发现 Nb_2O_5 的功函数较低，这意味着 Nb_2O_5 的费米能级（E_F）高于 Pt（与真空能级相比）。因此，在接触界面可能会有来自 Nb_2O_5 向 Pt 的电子注入，直到费米能级趋于平衡，从而在 Pt 和 Nb_2O_5 之间实现快速的电子转移。两者之间的电子相互作用可以通过 Nb_2O_5 表面氧化还原反应（Nb^{4+}/Nb^{5+}），伴随着氧空位的生成和补充进一步增强。这种理解对于设计高稳定性 Pt 基催化剂具有重要意义。

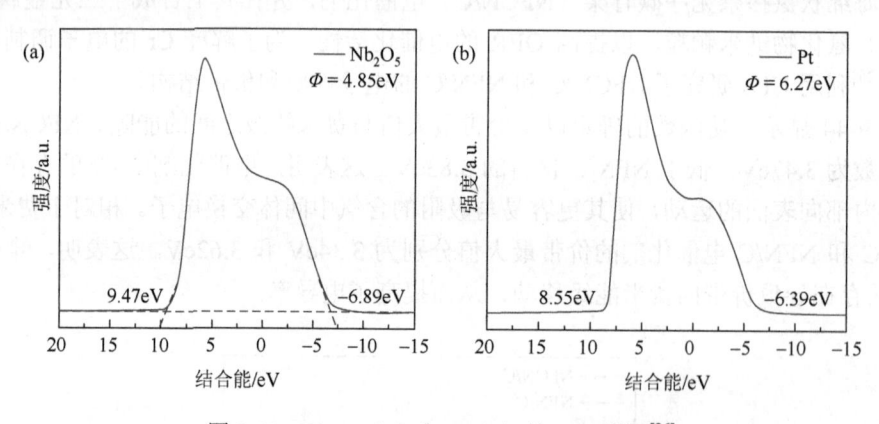

图 9-45 Nb_2O_5（a）和 Pt（b）的 UPS 谱图[26]

27. UPS 分析双过渡金属掺杂电催化剂的能带结构

开发非贵金属高效制氢电催化剂对于降低制氢成本至关重要。Wang 等[27]提出了一种综合考虑氢吸附/解吸和脱氢动力学的计算化学指标策略，以评估电催化剂的析氢性能。在该策略的指导下，他们通过双过渡金属掺杂策略构建了一系列催化剂。密度泛函理论（DFT）计算和电化学实验证明，钴钒共掺杂的 Ni_3N 是碱性电解水制氢的理想催化剂。具体来说，钴钒共掺杂的 Ni_3N 在碱性电解质和碱性海水中分别只需要 10mV 和 41mV 的过电位，就能达到 $10mA/cm^2$ 的电流密度。此外，它还能在 $500mA/cm^2$ 的工业大电流密度下长期稳定运行。重要的是，这一评估策略被扩展到单金属掺杂的 Ni_3N，发现其仍然具有显著的通用性。这项研究不仅提出了一种用于碱性电解质/海水电解的高效非贵金属基电催化剂，还为高性能电解水催化剂的设计提供了重要策略。

通过紫外光电子能谱（UPS）分析表征了 Ni_3N 催化剂的能带结构（图 9-46）。在所有样品中，Co,V-Ni_3N 的功函数最低。功函数的降低促进了催化剂内部的电子转移，从而提高了 HER 活性，这与理论计算结果一致。Co, V-Ni₃N 的价带最大值（VBM）最大，价带最大值的增加表明过渡金属掺杂后电催化剂的吉布斯自由能（ΔG）变小，从而促进了中间产物和 H_2 的解吸。

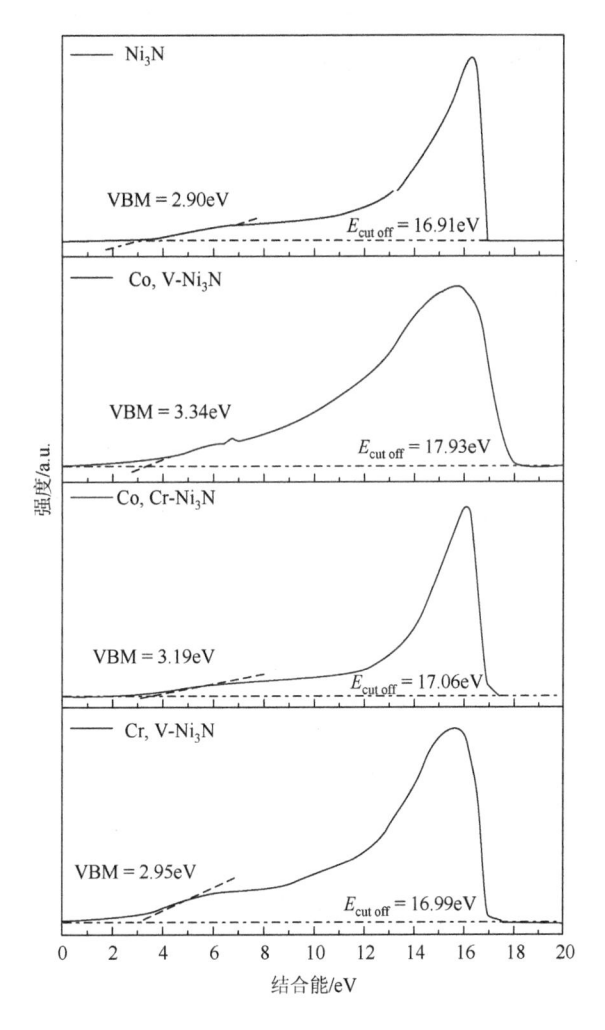

图 9-46　Ni₃N、Co, V-Ni₃N、Co, Cr-Ni₃N 和 Cr, V-Ni₃N 催化剂的 UPS 谱图[27]

28. UPS 确定 ZCS/0.5Ti₃C₂/2Fe₂O₃ 的功函数和价带最高能级

为解决环境污染问题并满足能源需求，21 世纪需要利用自然清洁能源替代化石能源。自 1972 年首次发现光电化学水分解产生氢气以来，光电化学和光催化水分解制氢已受到广泛关注。迄今，许多半导体材料，如 TiO_2、g-C_3N_4、CdS、$BiVO_4$、$ZnIn_2S_4$ 等，已被应用于高效的光催化产氢反应。在各种半导体中，金属硫化物被认为是光催化水分解产生氢气的有吸引力的光催化剂。尤其是 CdS，由于适当的约为 2.4eV 的能隙和优异的可见光响应性而受到了广泛关注。

如图 9-47 所示，Ti$_3$C$_2$、Zn$_{0.7}$Cd$_{0.3}$S（ZCS）和 Fe$_2$O$_3$ 的 UPS 谱图被用于计算 ZCS/0.5Ti$_3$C$_2$/2Fe$_2$O$_3$ 的功函数（$\Phi = 21.22eV - E_{cut\,off}$）和价带最大值[VBM = $E_{edge} + \Phi$(相对于真空)][28]。Fe$_2$O$_3$ 和 ZCS 的功函数分别为 4.77eV 和 3.94eV，Fe$_2$O$_3$ 和 ZCS 的 VBM 分别为 6.90eV 和 5.87eV，因此，Fe$_2$O$_3$ 和 ZCS 的 VBM 值分别计算为 2.46eV（vs. RHE）和 1.43eV（vs. RHE），其导带能量被估计为 0.26eV 和 -0.79eV。

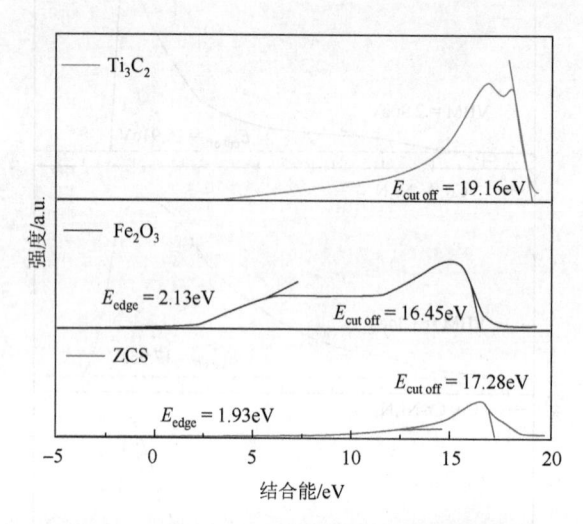

图 9-47　Ti$_3$C$_2$、Fe$_2$O$_3$ 和 ZCS 的 UPS 谱图[28]

在 2D 界面上，由 ZCS 指向 Fe$_2$O$_3$ 的内电场被构建，有利于分离光生电荷。此外，Fe$_2$O$_3$ 导带上的光生电子将转移到 ZCS 的价带，并与可见光照射产生的电场形成的空穴结合。Bai 等用 UPS 确定了 ZCS 和 Ti$_3$C$_2$ 的功函数，以检查 ZCS 和 Ti$_3$C$_2$ 之间的界面电荷转移过程，发现 ZCS 和 Ti$_3$C$_2$ 的功函数分别约为 3.94eV 和 2.06eV。

29. UPS 探究 ZnSn(OH)$_6$/ZnSnO$_3$ 异质结构的反应机制

由于光生载流子的空间分离，异质结光催化剂在废水处理方面具有较高的效力。通过半导体光催化剂的部分相变构建异质结界面，是一种制备化学稳定、具有较高光敏效应的光催化剂的简单而经济有效的方法。二氧化钛和 Zn-Sn-O 基三元化合物存在多种相，具有较高的光学和光催化效率。在 Zn-Sn-O 化合物的不同相中，羟基锡酸锌或 ZnSn(OH)$_6$（ZHS）是少数具有钙钛矿晶体结构的金属氢氧化物材料。尽管 ZHS 的光吸收范围非常有限（<250nm），但由于丰富的表面羟基，ZHS 作为光催化剂受到相当多的关注。这些羟基作为初级活性位点，在光催化氧化过程中负责产生羟基自由基。

另外，尽管 ZHS 的氧化物衍生物，即氧化锌锡或 ZnSnO$_3$（ZTO）作为光催化剂材料的光吸收范围更广泛，但其表现相对 ZHS 仍然不明显。ZTO 可以通过在相对较低的温度（约 300℃）下对 ZHS 进行简单煅烧而得。ZTO 比 ZHS（<250nm）具有相对较宽的光吸收范围（<300nm），这为实现 ZTO 作为异质结构 ZHS 光催化剂的光敏剂提供了机会。

受以往研究的启发，Kim 等[29]考虑对纯 ZHS 进行原位部分相变，形成 ZHS/ZTO 异质结构光催化剂，以扩展高界面质量和长期稳定性的光吸收范围。他们采用共沉淀法合成了立方 ZHS 纳米晶体，随后采用快速热退火工艺在纯 ZHS 中诱导部分相变，得到混合相 ZHS/ZTO 复合材料。

在该研究中，MO 染料分子被吸附到光催化剂的活性中心上，并经过氧化还原转化，产生降解的副产物。根据图 9-48 所示的紫外光电子能谱的能带结构分析，展示了 ZHS/ZTO 异质结构对 MO 染料的可能降解机制。在降解过程中，光产生的电子从 ZHS 的导带迁移到 ZTO 的导带，在那里它们被捕获以抑制电子和空穴的复合。随后，这些被激发的电子和空穴与氧气和水分子反应，在 ZTO 和 ZHS 表面产生超氧自由基阴离子和羟基自由基。通过促进载流子的分离，ZTO 在降解过程中显著提高了 ZHS 的光催化性能。

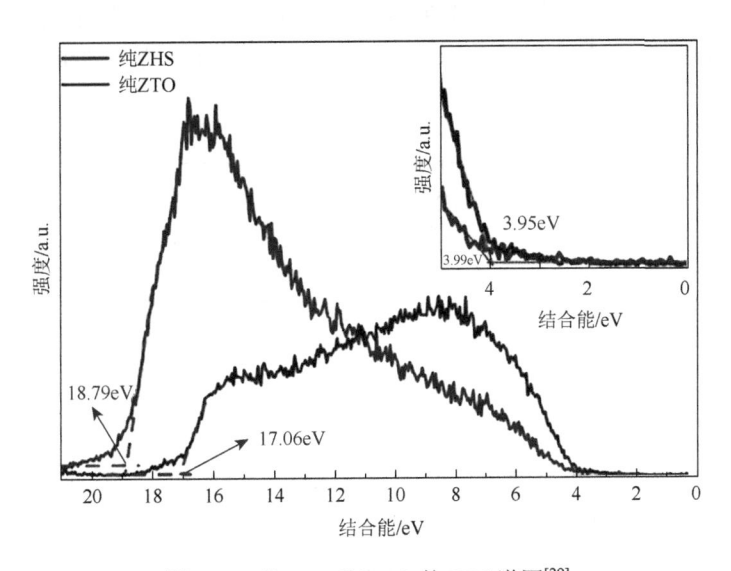

图 9-48　纯 ZHS 和 ZTO 的 UPS 谱图[29]

30. UPS 确定不同氧化物催化剂的元素价带

近年来，抗生素耐药细菌、耐药基因和细菌感染病例的增加引起了广泛关注。抗生素废水已经成为许多环保工作者面临的热点问题之一。四环素类抗生素作为应用最广泛的抗生素之一，由于价格低廉和优良的杀菌性能，被广泛用于治疗和预防人类与动物疾病。然而，大量丢弃的含四环素物质对环境造成了严重的不良影响。以中药为主要污染物的废水具有高生物毒性和难以降解的特点。

先进氧化过程（AOPs）是一类利用活性物质降解或矿化自然环境中各种有机污染物的技术，包括芬顿氧化、电化学氧化和臭氧氧化等。然而，这些处理废水的氧化技术也存在一定的局限性，如可能引发二次污染和降解率低。因此，寻找绿色、有效的抗生素废水处理方法尤为重要。

光催化降解作为一种高效、绿色、无污染的先进氧化技术，可以将有机污染物降解为无机物或低毒性小分子，为抗生素废水的处理提供新的思路。过渡金属氧化物（如氧化铜、氧化锰和氧化镍）虽然不具有贵金属的高活性，但在催化使用过程中具有使用寿命长、稳定性好的优点。与单一金属氧化物催化剂相比，复合氧化物可以提供协同作用，提高催化剂的催化活性，如Cu-Mn、Fe-Cu、Mn-Ni等。然而，关于Cu-Mn修饰的蒙脱石（MMT）光催化降解有机物的研究报道较少。

Hu等[30]采用浸渍法制备了一系列装载Cu、Mn、Ni的MMT样品，并对其进行了表征，分析了元素间的相互作用。他们通过模拟太阳光照下TCH（一种四环素类抗生素）的光催化降解过程，研究了单金属和双金属复合材料MMT的光催化性能，并通过活性物质捕获实验和能带结构分析其可能的反应机制。

为了分析几种氧化物的价带，研究人员进行了紫外光电子能谱（UPS）测试[以He（21.2eV）为激发源]，结果如图9-49所示。材料在较低能量下的截止峰使我们能够测量价带（VB）的能量。从图中可以看出，CuO和MnO_2的价带能量分别为1.76eV和1.24eV。

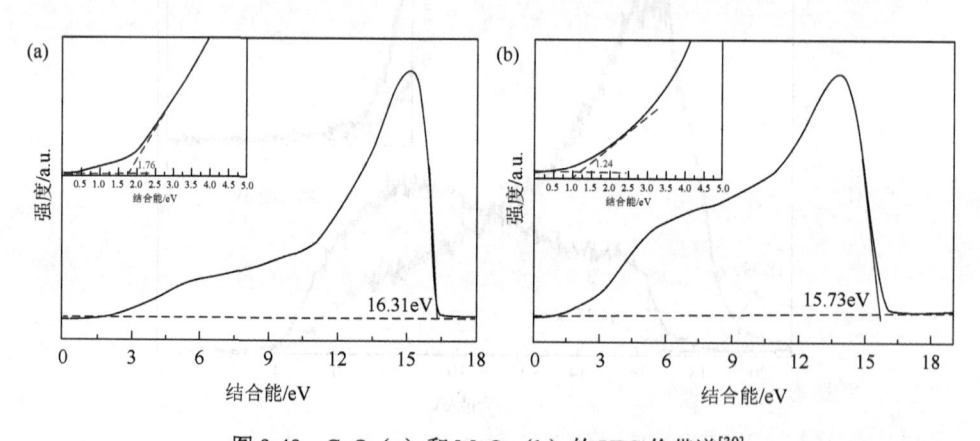

图9-49 CuO（a）和MnO_2（b）的UPS价带谱[30]

31. UPS研究低动能截止（E_L）和高动能截止（E_H）

在Fe^{2+}的催化下，过氧化氢会分解生成羟基自由基（·OH），该自由基具有高活性，能快速氧化大部分有机污染物。然而，传统的芬顿反应中Fe^{2+}/Fe^{3+}的转化率较低，降低了过氧化氢的转化效率。因此，在有机物质氧化的芬顿反应过程中，有效实现Fe^{2+}/Fe^{3+}的转化具有重要意义。

具有窄带隙能量的MoS_2被认为是一种具有高可见光响应的潜在半导体光催化剂。更重要的是，具有暴露活性位点的Mo(Ⅳ)中心被认为会与高价物种发生反应，在水溶液中产生低价金属。此外，MoS_2也被报道为一种有效的共催化剂，加速Fe^{3+}/Fe^{2+}的转换，从而加速过氧化氢基均相芬顿体系中ROS的形成。

近年来，双Z型光催化剂利用了具有不同带隙的多组分的协同效应，从而延长了光诱导载流子的使用寿命，使其能够高效地分离和迁移。双Z型光催化剂中的电子迁移路径促进了电荷转移速率，从而增强了光催化效应。更重要的是，多种组分的协同效应确保了更全面的光收集能力。为了构建双 Z 型方案,可见光响应的石墨氮化碳（g-C$_3$N$_4$）无疑是一个很好的候选材料,不仅因为它具有适当的带隙能量（约 2.7eV）,而且还具有易于制备和超稳定性的特点。此外,还发现具有较大比表面积的 ZIF-8(Zn)材料可以通过与其他半导体的复合而相互补充。从它们的带隙能量位置来看,MoS$_2$、g-C$_3$N$_4$ 和 ZIF-8(Zn)的组合有望组装出一种具有良好光催化性能的双 Z 型三元光催化剂。

Xu 等[31]制备了一系列双 Z 型 MoS$_2$@g-C$_3$N$_4$/ZIF-8(Zn)（称为 MCZ）复合材料,结合光催化和光诱导芬顿反应,有效降解水中的 MB 和四环素污染物。通过 Kubelka-Munk 方法,可以利用紫外-可见吸收光谱法计算光催化剂的带隙（E_g）。如图 9-50（a）所示,MoS$_2$、g-C$_3$N$_4$ 和 ZIF-8(Zn)的 E_g 值分别为 2.41eV、2.82eV 和 3.74eV。此外,利用 UPS 研究了界面电子的转移,图 9-50（b）显示了三种初始材料在高动能区域和低动能区域的 UPS 谱图。根据 UPS 的数据,可以从相关的切线中确定低动能截止（E_L）和高动能截止（E_H）。使用以下公式确定费米能级（E_F）、价带最大值（VBM）：$E_F = h\nu - E_H$，VBM $= h\nu - E_H + E_L$,其中 $h\nu$ 为 UPS 入射光子的能量,等于 21.22eV。

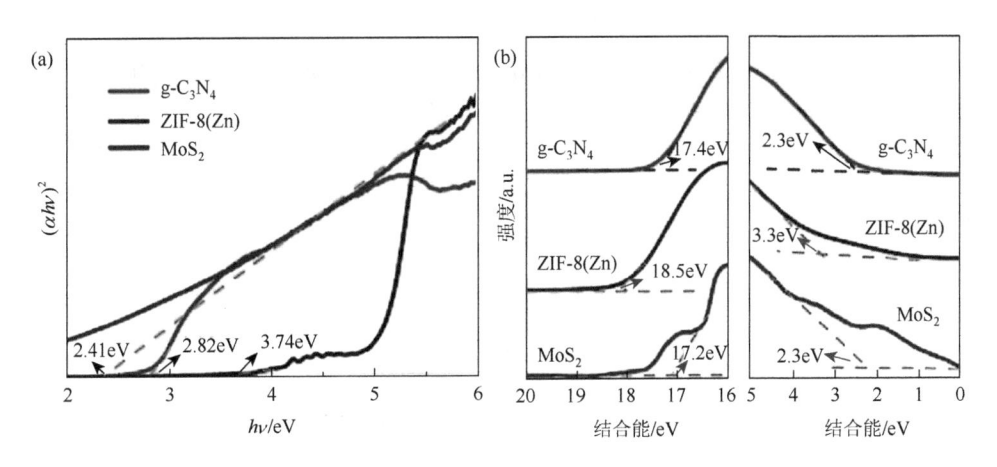

图 9-50 （a）紫外-可见吸收光谱的带隙计算；（b）在高动能和低动能区域的 UPS 谱图[31]

32. UPS 分析 CeO$_{2-x}$ 颗粒中 Ce(Ⅳ)贡献的比例

为了提高光催化效率,合理设计光催化剂的某些性能仍然是一个需要克服的巨大挑战。特别是对于光催化制氢反应,调整带隙能量、导带和价带的位置以及金属氧化物表面可用活性位点的数量可以显著提高反应效率。Thill 等[32]利用 CeO$_{2-x}$ 纳米颗粒来光催化制氢,并应用 UPS 研究了催化剂的性质（图 9-51）。

通过比较 UPS 谱图中 Ce(Ⅳ)贡献的比例,可以观察到氧化态的变化。其中,High-S55 的 CeO$_{2-x}$ 纳米颗粒比 Low-S 的 CeO$_{2-x}$ 纳米颗粒还原得更多。UPS 数据证明,High-S55 的 CeO$_{2-x}$ 纳米颗粒在不同深度表现出更高的氧空位居群。这意味着合成的纳米颗粒不仅具有窄带隙和高比表面积,而且表面活性位点（氧空位）的数量也有所增加,从而增强了光催化性能。

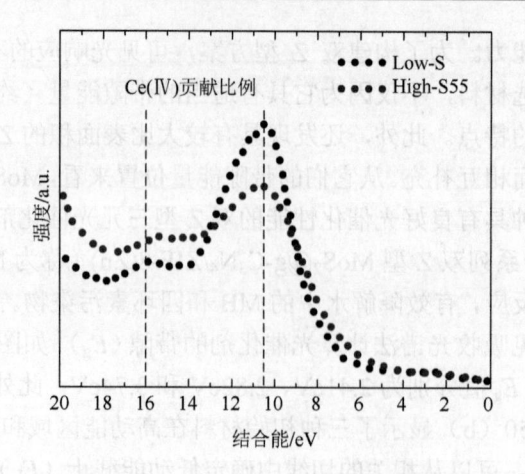

图 9-51 CeO$_{2-x}$ 纳米颗粒的 UPS 谱图[32]

33. UPS 分析表面修饰的 CuInS$_2$ 光电阴极高 PEC 活性的来源

Chae 等[33]研究了采用 MoS$_x$、Pt 或 Ru 对 CuInS$_2$ 光电阴极进行顺序表面改性后的光电化学制氢活性。紫外光电子能谱图揭示了表面修饰的 CuInS$_2$ 光电阴极高 PEC 活性的来源（图 9-52）。

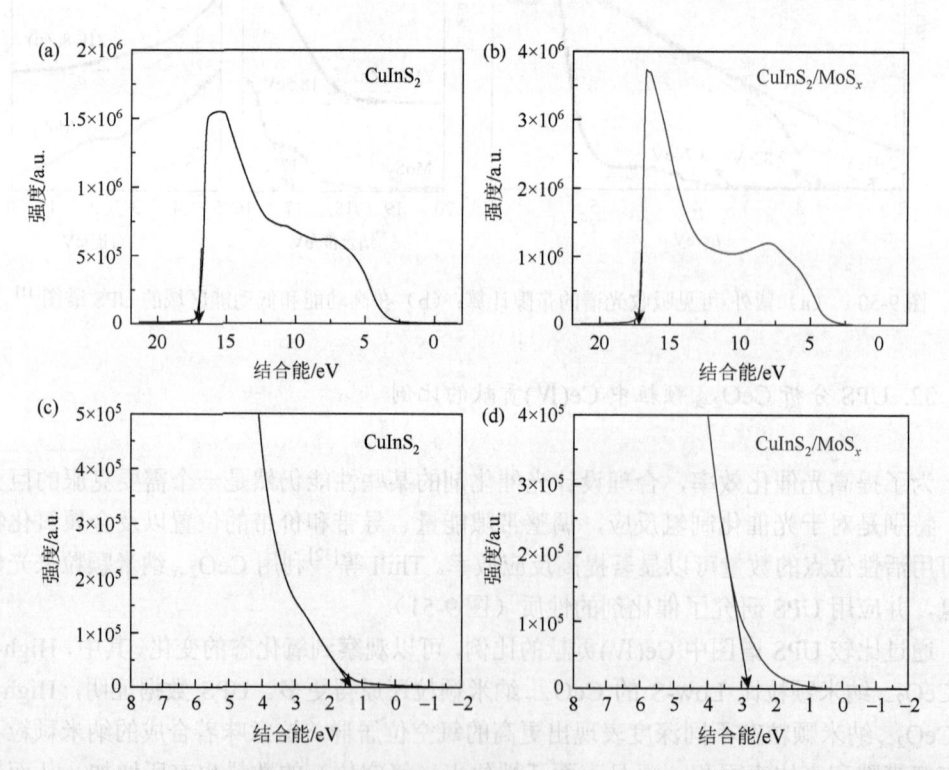

图 9-52 CuInS$_2$（a）和 CuInS$_2$/MoS$_x$（b）的 UPS 谱图；CuInS$_2$（c）和 CuInS$_2$/MoS$_x$（d）价带边缘的 UPS 谱图[33]

从莫特-肖特基分析中可以看出，CuInS₂ 和 MoSₓ 分别显示出 p 型和 n 型特征。从能量图上可以看到，CuInS₂/MoSₓ 异质结与之前的结果一样是交错型的。有趣的是，MoSₓ 的费米能级位于其导带最小值之上，这表明 MoSₓ 表现出金属性质，是一种重掺杂半导体，具有较高的载流子密度和电导率。

34. UPS 分析 CoS/Cd₀.₅Zn₀.₅S 纳米复合材料的功函数

近年来，由于化石燃料的枯竭和燃烧后二氧化碳排放量的快速增长，全球面临着严重的全球变暖威胁。Jiang 等[34]采用两步溶剂热法制备了 CoS/Cd₀.₅Zn₀.₅S 光催化剂，研究了 CoS 含量对 CoS/Cd₀.₅Zn₀.₅S 纳米复合材料光催化氢气产生性能的影响，并通过 UPS 对催化剂进行了表征分析（图 9-53）。

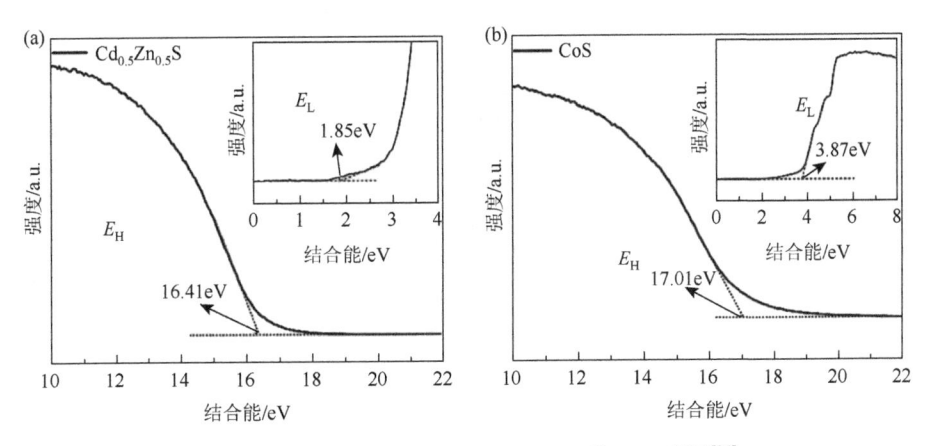

图 9-53　Cd₀.₅Zn₀.₅S（a）和 CoS（b）的 UPS 谱图[34]

E_L 表示低动能截止能；E_H 表示高动能截止能

根据 UPS 的结果，纯 CoS 显示其金属特性。计算结果表明，Cd₀.₅Zn₀.₅S 的功函数为 4.81eV，而 CoS 的功函数为 4.21eV。这一结果表明 CoS 的功函数低于 Cd₀.₅Zn₀.₅S 的，因此可以推断 Cd₀.₅Zn₀.₅S 与 CoS 之间形成了欧姆接触。当 CoS 负载到 Cd₀.₅Zn₀.₅S 表面时，电子将从 CoS 转移到 Cd₀.₅Zn₀.₅S，直到费米能级趋于平衡。这种电子转移有助于提高光催化剂的光催化性能。

35. UPS 分析 NiIn₂S₄/UiO-66 催化剂的价带和导带

Wang 等[35]通过溶剂热法将 NiIn₂S₄（NIS）与 UiO-66 结合，形成了一系列新型混合光催化剂：NiIn₂S₄/UiO-66（NISU）。与纯 NIS 和 UiO-66 相比，NISU-X（X＝0.4、0.5、1、1.5、1.75；X 表示 NIS 和 UiO-66 的理论质量比）对四环素具有优异的可见光降解能力，其中 NISU-0.5 在 1h 内可以完全去除四环素。

如图 9-54（a）和（b）所示，NIS 的费米能级（E_F）和二次电子截止边（$E_{cut off}$）的结合能分别为 –6.35eV 和 10.05eV。通过相关计算，可以得出 NIS 的价带最大值为

4.7eV。同时，UiO-66 的价带最大值为 7.98eV。因此，进一步计算得出 NIS 的价带能和导带能分别为 0.26eV 和-1.35eV，而 UiO-66 的价带能和导带能分别为 3.54eV 和-0.44eV。

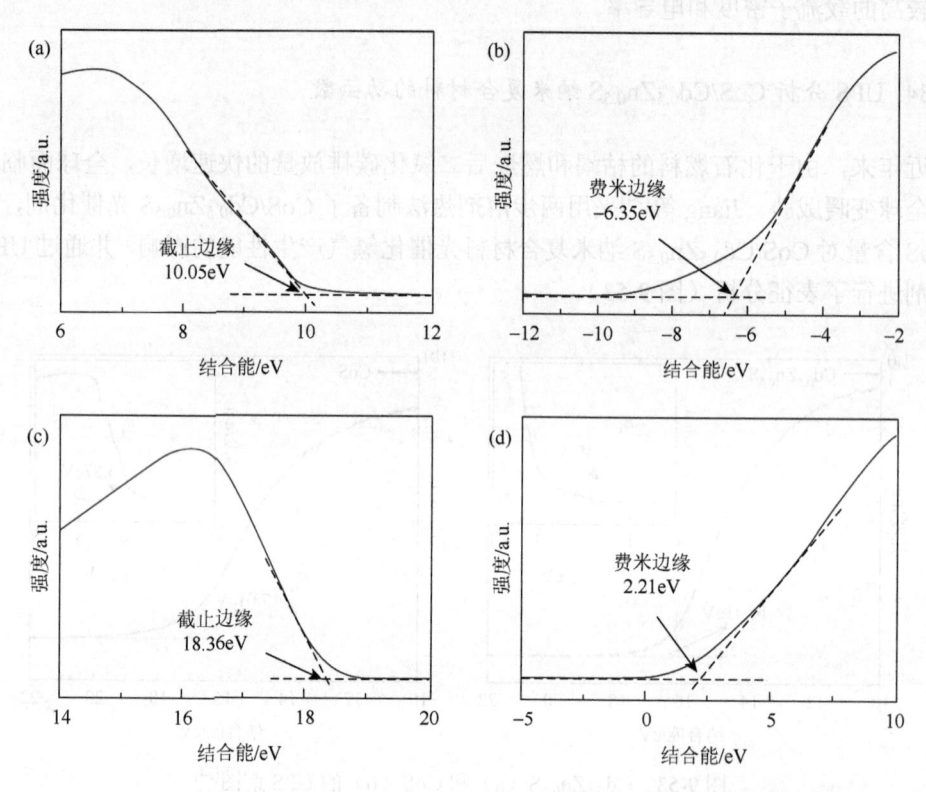

图 9-54 NIS[（a）和（b）]和 UiO-66[（c）和（d）]的 UPS 谱图[35]

36. UPS 分析超薄 g-C₃N₄ 光催化剂

Gao 等[36]将碳缺陷工程和二维工程同时集成到 g-C₃N₄ 中，利用尿素溶液中的内源气体（CO_2、H_2O 和 NH_3），采用热触发原位气体冲击工艺，实现了超薄 g-C₃N₄ 光催化剂的制备。最佳光催化剂 U_1W_1-CNS 具有超薄结构、丰富的多孔碳缺陷等优异的结构性能。同时，得益于碳缺陷，U_1W_1-CNS 的导带可以转移到更高的能级，从而具有更强的还原能力，并且 U_1W_1-CNS 的亲水性进一步提高，暴露的边缘氨基基团更多。

如图 9-55 所示，采用 UPS 测定了不同样品的 He I UPS 谱宽度（E_W），并计算出更详细的价带位置（E_V）和导带位置（E_C）。根据公式 $E_V = (21.22-E_W)-4.44$，可以确定 Bu-CNS、U_1W_0-CNS、$U_1W_{0.5}$-CNS、U_1W_1-CNS 的 E_V 分别为 1.95eV、1.89eV、1.53eV 和 1.36eV。根据公式 $E_C = E_V - E_g$，确定了 Bu-CNS、U_1W_0-CNS、$U_1W_{0.5}$-CNS、U_1W_1-CNS 的 E_C 分别为-0.5eV、-0.66eV、-1.09eV 和-1.51eV。E_C 的负位移可以归因于表面碳缺陷和超薄纳米片结构的协同效应。此外，E_C 的负位移会增强光激发电子的还原电位，从而改善光催化还原反应，包括析氢和光催化生成 $\cdot O_2^-$。

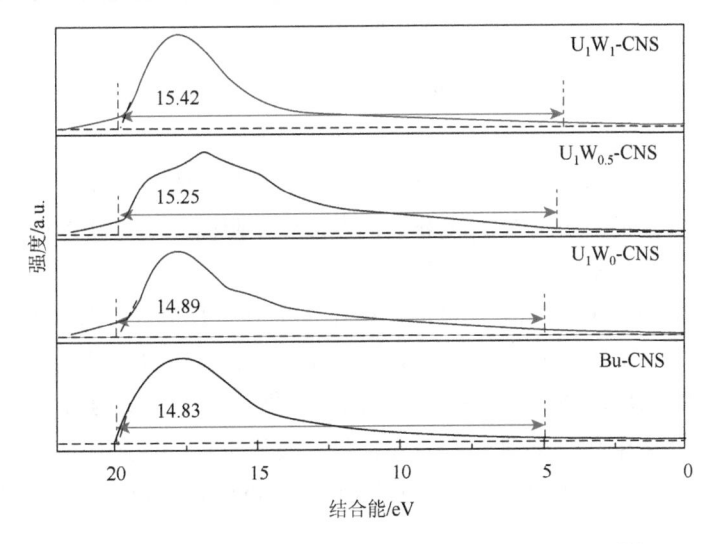

图 9-55　He I 光电发射 UPS 谱图（$h\nu = 21.22\,\text{eV}$）[36]

37. UPS 研究 Co-MQD 催化剂的导带和价带

MXene 材料在电化学储能应用中引起了越来越多的关注，同时 MXene 在量子点尺度上也具有光活性。Tang 等[37]研究了一种具有可调钴负载量的双晶结构钴纳米颗粒耦合 Ti_3C_2 MXene 量子点（Co-MQD）肖特基催化剂，作为光电化学水氧化光阳极。钴的引入引发了表面等离子体效应，并作为水氧化中心，增强了可见光捕获能力，改善了表面反应动力学。具体来说，Co-MQD-48 在 1.23V 下具有 $2.99\,\text{mA/cm}^2$ 的优异光电催化性能和 87.56%的电荷迁移效率，分别比 MQD 提高了 194%和 236%。此外，在 10h 的循环反应中，Co-MQD-48 表现出良好的光稳定性，性能损失小于 6.6%。这填补了 MXene 材料在光电催化方面的研究空白，并将 MXene 的研究扩展到光学相关领域。

通过 UPS 记录 MQD 的价带位置，如图 9-56 所示。从结果中可以计算出 MQD 的导带和价带位置分别约为 –3.58eV 和 –5.61eV。根据之前的研究，Co 纳米颗粒的基态约为 –5eV，高于 MQD 的价带。

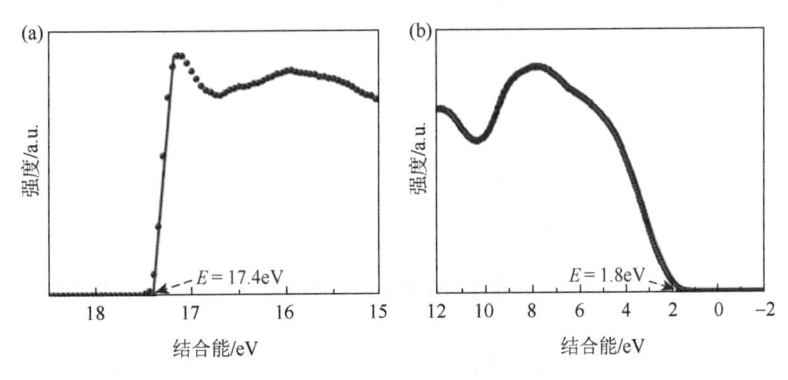

图 9-56　MQD 的 UPS 谱图：(a) 高结合能区域 UPS 放大图；(b) 低结合能区域 UPS 放大图[37]

38. UPS 研究 CuNi 合金催化剂的 d 带中心

硝酸盐（NO_3^-）电化学转化为氨（NH_3）为生产有价值的氨和可循环利用的氮提供了一条有效途径。然而，目前 NO_3^- 电还原的发展受到阻碍，仍然缺乏调整催化剂结构以提高催化活性的有效机制。

Wang 等[38]证明了 $Cu_{50}Ni_{50}$ 合金催化剂在 NO_3^- 还原反应（NO_3-RR）中的性能显著增强，其活性在 0V 下比纯 Cu 提高了 6 倍。Ni 的合金化可以调节 Cu 的 d 带中心，并调节中间产物如 *NO_3^-、*NO_2 和 *NH_2 的吸附能。催化剂电子结构与 NO_3-RR 活性之间的相关性为 NO_3-RR 催化剂的进一步开发提供了设计思路。由于中间体的吸附能与催化剂的 d 带中心位置密切相关，研究人员对纯 Cu 和 CuNi 合金进行了 UPS 研究，如图 9-57 所示。

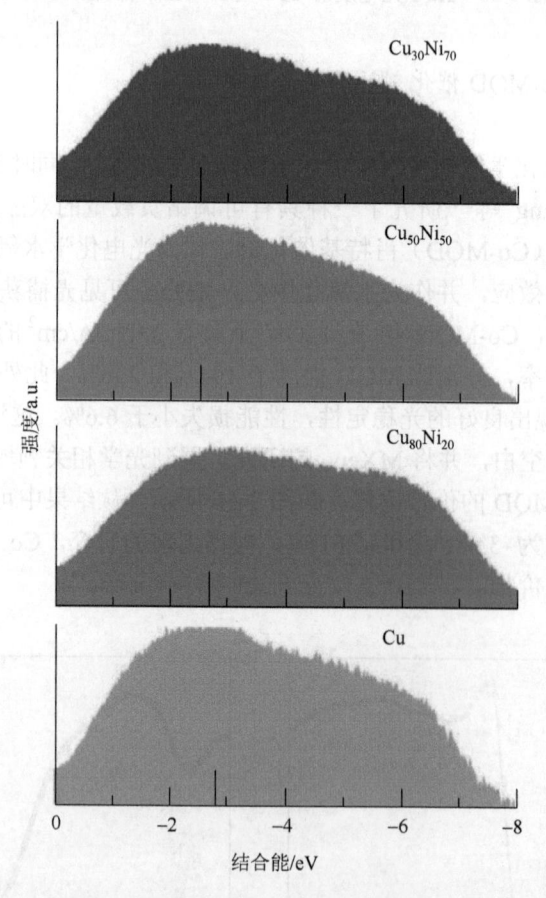

图 9-57 纯 Cu 催化剂和 CuNi 合金的 UPS 谱图和 d 带中心位置[38]

纯 Cu 催化剂在背景校正的谱图上显示出 –2.84eV 的 d 带中心位置。随着合金中 Ni 含量的增加，$Cu_{80}Ni_{20}$、$Cu_{50}Ni_{50}$ 和 $Cu_{30}Ni_{70}$ 的 d 带中心分别向费米能级上升了 0.14eV、

0.28eV 和 0.32eV。这一发现表明，Ni 的引入有效调节了催化剂的电子结构，从而提高了 NO_3-RR 的催化活性。

39. UPS 分析碱性析氢反应的 Pt-P 催化剂

碱性析氢反应（A-HER）在清洁氢燃料生产方面具有广阔的前景，但其实际应用受到碱性溶液中水解离动力学的严重阻碍。传统的改善 A-HER 催化剂电化学动力学的方法主要集中在表面改性上，由于催化剂表面失活，仍不能满足实际水电解的要求。

Li 等[39]报道了一种内部改性策略，以显著提高 A-HER 性能。具体来说，在内部的 Co_2P 中掺杂微量的 Pt（Pt-Co_2P），以引入比表面改性催化剂更强的掺杂物-基体相互作用。因此，调整了催化剂的局部化学价态和电子结构，提高了电子迁移率，降低了氢吸附和 H—H 键形成的能垒。内部改性的 Pt-Co_2P 与 Pt/C 和其他先进的电催化剂相比，表现出优越的 A-HER 性能。这项工作为 A-HER 催化剂的设计开辟了一条新的途径。

利用 UPS 探讨了修饰方法（Pt 在 Co_2P 表面或内部）对 Pt-Co_2P、Pt@Co_2P 和 Co_2P 能级的影响（图 9-58）。通过减去 He I UPS 谱的 21.22eV，估计其能级分别为 7.07eV、7.35eV 和 7.47eV。Pt-Co_2P 的能级较低，表明其生成氢的电子迁移率高于 Pt@Co_2P 和 Co_2P。此外，Pt-Co_2P 催化剂中的 Pt 掺杂可以调节 Co_2P 的局部电子结构和化学价态，从而产生大量的活性位点，实现高效的 A-HER。

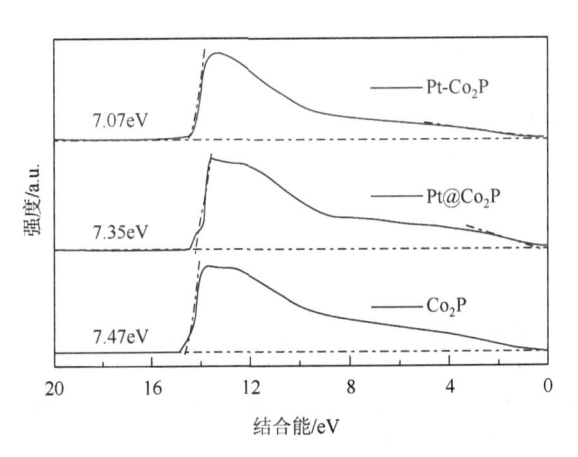

图 9-58 Pt-Co_2P、Pt@Co_2P 和 Co_2P 的 UPS 谱图[39]

参 考 文 献

[1] Dong S, Hu J, Xia S, et al. Origin of the adsorption-state-dependent photoactivity of methanol on TiO2(110)[J]. ACS Catalysis, 2021, 11（5）: 2620-2630.

[2] Gayen P, Liu X, He C, et al. Bidirectional energy & fuel production using RTO-supported-Pt-IrO2 loaded fixed polarity unitized regenerative fuel cells[J]. Sustainable Energy & Fuels, 2021, 5（10）: 2734-2746.

[3] Annamalai K, Radha R, Vijayakumari S, et al. High-temperature stabilized defect pyrochlore Bi$_{2-x}$Fe$_x$WO$_6$ nanostructures and their effects on photocatalytic water remediation and photo-electrochemical oxygen evolution kinetics[J]. Catalysis Science &

Technology, 2023, 13 (5): 1409-1424.

[4] Whitten J E. Ultraviolet photoelectron spectroscopy: practical aspects and best practices[J]. Applied Surface Science Advances, 2023, 13: 100384.

[5] Möllers P V, Wei J, Salamon S, et al. Spin-polarized photoemission from chiral CuO catalyst thin films[J]. ACS Nano, 2022, 16 (8): 12145-12155.

[6] Zhang S, He J, Guo X, et al. Crystallization dynamic control of perovskite films with suppressed phase transition and reduced defects for highly efficient and stable all-inorganic perovskite solar cells[J]. ACS Materials Letters, 2023, 5 (6): 1497-1505.

[7] Cardenas L, Molinet-Chinaglia C, Loridant S. Unraveling Ce^{3+} detection at the surface of ceria nanopowders by UPS analysis[J]. Physical Chemistry Chemical Physics, 2022, 24 (37): 22815-22822.

[8] Lee S, Zajac G W, Goodman D W. A study of the electronic structure and reactivity of V/TiO_2(110) with metastable impact electron spectroscopy (MIES) and ultraviolet photoelectron spectroscopy (UPS) [J]. Topics in Catalysis, 2006, 38 (1): 127-132.

[9] Polumati G, Adepu V, Kolli C S R, et al. Band alignment study of 2D-2D heterointerface of $MoSe_2$ with $Ti_3C_2T_x$ (transport layer) for flexible broadband photodetection[J]. Materials Science in Semiconductor Processing, 2023, 153: 107161.

[10] He D, Song X, Li W, et al. Active electron density modulation of Co_3O_4-based catalysts enhances their oxygen evolution performance[J]. Angewandte Chemie International Edition, 2020, 59 (17): 6929-6935.

[11] Zhu L, Li W, Ma L, et al. Observations on valence-band electronic structure and surface states of bulk insulators based on fast stabilization process of sample charging in UPS[J]. Laser & Photonics Reviews, 2024, 18 (7): 2301069.

[12] Liu C, Yin X, Wang S, et al. Decoupling of thermoelectric parameters in two-dimensional hyperbranched platinum acetylides[J]. Chemical Engineering Journal, 2023, 451: 138751.

[13] Kerr R, Macdonald T J, Tanner A J, et al. Zero threshold for water adsorption on $MAPbBr_3$[J]. Small, 2023, 19 (40): 2301014.

[14] Li J, Kong K, Chong Y, et al. Unveiling the mechanism and performance of electrocatalytic hydrodechlorination of chlorinated PPCPs by electron-rich palladium electrode modulated through PANI-rGO interlayer[J]. Separation and Purification Technology, 2023, 323: 124452.

[15] Liu Z Q, Yu Y Y, Liu Y J, et al. Unlocking birch lignin hydrocracking through tandem catalysis: unraveling the role of moderate hydrogen spillover[J]. ACS Catalysis, 2024, 14 (3): 2115-2126.

[16] Won D H, Chung J, Park S H, et al. Photoelectrochemical production of useful fuels from carbon dioxide on a polypyrrole-coated p-ZnTe photocathode under visible light irradiation[J]. Journal of Materials Chemistry A, 2015, 3 (3): 1089-1095.

[17] Li X, Huang Y, Chen Z, et al. Novel PtNi nanoflowers regulated by a third element (Rh, Ru, Pd) as efficient multifunctional electrocatalysts for ORR, MOR and HER[J]. Chemical Engineering Journal, 2023, 454: 140131.

[18] Wang Q, Fei Z, Shen D, et al. Ginkgo leaf-derived carbon supports for the immobilization of iron/iron phosphide nanospheres for electrocatalytic hydrogen evolution[J]. Small, 2024, 20 (21): 2309830.

[19] Huang Z, Liao M, Zhang S, et al. Valence electronic engineering of superhydrophilic Dy-evoked Ni-MOF outperforming RuO_2 for highly efficient electrocatalytic oxygen evolution[J]. Journal of Energy Chemistry, 2024, 90: 244-252.

[20] Li Z, Ji S, Liu H, et al. Constructing asymmetrical coordination microenvironment with phosphorus-incorporated nitrogen-doped carbon to boost bifunctional oxygen electrocatalytic activity[J]. Advanced Functional Materials, 2024, 34 (18): 2314444.

[21] Zhang H, Chen H C, Feizpoor S, et al. Tailoring oxygen reduction reaction kinetics of Fe-N-C catalyst via spin manipulation for efficient zinc-air batteries[J]. Advanced Materials, 2024, 36 (25): 2400523.

[22] Wang X, Hu H, Yan X, et al. Activating interfacial electron redistribution in lattice-matched biphasic Ni_3N-Co_3N for energy-efficient electrocatalytic hydrogen production via coupled hydrazine degradation[J]. Angewandte Chemie International Edition, 2024, 63 (19): e202401364.

[23] Yang J, Yang S, An L, et al. Strain-engineered Ru-NiCr LDH nanosheets boosting alkaline hydrogen evolution reaction[J].

ACS Catalysis,2024,14(5):3466-3474.

[24] Baues S, Vocke H, Harms L, et al. Combinatorial screening of Cu-W oxide-based photoanodes for photoelectrochemical water splitting[J]. ACS Applied Materials & Interfaces,2022,14(5):6590-6603.

[25] Lim H, Han G H, Lee D H, et al. Fluorine-containing poly (fluorene)-based anion exchange membrane with high hydroxide conductivity and physicochemical stability for water electrolysis[J]. Small,2024,20(32):2400031.

[26] Yang L, Hou S, Zhu S, et al. Stabilizing Pt electrocatalysts via introducing reducible oxide support as reservoir of electrons and oxygen species[J]. ACS Catalysis,2022,12(21):13523-13532.

[27] Wang M, Ma W, Tan C, et al. Designing efficient non-precious metal electrocatalysts for high-performance hydrogen production: a comprehensive evaluation strategy[J]. Small,2024,20(14):2306631.

[28] Bai J, Shen R, Chen W, et al. Enhanced photocatalytic H_2 evolution based on a $Ti_3C_2/Zn_{0.7}Cd_{0.3}S/Fe_2O_3$ Ohmic/S-scheme hybrid heterojunction with cascade 2D coupling interfaces[J]. Chemical Engineering Journal,2022,429:132587.

[29] Kim J S, Kumar N, Jung U, et al. Enhanced photocatalytic activity of cubic $ZnSn(OH)_6$ by *in-situ* partial phase transformation via rapid thermal annealing[J]. Chemosphere,2023,331:138780.

[30] Hu L, Yang K, Liu X, et al. Promoted photocatalytic degradation of tetracycline hydrochloride by montmorillonite catalyst loaded with Cu/Mn[J]. Journal of Materials Science: Materials in Electronics,2023,34(19):1471.

[31] Xu T, Guan S X, Tang L, et al. The enhanced charge separation over dual Z-scheme $MoS_2@g-C_3N_4$/ZIF-8(Zn) photocatalyst: the boosted Fenton activation model and DFT calculation[J]. Journal of Photochemistry and Photobiology A: Chemistry,2023,441:114756.

[32] Thill A S, Lobato F O, Vaz M O, et al. Shifting the band gap from UV to visible region in cerium oxide nanoparticles[J]. Applied Surface Science,2020,528:146860.

[33] Chae S Y, Yoon N, Park E D, et al. Surface modification of $CuInS_2$ photocathodes with ruthenium co-catalysts for efficient solar water splitting[J]. Applied Surface Science,2023,612:155856.

[34] Jiang S, Shen L, Liu Y, et al. Construction of $CoS/Cd_{0.5}Zn_{0.5}S$ ohmic heterojunctions for improving photocatalytic hydrogen production activity[J]. New Journal of Chemistry,2023,47(1):462-471.

[35] Wang A, Liang H, Chen F, et al. Preparation and characterization of novel $NiIn_2S_4$/UiO-66 photocatalysts for the efficient degradation of antibiotics in water[J]. Chemosphere,2022,307:135699.

[36] Gao S, Wang X, Song C, et al. Engineering carbon-defects on ultrathin $g-C_3N_4$ allows one-pot output and dramatically boosts photoredox catalytic activity[J]. Applied Catalysis B: Environmental,2021,295:120272.

[37] Tang R, Zhou S, Li C, et al. Janus-structured $Co-Ti_3C_2$ MXene quantum dots as a Schottky catalyst for high-performance photoelectrochemical water oxidation[J]. Advanced Functional Materials,2020,30(19):2000637.

[38] Wang Y, Xu A, Wang Z, et al. Enhanced nitrate-to-ammonia activity on copper-nickel alloys via tuning of intermediate adsorption[J]. Journal of the American Chemical Society,2020,142(12):5702-5708.

[39] Li Z, Niu W, Yang Z, et al. Boosting alkaline hydrogen evolution: the dominating role of interior modification in surface electrocatalysis[J]. Energy & Environmental Science,2020,13(9):3110-3118.

第10章 低能离子散射谱

10.1 概　　述

自20世纪60年代以来，低能离子束技术和物理学领域经历了显著的发展，期间不断有新的现象被发现并得到深入研究及应用。在20世纪60年代初，荷兰原子与分子物理研究所的著名物理学家基斯特马克使用15keV的氖和氩离子束轰击铜靶，首次观察到由铜发出的Cu(Ⅰ)和Cu(Ⅱ)光谱线。除了纯铜外，他的研究还扩展到了氧化亚铜，发现氧化亚铜在低能离子轰击下的光子产额明显高于纯铜。

这种由低能离子轰击固体表面引发的辐射光子现象，后来被称为"离子诱导辐射"。随着进一步的研究，这一物理效应逐渐发展成为一种表面分析方法。这种技术利用低能离子与固体表面相互作用产生的光子，可以提供有关材料表面组成及其化学价态的宝贵信息，从而在材料科学、半导体制造、金属加工和其他多个领域中得到应用。

1963年，加拿大科学家戴维斯等在进行实验时发现了一种令人瞩目的现象，即粒子通过晶体的沟道现象。当入射离子束垂直于晶体靶的某一低指数轴向入射时，入射粒子有可能沿着某一开放的晶轴方向穿透得比较深。这些深入晶体的离子束如果在晶体内部被晶格原子所散射，那么这些散射束同样会集中沿着沟道散射出去，形成非均匀的空间分布。对这种沟道效应的理论解释由林哈在1965年提出。此理论不仅阐释了沟道现象的物理机制，也指导了后续的实验设计和应用开发。这种现象的发现和理论的建立，为晶体物理学和材料科学领域带来了新的理解。

进一步地，离子束散射技术的研究始于1973年，经过多年的发展，该技术已成为表面分析的一种有效工具，成为当前表面科学技术发展的一个重要方面。这种技术的显著特点在于它使用的是低能量的离子，入射离子主要与表面上的最外层原子或分子发生作用，因此所分析得到的信息直接反映了材料的表面性质。离子束散射技术的应用范围广泛，不仅在基础科学研究中发挥着重要作用，也在半导体制造、纳米技术、材料工程等领域中展示了其独特的分析能力。随着这一技术的不断完善和新应用的开发，预计其将在未来科技发展中扮演更加核心的角色。

在低能离子散射谱（LEIS）技术中，能量通常低于10keV的离子束从特定角度入射到固体表面。当这些离子与表面原子相互作用时，它们会被背散射，且散射后的离子能量会发生改变。这种能量变化主要取决于表面原子的质量，从而使得能量谱方法测得的谱线直接反映了离子能量散射谱。

此技术特别依赖于表面的条件，因为只有与表面原子直接相互作用的离子才会被探测到。因此，背散射的离子束包含了丰富的表面信息，通过分析这些散射的离子束，可以精确地提取关于表面的材料组成和结构的详细信息。LEIS是表面科学中的一个强大工具，尤其适用于表面层的分析，因为它能够提供关于原子种类及其分布的直接信息。

由于 LEIS 技术对表面极为敏感，因此在表面化学、材料科学、薄膜技术及纳米技术中有着广泛的应用。例如，通过 LEIS 可以监测半导体加工过程中的表面清洁度，或者分析金属合金的表面氧化状态。此外，LEIS 在研究表面改性如镀层或刻蚀过程中的作用机制方面也具有重要价值。随着分析技术的进步，LEIS 已经成为表面科学领域不可或缺的一部分，它的高表面灵敏度使其在探索微观世界的表面现象中扮演着至关重要的角色。

10.2　LEIS 和 RBS 的比较

离子散射谱技术是一种强大的工具，用于测定固体表面的原子质量和结构。根据入射离子的能量，这种技术可以分为低能离子散射（LEIS）、中能离子散射（MEIS）、高能离子散射（HEIS），以及卢瑟福背散射（RBS）。这些技术在能量范围、探测深度和数据解释上具有显著的差异。主要差异体现在如下几个方面。

（1）低能离子散射：使用的是 100eV 到几千电子伏的离子动能。这种技术是一种真正的表面分析方法，因为它主要探测与固体表面最外层原子的相互作用。在 LEIS 谱图中，尖锐的特征峰表示了只涉及几个原子层深度的散射，提供了关于表面原子组成和结构的详细信息。

（2）卢瑟福背散射：相比之下，当使用高达 25keV 到几兆电子伏的入射离子时，采用的是 RBS。RBS 技术能够探测更深层次的结构，通常产生的谱线较宽，覆盖更深的材料层。这使得 RBS 特别适合分析薄膜和表层的深度组成，深度分辨率可以达到几纳米，这个过程无需通过逐层剥蚀来获得深层信息。

（3）数据解释的差异：在高能散射的情况下，散射产额的定量解释相对简单，大多数遵循卢瑟福散射定律。这一定律基于核力的相互作用，较为容易预测散射粒子的轨迹和能量分布。而在低能散射中，必须考虑电子对原子核的屏蔽作用，这增加了解释数据的复杂性。电子屏蔽作用影响离子与表面原子间的相互作用强度，从而改变散射粒子的能量和方向。

（4）应用领域：由于这些技术的这些特点，它们在表面科学和材料分析中的应用非常广泛。LEIS 在需要表层精细结构信息时尤其有用，而 RBS 则更适合于需要从较厚的样品中获取组成深度分布的应用场合。

通过这样的技术比较，科学家和工程师可以根据具体的研究需要选择最合适的散射谱技术，从而有效地探索材料的表面及其深层属性。由于离子散射谱技术中的 LEIS 在表面分析中具有更为广泛的应用、更贴切本书的读者对象，因而在本章节的介绍中，主要是从 LEIS 的角度入手。

10.3　LEIS 的工作原理

如图 10-1 所示，低能离子散射谱基于刚性球的弹性碰撞模型来分析固体表面的原子组成和结构。在这种技术中，具有已知质量 m 和初始能量 E_0 的一次离子被用作探针，入射到样品表面上，样品的靶原子具有质量 m_2。

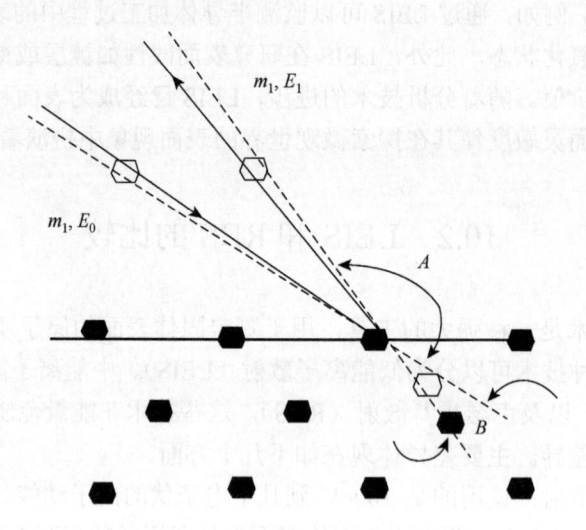

图 10-1 低能离子散射原理图

1）弹性散射原理

当这些一次离子在固定散射角 θ 下与样品表面的靶原子碰撞时，会发生弹性散射。在弹性散射过程中，离子与靶原子之间不会发生能量的转化，即转化为内能或其他形式的能量，而是仅能量和动量在离子和靶原子之间重新分配。

2）能量分布测量

散射后的一次离子的能量 E_1 可以在特定的散射角度处测量。这种能量分布的测量是通过精确的探测器实现的，该探测器能够捕捉并分析散射离子的能量。通过测量散射离子的最终能量，可以根据能量和动量守恒定律来计算出发生碰撞的靶原子的质量 m_2。

3）碰撞几何和能量计算

在理想的两体碰撞模型中，散射离子的最终能量 E_1 由下列公式确定：

$$E_1 = E_0 \times \frac{\cos^2\theta + \left(\dfrac{m_1-m_2}{m_1+m_2}\right)^2 \sin^2\theta}{1+\left(\dfrac{m_1}{m_2}\right)^2 + \dfrac{2m_1}{m_2}\cos\theta} \tag{10-1}$$

式中，E_0 为入射离子的初始能量；θ 为散射角；m_1 和 m_2 分别为入射离子和靶原子的质量。

通过分析散射离子的能量分布，LEIS 可以提供关于样品表面原子质量的精确信息，从而允许科学家推断出表面层中包含的元素类型。这种分析对于表面科学、材料研究以及纳米技术中的表面改性和表征尤为重要。总之，LEIS 的工作原理是基于经典物理学中的两体弹性碰撞理论，通过精确测量散射离子的能量变化来探测和分析固体表面的组成和结构。这种技术的应用范围广泛，为表面分析提供了一种非常有效的手段。

依据能量和动量守恒定律，在碰撞前后，关系式（10-2）应成立：

$$\frac{E_1}{E_0}=\frac{m_1^2}{(m_1\pm m_2)^2}\left[\cos\theta_1+\left(\frac{m_2^2}{m_1^2}-\sin^2\theta\right)^{1/2}\right]^2 \tag{10-2}$$

式中，θ 为散射角，当散射角为 90°时，上式简化为

$$\frac{E_1}{E_0}=\frac{m_2-m_1}{m_2+m_1} \tag{10-3}$$

因此，能量标度就变成了表面上靶原子的质量标度，测出 m_2，进而确定样品的表面组成。

10.4 散 射 产 额

散射产额是描述离子散射实验中散射事件发生频率的一个关键参数，受到多种因素的影响。这些因素包括微分散射截面 $d\sigma(\theta)/d\omega$、散射粒子保持离化状态的概率 P_i 以及靶原子的数量。这一节将详细探讨这些因素及其对散射产额的影响，具体包含以下几个因素。

1）微分散射截面

微分散射截面 $d\sigma(\theta)/d\omega$ 是在特定散射角 θ 下单位立体角 ω 内的散射概率密度，是量化离子束与靶原子相互作用散射效率的基本测量。此参数指示了在特定角度下散射事件的频率，是理解和预测散射模式的核心。

2）散射粒子的离化概率

散射粒子保持离化状态的概率 P_i 对于确定散射粒子的检测效率至关重要。在 LEIS 实验中，只有保持离化状态的粒子才能被有效探测和分析。P_i 的大小直接影响到能否准确记录散射事件，因此对实验结果的可靠性和解释具有直接影响。

3）靶原子的数量

靶原子的数量决定了散射事件的可能性。较多的靶原子会增加散射事件的发生率，从而提高散射信号的强度。在实验设计中，确保有足够数量的靶原子对于获取统计上有意义的散射数据是非常重要的。

4）散射截面与相互作用势

散射截面还依赖于离子与靶原子之间的相互作用势 $V(r)$。这一势能描述了随距离变化的相互作用力，影响着散射角和散射强度。在定量分析中，通过理解和模拟相互作用势，可以更准确地预测和解释散射过程。

综上所述，散射产额的计算涉及复杂的物理过程和多变量的综合影响。对这些变量的深入理解和精确测量是进行有效散射实验并从实验数据中提取有用信息的关键。通过优化这些因素，可以大幅增加散射实验的精度和应用范围，从而在材料科学、核物理学和表面工程等领域中找到广泛应用。单位立体角内的离子产额就应该表示为

$$\frac{dn}{d\omega}=n_0 N P_i d\sigma(\theta)/d\alpha \tag{10-4}$$

式中，n_0 为测量期间打到靶上的粒子数；n 为散射粒子数；N 为可达深度内的靶原子密度，其他量的定义同前。在此方法中，N 只限于可达到的深度（即一两个原子层）。

通过低能散射进行化学成分分析时，经常使用从玻尔屏蔽库仑势函数导出的截面。此势函数表达为

$$V(r) = \frac{Z_1 Z_2}{r} e^2 \exp\left(-\frac{r}{a}\right) \tag{10-5}$$

$$a = \frac{a_0}{\left(Z_1^{2/3} + Z_2^{2/3}\right)^{1/2}} \tag{10-6}$$

式中，r 为原子核间的距离；Z_1 和 Z_2 为相互作用粒子的电荷数；e 为基本电荷；a 为电子的屏蔽长度。$a = 0.53$Å，是氢原子的第一玻尔轨道半径。由式（10-5）可以方便地求出散射截面。

10.5 阴影效应

阴影效应是指在低能离子散射谱中观察到的一种现象，其中表面原子对入射离子束产生遮蔽作用。如图 10-2 所示，每个靶原子后面形成一个对入射离子不可达的区域，这通常被称为遮蔽锥。在这个遮蔽锥的边缘，由于几何聚焦，入射离子束会受到增强的聚焦效应。

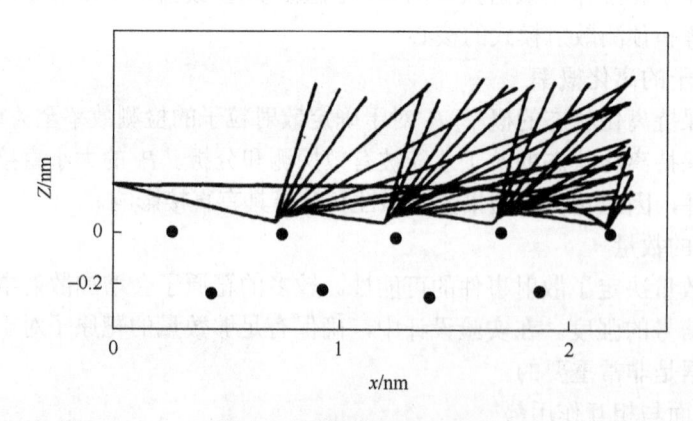

图 10-2 遮蔽锥形成示意图

1）遮蔽锥和聚焦效应

遮蔽锥的形成是由于原子核对入射离子的电磁相互作用，这导致入射离子被偏转。在这个过程中，位于直接入射路径后的原子区域变成了一个阴影区，离子束无法直接到达这些区域。在遮蔽锥的边沿，入射离子因为原子核的聚焦作用而密集，产生更强的信号。这种聚焦效应可以增强相关区域的散射强度，从而提供关于表面结构的重要信息。

2）入射角的影响

阴影效应的显著性取决于多种因素，其中入射角（入射束与样品表面法线的夹角）是一个关键参数。入射角越大，遮蔽锥也相应地变大，影响范围更广。较大的入射角可以增强聚焦效应，使得遮蔽锥内部和边缘的原子结构更清晰地被探测和分析。

利用阴影效应，科学家可以详细研究表面原子的位置和排列。通过分析遮蔽锥的大

小、形状和入射离子在锥边缘的聚焦强度,可以推断出表面原子的排列方式和相对位置。这种方法在研究表面缺陷、原子间距以及表面原子层的结构对化学性质和物理性质的影响中尤为重要。阴影效应不仅提供了一种强大的工具来探测和分析固体材料表面的微观结构,还在材料科学、纳米技术和表面化学等领域的研究中发挥着至关重要的作用。通过这些技术的进一步发展和应用,我们能够更深入地理解材料表面的复杂现象和基本性质。

低能离子在表面散射时具有较大的散射截面,这意味着表层原子对入射离子的遮蔽作用显著。在低能离子散射谱中,这种遮蔽作用导致如果表面的第二层原子恰好位于最表层原子的正下方,那么在 LEIS 谱图中将不会观察到第二层原子的谱峰。这种现象是由于第一层原子对第二层原子造成的阴影效应。如果改变入射离子的方向,第二层原子的谱峰可能变得可见,这正体现了 LEIS 技术中的阴影效应。

通过实验操作,利用阴影效应可以获得不同入射方向的 LEIS 谱。通过比较这些谱峰的出现和消失规律,可以推断表面第一层和第二层原子的种类及它们的相对几何排列。这种分析技术曾在历史上成功应用于确定如 ZnS 晶体的不同极化面的结构。

如图 10-3 所示,在锌面的情况下,尽管锌原子层下面紧接着是硫原子层,通过适当选择入射角,可以使 LEIS 谱图只显示锌的谱线而不显示硫的谱线。这种选择性的散射现象使得 LEIS 成为一种强大的表面结构分析工具,尤其是在需要区分不同层次原子排列和表面构型的研究中。

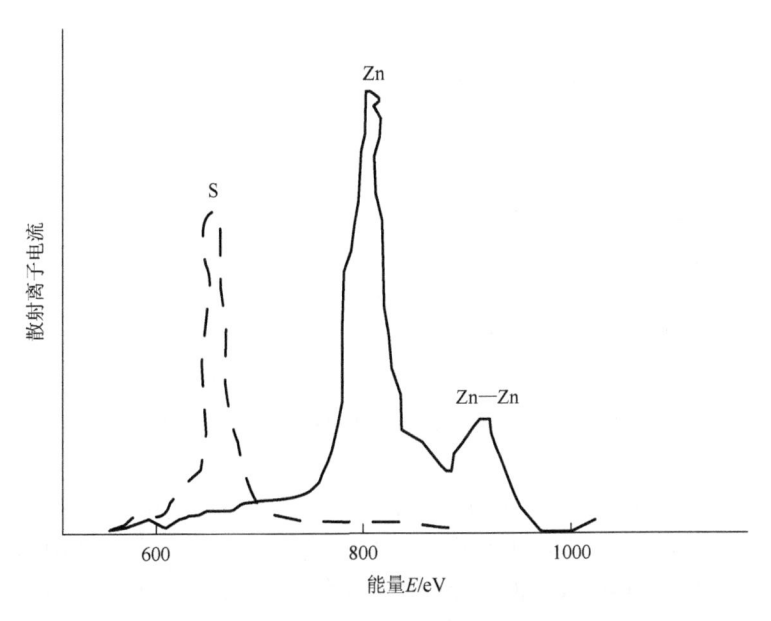

图 10-3 ^{20}Ne$^+$ 在 ZnS 晶体的 (111) 面的 LEIS 谱图(散射角为 45°)

这种技术的应用不仅限于基本的表面结构分析,还扩展到了材料科学、纳米技术和表面工程等领域,为表面原子层的精确分析提供了重要的实验依据。通过综合利用不同入射角和散射截面的信息,LEIS 能够揭示复杂的表面和界面现象,从而深入理解材料的表面性质和反应行为。

10.6 荷电效应

在低能离子散射谱技术中，由于涉及带电粒子与固体表面的相互作用，这一方法尤其适合用于分析与样品托具有良好电接触的导体材料。然而，在分析诸如聚合物等非导体材料时，必须仔细处理由样品表面积聚电荷所引起的谱峰移动，这种现象被称为荷电位移，它可能导致实验结果出现偏差。

1) 离子中和作用

在低能 LEIS 中，入射的惰性气体离子在接触样品表面的前 1~2 个原子层时部分被中和。这导致散射粒子中不仅包含离子，还包括数量相当的中性粒子。值得注意的是，LEIS 谱仪仅能检测到带电的散射离子，而不能检测到中性粒子。因此，入射离子的高中和概率既是 LEIS 技术具有低透射深度和高表面灵敏度的原因，同时也是造成检测到的散射离子计量降低的原因。

2) 荷电位移的处理

处理非导体样品的荷电问题时，可以采用几种方法来减轻或消除电荷积累的影响。一种有效的策略是将粉末样品均匀压制在柔软金属（如铟等）上。这种金属层不仅有助于消除电荷积累，还可以作为散射离子能量的标准物，从而提供更准确的测量结果。

3) 参数影响

惰性气体离子的中和概率受多种参数的影响，包括离子的能量、靶材料的性质及其表面吸附物等。因此，在实验设计和数据解释时，需要考虑这些因素以确保实验结果的准确性和可重复性。

综上所述，荷电效应在使用 LEIS 技术时是一个必须考虑的重要因素，特别是在处理非导体样品时。通过选择适当的样品制备方法和实验条件，可以有效地控制和减少荷电带来的影响，确保获得准确可靠的表面分析结果。这些措施有助于扩展 LEIS 技术在表面科学中的应用范围，使其能够广泛用于导体和非导体材料的表面分析。

在低能离子散射谱分析中，特别是在处理非导体样品如聚合物时，荷电效应可以显著影响实验结果。荷电效应主要是样品表面在离子轰击过程中积累电荷，导致测量到的谱峰发生位移。下面通过一个实验案例详细解析这一现象及其解决方案。

4) 荷电效应的表现

在图 10-4（a）中观察到一个位于 19eV 的较强且宽泛的离子峰，这一峰与入射离子的质量和能量几乎无关，主要源于 He^+ 轰击时表面发射的二次离子。在图 10-4（b）中的 LEIS 谱示例中，He^+ 在样品表面的实验中，原本位于 887eV 的散射离子峰消失，而二次离子峰出现在了约 555eV。这种峰位移推测是由样品荷电效应所致，尤其是在银箔与样品托绝缘的情况下，银箔表面容易积累正电荷，并形成较强的正电场。这个电场导致散射的 He^+ 和发射的二次离子偏向更高的动能范围。

5) 电子中和枪的应用

为了证明上述假设并解决荷电问题，实验中引入了电子中和枪。当电子中和枪的灯丝电流调整至大于 2.2A 时，大量低能电子到达样品表面，有效中和了 Ag 表面的正电荷。

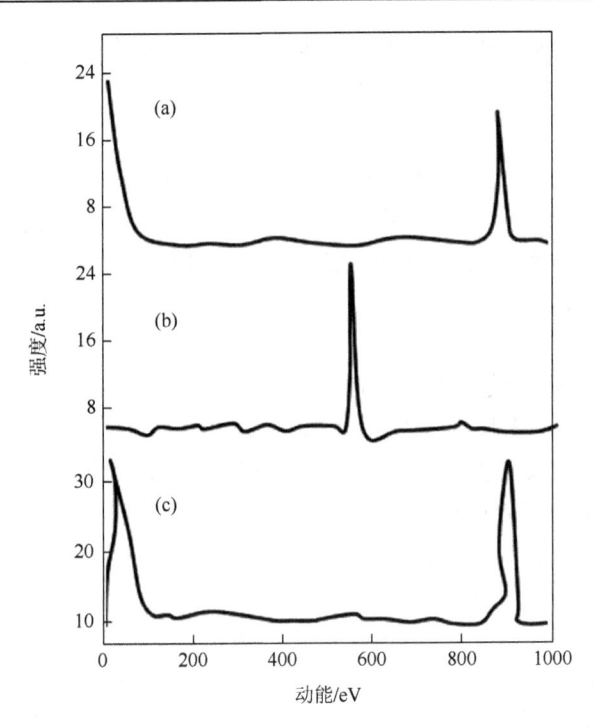

图 10-4 1keV He⁺在银箔上的 LEIS 谱：(a) 接地；(b) 样品不接地；(c) 样品不接地同时使用电子中和枪

实验数据显示，当灯丝电流设为 2.3A 时，溅射的二次离子峰从 555eV 移至 72eV，并且散射的 He⁺离子峰在 893eV 重新出现。随着灯丝电流增加至 2.4A，二次离子峰和散射的 He⁺离子峰分别回到 19eV 和 887eV，与接地的 Ag 样品的 LEIS 谱 [图 10-4（a）] 完全一致。进一步增加灯丝电流，溅射和散射的峰位置不再变化，这表明荷电效应已得到有效控制。

使用电子中和枪后，当灯丝电流设为 2.3A 时，在样品周围形成的电子云可能起到了导电作用，或是由低能电子束碰到了样品托所致。随着灯丝电流的进一步增加，靶流从 –1μA 迅速增加至–180μA，显示出靶流的显著增加与灯丝电流的提高密切相关。

这一实验案例表明，在进行 LEIS 分析时，同时使用电子中和枪可以有效消除由荷电效应造成的峰位移，从而提高实验的准确性和可靠性。这种方法尤其对于处理非导体样品至关重要，能够确保获取真实的表面性质数据。

10.7 离子中和效应

在低能离子散射中，离子中和效应是一个关键因素，对实验结果有着显著影响。当离子的能量低于 5keV 时，由于中和作用，静电分析器收集到的散射离子只是总产额的一小部分，这导致散射产物的利用率相对较低。

1）中和效率的复杂性

中和效率（$1-P_i$）的高低不仅取决于离子能量，还与基质材料、表面吸附的靶原子种类等多种参数密切相关。这些变量的复杂交互作用使得在定量分析中理解和解释散射数据变得尤为困难。在实验设计和数据处理中，必须考虑到这些因素，以确保分析结果的准确性和可靠性。

2）表面灵敏度的提升

尽管中和效应带来了一些挑战，但也是低能离子散射技术高表面灵敏度的主要原因之一。离子在穿透表面的一两个原子层时，中和作用更为完全，相比之下，从表面更深层反射回来的离子中和作用较小。这种现象导致 LEIS 谱中存在许多尖锐而明显的峰，这与高能散射时宽泛的谱峰形成鲜明对比。

3）LEIS 的特点与应用

LEIS 的高表面灵敏度使其成为研究薄膜、表面化学价态和表面结构的理想工具。在材料科学、表面工程和纳米技术等领域，LEIS 可以提供关于表层原子和分子的详尽信息，这对于理解材料的表面反应性、腐蚀行为以及其他表面相关的现象至关重要。

总结而言，离子中和效应虽然增加了实验的复杂性，但也极大地增强了低能离子散射技术的表面特异性，使其在表面科学领域中占有不可替代的地位。通过深入理解和妥善管理中和效应，科学家可以更有效地利用这一技术来探索材料的表面性质。

由图 10-5 的分析可以看出，当入射能量 E_0 设定为 25keV 时，LEIS 谱图显示出一个非常宽的本底。这种本底主要由两部分组成：一部分是背散射过程中能量损失的离子形成的，另一部分则是由那些穿透到金样品内部，并在内部经历多次碰撞而损失能量的离子所形成的。

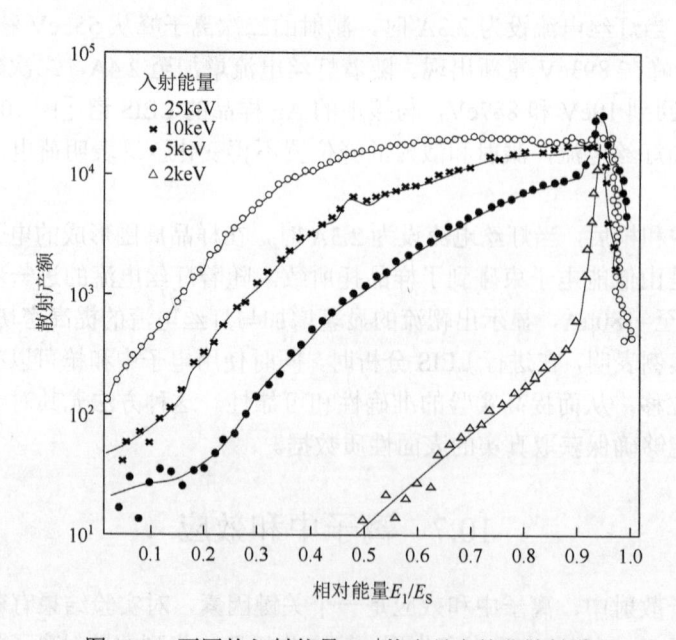

图 10-5　不同的入射能量 He⁺ 从多晶金的背散射谱

从能量损失机制的解析来讲，在这种高能量入射条件下，离子与样品原子的多次相互作用导致能量的显著散失，这些相互作用包括非弹性碰撞和电子激发等过程。这些过程不仅导致离子能量的损失，还可能改变离子的路径，从而增加本底信号的宽度。

从入射能量与本底信号的关系来讲，随着入射能量的减小，观察到的本底信号显著减弱，并出现了一个尖锐的表面峰。这种现象表明，在较低的入射能量下，穿透到样品内部的离子数量减少，而表面散射事件成为主导，从而产生了尖锐的表面特征峰。

从散射产额的变化来讲，为了解释这种现象，科学家提出了两种可能的解释：一种是较低能量下穿透的离子在表面得到有效的中和，从而避免了进一步的深层散射；另一种可能是表面以下的总体散射产额出乎意料地减少了。这两种情况都指向了一个共同的结论，即低能量入射条件下，LEIS 技术的表面灵敏度得到了显著增强，能够更加清晰地反映出表面原子层的特征。

这种对于能量与散射本底之间关系的研究不仅帮助科学家更好地理解了低能离子散射的物理过程，还为优化 LEIS 实验条件以获得更加清晰和准确的表面结构信息提供了重要依据。通过调节入射能量，可以有效控制散射深度和分辨率，使得 LEIS 成为研究纳米级表面结构的有力工具。

10.8 LEIS 装置

LEIS 谱仪的设计虽然相对简单，但集成了多种先进的科学仪器技术，使其能够高效地分析固体表面的原子结构。LEIS 装置的核心部分包括离子枪、超高真空室、能量分析器和检测器，这些组件在功能上与 X 射线光电子能谱（XPS）、俄歇电子能谱（AES）、紫外光电子能谱（UPS）和电子能量损失谱（EELS）相似，但专门用于检测正离子而非电子。图 10-6 为带静电能量分析器的 LEIS 谱仪结构原理图。该类型仪器可以精确测量样品表面原子的质量和排列，具有高精度表面分析的特点；离子散射对样品损伤小，适合薄膜和纳米材料分析；能量分析器能够区分不同质量的原子，适合复杂样品的成分分析。图 10-7 为 LEIS 装置示意图。

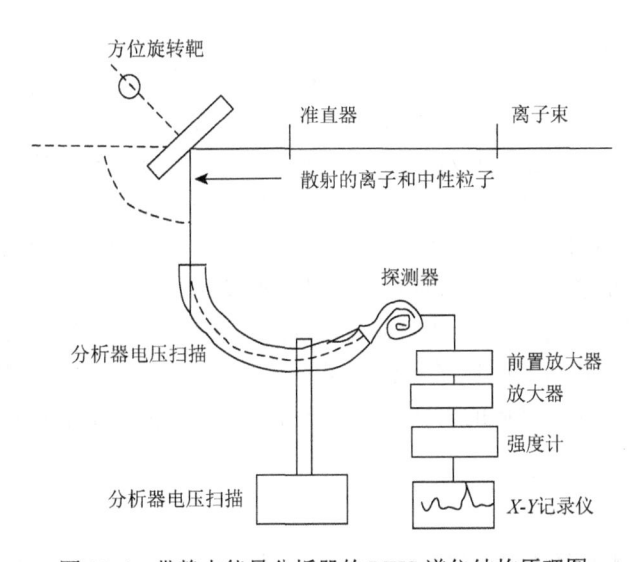

图 10-6 带静电能量分析器的 LEIS 谱仪结构原理图

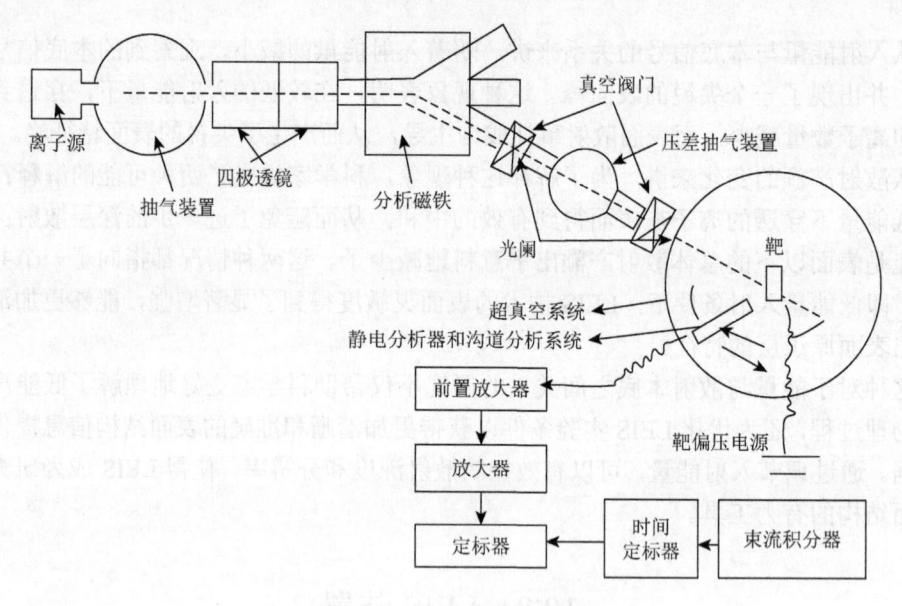

图 10-7 LEIS 装置示意图

核心组件主要包括以下几个。

（1）离子枪：LEIS 中的离子枪负责生成并发射具有特定能量的离子束，用于轰击样品表面。离子枪的设计确保了发射的离子具有良好的单色性（$\Delta E/E < 7\%$），这是通过精确控制离子的能量和发射角度来实现的。

（2）超高真空室：由于低能离子极易与空气分子发生反应，因此 LEIS 必须在超高真空环境中进行，以避免空气中的气体分子影响实验结果。超高真空环境有助于维持样品的清洁和稳定，同时保证离子束的无阻碍传输。

（3）能量分析器：能量分析器的任务是精确测量散射离子的能量。它的分辨率要求达到 $\Delta E/E \leqslant 1\%$，以确保能够准确分辨不同能量的离子，从而获得详细的表面组成信息。

（4）检测器：检测器用于捕获和记录从样品表面散射回来的离子，转换成可供分析的数据。高灵敏度的检测器对于捕捉低强度的散射信号尤为关键。

（5）附加设备：由于 LEISS 对表面极为敏感，因此实验设备中常配备表面处理附件，如加热、氧化、还原装置等，以准备和维护一个理想的表面状态。此外，LEIS 装置还可以与 XPS、AES 等其他表面分析技术联用，这种组合可以提供更全面的表面分析数据，使得研究人员能够从多个角度综合评估样品的表面特性。

LEIS 装置的应用领域广泛，从材料科学到纳米技术，再到半导体行业，都可以利用这种技术来获得关于材料表面原子和分子层的深入洞察。通过这些细节的理解，科学家和工程师可以更好地控制材料的表面性质，从而开发出性能更优的材料和设备。

10.8.1 离子源

在 LEIS 中，离子源是实验装置中至关重要的一部分，通常使用的是惰性气体如氦、氖或氩作为离子的来源。离子源的设计和操作直接影响 LEIS 实验的精确性和效率。主要因素包含以下几个方面。

1）离子生成和提取

离子通过电子轰击过程生成，通常在一个充满惰性气体的环境中进行，压力为$(5\times 10^{-6})\sim(1\times 10^{-3})$Torr。电子轰击使得气体原子电离成离子，这些离子随后通过一个带负偏置的电极和一个小光阑被抽出。通过精确控制电极和光阑，可以调节离子流的密度和方向。

2）离子束的形成

一旦离子被提取出来，它们就会通过一系列的透镜系统进行整形，形成集中和方向一致的离子束。这些透镜系统负责对离子流进行聚焦，确保离子束能准确打击样品表面。通常情况下，离子流密度为几十微安每平方厘米，离子能量在 500~2000eV 之间，能量分散性约为 2eV。

3）离子源的关键特点

在 LEIS 中，使用的离子源需要具备以下几个关键特点。①适中的能量：能量一般不超过 10keV。较低的能量有助于提高散射概率，使得离子被称为低能离子。②高单色性：离子的能量离散度应尽可能小，以确保高的能量分辨率，这对于精确确定表面组分至关重要。③高纯度单电荷态：为了避免在谱图中出现附加谱线，需要离子单电荷态的纯度高。④高分辨率：要求离子源能够提供高质量、单一性好的离子束，可能需要对离子束进行质量分离。⑤充足的离子流强度：为了确保有足够的信号强度，入射的离子束强度应该在 1μA 左右。

由于这些高标准的要求，离子源的设计和维护是 LEIS 实验成功的关键。适当的离子源不仅提高实验的精度，还能显著提升实验的重复性和可靠性。通过精心设计的离子源，LEIS 可以有效地分析材料表面的结构和组成，为表面科学研究提供强有力的技术支持。

10.8.2 真空系统和散射室

在低能离子散射实验中，确保高质量的真空环境是至关重要的，因为良好的真空条件对于维持准确的表面分析至关重要。低能散射要求的真空度通常比高能散射更为严格，因为低能离子散射对表面的敏感性极高，任何表面的污染都可能导致数据的误读。

真空系统的要求：散射室的压力应保持在 1×10^{-9}Torr 或更低。这样的超高真空条件有助于减少表面吸附层的形成，这些吸附层如果由本底气体形成，可能会严重影响离子的散射产额和分析精度。为了实现这一点，真空系统通常包括多级泵系统，如涡轮分子泵、扩散泵或冷阱，以确保能有效去除散射室内的残余气体。

真空预处理和样品准备：对散射室的墙壁和可能的污染源进行适当的烘烤是常用的预处理方法，以进一步降低残余气体的影响。此外，样品本身也需要通过适当的清洁程序来准备，以确保其表面状态符合实验要求。

低能离子散射实验的表面准备需求因研究目的而异，主要包括以下几个方面：①成分分析：如果目标是分析表面的成分，不一定需要对样品表面进行深入的清洁处理，只需保证表面未受到实验过程中外来物质的污染。②结构分析：如果研究焦点是表面的结构，则必须对表面进行彻底的清洁，以暴露出未被覆盖或改变的原始表面。这通常涉及机械和化学清洁方法，以及在实验前对表面进行加热或等离子体处理。

为了排除表面原子振动对散射结果的影响，有时还需要对靶表面进行温度控制，如使用液氮冷却。这种控制有助于稳定表面原子，减少热运动带来的数据扰动。通过这些综合措施，低能离子散射实验可以在一个高度控制的环境中进行，从而提供关于材料表面组成和结构的精确信息。这些信息对于新材料的开发、表面改性和科学研究具有极其重要的价值。

10.8.3 能量分析器

在低能离子散射实验中，能量分析器是关键的仪器组件之一，用于精确测定散射离子的能量。常用的静电式电子能量分析器，如筒镜能量分析器（CMA）和球形偏转分析器（SDA），也可以经过适当修改用于正离子的能量分析。

1）能量分析器的适配与调整

将这些设备从电子能量分析转变为正离子能量分析通常涉及电位开关的极性反转。这种转换使得同一分析器可以在不同实验设置中使用，极大地提高了设备的通用性和成本效率。这种灵活性也使得 LEIS 技术能够与俄歇电子能谱（AES）、X 射线光电子能谱（XPS）等其他表面分析技术兼容，支持多技术平台在同一实验系统中的应用。

2）正离子探测技术

正离子的探测常使用电子通道板倍增器，这种探测器能够通过倍增离子的信号来提高检测的灵敏度。为了进一步提升探测效率，入射到倍增器的离子通常需加速至约 3keV。这一加速过程有助于提高离子撞击倍增器时的能量，从而增强产生的信号并减少信号损失。

3）信号处理系统

在信号处理方面，LEIS 使用的前置放大器、脉冲计数器和其他电子处理系统与 AES、XPS 等技术所用的系统大体相同。这不仅保证了信号处理的高效性和可靠性，也方便了实验数据的整合和分析。

综上所述，能量分析器的适应性和正离子探测技术的高灵敏度，使 LEIS 成为一种强大的表面分析工具。通过这些先进的技术，科学家能够准确地分析材料表面的原子和分子结构，对材料的物理、化学性质进行深入的研究和探索。这对于新材料的开发、表面处理技术的优化及相关科学理论的验证具有重要意义。

10.9 LEIS 仪器操作要点

10.9.1 入射离子及其能量的选择

在低能离子散射谱中，入射离子的选择和其能量调节是实验设计中的关键因素，直接影响分析的灵敏度和精确度。以下是入射离子选择和能量调节的详细探讨。

1. 入射离子的选择

（1）惰性气体离子：如氦离子（He$^+$）、氖离子（Ne$^+$）、氩离子（Ar$^+$）等，是最常用的入射离子。这些离子因高中和化概率而受到青睐，这有助于降低表面的损伤和提高实验的表面敏感性。然而，使用这些离子时需要较大的束流（$10^{13}\sim10^{14}$ 离子/cm^2），以确保足够的信号强度。

（2）碱金属离子：如钠离子（Na$^+$）、钾离子（K$^+$）等，它们的中和化概率较低，更易于进行多重散射，这使得它们在某些情况下也适合用于表面分析。碱金属离子的优点在于允许使用较小的束流，比惰性气体离子少 3~4 个量级，从而可以显著减少表面损伤。

2. 入射离子能量的调节

为了有效地进行单层表面检测，并尽可能减小溅射效应，建议使用较低能量的入射离子。低能量的离子能够减轻因离子轰击引起的表面原子的位移或溅射，这对于保持样品表面的原始状态至关重要。然而，入射离子的能量也不能过低，以避免散射效应的减弱。对于惰性气体离子和碱金属离子，能量通常设定在几百到几千电子伏之间。对于碱金属离子，若将能量设定在 250eV 左右，依然可以用于表面单层的检测，同时减少对表面的潜在损伤。

入射离子及其能量的选择需根据实验目的和所分析材料的特性仔细考虑。实验者需在保证足够散射信号的同时，尽量减少对样品表面的损伤，确保获得关于材料表面结构和化学组成的准确信息。这需要一个平衡高效的实验设计和对入射参数的精细调控。

10.9.2 角度的选择

在离子散射实验中，角度的精确选择对于成功解析表面结构具有决定性作用。实验中需要特别关注三个主要角度：入射角、散射角和方位角。每个角度的设定都需要根据实验的具体需求和样品的性质来优化。

1. 入射角

入射角指入射离子束与样品表面法线之间的夹角。这个角度的选择直接影响离子与表面原子的相互作用方式，以及散射过程的敏感性。较大的入射角会增大遮蔽锥的尺寸，即在表面原子后形成的无法被离子直接击中的区域变大，这有助于利用遮蔽效应来研究表面原子的排列和结构。

2. 散射角

散射角指离子从表面散射后与其原始路径的夹角。选择适当的散射角可以帮助区分不同散射事件，提高测量的分辨率和灵敏度。散射角的设定往往需要依据入射离子的种类、能量以及目标分析深度来决定。

3. 方位角

对于单晶样品，方位角非常关键，它是指样品围绕法线旋转的角度。通过改变方位角，可以观察到原子排列在不同晶向上的变化，从而对晶体结构有更全面的理解。方位角的调整允许科学家探测并确认晶体表面的对称性和异质性。

4. 实验设计的影响

精确的角度选择使得实验者能够最大化利用 LEIS 技术的表面灵敏度，特别是在研究复杂表面和低维材料时。通过调整这些角度，可以优化散射条件，确保获得关于材料表面原子层的详尽和精确的信息。例如，角度的微调可以帮助解决表面原子之间的相互作用力，以及它们如何影响材料的电子和化学性质。

总之，角度的选择是低能离子散射实验设计中一个不可或缺的环节，对实验结果的质量和解释具有直接影响。通过系统地控制入射角、散射角和方位角，研究人员能够更深入地洞察材料表面的细微结构和性质，为材料科学和表面化学领域提供宝贵的洞见。

10.9.3 质量分辨率

在讨论静电能量分析器的质量分辨率时，通常关注其在常数模式下的表现，即 $\Delta E/E$ 保持不变，且 A 近似等于 1 的情况。在这种设定下，散射角 θ 的增大可以提高质量分辨率。特别地，当散射角达到 180°时，可以获得最大的质量分辨率。然而，需要注意的是，随着散射角的增加，散射截面会相应减小，这会导致探测到的信号强度降低。因此，在优化分辨率的同时，也必须考虑信号的强度和稳定性，以确保实验数据的可靠性和准确性。

10.9.4 定量分析

在进行定量分析时，一个关键的观察是离子速度较低时，其中和化的概率会相应增加。此外，低能离子散射谱（LEIS）在分析不同元素时展现出较好的灵敏度，通常变化范围为 3~10，这意味着 LEIS 方法对基体效应不敏感，从而能提供更为稳定和可靠的分析结果。

在定量分析的准确度方面，LEIS 能够达到大约 10%的准确度，这为各类材料分析提供了一个合理的误差范围。同时，检测限约为 0.1%的原子单层，使得该技术尤其适合表面分析和薄膜研究，能够检测到极低浓度的元素存在。这些特性使得 LEIS 成为一个在材料科学中非常有价值的工具，特别是在需要高灵敏度和精确定量的应用场景中。

10.9.5 低能背景

在分析 LEIS 时，一个常见的问题是低能区域的背景噪声较高，尤其是在处理粉末样品或使用较高入射离子能量的情况下。这种高背景通常会显著超过使用式（10-1）进行解析得到的信号强度。这些背景信号主要来源于被电离的反冲原子，也称为溅射离子，它们的存在对 LEIS 的准确解析构成了挑战。

为了优化分析质量并减少这种干扰，可以采取一些调整措施。首先，改变入射离子的种类可以有效影响散射动力学，从而影响背景信号的强度和分布。其次，调整样品的位置或入射角也有助于将感兴趣的离子散射峰移出高背景的低能区，使得这些峰更容易被清晰地分辨。通过这些调整，可以显著提升 LEIS 谱图的解析能力和结果的可靠性，使其更适合复杂样本的分析。这种策略性的优化是实验设计中的关键步骤，对于提高数据的准确性和实验的整体效率至关重要。

10.9.6 多重散射和沟道效应

分析 LEIS 时，一个关键的考虑因素是多重散射和沟道效应的影响。多重散射指的是散射离子在达到探测器之前不止一次地经历散射。实验观察到，有时离子在多次散射后的总表观散射角与单次散射时相同，但这种情况下不能直接使用式（10-1）进行计算。如果将多重散射过程分解为多个单次散射事件，每个事件都符合式（10-1），则总的能量损失通常会比单次散射时小。在谱图上，多重散射通常表现为主峰的高能侧出现肩峰。

另一种重要现象是沟道效应，这一效应在单晶材料中尤为显著。在单晶中，原子的规则排列会在某些特定的入射方向形成开放的"沟道"，这些沟道位于密排的原子层壁之间。当入射离子沿这些特定方向进入时，它们可能会通过这些沟道，穿透进入晶格的较深处，从而避免了较多的散射事件。沟道效应可以显著降低散射离子的能量损失，并改变散射角度分布，这对于理解和预测材料中离子行为提供了重要的洞见。

因此，正确理解和区分这两种现象对于利用 LEIS 进行精确的表面和近表面结构分析至关重要。通过考虑这些复杂的物理过程，科学家可以更准确地解析和预测材料的性质和行为。

10.10 进 展

最近发展的一种先进技术，称为顶头碰撞背向散射离子散射谱（CAICISS），已展现出在确定表面及次表面原子结构方面的巨大潜力。这种技术的核心优势在于两个独特的特性：首先，它允许在近 180°的散射角下测量散射离子的强度，这极大地提高了质量分辨率和结构分析的精确度。其次，CAICISS 采用经典的散射截面近似来计算面内散射强度，从而简化了分析方法。

CAICISS 技术通过分析离子强度随角度变化的数据，尤其关注大角度（约 180°）散射中多重散射的贡献，从而提取出有价值的结构信息。这种方法使用脉冲式 3keV 的氦离子（He$^+$）和氖离子（Ne$^+$）束，其斩波频率为 50kHz，脉宽为 150ms，能够精确控制离子束的时间和空间分布。样品的取向相对于入射离子束轴可以通过激光调节，精确度达到 0.5°，这使得实验条件可以非常精确地设定。

使用这项技术，已成功解析了解理 MoS$_2$(001) 表面上 Mo 信号强度与极化角的关系。通过现代计算机模拟方法分析的实验数据，可以定量地确定顶部硫层的不完整性。此外，CAICISS 数据分析引入了一种通用方法，通过将垂直入射的第二层强度与背景水平进行归一化处理，来拟合角度数据。这种方法不仅增强了数据的可解释性，还为从极化角能谱中估算表面粗糙度提供了一种近似的数据处理方法。

这些进展表明，CAICISS 技术为原子级表面和次表面结构分析提供了一种精确、可靠的实验工具，开辟了材料科学研究的新视角。

10.11 应 用

LEIS 作为一种高度表面灵敏的分析技术，不仅可以精确确定表面的化学组成，还能推断出一些表面的几何结构。在特定条件下，LEIS 还可以进行半定量分析，探测极限达到约 0.1% 的单原子层，这使得它成为表层分析的理想工具。

特别是在合金表面的分析上，LEIS 显示出独特优势。它可以用来研究合金表面的分凝现象和吸附行为，这是因为 LEIS 技术只检测最外层的原子，提供了对表层化学价态的直接观测。此外，LEIS 同样适用于半导体和绝缘体样品的分析。相比于使用电子束的技术，利用离子束的 LEIS 在处理这些材料时会产生较少的充电效应，从而减少了分析过程中可能出现的干扰和误差。

由于这些特性，LEIS 已成为材料科学、半导体研究以及表面化学等领域不可或缺的分析手段。它的应用不仅限于基础科学研究，还广泛应用于工业和技术领域，如在开发新材料或改进半导体制造过程中，LEIS 能提供关键的表面组成信息，帮助科学家和工程师优化产品性能和生产效率。

10.11.1 表面定性分析

在材料科学和表面工程中，表面定性分析是一个至关重要的环节。通过利用低能离子对靶原子的散射效应，科学家能够直接测定靶原子的质量，进而进行定性分析。以热轧 Fe-Mo-Re 合金为例，使用不同的离子束可以显著影响质量分辨率。

例如，当使用氦离子进行表面分析时，如图 10-8（a）所示，铁和钼的峰清晰可分，但在铼（Re）的位置，只显示为一个轻微的峰弯曲部分。相比之下，当使用更重的氖离子时，根据图 10-8（b）的预测，铁、钼和铼的峰均能清晰地区分开来。此外，与使用氦离子的谱图相比，使用氖离子的谱图显示出较低的低能本底，这种差异可能与离子束衰减效应有关。

尽管在 90°散射角下，对于一些轻元素如碳（C）和铍（Be），Ne 离子束可能不适用，但 He 离子束在这些条件下显示出较好的质量分辨率。此外，使用 ^{3}He$^+$ 而非更常见的 ^{4}He$^+$ 可以提高灵敏度，这主要归因于在相同能量下 ^{3}He$^+$ 具有更高的速度和更大的离子比例。

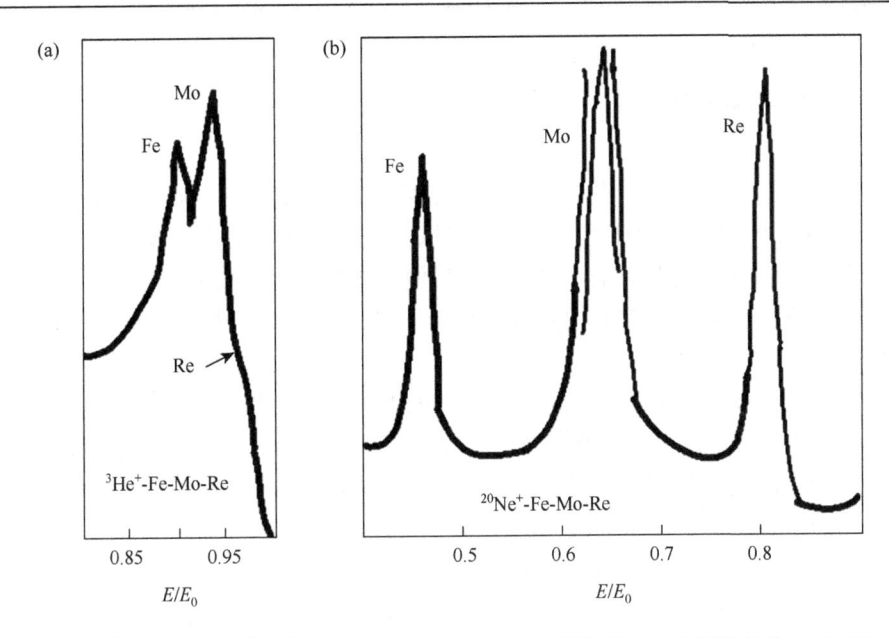

图 10-8 $^3\text{He}^+$（a）和 $^{20}\text{Ne}^+$（b）从 Fe-Mo-Re 合金的背散射图（入射能量为 1.5keV）

这种灵活性在选择适当的离子种类进行 LEIS 分析时非常重要，不仅可以针对具体的元素优化分辨率，还可以根据实验需求调整分析条件，从而在复杂的合金系统中获得更准确的表面组成数据。这对于开发新材料和改善现有材料的性能具有直接的应用价值。

10.11.2 表面成分分析

在表面成分分析领域中，LEIS 提供了一种直接测量覆盖率和散射产额间线性关系的方法。这种关系可以被用作表面成分分析的有力工具，尤其在研究薄膜覆盖或表面吸附层时极为有效。

然而，在使用 LEIS 进行成分分析时，可能会遇到一些挑战。其中一个主要问题是某些难以识别的谱峰，这可能是因为离子在与表面单个原子发生碰撞的同时，也可能与邻近的原子发生多体碰撞。这种多体碰撞可以导致复杂的散射动力学，使得谱峰解析变得困难。

此外，离子照射可能对样品表面造成损伤也是一个不容忽视的问题。虽然低能量（如 1keV）的离子相比高能离子造成的表面损伤较小，但即使是几百伏的氩离子（Ar^+）轰击也可能引起明显的溅射效应。一种减轻这种损伤的策略是降低入射离子流的密度，使样品暴露在更为"静态"的条件下。通过这种方式，在合理的探测时间内，样品表面的变化可以被最小化，从而保障分析的准确性。

这些考虑因素都强调了在进行 LEIS 分析时需要精细调整和优化实验参数的重要性，以便在获得高质量数据的同时保护样品不受过度损伤。这种平衡是表面科学研究中的一个关键技术挑战，需要仔细的实验设计和方法学创新。

10.11.3 表面结构分析

低能离子散射谱（LEIS）作为一种强大的表面分析工具，特别适合研究表面结构和原子排列。LEIS 的阴影效应使得研究者能够探索表面的几何结构，例如，原子链状散射模型可用于识别和分析表面缺陷，如台阶和其他不规则结构。虽然在理论发展上 LEIS 还未能达到低能电子衍射（LEED）的成熟度，但它在某些方面，如表面吸附结构的测定和单晶表面原子排列的研究，显示出独特的优势。

例如，LEIS 已被用来研究一氧化碳在镍表面的吸附行为以及硫化镉极性表面的识别。这些研究利用 LEIS 的高表面灵敏度来获得关键的结构信息，进一步增强了我们对表面相互作用和化学吸附过程的理解。具体来说，如图 10-3 所示，硫化镉的 LEIS 研究表明，虽然两个晶面上镉与硫的比值（3.2 和 1.7）均大于 1，但这些结果仍与先前的理解相一致。通过腐蚀实验进一步证实了锌面上存在明显的锌单次散射峰和较小的锌双散射峰，而硫面则展示了一个突出的硫峰和一个小的双散射峰，仅有少量的锌痕迹，这些发现确认了 ZnS 和 CdS 的单极性存在。

这些分析是在特定的测试条件下进行的，使用 1keV 的 $^{20}Ne^+$ 进行镜面反射，散射角为 45°。这样的实验设置不仅提供了高分辨率的数据，还确保了对表面的温和处理，从而减少了潜在的表面损伤，使得 LEIS 能够提供更清晰、准确的表面结构信息。这些研究不仅展示了 LEIS 在表面科学中的应用潜力，也为未来的表面物理和化学研究提供了宝贵的技术和数据。

10.11.4 二次散射和多次散射、表面缺陷分析

在表面物理学中，多重散射和表面缺陷的分析是理解材料性质的关键。LEIS 通过捕捉多重散射事件来揭示表面结构的复杂性。特别是在单晶材料中，多重散射经常表现为主峰的高能量侧出现肩峰，这主要是由原子在特定方向上规则排列引起的。如图 10-9（a）所示，

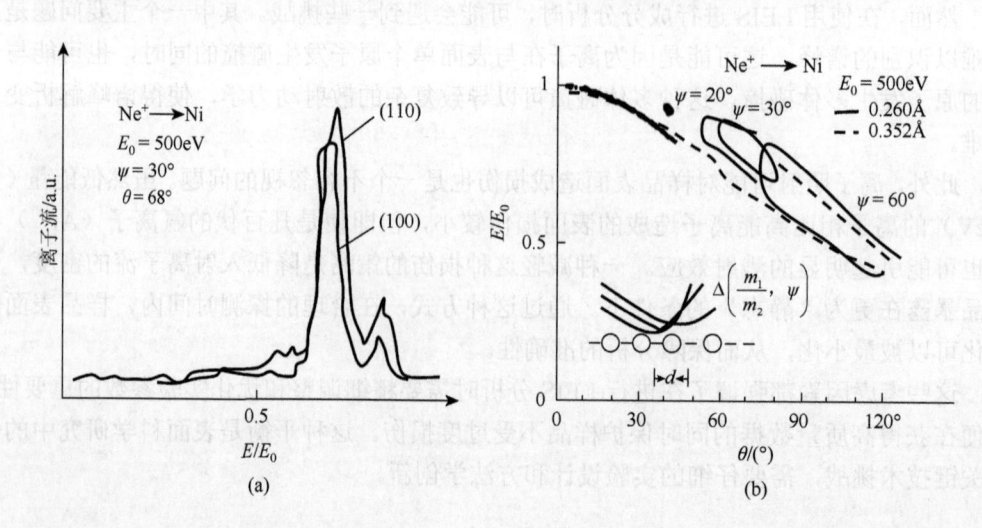

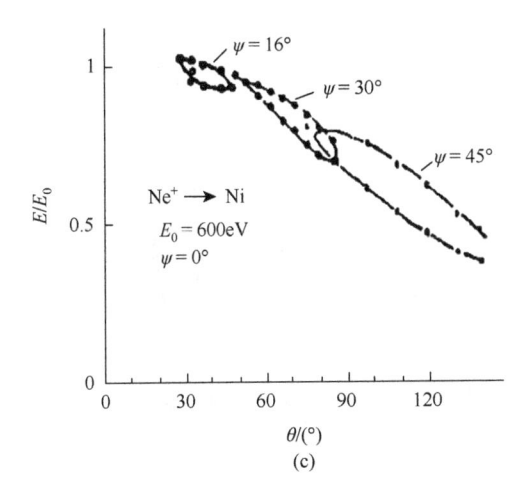

图 10-9　LEIS 谱图：(a) ^{20}Ne$^+$ 从 Ni(110) 表面散射的能谱，离子轨迹沿着晶体的 (110) 或 (100) 方向；(b) "链状效应"的数值计算结果；(c) 在三种入射角下，沿着 (110) 链散射时的实验结果

^{20}Ne$^+$ 从 Ni(110) 表面散射的能谱，离子轨迹主要沿着晶体的 (110) 或 (100) 方向。此外，沟道效应，即离子沿着单晶中密集排列的原子壁之间的开放路径穿透较深层次的晶格，也为分析提供了独特的视角。

在这种背景下，原子链模型为理解和预测多次散射提供了理论基础。此模型详细考虑了原子在单晶表面按照低指数方向规则排列时的散射行为，重点关注入射面和反射面。此模型的关键特点是能预测原子间相互屏蔽作用导致的最小和最大散射角。这种理论框架不仅能解释常规的散射事件，还能揭示由表面缺陷引起的非规则散射现象，如缺失邻近原子的位置导致的散射偏转。

此外，对于表面缺陷，如台阶和空位的分析，原子链模型可以将能量与散射角（E-ψ）关系曲线上的显著变化与表面原子排列中的不规则性联系起来。通过研究这些缺陷如何影响散射模式，可以深入理解薄膜的成核和生长过程、催化反应中的表面活性以及其他表面驱动的现象。如图 10-10 (b) 和 (c) 所示，采用原子链模型计算及多重散射角度，可以判断出邻近原子的位置导致的散射偏转或缺陷。

为了进一步提升这种方法的精度，还必须考虑到晶格中的热振动效应。晶格热振动会影响原子的瞬时位置，从而影响散射事件的精确度。综合这些复杂因素，原子链模型和多次散射分析为我们提供了一种强大的工具，可以用来精确描述和预测材料表面的复杂行为，展示了其在材料科学和表面工程中的广泛应用潜力。

10.11.5　研究热电子阴极激活过程

在图 10-10 中，可以观察到两种不同状态的热电子阴极的 LEIS 谱图。虚线代表了通过溅射清洗过的阴极，而实线则表示在 1165℃ 下进行激活处理并保持该温度的阴极。这种阴极是由浸渍了氧化铝（Al$_2$O$_3$）、氧化钡（BaO）和氧化钙（CaO）的多孔钨制成的，设计用于优化电子发射性能。

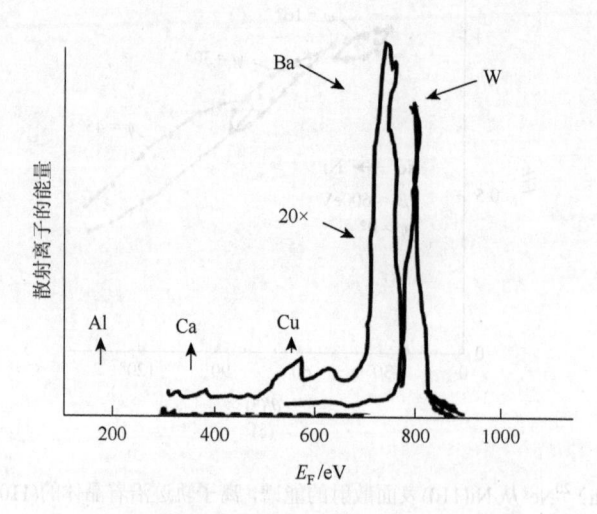

图 10-10　$^{20}Ne^+$从掺钡的钨阴极散射的 LEIS 谱图

在室温下（虚线显示），钨的峰非常明显，而其他元素的峰则相对较小。这反映了溅射清洗后钨元素在表面的主导地位。然而，当阴极加热至 1165℃并进行激活处理时，钡的峰不仅出现，而且高于钨的峰，表明钡元素迁移到了表面并可能在增强电子发射中起到了关键作用。除此之外，还观察到铜、钙和铝的小峰，其中铜被视为杂质。

这些观察结果指出，在高温激活过程中，钡以及其他元素如钙和铝可能通过扩散到达表面，改变了阴极的表面化学价态。钡的迁移特别重要，因为它能显著增强阴极的电子发射能力，这一点在电子发射技术和设备中极为重要。同时，实线中钨和钡峰为原始钨峰的二十分之一的现象，表明在高温下 $Ne^\pm$ 散射时，阴极附近的热电子层可能导致离子中和，这是对阴极表面电子动态的重要指示。

通过这种详细的表面分析，可以更好地理解和优化热电子阴极的性能，尤其是在高性能电子发射设备的开发中。这些结果不仅揭示了材料表面在极端条件下的行为，还为改善和定制阴极材料的性能提供了科学依据。

10.11.6　LEIS 研究 Ni_3Ti 合金

如图 10-11 所示，在研究 Ni_3Ti 合金的表面性质时，利用不同的表面分析技术可以获得关于合金表面组成和结构的互补信息。通过俄歇电子能谱（AES）测定，发现 Ni 和 Ti 的原子分数比为 3.1，这表明在 AES 采样深度范围内，Ni 和 Ti 元素没有明显的偏析现象。然而，当使用更为表面敏感的 LEIS 技术，特别是以 $^4He^+$ 作为入射源、入射能量为 500eV 和散射角为 135°时，得到了一个不同的结果：Ti 信号几乎未被探测到。

这一发现表明，清洁且规整的 Ni_3Ti(0001)面的最外层几乎完全由 Ni 构成，这与理想的 Ni 和 Ti 均匀分布的模型相悖。为进一步探究这一现象，将 LEIS 与低能电子衍射（LEED）实验相结合，发现最表层 Ni 的富集并非因为退火温度过高所致。具体来说，当样本在 600℃以下退火时，LEIS 谱显示最表层的 Ni/Ti 比例小于 1，这是由在氩离子（Ar^+）刻蚀

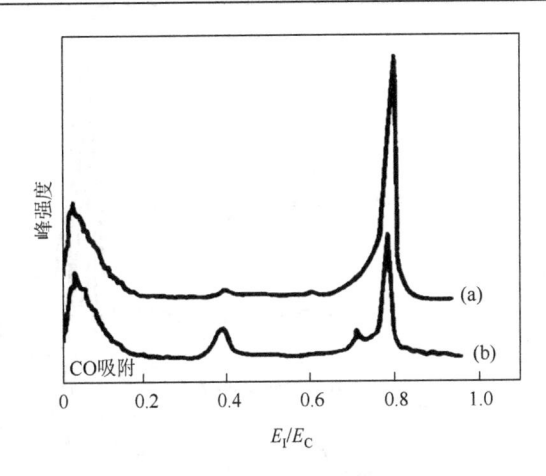

图 10-11 Ni₃Ti(0001)表面暴露于 CO 前（a）和 CO 后（b）的散射谱图

E_C 表示初始电离步骤中内层电子被激发或电离的能量

过程中，Ni 的溅射系数大于 Ti 所导致的。此时，LEED 呈现模糊的(1×1)六方花样，表明表面并未完全有序化。

当退火温度提升至 600℃后，(1×1)LEED 花样变得更加清晰，而此时 LEIS 谱中几乎检测不到 Ti。在 650℃退火后，LEED 花样更加尖锐，而 LEIS 谱基本保持不变，显示出 LEED 所表征的表面规整化与 LEIS 所示的最表层 Ni 富集是同步发生的。

这些结果表明，在 Ni₃Ti(0001)的浅表面层内，Ni 和 Ti 之间发生了原子层级的交换，这种现象可能与 Ni 相对于 Ti 具有较低的升华热相关。综合 AES 与 LEIS 的数据，我们可以更深入地理解 Ni₃Ti 合金在表面处理和高温退火后的表面组成和结构变化，这对于开发和优化该合金的应用至关重要。这些发现不仅增强了对材料表面反应的理解，还可能引导我们在合金设计和表面工程方面采取更有效的策略。

10.11.7　Cu-Zn 催化剂的研究

低能离子散射谱（LEIS）和 X 射线光电子能谱（XPS）是表面科学中分析催化剂组成和化学价态的重要工具。如图 10-12 所示，根据 LEIS 数据，新鲜的催化剂主要由氧化锌（ZnO）、铬酸锌（ZnCr₂O₄）、氧化铯（Cs₂O）和少量二氧化钯（PdO₂）组成。这种组合提供了关于催化剂活性和选择性的初步信息。

对催化剂进行进一步的处理，包括在 300℃和 1.33×10^{-5}Pa 的氢气（H₂）氛围中还原 4h，旨在激活催化剂的表面。这种预处理的目的是减少氧化态并增强其催化活性。随后再次使用 XPS 对催化剂进行表征，结果显示还原后的催化剂近表面区仍然富集铯（Cs）和钯（Pd）。此外，XPS 分析也揭示了预处理过程中钯的化学价态变化，即原有的 PdO₂ 在反应过程中转换成了 PdO。这种转换可能是由于还原气氛和高温的共同作用，促使钯从更高的氧化态向低氧化态转变。

此外，还观察到还原处理引起存在于催化剂表面的 ZnO 薄膜发生团聚作用。这种团聚现象可能会影响催化剂的表面特性和催化行为，尤其是在催化剂的可用活性位点方面。

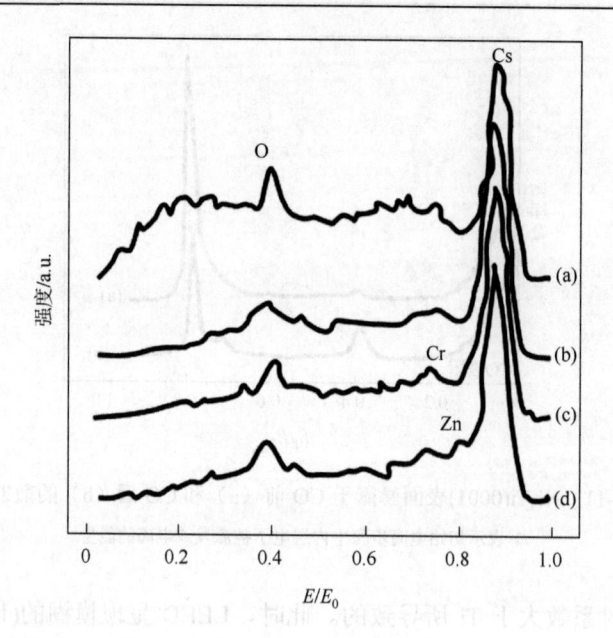

图 10-12 Cu-Zn 催化剂的 LEIS 谱图：(a) 插入到超高真空系统中；(b) 在 300℃、H_2 气氛中预处理 4h；(c) 用 1keV Ar^+ 溅射 15min；(d) 用 1keV Ar^+ 再次溅射 15min

ZnO 的团聚可能导致活性位点的减少，但同时也可能暴露新的催化活性位点，这需要进一步的研究来确定。

这种催化剂被证实在合成乙醇的催化反应中表现出良好的活性。氧化铯的存在特别值得关注，因为它可能有助于调节催化剂表面的电子特性，从而影响催化反应的路径和效率。综上所述，通过这些详细的表面和化学价态分析，可以更深入地理解催化剂在乙醇合成过程中的作用机制，以及不同化学组分如何影响催化性能。这些知识对于优化催化剂设计和提高其工业应用的效率至关重要。

10.11.8　LEIS 测定负载型催化剂中活性组分与载体之间的相互作用

在使用 LEIS 技术研究负载型催化剂时，可以观察到催化剂的活性组分与载体之间发生的微妙相互作用。这些相互作用不仅影响原子的有效质量，还可能改变催化剂的表面和化学特性，从而影响其催化性能。

在具体案例中，如对 MoO_3/SiO_2、MoO_3/TiO_2 和 $MoO_3/\gamma\text{-}Al_2O_3$ 等催化剂系列的研究，通过测定钼氧化物（MoO_3）的散射峰，发现载体的不同导致散射峰位置的显著变化。这种变化反映了载体材料对 MoO_3 的相互作用强度和性质。通过测量散射峰的位移量，并将其量化为"质量增值（Δm）"，可以定量地评估不同载体对活性组分的影响强度。

LEIS 技术以对最表层单原子层的高灵敏度而被广泛应用于表面分析。这一特性使得 LEIS 特别适用于研究表面成分、催化行为、吸附等多种表面相关现象。此外，低能离子在表面上的散射和中和过程是决定 LEIS 应用特性的关键因素。进一步的理论研究，包括散射截面和中和概率的详细分析，将进一步提升 LEIS 作为表面检测工具的效能。

总体而言，LEIS 为我们提供了一种精确的手段来探究催化剂中活性组分与载体之间的相互作用，这对优化催化剂设计、提高催化效率以及理解催化机制都至关重要。通过深入了解这些相互作用，科学家可以更好地调控催化剂的表面特性，从而开发出更高效、更专一的催化系统。

10.12 应用举例和数据分析

1. LEIS 表征在 Fe$_g$-NC/Phen 燃料电池方面的应用

质子交换膜燃料电池（PEMFC）在交通领域及储能系统中已得到广泛应用，其绿色环保的特性引起了极大的关注。PEMFC 的商业化应用高度依赖于高效、低成本的催化剂来驱动缓慢的阴极氧还原反应（ORR）。然而，以铂（Pt）为代表的铂族金属催化剂（PGM catalyst）虽然具有最佳的 ORR 性能，但由于价格昂贵、储量有限和市场需求强劲，限制了 PEMFC 的大规模推广。因此，发展高性能、低成本的非铂催化剂（PGM-free catalyst）对于 PEMFC 的商业化应用具有重大战略意义。

厦门大学孙世刚院士团队在燃料电池方向取得了一系列原创性研究成果，为该领域的发展做出了卓越贡献，彰显出中国科学家对该方向发展的引领作用。孙世刚院士团队采用 XPS 刻蚀技术研究了不同深度下 Fe$_g$-NC/Phen 氮结构的差异[1]。如图 10-13 所示，随着刻蚀深度的增加，虽然总氮含量基本维持不变，但表面具有更多的吡啶氮含量，这可能与预先表面修饰的 Phen 相关。由于 XPS 对于纳米碳材料的刻蚀深度为 5~10nm，不利于分析材料原子层厚度的活性位分布情况，因此采用高灵敏度低能离子散射谱探究材料原子层厚度的活性位分布情况（图 10-13）。对比样品是传统液相吸附制备的 Fe-N-C 催化剂。结果表明，采用"FeCl$_2$ 蒸气捕获"装置制备的催化剂在最外层和次表层分布了致密的活性中心，而传统液相吸附制备的催化剂在最外层和次表层的活性中心密度极低。

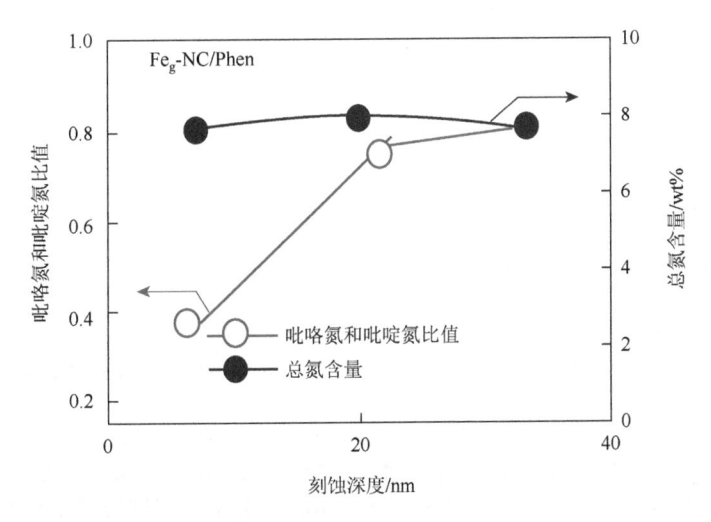

图 10-13 不同刻蚀深度下吡咯氮和吡啶氮比及总氮含量的 HS-LEIS 谱图[1]

这种 $FeCl_2$ 蒸气捕获策略成功地在精心设计的表面富吡啶氮碳基底上沉积了致密的活性中心，并利用高灵敏低能离子散射谱研究了催化剂最外层活性位分布情况，发现气相捕获的合成策略很容易将活性中心构筑在最外层和次表层，而传统液相吸附合成的催化剂在最外层和次表层基本没有活性中心分布。表面化的活性中心可以有效缩短质子和 O_2 分子的传输路径，使得三相界面最大化，极大降低了传质阻力。

合成的催化剂不仅具有高位点密度（5.6×10^{19} 位点/g），还具有高活性位利用率（28.6%）。在质子交换膜燃料电池性能测试中，催化剂在 H_2-O_2 以及 0.9V 电压下的电流密度为 46mA/cm^2，达到了目前最高水平，峰值功率密度（H_2-O_2：1.53W/cm^2；H_2-空气：0.71W/cm^2）超过了目前所有报道的非贵金属催化剂。该工作为研究金属氮碳催化剂活性中心分布情况提供了新的见解。

2. LEIS 分析催化剂表面元素分布含量

固体氧化物燃料电池和电解电池（SOFCs/SOECs）代表了创新和清洁的电化学能量转换技术。由于它们的高效率和在一系列不同碳氢化合物燃料上运行的能力，这些技术为各种应用提供了有趣的机会。尽管电池性能稳步提高，新材料正在开发中以推动固体氧化物燃料电池向更低的工作温度发展，但广泛应用的一个关键障碍在于其固有的性能退化敏感性，特别是在阴极侧的析氧反应（OER）。

Siebenhofer 等[2]详细研究了酸性吸附剂对 $La_{0.6}Sr_{0.4}CoO_{3-\delta}$（LSC）表面的影响，并讨论了它们对 OER 动力学的影响。利用低能离子散射（LEIS）探测表面化学性质，结果如图 10-14（a）所示。对于两个样品，Sr 明显主导表面阳离子分布，特别是在硫

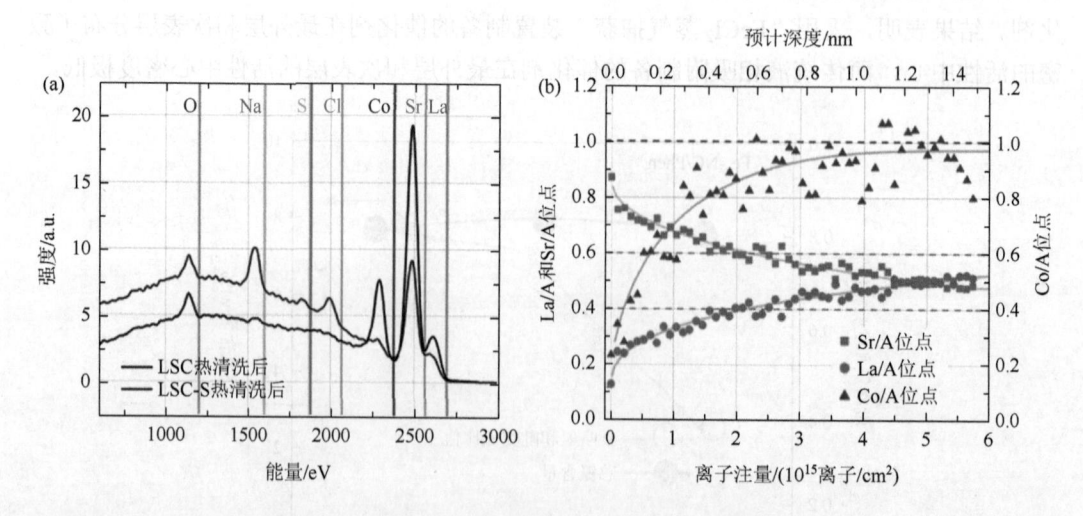

图 10-14 （a）直接从脉冲激光沉积室取出的新鲜的 LSC 和硫酸盐覆盖的 LSC-S（在 600℃的 XPS 室中暴露于 1mbar O_2 后），通过原位加热到 400℃进行热清洗后的 LEIS 谱（3keV ^{4}He$^+$，5nA）。垂线表示每个表面原子的起始散射能；（b）在 500eV ^{40}Ar$^+$ 束流和 100nA 束流下溅射得到的 LSC-S 前 1.5nm 的 La、Sr 和 Co 深度分布图[2]

酸盐覆盖的 LSC 中。测量结果还直接证明了 LSC 表面存在硫，尽管强度相对较弱。此外，表面还出现了 NaCl 痕迹（在 LSC-S 上更为明显，这可能也是导致主阳离子强度普遍较低的原因）。钠是氧化物材料中常见的杂质，即使是极少量也足以在 LEIS 测量中产生可检测的污染。

图 10-14（b）显示了硫酸盐覆盖的 LSC 薄膜在前 1.5nm 深度内的阳离子比值变化（阳离子比值是通过用理想体积化学计量学确定充分溅射后达到的平台来量化的）。与图 10-14（a）类似，图 10-14（b）表明 Sr 的富集，并在第一层显示出强烈的 Co 枯竭和更宽的 La 枯竭带。值得注意的是，优先溅射会改变离子产量，主要影响 O 等较轻的物种。因此，测量结果可能会略微高估 LSC 表面的 La 含量。

3. LEIS 分析处理后的钙钛矿太阳能电池薄膜

钙钛矿太阳能电池在过去几年中已实现了高达 23.3%的功率转换效率（PCE）。然而，稳定性和滞后性仍然是限制其商业化的挑战性问题。钙钛矿太阳能电池的典型器件结构包括 n 型电子传输层（ETL）、光吸收层和 p 型空穴传输层（HTL）。在光吸收层方面，MA[甲胺离子（$CH_3NH_3^+$）]、FA[甲脒(CH_4N_2)]或 Cs 基钙钛矿具有高消光系数和高电荷迁移率[约 $20cm^2/(V·s)$]，其中添加 Cs 的三阳离子钙钛矿太阳能电池具有更好的重现性、更高的长期稳定性和效率。

对于 HTL，锂或共掺杂 2,2′,7,7′-四［N,N-二（4-甲氧基苯基）氨基］-9,9′-螺双芴（Spiro-OMeTAD）和聚三芳胺（PTAA）是最有效和常见的候选材料，因为它们易于溶液处理并具有中等的空穴迁移率［分别为 $1.6×10^{-3}cm^2/(V·s)$和 $2.4×10^{-3}cm^2/(V·s)$］。在 ETL 方面，TiO_2 因适当的带隙和高透过率而被广泛应用。为了提高 TiO_2 钙钛矿太阳能电池的效率并降低其滞后，已发展了多种方法。

选择替代材料来替代 TiO_2 是创建高性能钙钛矿太阳能电池的重要途径。值得注意的是，TiO_2 的电子迁移率［$0.1\sim10cm^2/(V·s)$］比 Zn_2SnO_4［$100\sim200cm^2/(V·s)$］、SnO_2［$100\sim200cm^2/(V·s)$］和 ZnO［$200\sim300cm^2/(V·s)$］低几个数量级，从而限制了电子转移，增加了电荷重组的概率。ZnO 因直接的宽带隙、高的电子迁移率和良好的透明导电性而备受关注。

采用低能离子散射（LEIS）谱对 Pb^{2+} 处理后的 ZnO-ZnS-450（ZnO-ZnS-450-Pb^{2+}）薄膜进行了分析（图 10-15）[3]。随着 He^+ 溅射时间的增加，在 He^+ 溅射过程中，S 和 Pb 的动能分别为 1.71keV 和 2.77keV 时的强度减弱，经过溅射处理后，ZnO-ZnS-450-Pb^{2+} 表面几乎变为 ZnO。这一结果表明，表面修饰和界面工程在提高钙钛矿太阳能电池性能方面具有重要作用。

4. HS-LEIS 分析 Pd-Cu_2O 和 Au-Cu_2O 表面金属暴露位点的变化

寻求可再生能源驱动的电化学 CO_2 还原反应（ECO_2RR）来生产高价值的 C_{2+}产品是减少温室气体排放和促进碳循环的有希望途径。为了深入研究催化剂的表面结构和组成，

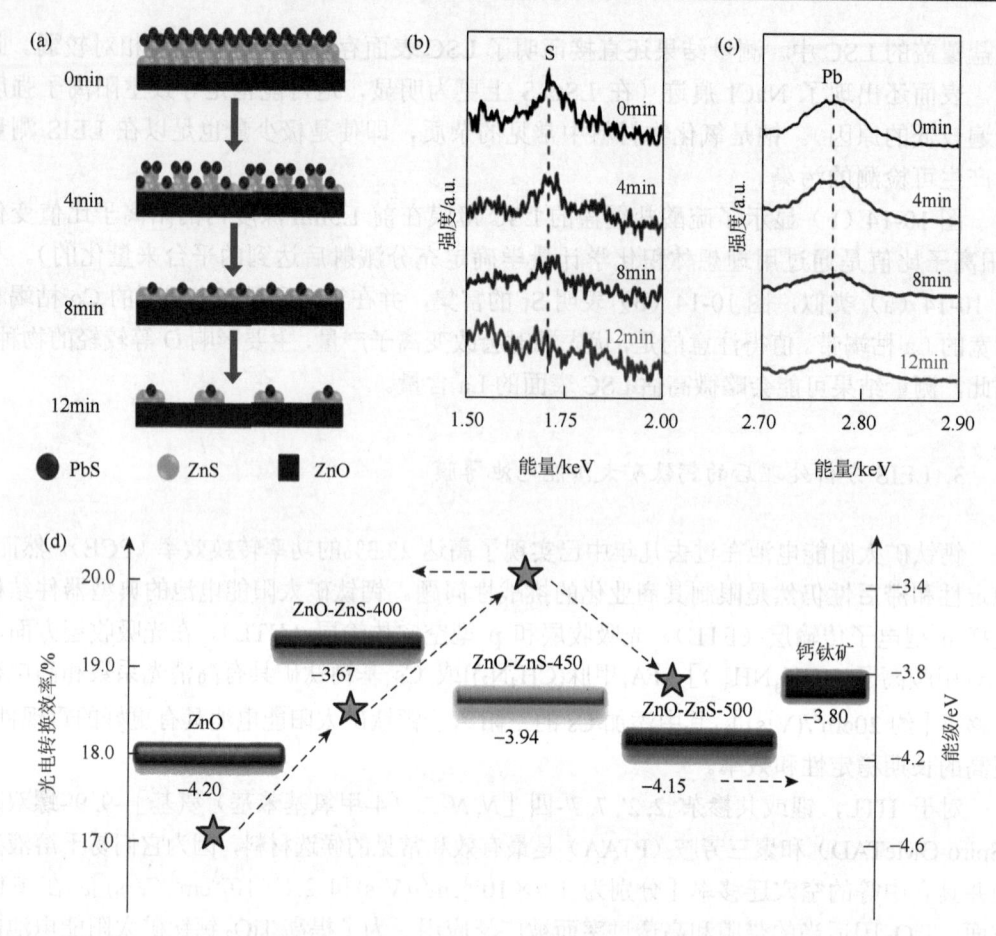

图 10-15 ZnO-ZnS-450-Pb^{2+}薄膜的 LEIS 谱中 Pb-S 配位和硫化程度对表面功函数和 PCE 的影响：(a) 溅射过程的示意图；(b) S 峰，(c) Pb 峰，这些峰值的变化依赖于使用 3keV He$^+$ 的溅射时间；(d) ZnO、ZnO-ZnS-400、ZnO-ZnS-450、ZnO-ZnS-500 基 ETL 以及相应的 PCE 的表面功函数变化[3]

采用了高灵敏度低能量离子散射（HS-LEIS）技术对 Pd-Cu$_2$O 和 Au-Cu$_2$O 进行了详细分析[4]。HS-LEIS 将探测深度限制在材料最外表面的一层或两层，从而能够精确地研究表面组成、结构和变化。

对 Pd-Cu$_2$O 的 HS-LEIS 研究揭示了图 10-16 中 Pd/Au 和 Cu 信号的同时检测，这表明在界面上 Pd/Au 和 Cu 位点同时暴露。此外，随着溅射时间（溅射深度）的延长，Pd/Au 和 Cu 信号的强度都有所增强，表明界面修饰的 Pd/Au 纳米颗粒具有特定的尺寸分布。通过这种方法，可以更好地理解催化剂在电化学 CO$_2$ 还原反应中的性能和稳定性，从而推动高效催化剂的设计和开发。

5. LEIS 分析 Ni 的化学势与 Ni/石墨烯黏附能的关系

近年来，由于开发用于清洁能源应用的电催化剂和用于新型水相生物质转化的催化剂的努力，以及具有独特性质的新型碳材料（如石墨烯、碳纳米管等）的发展，碳载体

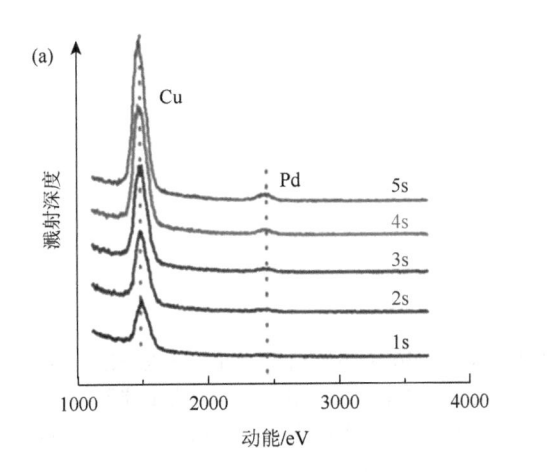

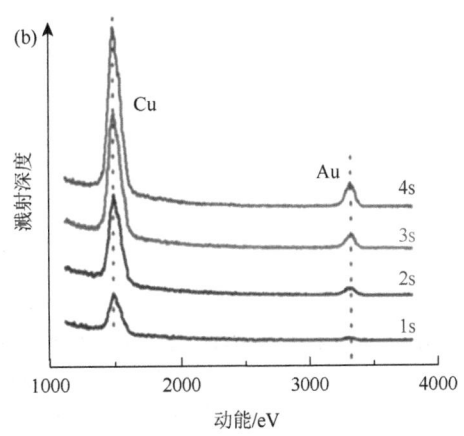

图10-16 Pd-Cu$_2$O (a) 和 Au-Cu$_2$O (b) 的 HS-LEIS 谱图[4]

在晚期过渡金属纳米颗粒催化剂中的应用显著增长。然而，与氧化物载体相比，关于金属纳米颗粒在碳载体上的成键能量学知之甚少，氧化物载体在热催化中更为常见。

为了研究这一现象，采用金属蒸气单晶吸附量热法和 He$^+$ 低能离子散射法对在 300K 和 100K 下沉积在石墨烯/Ni(111)上的 Ni 气相的生长形态和吸附热进行了研究[5]，这些结果提供了 Ni 的化学势与粒径变化的关系，以及 Ni/石墨烯的黏附能 [图 10-17 (a)]。

单晶吸附量热法（SCAC）用于测量气相沉积 Ni 纳米颗粒在石墨烯覆盖的 Ni(111)载体上的成键能量。这些测量确定了 Ni 蒸气原子吸附在石墨烯基底上并与先前形成的控制尺寸的 Ni 纳米颗粒结合时的吸附热。低能离子散射（LEIS）用于测量气相沉积 Ni 的生长形态。根据 LEIS 的吸附热和颗粒大小，确定了化学势作为平均 Ni 颗粒直径和 Ni 与石墨烯/Ni(111)黏附能的函数。

使用 He$^+$ LEIS 测量确定了 Ni 在石墨烯/Ni(111)上在 300K 和 100K 下的生长形态。Ni 以离散的量蒸气沉积到石墨烯/Ni(111)基底上，并且在每次剂量后测量 Ni LEIS 信号。由于从石墨碳散射的 He$^+$ 具有接近 1 的离子中性化概率，无法测量基底的 LEIS 信号（石墨碳），这与银沉积在石墨烯/Ni(111)上的情况相同。积分的 Ni LEIS 信号被标准化

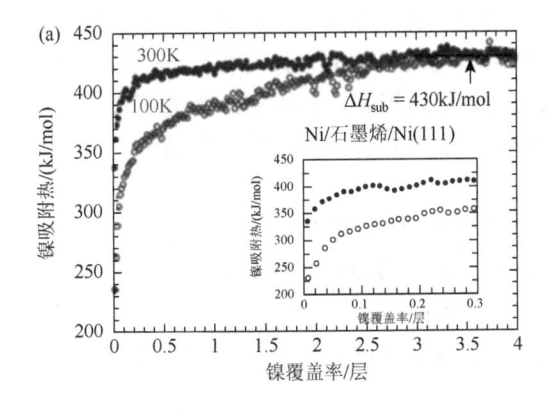

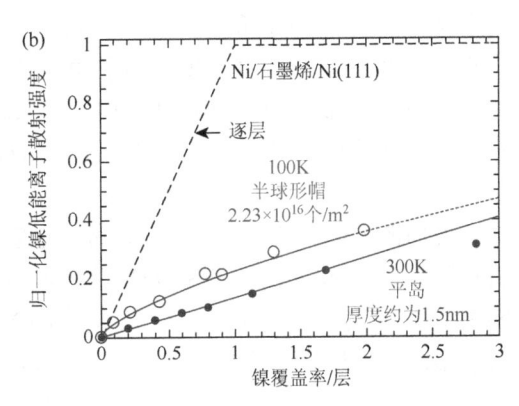

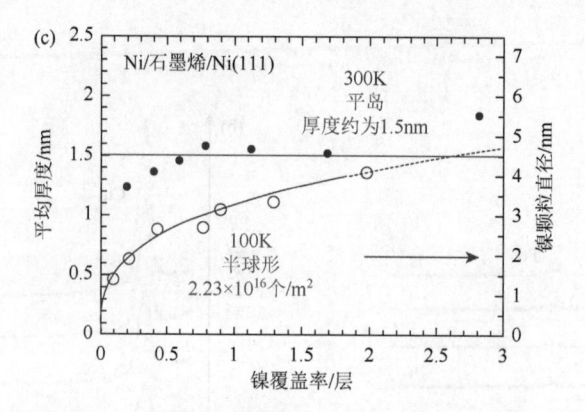

图 10-17 Ni 在石墨烯/Ni(111)的 He$^+$ 低能离子散射图：(a) 在 300K 下沉积时，Ni 生长为平顶面心立方岛，厚度几乎恒定，约 1.5nm。在 100K 下，Ni 生长为更小的纳米颗粒，很好地模拟为半球形六边形紧密堆积的纳米颗粒，颗粒密度约为 $2×10^{16}$ particles/m^2。利用 Ni 气体吸附热测定了 100K 下 0.5~4nm 范围内 Ni 化学势随平均粒径的变化规律。通过拟合测量的化学势作为直径的函数，确定了大 Ni 颗粒在石墨烯/Ni(111)上的黏附能为 3.6J/m^2。(b) 在 300K（红色，填充点）和 100K（蓝色，开放点）下沉积在石墨烯/Ni(111)上后，集成 Ni LEIS 信号归一化为厚多层 Ni 薄膜，作为 Ni 覆盖率的函数。黑色虚线对应于 Ni 在基底上逐层生长时所观察到的信号。红线对应于 Ni 生长为厚度为 1.5nm 的平岛的模型。蓝线对应于 Ni 生长为三维半球形的模型，粒子密度为 $2.23×10^{16}$ 个/m^2。标准化的 Ni LEIS 信号为 0.33，上面的虚线仅为视觉辅助，因为该模型不应用于更高覆盖率的情况。(c) Ni 粒子的平均厚度与覆盖率的关系，右轴为与该厚度相对应的半球形的平均直径。红线表示平均厚度为 1.5nm（300K 时），蓝线对应于 Ni 在 100K 时以半球形状生长的模型，颗粒密度为 $2.23×10^{16}$ 个/m$^{2[5]}$

到来自厚 Ni 层（>10nm）的信号，该信号作为 Ni 完全覆盖石墨烯表面的 Ni 参考信号。然后，这个标准化的 Ni LEIS 信号给出了被 Ni 粒子覆盖（和遮挡）的表面分数。

He$^+$ LEIS 进一步证实了所有石墨烯薄膜的厚度，通过石墨烯生长后样品中 Ni(111) LEIS 信号与清洁 Ni LEIS 信号的比值来量化。这个比值表明石墨烯薄膜覆盖了 95%以上的 Ni(111)表面。

这项研究中分析的生长模型包括逐层生长模型、恒定高度模型和半球形模型。逐层生长模型（用黑色虚线表示）显示了如果 Ni 以逐层方式生长将会观察到的信号。从图 10-17（b）可以看出，这个模型并不能很好地拟合数据。相反，发现 Ni 作为 3D 纳米颗粒生长的模型与数据更吻合。具体来说，恒定高度模型与 300K 的数据拟合得很好，而半球形模型与 100K 的数据拟合得很好。这两个模型将在本节的其余部分讨论。恒定高度模型假设 Ni 纳米颗粒在所有覆盖层（在一些微小覆盖层之上）具有相同的高度，并且具有平坦的顶部。半球形模型假设 Ni 纳米颗粒具有半球形状，在给定的覆盖范围内具有相同的平均颗粒直径，并且每单位面积的颗粒数量是一个常数，与覆盖范围无关（在一些微小的覆盖范围之上）。

使用图 10-17（b）中的数据，可以很容易地计算出 Ni 纳米颗粒的平均厚度，方法是将每平方米的 Ni 原子数转换为每平方米的 Ni 总体积（假设沉积的 Ni 颗粒具有与块体 Ni 相同的密度），然后除以用 LEIS 测量的 Ni 颗粒覆盖的面积。平均厚度 $t = \theta × n_{ML} × M_{Ni}/(N_A × \rho_{Ni} × f)$，其中，$\theta$ 为总镍覆盖率；n_{ML} 为单层 Ni 原子数密度（$n_{ML} = 1.87×10^{19}$ 原子/m^2）；

M_{Ni} 为 Ni 的摩尔质量（58.69g/mol）；N_A 为阿伏伽德罗常数；ρ_{Ni} 为 Ni 的体积密度（8.9g/cm³）；f 为石墨烯表面覆盖的 Ni 粒子的分数。根据 He⁺ LEIS 测量，得到的平均 Ni 颗粒厚度作为 Ni 覆盖率的函数，如图 10-17（c）所示。对于 300K 下的 Ni 生长，归一化 Ni LEIS 信号与覆盖率的比例关系很好［图 10-17（b）中的红色实线］。这条线的斜率为 1/(7.33ML)。这一比例表明，在 300K 时，平坦的 Ni 岛的平均厚度为 7.33ML（1.5nm），几乎与覆盖无关。图 10-17（c）中 300K 的数据（红色填充点）进一步支持了该模型，显示平均 Ni 岛厚度几乎是恒定的，平均值 t = 1.54nm。如图 10-17（c）所示，Ni 岛厚度确实随着覆盖范围的增加而缓慢增加。

6. HS-LEIS 探测 Au@Pd@Ru 催化 HOR 活性

金属 Pt 常作为氢氧燃料电池的阳极催化剂，然而由于价格昂贵，需要发展一种催化活性高的非 Pt 催化剂。Ru 是一种具有替代 Pt 潜力的催化剂。然而，在较低电位条件下，Ru 表面会存在 OH/O 物种，这些物种占据了 Ru 表面大多数位点，导致 Ru 表面可用于 H_2 解离和吸附的位点较少，从而使 Ru 在整个 HOR 电位区间内的反应活性不算太高。

中国科学院田中群院士团队在燃料电池方面取得了一系列的原创性研究成果，并引领该领域的发展。为了改善这一问题，田中群院士团队合成了 Au@Pd@Ru 催化剂，并利用高灵敏度低能离子散射（HS-LEIS）对催化剂进行了表征[6]。结果如图 10-18 所示，表明 Au@Pd@Ru 催化剂具有明确的核壳结构。通过 Ne⁺离子束连续溅射材料，获得了一系列高灵敏度的 HS-LEIS 光谱，显示 Au@Pd@Ru 的光谱与 Au@Pd 的光谱有显著差异［图 10-18（a）］。随着溅射深度的增加，Ru 信号首先出现，其次是 Pd 和 Au 信号［图 10-18（b）］。这表明表层主要由 Ru 构成，而随着溅射深度的增加，可以观察到内层的 Pd 和最内层的 Au，这进一步确认了该催化剂的核壳结构。

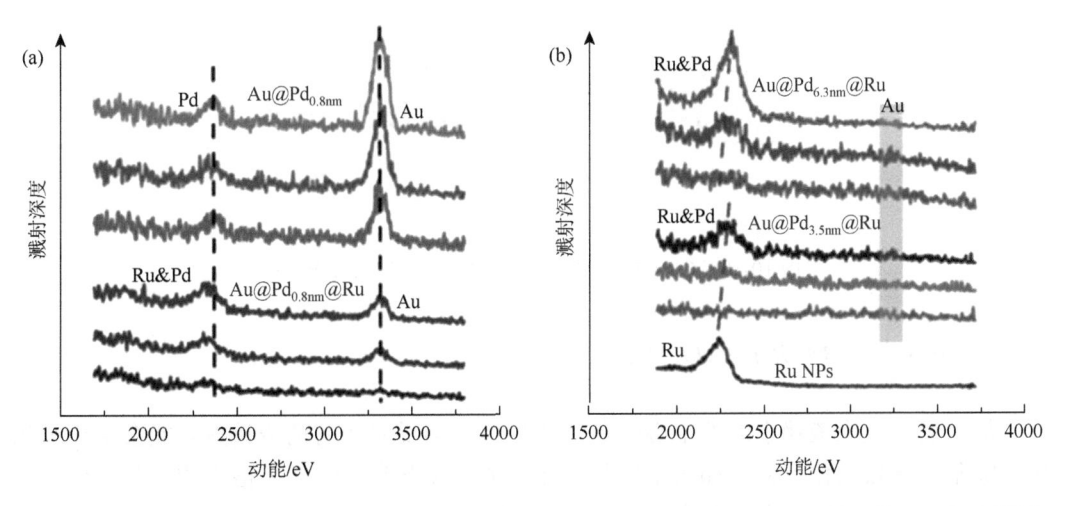

图 10-18 Au@Pd@Ru 催化剂的 HS-LEIS 谱图：（a）Au@Pd$_{0.8nm}$ 和 Au@Pd$_{0.8nm}$@Ru 的 HS-LEIS 谱图；（b）Ru NPs、Au@Pd$_{3.5nm}$@Ru 和 Au@Pd$_{6.3nm}$@Ru 的 HS-LEIS 谱图[6]

7. HS-LEIS 表征 Cl-RD-Cu₂O 中 Cl 元素的分布

随着环境、能源和经济问题的日益增多，改善现有的催化工艺变得十分必要。环氧丙烷（PO）是一种需求量极大的化学品（每年需求量超过 1000 万 t），主要用于生产聚醚和丙二醇。目前，大多数 PO 是通过氯醇或过氧化工艺生产的，这些方法存在安全隐患和环境污染。为了解决此问题，利用分子氧直接将丙烯环氧化（DEP）是一种理想的替代方法[7]。研究表明，Cu 表面的氧原子对 DEP 具有高选择性，但未改性的 Cu 催化剂性能较差。PO 的高选择性（40%~50%）仅在极低的转化率（通常低于 0.25%）下才能实现，而当转化率增加时，PO 选择性急剧下降。因此，迫切需要开发出能够同时提高转化率和选择性的有效策略。在工业上，Cl 是一种有效的乙烯环氧化促进剂，但在 DEP 反应中的作用尚未达成共识。将 Cl 掺杂到 Cu₂O 纳米晶的晶格中，不仅能够提高 PO 的选择性和丙烯的转化率，而且解决了长期存在的 Cl 流失问题。利用 HS-LEISS 研究 Cl 的分布。如图 10-19 所示，随着刻蚀深度的增加，Cl 的相对强度降低，但在 18nm 处仍保持明显的 Cl 信号。这表明，Cl 在 Cu₂O 纳米晶中的分布均匀且稳定，证实了 Cl 掺杂在改善催化性能方面的有效性。

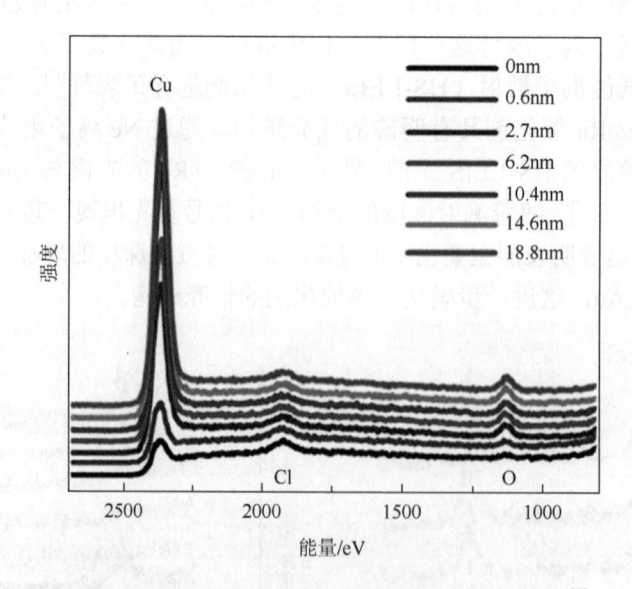

图 10-19　Cl-RD-Cu₂O 中 Cu 和 Cl 的 HS-LEIS 分布[7]

8. LEIS 分析扭曲介孔 CeO₂ 单晶表面氧活化

催化氧化反应依赖于活性中心的氧活化，但不同反应物的竞争吸附可能会阻碍氧的化学吸附，导致氧化反应（如与空气共氧化）的温度升高。表面晶格氧的活化提供了另一种途径，但它仍然是许多催化反应的基本挑战。

在分子氧和氧空位之间形成具有明确结构的高能表面活性中心，可以有效地激活晶格氧的氧化反应[8]。在67℃条件下，CO可以完全氧化，并且在运行300h后未观察到催化剂降解。扭曲表面上的孤立Pt₁/CeO₂位点不仅有助于CO的化学吸附，而且有效地激活了与Pt离子相连的晶格氧，从而促进了CO的氧化。通过在表面引入结构明确的活性中心来激活晶格氧，将为晶格氧的活化开辟一条新的途径。

如图10-20所示，多孔CeO₂单晶呈现了Ce和O原子的原子终止层，导致扭曲表面有一系列明确的Ce—O配位结构。Ce以+4态为主，表面有少量+3态，并且表面也有吸附的氧。对多孔CeO₂单晶(200)、(220)和(111)表面的电子态进行模拟，发现周期性配位结构中，Ce原子向O原子的电荷转移明显，形成典型的离子键。点阵氧连接的Ce离子的活化预计在表面是一个有利的优势。此外，只要晶格匹配合适，其他母晶也可以生长出多孔CeO₂单晶。

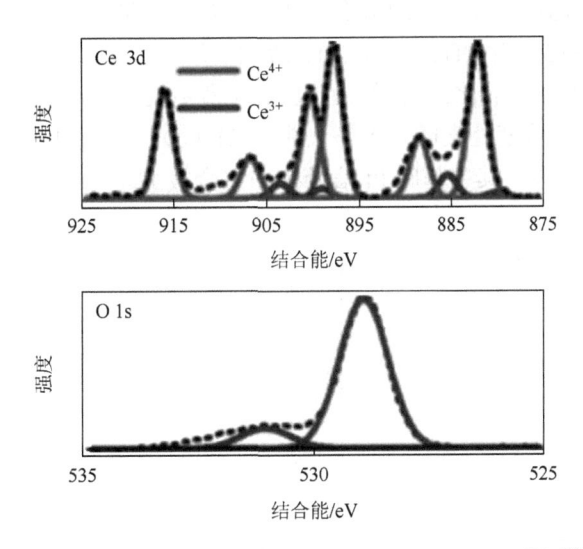

图10-20 多孔CeO₂(200)单晶的HS-LEIS和XPS谱图[8]

在2cm尺度上建立的多孔CeO₂单晶的活性表面结构，将孤立的Pt限制在晶格中，在连续扭曲的表面上形成孤立的Pt₁/CeO₂位点。在67℃下，空气能完全氧化CO，其中孤立的Pt₁/CeO₂位点不仅可以化学捕获CO，而且有效地激活了与Pt离子相连的晶格，使其局部结构向有利于CO氧化的方向发展。这证明了孤立的Pt/CeO₂位点具有优异的热稳定性，即使在连续反应300h后也没有观察到性能退化。

9. LEIS观测Pt纳米颗粒的包覆层

多相催化剂的性能与其制备过程（包括所用前驱盐、制备方法、焙烧/还原处理气氛和温度、预处理、反应气氛下诱导期等）密切相关，因此多相催化研究者总是仔细调控这些参数以期获得最优性能。随着催化剂表征技术的进步，人们发现这些过程的调控显著影响到催化剂活性组分的形貌、分散度、物理化学和电子性质等，从而改变其催化性能。其中最主要的决定因素是强金属-载体相互作用（strong metal-support interaction，SMSI）。

自 1978 年 Tauster 等发现，可还原氧化物负载的过渡金属和贵金属催化剂在经高温还原后，其催化性能发生显著变化，同时活性金属的有效裸露表面大大减少（体现在 CO、H_2 的吸附量）这一现象以来，SMSI 引起了很多研究者的兴趣。基于 CO 吸附峰位的改变和 CO/H_2 吸附量的下降，大多认为 SMSI 的促进作用是由于电子调变和/或物理包覆。其中，物理包覆现象的直接证据是在实际催化剂中用高分辨率透射电子显微镜（TEM）能观察到一些金属纳米颗粒表面有一层包覆层。表面科学研究在一些体系如 Pt/TiO_2(110)、Pt/Fe_3O_4 等中，用扫描隧道显微镜（STM）和低能离子散射（LEIS）谱观测到了 Pt 纳米颗粒的包覆层。然而，在实际催化剂体系中往往难以得到完全包覆的证据，如 CO/H_2 吸附量并没有下降到零，而且一些小金属纳米颗粒/团簇没有被包覆，这引发了关于真正起催化作用的是不是那些没有被包覆的表面的质疑。

广义的 SMSI 还包括活性催化组分在载体表面的高分散、强键合锚定等，这些因素明显提高了催化剂的催化性能。TiO_x-O_x/Pt(111) 遵循多层生长模式，Ti/Pt AES 比非常接近低于 1ML 的 TiO_x-Re/Pt(111) 的比。Li 等[9]通过 XPS 谱图表明 TiO_x-O_x/Pt(111) 薄膜在亚单层处具有 Ti^{3+}，在较高覆盖度处表现为 Ti^{4+} [图 10-21（a）]。通过 LEIS 也证实了 XPS 测量中 1ML 的校准覆盖范围，其中基底 Pt 信号几乎完全被上述 TiO_x 抑制[图 10-21（b）]。

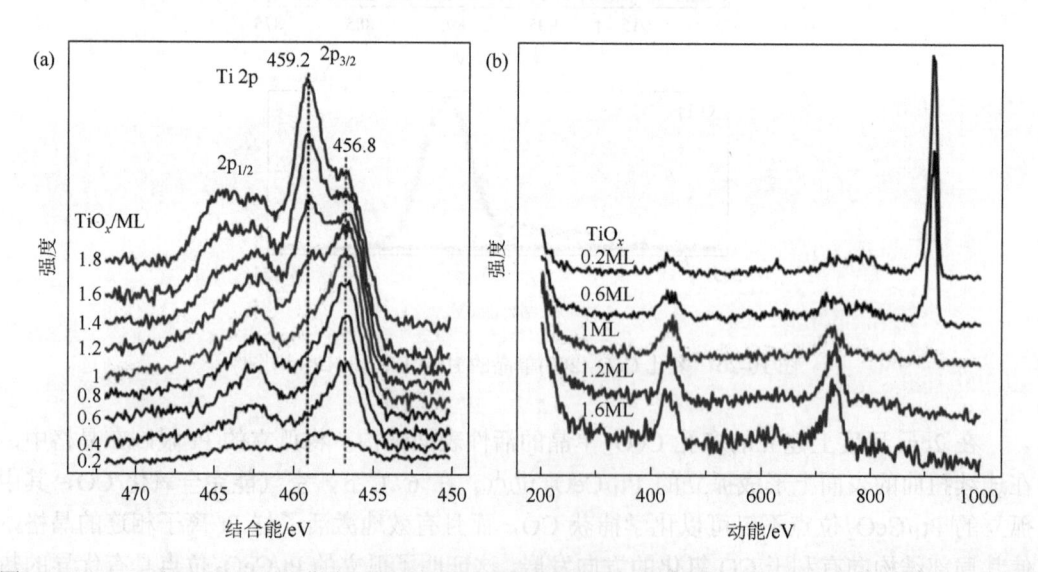

图 10-21 Ti/Pt 和 O/Ti AES 比作为沉积时间的函数在不同条件下的变化：(a) Ti 2p XPS 谱；(b) LEIS 谱，用来描述在每次沉积后在 773K 的 O_2 中氧化 10min 制备的薄膜[9]

10. HS-LEIS 分析铂多孔单晶 MoO_3 氧化物的氧空位

水煤气变换（WGS）反应广泛用于将化石燃料转化为 H_2，特别是通过将 CO 直接转化为 CO_2 来净化 H_2 以供质子交换膜燃料电池使用。低温 WGS 反应（<150℃）对于消除 H_2 中的 CO 非常重要，因为在烃重整过程中，H_2 通常会被 CO 污染。即使 H_2 中微量的 CO 也会导致燃料电池催化剂失活。低温 WGS 反应中 H_2O 的活化是一个关键步骤，极大地限制了 WGS 反应的整体性能。

Xi 等在 1cm 尺度上制备了多孔单晶（PSC）MoO₃，并在晶格表面沉积了原子层状的铂团簇[图 10-22（a）~（d）]，以创建适用于低温 WGS 反应的界面系统[10]。单晶性质稳定了晶格上的氧空位（O_V），并促进了界面处 H₂O 的有效活化。孔结构中具有增强流动性的单晶特性，即使在连续运行 100h 后，也不会出现明显降解。

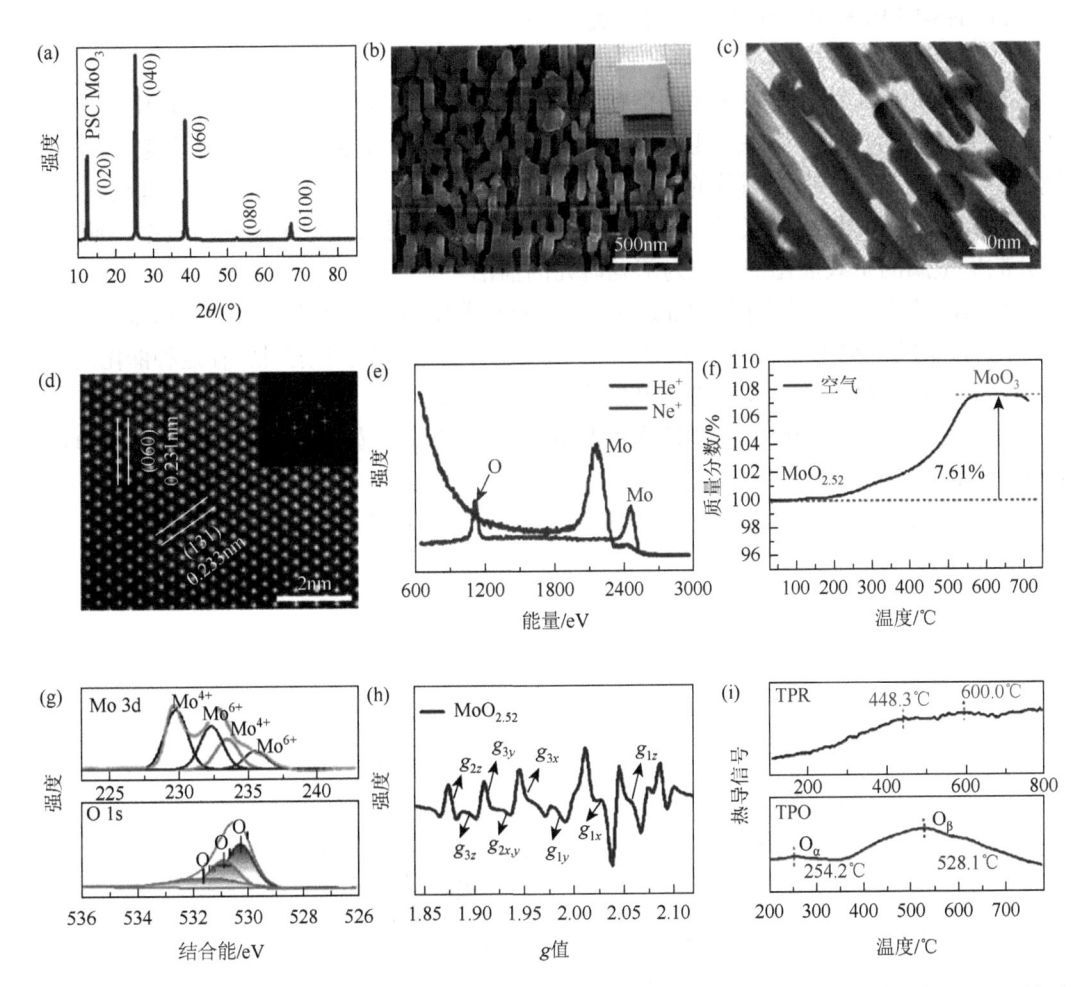

图 10-22 PSC MoO₃ 整体的微观结构和还原的 PSC MoO₃ 的表征：（a）多孔 MoO₃ 单晶的（010）晶面的 X 射线衍射谱图；（b）和（c）多孔 MoO₃ 单晶的 SEM 图像，插入的图像是相应的光学片；（d）多孔 MoO₃ 单晶的 Cs HRSTEM 图像；（e）单晶 MoO₃ 的（010）晶面的 HS-LEIS 谱图；（f）空气中还原的 PSC MoO₃ 单体的热重分析（TG）；（g）Mo 3d 和 O 1s 的 XPS 谱图；（h）氢气中还原的 PSC MoO₃ 单体的电子顺磁共振（EPR）谱；（i）PSC MoO₃ 单体的温度程序还原（TPR）和还原 PSC MoO₃ 单体的温度程序氧化（TPO）[10]

高灵敏度低能离子散射（HS-LEIS）分析显示[10]，即使在还原后，PSC MoO₃ 中仍存在 Mo 和 O。图 10-22（e）~（g）证实了 Mo-O 相互作用，Mo⁴⁺在 PSC MoO₃ 中占主导地位，并确认了晶格中氧空位的存在。PSC MoO₃ 表现出两个还原峰，这是由 PSC MoO₃ 中氧空位的形成引起的。还原 PSC MoO₃ 的 TPO 显示了 O_α（254.2℃）和 O_β（528.1℃）

两个氧化峰,分别归属于结合到表面氧空位和晶格氧空位的氧物种。这表明在 PSC MoO$_3$ 中成功构建了更多的氧空位位点。通过这些改进,PSC MoO$_3$ 在低温 WGS 反应中的性能得到了显著提升,为未来燃料电池技术的发展提供了新的可能性。

11. HS-LEIS 确定表面原子层的组成

合理设计催化剂以实现所需的催化性能在催化科学中具有至关重要的作用。最近,在调控催化剂的尺寸、形态、组成、晶面、载体、结构和活性位点等方面引起了极大兴趣。通过合理设计,许多高效的贵金属催化剂(铂、铑、钯、金、铱和钌基催化剂)和双金属催化剂在非均相加氢反应中广泛应用。为了增加贵金属原子的利用效率,研究高度分散贵金属的负载催化剂已成为基础研究的前沿。

例如,已经合成了载有孤立 Pd 原子的 Cu 负载催化剂,这种催化剂相比于纯 Cu 或 Pd 金属催化剂,对苯乙烯和乙炔的加氢反应显示出较高的催化活性和选择性。在这种催化剂中,单个贵金属原子(Pd)能够有效吸附和解离 H$_2$,但无法活化加氢底物。Zhu 等[11]通过高灵敏度低能离子散射(HS-LEIS)技术研究了表面原子层的组成。如图 10-23 所示,Ni/NiO/C、Ru/C、Ru-Ni/Ni(OH)$_2$/C、Ru-Ni/C(合金)、Ru-Ni/NiO/C 和 Ru-Ni/C(相分离)样品的 5keV ^{20}Ne$^+$ HS-LEIS 谱显示,只有 Ru 原子被检测到在 Ru/C 样品的表面最外层,而 Ni 原子在 Ni/NiO/C 样品上。

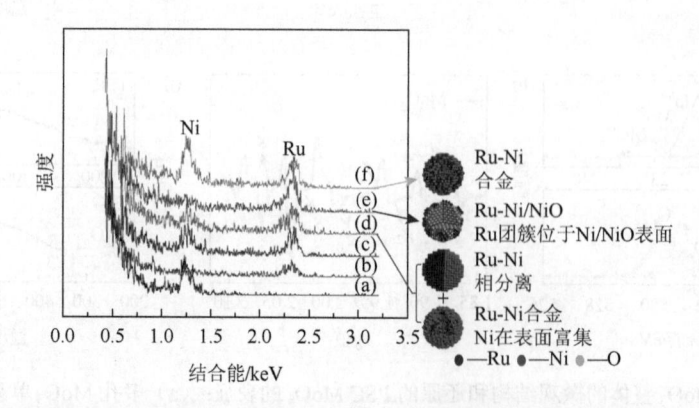

图 10-23 5000eV ^{20}Ne$^+$ HS-LEIS 谱图:(a) Ni/NiO/C;(b) Ru/C;(c) Ru-Ni/Ni(OH)$_2$/C;(d) Ru-Ni/C (Ru-Ni 合金和 Ru-Ni 相分离);(e) Ru-Ni/NiO/C (Ru 团簇负载位于 Ni/NiO 表面);(f) Ru-Ni (完全合金)/C 催化剂[11]

对于 Ru-Ni/Ni(OH)$_2$/C、Ru-Ni/C 和 Ru-Ni/NiO/C 催化剂,Ru 和 Ni 原子共存于外表面。相比之下,Ru-Ni/NiO/C 样品表面的 Ru 原子量远大于 Ru-Ni/Ni(OH)$_2$/C 或 Ru-Ni/C 样品。根据 Ru-Ni/NiO/C 样品的 LEIS 谱中 Ru 峰和 Ni 峰的强度大小,可以得出 Ru 原子主要存在于 Ru-Ni/NiO/C 催化剂的表面。通过这些研究,明确了负载催化剂的表面原子分布及其对催化性能的影响。这些结果不仅有助于理解催化剂的结构-性能关系,还为设计新型高效催化剂提供了重要指导。

12. HS-LEIS 分析铁铬氧化物催化剂

二氧化碳加氢还原（CO_2RR）是一种缓解全球 CO_2 排放并生产高附加值化学品的有效途径。通过研究一系列不同铜负载量的铜促进铁铬氧化物催化剂对 CO_2 的活化（逆水煤气变换反应），可以确定氧化还原反应中所涉及的表面氧中间体的性质[12]。通过一系列原位表征分析，确定了催化剂在反应过程中存在两种具有不同还原特性的活性表面氧物种。

催化剂激活后，最顶层表面的元素组成是通过原位 HS-LEIS 进行表征的。样品在 CO_2/H_2 混合物中进行预处理，然后直接转移到超高真空室进行分析。先前研究已经显示，在 HS-LEIS 深度剖析分析过程中，Cu 的比例保持不变，这是由催化剂颗粒内 Cu^{2+} 阳离子的均匀分布所致。

对于激活的催化剂，图 10-24 中显示了催化剂最顶层和最外层表面下 1nm 处的 Cu/Fe 信号比。这三种 CuCrFe 催化剂的最顶层表面的 Cu/Fe 比都小于亚表面区域的比，这表明无论其含量如何，金属 Cu 的表面部分被 FeO_x 物种部分覆盖，这是由 SMSI 效应造成的。此外，最外层表面的相似 Cu/Fe 比意味着 Cu 原子的表面可用性相似。这是因为 Cu 含量较低的 CuCrFe 催化剂在反应过程中形成的 Cu 纳米团簇较小，因此具有更好的分散性。

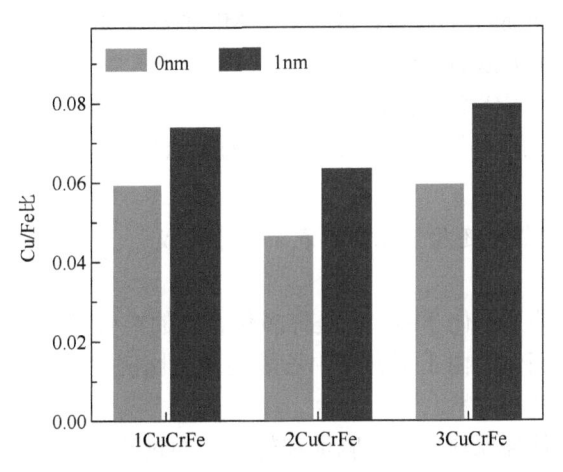

图 10-24 使用原位 HS-LEIS 获得 CuCrFe 催化剂的最顶层表面和最外层表面下 1nm 处的 Cu/Fe 比[12]

通过这些研究，明确了催化剂的表面原子分布及其对催化性能的影响。这些结果不仅有助于理解催化剂的结构-性能关系，还为设计新型高效催化剂提供了重要指导。

13. HS-LEIS 分析 Pt-Ni-Co 催化剂的表面结构

硝基苯及其衍生物的加氢反应经常被用作催化基础研究的探针反应。不同样品的 HS-LEIS 谱如图 10-25 所示[13]。通过 Pt 单原子和分散在(Ni, Co)(OH)$_2$ 纳米颗粒上的原子团簇（SAACs）合成了一种 Pt-Ni-Co 催化剂，该催化剂在中等条件（H_2 压力约为 1.0MPa，≤40℃）下对硝基芳烃的加氢反应具有较高的催化活性。

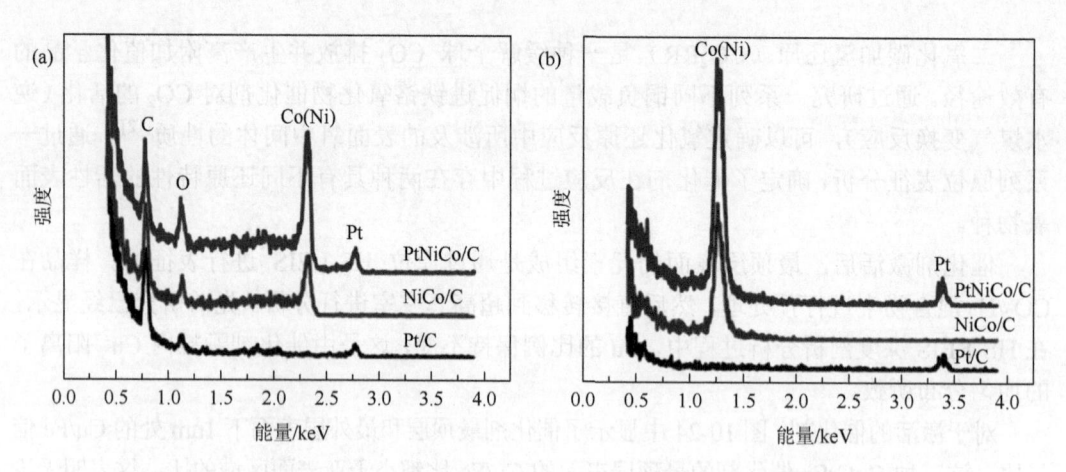

图 10-25　Pt/C、NiCo/C 和 PtNiCo/C 样品的 $^4He^+$（a）和 $^{20}Ne^+$（b）HS-LEIS 谱[13]

通过对这三种样品的 $^4He^+$ HS-LEIS 谱分析发现，C、O 和 Pt 原子均存在于 Pt/C（C、O、Ni 和 Co-NiCo/C 以及 C、O、Ni、Co 和 Pt-PtNiCo/C）的外表面。更重要的是，Ni(Co) 原子的数量远远大于 Pt 原子的数量，这与 ICP-MS 的结果吻合得很好。根据它们的 $^{20}Ne^+$ HS-LEIS 谱也可以得出类似的结论。

这种分析表明，该催化剂的表面主要由 Ni 和 Co 原子构成，而 Pt 原子则分布较为稀少，这种分布有助于理解其在加氢反应中的高效催化性能。

14. HS-LEIS 确定氧化还原催化剂的表面元素组成

乙烯是一种宝贵的大宗化学品，也是许多化合物的重要组成部分，包括含氧化合物、聚合物和各种化学中间体。由于页岩气中乙烷的显著比例（高达 20vol%），乙烷已成为乙烯生产中丰富且经济的原料。

目前，乙烷和其他烃原料（如石脑油和轻油）通过蒸汽裂解工艺用于生产乙烯。这是一种商业过程，其中乙烷在稀释蒸汽的存在下经历高温裂解。在乙烷蒸汽裂解过程中，乙烷和蒸汽混合物经过预热后被送入高温反应管道进行气相裂解反应。这个过程面临着多重挑战和缺点：①第一次通过的转化率会受到化学反应平衡的限制；②焦炭的形成需要周期性关闭反应器；③大量 CO_2 和 NO_x 的排放；④由于高度吸热的裂解反应和复杂的下游分离，整个过程能耗高（每生产 1t 乙烯需要 16GJ）。

Yusuf 等[14]使用高灵敏度低能离子散射（HS-LEIS）技术来确定氧化还原催化剂的表面元素组成。未改性和 Na:W = 2:1 改性氧化还原催化剂的谱图和集成峰面积如图 10-26(a)~(d) 所示。在未改性催化剂上，第一次溅射循环后检测到的主要元素为 Mg 和 Mn。随着额外溅射的进行，Mg 的含量增加，但 Mn 保持相对不变。合成过程中使用的 MgO 粉末中出现了 Ca 杂质。在 Na：W = 2：1 改性的催化剂上，经过 1 次溅射循环后，检测到的主要元素是 Na、Mg 和 W。即使经过了 10 次溅射循环，检测到的 Mn 仍然显著少于 Na 和 W。

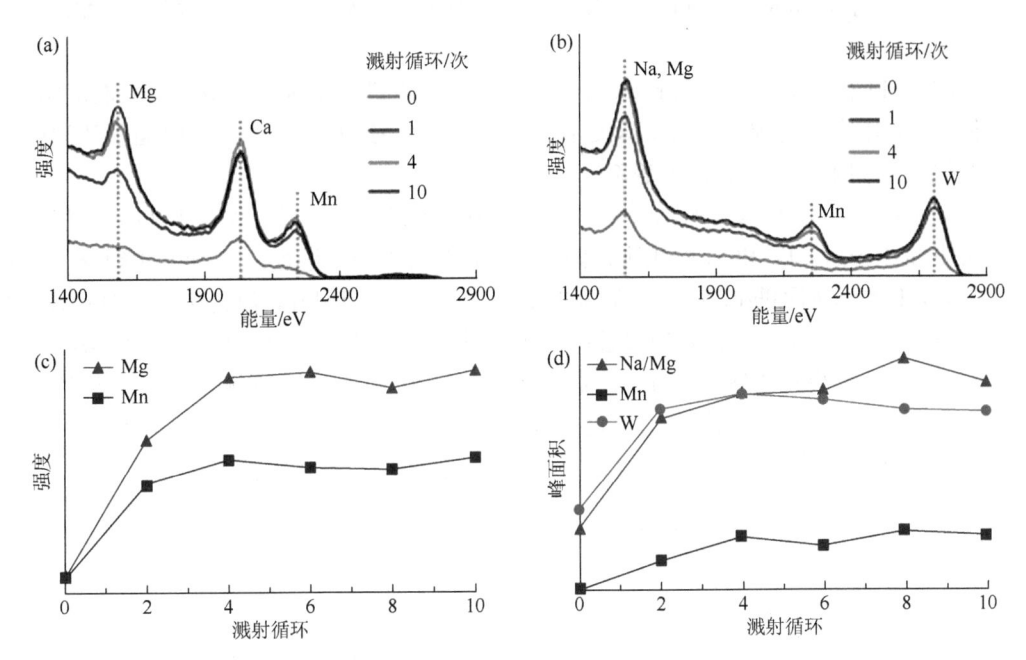

图 10-26　未改性[(a)、(c)]和 Na：W = 2：1 改性氧化还原催化剂[(b)、(d)]随着溅射循环次数变化的 LEIS 谱和峰面积[14]

这些结果表明，氧化还原催化剂的最外层很可能由 W 和 Na 组成（而不是 Mn）。由于催化剂的活性主要由表面层的原子决定，研究表明 Na_2WO_4 在抑制 CO_x 形成和增加乙烯产率方面具有重要意义。

15. LEIS 确定 2.5K-LaSrFe 最外层表面的组成

乙烷在页岩气中的含量可以高达 20vol%，远远超过干燥天然气管道和商业燃烧行业中允许的 1.5vol%～5vol% 的水平。美国页岩气产量的增加导致乙烷市场供应过剩，价格显著下降。另外，乙烯是许多化合物的重要基础，包括聚合物、含氧化合物和其他重要的化学中间体。这导致了将乙烷转化为乙烯的需求增加。目前，最先进的乙烷蒸汽裂解工艺每年可生产 6000 万 t 乙烯，可以在高温（850℃及以上）条件下将乙烷转化为乙烯，其单程收率约为 50%。尽管更高的乙烷转化率和乙烯产率是可取的，但这种吸热裂解反应受平衡限制。此外，这种热驱动的裂解过程既能源消耗高，又产生污染物，并且存在焦炭生成问题，需要定期关闭裂化炉以清除焦炭。

为了解决商业乙烷裂解过程中的这些局限性，乙烷氧化脱氢（ODH）已得到广泛研究。ODH 在异质催化剂的存在下，将乙烷和氧气气体转化为乙烯和水。乙烷脱氢过程中产生的氢再原位氧化，使总体反应变为放热反应，不受平衡限制。因此，可能实现显著增加的单程乙烯产率。由于在存在 O_2 的情况下,CO_x 的生成等副反应在热力学上更为有利,催化剂在改性 ODH 过程中的乙烯选择性和产率中起着至关重要的作用。常用的 ODH 催化剂包括含有 V 和 Mo 的氧化物、稀土金属氧化物、Pt 族金属,以及含有 V、Mo、Te、Nb 等复杂氧化物。

采用 LEIS 技术对 2.5K-LaSrFe 催化剂进行研究,以进一步确定其最外层表面的组成。通过使用 Ar^+ 作为溅射源,得到了深度剖析谱图。采用 He^+ 检测源,通过峰面积随深度轮廓的变化展示钾阳离子的表面覆盖率。

如图 10-27(a)和(c)所示[15],在原始 2.5K-LaSrFe 上仅观察到 K 和 O 峰。移除最初几层表面原子后,Fe 和 Sr 峰出现。随着 Ar^+ 溅射的进一步进行,Fe 和 Sr 峰面积增加;与此同时,K 峰面积不断减小。La 在约 2700eV 处展现一个肩峰,但无法通过 He^+ 源准确定量。为了增加对 La 等重元素的灵敏度和可见性,还使用了 Ne^+ 检测源。如图 10-27(b)和(d)所示,原始的 2.5K-LaSrFe 并未显示出 Fe、Sr 和 La 的清晰峰。与 He^+ 检测源实验类似,去除最外层几个原子层后,这些峰显现出来,并且随着 Ar^+ 溅射,它们的峰面积增加。这些结果清楚地表明,2.5K-LaSrFe 的最外表面层被氧化钾覆盖。

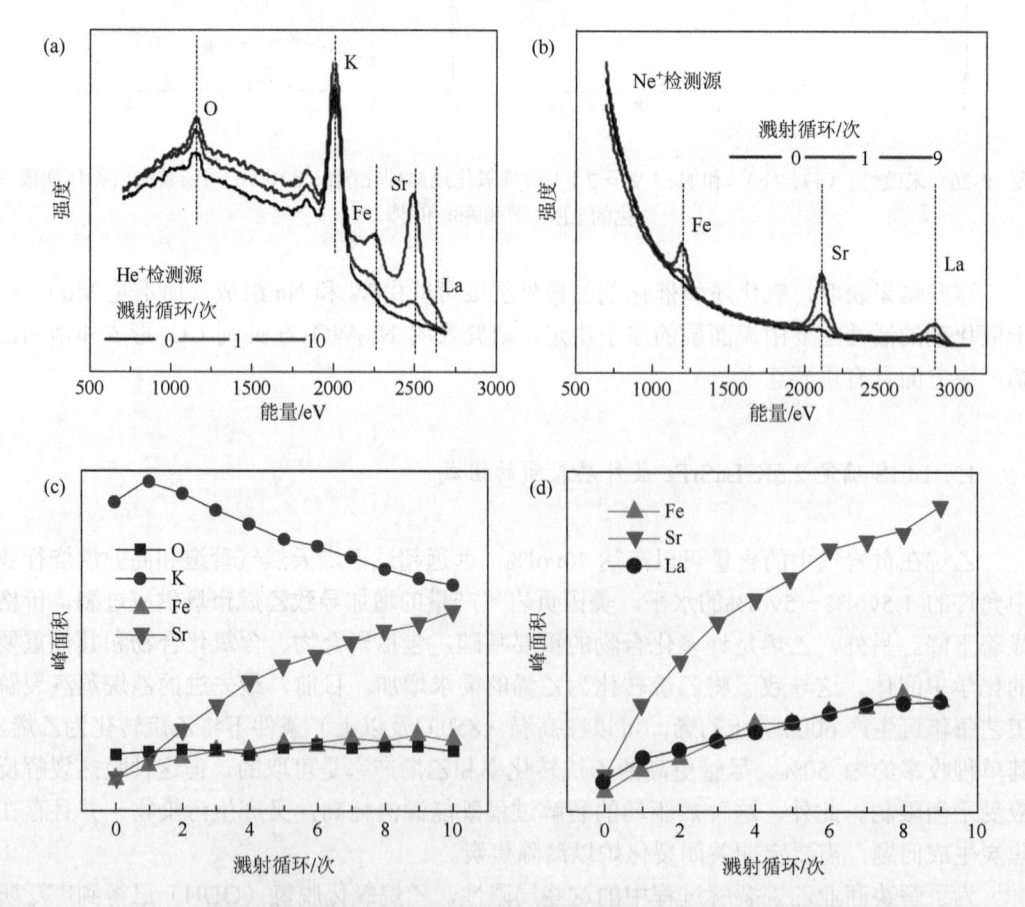

图 10-27 在原位合成的 2.5K-LaSrFe 上,使用 He^+ 检测源[(a)和(c)]以及 Ne^+ 检测源[(b)和(d)],随着溅射循环次数的增加,LEIS 峰信号和峰面积的变化情况[15]

16. LEIS 表征最外表层和次表层的元素分布含量

水煤气变换（WGS）反应是碳氢化合物制氢的一个重要步骤，通常在浓缩氢和消除一氧化碳的蒸汽重整反应之后进行。在工业上，WGS 反应分两步进行：高温变换（HTS）（320～450℃）反应和低温变换（LTS）（180～250℃）反应，以实现该平衡放热反应的最大平衡转化。高温水煤气变换（HT-WGS）反应采用含 80wt%～90wt% Fe_2O_3、8wt%～10wt% Cr_2O_3 的铁基催化剂和氧化铜等平衡促进剂，而低温水煤气变换（LT-WGS）反应采用 Cu 基催化剂（Cu-ZnO-Al_2O_3）。

Yalcin 等[16]研究了铈和氧化铝促进剂对无铬铜铁氧化物基 HT-WGS 催化剂的联合促进作用。在不同铈和铝负载量的铜-铝-铁氧化物催化剂中进行了铈氧化物促进剂的共沉淀和初湿浸渍。合成的催化剂在 RWGS 反应条件下脱水和活化后，利用 HS-LEIS 对其最外表层和次表层进行了深度分析，结果如图 10-28 所示。

在分析过程中，铁信号在任何 HS-LEIS 谱中都没有显示，因为先前的研究表明，由于铁氧化物中的氧优先溅射，铁信号强度显著增加。由于 Al 信号是用较轻的 He^+ 收集的，而 Cu/Ce 信号是用较重的 Ne^+ 收集的，因此 Al 信号的强度相对低于 Cu 和 Ce 信号的强度。

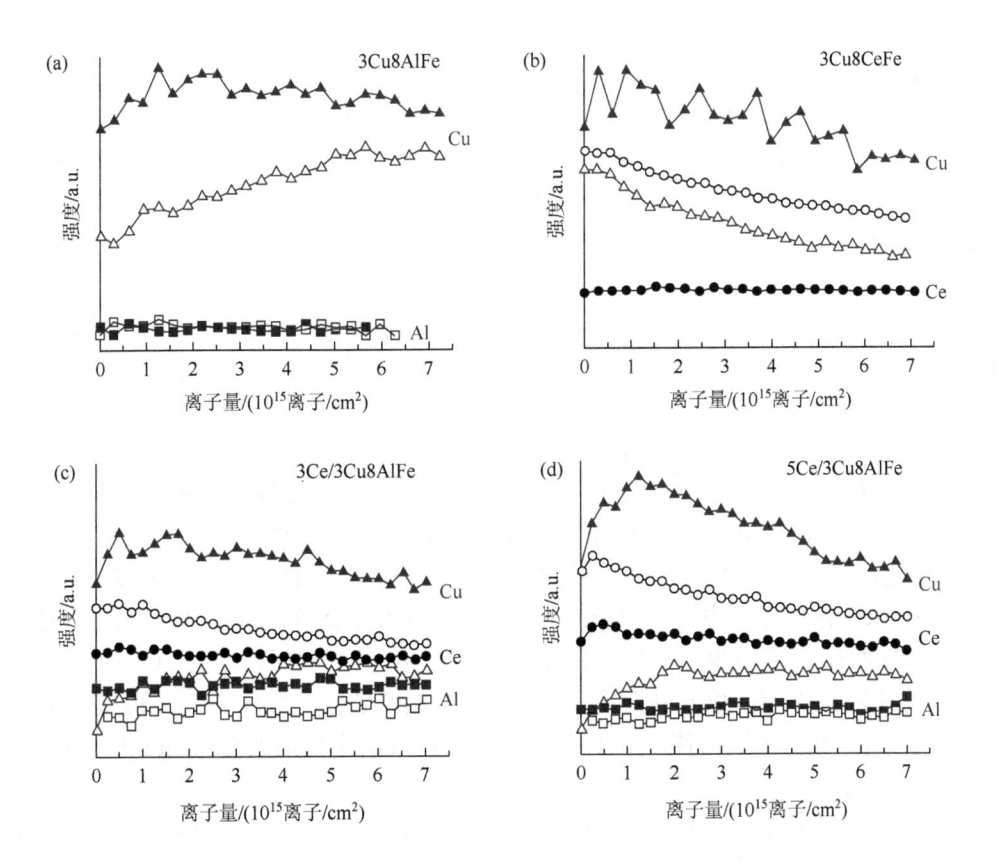

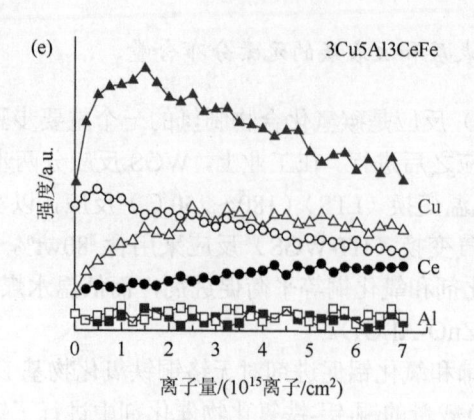

图 10-28 O$_2$ 煅烧后（实心符号）和预处理后 RWGS 反应活化（CO$_2$ + H$_2$）（空心符号）不同催化剂的 HS-LEIS 深度剖面图[16]

He$^+$是 Al 的探针，Ne$^+$是 Ce 和 Cu 的探针；Cu：蓝色矩形；Ce：黑色球形；Al：红色方块

对于 3Cu8AlFe[图 10-28（a）]催化剂，煅烧后 Al 和 Cu 信号在催化剂的最外层和整个亚表面区域的强度相对相同，说明 Al 和 Cu 在脱水催化剂的最外层分布均匀。催化剂在 RWGS 反应环境下活化后，最外层 Al 信号强度保持不变，而 Cu 信号强度增加。这表明 Al 随深度分布均匀，而 Cu 信号强度随深度分布单调增加，反映了 Cu 纳米颗粒极有可能被 FeO$_x$ 覆盖。

对于 3Cu8CeFe[图 10-28（b）]催化剂，煅烧后 Ce 信号从最外层到次表层强度相对相同，反映了 Ce 信号随深度的均匀分布。Cu 的对应强度随溅射深度的增加而减小，表明 Cu 在表面有轻微的富集。催化剂在 RWGS 下活化后，最外层 Cu 信号强度下降，Ce 信号强度略有下降。此外，Cu 和 Ce 信号强度随催化剂活化而减弱，反映了 Cu 和 Ce 的表面富集。

对于 3Ce/3Cu8AlFe[图 10-28（c）]催化剂，煅烧后，Al 和 Ce 信号的强度保持不变，Cu 的强度随深度分布略有下降。RWGS 活化后，Al 在最外层的强度略有增加，Cu 显著增加，Ce 保持不变。在深度剖面过程中，在 1~2 层原子层以下，Al 信号强度保持不变，Ce 信号强度略有下降，Cu 信号强度增加，此后基本保持不变，反映了 Ce 的表面富集和 Cu 的表面耗尽。此外，修饰 Cu 表面的氧化铈纳米颗粒的尺寸为 3~4nm。

对于 5Ce/3Cu8AlFe[图 10-28（d）]催化剂，煅烧后在溅射过程中，Al 和 Ce 信号强度相对恒定，表明 Al 和 Ce 的浓度从最外层到次表层是均匀的。Cu 信号强度先增大后减小，反映了 Cu 浓度在最内层达到峰值。催化剂经过 RWGS 处理后，Al 最外层的强度没有变化，Ce 增加，Cu 减少。随着深度剖面的增加，Al 的强度保持不变，Cu 的强度增加，Ce 的强度单调降低。Cu 信号强度首先增加到约 2 层原子层，然后保持不变。这些趋势表明，Al 与 Fe$_3$O$_4$ 相形成固溶体，并且催化剂表面的 Cu 纳米颗粒被约 0.5nm 大小的氧化铈纳米颗粒修饰。

对于 3Cu5Al3CeFe[图 10-28（e）]催化剂，煅烧后 Al 信号在最外层和次表层具有相同的强度。相比之下，Ce 的信号强度随着深度剖面的增加而略有增加。Cu 信号强度首先增加到大约单层,然后随着深度的增加而降低。催化剂在 RWGS 环境中处理后,催化剂的最外层和次表层之间没有观察到 Al 信号强度的变化。观察到 Ce 信号强度随深度剖面单调降低。Cu 的信号强度在最初的 2~3 层原子层中增加,然后几乎保持不变。这些趋势表明在 Cu 纳米颗粒表面形成了较厚的氧化铈覆盖层。

17. LEIS 在二氧化碳制备甲醇方面的应用

可再生能源的利用和 CO_2 减排作为能源和环境领域的关键课题,已引起广泛关注。借鉴自然界的光合作用,中国科学院大连化学物理研究所李灿院士课题组[17]致力于太阳燃料的研究,即利用太阳能等可再生能源通过光催化、光电催化和电解水获得氢气,再通过 CO_2 加氢制甲醇等燃料以及烯烃、芳烃等化学品,从而实现可再生能源和 CO_2 的资源化利用,取得一些原创性突破,彰显出中国科学家为光催化领域的发展做出了杰出贡献。

李灿院士研究团队通过共沉淀法合成了一系列 ZnO 基催化剂和 ZrO_2 基催化剂,并将其用于 CO_2 加氢反应。对于 $MaZrO_x$(Ma = Mg、Al、Ca、Sc、Ti、V、Cr、Mn、Zn、Ga、Y、Mo、Cd、In、La、Ce)催化剂,大多数表现出较低的 CO_2 转化率和甲醇选择性,这与 ZrO_2 相似(CO_2 转化率为 0.14%,甲醇选择性为 26%)。然而,$ZnZrO_x$、$GaZrO_x$、$CdZrO_x$ 和 $InZrO_x$ 显示出明显更高的 CO_2 转化率和甲醇选择性。除了 $ZnZrO_x$ 催化剂外,$CdZrO_x$ 和 $GaZrO_x$ 也表现出较高的甲醇选择性(分别为 80%和 75%),CO_2 转化率分别达到 5.4% 和 2.4%。总体来讲,除了 $ZnZrO_x$ 催化剂外,$CdZrO_x$ 和 $GaZrO_x$ 催化剂在 CO_2 加氢制甲醇的反应中也展现出良好的催化性能。

通过 LEIS 对催化剂表面组成进行测试,结果如图 10-29 所示,发现 $CdZrO_x$ 最表面原子中 Cd/(Cd + Zr)和 $GaZrO_x$ 最表面原子中 Ga/(Ga + Zr)的比值分别为 7%和 9%,表明 Cd 和 Zr、Ga 和 Zr 这两个位点都暴露在催化剂表面上。基于这些表征结果,表明 Cd 和 Ga 掺入到 ZrO_2 晶格中形成固溶体,并且在催化剂表面提供了两个反应位点(Cd 和 Zr、Ga 和 Zr),从而提高了催化剂的性能。

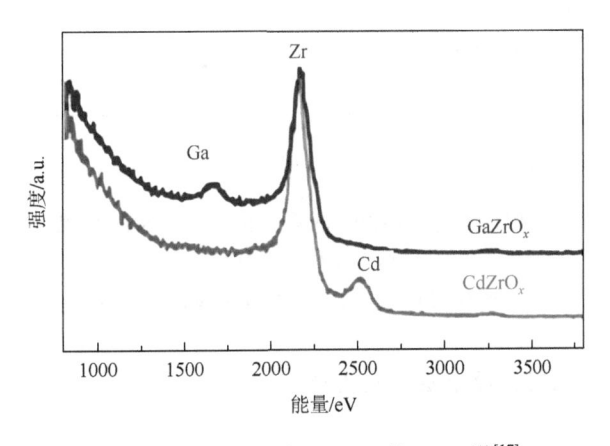

图 10-29 $CdZrO_x$ 和 $GaZrO_x$ 的 LEIS 谱[17]

18. HS-LEIS 测定双金属催化剂表面 Pd-Au 原子比

C—H 活化是有机转化中的关键步骤，在石油化工、制药和精细化工行业具有重要应用。然而，由于 C—H 键的高键能，实现催化和选择性活化 C—H 键（尤其是在烷烃中）以生成高附加值化合物是一项重大挑战。解决这一问题的关键在于开发高效催化剂并深入理解反应机制。

Yan 等[18]报道了一种系统的 AuPd 双金属催化剂，以应对这一挑战。他们利用高灵敏度低能离子散射（HS-LEIS）技术精确测定表面 Pd-Au 原子比，证明了逐步光沉积可以实现 Pd 原子在 Au 纳米颗粒（NPs）上的定点沉积。对于低 Pd 含量的 AuPd$_x$/TiO$_2$ 催化剂，由于 Pd 与 Au 的对比度差，传统的元素映射和线扫描分析方法难以准确识别 Pd 原子在 AuPd NPs 中的位置。为了解决这一问题，研究团队采用 HS-LEIS 技术来确定光沉积的 AuPd$_x$ 样品的表面组成。

如图 10-30(a)所示，Pd-Au 原子比的变化会导致钯金相对强度的变化。利用 HS-LEIS 法测定 Pd 与 Au 的相对强度比，定量分析 Pd 的表面原子比。实验结果与理论结果大致吻合［图 10-30（b）］，表明 AuPd 的光沉积过程按预期进行。当 Pd-Au 原子比低于 0.2 时，Pd/(Au + Pd)表面原子比随 Pd-Au 原子比线性增加，对应于 Pd 在 Au 上形成单层的过程。一旦 Au 纳米颗粒被 Pd 完全覆盖，Pd-Au 原子比的进一步增加几乎不会影响最外表面的 Pd/(Au + Pd)原子比。

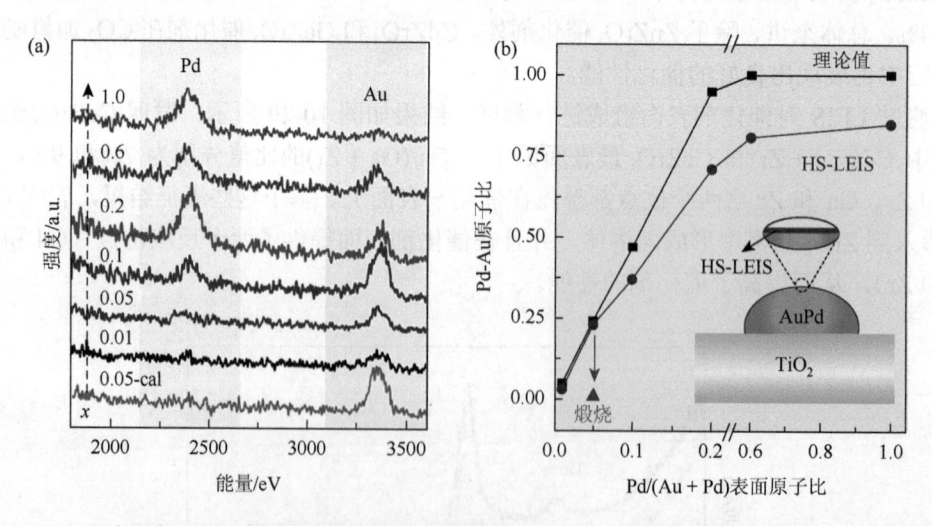

图 10-30 （a）光沉积 AuPd$_x$ 催化剂的 HS-LEIS 谱图；(b) 根据 HS-LEIS 数据计算的 Pd/(Au + Pd)表面原子比和理论值[18]

0.05-cal 表示该光谱数据经过了 0.05eV 的能量校准

19. LEIS 表征催化剂各原子层的元素分布

钢铁制造业是能源密集度最高的工业部门之一，减少该行业二氧化碳排放的一个重要方法是有效利用其副产品气体,如高炉煤气(BFG)。Wang 等研究了熔融金属(铋、铟和锡)作为铁基氧化还原催化剂的有效改性剂,用于低热值废气(如高炉煤气)在中温(450~650℃)下的化学键制氢。研究重点是铋促进剂对铁氧化物表面和体积性能的影响。通过低能离子散射(LEIS)实验表明[19],铋改性剂在铁氧化物表面形成一层覆盖层,从而显著提高了抗结焦性能。

如图 10-31 所示,对制备的 1%Bi-Fe$_2$O$_3$ 和 H$_2$ 还原的 1%Bi-Fe 催化剂进行了 LEIS 分析。在图 10-31(a)中,制备的 1%Bi-Fe$_2$O$_3$ 催化剂的近表层 LEIS 谱显示出一个来自 Bi 的大表面峰值,而次表面背景强度来自 Fe,表明 Bi 在表面富集,并且主体中存在 Bi 和 Fe 的混合物。在 H$_2$ 还原的 1%Bi-Fe 氧化还原催化剂中[图 10-31(b)],Bi 保持较高的强度,表明表面继续富集 Bi,同时相比于制备的 1%Bi-Fe$_2$O$_3$,Fe 的强度有所增加。这些结果表明 Bi 作为改性剂有效地在铁氧化物表面形成了一层富集层,从而增强了催化剂的抗结焦性能。

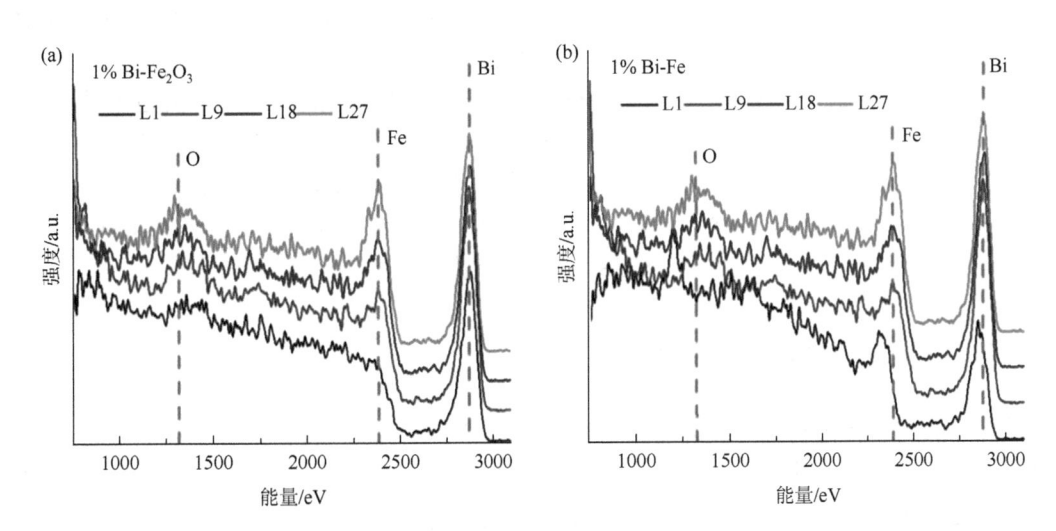

图 10-31 (a)1%Bi-Fe$_2$O$_3$ 溅射循环的 LEIS 谱图;(b)1%Bi-Fe 溅射循环的 LEIS 谱图[19]
L1~L27 代表不同的溅射深度。其中,L1 通常代表最表面的一层,也就是原始样品表面;对于 L2~L27,随着数字增加,表示逐渐增加的溅射深度,即逐渐深入到样品内部的不同层

20. LEIS 研究 In$_2$O$_3$-TiO$_2$ 催化剂的表面结构

约束效应被认为是调节催化、能量转换以及生物学过程中化学性质的重要策略之一。在限制催化中,原子的基本物理和化学性质可以在许多反应中被改变。例如,在小空间如沸石、碳纳米管和二维石墨烯中,这种效应可以显著增强性能。约束效应通常被直观地解释为一种空间因素,其中纳米腔对客体表现出几何约束。更重要的是,纳米腔壁和客体之间的电子相互作用或界面键合,可以调节原子和电子结构,产生亚稳态结构,如反应活性增强的配位不饱和位点(CUSs)。尽管客体原子/分子/团簇与开放宿主表面之间也存在类似的相互作用,但开放表面/界面的限制效应尚未像在封闭空间中那样得到广泛研究。

最近的研究表明[20]，含有CUSs的亚稳态客体纳米层可以在开放的宿主表面上稳定，这表明在贵金属表面可以形成缺陷氧化物纳米岛。因此，开放的固体表面可能发挥类似的限制效应，以稳定CUSs，就像封闭的纳米空间那样。在常用载体如氧化物的开放表面上实现高密度协调不饱和活性位点，并了解氧化物-氧化物界面约束效应，具有重要意义。In_2O_3及其负载的催化剂在二氧化碳加氢反应中引起了广泛关注。具有富表面氧空位的部分还原In_2O_3具有高活性，但在含H_2的大气中易于过度还原和烧结。实现高度分散的In_2O_3的CUSs，并保持其高活性和稳定性，是一项关键但具有挑战性的任务。本小节研究探讨了In_2O_3-TiO_2催化剂在逆水煤气变换（RWGS）反应中的界面约束效应。

采用高灵敏度低能离子散射（HS-LEIS）对In_2O_3-TiO_2催化剂的表面结构进行了研究，为外原子表面化学成分提供了定量分析。如图 10-32 所示，在反应前In_2O_3-TiO_2催化剂的表面上，Ti 的种类占主导地位。RWGS 反应后，In 出现了一个强烈的峰，而 Ti 的峰几乎消失，这表明从主要的TiO_2表面向主要的In_2O_3表面发生了结构变化。这一结果揭示了界面约束效应在稳定CUSs 和调控催化剂活性中的重要作用。

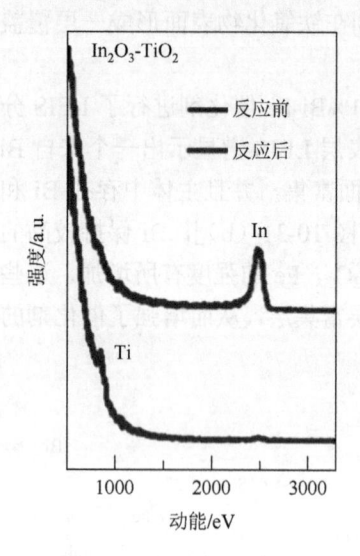

图 10-32 反应前和反应后 In_2O_3-TiO_2 样品 HS-LEIS 谱图[20]

21. LEIS 分析 MoS_2 催化剂结构

CO_2 的高效转化利用对缓解能源危机以及实现"碳中和"目标具有重要的战略意义。其中，利用基于可再生能源的绿色氢气（H_2）与 CO_2 反应制备甲醇是一条重要途径。为了实现 CO_2 在低温下高效加氢制甲醇，亟须开发新的催化剂体系。

Hu 等[21]首次利用富含硫空位的少层 MoS_2，实现了在低温甚至室温下的 CO_2 和 H_2 的直接活化和解离，从而实现了高活性、高选择性地催化 CO_2 低温加氢生成甲醇，并有效抑制了甲醇的过度加氢。在 180℃下，该催化剂的 CO_2 单程转化率达到 12.5%，甲醇选择性高达 94.3%。而且，该催化剂在 180℃下表现出优异的工业应用潜力，其活性和选择性在 3000h 内保持稳定，未见衰减。

原位表征与理论计算研究结合显示，MoS_2 面内的硫空位是催化 CO_2 高选择性加氢生成甲醇的活性中心。HS-LEIS 结果表明，随着准原位 H_2 处理温度的提高，表面的 O 信号逐渐消失，S/Mo 比从 1.64 逐渐降低到 1.13（图 10-33）。该工作揭示了二维 MoS_2 的硫空位在催化反应中的应用潜力，为开发 CO_2 加氢新型催化剂提供了新思路。

22. LEIS 分析 Ni 和 Fe 原子在辐照颗粒表面的分布

糠醛（FF）是一种呋喃醛，自 20 世纪 30 年代以来，工业上通过脱水木糖（半纤维素中的戊糖）生产。通过与氢的连续或平行反应，FF 可以转化为几种重要的分子。其中，糠醇（FFA）是由糠醛的醛基通过氢化反应得到的，是生产精细化学品、纤维和橡胶的重要中间体。

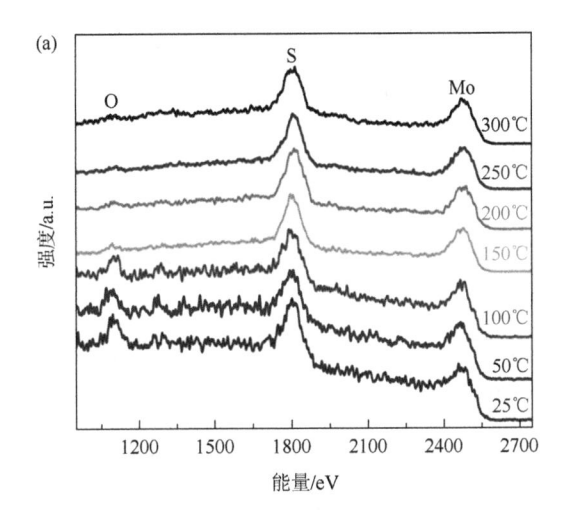

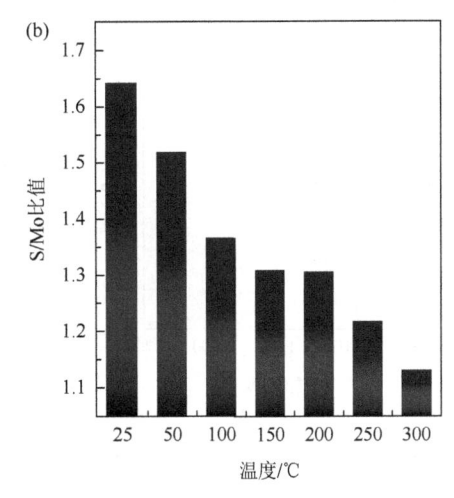

图 10-33　MoS$_2$ 催化剂在不同条件下的 LEIS 谱图：(a) FL-MoS$_2$ 催化剂在不同温度下经过 H$_2$ 还原后的 HS-LEIS（He$^+$）谱图；(b) 不同温度下经过还原的 FL-MoS$_2$ 催化剂的 S/Mo HS-LEIS 峰面积比[21]

尽管贵金属主要用于生物源分子的液相加氢转化，但它们价格昂贵且丰度低。理想情况下，应该在储量更丰富、价格更低廉的元素周期表中ⅢB～ⅡB 和第 4 周期中寻找替代品。虽然 Co 基和 Cu 基体系已被测试对 FFA 具有选择性，但存在稳定性和失活问题。相反，Ni 在催化甲烷的氧化反应和芳环的还原过程中有着广泛的应用，这是因为它在加氢脱氧反应和脱碳反应中具有高活性。虽然在上述应用中 Ni 的选择性转化比较低，但可以通过调整 Ni 的催化性能与双金属纳米颗粒中的第二金属结合来实现高选择性的转化。近年来，Fe 已被证明是制备选择性镍基体系的一种有前途且经济效益的候选材料。

为了了解镍铁纳米颗粒的催化性能，需要深入了解它们表面的物质分布。Ni-Fe 双金属催化剂在选择性加氢反应中的催化性能[22]取决于 Ni 和 Fe 在纳米颗粒内部及其表面的分布。研究了 6 种 Ni-Fe/SiO$_2$ 催化剂在 700℃还原、暴露于空气中、400℃在 H$_2$ 中再活化后的表面组成，利用低能离子散射（LEIS）技术进行表征。活化池到分析室的转移在超高真空下进行。第一次记录的信号在非常低的离子剂量下并不强烈，主要对应于离子束去除污染物（如碳和氢），因此这些信号被排除在量化之外。当 Ne$^+$累积剂量为 $0.5×10^{15}$ 离子/cm^2 时，信号强度达到最大值，对应于 50%平面的理论分析，表明了清洁后的 Ni-Fe 纳米颗粒的原子表面组成。Ne$^+$累积剂量进一步增加到 $7.8×10^{15}$ 离子/cm^2，以逐步揭示最外层以下的外壳成分的演变。由于分布在多孔载体上的纳米颗粒的测量缺乏标准化和存在污染层，因此未尝试将结果转化为以纳米表示的探测深度。

为了说明 Ni-Fe 系列的组成演变，图 10-34 显示了在相同剂量 $4.1×10^{15}$ 离子/cm^2 下记录的信号。随着催化剂中整体 Ni 比例的增加，还原后的 Ni-Fe 纳米颗粒外壳中的 Ni 摩尔比例也增加，这可以从 Ni 对 LEIS 信号的贡献增加中看出（蓝色曲线）。但很明显，Fe 的贡献主导了前四种催化剂的信号，尽管只有 Ni$_{35}$Fe$_{65}$/SiO$_2$ 在其标称组成中含有比 Ni 更多的 Fe。

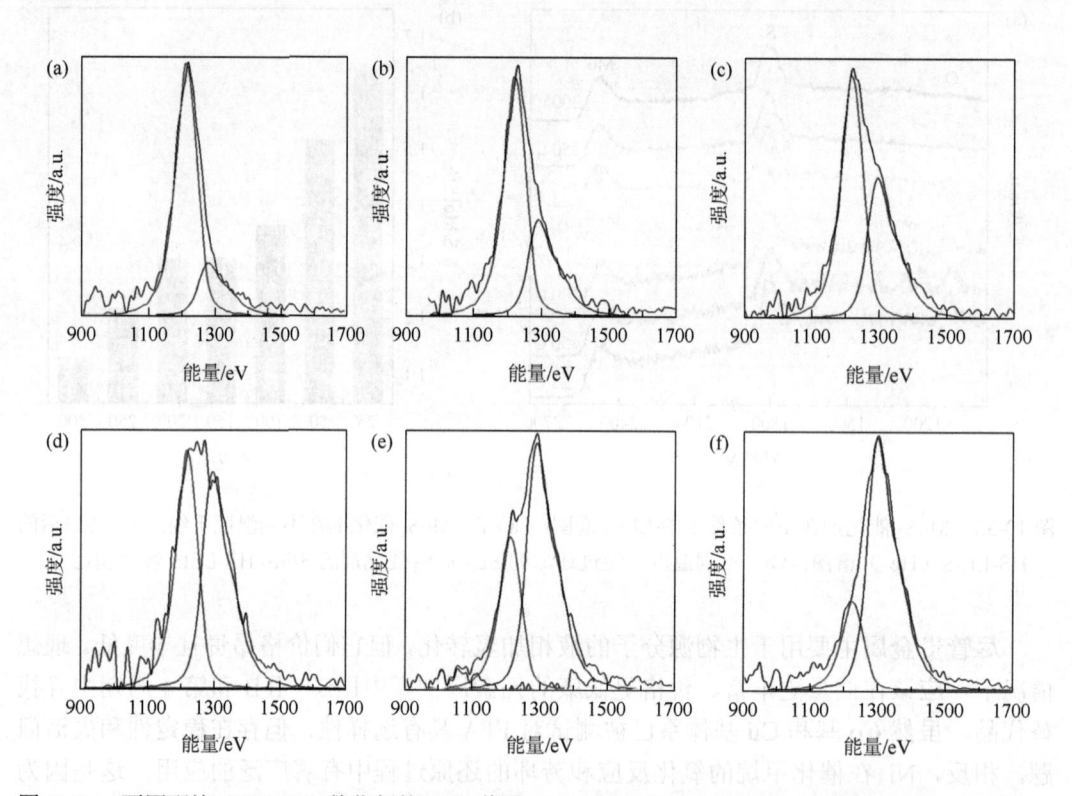

图 10-34　不同配比 Ni$_x$Fe$_x$/SiO$_2$ 催化剂的 LEIS 谱图：(a)Ni$_{35}$Fe$_{65}$/SiO$_2$；(b)Ni$_{55}$Fe$_{45}$/SiO$_2$；(c)Ni$_{62}$Fe$_{38}$/SiO$_2$；(d)Ni$_{73}$Fe$_{27}$/SiO$_2$；(e)Ni$_{84}$Fe$_{16}$/SiO$_2$；(f)Ni$_{92}$Fe$_8$/SiO$_2$，所有实验均在累积等剂量（4.1×10^{15} 离子/cm^2）下进行，红色代表 Fe 信号，蓝色代表 Ni 信号[22]

23. LEIS 分析 PtCu/TiO$_2$ 中 Pt 和 Cu 的存在状态

负载型 PtCu 合金因优异的催化性能和高 CO 耐受性，在多相催化和电催化领域得到了广泛应用。分析负载合金纳米颗粒的最外表面组成，对于了解催化活性位点的性质具有重要意义。Huang 等[23]成功制备了具有窄粒径分布的均匀面心立方 PtCu 纳米颗粒，并将其分散在高比表面积的 TiO$_2$ 粉末载体上，使用 LEIS 分析技术研究了 TiO$_2$ 载体上 Pt 和 Cu 的存在状态。

在氧化过程中，PtCu/TiO$_2$ 样品的 LEIS 相对面积比如图 10-35 所示。在 TiO$_2$ 载体上沉积 PtCu 纳米颗粒并氧化后，Cu/Ti 和 Cu/(Pt＋Cu)这两者的比值显著提高，而 Pt/Ti 比值没有显著变化。同时，Pt/(Pt＋Cu)比值明显降低，表明 Cu 含量增加。这些结果表明，在氧化过程中，Cu 主要分布在表面，而 Pt 则聚集在一起。

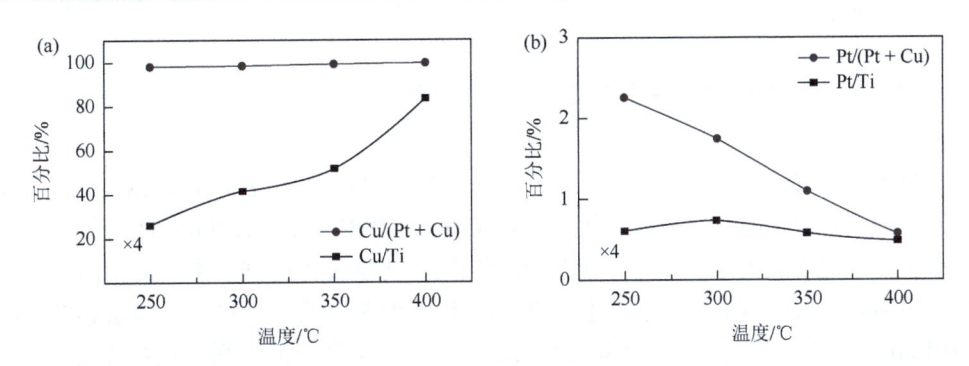

图 10-35　PtCu/TiO$_2$ 氧化过程中表面元素 Pt/Cu 相对含量的 LEIS 变化曲线[23]

24. LEIS 测量双金属催化剂表面组成和结构

双金属催化剂的表面组成与其活性之间存在关键联系。然而，不同条件下表面会发生重构，使得表面变得更加复杂。在本小节研究工作[24]中，通过胶体法制备了具有不同原子比的 TiO$_2$ 负载 Pd$_x$Au$_y$ 纳米颗粒（NPs），并在氧化、还原和实际催化反应条件下进行处理。使用高灵敏度低能离子散射（HS-LEIS）测量其表面组成和结构（图 10-36）。

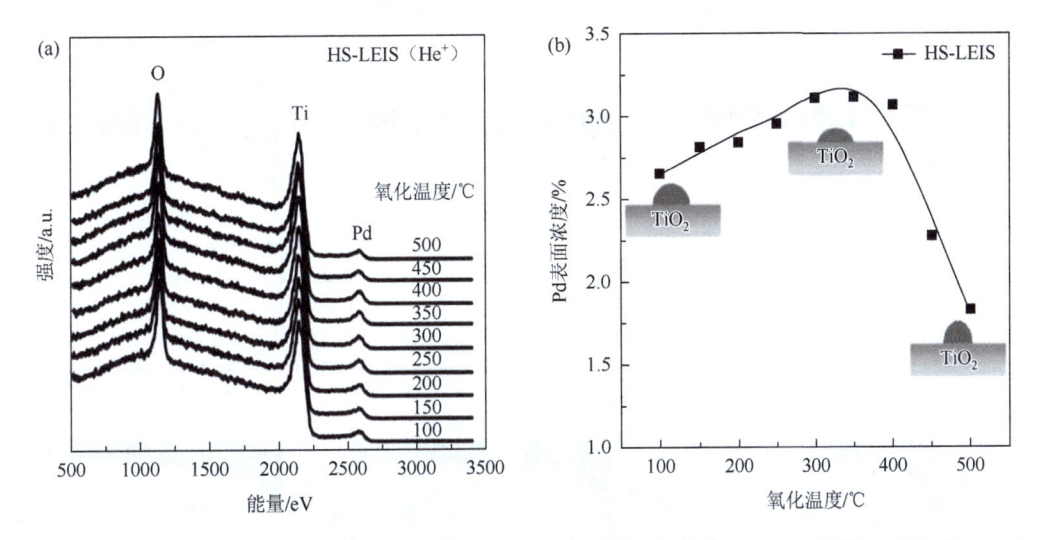

图 10-36　5wt%Pd/TiO$_2$ 的表面组成：(a)不同温度下 5wt%Pd/TiO$_2$ 氧化的 HS-LEIS 谱图；(b)通过 HS-LEIS 测量的 Pd 表面浓度随氧化温度变化的曲线[24]

HS-LEIS 谱图显示，样品表面只有 O、Ti 和 Pd 三个主要峰，没有明显的 C 峰。随着氧化温度的升高，Pd 逐渐氧化，并在约 350℃时完全氧化。通过仔细评估 HS-LEIS 结果中 Pd 相对于表面 Ti 和 O 的强度，可以发现，随着氧化温度从 100℃增加到 500℃，Pd 的表面浓度先增加后减小，在 350℃时达到最大值。在氧化过程中引起表面的 PdO 脱合，仅存在少量 PdO，但是在 H$_2$ 还原过程中则导致表面 PdO 富集。Au 的存在有助于 Pd 抗氧化，并增强其在低温下对 CO 氧化的活性。

25. LEIS 分析 Ag$_{0.03}$Au$_{0.97}$ 表面金属的动态变化

烯烃和醇的选择性氧化在化学工业中至关重要，其中 Ag、Au 和 AgAu 合金催化剂对所需产物具有独特的高选择性。甲醇（MeOH）与甲酸甲酯（HCOOCH$_3$）的氧化偶联在香水工业中起着关键作用，而其他氧化反应则为化学工艺提供了重要的中间体，如乙二醇、甲酸和乙酸。双金属合金催化剂的催化性能通常取决于对化学环境敏感的最外层（约 0.3nm）的组成。双金属合金催化剂常表现出优于单金属催化剂的独特性能，但它们的表面化学需要仔细研究以理解其结构-活性关系。

在 150℃条件下，对 AgAu 合金催化剂进行 O$_2$ 和 O$_3$ 活化后，经过脱水（10%O$_2$/Ar）和还原（4%MeOH/Ar）处理以去除多余的非选择性氧，然后进行甲醇氧化偶联反应（4%MeOH/10%O$_2$/Ar），用准原位 HS-LEIS 收集了元素深度曲线，如图 10-37 所示[25]。O$_2$ 和 O$_3$ 预处理使表面区域（2nm 深度）富集 Ag（约 30%）。微量的 Cu（约 0.5%）、Nd（约 2%）和 Ga（约 0.5%）也作为杂质存在于纳米多孔 AgAu 合金催化剂的表面区域。Cu 是 Ag 和 Au 金属中常见的成分，而 Nd 和 Ga 是硝酸水溶液中常见的杂质，这可能是在合金化过程中引入的。相对于次表层，Cu 和 Ag 在最外层（约 0.3nm）显著富集。Nd 和 Ga 杂质仅存在于最外层以下，因此可以从催化分析中忽略。

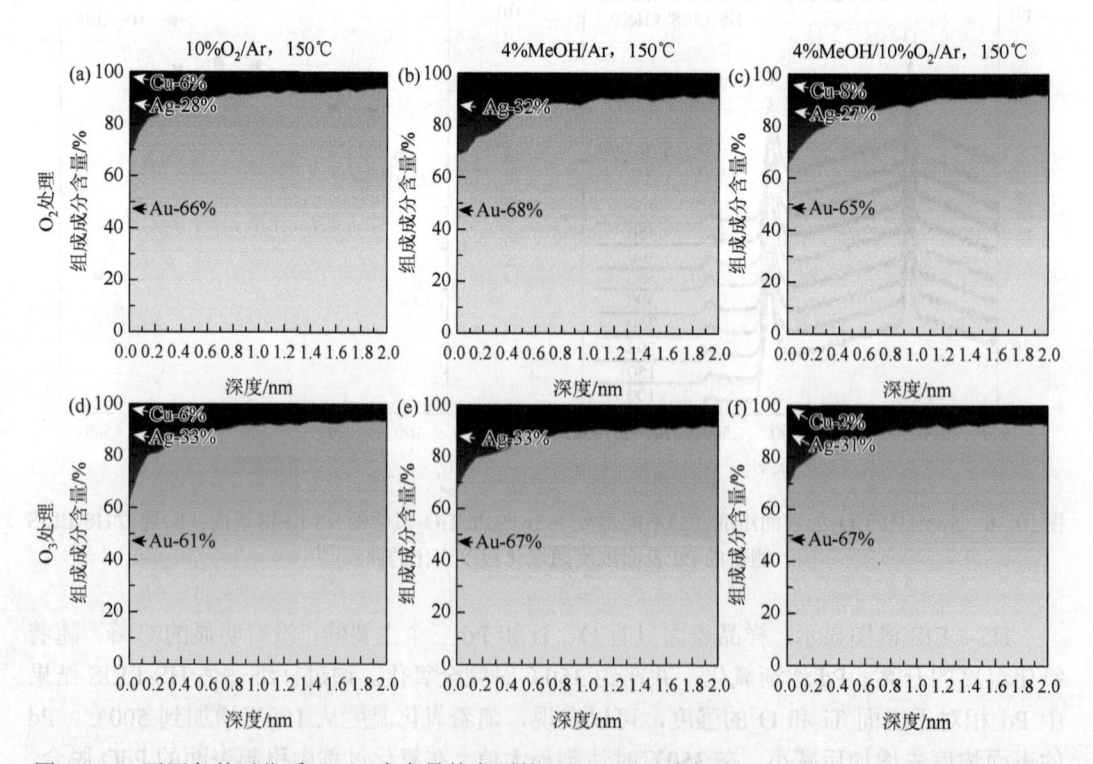

图 10-37 不同条件活化后 AgAu 合金最外表面的 HS-LEIS 元素组成：（a）～（c）O$_2$ 处理；（d）～（f）O$_3$ 处理。处理后两组都经过脱水、甲醇活化和甲醇氧化偶联反应后的元素深度分布：金为黄色，银为灰色，铜为红色[25]

O_2 活化 AgAu 合金的最外表面元素组成分别为：Cu：Ag：Au = 6：28：66、0：32：68 和 8：27：65，对应于脱水、甲醇还原和 O_2 辅助甲醇偶联［图 10-37（a）～（c）］。相比之下，O_3 活化 AgAu 合金的最外表面元素组成为 Cu：Ag：Au = 6：33：61、0：33：67 和 2：31：67［图 10-37（d）～（f）］。Cu 和 Ag 的表面富集程度主要与 Cu—O>Ag—O>Au—O 的结合强度顺序有关。因此，强氧化处理可能诱导 Cu 或 Ag 的表面迁移并形成它们的氧化物。经过还原性处理（4%MeOH/Ar，150℃，1h）后，最外层的 Cu 似乎退回到大块中。经过反应性处理（4%MeOH/10%O_2/Ar，150℃，1h）后，只有 O_2 活化的样品中 Cu 返回到最外层，而 O_3 处理的样品则没有。反应处理后，O_2 活化催化剂最外层的 Cu 含量（8%）明显高于 O_3 活化催化剂（2%），这是 O_2 和 O_3 活化处理最外层元素表面组成差异的主要原因。

与银和金不同，铜不能催化形成甲酸甲酯，而对甲醛（HCOH）具有选择性。在 O_2 活化的 AgAu 催化剂中显示的额外非选择性表面 Cu 可能是其形成甲酸甲酯性能较低的原因。暴露于氧化/还原反应环境后，表面元素的重排凸显了合金催化剂表面组成的动态变化作为预处理条件的函数。需要强调的是，金属合金的表面组成可以显著不同于本体组成的热力学基态。

26. LEIS 分析 STO 表面和次表面 Sr 富集现象

甲烷，作为天然气的主要成分，是一种难以活化或氧化的碳氢化合物，其高温燃烧产物 NO_x 和 CO 会造成环境污染。低温催化燃烧是解决这一问题的有效途径。目前，钙钛矿型材料作为金属氧化物催化剂的研究重点，受到广泛关注。钙钛矿型催化剂因良好的热稳定性、抗烧结性和高氧流动性，在许多催化领域展现出巨大潜力。本小节研究继续以 $SrTiO_3$(STO) 为模型催化剂，在保持体相结构稳定的前提下，通过不同制备方法和后处理方法（如化学刻蚀、浸渍和焙烧）相结合，微观调控其表面 Sr 含量，从而制备出一系列从 Ti 富集到 Sr 富集的不同表面重构的 STO 催化剂，并研究其对氧化还原反应的影响，选择甲烷燃烧作为模型反应[26]。

钙钛矿的表面重构不仅受到上述合成方法和条件的影响，而且样品的热处理也会诱导表面 Sr 的富集。通过对商业 STO 进行 Sr 浸渍和化学刻蚀处理，可以观察到，即使在空气中进行轻度热处理（110℃，16h）也能促进顶部表面和表面下单层的 Sr 富集，提高处理温度（750℃），进一步促进表面 Sr 的偏析［图 10-38（a）和（b）］。如图 10-38（a）所示，与未处理的 STO 样品相比，在 110℃处理的浸渍商业 STO（Sr/STO）样品表面的 Sr 浓度仅略有增加，而 750℃的热处理则显著增加了表面和次表面的 Sr 浓度。顶表面的组成与子层的组成相关，独立于所采用的各种合成和后处理方法（浸渍、化学刻蚀和热处理）。这些方法用于获得具有广泛表面组成的 STO 样品［图 10-38（c）］。这清楚地证明了 STO 体相在稳定催化剂某些表面组成方面所起的作用。

此外，具有钙钛矿晶体结构的催化剂表现出对 CH_4 燃烧的活性，而浸透 Sr 的 TiO_2 样品则没有表现出催化活性，表明体积在这一催化过程中发挥了重要作用。如图 10-38 所示，顶表面的组成是钙钛矿的表面反应性描述符，可以在催化剂表面组成与催化性能之间建立相关性。

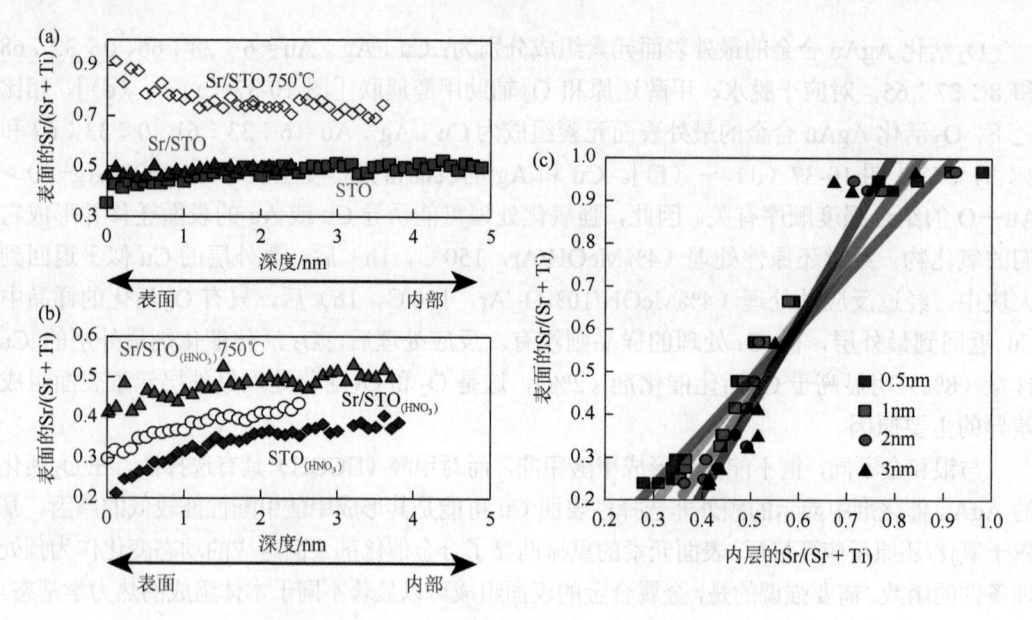

图 10-38 表面 Sr/(Sr + Ti) 阳离子强度比与探测深度的关系：(a) 商业 STO，商业 STO 浸渍 Sr 并在 110℃下过夜干燥（Sr/STO），Sr/STO 在 750℃下煅烧；(b) 化学刻蚀 STO[STO$_{(HNO_3)}$]，STO$_{(HNO_3)}$ 浸渍 Sr 并在 110℃下过夜干燥 [Sr/STO$_{(HNO_3)}$]，Sr/STO$_{(HNO_3)}$ 在 750℃下煅烧；(c) 本研究中所有 STO 催化剂在不同探测深度处的催化剂顶表面 Sr 浓度与次表面浓度的相关性[26]

27. LEIS 分析钙钛矿催化剂的结构

氧化裂解结合了催化氧化和裂解反应，是一种很有前途的方法，可以降低从石脑油生产轻质烯烃的能量和碳强度。然而，这一过程需要将气态氧与碳氢化合物共同供给，可能导致严重的 CO_x 形成和安全问题。

Hao 等[27]研究了一种氧化还原氧化裂化（ROC）方案，并评估了钙钛矿（La$_{0.8}$Sr$_{0.2}$FeO$_3$ 和 CaMnO$_3$）以及 Na$_2$WO$_4$ 促进的钙钛矿（La$_{0.8}$Sr$_{0.2}$FeO$_3$@Na$_2$WO$_4$ 和 CaMnO$_3$@Na$_2$WO$_4$）作为 ROC 的氧化还原催化剂。通过 LEIS 研究 CaMnO$_3$@Na$_2$WO$_4$ 核壳结构，能够分析氧化还原催化剂最外层的元素组成。如图 10-39 所示，初始 Ar$^+$ 溅射显示最外层主要由 O 和 Na 组成，而 Ca 和 Mn 的信号被明显抑制，表明表层主要由 Na$_2$WO$_4$ 构成。随着进一步的溅射，Ca 和 Mn 峰逐渐增加。这些结果表明，在核壳结构中，Na$_2$WO$_4$ 形成了一层覆盖层，有效地封装了 CaMnO$_3$，从而提高了催化剂的氧化还原性能。

28. LEIS 分析 SrTiO$_3$ 催化剂表面组成

由于表面重建的复杂性，需要结合多种表征技术来全面解读其对催化性能的影响。多种表征技术用于研究重构表面的形貌、元素组成和键合环境，包括高角度环形暗场扫描透射电子显微镜（HAADF-STEM）、X 射线光电子能谱（XPS）、紫外拉曼光谱和低能离子散射（LEIS）谱。

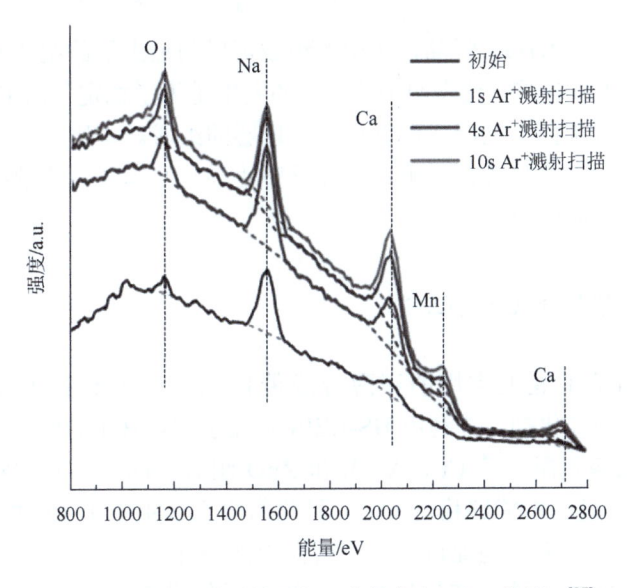

图 10-39 LEIS 谱溅射周期（虚线代表 LEIS 背景）[27]

Zhang 等[28]采用 LEIS 研究催化剂的表面组成。通常，用于 XPS 和拉曼光谱的 X 射线和紫外激光的穿透深度为几纳米，即使在最理想情况下也约为 1nm，这比一些顶表面单层更深。相比之下，LEIS 提供了更高的表面灵敏度，仅探测样品的最顶层原子层，穿透深度可低至 0.3nm，从而避免了体相性质的干扰或忽略了单层厚度的重建。全深度剖面可以延伸到 10nm 左右，从而可以获得从顶表面单层到体相的完整元素分布，如图 10-40 所示。

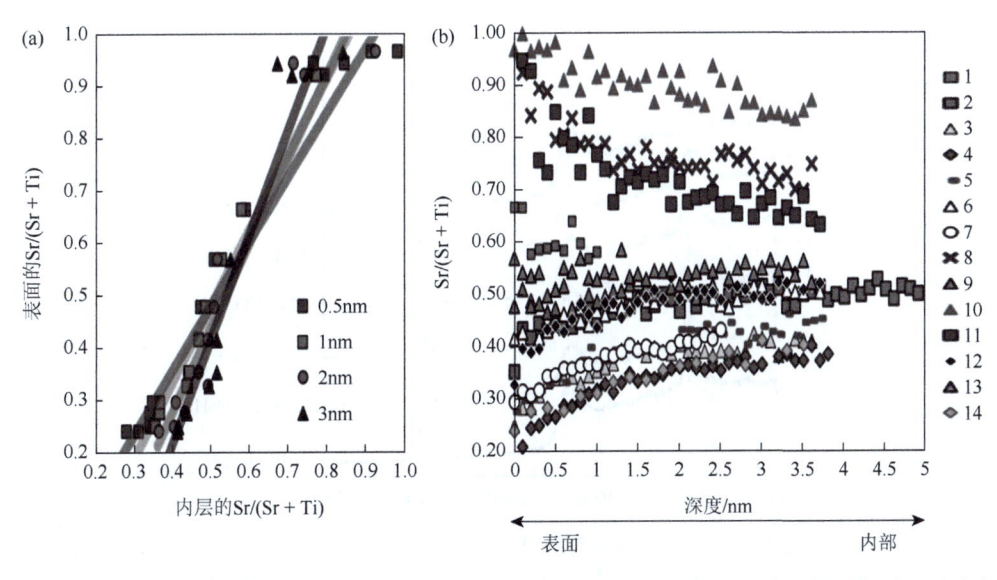

图 10-40 LEIS 表征 STO 表面组成：（a）不同 STO 样品在不同探测深度下，催化剂顶表面 Sr 浓度与次表面 Sr 浓度的相关性；（b）表面和内部 Sr 浓度随探测深度的变化（图例中的数字是指以不同方式重构的 STO 样本）[28]

对于一组 SrTiO₃（STO）样品，子层的组成可以与最上层的组成相关，而不受合成方法和表面重建程度的影响，这表明子层重排的发生是为了稳定顶面重建。通过 LEIS 分析表明，子层（接近顶面）的组成可以预测最顶层的组成。本质上，该原则基于近表面层的信息来预测钙钛矿材料的顶面重建，分辨率达到几个单层。这种相关性将加速作为反应性描述符的表面成分的评估。

29. LEIS 分析催化剂表面特性

Cu 基催化剂是工业上常用的甲醇合成催化剂。研究制备了 5wt%Cu/Al₂O₃ 和 5wt%Cu/ZnO 负载型催化剂，并利用 HS-LEIS 研究了它们在 H_2 还原和 CO_2 加氢过程中的表面特性。研究深入探讨了 Cu、Al₂O₃ 和 ZnO 组分之间的协同效应，发现 Al₂O₃ 在 H_2 还原和 CO_2 加氢过程中能够稳定 Cu^+。目前的研究多集中于 Cu 和 ZnO 的作用及其协同效应，但 Al₂O₃ 作为结构促进剂的作用很少被研究。最近，有研究发现，Al₂O₃ 可以通过改变 ZnO 的缺陷性质和还原性来发挥电子促进作用。在之前的研究中，使用 Cu/Al₂O₃/ZnO(0001)-Zn 模型催化剂，也发现了 Al₂O₃ 可以增强 Cu^+ 的稳定性。

本小节研究采用原位傅里叶变换红外光谱（FTIR）和非原位 X 射线光电子能谱(XPS)/HS-LEIS 表面敏感技术，对 Cu/Al₂O₃ 和 Cu/ZnO 粉末催化剂进行了研究，如图 10-41 所示，以进一步了解 Al₂O₃ 和 ZnO 的促进作用[29]。非原位 XPS/HS-LEIS 可以识别铜的氧化态、分散性和表面元素含量。通过详细比较 Cu/Al₂O₃ 和 Cu/ZnO，可以更深入地了解 Cu 基催化剂在 H_2 还原和 CO_2 加氢反应中的作用。

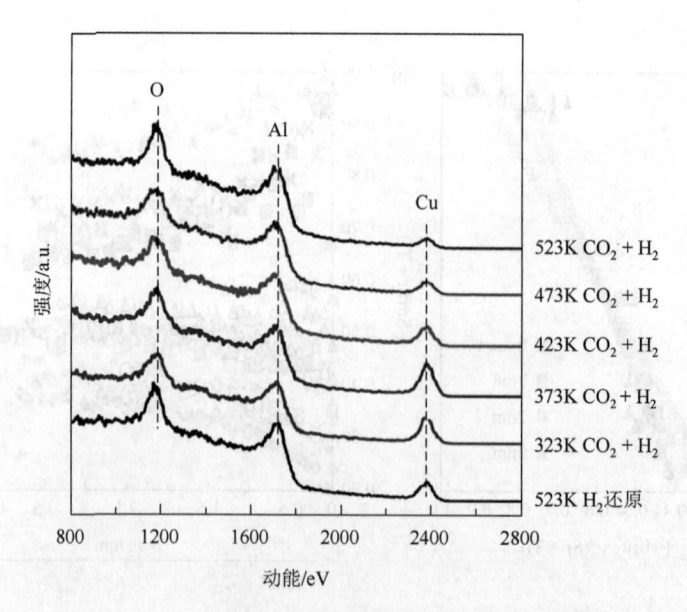

图 10-41 Cu/Al₂O₃ 和 Cu/ZnO 粉末的 HS-LEIS 谱[29]

523K H_2 预还原时 P_{H_2} = 1atm，P_{CO_2} = 0.33atm，CO_2 加氢反应时 P_{H_2} = 0.67atm

非原位 XPS/HS-LEIS 显示，H₂ 还原后，Cu 在 Al₂O₃ 表面的颗粒粒径略有增大，表面仍保留较大比例的 Cu⁺ 物种。以 CO 为探针分子的 FTIR 也表明，H₂ 还原后 5wt%Cu/Al₂O₃ 存在一定量的 Cu⁺，而 5wt%Cu/ZnO 催化剂还原后形成的 Cu 纳米颗粒表面被 ZnO$_x$ 包覆。非原位 XPS/HS-LEIS 的深度剖析也证实了上述结果。

在 CO₂ 加氢过程中，5wt%Cu/Al₂O₃ 表面能够形成大量碳酸氢盐及碳酸盐物种，并在升温过程中逐渐转变为甲酸盐，表面仍保留一定量的 Cu⁺；而 5wt%Cu/ZnO 表面形成的碳酸盐及碳酸氢盐物种相对较少，但 Cu-ZnO$_x$ 的协同作用形成了活化 H₂ 的高活性表面，在室温下就可以生成甲酸盐物种，随后在升温过程中甲酸盐逐渐转变为甲氧基。

30. LEIS 表征 Zn 表面 Al₂O₃ 覆盖包裹情况

Hu 等制备了 Cu/Al₂O₃/ZnO(0001)-Zn 三元催化剂及其二元类似物[30]。研究结果表明，Al₂O₃ 在 ZnO(0001)-Zn 表面呈逐层生长模式，而 Cu 在 ZnO(0001)-Zn 表面以二维团簇形式生长，最高可达 0.2ML，随后形成三维团簇。

如图 10-42（a）所示，LEIS 是一种表面敏感技术，可以从最顶层的原子层获取信息，在 432eV、594eV 和 822eV 处分别显示出 O、Al 和基底 Zn 的峰值，这进一步证实了 Al₂O₃ 完全覆盖 ZnO(0001)-Zn 表面。这六条曲线对应了初始清洁 ZnO 表面和随后的五种沉积过程。随着沉积的进行，Zn 的信号逐渐消失，并在 50min 后完全消失，表明 ZnO 表面被完全覆盖。在第一个断点处完全覆盖 ZnO 基底的 Al₂O₃ 的量被定义为一个单层（1ML）。

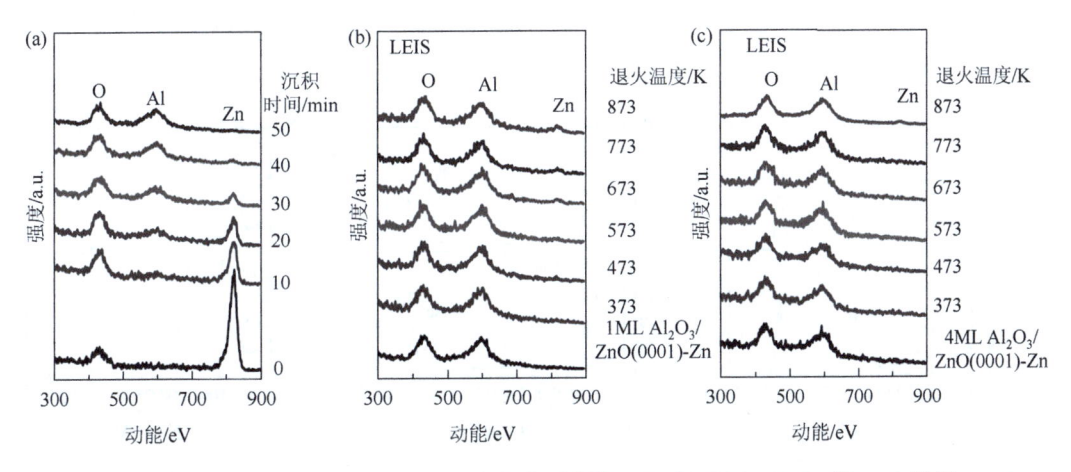

图 10-42 Zn 表面 Al₂O₃ 的 LEIS 谱图：（a）沉积过程中 Al₂O₃/ZnO(0001)-Zn 的 LEIS 谱图；1ML Al₂O₃/ZnO(0001)-Zn（b）和 4ML Al₂O₃/ZnO(0001)-Zn（c）在不同退火温度下的 LEIS 谱图[30]

此外，还研究了 Al₂O₃ 的热稳定性，如图 10-42（b）和（c）所示。图 10-42 展示了真空退火过程中 1ML Al₂O₃ 在 ZnO(0001)-Zn 上的 LEIS 谱图。当退火温度升高时，Zn 信号直到 673K 才出现，即使到了 873K，信号仍然很弱。对于较厚的 Al₂O₃ 薄膜，如 4ML

Al₂O₃/ZnO(0001)-Zn，即使在较高的退火温度下，Zn 的信号也几乎不可见 [图 10-42（c）]。因此，在真空退火过程中，ZnO(0001)-Zn 表面的 Al₂O₃ 薄膜相对稳定。

31. LEIS 证实钙钛矿基陶瓷 A 位阳离子的存在

利用 LEIS 研究了一系列钙钛矿基陶瓷的表面原子分布[31]。高温处理后，a 位（或受体取代基）阳离子主导了表面，而 b 位阳离子未被检测到。同时，还发现了表面以下 b 位阳离子富集区域的证据。

在氧化环境中进行典型的高温处理后（图 10-43），所有材料的表面都以 a 位阳离子为主。LNO-214 材料的表面主要由镧阳离子主导，而部分被二价碱土阳离子取代的 LSCF-113 和 GBCO-1125 材料的表面也以阳离子为主，取代基阳离子（分别为 Sr^{2+} 和 Ba^{2+}）表现出较强的优先偏析。尽管 LNO-214 表面 [图 10-43（c）] 主要由 La 组成，但还观察到一个非常小的峰（标记为*），将其归因于 Pb。已知 Pb^{2+} 受体取代基在钙钛矿(La, Pb)MnO₃ 中会分离，导致显著的表面覆盖。在当前研究的 LNO-214 起始粉末中，Pb 含量估计小于 0.0015wt%，但在高温退火（1000℃，12h）期间，杂质阳离子也可能从颗粒内部迁移到表面，导致相对较低的覆盖率（几十分之一到几百分之一）。尽管在这里研究的其他样品中没有看到 Pb 污染，但也不能排除来自退火设备的挥发性 Pb 物质的交叉污染。

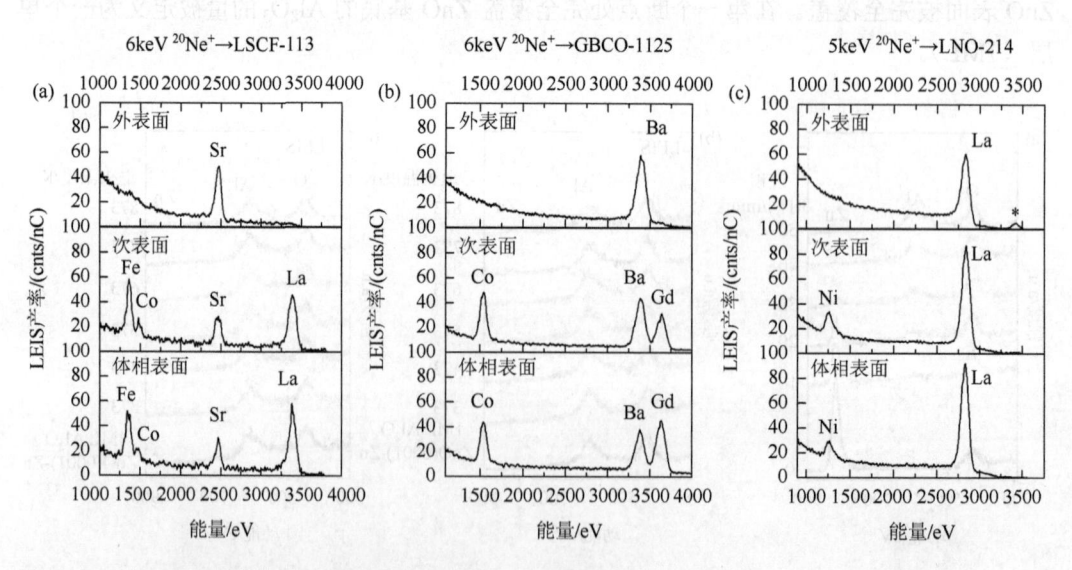

图 10-43 高温处理后的钙钛矿基陶瓷 LEIS 谱图：单钙钛矿（LSCF-113）（a）、双钙钛矿（GBCO-1125）（b）和 LNO-214（c）样品在 1000℃ 下、P_{O_2} = 200mbar 下退火 12h 后的 LEIS 谱图[31]

在多晶样品的表面未检测到相应的过渡金属阳离子（b 位：Fe、Co 和 Ni）的信号。LEIS 数据直接表明，表面的最外层完全由 a 位阳离子主导，未检测到过渡金属阳离子的存在。

32. HS-LEIS 分析催化剂表面最外层的化学成分分布

太阳能驱动的光催化将二氧化碳转化为有价值的有机物或太阳能燃料，是解决当前能源和环境问题的一个有吸引力的解决方案。二氧化碳在可见光下的还原利用了太阳光能量的 45%，而直接使用有机物作为电子供体是光催化的最终目标。为了实现这一前景，人们一直致力于开发高效的光催化剂。

开发新型的光催化剂或系统以实现二氧化碳的高效转化仍然是未来研究的重点。例如，Cu_2O-Pt/SiC/IrO_x 杂化光催化剂通过将光氧化单元（IrO_x）和光还原单元（Cu_2O-Pt）加载在碳化硅表面制备[32]。这种构型可以增加光生电荷的寿命和二氧化碳的吸附能力，从而提高光催化效率。此外，还构建了一个由两个反应室组成的空间分离反应系统，模仿自然光合系统。一个反应室装载 Cu_2O-Pt/SiC/IrO_x 光催化剂和 Fe^{2+} 进行二氧化碳还原，另一个室与已知的 Pt/WO_3 和 Fe^{3+} 进行水氧化，这两个室通过纳米膜隔开，允许 Fe^{2+} 和 Fe^{3+} 渗透。这样的设计有利于水氧化并抑制产物的反向反应。对于二氧化碳和水的光催化反应生成甲酸和氧气，该体系在可见光照射下显示出很高的光催化效率。

通过高灵敏度低能离子散射（HS-LEIS）研究，分析了碳化硅表面最外层的化学成分分布。3keV $^4He^+$ HS-LEIS 谱图显示了外表面轻元素（如 C、O、Si）的信号，但对 Cu、Pt 和 Ir 等重元素的敏感性较差。图 10-44（b）显示了 SiC、Pt/SiC、Cu_2O-Pt/SiC、Pt/SiC/IrO_x 和 Cu_2O-Pt/SiC/IrO_x 的 5keV $^{20}Ne^+$ HS-LEIS 谱图。在 Pt/SiC 的最外表面检测到了 Pt 元素。在 Cu_2O-Pt/SiC 上只观察到了 Cu 元素，这清楚地表明 Cu_2O 沉积在 Pt 纳米颗粒的表面。虽然 Pt 和 Ir 的 HS-LEIS 峰无法用 5keV $^{20}Ne^+$ 分辨，因为它们的原子质量太接近，但需

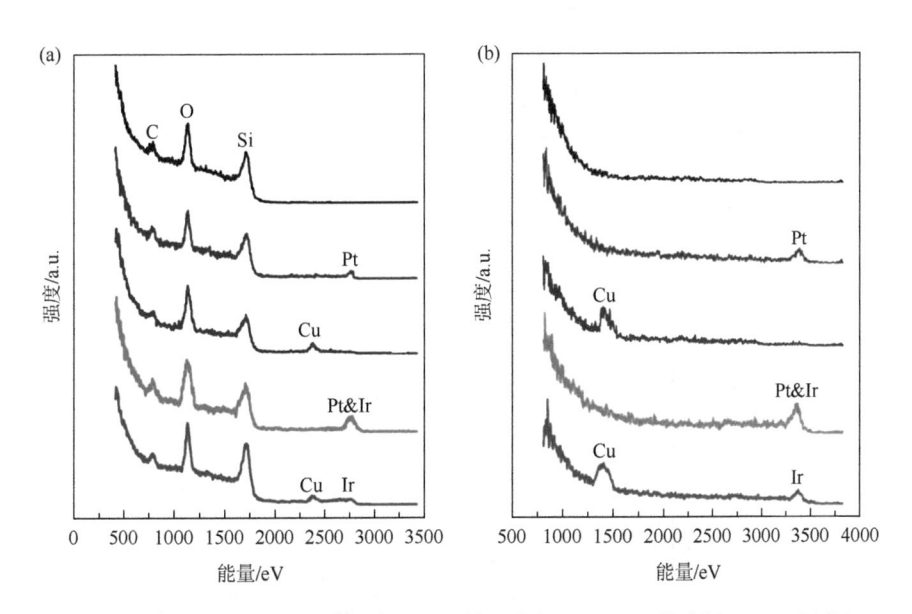

图 10-44 使用 3keV $^4He^+$（a）和 5keV $^{20}Ne^+$（b）对样品进行 HS-LEIS 谱分析：SiC（黑色）、Pt/SiC（红色）、Cu_2O-Pt/SiC（蓝色）、Pt/SiC/IrO_x（绿色）和 Cu_2O-Pt/SiC/IrO_x（粉色）[32]

要注意的是，Pt/SiC/IrO$_x$ 在 3367eV 处的融合峰强度明显强于 Pt/SiC 中的唯一 Pt 峰。这表明 IrO$_x$ 和 Pt 共存于 Pt/SiC/IrO$_x$ 的最外层。然而，与 Pt/SiC/IrO$_x$ 样品相比，Cu$_2$O-Pt/SiC/IrO$_x$ 样品在 3367eV 处的峰值明显减弱。由于 Cu$_2$O-Pt/SiC/IrO$_x$ 中被 Cu$_2$O 覆盖，Cu$_2$O-Pt/SiC/IrO$_x$ 在 3367eV 处的低峰只能归因于最外层的 IrO$_x$。因此，HS-LEIS 结果进一步证实了 Cu$_2$O-Pt/SiC/IrO$_x$ 和 IrO$_x$ 共催化剂在 SiC 表面上的空间分离。

33. LEIS 分析样品的最上层中每种化学物质的数量

半导体材料能够吸收紫外（UV）和可见光范围内的光，这一现象伴随着电子从价带跃迁到导带。光学产生的电子-空穴对可以与其他分子相互作用，引发光催化反应。这种光催化途径可应用于能源和环境领域。例如，导带中的激发电子和价带中的空穴分别与 O$_2$ 和 H$_2$O 反应，形成 O$_2^-$ 和 ·OH，它们是强氧化剂，可与大气污染物反应，从而有助于环境修复。在各种气相污染物中，氮氧化物是酸雨和细颗粒物（PM$_{2.5}$）的主要来源，通过光催化剂表面氧化 NO 形成 NO$_3^-$，这些离子可以被水滴冲走。

在众多半导体材料中，TiO$_2$ 因优越的光催化能力和结构稳定性而被广泛应用于光催化剂。TiO$_2$ 的纳米颗粒主要是锐钛矿相，广泛用作光催化剂；然而，由于锐钛矿相 TiO$_2$ 的带隙约为 3.2eV，对应于紫外波长，在可见光照射下光催化活性较低，其在室内环境中的潜在应用受到限制。通过使用各种策略改变 TiO$_2$ 的结构，如结合非过渡金属（如碱金属和碱土金属）和过渡金属（如铂、钯、铁等）作为掺杂剂，可以改变光催化剂的光学性质和活性。这可以通过调整掺杂剂的种类和数量来实现。

Choe 等[33]采用 LEIS 分析了市售的带有封盖层的白色色素 TiO$_2$ 的结构。图 10-45 展示了通过 LEIS 分析所获得的新鲜和退火后的 TiO$_2$(R996)样品的最外层每种物质的含量。LEIS 的一个巨大优势在于能够仅从最顶层表面原子层提取定量信息。因此，LEIS 峰值强度可以被认为与特定化学物质的表面覆盖度成正比。通常，在分析之前，每个样品都在室温下用原子氧清洗，从而产生一个几乎没有碳杂质的金属氧化物表面。使用纯 TiO$_2$、

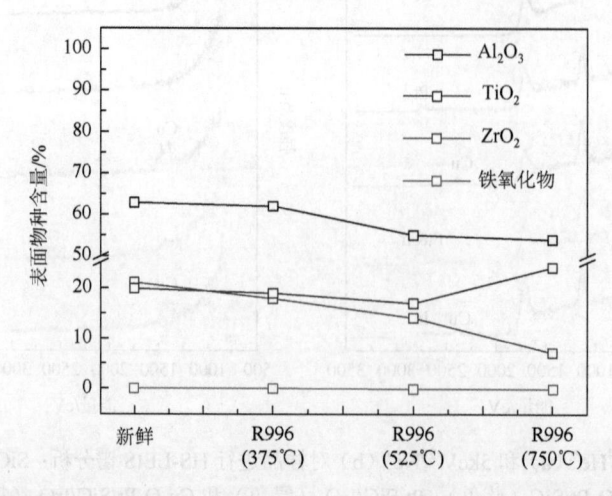

图 10-45 通过 LEIS 分析揭示 TiO$_2$(R996)表面不同物种的量[33]

ZrO₂、Fe₂O₃ 和 Al₂O₃ 作为参考样品，通过比较参考样品和光催化剂样品的峰值强度，可以确定特定氧化物的表面覆盖范围。

34. He⁺ LEIS 与脉冲射流技术分析 Zn-ZnO

半导体气体传感器因对多种目标气体的高灵敏度、低成本、高可靠性和小体积而备受关注。这些显著的特点使它们在各种实际应用中得到了广泛应用，如环境监测以保障人体健康。在这些应用中，需要高选择性地检测比人类嗅觉极限灵敏度更高的有毒气体，有时甚至需要检测到 10^{-9} 级别的浓度。要实现 10^{-9} 级别的超痕量气体检测，需要深入理解气敏机制。通过测量电阻变化，半导体气体传感器可以检测目标气体浓度。在气体传感机制中，目标气体与传感器表面上离子吸附的氧反应是关键部分。然而，目标气体分子与传感器表面的具体相互作用机制仍存在争议。ZnO 对乙醇（EtOH）的传感反应是研究最深入的目标气敏材料组合之一。

在 673K 下，用 He⁺ LEIS 光谱对 ZnO 表面进行空气或含有 50ppm 乙醇的空气-乙醇混合气体脉冲照射 ZnO（图 10-46）的脉冲宽度为 5ms，间隔为 5s。结果显示，Zn、O 和 C 的峰位与入射 He⁺ 的二元碰撞能量一致[34]。研究结果表明，当辐照气体从空气切换为空气-乙醇混合气体后，Zn 和 O 的峰强度显著降低，同时观察到二次离子（SI）强度增加和 C 峰出现。这些结果清楚表明，在空气-乙醇混合气体辐照下，ZnO 的最外表面被乙醇或相关吸附物覆盖。SI 强度的增加主要是由 H⁺ 发射的增强所致。

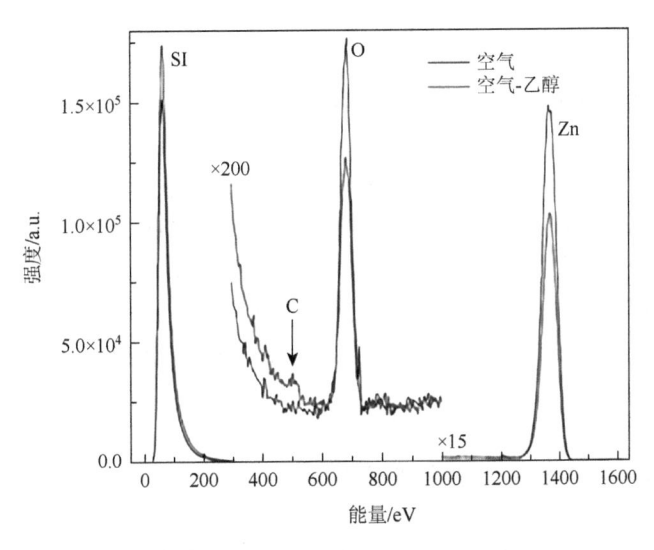

图 10-46 在 673K 下，空气（黑色曲线）或含有 50ppm 乙醇的空气-乙醇混合气体（红色曲线）脉冲照射下的 He⁺ LEIS 谱图：标记了 Zn、O、C 和 SI 的峰[34]

35. LEIS 检测 NiO 负载的 SrTiO₃ 表面的吸附水

LEIS 被认为是最灵敏的表面光谱技术之一，能够通过选择合适的初级离子质量来解决细微的质量差异。在实验中，逐步在表面沉积了越来越多的 NiO，然后加入高达 100Langmuir（1 Langmuir = 1L）的 $H_2^{18}O$。图 10-47 中的每个光谱对应于新制备的样品[35]。在 LEIS 谱中，Ni 显示出一个动能约为 770eV 的峰值。此外，在 450eV 动能处出现了一个峰值，这个峰属于吸附水的 He^+ 散射。不同 NiO 含量的样品的光谱清楚地表明，H_2O 与 NiO 负载的表面结合。相较于 0.3Å NiO 样品，0.2Å NiO 样品中 ^{18}O 峰更大（接近完全覆盖），这可能表明在 $NiO/SrTiO_3$ 边界处发生了 H_2O 的吸附或解离。

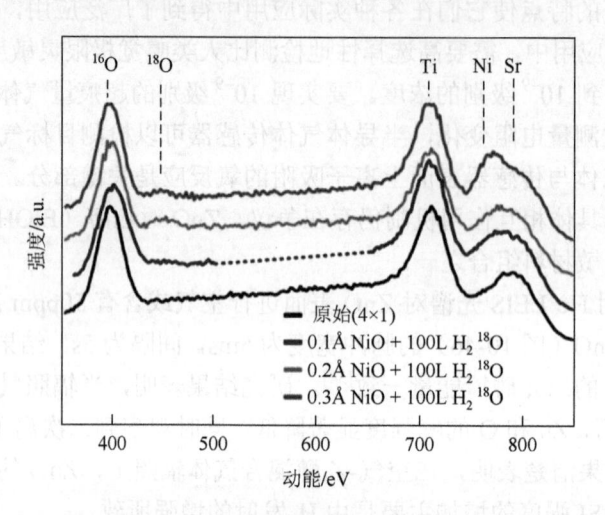

图 10-47 原始的 $SrTiO_3(110)$-(4×1) 表面上和沉积不同量的 NiO 之后加入 $100LH_2^{18}O$ 的低能 He^+ 离子散射谱图

36. LEIS 分析 $Fe(OH)_x$ 沉积后 Pt 的表面暴露

取代苯胺是精细化学工业中的重要中间体，用于制造高附加值的化学品，如染料、颜料、药品和农用化学品。Wang 等采用 HS-LEIS 证实了 $Fe(OH)_x$ 沉积后 Pt 的表面暴露[36]。HS-LEIS（He^+）谱显示了三个主要的峰值，对应于 O、Fe 和 Pt（图 10-48）。通过离子刻蚀部分去除表面的 $Fe(OH)_x$ 后，表面下的 Pt 可以通过 HS-LEIS 检测到。有趣的是，在用 Ne^+ 轰击多晶 $0.3Fe(OH)_x/Pt$ 表面后，最外层原子层的 Fe/Pt 比值从 3.9 下降到 3.1，表明该多晶具有富铁的表面。

37. HS-LEIS 研究强金属-载体相互作用

商业高温水气转换（HT-WGS）催化剂由 $CuO-Cr_2O_3-Fe_2O_3$ 组成，其中 Cu 作为化学促进剂提高催化活性，但其促进机制尚不清楚。

Zhu 等[37]首次直接观察到 Cu 和 FeO_x 之间的强金属-载体相互作用（SMSI）。在 WGS 反应过程中，一层薄薄的 FeO_x 层迁移到金属 Cu 颗粒上，形成了具有 $Cu-FeO_x$ 界面的混合表面结构。Cu 和 FeO_x 之间的协同作用不仅稳定了铜簇，而且为 CO 吸附、H_2O 解离和 WGS 反应提供了新的催化活性位点。这些新的见解有助于合理设计改进的铁基 HT-WGS

催化剂。利用 HS-LEIS 研究了该覆盖层的性质。以 5keV 的 Ne⁺为探针离子，1keV 的 Ar⁺为溅射刻蚀离子，可以精确识别出 Cu 在最外层的元素分布。

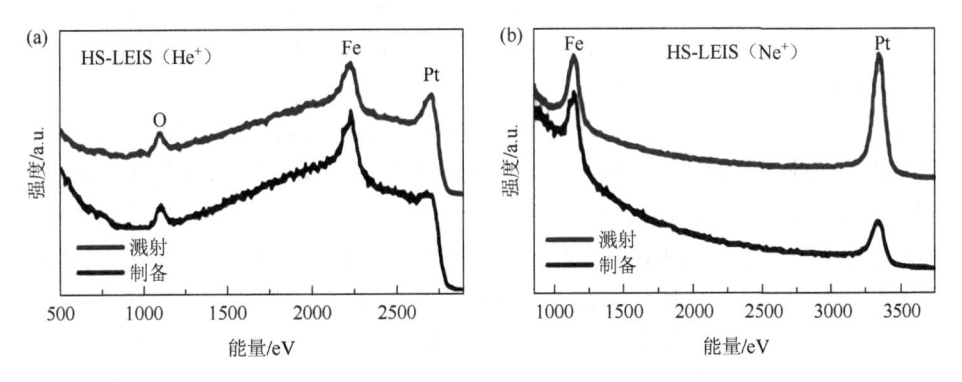

图 10-48　制备和溅射的 0.3Fe(OH)$_x$/Pt 的 HS-LEIS 谱图[36]

如图 10-49 所示，新煅烧催化剂的 Cu 信号急剧增加，深度达到 0.5ML，这是由于催化剂表面残留的吸附物在溅射去除后，Cu HS-LEIS 信号趋于稳定，并在催化剂的第一原子层（0.5～1.5ML）之外保持恒定。在 RWGS 反应条件下进行预处理，并在真空环境下转移到分析室。虽然表面吸附在最外层的 0.5ML 中仍然存在，但 CuO/SiO$_2$ 的 Cu HS-LEIS 信号在催化剂的第一原子层（0.5～1.5ML）上保持不变。这表明在 RWGS 反应过程中，金属 Cu 纳米颗粒表面得到了很好的暴露。相比之下，活化 Fe$_2$O$_3$-CuO/SiO$_2$ 催化剂的 Cu 信号不断增加，直至溅射深度为 1.5ML。由于该氧化层仅在添加 Fe$_2$O$_3$ 时存在，因此表面存在 FeO$_x$ 单层。

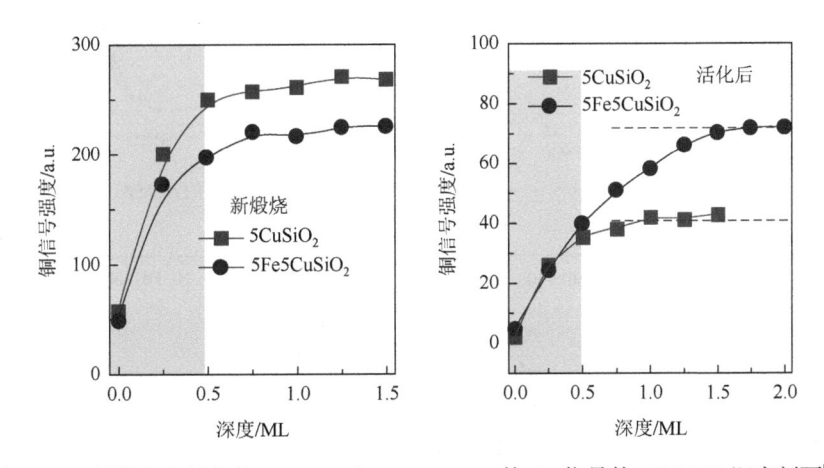

图 10-49　新煅烧和活化的 5CuSiO$_2$ 和 5Fe5CuSiO$_2$ 的 Cu 信号的 HS-LEIS 深度剖面[37]

38. LEIS 分析 Ni 修饰表面的 Fe：Ni 比

电化学水分解是一种环保技术，通过化学燃料形式储存可再生能源。混合镍铁氧化物在碱性介质中高效、低成本地催化析氧反应（OER），但铁和镍阳离子在 OER 机制中的协同作用尚不清楚。

Mirabella 等[38]报道了 Ni 的加入如何改变模型催化剂的反应性。该催化剂是在 Fe$_3$O$_4$(001)单晶上沉积和掺入 Ni 制备的,并使用超高真空下的表面科学技术进行研究,如低能电子衍射(LEED)、X 射线光电子能谱(XPS)、低能离子散射(LEIS)、扫描隧道显微镜(STM)、原子力显微镜(AFM),以及碱性介质中的循环伏安法(CV)和电化学阻抗谱(EIS)等电化学方法。

当表面阳离子中铁组分的占比为 20%~40%时,OER 活性显著提高,这与粉末催化剂的观察结果一致。此外,在电解液中表面老化 3 天后,观察到 OER 过电位降低。通过 LEIS 测量可以获得表面组成的定量信息,即每个 Ni 修饰表面的 Fe:Ni 比。如图 10-50 所示,未掺杂表面显示出以 910eV 为中心的 LEIS 峰,对应于表面 Fe 原子。10ML Ni 掺杂后,LEIS 信号变宽,并转向更高动能。通过比较 Fe 和 Ni 的面积,可以估计出 10ML Ni 掺杂表面上 Fe:Ni 的顶表面比为 55:45。同样地,计算出 50ML 和 120ML Ni 掺杂后表面的 Fe:Ni 比分别为 40:60 和 15:85。在高镍掺杂(180ML)时,整个表面被金属 Ni 颗粒覆盖,使得使用 LEIS 来量化表面的 Fe:Ni 比变得困难。

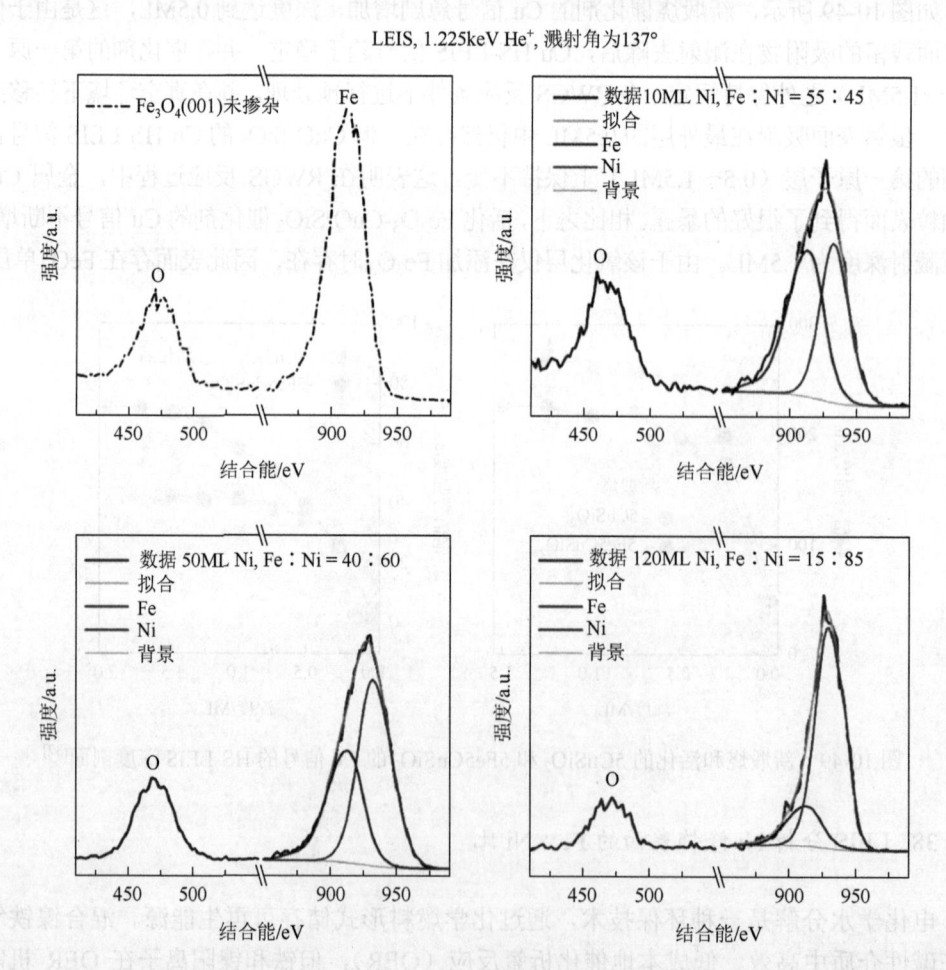

图 10-50 未掺杂和 Ni 掺杂 Fe$_3$O$_4$(001)-($\sqrt{2}\times\sqrt{2}$)R45°表面的 LEIS 谱图以及相应的拟合[38]

39. LEIS 研究 Pt/TiO$_2$ 催化剂表面

强金属-载体相互作用（SMSI）在非均相催化领域中备受关注。然而，单原子催化剂是否能表现出 SMSI 仍然是未知的。Han 等[39]证明 SMSI 可以发生在 TiO$_2$ 负载的 Pt 单原子上，但比 Pt 纳米颗粒（NPs）在更高的还原温度下发生。SMSI 中涉及的 Pt 单原子没有被 TiO$_2$ 载体覆盖，也没有下移到其亚表面。CO 在 Pt 单原子上的吸附抑制源于配位饱和（18 电子规则），而不是载体对 Pt 原子的物理覆盖。基于这一新发现，揭示了单原子是 3-硝基苯乙烯加氢反应的真正活性位点，而 Pt NPs 几乎没有活性，因为 NPs 位点被选择性地封装。该工作为通过调整 SMSI 来研究活性位点提供了一种新的方法。

采用低能离子散射（LEIS）检测表面 Pt 原子，如图 10-51 所示，在 250℃ 还原后，Pt 信号明显减弱，这为 Pt NPs 的封装提供了证据。然而，在 600℃ 进一步还原后，它不再发生变化，这表明 Pt 单原子没有被封装。因此，高温还原后对 CO 吸附的抑制源于其他因素，如强电子效应，而不是物理覆盖。

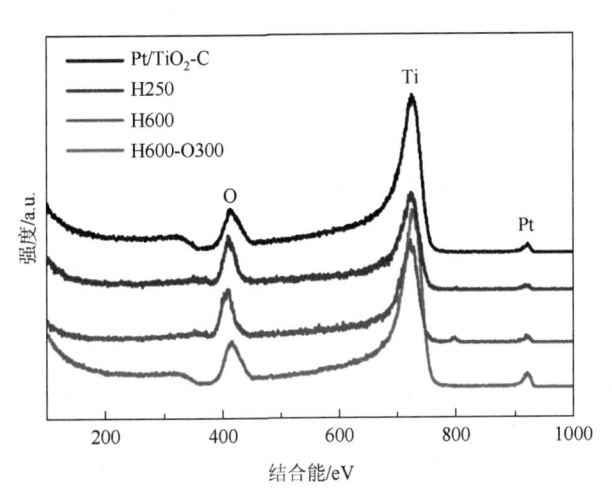

图 10-51 在不同温度下还原 Pt/TiO$_2$-C 的 LEIS 谱图[39]

H250 表示在 250℃ 下还原；H600 表示在 600℃ 下还原；H600-O300 表示在 600℃ 下还原后再在 300℃ 下氧化

40. LEIS 研究催化剂表面元素组成

电催化氧化在重要的能量转换和存储系统的效率中起着至关重要的作用。非化学计量的混合金属氧化物因表面组成的多样性和快速的氧导电性能，成为这些过程有前途的电催化剂。

Gu 等[40]结合理论和实验研究，提出了设计具有电催化氧化活性的层状混合离子-电子导电 Ruddlesden-Popper（R-P）氧化物的原则。采用可控的合成方法，成功制备了明确的 R-P 氧化物纳米结构，并通过热化学和电化学活性研究验证了这些设计原理。研究结果证明了所开发的设计原则在设计高效氧电催化的混合离子-电子导电氧化物方面的有效性，并展示了纳米结构共掺杂镍酸镧氧化物在氧电催化中的潜力。

为了确定这些氧化物表面的元素组成，使用了 LEIS，结果如图 10-52 所示。在 $La_2NiO_{4+\delta}$（LNO）纳米棒上进行的 LEIS 测量作为基线。将表面暴露于 $0.5×10^{15}$ 离子/cm^2、0.5keV Ar^+ 后，观察到 Ni 和 La 分别在 1250eV 和 2850eV 处出现两个能量峰。随着溅射量的增加，进行了深度剖面分析，以检测从表面到体相的 La 和 Ni 信号的变化。

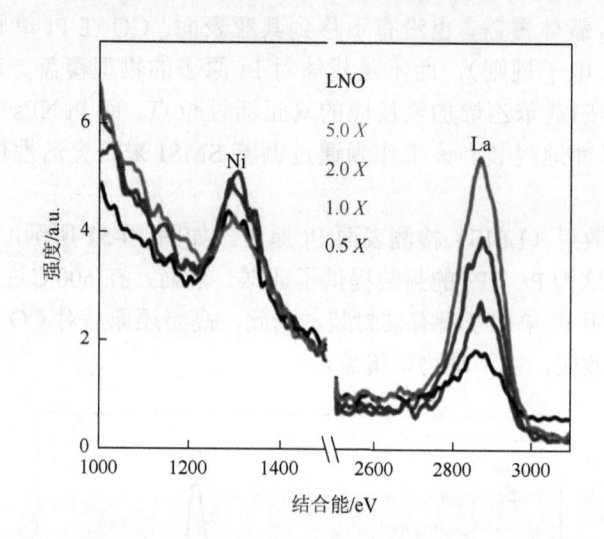

图 10-52 经 0.5X、1.0X、2.0X 或 5.0X，0.5keV Ar^+ 处理后 LNO 的 LEIS 谱图[40]

其中 X 表示 $1×10^{15}$ 离子/cm^2

参 考 文 献

[1] Yin S H, Yang S L, Li G, et al. Seizing gaseous Fe^{2+} to densify O_2-accessible $Fe-N_4$ sites for high-performance proton exchange membrane fuel cells[J]. Energy & Environmental Science，2022，15（7）：3033-3040.

[2] Siebenhofer M, Nenning A, Wilson G E, et al. Electronic and ionic effects of sulphur and other acidic adsorbates on the surface of an SOFC cathode material[J]. Journal of Materials Chemistry A，2023，11（13）：7213-7226.

[3] Chen R, Cao J, Duan Y, et al. High-efficiency, hysteresis-less, UV-stable perovskite solar cells with cascade ZnO-ZnS electron transport layer[J]. Journal of the American Chemical Society，2019，141（1）：541-547.

[4] Song X, Xiong W, He H, et al. Boosting CO_2 electrocatalytic reduction to ethylene via hydrogen-assisted C—C coupling on Cu_2O catalysts modified with Pd nanoparticles[J]. Nano Energy，2024，122：109275.

[5] Rumptz J R, Zhao K, Mayo J, et al. Size-dependent energy of Ni nanoparticles on graphene films on Ni(111) and adhesion energetics by adsorption calorimetry[J]. ACS Catalysis，2022，12（20）：12632-12642.

[6] Song X, Zhang X G, Deng Y L, et al. Improving the hydrogen oxidation reaction rate of Ru by active hydrogen in the ultrathin Pd interlayer[J]. Journal of the American Chemical Society，2023，145（23）：12717-12725.

[7] Zhan C, Wang Q, Zhou L, et al. Critical roles of doping Cl on Cu_2O nanocrystals for direct epoxidation of propylene by molecular oxygen[J]. Journal of the American Chemical Society，2020，142（33）：14134-14141.

[8] Xiao Y, Li H, Xie K. Activating lattice oxygen at the twisted surface in a mesoporous CeO_2 single crystal for efficient and durable catalytic CO oxidation[J]. Angewandte Chemie International Edition，2021，60（10）：5240-5244.

[9] Li H, Weng X, Tang Z, et al. Evidence of the encapsulation model for strong metal-support interaction under oxidized conditions: a case study on TiO$_x$/Pt(111) for CO oxidation by *in situ* wide spectral range infrared reflection adsorption spectroscopy[J]. ACS Catalysis, 2018, 8（11）: 10156-10163.

[10] Xi S, Zhang J, Xie K. Low-temperature water-gas shift reaction enhanced by oxygen vacancies in Pt-loaded porous single-crystalline oxide monoliths[J]. Angewandte Chemie International Edition, 2022, 61（39）: e202209851.

[11] Zhu L, Jiang Y, Zheng J, et al. Ultrafine nanoparticle-supported Ru nanoclusters with ultrahigh catalytic activity[J]. Small, 2015, 11（34）: 4385-4393.

[12] Zhu M, Tian P, Ford M E, et al. Nature of reactive oxygen intermediates on copper-promoted iron-chromium oxide catalysts during CO$_2$ activation[J]. ACS Catalysis, 2020, 10（14）: 7857-7863.

[13] Zhu L, Sun Y, Zhu H, et al. Effective ensemble of Pt single atoms and clusters over the(Ni, Co)(OH)$_2$ substrate catalyzes highly selective, efficient, and stable hydrogenation reactions[J]. ACS Catalysis, 2022, 12（13）: 8104-8115.

[14] Yusuf S, Neal L, Bao Z, et al. Effects of sodium and tungsten promoters on Mg$_6$MnO$_8$-based core-shell redox catalysts for chemical looping-oxidative dehydrogenation of ethane[J]. ACS Catalysis, 2019, 9（4）: 3174-3186.

[15] Gao Y, Haeri F, He F, et al. Alkali metal-promoted La$_x$Sr$_{2-x}$FeO$_{4-\delta}$ redox catalysts for chemical looping oxidative dehydrogenation of ethane[J]. ACS Catalysis, 2018, 8（3）: 1757-1766.

[16] Yalcin O, Sourav S, Wachs I E. Design of Cr-free promoted copper-iron oxide-based high-temperature water-gas shift catalysts[J]. ACS Catalysis, 2023, 13（19）: 12681-12691.

[17] Wang J, Tang C, Li G, et al. High-performance MaZrO$_x$（Ma = Cd, Ga）solid-solution catalysts for CO$_2$ hydrogenation to methanol[J]. ACS Catalysis, 2019, 9（11）: 10253-10259.

[18] Yan Y, Ye B, Chen M, et al. Site-specific deposition creates electron-rich Pd atoms for unprecedented C—H activation in aerobic alcohol oxidation[J]. Chinese Journal of Catalysis, 2020, 41（8）: 1240-1247.

[19] Wang I, Gao Y, Wang X, et al. Liquid metal shell as an effective iron oxide modifier for redox-based hydrogen production at intermediate temperatures[J]. ACS Catalysis, 2021, 11（16）: 10228-10238.

[20] Wang J, Li R, Zhang G, et al. Confinement-induced indium oxide nanolayers formed on oxide support for enhanced CO$_2$ hydrogenation reaction[J]. Journal of the American Chemical Society, 2024, 146（8）: 5523-5531.

[21] Hu J, Yu L, Deng J, et al. Sulfur vacancy-rich MoS$_2$ as a catalyst for the hydrogenation of CO$_2$ to methanol[J]. Nature Catalysis, 2021, 4（3）: 242-250.

[22] Shi D, Sadier A, Girardon J S, et al. Probing the core and surface composition of nanoalloy to rationalize its selectivity: study of Ni-Fe/SiO$_2$ catalysts for liquid-phase hydrogenation[J]. Chem Catalysis, 2022, 2（7）: 1686-1708.

[23] Huang J, Song Y, Ma D, et al. The effect of the support on the surface composition of PtCu alloy nanocatalysts: *in situ* XPS and HS-LEIS studies[J]. Chinese Journal of Catalysis, 2017, 38（7）: 1229-1236.

[24] Li Y, Hu J, Ma D, et al. Disclosure of the surface composition of TiO$_2$-supported gold-palladium bimetallic catalysts by high-sensitivity low-energy ion scattering spectroscopy[J]. ACS Catalysis, 2018, 8（3）: 1790-1795.

[25] Pu T, Jehng J M, Setiawan A, et al. Resolving the oxygen species on ozone activated AgAu alloy catalysts for oxidative methanol coupling[J]. The Journal of Physical Chemistry C, 2022, 126（51）: 21568-21575.

[26] Polo-Garzon F, Fung V, Liu X, et al. Understanding the impact of surface reconstruction of perovskite catalysts on CH$_4$ activation and combustion[J]. ACS Catalysis, 2018, 8（11）: 10306-10315.

[27] Hao F, Gao Y, Neal L, et al. Sodium tungstate-promoted CaMnO$_3$ as an effective, phase-transition redox catalyst for redox oxidative cracking of cyclohexane[J]. Journal of Catalysis, 2020, 385: 213-223.

[28] Zhang J, Wu Z, Polo-Garzon F. Recent developments in revealing the impact of complex metal oxide reconstruction on catalysis[J]. ACS Catalysis, 2023, 13（23）: 15393-15403.

[29] Hu J, Li Y, Zhen Y, et al. *In situ* FTIR and *ex situ* XPS/HS-LEIS study of supported Cu/Al$_2$O$_3$ and Cu/ZnO catalysts for CO$_2$ hydrogenation[J]. Chinese Journal of Catalysis, 2021, 42（3）: 367-375.

[30] Hu J, Song Y, Huang J, et al. New insights into the role of Al$_2$O$_3$ in the promotion of CuZnAl catalysts: a model study[J].

Chemistry: A European Journal, 2017, 23 (44): 10632-10637.

[31] Druce J, Téllez H, Burriel M, et al. Surface termination and subsurface restructuring of perovskite-based solid oxide electrode materials[J]. Energy & Environmental Science, 2014, 7 (11): 3593-3599.

[32] Wang Y, Shang X, Shen J, et al. Direct and indirect Z-scheme heterostructure-coupled photosystem enabling cooperation of CO_2 reduction and H_2O oxidation[J]. Nature Communications, 2020, 11 (1): 3043.

[33] Choe H, Kim S Y, Zhao S, et al. Surface structures of Fe-TiO_2 photocatalysts for NO oxidation[J]. ACS Applied Materials & Interfaces, 2022, 14 (20): 24028-24038.

[34] Suzuki T T, Adachi Y, Ohgaki T, et al. He^+ LEIS analysis combined with pulsed jet technique of ethanol sensing by a ZnO surface[J]. Applied Surface Science, 2021, 538: 148102.

[35] Gerhold S, Riva M, Wang Z, et al. Nickel-oxide-modified $SrTiO_3$(110)-(4×1) surfaces and their interaction with water[J]. The Journal of Physical Chemistry C, 2015, 119 (35): 20481-20487.

[36] Wang Y, Qin R, Wang Y, et al. Chemoselective hydrogenation of nitroaromatics at the nanoscale iron(III)-OH-platinum interface[J]. Angewandte Chemie International Edition, 2020, 59 (31): 12736-12740.

[37] Zhu M, Tian P, Kurtz R, et al. Strong metal-support interactions between copper and iron oxide during the high-temperature water-gas shift reaction[J]. Angewandte Chemie International Edition, 2019, 58 (27): 9083-9087.

[38] Mirabella F, Müllner M, Touzalin T, et al. Ni-modified Fe_3O_4(001) surface as a simple model system for understanding the oxygen evolution reaction[J]. Electrochimica Acta, 2021, 389: 138638.

[39] Han B, Guo Y, Huang Y, et al. Strong metal-support interactions between Pt single atoms and TiO_2[J]. Angewandte Chemie International Edition, 2020, 59 (29): 11824-11829.

[40] Gu X K, Carneiro J S A, Samira S, et al. Efficient oxygen electrocatalysis by nanostructured mixed-metal oxides[J]. Journal of the American Chemical Society, 2018, 140 (26): 8128-8137.

第 11 章 电子能量损失谱

11.1 概　　述

电子能量损失谱（EELS）技术的研究起源可追溯至 1929 年，当时 Rudberg 首次展示了使用特定能量的电子束对金属样品进行照射，并接收非弹性散射（即有能量损失的）电子的方法。他发现，电子的能量损失与样品的化学成分密切相关，这种能量损失的特定位置可以揭示材料的元素组成。这一发现为利用电子与物质的相互作用来分析材料的元素成分奠定了基础。

自 1965 年以来，随着表面科学的迅速发展，电子能量损失谱学也得到了显著的理论和实验进展。特别是高分辨电子能量损失谱（HREELS）在过去的几十年中迅速发展，这得益于高度单色化的低能电子（几到几十电子伏特）作为入射粒子。在固体表面的镜面反射方向或其附近，通过测量非弹性散射电子的能量分布，可以详细探究固体表面的电子动力学。

随着仪器技术的不断革新和精细化，现代 HREELS 谱仪不仅保持了高表面探测灵敏度，而且实现了小于 1meV 的能量分辨率。这一突破使得能够在原位条件下有效研究发生在表面的各种电子跃迁和元激发过程。HREELS 的应用前景非常广泛，特别是在识别表面吸附的原子和分子的结构及化学特性方面显示出其独特的价值。

综上所述，EELS 作为一种分析技术，不仅为材料科学提供了深入洞察材料内部结构和化学组成的能力，还在表面科学、催化研究和纳米技术等领域中发挥着重要作用，推动了这些学科的科学和技术进步。

11.2　电子能量损失谱的定义及特点

11.2.1　电子能量损失谱的定义

EELS 是一种先进的分析技术，通过高能电子束与材料的相互作用来探索物质的内在属性。当高能电子束入射到样品时，会发生两种主要的交互作用。首先，部分电子可能不与样品发生显著的散射，或者仅与原子核进行弹性散射，这类散射不引起电子能量的变化。其次，另一部分电子则通过多种非弹性散射过程，如声子激发、带间跃迁、导带电子的集体振荡（等离子体激元）以及内层电子的电离，从而发生能量损失。

电子能量损失谱学主要关注这些非弹性散射事件所引起的能量损失过程，而不包括原子从激发态回到基态时可能发生的过程。通过测量这些非弹性散射过程中的能量损失，

EELS 能够提供关于材料的详尽物理和化学信息。这包括但不限于原子核电子的电离、价带电子的激发和电子的集体振荡。

在 EELS 分析中，具有特定特征能量损失的峰值特别重要，因为这些峰值携带了有关材料体内性质及其表面特性的丰富信息。这些信息来源于电子在材料内部及其表面发生的非弹性散射事件，这些事件通常表现为电子能量损失现象，为科学家提供了一种强有力的工具来探索材料的复杂性和功能性。通过 EELS，研究人员能够在原子层级上洞察材料结构，进而推动材料科学、纳米技术以及相关领域的发展。

11.2.2 电子能量损失谱的特点

EELS 是一种强大的表面分析工具，能够在极微小的空间范围内进行精确的成分分析。具体来说，EELS 能够在横向分辨率达到 10nm、深度分辨率在 0.5~2nm 之间的区域进行详细的成分探测。这种高分辨率的分析能力使得 EELS 在微区分析方面具有优势，超越了 X 射线光电子能谱（XPS）的能力。

与 XPS 相比，EELS 不仅可以实现更细小区域的成分分析，还能提供关于样品表面及其近表面区域的更为深入的信息。此外，EELS 与俄歇电子能谱（AES）相比，展现了更高的表面敏感性和灵敏度。AES 虽然同样是一种表面分析技术，但 EELS 在识别表面吸附的原子和分子的结构及化学特性方面更为有效。

更为重要的是，EELS 能够区分和分析表面吸附的原子和分子的结构和化学价态，这一能力使其成为表面物理和化学研究领域的一种极为有用的手段。EELS 的这些特性使其在探索材料的表面性质、表面反应机制及界面现象中扮演了关键角色。通过 EELS，科学家能够更加深入地理解材料表面的复杂性，推动新材料的开发和表面处理技术的进步。

11.3 电子能量损失谱的原理

11.3.1 入射电子与试样相互作用过程

如图 11-1 所示，当高能电子束与试样相互作用时，涉及一系列复杂的物理过程，这些过程对理解材料的微观结构和化学特性至关重要。入射电子与试样相互作用过程的主要环节包括以下几个。

（1）弹性散射过程：在这一阶段，入射电子与试样原子核的相互作用导致电子的方向改变，但不伴随能量的转移。这种散射对于揭示样品的晶体结构和形态特征非常重要。

（2）电子气的激发过程：这包括电子在物质内部和表面的集体振动，主要分为两类：①体等离子体：涉及材料内部自由电子的集体振动，可

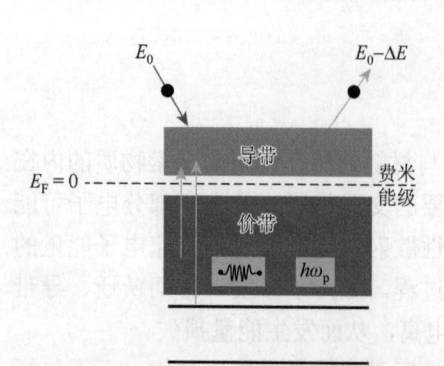

图 11-1 入射电子与试样的相互作用过程

以提供关于材料电子性质的信息。②表面等离子体：涉及材料表面电子的集体振动，对于分析表面电子结构和表面特性极为重要。

（3）特征激发损失：这部分反映了电子与原子间更深层次的相互作用，包括：①价电子激发：涉及价带电子被激发到更高能级或导带的过程，这对于理解材料的电子性质和化学反应机制具有指导意义。②内层电子激发：涉及内层电子（如 K 层或 L 层电子）被激发到更高能级的过程，这类信息对于化学分析和材料成分鉴定尤为重要。

（4）非弹性损失：包括多次能量损失和热损失等，这些损失涉及电子在穿越材料时的连续能量散失，这对于评估材料的热性能和电子能量分布具有重要意义。

（5）声子激发：涉及与材料晶格或吸附在表面的分子相关的声子（晶格振动）的激发。这种相互作用对于研究材料的热特性和动力学行为，以及探测表面吸附现象非常关键。

这些相互作用过程不仅为科学家提供了一种强大的工具来分析和理解材料的内在属性，还对发展先进材料和探索新的物理现象打开了新的视角。通过细致的分析，电子能量损失谱学成为材料科学、纳米技术和表面化学领域中不可或缺的分析技术。

11.3.2 电子能量损失过程

在电子能量损失谱（EELS）分析中，非弹性散射过程中的电子能量损失为我们提供了有关固体及其表面的重要物理和化学信息。特别地，在 EELS 中，只有具有清晰分离的特征能量损失峰才能提供关于材料体内性质和表面性质的洞察，而广泛的峰或是谱线的平坦部分则主要反映二次电子发射，这通常不直接反映材料本身的特性。

电子损失的能量可以引起物体的多种激发，主要包括四种类型：①单电子激发：包括价电子激发和芯能级电子激发。这些激发对于理解材料的电子结构至关重要。价电子激发所产生的谱线可以揭示材料的电子带结构和电子态密度，这些是表面分析中极为有用的信息。而芯能级电子激发则提供了深入的原子级化学信息，其产生的能量损失谱线类似于 X 射线吸收谱线，能够显示出元素特有的电子结构和化学环境。②等离子体激元激发：涉及电子的集体振荡，可以是体等离子体激元或表面等离子体激元。这种激发提供了关于材料电子行为的宏观信息，对于研究材料的光电特性尤其重要。③声子激发：关联于晶格振动，包括固体内部的声子激发和可能吸附在表面上的分子振动。这种类型的信息对于理解材料的热特性和动态结构非常有帮助。④表面原子、分子振动激发：这类激发尤其关注表面吸附的分子或原子，能够揭示吸附过程中的化学和物理改变，对于研究催化过程和表面反应机制具有重要意义。

如图 11-2 所示，通过这些激发机制产生的谱线，EELS 不仅能够提供材料的详尽分析，还能够深入探讨其表面性质，使得 EELS 成为材料科学、表面化学以及纳米技术等领域中不可或缺的分析工具。这种能力使 EELS 在新材料的开发和表面处理技术的优化中发挥了至关重要的作用。

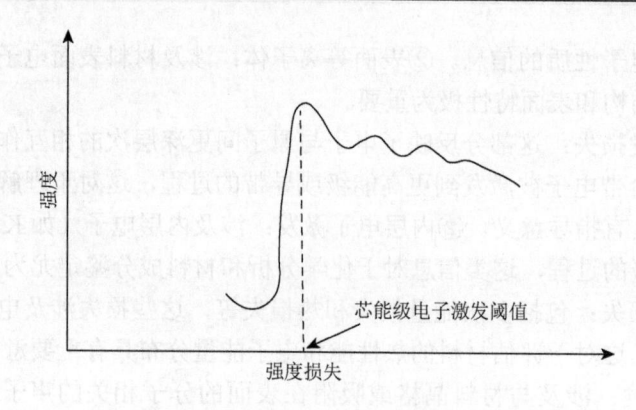

图 11-2　芯能级电子激发能量损失谱

芯能级电子激发机制产生的谱线可以提供关于材料元素组成、化学价态以及表面排列状况的详尽信息。EELS 的特点可以从以下几个方面体现。

（1）谱线的"边缘"：谱线的"边缘"或起始点表示芯能级电子激发的阈值能量。这一特征极为重要，因为它直接反映了样品中特定元素的存在，是进行元素鉴定的关键依据。

（2）谱线"边缘"的位移：谱线"边缘"的位移可以揭示材料中元素的化学价态变化。例如，氧化或还原状态的改变通常会导致能量阈值的显著位移，这对于理解材料的化学性质及其相互作用至关重要。

（3）靠近谱线"边缘"的精细结构：谱线"边缘"附近的精细结构不仅能够进一步提供关于元素化学价态的信息，还能揭示出表面原子的排列状况。这种精细结构对于理解材料表面的电子环境和相互作用机制极具价值。

对于价电子激发，通常观察到的能量损失范围为 0～50eV，而芯能级电子激发通常需要高达 20eV 的能量损失。在这种情况下，仪器的能量分辨率若达到 1eV 就足以提供清晰的数据。

在大多数表面分析应用中，所使用的初级电子能量通常小于 10keV。在这样的条件下，芯能级电子激发产生的能量损失峰相对较弱，通常远小于俄歇电子能谱（AES）信号的强度。这需要分析人员对谱图进行精确的解读，以确保从微弱的信号中提取出有价值的信息。

综上所述，EELS 作为一种先进的表面分析技术，以其能够提供关于材料内部和表面属性的深入见解，特别是在探测精细化学和电子结构变化方面，展现出独特的优势。这使得 EELS 在材料科学、纳米技术以及表面化学研究中发挥着不可替代的作用。

EELS 提供了一种精细的方法来探测材料的电子结构和表面特性。在 EELS 中，由于激发等离子体激元产生的电子能量损失对于金属材料来说通常在 15eV 左右，而激发表面等离子体激元时的能量损失则大约为 10eV。这种损失通常对表面氧化物显示出特别的敏感性，使其成为分析这类材料的有力工具。

此外，由于声子激发以及表面原子和分子振动而产生的电子能量损失相对较小，通常在 0～500meV 范围内，这就要求能量分析器具备至少 10meV 的分辨率。这种高分辨率的需求导致了低能电子能量损失谱（LEELS）或高分辨电子能量损失谱（HREELS）的发展。这些技术特别适用于分析材料表面近几层原子的性质。

当低能电子束与材料表面接近或离开时，它们与晶体表面的振动模式发生相互作用。这不仅可能涉及声子激发，还可能触发其他类型的元激发。从被反射的电子中可以得到关于固体表面结构的重要信息，如分子振动谱、振动实体的动力学性质，以及振动谱的选择定则。此外，表面吸附分子的振动模式还能提供关于被吸附分子与基底之间化学键性质的洞察。

近年来，对清洁表面和吸附表面的物理和化学性质的研究显示出高度的活跃性。这些研究不仅增进了对表面吸附物质的运动和几何结构的理解，也推动了对催化和腐蚀过程的深入研究。这些应用的扩展进一步促进了对低能电子能量损失谱技术的深入研究，使其从最初仅在少数实验室使用，发展成为许多表面科学实验室的常用研究手段。这标志着电子能量损失谱在表面科学领域的重要地位，它为理解材料的表面反应提供了一个强有力的工具。

11.4 电子能量损失谱的工作原理

电子能量损失谱（EELS）是一种分析材料组成和性质的精细技术，基于入射电子束与样品表面的相互作用原理。当高能电子束照射到试样表面时，发生的过程主要可以分为两类：弹性散射和非弹性散射。

（1）弹性散射：在这种散射过程中，入射电子与样品原子核相互作用后反弹，但其能量保持不变。这些电子提供了有关材料表面结构的信息，这是因为它们的散射角度可以反映出原子核的位置。

（2）非弹性散射：相比之下，非弹性散射涉及入射电子与样品电子的相互作用，导致入射电子能量的损失。这些损失的能量依赖于样品的电子结构，包括价电子和内层电子的激发。非弹性散射电子中的一部分是俄歇电子，它们具有特定的能量，这些能量与材料的元素类型直接相关。

通过对这些非弹性散射电子的能量分布进行检测和分析，可以生成一系列的能量损失谱峰。这些谱峰不仅包括与元素种类直接相关的俄歇电子，还包括其他由材料特有的电子结构引起的特征能量损失电子。这些特征能量损失电子的存在不仅与物质的元素有关，还与入射电子的能量相关，提供了更深入的材料化学价态和电子环境的信息。

利用这种 EELS 分析技术，科学家可以详细地探测和分析材料的元素组成、化学价态以及电子结构。这使得 EELS 成为探索材料科学、纳米技术以及表面和界面科学等领域中的一个强大工具。通过综合利用弹性与非弹性散射数据，EELS 为材料的微观结构和性能研究提供了深入洞察。

11.5 非弹性散射理论简介

非弹性散射理论为低能电子能量损失谱（LEELS）的解释提供了坚实的理论基础。

这一理论关注描述入射电子与目标材料相互作用时，电子能量的损失机制，特别是在较低能量范围内的动力学过程。

在非弹性散射过程中，入射电子在与样品相互作用时不仅可能改变自身的动能，还能激发或电离样品的电子，从而导致能量的转移。这些转移的能量可以用于激发样品的价电子、内层电子，或者引起其他低能量激发，如声子激发或等离子体激元振荡等。

低能电子能量损失谱特别关注那些能量损失较小（通常小于 50eV）的非弹性散射事件。这些事件通常涉及更细微的物质内部过程，如电子跃迁和振动模式的激发，这些都是探测材料的电子结构和表面性质的重要手段。通过精确测量和分析这些低能量的非弹性散射事件，科学家可以获得关于材料表面和近表面区域电子状态的深入洞察。

非弹性散射理论不仅有助于解释电子如何与材料发生相互作用，还揭示了这些相互作用如何影响材料的电子特性。通过这种理论，研究人员能够更好地理解和预测材料在不同条件下的行为，从而在材料科学、纳米技术、表面化学等领域中找到其应用。因此，非弹性散射理论不仅是理解电子能量损失谱的关键，也是推动这些领域发展的理论基石。

11.5.1 电子能量损失谱的基本公式

如果入射电子从具有两维周期性晶格结构的表面散射回来时经历了一个非弹性散射过程，它将损失部分能量，这时根据能量守恒和动量守恒定律有

$$E^s(k^s) = E_0(k) - h\omega \quad \text{（能量守恒）} \tag{11-1}$$

$$k_1^s = k_1 - q_{//} \pm G_{//} \quad \text{（动量守恒）} \tag{11-2}$$

$$E_0(k) = \frac{h|k_0|}{2m_0} \tag{11-3}$$

式中，E_0 为入射电子能量；E^s 为动量为 hk 的反射电子能量；$h\omega$ 为电子所损失的能量，即电子传递给固体的能量，所以式（11-1）代表能量守恒。与低能电子衍射的情况一样，如果认为散射过程只发生在表面，即电子只穿透一、二层原子，那么只需要考虑平行于表面的动量的守恒，从而导出式（11-2）。其中，$G_{//}$ 为表面单位网格倒格基矢；$q_{//}$ 为入射电子和固体表面的动量转换。在弹性散射情况下 $q_{//} = 0$，式（11-2）就变成了低能电子衍射中产生极大值条件。式（11-1）和式（11-2）就是解释电子能量损失谱的基本公式。

11.5.2 经典的介电理论

经典的介电理论是在电子能量损失谱分析中处理电子与材料相互作用的重要方法之一。这种理论利用介电常数——一个宏观的平均量来描述材料对电磁波的响应，从而提供了一种强大的框架来解释和预测材料内部和表面的电子行为。在经典的介电理论中，材料的电子结构被认为是连续的介电媒质。入射电子激发的相互作用可以通过分析材料的介电函数来理解。介电函数不仅反映了材料对电磁场的响应能力，还可以表征材料内

部的电子动态。通过这种方法，电子能量损失谱中观察到的各种元激发现象，如单电子激发、等离子体激元激发及声子激发等，都可以在一个统一的理论框架下进行描述。

具体来说，入射电子的库仑势会与固体中的电子气的长程偶极矩电场发生相互作用，从而导致能量的损失。这种能量损失反映了介电媒体对入射电子能量的吸收和散射能力，因此介电函数的实部和虚部分别描述了介电媒体的散射和吸收特性。通过计算介电函数，可以预测和解释固体中电子的非弹性散射行为，进而分析材料的电子结构、化学组成及物理性质。这种理论方法不仅适用于固体材料，也适用于表面和界面的分析，使其成为理解和探索材料科学中电子行为的关键工具。

这时的介电常数是一个复数，可表示为

$$E(q,\omega) = \varepsilon_1(q,\omega) + i\varepsilon_2(q,\omega) \tag{11-4}$$

式中，入射电子的动量转换 q 和振荡频率 ω 代表了固体的内在性质。在体内，电子的库仑场的幅度被屏蔽而缩小至 $1/\varepsilon$，强度则被屏蔽了 $1/\varepsilon^2$。当电子通过介质时，电子运动受到阻碍，电子的能量衰减正比于场强 ε_2，是介电常数的虚部，如式（11-5）所示，所以电子能量损失为

$$W_b(q,\omega) \propto \frac{\varepsilon_2}{|\varepsilon|^2} = -\mathrm{Im}\frac{1}{\varepsilon} = \frac{\varepsilon_2}{\varepsilon_1^2 + \varepsilon_2^3} \tag{11-5}$$

当电子从介质表面朝真空方向反射时，由于极化作用，电子的库仑场的幅度被屏蔽了 $1/(\varepsilon+1)$ 而不是 $1/\varepsilon$，所以这时的能量损失为

$$W_s(q,\varepsilon) \propto \frac{\varepsilon_2}{|\varepsilon+1|^2} = -\mathrm{Im}\frac{1}{\varepsilon+1} = \frac{\varepsilon_2}{(\varepsilon_1+1)^2 + \varepsilon_3^2} \tag{11-6}$$

$-\mathrm{Im}\left(\dfrac{1}{\varepsilon}\right)$ 和 $-\mathrm{Im}\left(\dfrac{1}{\varepsilon+1}\right)$ 分别称为体内和表面的损失函数，根据所研究的晶体的光学数据如折射率和吸收系数等可以建立损失函数。许多低能电子能量损失谱实验都与这个理论符合得较好。

体等离子体能量损失计算公式为

$$\Delta E_b = \hbar(ne^2/m\varepsilon_0)^{1/2} \tag{11-7}$$

表面等离子体能量损失计算公式为

$$\Delta E_s = \hbar(ne^2/2m\varepsilon_0)^{1/2} \tag{11-8}$$

其中，n 为单位体积中价电子数：

$$n = \frac{aN_A\rho}{z} \tag{11-9}$$

式中，m 和 e 分别为电子质量和电荷；ε_0 为真空介电常数；$\hbar$ 为普朗克常量；n 为金属的价电子数；N_A 为阿伏伽德罗常数；ρ 为金属密度；z 为金属的原子质量。

体等离子体振荡具有特征频率，正比于价电子数 n 的平方根。因此，合金化引起的价电子数 n 变化，将导致体等离子体峰发生位移（即等离子体能量的变化），可利用这一

特点来测定合金的成分。随着氧化过程的进行，材料表面的介电常数将改变，表面等离子体能量损失峰发生位移，由此可以判定表面上的氧化组分变化情况。

11.5.3 量子力学的介电理论

1972 年以后，Evans 和 Mills 等提出了微观介电理论的量子力学处理方法。这种方法将任何一种元激发包括在薛定鄂方程中的光学势内，如果假定 $h=1$，这时的薛定鄂方程为

$$\left[-\frac{V^2}{2m}+V_0(x)-e\varphi(x,t)\right]\psi(x,t)=\mathrm{i}\frac{\partial\psi}{\partial t}(x,t) \tag{11-10}$$

式中，V 为势能；m 为粒子质量；ψ 为波函数；t 为时间；$V_0(x)$、$\varphi(x,t)$ 分别为电子在晶体内遇到的光学势和在晶体外遇到的静电位。用傅里叶函数将式（11-10）展开并转换成积分方程，然后引入满足一定边界条件的格林函数便可用迭代法求解上述薛定谔方程。在一级 Born 近似条件下，忽略穿入固体内的电子的散射，仅在真空区域积分求解，就可以得到关于散射截面的公式：

$$\frac{\mathrm{d}^2 s}{\mathrm{d}\omega\mathrm{d}\Omega}=\frac{me^2 v_\perp}{2\pi\cos\theta_\mathrm{i}}\frac{K_\mathrm{s}}{K_\mathrm{i}}\frac{\left[v_\perp q_{//}(R_\mathrm{s}+R_\mathrm{i})+\mathrm{i}(R_\mathrm{s}-R_\mathrm{i})(\omega-v_{//}q_{//})\right]^2}{q_{//}^2\left[v_\perp^2 q_{//}^2+(\omega-v_{//}q_{//})^2\right]^2}\times P(\omega,q_{//}) \tag{11-11}$$

式中，$P(\omega,q_{//})$ 描述晶体内部电荷密度涨落对晶体外的影响，表征晶体材料性质的参量如声子、等离子体和单电子激发等都包括在其内；s 为散射因子；Ω 为反射电子束的立体角；θ_i 为入射角；$v_\perp$ 和 $v_{//}$ 分别为电子速度垂直和平行于表面的分量；R_i 和 R_s 分别为损失能量前后的反射系数。由于式（11-11）中 R_i 和 R_s 均为复数，目前还无法从实验上同时决定它们的幅值和相比，所以很难直接应用这一公式。但是在多数情况下可以假定 $R_\mathrm{s}=R_\mathrm{i}$，这样式（11-11）变为

$$\frac{\mathrm{d}^2 s}{\mathrm{d}\hbar\omega\mathrm{d}\Omega}=\frac{2m^2 e^2 v_\perp^4}{\pi\hbar^5\cos\theta_\mathrm{i}}\left(\frac{K_\mathrm{s}}{K_\mathrm{i}}\right)\frac{|R_\mathrm{i}|^2 P(\omega,q_{//})}{\left[v_\perp^2 q_{//}^2+(\omega-v_{//}q_{//})^2\right]^2} \tag{11-12}$$

式中，$|R_\mathrm{i}|^2$ 为电流强度，所以右边诸量都可通过直接测量或由散射的几何结构来决定；但是对 $P(\omega,q_{//})$ 的决定须对样品表面的散射模型提供某种假设。式（11-12）是小角度电子散射的一般公式。

11.6 低能电子能量损失谱的实验装置

低能电子能量损失谱（LEELS）是一种精确的表面分析技术，其实验装置的设计至关重要，因为它直接影响到所获得数据的质量和解析度。如图 11-3 所示，LEELS 系统主要由三大核心部分组成：电子源、能量分析器及谱记录系统。①电子源：电子源的选择对能量宽化有重要影响，从而决定了系统的整体能量分辨率。通常，热发射电子源的能量宽化在 1~2eV 范围，而场发射电子源则提供更佳的单色性，能量宽化仅为 0.3eV。场

发射源因较低的能量扩展，被广泛用于要求高分辨率的应用中。②能量分析器：能量分析器的性能是测量非弹性散射电子能量损失的关键。该装置需具备极高的能量分辨能力，通常要求分辨率低于 10meV，以确保能精确测量非常微小的能量变化。此外，分析器的色散度也对整体性能有显著影响，高色散度有助于实现更精细的能量分辨。③谱记录系统：这一部分负责记录和处理通过能量分析器传递的数据，对实验结果的精确性和可靠性起着决定性作用。

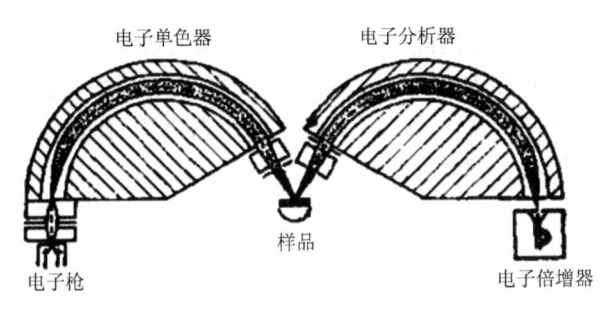

图 11-3 电子能量损失谱仪的构造图

此外，考虑到低能电子能量损失谱的特点，实验装置还需满足以下几个技术要求：①初级电子能量非常低（3~10eV）。这有助于减少样品的损坏并提高表面敏感性。②损失的能量非常小（小于 500meV）。这要求能量分析器必须具有极高的分辨率来区分微小的能量差异。③对角度非常敏感。角分辨能力需小于 1.5°，以确保能精确分析散射电子的方向性，这对于解析表面结构和动态特性至关重要。

因此，对阴极、电子光学系统和能量分析器的设计必须考虑到这些特殊要求，以确保能够获得高质量的实验数据。每一部分的设计和优化都是为了增强整个系统的性能，从而能够提供关于材料表面及其电子性质的深入洞察。

11.7 高分辨电子能量损失谱和表面振动研究

11.7.1 晶体清洁表面的声子能量损失谱

LEELS 是研究晶体清洁表面上原子声子振动的一种非常有效的技术。传统上，研究表面声子振动的方法主要依赖于红外吸收光谱，但这种方法在测量较低波数（$1\times 10^{-3}cm^{-1}$）的声子振动时遇到了技术限制。相比之下，利用 LEELS 可以大大扩展测量范围，特别是在探测波数更小的声子振动方面。

在实验中，低能的单色电子束被用来照射晶体的清洁表面。这些电子与表面原子相互作用时会激发出原子的振动量子，从而产生能量损失。这种能量损失反映了表面原子的振动特性，为分析声子模式提供了直接的实验依据。

进行这种实验的关键在于使用高分辨率的电子能量损失谱仪，这种设备通常在较高真空条件下运行以减少环境干扰。这种谱仪的特点包括：①低能电子入射。使用低能电子能减少对样品的潜在损害,并增强表面敏感性。②极高的单色性。能量弥散仅为7meV,这确保了对细微能量变化的高敏感度。③极高的分辨率。绝对分辨率不低于7meV,使得能够精确分辨细微的声子激发峰。

利用 LEELS 技术研究声子能量损失已经在科学界获得验证,并展示了其在分析晶体表面振动性质方面的独特优势。这种技术不仅可以揭示表面声子的详细信息,还可以帮助科学家更好地理解固体表面的动力学行为,从而在材料科学、表面化学及相关领域中发挥重要作用。

在 1970 年,Ibach 通过使用高分辨率的能量分析器进行了开创性的实验,首次从解理的 ZnO(100)表面获得了 LEELS,这一重要成就在图 11-4 中被详细记录。通过这项技术,Ibach 能够清晰地观察到两个激发态声子和一个吸收态声子的谱峰,这些峰值在能量上的细微差异反映了声子的动力学特性。

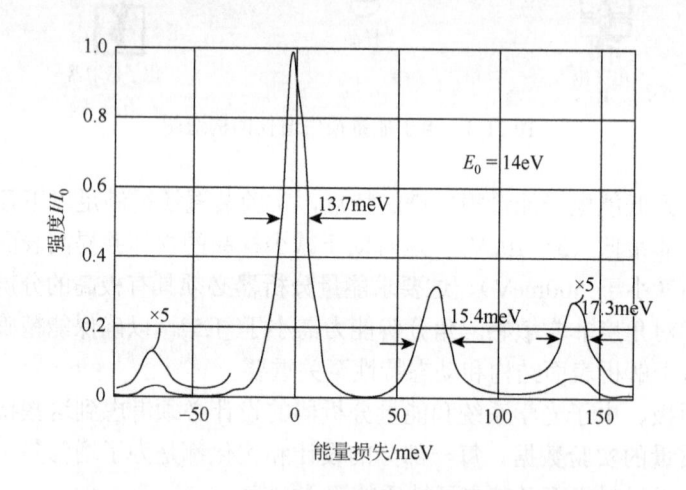

图 11-4　低能电子从 ZnO(100)镜向反射时的能量损失谱

入射电子能量为14eV,入射角为45°

如图 11-4 所示,这些谱峰之间的能量差为 68.8~0.5meV,与理论计算的 69meV 非常接近,这不仅验证了实验方法的准确性,也证明了理论模型的有效性。这一结果标志着 LEELS 在分析表面声子特性方面的强大能力,为后续研究提供了一个坚实的基础。

从 Si(111)解理面得到的 LEELS(图 11-5)提供了有关表面声子动力学的有力证据,展示了实验数据与理论计算结果的高度一致性。这种一致性不仅验证了使用 LEELS 技术的准确性,还深化了我们对硅表面物理性质的理解。

如图 11-5 所示,可观察到中心弹性散射峰两侧±56meV 处各有一个明显的谱峰。这两个峰分别代表不同的物理过程:①左侧的增益峰。这个峰表示电子束得到了能量,这种能量增益来源于与放出能量的声子的相互作用。这表明在这一过程中,声子的能量被电子吸收,导致电子能量的增加。②右侧的损失峰。与之相对,这个峰表示电子激发声子后发生了能量损失。这种损失是因为电子在与表面声子相互作用时给声子转移了部分能量。

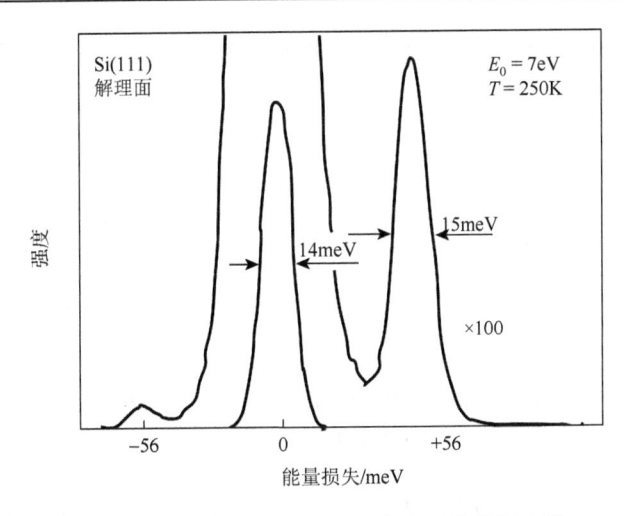

图 11-5 清洁的 Si(111)解理面的电子能量损失谱

入射电子能量 $E_0 = 7\text{eV}$

通过比较这两个峰的强度，可以清楚地看到，得到能量的电子数目显著少于失去能量的电子数目。这种差异揭示了能量转移过程中的不对称性，是表面声子动力学研究中的一个重要现象。此外，研究还表明，Si(111)面上的光学声子与表面的 2×1 重构紧密相关。这一发现为理解硅表面的电子结构和声子行为之间的复杂相互作用提供了重要视角。表面重构改变了原子的排列方式，从而影响了表面声子的性质和电子-声子相互作用的动态，这对于硅基电子和光电器件的表面工程至关重要。

总之，这项研究不仅强调了 LEELS 在探索半导体表面声子性质方面的重要作用，还突出了理论模型与实验观测之间的一致性，为未来在类似系统中的声子研究提供了坚实的基础。

11.7.2 吸附表面的声子能量损失谱

LEELS 是探索吸附在清洁晶体表面上的气体分子振动特性的一种极其有效的方法。与传统的红外光谱相比，LEELS 能够提供更多更直接的信息，特别是在观察较低的振动频率和更宽的谱线范围方面具有显著优势。具体而言，LEELS 能探测到小于 100meV（或相当于 1000cm^{-1} 波数）的振动频率，这超出了红外吸收光谱的常规测量范围。

LEELS 与其他表面分析技术如红外吸收光谱、拉曼光谱、扫描隧道谱和非弹性散射低能原子束技术一起，构成了研究表面振动谱的一整套方法。这些技术的结合为实验研究者提供了广阔的研究前景，特别是在研究表面化学和物理性质方面。

如图 11-6 所示，对于入射电子与固体表面上振动的原子或分子的相互作用的定性描述，可以考虑如下情形：在一个平滑而清洁的晶体表面上，表面处的对称性被破坏后，元胞内的电荷分布形成了一个静电偶极子 p_0。如果有分子吸附在这个元胞内，静电偶极子则变为 p。假设吸附分子在垂直方向上有一个振动频率 ω_0，偶极子随之调制，变成 $p + p\exp(-\mathrm{i}\omega_0 t)$。这样，偶极子的振荡分量就在晶体上方的真空中建立起一个振荡电场。这些振荡电场会引起入射电子的非弹性散射，从而在电子的反射方向上产生非弹性散射峰。

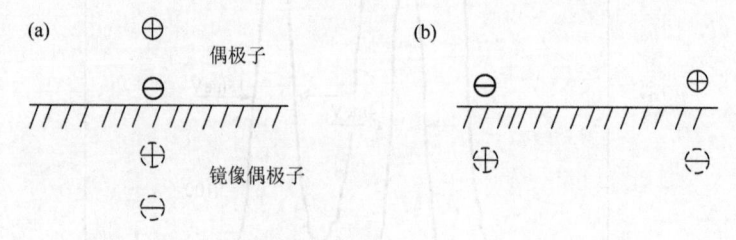

图 11-6 靠近表面的偶极子及其镜像偶极子：(a) 偶极子垂直于表面的情况；(b) 偶极子平行于表面的情况

这种振动诱导的非弹性散射提供了关于表面吸附分子动力学性质的重要信息，对理解表面吸附现象、催化反应以及表面改性过程具有重要的科学价值。通过精确测量这些散射峰的能量和分布，科学家可以深入解析吸附分子的振动模式和与基底的相互作用，进一步推动材料科学和表面化学的发展。

在分析吸附类型及其相应的振动谱线时，低能电子能量损失谱（LEELS）提供了一个独特的视角，帮助我们洞察被吸附原子与基底原子之间的相互作用及其振动特性。如图 11-7 所示，可以观察到不同吸附模式下的振动谱线，具体如下。

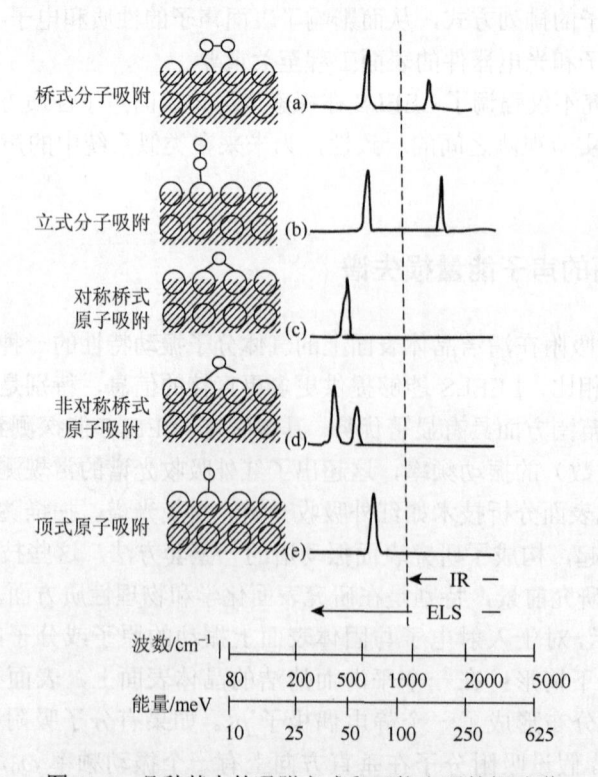

图 11-7 几种基本的吸附方式和可能出现的振动谱

（1）桥式分子吸附：在这种配置中，显示了两种振动模式：一个是由单个原子垂直于表面的振动产生的低频峰，以及一个由两个原子间的拉伸振动产生的高频峰。这些振动模式与表面结合键的倾斜有关，使得振动也具有垂直于表面的分量。

（2）立式分子吸附：在这种情况下，出现了两个损失峰。低频损失峰由整个分子相对于基底的振动产生，整个分子的总质量较大，且与基底表面的耦合相对较弱，导致频率较低。高频损失峰则与分子的拉伸振动相关。

（3）双键结合的对称桥式原子吸附：在此模式下，只观察到一种振动模式，产生一个垂直振动分量的损失峰。

（4）非对称桥式原子吸附：与图 11-7（c）不同，吸附原子不处于表面两原子之间的对称位置，从而产生第二个垂直振动分量，对应两个损失峰。

（5）顶式原子吸附：在这种配置下，通常只能得到一个损失峰，这反映了顶式吸附模式下较为简单的振动动力学。

通过这些观察，LEELS 不仅能揭示吸附原子的微观结构，即原子是以孤立形式存在还是作为分子结构的一部分，还可以提供关于结合能的重要信息，并促进对联合吸附效应的深入研究。这些理论和实验结果对于理解表面化学反应、催化剂设计和表面工程具有重要意义，进一步展示了 LEELS 在表面科学领域的巨大应用潜力。图 11-8 是 O_2 在 Si(111) 表面上吸附的能量损失谱。

在图 11-8 展示的谱线揭示了吸附覆盖度对表面声子振动能量损失谱的显著影响。在低覆盖度条件下，观察到的表面声子振动能量损失峰值较高，主峰位于 56meV。然而，随着覆盖度增加至 $\theta \approx 0.2$，谱图中出现了两个新的损失峰，分别位于 90meV 和 125meV。这些新增峰值被认为是由局部化的氧吸附态所引起的特定振动贡献。

随着覆盖度进一步增加到 $\theta = 0.6$，原始的表面声子能谱峰（56meV）完全消失，而两个附加峰则分别移动到 94meV 和 130meV，并且在 175meV 处观察到新的峰鼓起。这些变化表明吸附层结构的显著调整，以及与表面振动模式相关的动力学特性的改变。

为了解释这些复杂的谱线变化，需要构建一个能够描述这种现象的吸附模型。既有的五种模型无法完全解释出现三个垂直振动峰的情况，因此，研究者提出了基于这些模型的新结构。图 11-9 展示的三种新模型均考虑了吸附层中两个氧原子的相互作用，这些原子通过准分子延伸振动产生 175meV 处的谱峰，而较小的峰值表明氧原子间存在强烈的耦合作用。

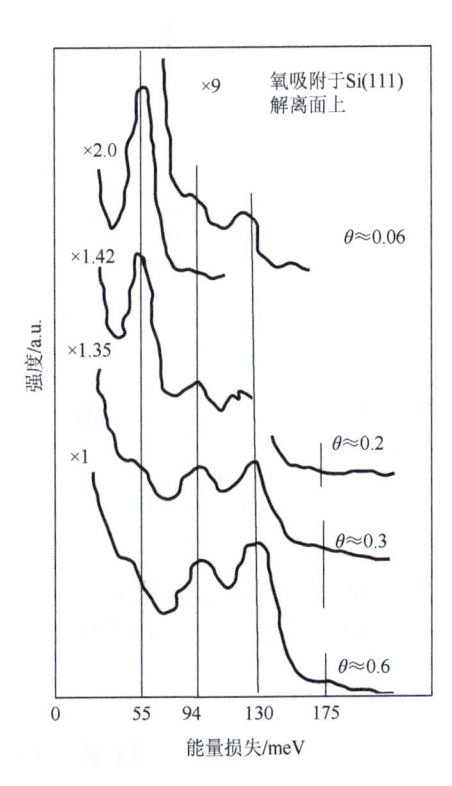

图 11-8 氧在 Si(111) 表面上的电子能量损失谱

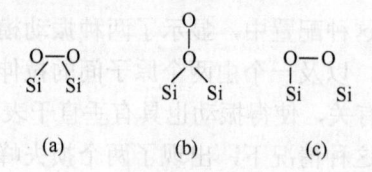

图 11-9 氧在 Si(111) 表面上吸附

这些振动模型的提出和验证，不仅帮助科学家深入理解吸附层的微观结构和动力学行为，也为理解催化表面、传感器表面以及其他功能材料表面的物理化学性质提供了重要的理论和实验基础。通过这些模型的应用，可以更精确地预测和调控材料表面的反应活性和选择性，进一步推动相关科技领域的发展。

图 11-10 展示了一氧化碳（CO）和一氧化氮（NO）分子分别吸附在镍（Ni）表面[Ni(111)]时得到的 EELS。这些谱图不仅显示了两种气体分子的吸附特性，还揭示了它们与金属表面相互作用的具体方式。在这些 EELS 谱中，可以观察到两个明显的损失峰，这些峰分别代表了 CO 分子内部碳原子与氧原子之间的拉伸振动，以及 CO 分子与金属表面之间的拉伸振动。这些振动模式为我们提供了有关分子吸附位点的结构和对称性的直接信息。

具体来说，CO 分子在 Ni(111) 面上的吸附显示出其仅能以直立姿态稳定吸附在具有 C_{2v} 对称性的桥式位置。这种直立的吸附方式使得 CO 分子与金属表面之间的相互作用最大化，从而在 EELS 谱中产生了明显的振动特征峰。与此相对，NO 分子在 Ni(111) 面上的吸附虽然也发生在桥式位置，但与 CO 分子的吸附方式略有不同，NO 分子相对于表面采取了一个倾斜的方向。这种倾斜可能会影响分子与表面的相互作用强度和方式，导致 EELS 谱中观察到的振动特征与 CO 分子有所不同。

这些 EELS 数据不仅有助于我们理解气体分子在特定金属表面上的吸附动力学和能量转换过程，还对开发和优化催化剂材料、传感器技术及其他涉及气体吸附的应用领域提供了重要的科学基础。通过对这些谱峰的精确分析，科学家可以进一步设计和改进表面结构，以实现更高效的化学转换和更优的材料性能。

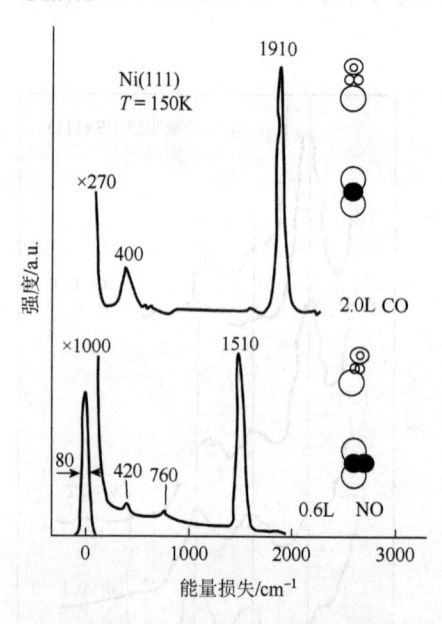

图 11-10 CO 和 NO 在 Ni(111) 上的电子能量损失谱及由此推得的吸附结构

11.8 电子能量损失谱的应用

电子能量损失谱（EELS）是一种高度灵敏和精确的分析技术，广泛应用于材料科学、表面化学和纳米技术等领域。此技术特别适合进行微区的分析和表面结构的鉴定,提供了关于原子和分子在固体表面的吸附和动态反应过程的深入洞察。EELS 的多功能性和高灵敏度使其在现代科学研究中具有不可替代的地位,特别是在材料表面和界面特性的研究中。此技术不仅能够提供宏观到微观层面的洞察,还能助力新材料的开发和表面处理技术的优化。具体体现在:①指纹鉴定。EELS 可以用于进行精确的指纹鉴定,包括氢和其他元素。通过比较样品的 EELS 与已知的红外吸收光谱,可以快速地鉴定出被分析原子或分子的特定特性。这种对比分析有助于精确识别化学物质的种类和状态,特别是在复杂混合物的分析中极为有效。②表面结构分析。与低能电子衍射(LEED)等技术相比,EELS 提供的是关于表面的微区和局部结构信息。它能揭示表面原子和分子的排列以及它们之间的相互作用,非常适合研究气体在固体表面的吸附。此外,由于 EELS 对样品的破坏性极小,因此特别适用于研究敏感或容易受损的样品。③灵敏度和分辨率。EELS 具有极高的灵敏度,能够分析小至少于 0.1%的单原子层级的吸附。这使得它成为分析极薄吸附层和化学反应过程中产生的中间体的理想工具。

EELS 尤其是在催化领域具有显著的应用:①催化反应研究。EELS 对于研究固体表面上的催化反应尤为重要,能够提供催化剂表面的详细信息,帮助科学家理解催化剂如何影响反应过程,并优化催化剂的性能。②金属表面的腐蚀分析。通过分析腐蚀过程中的化学和物理变化,EELS 有助于揭示金属表面腐蚀机制,为防腐技术的开发提供科学依据。③吸附物质的结构和动力学。EELS 可以分析吸附分子的电子跃迁、表面状态、结构对称性、键长以及表面化合物的性质,从而为理解吸附物质的行为和表面过程提供详细信息。

EELS 还可研究以下问题:①电子跃迁。通过分析吸附分子的电子能量损失,EELS 能够揭示分子内部的电子结构变化和电子跃迁过程。②表面态和薄膜镀层。EELS 有助于研究薄膜镀层的光学性质、界面状态以及原子间的键合情况,为材料的设计与优化提供关键信息。③振动谱分析。通过研究吸附分子的振动谱,可以了解分子的结构对称性、键长度和有序性,以及进行表面化合物的精确鉴别。④表面声子研究。EELS 还可以通过表面声子的研究来探讨表面键合状态和表面原子的弛豫过程。⑤光学性质与载流子分布。在金属和半导体材料研究中,EELS 能够揭示光学性质变化,以及空间电荷区中载流子的浓度分布和弛豫动力学。

综合来看,EELS 不仅提供了一种分析表面和界面物理化学性质的有力工具,也极大地促进了相关领域的科学研究和技术开发。这些应用使 EELS 成为现代材料科学和表面科学研究中不可或缺的分析技术之一。

11.8.1 吸附位的研究

从图 11-11 的数据分析可见,当覆盖度小于 1L 或等于 2L 时,吸附主要出现在桥位。而当覆盖度为其他数值时,观察到有顶位吸附的现象。这表明吸附位置的分布与覆盖度的大小密切相关,覆盖度的变化会影响吸附分子在表面上的分布模式。

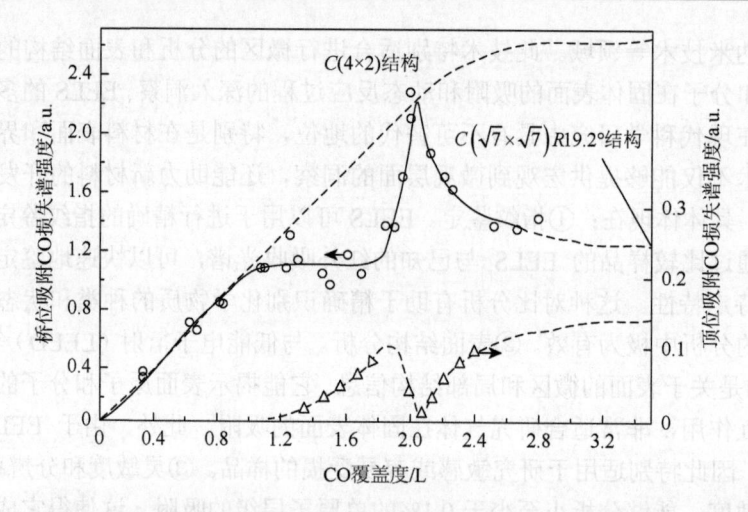

图 11-11　CO 在 Ni(111)上的两种吸附结构所对应的 CO 的 LEELS 谱线强度与 CO 覆盖度的关系

11.8.2　分析双原子分子在金属表面的分解反应

分析双原子分子在金属表面的分解反应是 LEELS 研究中的一个重要应用，尤其是在观察如 CO 这类分子在催化剂表面上的行为时。图 11-12 展示的是在 300K 下，钨[W(100)]表面暴露于 CO 气氛中得到的 LEELS 数据，这些数据以 CO 的吸附量作为参数，并显示了不同吸附量时的功函数改变量。

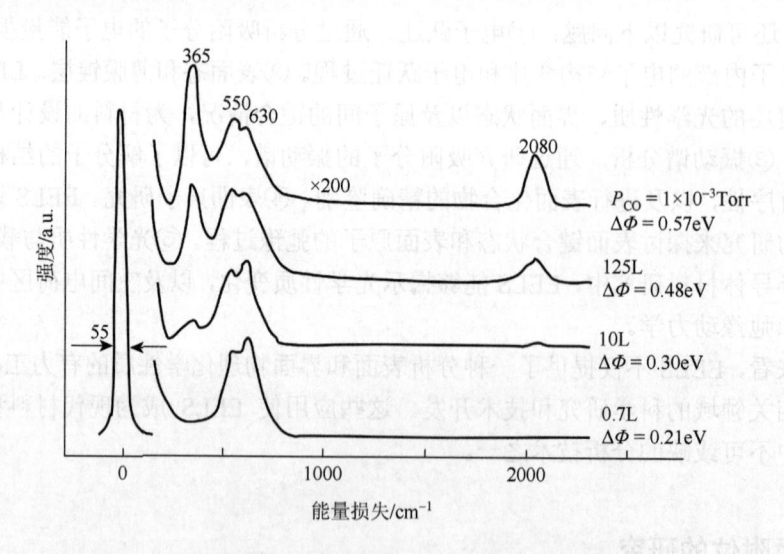

图 11-12　W(100)暴露于 CO 后的 LEELS 谱图（环境温度 300K）

在此实验中，钨表面先经过乙炔（C_2H_2）的分解处理，并在含氧气氛中进一步处理以分离并确定碳和氧的谱线，分别位于 550cm^{-1} 和 630cm^{-1}。此外，CO 在 W(100)表面吸附产生的特征谱线已知位于 2080cm^{-1}。从这些数据中可以观察到，当 CO 的吸附量小于

0.7Langmuirs（L）时，谱图主要显示碳和氧的吸附特征，而不显示 CO 分子完整吸附的谱线。这一观察结果表明，在吸附初期，CO 在 W(100)表面很可能发生了分解反应，即 CO 分解为单独的碳和氧原子。

当吸附量增加到超过 1L 时，CO 分子的特征谱线开始出现，这表明在较高覆盖度下，CO 分子能够在表面上更稳定地吸附而不立即分解。这种观察揭示了吸附过程中分子态与解离态之间的动态平衡，也突显了表面覆盖度对催化反应动力学的影响。

这些分析结果不仅对理解金属表面上的 CO 吸附和分解机制至关重要，也为开发基于钨的催化剂提供了重要的理论支持。此外，这种研究有助于优化工业催化过程中的条件，如在合成气转化和汽车尾气净化中的 CO 处理，通过精确控制表面覆盖度和反应条件来最大化催化效率和选择性。

11.8.3 甲醇分解研究

甲醇在催化剂表面的分解是催化化学和工业应用中一个重要的过程，尤其是在使用镍作为催化剂时。LEELS 为研究这一过程提供了深入的微观机制的洞察，揭示了温度对甲醇分解中间产物的影响。如图 11-13 所示，①150K 时的甲醇吸附：在 150K 时，甲醇吸附于 Ni(111)表面后的 LEELS 谱显示出属于 OH、CH_3 和 CO 的谱峰。这一结果表明，在较低的温度下，甲醇分解产生了这些特定的中间产物。OH 和 CH_3 的存在指示了甲醇分

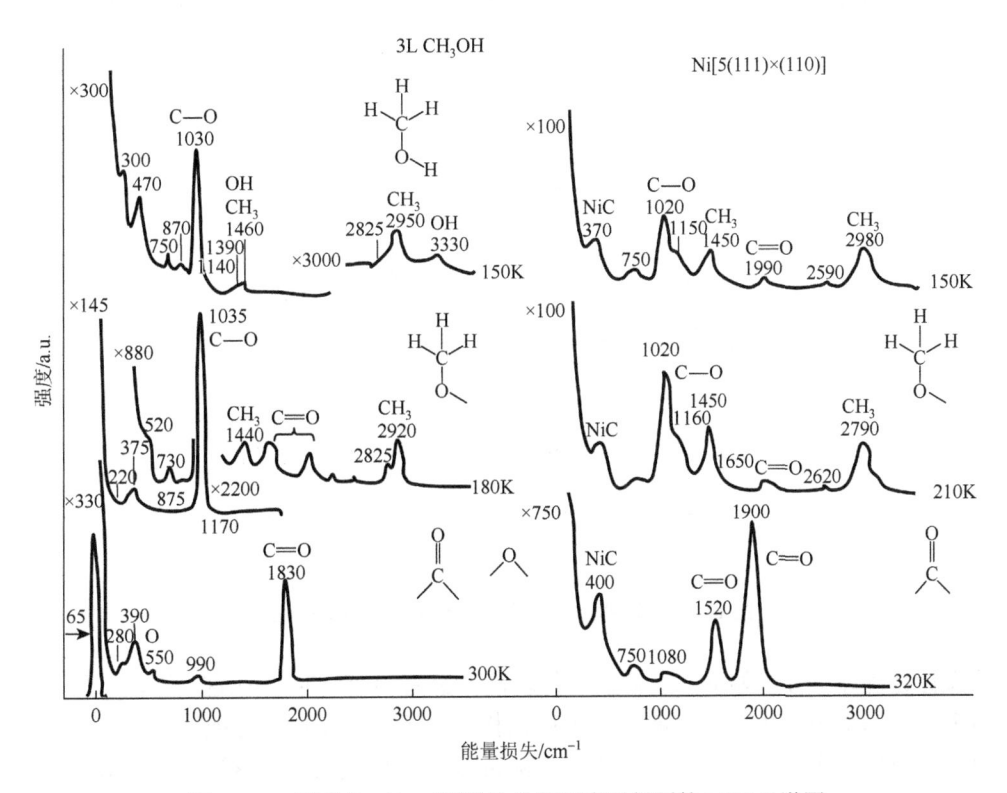

图 11-13 甲醇在 Ni(111)面发生分解反应后得到的 LEELS 谱图

子在镍表面的部分解离,而 CO 的谱峰则可能指向更复杂的分解路径或表面反应。②180K 时的变化:当样品温度升至 180K 后,观察到属于 OH 的谱峰消失,而 CH₃ 和 CO 的谱峰仍然存在。这一变化表明,随着温度的升高,甲醇分解进程中的 OH 组分已经进一步反应或解离,而 CH₃ 则表现出更高的稳定性。此时,CO 的存在可能并非由甲醇直接分解产生,而是由实验过程中的潜在污染引入。③300K 下的进一步分解:当温度继续升高至 300K 时,CH₃O 的进一步分解导致了新的 O 谱峰的出现。这一观察强调了在更高温度下 CH₃O 的不稳定性,以及其向更简单氧化物的转变。此时,CO 谱峰的持续存在说明在这一温度下 CO 相对更为稳定,不易进一步分解。

这些观察结果不仅揭示了甲醇在镍催化剂表面上的分解动力学,也提供了关于中间产物稳定性和反应路径的宝贵信息。通过精确控制实验条件和系统地分析 LEELS 数据,研究人员能够详细了解甲醇分解过程中的每一步,从而优化催化反应条件和提高催化效率。这些发现对于设计更高效的能源转换系统和优化工业化学过程具有重要意义,尤其是在涉及甲醇作为反应物或能源载体的应用中。此外,对于开发针对特定化学反应优化的催化剂,这类研究提供了基础科学支持,使得催化过程更加高效和可控。

11.8.4 氧化过程的研究

通过 LEELS 研究钛(Ti)的氧化过程提供了对其氧化动态的深入洞察。图 11-14 展示了钛在不同氧气暴露量下的电子能量损失谱变化,这些变化揭示了钛的氧化状态及其逐步形成的氧化物的特征。

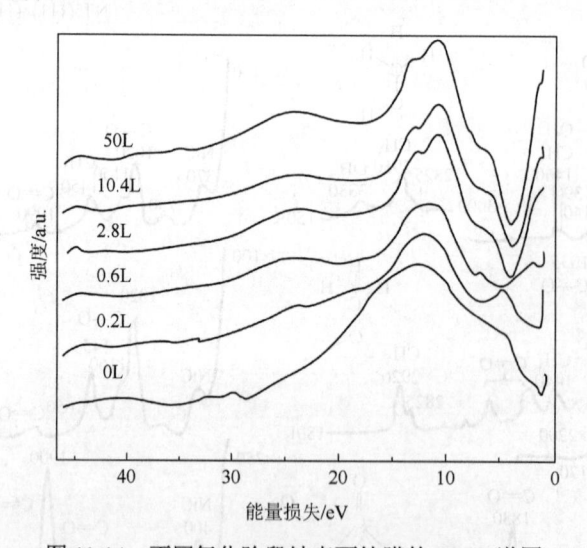

图 11-14 不同氧化阶段铀表面钛膜的 EELS 谱图

氧化过程详细分析如下:①初始氧化阶段(暴露 0.2L O₂)。在这个阶段,钛的价电子损失峰减弱甚至消失,这表明价电子层结构发生了显著变化,可能是由于氧原子与钛表面的强烈相互作用。同时,出现了一个新的 5.0eV 的损失峰,这通常指示表面形成了一层较薄的氧化钛(TiO)。此外,32.8eV 的芯级电子激发损失峰消失,这进一步确认了氧化膜的形成和表面电子结构的改变。②中间氧化阶段（暴露 0.6L O_2）。随着氧化程度的增加，5.0eV 损失峰消失，新出现的 1.6eV 小峰及 7.0eV 的小肩峰开始显现，23.6eV 的损失峰也开始形成。这些新的特征峰表明钛的氧化物从单一的 TiO 过渡到更复杂的氧化物，如二氧化钛（TiO_2）和三氧化二钛（Ti_2O_3）。这一阶段的变化指示了多种氧化态的共存，反映了钛表面化学性质的复杂化。③深度氧化阶段（暴露 2.8L O_2）。在更高的氧气暴露量下，1.6eV、7.0eV 和 23.6eV 的损失峰进一步增强，而 13.0eV 和 10.5eV 的损失峰也开始分离，显示出更清晰的结构。这些谱线的变化强化了 TiO_2 和 Ti_2O_3 的形成，表明在此阶段氧化过程接近完成，表面化学结构基本稳定。

通过分析这些谱线的变化，不仅可以追踪钛在不同氧化阶段的电子结构变化，还可以详细了解氧化动态。这种分析对于优化钛基材料的氧化过程，提高其在催化、传感器和光电设备中的应用性能具有重要意义。此外，这些洞察还有助于改进抗腐蚀涂层和其他工业应用中的材料处理技术，确保材料的稳定性和长效性。

简而言之，电子能量损失谱（EELS）作为一种精细的表面分析技术，应用范围广泛，涵盖了材料科学、表面化学和凝聚态物理等多个领域。这种技术通过精确测量和分析样品表面与入射电子相互作用时的能量损失，为研究材料的表面性质提供了深入的洞察。以下几个方面具有广泛的应用前景：①表面成分与结构分析。EELS 能够详细揭示材料表面的化学成分和结构布局。通过分析表面电子的能量损失，可以精确地识别表面原子种类、表面电离程度以及原子间的相互作用，这对于材料的表面改性和功能化至关重要。②表面声子振动研究。通过 EELS，科学家能够探测和分析表面声子振动模式，这对理解材料的热性能和机械性能有重要影响。这种分析对于设计高效能材料和催化剂具有实际应用价值。③吸附特性分析。EELS 还可以区分物理吸附和化学吸附，揭示吸附物的形态、位置和结构状态。这一功能使其在催化、传感器技术和表面改性研究中尤为重要，有助于优化吸附过程和提高表面活性。④固体能带研究。EELS 也被用于分析固体的能带结构，包括能带间的电子跃迁、共振吸收以及电子能级的激发等。这些信息对于开发电子材料和半导体设备具有关键意义。⑤理论与实验数据的融合。EELS 技术的高灵敏度和高分辨率使其成为一种强大的工具，用于验证理论模型并提供对材料表面和体相行为的全面理解。这种深度的洞察力对于发展新材料和新技术至关重要。

综上所述，电子能量损失谱的科学与技术价值不仅体现在对表面和界面性质的基础研究上，还在于其在材料开发、环境监测、能源转换和医疗技术等领域的应用潜力。随着分析技术的进一步发展和优化，EELS 预计将在未来的科学研究和工业应用中发挥更加关键的作用。

11.9 应用举例和数据分析

1. EELS 分析金属元素在纳米颗粒边缘的分布

阴离子交换膜燃料电池（AEMFC）因能够使用非贵金属电催化剂替代铂族金属（PGM）基电催化剂用于阴极氧还原反应，展现出比质子交换膜燃料电池（PEMFC）更广阔的应用前景。为了研究 Ru-Cr₁(OH)$_x$ 催化剂表面独特氧物种在阳极氢氧化反应中的作用，使用了电子能量损失谱（EELS）。通过所选局部 EELS 映射图像中分离的 Cr 信号，如图 11-15[1]所示，证明了 Cr 和 O 物种信号均未超出 Ru 纳米颗粒的范围，这表明它们在 Ru 表面停留为氧配位的 Cr₁ 物种，而不是多原子重叠的壳层。在 Ru 颗粒边缘收集的 EELS 中明显的 Cr(III)信号［图 11-15（a）］证实了其为锚定在 Ru 表面的三价 Cr₁ 物种。EDS 线扫描轮廓［图 11-15（b）］也清楚地显示出 Ru 表面覆盖有 Cr 和 O 物种。

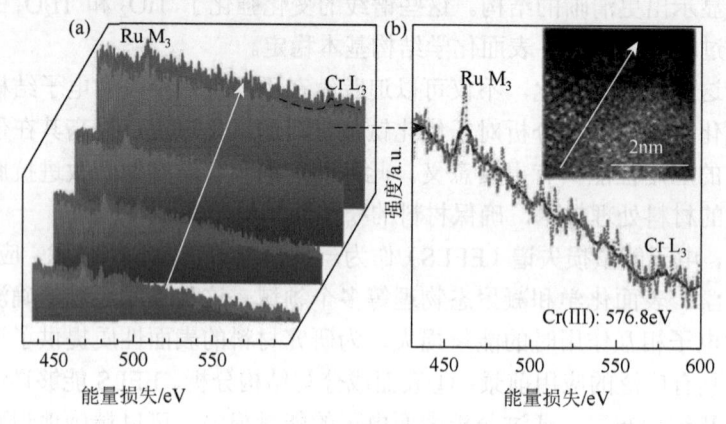

图 11-15　线扫描 EELS 谱图：（a）Ru 粒子边缘的放大 EELS 谱图；（b）HAADF-STEM 图像中的线扫描路径[1]

2. EELS 在电池研究中的应用

二次电池由于高能量密度、高工作电压、长循环寿命和环境友好等特点，被认为是下一代运输和可移动设备电能储存的首要技术手段。在不断追求更高性能的过程中，电池中的电极、电解质和关键部件的结构和组成演化必须得到透彻研究。EELS 作为一种强有力的化学成分分析手段，目前在透射电子显微镜（TEM）上得以广泛应用，用于在原子尺度上揭示电池材料与相关界面的原子信息、电子价态和相关分布情况。目前，该技术在锂/钠电池正极材料的热稳定性分析方面已经得到了广泛应用。

如图 11-16 所示，Yin 等[2]通过原位 TEM 和 EELS 联用，对不同铝含量的去锂化富 Ni 层状氧化物［Li$_x$Ni$_{0.835}$Co$_{0.15}$Al$_{0.015}$O$_2$（NCA83）和 Li$_x$Ni$_{0.8}$Co$_{0.15}$Al$_{0.05}$O$_2$（NCA80）］的热稳定性进行了比较。研究发现，层状 NCA83 比 NCA80 更易转变为岩盐相结构，这表明 Al 可以抑制诸如 CoO$_2$-O1 相的完全带电畴的形成，并且这种抑制效应可以阻碍过渡金属的还原，从而提高富 Ni 层状正极材料的热稳定性。

对于广泛应用的层状氧化物正极材料而言，其热致相变的内在机制同样是一个十分重要的研究课题。作为对正极材料原子（Li、Ni、Mn、O 等）的化学环境和相关缺陷敏感的纳米级探针，EELS 可用于探索热诱导相变的起源。如图 11-16 所示，利用原位 EELS 和 TEM 对经过高压（4.6V）循环后的 Li$_x$CoO$_2$ 正极在加热过程中的氧释放机制进行了研究。EELS 线扫描结果表明，材料表面的 O/Co 比低于块体内部，表面区域发生了氧的持续损失。此外，材料本体的热降解过程是通过氧空位进行的，由阳离子的迁移和还原促进。

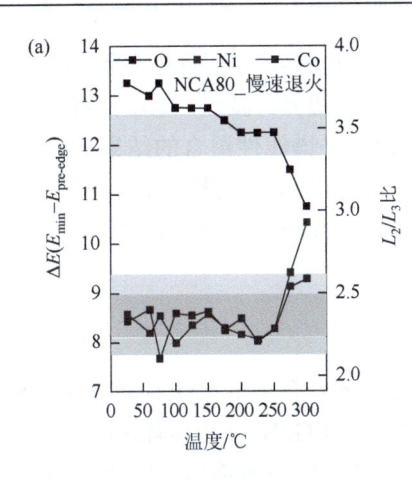

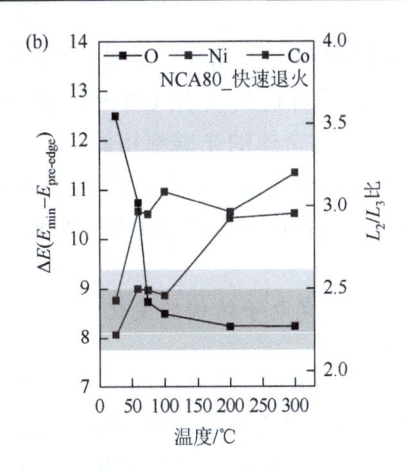

图 11-16 反应前后的 EELS 谱图与 TEM 图像：(a) NCA80_慢速退火和 (b) NCA80_快速退火的 O K 边界的 ΔE、Ni 和 Co 的 L_3/L_2 比[2]

3. EELS 检测 $Li_7La_3Zr_2O_{12}$ 局部电子结构变化

锂金属负极具有高的理论容量（3860mA·h/g）和低的电位 [0V (vs. Li/Li$^+$)]，是理想的负极材料。但由于锂枝晶穿透电解质/隔膜等问题，其实际应用仍然受到制约。即使是机械性能优异的固态电解质，也不能有效抑制锂枝晶的生长。

例如，立方相 $Li_7La_3Zr_2O_{12}$（LLZO）的硬度比锂大 20 倍，但一旦在临界电流密度（CCD）以上循环，锂枝晶就会沿晶界（GB）穿透 LLZO，从而导致短路。为了解决枝晶问题，需要彻底了解其微观机制。电子能量损失谱（EELS）分析表明，GB 和体相之间的 O K 与 Li K 边界存在细微结构差异。例如，与 GB 相比，体相中 Li K 边界的第一个峰值略高，在 60~67.1eV 范围内的积分值高约 11%，表明 Li 和 O 在边界处的键合环境存在一些差异。

EELS 谱的价域代表了价电子激发到导带引起的能量损失，这种能量损失中最低的区域对应带隙。如图 11-17 所示，Liu 等[3]测量了体相 LLZO 的带隙约为 6.0eV。相比而言，从 12 个 TEM 样品中测量了总共 16 个 GB，其中大约一半的带隙与体相相似，即约为 6eV，而另一半显示带隙减小，从 1eV 到 3eV 不等。GB 处的带隙减小表明这些 GB 比 LLZO 体相的电子绝缘性更差。如果发生电流泄漏，电子将优先流过这些 GB。

EELS 分析表明，这种新出现的 GB 相是锂金属，并且晶粒体相在很大程度上不受偏压的影响。如图 11-17 所示，在施加偏压后，紧邻 GB 的晶粒体相中 Li K 边界的强度和结构均未发生任何明显变化。相比之下，GB 处的 Li K 边界变化很大，其强度变得

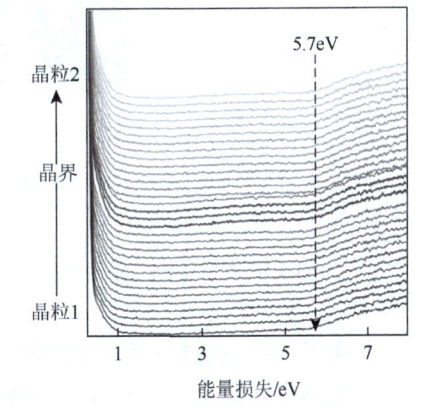

图 11-17 GB 的线扫描 EELS 分析[3]

更强，表明锂含量急剧增加。此外，GB 处的 Li K 边界结构也朝着锂金属的特性发展。比较了电压偏置后 GB、原始 GB 和纯锂金属的 Li K 边界，显然，电压偏置后 GB 的光谱与原始 GB 和锂金属的光谱都相似，这可能是两种光谱线性组合的结果。用锂金属和原始 GB 的数据对电压偏置后 GB 的数据进行多重线性最小二乘法拟合验证了这种可能性。因此，得出结论，电压偏置后 GB 主要由原始 GB 与锂金属结合而形成。

4. EELS 研究电子结构的变化

固态电池（SSBs）是潜在的下一代能源存储技术，有望取代现有的液体电解质电池。SSBs 的关键成分是固体电解质（SE）。$Li_{10}GeP_2S_{12}$（LGPS）SE 具有极高的离子电导率，达到 12mS/cm，甚至高于目前实际锂离子电池中使用的有机液体电解质。超高的离子电导率使 LGPS 成为在电动汽车和电网存储系统 SSBs 中极有前途的候选 SE。然而，除了高的离子导电性外，SE 对电极的电化学-机械稳定性也至关重要，尤其是与锂阳极接触时。

EELS 用于研究电子结构的变化（图 11-18）。原始 LGPS 的低损耗 EELS 在 19.9eV 处显示一个主要的等离子体损失峰[4]，在 40.2eV 和 61.4eV 处有两个衰减峰。而化学反应后的低损耗纳米颗粒的 EELS 在 14.9eV 和 19.1eV 处出现了两个主要的等离子体损失峰，这与 Li_2S 的特征非常吻合。原位 TEM 表征表明，锂与 LGPS 化学反应后的主要反应产物为 Li_2S。这与之前的研究结果一致，即 LGPS 在锂还原后的产物为 $12Li_2S + 2Li_3P + Li_{3.75}Ge$。然而，$Li_{3.75}Ge$ 和 Li_3P 合金的形成，虽然与理论计算一致，但并未通过原位 X 射线光电子能谱明确证实。最近的 TEM 结果也表明，Li_2S 是主要的反应产物。

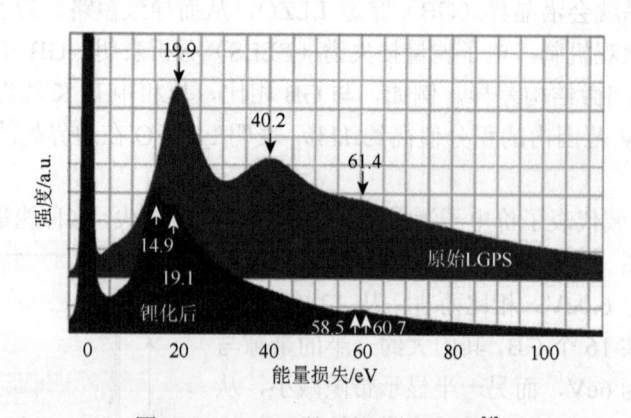

图 11-18 LGPS 粒子的表征 EELS[4]

5. EELS 分析 PtNi 合金的微观结构

质子交换膜燃料电池（PEMFC）因利用氢和氧产生电能和水，具有环保和高效的优势，受到了广泛关注。在质子交换膜燃料电池中，催化剂是最昂贵的部分，通常由碳载体结构上的金属纳米颗粒（NPs）组成。Pt 由于优异的活性、选择性和稳定性，被认为是理想的金属纳米颗粒；然而，高昂的成本是其商业化的主要障碍。此外，由于阴极中的氧还原反应（ORR）动力学缓慢且过电位高，需要大量的 Pt 来进行充分的表面反应，这大大增加了 PEMFC 的商业化成本。

为了减少 Pt 的负载量，Pt 基合金催化剂（Pt-M，其中 M 为过渡金属元素）的制造取得了很大进展。过渡金属可以调整电子和几何结构，以提高 ORR 活性。然而，Pt-M 合金催化剂在酸性条件下，过渡金属不断浸出导致催化剂骨架降解，从而降低了质量活性。为了解决这一问题，Lee 等对 PtNi 合金的微观结构进行了 EELS 测试[5]。如图 11-19 所示，Pt 薄层均匀覆盖了核心的 Pt_3Ni 结构。角分辨 X 射线光电子能谱（XPS）揭示了在构建 $Pt_{78}Ni_{22}$ 合金的过程中，Pt 薄层在 Pt_3Ni 核心结构表面形成，并且展示了它们的化学键合特性。通过这些研究，进一步了解了 PtNi 合金的微观结构及其在 ORR 中的表现，为优化 PEMFC 催化剂提供了新的思路。

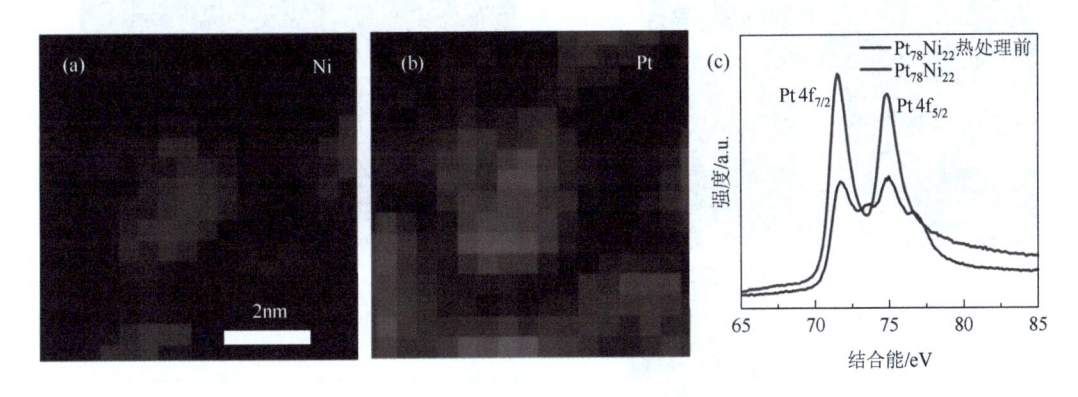

图 11-19　对 $Pt_{78}Ni_{22}$ 合金催化剂的 Ni（a）和 Pt 元素（b）进行 EELS 映射分析；（c）热处理前后的 $Pt_{78}Ni_{22}$ 合金催化剂的 XPS 谱图[5]

6. EELS 表征富镍正极材料上钨的分布

少量掺杂 W 的富 Ni 正极材料近年来引起了广泛的关注。然而，W 在这些层状阴极中的化学价态、晶型、化合物化学和位置仍不清楚。在这项研究中，这些缺失的结构性质是通过宏观、原子敏感表征技术和密度泛函理论（DFT）的结合来确定的。研究采用机械融合和共沉淀法制备了 W 掺杂 $LiNiO_2$（LNO）粒子，以探测 W 物种的结构和位置变化。结果表明，无论采用哪种掺杂方式，W 主要分布在二次粒子的表面和晶界内。

EELS 证实了晶界中同时存在 W 和 O，但没有 Ni，并且在晶界表面上有富含 W 和 O 的区域[6]。晶界内富 W 区以晶态和非晶态两种形式存在。研究认为 LNO 中存在动力学稳定的 $Li_{4+x}Ni_{1-x}WO_6$（$x = 0.01$）相，并且可能存在 $Li_xW_yO_z$ 相，这与电子显微镜、X 射线吸收和衍射数据一致。结合 W 的分布，讨论了 W 在该复杂组织中的多重作用。

如图 11-20 所示，不同掺杂方式下的低倍率 EELS 图表明，W 主要集中在一次粒子和二次粒子的表面以及一次粒子之间的晶界处。此外，二次粒子深层内，特别是晶界处的 W 浓度随着 W 掺杂量的增加而增加。高倍率 EELS 图和相关的环状暗场（ADF）图像

[图 11-20（c）]显示，W 显著存在于具有非晶结构的二次粒子的晶界内区域。在晶粒的结晶原子排列中，W 信号在初级粒子表面的几纳米内仍然明显。此外，块状区域的 O K 近边缘结构与含有 W 的块状区域的 O K 近边缘结构存在显著差异，这在边缘前峰特征中可见。这个边缘前峰在初级颗粒的内部可以非常清晰地被检测到，并且与纯 LNO 的结果一致，纯 LNO 具有一个尖锐且非常清晰可见的前边缘峰。

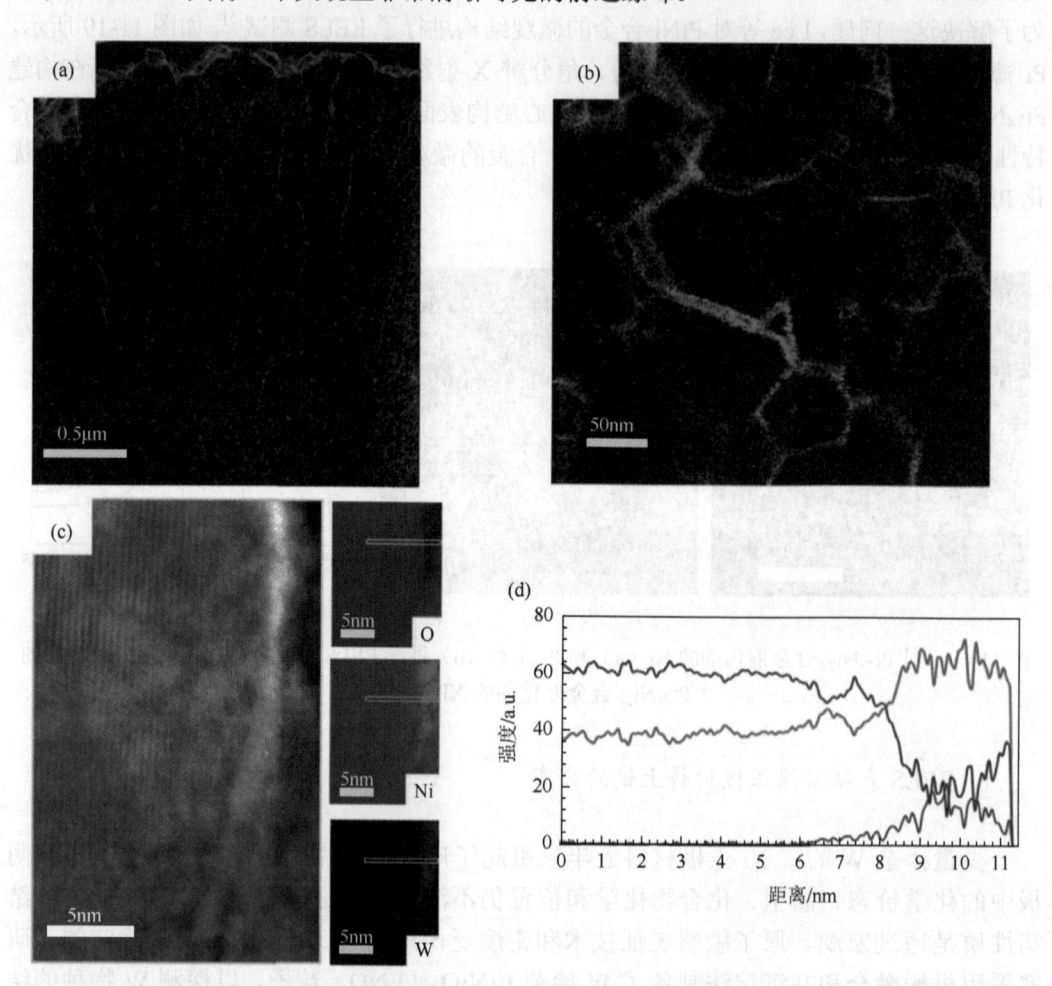

图 11-20　含钨富镍正极材料的 EELS 数据图：（a）LNO_1%W_Mech 的总视图；（b）LNO_1%W_Copr 在样品中部的 EELS 图；（c）LNO_1%W_Copr 材料内部一个主要粒子的 ADF 和光谱图像，具有指定的元素分布；（d）图（c）中黄色轮廓线区域的线扫描数据图，其中 O 为红色，Ni 为绿色，W 为蓝色[6]

由于 EELS 图和线路轮廓中的高水平噪声是使用非常低的电子束电流以尽量减少辐射损伤的结果，进一步分析是必要的。在主要颗粒边缘附近检测到 W、Ni 和 O 元素[图 11-20（d）]，促使研究者在 EELS 测量之外进行补充分析。XAFS 分析被用来满足这一需求。XAFS 相对于 EELS 分析的优势在于其对低浓度的敏感性更好，并且能够获得 W 的高能量峰。在 EELS 中，只有 W 的 M 边，其延迟和宽的形状可以被捕获，但在 XAFS 中，W 的 L_3 边很容易被捕获。

7. 原位 EELS 分析催化剂在 CO$_2$RR 过程中的化学价态

催化位点的电子扰动在能量转化、化学转化和环境修复等领域中对于提高催化剂的活性和选择性起着至关重要的作用。例如，在电化学 CO$_2$ 还原反应（CO$_2$RR）中，表面上的 Cu$^{\delta+}$ 物种比 Cu^0 更有利于多电子还原过程，从而形成深度还原的碳产物。因此，调节催化活性中心的电子结构以控制 CO$_2$RR 的反应性已经成为研究的重点。通过在金属中心周围引入特定的配体或官能团，进行精细的电子调节，已被用于优化均相催化剂。同样的方法也被尝试用于多相催化剂的电子结构调控，以提高其选择性和活性。

单原子催化剂（SACs）在分子精度上的电子扰动可以优化催化活性并揭示构效关系。然而，这仍然是一个关键的挑战。在目前的碳材料负载的 SACs 研究中，活性中心电子结构的调控依赖于热解、掺杂和缺陷等策略，这些策略在分子水平上调节金属中心电子结构的通用性有限。其困难在于精确生成金属中心周围的配位环境。石墨炔（GDY）是一种新型的碳同素异形体，可以通过金属原子与 C≡C 三键之间的配位，与各种过渡金属形成 SACs。通过结合具有给电子或吸电子能力的官能团，可以制备多种 GDY 衍生物。因此，GDY 的精确功能化为灵活精准地扰动 GDY 基 SACs 的电子结构提供了分子工具，这将大大丰富均相和非均相催化剂。

为了系统地调节 SACs 的电子结构，研究者通过引入吸电子和供电子基团（—F、—H 和—OMe）来调整 GDY 载体，合成了 GDY 衍生物 R-GDY(R = —F、—H 或—OMe)，并通过自下而上的策略制备了 Cu SACs（表示为 Cu SA/R-GDY）。Zou 等通过原位 TEM 技术记录原位 EELS，进一步研究了 Cu SA/F-GDY 和 Cu SA/OMe-GDY 在 CO$_2$RR 过程中的化学价态[7]。

在施加电位之前，初始 Cu SA/F-GDY 的 Cu L$_3$ 边 EELS 表现出比 Cu SA/OMe-GDY（约 931.7eV）更高的近边位置（约 932.8eV），表明 Cu SA/F-GDY 具有更高的氧化态（图 11-21），这与 XPS 和 XAFS 结果一致。在 CO$_2$RR 中，两种样品的 Cu L$_3$ 边在-0.6～-1.0V 的电位范围内呈现负移动，表明催化中心的 Cu 价态降低。通过比较在-1.0V 下收集的 Cu L$_3$ 边 EELS 谱，发现 Cu SA/F-GDY（约 931.9eV）的近边位置仍然高于 Cu SA/OMe-GDY（约 931.2eV），这意味着即使在催化条件下，引入的官能团也能微调催化中心 Cu 的电子密度。结果还表明，Cu SA/F-GDY 上的 Cu 中心形成了正电荷状态，这对于 CO$_2$RR 活性具有重要的促进作用。两种样品在不同电位下记录的 O K 边和 F K 边的 EELS 分布几乎相似，这表明在电解过程中引入的官能团没有受到干扰。

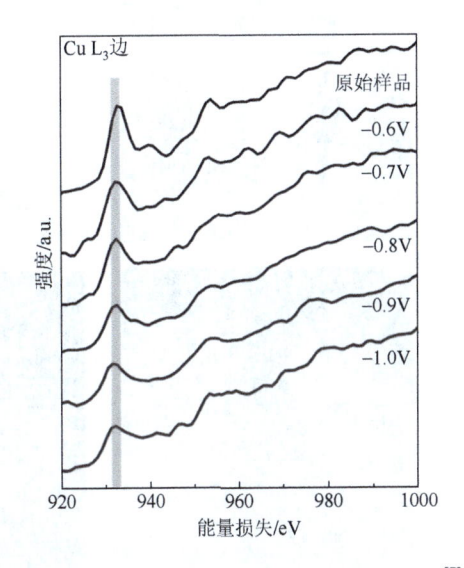

图 11-21 Cu SA/F-GDY 的原位 EELS 谱图[7]

8. EELS 分析高效 Li-CO$_2$ 电催化剂

近年来,随着电动汽车和大功率设备的不断发展,锂离子电池的比能量密度(<350W·h/kg)已无法满足更长行驶里程的需求。因此,亟须找到一种能量密度与化石燃料相当的新型电池。基于绿色化学的理念,在所有金属-空气电池中,Li-CO$_2$ 电池因能够进行 CO$_2$ 的可逆还原与析出过程而备受关注。将 CO$_2$ 作为活性物质,不仅可以提供电能,还能够缓解化石燃料消耗带来的环境压力,具有在未来的火星探测和核潜艇事业中巨大的潜力。

一种单原子铜修饰的自支撑氮掺杂碳纳米纤维(Cu/NCNF)被用作 Li-CO$_2$ 电池的正极催化剂。结构测试表明,由一维 NCNF 组成的三维高度空间化结构和纤维中的丰富氮元素能够有效调整碳材料的电子结构和费米能级。吡啶氮的存在使得 NCNF 本身具备良好的催化性能。通过气相沉积方法将 Cu 沉积到 NCNF 上,X 射线吸收精细结构(XAFS)光谱证实了 Cu-N$_4$ 催化活性中心的存在。Xu 等的研究为单原子催化剂在 Li-CO$_2$ 电池中的应用提供了有益的借鉴[8]。

通过 SEM、TEM 和 HAADF-STEM 分别观察了 NCNF 和 Cu/NCNF 的形貌和结构(图 11-22)。从 Cu/NCNF 的 SEM 图像可以看出,经过铜化学气相沉积后,三维结构得到了保留。为了揭示 Cu 的存在形式,进一步利用球差校正的 HAADF-STEM 观察 Cu 的分布,结果表明 Cu 以单原子的形式分布在 NCNF 上。电子能量损失谱(EELS)进一步分析了碳、氮和铜的分布[图 11-22(f)],结果显示 Cu 和 N 均匀地分散在 NCNF 表面,证实了在未修饰的 NCNF 上成功负载了单原子 Cu。

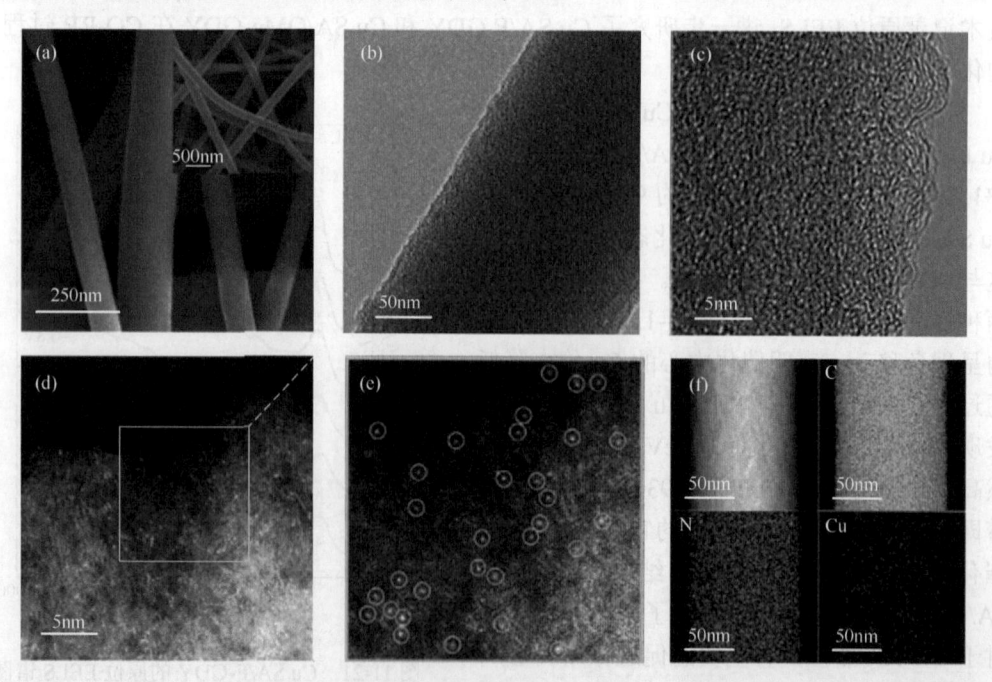

图 11-22 Cu 基 Li-CO$_2$ 电池正极催化剂:(a) SEM 图像;(b)、(c) TEM 图像;(d)、(e) HAADF-STEM 原始和放大图像;(f) C、Cu、N 的 EELS 映射图像[8]

9. EELS 分析 Cu 物种在甲醇蒸汽重整中的作用

与气态储氢相比，甲醇（CH_3OH）等液体燃料的原位制氢不仅消除了高压储氢的安全风险，还降低了运输成本，为燃料电池系统应用提供了一种有效的解决方案。为识别精细结构，对三个位点进行了 EELS 元素分析（图 11-23）[9]。在铜颗粒的表面位置（绿色标记），Cu^0 物种占据了主导地位，而 Al 和 O 的含量非常少。在 Cu 颗粒与载体之间的边界位置（蓝色标记），观察到 Cu L、Al K 和 O K 信号同时存在，这对应于非晶氧化铝中稳定的 Cu^+ 物种。在远离 Cu 颗粒的位置（粉色标记），Cu 的 EELS 信号减弱，同时 Al 和 O 的信号增强。这些结果与 4.25Cu/Cu(Al)O$_x$ 样品中 Cu 和 Al 的面密度一致，显示出从 Cu 颗粒表面到 Cu-Al_2O_3 界面，Cu 的相对含量逐渐降低，而 Al 的相对含量逐渐增加。

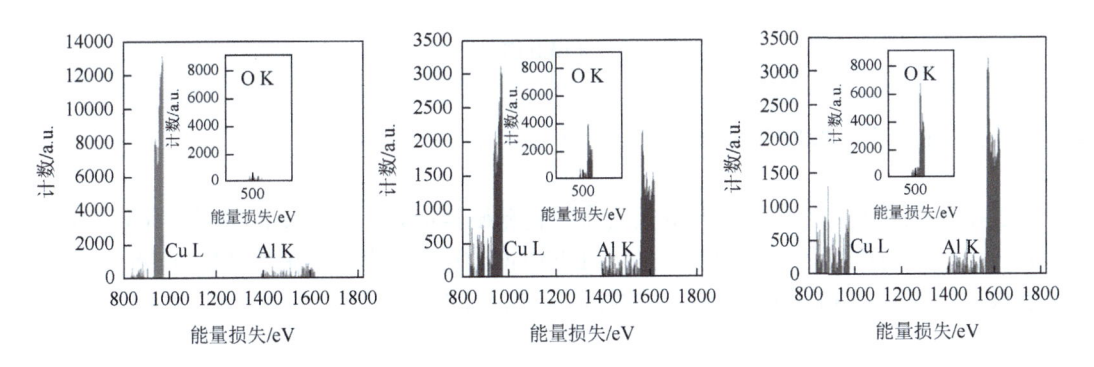

图 11-23　Cu L、Al K 和 O K 在不同标记位点的 EELS 信号[9]

10. EELS 分析异质结构催化剂

Zhang 等设计了一种由晶态钌团簇和非晶态铬氧化物团簇组成的团簇-团簇异质结构催化剂，实现了高效碱性氢电催化，并通过 EELS 表征了该异质结构催化剂（图 11-24）[10]。该催化剂在碱性介质中展现出卓越的催化活性，氢氧化反应（HOR）的交换电流密度达到 2.8A/mg$_{Ru}$，析氢反应（HER）的质量活性在 100mV 过电位下达到 23.0A/mg$_{Ru}$。此外，该催化剂在氢氧化交换膜燃料电池（HEMFC）中表现出 22.4A/mg$_{Ru}$ 质量活性，并在 500mA/cm^2 的条件下运行 105h 后无电压损失，展现出卓越的耐久性。他们构建了一个包含约 0.8nm Ru 团簇和约 0.6nm CrO_x 团簇的模型，并考虑了 Ru/Ru$_1$CrO$_x$ 和 Ru/Ru$_2$CrO$_x$ 的不同界面渗透情况。通过投影密度态（PDOS）计算，揭示了 Ru 4d、Cr 2p 和 O 2p 轨道之间的强轨道杂化，证实了 Ru 和 CrO_x 团簇之间的强耦合相互作用。差分电荷密度分布分析表明，电子从 Ru 转移到 Cr 及 O，这与实验中通过 EELS 观测到的结果一致。

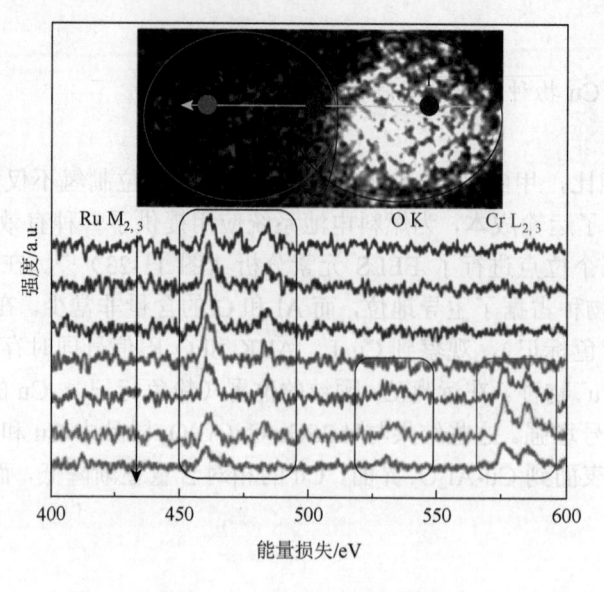

图 11-24　EELS 映射图像[10]

11. EELS 解析 PdPtNiCuZn 高熵合金中 Mo 的存在状态

在电催化领域，将单原子与高熵合金结构精确集成是一项重要的能量转化技术，但也是一个巨大的挑战。单原子 Mo 定制的 PdPtNiCuZn 高熵合金纳米片（Mo$_1$-PdPtNiCuZn）具有较低比例的 Pt-Pt 聚集体和本征的拉伸应变，可作为有效的电催化剂，增强甲醇氧化反应的性能。

He 等利用 EELS 分析了 Mo 原子在 PdPtNiCuZn 高熵合金纳米片中的存在形式[11]。如图 11-25 所示，通过进行的原子能级 EELS 线扫描采集的能谱可以确认，Mo 原子以单原子形式存在于 PdPtNiCuZn 高熵合金表面。

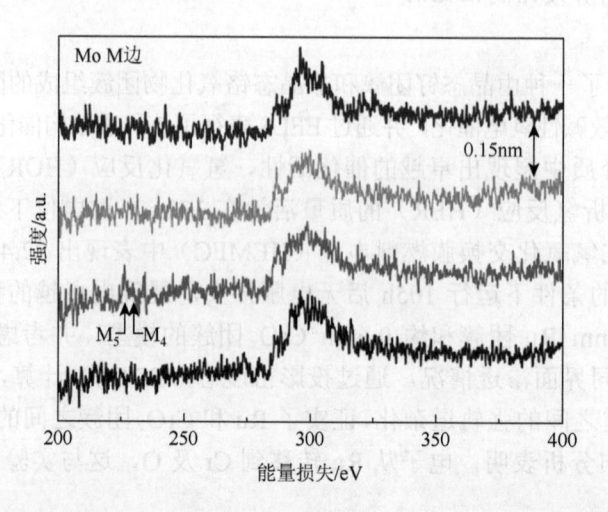

图 11-25　Mo$_1$-PdPtNiCuZn 四个相邻原子的 EELS 线扫描光谱[11]

12. EELS 分析 MoS₂/Mo₂C 异质结的元素和价态分布

氨气（NH₃）是一种重要的化工原料，广泛应用于化肥、医药和清洁能源燃料等领域。传统的 NH₃ 合成方法是利用 Haber-Bosch 法，它不仅需要高温（约 500℃）和高压（200～300bar），还需要消耗大量的氢气（H₂），这些氢气通常来自化石燃料的蒸汽重整，导致大量 CO_2 的排放，对碳中和目标极为不利。因此，以较少的能源投入和更小的环境污染生产 NH₃ 具有重要意义。为了应对这一挑战，电催化氮（N₂）还原反应（NRR）正在成为新一代以清洁能源驱动的合成氨策略。这种方法不仅可以在环境条件下进行，还可以直接利用水中的质子。然而，由于 N≡N 键的高键能和析氢反应（HER）的竞争，目前 NRR 催化剂的效率和选择性仍有待提升。

受自然界生物固氮系统的启发，Mo 基固氮酶在自然界的氮气循环中发挥了重要作用。基于此灵感，该工作制备了二维 MoS₂/Mo₂C 异质结电催化剂，并将其成功应用于 NRR 中。

Ye 等采用电子能量损失谱（EELS）来研究整个 MoS₂/Mo₂C 异质结的化学元素和价态分布（图 11-26）[12]。在整个界面上可以检测到 Mo $L_{2,3}$ 边缘的微小且连续的化学变化。观察到从 MoS₂ 到 Mo₂C 区域，Mo L_3 边缘峰的连续红移，Mo L_3 边逐渐下降到较低的能量损失，从 MoS₂ 到异质结中降低了约 0.3eV，从异质结到 Mo₂C 中降低了约 1.0eV。此外，S $L_{2,3}$ 边缘的 EELS 谱表明，S 原子的信号从 MoS₂ 到 Mo₂C 明显减少。

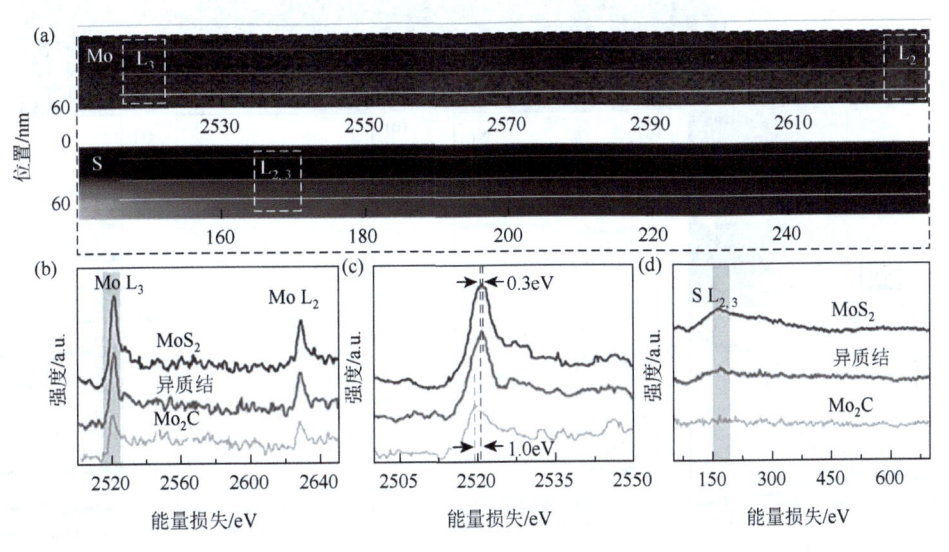

图 11-26 MoS₂/Mo₂C 异质结的 EELS 谱图：（a）MoS₂/Mo₂C 异质结的 EELS 映射图像，白色虚线框分别为 Mo L_3、L_2 和 S $L_{2,3}$ 边。蓝色线、天蓝色线和灰色线分别表示 MoS₂、异质结和 Mo₂C 的 EELS，刻度尺为 10nm；（b）MoS₂、MoS₂/Mo₂C 异质结与 Mo₂C 样品的 Mo $L_{2,3}$ 边对比；（c）图（b）中 2505～2550eV 范围内的 EELS 放大图；（d）图（a）中 MoS₂、MoS₂/Mo₂C 异质结和 Mo₂C 样品的 S $L_{2,3}$ 边 EELS 谱图[12]

13. EELS 分析金属基底外延氧化物催化剂的形成

析氧反应（OER）是许多能量储存和转化过程中必不可少但动力学缓慢的步骤，因此需要高效且稳定的催化剂。虽然纳米过渡金属氧化物/氢氧化物在 OER 中表现出很高的催化活性，但许多在工业阳极电流密度下的稳定性较差。通过将快速外延形成方法与动态气泡模板电沉积相结合，研究人员成功开发出具有分层多孔结构的 NiFeCu 氧化物单晶催化剂。研究发现，该结构有利于催化剂的快速电子传递，并延缓了氧原子向内部金属集流器的扩散。氢泡模板所形成的分层孔隙为大量快速释放氧气泡建立了理想的通道。因此，在工业规模的阳极电流密度（300mA/cm^2）下，NiFeCu 氧化物比商用 RuO$_2$ 催化剂更有效且稳定地催化 OER。通过解决纳米氧化物的耐久性问题，为 OER 提供了一系列高效且稳定的催化剂，并为提高非导电催化剂的催化活性和稳定性提供了一种结构构建策略。

Cui 等通过 EELS 分析进一步证实，CV 扫描仅在金属 NiFeCu 枝晶表面形成了一层薄薄的氧化层，而非完全氧化[13]。图 11-27（a）中的 EELS 映射和图 11-27（b）、(c) 中的线扫描分析表明，氧化层的厚度为 2~7nm，具有梯度组成，即氧含量为 27at%~55at%，

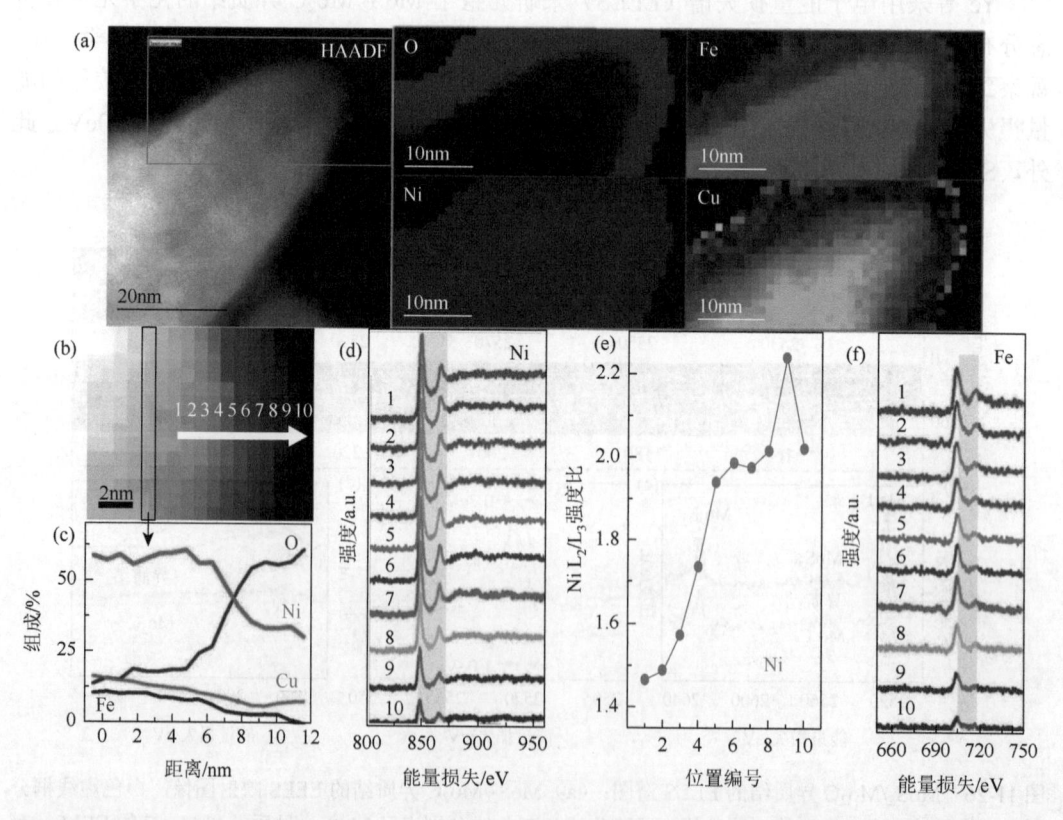

图 11-27 MO-NiFeCu 的 EELS 表征：(a) MO(Ⅳ)-NiFeCu 样品枝晶的元素映射，表明金属 NiFeCu 连续被氧化层覆盖，而不是完全氧化；(b) 从 MO(Ⅳ)-NiFeCu 枝晶内侧向表面进行扫描，白色箭头表示扫描方向；(c) 白色箭头所指方向上化学组成变化情况；(d) 图（b）所示不同位置的 Ni L 边光谱；(e) Ni L$_3$/L$_2$ 强度比沿图（b）白色箭头所指方向的变化；(f) 图（b）中不同位置得到的 Fe L 边光谱[13]

镍含量为 27at%~50at%，铜含量为 10at%~12at%，而铁含量仅为 0.1at%~3at%。氧化层中的铁含量远低于金属枝晶中的含量，这是由于铁在碱性溶液中高过电位下的电化学稳定性较低。图 11-27（d）显示了图 11-27（b）中不同位置的镍 L 边光谱，从中可以推导出镍 L_3/L_2 强度比。镍 L_3/L_2 强度比的增加和铁 L_3 边沿枝晶尖端方向的正位移 [图 11-27（e）和（f）] 表明氧化层中镍和铁的价态逐渐升高。

14. EELS 观察原子水平上的变化

水分解产生氢气和氧气被认为是应对当前能源和环境挑战的最有前途的策略之一。析氧反应（OER）是整体水裂解方案中的速率决定步骤，因为它通常需要高过电位来克服四电子过程中的能垒和缓慢的动力学过程。为了促进 OER，各种电化学催化剂已经被广泛探索，其中层状氢氧化物（LDH）最近受到了关注。这是因为其独特的氧化物和氢氧化物结构能够提供丰富的活性位点，促进中间体的形成和转化（如*OH、*O、*OOH）。在已报道的过渡金属 LDH 材料中，钴基 LDH 通常表现出较低的起始电位和较好的稳定性。研究发现，与其他具有 LDH 结构的过渡金属离子相比，Co^{3+} 具有更有利的反应物吸附能力，从而具有更高的催化活性。此外，钴原子周围的氧空位可以有效地调节*OOH 的吸附，使其快速释放 O_2，通过抑制"O_2 气泡效应"来提高催化剂的稳定性。然而，过电位仍然较高，各种中间体的有效形成和转化仍是一个巨大的挑战。

进一步改进 OER 催化剂的一种常见策略是通过修饰剂功能化母体 LDH，修饰剂可以结合到 LDH 表面或掺杂到其内部。作为一种成熟的改性剂和共催化剂，CeO_2 由于 Ce^{3+}/Ce^{4+} 氧化还原对和丰富的氧空位易转化的独特性质，已被证明有助于提高 LDH 催化剂的性能。为了深入了解 CeO_2 功能化的影响，Li 等最近构建了一种 CeO_2-Co LDH 催化剂来增强其反应活性[14]。

为了识别位置特异性的电子变化，并观察这些变化与增强电化学性能的关联，对 CeO_2-Co LDH 界面进行了电子能量损失谱（EELS）分析（图 11-28）[14]。通过 EELS 谱中 L_2 和 L_3 边缘峰的变化，可以评估 Co^{3+} 和 Co^{2+} 浓度的变化，Co^{3+} 的增加会导致 L_3/L_2 面积比的降低。EELS 数据显示界面上 Co^{3+} 显著增加，从未修饰的 Co LDH 的 L_3/L_2 面积比为 2.26，下降到 Cat-7-15% 样品的 2.01，降低了 11.1%。Co^{3+} 相对浓度的增加伴随着 Ce^{4+} 的减少。

15. EELS 分析不对称配位铁单原子催化剂

在电化学二氧化碳还原反应（CO_2RR）过程中，各种中间体的一致催化行为对催化活性的优化提出了严峻的挑战。在这项研究中，Jin 等[15]通过构建一个动态演化结构的不对称配位铁单原子催化剂（SACs），成功应对了这一问题。该催化剂由一个与一个硫原子和三个氮原子配位的铁原子组成，表现出优异的选择性、高本征活性和显著的稳定性。

通过像差校正的高角度环形暗场扫描透射电子显微镜（HAADF-STEM）检查催化剂的原子结构，结果显示亮点随机分散在 $Fe-SiN_3$ 结构上，没有金属簇或颗粒存在。图 11-29 中的 EELS 分析进一步证实，这些亮点对应于与 S 和 N 原子配位的 Fe 原子。元素分布图

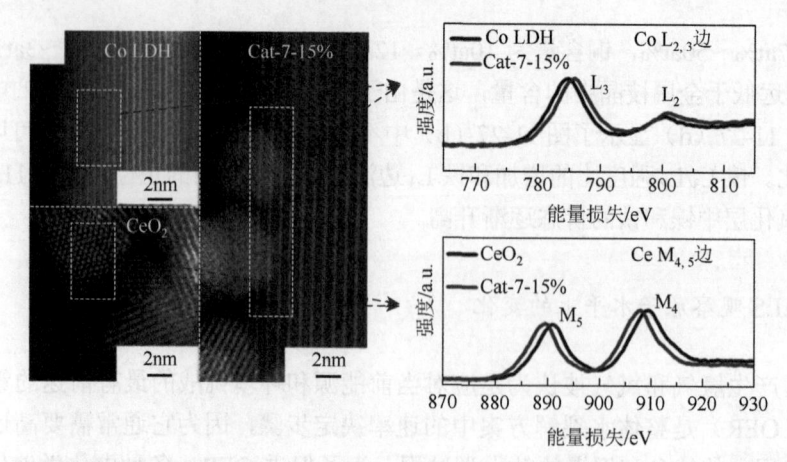

图 11-28 Co LDH、CeO_2 和 Cat-7-15%的 HAADF-STEM 图像，虚线方块表示所选区域：右上是 Co LDH 和 Cat-7-15%的 Co $L_{2,3}$ 边缘 EELS 谱，右下是 CeO_2 和 Cat-7-15%的 Ce $M_{4,5}$ 边缘 EELS 谱[14]

显示了 Fe、C 和 N 在整个纳米结构中的均匀分布，具体为 Fe-N_4、Fe-S_1N_3 和 Fe-B_1N_3 配位结构，这种催化剂的设计和表征为优化 CO_2RR 催化剂提供了新的思路，有望推动高效能源转化技术的发展。

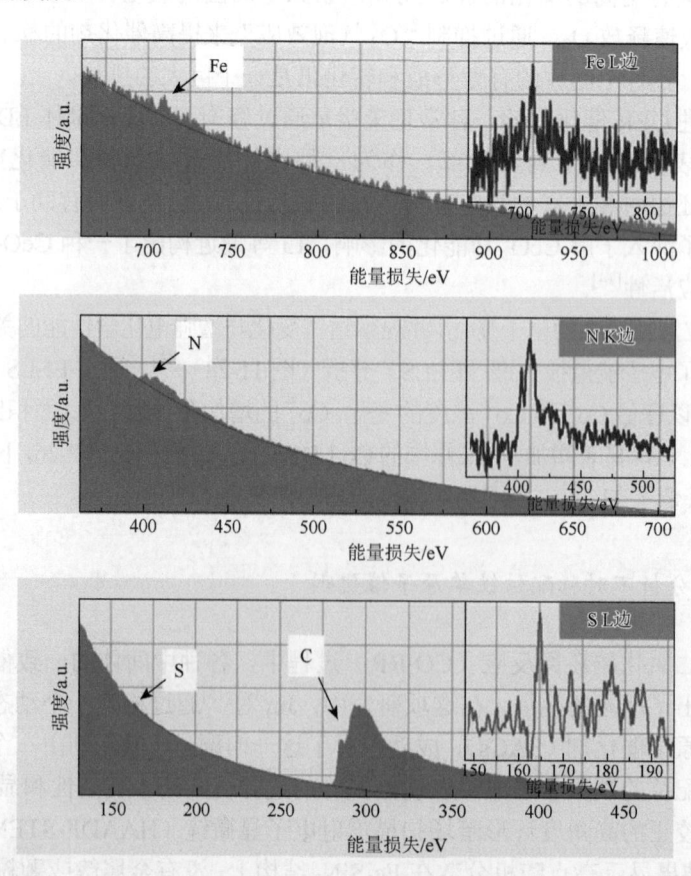

图 11-29 Fe-S_1N_3 的 EELS 谱[15]

16. EELS 表征纳米颗粒中 Fe 和 Zn 的化学价态

CO_2 捕获和化学转化为增值化学品提供了一条缓解 CO_2 排放压力的潜在途径。近年来，利用可再生氢气对 CO_2 进行热催化加氢，由于其高效性和工业适用性，引起了工业界和学术界的广泛关注。Wang 等通过 EELS[图 11-30（a）] 测试，进一步阐明了纳米级催化剂中 Fe 和 Zn 物种的化学价态[16]。尽管由于催化剂中的 Zn 含量较低，Zn $L_{1,2}$ 边缘不清晰，但 Na-ZnFe 和 Na-ZnFe@C 催化剂的 Zn L_3 边缘峰表现出明显的差异。Na-ZnFe@C 的 Zn L_3 显示出更高的能量损失，验证了 Na-ZnFe@C 中 ZnO_x 物种具有更强的电子给予效应。与 Na-ZnFe 相比，Na-ZnFe@C 催化剂的 Fe $L_{2,3}$ 边位置由于较高的价态而发生了明显变化，这证实了 Na-ZnFe@C 中 Fe 物种的缺电子性质。这些发现表明，在 Na-ZnFe@C 催化剂中，Zn 和 Fe 物种的电子结构和化学环境得到了有效调控，从而增强了催化性能。

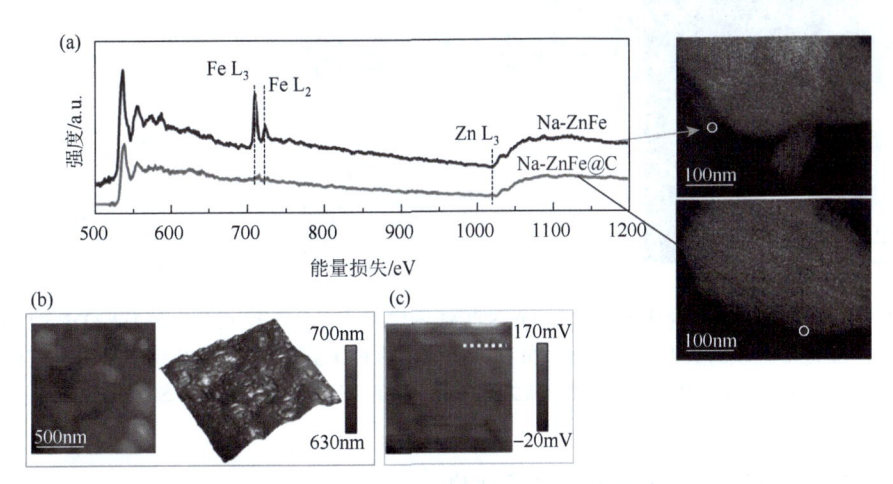

图 11-30 纳米颗粒催化剂中 Fe 和 Zn 的 EELS 谱图：（a）Na-ZnFe（顶部）和 Na-ZnFe@C（底部）催化剂的 HAADF-STEM 图像中标记区域的 EELS 谱；（b）、（c）废 Na-ZnFe@C 催化剂的 2D 和 3D 图[16]

17. EELS 分析 Cu NPs 与 TiO_2 表面的相互作用

Belgamwar 等[17]利用漫反射红外（DRIFTS）、扫描透射电子显微镜-电子能量损失谱（STEM-EELS）分析了 $DFNS/TiO_2$-Cu10 催化剂中二氧化钛（TiO_2）和铜（Cu）的相互作用。STEM 图像显示 Cu NPs 锚定在 TiO_2 表面（图 11-31），用 EELS 检测了单个 Cu NPs 的 Cu $L_{2,3}$ 和 Ti $L_{2,3}$ 边缘以及 Cu-TiO_2 界面。Cu NPs 的大部分表面被确定为金属，而 Cu-TiO_2 界面被发现由部分氧化的铜组成，这可以从 Cu $L_{2,3}$ 边缘形状的变化中得到证明[图 11-31（b）和（c）]。Ti $L_{2,3}$ 边缘显示其相对强度比（I_{L_3}/I_{L_2}）从 Cu-TiO_2 界面处的 0.89 略微下降到 TiO_2 上的 0.66，表明在 Cu NPs 周围形成了 Ti^{3+} 物质[图 11-31（e）和（f）]。虽然仪器限制了 Cu-TiO_2 界面的原子分辨率 EELS 分析，但 EELS 结果证实了 Cu NPs

与 TiO$_2$ 表面的强相互作用，即金属铜和带正电的铜离子的混合物与 TiO$_2$ 表面的 Ti^{3+} 强结合。这些发现进一步证明了 Cu NPs 与 TiO$_2$ 表面的强相互作用，有效地阻止了它们在催化 CO$_2$ 还原过程中的生长和聚集，从而产生了稳定的催化剂。

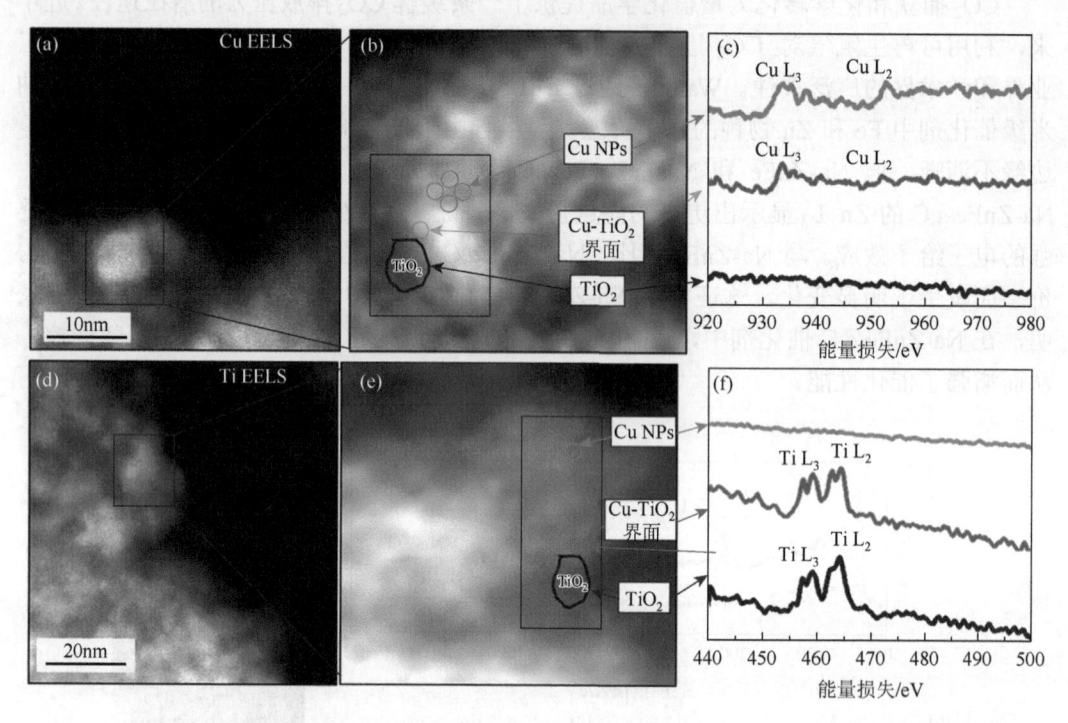

图 11-31 DFNS/TiO$_2$-Cu10 催化剂的 HAADF-STEM 图像和 EELS 谱图：(a) Cu 的 HAADF-STEM 图像；(b) 图 (a) 中矩形区域的放大图像；(c) Cu 在不同位置的 EELS 图谱；(d) Ti 的 HAADF-STEM 图像；(e) 图 (d) 中矩形区域的放大图像；(f) Ti 在不同位置的 EELS 谱图[17]

18. EELS 分析 Au/TiO$_2$ 催化剂电子结构

化石燃料的排放，尤其是二氧化碳的排放，与全球变暖、海洋酸化和气候变化等严重的环境问题密切相关。因此，严格控制和减少这些排放是刻不容缓的任务。逆水煤气变换（RWGS）反应为解决这些问题提供了一个重要的机会。由于一氧化碳是合成精细化学品和燃料的重要化工原料，通过各种成熟的催化方法回收废弃的二氧化碳显然有助于缓解全球变暖问题，同时还能应对化石燃料枯竭的挑战。因此，寻找具有高稳定性、活性和选择性的异质催化剂，以将二氧化碳转化为一氧化碳，是一项重要的研究任务。

Rabee 等[18]通过 EELS 对 Au/TiO$_2$ 催化剂的电子结构进行了测量。使用 STEM 和 EELS 对催化剂进行了表征，旨在建立结构-性能关系。如图 11-32 所示，收集了颗粒中心和界面/表面区域的 EELS 谱。EELS 谱显示了 Ti L$_{2,3}$ 边缘微结构的差异，揭示了存在两种不同的钛物种。体积区域的 EELS 谱（红色）显示出 L$_{2,3}$ 峰典型的分裂，类似于金红石结构中钛 L$_{2,3}$ 边缘的特征，其中钛物种存在形式为 Ti^{4+}。相比之下，界面区域的 EELS 谱（青色）显示出两个未分裂的峰，表明可能存在 Ti^{3+} 物种。

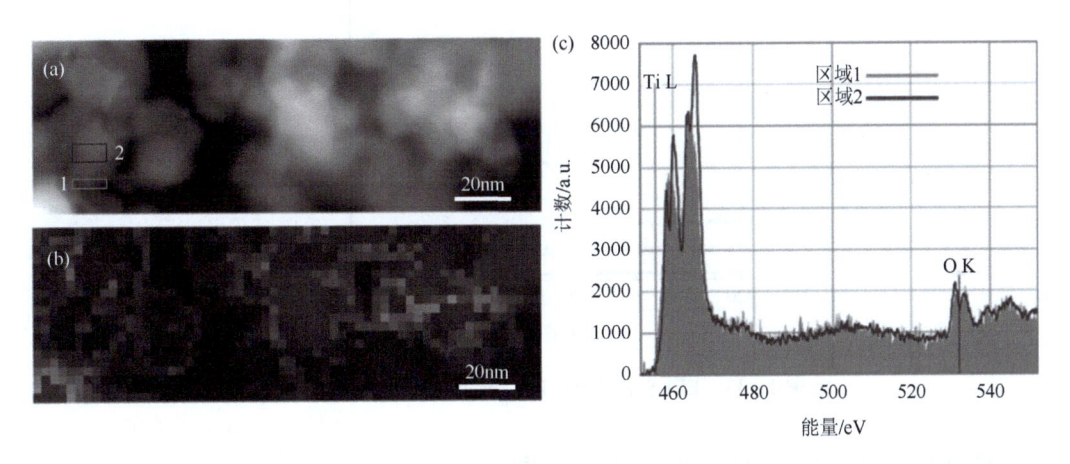

图 11-32 Au/TiO$_2$ 催化剂的 EELS 谱：(a) Au/TiO$_2$ 催化剂的 STEM-ADF 图像，描述用于光谱成像的区域；(b) Ti^{4+}（红色）和未知表面物种（绿色）的相应 EELS 相位图；(c) 在图 (a) 中标记的两个位置获得的对应颜色的 EELS 谱[18]

图 11-32 (a) 进一步确认了颗粒中钛的氧化态的空间分布。图 11-32 (b) 显示了通过将图 11-32 (c) 中的参考光谱逐像素拟合到光谱成像数据集中计算得出的钛氧化态分布图。可以清楚地看到，颗粒的界面和边缘区域主要由 Ti^{3+} 主导，并且对比度渐变表明了壳状分布。这些发现为理解 Au/TiO$_2$ 催化剂在 RWGS 反应中的高效催化性能提供了新的视角。

19. EELS 分析 Au NPs 表面的包覆层组成

负载体型金属催化材料广泛应用于精细化学品合成、能源转化和环境治理等领域。然而，在苛刻的反应条件下，金属纳米颗粒极易发生迁移和团聚，导致催化剂烧结失活。强金属-载体相互作用（SMSI）不仅可以用于稳定金属纳米颗粒，增强其抗烧结能力，还可以调控金属颗粒与载体之间的电子作用，从而改变其催化活性和选择性。然而，利用传统高温氢气还原方法构筑的 SMSI 容易在氧化气氛下失效，导致催化剂失活。这主要是由于其富氧缺陷包裹层容易在氧化性气氛下被深度氧化，从而从金属表面脱离。因此，设计和制备在复杂工况下依然稳定的负载型金属催化剂具有重要意义。

Wang 等[19]对 Au/TiO$_2$-os 催化剂中 Au NPs 表面的包覆层进行了高分辨率 EELS 分析。如图 11-33 所示，在 Au NPs 的中心区域和壳层区域均存在 Ti L 边信号，同时观察到弱的氧信号，表明覆盖层的组成是钛化物种类，这与因封装结构而导致的 SMSI 相符合。

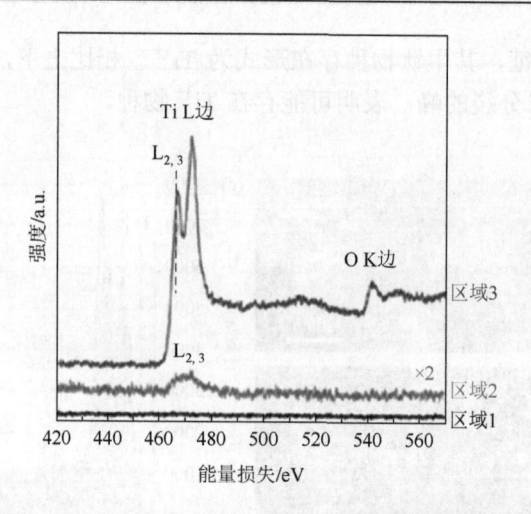

图 11-33　EELS 表征 Au/TiO$_2$-os 存在 SMSI 的谱图[19]

20. EELS 识别 Ce$_4$Ti$_9$O$_{24}$ 中相的确切性质

在催化剂载体中，CeO$_2$/ZrO$_2$ 由于在环境催化过程中，特别是在三元催化和燃料电池氢气生产相关的过程中（如甲烷重整、水汽转移）以及二氧化碳利用（如甲烷干法重整）的相关性而被广泛研究。这些混合氧化物表现出优异的氧化还原性和物理结构性质，这些性质在还原和氧化环境下老化处理后可能进一步增强或恶化。这种行为已被证明与混合氧化物阳离子次晶格的有序/无序转变相关，导致了氧化尖晶石相 Ce$_2$Zr$_2$O$_8$ 的形成或破坏，从而提高或降低了氧释放/交换效率。

Manzorro 等[20]通过结合成像技术（HRTEM 和 HR-HAADF）和光谱技术（X-EDS 和 STEM-EELS），确定了不同样品中存在的相的确切性质，并尝试识别那些既改善又恶化氧化还原响应的相。如图 11-34（a）所示，HR-HAADF 图像可以解释为由相同的相位引起的。图像中的快速傅里叶变换（FFT）分析表明，这个 Ce$_4$Ti$_9$O$_{24}$ 粒子是沿着(010)方向生长的。在对应于纳米颗粒表面的区域进行了 EELS-SI 研究（虚线方块）。从这个光谱成像（SI）中量化的 Ce∶Ti 摩尔比非常接近 4∶9，证实了 Ce$_4$Ti$_9$O$_{24}$ 的组成。图 11-34（b）中

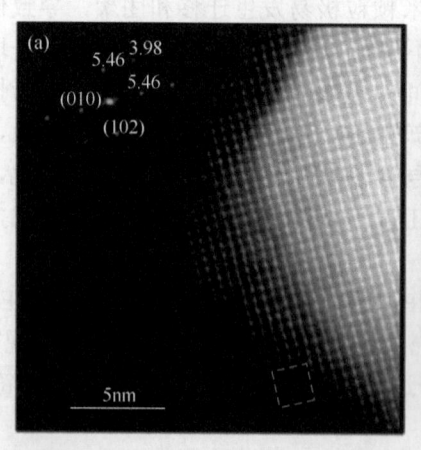

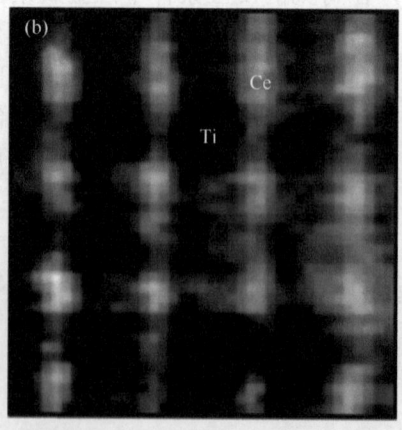

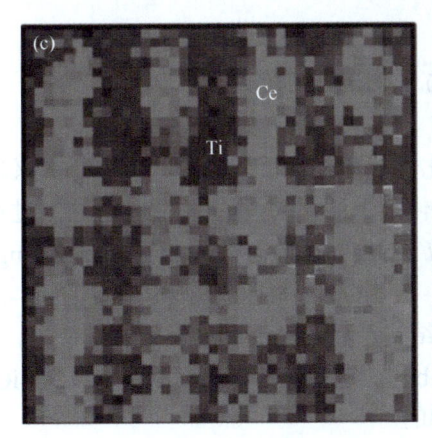

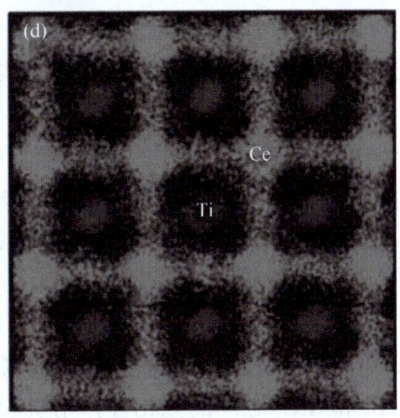

图 11-34 （a）CeO$_2$/TiO$_2$-SRMO-1C 的 HR-HAADF 图像，说明了 Ce$_4$Ti$_9$O$_{24}$ 结构中的阳离子顺序（插图为整个图像的 FFT）；（b）ADF 对应于在黄色虚线框标记的区域中进行的 EELS-SI 分析；（c）叠加的 Ce M$_{4,5}$（绿色）和 Ti L$_{2,3}$（红色）EELS 谱图；（d）Ce$_4$Ti$_9$O$_{24}$ [010] EELS 模拟图覆盖 Ce M$_{4,5}$（绿色）和 Ti L$_{2,3}$（红色）信号[20]

显示了与同时获取的 EELS 信号相关的 ADF 图像，以及 Ce M$_{4,5}$（绿色）和 Ti L$_{2,3}$（红色）元素分布 [图 11-34（c）] 之间的相关性，表明铈位于 ADF 图像的最亮区域，符合预期，而钛柱则显示为暗区。图 11-34（d）中显示的模拟 EELS 图确认了这一解释。

21. EELS 研究元素价态变化

对于贵金属催化剂，水的存在可以形成活性较低的 M—(OH)$_x$ 或阻断活性中心，而 SO$_2$ 会导致不可逆的 M-SO$_4$ 物种的形成。贵金属与 SO$_2$ 或水分子之间的电子转移会降低 d 轨道的电子云密度，抑制反应物分子的吸附和活化。金属氧化物的表面装饰可以通过改变 d 轨道重叠部分来调节贵金属表面的电子性质，从而影响小分子的解离吸附能。例如，Pt 与 M（Fe、Co、Ni）之间的强电子相互作用不仅提高了氧的补充能力，而且削弱了吸附能力，从而在水存在下保持 CO 氧化的稳定性。在 Pt/CeO$_2$ 催化剂上修饰的 WO$_x$ 有利于 W—O—Ce 和 Pt—O—W 键的形成，Pt 原子通过 W 转移，使水中的氧原子不能与带电物质相互作用，从而保证了湿气氛中的良好稳定性。

如图 11-35[21]所示，Pt/Ni-CeO$_2$ 样品的 EELS 谱从体相到表面保持不变。Pt/CeO$_2$ 样品的 M$_5$ 和 M$_4$ 边缘与 Pt-Ni/CeO$_2$ 的 M$_5$ 和 M$_4$ 边缘的能量损失逐渐增加。低能量损失代表低价态元素，从而使所制备的催化剂表现出不同的 Ce^{3+} 分布。根据 M$_5$/M$_4$ 的峰强度比值，可以计算 Ce^{3+} 的比例，研究 Ce^{3+} 的分布。

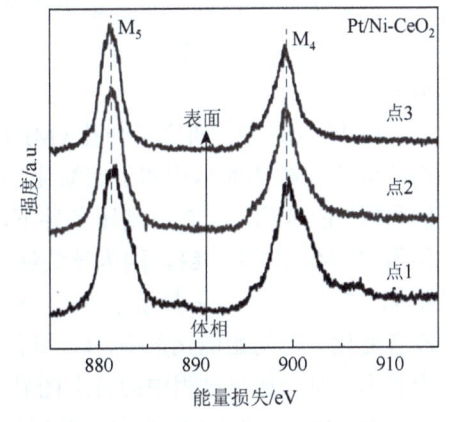

图 11-35 Ce 的 M$_{4,5}$ EELS 谱[21]
点 1～点 3 表示从体相到表相的 3 个不同点

22. EELS分析Au-SiO$_2$界面电子转移与氧化活性间的关系

负载金（Au）纳米催化剂因独特的催化性能在化学反应中引起了广泛的兴趣，尤其是在选择性氧化反应中。尽管在Au纳米催化剂上活化O$_2$至关重要，但这一过程仍然具有挑战性，因为只有小尺寸的Au纳米颗粒（NPs）才能有效地活化O$_2$。Zhang等通过EELS研究了SiO$_2$覆盖层及其化学价态[22]。在TiO$_2$载体上的Si [B区，图11-36（a）]表现出Si—O$_4$四面体结构，表明存在SiO$_2$结构，而在Au NPs上的Si [C区，图11-36（a）]则表现出更多的金属特征[图11-36（b）]，这意味着电子从Au转移到SiO$_2$，这很可能是由Au和SiO$_2$之间的强相互作用引起的。

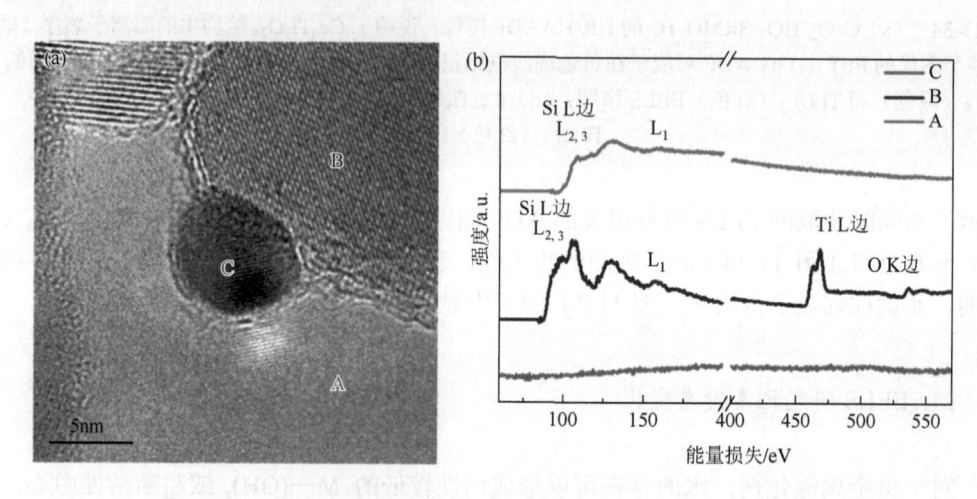

图11-36 Au@SiO$_2$/Ti-800的TEM图像（a）和EELS谱（b）[22]

23. EELS分析热处理过程中Ce^{3+}的分布和丰度

理解催化剂活性位点是未来合理设计、优化和定制催化剂的基本挑战。例如，CO$_2$加氢、CO氧化和水煤气变换反应的关键在于Ce^{4+}表面位点部分还原为Ce^{3+}和氧空位的形成。

Jenkinson等[23]研究了介孔（MP）CeO$_2$纳米纤维作为实际和复杂的Ni/MP-CeO$_2$催化剂的可还原载体的结构和价态演化，使用原位和操作显微镜进行了二维和三维表征。他们利用EELS测定了在特高压条件下，在催化相关温度下热处理过程中Ce^{3+}的分布。EELS使用Ce M$_{4,5}$电离边缘，因为该边缘易于分辨，并且其精细结构提供了Ce的价态信息。图11-37（a）～（c）显示了Ni纳米颗粒近区和远区的EELS谱对比，表明Ce的氧化态没有变化。在初始催化剂中，Ce氧化态对Ni接近度的影响也可以从图11-37（d）和（e）中看出。原位加热过程中的价态图显示，Ce^{3+}含量在温度升高时不会增加，在400℃时仍然与Ni的接近度无关。此外，从室温到400℃范围内，EELS峰强度、Ni和Ce电离边的能量分辨率及能量位移的稳定性没有变化。

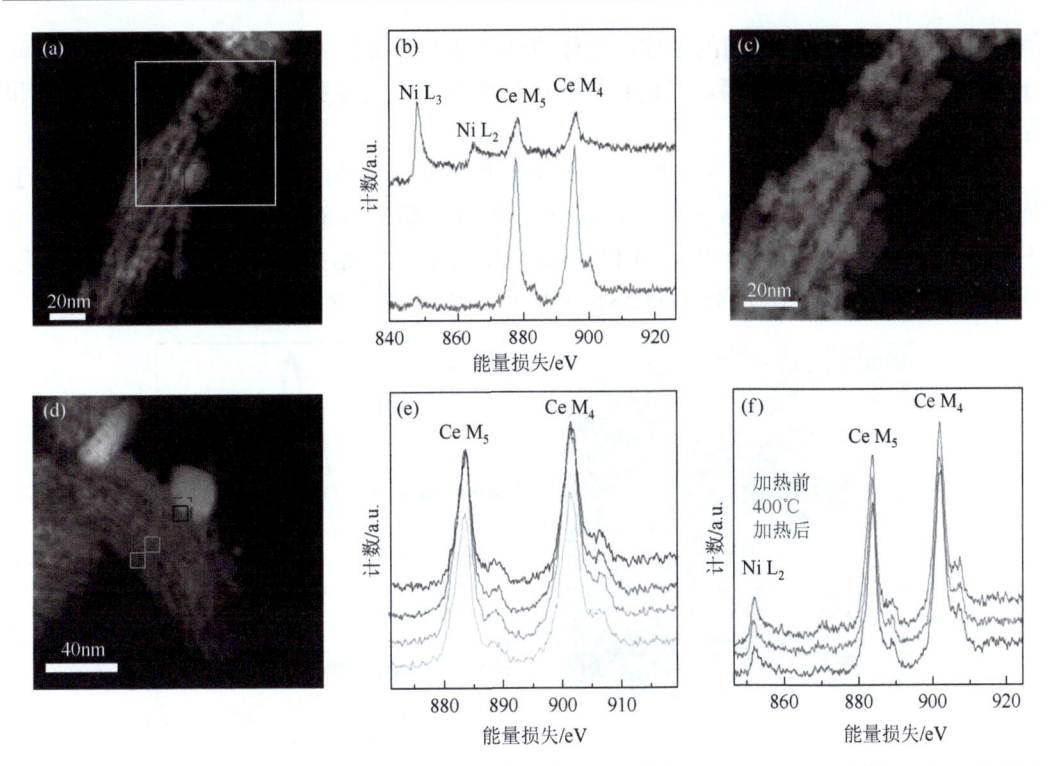

图 11-37 Ni/MP-CeO₂ 在超高真空条件下热处理的原位 EELS 谱和 HAADF-STEM 图像：（a）120℃下的 Ni/MP-CeO₂ 目标区域 1 的 HAADF-STEM 图像，白框表示测绘区域，红、绿框表示图（b）中提取的光谱位置；（b）目标区域 1 内两个位置的 EELS 谱，红色为靠近 Ni 纳米颗粒，绿色为远离 Ni 纳米颗粒；（c）EELS 图提取的 Ni（红色）和 Ce（蓝色）元素分布；（d）Ni/MP-CeO₂ 目标区域 2 的 HAADF-STEM 图像，实框表示图（e）中提取的光谱位置，虚线框表示图（f）中提取的光谱位置；（e）在 120℃下，从图（d）中所示的 Ni 纳米颗粒中提取四个位置的 EELS 谱；（f）加热前（蓝色）、加热期间（绿色）和加热后（红色）提取同一位置的 EELS 谱；光谱提取的位置在图（d）中用红色虚线框表示[23]

24. EELS 研究金属催化剂表面和界面结构

负载金属催化剂是多相催化剂中最常见的一种类型，在现代化学工业中扮演着核心角色，对全球经济具有重要影响。随着催化科学和研究方法的不断进步，人们逐渐认识到载体和活性成分之间存在多种复杂的相互作用。例如，研究人员已经探索了 H_2 和 CO 对第Ⅷ族金属（如 Pt、Pd 等）的化学吸附行为。在高温还原处理过程中，装载在可还原性氧化物（如二氧化钛、五氧化二钒等）上的纳米颗粒（NPs）展现出强金属-支撑相互作用。这一现象自 1978 年被发现以来，得到了广泛关注。经过几十年的研究，金属-支撑相互作用的概念已经扩展到在负载金属催化剂的预处理或反应条件下控制金属 NPs 的几何和电子结构。这种调整可能导致金属 NPs 的形态和分布发生变化，形成新的界面和表面结构，以及在金属 NPs 和载体之间的电子转移。对金属催化剂表面和界面结构的深入分析，有助于理解载体与活性成分之间的相互作用。然而，至今对于这种相互作用的具体机制还没有达成明确共识。

催化剂中载体和活性成分之间的相互作用可以通过电子能量损失谱（EELS）进行研究。EELS 能够以高空间分辨率收集化学信息，为元素分布、价态和特定区域内的配位提供有价值的见解。随着时间的推移，硬件的进步显著提高了 EELS 的能量分辨率、空间分辨率和时间分辨率。然而，光谱数据的可用性并不一定能直接转化为对催化剂表面和界面结构的更深入理解。

针对这些问题，Chen 等[24]提出了一种基于高斯函数拟合的电磁场分析方法，用于负载催化剂界面结构的定量分析，并以 Pt/TiO$_2$ 作为研究对象。在图 11-38 所示的三个不同区域（A、B、C 区域）中，对 EELS 谱进行了拟合，结果如图 11-39 所示。三个区域 L$_3$ 峰的相对峰强度比分别为 35.58%（A 区）、20.18%（B 区）和 19.61%（C 区）。

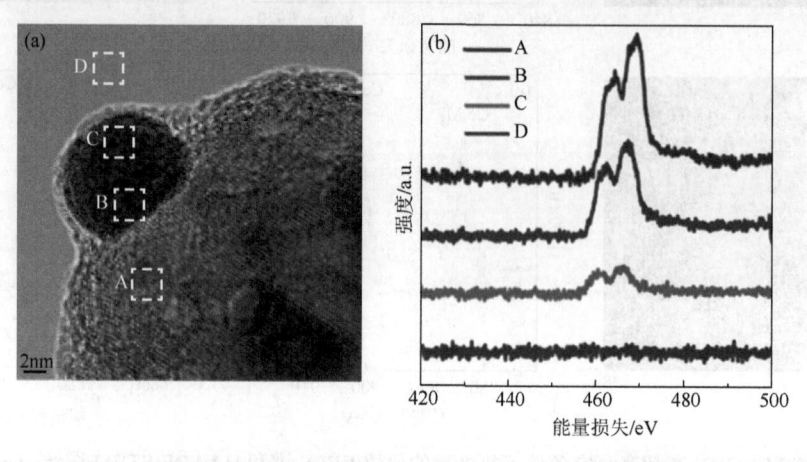

图 11-38 （a）Pt/TiO$_2$ 样品的 HRTEM 图像；（b）图（a）中四个不同区域的 EELS 谱[24]

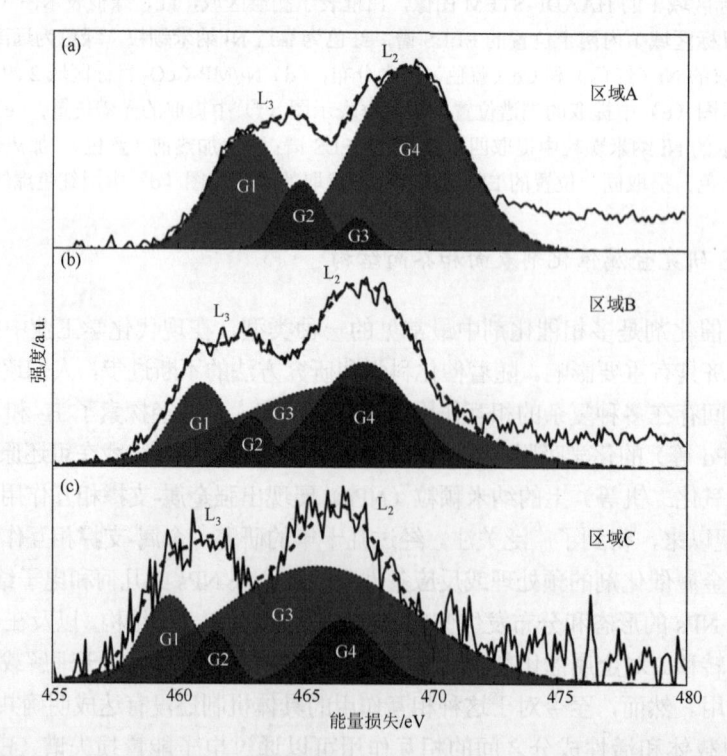

图 11-39 区域 A（a）、区域 B（b）和区域 C（c）三个区域的 EELS 谱及高斯函数拟合结果[24]

25. EELS 分析双原子位点的元素组成

双原子催化剂（DACs）因高原子利用率和双原子位点的协同催化作用而受到广泛关注，但高纯度 DACs 的精确合成仍具挑战性。目前，DACs 的合成主要依赖于金属盐与各种基底或金属-有机前驱体的高温裂解，这种策略在结构控制和异核 DACs 金属类型的精确识别上存在困难。尽管湿化学浸渍和原子层沉积等方法能够精确制备双金属位点，但所制备 DACs 的稳定性通常较差，迫切需要一种精确且大规模合成稳定 DACs 的通用方法。Zhao 等[25]提出了一种名为"导航定位"的创新策略，用于在聚合物碳氮（PCN）上精确且可扩展地合成一系列异核 M_1M_2 DACs。图 11-40 通过 EELS 数据直观地证实了在 ZnRu-PCN［图 11-40（a）］、NiRu-PCN［图 11-40（b）］、BiCu-PCN［图 11-40（c）］、NiCu-PCN［图 11-40（d）］和 CoCu-PCN［图 11-40（e）］中，分别存在一对 Zn 和 Ru、Ni 和 Ru、Bi 和 Cu、Ni 和 Cu 以及 Co 和 Cu 的双原子。这些结果证实了在 M_1M_2-PCN DACs 中异核双原子对的形成，其中 M_1M_2 异核双原子对的距离在 NiRu-PCN、NiCu-PCN、CoCu-PCN 和 ZnRu-PCN 中约为 2.5Å，在 BiCu-PCN 中约为 3.0Å。

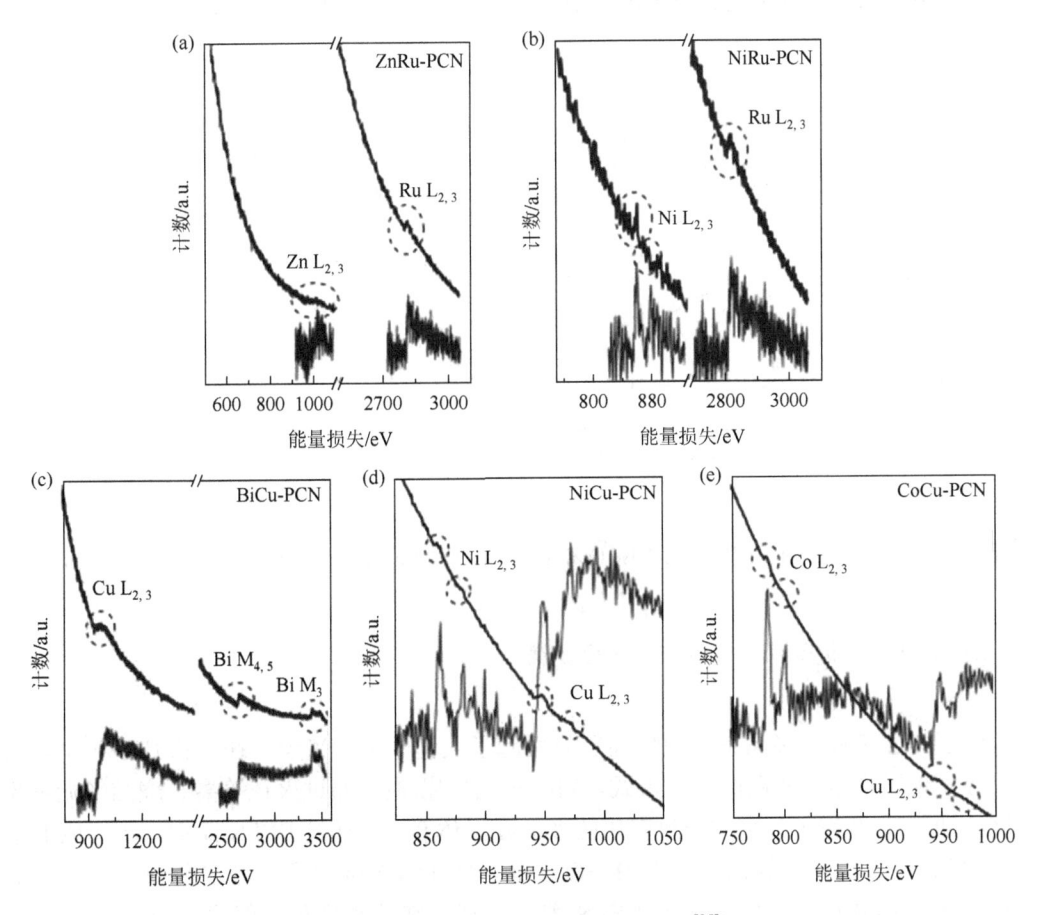

图 11-40　M_1M_2-PCN 的 EELS 表征[25]

26. EELS 分析催化剂的电子结构

YBaCo$_4$O$_{7+\delta}$（YBCO）是一种具有极快氧气吸收和解吸能力及适当储氧能力的储氧材料，被公认为有前途的候选材料。在开发其氧相关的潜在应用之前，有必要在原子尺度上全面研究其晶体和电子结构。

Huang 等对高温合成的 YBaCo$_4$O$_{7+\delta}$（HT-YBCO）和低温合成的 YBaCo$_4$O$_{7+\delta}$（LT-YBCO）的体相进行了 EELS 测量，如图 11-41 所示[26]。在初始状态下，HT-YBCO 和 LT-YBCO 的 Co L$_3$ 边缘位置几乎相同，分别位于 777.8eV 和 777.7eV，这表明两个样品可能具有相同的钴价态，即 Co^{2+}/Co^{3+} 的比值为 3∶1，因为 Co L$_{2,3}$ 边的位置与钴的氧化态有关。在吸氧过程中，HT-YBCO 和 LT-YBCO 的 Co L$_3$ 边缘位置分别移动至 778.9eV 和 778.7eV，能量损失增大，而 Ba M$_{4,5}$ 边缘位置在两种样品中都保持不变。同时，在图 11-41（b）中，O K 边缘在 528.9eV 处出现了一个更加明显和尖锐的峰，这可解释为钴在吸收氧气后的氧化作用。换句话说，多余的氧原子被纳入 YBCO 的晶格中，并与钴离子结合，导致钴的氧化态增加。仔细观察 Co L$_3$ 边缘发现，与 HT-YBCO 相比，LT-YBCO 的 Co L$_3$ 边缘的能量损失约为 0.27eV，因此 LT-YBCO 的钴氧化态较低。

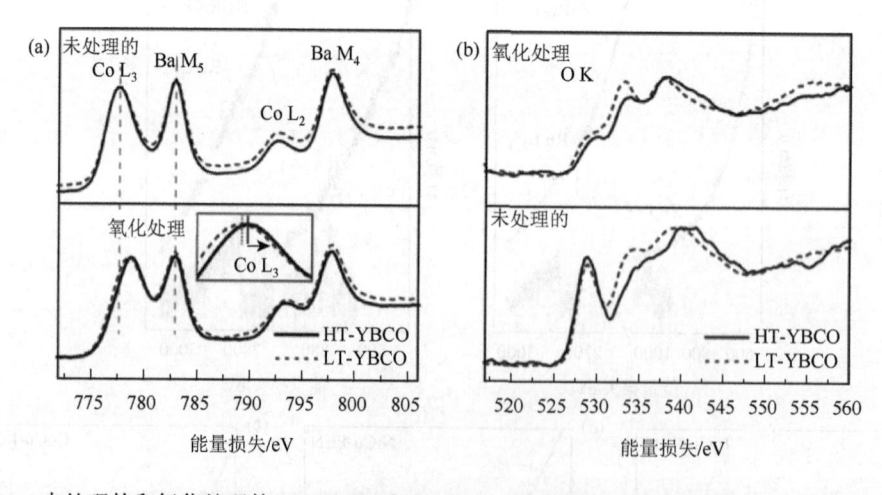

图 11-41 未处理的和氧化处理的 HT-YBCO 和 LT-YBCO 的 Co L$_{2,3}$、Ba M$_{4,5}$ 和 O K 边的 EELS 谱[26]

27. EELS 分析富硼氧化物中 B—O σ 键

硼因丰富多样的多晶态及独特性质而引起了人们的极大兴趣。在过去几十年里，人们已经发现了许多单质硼的晶体形式。Zhang 等[27]报道，通过火花等离子烧结（无需添加烧结助剂），获得了几乎完全致密化的多晶菱形体 β-硼。通过 EELS 证实，新形成的富硼氧化物（B$_{96}$O$_4$）的结构中存在 B—O σ 键。图 11-42 显示了从选定区域提取的富硼氧化物颗粒和 β-B 在选定区域的 EELS 谱，分别用红色和黑色曲线表示。

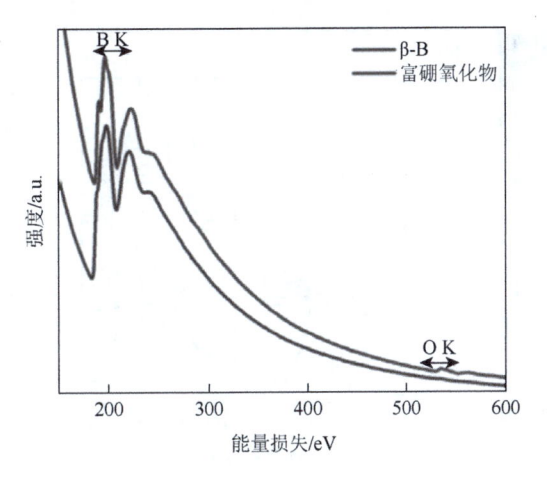

图 11-42　β-B 和富硼氧化物的 EELS 谱[27]

可以清楚地看到，在富硼氧化物颗粒中，硼（B K 边）和氧（O K 边）的峰同时出现，而在 β-B 中只有 B K 峰。有趣的是，β-B 和富硼氧化物的 B K 边仅显示 σ 键（σ*），表明新形成的 $B_{96}O_4$ 相具有刚性的二十面体共价网络，类似于 B_4C 和 B_6O 等超硬富硼固体。这一发现表明，新形成的富硼氧化物在结构和性质上与其他已知的超硬富硼固体具有相似性。

28. EELS 分析 Pt 纳米颗粒上 Ti 价态的空间分布

在非均相催化剂中，金属-氧化物相互作用通常自发发生，但往往会导致金属纳米颗粒氧化，这是不希望的结果。然而，通过操纵这种相互作用，可以产生高活性的金属纳米颗粒表面，从而确保最佳的催化活性。

Cho 等报道了一种简单的光沉积法合成路线[28]，旨在逆转 Pt/TiO_2 光催化剂中 Pt 纳米颗粒和 TiO_2 之间的传统金属-氧化物反应。该方法的关键是在 Pt 纳米颗粒合成之前引入含有高密度氧空位和电子的高度无序的 TiO_{2-x}（DR-TiO_2）表面层，这驱动了热处理后电子从 TiO_{2-x} 转移到 Pt 原子上。富电子的 TiO_{2-x} 表面层充当电子储层，将电子传递给 Pt 原子，随后将 Pt 原子还原为金属态，同时将 DR-TiO_2 氧化为 TiO_2。

为了验证 Pt 与 TiO_2 之间的相互作用是否被 DR-TiO_2 层所修饰，通过分析 STEM-EELS Ti $L_{2,3}$ 边缘，确定了四种不同样品在 Pt 纳米颗粒下 Ti 价态的空间分布。Ti^{3+}/Ti^{4+} 比值通过对 Ti $L_{2,3}$ 核心损耗 EELS 谱的多重线性最小二乘拟合定量确定，并将其彩色编码图叠加在图 11-43（a）～（d）中每个对应的 STEM 图像上。从体相 TiO_2 到 Pt/TiO_2 界面的 EELS Ti $L_{2,3}$ 边缘轮廓如图 11-43（e）所示。Ti^{3+} 态在 Ti $L_{2,3}$ 边缘表征，在 Ti^{4+} 态（蓝线）下，每个 L_3 和 L_2 峰的 t_{2g}-e_g 双重峰合并为双重峰谷处的单峰。

在热处理前的 Pt/R-TiO_2 体系中，Ti^{3+} 态存在于 Pt 纳米颗粒下，并从 Pt/TiO_2 界面延伸约 3.9nm，表明 Pt 纳米颗粒和 TiO_2 之间存在传统的金属-载体相互作用。热处理后，Ti^{3+} 态从表面进一步向内延伸至 5.2nm，表明电子从 Pt 转移到 TiO_2。相比之下，热处理

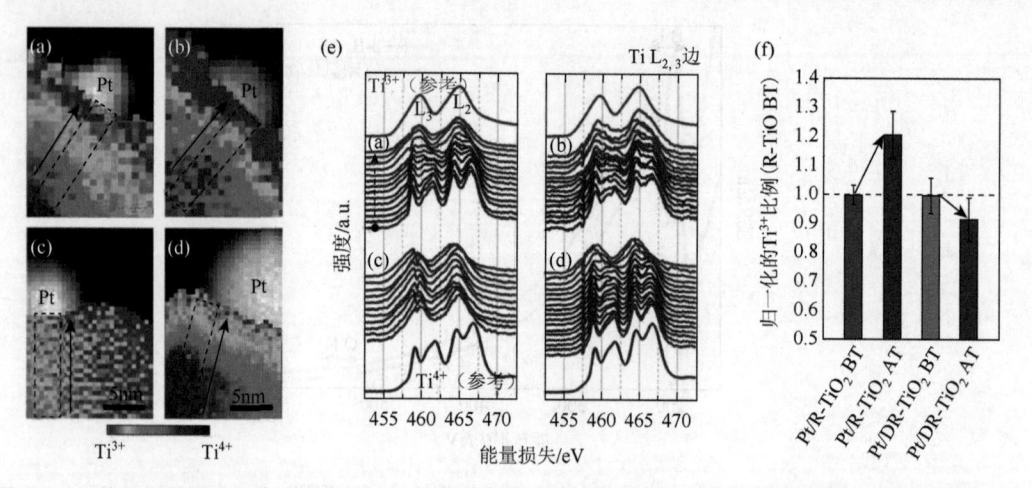

图 11-43 热处理前（BT）的 Pt/R-TiO$_2$（a）、热处理后（AT）的 Pt/R-TiO$_2$（b）、热处理前（BT）Pt/DR-TiO$_2$（c）以及热处理后（AT）的 Pt/DR-TiO$_2$（d）的 Ti^{3+}/Ti^{4+} 比例图；（e）4 个样品对应的 STEM-EELS Ti L$_{2,3}$ 谱图，平面内 EELS Ti L$_{2,3}$ 谱图由（a）～（d）中的黑色虚线框获得，Ti^{3+} 和 Ti^{4+} 的 EELS 参考剖面分别显示在每个剖面框的顶部和底部；（f）通过 Pt/R-TiO$_2$ BT 的 Ti^{3+}/Ti^{4+} 归一化获得的四种试样 Pt/TiO$_2$ 界面区附近的 Ti^{3+} 比例[28]

前的 Pt/DR-TiO$_2$ 体系中的 Ti^{3+} 态，最初厚度约为 6.5nm，热处理后降至 1.8nm，表明电子从 DR-TiO$_2$ 向 Pt 转移。如图 11-43（f）所示，通过热处理前 Pt/R-TiO$_2$ 的 Ti^{3+}/Ti^{4+} 归一化获得的四种试样在 Pt/TiO$_2$ 界面区附近的 Ti^{3+} 比例在两种体系之间也表现出相反的趋势，支持反向的金属-氧化物相互作用。

29. EELS 分析 Pt 活化氢诱导 TiO$_2$ 表面空位的产生机制

观察和了解催化剂在反应过程中的表面变化对机制研究具有重要意义。Xue 等[29]研究了 Pt/TiO$_2$ 催化剂在光催化析氢过程中的几种不同表面行为。他们采用 EELS 技术，分析了 Pt 对 TiO$_2$ 表面氢化壳的微观调控，并进一步研究了 TiO$_2$ 空位的产生。

如图 11-44 所示，从表面记录的 Ti L$_3$ 峰相对于块体位置向能量较低的方向移动，表明表面存在较低的 Ti 电子态，如 Ti^{3+}。Ti L$_2$ 和 L$_3$ 峰强度的显著降低主要是由缺陷的产生。因此，根据上述形态转变和价态变化的结果，他们提出表面单个 Pt 原子倾向于诱导氢注入到 TiO$_2$ 亚表面，从而产生自氢化外壳并诱导缺陷的形成。

对于纯 TiO$_2$ 催化剂，光催化过程中氢的生成和解吸倾向于在表面相互作用。根据之前的报道，当将 Pt 纳米颗粒加载到表面时，TiO$_2$ 导带中的光激发电子可以转移到 Pt 纳米颗粒上，导致氢的吸附和活化主要集中在 Pt 纳米颗粒上。

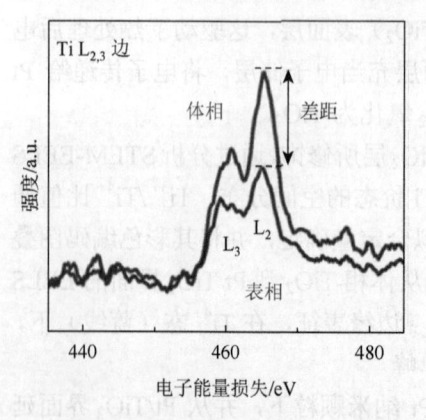

图 11-44 从 Pt$_1$-TiO$_2$ 表面（红点）和内部（绿点）提取的 EELS 结果[29]

30. EELS 获取催化剂表面和核心的位置特异性缺陷数据

通过缺陷结构工程对表面氧空位（O_{VS}）特性的精确控制被广泛应用于调整光催化剂的固有特性，从而合理控制其光催化降解（PCD）活性和选择性。在金属氧化物纳米颗粒（MO NPs）中产生缺陷位点的一种常见方法是通过金属掺杂或碱处理进行表面改性。在金属掺杂过程中，通过电荷转移形成表面缺陷，而在 NPs 碱处理过程中，表面形成的许多羟基基团使羟基自由基（·OH）的形成成为 O_{VS} 形成的关键，这与光催化活性直接相关。

由于尚不清楚哪种方法更适合提高光催化活性，因此需要识别和表征直接影响光催化性能的缺陷结构。在光催化过程中，Ce 在价带（VB）中产生正空穴，与水反应产生·OH。一旦·OH 产生，它们就与有机物反应并氧化，最终产生二氧化碳和水作为最终产物。与其他金属氧化物不同，二氧化锆 NPs 由于宽带隙（约 5.0eV）不能有效利用可见光，但表现出良好的物理化学性质，如高热稳定性和化学稳定性、低导热系数、耐腐蚀性和高强度。因此，二氧化锆 NPs 作为催化材料、染料敏化太阳能电池、燃料电池和气体传感器等多功能材料引起了广泛关注。

Kim 等[30]通过金属掺杂或碱处理在二氧化锆 NPs 表面产生缺陷位点，最大限度地提高其光催化活性。他们验证了碱处理和 Cr 离子掺杂增强二氧化锆 NPs 光催化活性的能力，并确定了哪种方法有利于直接负责这种活性的缺陷结构。为了获得单个 NP 表面和核心的位置特异性缺陷数据，他们使用了高分辨率 STEM-EELS 检测 O K 边缘光谱轮廓的变化，包括缺陷诱导峰（表面羟基相关缺陷或 O_{VS}）的变化。图 11-45 显示了每个 NP 的表面和核心位置获得的 O K 边能量损失近边结构（ELNES）谱。在 525～545eV 的能量损失范围内，观察到两个峰 e_g（约 533.2eV）和 t_{2g}（约 536.4eV），分别对应于 O 2p 和 Zr 4d 态的杂化。e_g/t_{2g} 的峰值强度比随着 O_{VS} 量的增加而变化，是研究空间区域内 O_{VS} 相对浓度的敏感指标。

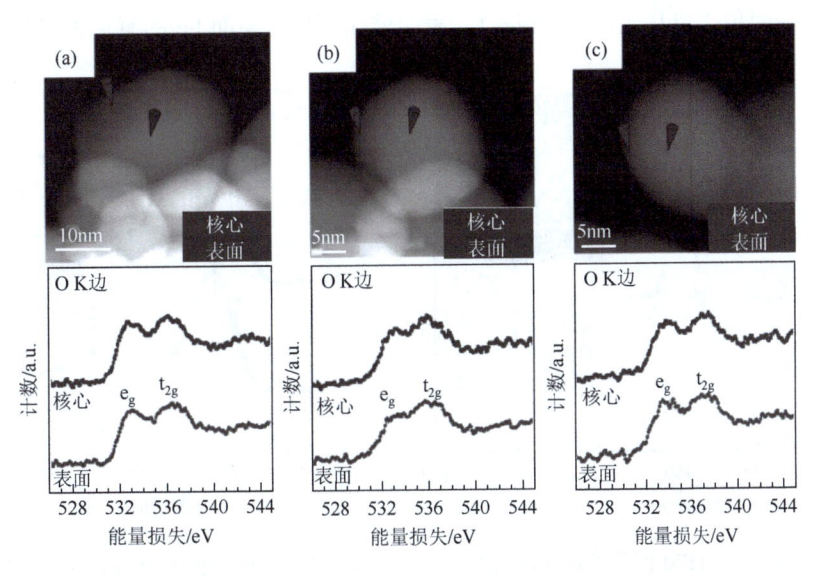

图 11-45 ZrO_2（a）、ZrO_2-B（b）和 $Cr@ZrO_2$ NPs（c）的 STEM-EELS 图像和 O K 边 ELNES 光谱[30]

单个纯净 ZrO₂NPs 的 O K ELNES 光谱表现出典型的 ZrO₂ NPs 特征,其强度比值(表面为 0.89±0.03,核心为 0.96±0.02)以及光谱轮廓均未发生变化。相比之下,ZrO₂-B NPs 的光谱发生了显著变化,其 e_g/t_{2g} 强度比值降低(表面为 0.78±0.04,核心为 0.92±0.03),表明其电子结构发生了显著改变。这表明碱处理显著影响了氧空位的数量,从而提高了光催化(PCD)活性。相反,在 Cr 掺杂的 ZrO₂ 样品中,e_g/t_{2g} 强度比值(表面为 0.87±0.05,核心为 0.95±0.02)未发生明显变化,说明氧空位的数量与纯净样品相比未发生显著变化。这证实了碱处理对氧空位的影响远大于 Cr 掺杂。

31. EELS 观测 Co@Si 单原子催化剂的 Co 原子信号

晶体硅由于理想的带隙和光吸收能力,是一种理想的单原子光催化剂基底材料。然而,目前缺乏有效的合成方法来制备硅基的单原子催化剂。Chen 等[31]合成了一类具有较高单原子钴负载浓度(3.4wt%)的硅基催化剂(Co@Si SAC),并利用 EELS 对其性质进行表征,如图 11-46 所示。进一步,通过 HAADF-STEM 清晰观察到 Co 原子的信号,证实了 Co 原子在催化剂中的有效孤立分散。

32. EELS 技术分析 Fe₃O₄ NPs 纳米酶循环催化氧化状态

Fe₃O₄ NPs 作为最早被发现的纳米酶,现阶段对其类过氧化物酶(POD)催化机制的详细研究仍较为缺乏。Dong 等[32]研究了纳米酶在类 POD 催化过程中表面活性原子是否会被耗尽,导致催化剂活性降低的问题。他们将 Fe₃O₄ NPs 纳米酶投入类 POD 循环催化反应体系,持续进行 5 轮,每轮 20h 的催化作用,并对回收颗粒的理化性质进行了表征。利用 EELS 对回收颗粒的氧化状态进行了分析,如图 11-47 所示。结果发现,与循环催化前相比,经过 5 天循环催化后,回收颗粒的 EELS 谱图中 Fe $L_{2,3}$ 峰值向高能量损失方向偏移约 1.4eV,且 Fe L_3/L_2 峰面积比值从 4.7 增加到 6.1,表明催化后颗粒表面 Fe 的氧化态增加。

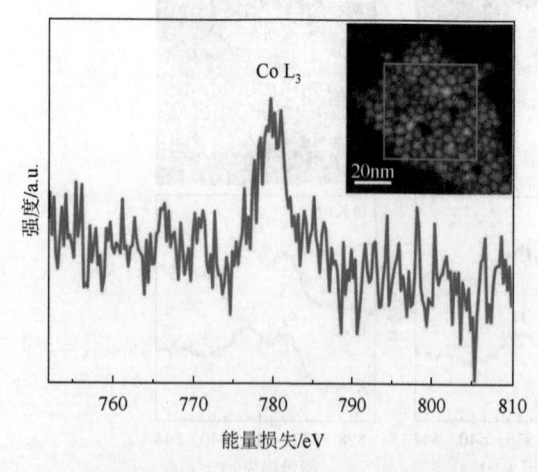

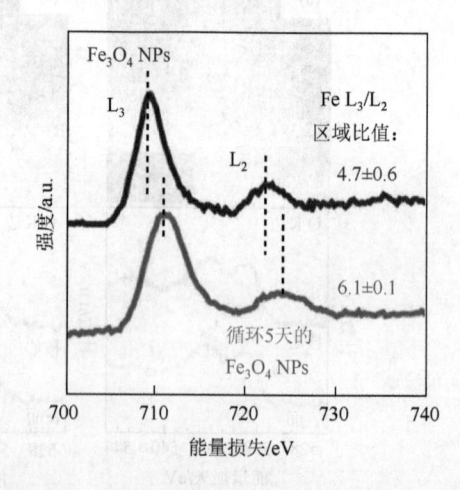

图 11-46 硅纳米晶 STEM 图像选定区域的 EELS 结果[31]

图 11-47 Fe₃O₄ NPs 循环催化 5 天前后 Fe $L_{2,3}$ 的 EELS 谱图[32]

33. EELS 分析磷带隙特性

在下一代电子学和光电子学应用需求的推动下，人们广泛致力于研究和发现具有带隙大于 2eV 的宽带隙二维（2D）层状材料。二维层状材料可分为元素型二维材料和复合型二维材料。相比之下，由单一元素和简单键合结构组成的元素二维材料可能更适合于器件应用。目前，元素二维材料中带隙最大的是单层黑磷，带隙约为 2.3eV。然而，单层黑磷的低环境稳定性阻碍了其应用。因此，探索带隙≥2.0eV、高稳定性和高迁移率的新型二维元素化合物对于开发下一代电子学和光电子学器件至关重要。

Cicirello 等[33]通过一种结合高温盐熔剂和铋金属的新方法，将新的异构体 violet-P_{11} 生长为大晶体。新发现的 violet-P_{11} 块体晶体的带隙为 2.0eV，具有良好的稳定性和较高的电子迁移率[1307.32 cm^2/(V·s)]。实验结果和密度泛函理论（DFT）计算结果均验证了 violet-P_{11} 的宽带隙特性。violet-P_{11} 被预测为直接带隙半导体，并通过 EELS 来估计其带隙，结果如图 11-48 所示。

从原始 EELS 数据［图 11-48（a）］来看，所有光谱都是单调递减的，斜率与真空参考值相似，直到在 2eV 处观察到一个明显的特征峰。为了处理数据，将零损失峰（ZLP）尾部拟合为一个 1~1.8eV 衰减的幂律函数。扣除背景后的光谱如图 11-48（b）所示。然后，使用以下公式拟合数据：$I \sim (E-E_g)^n$，其中，I 为 EELS 强度；E 为能量；E_g 为拟合的带隙；n 为拟合的指数。当 $E<E_g$ 时，I 设为 0。拟合范围为 1.5~3.5eV。拟合结果如图 11-48（b）所示。分析表明，violet-P_{11} 的带隙为 (2.1 ± 0.1)eV，与紫外-可见（UV-vis）光谱的结果一致。

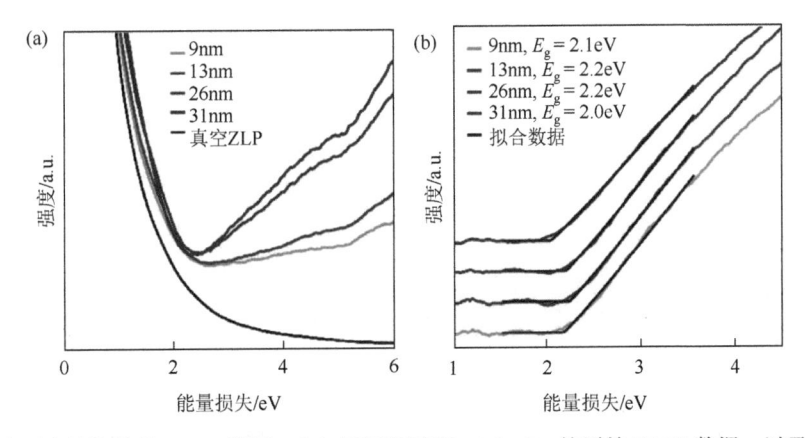

图 11-48 磷同素异构体的 EELS 谱图：（a）不同厚度的 violet-P_{11} 的原始 EELS 数据，以及可供参考的真空 ZLP，所有数据都是基于 ZLP 的最大值垂直缩放；（b）扣除背景后的 EELS 数据，为清晰起见垂直移位，每个光谱都是独立拟合的，拟合用黑色表示，拟合参数列在图例中[33]

34. EELS 分析二维 In_2Se_3 多晶 E_p 纳米级相识别

2D 材料中的多晶型现象不仅为探索在低维度下具有奇异功能的新相提供了激动人心

的前沿领域，同时也为通过可控的相变调控这些二维功能，以实现新型器件应用提供了可能性。Chen 等[34]利用电子能量损失谱（EELS）区分不同等离子体能量的特性，在纳米尺度上对二维 In$_2$Se$_3$ 多晶型结构进行相鉴定。In$_2$Se$_3$ 多晶型结构表现出不同的等离子体能量，这些能量差异可以通过 EELS 实验检测，并通过第一性原理计算加以验证。这使得等离子体能量映射成为一种有效的相鉴定技术，可用于单层厚度的研究，并且相对独立于样品取向（相比于原子分辨率 TEM）。此外，他们将该方法扩展至 In$_2$Se$_3$ 的相变研究，结合原位 EELS 和 XRD 进行相关分析，从而揭示 In$_2$Se$_3$ 多晶型结构在价电子密度上的微妙差异。

通过机械剥离商业晶体，制备了具有 2H 和 3R 堆叠结构的 α-In$_2$Se$_3$ 和 β′-In$_2$Se$_3$ 薄片。发现这四种相表现出略微不同的等离子体能量（E_p），这些能量可以通过低损耗 EELS 检测到。如图 11-49 所示，尽管在约 15eV 和 21eV 处的两个峰形状相似，但四种相之间的第一个等离子体峰存在微小偏移，如垂直虚线所示。通过最小二乘曲线拟合，定量提取了 E_p，其顺序为 E_p(α-2H)<E_p(α-3R)<E_p(β′-2H)<E_p(β′-3R)。尽管这些偏移相对于峰宽较小，但它们在〈0001〉和〈1120〉取向上均可测量到。2H-In$_2$Se$_3$ 和 3R-In$_2$Se$_3$ 之间的偏移（约 0.15eV）通常小于 α 和 β′相之间的偏移（约 0.35eV），但两者都在现代 EELS 谱仪的灵敏度范围内。基于计算得到的介电函数（ϵ_1 和 ϵ_2），推导出的能量损失函数 Im($-1/\epsilon$)在定量上与图 11-49（b）中的实验低损耗光谱相匹配，两个等离子体能量峰在正确的出峰位置以适当的峰形状重现。α-In$_2$Se$_3$ 和 β′-In$_2$Se$_3$ 之间的第一个等离子体峰的能量位移也得到了再现，这为使用低损耗 EELS 测量 E_p 以区分 α-In$_2$Se$_3$ 和 β′-In$_2$Se$_3$ 提供了理论验证。另外，相同 In$_2$Se$_3$ 相的 2H 和 3R 堆叠之间计算的 E_p 差异可以忽略不计。STEM 中的 EELS 也可以达到亚纳米分辨率，从而为 In$_2$Se$_3$ 的纳米级相识别提供了强大的技术支持。这为使用低损耗 EELS 测量 E_p 以区分 α-In$_2$Se$_3$ 和 β′-In$_2$Se$_3$ 提供了验证。

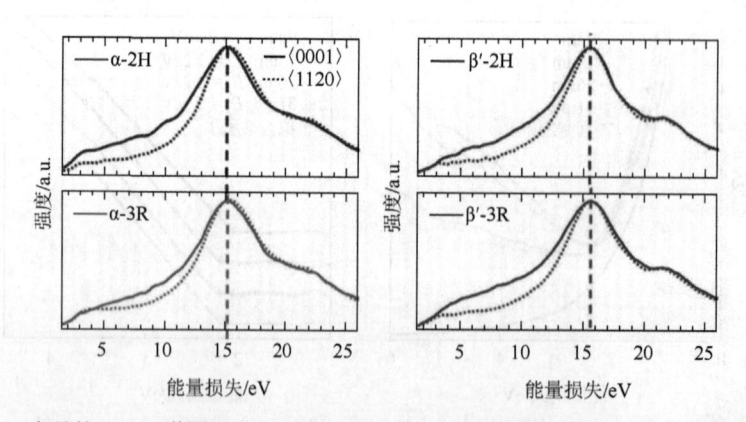

图 11-49 In$_2$Se$_3$ 多晶的 EELS 谱图：沿〈0001〉和〈1120〉带轴的低损耗 EELS 谱，等离子体能量用虚线表示。与〈1120〉EELS 谱相比，〈0001〉EELS 谱中 3～12eV 的较高强度与〈0001〉偏振光的较高吸收相一致[34]

35. EELS 研究冰的形成行为及相结构成因

冰在地球上无处不在，在云物理、气候变化和低温保存等领域都发挥着重要作用。

冰的作用由其形成行为和相关结构决定，但这些机制尚未完全理解。

EELS 结果显示[35]，在石墨烯基底的低温过程中，随着时间的推移出现了两个峰。其中一个峰（峰Ⅰ）在 8.8eV，与冰的电子间隙非常吻合；另一个峰在 532eV 处，为 O K 边的积累峰（图 11-50）。同时，284eV 处 C 的 K 边逐渐减小，表明碳沉积减少。与此同时，单层石墨烯在 15.6eV 的峰值转移到 21eV，这归因于大块冰的等离子体，证实了冰的吸附。

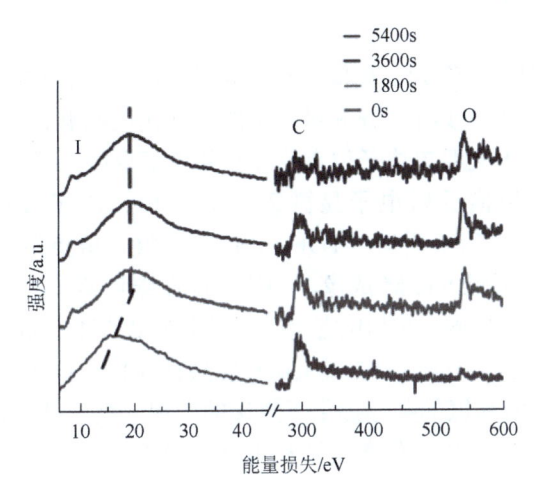

图 11-50　具有低损耗和核心损耗的冷却基底的连续实时双 EELS 谱图[35]

36. EELS 证实氧物种的演化

表征催化剂的润湿特性主要在平面结构中进行分析。最常用的技术包括测量液滴与固体表面之间的接触角，这与界面张力相关。此外，更多表面敏感技术已被用于研究润湿性和表面状态之间的关系。

Shen 等研究探测了粒子-液界面附近的环境。通过将收敛的电子束置于 BSCF 粒子旁边，避免了电子束的辐照效应。在循环伏安（CV）过程中，连续获取 EELS，监测 O_2 峰的演化。图 11-51 展示了从第一个循环开始，在电位为 1.0V（vs. RHE）和 1.9V（vs. RHE）

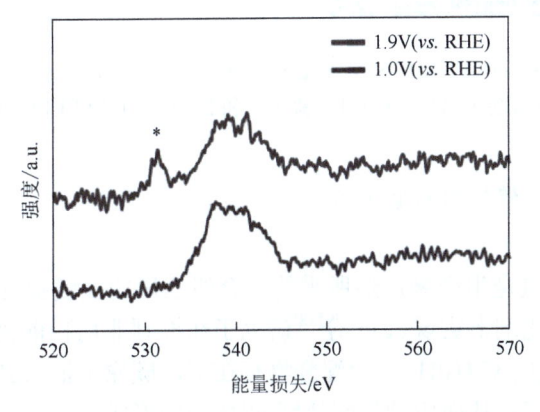

图 11-51　$Ba_{0.5}Sr_{0.5}Co_{0.8}Fe_{0.2}O_{3-\delta}$ 钙钛矿（BSCF）表面上分子氧演化的 EELS 光谱[36]

*（531eV 处）表示分子氧特征峰

下获得的 O K EELS 谱图[36]。在 1.9V（$vs.$ RHE）的谱图中，531eV 处的明显特征峰表明分子氧的演化，而所有 O K EELS 谱图中出现的 540eV 处的宽峰与 KOH 溶液和 SiN$_x$ 膜的背景信号有关。

37. EELS 研究 NiN$_x$ 活性位点

金属和氮掺杂的碳材料作为多相催化剂引起了广泛关注，这些催化剂包含类似于分子催化剂的 MN$_x$ 活性位点。其中，镍和氮掺杂的碳催化剂能够将 CO$_2$ 电化学还原为 CO。理解这些材料的关键在于证明单原子位点的存在并表征金属原子周围的环境。

Koshy 等[37]通过扫描透射电子显微镜（STEM）、原子分辨率电子能量损失谱（EELS）和飞行时间二次离子质谱（TOF-SIMS）对镍、氮掺杂碳催化剂进行了研究。如图 11-52（a）所示，通过 STEM 成像，确认了镍在碳骨架中的原子分散状态，并利用图像分析对镍原子的邻近距离分布和位密度进行了半定量估计。如图 11-52（b）所示，原子分辨率 EELS 表明，在单个镍原子位置上氮和镍共存，指示了 Ni—N 配位。STEM-EELS 结果为 Ni-N-C 材料中氮和镍的共存提供了直接的微观证据，并激发了对 NiN$_x$ 物种确切配位环境的进一步研究。这项工作激发了利用分子催化设计来开发下一代非均相催化剂的研究。

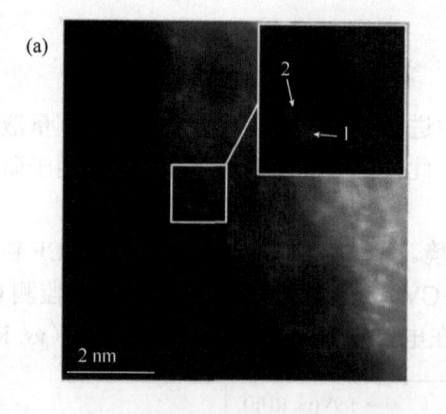

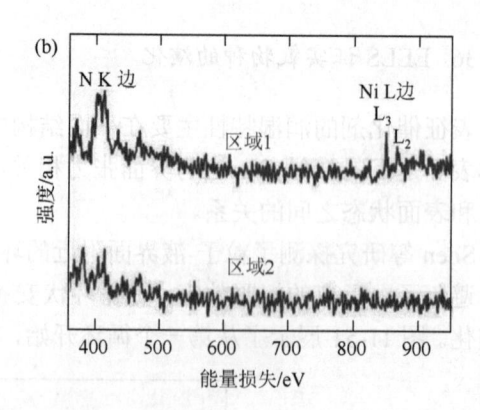

图 11-52　(a) NiPACN-3.5wt%的 ADF-STEM 图像，插图显示进行原子分辨率 EELS 的区域 1（蓝色）和 2（红色）；(b) 区域 1（蓝色）和 2（红色）的 EELS 谱图[37]

38. EELS 研究 Pd 催化剂的电子态

乙炔的选择性加氢是生产聚乙烯所需的聚合级乙烯的关键提纯步骤。几十年来，这一过程已经在含钯催化剂上实现。Liu 等[38]研究了在控制非均相催化剂反应活性的条件下钯物质的转变。在 C$_2$H$_2$/C$_2$H$_4$/H$_2$ 反应混合物存在下，碳原子插入到钯晶格中，形成可渗透的非晶碳氢化合物层，从而驱动低配位钯-碳化物的形成。这一过程提供了更多的活性 Pd-C$_{sub}$@C$_{layer}$ 位点（C$_{sub}$：亚表面碳；C$_{layer}$：表面碳层）。

根据密度泛函理论（DFT）计算，表面和亚表面效应的结合抑制钯的氢化，减弱乙烯的吸附，从而提高了乙炔选择性加氢的催化性能（在100%转化率下实现93%的乙烯选择性），并具有长期稳定性。在没有氢的情况下，形成致密的结晶层，渗透率受到严重限制，导致催化活性显著降低。STEM图像中各点的EELS为钯催化剂和碳基底中的电子态提供了定性证据。理论上，EELS中Pd $M_{4,5}$ 信号的强度主要反映了未占据电子态的密度。

如图11-53所示，对于Pd/CNF-H，在335eV（边缘在335～340eV）处观察到Pd $M_{4,5}$ 信号，这与钯的金属态一致。Pd/CNF-H中不存在碳峰，说明还原后的未使用的/原始钯表面不存在碳物种。样品处理后Pd@C/CNF-TCH、Pd@C/CNF-TC 和 Pd@C/CNF-TC-1 的Pd $M_{4,5}$ 信号更加复杂，表明钯的价态发生了变化，这可能与碳进入钯体相中有关。

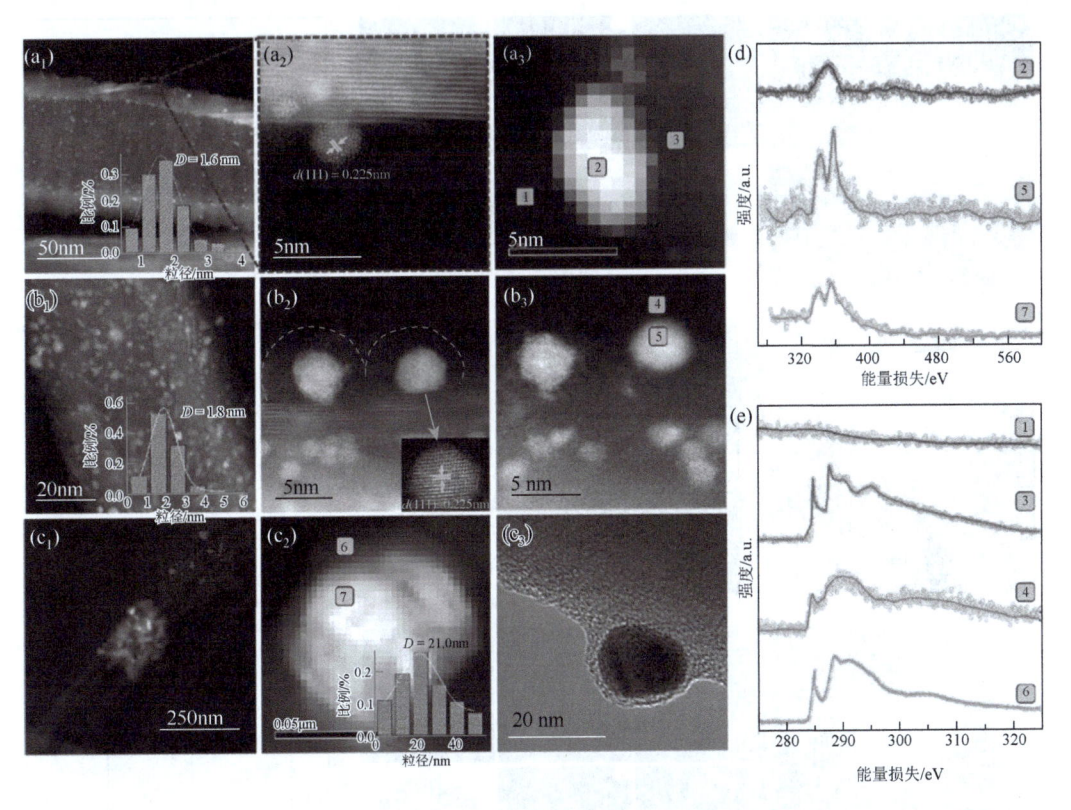

图11-53　Pd/CNF-H（a）、Pd@C/CNF-TCH（b）、Pd@C/CNF-TC［(c_1)、(c_2)］和Pd@C/CNF-TC-1（c_3）的STEM图像；(d) Pd EELS谱；(e) C EELS谱；编号表明样品上的EELS数据的来源[38]

39. EELS研究Cu/ZnO催化剂的电子态

在甲醇蒸汽重整（MSR）研究中，高效结构催化剂和反应器（SCRs）的开发一直是热点。传统的MSR SCRs存在传热差、催化剂负载量低和涂层分层等问题。Li等[39]利用金属3D打印技术和合金化技术制备了新型三维梯度纳米多孔Cu/ZnO（3DNP-Cu/ZnO）

SCRs。与使用 H_2/N_2 混合物活化的催化剂相比,MeOH/水蒸气活化的 3DNP-Cu/ZnO SCRs 具有更大的 Cu-ZnO 界面面积和更高的 $Cu^+/(Cu^0 + Cu^+)$ 摩尔比。

实验结果表明,在反应温度 280℃,水醇摩尔比 1.3,质量空速 $30h^{-1}$ 的条件下,甲醇转化率达到 98.3%,CO 选择性为 0.86%。较高的 $Cu^+/(Cu^0 + Cu^+)$ 比实现了高催化活性,促进了 MSR 反应中*CHOO 的生成。3DNP-Cu/ZnO SCRs 为 MSR SCRs 的制备提供了一种新的策略,具有广阔的应用前景。如图 11-54 所示,利用 HAADF-STEM 获得的 EELS 结果阐明了 Cu、Zn 和 O 的价态。在区域 1 处仅存在 Cu^0 物种,而在区域 2 处,暴露的 Cu 颗粒与 Cu^+ 和 $Zn^{\delta+}$ 同时存在于 Cu-ZnO 界面。在 $H_2O/CH_3OH/N_2$ 活化后,Cu 纳米颗粒表面形成了薄的 ZnO 层。

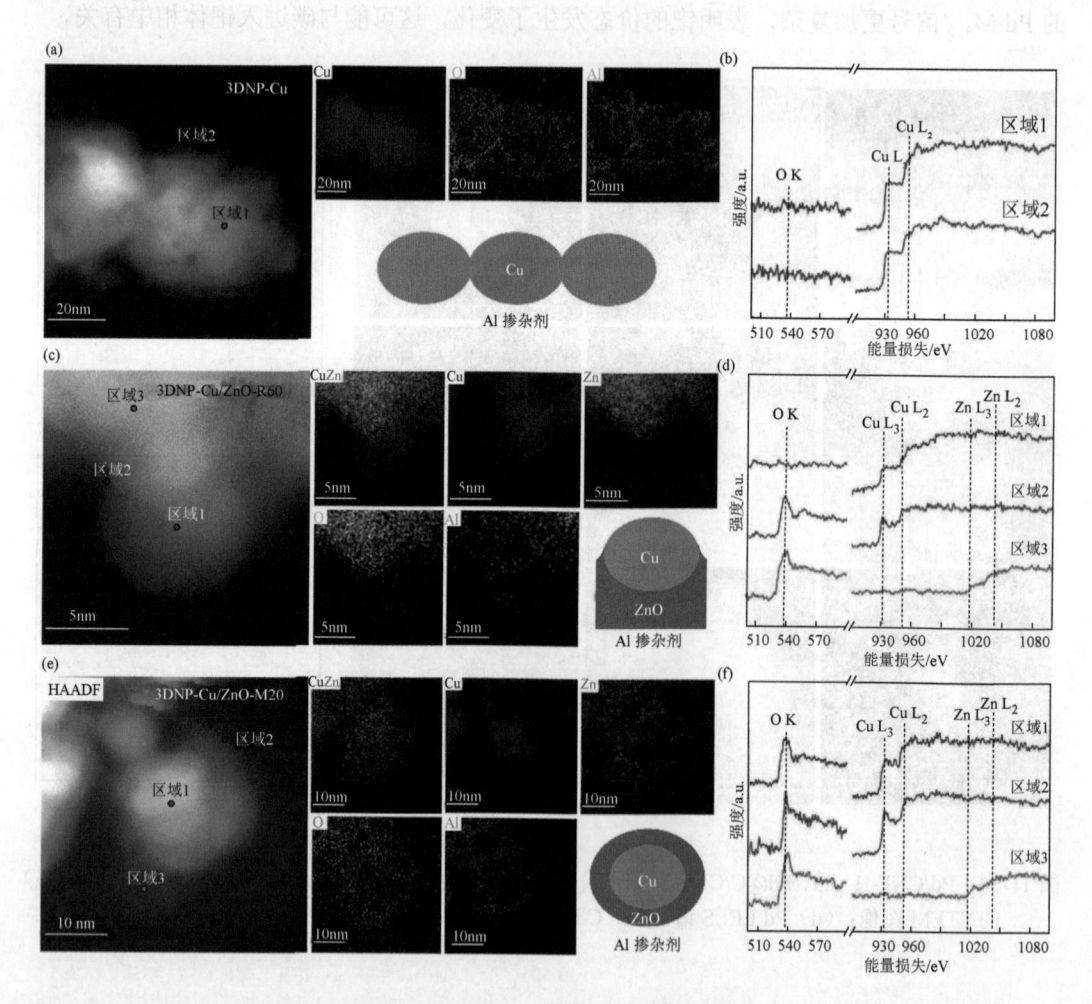

图 11-54 STEM、EDS 和 EELS 表征:3DNP-Cu(a)、3DNP-Cu/ZnO-R60(c) 和 3DNP-Cu/ZnO-M20(e) 的 HAADF-STEM 图像,EDS 元素映射分别包含 Cu、Al 和 O(a),Cu、Zn、Al 和 O [(c) 和 (e)]。插图显示了催化剂的简化微观结构。3DNP-Cu(b)、3DNP-Cu/ZnO-R60(d) 和 3DNP-Cu/ZnO-M20(f) EELS 光谱数据分别从图 (a)、(c) 和 (e) 中标记的具有相应颜色的区域中获得[39]

40. EELS 研究 FeS₂/Al₂O₃ 催化剂

AlQahtani 等报道了在介质阻挡放电（DBD）反应器中，通过非热等离子体（NTP）与负载过渡金属硫化物催化剂的耦合，将二氧化硫（SO₂）低温还原为单质硫[40]。研究中使用的过渡金属包括 Mo、Fe、Co、Ni、Cu 和 Zn。将 NTP 与负载型金属硫化物催化剂相结合，显著促进了 SO₂ 的低温还原，对单质硫的选择性超过 98%。在低温（<250℃）下，FeS₂/Al₂O₃ 催化剂在等离子体催化过程中对 SO₂ 的转化不受温度影响，而在高温下，反应趋势与热催化类似。与单独使用 DBD 等离子体和热催化的硫产率相比，协同使用时的硫产率提高了 47%~82%，表现出强协同效应。

如图 11-55 所示，EELS 分析显示 Fe L₃ 和 L₂ 边分别在 705.7eV 和 718.8eV 处，证实了 FeS₂ 相的存在。研究表明，在等离子体下进行反应保留了表面 FeS₂ 活性相，防止了其在热催化过程中发生的氧化。此外，等离子体反应条件下抑制了硫化铁纳米颗粒的热团聚。

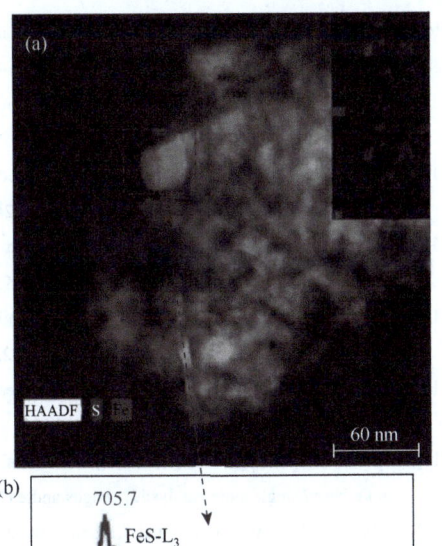

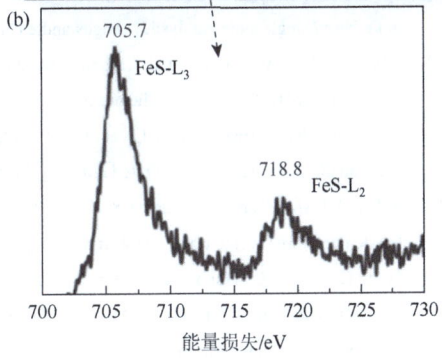

图 11-55 （a）HAADF-STEM 图像与 S 和 Fe 的 EDS 叠加；（b）EELS 谱图[40]

参 考 文 献

[1] Zhang B, Zhang B, Zhao G, et al. Atomically dispersed chromium coordinated with hydroxyl clusters enabling efficient hydrogen oxidation on ruthenium[J]. Nature Communications, 2022, 13（1）: 5894.

[2] Yin Z W, Zhao W, Li J, et al. Advanced electron energy loss spectroscopy for battery studies[J]. Advanced Functional Materials, 2022, 32（1）: 2107190.

[3] Liu X, Garcia-Mendez R, Lupini A R, et al. Local electronic structure variation resulting in Li 'filament' formation within solid electrolytes[J]. Nature Materials, 2021, 20（11）: 1485-1490.

[4] Zhao J, Zhao C, Zhu J, et al. Size-dependent chemomechanical failure of sulfide solid electrolyte particles during electrochemical reaction with lithium[J]. Nano Letters, 2022, 22（1）: 411-418.

[5] Lee W J, Bera S, Woo H J, et al. Atomic layer deposition enabled PtNi alloy catalysts for accelerated fuel-cell oxygen reduction activity and stability[J]. Chemical Engineering Journal, 2022, 442: 136123.

[6] Zaker N, Geng C, Rathore D, et al. Probing the mysterious behavior of tungsten as a dopant inside pristine cobalt-free nickel-rich cathode materials[J]. Advanced Functional Materials, 2023, 33（16）: 2211178.

[7] Zou H, Zhao G, Dai H, et al. Electronic perturbation of copper single-atom CO₂ reduction catalysts in a molecular way[J]. Angewandte Chemie International Edition, 2023, 62（6）: e202217220.

[8] Xu Y, Gong H, Song L, et al. A highly efficient and free-standing copper single atoms anchored nitrogen-doped carbon nanofiber cathode toward reliable Li-CO₂ batteries[J]. Materials Today Energy, 2022, 25: 100967.

[9] Meng H, Yang Y, Shen T, et al. Designing Cu^0-Cu^+ dual sites for improved C—H bond fracture towards methanol steam reforming[J]. Nature Communications, 2023, 14 (1): 7980.

[10] Zhang B, Wang J, Liu G, et al. A strongly coupled Ru-CrO_x cluster-cluster heterostructure for efficient alkaline hydrogen electrocatalysis[J]. Nature Catalysis, 2024, 7: 441-445.

[11] He L, Li M, Qiu L, et al. Single-atom Mo-tailored high-entropy-alloy ultrathin nanosheets with intrinsic tensile strain enhance electrocatalysis[J]. Nature Communications, 2024, 15 (1): 2290.

[12] Ye T, Ba K, Yang X, et al. Valence engineering at the interface of MoS_2/Mo_2C heterostructure for bionic nitrogen reduction[J]. Chemical Engineering Journal, 2023, 452: 139515.

[13] Cui P, Wang T, Zhang X, et al. Rapid formation of epitaxial oxygen evolution reaction catalysts on dendrites with high catalytic activity and stability[J]. ACS Nano, 2023, 17 (22): 22268-22276.

[14] Li Y, Zhang X, Zheng Z. CeO_2 functionalized cobalt layered double hydroxide for efficient catalytic oxygen-evolving reaction[J]. Small, 2022, 18 (17): 2107594.

[15] Jin Z, Jiao D, Dong Y, et al. Boosting electrocatalytic carbon dioxide reduction via self-relaxation of asymmetric coordination in Fe-based single atom catalyst[J]. Angewandte Chemie International Edition, 2024, 63 (6): e202318246.

[16] Wang Y, Wang W, He R, et al. Carbon-based electron buffer layer on ZnO_x-Fe_5C_2-Fe_3O_4 boosts ethanol synthesis from CO_2 hydrogenation[J]. Angewandte Chemie International Edition, 2023, 62 (46): e202311786.

[17] Belgamwar R, Verma R, Das T, et al. Defects tune the strong metal-support interactions in copper supported on defected titanium dioxide catalysts for CO_2 reduction[J]. Journal of the American Chemical Society, 2023, 145 (15): 8634-8646.

[18] Rabee A I M, Zhao D, Cisneros S, et al. Role of interfacial oxygen vacancies in low-loaded Au-based catalysts for the low-temperature reverse water gas shift reaction[J]. Applied Catalysis B: Environmental, 2023, 321: 122083.

[19] Wang H, Dong X, Hui Y, et al. Oxygen-saturated strong metal-support interactions triggered by water on titania supported catalysts[J]. Advanced Functional Materials, 2023, 33 (42): 2304303.

[20] Manzorro R, Montes-Monroy J M, Goma-Jiménez D, et al. Improving the reducibility of CeO_2/TiO_2 by high-temperature redox treatment: the key role of atomically thin CeO_2 surface layers[J]. Journal of Materials Chemistry A, 2022, 10 (24): 13074-13087.

[21] Xiao M, Han D, Yang X, et al. Ni-doping-induced oxygen vacancy in Pt-CeO_2 catalyst for toluene oxidation: enhanced catalytic activity, water-resistance, and SO_2-tolerance[J]. Applied Catalysis B: Environmental, 2023, 323: 122173.

[22] Zhang Y, Zhang J, Zhang B, et al. Boosting the catalysis of gold by O_2 activation at Au-SiO_2 interface[J]. Nature Communications, 2020, 11 (1): 558.

[23] Jenkinson K, Spadaro M C, Golovanova V, et al. Direct *operando* visualization of metal support interactions induced by hydrogen spillover during CO_2 hydrogenation[J]. Advanced Materials, 2023, 35 (51): 2306447.

[24] Chen J, Qi Y, Lu M, et al. Quantitative analysis of the interface between titanium dioxide support and noble metal by electron energy loss spectroscopy[J]. ACS Applied Materials & Interfaces, 2023, 15 (35): 42104-42111.

[25] Zhao Q P, Shi W X, Zhang J, et al. Photo-induced synthesis of heteronuclear dual-atom catalysts[J]. Nature Synthesis, 2024, 3 (4): 497-506.

[26] Huang H H, Kobayashi S, Tanabe T, et al. Atomic-level characterization of the oxygen storage material $YBaCo_4O_{7+\delta}$ synthesized at low temperature[J]. Journal of Materials Chemistry A, 2022, 10 (43): 23087-23094.

[27] Zhang H, Örnek M, Lahkar S, et al. Enhanced densification and mechanical properties of β-boron by *in-situ* formed boron-rich oxide[J]. Journal of Materials Science & Technology, 2022, 99: 148-160.

[28] Cho Y, Park B, Padhi D K, et al. Disordered-layer-mediated reverse metal-oxide interactions for enhanced photocatalytic water splitting[J]. Nano Letters, 2021, 21 (12): 5247-5253.

[29] Xue Z, Yan M, Zhang Y, et al. Understanding the injection process of hydrogen on Pt_1-TiO_2 surface for photocatalytic hydrogen evolution[J]. Applied Catalysis B: Environmental, 2023, 325: 122303.

[30] Kim H S, Kim Y J, Son Y R, et al. Verifying the relationships of defect site and enhanced photocatalytic properties of

modified ZrO$_2$ nanoparticles evaluated by *in-situ* spectroscopy and STEM-EELS[J]. Scientific Reports，2022，12（1）：11295.

[31] Chen H，Xiong Y，Li J，et al. Epitaxially grown silicon-based single-atom catalyst for visible-light-driven syngas production[J]. Nature Communications，2023，14（1）：1719.

[32] Dong H，Du W，Dong J，et al. Depletable peroxidase-like activity of Fe$_3$O$_4$ nanozymes accompanied with separate migration of electrons and iron ions[J]. Nature Communications，2022，13（1）：5365.

[33] Cicirello G，Wang M，Sam Q P，et al. Two-dimensional violet phosphorus P$_{11}$：a large band gap phosphorus allotrope[J]. Journal of the American Chemical Society，2023，145（14）：8218-8230.

[34] Chen C，Dai M，Xu C，et al. Characteristic plasmon energies for 2D In$_2$Se$_3$ phase identification at nanoscale[J]. Nano Letters，2024，24（5）：1539-1543.

[35] Huang X，Wang L，Liu K，et al. Tracking cubic ice at molecular resolution[J]. Nature，2023，617（7959）：86-91.

[36] Shen T H，Spillane L，Peng J，et al. Switchable wetting of oxygen-evolving oxide catalysts[J]. Nature Catalysis，2022，5（1）：30-36.

[37] Koshy D M，Landers A T，Cullen D A，et al. Direct characterization of atomically dispersed catalysts：nitrogen-coordinated Ni sites in carbon-based materials for CO$_2$ electroreduction[J]. Advanced Energy Materials，2020，10（39）：2001836.

[38] Liu Y，Fu F，McCue A，et al. Adsorbate-induced structural evolution of Pd catalyst for selective hydrogenation of acetylene[J]. ACS Catalysis，2020，10（24）：15048-15059.

[39] Li C，Yao X，Zhang R，et al. Structured nanoporous Cu/ZnO catalysts for on-board methanol steam reforming prepared by laser powder bed fusion and dealloying[J]. Chemical Engineering Journal，2024，487：150467.

[40] AlQahtani M S，Wang X，Gray J L，et al. Plasma-assisted catalytic reduction of SO$_2$ to elemental sulfur：influence of nonthermal plasma and temperature on iron sulfide catalyst[J]. Journal of Catalysis，2020，391：260-272.